中国天然气地下储气库

马新华　丁国生　等编著

石油工业出版社

内容提要

本书在介绍国内外天然气地下储气库建设现状的基础上,分析了中国地下储气库的市场需求与资源分布,详细论述了气藏型与盐穴型两类储气库的建库技术、储气库完整性管理与风险管控,并对中国地下储气库的运行管理模式进行探索性分析。

本书可供从事地下储气库工作的科研人员和技术管理人员参考阅读,也可供高等院校相关专业的师生参考使用。

图书在版编目(CIP)数据

中国天然气地下储气库/马新华等编著.—北京:石油工业出版社,2018.11

ISBN 978-7-5183-2600-6

Ⅰ.①中… Ⅱ.①马… Ⅲ.①天然气-地下储气库-研究-中国 Ⅳ.①TE972

中国版本图书馆 CIP 数据核字(2018)第 215479 号

审图号:GS(2018)2487 号

出版发行:石油工业出版社

(北京安定门外安华里2区1号楼 100011)

网　址:www.petropub.com

编辑部:(010)64523537　图书营销中心:(010)64523633

经　销:全国新华书店

印　刷:北京中石油彩色印刷有限责任公司

2018年11月第1版　2018年11月第1次印刷

787×1092 毫米　开本:1/16　印张:34.5

字数:780 千字

定价:280.00 元

(如出现印装质量问题,我社图书营销中心负责调换)

版权所有,翻印必究

《中国天然气地下储气库》
编　写　组

主　　任：马新华　丁国生

副 主 任：何　刚　郑得文　王皆明　郑雅丽

成　　员：胥洪成　孙军昌　孙春柳　罗金恒　齐奉忠
　　　　　张刚雄　赵　凯　魏　欢　王春燕　李　春
　　　　　垢艳侠　石　磊　冉莉娜　唐立根　李　康
　　　　　王兆会　李景翠　张　哲　李丽锋　武志德
　　　　　王建军　陈宏健　付太森　孙建华　朱华银
　　　　　邱小松　完颜祺琪　赖　欣　李东旭　张　敏
　　　　　钟　荣　裴　根　祁红林　赵艳杰　文韵豪
　　　　　刘主宸

序

中国已经进入全面建成小康社会的决胜阶段,打响污染防治攻坚战,大力发展清洁能源已经成为中国能源发展利用的主旋律,天然气作为高效、清洁能源的代表,是中国未来最现实的选择。21 世纪以来,中国天然气工业得到了快速的发展,天然气消费量从 2000 年的 $240\times10^8m^3$ 上升到 2017 年的 $2400\times10^8m^3$,已经成为世界第三大天然气消费国,到 2030 年,中国天然气消费量将突破 $5000\times10^8m^3$,成为支撑中国绿色发展和可持续发展的主力清洁能源。加大天然气基础设施建设,实现天然气"产、运、储、用"全产业链的协调发展,是中国天然气产业健康发展的必由之路。

在天然气全产业链中,地下储气库是保障天然气管网高效安全运行、平衡季节用气峰谷差、应对长输管道突发事故、保障国家能源安全的战略性基础设施。国外地下储气库已经有百年历史,已建成近 700 座地下储气库,$3600\times10^8m^3$ 年工作气量,约占世界天然气年消费量的 11%。天然气利用比较发达的国家和地区,如美国、俄罗斯、欧盟,储气库年工作气量达到年天然气消费量的 15%~20%。实践证明,地下储气库在以大规模长输管道为主的天然气供给体系中,具有无可替代的重要地位。

中国地下储气库经过 20 年的发展,已经取得了相当的成就,成为冬季调峰保供的主要手段之一,为中国天然气安全保供发挥了重要作用。随着中国天然气消费量的快速攀升,未来的地下储气库需求也将快速增长,预计 2030 年我国地下储气库需求将超过 $750\times10^8m^3$,地下储气库建设任重道远。

马新华教授带领其团队,基于多年在储气库建设和运行中积累的丰富经验和技术,历时 2 年编写的《中国天然气地下储气库》一书,不但对过去 20 年中国地下储气库的建设成果和技术进行了总结,而且对未来中国地下储气库的建设进行了分析与展望,可以使广大读者系统全面地了解中国的天然气地下储气库,是国内地下储气库领域的一部精品力作。相信本书的出版,将为国内未来地下储气库的建设提供重要的理论技术指导,为促进中国储气库行业的快速发展做出贡献。

中国工程院院士:

2018 年 8 月 26 日

前　言

　　地下储气库是将天然气重新注入枯竭油气藏、含水层、盐穴、废弃矿坑等天然或人工的地下构造中,形成的一种人工气田或气藏,是集季节调峰、应急供气、战略储备等功能于一体的储气设施。地下储气库主要有四种类型,油气藏型、含水层型、盐穴型及其他类型(岩洞、废弃矿井/矿坑型)。不同类型储气库储气构造、工作原理、投资以及建库工程技术等各不相同。

　　中国地下储气库的选址与天然气市场需求和主力消费区位置、天然气输气管道分布相关,更与中国油气藏资源分布尤其是气藏分布和沉积盆地储盖层组合条件密切相关。对于孔隙型储层储气库(包括油气藏型和含水层型)来说,选择埋藏浅、储层物性好、构造完整、盖层密封条件好的圈闭建设储气库;对于盐穴储气库来说,选择埋藏浅、盐层厚度大、盐层含盐量高、夹层少的含盐地层建设盐穴储气库。但中国东部天然气主力消费区,比较适合建库的浅部地层由于受构造运动和陆相沉积的双重影响,选择理想的库址是比较困难的。因此,中国在地下储气库选址建设上与国外存在着明显的差异,埋藏深、构造复杂、储层或盐层条件较差等是中国储气库最明显的特点。由于中国复杂的地质条件,决定了中国地下储气库的建设在借鉴国外储气库建设经验的基础上,必定要走出一条符合中国复杂地质条件的地下储气库建设之路。

　　中国地下储气库建设面临的主要挑战包括:建库地质构造复杂,尤其是气藏埋藏深、构造破碎、储层非均质性强,选址与设计难度大;枯竭气藏建库储层压力低、对强交变载荷储气库钻完井工程要求非常高;储气库大排量快速注采,缺乏地面高压大流量注采核心技术与装备;复杂构造储气库长期安全运行风险大等。

　　尽管面临上述诸多挑战,在中国储气库建设者的共同努力下,通过不断的探索实践,克服了重重困难,储气库建设仍然取得了令人瞩目的成就。自 2000 年国内第一座商业化储气库———大港油田大张坨储气库投产以来,到 2017 年末,中国利用油气藏建成 23 座气藏型储气库,利用盐层投产 2 座盐穴储气库,已建成储气库调峰能力超过 $100 \times 10^8 m^3$,在调峰保供中发挥了重要作用。经过 20 年的努力,不仅建成了 25 座储气库,更是形成了针对复杂地质条件的选址评价、工程技术、装备制造和运行调控的储气库成套技术和标准体系。

　　1996—2003 年,笔者在中国石油勘探开发研究院廊坊分院担任副院长,期间主管和参与了大港板桥储气库群库址筛选、西气东输金坛储气库选址设计等工作,从此与地下储气库结下不解之缘。2010 年,中国石油天然气集团公司开始大规模开展地下储气库建设,我在中国石油勘探与生产分公司担任副总经理,全面负责中国石油地下储气库的选址、评价、设计、建设。从 2010 年到 2014 年,中国石油相继建成了新疆油田呼图壁、西南油气田相国寺、华北油田板桥、辽河油田双 6、大港油田板南和长庆油田陕 224 等一批储气库,使中国石油储气库工作气量得到了快速的提升。

作为中国地下储气库建设的亲历者，回顾这些年储气库选址、设计和建设，对照储气库发达国家的发展经验，我深感中国未来地下储气库需求巨大，建设任务艰巨，有必要系统总结中国过去20年储气库建设的技术与成果，为未来中国地下储气库的建设提供借鉴，更好地促进中国地下储气库的发展。基于此，我自2016年初开始着手本书的编写工作，与编写团队一道，历时2年，调研了大量的国内外储气库相关文献，收集了国内已建成地下储气库的相关资料和研究成果，总结了不同类型储气库建设的技术特点，对中国重点区域库址资源进行了分析，对未来储气库建设规模和运营管理模式进行了探讨，经汇总提炼，构成了本书的主要内容，在中国地下储气库建设过程中形成了很多好的管理经验，限于本书的篇幅，没有进行归纳介绍，略有遗憾。希望本书可以为从事地下储气库工作和希望了解中国地下储气库的相关人员提供参考和帮助。

全书共分七章，第一章由马新华、丁国生、魏欢编写；第二章由马新华、何刚、孙军昌、胥洪成、赵凯、孙春柳、冉莉娜、付太森、孙建华编写；第三章由郑雅丽、郑得文、魏欢、邱小松、赖欣、赵艳杰编写；第四章由马新华、王皆明、胥洪成、李春、孙军昌、赵凯、齐奉忠、王兆会、王春燕、石磊、李景翠、张哲、唐立根、裴根、钟荣、朱华银、文韵豪、刘主宸编写；第五章由丁国生、孙春柳、垢艳侠、李康、冉莉娜、完颜祺琪、武志德、张敏、李东旭编写；第六章由马新华、罗金恒、李丽锋、王建军、陈宏健编写；第七章由丁国生、张刚雄编写。全书由马新华统稿。

在本书的编写过程中，得到了中国石油学会赵政璋理事长的指导，也得到了中国石油勘探与生产分公司汤林副总经理、毛蕴才处长、班兴安处长等同志的大力协助；中国石油集团工程技术研究院，中国石油新疆油田分公司、西南油气田分公司、华北油田分公司、大港油田分公司、辽河油田分公司、长庆油田分公司，中石油北京天然气管道有限公司和中国石油西气东输管道公司为本书提供了许多宝贵资料，在此表示衷心感谢。

由于储气库涉及地质勘探、气库设计、工程建设、管道输送、风险管控、调峰协调、经营管理等各方面，是一个复杂的系统工程，本书的总结难免存在疏漏和不当，敬请读者指正。

2018年9月

目 录

第一章 世界天然气地下储气库概况 …………………………………………… (1)
  第一节 地下储气库的发展历史 ……………………………………………… (1)
  第二节 全球地下储气库建设现状 …………………………………………… (3)
  第三节 全球地下储气库发展趋势 …………………………………………… (9)
  第四节 典型国家与地区地下储气库 ………………………………………… (12)
  第五节 世界储气库建设与发展的启示 ……………………………………… (21)
  参考文献 ………………………………………………………………………… (22)

第二章 中国已建天然气地下储气库 …………………………………………… (23)
  第一节 双 6 多层系气顶带油环砂岩储气库 ………………………………… (23)
  第二节 板桥枯竭水侵砂岩储气库群 ………………………………………… (29)
  第三节 板南复杂断块砂岩储气库群 ………………………………………… (37)
  第四节 京 58 多种复杂油藏类型储气库群 …………………………………… (45)
  第五节 苏桥超深强底水碳酸盐岩储气库 …………………………………… (57)
  第六节 金坛复杂层状盐岩储气库 …………………………………………… (69)
  第七节 刘庄多层带油环复杂岩性储气库 …………………………………… (81)
  第八节 文 96 多层低含凝析油砂岩储气库 ………………………………… (88)
  第九节 相国寺高陡逆冲薄层角砾云岩储气库 ……………………………… (95)
  第十节 呼图壁大型多层水侵砂岩储气库 …………………………………… (102)
  第十一节 陕 224 岩性圈闭含硫碳酸盐岩储气库 …………………………… (110)

第三章 中国地下储气库市场需求与资源分布 ………………………………… (116)
  第一节 中国地下储气库市场需求 …………………………………………… (116)
  第二节 气藏型储气库资源分布 ……………………………………………… (123)
  第三节 盐穴型储气库资源分布 ……………………………………………… (158)
  第四节 含水层型储气库资源潜力 …………………………………………… (180)
  参考文献 ………………………………………………………………………… (214)

第四章 气藏型储气库建库技术 ………………………………………………… (215)
  第一节 气藏型储气库主要特点 ……………………………………………… (215)
  第二节 建库地质评价 ………………………………………………………… (225)
  第三节 库容参数设计 ………………………………………………………… (245)
  第四节 建库地质方案设计 …………………………………………………… (253)
  第五节 钻井工程技术 ………………………………………………………… (282)

第六节　注采工艺 …… (326)
　　第七节　地面工程 …… (354)
　　第八节　库存管理与配产配注 …… (380)
　　第九节　储气库QHSE管理体系 …… (402)
　　参考文献 …… (405)

第五章　盐穴型储气库建库技术 …… (406)
　　第一节　盐穴型储气库建库基本特点 …… (406)
　　第二节　盐层地质评价 …… (409)
　　第三节　造腔设计 …… (415)
　　第四节　稳定性评价 …… (424)
　　第五节　造腔控制 …… (440)
　　第六节　盐腔检测 …… (452)
　　第七节　注气排卤技术 …… (458)
　　第八节　地面工程配套工艺 …… (467)
　　第九节　运行方案设计与优化 …… (471)
　　第十节　已有老腔改造技术 …… (480)
　　参考文献 …… (487)

第六章　储气库完整性管理与风险管控 …… (488)
　　第一节　国内储气库完整性现状 …… (488)
　　第二节　气藏型储气库完整性技术 …… (495)
　　第三节　盐穴型储气库完整性技术 …… (514)
　　第四节　储气库完整性技术应用案例 …… (516)
　　参考文献 …… (519)

第七章　储气库运营管理模式 …… (521)
　　第一节　国外储气库运营管理模式 …… (521)
　　第二节　中国储气库运营管理模式 …… (538)
　　参考文献 …… (544)

第一章　世界天然气地下储气库概况

地下储气库是将天然气重新注入枯竭油气藏、含水层、盐穴、废弃矿坑等天然或人工的地下构造中,形成的一种人工气田或气藏,是集季节调峰、应急供气、战略储备等功能于一体的储气设施。地下储气库主要有4种类型,油气藏型、含水层型、盐穴型及其他类型(岩洞、废弃矿井/矿坑型)储气库,不同类型储气库储气构造、工作原理、投资等各不相同。油气藏型储气库根据改造前油气藏类型不同,又可分为油藏型和气藏型,其中气藏型是主要的建库类型,油藏型仅占极小部分。含水层型储气库是利用封闭的地下含水构造,通过向构造中注入天然气,将岩层孔隙中的水排走而形成的储气场所。盐穴型储气库是利用地下较厚的盐层或盐丘,采用水溶方式在盐层或盐丘中制造洞穴形成储存空间来存储天然气。

作为天然气产业链中不可缺少的重要组成部分,地下储气库具备两大作用:一是调节用气的不均衡性,削峰填谷,当夏季天然气市场用气量低于管道输气能力时,将富余的气量注入储气库中,当冬季市场用气量超过管道输气能力时,再从气库中采出天然气向用户供气;二是作为应急储备和战略储备,当气源或上游输气系统发生故障、检修或由于政治、经济、外交、军事等方面的因素导致进口气中断时,储气库可以保证连续供气,保证输气系统的正常运转。

第一节　地下储气库的发展历史

世界最早的地下储气库建设可以追溯到20世纪初,距今已有百年历史。1915年,加拿大首次在安大略省的WELLAND气田进行储气实验;1916年,美国在纽约布法罗附近的枯竭气田ZOAR利用气层建设地下储气库;1954年,美国在CALG的纽约城气田首次利用油田储气;1958年,美国在肯塔基首次利用含水层储气;1959年,苏联建成第一个盐层地下储气库;1961年,美国首次利用盐穴储气;1963年,美国在克罗拉多DENVER附近首次利用废矿储气。

根据世界地下储气库发展特征,将地下储气库建设分为三个阶段,即发展初期、快速发展期和平稳发展期(图1-1-1和图1-1-2)。发展初期阶段主要是20世纪50年代以前,受建库技术水平限制,全球地下储气库发展比较缓慢,到1945年仅有75座,且类型单一,多为利用枯竭气藏改建形成。50年代以后,地下储气库建设进入快速发展阶段,受天然气市场发展程度、天然气产量、管道发展等因素影响,地下储气库在类型及数量上迅猛发展,各类地下储气库建设高峰期为1970—1980年,这10年间的建库数量最高,达到120座。20世纪90年代以来,全球储气库工作气量发展速度下降,高峰采气速度保持同等水平,储气库建设进入平稳发展期(图1-1-3)。

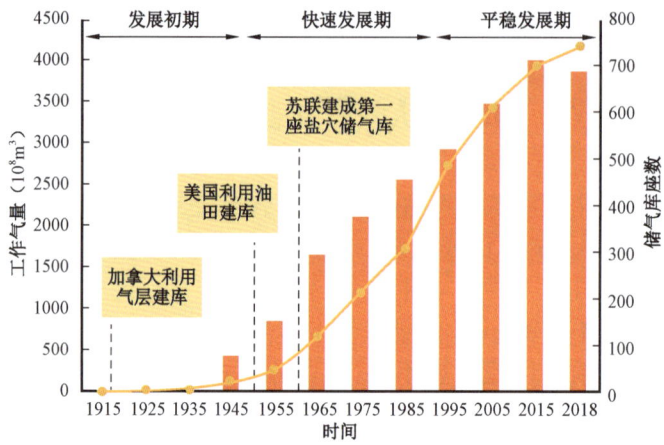

图 1-1-1　世界地下储气库建设历程及规模图[1]

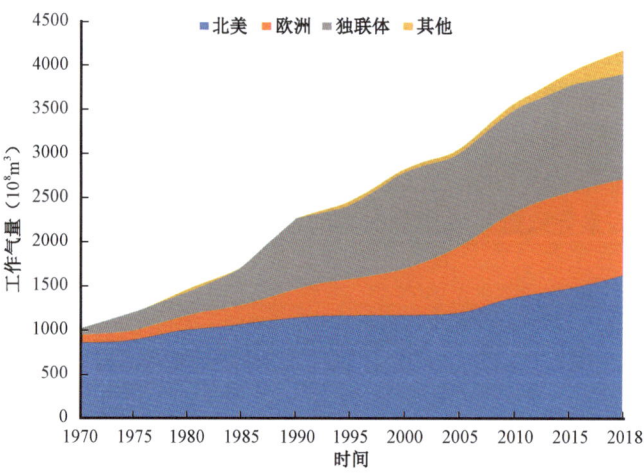

图 1-1-2　全球工作气量变化趋势图[1]

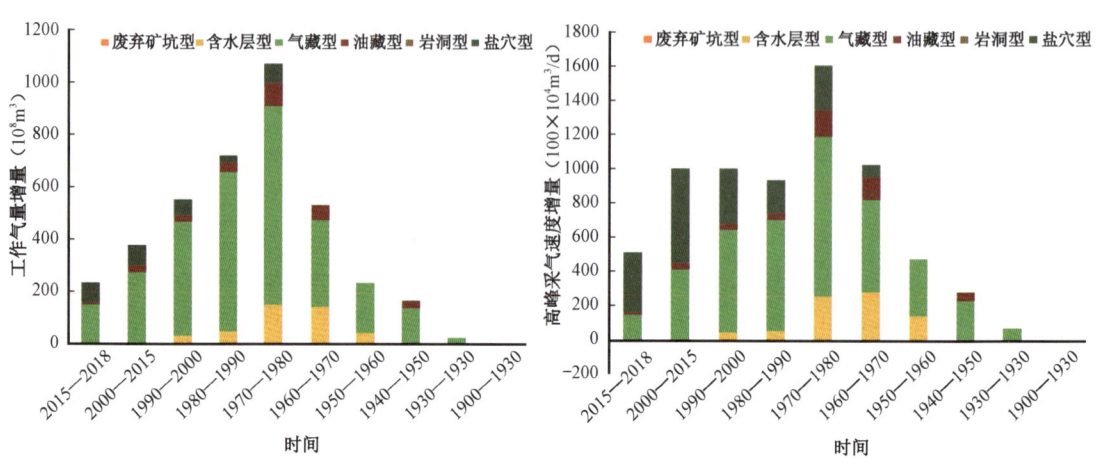

图 1-1-3　工作气量与高峰采气速度发展过程[1]

第二节 全球地下储气库建设现状

据国际天然气联盟(IGU)最新资料统计[1],目前世界上共有689座地下储气库,总工作气量达$4165.3×10^8m^3$,约占全球天然气总消费量($35429×10^8m^3$)的11.8%,与2015年$3933×10^8m^3$相比,增加了$232×10^8m^3$工作气量,绝对增量最高的北美约增加$140×10^8m^3$,其次是亚洲(主要是中国,下文同)增加$57×10^8m^3$,中东(主要是伊朗和阿联酋,下文同)增加$33×10^8m^3$,亚太(主要是澳大利亚和日本,下文同)增加$21×10^8m^3$。全球地下储气库的高峰采气速度约为$7166×10^6m^3/d$,较2015年增加了$510×10^6m^3/d$。其中北美的增量最高($551×10^6m^3/d$),其次为独联体($45×10^6m^3/d$)、亚洲($11×10^6m^3/d$)和中东($4.4×10^6m^3/d$)地区。

一、各地区储气库工作气量分布

全球地下储气库总工作气量中,北美地区占39%($1627×10^8m^3$),独联体占28%($1186×10^8m^3$),欧盟占26%($1088×10^8m^3$)(图1-2-1,表1-2-1),在这三个地区,地下储气库年工作气量占年消费量比例平均为14%,其中美国地下储气库数量及工作气量居全球首位,共拥有393座,工作气量达到$1360.8×10^8m^3$,占年消费量的比例为17.48%,俄罗斯为18.38%,其次是乌克兰和加拿大(表1-2-2)(注:工作气量指地下储气库一年内的采气量总和)。

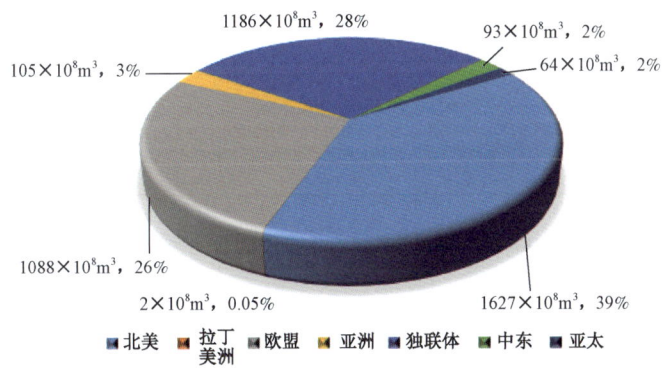

图1-2-1 世界不同地区地下储气库工作气量在全球范围内的比例统计图

表1-2-1 全球七大地区地下储气库类型及工作气量一览表[1]

地区	类型	数量(座)	工作气量(10^8m^3)
亚洲	气藏型	18	99
	油藏型	1	2
	盐穴型	3	5
	小计	22	105
亚太	气藏型	10	64

续表

地区	类型	数量（座）	工作气量（$10^8 m^3$）
独联体	气藏型	30	954
	含水层型	13	192
	油藏型	2	35
	盐穴型	3	5
	小计	48	1186
欧盟	气藏型	71	710
	油藏型	4	11
	盐穴型	47	198
	含水层型	21	168
	岩洞型	2	1
	废弃矿坑	1	0
	小计	146	1088
拉丁美洲	气藏型	1	2
中东	气藏型	3	93
北美	气藏型	330	1162
	油藏型	34	207
	盐穴型	48	147
	含水层型	46	111
	岩洞型	1	0
	小计	459	1627
合计		689	4165

表1-2-2 世界地下储气库工作气量一览表[1,2]

国家	消费量（$10^8 m^3$）	地下储气库数量	工作气量（$10^8 m^3$）	高峰采气速度（$10^6 m^3/d$）	工作气量占比（%）
美国	7786	393	1360.8	3406.58	17.48
俄罗斯	3909	23	718.5	798.44	18.38
乌克兰	290	13	321.8	264.38	110.97
加拿大	999	66	265.8	266.34	26.61
德国	805	49	238.3	690.41	29.60
意大利	645	12	173.6	243.72	26.91
荷兰	336	5	123.8	277.82	36.85
法国	426	16	129.8	224.23	30.47
奥地利	87	8	81.2	92.71	93.33

续表

国家	消费量 ($10^8 m^3$)	地下储气库数量	工作气量 ($10^8 m^3$)	高峰采气速度 ($10^6 m^3/d$)	工作气量占比 (%)
伊朗	2008	2	60	28.68	2.99
匈牙利	89	5	61	75.77	68.54
乌兹别克斯坦	514	2	40	47.42	7.78
英国	767	8	15.3	111.9	1.99
中国	2103	22	105.4	145.85	5.01
哈萨克斯坦	134	3	46.5	34.37	34.70
阿塞拜疆	104	3	47	14.5	45.19
捷克	78	9	35.4	75.63	45.38
西班牙	280	4	33.7	31.49	12.04
斯洛伐克	44	3	35.8	44.18	81.36
阿联酋	766	1	33	4.4	4.31
罗马尼亚	106	7	31.3	32.4	29.53
澳大利亚	411	7	60.3	10.74	14.67
波兰	173	9	32.2	51.54	18.61
土耳其	421	2	38.6	57.54	9.17
拉脱维亚	—	1	23	30	—
日本	1112	2	1.3	1.54	0.12
白俄罗斯	170	3	10.8	30.98	6.35
丹麦	32	2	10.2	25.2	31.88
比利时	154	1	7	15	4.55
克罗地亚	—	1	5.6	5.76	—
保加利亚	30	1	5.5	4.2	18.33
塞尔维亚	—	1	4.5	5.04	—
新西兰	47	1	2.7	1.2	5.74
葡萄牙	52	1	2.4	7.2	4.62
阿根廷	496	1	1.5	1.92	0.30
亚美尼亚	—	1	1.6	6	—
瑞典	9	1	0.1	0.96	1.11
合计	25383	689	4165.3	7166.04	16.41

近年来,全球各地区储气库工作气量有明显增加,美国增量最高,其次是俄罗斯、乌克兰、加拿大和德国。各国增量影响因素不尽相同,美国和加拿大工作气量的增加主要源于已建储

气库项目的达容和扩容,相对而言,伊朗、荷兰、德国、波兰等国家储气库工作气量的增加主要源于新建储气库项目的投产运行(图1-2-2)。

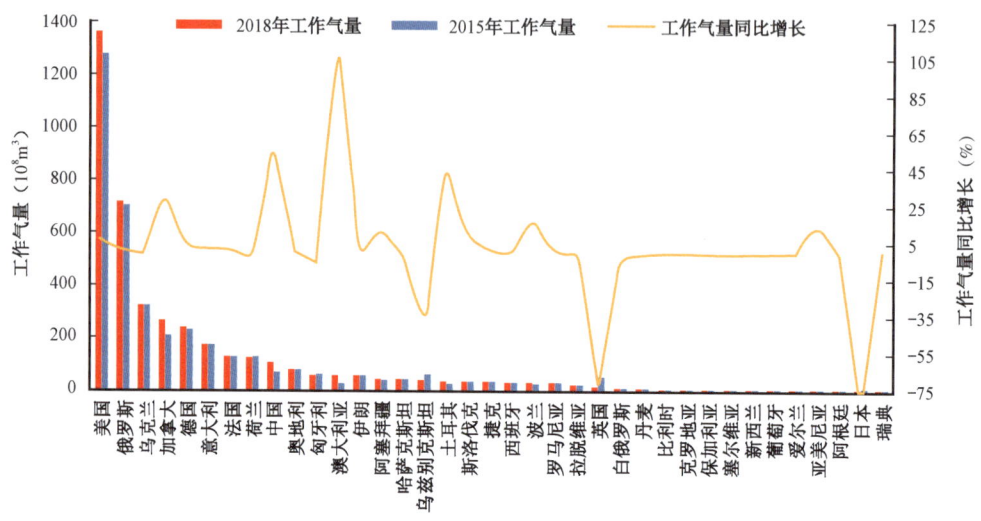

图1-2-2 2015—2018年全球地下储气库工作气量增量变化

二、各类型储气库工作气量比例

全球地下储气库总工作气量的74%分布于气藏型地下储气库中($3084×10^8m^3$),11%分布于含水层型地下储气库($471×10^8m^3$),9%分布于盐穴型地下储气库($355×10^8m^3$),6%分布于油藏型地下储气库($255×10^8m^3$),其他类型地下储气库(例如在岩洞基础上改建的地下储气库和在废弃坑道基础上改建的地下储气库)的工作气量忽略不计(图1-2-3)。全球有两个在岩洞基础上改建的地下储气库,用于储存气态天然气,一个是捷克境内的Haje地下储气库,其工作气量为$7500×10^4m^3$;另一个是瑞典境内的在岩洞内衬钢管工程中改建的地下储气库,其工作气量为$900×10^4m^3$。在废弃矿坑基础上改建的地下储气库只有一座,位于德国境内,其工作气量为$340×10^4m^3$。

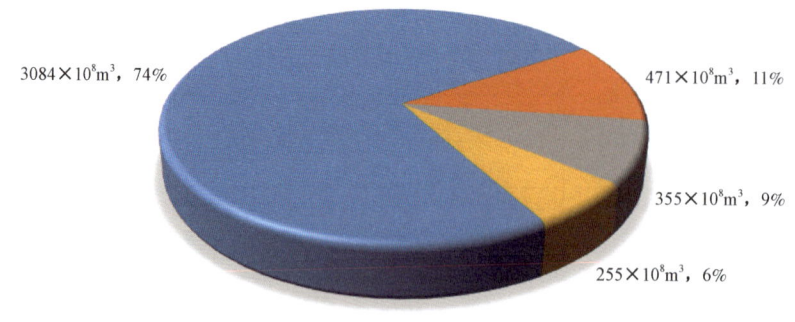

图1-2-3 不同类型地下储气库工作气量分布图

三、各类型储气库单位高峰日采气量

气藏改建地下储气库的工作气量最高,约占 74%(3084×10⁸m³),但其高峰日采气量仅占 56%,供气能力较低,决定了气藏型储气库多数用于季节调峰;盐穴型储气库工作气量占 9%(355×10⁸m³),但高峰日采气量则达到 27%,盐穴型储气库调峰灵活性最明显,因此适用于日调峰(表 1-2-3)。

表 1-2-3　不同类型储气库工作气量及高峰采气量

类型	工作气量 (10⁸m³)	工作气量占比 (%)	高峰日采气量 (10⁸m³/d)	高峰日采气量占比 (%)
气藏型	3084	74	40.35	56
盐穴型	355	9	19.13	27
含水层型	471	11	8.03	11
油藏型	255	6	4.08	6
合计	4165	100	71.59	100

从单位高峰日采气量来看,不同储气库类型的供气能力差别明显,其中气藏型地下储气库的单位高峰日采气量平均为 $130\times10^4 m^3/(d\cdot10^8 m^3)$,含水层型和油藏型地下储气库的单位高峰日采气量分别为 $170\times10^4 m^3/(d\cdot10^8 m^3)$ 和 $160\times10^4 m^3/(d\cdot10^8 m^3)$,而盐穴型地下储气库的单位高峰日采气量达 $550\times10^4 m^3/(d\cdot10^8 m^3)$,为孔隙型储气库的 3~4 倍,供气能力较高(图 1-2-4)。

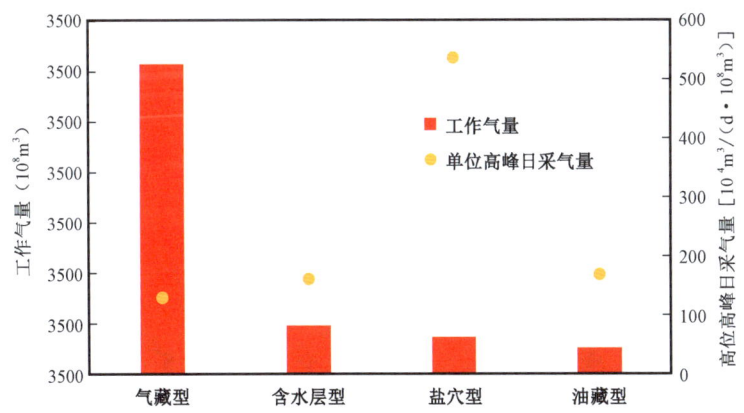

图 1-2-4　不同类型储气库单位高峰日采气量
单位高峰日采气量 = 高峰日采气量/工作气量,单位:$10^4 m^3/(d\cdot10^8 m^3)$。
单位高峰日采气量越高,储气库的供气能力越高,反之亦然

从各个国家孔隙型和盐穴型储气库工作气量分布可以看出,拥有盐穴型储气库的国家的单位高峰日采气量较高(图 1-2-5 和图 1-2-6),但库容有限。

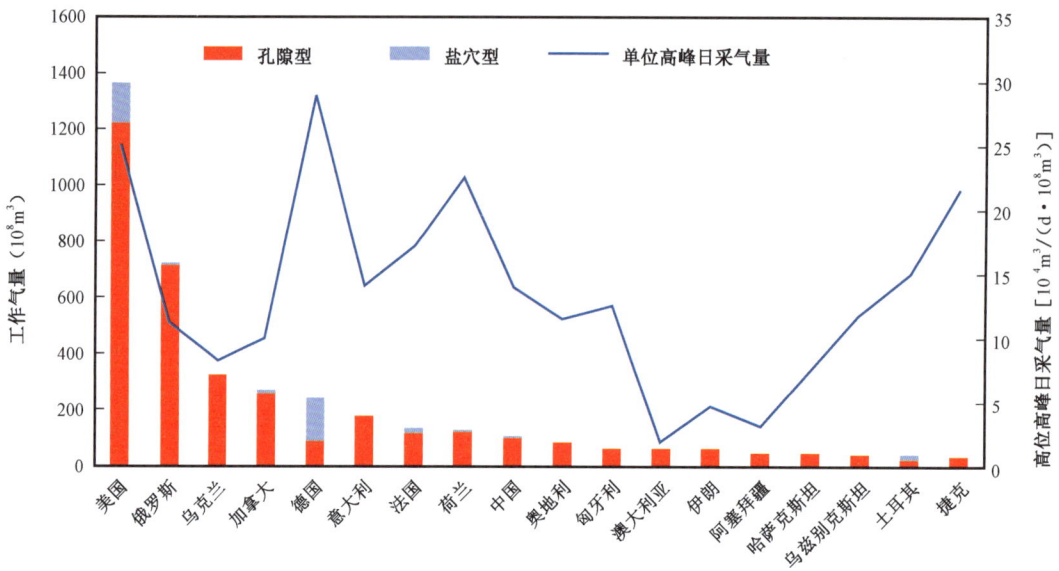

图1-2-5　工作气量超过 $35×10^8 m^3$ 的国家的工作气量及单位高峰日采气量

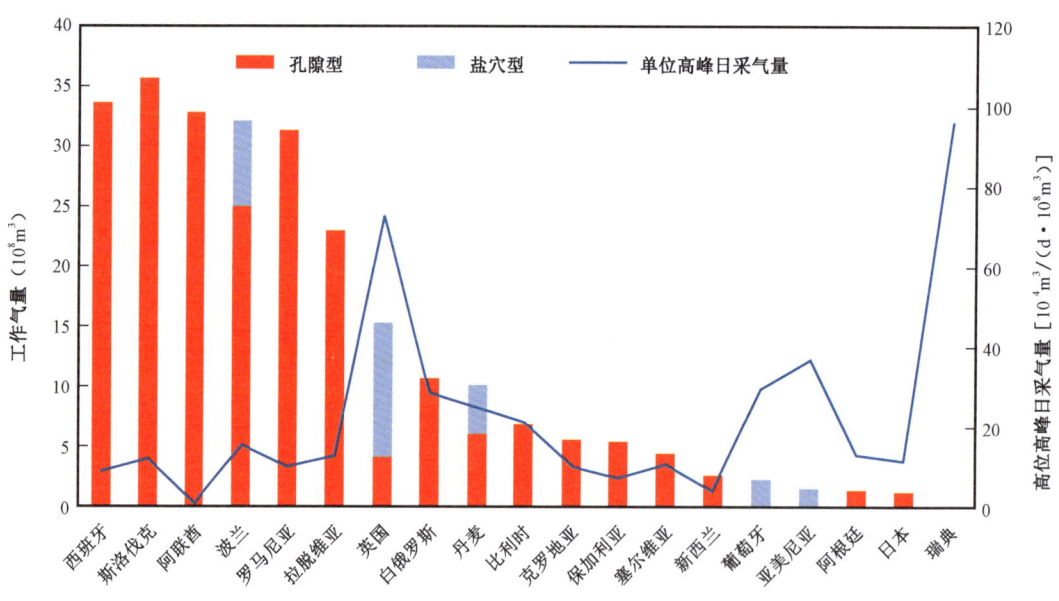

图1-2-6　工作气量少于 $35×10^8 m^3$ 的国家的工作气量及单位高峰日采气量

四、未来全球储气库发展规划

除目前正在运行的689座地下储气库以外,全球尚有133座地下储气库纳入扩建及新建计划,其中46座地下储气库将进一步扩容,占比35%,87座地下储气库规划新建,占比65%。加上扩容及规划新建的 $640×10^8 m^3$ 工作气量,地下储气库工作气量将超过 $4805×10^8 m^3$,总共达822座(表1-2-4)。

表1-2-4 全球扩容及规划建设地下储气库一览表

项目	类型	数量（座）	工作气量（$10^8 m^3$）
现有储气库扩建	气藏型	27	174
	盐穴型	18	103
	含水层型	1	5
	小计	46	282
规划新建储气库	气藏型	36	127
	盐穴型	44	128
	含水层型	6	100
	油藏型	1	3
	小计	87	358
合计		133	640

第三节 全球地下储气库发展趋势

欧美地下储气库的发展表明,地下储气库对促进天然气贸易、保障供气稳定有积极意义,随着全球天然气需求的增加和贸易的多元化,未来全球范围内对地下储气库的需求与建设也将持续增长,并呈现较为明显的区域特征。同时,市场供求关系的变化、非常规天然气利用及新技术研发等因素,也将对地下储气库的未来发展产生新的需求与挑战。

一、需求与增长驱动力

(一) 需求预测

随着天然气消费需求的增长,地下储气库需求将随之增长。根据IGU预测,到2020年,全球天然气需求量将从2005年的$3 \times 10^{12} m^3$增加到$3.7 \times 10^{12} m^3$,2030年将增加到$4.5 \times 10^{12} m^3$。与此同时,预计全球地下储气库工作气量将会从2005年的$3300 \times 10^8 m^3$增长到2030年的$5430 \times 10^8 m^3$。

今后地下储气库需求增长主要集中在欧盟、北美和独联体国家等天然气市场较为成熟的国家和地区。根据预测,欧盟地下储气库工作气量将从2005年的$790 \times 10^8 m^3$增加到2030年的$1350 \times 10^8 m^3$,北美地区的地下储气库工作气量将从2005年的$1160 \times 10^8 m^3$增加到2030年的$1870 \times 10^8 m^3$,独联体国家则将从2005年的$1360 \times 10^8 m^3$增加到2030年的$1770 \times 10^8 m^3$,传统的3大地下储气库集中地区仍将是地下储气库未来的需求增长点[3]。中国可以说是亚洲的代表,预计地下储气库工作气量将从2005年的$11 \times 10^8 m^3$增加到2030年的$500 \times 10^8 m^3$,工作气量占消费量比例将由目前的3%提升到10%。

(二) 储气库需求增长驱动力

根据IGU的分析,未来地下储气库需求增长的主要驱动力来自以下几个方面：
(1)各国对天然气战略储备的重视。对于天然气出口国来说,以俄罗斯为代表的国家已经开始有计划地增加天然气战略储备,以保障出口安全。对于天然气进口国来说,影响进口天然气稳定供应的因素较多,除了生产系统本身的因素外,还存在着由于政治、经济、外交、军事等方面的因素,导致供气中断的风险较大。一旦天然气供应中断,将直接影响到居民生活、厂矿生产,对社会稳定和经济发展产生重大影响,建立适当规模的天然气储备是提高天然气供应安全的重要措施。

（2）优化气田生产。储气库的消峰填谷作用可以使气田相对平稳生产,避免因市场用气波动造成负荷因子加大,进而影响气田的开发效果。

（3）短期天然气贸易的需要。短期贸易需要利用地下储气库进行有效周转。受液化天然气（LNG）贸易迅速发展和油气价格持续低迷影响,全球天然气贸易形式正发生变化,长期供气协议和照付不议的合同模式受到越来越多的诟病,天然气短期贸易量激增,而这需要储气库进行有效周转,也是未来推动地下储气库建设的重要因素。

（4）管网系统的进一步平衡需要,包括输送量的平衡和压力的平衡。作为天然气管道输送系统的重要组成部分,地下储气库可以优化天然气基础设施开发,提升管输效率。目前,很多国家的城市燃气管网系统与地下储气库已形成不可分割的整体,根据国外统计资料:① 建设地下储气库和不建地下储气库的系统相比较,输气管道和压气站的投资可节省20%～30%;气源的采气井数和输气压缩机功率可减少15%;② 对于长1000km、流通能力为$1000×10^4m^3$的天然气管道,建设地下储气库的工程投资约为建库后输气管道系统工程投资的1/10。

（三）不同地区需求分析

具体到不同地区,地下储气库的主要需求驱动力也各不相同。美国和俄罗斯的地下储气库分别以非常规天然气发展需求和天然气出口需求为依托继续增加;欧洲,特别是西欧地区,以进口天然气消费为主,将是地下储气库建设增长的主要地区;亚洲、中东等地区的地下储气库需求也将有适度增长,但在全球地下储气库数量和工作气量中所占比例仍将保持较低水平。

北美地区对地下储气库的需求增长模式与其主要依赖非常规天然气开发有关。尤其是美国,非常规天然气产业的发展及由此引发的天然气进出口格局调整,将是今后美国地下储气库建设的主要推动力。以页岩气为代表的非常规天然气的开发,不仅改变了区域天然气供需平衡,而且也改变了局部地区的天然气供给流向,新的地下储气库建设需求更多的是满足非常规天然气开发利用的需要,以及适应和保证非常规天然气供给后区域市场调峰和供给保障的需要。

俄罗斯的地下储气库建设仍将延续出口导向型的发展模式,未来相关规划也是为更好服务于天然气出口。俄罗斯目前在建和正筹备的地下储气库大部分位于西西伯利亚南部里海沿岸,这与俄罗斯近年来一直研究的经土耳其和希腊向欧洲出口天然气的规划有直接关系。另外,俄罗斯正在东西伯利亚东部进行地下储气库勘探、选址,为进军亚太天然气市场做准备。

西欧地区不断增加的地下储气库需求将主要来自该地区各国对进口天然气依赖程度的增加。天然气对外依存度高的国家,必须建立地下储气库系统以满足对天然气储备的需要。以欧盟为例,根据 IGU 的经验,一旦天然气对外依存度达到和超过 30%,则地下储气库工作气量就需要超过天然气消费量的 12%;如果天然气对外依存度超过 50%,绝大部分国家的地下储气库工作气量将超过天然气消费量的 20%,法国、奥地利等国更是达到 30% 左右。西欧地区随着未来本地天然气产量的下降和天然气对外依存度的增长,对地下储气库的需求将越来越迫切。

亚太地区储气库需求增长主要集中在中国,2000—2017 年中国天然气消费量由 $300 \times 10^8 m^3$ 增至 $2373 \times 10^8 m^3$,年均增长率 15%,中国已成为世界第三大天然气消费国。而随着国家相关政策的陆续出台,对天然气业务的发展带来新机遇,也对地下储气库调峰保供提出了严峻挑战。按照《中长期油气管网规划》(发改基础〔2017〕965 号),2025 年中国地下储气库工作气量将达到 $300 \times 10^8 m^3$,用以缓解供气紧张局面。

二、主要发展趋势

保障平稳安全供气,在未来一段时间内仍将是地下储气库的主要作用,但是,随着天然气贸易量的增加和贸易方式的改变、区域市场供求关系的变化、非常规天然气利用等多种因素的改变,地下储气库的未来发展也产生了新的需求[3]:

(1)地下储气库需要适应更加变化多端的天然气市场发展需要,除了更好地发挥调峰作用外,将在调节区域天然气市场价格方面发挥更加灵活的调节和保障作用。

(2)地下储气库应该作为区域天然气共同市场的工具之一,不仅仅满足调峰的需要。

(3)地下储气库的商业盈利模式将会是地下储气库发展的一个重要方面,利用天然气的季节价格差异寻求地下储气库的商业利润在未来地下储气库发展过程中将会逐步得到体现。

(4)地下储气库服务更加透明和全面,平等对待各种类型的天然气用户,包括可中断用户和不可中断用户。

(5)地下储气库技术将会更多地应用于非天然气储存领域,如压气蓄能、氢气储存等各种类型的气体存储领域,还有天然气水合物存储、储气库与 LNG 的协调运行等方面。

欧美地区很多地下储气库已经运行多年,现在其地下储气库技术主要向延长地下储气库使用寿命、减少地下储气库对环境的影响和增强地下储气库运行的灵活性方向发展。主要包括以下内容:

(1)储气库的灵活适应性。储气库不再仅仅满足冬采夏注的季节性调峰,而是更多用于注采调节。

(2)优化已有储气库的运行,提高地下储气库灵活性,适应天然气市场自由化的发展需要。

(3)超大盐穴型和水平盐穴型地下储气库的建造,尤其是水平溶洞地下储气库的建造和运行。

(4)焊接管柱的大规模应用。

(5)发展水平井和多分支井,提高气库产能。

(6)建立地面地下一体化运行管理模型,完善运行优化预测及完整性管理。

(7)强化地下部分的管理,包括加大运行压力区间、提高注采气能力、气井套管内外检测、固井质量评估与优化、智能采气井筒等。

(8)新型地面脱水技术、新型压缩机的应用。

第四节 典型国家与地区地下储气库

重点剖析美国、俄罗斯和欧盟地下储气库建设历程、类型、工作气量占比、分布特征等,对未来中国储气库建设具有借鉴意义。

一、美国

(一)美国储气库发展现状

IGU 报告显示,美国目前拥有的天然气地下储气库数量居世界第一,共 393 座,总工作气量为 $1360.8 \times 10^8 m^3$[1],占年消费量的 17.48%。据美国能源信息署(EIA)统计,2016 年美国从地下储气库中采出的工作气量约占年消费量的 12.13%(图 1-4-1)。

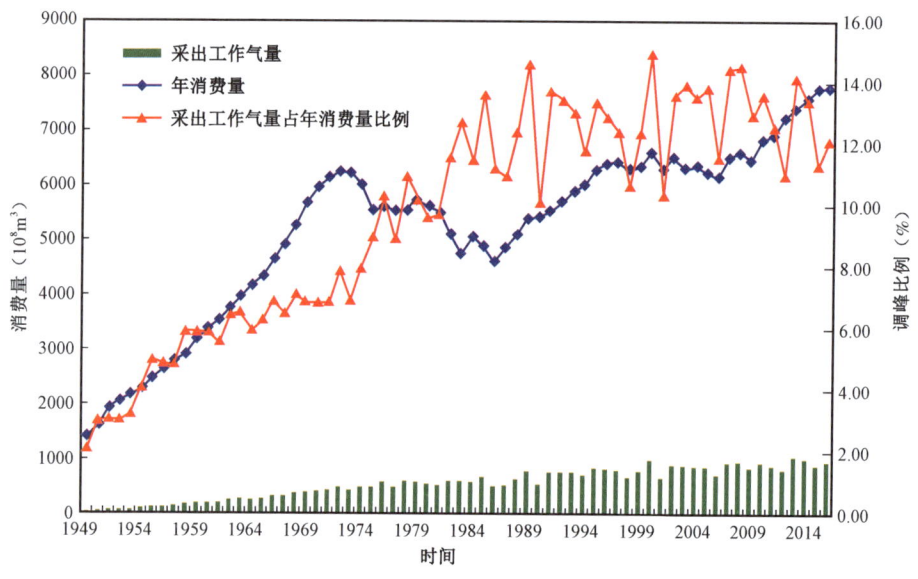

图 1-4-1 美国天然气消费量及地下储气库工作气量变化曲线图

枯竭油气藏型是最常用的地下储气库类型,具有更低的经营成本等特点。美国超过 80% 的地下储气库为枯竭油气藏型(枯竭气藏约占比 71%),含水层型和盐穴型分别占 8.5% 和 8.5%(图 1-4-2)。

现有的储气库主要分布在靠近天然气最终用户的东北部和南部产气区。其中,有近 50% 的储气库集中在美国天然气主要消费区东北部地区,天然气产量丰富的得克萨斯州和路易斯安那州也是地下储气库集中的地区。特别是盐穴型储气库,主要集中分布在岩层和盐丘发育的得克萨斯州[4]。

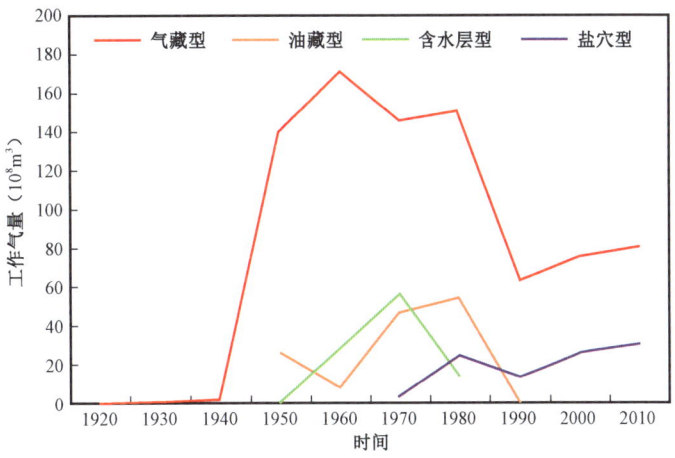

图 1-4-2 美国分阶段不同类型储气库工作气量统计

(二)美国储气能力发展分析

美国的第一座储气库是于 1916 年始建于纽约州的 ZOAR 枯竭气藏,也是世界上的第二座储气库,目前仍在运行。根据相关资料,可以将美国储气库建设发展划分为初步建设、快速发展和补充完善 3 个阶段。

(1)初步建设阶段(1916—1950 年)。

这一阶段北美地区储气库建设主要集中在美国境内,这也是美国天然气工业发展初期。20 世纪 20 年代末,随着管输技术的发展,建设天然气长输管道成为事实,1927—1931 年,美国境内共建成 12 条主要输气干线,掀起天然气管道建设的第一次高潮,同时,天然气消费量快速增长,1930 年达到了 $345 \times 10^8 m^3$。由于长距离输送,消费量扩大,季节性消费量波动大,安全平稳供气成为当时最为急迫的问题。利用储气库进行调峰是确保安全平稳供气的最有效途径,因此储气库建设得到了较快的发展。储气库建设与输气管网建设几乎同步,1931—1950 年这 20 年时间里建成储气库 78 座。

该阶段储气库类型主要以枯竭油气藏型为主,储气库工程技术不断进步。在此期间,在肯塔基州建成 Doe Run Upper 第一座含水层型储气库。

(2)快速建设阶段(1951—1980 年)。

这一阶段处于北美地区天然气行业快速发展阶段,天然气消费量、储产量快速增长,天然气管网建设加速,逐渐形成完善的管网体系,天然气储气库随之快速建设,与管网配套完善。加拿大天然气储气库建设不断增加。1951—1980 年美国共建设储气库 234 座。

储气库建设技术在此期间快速发展,相关行业标准陆续确立。储气库类型从单一枯竭油气藏型建设,发展到含水层型储气库和盐穴型储气库等多种类型共同建设。

(3)成熟完善阶段(1981 年后)。

随着北美地区天然气市场经过快速发展阶段进入成熟期后,天然气集输管网日趋完善,管道建设开始处于平稳发展状态,储气库建设也相应进入平稳发展阶段。

(4)FERC 636 号令实施后美国储气库发展的特点。

从 1993 年 FERC 636 号令实施后,储气库开放成为一项法令要求,如何通过储气服务提高经济效益成为储气库所有者的基本要求。随着1998—2005年间美国储气库能力的发展,在准许"第三方准入"期间,美国储气库行业的盈利水平得到了极大的提高,充分说明储气库作为天然气市场盈利工具有利于促进其快速发展,主要显示出两大特点:

一是工作气能力大幅增加。据统计,此期间的工作气能力大约增加了6%,从1998年的$1073\times10^8m^3$,增长到了2005年的$1136\times10^8m^3$,主要反映了盐穴型储气库的增加和大量枯竭油气藏型储气库的升级,以及高效的运行技术相结合,是工作气能力大幅增加的主要原因之一。

二是采气能力大幅提高。从1998年起,美国地下储气库的采气能力年平均增长率为2%,总的采气能力从1998年的$21\times10^8m^3/d$,上升到了2005年的$24\times10^8m^3/d$,增长了13个百分点。通过在现有枯竭油气藏型储气库中进行水平钻井,以及通过新增盐腔不断扩展现有的盐穴型储气库,使采气能力有显著持续增长。

从三种不同储气库类型来看,枯竭油气藏型、盐穴型储气库日采气能力增长最为显著,而含水层型储气库新建、扩建数目较少(图1-4-3)。

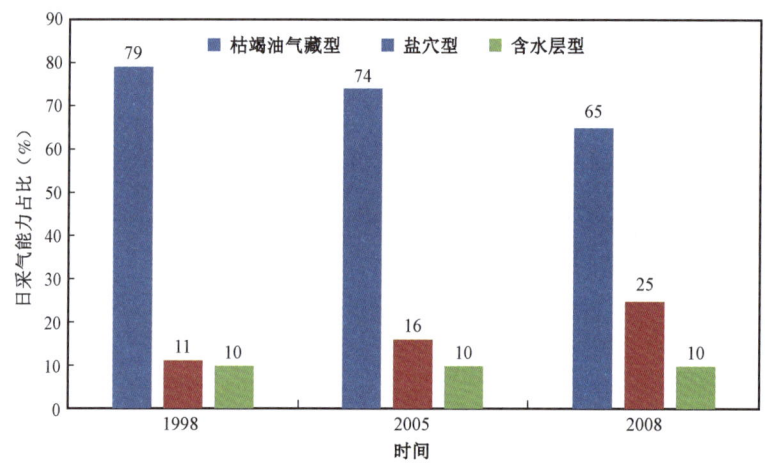

图1-4-3 盐穴型、含水层型、枯竭油气藏型储气库日采气能力比例变化
资料来源:北京金正纵横咨询有限公司"国外天然气战略储备和调峰储气库的运行机制调研报告",2017

枯竭油气藏型储气库在美国储气库市场占有绝大部分比重,在1998—2005年期间,在三种地下储气库中,该类储气库的工作气能力经历了最大的增量($38.7\times10^8m^3$)。然而,尽管新建枯竭油气藏型储气库的平均工作气能力平均高达$1.6\times10^8m^3$,但工作气能力的平均增量却是三类中最低的,同时,绝大多数增量主要来源于设备的小规模升级、垫底气和工作气能力的计算变化以及周期性的气田重新评估。此时期的枯竭油气藏型储气库的扩建,使得该类型储气库的平均采气能力和平均工作气能力大约同时增加了14%。

盐穴型储气库通过扩建现有设施而增加的工作气能力和采气能力,高于其他两类储气库的增量。在2005年末,相比于1998年水平,盐穴型储气库的平均工作气能力和日均采气量分别增长了44%和43%。

相比而言,扩容最少的是含水层型储气库。期间只有一个新建,6个进行了扩建,最大的增量为$4.5\times10^8m^3$。虽然数量增长有限,但平均工作气能力和日均采气量也分别上升了20%

和16%。

上述情况说明,为应对市场开放的需要,更是为了盈利的需要,美国枯竭油气藏型和盐穴型储气库得到了快速的发展。

二、俄罗斯

俄罗斯是目前世界第二大天然气生产国和消费国,也是全球储备气量最多的国家,地下储气库主要分布在天然气消费区,是俄罗斯统一供气系统不可分割的组成部分。俄罗斯地下储气库的建设始于20世纪50年代后期,主要以枯竭气藏型和含水层型为主;60—70年代为地下储气库建设快速发展期,地下储气库数量由2座增至10座,总工作气量达$405 \times 10^8 m^3$,占年消费量比例达6%~9%;80年代以来,俄罗斯共拥有23座地下储气库,工作气量达到$718.5 \times 10^8 m^3$(不含战略储备),占天然气消费量的比重为18.38%。

作为天然气出口国,俄罗斯主要在天然气出口管线附近部署大型地下储气库,以保障天然气出口安全。这些地下储气库主要分布于两个区域:一是自北部的波罗的海向南到黑海沿岸,10座地下储气库全部处于俄罗斯自东向欧洲出口天然气的6条输气管道附近;二是西西伯利亚南部的里海沿岸,12座地下储气库全部处于俄罗斯自北向中亚出口天然气的主干管网及支线附近[5]。

俄罗斯大部分地下储气库是在苏联时期由国家直接划拨投资建设的,苏联解体后,俄罗斯统一供气系统及配套地下储气库全部归Gazprom所有。俄罗斯建设地下储气库目的除满足国内调峰需求外,还有两个重要的作用:一是保障稳定出口(一般储备量为出口气量的15%);二是长期及战略储备(IGU数据显示,俄罗斯有$380 \times 10^8 m^3$的长期战略储备)。与其他国家相比,俄罗斯地下储气库规模相对较大,钻井数量多。

三、欧盟

欧盟地下储气库工作气量仅次于北美及独联体国家,共建有145座地下储气库,总工作气量为$1088 \times 10^8 m^3$,约占欧盟天然气年销量的20%,其中德国、意大利、法国、奥地利和匈牙利是欧盟传统的地下储气库大国,其地下储气库工作气量分别为$238.3 \times 10^8 m^3$、$173.6 \times 10^8 m^3$、$129.8 \times 10^8 m^3$、$81.2 \times 10^8 m^3$和$61 \times 10^8 m^3$,占年消费量的比例分别为29.6%,26.9%,30.47%,93.3%和68.5%,其中德国、意大利、法国三个国家的储气库工作气量在$100 \times 10^8 m^3$以上(图1-4-4)。德国作为天然气储备重要地区,储气库发展较为迅速,截至2016年,德国储气库数量达到49座,为欧盟最多,其单个储气库工作气量为$4.9 \times 10^8 m^3$,处于平均水平。荷兰有5座储气库,储气库平均工作气量最大,高达$25.8 \times 10^8 m^3$。

欧盟国家储气库中,枯竭油气藏型储气库为主要类型,约占欧盟储气库总工作气量的66.3%,盐穴型和含水层型储库比例也非常大(图1-4-5),德国盐穴型储气库较多,法国主要以含水层型储气库为主。作为一个整体,欧盟地下储气库具有充足的存储能力,许多国家所拥有的存储容量大于他们的需要,可以通过互联的天然气网络向其他国家提供工作气量。

2015年以前,随着欧盟对天然气的需求逐渐从2008年金融危机的状态中复苏,以及本土天然气产量下降(英国、荷兰、丹麦),天然气对外依存度持续增长,欧盟地下储气库工作气量处于不断增加状态。但近三年来,尽管一些新目标投入运行,增加近$40 \times 10^8 m^3$工作气量,仍然无法弥补英国 Rough 储气库由储气改为生产气田;另外,一些小型储气库面临废弃,因此欧盟地下储气库工作气量在近三年保持在稳定水平,增量不大(图 1-4-6)。

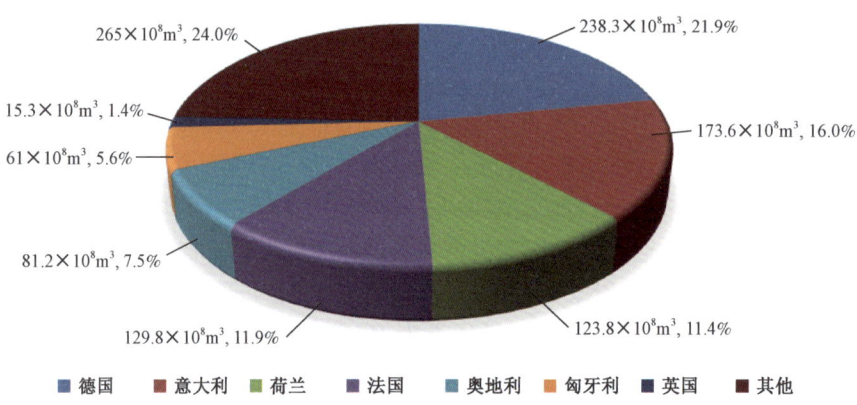

图 1-4-4 欧盟不同国家工作气量分布

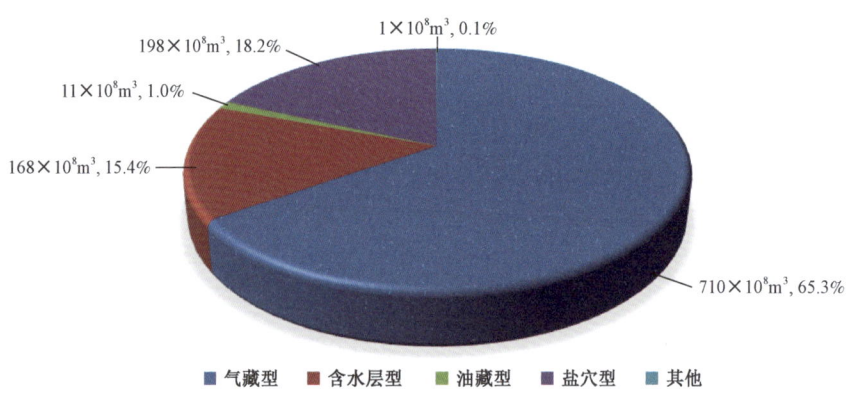

图 1-4-5 欧盟不同类型储气库工作气量及占比

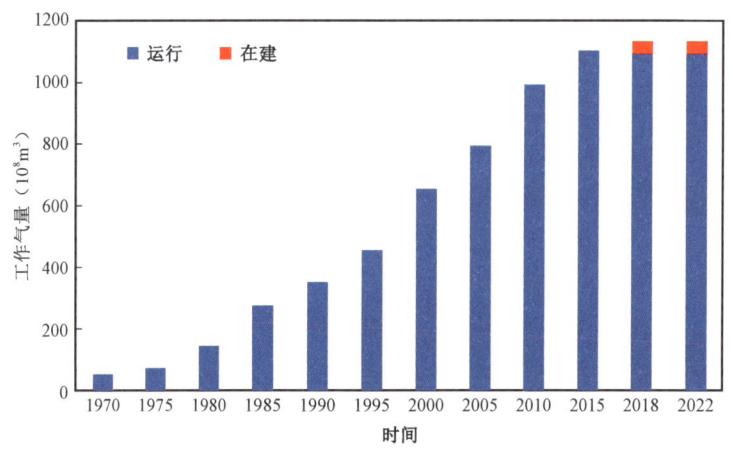

图 1-4-6 欧盟地下储气库工作气量变化趋势图

(一) 英国

1. 天然气供需状况

英国同样是世界重要的天然气生产国和消费国,2016 年其天然气生产量为 $410 \times 10^8 \text{m}^3$,消费量为 $767 \times 10^8 \text{m}^3$。英国同时也是天然气净进口国,2016 年其天然气净进口量为 $357 \times 10^8 \text{m}^3$,占当年天然气消费量的 46.5%,其中管道气和 LNG 净进口量分别为 $211 \times 10^8 \text{m}^3$ 和 $146 \times 10^8 \text{m}^3$(图 1-4-7)。

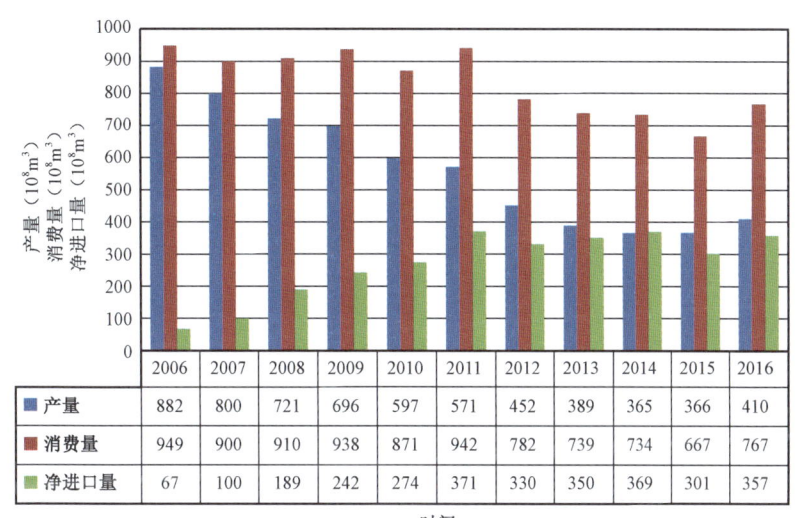

图 1-4-7 2006-2016 年英国天然气供需状况

资料来源:HIS 数据库

2. 天然气储备规模现状

英国的天然气储备方式以地下储气库为主、LNG 储备为辅。截至 2016 年,英国共有 10 座地下储气库(包括在建储库),总的工作气量为 $48 \times 10^8 \text{m}^3$;2 个 LNG 调峰站,工作气量为 $1.61 \times 10^8 \text{m}^3$。现英国总的天然气储备工作气量达 $49.62 \times 10^8 \text{m}^3$,占 2016 年天然气消费总量的 6.47%,相当于 31 天的天然气消费量(表 1-4-1)。

其他地下储气库类型包括海上枯竭油藏型 1 座、枯竭气藏型 2 座和盐穴型 7 座,工作气量分别为 $33.91 \times 10^8 \text{m}^3$、$4.06 \times 10^8 \text{m}^3$ 和 $10.04 \times 10^8 \text{m}^3$。

表 1-4-1 英国天然气储备库规模

类型	数量(座)	工作气量 (10^8m^3)	日采气能力 (10^8m^3)	日注气能力 (10^8m^3)
LNG 调峰	2	1.61	0.13	0.002
海上枯竭油藏型	1	33.91	0.45	0.28
盐穴型	7	10.04	1.16	0.96
枯竭气藏型	2	4.06	0.09	0.11
总量	12	49.62	1.83	1.35

（二）德国

1. 天然气供需状况

德国天然气资源匮乏,天然气生产量非常有限,其天然气消费几乎完全依赖进口,进口方式均为管道进口。2016 年德国天然气生产量为 $66 \times 10^8 m^3$,消费量为 $805 \times 10^8 m^3$,而天然气净进口量为 $739 \times 10^8 m^3$,对外依存度高达 89%（图 1-4-8）。

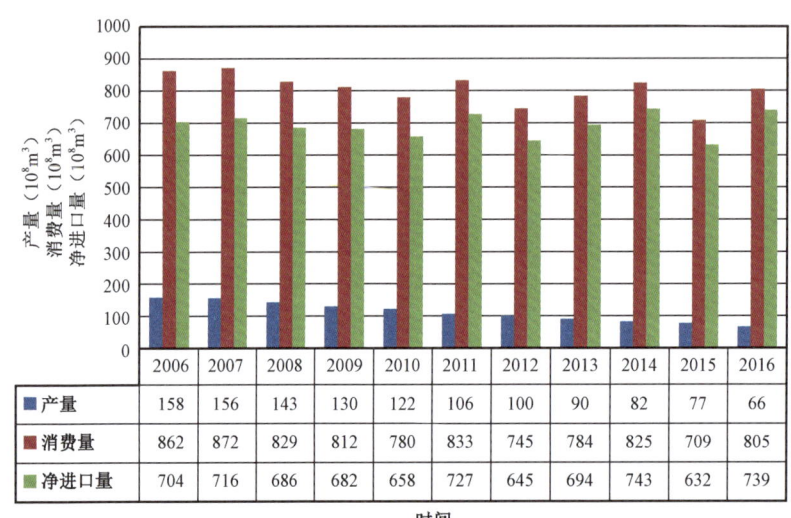

图 1-4-8 2006-2016 年德国天然气供需状况

资料来源：HIS 数据库

2. 天然气储备状况

德国的天然气储备方式以地下储气库为主,主要目的是应对季节调峰和紧急事件,以保障安全稳定供气。它是欧盟国家中地下储气库数量最多、种类最多样化的国家。截至 2016 年,德国共有 64 座地下储气库（包括已有储气库和在建储气库）,工作气量达到 $251 \times 10^8 m^3$,LNG 储备有地面调峰站 1 个,储气规模达到 $0.14 \times 10^8 m^3$。德国储备总工作气量为 $251.14 \times 10^8 m^3$,占 2016 年德国天然气消费总量的 31%,相当于 127 天的天然气消费量（表 1-4-2）。

其他地下储气库类型包括盐穴型 46 座、含水层型 6 座、枯竭气藏型 11 座和枯竭油藏型 1 座,工作气量分别为 $159.26 \times 10^8 m^3$、$4.2 \times 10^8 m^3$、$83.1 \times 10^8 m^3$ 和 $4.43 \times 10^8 m^3$。可见,主要的地下储气库类型为盐穴型。

表 1-4-2 德国天然气储备库规模

类型	数量（座）	工作气量（$10^8 m^3$）	日采气能力（$10^8 m^3$）	日注气能力（$10^8 m^3$）
LNG 调峰	1	0.14	0.02	0.0027
枯竭油藏型	1	4.43	0.07	0.05
盐穴型	46	159.26	5.07	2.78

续表

类型	数量(座)	工作气量($10^8 m^3$)	日采气能力($10^8 m^3$)	日注气能力($10^8 m^3$)
枯竭气藏型	11	83.1	1.23	0.82
含水层型	6	4.2	0.14	0.06
总量	65	251.14	6.53	3.71

数据来源：GIE 数据库。

(三) 法国

1. 天然气供需状况

法国天然气消费目前几乎完全依赖进口。2016 年法国天然气消费量为 $426 \times 10^8 m^3$，而天然气净进口量为 $425.5 \times 10^8 m^3$，其中管道气净进口量为 $354.2 \times 10^8 m^3$，LNG 净进口量为 $71.3 \times 10^8 m^3$（图 1-4-9）。

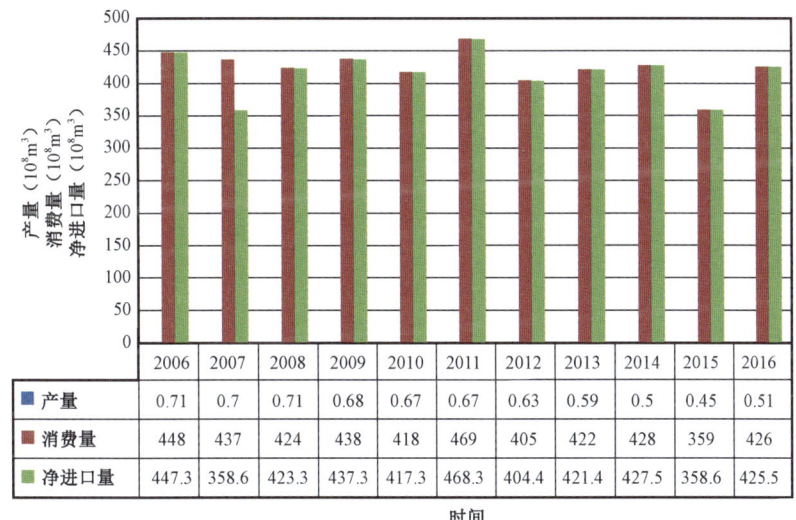

图 1-4-9　2006—2016 年法国天然气供需状况

资料来源：HIS 数据库

2. 天然气储备状况

法国天然气储备的主要目的是应对季节调峰和紧急事件，保障安全稳定供气。法国政府在 20 世纪 70 年代就提出了战略储备概念，但在具体运作层面没有将战略储备与调峰储备作出明确区分。

法国主要有三种天然气储备方式：一是利用枯竭的油气藏改造成地下储气库；二是利用地下含水层和盐穴改造成地下储气库；三是利用 LNG 储罐。

由地下盐穴、含水层和 LNG 储罐组成的天然气储存设施分别为法国燃气苏伊士集团（GDF Suez）和道达尔天然气运输和储存子公司（TIGF）所拥有。GDFSuez 拥有 16 座天然气储气设施，其中 9 座为地下含水层型储气库，位于巴黎盆地；3 座为盐穴改造的储气库；另 2 座为

LNG 接收站。TIGF 有 2 座在法国东南的地下含水层型储气库(表 1-4-3)。

表 1-4-3　GDF Suez 和 TIGF 主要天然气储存设施

储存设施名称	类型	运营商	投产时间	工作气量($10^4 m^3$)	最大采气量($10^4 m^3/d$)
Beynes superieur	含水层型储气库	GDF Suez	1956	2200	600.3
CerviUe-Velaine	含水层型储气库	GDF Suez	1956	6600	849.5
Lussagnet	含水层型储气库	TIGF	1957	10200	2299.3
St Uliers	含水层型储气库	GDF Suez	1965	4200	2101.1
Chemeiy	含水层型储气库	GDF Suez	1968	36100	6000.4
Tersanne	盐穴型储气库	GDF Suez	1970	2400	2200.2
Fos Tonkin	LNG 储罐	GDF Suez	1972	800	2027.5
Beynes Profond	含水层型储气库	GDF Suez	1975	4000	1200.1
C0urnay Sur Around	含水层型储气库	GDF Suez	1976	11400	2429.6
St Clair sur Epte	含水层型储气库	GDF Suez	1979	3700	501.2
Etre2	盐穴型储气库	GDF Suez	1979	9100	2698.6
Montoir de Bretagne	LNG 储罐	GDF Suez	1980	2000	2894
Soings	含水层型储气库	GDF Suez	1981	2400	201.1
Izaute	含水层型储气库	TIGF	1981	13500	1098.7
Ceimigny	含水层型储气库	GDF Suez	1982	7500	900.5
Cere la Ronde	含水层型储气库	GDF Suez	1993	2900	1500.8
Manosque	盐穴型储气库	GDF Suez	1993	8800	501.2
Fas Cavaou	LNG 储罐	GDF Suez	2009	1800	2390.3

资料来源:GIE 数据库。

法国第 1 座储气库于 1956 年开建,1965 年投入运行。其天然气储备方式以地下储气库为主,其中又以含水层型储气库为主。到 1991 年底,法国燃气公司(GAZDEFRANCE)投运了 11 座地下储气库,总库容为 $169.14 \times 10^8 m^3$,其中 9 座属于含水层型储气库,总库容为 $158.76 \times 10^8 m^3$,9 座含水层型储气库中最大的一座是于 1968 年投运的 Chemery 储气库,库容为 $69.25 \times 10^8 m^3$,埋深 1120m,有效工作气量为 $32.8 \times 10^8 m^3$。2005 年,法国共建地下含水层型和盐穴型储气库约 15 座,储备量超过 $100 \times 10^8 m^3$,可满足法国全年消费的 25%,同时可以向邻国瑞士供气。

截至 2016 年,法国共有 21 座地下储气库,总工作气量为 $125.03 \times 10^8 m^3$,占 2016 年天然气消费量的 29%,相当于 125 天的天然气消费量(表 1-4-4)。其中,含水层型储气库 16 座,工作气量达 $114.3 \times 10^8 m^3$,占法国天然气储备总工作气量的 91%;盐穴型储气库 4 座,工作气量为 $10.73 \times 10^8 m^3$,占天然气储备总工作气量的 9%;LNG 接收站 4 个,储气规模达到 $87.6 \times 10^4 m^3$。

表 1-4-4　法国天然气储气库现状

类型	数量(座)	工作气量 ($10^8 m^3$)	日采气能力 ($10^8 m^3$)	日注气能力 ($10^8 m^3$)
含水层型	16	114.3	1.7	1.04
盐穴型	4	10.73	0.53	0.094
油藏型	1	—	—	—
总量	21	125.03	2.23	1.134

资料来源：GIE 数据库。

第五节　世界储气库建设与发展的启示

世界典型国家和地区地下储气库发展均顺应了天然气产业发展规律，一般经历发展初期、快速发展期、平稳发展期三个阶段，各阶段发展特点由本国对天然气依赖程度及本国国情决定，驱动地下储气库快速发展的因素主要包括需求、资源、技术、政策、价格等方面。国外百年建库历史表明，作为天然气产业链中的重要环节，地下储气库对保障地区能源安全具有重要意义。

（1）地下储气库已成为天然气产业链中重要环节。

在欧美等发达国家，地下储气库在天然气产业链中占据重要位置，是管道公司、配气公司、消费市场等不可或缺的重要环节。地下储气库储气容量大、成本低，是季节调峰及保障天然气供气安全的主要方式和手段；同时，其在优化气田生产及提升管输效率等方面发挥了重要作用。在市场经济条件下，地下储气库的主要用途从保障供应安全逐渐发展成为盈利的工具。除此之外，地下储气库还拥有市场所不能实现的政治价值，即在极端天气条件下以及天然气供应中断的情况下，地下储气库可以保障持续供应。

（2）地下储气库工作气量占年消费量比例达10%以上，方能保障供气安全。

国外发达国家储气库建设一般经历发展初期、快速发展期和平稳发展期三个阶段，发展初期一般需13~30年，快速发展期18~46年。三个发展阶段中，储气库工作气量占年消费量比例分别为2%~4%、4%~9%和大于10%，只有工作气比例达到消费量的10%以上，才能有效保障调峰和安全平稳供气的需要。

（3）地下储气库建库类型首选气藏型，其次是盐穴型、含水层型。

根据国外建库经验，地下储气库建库类型应首选枯竭气藏型，其次是盐穴型、油藏型、含水层型。几种建库类型中，气藏型储气库工作气量最多；盐穴型储气库高峰日采气能力最大，供气能力高，调峰灵活性比较明显。从建库规模而言，当管网成熟和完善时，中小型气藏（小于$5 \times 10^8 m^3$）型储气库是地下储气库的建设主体。

（4）地下储气库选址对建库地质条件要求高，同时受市场、资源、管网等因素制约。

与其他调峰方式相比，地下储气库具有容量大、受气候影响小、安全可靠性高、削峰填谷作用明显、保障气田均衡生产、有效提高管网运行效率等优势，同时对建库地质条件要求也较高。地下储气库要求注入的天然气封得住、采得出，构造落实、埋藏深度适中、储层物性好、密封性好,并具有一定储气规模等。国外建库经验表明,建库资源分布、管网建设程度、地理位置、人口稠密程度和经济发展程度决定了地下储气库布局,同时也要考虑其他调峰手段如 LNG 接收站、管道等,合理的地下储气库布局有利于实现调峰保供效益最大化。

(5)储气库建设和达容周期较长,一般需要十几甚至几十年时间。

储气库建设一般经过立项、前期评价、设计、施工、周期性运行、达产等几个阶段,从立项到设计大概需要 2~5 年的时间;规模越大,建设周期越长,不同类型储气库建设达容时间不同,枯竭气藏型储气库建设周期一般 5 年以上,盐穴型储气库一般 8 年左右,含水层型及水淹气藏型储气库建库达容周期长达十几年甚至几十年。因此,综合考虑天然气工业发展、管网完善程度、复杂建库地质条件、储气库建设以及后期达容调峰能力存在时间差,储气库建设应早规划、早研究、早建设、早运行。

参 考 文 献

[1] 27th World Gas Conference. Triennium Work Report June 2018. Stotage Committee. Study Groupe 1. UGS DataBase[R]. 第 27 届世界天然气大会 WGC Washington DC,2018.
[2] BP. Statistical Review of World Energy—2017—Full report[R]. 2017:20 – 23.
[3] 丁国生. 全球地下储气库的发展趋势与驱动力[J]. 天然气工业,2010,30(8):59 – 61.
[4] 李伟,杨宇,徐正斌,等. 美国地下储气库建设及其思考[J]. 天然气技术,2010,4(6):3 – 5.
[5] 潘楠. 美欧俄乌地下储气库现状及前景[J]. 国际石油经济,2016,24(7):80 – 92.

第二章　中国已建天然气地下储气库

中国从20世纪90年代开始开展地下储气库研究设计工作,于2000年投入运行的天津大港油区大张坨储气库是国内第一座投入商业化储气库。之后,又利用枯竭的板876、板中北等4座气藏改进储气库,形成了包括5座储气库的天津板桥库群,重点是配套陕京长输管道保障首都北京稳定供气。2005年,在江苏金坛地区开展国内第一座盐穴储气库——金坛储气库的研究设计工作,分期开展工程建设和水溶造腔。

随着国内天然气消费市场的迅猛增长和长输管道的快速发展,天然气季节用气峰谷差持续扩大,调峰保供需求日益紧迫。为缓解用气紧张局面和保障国家能源安全,2010年,中国石油、中国石化等单位全面加快储气库选址设计和工程建设工作,储气库建设进入了新的快速发展阶段,2012—2014年,先后投运了河南文96、新疆呼图壁、西南相国寺等7座库群共13座储气库。

国内储气库经过20年发展建设,目前已建成气藏型和盐穴型两类储气库共25座,按地域可分为10座库群,分布在东北、环渤海、长三角、中南等7大区,具体包括东北地区辽宁双6储气库、环渤海地区天津大港(包括板桥和京58两座库群,共10座储气库)和河北苏桥库群(苏1、苏4和顾辛庄等5座储气库)、长三角地区江苏金坛储气库和刘庄储气库、中南地区河南文96储气库、西南地区重庆相国寺储气库、西北地区新疆呼图壁储气库和中西部地区陕西陕224储气库。除文96储气库由中国石化建设外,其余储气库均由中国石油建设运行,目前22座储气库已建成调峰能力超$100\times10^8m^3$,调峰覆盖10余省市,大大缓解了冬季用气紧张局面。

第一节　双6多层系气顶带油环砂岩储气库

东北是我国冬季天气最为寒冷的地区之一,天然气消费冬夏峰谷差大,调峰需求旺盛。通过前期筛选评价,确定了大庆油田四站朝51、吉林油田双坨子和辽河油田双6气藏等建库目标。根据地质特点、地理位置、配套输气管道和市场调峰需求,2010年首先启动了双6气藏改建储气库研究工作,主要应用了圈闭密封评价、分区库容参数优化设计、低压储层钻完井及储层保护等关键技术,完成了建库方案优化设计和工程建设。2014年储气库顺利投入运行,成为目前东北地区唯一投运的储气库,其位于辽宁省盘锦市盘山县,功能定位为秦皇岛-沈阳天然气管道季节调峰。

一、地质概况

（一）地层特征

双6气藏完钻井揭露地层自下而上依次为古近系沙河街组和东营组,新近系馆陶组和明化镇组,第四系平原组。兴隆台油层发育于E_3s_1—E_3s_2层位,是该区的主要目的层,其为一套灰白色砾岩、砾状砂岩、含砾砂岩、砂岩为主夹灰白色粉砂、深灰色泥岩沉积,复合正旋回沉积特点,中下部岩性粗、单层厚度大(图2-1-1)。

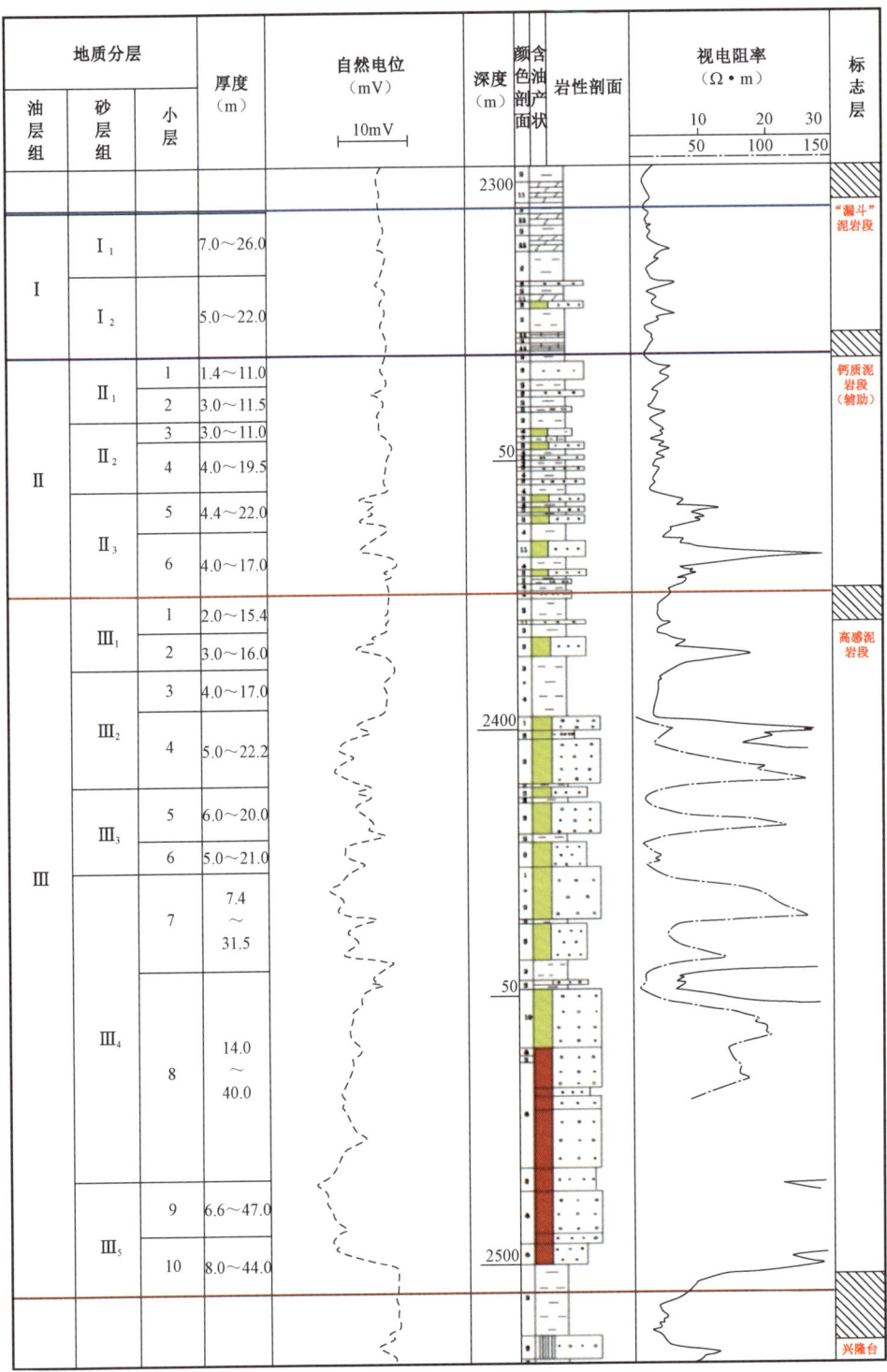

图 2-1-1 双 6 气藏地质分层及岩性剖面图

兴隆台油层发育"漏斗"泥岩、高感泥岩两个对比标志层和钙质泥岩段、兴隆台底部泥岩段两个辅助对比标志层。依据上述对比标志层的控制,以地层岩性与电性的旋回韵律性,逐级将兴隆台油层划为3个油层组、10个砂层组。

(二)构造特征

双6气藏位于双台子断裂背斜带中部的主体部位,构造面积约15km²,由北部的双29-26断层和南部的双607断层所夹持,内部由近东西和北东向两组断层分割成大小不等的6个断块,其主体由双6、双67两个北东倾没的断鼻构造组成。双6、双67两个断块表现为占据构造高点的构造核心部位,断鼻形态较完整,构造面积大(图2-1-2、表2-1-1)。

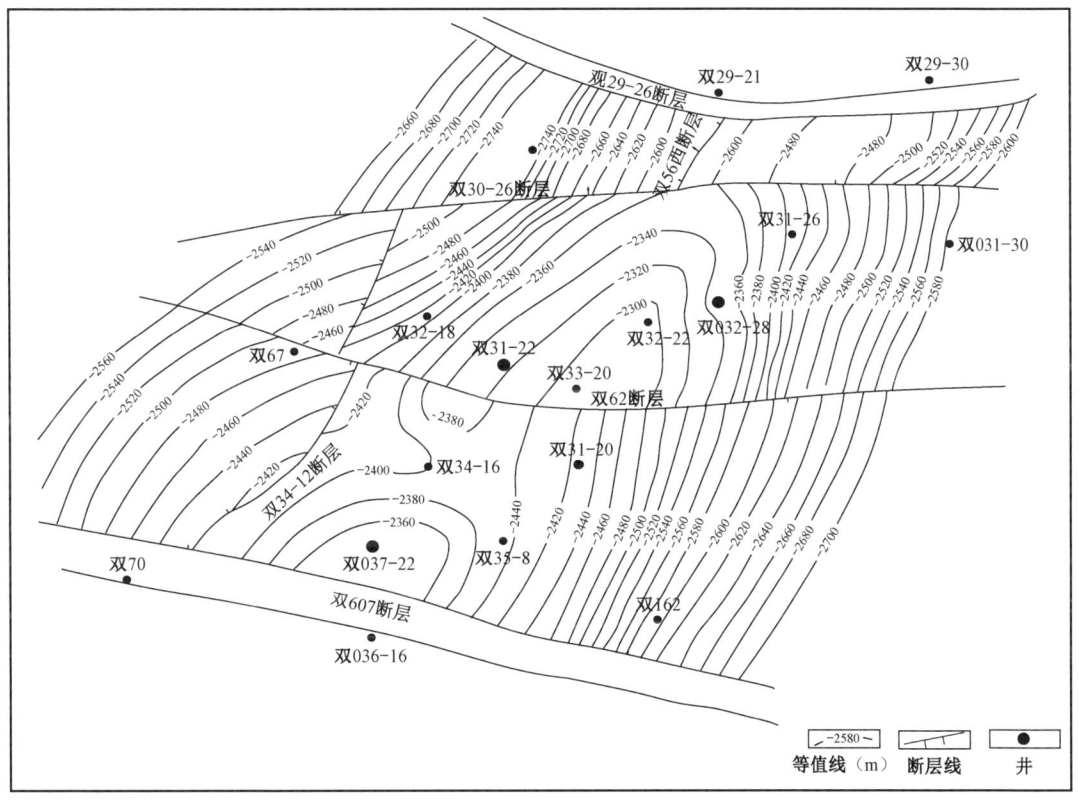

图2-1-2 双6气藏兴隆台油层顶界构造图

表2-1-1 双6储气库断层要素统计表

断层名称	走向	倾向	倾角(°)	断距(m)	延伸长度(km)
双29-26	近EW	S	65~70	100~150	2.5
双56西	NE	NW	70	80	0.7
双30-26	EW	N	70	70~150	5.0
双62	EW	S	70	70~100	5.0
双34-12	NE	NW	70	50	2.0
双607	近EW	S	45~60	100~200	5.0

(三)密封条件

1. 盖层密封性

1)宏观评价

兴隆台油层上覆盖层为一套巨厚质纯泥岩、油页岩、钙质页岩沉积,沉积厚度大,分布广,呈东厚西薄的特点。主体部位盖层厚度200~400m,盖层厚度远大于本区断层的50~100m的断距。从岩性、厚度和压力条件分析,盖层宏观封闭条件较好。

2)微观评价

双6气藏泥岩盖层孔隙度7.7%~9.3%,渗透率分布在0.0007~0.04mD,岩心测试突破压力分布在3~5MPa。盖层黏土矿物以伊/蒙混层为主,含量71%~82%,其次为伊利石,而高岭石和绿泥石含量不高,混层比一般45%~65%。从微观储渗物性和气体突破压力等方面综合分析,认为直接盖层具有良好的微观封闭能力。

2. 断层封闭性

双台子长轴背斜被一组近东西向断层切割为阶梯状的5个大的三级断块(区块),双6区块是其中之一,位于二级背斜构造带的构造高部位。

双67块南部双607边界断层最大断距可达200m左右,南部双7块的油气界面与油水界面均低于双67块,明显表现为两套不同的压力和油气水系统,双67块油气层与泥岩对接,证明该断层为封闭性断层。

双6块北部的双30-26断层,断距70~150m。双6块为大气顶边水油环状油气藏,北部的双55块和双56块均为底水油藏,且油水界面与双6块有差异,各为独立的油、气、水系统。开发动态资料也证实两块不属同一压力系统,表明该断层密封。

双34-12断层为双6块和双67块的西部边界断层,虽然断距不大(50m左右),但断层两边的油、气、水关系有明显差异,认为该断层为封闭性断层。

(四)储层特征

1. 岩矿与物性特征

兴隆台油层储层岩性以含砾中粗砂岩、不等粒砂岩、砾状砂岩为主,孔隙度一般5%~26.8%,平均17.3%,渗透率平均224mD,粒度中值平均0.44mm,属中孔隙度、中渗透率储层。

2. 宏观分布特征

兴隆台油层地层厚度一般在175~200m,工区北部和中部厚度较大。其中兴Ⅲ油组地层厚度一般在75~100m,工区中间部位厚度较大。兴Ⅱ油组地层厚度一般在30~50m,地层厚度北部较厚,中部较薄,一般小于30m。兴Ⅰ油组地层厚度一般在40~50m。

双6气藏单井气层厚度30~50m,最厚106m(双32-22井)。油气层受沉积条件控制明显,在旋回的下部较发育,具体表现在Ⅱ、Ⅲ油层组气层厚度大,叠加连片分布。Ⅰ油组气层较薄,呈条带状分布(图2-1-3)。

3. 气藏类型

双6块和双67块兴隆台油层整体为层状复合型块状油气藏特点,按圈闭成因分类均为

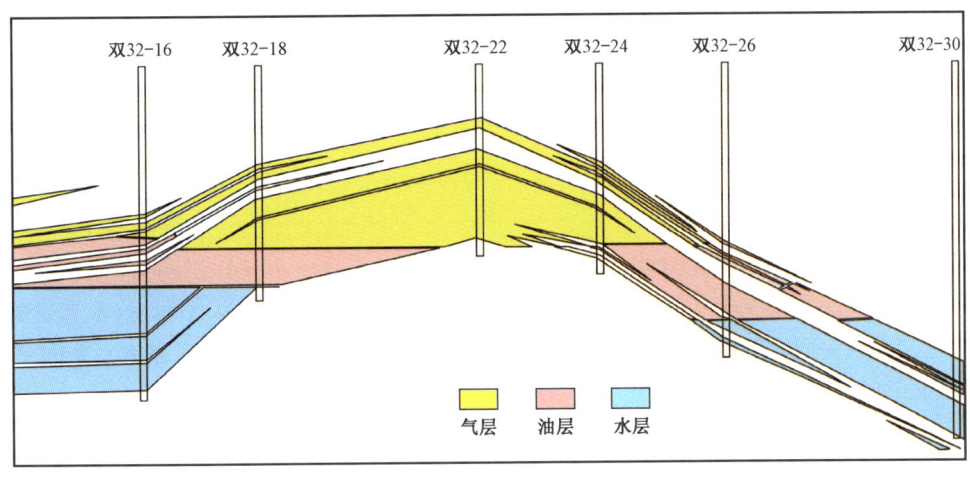

图 2-1-3 双 6 气藏储层剖面图

"断层遮挡的屋脊状断鼻构造油气藏"。

断块内有统一的油、气、水界面和压力系统。具体到以单层为单元的油、气、水分布可见气顶边(底)水油层、边(底)水油层、层状纯油气层、砂体尖灭遮挡油气层、物性(主要为致密砂层)遮挡油气层等多种表现形式。兴隆台油层中部原始平均地层压力 24.27MPa,平均压力梯度 0.978 MPa/100m,油层温度 88~90℃,地温梯度 3.09~3.21℃/100m。

二、气藏开发特征

(一) 开发历程

双 6 气藏于 1980 年投入开发,截至改建储气库前,经历了上产、稳产、递减三个阶段。截至 2008 年,共有各类老井 41 口,投产油气井 33 口,日产油 0.24t,日产气 $2.9 \times 10^4 m^3$,累计产气 $51.63 \times 10^8 m^3$,其中气层气 $40.89 \times 10^8 m^3$。容积法复核储量采出程度 90.65%,溶解气 $10.74 \times 10^8 m^3$,采出程度 70.47%。累计产油 $171.25 \times 10^4 t$,采出程度 24.62%。

(二) 动用储量

地质储量计算在纵向上以油层组为单元,平面上以小断块为单元,采用容积法计算原油地质储量 $695.6 \times 10^4 t$,溶解气地质储量 $15.2 \times 10^8 m^3$。天然气地质储量 $45.1 \times 10^8 m^3$,凝析油地质储量 $121.5 \times 10^4 t$。

三、储气库建库方案[1]

(一) 建库地质

双 6 储气库设计运行上限压力 24MPa,下限压力 10MPa,库容量 $33.0 \times 10^8 m^3$,工作气量

---

[1] 潘洪灏,闵忠顺,王丽君,等. 2010. 辽河油田双 6 区块气驱采油及秦皇岛—沈阳天然气管道配套储气库工程初步设计[R]. 中国石油辽河油田分公司,辽宁,盘锦.

$16.0×10^8m^3$,垫气量 $20.0×10^8m^3$,其中基础垫气量 $6.0×10^8m^3$,附加垫气量 $11.0×10^8m^3$。设计注气周期150d,采气周期165d,平衡期合计50d,最大日采气量 $1500×10^4m^3$,最大日注气量 $1200×10^4m^3$。

(二)钻完井

1. 井身结构

定向井和水平井井身结构均采用三开井身结构(图2-1-4和图2-1-5):采用 $\phi508mm$ 导管下深50m,$\phi339.7mm$ 表层套管封馆陶组以下50m,$\phi244.5mm$ 技术套管封至目的层顶部 $1\sim2m$,水平井采用 $\phi177.8mm$ 油层套管、$\phi168.3mm$ 筛管完井,定向井采用 $\phi177.8mm$ 油层套管固井完井。

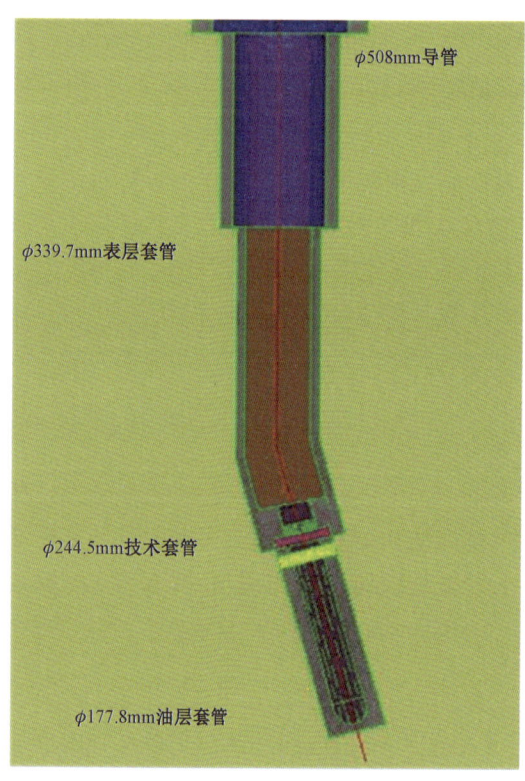

图2-1-4 直井井身结构

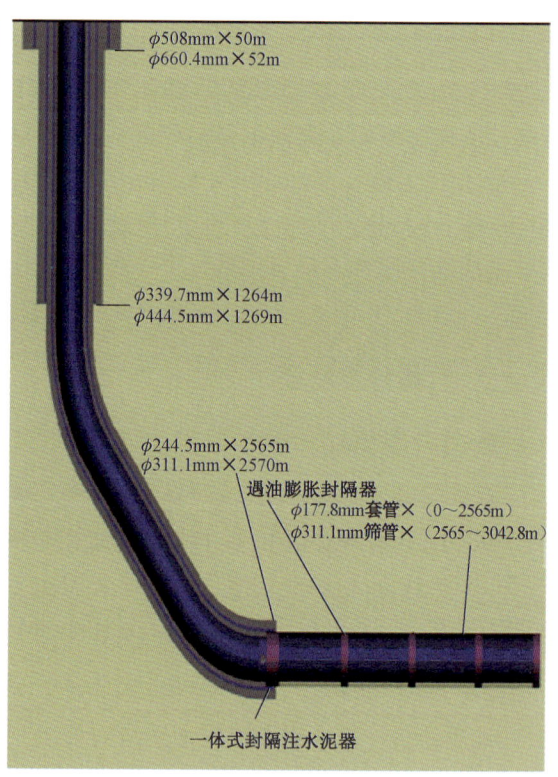

图2-1-5 水平井井身结构

2. 钻井液

导管采用普通水基膨润土钻井液,一开使用无机盐凝胶钻井液,二开使用聚合物分散钻井液,三开使用无固相钻井液。生产管柱:定向井采用 $\phi88.9mm$ 油管,水平井采用 $\phi114.3mm$ 油管;采用VAM-TOP螺纹,材质选用L80。

3. 井口装置

选用35MPa、EE级井口装置。

(三) 地面工程

地面工程主要包括储气库集输系统、集注站、双向输气管道、储供中心综合基地等,总注气规模 $1200 \times 10^4 \mathrm{m}^3/\mathrm{d}$,采气规模 $1500 \times 10^4 \mathrm{m}^3/\mathrm{d}$。

地面主体工艺采用注采管道分开设置,采气期采用多井轮换计量、气液混输、开井初期多井轮换加热防冻工艺;集注站烃水露点控制采用 J-T 阀节流制冷+注乙二醇防冻工艺,集注站凝析油、产出水及混烃统一输往双一联合站处理。

四、周期注采运行简况

双 6 储气库 2014 年 4 月顺利投运,截至 2018 年 3 月调峰采气结束,储气库已经历 4 个注采周期,目前进入第 5 注采周期注气阶段。截至 2018 年 3 月采气末,双 6 储气库累计注气 $34.0 \times 10^8 \mathrm{m}^3$,累计采气 $14.1 \times 10^8 \mathrm{m}^3$,在区域天然气调峰保供中已发挥重要作用。

第二节 板桥枯竭水侵砂岩储气库群

板桥储气库群位于天津市滨海新区大港油田,距离首都北京 100 多千米,距离天津 40 多千米,正好处于京津冀城市群天然气调峰有利的安全输送范围内。20 世纪 90 年代,中国石油启动了库址目标筛选和建库工程,应用复杂水侵砂岩储层库容参数评价技术、多周期运行优化评价技术,于 2000 年建成投产了我国第一座储气库——大张坨储气库,并于 2007 年陆续建成并投产了板 876、板中北、板中南、板 808 和板 828 储气库,形成了我国第一批商业储气库群,大大缓解了环渤海地区用气紧张局面,保障了天然气供应安全。

一、地质概况

(一) 地层特征

板桥库群整体处于大港油田千米桥构造带的中部和南部,除大张坨外,其他 5 座储气库均由水淹枯竭砂岩气藏改建而成。储层为古近系沙河街组 4 套含油气层系(沙一中亚段、沙一下亚段、沙二段、沙三段),沙一段上部到沙三段为主要产层,其中沙一下亚段板 Ⅱ 油组为主要凝析油气层,埋深 2660~2960m。建库目的层主要为本区的主力含气层系—古近系沙一下亚段板 Ⅱ 油组的砂岩储层(图 2-2-1)。

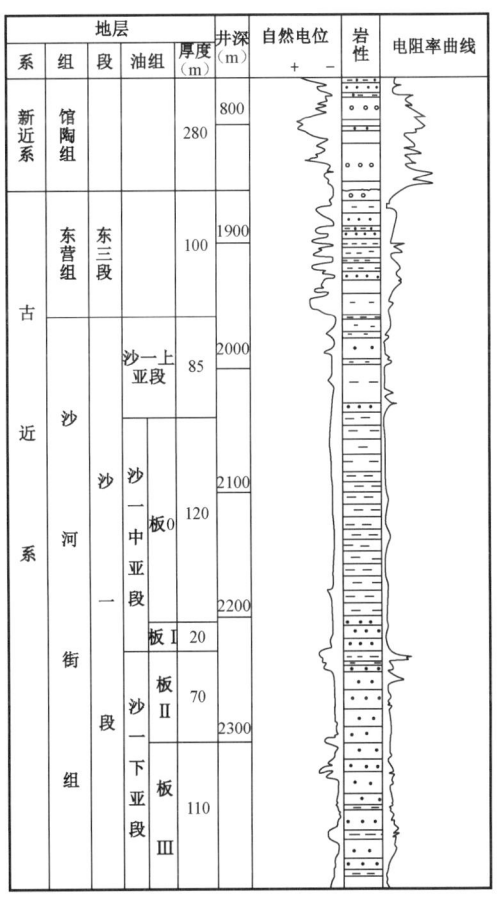

图 2-2-1 板 876 断块地层剖面图

(二)构造特征

库群位于大港二级构造带的东北倾没端,西临板桥凹陷,南以滨北断层与港中开发区相接,东与白水头断块以断层相隔(图2-2-2)。区内有板桥、大张坨和白水头三条北东向大断层,将构造分割为5个自然区块,即板北、板中、板南、白水头断块和大张坨鼻状构造。板北即板桥断层以北的下降断块;板中位于板桥断层与大张坨断层之间,由南、北两高点组成;板南位于大张坨断层之南和板中东断层之西;构造东侧为白水头,西侧为大张坨。

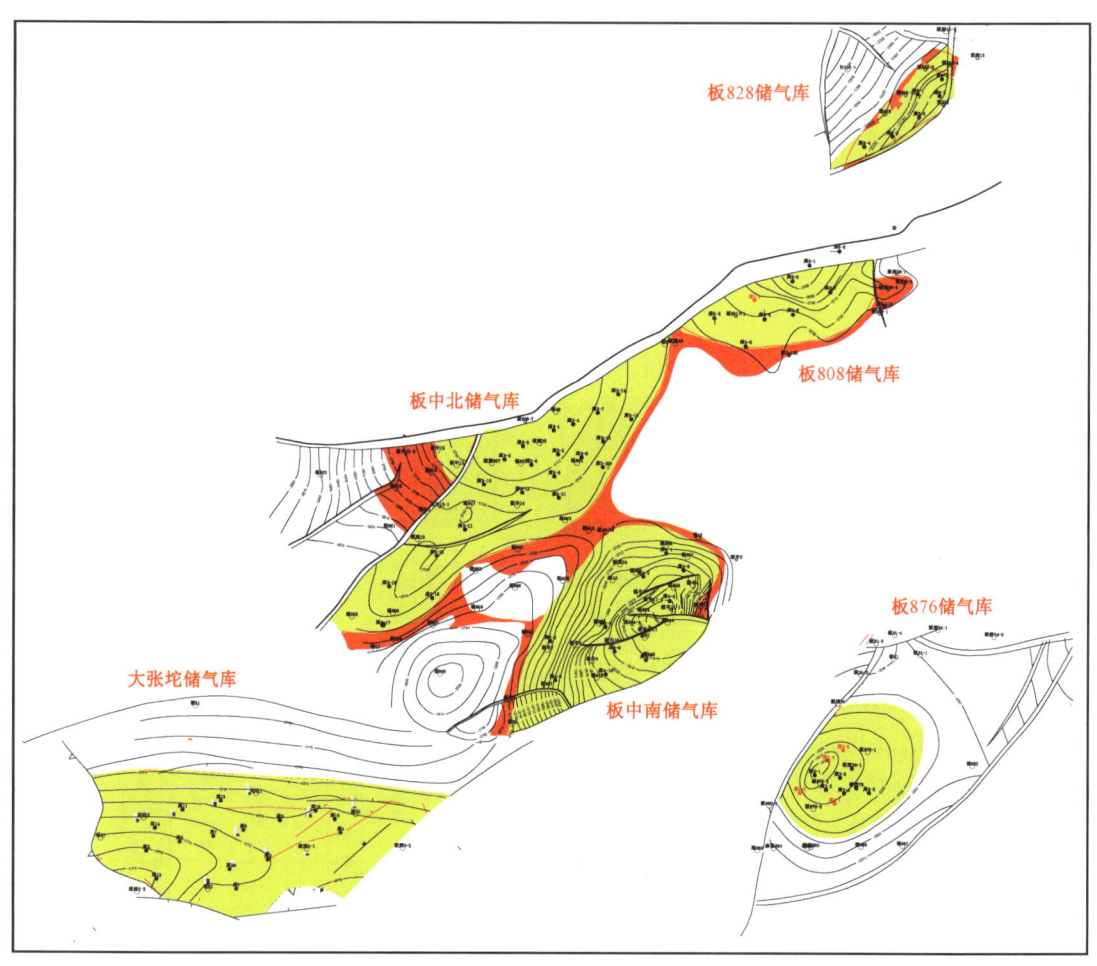

图2-2-2 板桥库群平面分布图

(三)圈闭密封条件

1. 大张坨

大张坨发育7条断层,其中东部大张坨断层为长期发育的同沉积正断层,控制板桥油气田构造形成和地层的沉积及油气分布,断距200~770m,上下盘所对应的岩性和含油气特征明显不同,封闭性较强。其余6条断层均为大张坨断层派生的内部断层,规模较小,走向北东东向或东西向,断距15~30m,对油气分布不起控制作用。

大张坨区域盖层为板Ⅱ油组上部沙一中亚段和沙一上亚段,总厚度400~800m,其中沙一中亚段的板0油组以暗色泥岩为主,厚度超过200m。应用压汞法求取排驱压力,饱和度中值压力大于99.55MPa,邻区板Ⅱ油组泥岩样品排驱压力3.70~11.00MPa,饱和度中值压力24.46~61.94MPa,具有较强封闭能力。

2. 板876

板876构造简单完整,共发育5条断层,其中北部大张坨断层为北东走向控制断层,倾角35°~53°,断距200~770m。板21-1东断层走向东西,掉向北,断距大于100m。板深30断层、板887断层和板882北断层均走向近北东,掉向南东,断距小于50m。根据破裂压力实验和生产动态,该区域断层具有较好的封闭性。盖层与大张坨属同一区域盖层,具有较好的封闭能力。

3. 板中北

板中北控制断层为北部的板桥断层与南部的大张坨断层,其中板桥断层走向北东东,断距50~300m,大张坨断层为北东走向控制断层,倾角35°~53°,断距200~770m,均具有较好的封闭能力。板816井断层及板818井断层为板桥断层的两条派生断层,规模较小,走向北东,与板桥断层呈35°~45°夹角,延伸长度1.5~3.5km,断距15~30m,对局部流体渗流起一定的遮挡作用,但对整个气藏的油气渗流影响不大。盖层与大张坨属同一区域盖层,具有较好的封闭能力。

4. 板中南

板中南高点气藏边界断层只有南部的大张坨断层,在本区断距大于200m,上下盘所对应的岩性和含油气特征差异大,封闭能力强,开启活化可能性较小。派生5条内部断层,规模较小,其中板844井断层断距较大(约70m),对油气分布起控制作用。板中17井和板新中11井断层为构造运动后期形成的晚期小断裂,延伸1.0km,断距小于15m,它对局部流体渗流起一定遮挡作用,但对整个气藏油气渗流影响不大。盖层与大张坨属同一区域盖层,具有较好的封闭能力。

5. 板808

板808断块位于板中断块中部,西临板桥坳陷,西南与板中北高点相连,北部以板桥断层为边界。控制断层具有较好的封闭作用。由其派生的板850-1井断层,规模较小,延伸0.95km,断距小于20m,它对局部流体渗流起一定遮挡作用,但对整个气藏油气渗流影响不大。盖层与大张坨属同一区域盖层,具有较好的封闭能力。

6. 板828

断块内发育了2条小断层,断距为20m,延伸距离较短,仅对局部油气起控制作用。板Ⅳ上油组上部沙一下亚段板Ⅱ和板Ⅲ油组平均总厚度230m,为大段砂泥岩互层,板Ⅱ油组砂地比为0.2,板Ⅲ油组砂地比为0.1,可以起到区域盖层封闭作用。

(四)储层特征

板桥库群属构造油气藏,除大张坨外,其他5座储气库均由水淹枯竭型气藏改建而成,属正常温压系统的高含凝析油气藏。储层埋藏深度2200~3200m,岩性为粉砂—细砂岩,储集空间以孔隙为主,兼有裂隙和裂缝。储层物性中等,孔隙度14%～26%,平均22%,渗透率64～809mD,纵向上物性变化大,储层非均质性强(表2-2-1)。凝析油具有"四低一高"的特点,四低即密度低(0.72～0.78g/cm³),地面黏度低,均小于2mPa·s,凝固点低,在0℃以下,初馏点低(65℃);一高是指300℃以前的馏分含量高。凝析油含量407g/m³。天然气相对密度0.5802～0.7673,甲烷含量72.59%～95.36%,含少量的CO_2、H_2S和N_2。边水发育,属于弱-中边水凝析气藏。

表2-2-1 大港板桥库群储层参数表

气藏	大张坨	板876	板中北	板中南	板808	板828
建库层位	板Ⅱ	板Ⅱ	板Ⅱ	板Ⅱ	板Ⅱ/板Ⅳ	板Ⅳ
孔隙度(%)	20.5	18.2	24.0	24.0	23.9	18.0
渗透率(mD)	126.0	135.6	240.6	189	346.5	67
非均质性	强	强	强	强	强	强

二、气藏开发特征

(一)开发历程

大张坨凝析气藏于1975年5月由板52井钻探发现,于1994年6月开始试采,经历了试采(1994年6月至1994年12月)和循环注气保持压力开发(1995年1月至1999年12月)两个阶段(图2-2-3)。到2000年2月底,全断块共有采气井5口,开井4口,累计产油26.2×10⁴t,净产干气1.7×10⁸m³,水2.8×10⁴m³,建库前地层压力19.55MPa,总压降5.5MPa。

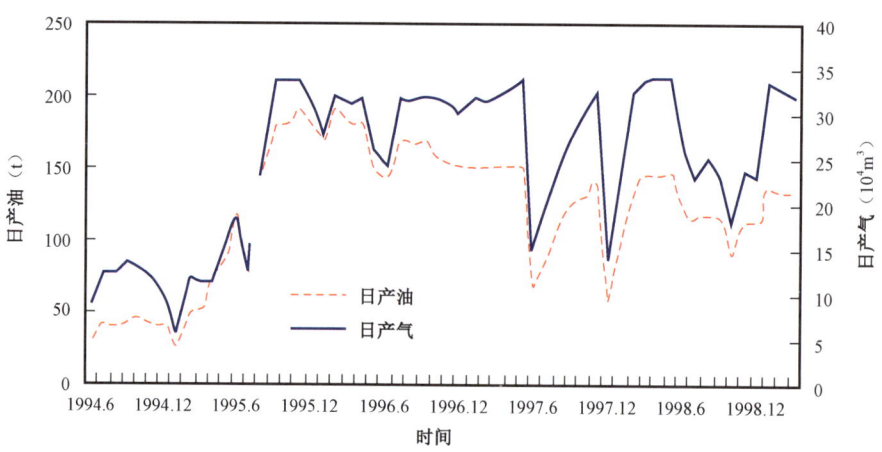

图2-2-3 大张坨凝析气藏开发曲线

板876气藏于1979年3月投产,共完钻采气井3口,开发初期经历高速开发阶段(1979年12月至1987年),地层压力直线下降,1988年后仅板876-2井采气运行(图2-2-4)。截至1995年3月,全部关井,累计采出凝析油1.45×10⁴t、气2.7×10⁸m³、水7387m³。

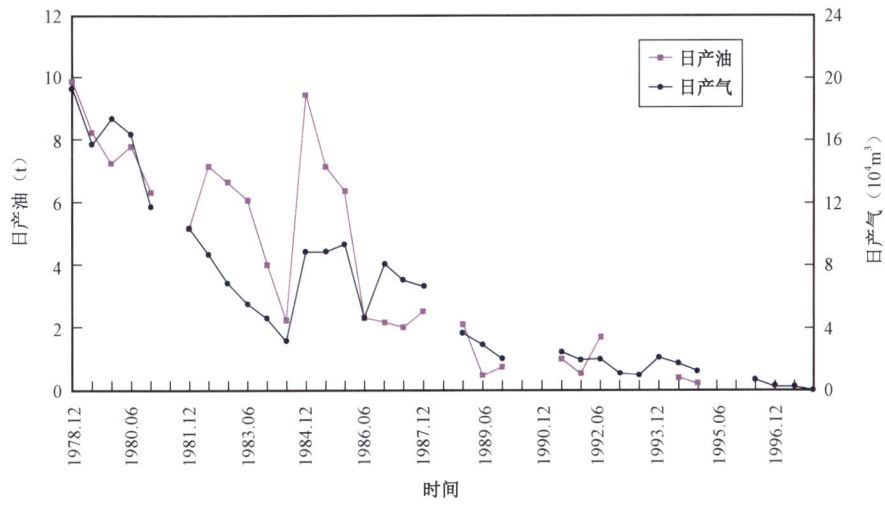

图 2-2-4 板 876 断块开发曲线

板中北气藏自 1973 年 12 月投产、1978 年开发,经历了产能建设(1974 年 1 月至 1978 年 12 月)、稳产(1979 年 1 月至 1981 年 12 月)和递减(1982 年 1 月至 1997 年 12 月)三个开发阶段(图 2-2-5),共完钻 18 口油气井。截至 1997 年底,累计采油 $68.76×10^4 t$、气 $20.8×10^8 m^3$,油采出程度 24.6%,气采出程度 61%,建库前地层压力 11.5MPa。

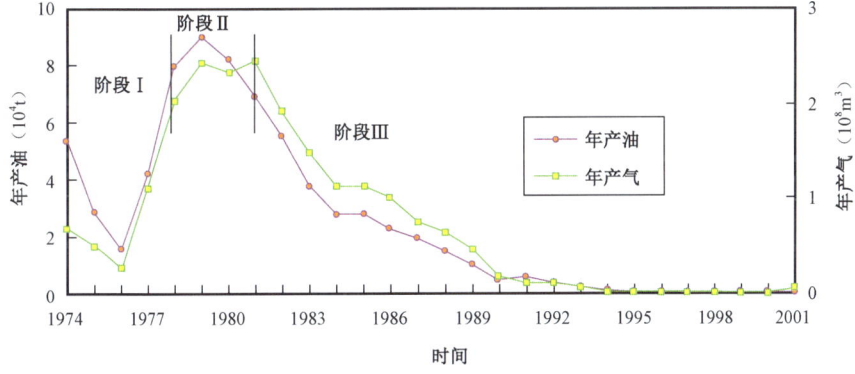

图 2-2-5 板中北断块开发曲线

板中南气藏自 1974 年 11 月投产、1977 年开发,经历了产能建设(1974 年 11 月至 1979 年 12 月)、稳产(1980 年 1 月至 1982 年 12 月)、产量递减(1983 年 1 月至 1994 年 12 月)和注水开发(2001 年 3 月至 2004 年 7 月)四个阶段(图 2-2-6),共完钻 18 口油气井,其中气井 17 口,油井 1 口,累计采油 $19.67×10^4 t$、气 $7.4×10^8 m^3$,油采出程度 18%,气采出程度 39%。建库前地层压力为 22MPa。

板 808 断块板Ⅱ油组于 1974 年 8 月投产开发,在 1974—1982 年间,断块主要以产油为主,1982 年以后以产气为主,共完钻 10 口井,其中气井 4 口、油井 6 口(图 2-2-7 和图 2-2-8)。截至 2005 年 2 月,合计产油 $13.50×10^4 t$,采油程度 10.8%;合计产气 $5.6×10^8 m^3$,采气程度 70.7%;累计产水 $26.4×10^8 m^3$。

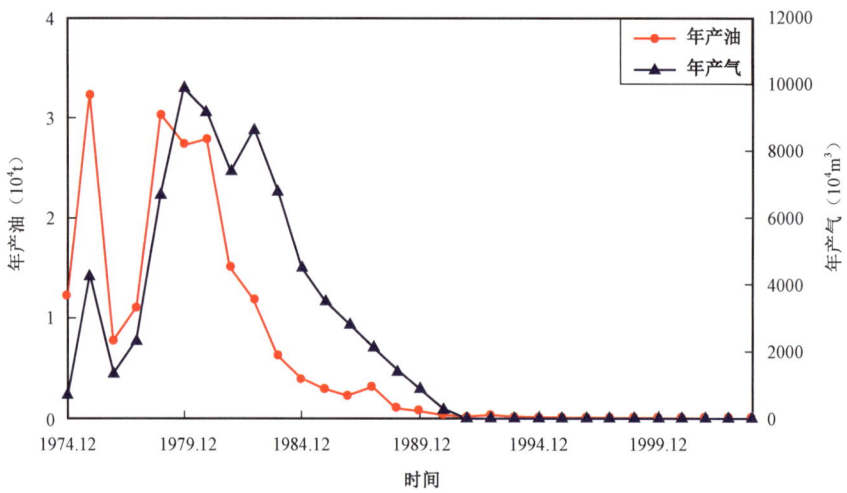

图 2-2-6 板中南断块开发曲线

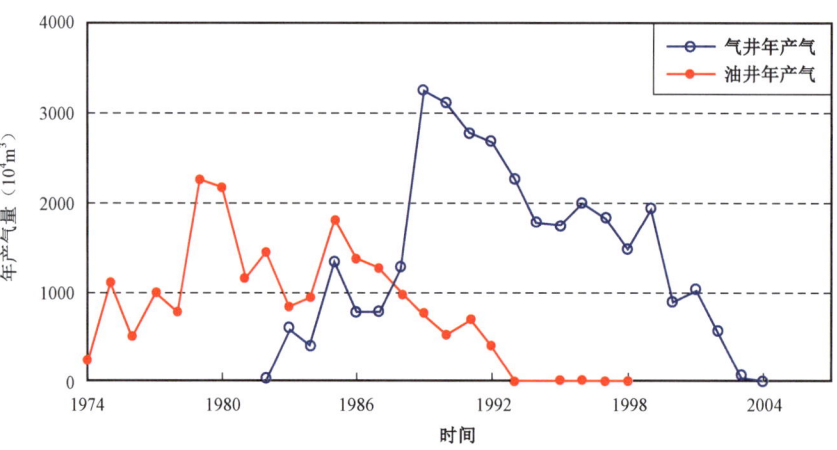

图 2-2-7 板 808 断块板 Ⅱ 油组年产气量图

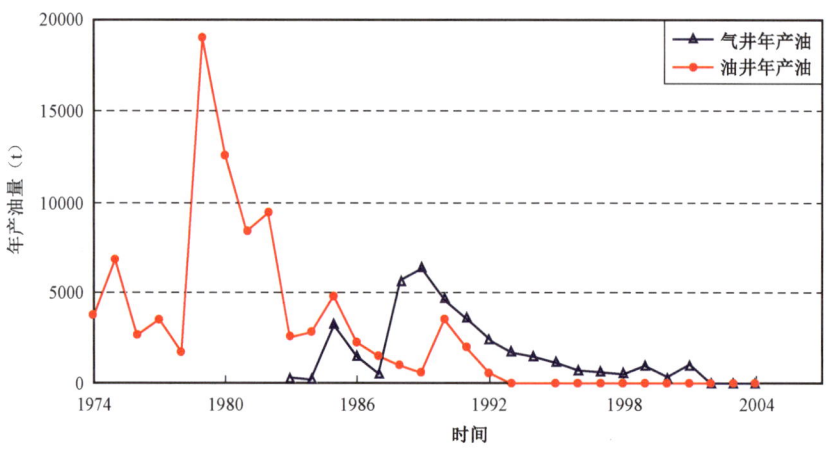

图 2-2-8 板 808 断块板 Ⅱ 油组年产油量图

板828断块板Ⅳ上油组于1979年投产开发,经历了天然能量衰竭式开采(1979年2月至2000年12月)和注水开发(2001年1月至2005年2月)两个阶段(图2-2-9)。截至2005年2月,共完钻油井8口,累计产油9.5×10^4t、气$3.7 \times 10^8 m^3$、水$4.9 \times 10^4 m^3$。

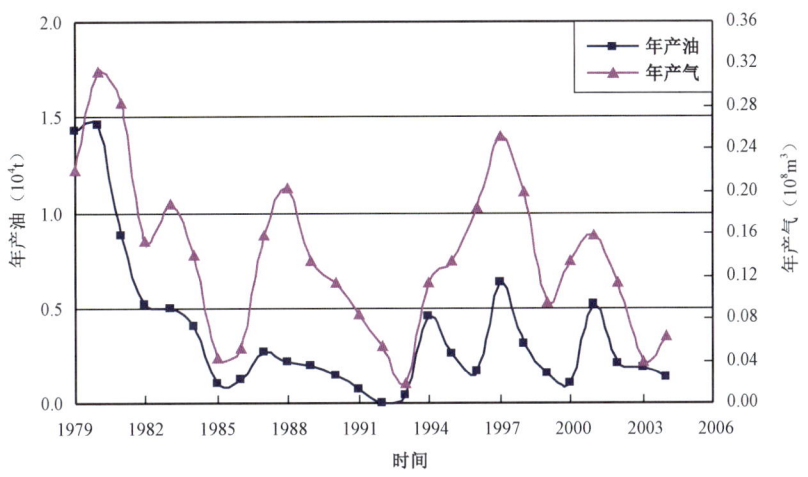

图2-2-9 板828断块板Ⅳ上油组开采历程曲线

(二)动态储量

库群整体为弱—中等边水断块凝析气藏,采用容积法和压降法得到天然气地质储量(表2-2-2),库群容积法天然气地质储量$76.11 \times 10^8 m^3$,压降法地质储量$71.31 \times 10^8 m^3$。其中大张坨、板876、板中北、板中南、板808、板828容积法天然气地质储量分别为$14.87 \times 10^8 m^3$、$5.36 \times 10^8 m^3$、$28.89 \times 10^8 m^3$、$17.29 \times 10^8 m^3$、$4.62 \times 10^8 m^3$和$5.08 \times 10^8 m^3$,压降法地质储量分别为$15.50 \times 10^8 m^3$、$4.29 \times 10^8 m^3$、$29.94 \times 10^8 m^3$、$10.3 \times 10^8 m^3$、$4.44 \times 10^8 m^3$和$6.84 \times 10^8 m^3$。

表2-2-2 板桥断块储量计算结果

储气库	层位	原始压力(MPa)	天然气储量($10^8 m^3$)	
			容积法	压降法
大张坨	板Ⅱ	29.77	14.87	15.50
板876	板Ⅱ	22.5	5.36	4.29
板中北	板Ⅱ	29.77	28.89	29.94
板中南	板Ⅱ	30.32	17.29	10.3
板808	板Ⅱ/板Ⅳ	29.09	4.62	4.44
板828	板Ⅱ	38.04	5.08	6.84
合计			76.11	71.31

三、储气库建库方案

大港储气库群位于大港油田千米桥构造带的中部和南部,除大张坨外,其余5座均由水侵砂岩气藏改建而成,建库层位主要为沙一下亚段板Ⅱ油组,设计库容量$69.98 \times 10^8 m^3$,工

作气量 $30.30 \times 10^8 m^3$，新钻井 72 口，板Ⅱ油组运行压力区间为 13.0~30.5MPa，板Ⅳ油组运行压力区间为 15~37MPa，最大日应急调峰能力 $3400 \times 10^4 m^3$，最大日注气能力 $1755 \times 10^4 m^3$（表 2-2-3）。

表 2-2-3　板桥储气库群设计参数

设计参数	大张坨	板 876	板中北	板中南	板 808	板 828	合计
设计库容量（$10^8 m^3$）	17.81	4.65	24.48	9.71	7.64	4.69	68.98
设计工作气量（$10^8 m^3$）	6.00	1.89	10.97	4.70	4.17	2.57	30.3
设计附加气垫气量（$10^8 m^3$）		0.95	4.20	0.46	1.78	0.58	7.97
设计运行压力（MPa）	13.0~30.5（板Ⅱ）	13.0~26.5（板Ⅱ）	13.0~30.5（板Ⅱ）	13.0~30.5（板Ⅱ）	13.0~30.5（板Ⅱ）15.0~37.0（板Ⅳ）	15.0~37.0（板Ⅳ）	
注采井数（口）	19	11	21	10	11	6	78

四、周期注采运行

2000 年大张坨储气库投产运行，2006 年 6 座库群全部投运。截至 2017 年 3 月采气末，累计注采 17 个周期，共注气 $217.9 \times 10^8 m^3$，采气 $190.6 \times 10^8 m^3$，最大日注气量 $1644 \times 10^4 m^3$，最大日采气量 $2459 \times 10^4 m^3$。板桥库群从 2000 年投产，初期仅大张坨注采运行，库存量 $10.89 \times 10^8 m^3$。在多周期注采运行过程中，随着储气库陆续建成投运及已建库扩容，库存量呈现快速增加趋势（表 2-2-4），库群设计库容量为 $68.98 \times 10^8 m^3$，目前实际总库容量达到 $72.3 \times 10^8 m^3$，超过方案设计。库群目前仍处于扩容阶段，注采气能力不断提高，随着达容工程实施，板桥库群库容量将进一步提高。

表 2-2-4　板桥储气库注末库存量表

周期	库存量（$10^8 m^3$）						
	大张坨	板 876	板中北	板中南	板 808	板 828	库群
设计	17.81	4.65	24.48	9.71	7.64	4.69	68.98
2001—2002 年度	10.89						10.89
2002—2003 年度	11.50	2.95					14.45
2003—2004 年度	11.81	3.35	11.47				26.63
2004—2005 年度	12.01	3.63	15.07				30.71
2005—2006 年度	12.05	3.84	16.34	6.31			38.54
2006—2007 年度	12.19	3.90	17.85	7.11	3.63		44.68
2007—2008 年度	12.18	4.00	19.07	8.10	5.71	4.39	53.46
2008—2009 年度	12.36	3.93	19.94	9.09	7.43	4.75	57.51

续表

周期	库存量($10^8 m^3$)						
	大张坨	板876	板中北	板中南	板808	板828	库群
2009—2010 年度	12.60	4.06	20.11	10.22	8.59	5.00	60.58
2010—2011 年度	12.65	4.07	20.82	10.62	9.18	4.94	62.28
2011—2012 年度	12.80	4.12	21.95	10.95	9.27	4.94	64.02
2012—2013 年度	13.03	4.19	23.21	11.50	9.11	4.90	65.93
2013—2014 年度	13.05	4.29	24.37	11.87	9.64	4.85	68.07
2014—2015 年度	13.25	4.44	25.65	12.13	10.09	4.96	70.53
2015—2016 年度	13.44	4.60	25.67	12.34	10.84	5.04	71.92
2016—2017 年度	13.30	4.55	25.87	12.62	11.02	4.95	72.30

板桥库群由水侵砂岩气藏改建,由于强非均质水淹储层建库及多周期注采运行渗流机理复杂,孔隙空间动用率较低,注气结束时气相主要分布中等以上孔喉中,细喉主要被束缚水所占据,气驱扩容效率低,同时存在死气区,部分库存量未有效参与采气过程,降低了运行效率,且排液扩容周期较长,要达到设计工作气量是一个长期缓慢的过程。

根据地下储气库强注强采、注采循环的特征,储气库调整井网布置时要突出体现短期强注强采的要求,在平面布置上不仅应考虑储层发育区,也要兼顾储层发育相对差和水淹区域,以扩大气驱波及效率,提高库容动用程度。以板中南储气库为典型代表,在砂体发育、储层物性较好区域以两个井组形式部署注采井网,对储层物性相对较差、非主体部位控制较差,现有注采井网系统对库存控制程度较差,难以满足高效调峰采气要求。

第三节 板南复杂断块砂岩储气库群

板南库群包含白6、白8和板G1储气库,3座储气库均位于天津市滨海新区内,独流碱河以北,距天津市约45km处。主要为陕京输气管道系统的配套设施,通过大港分输站、港清线和港清复线在永清站与陕京一线、陕京二线和陕京三线连通,主要承担陕京输气管道系统下游用户冬季用气调峰任务。

板南库群是我国于2010年同批启动的6座商业储气库之一。自2009年开始选址,应用圈闭动态密封性评价技术、复杂断块储气库库容评价技术、库容参数设计及优化技术和储气库优快钻完井技术,总体优化储气库地质气藏方案和钻完井工程方案,于2014年6月注气投产,与2000年投产的板桥储气库群协同作用,形成了我国环渤海地区重要的储气库群,近年来为缓解京津冀地区冬季用气紧张局面发挥了重要作用。

一、地质概况

(一)地层特征

板南储气库由钻井剖面揭露的地层自上而下有第四系,新近系明化镇组、馆陶组,古近系东营组和沙河街组。板 G1 断块滨Ⅳ油组较发育,油气层厚度大,其中滨Ⅳ2、滨Ⅳ3 是该区的主力产气层(图 2-3-1)。

白 6 断块主要含油气层位是板Ⅲ油组三个小层,3 小层以灰色泥岩为主,局部发育砂岩透

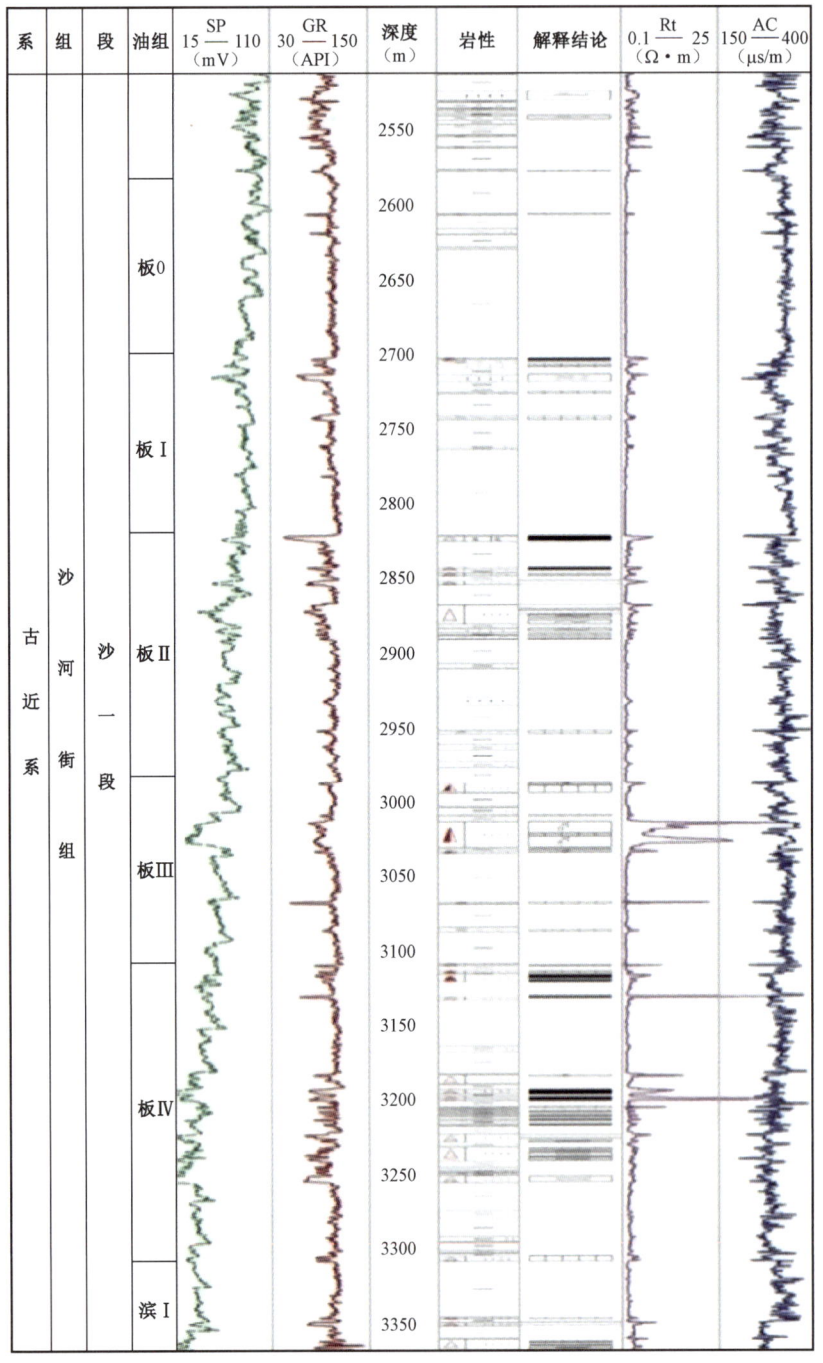

图 2-3-1 板南地区沙二段综合柱状图

镜体,1小层和2小层均为砂岩段,是白6断块的主要油气层(图2-3-2)。

白8断块主要含油气层位是板Ⅰ油组三个小层,其中1小层地层厚度40~50m,砂体发育程度低;2小层地层厚度40~50m,砂体较发育;3小层地层厚度50~60m,砂体不发育,自然电位平直,可与板0油组底部稳定泥岩段一起作为本区的标志层(图2-3-2)。

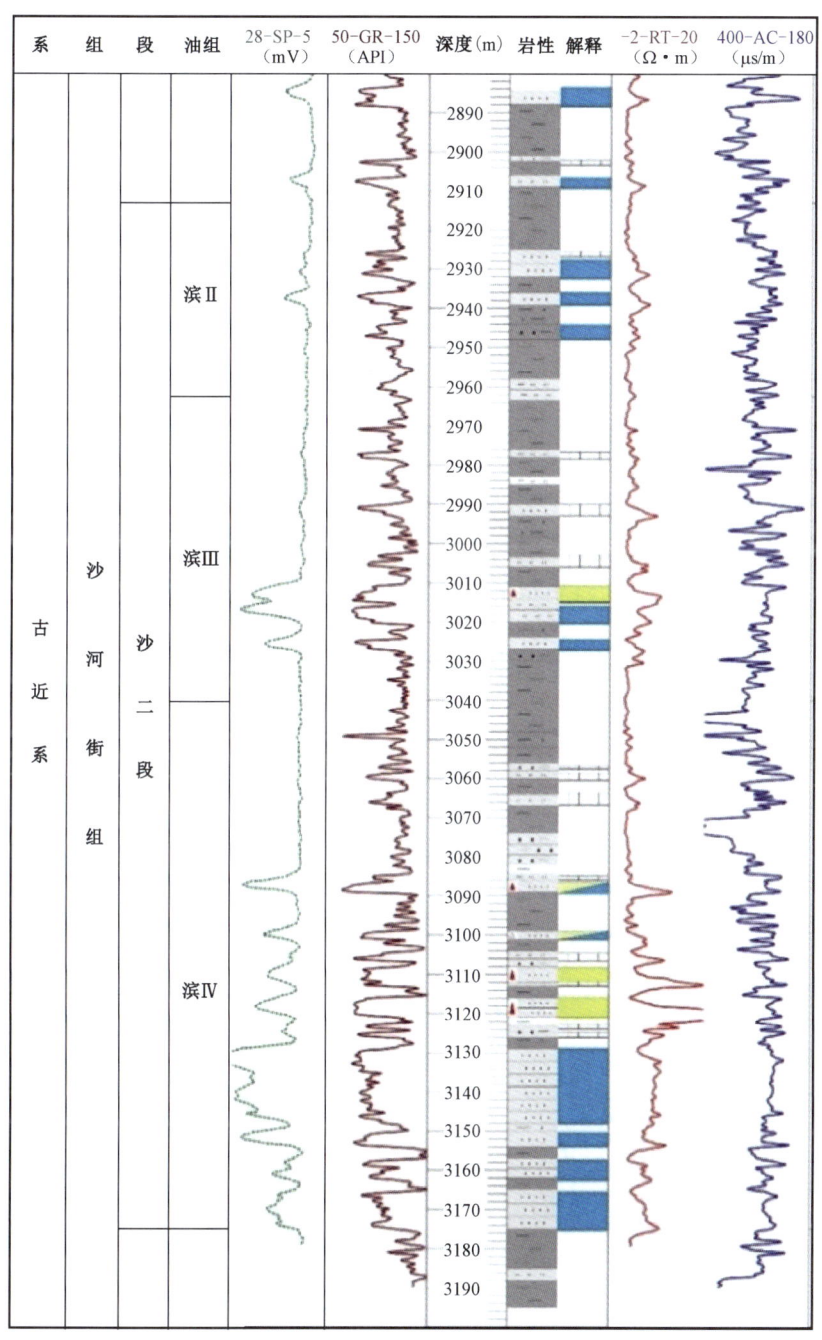

图2-3-2 板南地区沙一段综合柱状图

(二)构造特征

板南储气库的滨Ⅳ油组是由白水头断层和大张坨断层夹持的地垒结构,主要构造圈闭集中于大张坨断层上升盘附近,南至白水头断层,各级断层呈现向西收敛,为一单斜构造,区域内发育一系列近东西向低序级断层,将研究区分割成多个复杂含油气断块。其中板 G1 断块夹持在港 8 井断层与板 G1 井断层之间,为典型断鼻构造,白 6 断块板Ⅲ油组构造为大张坨断层、滨海断层、白 6 断层和板 904×2 断层所围限,整体为夹持于大张坨断层和滨海断层之间的垒块构造,白 8 断块位于白水头断层下降盘,为一个夹持于白水头断层与白 14-1 井断层之间的单斜构造(图 2-3-3)。

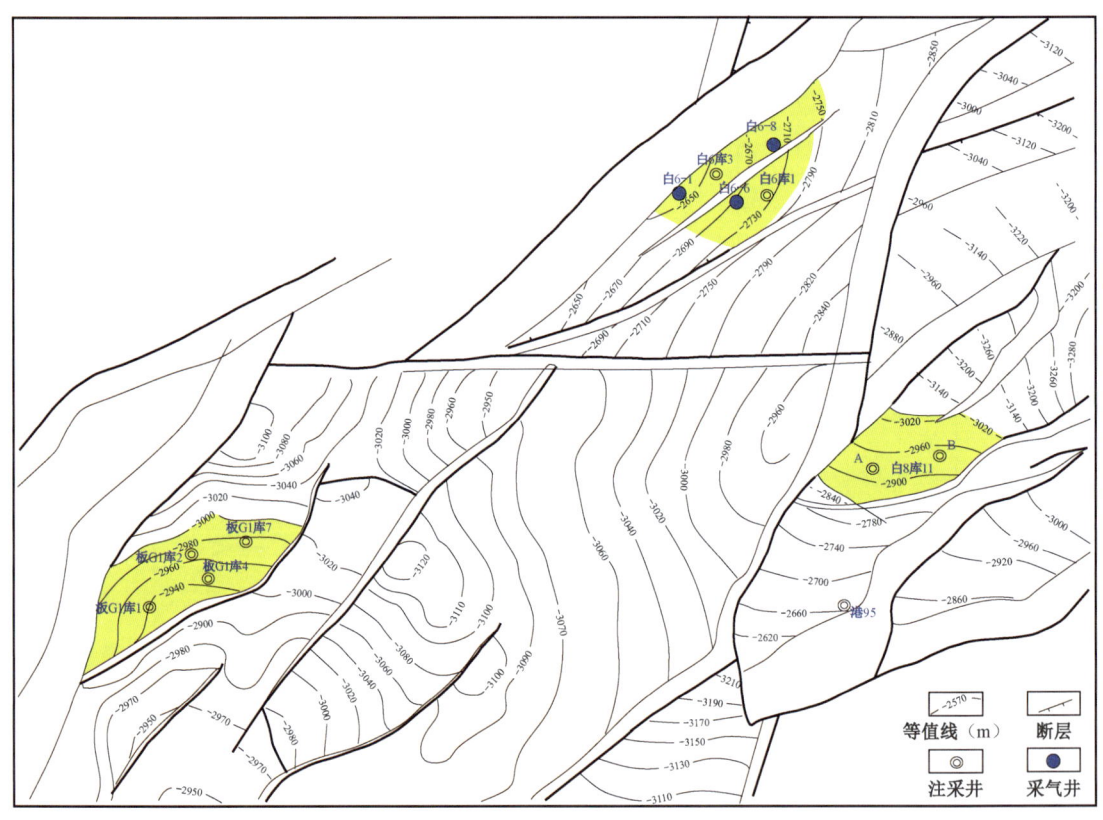

图 2-3-3 板南储气库群构造

(三)密封条件

板南储气库内断层发育,建库区内主要发育北东走向和近南北走向断层,规模较大的断层纵向上具有一定的继承性。板南储气库为板桥断裂构造带构造最复杂的区块之一,边界断层为北部的大张坨断层与南部的白水头断层,这两条断层为长期发育的同沉积正断层,控制板南油气田构造形成和地层的沉积及油气分布。通过对区域内各断层的成藏控制、岩岩对接关系、断层属性、泥岩涂抹、生产动态反应等参数进行分析,认为所属各断层均具有一定的封闭性。

3座储气库上覆均发育稳定的泥岩盖层,厚度在30~300m,压实程度高,泥岩盖层的岩石排驱压力、孔隙度、渗透率、孔隙中值半径、突破压力等参数测定显示,各组泥岩盖层的微观封闭性能好(表2-3-1)。

表2-3-1 板南储气库气藏盖层微观特征参数统计表

井号	层位	井深(m)	渗透率(mD)	孔隙度(%)	突破压力(MPa)		排驱压力(MPa)
					饱和煤油	饱和水	
板884	滨Ⅱ	2711	2.450	0.7		2	0.1
板817	板Ⅱ	2742	0.033	10.7	4	10	
板820	板Ⅱ	2984	0.001	9.4	8	15	

(四)储层特征

板南储气库滨Ⅳ油组储层砂岩以滨浅湖亚相的滩坝为主,滩坝沉积展布特征受不同沉积时期湖浪方向及强度控制,呈席状分布。垂向上相邻小层间由于有泥质隔挡,上下各成油、气、水系统;平面上,砂体呈席状分布,砂体连通性较好,气藏主体1小层砂岩厚度3m以上,2小层砂岩厚度15m以上。储层物性较好,孔隙度16.6%~28%,平均22.3%;平均渗透率72mD,属于中孔隙度、中渗透率储层。

(五)气藏类型

板G1断块属构造油气藏,属正常温度、压力系统的高含量凝析油气藏。白6断块油气分布主要受构造控制,白8断块气藏埋深2860~3038m,储层岩性以细砂岩为主,低部位受构造控制,上倾部位受岩性尖灭遮挡,为构造背景上的弱边水岩性气藏。

板南油气藏各断块滨Ⅳ油组属于正常温度、压力系统,但白8断块板Ⅰ油组原始地层压力为40MPa,压力系数1.39,静温116℃,地温梯度3.4℃/100m,属异常高压、常温系统。

天然气性质:气层气甲烷含量为79.17%~88.96%,相对密度在0.6490~0.7166,含少量的CO_2和H_2S。地层水性质:水型单一,为$NaHCO_3$水型,氯离子含量1170~5000mg/L,总矿化度6800~13300mg/L。气藏总体特征是边水不活跃,属弱边水凝析气藏。

二、气藏开发特征

(一)开发历程

板南三个断块先后共有6口气井投入生产,截至2010年4月,有5口井正常生产,断块日产油7.72t、气$16.80 \times 10^4 m^3$、水6.56m^3,生产气油比21762m^3/t,水气比0.39$m^3/10^4 m^3$。截至2010年4月,累计产油$7.02 \times 10^4 t$、气$5.5 \times 10^8 m^3$、水$0.62 \times 10^4 m^3$,天然气采出程度60%,采气速度5.87%。

板南各断块开发过程中表现出4个主要特点:一是气井产气能力较强,自喷期较长,气井生产初期日产气在4×10^4~$14 \times 10^4 m^3$,自喷期一般在3~5年,其中板G1井自喷期达17年,建库前仍自喷生产;二是断块内井间连通性好,各井压力呈现同步变化特征,下降趋势完全一致,相关性非常高;三是边水能量有限,气井产水量较小,水气比很低,地层压力体现为直线下降,无外来能量补充,单位压降采气量基本恒定体现为封闭定容气藏的特征;四是生产压差小,比采气指数较高,投产气井比采气指数一般在 $100\sim600\mathrm{m}^3/(\mathrm{MPa}^2\cdot\mathrm{m}\cdot\mathrm{d})$,平均达到 $327\mathrm{m}^3/(\mathrm{MPa}^2\cdot\mathrm{m}\cdot\mathrm{d})$。

(二)动用储量

板南各气藏均属于弱边水的断块凝析气藏,采用定容气藏物质平衡方法计算动态储量。依据公式计算参数的需要,把各井压力折算到气藏中部深度进行平均,得到对应时间气藏的平均压力,进一步求得气藏视地层压力;凝析油产量按照公式折算成地层条件下的天然气体积当量,与对应的天然气产量合并作为凝析气产量。板南各断块天然气储量见表2-3-2。

表2-3-2 板南各断块天然气储量计算结果

储气库	层位	原始地层压力(MPa)	天然气储量($10^8\mathrm{m}^3$)	
			容积法	动态法
板G1	滨Ⅳ	32.28	3.21	3.16
白6	板Ⅲ	30.92	3.48	3.49
白8	板Ⅰ	40.00	2.76	1.15
合计			9.45	7.80

三、储气库建库方案

(一)地质方案

设计运行压力区间 13~31MPa,库容量 $7.82\times10^8\mathrm{m}^3$,工作气量 $4.27\times10^8\mathrm{m}^3$。垫气量 $3.55\times10^8\mathrm{m}^3$,设计总井数17口,其中新钻井9口(含板G1监测井1口),利用老井8口(其中采气井3口、监测井5口)。采气期120d,平均日采气量 $356\times10^4\mathrm{m}^3$,峰值日采气 $427\times10^4\mathrm{m}^3$;注气期220d,平均日注气量 $194\times10^4\mathrm{m}^3$,平衡期25d(表2-3-3)。

表2-3-3 板南储气库群主要设计参数

储气库	库容量($10^8\mathrm{m}^3$)	工作气量($10^8\mathrm{m}^3$)	上限压力(MPa)	下限压力(MPa)	平均日注气量($10^4\mathrm{m}^3$)	平均日采气量($10^4\mathrm{m}^3$)
白6	3.51	1.94	31	13	88	162
白8	0.97	0.53	31	13	24	44
板G1	3.34	1.8	31	13	82	150
合计	7.82	4.27	31	13	194	356

(二)钻完井

井身结构:定向井采用 $\phi762\mathrm{mm}$ 导管×30m + $\phi508\mathrm{mm}$ 表层套管×350m + $\phi273.1\mathrm{mm}$ 技术套管×2000m + $\phi177.8\mathrm{mm}$ 生产套管×井底(图2-3-4);水平井采用 $\phi762\mathrm{mm}$ 导管×30m + $\phi508\mathrm{mm}$ 表层套管×313m + $\phi273.1\mathrm{mm}$ 技术套管×2021m + $\phi177.8\mathrm{mm}$ 生产套管×

井底;生产套管采用材质 P110 气密封扣套管(图 2-3-5)。

钻井液体系:一开使用膨润土钻井液,二开使用聚合物钻井液,三开使用硅基防塌钻井液,白 8 断块四开采用 BH-WEI 有机盐钻井液。

固井设计:表层套管采用常规密度固井,技术套管采用双密度固井,生产套管采用分级固井,各层套管固井水泥均返至地面。

完井方式:定向井采用射孔注采一次完成联作工艺,水平井采用筛管完井。

油管:采用 ϕ88.9mm 油管、气密封螺纹、L80-1 材质。

井口采气树:选用 DD 级 35MPa 井口装置。

老井处理:利用老井 8 口,永久封井 8 口。采用普通水钻井液挤堵非储气层,ZCT-08 堵剂高压挤堵工艺封堵储气层位,井筒内打多级水泥塞封堵井筒。

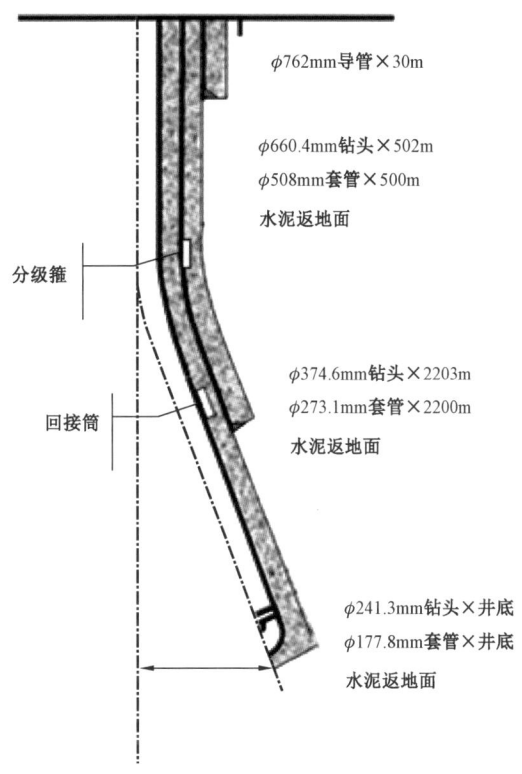

图 2-3-4 直井井身结构

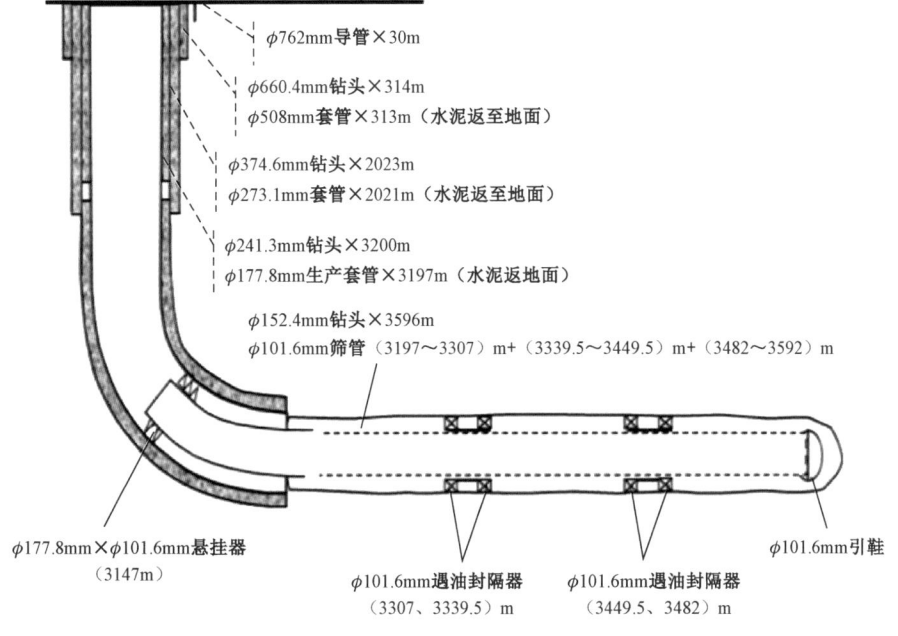

图 2-3-5 水平井井身结构

(三)地面工程

工程包括储气库集输系统、集注站、双向输气管道等主要工程内容。注气规模 $240 \times 10^8 m^3/d$、采气规模 $400 \times 10^8 m^3/d$(图 2-3-6)。

主体工艺:储气库地面集注管线采用注采合一设置,采气期采用气液混输、开井初期注甲醇防冻工艺;集注站烃水露点控制采用 J-T 阀节流制冷 + 注乙二醇防冻工艺,集注站产出凝析液经白Ⅰ站输送至板Ⅰ联集中处理。

主要工程量:(1)新建注采井场 3 座,在板 1 库井场、白 6 库井场各设置 80L/min 注甲醇装置 1 套,在白 8 库井场设移动式注甲醇橇;新建板 1 库井场及白 6 库、白 8 库井场至集注站注采管线 12.5km,管径分别为 219mm 和 273mm,设计压力 32.0MPa,管材选用 L415 无缝钢管;新建集注站至白一站凝析液管道 3.3km,管径 168mm,设计压力 4.0MPa,管材选用 20# 无缝钢管。(2)新建集注站 1 座,包括:$400 \times 10^4 m^3/d$ 烃水露点控制装置 1 套;400kg/min 乙二醇再生装置 1 套;电驱往复式注气压缩机 3 台,单台增压气量 $100 \times 10^4 m^3/d$、电动机功率 4000kW;35kV 变电站 1 座。(3)新建双向输气管道 7.8km,管径 457mm,设计压力 10MPa,管材选用 L450 直缝双面埋弧焊钢管。(4)新建给排水及消防、供配电、通信、自控及仪表、热工及暖通、总图、道路等公用与系统配套工程。

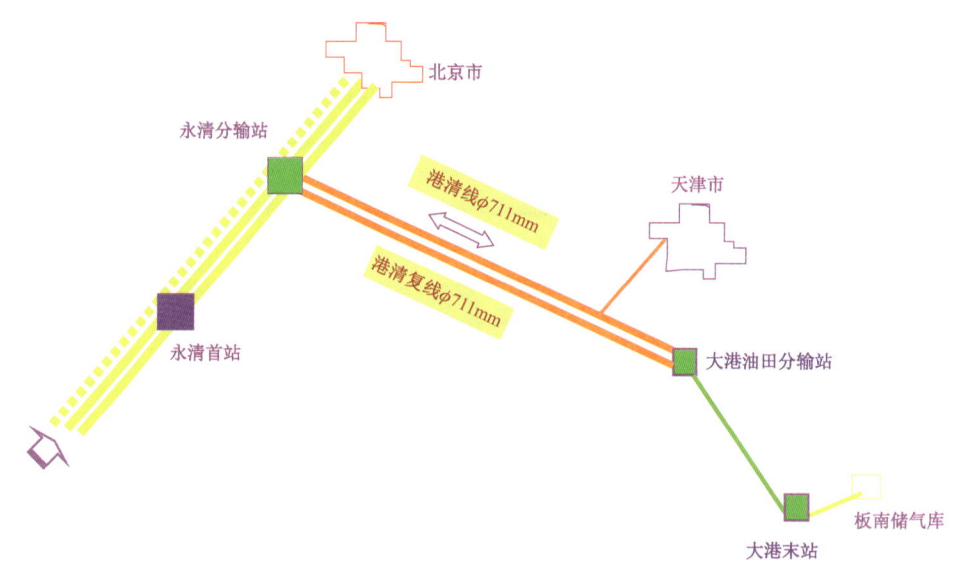

图 2-3-6 板南储气库群地面工程布局

四、周期注采运行

(一)注采运行简况

库群 2014 年投产运行,截至 2017 年 3 月采气末,累计运行三个注采周期,累计注气 $6.1 \times 10^8 m^3$,累计采气 $3.6 \times 10^8 m^3$,最大日注气量 $214 \times 10^4 m^3$,最大日采气量 $288 \times 10^4 m^3$(表 2-3-4)。

表 2-3-4　板南库群多周期注采运行表

运行周期	注气阶段			采气阶段		
	阶段注气量($10^8 m^3$)	日均注气量($10^4 m^3$)	最大日注气量($10^4 m^3$)	阶段采气量($10^8 m^3$)	日均采气量($10^4 m^3$)	最大日采气量($10^4 m^3$)
2014—2015 年	1.94	144	214	0.09	69	170
2015—2016 年	2.00	159	201	1.05	131	170
2016—2017 年	2.20	177	198	2.42	222	288

(二) 注采效果评价

板南储气库群由复杂断块水侵砂岩气藏改建,油气分布主要受断层、构造、储层物性三方面影响,储层砂体变化快,经过三个周期注采,表现为平面非均质性强,注气期油压上升较快,区块整体表现为储层物性相对较差、注采井网不完善的特点,但总体注采气效果较好,周期注采气能力逐年提高,气库处于快速扩容阶段,随着新钻注采井网完善、注采阶段注采气量优化控制与注采井投产顺序优化,库群整体运行效果趋好(图 2-3-7)。

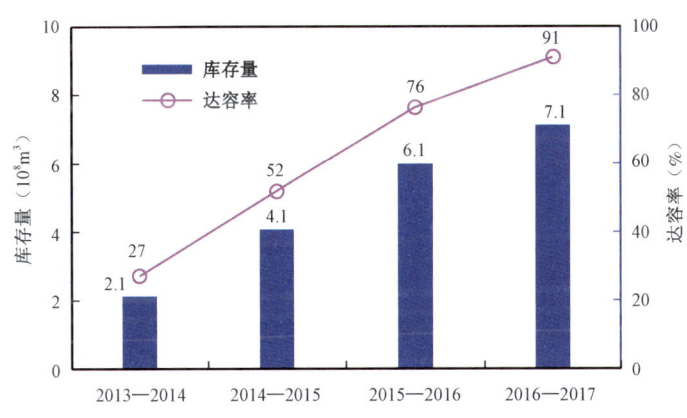

图 2-3-7　板南储气库群库存量与达容率变化

第四节　京 58 多种复杂油藏类型储气库群

京 58 储气库群位于河北省廊坊市永清县境内,距北京市南 70km 左右。库群作为陕京输气管道系统的配套设施,通过永清分输站与陕京一线—陕京三线连通,主要承担陕京输气管道系统下游用户冬季调峰和应急供气任务。

京 58 储气库群由京 58、永 22 和京 51 三座不同类型储气库组成,其中京 58 储气库为我国第一座砂岩气顶油藏型储气库,永 22 储气库为潜山凝析气藏改建,京 51 储气库由衰竭的定容气藏改建,3 座储气库应用不用类型储气库的地质综合评价、复杂流体储层库容参数优化设计及复杂断块的钻完井技术,完成建库方案设计及工程建设,于 2010 年全部投产运行,已在京津冀的冬季调峰保供中发挥了重要作用。

一、地质概况

(一) 地层特征

京58储气库群构造上位于华北油田河西务构造带,其中京58储气库由一个衰竭的气顶油藏改建而成,建库层位主要为沙四上亚段Ⅰ—Ⅳ砂组(图2-4-1);永22储气库由一个处于试采阶段的带油环的底水含硫凝析气藏改建而成,主要建库层位为潜山奥陶系峰峰组和上马家沟组;京51储气库由一个衰竭的气藏改建而成,主要建库层位为沙四下亚段Ⅰ—Ⅲ气层组。

永22储气库潜山奥陶系上覆地层有第四系、新近系、古近系、石炭—二叠系,揭开地层视厚度约3000m。其中石炭—二叠系为该潜山的盖层,奥陶系为该潜山的储层(图2-4-2)。峰峰组岩性上部为褐灰色灰岩、泥灰岩,下部为白云岩和厚层泥灰岩。上马家沟组岩性上部为褐灰色泥晶灰岩,中部为微层状白云岩、泥质灰岩,下部为褐灰色厚层灰岩,底部为一套泥灰岩。下马家沟组岩性主要为一套灰、褐灰色石灰岩夹薄层白云岩,底部为一套泥灰岩。

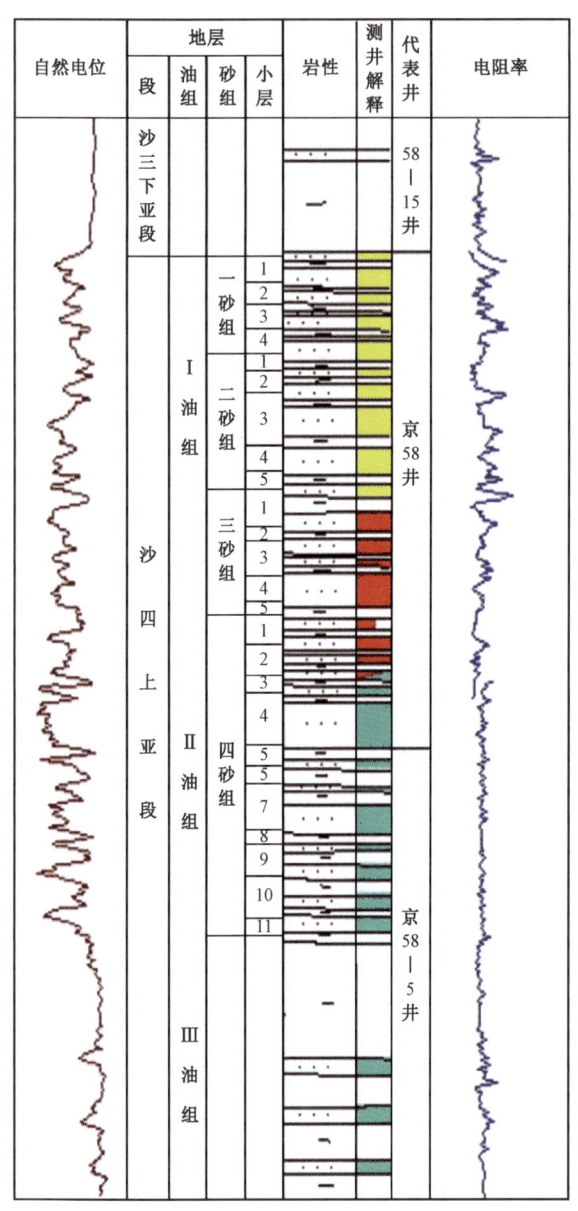

图2-4-1 京58断块地层综合柱状图

京51井揭开地层自上而下依次是第四系平原组,新近系明化镇组,古近系沙河街组的沙四上亚段、沙四亚段、沙四下亚段以及孔店组部分地层(图2-4-3)。新近系与古近系之间因地壳隆起剥蚀,缺失新近系馆陶组,古近系东营组,沙河街组的沙一段、沙二段、沙三段以及沙四上亚段部分地层,新近系与古近系之间呈角度不整合接触关系。

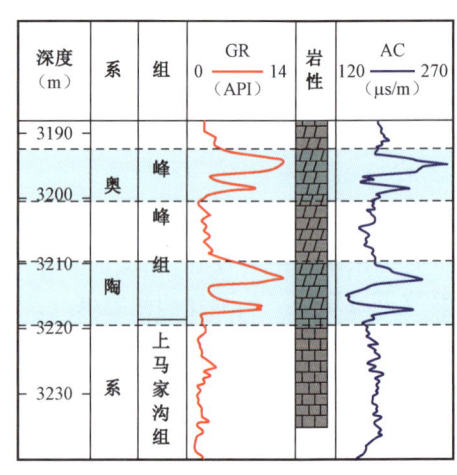

图2-4-2 永22断块地层综合柱状图

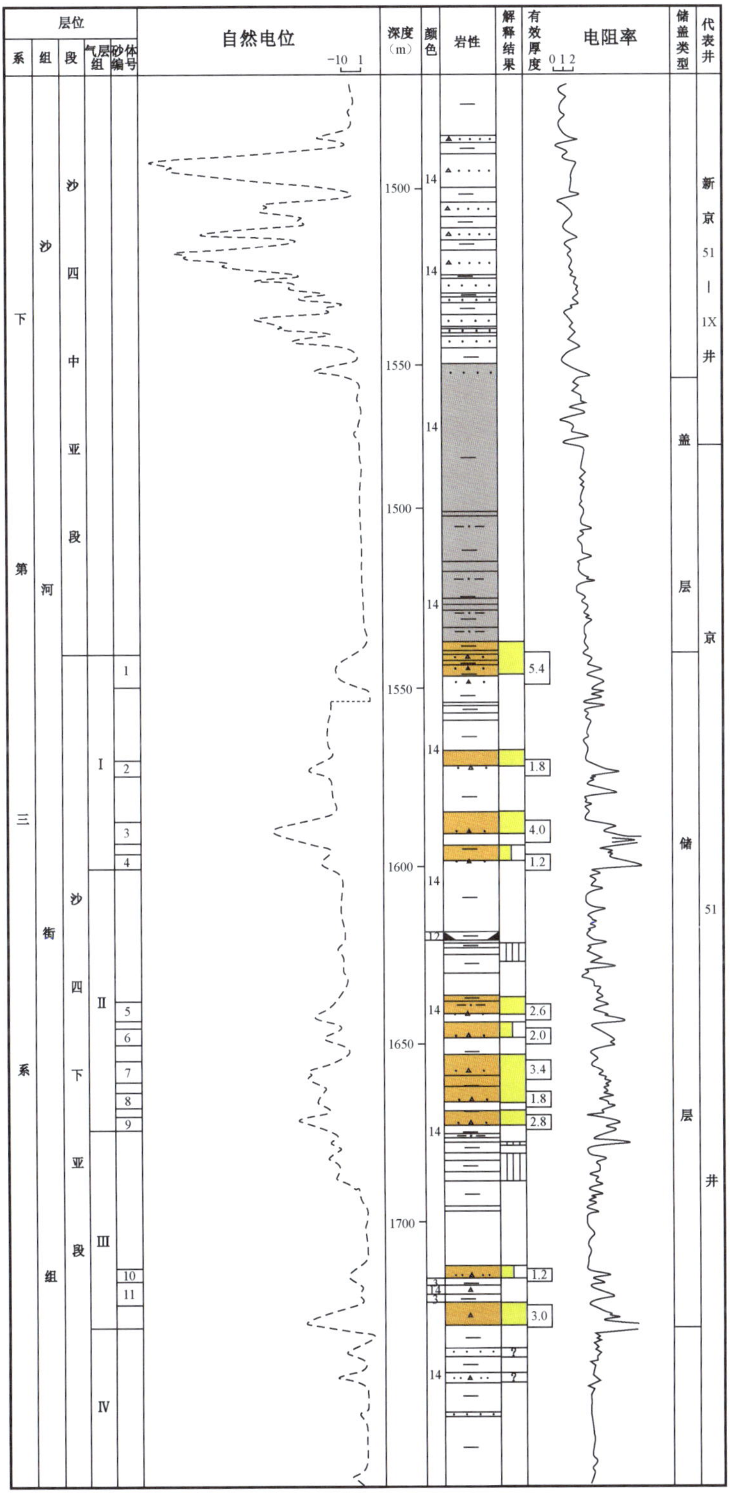

图 2-4-3 京 51 断块地层综合柱状图

(二) 构造特征

京58断块为受刘其营断层和京58西断层所夹持的单斜地垒块,构造高点沿刘其营断层的断棱分布,高点埋深1750m,闭合幅度200m,圈闭面积1.15km²,断块内部被6条次一级小断层切割成大小不等的5个小断块;永22断块为受刘其营断层和潜山北断层夹持的断垒,断块被切割成永22井山头和永23井山头,发育4条断层;京51断块为一受4条断层控制形态近似梯形的断垒,构造高点在京51井东北附近,高点埋深1540m(图2-4-4)。

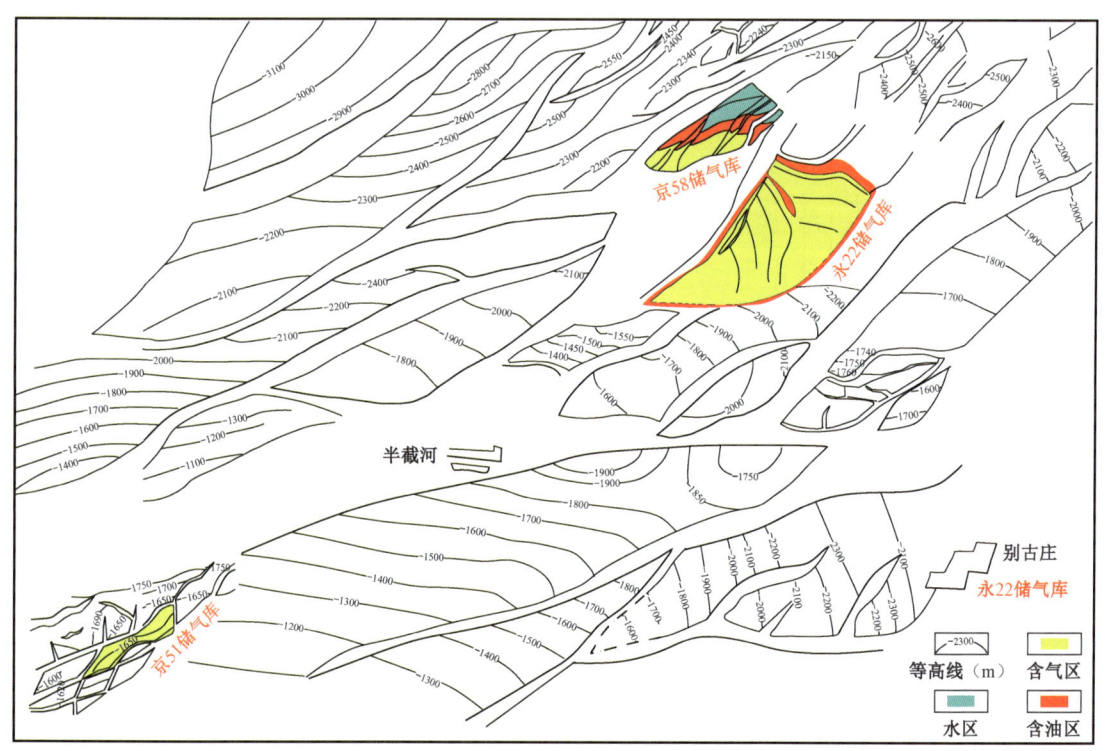

图2-4-4 京58储气库群平面构造图

(三) 密封条件

京58沙三段底部有厚约60m的钙质页岩和灰质白云岩等特殊岩性段,直接覆盖在油气藏之上,起到良好的封闭作用,是理想的盖层。断块共发育6条断层。刘其营和京58西两条主控制断层断面泥厚度较大,在地层压实作用下,成岩性好,在断层滑动范围内非渗透泥岩的比值达100%,对本断块内的油气圈闭起到了很好的侧向封堵作用;断块内部6条小断层的断距较小,地层内部两侧形成砂岩的对接关系,具有明显的不封闭性,在开发过程中表现为液体窜流的主要通道。

永22潜山盖层石炭—二叠系厚度达300m(图2-4-5),主要岩性为泥岩和煤层,分布稳定,封闭能力强。潜山周围及内部发育有4条断层,刘其营断层的断距在该潜山为50~700m,具有良好的封堵作用;永22井北断层(潜山北断层)的断距变化较大,断距160~400m,东部断距小,西部断距大,在潜山西部的永22井高部位附近断距最大,但在该区域下降盘的永35井附近石炭—二叠系不渗透层厚度达到了500m左右,形成了良好的封堵条件;永16井东断层(潜山东部断层)和永23井西断层(潜山分界断层),同样在下降盘也是由于石炭—二叠系不渗透层的对接使得断层具有了良好的封堵作用,从而使永22潜山气藏具有了良好的保存条件。

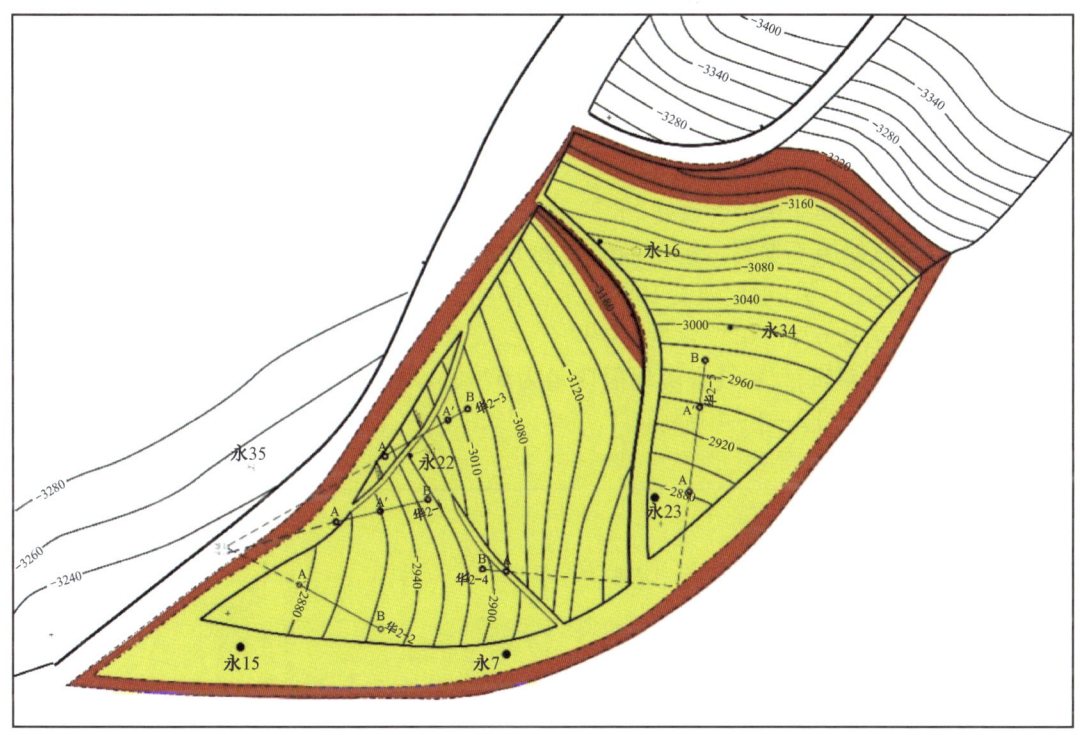

图2-4-5 永22储气库顶面构造图

京51气藏直接盖层为沙四中亚段,沉积厚度大,沉积稳定,以灰色纯泥岩为主,厚度约60~80m,根据排驱压力和泥岩厚度提出了泥质岩盖层分级评价标准判定,京51井断块沙四中亚段盖层封闭能力和盖层条件均较好。

(四)储层特征

京58断块储层分布砂体沉积具有北厚南薄的特点(图2-4-6)。主断块在构造轴部砂体沉积厚度大、两翼减薄,测井评价孔隙度最大33.6%,最小11.8%,平均为26.4%,渗透率最高1118.2mD,最低7.71mD,平均191.34mD,断块储层物性较好。在纵向上气、油、水分异清楚,高部位为气,中间为油环,边底部为水;油气界面1870m,油水界面1940m。平面上油、气分布稳定。原始地层压力为20.3~21.2MPa,压力系数1.05~1.12,平均为1.08;地层温度为64~84℃,平均地温梯度为3.75℃/100m,是一个具有统一的油、气、水界面的气顶气构造油气藏。

永22储气库储集空间以小于0.10mm的微细裂缝为主,气层平均有效孔隙度2.88%,平

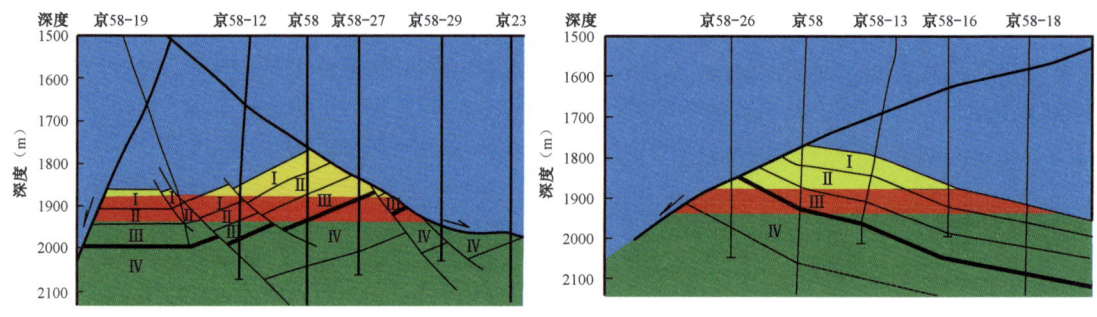

图 2-4-6 京 58 断块纵向油气分布图

均渗透率 1.15mD;潜山储层物性较好,永 22 山头和永 23 山头构造高部位气储层发育,处于相对较低部位井区气储层不发育。潜山油气界面为 3190m,油水界面为 3240m,原始地层压力 31.36MPa,压力系数 1.01,地层温度 109℃,地温梯度 3.12℃/100m,属于正常温压系统,天然气相对密度平均为 0.6767,甲烷含量 83.92%,乙烷含量 7.26%;氮气含量 2.32%,二氧化碳+硫化氢含量 2.54%,天然气中硫化氢含量为 570~1300mg/m³,为带油环含硫凝析气藏,断块纵向油气分布如图 2-4-7 所示。

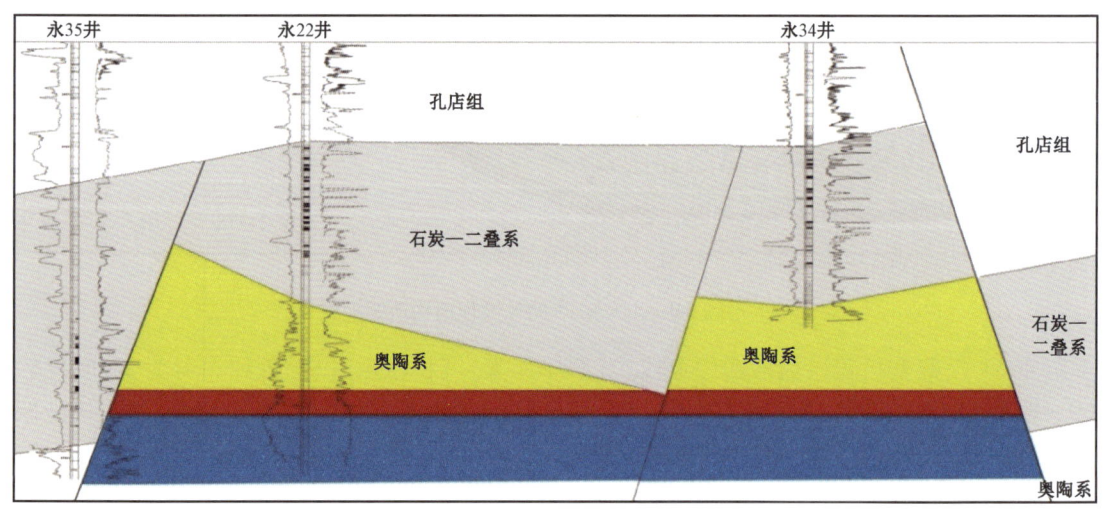

图 2-4-7 永 22 断块纵向油气分布图

京 51 储层受沉积微相影响,河道砂体平面分布方向性明显,沿河床方向呈条带状分布,横向变化(图 2-4-8)。在剖面上一般呈顶平底凸透镜体,非均质性强,孔隙度最小 13.7%,最大 23.7%,平均 18.6%;渗透率最小 13.6mD,最大 309mD,平均 125.2mD,天然气相对密度 0.68~0.71,甲烷含量 81%~83%,折算凝析油含量 150g/m³,原始地层压力 16.47MPa,计算的地层压力系数 1.0,气层温度 60~64℃,温度梯度 3.7℃/100m,属于正常的温压系统,为低含凝析油构造油气藏。

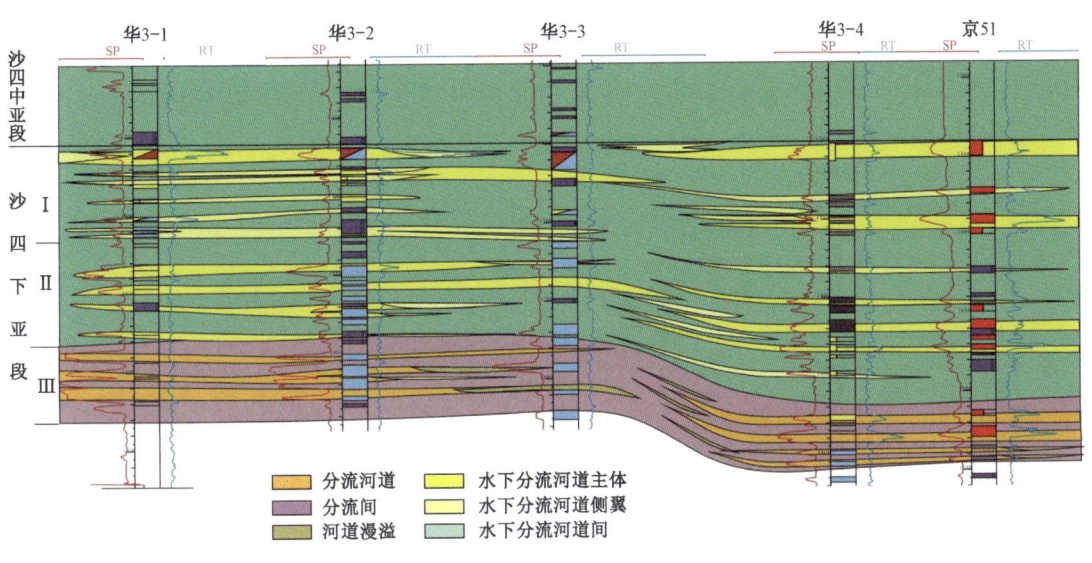

图 2-4-8　京 51 储气库沉积微相剖面图

二、气藏开发特征

(一) 开发历程

京 58 断块自 1989 年 3 月投入试采,2006 年建库前已投入开发 17 年,经历了天然能量开发、全面注水开发、控水稳油和产量递减 4 个典型开发阶段(图 2-4-9),有油井 19 口,开井 16 口,累计产油 $53.8 \times 10^4 t$,累计产水 $96.3 \times 10^4 t$,累计产气 $7.4 \times 10^8 m^3$,可采储量采出程度 87.5%。注水井 12 口,累计注水 $257.0 \times 10^4 m^3$。

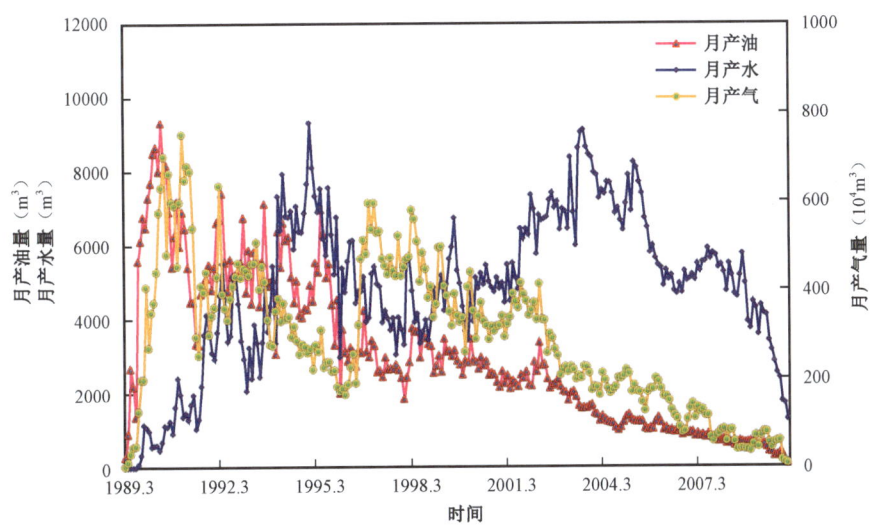

图 2-4-9　京 58 气藏开发曲线

1979年5月,永22潜山第一口探井永7井于奥陶系获得工业油气流,共完钻9口井,5口井在奥陶系试油获得工业油气流,共试采2次;1987年4月至1988年3月,永16井试采约10个月;2006年5月至2009年7月,对永22井和永15井试采(图2-4-10)。截至2010年建库前,气藏累计产气$1.3 \times 10^8 m^3$、凝析油$2.35 \times 10^4 t$、产水$1.17 \times 10^4 m^3$。

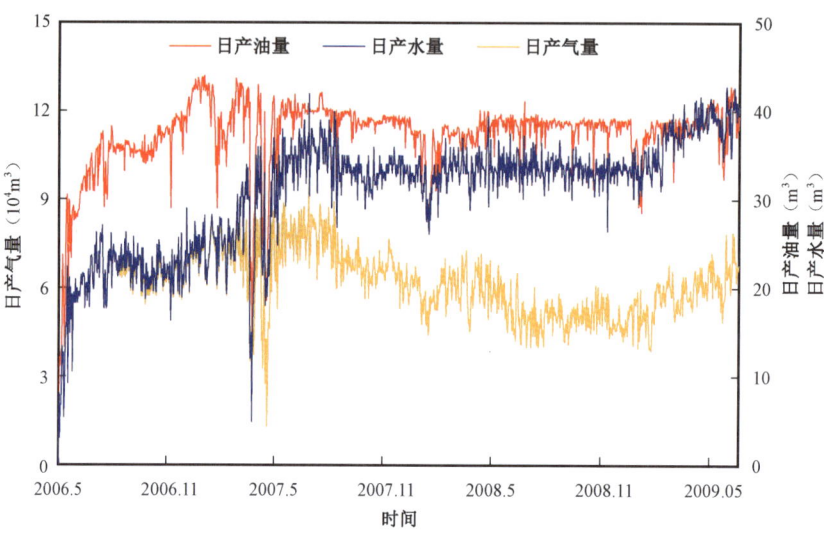

图2-4-10　永22气藏开发曲线

京51气藏只有1口井投入开发,并于2002年停产关井。地层压力由原始的16.47MPa降至6.07MPa,建库前已经基本枯竭。京51井于1990年12月投产,以日产气量$3 \times 10^4 \sim 5 \times 10^4 m^3$稳定生产至1997年4月,于1997年5月开始进入低产间开阶段,为提高最终采收率,于1999年底安装增压装置,间开生产至2002年7月停产(图2-4-11)。京51井累计产气$0.97 \times 10^8 m^3$,累计产油$1.71 \times 10^4 t$,产水$195 m^3$。

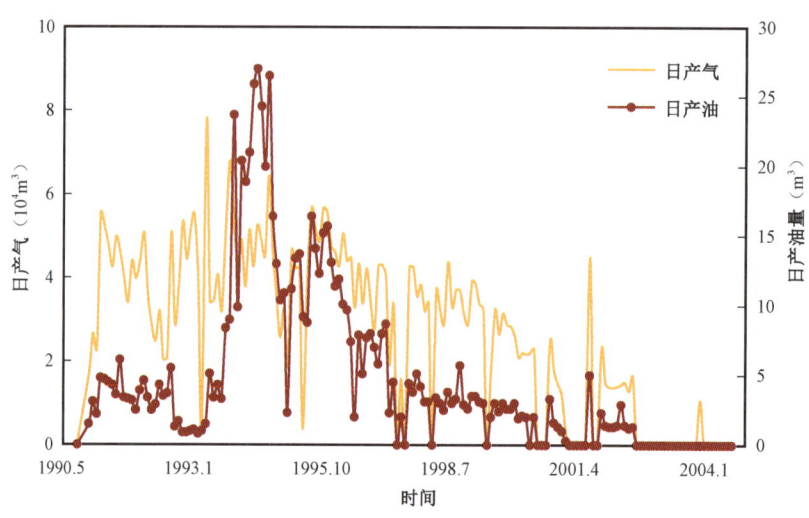

图2-4-11　京51气藏开发曲线

(二)动用储量

应用压降法计算京58断块气顶气储量。根据京58断块的实际情况,认为气顶在开发过程中近似满足定容气藏开发特征,刻画不同开发时刻地层压力(p/Z)与累计产气量G_p的关系曲线,气顶原始地层压力为20.60MPa,不同开发时期气顶的压力应用京58-14井1998年11月后开采气层后的地层压力。应用气侵量计算的累计产量法得出气顶气的产出量,进而做出京58断块的压降曲线,根据曲线计算得出京58断块的天然气储量为$5.3 \times 10^8 m^3$。

永22储气库由正在试采阶段的底水凝析气藏改建,由于试采时间短,采出程度低,且动静态资料较少,对底水能量的评估不足,应用动态法对储量的评估会产生较大的误差,故采用静态容积法,参照类似气藏开发经验,永22潜山凝析气藏计算含气面积$2.50 km^2$,天然气总地质储量$7.4 \times 10^8 m^3$,其中干气地质储量$7.1 \times 10^8 m^3$,凝析油地质储量$14.84 \times 10^4 t$。

对于已衰竭的京51定容气藏,可以利用压降法求出天然气地质储量。京51井的地层压力(p/Z)和累计产气量(G_p)压降关系曲线呈现良好的线性关系,据此计算的京51井压降法凝析气储量为$1.3 \times 10^8 m^3$。

三、储气库建库方案

(一)地质方案

京58库群设计总库容量$16.8 \times 10^8 m^3$,工作气量$7.5 \times 10^8 m^3$,垫底气量$9.2 \times 10^8 m^3$;设计生产井19口,其中新钻水平井5口、新钻直井14口,设计排液井3口,日均注气量$343 \times 10^4 m^3$,日均采气量$628 \times 10^4 m^3$;采气期120d,注气期220d,平衡期25d(表2-4-1)。

表2-4-1 京58储气库群主要设计参数

库群	储气库	库容量 ($10^8 m^3$)	工作气量 ($10^8 m^3$)	上限压力 (MPa)	下限压力 (MPa)	平均日注气量 ($10^4 m^3$)	平均日采气量 ($10^4 m^3$)
京58	京58	8.1	3.9	20.6	11.0	210	350
	京51	1.3	0.64	16.5	8.6		
	永22	7.4	3.0	31.4	17.0	190	250
合计		16.8	7.5			400	600

(二)钻完井

1. 井身结构

(1)京58储气库:新钻定向井采用一开ϕ508mm套管,二开ϕ273.05mm表层套管,三开ϕ177.8mm油层套管至井口完井,井身结构如图2-4-12所示。

(2)永22储气库:新钻水平井一开ϕ508mm套管,二开ϕ339.7mm技术套管,三开ϕ244.5mm技术套管,四开下入ϕ177.8mm生产套管+ϕ139.7mm筛管,回接ϕ177.8mm气密封套管至井口完井,井身结构如图2-4-13所示。

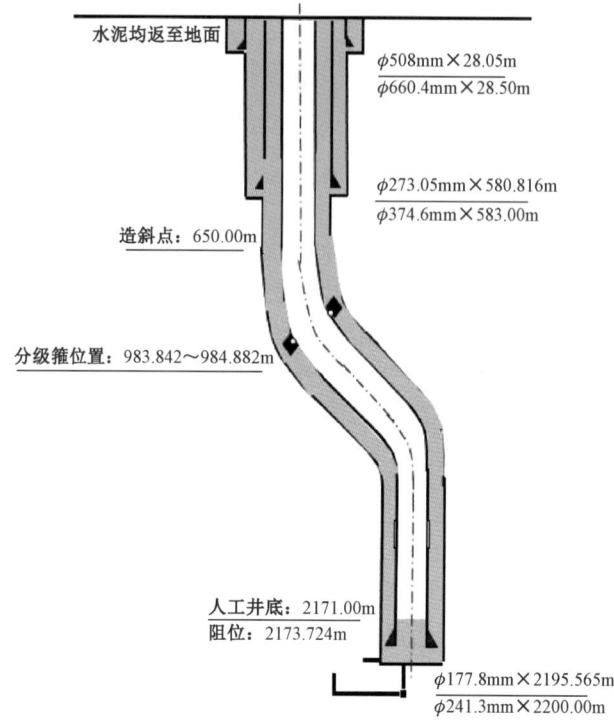

图2-4-12 京58储气库新钻定向井井身结构

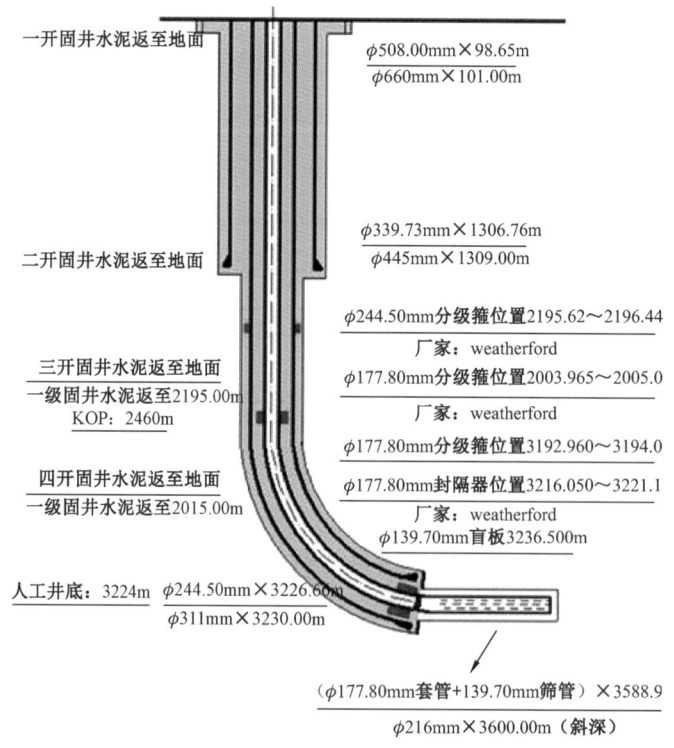

图2-4-13 京58储气库新钻水平井井身结构

2. 钻井液体系

(1)京58储气库:一开,采用膨润土钻井液配合大分子处理剂;二开,采用老浆加水稀释,加入钾铵基处理剂及部分土粉进行循环调整。

(2)永22储气库:一开,采用膨润土浆;二开,采用聚合物;三开,采用聚磺钻井液;四开,采用聚磺钻井液。

3. 油管

(1)京58储气库:定向井采用4½in,3½in和2⅞in油管。

(2)永22储气库:水平井采用4½in油管。

(三)地面工程

京58储气库群地面工程包括储气库集输系统、集注站、双向输气管道、储气库调控中心等主要工程内容。注气规模$400 \times 10^4 m^3/d$,采气规模$600 \times 10^4 m^3/d$。储气库地面单井注采及计量管线合一设置,注气干线和采气干线分开设置;采气期采用气液混输、开井初期注甲醇防冻工艺,井口设置缓蚀剂注入装置防止硫化氢和二氧化碳腐蚀;采出液经管道输至华北油田古一凝液处理站。

主要工作量:(1)建设集注站一座,新建井场5座(A、B、C、D、E);(2)新钻注采井22口,其中京58储气库13口,京51储气库4口,永22储气库5口;(3)封堵和处理老井48口,其中京58储气库38口、永22储气库7口、京51储气库3口;(4)建设生产能力分别为$350 \times 10^4 m^3/d$和$250 \times 10^4 m^3/d$的天然气处理装置各一套;(5)建设最大处理能力$250 \times 10^4 m^3/d$干法脱硫装置一套;(6)安装4台电驱往复式注气压缩机组(3750kW/台);(7)铺设D559mm×14.2mm天然气外输管线12.5km和两回路35kV供电线路17.9km,建设一座35kV/6kV变电站以及其他配套系统和辅助系统(图2-4-14)。

四、周期注采运行

京58库群自2010年投产运行,截至2017年3月采气末,累计运行7个注采周期,累计注气$19.6 \times 10^8 m^3$,累计采气$15.8 \times 10^8 m^3$,最大日注气量$497 \times 10^4 m^3$,最大日采气量$403 \times 10^4 m^3$。

京58储气库群分别有三类不同类型储气库改建而成,自2010年投产运行以来,秉承高注低采的注采方式,在气驱扩容、控水生产、酸性气体置换方面取得了较好的效果,从京58储气库群孔隙体积与库容量变化图(图2-4-15)中可以看出,随着注采周期的增加,气库库容量和含气孔隙体积逐年增加,气库的运行趋势越来越好。

京58储气库由气顶油藏改建,储层砂体厚度较大,由于采用气顶驱扩容方式,目前运行条件下气驱油扩容缓慢,气水过渡带井产能较低,加之油层对注入干气的吸附饱和作用,储气库存在损耗和未动用量,2015年气库通过完善井网,对气水过渡带井实施补孔措施,增加注气期纵向动用程度,采气期采气携液效果明显,气库库容方式逐渐由气驱扩容向携排液扩容转化,库容量与可动含气孔隙体积增加明显,气库运行效果趋好。

永22储气库由裂缝性碳酸盐岩含硫气藏改建,建库储气库H_2S浓度达到750mg/L,单井采气能力与地面脱硫装置不匹配,严重限制了冬季调峰采气量,针对此类气藏,利用气藏工程

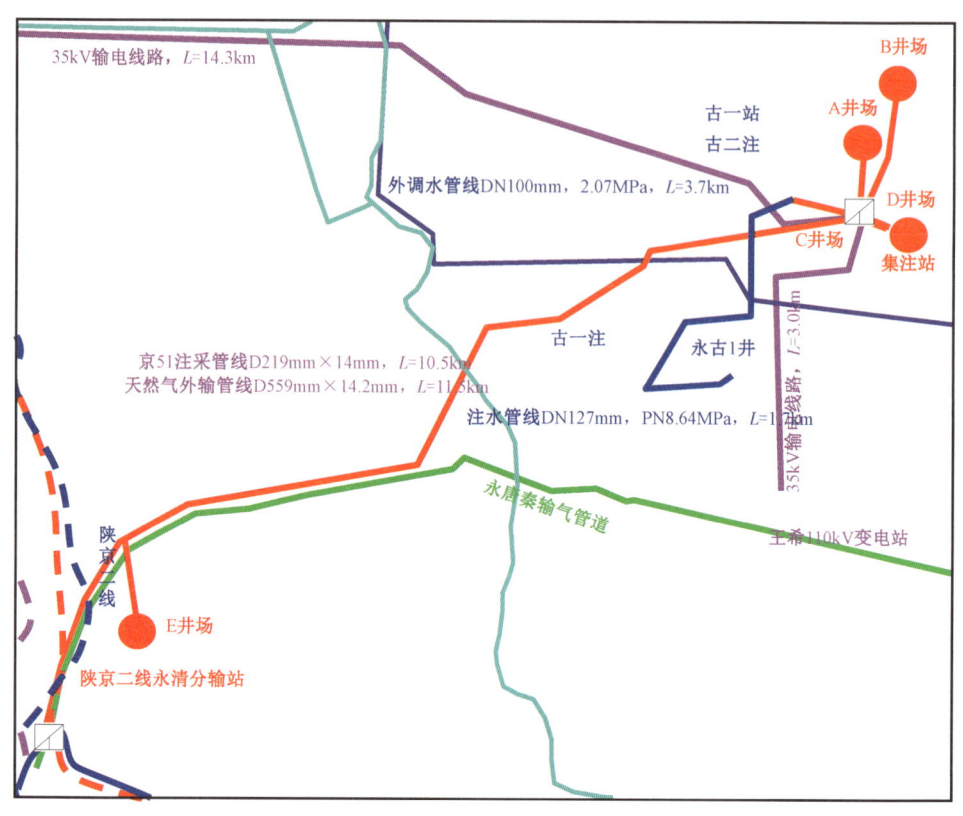

图2-4-14 京58储气库群地面设施分布图

与数值模拟手段,分析评价建库前及各注采周期地层高含硫湿气的主要分布特征,根据不同阶段各井采出气 H_2S 浓度预测,优化配置各单井采气量,以提高地层湿气流体置换速度,增加气库冬季调峰采气能力。

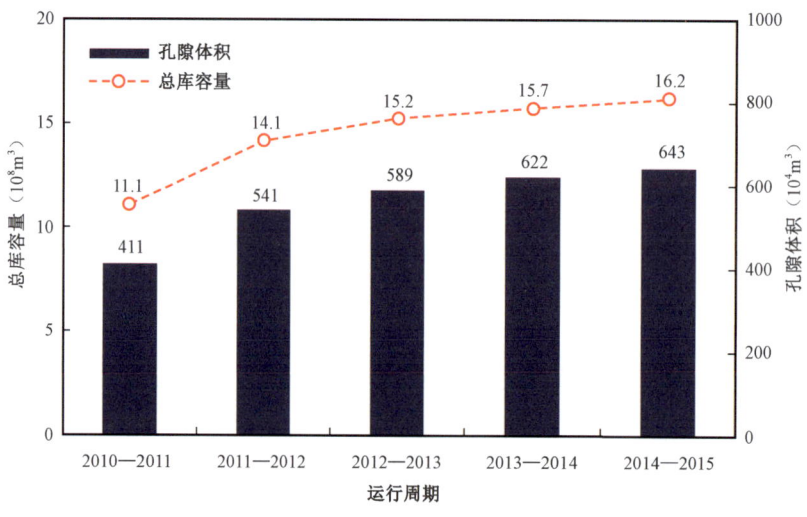

图2-4-15 京58储气库群孔隙体积与库容量变化图

第五节 苏桥超深强底水碳酸盐岩储气库

苏桥库群位于河北省廊坊市境内,距北京市南 70km 左右。其中苏 1 和苏 4、苏 20 储气库位于霸州市境内,苏 49 和顾辛庄储气库位于永清县境内。库群作为陕京输气管道系统的配套设施,通过永清分输站与陕京一线—陕京三线连通,主要承担陕京输气管道系统下游用户冬季调峰和应急供气任务。库群由碳酸盐岩和砂岩两类储层改建而成,在建库过程中,充分应用复杂地质条件的圈闭动态密封性评价技术、裂缝性和砂岩储层的库容参数分区评价技术和注采优化运行技术、超深低压储层的钻完井与储层保护技术,优化地质方案和工程方案设计,于 2012 年投产,为京津冀地区调峰保供发挥了重要作用。

一、地质概况

(一)地层特征

苏 1、苏 4、苏 49 和顾辛庄潜山钻遇地层自上而下为第四系和新近系、古近系、中生界侏罗系、上古生界石炭系—二叠系、下古生界奥陶系(图 2-5-1)。其中下古生界奥陶系为该潜山

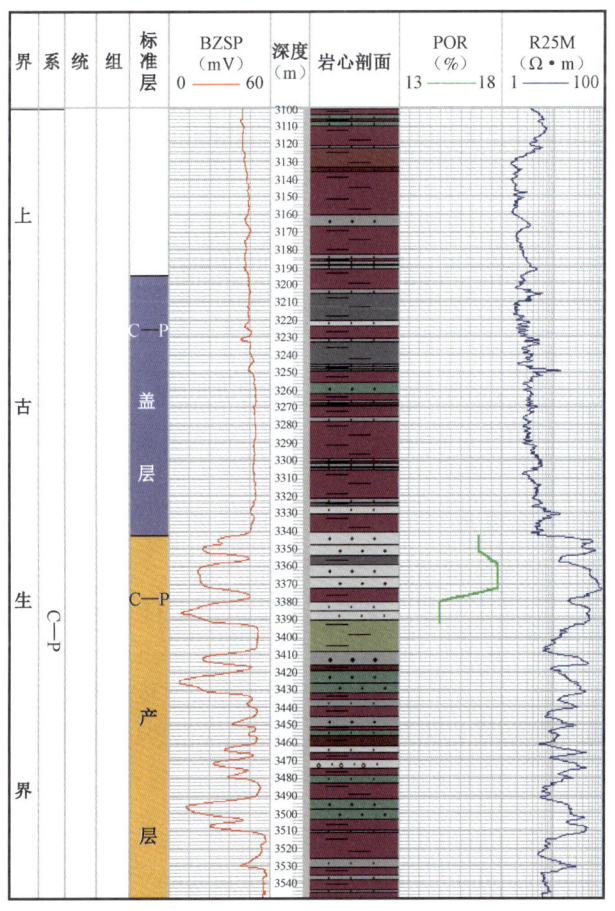

图 2-5-1 苏 20 断块综合柱状图

气藏的产层,上古生界石炭系—二叠系为气藏的盖层;苏20断块位于苏1潜山的上部,上石盒子组下段是该断块的产气层位,石千峰组和上石盒子组下段是该气藏的盖层(图2-5-2)。

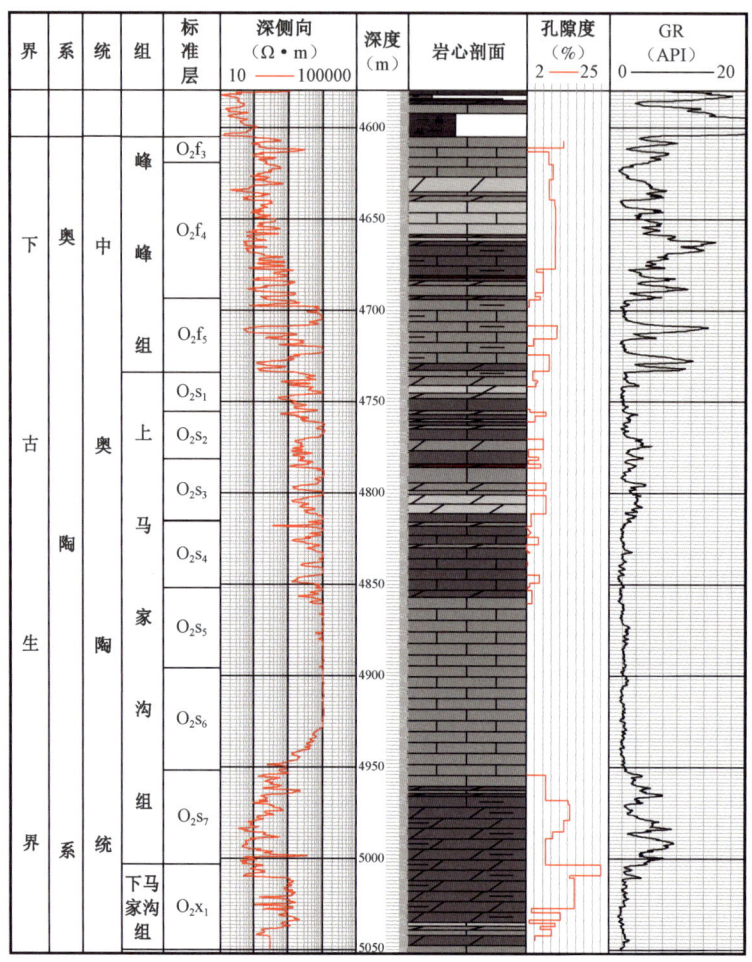

图2-5-2 苏4断块综合柱状图

(二)构造特征

苏桥库群构造位置上位于文安斜坡中段(图2-5-3)。此间断裂极为发育,北东向主断裂将基底构造层切割成三个潜山带和两个地堑带。潜山带自东向西依次由苏1潜山、苏4潜山和苏6潜山的苏桥潜山带;由苏2井、苏11井潜山组组成的苏桥西潜山带。苏桥潜山带呈垒式结构夹持于两个地堑带之间,西以信1井—苏7井—文安东断层为界,东以信安镇—苏桥大断层为边。北西向断层组将潜山带切割成一系列断块山,从南向北排列有苏6潜山、苏1潜山、苏4潜山、苏49潜山等。顾辛庄潜山是由两条主断层夹持切割形成的潜山断垒。

(三)密封条件

苏桥潜山气藏的盖层由石炭—二叠系组成,该套地层是一套连续沉积的地层,平行覆盖在奥陶系之上,二叠系的山西组、石炭系的太原组和本溪组为气藏的盖层段,岩性主要为泥岩与

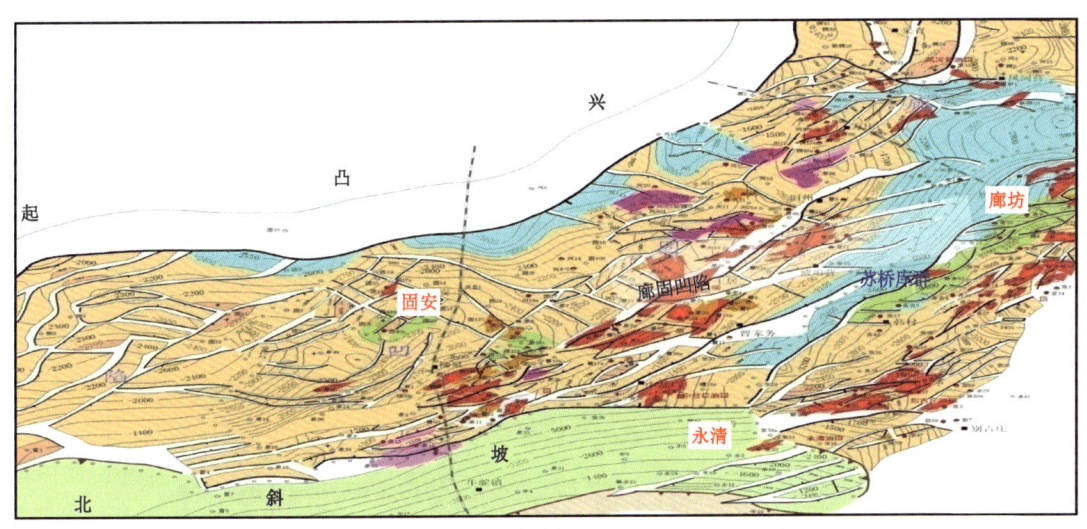

图 2-5-3　苏桥库群构造分布图

煤层的互层夹致密砂岩层,具有良好的盖层性能,其中底部的铝土泥岩为最佳盖层,根据任102 井泥岩样品注氮气贯穿压力实验分析,气测渗透率为零,在温度 26℃、压力 30MPa 的条件下,贯穿压力达 40MPa。实验结果表明盖层具有良好的封闭性能。

根据断层的泥岩涂抹系数法分别对苏桥边界断层进行计算,断层泥岩比率为 50% ~ 94.7%,泥岩涂抹系数 60% ~ 96.8%,各气库断层都具有良好的封闭性。

(四) 储层特征

1. 苏 1

主要产油气层位为下古生界奥陶系,储层为裂缝—孔隙型,孔隙度平均为 4.5%,有效渗透率平均为 3.45mD。潜山分为南区和北区,其中南区地质条件相对较好,南区气油界面为 4140m,油水界面 4230m;北区有多个气油、油水界面,为一带油环有底水的凝析气藏(图 2-5-4)。

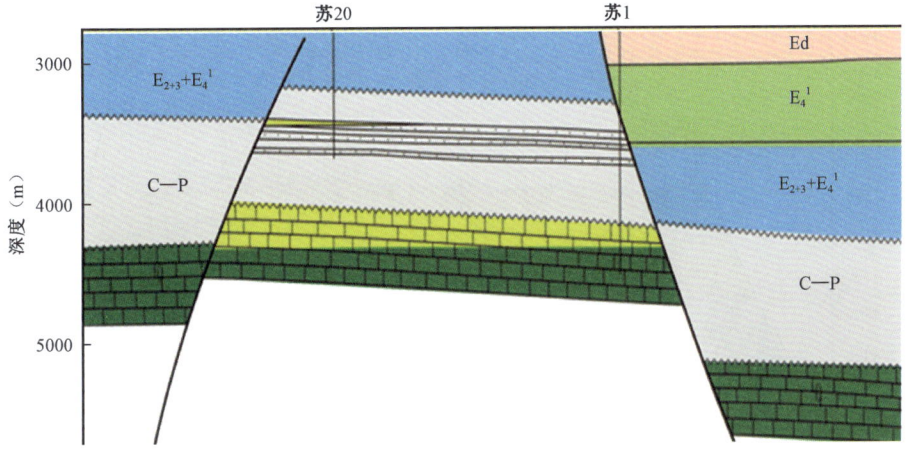

图 2-5-4　苏 1 气藏剖面图

2. 苏 20

产油气层位为二叠系上石盒子组下段,储集空间主要是孔隙,电测孔隙度平均为 17.4%,渗透率平均为 252mD;气水界面 3376m。苏 20 断块原始凝析油含量 800g/m³,属层状高凝析油含量的凝析气藏(图 2-5-5)。

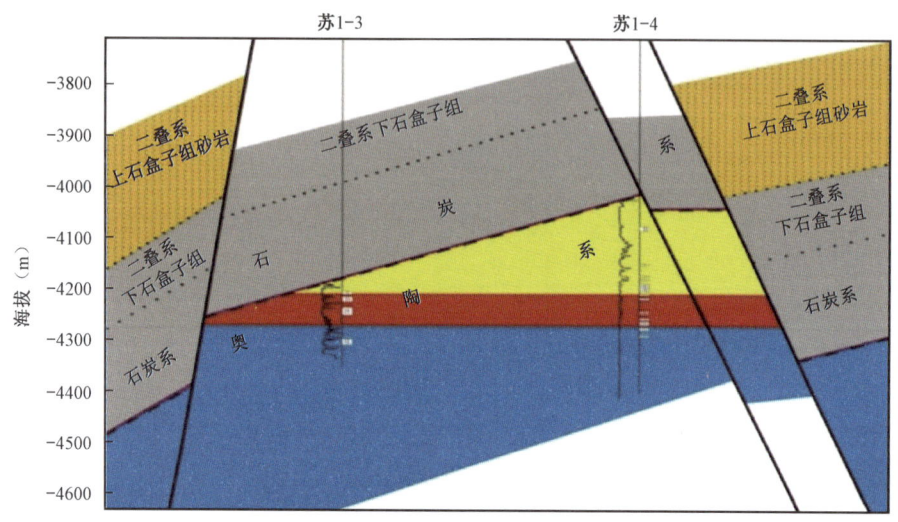

图 2-5-5　苏 20 气藏剖面图

3. 苏 4

主要产气层位为下古生界奥陶系峰峰组和马家沟组碳酸盐岩,储层为裂缝—孔隙型,以构造微裂缝为主,储层中部埋深为 4700m,孔隙度 2.29%,渗透率 2.59~1.89mD,属低孔隙度、低渗透率储层,原始地层压力 47.9MPa,地层温度 156℃,原始气水界面达 4954m,为中等活跃底水驱凝析气藏(图 2-5-6)。

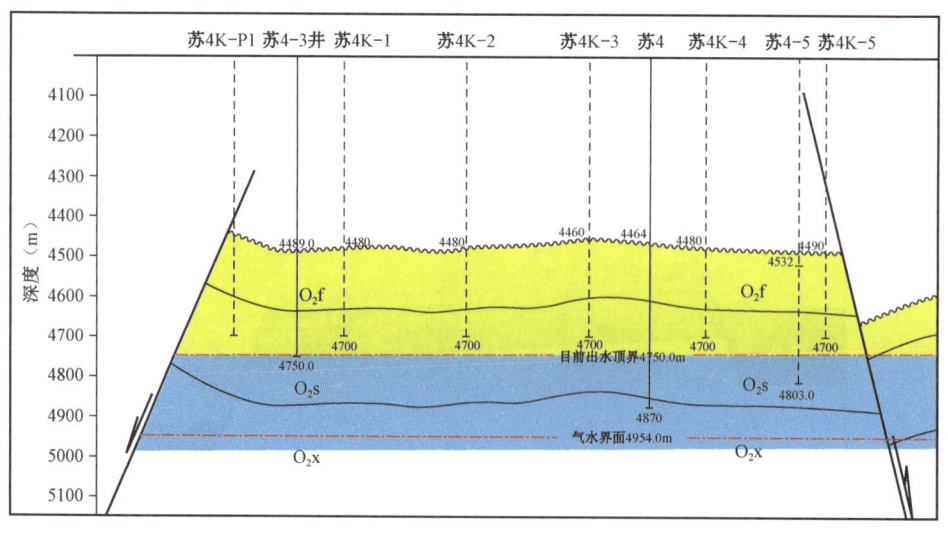

图 2-5-6　苏 4 气藏剖面图

4. 苏49

主要产气层位为下古生界奥陶系碳酸盐岩,储层为裂缝—孔隙型,以构造微裂缝为主,储层中部埋深为4910m,孔隙度3.8%,渗透率10~20mD,原始地层压力48.9MPa,原始气水界面5176m,苏49潜山为弱底水驱的凝析气藏(图2-5-7)。

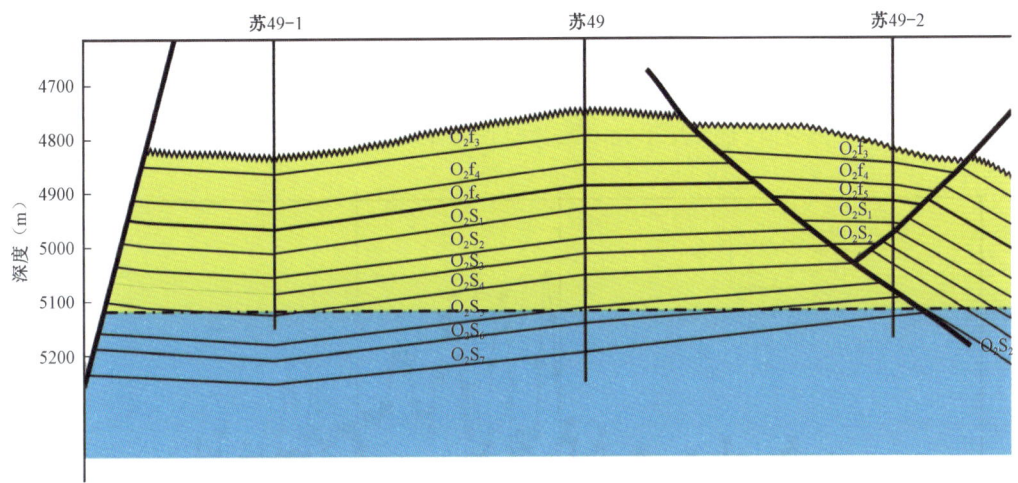

图2-5-7 苏49气藏剖面图

5. 顾辛庄

主要产气层位为下古生界奥陶系碳酸盐岩,储层为裂缝—孔隙型,以构造微裂缝为主,高点埋深为3200m,孔隙度5.5%,渗透率10~40mD,原始地层压力33.1MPa,为强底水驱带油环的凝析气藏(图2-5-8)。

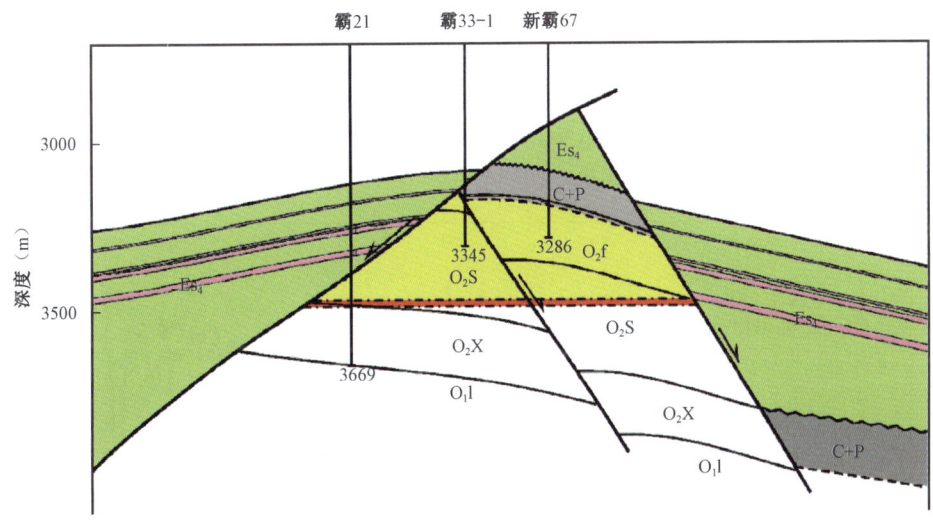

图2-5-8 顾辛庄气藏剖面图

二、气藏开发特征

(一) 开发历程

1. 苏 1 气藏

该气藏于 1983 年 3 月试采,经历了试采油环(1983 年 3 月至 1988 年 12 月)、关井压力恢复(1989 年 1 月至 1990 年 12 月)、上返气层采气(1991 年 1 月至 2010 年 11 月)三个典型开发阶段(图 2-5-9)。潜山上返试气的井共有 12 口,其中投产 8 口气井,累计产气 $7.52 \times 10^8 m^3$,采出程度为 45.8%,累计产油 $19.28 \times 10^4 t$,累计产水 $15.6 \times 10^4 m^3$。

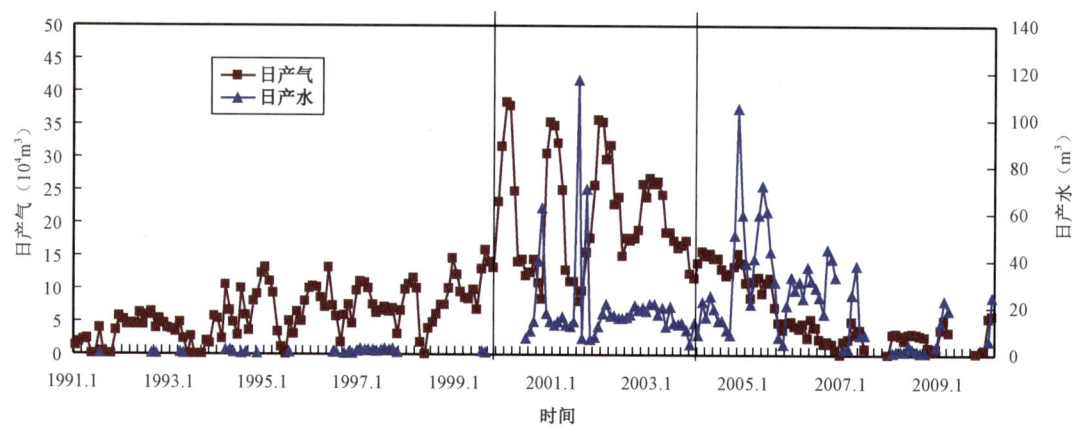

图 2-5-9 苏 1 气藏开发曲线

2. 苏 4 气藏

该气藏于 1988 年 12 月 24 日投产,经历了低速稳定生产(1988 年 12 月至 1998 年 10 月)、调峰高速不稳定生产(1998 年 11 月至 2003 年 1 月)、开发调整(2003 年 2 月至 2010 年 11 月)三个典型开发阶段(图 2-5-10),截至 2010 年 11 月,已钻探的 9 口气井全部投产,开井 9 口,累计产气 $18.6 \times 10^8 m^3$,可采储量采出程度为 66.6%,累计产油 $38.01 \times 10^4 t$,累计产水 $47.8 \times 10^4 m^3$,地层压力降至 27.43MPa,总压降 20.47MPa。

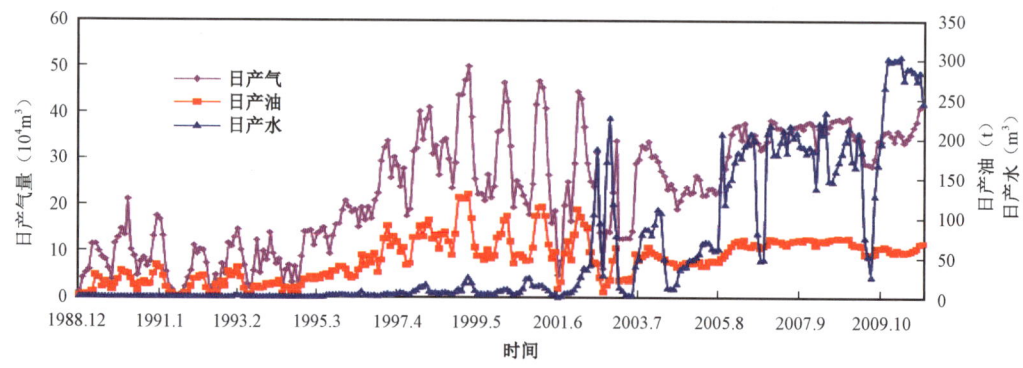

图 2-5-10 苏 4 气藏开发曲线

3. 苏 49 气藏

该气藏于 1999 年 10 月投产,经历了调峰高速不稳定生产(1999 年 10 月至 2003 年 6 月)和产量递减(2003 年 7 月至 2010 年 11 月)两个典型开发阶段(图 2-5-11),投产气井 3 口,累计产气 $4.8 \times 10^8 m^3$、可采储量采出程度为 49.4%,累计产油 $17.5 \times 10^4 t$,累计产水 $18.82 \times 10^4 m^3$,地层压力降至 29.54MPa,总压降 19.0MPa。

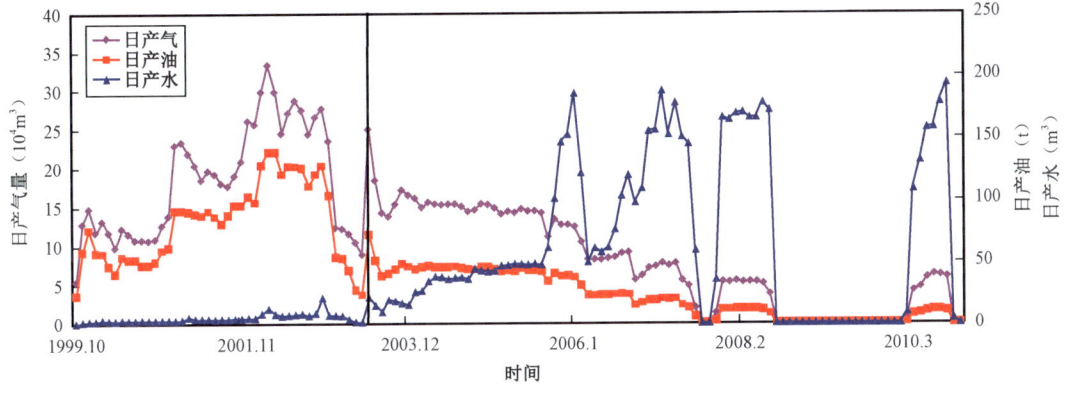

图 2-5-11 苏 49 气藏开发曲线

4. 苏 20 气藏

该气藏于 1988 年 10 月投产,仅部署苏 20 一口开发井,至 2010 年 11 月累计产气 $1.72 \times 10^8 m^3$,累计产凝析油 $3.60 \times 10^4 t$,累计产水 $2.18 \times 10^4 m^3$,天然气可采储量采出程度 98.8%,凝析油可采储量采出程度 96.8%,地层压力由 35.72MPa 降至 5.82MPa,总压降 29.90MPa(图 2-5-12)。

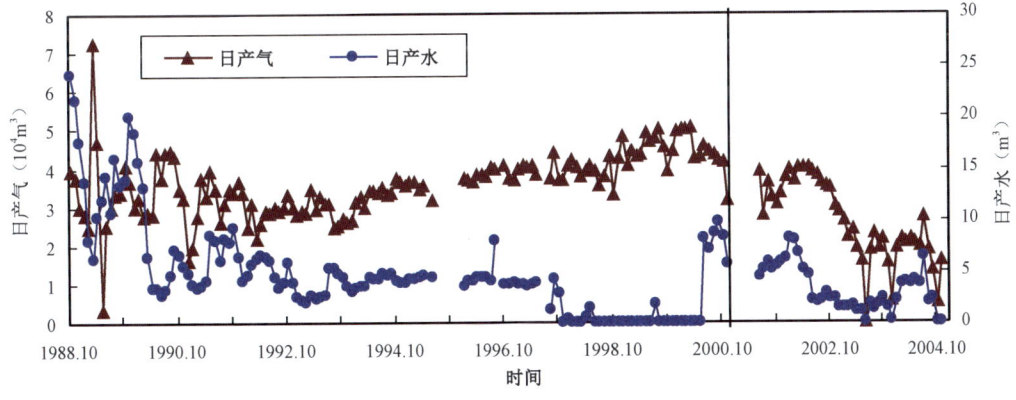

图 2-5-12 苏 20 气藏开发曲线

5. 顾辛庄气藏

该气藏于 1979 年 11 月投产,经历了低速生产开发(1979 年 11 月至 1998 年 10 月)、调峰不稳定生产(1998 年 11 月至 2004 年 2 月)和开发调整(2004 年 3 月至 2010 年 11 月)三个典型开发阶段(图 2-5-13),截至 2010 年 11 月底,共投产 6 口气井,累计产气 $3.85 \times 10^8 m^3$,可采储量采出程度为74%，累计产油$6.83 \times 10^4 t$，累计产水$1.6 \times 10^4 m^3$，地层压力由原始的33.84MPa降至31.02MPa，总压降2.82MPa。

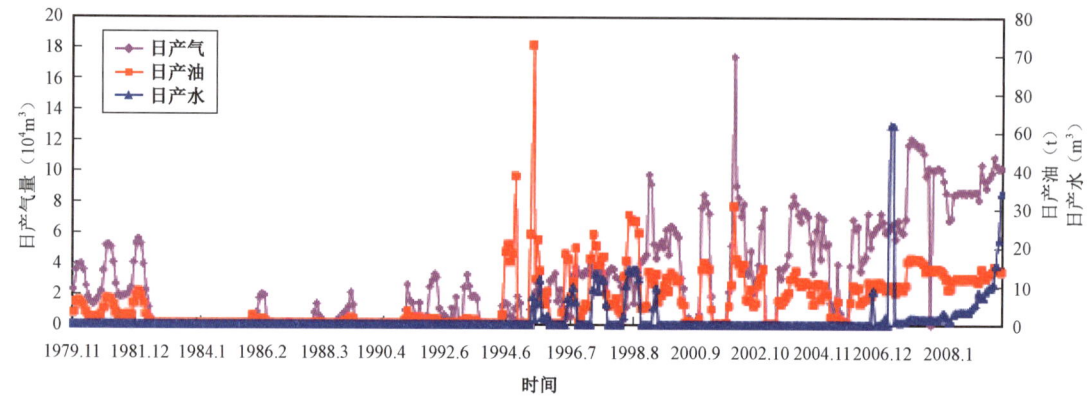

图2-5-13 顾辛庄气藏开发曲线

(二) 动用储量

苏1、苏4、苏49和顾辛庄潜山在开采过程中具有水驱的特征，投产井均相继产地层水，物质平衡MBE直线法关系曲线上翘，显示了水驱气藏的开采特征。因此，采用水驱气藏的物质平衡方程(MBE)直线方法预测动态法储量。

对于具有油环黑油、天然水侵作用且岩石和流体均为可压缩的非定容气藏，随着开采过程中地层压力的下降，采出量与压力下降的物质平衡关系式可表示为：

$$GB_{gi} = (G - G_p)B_g + GB_{gi}\left(\frac{C_w S_{wi} + C_f}{1 - S_{wi}}\right)(p_i - p) + (W_e - W_p B_w - N_p B_o) \quad (2-5-1)$$

令：

$$C_e = \frac{C_w S_{wi} + C_f}{1 - S_{wi}}$$

$$C_{ef} = p_i \cdot C_e$$

$$E_p = C_{ef}\left(1 - \frac{p}{p_i}\right) = C_e(p_i - p)$$

式中　G——天然气地质储量，$10^4 m^3$；

　　　S_{wi}——原始束缚水饱和度；

　　　C_w——地层水的压缩系数，MPa^{-1}；

　　　C_f——岩石的有效压缩系数，MPa^{-1}；

　　　p_i, p——原始、目前地层压力，MPa；

　　　G_p——累计产气量，$10^4 m^3$；

　　　W_e——累计水侵量，$10^4 m^3$；

　　　W_p——累计产水量，$10^4 m^3$；

N_p——累计产黑油量,$10^4 m^3$;

B_{gi}, B_g——原始、目前天然气体积系数;

B_w——地层水的体积系数。

当 $C_{ef} = p_i \cdot C_e \leq 0.10$ 时,变容作用项(E_p)可忽略不计,经变换式(2-5-1)后变为物质平衡方程(MBE)直线方法(图2-5-14)的公式表示为:

$$\frac{G_p B_g + N_p B_o + W_p B_w}{B_g - B_{gi}} = \frac{W_e}{B_g - B_{gi}} + G \quad (2-5-2)$$

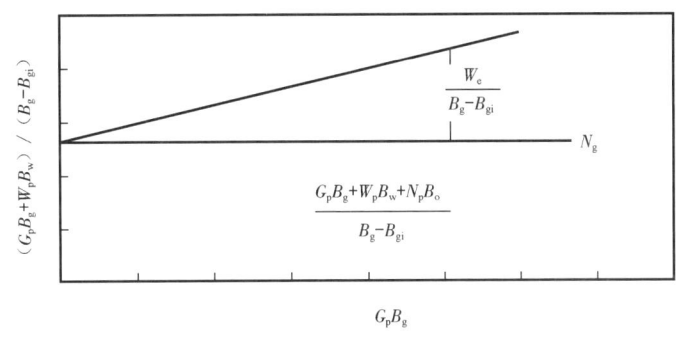

图2-5-14 物质平衡方程(MBE)直线法示意图

如图2-5-14所示,如果气藏不存在水侵,则应得到一水平线;如果气藏存在水侵,将得到一条不断上升的直线,该直线在纵轴上的截距即为所求的天然气原始地质储量。

苏1潜山计算南块凝析气藏动态法地质储量$7.84 \times 10^8 m^3$,原始气油比$2886 m^3/m^3$,凝析油相对密度0.796,计算气藏天然气地质储量$7.51 \times 10^8 m^3$,凝析油地质储量$20.7 \times 10^4 t$。

苏4潜山计算气藏动态法凝析气地质储量$47.91 \times 10^8 m^3$,原始气油比$3730 m^3/m^3$,凝析油相对密度0.796,计算气藏天然气地质储量$46.33 \times 10^8 m^3$,凝析油地质储量$98.87 \times 10^4 t$。

苏49计算气藏动态法凝析气地质储量$15.46 \times 10^8 m^3$,原始气油比$2195.28 m^3/m^3$,凝析油相对密度0.7836,计算气藏天然气地质储量$14.56 \times 10^8 m^3$,凝析油地质储量$51.7 \times 10^4 t$。

顾辛庄计算凝析气藏动态法地质储量$9.88 \times 10^8 m^3$,原始气油比$4724 m^3/m^3$,凝析油相对密度0.758,天然气地质储量$9.58 \times 10^8 m^3$,凝析油地质储量$15.33 \times 10^4 t$。

苏20属于定容砂岩气藏,随着开采过程中地层压力的下降,以p/Z为纵坐标,G_p为横坐标,作p/Z与G_p的线性回归,利用压降法计算凝析气总地质储量为$2.23 \times 10^8 m^3$,原始气油比取$942 m^3/m^3$,凝析油相对密度0.774,气藏天然气地质储量$1.94 \times 10^8 m^3$,凝析油地质储量$15.9 \times 10^4 t$。

三、储气库建库方案

(一)地质方案

苏桥库群设计总库容量$67.4 \times 10^8 m^3$,工作气量$23.3 \times 10^8 m^3$,垫底气量$44.1 \times 10^8 m^3$(表2-5-1);设计生产井39口,其中新钻15口水平井、12口定向井作为注采井,利用12口老井采气;监测井16口,日均注气量$1166 \times 10^4 m^3$,日均采气量$1935 \times 10^4 m^3$;采气期120d,注气期220d,平衡期25d。

表 2–5–1　苏桥储气库群主要设计参数

储气库	库容量 ($10^8 m^3$)	工作气量 ($10^8 m^3$)	上限压力 (MPa)	下限压力 (MPa)	平均日注气量 ($10^4 m^3$)	平均日采气量 ($10^4 m^3$)
苏1	6.3	2.0	41.2	25	100	167
苏20	1.9	0.7	35.7	18.5	36	60
苏4	35.0	12.1	28	48	605	1008
苏49	14.6	4.5	48	29	225	375
顾辛庄	9.6	4.0	34	25	200	333
合计	67.4	23.3			1166	1943

(二) 钻完井

1. 井身结构

苏桥库群新钻井采用水平井和定向井两种井型,井身结构如图 2–5–15 和图 2–5–16 所示。定向井一开 ϕ406.4mm 套管,二开 ϕ273.1mm 套管,三开下入 ϕ177.8mm 尾管,四开下入 ϕ114.3mm 尾管+高强度筛管,回接 ϕ177.8mm 气密套管;水平井一开 ϕ508mm 套管,二开 ϕ339.7mm 套管,三开 ϕ244.5mm 技术套管,四开下入 ϕ177.8mm 气密封套管+ϕ168.3mm 高强度筛管,回接 ϕ177.8mm 气密套管。

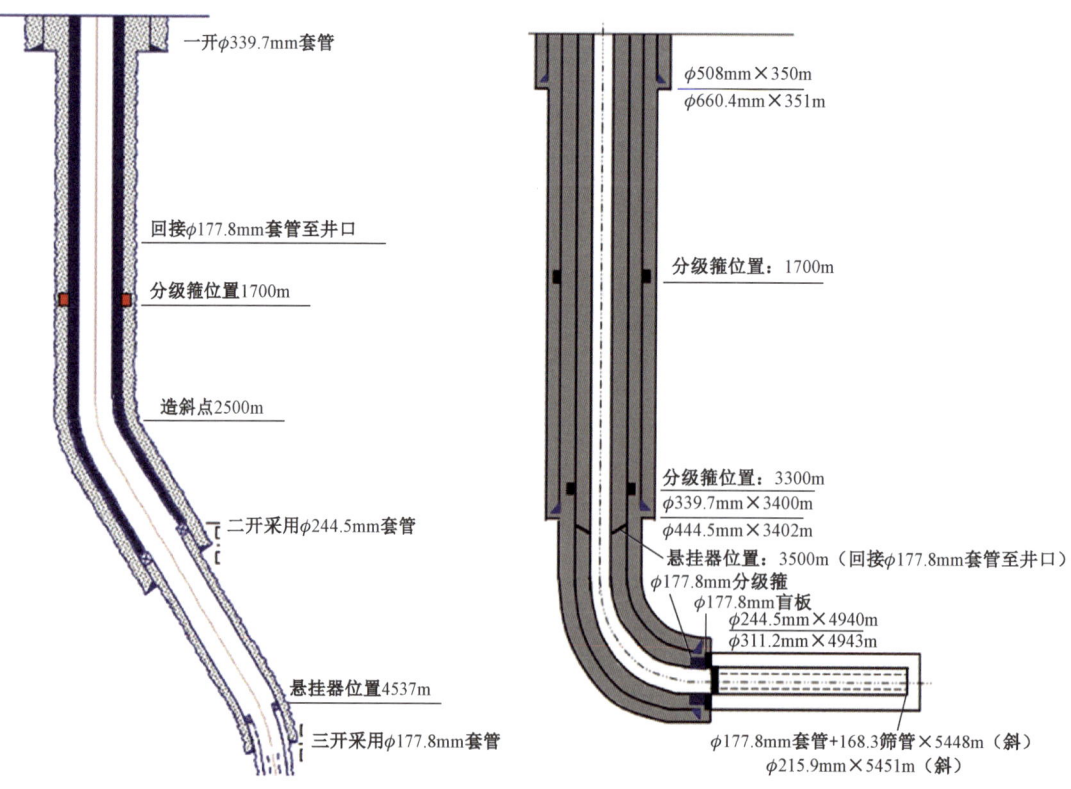

图 2–5–15　直井井身结构　　图 2–5–16　水平井井身结构

2. 钻井液体系

针对苏1、苏4、苏49和顾辛庄碳酸盐岩储层,一开使用膨润土钻井液,二开使用聚合物钻井液,三开使用聚胺正电胶聚磺钻井液,四开使用无固相钻井液;针对苏20砂岩储层,一开使用膨润土钻井液,二开1602m前使用聚合物钻井液,1602m后使用聚磺钻井液,三开使用正电胶聚磺钻井液,四开使用聚胺有机盐正电胶聚磺钻井液。

3. 油管

(1)苏1南区、苏20储气库:水平井采用3 in油管,老井采气采用2 in油管。

(2)苏4、苏49储气库:水平井采用4 in油管,定向井采用3 in油管。

(3)顾辛庄储气库:水平井采用4 in油管,老井采气采用2 in油管。

(4)老井处理:苏桥储气库群共有35口老井,利用20口老井,封堵15口。

(三)地面工程

苏桥储气库群地面工程包括储气库集输系统、集注站、双向输气管道、华北油田储气库调控中心等主要工程内容(图2-5-17)。注气规模$1300 \times 10^4 m^3/d$、采气规模$2100 \times 10^4 m^3/d$。

储气库地面单井注采及计量管线合一设置,注气干线和采气干线分开设置;采气期采用气液混输、开井初期注甲醇防冻工艺,井口设置缓蚀剂注入装置防止硫化氢和二氧化碳腐蚀;集注站烃水露点控制和低压气处理采用J-T阀节流制冷+注乙二醇防冻工艺,凝析油采用两级闪蒸+提馏稳定工艺,稳定后的凝析油装车外销。

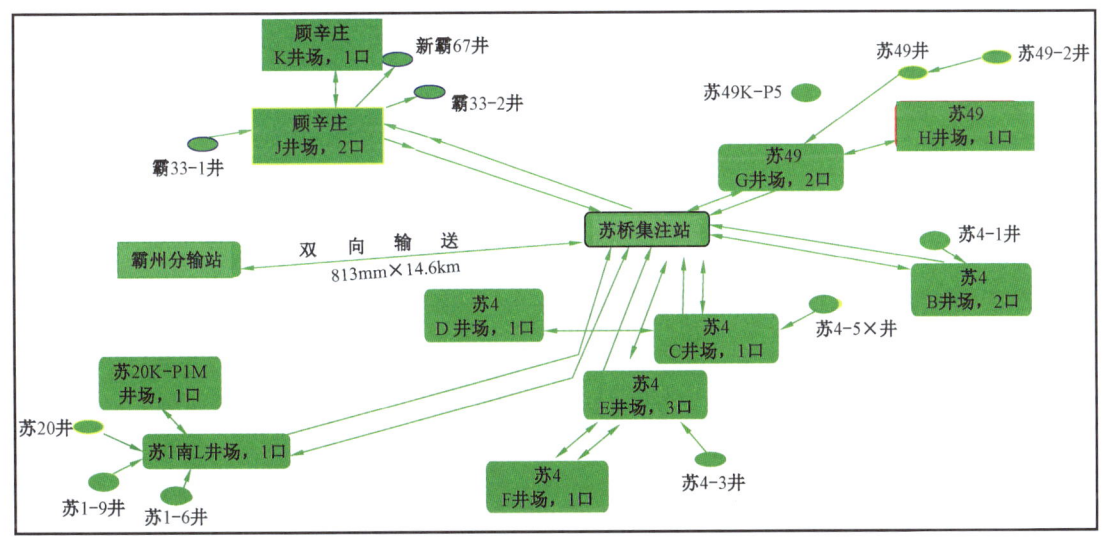

图2-5-17 地面工程布局示意图

主要工程量:

(1)新建13座注采井场。新建单井注采管线21.04km,新建井场至集注站采气管线59.45km,新建集注站至井场注气管线59.45km,新建注缓蚀剂管线总长度21.64km。

（2）新建集注站1座。包括 $700\times10^4\text{m}^3/\text{d}$ 烃水露点控制装置3套；单机排量 $115\times10^4\text{m}^3/\text{d}$、电动机功率分别为3500kW及4500kW电驱往复式注气压缩机10台，单机排量 $110\times10^4\text{m}^3/\text{d}$、电动机功率4000kW电驱往复式注气压缩机2台；$30\times10^4\text{m}^3/\text{d}$ 低压气处理装置1套；1200t/d 和 600t/d 凝析油稳定装置各1套；2200kg/h 乙二醇再生装置1套；270t/d 轻烃储装设施；$2400\times\text{m}^3/\text{d}$ 污水回注装置1套；110kV/35kV/10kV 变电站1座。

（3）新建霸州分输站—集注站双向输气管道16.25km。

（4）新建14.2km污水回注管线1条。

（5）新建33.6km 110kV供电线路两回；12心通信光缆110.5km。

（6）新建给排水及消防、供配电、通信、自控及仪表、热工及暖通、总图、道路等公用与系统配套工程。

四、周期运行简况

苏桥库群自2013年投产运行，目前投产苏1、苏4两座储气库，截至2017年3月采气末，累计注气 $13.62\times10^8\text{m}^3$，累计采气 $3.57\times10^8\text{m}^3$，最大日注气量 $372\times10^4\text{m}^3$，最大日采气量 $332\times10^4\text{m}^3$。

苏桥储气库群主要由强底水碳酸盐岩气藏改建而成，库群目前经历了四注四采，气库库存量与达容率呈逐年上升趋势（图2-5-18），调峰能力逐步增强。截至2016年注气末，库存量增加至 $52\times10^8\text{m}^3$，达容率为77%，整体气库库容趋势较好。由于储层发育高角度裂缝，底水能量较强，由于储气库强注强采的特点，在气库采气阶段，地层容易沿高角度裂缝上窜，气井发生水淹，对气库可动含气孔隙体积造成严重危害，针对此类储层，要密切关注气井出水情况，加强采气期气井的产能测试与采出流体分析化验工作，加强气井放压求产，摸索合理气井产能。

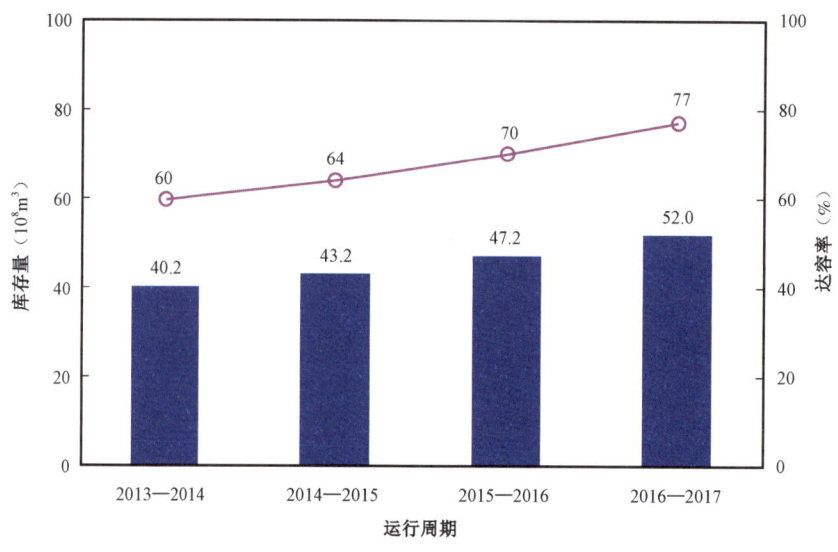

图2-5-18 苏桥库群库存量与达容率

第六节　金坛复杂层状盐岩储气库[1]

金坛储气库位于江苏省金坛市西北 30km 处，是我国建设的第一座盐穴储气库，该储气库的建设主要是解决下游用户用气不均衡所引起的季节调峰，以及由于长输管道意外故障不能正常供气时的应急供气问题，确保西气东输长输管道向下游用户安全平稳供气。

(一) 地质概况

1. 地层特征

金坛地下储气库矿区内中、古生界及元古界出露于北部地区、西部茅山地区，新生界除在茅山东麓有零星出露外均被第四系覆盖。地层从老到新有元古界的震旦系，古生界的寒武系、奥陶系、志留系、泥盆系、石炭系、二叠系，中生界的三叠系、侏罗系、白垩系及新生界的古近系、新近系和第四系。

根据钻井资料，研究区内钻遇新生界古近系和第四系，普遍缺失新近系盐城组。钻遇地层从浅到深为第四系东台组（Qd）、古近系三垛组（Es）、戴南组（Ed）、阜宁组（Ef）（表 2-6-1）。

1) 古近系阜宁组（Ef）

本组地层根据岩性特征和微古生物化石组合可以自下而上划分为 4 个岩性段，即阜宁组一段（Ef_1）、二段（Ef_2）、三段（Ef_3）、四段（Ef_4）。工业盐矿层富存于阜宁组四段（Ef_4）中，控制面积在 60km^2 左右。阜宁组地层厚度 179.4~1251m，与下伏地层呈不整合接触。

(1) 阜宁组一段（Ef_1）。底部为棕色粉细砂岩与咖啡色砂质泥岩互层，局部含砾，底见棕色含砾粗砂岩；中部为暗棕红色、咖啡色粉砂质泥岩、灰棕色粉细砂岩、细砂岩；上部为暗棕色、咖啡色含粉砂泥岩、粉砂质泥岩、泥质与棕灰、暗棕色泥质粉砂岩互层。泥岩中含介形虫及轮藻化石。厚度 41.3~445m。

阜宁组一段沉积时气候干燥，氧化作用强，是动荡环境下的浅湖相沉积。与下伏地层呈不整合接触。

(2) 阜宁组二段（Ef_2）。下部为深灰色、灰绿色含粉砂泥岩夹薄层状泥灰岩、灰质泥岩，含分散状黄铁矿；上部为灰绿色、灰黑色粉砂岩、粉砂质泥岩夹泥灰及其条带，含黄铁矿，局部见同生角砾。产较多的介形类化石。厚度 51.4~236m。

本区阜宁组二段沉积时气候湿润，生物繁盛，是还原条件下的静水湖相。

(3) 阜宁组三段（Ef_3）。

深灰色、深灰绿色、咖啡色泥岩、钙质泥岩夹泥灰岩、粉砂质泥岩、泥质粉砂岩。产介形类化石和轮藻化石。厚度 33.2~255m。

为弱还原—弱氧化交替动水浅湖相沉积。

---

[1] 本节部分内容引自内部报告《金坛地下储气库地下建设工程初步设计（2005）》《金坛地下储气库（二期）二阶段工程初步设计（2018）》。

(4)阜宁组四段(Ef_4)。

阜宁组四段(Ef_4)下部为灰色、灰黑色泥灰岩、钙质泥岩夹鲕状泥灰岩,含脉状石膏、分散状黄铁矿;上部为灰白色、灰色、灰黑色盐岩夹棕褐色含钙芒硝质泥岩、盐质泥岩、钙质泥岩;顶部为深灰色、灰绿色钙质泥岩。含硬石膏和钙芒硝。盐岩顶部普遍见泥砾岩。产有介形类和孢粉化石。厚度53.5~315m。

表2-6-1 金坛盐矿新生界地层简表

地层					绝对年龄	地层厚度	构造运动	岩性
界	系	统	组	段	代号	(Ma)	(m)		
新生界		全新更新统	第四系	东台组		Qd		0~78.5		灰黄色、棕黄色黏土层,兰灰色、灰黄色黏土质粉砂层,灰白色砂砾层,含砾砂层,盆地边部颗粒粗,中间较细,南薄北厚
	古近系	渐新始新统	三垛组	上段	Es_3	23	58~257	三垛运动	上部为棕红色含砾砂岩与粉、细砂岩,含砂泥岩互层,下部咖啡色、棕红色泥岩,含钙含粉砂岩,粉砂岩
				中段	Es_2			周庄运动	灰黑色玄武岩与棕红色、灰绿色含钙含粉砂泥岩不等厚互层
				下段	Es_1	33	0~496		灰绿色泥岩、含钙含粉砂泥岩、细砂岩
			戴南组	上段	Ed_2		75~319	真武运动	上部暗灰色含钙含粉砂泥岩,绿灰色含钙泥岩;下部深灰色泥岩夹灰色云质泥岩条带,泥岩中含石膏
				下段	Ed_1	51	63~340	吴堡运动	灰黑色泥岩,粉砂质泥岩夹灰黑色含钙泥岩,浅棕灰色含钙云泥岩,普遍含石膏、硬石膏
		始新古新统	阜宁组	四段	Ef_4		53.5~315		顶部深灰色、灰绿色钙质泥岩含硬石膏、钙芒硝,盐岩顶部普遍见泥砾岩;上部灰白色、灰色、灰黑色盐岩夹棕褐色含钙芒硝质泥岩,盐质泥岩;下部灰黑色泥灰岩,钙质泥岩
				三段	Ef_3		33.2~255		深灰色、深灰绿色、咖啡色泥岩、钙质泥岩夹灰岩、粉砂质泥岩、泥质粉砂岩
				二段	Ef_2		51.4~236		上部灰绿色、灰黑色含粉—粉砂质夹泥灰岩;下部深灰色、灰绿色含粉砂泥岩夹细砂岩、灰质泥岩
				一段	Ef_1		41.3~445		棕色粉砂质泥岩,泥质粉砂岩夹细砂岩,向下砂岩含量增加,颗粒变粗,底部具含砾中、粗砂岩
						65~70		燕山V幕	

阜宁组四段沉积早期为还原环境下静、动水交替环境下的浅湖相沉积;晚期湖盆闭塞、湖水变浅,成为蒸发岩相。

2)古近系戴南组(Ed)

戴南组根据岩性特征可以自下而上划分为2个岩性段,即戴南组一段(Ed_1)、二段(Ed_2)。本组地层中产介形类和孢粉类化石。

(1)戴南组一段(Ed_1)。灰色、灰黑色泥岩、粉砂质泥岩夹灰黑色含钙泥岩,浅棕灰色含钙含云泥岩,后者为主。普遍含分散状和团块状石膏、硬石膏。厚度63~340m。

(2)戴南组二段(Ed_2)。下部深灰色局部浅棕色泥岩夹灰色云质泥岩条带,泥岩中含石膏、硬石膏,上部暗灰色含钙粉砂质泥岩、绿灰色含钙泥岩、浅灰绿色泥岩。厚度75~319m。

戴南组沉积早期为湖滨三角洲—湖滨沉积环境和浅湖沉积环境;晚期为氧化、还原交替的浅湖沉积环境。与下伏地层的接触关系为盆地周边假整合接触,盆地中间为整合接触。

3)古近系三垛组(Es)

三垛组根据岩性特征可以自下而上划分为3个岩性段,即三垛组下段(Es_1)、中段(Es_2)、上段(Es_3)。

(1)三垛组下段(Es_1)。以灰绿色钙质泥岩为主,夹浅棕红色含钙泥岩。

(2)三垛组中段(Es_2)。上部为深灰色、灰黑色玄武岩夹棕红色、灰白色泥岩,灰白色灰质泥岩。下部为灰绿色泥岩、灰黑色玄武岩。

(3)三垛组上段(Es_3)。以棕红色泥岩、粉砂质泥岩为主,顶部为浅棕色粉砂岩、棕红色细砂岩、中砂岩、砂质泥岩。底部为棕红色、灰白色灰质泥岩与棕红色、灰白色泥岩呈不等厚互层。

三垛组沉积早期为静、动水交替和氧化、还原作用交替环境下的浅湖沉积环境;晚期为浅湖—湖滨三角洲沉积环境。与下伏地层呈假整合接触。

4)第四系

东台组(Qd)为灰黄色、棕黄色黏土层,蓝灰色、灰黄色黏土质粉砂层、粉砂层夹灰白色砂砾层、含砾砂层。盆地边部颗粒较粗,中间较细。南薄北厚,厚度0~78.5m。与下伏地层呈不整合接触。

2. 构造特征

直溪桥凹陷内盐岩发育于古近系阜宁组上部,由盐岩段底至三垛组玄武岩顶的构造特征具有明显的继承性——总体上为由以陈4井为沉降中心(陈家庄次洼)及荣6井和金10井为沉降中心的低凹(紫阳桥—倪巷浅洼)及金16井、荣1井、苏26井、茅11井和金钾1井为轴带的低凸起(东岗低拱)构成的高低相间的一凸两凹的现今的构造格局。

1)盐岩顶界面构造特征

构造轴向近于北东—南西向,平面上以荣6井和金10井区为最低构造部位、陈4井区次之的低凹、茅12井为中心的低凹构成三凹,与近于北东—南西走向金16井、荣1井、苏26井、茅11井和金钾1井为轴带的低凸起构成的高低相间的一凸三凹的、总体是南高北低的现今构造格局(图2-6-1)。

2)盐岩底界面构造特征

构造轴向近于北东—南西向,平面上以近于北东—南西走向的陈4井为最低构造部位,荣6井和金10井次之,与走向近于北西—南东向的茅12井为中心的低凹构成三凹,与近于北东—南西走向金16井、荣1井、苏26井、茅11井和金钾1井为轴带的低凸起构成的高低相间的一凸三凹的、总体是南高北低的现今构造格局(图2-6-2)。

3)断裂分布特征

根据三维地震解释成果,金坛盆地从西到东大体上可分为三个断层发育带,断层走向近北东—南西向,呈雁列式展布(图2-6-3)。

西部断层发育带——沿荣13井—荣1井—颜1井,呈北东—南西向展布,断层断距较大,其中沿岗3—荣1—金16井构造转折带分布的断层断距最大,可达80m,部分断层已断穿玄武

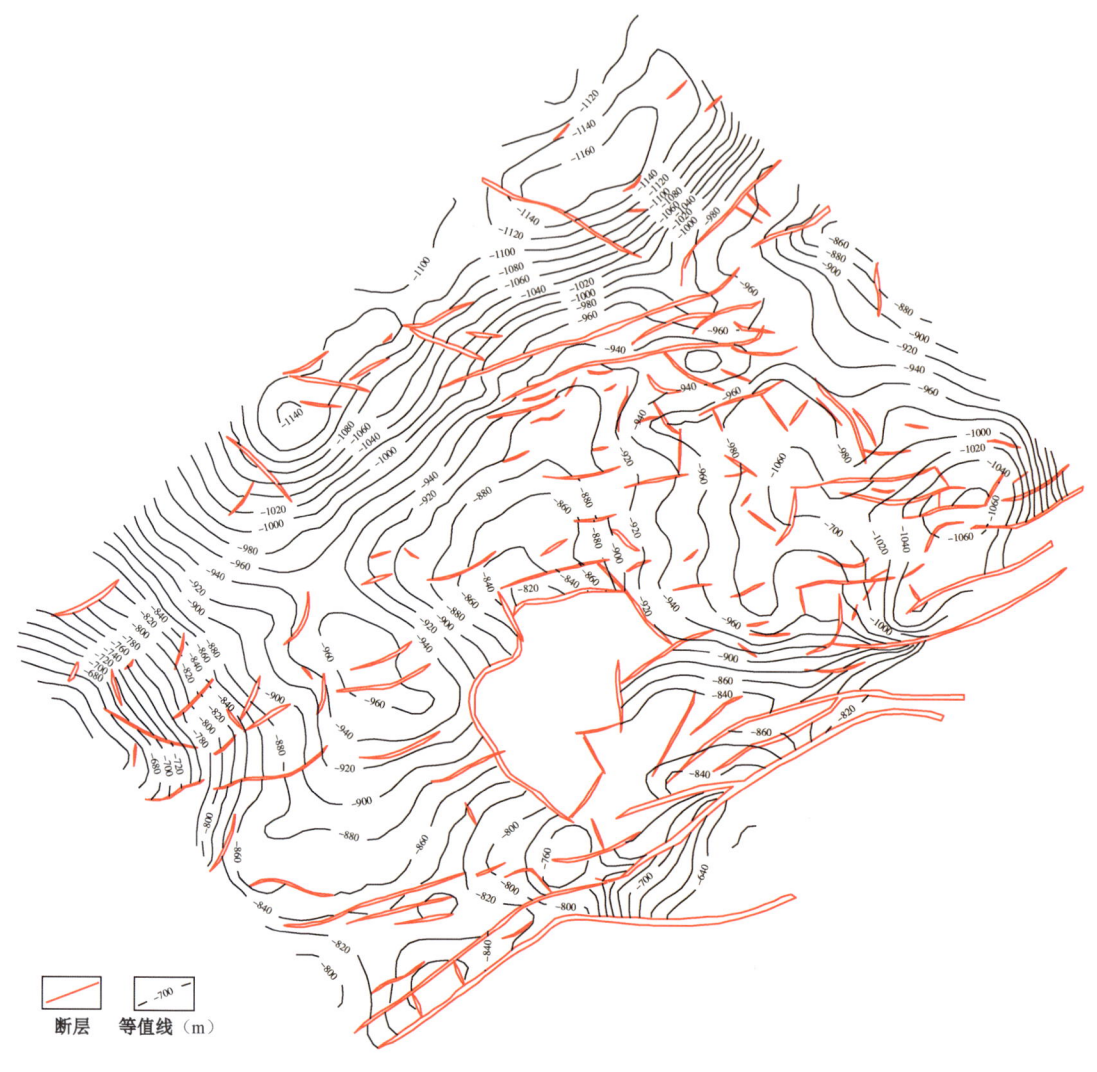

图 2-6-1 金坛储气库盐岩顶面构造图

岩,向南北两翼断层断距逐渐变小;

东部断层发育带——即迪庄河口断裂带,沿 701 井—茅 3 井走向展布,断层断距较大,大部分断层已断穿玄武岩,断距最大可达上百米,此断层发育带控制了盆地早期的沉积演化,决定了盐岩层的平面分布;

中部小断层发育带——两组走向一组为北东—南西向雁列式展布,一组为北西—南东向,后者为前者的调谐断层。

中部小断层发育带断距总体偏小,大部分在戴南组泥岩段中消失,虽然对储气库上覆盖层有一定的破坏,但不起决定作用。西部断层发育带、东部断层发育带断层断距大,破坏了盐岩层上覆的盖层。

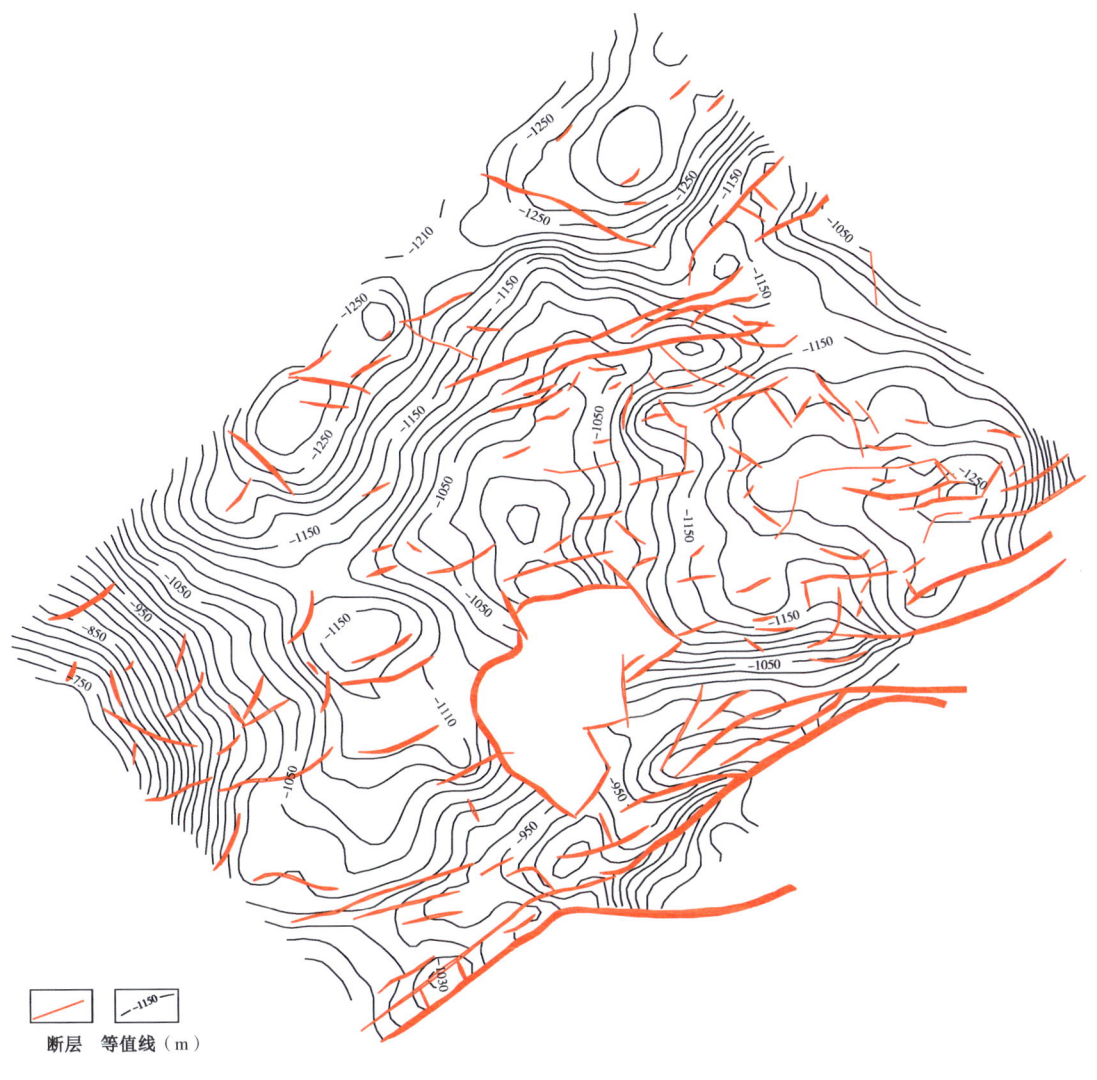

图 2-6-2　金坛储气库盐岩底面构造图

3. 盐岩层及盖层条件分析

1) 盐岩层

金坛地下储气库的盐岩层为阜宁组四段的盐岩,为浅水环境干盐湖沉积,属于湖盆闭塞、湖水变浅的蒸发岩相。岩性主要为盐岩、含泥盐岩夹含盐泥岩、钙芒硝泥岩、云质泥岩、泥岩、粉砂岩等。岩石成分以盐岩为主,其次为钙芒硝、石膏,局部出现无水芒硝,杂质主要为黏土矿物,其次为白云岩、碳酸盐岩等。

盐岩以中细晶、中粗晶及不等粒结构为主,局部为巨晶结构,矿石以块状构造为主,斑点、条带、角砾状、纤维状构造甚少。

盐岩的化学组成主要是 NaCl,占 74.9%～90.8%,其次是 Na_2SO_4 和 $CaSO_4$,其他盐类甚微。Na_2SO_4 可溶于水,$CaSO_4$ 30%～50% 溶于水,所以金坛的盐岩水溶性较高。

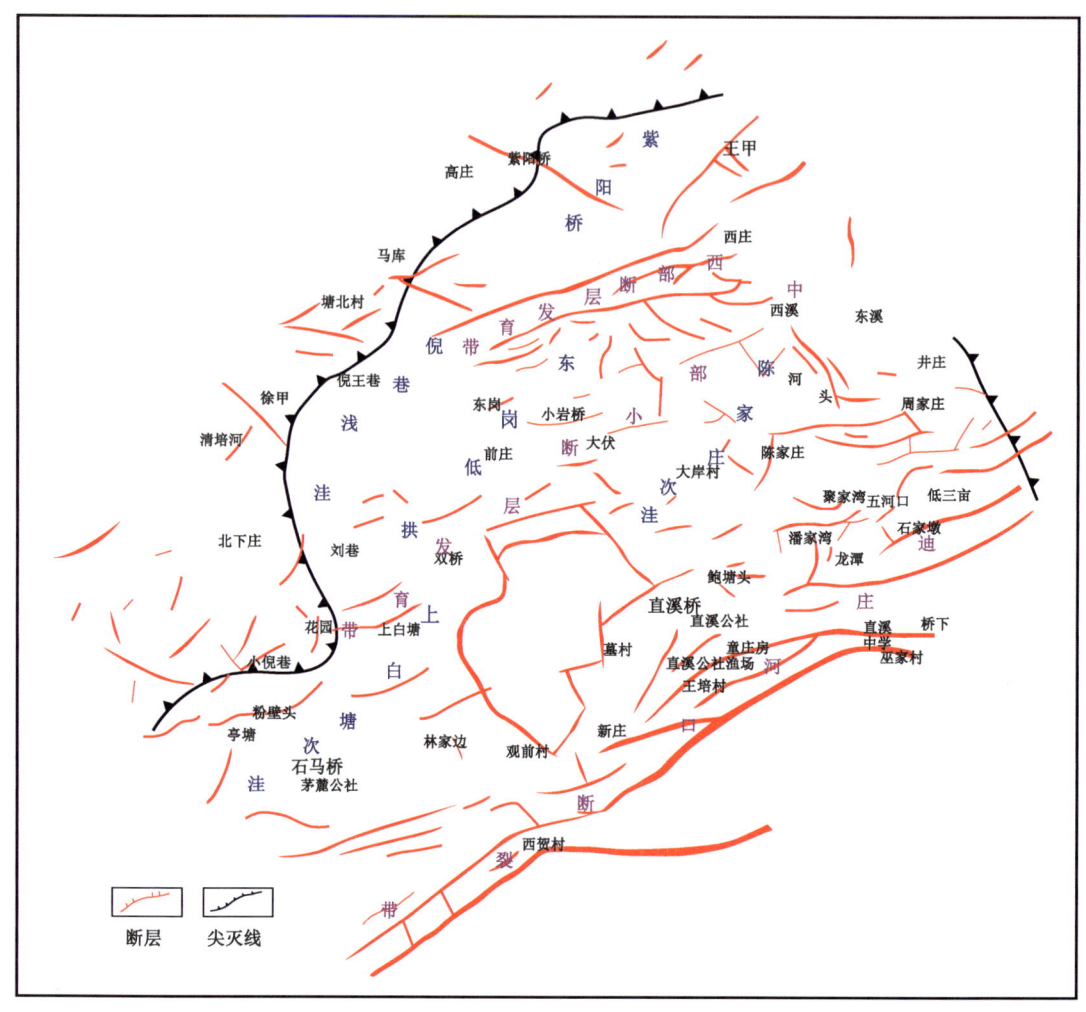

图2-6-3 金坛储气库构造分区及断裂分布图

金坛盐矿盐岩层的分布在平面和纵向上都较稳定,盐岩层分布较平缓,略有起伏,地层总体向北西倾斜,倾角小于10°,中心部位倾角更小,边部稍大,在20°以内。

盐岩层最发育区域位于东北部的陈家庄一带,盐岩厚度达180~240m,分布范围广。

2)盖层

盐岩顶部的泥岩盖层是指分布于盐岩顶部到三垛组一段玄武岩底面之间的厚层泥岩。

(1)戴南组泥岩(Ed)。

根据岩性特征,戴南组分为两段。戴南组一段(Ed_1)为灰色、灰黑色泥岩、粉砂质泥岩夹灰黑色含钙泥岩,浅棕灰色含钙云泥岩,以后者为主。普遍含分散状和团块状石膏、硬石膏。厚度63~340m。戴南组二段(Ed_2)下部为深灰色局部浅棕色泥岩夹灰色云质泥岩条带,泥岩中含石膏、硬石膏,上部暗灰色含钙粉砂质泥岩、绿灰色含钙泥岩、浅灰绿色泥岩。厚度75~319m。

(2)三垛组一段(Es_1)泥岩。

三垛组一段(Es_1)的泥岩主要分别在下部,为灰绿色泥岩,含钙泥岩夹灰黑色玄武岩,底见棕灰色细砂岩、泥质细砂岩。三垛组一段上部地层为灰黑色玄武岩与棕红色、灰绿色含钙、含粉砂泥岩等不等厚互层。

盖层岩性以泥岩为主,厚度 309.99~624.81m,整体上具有北部较厚、向南变薄的特点,最厚区位于北西缘的浅洼、荣炳以北的地区;其次为陈家庄附近,最薄区位于南部边缘的构造隆起区。

4. 沉积环境

建库区含盐层段为浅水环境沉积,属于湖盆闭塞、湖水变浅的蒸发岩相,为干盐湖沉积。有以下5点依据:

(1) 含盐段内发育棕红色泥岩。含盐段岩心多见棕红色泥岩,多发育于矿层顶、底,含盐层段内部棕色泥岩也较常见,为浅水沉积标志。

(2) 见泥裂。在部分岩心中见泥裂构造,厚层盐岩中的泥岩薄夹层具泥裂构造,为干旱气候条件下浅水沉积的标志。

(3) 具波状层理。岩心中泥岩、多具水平层理,但也有部分具波状层理或缓波状层理(如陈3井中部泥岩),泥岩中所夹粉砂或细砂条带、钙质条带及白云质条带也多见缓波状或波状层理,说明盐岩沉积不是发生于深水环境,而是浅水的浪基面之上。

(4) 见泥砾。泥岩顶板底部多见泥砾岩,含盐层段内的也见薄层角砾状泥岩。

(5) 泥岩与盐岩的互层关系。由岩心观察发现,盐岩与泥岩互层中、泥岩底部普遍发育高角度裂缝,为次生盐充填。这与深水条件下形成的盐岩/泥岩水平互层不同。其原因可能是上覆沉积物沉积速率较快,导致泥岩层下面的盐岩层塑性变形和高盐度的地层水上涌,形成这些高角度裂缝,后来被次生盐所充填。在深水条件下,由于沉积速率低,盐岩/泥岩形成厚度稳定、层理清晰的薄互层,而不会出现研究区岩心具有的这种特征。

此外,含盐层段岩性以蒸发岩和泥岩为主,砂质含量普遍较低,这说明两点:一是盐岩沉积处于盆地的中心,距离碎屑物源远,因此碎屑沉积以泥质为主;二是沉积时期气候干燥,盆地周缘的径向水流流量小,因此携带至盆地中心的碎屑物少而粒度细。此外,含盐层段的泥岩夹层中无植物碎屑沉积,也说明沉积时期气候干燥,盆地周缘植被不发育。

综上所述,金坛储气库阜宁组四段含盐层段属于干旱环境下的浅水盐湖沉积。

5. 盐层及夹层物理特性

建库区块位于陈家庄次洼,该区域是盐岩沉积中心,盐岩层发育,盐岩质量好。盐层厚度为 150~230m,分布稳定,NaCl 含量高,均在 80% 以上;水不溶物含量较低,为 14.95%~24.48%,盐岩层中夹层总厚度为 22.10m,占盐层总厚度 11.14%。

盐岩层及泥岩夹层抗拉强度一般为 1MPa 左右;杨氏模量 960~4300MPa,单轴抗压强度 15~25 MPa,处于中等水平;内聚力较小,一般在 3~5MPa,抗剪切能力较差,但具有良好的流变性,对于盐腔的密封性是有好处的。实验表明,金坛盐层所表现出来的岩石力学特征(强度、变形和蠕变)足以保证地下盐腔的稳定性。

盐岩层的顶板为含钙芒硝泥岩、泥岩;岩性较致密,厚度大,为 107.22~150.45m,分布稳定;顶板的含盐量及可溶性较低,分别为 9.32%~25.17% 和 6.67%~17.56%;顶板抗压、抗拉、抗剪强度大,自然干燥抗压强度为 18.6~44.6MPa,水饱和单轴抗压强度 5.7~35.6MPa,抗剪强度 28~49MPa,岩石的坚固性与稳定性好,为坚硬~半坚硬岩石。室内岩样分析表明顶板突破压力为 2~4MPa,盐岩层顶板封闭性好。

总之,金坛盐矿具备了盐岩分布稳定、盐层厚度大、内部夹层少、盐层品位高、顶板强度大、盐层埋深适中等有利地质条件,加上充足的造腔水源和优越的地理位置,成为建设储气库的有利目标。

(二)储气库建库方案

金坛储气库设计总库容 $26.38 \times 10^8 m^3$,有效工作气量 $17.14 \times 10^8 m^3$。设计部署 75 口井,其中改造老腔 5 口、新钻井 64 口、备用井 6 口。地面工程注气规模 $1200 \times 10^4 m^3/d$,采气规模 $2700 \times 10^4 m^3/d$。

1. 单腔形态设计及造腔工程设计

1)单腔形态设计

以典型井为例,为了确保储气库的密封性,在盐岩层顶、底部都预留一定厚度的盐岩层,储气库盐腔高度约为 135m。从稳定性的角度出发,并参考国外相关经验,根据盐腔高度初步确定盐腔最大直径 80m,盐腔几何形态如梨形(图 2-6-4)。

盐腔呈圆柱形,顶部为 35m 高的圆锥形,最大盐穴直径为 80m;净几何体积为 $25 \times 10^4 m^3$。

2)造腔工程设计

金坛盐穴储气库造腔工程采用 $4\frac{1}{2}$in 中心管(ϕ114.3mm)+7in 中间管(ϕ177.8mm)的双管柱组合。

以造腔盐层段厚度 130m 方案为例:

采用正循环建槽,反循环造腔模式。建槽初期采用小排量,逐渐加大至 $40m^3/h$;然后采用反循环造腔,排量由 $80m^3/h$ 增大至 $100m^3/h$。累计生产时间 810d,总注水量 $155.7 \times 10^4 m^3$,采卤量 $150.6 \times 10^4 m^3$,累计产盐量 $41.3 \times 10^4 t$。形成盐腔有效体积 $20 \times 10^4 m^3$,最大直径 72m,形态如图 2-6-5 所示,具体方案设计见表 2-6-2。造腔过程中管柱变动 8 次,进行声呐监测 8~10 次。

图 2-6-4 金坛储气库典型井计算模型图

表 2-6-2 金坛地下储气库二期工程造腔数值模拟方案(造腔盐层段厚度 130m)

序号	循环方式	中心管位置(m)	中间管位置(m)	两口距(m)	油垫位置(m)	平均注水排量(m^3/h)	有效体积($10^4 m^3$)	平均采卤浓度(g/L)	造腔时间(d)	累计采卤量($10^4 m^3$)	累计采盐量(t)
1	正循环	1150	1111	39	1110	10 25 40	0.84	173.3	40 60 60	101065	18007

续表

序号	循环方式	中心管位置（m）	中间管位置（m）	两口距（m）	油垫位置（m）	平均注水排量（m³/h）	有效体积（10⁴m³）	平均采卤浓度（g/L）	造腔时间（d）	累计采卤量（10⁴m³）	累计采盐量（t）
2	反循环	1115	1105	10	1090	80	3.11	255.8	100	287208	65622
3		1110	1100	10	1080	80	6.06	274.2	120	510080	126711
4		1100	1090	10	1055	100	9.50	276.2	110	765331	197201
5		1100	1080	20	1055	100	12.0	294.5	75	938905	248313
6		1085	1070	15	1040	100	14.7	288.4	80	1123946	301686
7		1080	1060	20	1030	100	17.7	295.1	90	1332134	363115
8		1070	1055	15	1020	100	20.2	289.9	75	1505688	413427

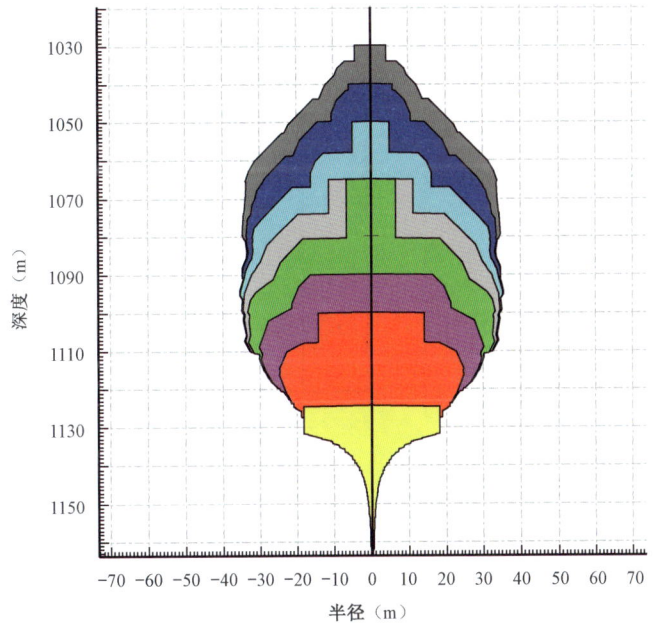

图2-6-5 金坛地下储气库二期工程造腔数值模拟结果
（造腔盐层段厚度130m）

2. 运行压力设计

根据地应力测试结果及稳定性分析结果，金坛储气库盐腔在注采过程中的运行压力区间为7~17MPa，应急采气压力下限为6MPa。

3. 钻井工程设计

采用二开井身结构，具体要求如表2-6-3及图2-6-6所示。施工进度预计需要38d。

表2-6-3　二开井身结构设计数据表

开钻次序	钻头尺寸（mm）	井深（m）	套管尺寸（mm）	套管下入深度（m）	环空水泥浆返深（m）
一开	444.5	573	339.7	572	地面
二开	311.2	1130	244.5	983	地面

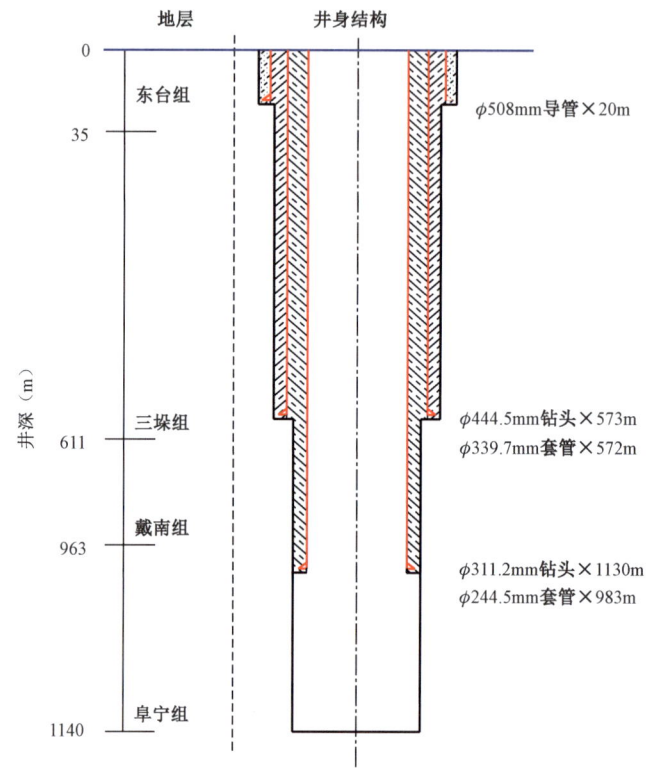

图2-6-6　二开井身结构示意图

4. 注气排卤工程设计

注气排卤工程设计参数见表2-6-4。通过 ϕ177.8mm 生产套管和 ϕ114.3mm 排卤管柱之间的环空将天然气注入盐穴中,从而通过 ϕ114.3mm 排卤管置换出盐穴中的卤水（图2-6-7）。

表2-6-4　注气排卤工程设计参数

参数	设计值
注气井井口压力(MPa)	13.40~14.25（开始—结束）
注气流率(m^3/h)	16000~17000（开始—结束）
注气量($10^6 m^3$)	34.25
纯排卤时间(d)	90
实际排卤时间(d)	102

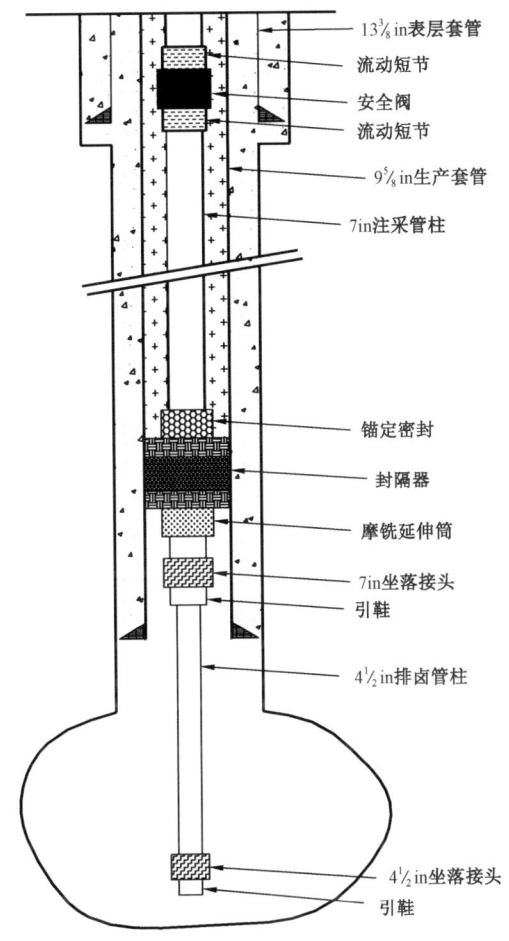

图 2-6-7 注气排卤管柱示意图

5. 地面工程设计

1) 东、西注采气站规模配置

(1) 西站。

注气规模：$420 \times 10^4 m^3/d$。

采气规模：$1200 \times 10^4 m^3/d$，其中建设规模为 $150 \times 10^4 m^3/d$ 的采气脱水装置 2 套；另外，应急供气建 $450 \times 10^4 m^3/d$ 注醇防冻设施 2 套。

(2) 东站。

注气规模：$400 \times 10^4 m^3/d$。

采气规模：$150 \times 10^4 m^3/d$ 采气脱水装置 2 套。

2) 地面工程主要设计内容

金坛储气库地面工程设计主要参数见表 2-6-5，包括输气干线，2 座东西注采气站，集输系统及造腔地面配套部分，生活辅助设施以及变电所。

表 2－6－5　地面工程设计主要参数

序号	单项工程名称		单项代号	主要工程内容
1	输气干线		1－	镇江分输站至金坛地下储气库输气线路工程、线路阀室等配套设施
2	注采气站	西站	2－	$420\times10^4\,m^3/d$ 注气装置 1 套、$400\times10^4\,m^3/d$ 调峰采气装置 1 套、$400\times10^4\,m^3/d$ 应急采气装置 2 套及配套设施
		东站	3－	$600\times10^4\,m^3/d$ 注气装置 1 套、$400\times10^4\,m^3/d$ 调峰采气装置 1 套及配套设施
3	集输系统	一期	4－	21 口井场、5 座集配气阀组、集输管网及配套设施。东西站联络线及配套设施
		二期	5－	51 口井场、10 座集配气阀组、集输管网及配套设施
4	造腔地面配套部分		6－	注水系统、卤水系统、注油系统、气体处理系统、成穴控制系统。其中变电所电源进线由当地电业部门承担设计，取水和输卤部分由当地水利部门承担设计
5	生活辅助设施		7－	综合办公室、食堂、倒班宿舍、维修站、车库等生活辅助设施
6	变电所		8－	110kV/10kV 变电所，其中变电所电源进线由当地电业部门承担设计

（三）周期注采运行

1. 工程建设情况

金坛储气库于 2005 年 1 月开工建设，于 2007 年 9 月 5 口老腔改造成功，截至 2017 年 12 月 31 日，已钻新井 46 口，修复老井 5 口，完成造腔井 21 口，正在造腔井 24 口，投产井 26 口。

2. 注采运行简况

金坛盐穴地下储气库边建设边投产，继 2007 年 5 口老腔投产后，已陆续投产新井 21 口，形成有效工作气量 $6\times10^8\,m^3$ 左右。截至 2017 年 12 月 31 日，金坛盐穴地下储气库累计采气 $19.05\times10^8\,m^3$，累计注气 $25.4\times10^8\,m^3$（表 2－6－6）。

表 2－6－6　2007—2017 年金坛·储气库历年注气情况

时间	有效工作气量 ($10^4\,m^3$)	注气				采气				采气量/有效工作气量（%）
		次数	轮数	时间（d）	注气量 ($10^4\,m^3$)	次数	轮数	时间（d）	采气量 ($10^4\,m^3$)	
2007	5000	8	3	112	11237	2	2	12	1291	25.82
2008	5000	5	3	43	4238	12	3	42	3472	69.44
2009	5000	13	6	85	9841	12	6	78	9911	198.22
2010	5000	14	6	81	9735	9	7	53	7686	153.72
2011	8200	14	6	114	13242	12	6	62	9453	115.28

续表

时间	有效工作气量 ($10^4 m^3$)	注气				采气				采气量/有效工作气量 (%)
		次数	轮数	时间 (d)	注气量 ($10^4 m^3$)	次数	轮数	时间 (d)	采气量 ($10^4 m^3$)	
2012	8200	8	4	83	11983	5	4	29	6967	84.96
2013	12815	8	4	112	18802	7	4	59	13289	103.70
2014	15805	13	3	175	26445	2	2	44	20645	130.62
2015	24548	11	5	163	29911	7	4	65	29815	121.46
2016	33363	12	4	240	55542	3	3	36	14528	43.50
2017	59500	4	4	145	63126	4	6	114	73483	123.50
合计	59500	110	48	1353	254102	75	47	594	190540	

3. 注采运行效果

金坛储气库运行10年间，充分发挥了盐穴型储气库注采气灵活、应急采气能力突出等特点，2007—2017年间，累计注气110次，采气75次。在管网压力调峰、管网季节性调峰、节假日调峰、配合现场作业调整及应急调峰等方面发挥了重要作用。

第七节 刘庄多层带油环复杂岩性储气库[1]

刘庄储气库位于江苏省淮安市金湖县陈桥镇，主要用于满足西气东输支线苏北地区冀宁天然气管道用户季节调峰，在满足日均调峰规模的基础上，争取最大应急调峰量。

(一) 地质概况

1. 地层特征

刘庄地区钻井揭示的地层层序自下而上分别为：上侏罗系火山岩系和白垩系的红色沉积地层，古近系始新统阜宁组沉积地层，新近系三垛组—戴南组沉积地层以及盐城组沉积地层（表2-7-1）。

上侏罗系主要为中—中酸性火山喷发岩，其中下部为棕红色泥岩与紫灰色粗面岩薄互层；上部以灰紫色粗面岩、凝灰质—安山质粗面岩为主的灰岩砾石层，刘10井钻遇该地层厚度达467m。白垩系自下而上分为三个岩性段，下部为刘7井在1935.0~2610.64m井段中所见的棕红色、紫红色粉细砂岩，砂砾岩夹砂质泥岩厚度约700m；中部是由浅紫灰色凝灰岩、凝灰质角砾岩与棕色泥岩、凝灰质泥岩构成的两个旋回层，厚度约150m，见于刘9井；上部为棕紫—棕灰色的泥岩、砂岩、黑色玄武岩及凝灰岩，在东60、刘9和刘10井钻遇该地层最大厚度为350m。

---

[1] 本节部分内容引自内部报告《西气东输刘庄地下储气库工程初步设计0版》。

表 2-7-1　苏北盆地金湖凹陷新生代地层简表

地层系统					视厚度(m)	构造运动	地质年龄(Ma)	构造层	地震波组名称	岩性简述	火成岩发育	油气显示
界	系	统	组	段	代号							
新生界	第四系	全/更新统	东台组		Qd	0～330	东台运动		上构造层		灰色、灰黄色粉细砂层、砂砾层与土共、灰色粉砂质黏土、黏土层互层		
	新近系	上/中新统	盐城组	二段	Ny_1	0～1072.5	凡川运动				灰棕色砂、砂砾层与杂色含粉砂黏土层频繁互层,底部见石英燧石"黑白砾"		
				一段	Ny_1	0～1167.	三垛运动	23.2		T_2^0	灰白色、棕灰色细砂岩、中粗砂岩、砂砾岩夹棕红色、灰绿色泥岩	$\alpha+\beta$	△
	古近系	渐新统	三垛组	二段	Es_2	0～942.5	周庄运动		中构造层		浅棕色、棕红色粉砂岩、细砂岩夹灰绿、棕红色泥岩、粉砂质泥岩		△
				一段	Es_1	0～868	真武运动				浅棕红色、浅棕灰色粉砂、细砂岩与棕红色、暗棕红色泥岩、粉砂质泥岩互层,下部为块状灰白色、灰棕色砾岩,含砾中粗砾岩夹棕红色泥岩及一层灰黑色泥岩	α	■
		始新统	戴南组	二段	Ed_2	0～565.5	叶甸运动	35.3		T_2^3	棕灰色、灰棕色细砂岩与暗棕红色、褐色泥岩、粉砂质泥岩呈不等厚互层		■
				一段	Ed_1	0～639.5	吴堡运动	47.8		T_3^0	上部灰黑色泥岩夹绿灰色、灰白色细粉砂岩,下部棕灰色、灰白砂岩夹灰黑色泥岩		△
			阜宁组	四段	Ef_4	0～524.5		52.1		T_3^1	深灰色、灰黑色泥岩为主夹薄层泥灰岩、油页岩,局部地区夹灰岩或粉砂岩条带		■
				三段	Ef_4	60～504		56.3	下构造层	T_3^2	灰黑色泥与灰白色粉砂岩互层	β	■
		古新统		二段	Ef_2	50～372.5		60.9		T_3^3	灰黑色泥岩为主夹薄层泥灰岩,石灰岩、生物碎屑灰岩		■
				一段	Ef_1	61.5～1004		69.1		T_3^4	棕红棕褐色、粉砂质泥岩与棕红色、浅棕色砂岩、粉岩互层		■
中生界	白垩系	上统	秦州组		Et	19.3～723.5	仪征运动	89.2		T_4^0	顶部为棕红色泥岩、粉砂质泥岩,中上部以灰黑色泥岩为主。下部灰白色砂岩、砂砾岩为主夹薄层棕褐色泥岩、粉砂质泥岩 下伏地层赤山组、浦口组		■

注：α—玄武岩　b—辉绿岩　■—获工业油流　△—见油(气)显示　■ 盖层　■ 气层　■ 油层。

古近系始新统阜宁组沉积地层可分为4段,其中阜宁组一段为氧化条件下的河湖相的红色砂、泥岩沉积,一般厚150～450m,中上部是一套富含有机质以湖相沉积为主的还原—弱还原条件下生油岩层的沉积,是刘庄构造的主要产层段之一;阜二段下部以灰色生物碎屑灰岩、鲕状灰岩夹浅灰色粉细砂岩为主,上部以深灰色泥岩为主夹薄层泥灰岩、油页岩;阜三段为深灰色泥岩与薄层灰白色粉细砂岩互层,厚约120～150m;阜四段保留程度差别较大,残留厚度不一,变化范围为 35~260m。岩性为深灰—灰黑色泥岩,中下部多夹泥灰岩。主要含油气层系为古近系阜宁组一段和阜宁组二段。

新近系三垛组—戴南组沉积地层,是一套氧化—弱氧化河湖相红色砂、泥岩,戴南组早期的戴一段充填、超覆、不整合沉积于阜宁组之上,此套地层不发育,仅沉积了戴二段,岩性为棕红色泥岩夹灰白色泥灰岩,底部多发育含砾砂岩、灰质角砾岩层;三垛组为河流—浅湖相沉积,砂岩发育,多为厚层块状砂岩及棕红色泥岩夹层。

盐城组由东向西逐渐超覆沉积于三垛组之上,三垛组广泛遭受侵蚀,盐城组一段仅在金湖凹陷唐港、石港断裂带上发育,刘庄地区仅见杂色黏土岩、砂砾层组成的盐城组二段,厚约 300m 左右。

区域主要发育保存的、分布稳定的地层标准层为古近系阜宁组二段泥灰岩、灰岩段,该岩性段厚 20~25m。电性特征上表现为一组 7 个高阻尖峰,通常称为"七尖峰"段。

2. 构造特征

在古近系基底隆起的背景上,阜宁组地层呈由南向北方向区域性抬升,在地层上倾方向由刘①号断层反向断层遮挡形成北东轴向的狭长断鼻构造(图 2-7-1),构造内部被一条近东西向小断层分割,构造整体基本完整。地层东南倾,倾角 8.8°,构造高点沿着刘①号断层分布,高点埋深 1080m,圈闭面积为 6.8km²,闭合幅度约 260m,构造形态呈条带状,气顶长 4.1km,宽 0.55km,油环宽 0.17km。

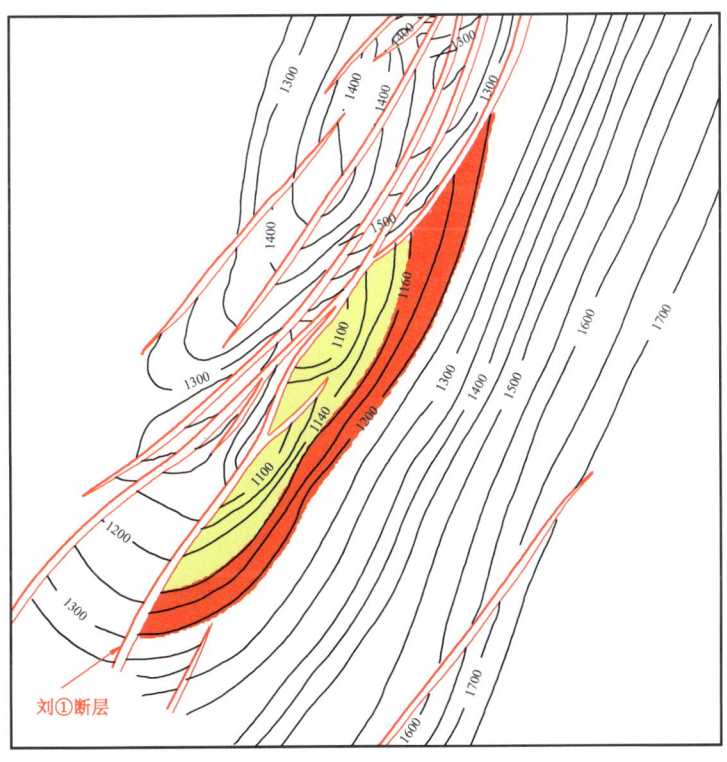

图 2-7-1 刘庄气藏阜宁组气层顶面构造图

刘庄含油气构造的形成、发展是晚白垩世—新生界郯庐断裂右行平移扭动作用的结果。刘庄含油气构造为一个长期发育的古断鼻构造,阜宁组沉积早期,古构造已具雏形,并初步形成了一较宽缓的断鼻构造,阜宁组沉积末期,构造幅度趋于明显,构造形态趋于定型,构造高点部位基本一致。

3. 密封条件

刘庄油气藏的形成、保存主要受构造北侧发育的刘①号断层影响,刘①号北东向反向正断层是控制该构造边界的主控断层。断层走向北东,倾向北西,断层倾角约50°,视断距一般大于100m,控制构造边界延伸长度大于3km,断面弯曲不平直,断层在油气藏形成过程中起着通道和遮挡物的作用。

从图2-7-2可以看出,断层对油气藏的形成与分布起着明显的控制作用。断层对油气藏的控制作用表现在,长期发育的封闭断层对油气构造的圈闭性起到决定性作用。刘庄构造北侧发育的断层在区域上平面延伸约12 km,断层发育时期约为中生代燕山期,之后一直继承性长期活动,其落差一般在300m左右,为金湖凹陷西北斜坡带的主要断层之一,在区域上这类反向正断层常常形成对油气成藏十分有利的"屋脊"式构造。反向正断层的遮挡是油气藏形成的主要控制因素之一,对刘庄油气构造的圈闭性起到决定性作用。

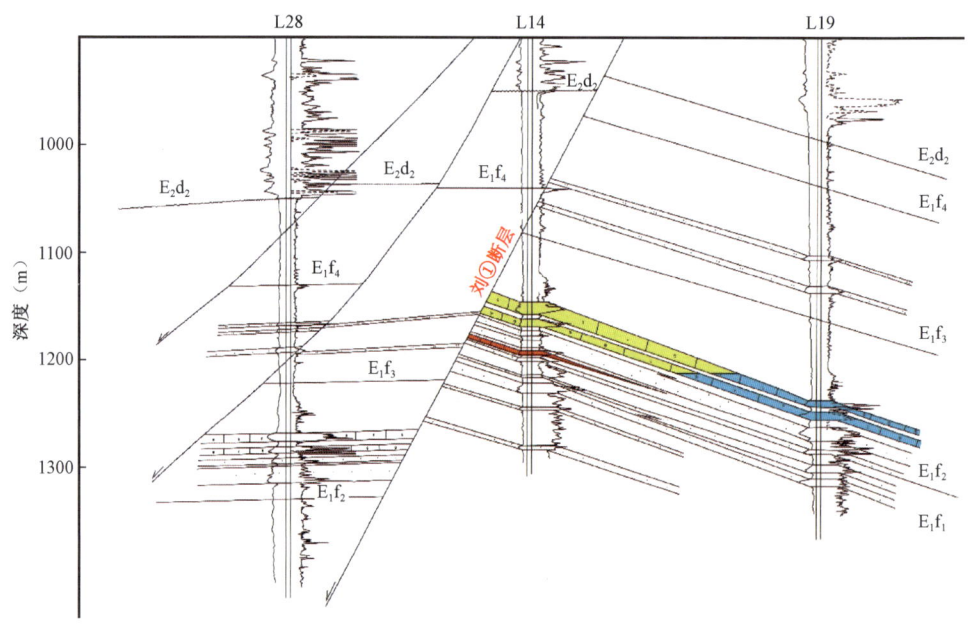

图2-7-2　L28井-L14井-L19井油藏剖面图

从砂泥对接评价结果可以看出刘①号断层两侧的对接关系,上升盘的含油气砂岩、生物灰岩正好与下降盘的阜二段深湖相泥岩相对接,形成侧向封挡,封闭性较好。

4. 储层特征

刘庄储气库建库层位为古近系阜宁组二段砂2、砂3层组,砂2、砂3层组共划分为6个小层(图2-7-3)。

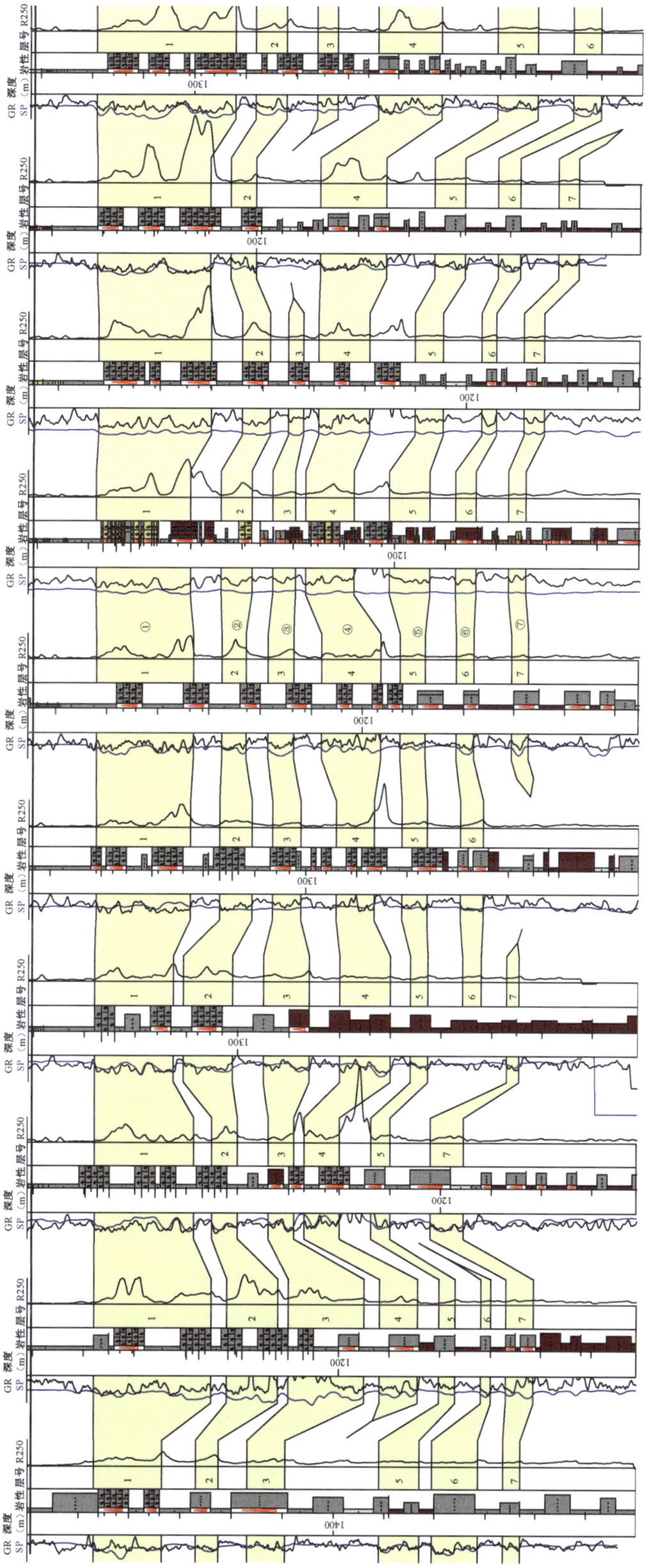

图2-7-3 刘庄储气库建库层位层序划分与对比图

建库层段以低中孔隙度、低中渗透率生物碎屑灰岩为主,夹少量粉砂岩。$E_1f_2^2$ 砂层组孔隙度变化范围在 10.0% ~ 26.45%,平均 18.2%,渗透率变化范围 0.11 ~ 81.3mD,平均 16.1mD;$E_1f_2^3$ 砂层组孔隙度变化范围 10.84% ~ 28.89%,平均 21.5%,渗透率变化范围 0.22 ~ 1321mD,平均 138.5mD。储层层内非均质性严重,据取心资料统计,$E_1f_2^2$ 的渗透率变异系数为 1.7,突进系数为 5.0;$E_1f_2^3$ 的渗透率变异系数为 1.9,突进系数为 9.5。

刘庄储气库原始地层压力 11.2 ~ 12.0MPa,地层中深 1155m,计算平均压力系数 1.0,原始油层温度 56.5℃,地温梯度为 3.16℃/100m,属正常温度压力系统。经过近 30 年的开采,刘庄储气库油、气、水分布已经相当复杂。刘庄油气藏原始气油界面 1170m,建库前气油界面推进至 1155m,边水已经侵入油气储层。

5. 气藏类型

刘庄阜宁组油气藏为一断鼻构造与岩性控制的以构造因素为主的复合型油气藏。油气主要富集于构造较高部位的储层发育带。

(二)气藏开发特征

1. 开发概况

刘庄油气藏于 1976 年投入试采,于 1978 年正式投入开发。刘庄油气藏基本以采气为主,投产 4 口气井(刘 9 井、刘 10 井、东 60 井、东 64 井),年采气速度最高时达地质储量的 4.53%。刘庄气田的开发基本上经历了产量上产、稳产、递减三个阶段,截至 2004 年 12 月,累计产气 $2.45 \times 10^8 m^3$,采出程度 51.8%,目前气田开发已处于衰竭开采阶段(图 2 - 7 - 4)。除东 64 井外,其他 3 口井于 1993—1995 年陆续停产。东 64 井产天然气 $0.4 \times 10^4 m^3/d$,月产天然气 $12 \times 10^4 m^3$。

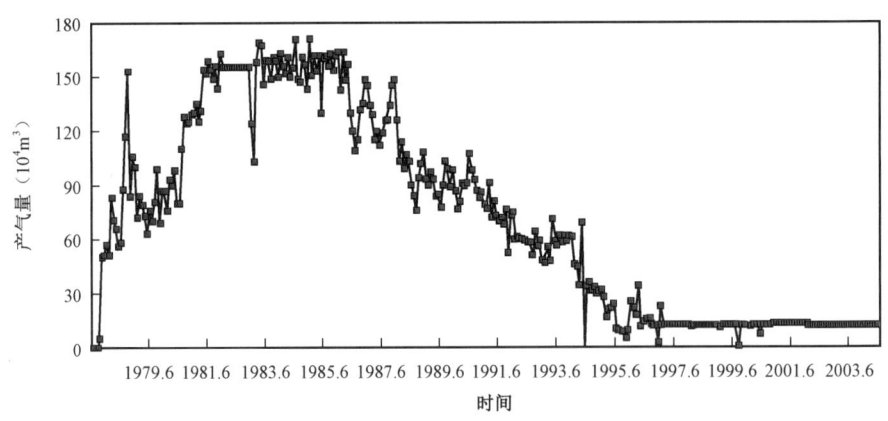

图 2 - 7 - 4 刘庄油气藏产气曲线图

2. 开发特征

(1)根据刘庄气田 4 口气井的采气曲线(图 2 - 7 - 5),可以看出,开采 E_1f_2 段顶部的三口井(东 60 井、东 64 井、刘 9 井)都是初期产量高,采气速度高。刘庄气田单井初期平均产能在 $3.3 \times 10^4 m^3$ 左右,初期采气指数在 $0.54 \times 10^4 \sim 0.93 \times 10^4 m^3/(MPa \cdot m \cdot d)$,平均达到 $0.73 \times 10^4 m^3/(MPa \cdot m \cdot d)$。

(2)气田依靠气体膨胀消耗式开采,产量递减持续时间长,在递减阶段产量(Q_g)与累计产量(G_p)或时间 t 有着较好的线性关系(图2-7-6)。

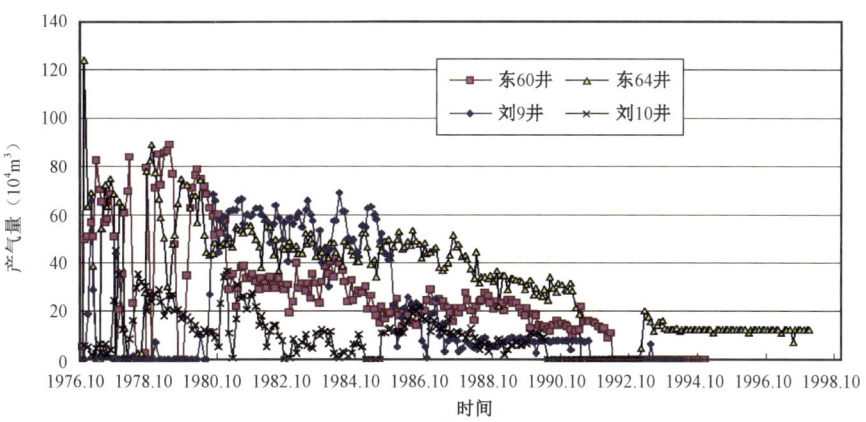

图2-7-5 刘庄油气藏单井采气生产曲线图

(3)从生产动态分析认为东64井和东60井一带生产能力较高(图2-7-5),初期最高单井日产 $4.1 \times 10^4 m^3/d$,该两口井累计生产 $1.74 \times 10^8 m^3$,占总产量的71%,产层视无阻流量较高,为 $18.5 \times 10^4 m^3/d$。在刘10井一带产能相对较低 $1.6 \times 10^4 m^3/d$,产层视无阻流量相对较低,为 $7.5 \times 10^4 m^3/d$。

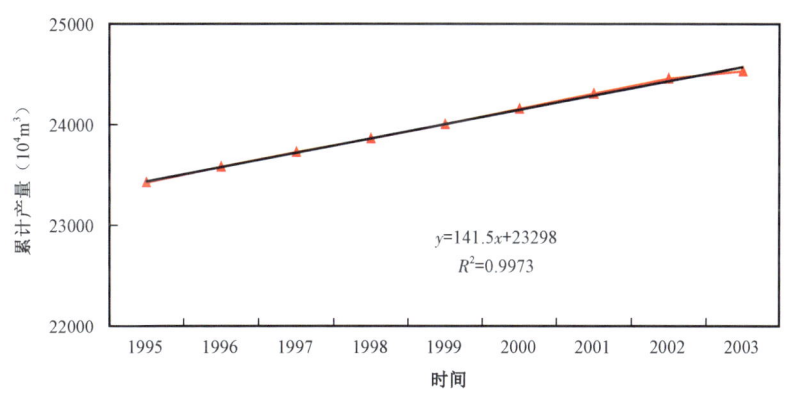

图2-7-6 刘庄气田累积产气曲线

(4)刘庄气田气顶靠本身气体弹性膨胀开采,虽然边部有边水,经初步估算,水体体积大概是气体体积的3~4倍,由于边水较弱,而且气顶与边水间存在油环,气井离边水较远,虽除东64井以外,其他三口井均有见水迹象,实际上由于边水较弱,边水未侵入气顶,气井生产时未出现水窜现象。

(三)储气库建库方案

1. 地质方案

刘庄储气库为气顶建库,建库层位为古近系阜宁组二段,刘庄储气库设计调峰运行压力 7~12MPa,应急运行压力 5~12MPa,设计库容 $4.55 \times 10^8 m^3$,工作气量 $2.45 \times 10^8 m^3$。储气库

日注气能力 $150×10^4m^3$,日采气能力 $200×10^4m^3$。部署注采生产井9口,其中1口为直井,8口为定向井。部署5口动态监测井,其中1口为新钻井、4口为老井。封堵17老井,其中13口永久封堵,4口封堵后修井改造为监测井。

2. 钻完井方案

新钻井10口,其中9口为注采生产井(8口定向井和1口直井),1口为监测井(直井)。老井修复再利用4口(刘22井、刘11井、刘8井、刘19井),作为监测井。完井方式为射孔完井,油管采用 $3\frac{1}{2}$ in 3SB 气密封油管。

3. 地面工程方案

地面工程主要包括建成一座集输站,建成配套注气装置和采气装置各一套,形成注气能力 $300×10^4m^3/d$、采气能力 $200×10^4m^3/d$。

(四)周期注采运行

1. 注采运行简况

刘庄储气库于2011年11月注气投产,截至2017年3月,累计注气 $3.36×10^8m^3$,采气 $0.86×10^8m^3$。2011年11月至2014年10月为注气期,经历2个阶段10轮次间歇性注气,累计注气 $2.62×10^8m^3$,库存量达到设计库容 $4.55×10^8m^3$。最大运行压力达到12.3MPa,高于设计上限运行压力(12MPa)。

2. 注采运行效果

刘庄储气库运行7年,但采气周期少,且采气期较短,多项运行指标无法评价。储气库运行指标注气期孔隙体积和库存量未发生变化;采气期运行压力区间较小,最大工作气比例仅为21.2%。由于采气时间短,目前井网动用库存量有限,尚无法对井网的控制程度进行科学评价。达产能力仍有待进一步论证。

第八节 文96多层低含凝析油砂岩储气库

中南地区处于天然气调峰枢纽区,季节调峰需求较大。目前该地区只建成文96储气库,由带边水层状砂岩枯竭气藏改建,主要应用圈闭密封性评价、库容和井网优化设计、低压储层钻完井及储层保护等关键技术,完成了建库方案设计和实施方案优选。储气库于2012年9月投产运行,在保障榆济管道平稳运行、季节调峰、事故应急中发挥了重要作用。

一、地质概况

(一)地层特征

在中、古生界基底之上,文留地区沉积了巨厚的新生代地层,包括古近系沙河街组、东营组,新近系馆陶组、明化镇组和第四系平原组,总厚度达8000m以上。其中,沙河街组经历了两个沉积旋回(沙四段—沙三段、沙二段—沙一段),发育多套盐、膏岩韵律层和多类型砂体,厚度5000m左右,为主要含油气层系(图2-8-1)。

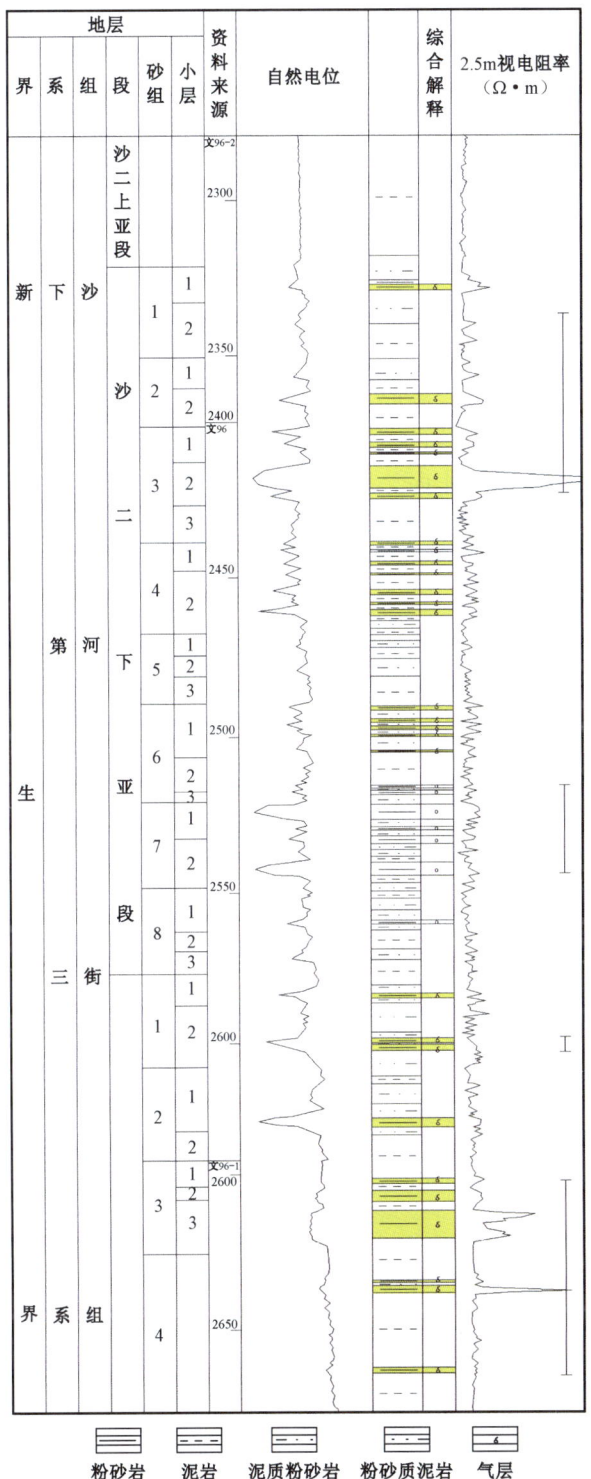

图 2-8-1 文 96 气藏地质分层及岩性剖面图

文96气藏顶部上覆地层为沙二上亚段和沙一段。其中,沙二上发育半深湖—深湖相(膏)泥岩,中下部为紫红色泥岩夹含膏泥岩或与含膏泥岩互层,上部为含膏泥岩段,单层泥岩厚度大,分布稳定,地层厚度200~450m,为区域盖层;沙一段下部是第二次盐湖沉积物,为岩盐、石膏夹灰色泥岩及薄层碳酸盐岩和油页岩组合,盐类沉积范围广泛,上部是淡水湖泊环境,灰色泥岩夹薄层碳酸盐岩和油页岩组合,单层泥岩厚度也较大,地层厚度50~200m,为区域盖层。

上述两套盐膏岩厚度大、分布广,封堵能力强,且在多次构造运动中,由于盐膏岩塑性强,即使断层发育时期其连续性也不易遭受破坏。这一沉积发育特征,成为油气富集,特别是天然气得以很好保存的重要条件。

(二)构造特征

气藏区域位置为东濮凹陷中央隆起带文留构造的东翼,为一北宽南窄呈北北东—南南西方向延伸的狭长形的逆牵引背斜—反向屋脊式构造带。气藏北为文92北块、东为文110块、南为文115块。该构造形态为受走向北东,倾向北西的徐楼断层与东倾的地层控制的反向屋脊式构造。徐楼断层、文110断层、文92-43断层、文115断层为气藏边界断层,对油气分布起控制作用(图2-8-2)。

气藏内部构造较简单,仅有一条北北东走向的小断层,断距一般为8~12m,对油气分布控制作用小。地层向南东方向倾没,东倾地层倾角一般在100°左右。由于徐楼断层走向和地层倾角的局部变化,在文96-2井附近,形成一个局部构造高点。沙二下亚段顶部高点埋深2330m,闭合高度为280m,圈闭面积1.78km²;沙三上亚段顶部构造圈闭面积2.60km²,闭合高度为330m。

(三)密封条件

1. 徐楼断层

该断层为多条近平行呈雁行式排列的断层组合的断裂带,纵贯整个文留构造,是沙河街组沉积晚期的同沉积断层,对沙一段和沙二段起控制作用。沙二上亚段下降盘沉积厚度约400m,断层生长系数为1.6;沙一段下降盘沉积厚度约300m,生长系数为1.5,为气藏西边界断层,对沙二下亚段油、气、水分布起控制作

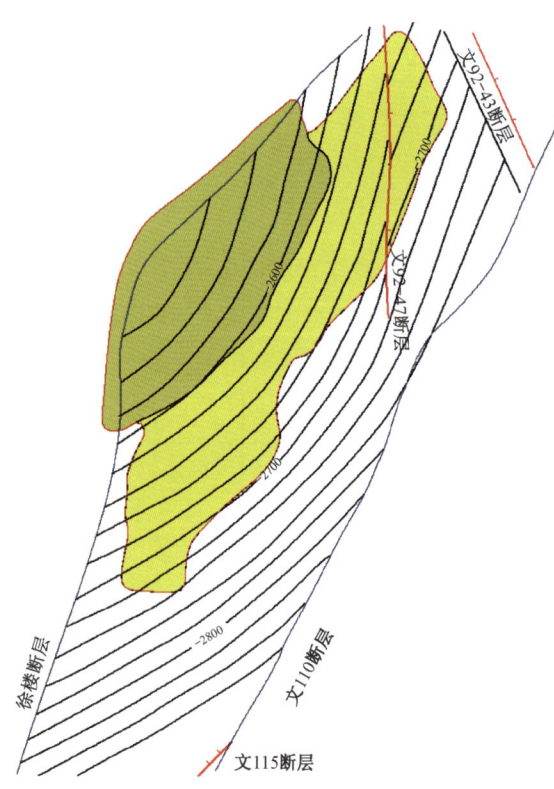

图2-8-2 文96块沙二下亚段3砂组顶井位构造图

用。断层在本区断距大于200m,上升盘为文96气藏沙二下亚段1-8和沙三上亚段1-3,是文96气藏砂体发育区,它们与下降盘沙二上亚段的不渗透的泥岩和沙一段的膏岩和泥岩相接

触,侧向不连通,封闭性好。

2. 文 110 断层

文 110 断层为文东构造内部的次级断层,走向北东,断距 30~100m,倾角 450°~500°,它贯穿文 92 北块、文 96 块东侧,是这两个断块的东部边界,也是文 92 北块、文 96 块与文 110 块的分界断层。断距为 30~100m,靠岩性和侧向不连通形成遮挡封闭。上升盘地层,即文 96 储层低部位,有效砂层变薄变差,下降盘砂层也不发育,仅有几个砂层与另一盘的泥岩相接触。岩性和侧向不连通共同作用形成封闭。

3. 文 92 - 43 断层

文 92 - 43 断层走向北北西,倾向北东东,断距 82~97m,倾角 350°,是文 96 块与文 92 北块分界断层。文 92 - 43 断层下降盘砂层不发育,储层物性差,其储层相对文 96 气藏物性更差,井间连通性也差,为岩性遮挡封闭。

4. 文 115 断层

文 115 断层是文 96 块与文 115 块的分界断层,走向北北东,倾向北西西,断距 20~70m,倾角 40°~500°,延伸长度 2.5km,钻遇井有文 203 - 60、文 92 - 76、文 115 等井。文 115 断层上升盘砂层不发育,储层物性差,其储层相对文 96 气藏物性更差,井间连通性也差,为岩性遮挡封闭。

5. 文 92 - 47 断层

文 92 - 47 断层为文 96 块内部沿文 13 - 66 井、文 92 - 47 井和文 13 - 87 井发育的一条北北东向的小断层,断距一般为 8~12m,倾向南东东,延伸约 1.3~2.0km,至文 13 - 87 井消失,对油气分布控制作用小。文 92 - 47 断层尽管断距小,但从生产动态资料以及反映该断层也具有封闭性。

综合分析认为,徐楼断层封闭性最好,文 110 断层、文 115 断层、文 92 - 43 及文 92 - 47 断层封闭性较好。

(四) 储层特征

1. 沉积相

东濮凹陷在孔店组—沙四下亚段沉积时期为裂陷的初期,古地形平坦,基底略呈东北倾向的单斜,形成单断箕状凹陷,沉降中心在兰聊断层下降盘。沙四上亚段—沙三段沉积时期,凹陷强烈断陷,形成多个沉降中心及多个沉积体系。到沙二上亚段沉积时期,凹陷发生萎缩,水域缩小变浅,由于断层活动的差异性,导致地层厚度不同,古地形高低不一。古构造活动控制同沉积作用及岩性岩相的变化。

受区域沉积相控制,文 96 气藏沙三上亚段主要发育扇三角洲前缘沉积,包括水下分流河道、河口沙坝、远沙坝等微相。北部和中部各有一个物源,在气藏中高部位文 13 - 85—文 96 - 2 井区范围发育辫状水下分流河道,中低部位文 92 - 62—文 92 - 57 井区发育河口沙坝,低部位发育面积较大的远沙坝微相。沙二下亚段主要发育漫湖沉积,包括沙坪、混合坪、泥坪等沉积微相。沙坪分布在文 96—文 92 - 62—文 96 - 3 井高部位范围,混合坪从南—北连片分布,范围较大,东部、东南部发育面积较大的泥坪。

2. 岩矿与物性特征

文 96 气藏储层岩性以长石石英粉砂岩为主。其中,石英含量 70% ~75%,长石含量 16% ~18%,胶结物含量 8.0% ~13.1%,砂岩颗粒磨圆度为次圆—次棱角状,分选中—好,分选系数 1.2~1.5,颗粒直径一般为 0.05~0.10mm,粒径中值 0.07mm。胶结物以泥质、灰质胶结为主,胶结类型为孔隙—基质胶结。

(五)气藏类型

文 96 气藏沙二下亚段 1-4、沙二下亚段 8、沙三上亚段 1-3 砂组为层状边水气藏,沙二下亚段 5-7 为带油环的气顶气藏。总体上,气藏为正常温度、正常压力系统、低含凝析油的凝析气藏。气藏各砂组均分布有边水,水层通过上倾方向与气层或油层连通,低部位靠断层侧向不连通或岩性尖灭遮挡,为封闭性水体,气藏边水不活跃。

沙二下亚段原始地层压力 25.6~25.7MPa,压力系数 1.02~1.11;沙三上亚段原始地层压力 26.64~27.14MPa,压力系数 1.03~1.05,为正常压力系统。地层温度 101℃,地温梯度 3.34℃/100m,为正常温度系统。

二、气藏开发特征

(一)开发概况

1981 年文 96 井钻遇沙二下亚段、沙三上亚段 1-3 砂组气层,射开沙三上亚段 3 砂组气层,ϕ10mm 气嘴测试,获日产气 $21.53\times10^4m^3$ 的高产气流,从而发现文 96 气藏,从 1989 年开始试采至建库前,气藏开发经历了三个阶段。

1. 气藏试采阶段(1989 年 11 月至 1994 年 12 月)

1989 年 11 月文 92-46 井射开沙三上亚段 3 砂组气层与下部的沙三上亚段 5-8 砂组油层合采,开始了气藏试采,加上文 96 井,2 口井试采到 1994 年 12 月,日产气量保持在 8×10^4~$17\times10^4m^3$,年产量 $0.3\times10^8m^3$ 左右。

2. 气藏稳产开发阶段(1995 年 1 月至 2000 年 6 月)

1993 年编制了"文 96 气藏初步开发方案",设计新钻井 3 口,其中沙二下亚段有 2 口(文 96-3 井、96-4 井),沙三上亚段 1-3 有 1 口(文 96-1 井),利用老井 1 口(文 96-2 井),设计年生产能力 $0.61\times10^8m^3$,采气速度 6.56%。1994 年 4 口井全部实施,建成产能 $0.7\times10^8m^3/a$。在增加新井及试采动态资料的基础上,于 1993 年又对气藏储量进行了复算,复算含气面积 $1.5km^2$、天然气地质储量 $9.30\times10^8m^3$、凝析油地质储量 6.0×10^4t。同时,为完善井网,提高气藏的储量动用程度,编制开发调整方案,提出利用油藏低效井改采气井,相继改采投产了 7 口气井。统计从 1995 年 1 月到 2000 年 6 月,气藏生产保持在较高水平生产,投产 7~12 口井,日产气量保持在 15×10^4~$27\times10^4m^3$,年产量 0.5×10^8~$0.7\times10^8m^3$,采气速度在 5%~7%,采出程度接近 50%。

3. 气藏递减阶段(2000 年 7 月至建库前)

随着气藏压力降低,加上边水的影响,单井产量大幅度降低,尽管投产井仍在 8~10 口,但日产气量降到 $10\times10^4m^3$ 以下,年产量仅 $0.05\times10^8m^3$~$0.3\times10^8m^3$,采气速度在

0.5%~2.5%。为进一步挖潜,2001年实施侧钻井1口(文侧96),并分砂体测RFT,全面了解气藏各层压力状况,主力气层压力降到较低水平,压力系数降到0.2~0.35,地层压力降到3.4~7.8MPa。

(二)开发特征

投产气井初期产量普遍较高,稳产期相对较短。1993年开发初期单井日产气能力$10 \times 10^4 m^3$,稳产期日产气$3 \times 10^4 \sim 4 \times 10^4 m^3$,稳产期5年,生产到2006年6月日产气$0.5 \times 10^4 m^3$。

构造高部位气井弹性产率高。据统计,构造顶部气井弹性产率是腰部、边部气井的2~8倍。进一步提示文96储气库在注采井网部署时应充分考虑其差异,尽可能把注采井设计在气藏顶部,提高其注采能力。

典型的层状气藏。各砂层组之间有较稳定的泥岩隔层,统计不同时期新钻井RFT测压结果,不同时期气藏各砂组压力有较大变化,反映了其相互不连通,是纵向上各砂组储量动用程度不同导致的。

平面连通程度较好。文96气藏储层分布比较稳定,加上物性好,其连通程度较高,从气藏不同砂组平面压力变化也得到进一步佐证。

文96气藏沙二下亚段1-4、沙二下亚段8、沙三上亚段1-3气井产水量小,压力下降也较快,反映该气藏边水能量弱。

(三)动用储量

1993年按沙二下亚段和沙三上亚段两套层系进行复算,含气面积$1.5 km^2$,天然气地质储量$9.30 \times 10^8 m^3$,凝析油地质储量$6.0 \times 10^4 t$。

文96气藏为具有边水的层状气藏,四周断层具有良好的封闭性,地层水弹性能量小。气藏的驱动能量以天然气的弹性能量为主,采用压降法来计算气藏的动态储量。气藏分为沙二下亚段1-4、沙二下亚段5-7、沙二下亚段8—沙三上亚段1-3等三个层系开发,由于沙二下亚段5-7砂组为带油环的气顶,不作为储气库储气层考虑。其中,沙二下亚段1-4砂组天然气压降储量为$2.71 \times 10^8 m^3$,沙二下亚段8—沙三上亚段1-3砂组动态储量为$3.03 \times 10^8 m^3$。

三、储气库建库方案

(一)地质方案

文96储气库设计上限压力27MPa,主块沙二下亚段1-4,8、沙三上亚段1-3层系最大库容量为$5.2 \times 10^8 m^3$,文92-47块库容为$0.7 \times 10^8 m^3$,即文96储气库最大库容量为$5.9 \times 10^8 m^3$。设计下限压力12.9MPa,计算文96储气库垫气量为$2.9 \times 10^8 m^3$,有效工作气量为$3.0 \times 10^8 m^3$。

文96地下储气库储气库设计库容量$5.9 \times 10^8 m^3$,工作气量$3.0 \times 10^8 m^3$,最大日注气量能力$200 \times 10^4 m^3$,最大日采气能力$500 \times 10^4 m^3$。2010年8月工程开工,于2012年9月建成投产。

(二)钻完井方案

1. 钻井完井

1)井身结构

一开设计井深为500m,采用$\phi 444.5mm$钻头,下$\phi 339.7mm$套管,水泥返高至地面;

二开设计井深2371m,采用 φ316.5mm 的非标钻头,目的为了增大 φ273.1mm 技术套管与井眼之间的环空间隙,提高固井质量,水泥返高至地面。

三开设计井深2371m,采用 API 标准系列 φ241.3mm 钻头,下 φ177.8mm 油层套管;采用尾管悬挂+回接固井工艺,水泥返高至地面。

2)钻井液

一开采用预水化膨润土钻井液体系,二开采用低固相聚合物钻井液体系,三开采用水包油乳化钻井液体系。

2. 注采完井

1)射孔完井

注采井采用高孔密深穿透负压射孔完井方式,射孔、下生产管柱分步实施。

2)管柱管串

综合产能、冲蚀影响、临界携液、井筒条件,注采井选择内径为76mm油管。管串由安全装置、滑套、伸缩管、封隔器、坐放接头及球座接头等组成。由于上限地层压力为27MPa,井口最高压力为24.1MPa,井下工具压力等级选用34.5MPa。考虑到注采井气密封性要求,油管选用非 API 特殊气密封螺纹类型。

3)材质选择

文96储气库在含水条件下,腐蚀环境为中等—严重腐蚀等级。原始气藏组分及榆济管线来气组分都不含 H_2S,故可不考虑 H_2S 对腐蚀的影响。Cl^- 含量 $16×10^4$ ~ $16.4×10^4$ mg/L,超过了标准中规定的 $5×10^4$ mg/L 的数值,故在选材中还需考虑 Cl^- 的影响。考虑到注入气为干气,工作环境为干性环境,油管管材选用碳钢即能满足工况要求。但是考虑注采井施工入井液及地层水的影响,气库在采气过程中可能产出少量液体,变为湿性环境,采用防腐措施,管材材质采用9Cr—13Cr 钢产品。

4)井口装置

依据文96储气库设计指标及自然环境指标,选用井口装置压力级别为34.5MPa,选择温度级别为 P－U 级(－29~121℃),材料级别 BB 级,产品规范级别 PSL－3G,产品性能级别 PR2,配套 3½in 油管采气树主通径 3⅛in,采气树采用法兰式连接、双翼结构,生产阀门为双阀门设计,配套地面安全阀。

(三)地面工程

建设榆济管道清丰分输站至文96注采站气源管线,管径 DN500mm,设计压力为 8.0MPa,输气量为 $500×10^4 m^3/d$,22km。建设集注站1座、设置电驱往复式压缩机组3台(单台日注气 $62×10^4 m^3/d$),设置三甘醇脱水装置1列、丙烷压缩机脱烃装置1套、建设丛式井场5个、集输管网15km。

(1)注气流程。

榆济线富余气量自清丰分输站通过输气管道输至文96储气库注采站,经计量、分离、过滤、增压后,通过注采阀组、单井计量、单井管线、注采井注入储气层。

(2)采气流程。

注采井来采出气经单井管线、注采阀组、生产分离器、三甘醇脱水、丙烷制冷脱烃、气质分析、露点监测、计量,再经输气管道,在清丰分输站进入榆济线。

四、多周期注采运行简况

文96储气库于2012年9月投产运行,至2018年3月,已历经5个注采周期,累计注气$8.52\times10^8m^3$,累计采气$4.99\times10^8m^3$,累计应急注采气39次,最大日注气量$200\times10^4m^3$,最大日采气量$300\times10^4m^3$。在保障榆济管道平稳运行、天然气市场调峰、事故应急中发挥了重要作用。

第九节 相国寺高陡逆冲薄层角砾云岩储气库

西南地区是我国最早开采和利用天然气的地区,也是目前国内天然气主要产区之一,地处天然气长输管道枢纽。通过前期筛选评价,确定了相国寺、铜锣峡气藏等多个建库目标。2010年,首先启动了相国寺气藏改建储气库研究工作,主要应用了三维精细地震采集解释、圈闭密封评价、超低压储层大尺寸长水平段钻完井及储层保护等关键技术,完成了建库方案优化设计和工程建设。2013年储气库顺利投入运行,是目前西南地区唯一投运的气藏型储气库,其位于重庆市渝北区,距重庆市60km,功能定位为中—贵线及川渝地区季节调峰、事故应急及战略储备。

一、地质概况

(一)地层特征

川东地区沉积基底为前震旦系变质岩系,沉积盖层先后沉积震旦系—中三叠统以碳酸盐岩为主的海相地层及上三叠统—新近系—古近系以砂泥岩为主的陆相地层(图2-9-1),沉积总厚度约8000~12000m,其间经历了加里东、海西、印支、燕山、喜马拉雅等多次构造运动。

侏罗系:以河、湖相沉积的砂、泥岩为主,下统夹黑色页岩及介壳灰岩。本区在构造翼部大面积出露中下统地层。

三叠系上统:须家河组,本区在构造轴部呈较大范围出露,系内陆湖泊沼泽相的碎屑岩沉积,夹煤系地层。

三叠系中统:雷口坡组,石灰岩、云岩夹石膏。该层遭剥蚀,残厚由重庆向川东方向变厚,经多口井实钻表明该层在相国寺构造大范围缺失。

三叠系下统:分为嘉陵江组和飞仙关组,早期以广海碳酸盐岩沉积为主夹少量泥质岩;后期盆地振荡加剧,为碳酸盐岩与蒸发相盐类交替沉积。

二叠系上统:上部长兴组以褐灰、深褐灰色石灰岩为主夹硅质灰岩、燧石结核石灰岩;下部龙潭组为深灰褐色石灰岩,深灰黑色页岩夹燧石结核灰岩、煤及铝土质泥岩。本区长兴组属生产气层。

二叠系下统:以深灰褐色—灰黑色石灰岩为主夹燧石结核灰岩,底部为滨海沼泽相的灰黑色页岩、铝土质泥岩及煤。本区茅口组属生产气层。

石炭系:深灰—灰褐色云岩,属本区主产气层,也是储气库设计目的层。

志留系:灰绿色泥岩夹灰绿色粉砂岩。

地层系统			地层符号	岩性剖面	岩性简述	沉积旋回
界	系	统	组				
中生界	侏罗系	中统	沙溪庙组	J_2s		泥岩、泥质砂岩为主，层间夹砂岩、粉砂岩	内陆河湖相旋回
		下统	凉高山组	J_1l		页岩、砂岩互层	
			自流井组	J_1z		泥岩、砂质泥岩为主，间夹粉砂岩、页岩	
	三叠系	上统	须家河组	T_3x		页岩、砂岩，夹薄煤层	
		中统	雷口坡组	T_2l		区内大范围缺失，相1井钻遇68m，页岩、云岩、泥质云岩，顶部石灰岩	台地浅海相旋回
		下统	嘉陵江组	T_1j		上部为云岩、石膏、石灰岩互层。中部为石膏与云岩互层，下部以石灰岩为主，夹云岩、石膏薄层	
			飞仙关组	T_1f		上部为页岩、石灰岩、泥灰岩，下部为石灰岩夹页岩、泥灰岩	
古生界	二叠系	上统	长兴组	P_2ch		石灰岩为主，夹薄层页岩，局部夹有硅质灰岩	
			龙潭组	P_2l		页岩为主，夹石灰岩，见燧石	
		中统	茅口组	P_1m		石灰岩，质纯	
			栖霞组	P_1q		石灰岩，含燧石	
			梁山组	P_1l		页岩为主，局部夹铝土质泥岩	
	石炭系	上统	黄龙组	C_2hl		云岩	
	志留系	上统	韩家店组	S_2h		泥岩为主	

图 2-9-1 相国寺构造地质分层及岩性剖面图

(二) 构造特征

在区域构造位置上，相国寺构造属川东南中隆高陡构造区华蓥山构造群，是华蓥山背斜带往南帚状分支中最东部的一个狭长不对称背斜，地面称龙王洞背斜。构造西邻悦来场向斜，东隔茨竹、沙坪向斜与铜锣峡背斜相望，北与四海山背斜正鞍相接，南端倾没于重庆大渡口向斜中。

相国寺构造为受倾轴逆断层控制的"断垒型"狭长背斜，其东翼断层下盘为相东潜伏构造。构造走向为北北东向，区域构造位置如图 2-9-2 所示。

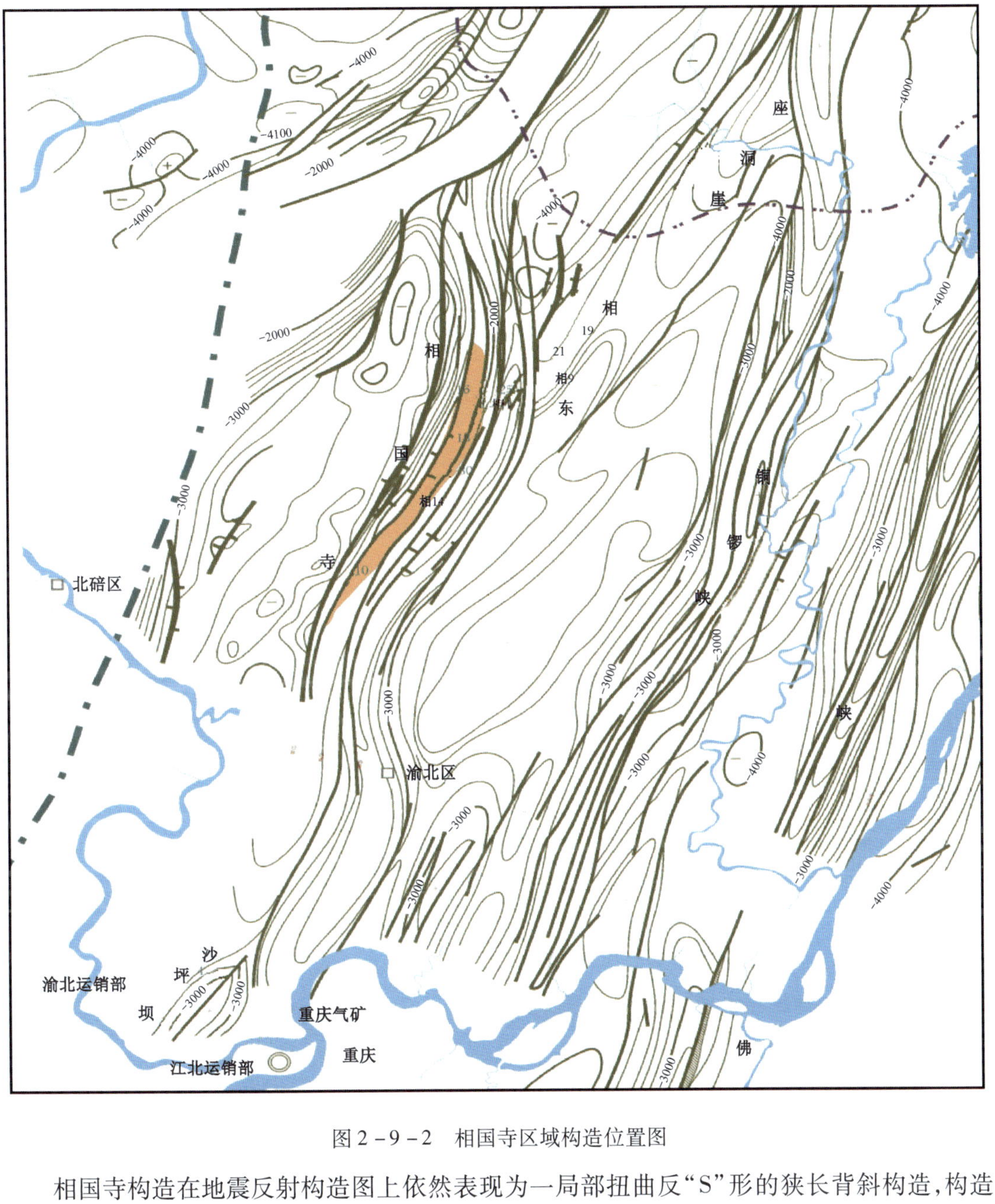

图 2-9-2 相国寺区域构造位置图

相国寺构造在地震反射构造图上依然表现为一局部扭曲反"S"形的狭长背斜构造,构造东西两翼皆受断层控制且不对称,西陡东缓,轴向为南北转北北东向(图2-9-2)。受扭压应力影响,在相国寺构造的东翼断盘发育相东潜伏构造和兴隆场鼻状潜伏构造。主体构造最高点位于94XGS005测线,高点海拔-1270m。主体构造顶面最低圈闭线海拔为-2000m,长轴26km,短轴1.4km,闭合面积29.24km²,闭合度730m。

构造两翼均发育有大型倾轴逆断层(图2-9-3)。构造西翼主要有①号和②号断层;东翼主要有③号和④号断层。这些断层发生在两翼陡缓转折带,另还派生一些中、小型断层,将背斜两翼切割成叠瓦状。由于这些断层的存在,使构造更加复杂化,致使钻井过程中层厚显著增加,如相8井等。

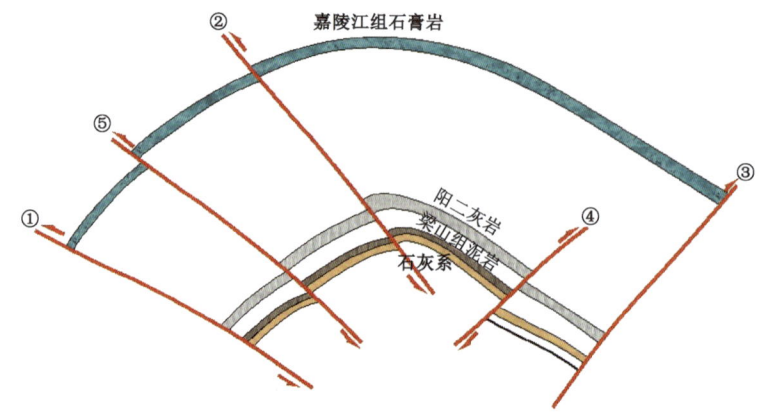

图2-9-3 相国寺构造断层发育剖面图

(三)密封条件

1. 盖层密封性

相国寺构造石炭系因沉积后遭风化剥蚀而厚度较薄,各井钻厚最大26.5m,部分地方实钻缺失,绝大部分钻厚在10m左右,相对而言,北段轴部相12井—相18井区稍厚(12.5~26.5m),翼部及南段略薄(7.5~15m),其上与二叠系、下与志留系均呈假整合接触,上覆梁山组为盖层,下伏志留系页岩层为隔托层,形成了良好的储盖组合。

二叠系底部梁山组作为石炭系的直接盖层,在本区分布较广,厚度约9~18m,岩性为致密泥页岩。此外,上部阳二的致密石灰岩及三叠系和侏罗系可作为石炭系的间接盖层,特别是三叠系嘉陵江组的多套致密石膏层,因此,石炭系气藏盖层具备了良好的密封性。

2. 断层封闭性

相国寺构造断层主要发育于二叠系和三叠系中,且在构造两翼陡缓转折端部位。两翼各有1~2条断距大、延伸远、贯穿整个构造的倾轴逆断层,与构造走向一致。另有一组北东向中、小型逆断层。

1) ①号断层

位于构造西翼,断面东倾,倾角50°~60°,断距200~1400m,延伸长度大于23km,南端均延伸出工区,北端消失于94XGS014测线石坝场附近。向上消失于须家河组,向下则断达志留系。

2) ②层断层

位于构造西翼,与①号断层平行。该贯穿整个工区,断面倾轴,断距80~570m,区内延伸长度约31km,向上消失在须家河组内,向下南段消失在志留系。

3) ③号断层

位于构造东翼陡缓转折带。断层西倾,倾角35°~45°,断距200~1200m,区内延伸长度31km,南北两端均延伸出工区。向上消失在嘉陵江组内,向下消失于志留系。

(四)储层特征

1. 岩矿与物性特征

相国寺石炭系气藏储集岩,以石炭系黄龙组二段(C_2hl_2)中的角砾云岩为主,包括膏溶角砾、沉积角砾和少量构造角砾,夹薄层生物灰岩、藻云岩、粉晶云岩及粉晶灰岩等。孔隙层段粒屑含量高,一般40%~70%。储层储集空间可分为孔隙、洞穴及裂缝三大类,其中孔隙为主要的储集空间,次为裂缝、洞穴。

由于储集层孔、洞、缝都十分发育,渗透性能很好,据各井多种试井解释结果表明:相25井渗透率最低也20mD,相30井渗透率最高达800mD,其余各井渗透率一般均为300mD,构造平面上呈顶部渗透率高,往边翼部有降低趋势。

2. 宏观分布特征

相国寺构造石炭系地层沉积后因遭受风化剥蚀故储层较薄,实钻残厚仅0~26.5m,但由于次生作用强烈,故储层孔隙度较大。前人的研究结果表明,相国寺石炭系储层平均孔隙度高达7.47%。

从纵向上看,石炭系储层发育在C_2hl_2段,主要为Ⅰ类和Ⅱ类储层,储集条件较好,因本区石炭系剥蚀较严重,一钻入石炭系就进入储层,只要有石炭系存在,都有储层存在,纵向上有效层厚占钻厚的50%以上,如相16井有效层厚占钻厚的82%。

横向分布上,根据地震预测,相国寺存在三个地层—构造复合圈闭:相10—相14井区构造—地层复合圈闭、相30—相13井区构造—地层复合圈闭、相东左家坪潜伏鼻状构造—地层复合圈闭。相10—相14井区构造—地层复合圈闭与相30—相13井区构造—地层复合圈闭包括了西翼断下盘的部分。地震预测及实钻井显示,复合圈闭以北及以南区域地层(储层)减薄,小于8m,复合圈闭范围内,石炭系厚度大于8m,在相国寺构造主体中部,亦存在厚度减薄区域(图2-9-4)。

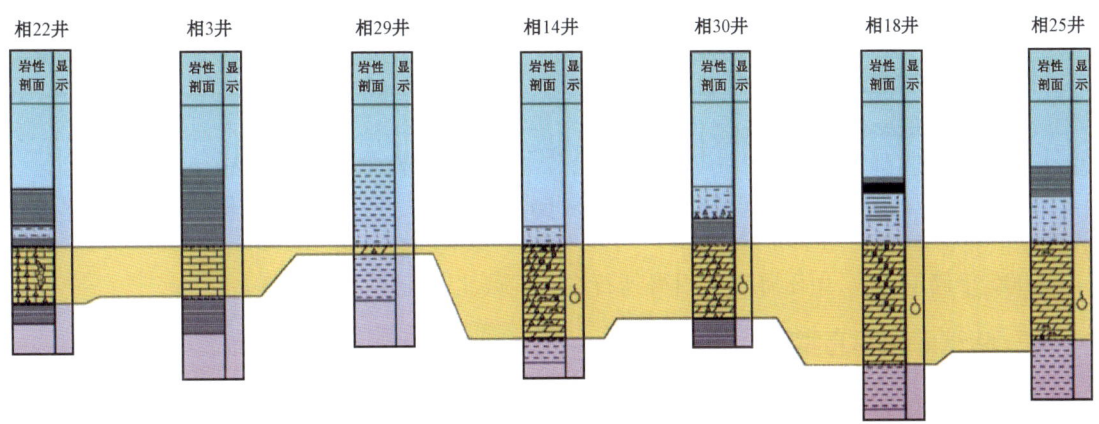

图2-9-4 相国寺气田石炭系地层对比图

(五)气藏类型

相国寺气藏原始地层压力28.7MPa,天然气组分以甲烷为主,其含量介于97.05%~

98.14%,非烃含量低,不含或微含硫化氢,二氧化碳含量只有 0.1% ~ 0.36% (2.67 ~ 5.27g/m³);气体相对密度为 0.562 ~ 0.568。

开发动态反映,气藏水驱很弱,为一定容干气气藏。

二、气藏开发特征

(一)开发历程

相国寺石炭系气藏的开发始于1977年11月14日相18井投产,于1980年完成开发设计并实施,在开采规模 $90 \times 10^4 m^3/d$ 下,稳产至1987年12月。随后开始递减,至2009年12月底,气藏生产井5口,日产气量降至 $5 \times 10^4 m^3$ 左右,生产套压1.23 ~ 1.66MPa,生产油压1.23 ~ 1.65MPa,累计采气 $40.24 \times 10^8 m^3$,剩余地质储量 $3.66 \times 10^8 m^3$,地质储量采出程度91.66%,累计产凝析水1903m³,产地层水110m³(图2-9-5)。

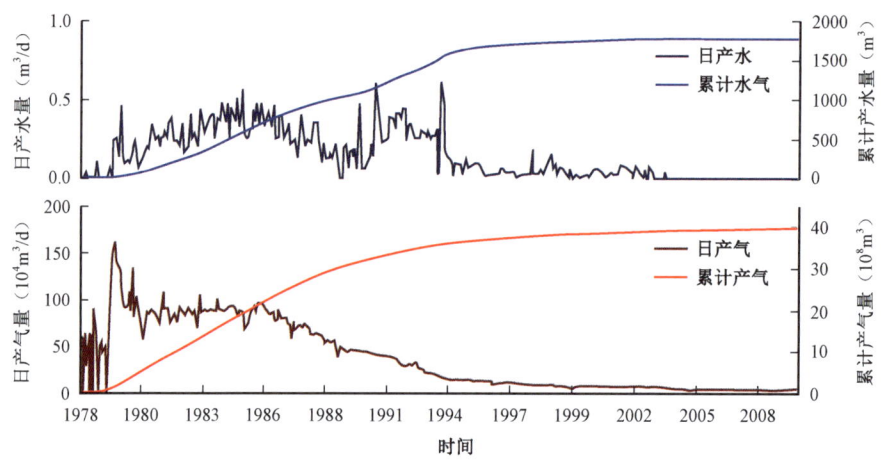

图2-9-5 相国寺石炭系气藏采气曲线图

(二)动用储量

1980年作石炭系气藏开发设计时,以气水界面 -1986m,采用投影面积法计算容积法储量,相国寺构造主体北区 $38.7 \times 10^8 m^3$,南区 $2.7 \times 10^8 m^3$,压降储量 $40.2 \times 10^8 m^3$。

1989年在对石炭系气藏作调整方案时,对储量进行了复核,计算压降储量 $42.5 \times 10^8 m^3$,数值模拟储量 $44.0 \times 10^8 m^3$。

2006年储量套改,用压降法回归得到石炭系气藏北区压降储量 $41.5 \times 10^8 m^3$。

三、储气库建库方案❶

(一)建库地质

相国寺储气库设计运行上限压力28MPa,下限压力13.2MPa,库容量 $42.6 \times 10^8 m^3$,工作气

---

❶ 吴建发,吴勇,李巧,等,2010. 中卫—贵阳联络线配套相国寺储气库项目可行性研究优化调整报告[R]. 中国石油西南油气田分公司,四川成都.

量 $22.8 \times 10^8 \mathrm{m}^3$,垫底气量 $19.8 \times 10^8 \mathrm{m}^3$。

储气库注气周期为 220d,采气周期为 120d。最大日注气量 $1380 \times 10^4 \mathrm{m}^3$;最小日注气量 $81 \times 10^4 \mathrm{m}^3$。仅考虑季节调峰时气库最大日采气量 $1393 \times 10^4 \mathrm{m}^3$,同时,考虑季节调峰和应急时气库最大日采气量 $2855 \times 10^4 \mathrm{m}^3$。

(二)钻完井

1. 井身结构

部署 8 个井场,其中单井井场 1 个,丛式井组井场 7 个,每个丛式井场 2 – 4 口井,井型以定向井为主。

井身结构采用五开五完,即 ϕ508mm 导 + ϕ339.7mm 表层套管 + ϕ244.5mm 技术套管 + (ϕ206.4mm + ϕ177.8mm)油层套管 + ϕ127mm 防砂筛管(图 2 – 9 – 6)。

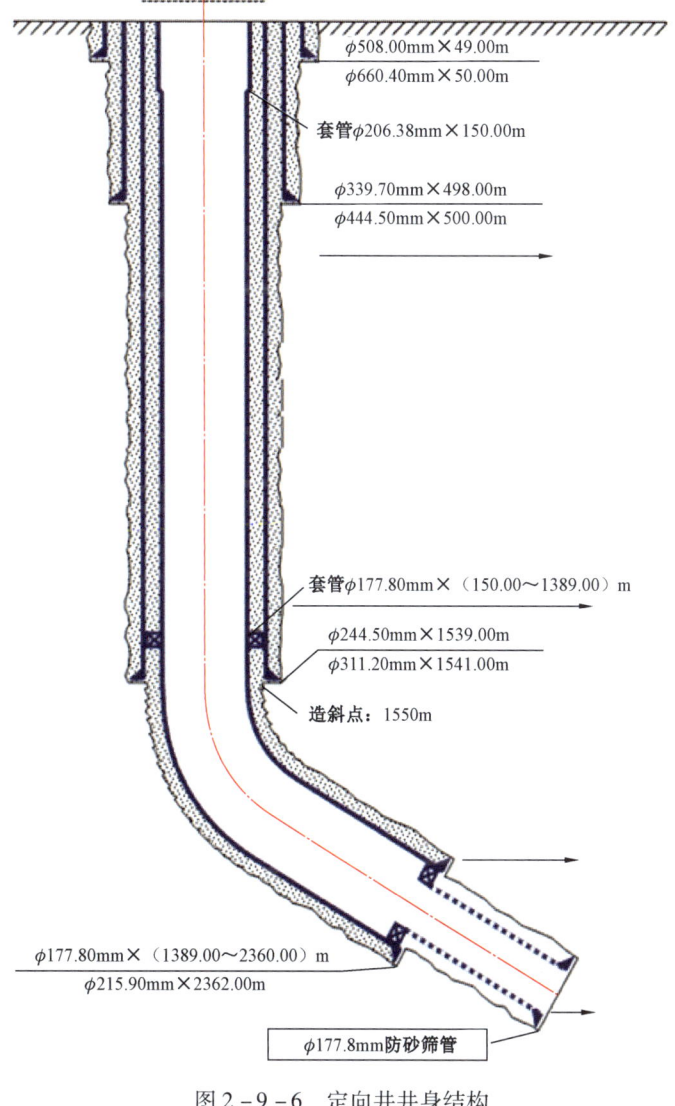

图 2 – 9 – 6　定向井井身结构

2. 固井

技术套管和油层套管选用抗硫气密封套管,表层套管和技术套管注水钻井液上返至井口,油层套管设计悬挂回接方式固井,回接套管水钻井液上返至井口,油层套管悬挂固井采用变密度两凝膨胀水钻井液体系,技术套管和油层套管入井前进行气密封检测,油层悬挂套管加管外封隔器。

3. 完井

采用 $\phi 127mm$ 防砂筛管完井。

4. 钻井液

钻井液选用聚合物无固相和聚磺两种钻井液体系,须家河组至长兴组顶部采用空气或氮气钻进,若不具备气体钻井条件,改用钻井液钻进,石炭系储层采用氮气钻井。

5. 井口采气树

选用 35MPa 进口采气井口,材质 EE 级,温度 P－U 级。

6. 老井处理

利用 3 口老井作监测井,永久封井 18 口。

(三) 地面工程

相国寺储气库地面工程包括储气库集输系统、集注站、双向输气管道、集注站—川渝管网旱土站和白果树阀室的输气管道、综合公寓等主要工程内容。注气规模 $1400 \times 10^4 m^3/d$,采气规模 $2855 \times 10^4 m^3/d$。

四、周期注采运行简况

相国寺储气库于 2013 年 6 月顺利投运,截至 2018 年 3 月调峰采气结束,储气库已经历 5 个注采周期,目前进入第 6 注采周期注气阶段。截至 2017 年 3 月采气末,相国寺储气库最高日注气量 $2014 \times 10^4 m^3$,高峰日采气量 $2224 \times 10^4 m^3$,累计注气 $60.7 \times 10^8 m^3$,累计采气 $40.5 \times 10^8 m^3$,在区域天然气调峰保供中已发挥重要作用。

第十节 呼图壁大型多层水侵砂岩储气库

我国西北地区油气资源丰富,是西气东输长输管道天然气主要产地;同时,由于冬季天气寒冷,冬夏用气峰谷差大,保障长输管道安全高效运行、下游城市稳定用气和区域调峰保供等客观需求,迫切要求建立地下储气库。2010 年,中国石油通过在西北地区筛选评价,优选新疆呼图壁气藏优先开展储气库研究工作,主要应用了圈闭密封评价、分区库容参数优化设计、高速流有限井控合理井网密度设计、低压储层钻完井及储层保护等关键技术,完成了建库方案优化设计和工程建设。2013 年,储气库顺利投入运行,是目前西北地区唯一投运的储气库,其位于准噶尔盆地南缘,行政区域隶属新疆维吾尔自治区昌吉州,距北疆输气环网 8km、西气东输二线直线距离 22km。呼图壁储气库兼具季节调峰和战略储备双重功能,是西气东输二线的重要配套工程。

一、地质概况

(一) 地层特征

呼图壁气藏发育地层自老至新分别为古生界、三叠系、侏罗系、白垩系、古近系和新近系(表2-10-1),均为陆相碎屑岩沉积,总沉积厚度约11500m。气层所处的紫泥泉子组($E_{1-2}z$)与上覆安集海河组($E_{2-3}a$)为整合接触关系,与下伏东沟组(K_2d)亦为整合接触,岩性主要为棕褐色、灰褐色细砂岩、不等粒砂岩、粉砂岩、含砾不等粒砂岩、含砾泥质砂岩。

表2-10-1 呼图壁气藏地层划分及岩性描述表

地层				地层代号	厚度(m)	岩性描述
界	系	统	组			
新生界	第四系	下更新统	西域组	Q_1x	412~467	灰色砂砾岩、砂质小砾岩为主夹褐灰色泥岩
	新近系	上新统	独山子组	N_2d	1246.5~1388.5	上部以灰色砂砾岩、泥质小砾岩与浅棕色泥岩及含砾泥岩不等厚互层,下部为砂泥岩不等厚互层
		中新统	塔西河组	N_1t	399~491	棕褐色、灰绿色泥岩、粉砂质泥岩夹薄层棕色粉砂岩及泥质砂岩
			沙湾组	N_1s	253~328	灰白色不等粒砂岩、含砾泥质不等粒砂岩及砂质泥岩不等厚互层
	古近系	渐新统	安集海河组	$E_{2-3}a$	738~947.5	上部以灰绿、浅灰绿、棕色泥岩为主,夹细粉砂岩,中下部为棕、绿灰色粉砂质泥岩与砂岩不等厚互层
		始新统				
		古新统	紫泥泉子组	$E_{1-2}z$	575	中上部为棕色泥岩、砂质泥岩与含砾不等粒砂岩及细砂岩互层,底部为含砾不等粒砂岩、泥质细砂岩夹砾岩及砂质泥岩
中生界	白垩系	上统	东沟组	K_2d	671(未穿)	上部以棕褐色砂岩为主,夹少量硅质泥岩,中下部为棕褐色中、细砂岩、粉砂岩与砂质泥岩不等厚互层

(二) 构造特征

受喜马拉雅期挤压应力场作用,呼图壁三维工区整体构造形态为近东西向展布的长轴断背斜,东西长约20km,南北宽约3.5km(图2-10-1)。呼图壁断裂将背斜切割为上、下盘两个断背斜,从上到下断裂下盘背斜构造越来越完整,从断鼻变为背斜。反之,断裂上盘构造从完整背斜变为断鼻。呼图壁背斜下盘紫泥泉子组地层倾角总体上呈西陡东缓,构造高点在HU2006井与HU2004井之间,在呼2井以西,背斜变窄,在背斜构造背景上发育一微幅度鼻状构造。呼图壁上盘高点在呼003井附近,断鼻西宽东窄。从上下盘高点位置、背斜短轴宽度变化及上下盘地层分布状况分析,该构造早期为一完整背斜,喜马拉雅运动晚期构造活动发育的呼图壁断裂等将背斜切割,断裂走向与背斜轴向呈一定交角。

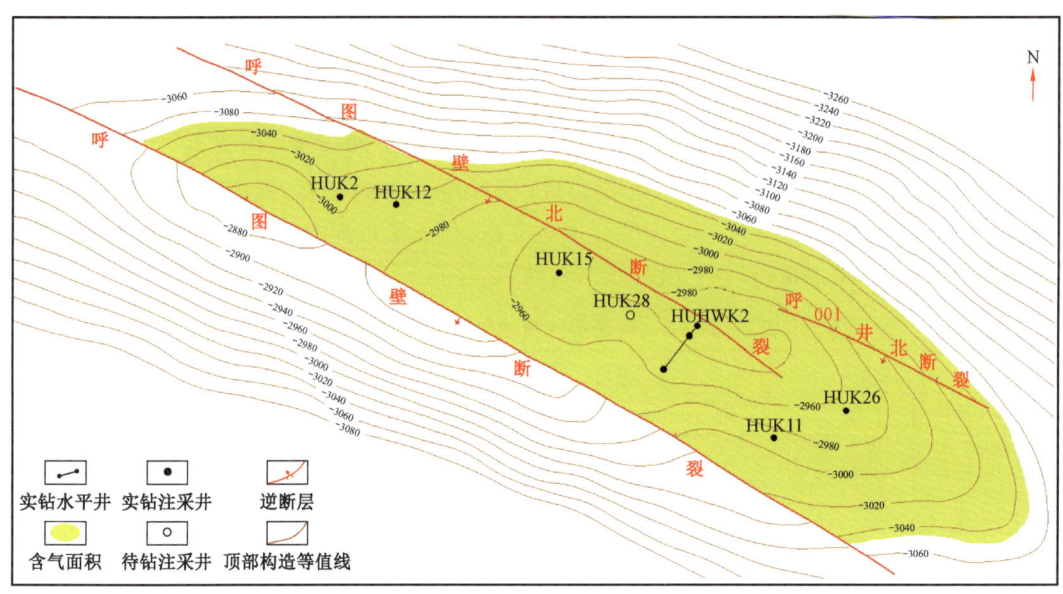

图 2－10－1　呼图壁气藏紫泥泉子组 E_1-2z_2 顶界构造图

在三维工区内,紫泥泉子组主要发育 3 条近东西向南倾的逆断裂(图 2－10－1)。从下到上断面倾角逐渐增大,最深部断裂断面平缓,几乎顺侏罗系煤层滑脱,只在侏罗系—白垩系内发育;最上部断裂断面陡倾,断开层系最多(J—N)。呼图壁断裂是该区的主要断裂,从呼 2 井以西,断裂分叉。该断裂属逆掩断裂,断面上陡下缓,在紫泥泉子组目的层段造成地层重复,纵向上,从上到下(从 N_1s 底到 $E_{1-2}z$ 底面)逆掩带逐渐变宽。横向上,逆掩带在工区中部最宽,东西两侧逐渐变窄。紫泥泉子组底部地层重复段最宽达到 770m。在下盘断背斜中,发育呼图壁北断裂和呼 001 井北断裂两条与之相平行的逆断裂,与呼图壁断裂相比,这两条断裂垂直断距较小,平面延伸距离较短(表 2－10－2),断裂上下盘地层重复量很小。

表 2－10－2　断层要素统计表

断裂名称	断层性质	延伸长度(km)	走向	倾向	断距(m)	层位
呼图壁断裂	逆	20	北西西	南倾	60~200	J—N_1t
呼图壁北断裂	逆	12	北西西	南倾	20~40	J—$E_{2-3}a$
呼 001 井北断裂	逆	8.5	北西西	南倾	20~40	J—$E_{2-3}a$

(三)密封条件

1. 盖层密封性

1)宏观评价

紫泥泉子组二段直接盖层为上覆的一套泥岩,质地较纯,分布稳定,平均厚度约 8.03m。同时,直接盖层埋深大于 3000m,并且呼图壁气藏经历了长期的地史时期未遭到破坏,说明其盖层条件及盖层的封闭性是很好的,封闭类型为物性封闭(即毛细管压力封闭)。因此,从岩性和厚度的条件上来看,直接盖层条件较好,满足了储气库的要求。

2)微观评价

微观上盖层封闭能力主要取决于岩石的渗透性,即盖层的渗透能力,评价参数包括孔隙度、渗透率、突破压力、微观孔喉半径等。

通过泥岩盖层样品实验分析,直接盖层岩心平均孔隙度 4.1%,平均渗透率 0.028mD,突破压力 2.0~3.0MPa,平均 2.5MPa。根据以往不同埋深不同气柱高度所需的最小突破压力经验值,呼图壁气藏 3500m 埋深封闭 200m 气柱高度需要的突破压力小于 2.0MPa,而本区盖层突破压力在 2.0~3.0MPa,故可封闭的气柱高度大于 200m,而圈闭的幅度仅 180m,小于可封闭的气柱高度,因此本次研究的泥岩盖层对储层是非常有效的。

2. 断层封闭性

1)纵向封闭性

紫泥泉子组上覆的安集海河组地层岩性为湖相—半深湖相泥岩,在本区厚约 847m,为一套稳定的区域盖层。从地震解释成果来看,呼图壁断裂断开侏罗系(J)至新近系(N)地层,虽然呼图壁断裂断穿了安集海河组区域盖层,断距为 60~200m,但由于该断裂为挤压型的逆断层,加之区域盖层厚度大,因此推断该断层在垂向上具备封堵作用。同时,从生产动态资料上来看,工区内所有井在安集海河组上部的地层中均未见油气显示,进一步证明了呼图壁断裂在垂向是封堵的。

呼图壁北断裂、呼 001 井北断裂在垂向上均未断穿本区的区域盖层,即安集海河组的泥岩地层(图 2-10-2),因此断层在垂向上具有封堵作用。

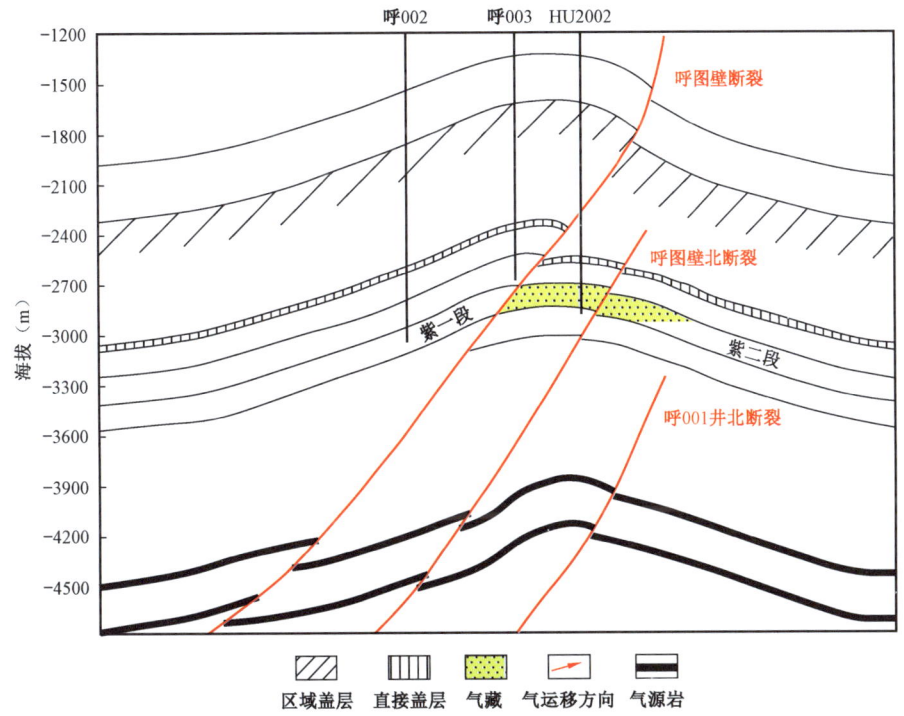

图 2-10-2 过呼 002—呼 003—HU2002 井地震地质解释剖面图

2)侧向封闭性

目的层紫二段地层厚度约110m,单砂体厚约10m,呼图壁断裂断距较大,约60~200m,断开紫二段储层。呼图壁北断裂和呼001井北断裂断距较小,约20~40m,未断开储层,因此,主要研究呼图壁断裂的侧向封堵性。

从地震解释成果上来看,呼图壁断裂下盘紫二段地层直接与上盘紫一段地层对接(图2-6-2),测井解释成果分析表明,紫二段储层以细、粉砂岩为主,物性好,而紫一段地层岩性明显变细,粉砂岩为主,泥质含量增加,物性变差。同时,测井解释结果还表明,呼图壁断裂上盘紫泥泉子组泥岩厚度较下盘明显偏厚,而且,越靠近断面,泥岩厚度越厚(呼003井厚约108.5m),随着上盘泥质含量的增加,断层两侧易于形成砂泥并置局面。因此,从断层两侧岩性对接关系上来看,断层在侧向上具有一定的封堵性。

结合生产动态资料,断层两侧的目的层紫二段均有砂体发育,断层下盘HU2002井在紫二段产气,在断层上盘的构造高点处,新完钻的评价井呼003井海拔明显高于HU2002井,但在紫二段却未见油气显示,试气结果为干层,进一步证明了呼图壁断裂具有比较好的侧向封堵性。

(四)储层特征

1. 岩矿与物性特征

紫泥泉子组储层岩性主要为细砂岩和粉砂岩,岩石颗粒较细,以细砂级和粉砂级为主。储层孔隙类型主要以粒间孔为主,另外,还发育有粒间溶孔和粒内溶孔,其中粒间孔含量为0~95%,平均62%,粒间溶孔含量为5%~100%,平均为36%,粒内溶孔含量为0~30%,平均2%。

$E_{1-2}z_1$岩心分析孔隙度分布在4.3%~23.2%,平均10.0%;水平渗透率在0.3~552mD,平均2.6mD。$E_{1-2}z_2^1$气层岩心分析孔隙度分布在9.2%~27.9%,平均19.4%;水平渗透率在0.18~1300mD,平均48.6mD。$E_{1-2}z_2^2$气层岩心分析孔隙度分布在9.3%~24.7%,平均为15.4%;水平渗透率在2.73~821mD,平均19.69mD。

2. 宏观分布特征

$E_{1-2}z_2^{1-1}$储层砂体主要发育于工区南部与西部,砂岩厚度基本大于14m,东部砂体厚度小于10m。$E_{1-2}z_2^{1-2}$砂岩多呈条带状分布,从西南、南、东南各有一支砂岩百分比大于50%的砂体向北延伸,HU2004井、HU2005井、HU2006井在该砂体上向西有分支,HU2003井、HU2002井和呼2井在分支上与呼002井西连片。$E_{1-2}z_2^2$砂岩整体占地层厚度的40%以上,大部分地区砂岩百分比达到70%以上,砂体极为发育,仅呼003井与呼002井之间和HU2008井东部有两个含量较低砂岩条带,小于50%。砂体厚度基本在20m以上,从工区南部、东南向气藏区展布,井区砂岩厚度一般在25m以上,HU2006井最厚,达到40m,HU2008井最薄,约20m。

3. 气藏类型

呼图壁气藏露点压力均低于地层压力,露点压力29.03~31.40MPa,平均30.13MPa,地露压差平均3.59MPa,最大反凝析压力10.82~12.25MPa,平均11.59MPa,最大反凝析液量

1.45%~2.30%,平均1.68%,C_{5+}平均含量47.00g/m³,属贫凝析气藏。综合地质沉积特性看,紫泥泉子组气藏总体上为受岩性构造控制、带边底水的中高渗透性层状深层砂岩贫凝析气藏(图2-10-3)。

根据前期测井解释及试油成果,呼图壁气藏原始气水界面为海拔-3047m。地层压力系数为0.94~0.97,平均0.96,属地层压力偏低的正常压力系统。气藏中部深度3585m,地层压力33.96MPa。气藏中部温度92.7℃,地温梯度2.59℃/100m。

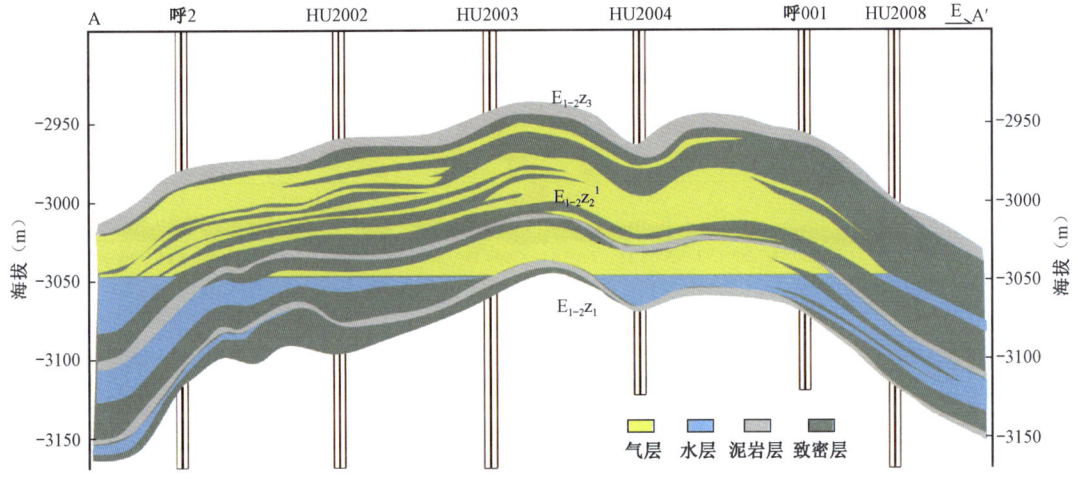

图2-10-3 呼图壁气藏剖面图

二、气藏开发特征

(一)开发历程

呼图壁气藏发现井为呼2井,于1996年8月打开古近系紫泥泉子组3594~3597m和3608~3614m井段后发生井喷,获油压10.8MPa,日产气量$48.87×10^4$m³,日产凝析油35.42t。于1998年4月试采、1999年底正式开发。截至注气改建储气库前,呼图壁气藏开发经历了试采、稳产和稳产调峰三个阶段(图2-10-4)。

试采阶段共有6口气井投入生产,油、气产量快速上升,基本处于无水采气期。在整个试采阶段,产油量8.80~31.57t/d,平均17.08t/d;产气量$18.35×10^4$~$63.33×10^4$m³/d,平均$37.83×10^4$m³/d;产水量0.03~1.32m³/d,平均0.55m³/d,水气比平均0.0129m³/10^4m³。

稳产阶段共有7口气井投入开发,油气产量稳定。产油量28.84~70.68t/d,平均60.43t/d;产气量$62.30×10^4$~$153.79×10^4$m³/d,平均$134.28×10^4$m³/d;产水量0.21~5.15m³/d,平均2.97m³/d,水气比平均0.0219m³/10^4m³。根据水型化验分析资料,产出水主要为凝析水。

2003年7月,呼图壁气藏开始进入气藏稳产调峰开发阶段,产气量峰值主要出现在每年的11月、12月以及来年1—3月,基本在$130×10^4$~$170×10^4$m³/d;产气量低值主要出现在每年的5—8月,约在$80×10^4$~$120×10^4$m³/d。

截至2010年4月,呼图壁气藏共有生产井7口。改建储气库前,累计产气$52.84×10^8$m³,

地质储量采出程度为 41.90%,累计产油 20.77×10⁴t,累计产水 2.36×10⁴m³,地层压力由 33.96MPa 降至 16.50MPa,总压降 17.46MPa,压降幅度 51.4%。

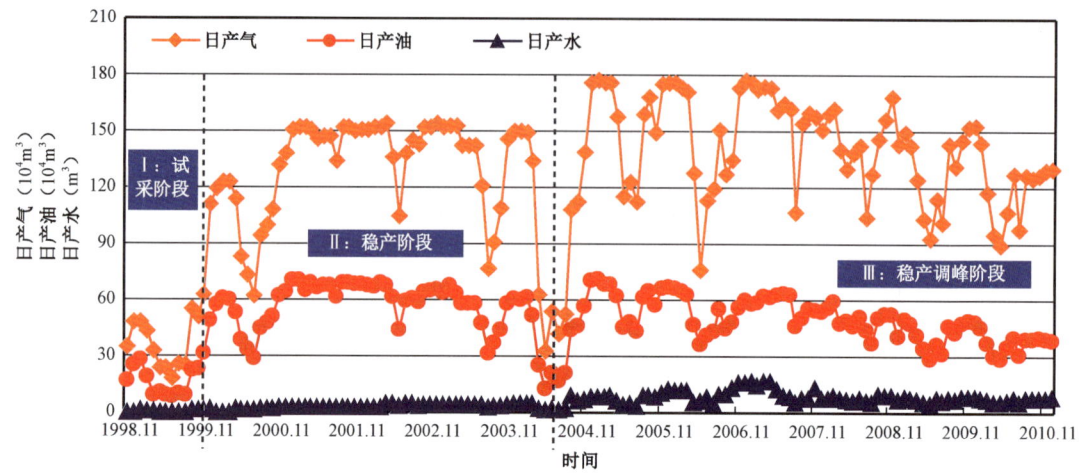

图 2-10-4 呼图壁气藏开采历程图

(二)动用储量

呼图壁气藏的原始地层压力 33.96MPa,地层温度 92.5℃,天然气相对密度 0.5999,凝析油相对密度 0.7800,压降法凝析气地质储量 119.8×10⁸m³,天然气地质储量 118.8×10⁸m³。截至 2010 年 4 月底,累计产当量凝析气 53.4×10⁸m³、凝析水 1.6×10⁴m³、地层水 0.8×10⁴m³。

三、储气库建库方案[1]

(一)建库地质

呼图壁储气库设计运行上限压力 34.0MPa,下限压力 18.0MPa,库容量 107.0×10⁸m³,工作气量 45.1×10⁸m³,垫气量 61.9×10⁸m³,附加垫气量 16.5×10⁸m³。当调峰气量为 20.0×10⁸m³ 时,上限压力 34.0MPa,下限压力 26.0MPa。

注气周期 180d,采气周期 150d。正常调峰时日均注气量为 1300×10⁴m³,日均采气量 1333×10⁴m³;当调峰与战略储备采气同时发生时,战略储备若按 90d 计算,日均采气量峰值为 4122×10⁴m³。

(二)钻完井

1. 井身结构

注采井和监测井均采用四开井身结构。直井一开使用 φ660.4mm 钻头钻进至 300m,下入 φ508mm 套管,固井水钻井液返至地面,封住上部含砾石地层;二开使用 φ406.4mm 钻头钻穿

---

[1] 胥洪成,杨作明,赵艳杰,等,2010. 呼图壁储气库气藏工程可行性方案研究报告[R]. 中国石油新疆油田分公司,新疆,克拉玛依.

沙湾组至井深2550m,进入安集海河组地层35m左右,下入φ339.7mm技术套管;三开使用φ311.2mm钻头钻至井深3380m,进入紫泥泉子组地层约30~50m,下入φ244.5mm技术套管;四开使用φ215.9mm钻头钻至设计完钻井深3600m/3640m,下入φ177.8mm+φ139.7mm复合油层尾管,悬挂器位置选择在井深3180m左右(位于φ244.5mm技术套管鞋以上200m),固井水泥返至尾管悬挂器位置,完井回接φ177.8mm套管至井口,回接套管固井水钻井液返至地面(图2-10-5)。

水平井一开、二开、三开同直井,四开使用φ215.9mm钻头钻至设计完钻井深4191m,下入φ177.8mm+φ139.7mm复合油层尾管,悬挂器位置选择在井深3180m左右(位于φ244.5mm技术套管鞋以上200m),固井水泥返至尾管悬挂器位置,完井回接φ193.7mm+φ177.8mm套管至井口,回接套管固井水钻井液返至地面(图2-10-6)。

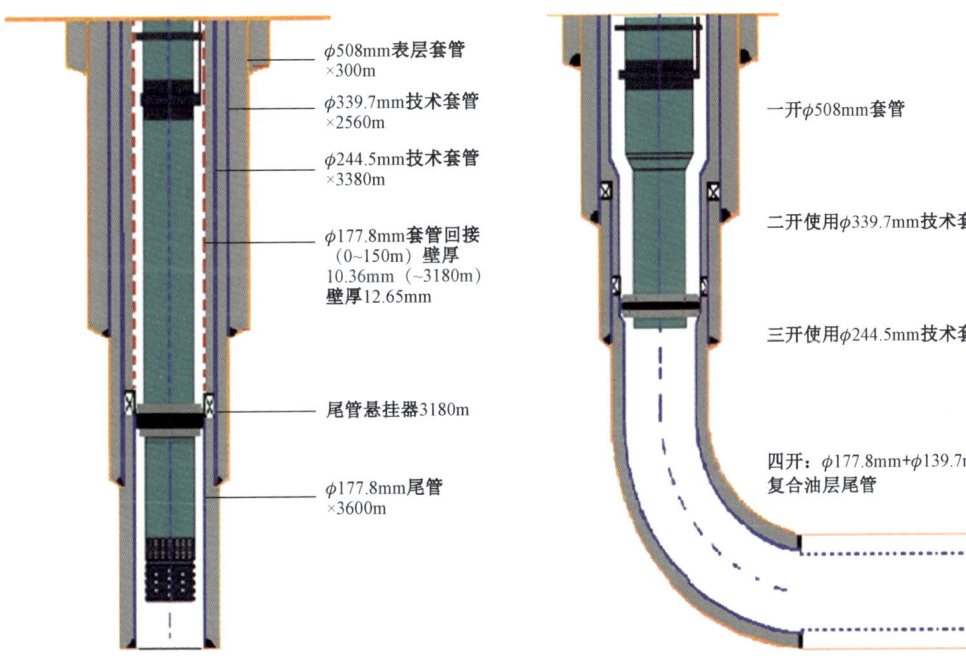

图2-10-5 直井井身结构　　　图2-10-6 水平井井身结构

2. 固井

表层套管采用注水泥固井工艺,技术套管采用有控固井工艺,生产尾管采用尾管固井工艺,回接套管采用单级有控固井工艺。

3. 完井

采用套管射孔方式完井,采用φ114.3mm VAM-TOP 螺纹或 BEAR 螺纹油管。

4. 钻井液

一开使用膨润土—CMC钻井液体系,二开使用钾钙基聚磺钻井液体系,三开使用钾钙基聚磺有机盐钻井液体系,四开采用钾钙基聚磺双膜屏蔽钻井完井液体系。

5. 井口采气树

选用 EE 级 35MPa 井口装置。

6. 老井处理

封堵老井 11 口,采用微膨胀防漏水钻井液体系进行封堵。

(三) 地面工程

呼图壁储气库地面工程包括储气库集输系统、集注站、双向输气管道、作业区综合公寓等主要工程内容。总体注气规模 $1550 \times 10^4 m^3/d$,总体采气规模 $2800 \times 10^4 m^3/d$。

储气库地面单井注采及计量管线合一设置,注气干线和采气干线分开设置;采气期采用气液混输、开井初期注甲醇防冻工艺;集配站采气轮换计量;集注站烃水露点控制和低压气处理采用 J–T 阀节流制冷 + 注乙二醇防冻工艺,凝析油采用两级闪蒸 + 提馏稳定工艺,轻烃掺入凝析油经稳定后管输至呼图壁天然气处理站装车外运,采出污水采用气浮 + 过滤工艺处理后回注。

四、周期注采运行简况

呼图壁储气库于 2013 年 6 月顺利投运,截至 2018 年 3 月调峰采气结束,储气库已经历 5 个完整注采周期,目前进入第 6 注采周期注气阶段。截至 2018 年 3 月采气末,呼图壁储气库最高日注气量 $1140 \times 10^4 m^3$,高峰日采气量 $1891 \times 10^4 m^3$,累计注气 $82.5 \times 10^8 m^3$,累计采气 $49.2 \times 10^8 m^3$,在区域天然气调峰保供中已发挥重要作用。

第十一节 陕 224 岩性圈闭含硫碳酸盐岩储气库

陕 224 储气库位于陕西省靖边县海则滩乡和内蒙古自治区河南乡,靠近陕京二线与陕京三线附近。陕 224 储气库于 2010 年启动气藏改建储气库研究工作,主要应用了圈闭密封评价、库容参数优化设计、含硫气藏改建储气库运行指标数值模拟、低压储层钻完井及储层保护等关键技术,完成了建库方案优化设计和工程建设。

一、地质概况

(一) 地层特征

靖边气田马五段储层为一套海相碳酸盐岩地层。通过生物地层对比、沉积旋回对比、电性对比和碳氧同位素对比,将奥陶系马家沟组从老到新依次划分为马一段、马二段、马三段、马四段、马五段和马六段(峰峰组)。马五段广泛分布蒸发潮坪相白云岩,发育溶蚀孔洞,是靖边气田天然气储集的主要层位,地层厚度 310~360m,其上不整合覆盖着石炭系致密砂泥岩,是气田理想的区域盖层。根据气田勘探开发的需求,依据沉积旋回性和相序,将马五段从新到老划分为 10 个小层(表 2–11–1)。

表 2-11-1　靖边气田奥陶系马家沟组五段储层划分表

统	组	段	亚段	小层	标志层	岩性
奥陶系下统	马家沟组	马五段	马五$_1$	马五$_1^1$		白云岩、含云泥岩
				马五$_1^2$		白云岩、云质泥岩
				马五$_1^3$		白云岩
				马五$_1^4$	K_1	云质泥岩、白云岩、凝灰岩
			马五$_2$	马五$_2^1$		白云岩、泥质云岩
				马五$_2^2$	K_2	白云岩
			马五$_3$	马五$_3^1$		云质泥岩、白云岩
				马五$_3^2$		云质泥岩、白云岩、泥岩
				马五$_3^3$		云质泥岩、白云岩、膏岩
			马五$_4$	马五$_4^1$	K_3	云质泥岩、白云岩、膏岩
				马五$_4^2$		云质泥岩、含泥云岩、膏岩
				马五$_4^3$		云质泥岩、含泥云岩、膏岩
			马五$_5$	马五$_5^1$	黑灰岩段	石灰岩
				马五$_5^2$		石灰岩
			马五$_6$			白云岩、盐岩
			马五$_7$			白云岩、石灰岩
			马五$_8$			白云岩、盐岩
			马五$_9$			白云岩
			马五$_{10}$			白云岩、盐岩

根据储层类型及成藏特征,将鄂尔多斯盆地马家沟组划分为上、中、下三套含气组合(图 2-11-1)。其中,上组合包含马五$_1$—马五$_4$气藏,中组合包含马五$_5$—马五$_{10}$气藏,下组合为马四气藏。目前规模投入开发的主要有马五$_1$、马五$_4$和马五$_5$气藏。

(二)构造特征

靖边气田位于陕北斜坡,地层走向近南北,局部略有偏转。主要目的层马五 1+2 气层埋深 3150~3765m,气层顶面海拔 -1860~2310m。

在极其平缓的单斜背景上发育鼻状、穹形、箕状和盆形等一系列小幅度构造,其鼻轴走向为北东、北东东,呈雁列式排列。自北向南明显的鼻状构造有 35 排,其中陕 155 井区、北区、中区隆起幅度较大,为 5~50m,南区、陕 121 井区、陕 106 井区隆起幅度较小,一般为 5~20m。鼻状隆起向北东或北东东方向翘起并开口,不具备圈闭和分隔气藏的能力,但对天然气的储渗条件有一定的控制作用。在含气层存在的情况下,正向构造部位有利于气井高产,是开发井部署的主要依据之一。通过对各井区气井物性参数和产能统计结果得出,马五$_{1+2}$内储集物性由鼻隆→鼻翼→鼻凹部位,呈逐渐降低的趋势,通过开发井的钻井证实,在继承性的构造低洼部位,不利于天然气聚集,属低孔、低渗区,含气性较差,气井产能较低。

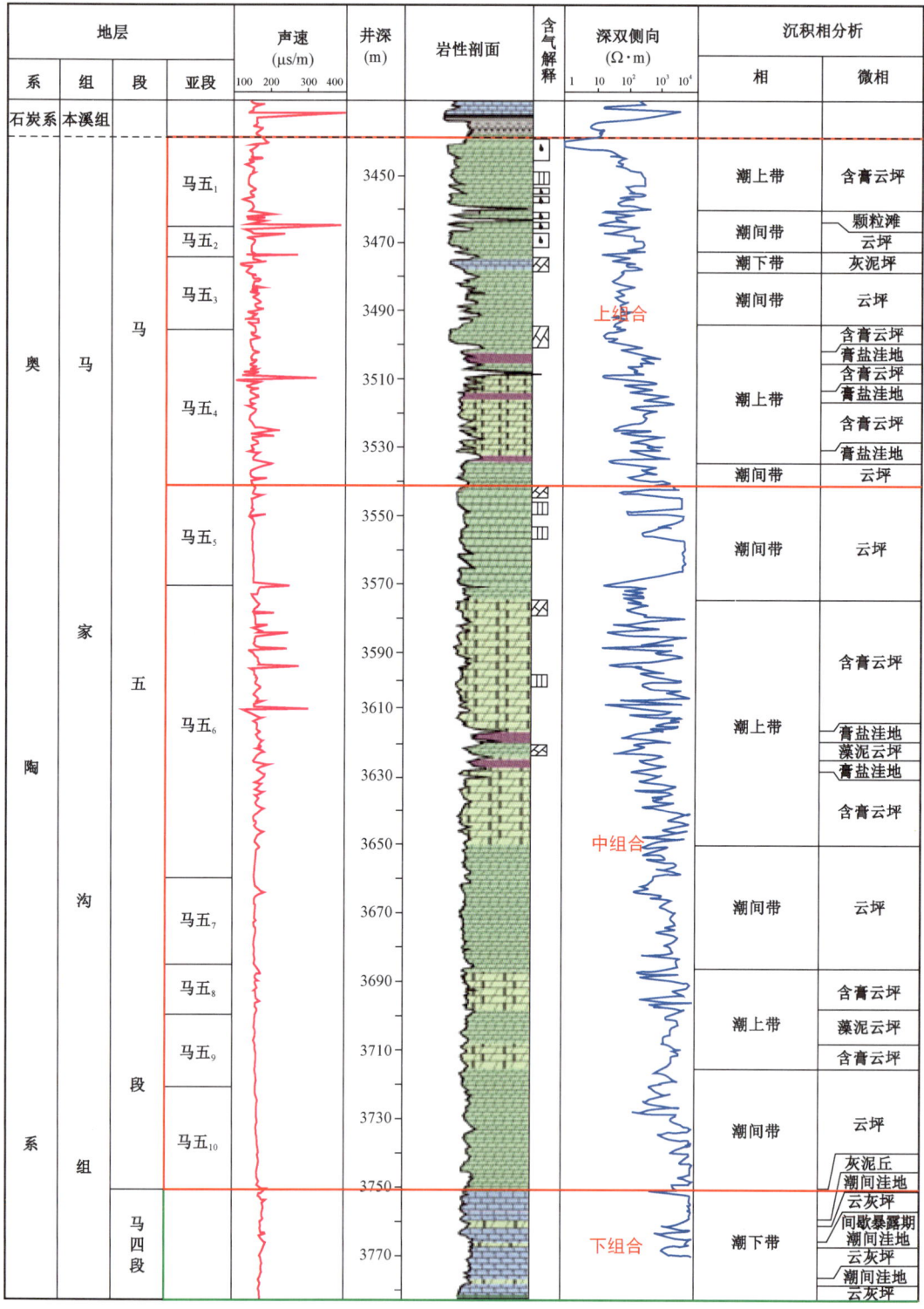

图 2-11-1 鄂尔多斯盆地马家沟组含气组合划分

陕224井区位于靖边气田中西部,构造简单,为相对平缓的西倾单斜,地层倾角约在0.15°~0.5°,马五$_{13}$气层埋深约3450m。

(三)密封条件

陕224井区位于靖边气田西侧,马家沟组马五$_1$亚段白云岩储层与上覆上古生界煤系烃源岩直接接触,东部和东北部马五$_{1+2}$地层全部被剥蚀,形成沟槽,石炭系细粒沉积充填其中形成地层遮挡,西侧部分残留的马五$_{1+2}$地层溶孔多被充填,岩性致密,对气藏其区域性岩性遮挡,圈闭类型以地层—岩性复合圈闭为主,气藏分布不连续,但具有局部高产富集特点,无边底水。

1. 盖层密封性

鄂尔多斯盆地地层平缓、构造稳定,保存条件好。陕224井区位于盆地中部,上石盒子组为一套泥岩和粉砂质泥岩为主的地层(120~160m),具有分布稳定、单层厚度大的特点,区域上是气藏良好的上部盖层。

鄂尔多斯盆地本溪组泥岩普遍发育,主要为铝土质泥岩、黑色纯泥岩等,分布稳定,整体可作为直接盖层。铝土质泥岩分布在奥陶系顶部,是奥陶系碳酸盐岩经过风化、剥蚀、淋滤之后形成的古土壤,后随着石炭系的沉积覆盖、压实、固结,逐渐演变为铝土质泥岩。虽然铝土质泥岩和泥岩在岩屑、岩心方面不好区分,但铝土质泥岩具备"低、窄"电阻率特征。陕224井区覆盖在马家沟组白云岩之上的本溪组泥岩横向分布十分稳定。

平面上,本溪组泥岩盖层平面分布稳定,厚度9.9~34.3m,平均17.4m,具有良好的封盖能力。局部发育零星砂体,但砂体不连片,厚度在3~6m,由于该区泥岩厚度大(在40m以上),本溪组地层垂向上呈现为"泥包砂"的特点,砂体不具备形成气体溢失通道的条件。综合评价,本溪组泥岩对该区下古生界储层具有良好的封盖能力。

2. 底板密封性

马五$_{1+2}$储层底板为马五$_3$泥质云岩和云质灰、泥岩,厚度约15.9~29.8m,平均25.8m,岩性致密,具有良好的密封性。测井解释物性低,渗透率较小,但由于其横向连续分布,同时储气库运行时气体向下运移的可能性较小,所以认为马五$_3$溢失风险低,具有良好的密封性。

(四)储层特征

1. 岩矿与物性特征

马五$_{1+2}$储层岩性以泥—细粉晶白云岩为主,岩层厚度约占地层总厚度的85%左右,岩石成分中白云石含量约占90%,另外含有泥云岩、含灰云岩、灰质云岩以及次生灰岩等。

统计陕224井区3口井物性参数,马五$_1$有效厚度6.0~9.3m,平均7.6m,平均孔隙度6.1%,平均基质渗透率1.174mD。其中主力层位马五$_{13}$平均有效厚度2.8m,平均孔隙度9.3%,平均基质渗透率为2.907mD。

根据岩心观察以及采集样品薄片鉴定、扫描电镜等试验分析认为,靖边气田马五$_{1+2}$孔隙类型按照成因分类主要有原生孔隙和次生孔隙两大类。岩心和铸体薄片资料显示,储集空间以溶蚀孔为主,见少量微裂隙。充填物以白云石、方解石为主,充填程度70%～90%。裂隙对储集空间贡献极小,但极大地改善了储层导流能力,有助于提高气井产能。

2. 气藏类型

陕224井区(3口井)平均CH_4含量为93.43%,C_2H_6含量为0.33%,H_2S含量为553.9 mg/m³,CO_2含量为6.01%。气体组分表现为含硫型干气气藏,地层水为弱酸性$CaCl_2$水型。

气藏原始地层压力30.4MPa,温度110.4℃。

二、气藏开发特征

(一)开发概况

陕224井区3口气井平均无阻流量$80×10^4 m^3/d$,目前地层压力10.4MPa,单井日均产气$4×10^4 m^3$,累计产气$6.6×10^8 m^3$,动储量采出程度64.7%。

G22-3井无阻流量为$65.3×10^4 m^3/d$,有效厚度9m,孔隙度7.189%,渗透率0.599mD,投产日期为2003年09月05日。投产前油管压力和套管压力分别为23.2MPa和23.2MPa,目前产量$5×10^4 m^3/d$,累计产量$2.3×10^8 m^3$。G23-2井无阻流量为$115×10^4 m^3/d$,有效厚度6m,孔隙度7.071%,渗透率0.713mD,投产日期为2003年10月18日,目前产量$5×10^4 m^3/d$,累计产量$2.3×10^8 m^3$。陕224井无阻流量为$61×10^4 m^3/d$,有效厚度12.7m,孔隙度7.526%,渗透率1.144mD,投产日期为2000年10月30日,目前产量$1.7×10^4 m^3/d$,累计产量$2.0×10^8 m^3$。

(二)开发特征

1. 气藏具有分层动用特征

2011年分层测试结果表明马五$_1^3$为主力产层,产气比例占74.8%。按马五$_{1+2}$气藏各小层统计分析,主力产层为马五$_1^3$,产气比例占80.6%。按马五$_1$气藏各小层统计分析,主力产层为马五$_1^3$,产气比例占82.6%。

2009—2011年,16口连续监测井资料表明,马五13为主要产气层,历年产量贡献率变化不大,其他非主力气层产气贡献率较低。

2. 内部连通,同属一个压力系统

2004年7月对库区G23-2井进行压力恢复测试,可以看出,在压力恢复期间见到明显干扰,说明周围邻井储层与G23-2井连通。G22-3井试气测试(2003年6月24日)气层中深压力30.4MPa,投产前(2003年9月2日)测得气层中深压力29.25MPa,从投产时间分析来看,说明G22-3井地层压力受到陕224井连续生产影响。因此,G22-3井与陕224井储层是连通的,为同一压力系统。

(三)动用储量

根据确定的各项地质参数,采用容积法计算陕224气藏地质储量为$16.2×10^8 m^3$。根据靖边气田历年动态评价经验,动储量主要采用压降法、流动物质平衡法及产量不稳定分析等计算方法,评价陕224井区动储量$10.4×10^8 m^3$。

三、储气库建库方案[1]

(一) 地质方案

陕224储气库设计上限压力30.4MPa,下限压力15.0MPa,库容量$10.4\times10^8m^3$,工作气量$5.0\times10^8m^3$,垫气量$5.4\times10^8m^3$。注气周期200d,采气周期120d,平衡期合计45d。新钻3口水平井作为注采井,利用老井3口(G22-3井、G23-2井、陕224井)作为采气井,2口备用直井,平均日注气$250\times10^4m^3$,平均日采气$418\times10^4m^3$。

(二) 钻完井工程

陕224储气库水平井采用四开井身结构:$\phi508.0mm$表层套管+$\phi339.7mm$技术套管+$\phi244.5mm$生产套管+$\phi139.7mm$筛管完井,生产套管采用气密封扣及回接筒固井方式(常规密度+低密度),生产尾管固井采用带管外封隔器+分接箍的尾管固井方式,水平段钻井液采用强抑制全酸溶无伤害暂堵钻完井液体系,储层改造应用连续油管均匀酸化工艺,采用$\phi139.7mm$气密扣抗硫管材配套内涂外喷防腐油管,生产管柱主要包括井下安全阀、循环滑套、永久封隔器、悬挂测压筒。

注采试验井生产套管材质为超级13Cr和抗硫碳钢组合,采用FF级70MPa,如果注入气与采出气组分一致,其余井生产套管材质采用抗硫碳钢。

直井井身结构采用二开井身结构:$\phi273mm$表层套管+$\phi177.8mm$生产套管,生产套管采用气密封螺纹、抗硫碳钢及分接箍分级固井方式,固井水泥采用防窜微膨胀胶乳水钻井液体系。

储层改造采用稠化酸加普通酸组合酸酸压工艺,采用$\phi73.02mm$气密扣抗硫管材配套内涂外喷防腐油管。

(三) 地面工程

地面工程设计集注站1座,3井式水平井场1座,直井井场2座,直井井场改扩建3座,集气、脱水规模$418\times10^4m^3/d$,采用三甘醇脱水工艺,脱硫依托靖边气田第一净化厂,注气规模$250\times10^4m^3/d$,采用电驱往复式压缩机,应用注、采双管工艺,建设$\phi508mm$和$\phi323.9mm$螺旋缝双面埋弧焊L360QCS双向输气管线12.8km,$\phi219mm$和$\phi89mm$无缝钢管L450MB注气管线4km,$\phi355.6mm$、$\phi114mm$和$\phi89mm$无缝钢管(螺旋缝埋弧焊)L360QCS采气管线16.7km,以及自控、供水、供电、通信等配套工程。陕224井区储气库气源选择苏里格第五处理厂产品气,交接地点为靖边末站,交接压力不小于4.5MPa。

四、多周期注采运行简况

陕224储气库于2014年11月投产运行,截至2018年3月调峰采气末,已经历三个完整注采周期,目前进入第四注采周期注气阶段。截至2018年3月,储气库累计注气$6.7\times10^8m^3$,累计采气$3.7\times10^8m^3$,最大日注气量$263\times10^4m^3$,最大日采气量$303\times10^4m^3$。

---

[1] 冯强汉,兰义飞,刘志军,等,2010. 陕224储气库工程初步设计—地质与气藏工程[R]. 中国石油长庆油田分公司,陕西,西安.

第三章 中国地下储气库市场需求与资源分布

地下储气库是保障天然气安全平稳供给的基础性工程,其具备两大基本功能:一是平衡冬夏用气峰谷差,保障下游市场用气的同时,提升长输管道的输送效率;二是在输气管道发生突发事故而中断的时候,可以及时采出天然气,从而达到应急保障的作用,因此地下储气库的建设既是对长输管道的保障,也是对用气市场的保障。天然气市场需求、管网分布和调峰需求是地下储气库选址建设的依据,综合考虑行政区域和经济区域划分、能源供求等因素后,将中国天然气消费市场划分为东北、环渤海、长三角、中南、西南、西北、中西部和东南沿海8个地区,在分析中国天然气市场需求、管网建设、天然气调峰需求的基础上,根据地下储气库选址的基本条件,结合中国油气资源分布、沉积盆地地质环境以及盐岩矿床分布等,分析8大地区建库资源类型及分布特征,指出未来中国地下储气库布局寻找建库资源的方向。

第一节 中国地下储气库市场需求

随着国内天然气产量增加,进口天然气规模扩大以及管网设施建设力度加大,中国天然气产业保持快速增长态势。天然气利用领域不断拓展,深入到城市燃气、工业燃料、发电、化工等各方面。由于城市燃气用气不均衡,冬季用气大幅攀升,部分城市用气季节性峰谷差巨大,调峰需求迅猛增长,冬季供气紧张局面时有发生,调峰保供面临巨大压力。

一、天然气市场需求

2005—2013年,中国天然气消费量以每年17.3%的速度增长,成为世界第三大天然气消费国。作为能源战略转型的重要组成部分,天然气是中国能源结构调整、大气污染治理措施的重要手段,天然气占一次能源比重仍将逐年提高。我国《能源发展战略行动计划(2014—2020年)》明确指出,2020年中国天然气占一次能源的比例将提升至10%,天然气利用量达到$3600\times10^8m^3$。

据统计,自2005年之后,天然气消费年增量达到了$100\times10^8m^3$以上,2010年增加到$1095\times10^8m^3$,较上年增长近$190\times10^8m^3$,消费量达到了2000年的4.2倍。2017年消费量增至$2373\times10^8m^3$,2000—2017年年均增长$124\times10^8m^3$,年均增长率达到14%(图3-1-1)。

近年来,中国天然气进口量高速增长,对外依存度持续上升。2017年,中国天然气进口量已达$921\times10^8m^3$,对外依存度从2007年的2.0%飙升到39%。随着中俄东线天然气管道开工建设,中国西北、东北、西南、海上四大天然气进口通道基本形成,预计到2030年,对外依存度将不断攀升增至55%。根据其他国家经验,一旦国家的天然气对外依存度达到和超过30%,地下储气库工作气量就需要达到消费量的12%以上,如果进口依存度超过50%,绝大部分国家的储气库工作气量将达到天然气消费量的15%以上[1]。

在天然气需求不断增加的同时,中国天然气消费结构也逐步从初期的以工业燃料和化工为主向多元化发展。2000年以前,中国天然气消费以化工用气和工业燃料用气为主,城市燃气和发

图 3-1-1 中国天然气消费增长趋势图
资料来源：中国石油规划总院

电用气仅占较少部分。随着长距离输气管道的建成投产，天然气消费区域从油气田周边地区向经济发达的中东部地区市场扩展。2014年以来，高端市场天然气消费量不断增加，用气行业也发生了转变，城市燃气正逐步发展成为第一大用气行业，而在京津冀鲁地区、长三角地区、珠三角地区等大气污染重点防控区，建设天然气调峰电站使发电用气比例也有所增加。2017年，城市燃气和发电用气占天然气年消费量的比例为71.1%，较2000年上升12.5个百分点，城市燃气的小时、日、月用气不均衡特点，决定了其成为拉动天然气调峰需求增长的主要动力之一（图3-1-2）。

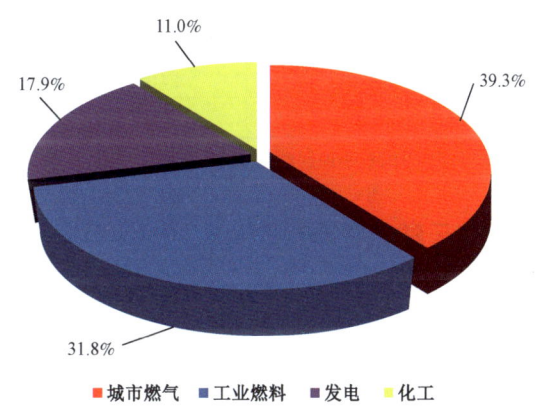

图 3-1-2 2017年全国天然气消费结构图

通过对天然气市场全面调研，综合考虑各地区人口状况、经济发展、产业结构、能源供应基础、各类能源消费、能源价格、气候条件等影响因素，考虑国家和地区的宏观经济发展形势、相关产业政策、资源供应的可能性等因素，将中国天然气消费市场划分为以下8个地区，综合采用项目分析法和部门分析法对全国天然气市场需求进行分析预测。

（1）东北地区：黑龙江、吉林、辽宁。
（2）环渤海地区：北京、天津、河北、山东。
（3）长三角地区：江苏、上海、浙江。
（4）中南地区：河南、湖北、湖南、安徽、江西。
（5）西南地区：四川、重庆、云南、贵州。
（6）西北地区：新疆、甘肃、青海、西藏。
（7）中西部地区：陕西、内蒙古、山西、宁夏。
（8）东南沿海地区：广东、福建、海南、广西、香港、澳门。

据预测,2020 年八大地区需求总量达到 $3585\times10^8m^3$,2025 年达到 $4558\times10^8m^3$(表 3-1-1)。未来一段时间中国天然气市场仍将处于高速发展阶段,环渤海地区、长三角地区、东南地区和中南地区是主要消费区域,约占全国消费总量的 63%。预计 2020 年环渤海地区天然气需求量达 $680\times10^8m^3$,占全国消费总量的 19%,长三角地区、东南地区和中南地区紧随其后,分别占全国消费总量的 16.7%、14.7% 和 12.8%。西南地区、西北地区和中西部地区天然气需求量居中,东北地区需求量相对较少,占全国消费总量的 6.9%。

表 3-1-1 分地区天然气需求量表　　　　　　　　　单位:10^8m^3

时间 区域	2018 年	2019 年	2020 年	2025 年
环渤海	576	632	680	926
长三角	524	560	598	732
东南沿海	474	501	526	648
中南	387	426	459	642
西南	374	393	409	476
西北	315	327	337	387
中西部	295	312	327	411
东北	213	232	249	336
总计	3158	3383	3585	4558

资料来源:中国石油规划总院,2015 年。

二、天然气管网分布

伴随着天然气消费量和进口量的不断增长,中国天然气管网系统不断完善,建设和运行水平大幅提高。截至 2015 年底,西气东输、陕京、川气东送天然气管道等一批长距离、大输量的主干管道陆续建成,中亚、中缅、中俄、海上进口通道建设稳步推进,中国天然气基础设施网络基本成型,四大天然气进口通道格局逐步完善,天然气主干管道总里程达 6.4×10^4km。

根据国家发展改革委及国家能源局 2017 年 5 月发布的《中长期油气管网规划》,到 2020 年,天然气管道总里程将达到 10.4×10^4km,到 2025 年天然气主干管网全部连通,支线管道和区域管网密度加大,储运能力大幅提升,管网总里程达到 16.3×10^4km,逐步实现 50 万人以上的城市天然气管道基本接入,全国城镇用气人口达 5.5 亿人(表 3-1-2,图 3-1-3)。

同时,《中长期油气管网规划》指出,加快天然气储气调峰设施建设,要求新建干线管道配套地下储气库工作气量应达到管道设计年输量的 10% 以上,2025 年实现地下储气库工作气量超过 $300\times10^8m^3$(表 3-1-2)。

表 3-1-2 重点天然气管道工程建设及预期目标(2025 年)

重点建设管道工程	总里程 (10^4km)	管道进口 能力 (10^8m^3)	城镇用 气人口 (10^8 口)	天然气(含 LNG) 储存能力 (10^8m^3)
西三线、西四线、西五线、中亚 D 线、陕京四线、中俄东线、中俄西线、川气东送二线、新疆煤制气外输管道等	16.3	1500	5.5	400

第三章 中国地下储气库市场需求与资源分布

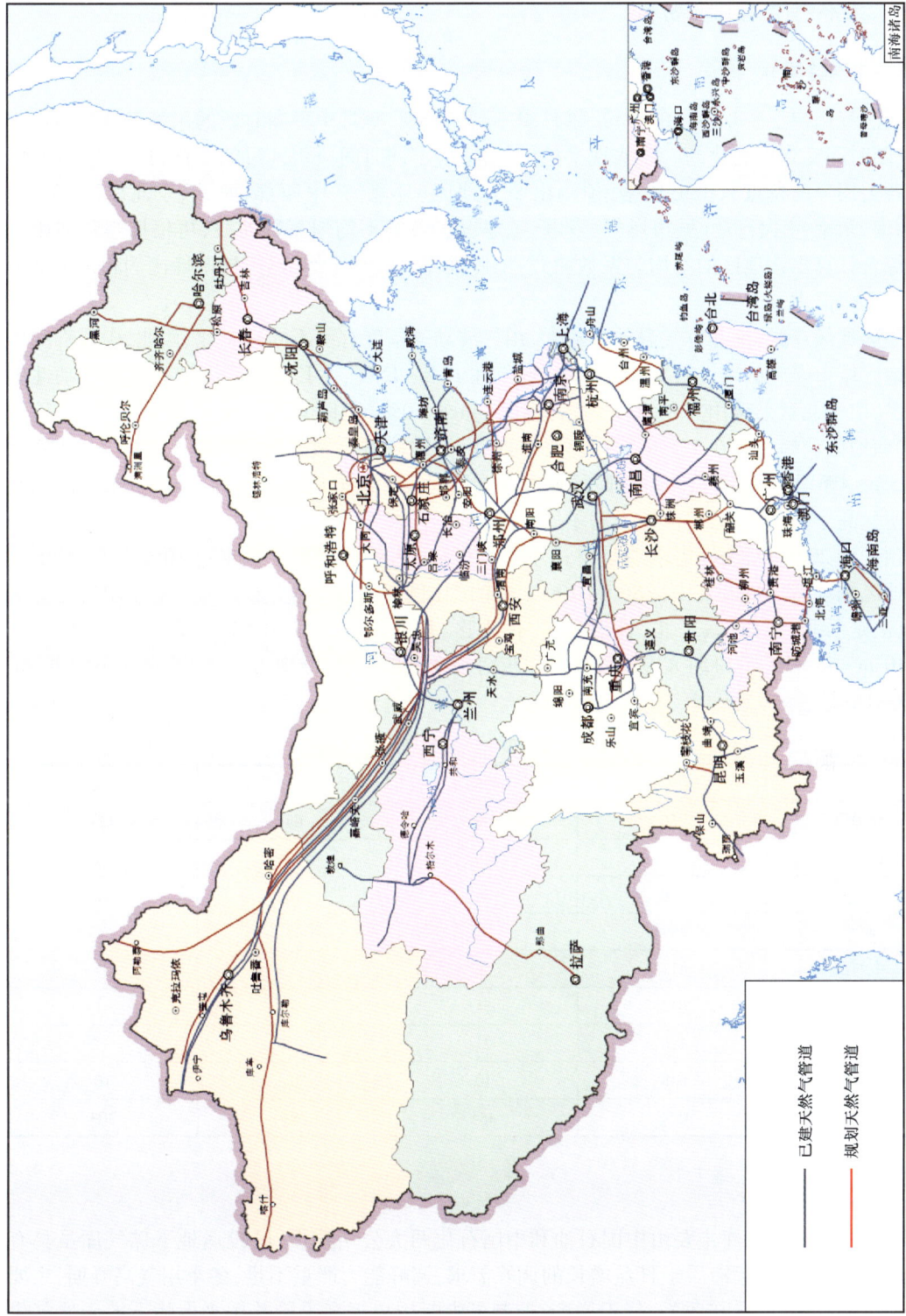

图3-1-3 中国中长期天然气主干管网规划示意图

— 119 —

三、天然气市场调峰需求

(一) 调峰需求

天然气用户在一年不同的月份、每月中不同的日期、每日中不同时段的用气量都是不均匀的,是随时间变化而变化的。为实现平稳供气,适应不同时间段用气量的变化,必须进行调峰。分析各类用户的特点和历史数据,预测出 8 大地区(环渤海、中西部、西北、东北、长三角、中南、西南、东南)4 大行业(城市燃气、发电、工业、化工)的不均匀系数曲线,再根据当年的用气结构综合计算出该地区的不均匀系数曲线,由此推算出调峰比例,再根据调峰比例和销售规划预测出调峰需求。

中国地域辽阔,南北方气温差异较大,用气波动的幅度有所不同。东北、西北、中西部和环渤海地区城市燃气的用气量波动大,调峰比例在 12%~15%,尤其是环渤海地区用气波动性更为突出,由于北京采暖用户用气量约占总用气量的 60%,所以其用气量波动更为突出;长三角、中南地区调峰比例在 5%~6%;西南和东南沿海地区城市燃气的用气量波动较小,调峰比例在 3%~4%。由此可见,北方采暖区调峰需求明显高于南方地区,沿海高端消费市场区调峰需求明显高于内陆地区,季节性供需矛盾突出。

预计到 2025 年,调峰需求总量将达 $484 \times 10^8 m^3$,占年消费量比例将达 10% 以上,其中环渤海地区调峰需求量最大,为 $186 \times 10^8 m^3$,占全国比例超过 38%,主要原因是采暖用气比重偏大;其次是西北、中西部、东北、长三角、中南地区,调峰需求分别为 $52 \times 10^8 m^3$、$56 \times 10^8 m^3$、$58 \times 10^8 m^3$、$48 \times 10^8 m^3$ 和 $54 \times 10^8 m^3$;西南和东南调峰需求较小,分别为 $21 \times 10^8 m^3$ 和 $10 \times 10^8 m^3$ (表 3-1-3)。

表 3-1-3 2025 年天然气调峰需求情况　　　　　　　　单位:$10^8 m^3$

地区	天然气需求	调峰需求	设计工作气量	调峰缺口
环渤海	926	186	65	121
长三角	732	48	27	21
东北	336	58	16	42
西北	387	52	45	7
中西部	411	56	5	51
中南	642	54	3	51
西南	476	21	23	-2
东南	648	10	0	10
合计	4558	484	184	303

(二) 储气库需求

中国的地下储气库主要由中国石油和中国石化两大公司建设,已投运地下储气库虽具有一定的调峰能力,但远滞后于日益增长的调峰需求,调峰能力严重不足,冬季用气高峰期,主要通过地下储气库、LNG 接收站、气田增产、控制可中断用户等多手段并用来保障下游天然气供应安全。

截至2016年底,中国已建成地下储气库(群)25座,其中中国石油23座,中国石化2座,设计总库容$411.77\times10^8m^3$,设计总工作气量$184\times10^8m^3$(表3-1-4),2017年建成调峰能力$117\times10^8m^3$,仅占全国天然气消费总量的4.9%,与欧美发达国家15%~20%的比例水平有较大差距。

与调峰需求相比,已建地下储气库设计工作气量仅为$184\times10^8m^3$,仍然存在较大缺口,调峰需求无法满足,因此需要加大地下储气库库址筛选力度、增加储气规模,确保天然气安全平稳运行(表3-1-3)。

表3-1-4 中国地下储气库参数表

地区	储气库(群)	类型	库容(10^8m^3)	设计工作气量(10^8m^3)	投产时间
环渤海	大港库群	气藏	69.8	30.3	2000—2006年
	华北库群		16.8	7.5	2010年
	苏桥		67.4	23.3	2013年
	板南		7.8	4.3	2014年
长三角	刘庄	盐穴	4.6	2.4	2011年
	金坛A①		26.4	17.1	2007年
	金坛B②		11.79	7.23	2015年
西北	呼图壁	气藏	107	45.1	2013年
西南	相国寺	气藏	42.6	22.8	2013年
东北	双6	气藏	41.3	16	2014年
中西部	陕224	气藏	10.4	5	2014年
中南	中原文96	气藏	5.88	2.95	2012年
合计			411.77	184	

① 归属中国石油。
② 归属中国石化。

四、地下储气库选址基本要求

(一)地下储气库库址筛选的基本条件

天然气地下储气库库址的选择涉及很多因素,而建库区块的地质条件是最基本的。同时还要考虑地面条件、工程技术条件及经济可行性等。根据国内外建设地下储气库库址选择的经验,地下储气库库址的选择主要考虑以下几方面。

1. 地下储气库类型

目前世界上已有的地下储气库类型主要包括油藏型、气藏型、含水层型、盐穴型4种,其中气藏型储气库占74%,油藏型占6%、含水层型占11%,盐穴型占9%。

国外实践表明,作为天然气地下储气库,枯竭气藏的采出程度达到70%最为合适,注水开发的枯竭油藏既有含水层的特征,又有油气藏的特征,含水率达到90%为宜。利用枯竭油气藏建库最为易行,尤其是气藏,因为油气藏本身就是很好的构造圈闭,构造闭合度较大,密封性良好,而且还可从油气藏的实际开采中得到有关气库的储气能力、注采能力、压力等气库运行参数。利用枯竭油藏建库还要考虑多相流体流动等复杂问题,相对利用枯竭气藏建库要复杂一些。

含水层型储气库可分为构造型和地层型两种类型,一般建在背斜构造的含水砂岩层中。要求储气层的孔隙性、渗透性好,盖层分布稳定且具有一定的厚度,断层不发育,以保证气体不会垂向泄漏。含水层构造储层周围的岩性密封性要好,气体不能侧向运移。含水层型储气库的优点是:构造较完整,钻井完井一次到位。但气水界面较难控制,垫底气无法采出,成本较高。

盐穴型储气库一般选择在厚度大、分布稳定的盐丘或盐层上,利用水溶的方法溶漓成洞穴储气。其特点是储气空间为洞穴,单井产能高,调峰能力强,压缩性好,可扩大储集体积。但盐腔形态较难控制,造腔周期长,卤水处理难度大,成本较高。

废弃矿井或矿坑地下储气库是利用已采完的某种矿体所遗留的空间建造储气库,选择废弃矿井改建储气库要求密封性好,但优选改造成本较高。

从国外实践经验来看,首选建库目标是枯竭油气藏,尤其是气藏;一般在没有合适的枯竭或近枯竭油气藏时,可选择含水层及盐穴作为储气库。

2. 地下储气库的规模

储气规模没有统一的标准,其大小主要取决于供气需求和储气体积。国外建库经验表明,建设大型地下储气库除初期投资高外,总体上要比建设小型地下储气库更加经济。在没有储气规模大的气库情况下,可考虑建设库群,几个储气构造分块建设,地面统一管网、统一监控、统一调配,也较为经济。

3. 地下储气库的地质条件

储气库的构造要落实可靠;封闭条件好,包括上覆盖层和断层应具有良好的封闭性,这是建库的一个极为重要的条件。

储层要有一定的厚度,分布稳定,储层的物性和连通性好,能保证储气时易注易采。

盖层岩性以盐岩、石膏和较纯的泥岩为佳,分布稳定,无裂缝,具有一定厚度。

断层的封闭性要好,它取决于断层性质、两侧岩石性质及排驱压力的大小,压性断层及砂岩储层与断层另一侧的优质泥岩相接触,断层封闭性好;当两侧岩石的排驱压力值差异较大时,则为封闭。

另外,地下储气库应该保证气库岩石与所储存气体不起化学作用,严格控制气体中硫的含量。

4. 地下储气库的深度

地下储气库的深度主要从储备能力和经济效益上考虑。目前世界上一般储气库的深度为1000m左右,含水层型气库一般不超过1000m,大于3000m深度的气库比较少见。但考虑各地区地层条件的差异,深度不是关键的因素。

5. 地下储气库与用户的距离

国内外资料表明,气库与用户距离越近越经济,50~200km为宜,超过200km就不经济了。气库与用户的距离远近除了经济上的原因外,还应考虑安全问题,距离太近不安全。

储气库库址的选择条件主要从以上几方面考虑,还要结合本地区的具体地质条件、经济政策和市场需求因地制宜进行选址。

(二)储气库库址筛选原则

选择储气库的总体要求是:注入的气体能封得住,易注易采,有一定的规模,有较高的注采能力和调峰能力,工程技术及经济上可行。借鉴国内外建库经验,结合不同地区的地质条件,确定储气库库址筛选原则如下。

1. 地理位置

尽量选在大用户、大供配气枢纽及输气干线附近,距主要用户或长输管线一般应在200km以内,便于发挥调峰能力,减少管线投资。

2. 选择类型

优先选择枯竭气藏、油气藏、油藏构造改建地下储气库。在缺少油气藏构造的地区可选择含水层或盐穴建设地下储气库。

3. 地质条件

(1)构造落实且较简单,构造圈闭幅度较大,内部断层不多且密封性好。

(2)储气库埋藏深度适中。

(3)地质构造具有良好的储、盖组合,储层分布范围广、分布稳定,渗透性储层具有一定的厚度,储层的物性和连通性好,能保证储气时易注易采,但不易出砂出水。

(4)地下储气库应该保证气库岩石与所储存气体不起化学作用,严格控制气体中硫的含量。

(5)盖层岩性为盐岩、石膏和泥岩,分布稳定,无裂缝,封闭性好,气体不会沿垂向泄漏和侧向运移逸散。

(6)具有一定的储气规模,能满足市场需求和正常调峰及应急调峰的需要。

(7)含水层为钻井或物探证实的较可靠的构造。

(8)对盐岩层储气库,除上述条件外,还应满足:盐层厚度大,面积较广,分布稳定,夹层少厚度小;盐岩品位高,水不溶物含量低;盐岩层顶板厚度大且分布稳定,无裂缝;抗压、抗剪强度大。

除了上述三个选址原则,还有兼顾地面条件,地面条件比较简单,易于建库、可减少投资。

第二节 气藏型储气库资源分布

气藏型储气库是利用已开发的气藏改建的储气库。用来改建储气库的气藏一般需要满足5个地质条件:(1)构造形态较为简单,断层较少且密封;(2)埋藏深度1000~2500m为宜;(3)储层厚度大、分布稳定,物性较好;(4)盖层具有一定厚度且分布稳定;(5)具有一定的储气规模。

中国的地质构造复杂,库址选择时除了以上述条件为主要原则外,还要考虑地域上储气库的需求情况,需要具体情况具体分析。根据中国油气资源分布情况,8大天然气消费地区的气藏型储气库资源情况大致如下:

（1）东北地区的大庆、吉林、辽河三个油区有一定数量的气藏与油气藏分布，可以作为库址资源来考虑。大庆与吉林油区的气藏，辽河油区的油气藏均有一定的建库潜力，除了满足本区域的调峰需求外，还可以作为中俄东线的配套库址资源。

（2）环渤海地区是中国天然气市场成熟度较高、调峰需求最大的地区。自2000年大张坨储气库投产，为了满足本地区，尤其是京津地区的调峰要求，先后利用大港、华北的16个气藏建成了板桥、京58、板南、苏桥4个储气库群。虽然大港与华北油区剩余的气藏多为物性差、埋藏深、构造复杂的气藏，但仍有建库的潜力。同时，胜利油区尚有如平方王气田埋深适中、物性较好并具有一定储气规模的气藏，故环渤海湾地区的气藏型库址资源还有进一步优选的空间。

（3）长三角地区目前已建刘庄油气藏型储气库，根据目前掌握资料，该地区仅有盐城（朱家墩）气藏与周庄、永安、肖刘庄三个气顶油藏。三个气顶油藏天然气探明储量较小，故库址资源应重点关注盐城气藏。

（4）中南地区有江汉、中原、河南三个油区，有一定数量的油气藏分布，可以作为库址资源来考虑。中原油区气藏相对较多，文23、卫11等气藏条件相对较好；江汉仅有潭口稠油气顶与建南气田两个目标；河南的也只有下二门与赵凹两个气藏可供选择。

（5）东南沿海地区为中国天然气主要消费市场，也是油气资源相对匮乏的地区。仅在两广地区有小型油气藏分布，在今后天然气管网完善的情况，这些小型油气藏也有可能成为库址资源。

（6）西南、西北、中西部地区是中国天然气的主产区与气源区，目前在建的相国寺、呼图壁、陕224储气库可以满足其所在区域一段时期内的调峰需求。这三个地区气藏资源较丰富，建库地质条件较好，因此有调峰需求时，可供选择的库址资源较多，气藏型储气库资源潜力较大。随着中国进口气量增加，对外依存逐年增高，可考虑在这三个地区建设地下天然气储备库，用来应对进口气缩减或中断的突发问题。

一、东北地区

东北地区包括黑龙江、吉林、辽宁三个省，分别为大庆、吉林、辽河油区的所在地，为中国的石油主产区，也有天然气藏的分布。

（一）大庆油区

大庆油区是中国最大的石油生产基地，探明气田共22个，在这些已探明气田中，除徐深、昌德、升平3个气田营城组气藏有火山岩储层外，其他气藏储层均为陆相砂岩储层。储层自上而下为黑帝庙、萨尔图、葡萄花、高台子、扶余、杨大城子、登娄库组及营城组火山岩储层（表3-2-1）。按照埋藏深度2000m为界，把大庆气田分为中浅层和深层两大类[1]（表3-2-2）。

---

[1] 刘春生，朱思南，等，2014. 大庆油田储气库库址优选.

表 3-2-1　大庆油区地层简表

地层						组合	油层名称	主要岩性
界	系	统	组	段	代号			
新生界	第四系				Q			灰黄色粉砂质泥土,粉粒流砂层
中生界	白垩系	下统	嫩江组	四	K_1n_4	上部组合	黑帝庙	深灰色泥岩
				三	K_1n_3			深灰色泥岩与灰色粉砂岩
				二	K_1n_2			上部黑灰色、灰黑泥岩,底部黑褐色油页岩
				一	K_1n_1	中部组合	萨尔图	上部深灰色、灰黑色泥岩,中下部灰黑色、深灰色泥岩、粉砂质泥岩与灰色泥质粉砂岩互层
			姚家组	二三	K_1y_{2+3}			顶部灰黑色泥岩及灰色泥质粉砂岩,下部紫红色、灰绿色泥岩
				一	K_1y_1		葡萄花	灰色粉砂岩、细砂岩夹杂色泥岩、灰黑色泥岩
			青山口组	二三	K_1qn_{2+3}		高台子	灰绿色、紫红色泥岩、粉砂质泥岩与灰色泥质粉砂岩
				一	K_1qn_1			上部大段灰黑色泥岩,底部为三组黑褐色劣质油页岩
			泉头组	四	K_1q_4	下部组合	扶余	灰绿色、紫红色泥岩,浅灰、灰白色泥质粉砂岩、粉砂岩、细砂岩与灰棕色、棕色、褐棕色含油粉砂岩不等厚互层
				三			杨大城子	灰绿色、绿灰色、紫灰色、暗紫红色、灰色、粉砂质泥岩与灰色、紫灰色、暗紫灰色泥质粉砂岩、粉砂岩、褐色含油粉砂岩不等厚互层
				二	K_1q_2			紫红色、灰绿色、绿灰色泥岩粉砂质泥岩与紫红色、灰色泥质粉砂岩、粉砂岩不等厚互层
				一	K_1q_1			紫红色、暗紫红色、灰绿色泥岩、粉砂质泥岩与灰色、紫灰色泥质粉砂岩、粉砂岩不等厚互层
			登娄库组		K_1d	深部组合		暗紫色泥岩、粉砂质泥岩与灰色泥质粉砂岩、粉砂岩不等厚互层
			营城组		K_1y			层状中基性喷发岩为主,夹砂砾岩和凝灰质粉砂岩
	侏罗系	上统	火石岭组		J_2h			上部灰绿色、紫红色泥岩、灰色粉砂岩,灰绿色凝灰岩、凝灰质砾岩、砂砾岩;中部喷发岩、火山岩夹煤线;下部暗紫色泥岩、粉砂岩不等厚互层夹灰绿色凝灰岩、蚀变辉绿岩等

表 3-2-2　大庆油区气藏类型统计简表

气田类型	储层	气田名称	数量
中浅层	黑帝庙油层	龙南、新站	2
	萨尔图油层	喇嘛甸、萨尔图、阿拉新、二站、新店、敖古拉	6
	葡萄花油层	朝51、四站	2
	高台子油层	白音诺勒	1
	扶杨油层	长春岭、三站、五站、涝洲、太平庄、汪家屯、羊草、宋站	8
深层	登娄库组 营城组	徐深、昌德、升平	3
合计			22

1. 中浅层气田

大庆油区埋藏深度小于 2000m 的中浅层气田有 19 个（表 3-2-3），分布在黑帝庙、萨尔图、葡萄花、高台子、扶杨油层组中，其中喇嘛甸气田于 1975 年已建成供大庆油区冬季调峰的小型气库、四站和朝 51 两个构造简单、物性好、产能高的两个小型气田已列入储气库的建设规划中。

储层为黑帝庙油层的有 2 个，龙南、新站。这两个气田为中孔隙度、中渗透率小型构造控制为主的气藏。

储层为萨尔图油层的有 6 个，除了已建库的喇嘛甸气田、未开发的萨尔图气田，余下的 4 个为中—高孔隙度、中—高渗透率储层。萨尔图、新店、敖谷拉为小型岩性—构造气藏，而二站、阿拉新气田是构造复杂、渗透好中型气田。

储层为高台子油层的仅有一个中孔隙度、中渗透率小型层状构造气藏—白音诺勒气田。

储层为扶杨油层有 8 个气田，这 8 个气田为中—低孔隙度、中—低渗透率，岩性—构造中、小型气田。

表 3-2-3　大庆油区中浅层气田基本信息统计表

储层	气田名称	孔隙度 （%）	渗透率 （mD）	探明储量 （$10^8 m^3$）	气藏类型
黑帝庙油层	龙南	22.0	124	2.2	断层遮挡
	新站	23.0	216	6.2	岩性—构造
萨尔图油层	喇嘛甸	26.5	80～660	99.6	层状—构造
	萨尔图			5.6	岩性—构造
	阿拉新	26.2	400～900	23.6	岩性—构造
	二站	27.0	616	22.3	层状构造
	新店	21.0	174	2.8	岩性—构造
	敖古拉	22.0	121～232	1.4	岩性—构造
葡萄花油层	朝51	27.8	330	2.5	岩性
	四站	27.4	550	4.8	构造

续表

储层	气田名称	孔隙度（%）	渗透率（mD）	探明储量（$10^8 m^3$）	气藏类型
高台子油层	白音诺勒	24.0	252	4.1	层状构造
扶杨油层	长春岭	11.5	63	3.7	岩性—构造
	三站	19.1	44	33.5	岩性—构造
	五站	17.0	5.7	15.5	构造
	涝洲	17.5	14～16.9	33.8	岩性—构造
	太平庄	20.0	28.8	2.3	岩性—断块
	汪家屯	13.0		10.0	构造—岩性
	羊草	13.9～20	3.5～130	8.0	岩性—断层
	宋站	23.0	45～365	12.7	断块—岩性

2. 深层气田

大庆的深层气田主要分布在徐家围子断陷,其中包含徐深、昌德、升平3个气田(表3-2-4)。

表3-2-4 大庆油区深层气田基本信息统计表

储层	气田名称		开发程度	孔隙度（%）	渗透率（mD）	探明储量（$10^8 m^3$）	气藏类型
登楼库组营城组	徐深	升深2-1	初期	8.1～12	0.1～8.26	128	构造—岩性
		徐深已开发	稳产期	5.6～8.4	0.57～0.83	933	构造—岩性
		徐深未开发	未开发	10.5	0.41	1040	构造—岩性
	昌德	芳深1	未开发	5.9	0.85	3.57	岩性—构造
		芳深2	未开发	5.9	0.85	8.74	岩性—构造
		芳深6	未开发	3.9	0.24	57.5	岩性—构造
		芳深9	未开发	3.9	0.039	116	岩性—构造
	升平	升深1	未开发	8.5	0.01～1.0	26.2	岩性—构造
		升深2	未开发	12	0.01～4.0	31.5	岩性—构造

徐深气田为一受基底构造控制的穹隆构造。储层为营三段火山岩、营四段砂砾岩、营一段火山岩,以大面积分布的层状中酸性火山喷发岩为主,夹少量砂砾岩和凝灰质粉砂岩。储层有一定的裂缝、气孔发育,横向非均质性强,存在双重孔隙度。气藏类型为构造岩性型。

昌德气田为一背斜构造,断层较发育。储层为登娄库砂岩、营四段砂砾岩、营一段火山岩,非常致密,孔隙度10%左右,基质渗透率0.01～4.0mD,气藏类型为岩性构造型。

升平气田为一断背斜构造。储层为登娄库砂岩、营四段砂砾岩,属大型河流相沉积,发育有较厚的河道砂,孔隙度一般为5%～10%,空气渗透率为0.01～1.0mD。气藏类型为岩性构造型。

大庆油区中浅层基本为储层物性好的中小型岩性—构造气藏,深层以低孔隙度、低渗透率气藏为主,从地质条件初步判断中浅层气田作为储气库资源的潜力较大。但由于气田开发多数处于中后期,气藏构造上的老井可能较多,加之储层埋藏浅,有可能有出砂的情况影响单井产量,因此在储气库建库目标的选择上还需进一步调查老井井况等,并结合气藏开采特征综合分析。

(二)吉林油区

吉林油区位于吉林省境内,与大庆油田隔江相望,构造上均处于松辽盆地南部,已探明气藏7个,即长岭、英台、双坨子、孤店、伏龙泉、小城子、小合隆气藏。

气藏类型以构造气藏为主。储层岩性为粉、细砂岩,纵向上的分布井段长,埋藏深度为370~2000m不等,自上而下为明水气层、黑帝庙油层、萨尔图油层、葡萄花油层、高台子油层、扶余油层、杨大城子油层、农安油层、怀德油层(表3-2-5)。气体类型除孤店气田为二氧化碳气外,其余均为烃类气。

表3-2-5 松辽盆地南部地层简表

界	系	统	组	段	代号	厚度(m)	油气层名称	主要岩性
新生界			第四系		Q	50~90		灰色、土黄色黏土层和砂砾层
	新近系		泰康组		Nt	90~100		上部为灰绿色、灰色泥岩夹泥质粉砂岩,下部为砂砾岩
			大安组		Nd	40~60		黄色、灰色泥岩、粉质砂砾岩、细砂岩,底部为砂砾岩
白垩系		上统	明水组	二	K_2m_2	0~230	明水气层	灰绿色、棕褐色泥岩与粉砂岩
				一	K_2m_1	0~200		棕灰色、棕褐色泥岩夹泥质粉砂岩,底部为砂砾岩
			四方台组		K_2s	250~320		灰绿色、棕灰色、棕褐色泥岩夹泥质粉砂岩,底部为砂砾岩
			嫩江组	五	K_2n_5	50~140	黑帝庙油层	棕色、灰绿色泥岩,夹灰白色粉砂岩、砂岩
				四	K_2n_4	240~250		灰绿色、深灰色泥岩夹泥质粉砂岩、细砂岩
				三	K_2n_3	70~80		深灰色、灰色泥岩与灰色、浅黄色砂岩组成是三个反旋回
				二	K_2n_2	40~120		灰色、灰黑色泥岩、页岩,底部为油页岩
				一	K_2n_1	70~75		深灰色泥岩、页岩夹灰绿色泥质粉砂岩
			姚家组	三 二	K_2y_{2+3}	70~150	萨尔图油层	棕红色泥岩,泥质粉砂岩与灰黑色泥岩、灰色、灰绿色泥岩互层
				一	K_2y_1	45~55	葡萄花油层	棕红色泥岩与灰绿色泥岩互层,夹灰色粉砂岩
			青山口组	三 二	K_2qn_{2+3}	320~420	高台子油层	上部紫红色、灰绿色泥岩夹薄层粉砂岩、砂岩,下部灰绿色、灰色泥岩夹灰绿色粉砂岩
				一	K_2qn_1	80~95		灰黑色泥岩、页岩夹油页岩
		下统	泉头组	四	K_1q_4	0~120	扶余油层	顶部灰绿色,中、下部棕红色泥岩与细砂岩
				三	K_1q_3	0~500	杨大城子油层	棕红色、紫红色泥岩、砂质泥岩夹粉、细砂岩
				二	K_1q_2	0~480		棕红色、紫红色泥岩夹灰白色粉砂岩、细砂岩
				一	K_1q_1	0~890	农安油层	灰白色、紫红色砂砾岩与暗紫色砂砾岩互层,夹紫红、灰紫色砂质泥

续表

地层					厚度(m)	油气层名称	主要岩性
界	系	统	组	段	代号		
白垩系		下统	登楼库组	四	K_1d_4	0~168	怀德油层	灰色、深黑色砂质泥岩与灰白色块状砂质细砂岩互层
				三	K_1d_3	0~520		深灰色、灰黑色砂质泥岩夹灰白色砂质细砂岩
				二	K_1d_2	0~162		深灰色砂质泥岩与灰白、紫灰色砂岩互层,夹砂砾岩
				一	K_1d_1	0~232		上部浅灰色砾岩、砂岩,下部为大段砾岩
			营城组		K_1y	0~2860		下部为安山玄武岩、火山角砾岩、凝灰砂岩及灰色砂岩、灰黑色泥岩,夹煤层;上部为酸性火山岩、火山碎屑岩及砂岩粉砂岩和黑色泥岩,含可采煤层
			沙河子组		K_1sh	0~1900		灰黑、深灰色泥岩夹灰白色泥岩、粉砂岩及少量凝灰岩
			火石岭组		K_1h	0~1600		凝灰质角砾岩、凝灰岩、安山岩、玄武岩及凝灰质砾岩
	侏罗系	中统	白城组		j_2b	125~250		灰绿色、灰白色砂岩、砂砾岩夹黑色泥岩和煤层
古生界								片麻岩、板岩、花岗岩

吉林油区已探明的 7 个气田中,双驼子气田已列入规划建设目标,孤店气田为二氧化碳气田,剩余的 5 个气田中长岭、小城子、英台为低渗透气田,伏龙泉气田虽物性较好,但储层纵向跨度大、纵向分割性较差,最浅埋深390m,因此,盖层与断层的封闭性需要着重关注。小合隆气田物性与伏龙泉相比略差,储量规模也较小(表3-2-6),总体来看,吉林油区气田具有一定的建库潜力❶。

表3-2-6 吉林油区气藏基本信息表

气田	含气层位	气藏		储层			储量	
		类型	埋深(m)	地层压力(MPa)	孔隙度(%)	渗透率(mD)	厚度(m)	含气面积(km^2)	探明储量(10^8m^3)
伏龙泉(主体)	泉三段	构造	390	3.9	25.45	590.75	5.6	11.66	17.28
	泉二段	构造	788	7.6	17.89	37.65	5.8	7.42	8.32
	泉一段	构造	1056	9.3	15.39	344.07	4~8	11.1	12.64
	登娄库	构造	1337	14.2	9.7	10.26	6	12.26	11.72

---

❶ 于国栋,等,2013.吉林油田长春储气库可行性研究.

续表

气田	含气层位	气藏		储层			储量	
		类型	埋深(m)	地层压力(MPa)	孔隙度(%)	渗透率(mD)	厚度(m)	含气面积(km^2)	探明储量($10^8 m^3$)
伏龙泉(外围)	登娄库	构造	1600	14.29	8.12	1.6	4~15	10.91	22.61
	营城组	构造	1900	17.05	10.4	2.56	2~8	16.47	22.09
小合隆	泉三段	构造	1060	7.04	12.05	24.7	4~8	18.1	3.51
	泉一段	构造	1456	12.86	10.97	15.87	4~8	12.6	9.45
长岭	登娄库	构造	3400	38.7	6.5	0.13	10~40	44.91	172.88
	营城组	构造	3850	42.2	7.3	0.58	450	44.91	533.42
小城子	泉一段	构造	1240	12.52	10.2	6.63	2~12	5.4	4.34
英台	登娄库组	岩性	2200	21.26	12	0.4	12.3	35	72.91
	营一段	构造	2600~4000	22~40	10	0.03	47.9	30	244.97

(三)辽河油区

辽河油区位于辽河下游、渤海湾畔,被沈阳、大连、鞍山、营口、辽阳所环绕。油气藏分布于辽河坳陷中,为中、新生代大陆裂谷型盆地。盆地中断层繁多,构造复杂破碎,目前共发现了39个油气田,其中29个油气田发育有气层气。目前尚未发现纯气田,气田都是油田内部的夹层气或上部的浅层气与油层相伴而生。纵向上发育有12套含气层系(图3-2-1),自下而上依次为古潜山、牛心坨、高升、杜家台、莲花、大凌河、热河台、兴隆台、于楼、黄金带、马圈子、绕阳河油层,其中兴隆台和马圈子油层为主力含气层系。油气藏埋深550~4670m,储量规模小,单层厚度薄、连通差,平均每个单元储量只有$1.43 \times 10^8 m^3$。80%以上单层厚度在5m以内,平均2.3m。

储层以碎屑岩为主,发育有三角洲砂体、冲积砂体、滨岸砂体、滨浅湖砂体以及湖相的鲕灰岩等储集体。近物源、多物源和快速沉积的特点造成纵向上和平面上的岩性变化大。物性变化大,非均质严重,孔隙度为3%~35%,渗透率从小于1mD到数千毫达西不等。

从圈闭类型看,既有构造气藏,又有岩性气藏,还有地层气藏。

从油、气、水组合关系看,气顶气藏、纯气藏、边(底)水气藏均存在。

从相态上看,以干气藏占主导地位,凝析气藏较少。凝析气藏只发育在埋深大于2200m的兴隆台、欢喜岭、双台子等油气田局部地区,而且凝析油含量较少,一般$1m^3$气中含100g左右,属低含凝析油凝析气藏。

根据地下储气库建库的基本要求,从各气藏的储量规模、储层连通情况、断层复杂程度、开发效果等条件来看,除了已建的双6油气藏外,雷61等4个油气藏具备改建储气库的基本地质条件(表3-2-7)。因此,虽然辽河油区没有纯气藏,但仍可以在油气藏中寻找有利的建库目标[1]。

---

[1] 王谦,丰先艳,等,2014.辽河油田储气库库址筛选.

第三章 中国地下储气库市场需求与资源分布

地层					地层代号	岩性剖面	厚度(m)	油层名称	资料来源
界	系	统	组(群)	段					
新生界	新近系		馆陶组		Ng	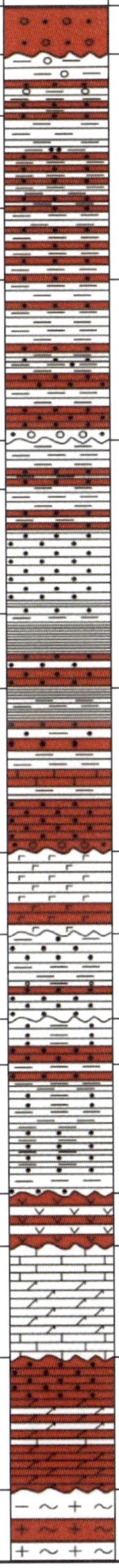	150~304	饶阳河油层	杜67井
	古近系	渐新统	东营组	东一段	E_3d_1		0~1828	马圈子油层	新海27井
				东二段	E_3d_2				海20井
				东三段	E_3d_3				海2井
		始新统	沙河街组	沙一二段	E_2s_{1+2}		0~1000	黄金带油层	于14井
								于楼油层	于11井
								兴隆台油层	马20井
				沙三段上亚段	$E_2s_3^3$		0~1325	热河台油层	兴41井
				沙三段中亚段	$E_2s_3^2$			大凌河油层	曙2-07-5井
				沙三段下亚段	$E_2s_3^3$			莲花油层	高3井
				沙四段上亚段	$E_2s_4^1$		0~1954	杜家台油层	杜20井
								高升油层	高1井
								牛心坨油层	张1井
		古新统	房山泡组		E_1f		0~1218		界13井
中生界	白垩系	下统	孙家湾组		K_1s		0~700		锦150井
			阜新组		K_1f				宋1井
			沙海组		E_1sh		0~1332		
			义县组		E_1y				齐112井
古生界	奥陶—寒武系				O—∈		0~731		界3井
元古界	青白口—蓟县—长城系				Pt		>3000		安67井
太古界					Ar		>1640		胜3井

图3-2-1 辽河坳陷综合柱状图

表3-2-7 辽河油区符合改建储气库地质条件的油气藏基本情况表

区块	探明储量（$10^8 m^3$）	埋深（m）	储层物性	连通状况（%）	井数（口）	井况	产能	开发效果	边底水
雷61	5.67	1250	高孔隙度高渗透率	85	6	较好	高	好	弱
齐13	9.18	1390	高孔隙度高渗透率	70	24	较好	高	好	较强
双602	7.64	2750	中孔隙度中渗透率	85	14	好	较高	好	中等
双51	6.97	2430	高孔隙度中渗透率	84	14	一般	高	好	弱

二、环渤海地区

环渤海地区包括北京市、天津市、河北省、山东省两市两省,是中国经济发达、人口稠密的地区,也是天然气调峰需求最大的地区,为大港、华北、冀东、胜利油区的所在地。

(一)大港油区

大港油区位于天津市南部与河北省沧州地区,已发现的油气田分布于黄骅坳陷中。黄骅坳陷沉积层厚约$14000m^{[2]}$,包括中上元古界长城系、蓟县系、青白口系,古生界寒武系、奥陶系、石炭系、二叠系,中生界侏罗系和白垩系,新生界古近系、新近系和第四系。含油气层位主要属于古近系孔店组、沙河街组、东营组和新近系馆陶组、明化镇组(表3-2-8)。

表3-2-8 黄骅坳陷地层简表

地层			厚度(m)	主要岩性
新生界	第四系	平原组	200~400	灰色、灰黄色砂层及棕黄色黏土互层
	新近系	明化镇组	1200~1800	上部为棕红色、黄绿色及杂色泥岩与砂岩互层;下部以紫红色、灰绿色、棕红色泥岩为主,夹杂色砂岩
		馆陶组	200~800	底部为一套燧石砾岩,向上变为灰白色砂砾岩,含砾粗砂岩、中细砂岩与灰绿色、紫红色泥岩不等厚互层
	古近系	东营组	200~1000	一段是以砂质沉积为主的反旋回层,二段是以泥质岩沉积为主,三段为一套灰色、灰绿色泥岩与浅灰色、灰白色砂岩互层
		沙河街组 1	400~1000	上部为深灰色泥质盐层,下部为一典型的水进正旋回层序
		沙河街组 2	0~400	一般有两个不完整的正旋回层砂泥沉积
		沙河街组 3	400~1500	为一套多旋回暗色砂、泥岩沉积

续表

地层			厚度(m)	主要岩性
新生界	古近系	孔店组 1	600~1500	上部以暗色膏泥、泥膏岩为主,下部为红色泥岩、砂质泥岩与砂、砾岩互层
		2	400~500	以灰黑色泥页岩为主
		3	300	以红色砂岩,砾质泥岩为主
中生界	下白垩系		>300	棕红色砂质泥岩夹灰绿色杂砂岩
	侏罗系		1040	中上部为棕红色、紫红色砂质泥岩及凝灰质砂岩夹中基性火山岩,下部为灰紫色、紫灰色、灰色泥岩及灰白色砂岩互层,夹碳质泥岩和煤层
古生界	二叠系		1100	泥岩、砂质泥岩、砾岩,夹煤层
	石炭系		240	深灰色泥岩与粉砂岩为主,夹煤层、砂质泥岩及石灰岩
	奥陶系		400~950	石灰岩、泥灰岩、石膏等
	寒武系		320~800	石灰岩、白云岩、泥灰岩、泥岩、页岩等
元生界	青白口系		0~120	下部为砂岩夹页岩,上部为紫红色、灰绿色泥灰岩及白云质灰岩
	蓟县系		0~1100	上部为含燧石条带结核白云岩、硅质和泥质白云岩,下部为灰白色白云岩、泥质白云岩
	长城系		0~500	灰黑色、灰褐色硅质白云岩夹棕黄、灰绿色泥质白云岩和泥岩

大港油区已发现24个油气田,100余个气藏。已开发的干气藏和凝析气藏主要分布在板桥、大张坨、周清庄、王官屯、北大港(港东、港西、港中、唐家河)等5个油气田61个气藏中,其中约占半数以上的气藏已处于开采末期,可作为地下储气库选择目标。

自1997年陕京一线投产后,中国第一座油气藏型储气库——大张坨储气库于2000年投产。自大张坨储气库投产之后,大港油区又先后建成了板876、板中北、板中南、板808、板828,以及板G1、白6、白8等气藏型储气库。

大张坨、板876等气藏储气库在陕京一线、陕京二线、陕京三线系统中发挥了调峰保供与临时气源的功能,保证了京津冀尤其是首都北京的安全用气。鉴于气藏建库具有其他类型构造建库无法比拟的优势,大港油区剩余气藏仍有建库的潜力,如驴驹河气藏等。

驴驹河气藏由板深10-5、板深80-1、板831-21、板深82-1、板深82-2五个断块组成❶(图3-2-2),构造落实,埋藏适中(2700m)。含气层分布于沙河街组一段中的板0油组(表3-2-9)。储层以重力流水道沉积为主,砂体分布稳定、厚度4~32m,物性较好,孔隙度27.21%、渗透率149.75mD,为中孔隙度、中渗透率储层。断层、盖层封闭性较好。

---
❶ 成亚斌,何雄涛,周宗良,等,2014. 驴驹河气藏改建储气库可行性研究报告·地质及气藏工程部分.

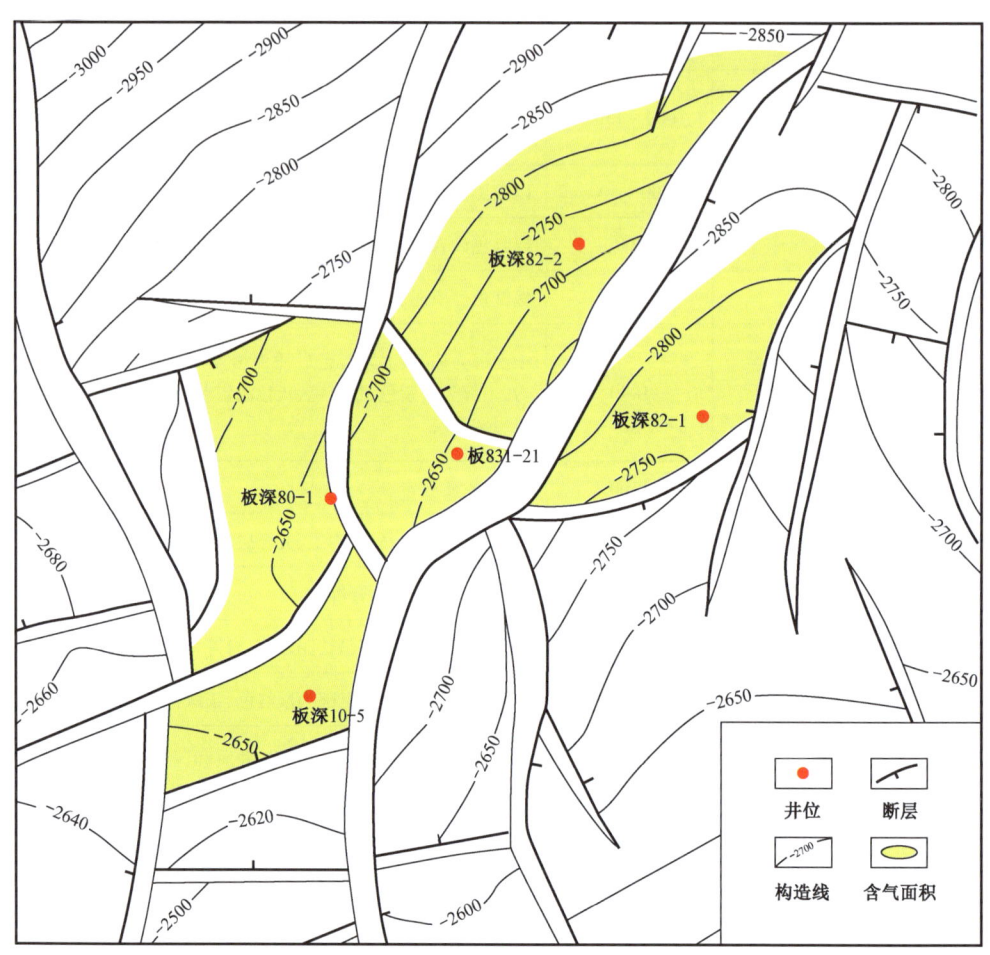

图 3-2-2 驴驹河气藏板 0 油组顶面构造图

表 3-2-9 驴驹河气藏地层简表

地层			厚度（m）	主要岩性
	第四系		265~502	以黏土岩为主夹薄层砂砾层
新近系	明化镇组	上段	313~701	灰白色砂岩夹红色泥岩
		下段	380~987	红色泥岩夹灰绿色砂岩
	馆陶组		203~487	灰绿色、棕红色泥岩与灰色砂岩互层，底部为厚层杂色砾岩
古近系	东营组	东一段	0~380	灰白色、浅灰色砂岩夹泥岩
		东二段	0~461	灰色泥岩夹薄层砂岩
		东三段	66~300	灰色泥岩与灰色砂岩互层、向下砂岩增多可见生物灰岩

续表

地层			厚度(m)	主要岩性
古近系	沙河街组	沙一段 上部	86~238	为灰白色粉、细砂岩与灰色泥岩间互组成 分上、中、下三组砂层,中部砂层较稳定、下部砂层稳定程度差
		中部 板0	80~491	浅灰色细砂岩与深灰色泥岩不等厚互层
		中部 板Ⅰ	15~208	以深灰色泥岩为主,夹薄层浅灰白色粉砂岩及劣质油页岩
		下部 板Ⅱ	68~149	上部为浅棕褐色油砂、含油、油浸、油斑岩与深灰色泥岩不等厚互层,下部主要为厚层深灰色泥岩夹薄层灰色粉细砂岩
		下部 板Ⅲ	78~216	顶部为灰色细砂岩夹薄层深灰色泥岩,中下部深灰色泥岩夹灰色粉砂岩及薄层生物灰岩
		下部 板Ⅳ上	87~244	上部深灰色泥岩夹灰白色细砂岩,下部深灰色、褐色泥岩夹薄层钙质砂岩、石灰岩
		下部 板Ⅳ下	108~238	深灰色、绿灰色泥岩与灰色、灰白色细砂岩,粉砂岩不等厚互层

(二) 华北油区

华北油区以渤海湾盆地冀中坳陷为主探区。冀中坳陷是渤海湾盆地中的二级单元,其西缘为太行山隆起,东缘为沧县隆起,北缘为大兴—宝坻凸起,南缘为邢衡隆起,坳陷呈北东—西南向延伸。冀中坳陷基本构造单元可以划分出12个凹陷、7个凸起(图3-2-3)。

冀中坳陷基底为太古界和下元古界变质岩,沉积地层依次为中上元古界和下古生界碳酸盐岩,上古生界石炭—二叠系薄层石灰岩、煤系及砂、泥岩互层,中生界含火山岩的碎屑岩,古近系、新近系砂泥岩互层和冲积层(表3-2-10)。含油地层以古潜山为主,中元古界长城系、蓟县系,下古生界寒武系、奥陶系,上古生界二叠系,古近系孔店组、沙河街组、东营组,新近系馆陶组、明化镇组均发现工业油气。已发现包括任丘、别古庄等56个油气田,其中有40个气藏,可作为地下储气库选择目标。

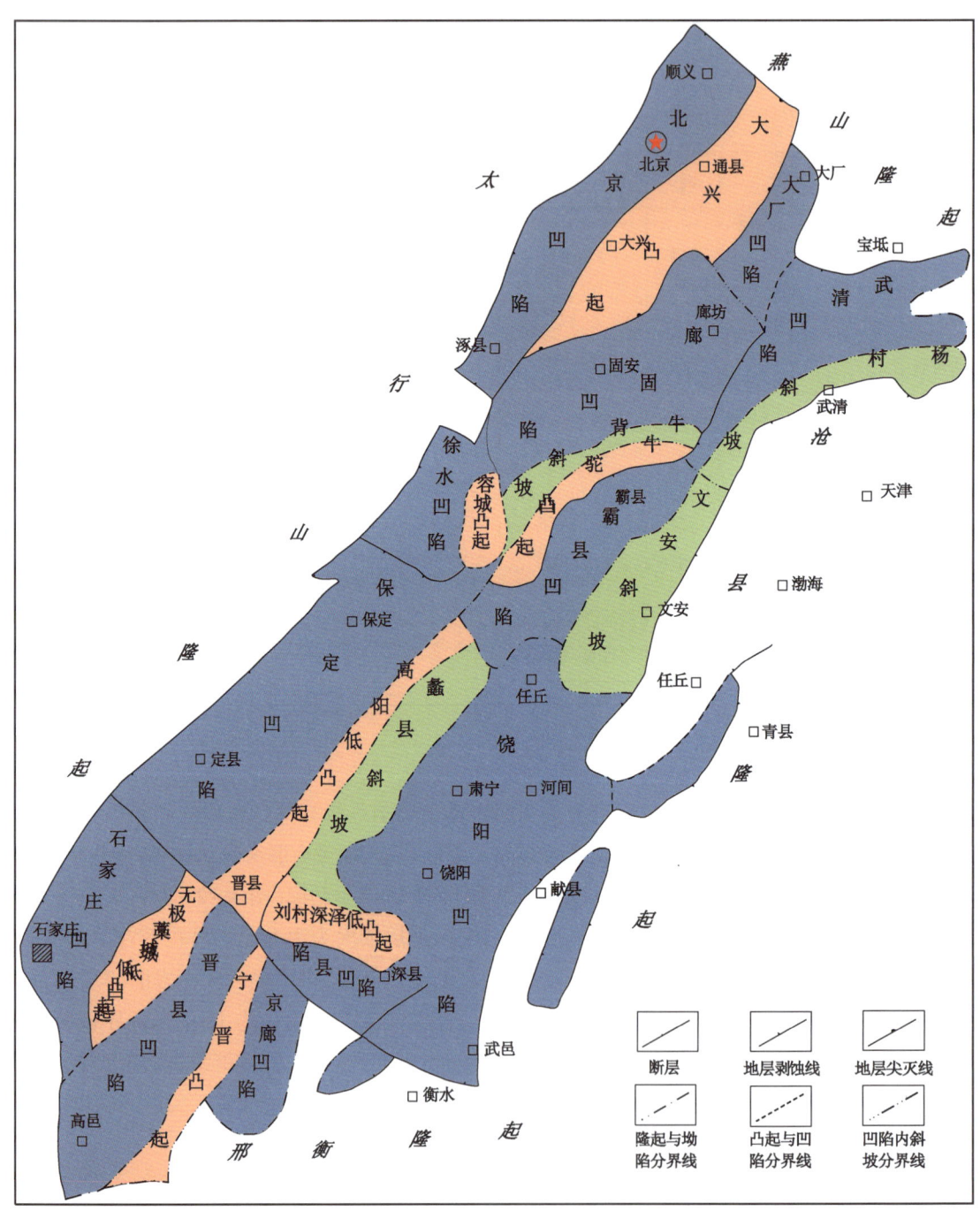

图 3-2-3 冀中坳陷构造单元划分图[3]

表 3－2－10 冀中坳陷地层简表

界	系	统	组	地层代号	厚度(m)	主要岩性
新生界	新近系		馆陶组	Ng	750	底部为底砾岩,上部为砂泥岩
	古近系	渐新统	东营组	E_3d	500~1100	灰色、灰绿色、紫红色泥岩夹薄层砂岩
		始新统	沙河街组	E_2s	800~4100	下部为灰色、棕红色泥岩与浅灰色砂岩互层,上部以红色砂砾岩、暗色泥岩为主
		古新统	孔店组	E_1k	0~1200	杂色砾岩、砂砾岩及红色砂质泥岩
中生界	白垩系	上统	无极组	K_2w	150~485	块状棕红色或砖红色泥岩
		下统	丰台组	K_1f	205~214	灰色、深灰色泥岩夹泥灰岩、泥质白云岩或油页岩
			芦沟桥组	K_1l	484~826	上部为深灰色泥岩、砂岩;下部以火山角砾岩为主
	侏罗系	上统	辛庄组	J_2x	0~429	以暗紫红、灰色安山岩为主,夹凝灰岩、凝灰质粉砂岩
		下统	窑坡组	J_1y	260~437	上部灰白色砂砾岩与煤层互层;下部灰色、棕色泥岩为主
上古生界	二叠系	上统	石千峰组	P_2sh	62~446	紫红色、灰紫色、棕红色泥岩,灰色、灰紫色、棕红色砂岩、砂砾岩
			上石盒子组	P_2s	119~472.5	紫红色、灰紫色、深灰色泥岩与灰色、绿灰色、灰绿色砂岩、砂砾岩
		下统	下石盒子组	P_1x	76~342.5	紫红色、灰紫色、灰色—深灰色泥岩与灰白色—灰绿色砂岩、砂砾岩
			山西组	P_1s	67~195.5	深灰色、灰黑色、少量紫红色泥岩,碳质泥岩与灰色砂岩、含砾砂岩和煤层
	石炭系	上统	太原组	C_2t	87.50~229	灰色—深灰色、灰黑色泥岩与灰色—褐灰色砂岩、石灰岩、泥灰岩、白云岩互层
			本溪组	C_2b	6.50~83	灰色—深灰色泥岩与灰色砂岩和灰色—褐灰色石灰岩、泥灰岩、泥岩
下古生界	奥陶系	上统	峰峰组	O_3f	30.5~254	灰色—深灰色石灰岩、白云质灰岩、泥灰岩和灰质白云岩、白云岩
		中统	上马家沟组	O_2s	43~308	灰色—深灰色石灰岩、白云质灰岩,夹灰质白云岩、泥岩、泥质白云岩
			下马家沟组	O_2x	88~247	灰色—深灰色、褐灰色、灰褐色石灰岩、泥灰岩夹白云质灰岩、白云岩和泥岩
		下统	亮甲山组	O_1l	49.5~248	灰色—深灰色石灰岩、白云质灰岩夹泥岩、泥质白云岩
			冶里组	O_1y	25~125	灰色—灰褐色石灰岩、灰色灰岩夹白云质灰岩、泥灰岩
	寒武系	上统	凤山组	ϵ_3f	17~132	灰色—灰褐色石灰岩夹白云岩、石灰岩和泥灰岩
			长山组	ϵ_3c	8~45	灰色—深灰色石灰岩、白云质灰岩、白云岩
			崮山组	ϵ_3g	33~89	灰色—深灰色石灰岩、泥岩夹白云岩、白云质灰岩、灰质白云岩、泥灰岩

续表

地层				地层代号	厚度（m）	主要岩性
界	系	统	组			
下古生界	寒武系	中统	张夏组	ϵ_2z	31~204.5	灰色—灰褐色石灰岩与灰色、灰绿色泥岩夹竹叶状灰岩、泥灰岩
			徐庄组	ϵ_2x	19~103.5	紫红色、泥岩夹灰色—灰褐色、灰绿色石灰岩、泥灰岩、白云质灰岩
			毛庄组	ϵ_2m	15~81	紫红色、棕红色、灰紫色、灰色泥岩夹灰—深灰色薄层石灰岩
		下统	馒头组	ϵ_1m	21~182	浅灰色—灰石灰岩、白云岩与紫红泥岩不等厚互层
			府君山组	ϵ_1f	0~83.4	灰色—深灰色石灰岩、白云岩、灰质白云岩、白云质灰岩夹少量紫红色泥岩
上元古界	青山口系		景儿峪组	Qbj	4~147	灰色泥灰岩夹石灰岩，底部紫红色泥岩或石英砂岩、含砾砂岩
			长龙山组	Qbc	2~101	灰白色夹灰黄色、灰绿色石英砂岩，夹杂色页岩或泥岩
			下马岭组	Qbx	8~143	灰色—深灰色、紫红色、棕灰色泥岩，夹少量灰色石灰岩、白云岩
中元古界	蓟县系		铁岭组	Jxt	8~188	上部灰色、灰褐色白云岩，下部白云岩与页岩互层
			洪水庄组	Jxh	5~191	上部灰色、浅褐灰色白云岩与灰色、绿灰色、暗紫色页岩互层，下部页岩为主
			雾迷山组	Jxw	6~1835	灰色—深灰色白云岩、硅质白云岩与泥质白云岩互层
			杨庄组	Jxy	46~86	灰色—深灰色、肉红色白云岩为主，夹灰色、紫红色泥质白云岩、硅质白云岩
	长城系		高于庄组	Chg	862~1039	灰色—灰黑色白云岩与泥质或泥质白云岩不等厚互层，夹杂色玄武岩
			大红峪组	Chd	75~106.50	灰绿色、紫红色硅质白云岩夹砂质白云岩、粉砂岩
			团山子组	Cht	23~186	灰色—深灰色泥质白云岩夹白云岩，底部灰色砂质白云岩
			串岭沟组	Chch	83~402	灰色—灰黑色页岩、碳质泥岩、砂质泥岩，夹砂质白云岩、砂质白云岩
			常州沟组	Chc	50~712	灰白色—灰色、肉红色砂岩、石英砂岩、含海绿石砂岩

华北油区地下储气库的筛选工作自 20 世纪 90 年代开始,其后分别于 2010 年、2013 年建成投产了京 58(京 58、永 22 和京 51)、苏桥(苏 1 南区、苏 20、苏 4、顾辛庄、苏 49)两个储气库群 8 座储气库。这两个储气库群与大港的储气库共同承担了陕京一线、陕京二线、陕京三线系统中调峰保供与临时气源的功能,保证了京津冀尤其是首都北京的安全用气。

据不完全调查统计,华北油区已开发气藏 24 个,从储集类型可分为两类[1]:

(1)奥陶系古潜山碳酸盐岩气藏:多为大型整装油气藏,储层具有缝、洞、孔多种储集空间,非均质性较严重,物性差,埋藏深度大于 3000m,最深的苏 49 气藏达 4700m。包括苏 49 在内的苏桥储气库群就是利用该类气藏改建储气库的。

(2)新近系砂岩气藏:该类气藏一般埋深适中(小于 2000m),但规模较小,储量小于 $3 \times 10^8 m^3$ 居多,且储层分布不稳定。尽管该类气藏储量规模小,但埋藏较浅,构造及封盖情况都较落实,储层较好,可以考虑多个相邻气藏建设库群,如京 58 库群就是利用京 58、永 22 和京 51 三个气藏联合建库的。

总体来看,华北油区的气藏储层物性较差,但考虑到其临近北京等重要城市的特殊地理位置,在投资允许的情况,剩余的已开发和未开发的气藏中仍可以进一步优选建库目标,并择机建设。

(三)冀东油区

冀东油区位于河北省唐山市唐海县境内,毗邻东北地区,距离唐山市 89km,距离天津市 165km,距离北京市 254km。冀东油田发现于 1979 年,1982 年开始试采,其后相继发现南堡陆地的高尚堡、柳赞、老爷庙油田并投入开发,2004 年发现南堡油田。迄今,23 个区块已投入开发。以海岸线为界,分为南堡陆地油田(南堡陆地)和南堡滩海油田(南堡油田)(图 3-2-4),南堡陆地已投入开发的均为油藏,南堡油田有少量气顶油藏和凝析气藏。

南堡油田主要发育南堡 1 号、南堡 2 号、南堡 3 号、南堡 4 号、南堡 5 号 5 个有利构造。南堡 1 号和南堡 2 号构造位于南堡油田的中部,主要是在奥陶系潜山基础上发育起来的背斜构造和断鼻构造带。南堡 3 号构造西、北接南堡 2 号构造,南邻沙垒田凸起,东连南堡 4 号构造,属于凹中隆。

根据冀东油田的勘探开发现状,仅南堡油田南堡 1 号南堡 1-29、南堡 2 号南堡 280 断块与老堡南 1 断块以及南堡 3 号堡古 2 断块 4 个区块[2](表 3-2-11)发育气层,其中南堡 280 断块、老堡南 1 断块与堡古 2 断块为奥陶系碳酸盐岩潜山凝析气藏,埋藏较深,储层物性较差;南堡 1-29 断块为新近系馆陶组碎屑岩储层,埋藏适中,物性好,盖层条件有利。因此,冀东油区南堡 1-29 断块气藏油藏应是目前冀东油区最有利的建库资源。

---

[1] 郭发军,黄杰,尚翠娟,2014. 华北油田储气库库址筛选.
[2] 王志坤,高广亮,等,2014. 冀东油田储气库库址筛选成果报告.

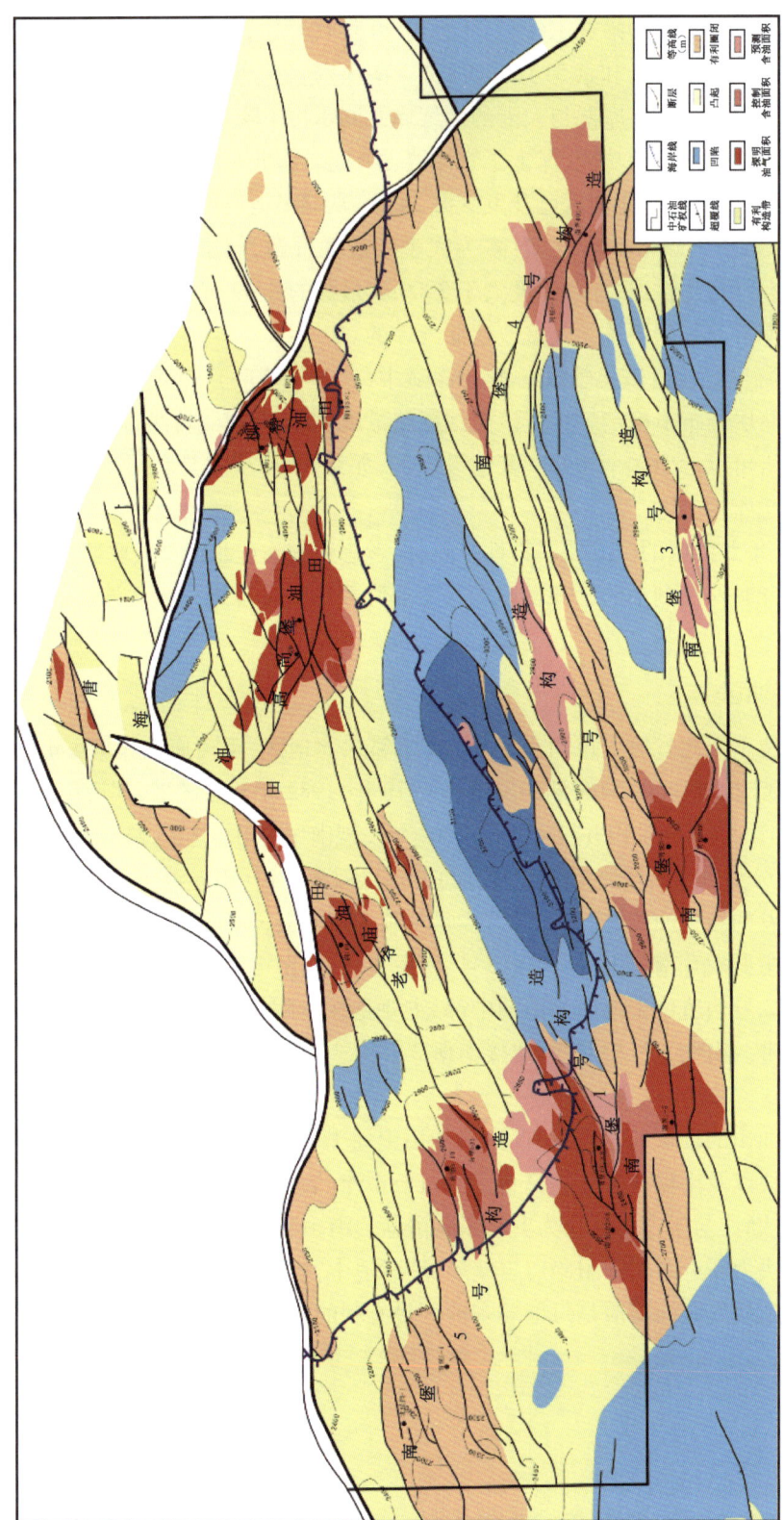

图3-2-4 冀东油区油气藏分布图

表 3 – 2 – 11　冀东油田储气库筛选成果表

断块	层位	埋藏深度 (m)	孔隙度 (%)	渗透率 (mD)	储层岩性	盖层厚度 (m)	油藏类型	面积 (km²)	探明储量 (10^8m³)
南堡1–29	新近系馆陶组	2200~2270	25.6	462.9	碎屑岩	300~400	气顶油藏	3.37	6.26
南堡280	奥陶系	4250~4500	1.48	1.78	碳酸盐岩	130	凝析气藏	1.09	9.16
老堡南1	奥陶系	3300~4200	0.7	5.02			带油环凝析气藏	6.13	51.53
堡古2	寒武系	4780~5340	5.2	11.9	碳酸盐岩	350~450	凝析气藏	4.07	26.41

（四）胜利油区

胜利油区分布在山东省境内，已探明油气藏 70 余个（包括花沟、八里泊 2 个 CO_2 气田）。气层气主要分布在新近系和古近系中（表 3 – 2 – 12）。从成因上大体可分为埋藏较浅的新近系次生气藏（即浅层气藏）和埋藏相对较深的古近系原生气藏两类。

表 3 – 2 – 12　胜利油区地层简表

界	地层系	统	组	段厚度(m)	主要岩性
新生界	第四系	全更新统	平原组	210~430	土黄色黏土和流砂层
	新近系	上中新统	明化镇组	600~1100	浅红色、棕黄色泥岩为主
			馆陶组	260~900	棕红色、灰绿色泥岩与浅灰色、灰白色砂岩互层
			东营组	100~900	棕红色、紫红色、灰绿色泥岩与灰白色砂岩不等厚互层
	古近系	渐新统	沙河街组	沙一段 100~400	灰色泥岩为主，上部夹砂岩，中下部夹薄层灰岩、生物灰岩、针孔状灰岩、白云岩
				沙二段 100~600	上部泥岩、红色砂岩，下部绿、绿灰色泥岩、碳质页岩、油页岩等
				沙三段 100~1500	上部灰色泥岩与浅灰色砂岩不等厚互层，中部灰色、褐灰色泥岩为主下部褐灰色泥岩、灰质泥岩与褐色、黑褐色油页岩互层
				沙四段 350~1400	上部褐灰色灰质泥岩，劣质油页岩夹薄层灰岩及泥岩，中部灰色、褐灰色泥岩、灰质页岩夹砂岩、碎屑灰岩、鲕状灰岩等，下部蓝灰色泥岩为主夹薄层白云岩、砂岩
		始新统	孔店组	孔一段 100~900	上部红泥岩段，下部红色泥岩与砂岩互层
				孔二段 50~650	灰色泥岩为主夹砂岩，顶部夹碳质页岩、泥灰岩
				孔三段 150~270	灰色、浅紫红色玄武岩为主夹砂、泥岩

续表

地层				段厚度(m)	主要岩性
界	系	统	组		
中生界	白垩系	下统	青山组	150~600	杂色安山岩、玄武—安山岩、凝灰岩、凝灰质砂岩等火山喷发岩和火山碎屑岩
	侏罗系	中统	三台组	300~600	红色砂砾岩与泥岩互层,向下粒度变细,泥岩颜色向下变绿
		下统	坊子组	300~850	灰色泥岩与砂岩互层夹煤层与碳质泥岩
上古生界	二叠系	上统	上石河子组	175	以红色泥岩为主夹砂岩
		下统	下石河子组	160	中上部为黄绿色砂泥岩沉积,下部为灰绿色碳质泥岩
			山西组	58	灰色砂泥岩互层,夹3~4组煤层
	石炭系	上统	太原组	140	以海相灰岩与泥岩为主,夹有多组煤层
		中统	本溪组	54	砂泥岩与石灰岩互层,夹煤层
下古生界	奥陶系	中统	八陡组	61~190	上部为灰色石灰岩夹泥质白云岩、泥灰岩,中部以灰色白云岩为主,底部为角砾状泥灰岩、泥质白云岩
			上马家沟组	50~290	灰色、深灰色灰岩为主
			下马家沟组	94~207	灰色灰岩与白云岩不等厚互层,底部为一套角砾状泥质白云岩
		下统	冶里-亮甲山组	80~130	灰色白云岩、燧石结核白云岩、小竹叶状白云岩、泥质白云岩
	寒武系	上统	凤山组	100~157	细—中晶白云岩,普遍含海绿石
			长山组	40~60	灰色—深灰色白云岩、灰岩夹灰色页岩,底部为含鲕粒灰岩
			崮山组	45~75	灰色灰岩与黄绿色页岩不等厚互层
		中统	张夏组	118~190	灰色鲕状灰岩
			徐庄组	60~100	以黄绿色、灰褐色、紫红色砂质页岩为主,夹泥质粉砂岩、粉砂岩
		下统	毛庄组	20~50	以紫红色、紫灰色砂质页岩为主夹竹叶状、鲕状灰岩等
			馒头组	105~238	上部灰色灰岩、鲕状灰岩与暗紫红色页岩互层,下部为紫红色、棕红色页岩与白云岩、石灰岩互层

(1)新近系次生气藏:主要分布于明化镇组、馆陶组中。岩性以细砂岩、粉细砂岩为主,多为河流—泛滥平原相沉积。储层为透镜状砂体,平面上连通差,分布零散;纵向上变化大,气藏高度小,一般小于10m。气藏分布主要受新近系中发育的披覆构造、逆牵引构造控制,其埋藏深度1000m左右,最浅不到200m,压实成岩性差,胶结疏松,储集物性普遍较高,孔隙度30%左右,渗透率一般大于500mD。气藏类型以透镜状岩性气藏为主,绝大多数气砂体面积小于$1km^2$,储量小于$500×10^4m^3$。也有少量的构造气藏。该类气藏主要特点为砂体多、储量规模小且分散,气水关系复杂,储层物性好,但压实成岩作用差,胶结疏松,在开发中极易造成气层出砂、出水,单井产能低且递减快。

(2)古近系原生气藏:主要分布在沙河街组和东营组中,气藏分布主要受构造控制,与浅层气藏比较相对规则,规模较大,气水关系简单。气藏埋藏相对较深,一般1400~1800m;储层物性好,孔隙度22%~33%,渗透率300~5000mD。气藏多数带有油环。该类气藏比浅层气藏构造相对规则,储层分布较稳定,连通好,产能较高,不易出砂、出水,对改建地下储气库有利。

胜利油区的30余个气田多数气田储量规模较小(表3-2-13),但仍有如平方王、恳西、孤岛等规模较大的气田,故地下储气库的选址潜力较大。

表3-2-13 胜利油区部分气田基本情况简表

气田名称	储层层位	含气井段 (m)	孔隙度 (%)	渗透率 (mD)	探明储量 ($10^8 m^3$)
永安	Es	1400~1850	22~30	5081	15.37
孤岛	Nm,Ng(1+2)	470~1300	30~33	515~804	47.73
孤东	Nm,Ng,Ed	700~2300	34	1800~2200	38.47
太平	Ng,Ed	980~1380	28~32	412~8645	3.55
胜坨	Nm,Ng,Ed,Es	1000~1800	28~33	1519~6569	8.89
恳西	Nm,Ng,Ed	1167~1700	28~30	1200~2800	48.05
埕东	Nm,Ng	589~900	36	2444	4.69
玉皇庙	Ng,Ed	1400~1450	28	950	8.28
义东	Nm,Ng,Ed	750~1350	28~30	607~2080	4.16
邵家	Nm,Ng,Ed,Es	960~2160	15~34	2000	3.44
乐安	Ng,Es	800~1200	30	30~160	2.51
高青	Ng,Ed,Es	890~1075	30~32	256~358	3.32
平方王	Es	1340~1560	14.9~24	4000	57.52
尚店	Es	1376~1406	24~32	400	6.11
单家寺	Nm,Ng	815~1100	31	1852	4.2
正理庄	Ed	1180~1250	29	1047	2.99
飞雁滩	Nm,Ng	600~1050	30	1000~5000	10.18
潍北	Ek	700~1000	21	78~143	5.79
林樊家	Nm,Ng	790~915	30~31	1664	4.88
临盘	Ed,Es	1800~1900	26~28	200~400	4.63
陈家庄	Nm,Ng	1000~1300	29~31	3028	17.83
花沟	Ng,Ed,Es	800~1307	25~33.2	18.94~700	13.94
盐家	Nm	785~945	28	2910	3.18

三、长三角地区

长三角地区的江苏省、上海市、浙江省两省一市中江苏省有油气资源分布。江苏省的油气资源隶属于江苏油区。根据掌握的资料显示,除了已经改建储气库的刘庄油气藏外,尚有周庄、永安、肖刘庄三个气顶油藏和盐城(朱家墩)一个气藏。周庄、永安、肖刘庄三个气顶油藏的天然气探明储量很小,分别为 $0.34 \times 10^8 m^3$、$2.69 \times 10^8 m^3$ 和 $0.36 \times 10^8 m^3$。盐城气藏的天然气探明储量为 $22.22 \times 10^8 m^3$,可以作为气藏型储气库的重点关注对象。

盐城气藏储气层位为阜宁组一段与泰州组,为被两条北掉断层夹持组的背斜构造(图 3-2-5)。构造海拔 $-4050 \sim -3740m$,幅度 160m 左右,东西长约 22km,南北宽约 2km,构造面积为 $24km^2$。

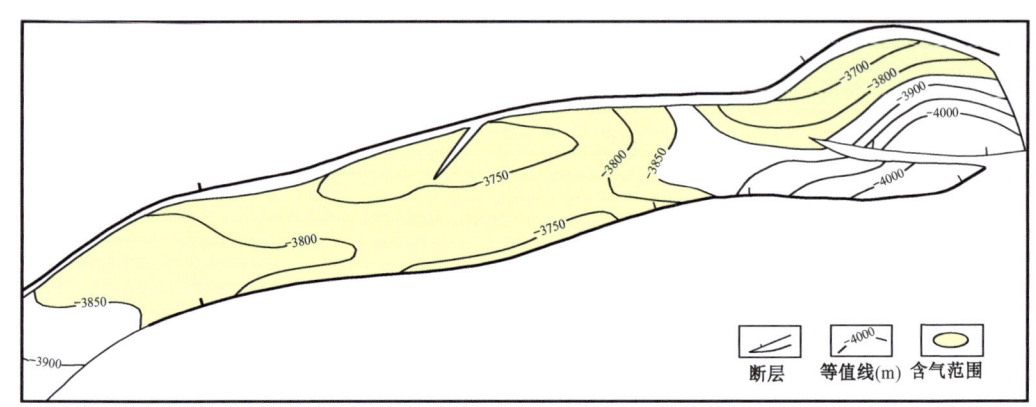

图 3-2-5 盐城气藏阜宁组一段顶面构造图

阜一段为一套三角洲平原亚相的水上分流河道沉积,分布稳定性较好。岩性为粗砂岩、中—细砂岩,分选较好。气层埋深 $-3850 \sim -3740m$,含气砂层单层厚度 $2.2 \sim 17.4m$,总厚度 $15.6 \sim 22.2m$。孔隙度一般为 $12.2\% \sim 15.6\%$,渗透率为 $18.6 \sim 119mD$,属中孔隙度、中渗透率砂岩。次生孔隙发育,连通性好。

泰州组(K_2t)为湖相沉积,砂层薄,为一套灰黑色泥岩夹粉砂岩、细砂岩、砂砾岩地层。单砂体横向变化大,分布局限。含气砂层单层厚 $2.8 \sim 9.0m$,总厚度 $9.0 \sim 29.6m$。孔隙度 $11.8\% \sim 14.5\%$,渗透率 $7.3 \sim 25.3mD$,属于低孔隙度、低渗透率储层。

阜一段上部为浅湖—半深湖相黑色、灰黑色含膏泥岩,分布稳定,厚度约 300m,是一套较好的区域性盖层。

四、中南地区

中南地区的湖南、安徽、江西三省目前未发现油气藏资源,下面对河南省中原和河南、以及湖北省江汉三个油区的油气资源进行简述。

(一)中原油区

中原油区地处渤海湾盆地最南端,地层自下而上包括古近系沙河街组、东营组,新近系馆陶组、明化镇组和第四系平原组,储油气层主要为古近系沙河街组,为内陆盐湖相沉积。古近系沉积时,物源多、沉积中心多、加之构造活动频繁,沉积环境极不稳定,因此,储层岩性、物性在纵横向上的变化很大,非均质性强。受成岩作用影响,随埋藏深度的增加物性逐渐变差。埋深小于 3000m,原生孔隙较发育,物性较好(孔隙度 $15\% \sim 25\%$,渗透率 $10 \sim 50mD$)。埋深在 $3000 \sim 3500m$,原生孔隙残留很少,以次生孔隙为主,物性差(孔隙度 $8\% \sim 15\%$,渗透率 $0.1 \sim 10mD$)。埋深大于 3500m,原生孔隙残留极少,次生孔隙也仅在个别地区和个别井段发育,物性极差。在层位上,沙一段和沙二段以中、高渗透率储层为主,沙三1~2亚段主要为中、低渗透率储层和少量致密储层,沙三3~4亚段为非常规储层和低渗透率储层,局部地区为中渗透率储层,沙四段基本上为非常规储层,局部地区为低孔隙度、低渗透率储层。

据不完全统计,已探明12个油气田、27个气藏,其中文96气藏已经改建成地下储气库,并投产运行,余下的26个气藏(表3-2-14)均可以作为地下储气库的资源来优化,首选目标可以从埋藏深度小于3000m的文23、文24、文77、卫11四个气藏中根据储层物性、断层与盖层条件,以及地面位置等择优选择。

表3-2-14 中原油区气藏基本情况简表

油气田	气藏	含气井段(m)	含气层位	孔隙度(%)	渗透率(mD)	探明储量($10^8 m^3$)	备注
文中	文23	2672~3154	Es_4	13	2.5	149.4	埋藏深度 2500~3000m
文中	文24	2305~2350	$Es_{2下}$	21	50.0	2.92	
文东	文77	2350~2545	$Es_{2下}$	15	7.2	7.61	
卫城	卫11	2500~2700	$Es_{3下}$	17	20.0	12.53	
文南	文186	2877~3390	$Es_{2下}$	16	12.1	6.86	埋藏深度 3000~3500m
马厂	马62	2900~3600	$Es_{4下}$	14	7.8	10.47	
白庙	白55	3300~3560	Es_2—$Es_{3下}$	12	2.2	55.29	
南湖	孟4	3400~3680	$Es_{2下}$	11	5.9	3.99	
卫城	濮98	3200~3350	$Es_{3下}$	11	0.8	4.38	
卫城	卫351	3259~3390	Es_4	11	1.3	7.52	
卫城	卫79-9块	3250~3500	Es_4	10	0.5	26.21	
卫城	文198	3200~3450	Es_4	10	0.4	5.44	
刘庄	刘庄	3386~3601	$Es_{2下}$	11	2.0	2.0	
桥口	桥90	3400~3630	$Es_{3下}$	13	0.8	5.64	埋藏深度 3500~4500m
桥口	桥58	2590~4350	$Es_{3中}$—$Es_{3下}$	11	0.4	8.41	
桥口	桥69	3550~4050	$Es_{3中}$—$Es_{3下}$	12	0.5	27.75	
白庙	白庙	2610~4090	$Es_{2下}$—$Es_{3下}$	13	2.5	97.9	凝析气藏
桥口	桥14	3680~4760	$Es_{3下}$	11	0.4	36.67	
濮城	濮67	3350~3700	$Es_{3下}$—Es_4	11	0.8	25.55	
濮城	濮城	2230~2350	$Es_{2上}$	25	120.0	57.31	气顶油藏
卫城	卫城	2500~2670	$Es_{3中}$—Es_4	16	11.0	16.16	
文南	文南	2817~2917	$Es_{2下}$—$Es_{3上}$	16	9.7	17.31	
文西	文19	2800~2850	$Es_{3上}$	19	46.0	1.8	
文东	文东	3100~3200	$Es_{3中}$	16	15.0	7.9	
古云集	古云集	3400~3550	E_{S3}	13	3.0	0.95	
卫城	濮95	3383~3485	$Es_{4下}$	9	0.3	0.36	

(二)河南油区

河南油田地处河南省西南部,油气储层为古近系核桃园组,为扇三角洲、三角洲和湖相沉积,砂体多、面积小、岩性复杂,非均质性十分突出。根据掌握的资料,河南油区已探明油气藏为赵凹和下二门2个凝析气藏,下面将2个气藏基本情况简述如下,以供参考。

1. 赵凹凝析气藏

赵凹凝析气藏为一上倾尖灭岩性气藏,含气层位为核桃园组三段,气藏埋深3086~3448m,储层孔隙度5.37%,渗透率为1.24mD。探明含气面积4.3km^2,地质储量6.74×10^{8}m^3。从地质条件上来看,该气藏储层埋藏较深,储层物性较差。

2. 下二门油气藏

下二门油气藏为气顶油藏,含气层位为古近系廖庄组、核桃园组核一段和核二段,探明含气面积1.3km^2,地质储量5.04×10^{8}m^3。储层属扇三角洲沉积,岩性较粗,主要为含砾中—细砂岩,岩石成分比较混杂,分选较差。岩心分析孔隙度为3.6%~36.91%,渗透率76~4514mD,非均质性较为严重。气层分布零散,含气井段640~1200m,含气井段长达560m。含气小层18个、单层含气砂体40个左右。单砂体含气面积小,一般为0.01~0.7km^2,其中含气面积小于0.2km^{2}的砂体占总数的32.6%,分布系数小于0.5占总砂体数的70%。气层厚度以薄层为主,其中有效厚度小于2m的井层数占总井层数的46.3%,有效厚度大于4m的井层数仅占总井层数的22.1%。

从建库的角度来看,下二门气顶油藏构造较简单,各砂组砂体连通性及储层物性较好,但含气井段长,含气砂体个数多,气层分布零散,单砂体控制储量较小,是否可以建库还需要根据该地区的调峰需要、投资承受能力,并结合开发动态特征等综合分析。

(三)江汉油区

江汉油区位于湖北省中南部,地处川渝气东输武汉管线之间,迄今,已发现古近系潜江组、荆沙组、新沟嘴组、白垩系和新近系广华寺组5套含油层系,其中潜江组和新沟嘴组是两套主要的生油层组,也是最重要的含油层组(表3-2-15),所发现的25个油田,除潭口油田广华寺组稠油油藏外,全部位于其中。目前资料显示,仅有一个小型气顶——潭口稠油气顶,以及一个中型气藏——建南气藏。下面对这两个目标进行基本情况介绍,以供参考。

表3-2-15 江汉油区地层及主要含油层系表

地层				含油层系	储量比例(%)
系	统	组	段		
第四系	全新统更新统	平原组			
新近系	上新统中新统	广华寺组		次要	3.6
古近系	中、上渐新统	荆河镇组			
	下渐新统	潜江组	潜一段	主要	65.2
	上始新统		潜二段		
			潜三段		
			潜四上亚段		
			潜四下亚段		

续表

地层				含油层系	储量比例(%)
系	统	组	段		
古近系	中始新统	荆沙组			
	下始新统	新沟嘴组	上段	主要	31.2
			下段		
	古新统	沙市组	上段		
			下段		
白垩系	上统	渔洋组			
	下统				

1. 潭口气顶稠油藏

潭口油藏位于湖北省潜江市王场镇张新乡,含油气层位为广化寺组三段,顶部潭32井区发育气顶气。

潭口油田广三段构造在潭32井附近出现局部小高点,高点埋深606m,气柱高度32.2m,含油面积2.6km²,石油地质储量410×10⁴t,天然气储量0.45×10⁸m³。储层分布在广三段底部,储层单一,基本为一个单砂层,平均厚度为7.0m,最厚10.6m,最薄2.0m,孔隙度为38.4%、渗透率10880mD。原油属于特稠油。稠油对气顶气起到了很好的侧向封堵的作用。广三段气层上覆泥岩盖层累积厚度超过100m,盖层具有较好的封堵能力(图3-2-6)。从储盖层的特征分析来看,潭口油田广三段气顶适合建设储气库,其不足之处在于储量小。

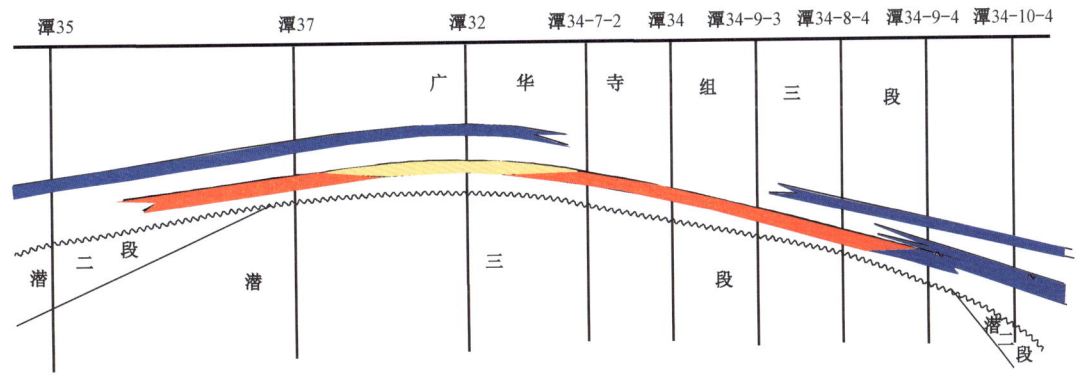

图3-2-6 江汉油区潭口气顶油藏剖面图

2. 建南气田

建南气田是江汉油区唯一的气田,位于湖北省与重庆市交界处,由南、北两个高点构成,北高点位于湖北省利川市境内,南高点位于重庆市石柱县境内,地面出露侏罗系砂泥岩地层,平均地面海拔800m,山高谷深,为山地地貌区,道路崎岖。构造为一狭长的顶部平缓的箱状背斜(断背斜),呈北北东向延展,北西翼窄陡,南东翼宽缓(图3-2-7)。

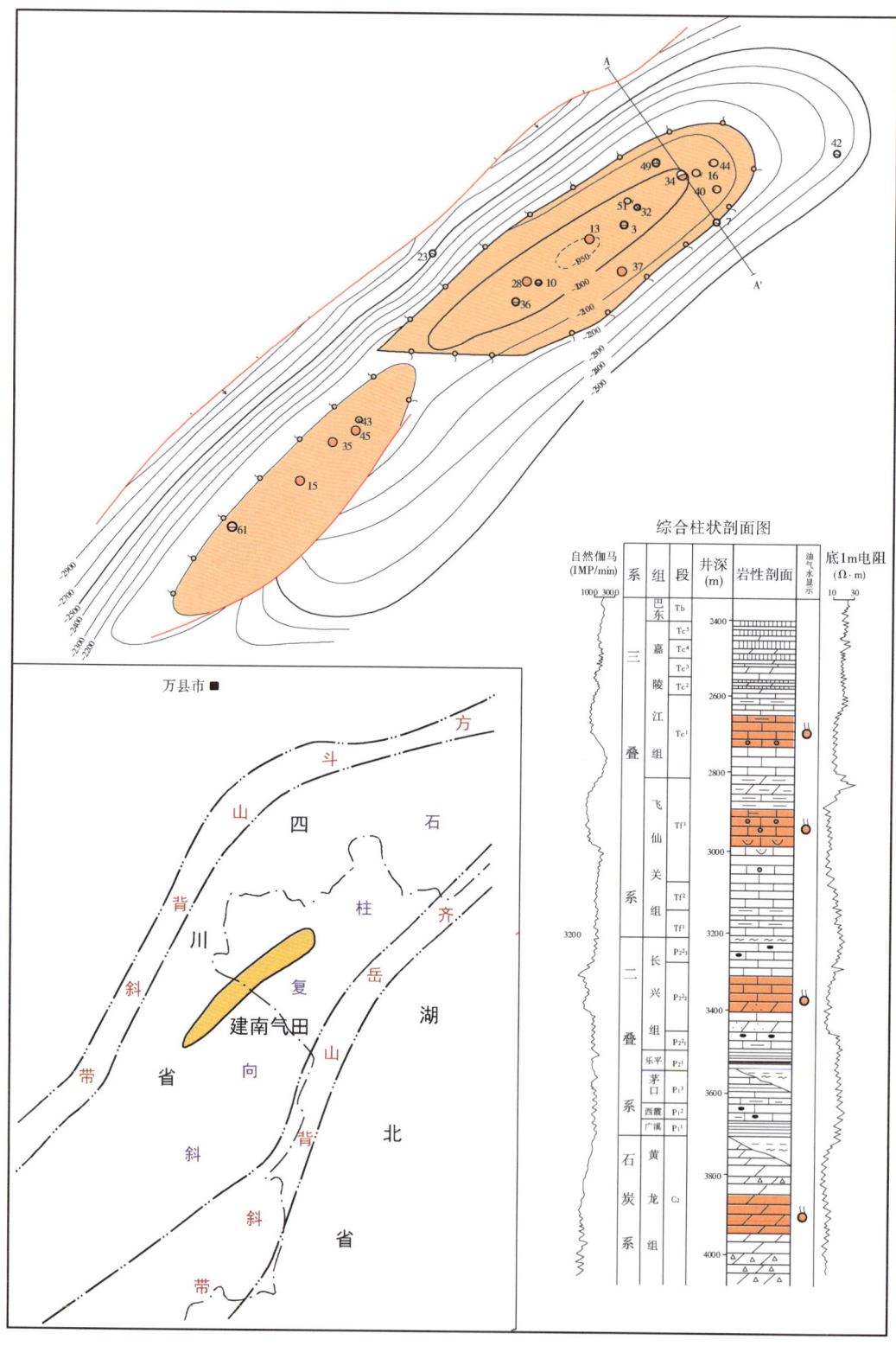

图 3-2-7 建南气田开发综合图

建南气田共有4个工业产气层,从上至下为三叠系嘉陵江组一段、三叠系飞仙关组三段、二叠系长兴组二段、石炭系黄龙组,探明天然气含气面积78.86km^2,地质储量135.74×10^{8}m^3。

气层埋藏深度3000~4000m,埋藏较深。储集类型为碳酸盐岩裂缝型、裂缝—孔隙型、岩心分析孔隙度0.26~13.4%,平均1.93%,渗透率22~2637mD,平均67.5mD。储集类型复杂,物性为低孔隙度、低渗透率。

五、西南地区

西南地区包括四川、重庆、云南、贵州四个省市。由于云南、贵州油气资源匮乏,探明的保山、太和等油气藏规模小、断裂发育且构造复杂,因此将选库重点放在由四川省与重庆市组成的川渝气区。

川渝气区天然气资源丰富,是世界上最早开采利用天然气的地方,也是新中国天然气工业的摇篮。川渝气区发育多套含油气层系,储层以碳酸盐岩为主,其基本特点是低孔隙度、低渗透率、质纯、性脆。储集岩空隙分为孔隙、洞穴、裂缝和喉道4类。

川渝气区气藏类型众多,已发现的气藏无论是震旦系的,还是二叠系、三叠系和石炭系的,绝大多数都是受现今构造圈闭控制的气藏,背斜和地层—背斜圈闭是四川气藏的主要圈闭类型,其次还有岩性圈闭气藏等。

川渝气区已建成了重庆、蜀南、川中、川西北、川东北5个油气生产区,已开发气藏110个左右,其中相国寺气藏已改建地下储气库,并于2013年投产运行。该地区建库资源丰富,选择余地很大。根据其地质条件、H$_2$S含量以及气藏开采程度等来看,以黄草峡、铜锣峡、明月峡等为代表的一批气藏具备优质建库条件[1]。

黄草峡背斜构造发育良好,形态完整,嘉二^1—嘉一气藏位于东高点,其高点构造海拔-320m,圈闭面积22.2km^2,圈闭幅度580m(图3-2-8)。储层为嘉二^{1}层下部白云岩和嘉一层上部的石灰岩储层(图3-2-9),岩石基质孔隙度、渗透率低,储层类型属于低孔隙度、低渗透率型储层。嘉二^1—嘉一气藏储层裂缝较发育。从钻井显示看,嘉一层存在严重的井漏,共漏失钻井液上千立方米,测试气产量大于40×10^{4}m^3/d。储集空间为孔隙和裂缝,储集类型属于孔隙—裂缝型,储渗条件较好,但储层的非均质性较强。

嘉二^{1}层上覆10~15m横向连续分布的石膏层和石灰岩层(图3-2-9)作为直接盖层封闭能力强,密闭性好;

嘉二^1—嘉一气藏储层较发育,横向上分布稳定,具较好的储渗能力,但储层的非均质性较强,储集类型为孔隙—裂缝型。

气藏天然气中硫化氢含量微,气质好,投产20多年,未产地层水,属无水气藏。单井测试产量40×10^4~60×10^{4}m^3/d,气井产能高气藏各井地层压力下降基本一致,开发均衡,有利于储气库的注、采。气藏属于常压气藏,初步估算库容量为17×10^{8}m^3。

---

[1] 王玉文,丁玉兰,等,2008. 川渝气区建设天然气地下储气库库址筛选.

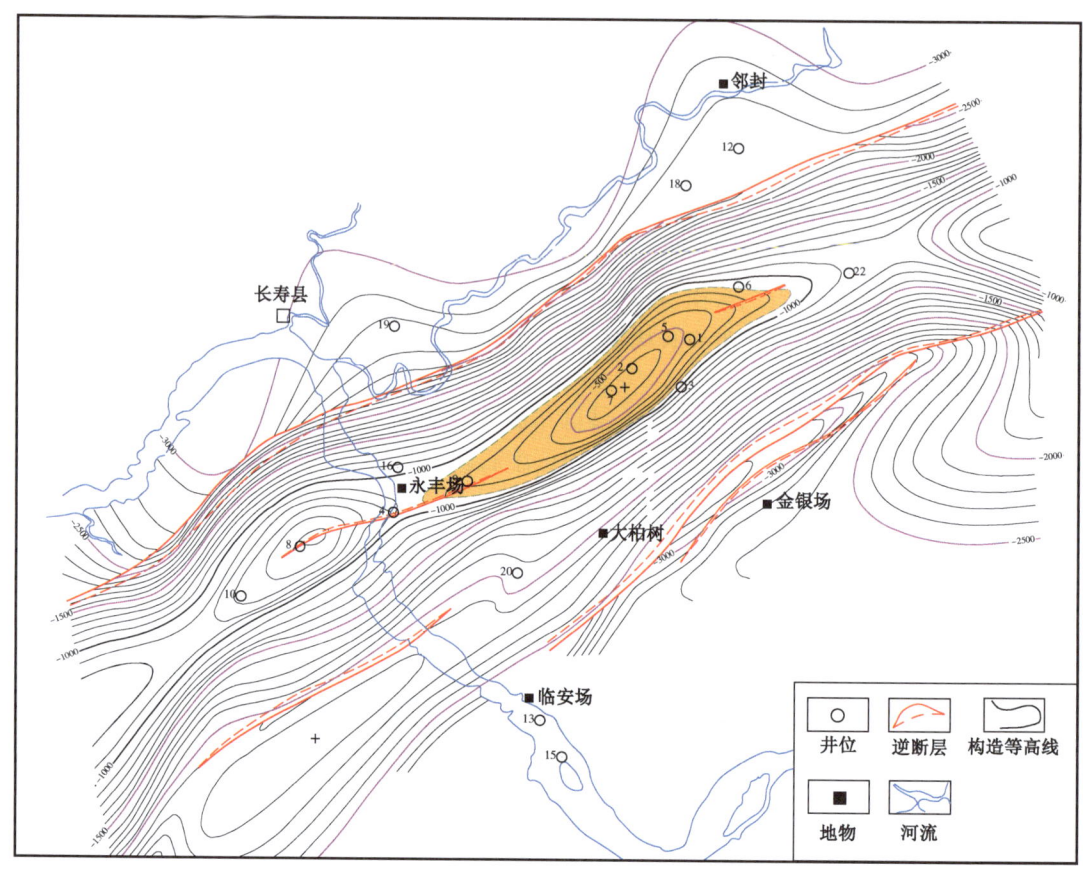

图 3-2-8 黄草峡构造嘉二底构造图

六、西北地区

西北地区包括新疆、甘肃、青海和西藏四省区,是中国天然气主产区。准噶尔、塔里木、柴达木三大盆地孕育丰富的油气资源,分属于青海、新疆、塔里木和吐哈四大气区,库址选址的资源多。其中新疆气区目前已在建储气库工作气规模大于 $40 \times 10^8 m^3$,下面主要对其他三大气区气藏型储气库建库资源进行简单分析。

(一)青海气区

青海气区地处青藏高原,位于青海省西北部的柴达木盆地。青海气区以涩北1、涩北2以及台南气田为代表,储量规模大于 $600 \times 10^8 m^3$,气藏一般埋深小于2000m,构造比较简单,无断层,物性好(孔隙度一般大于20%、渗透率大于100mD)。但是,气藏气层分散(气层段400~1400m)、储层疏松易出砂、单层厚度薄(1~5m)等特点导致建设地下储气库的难度较大。

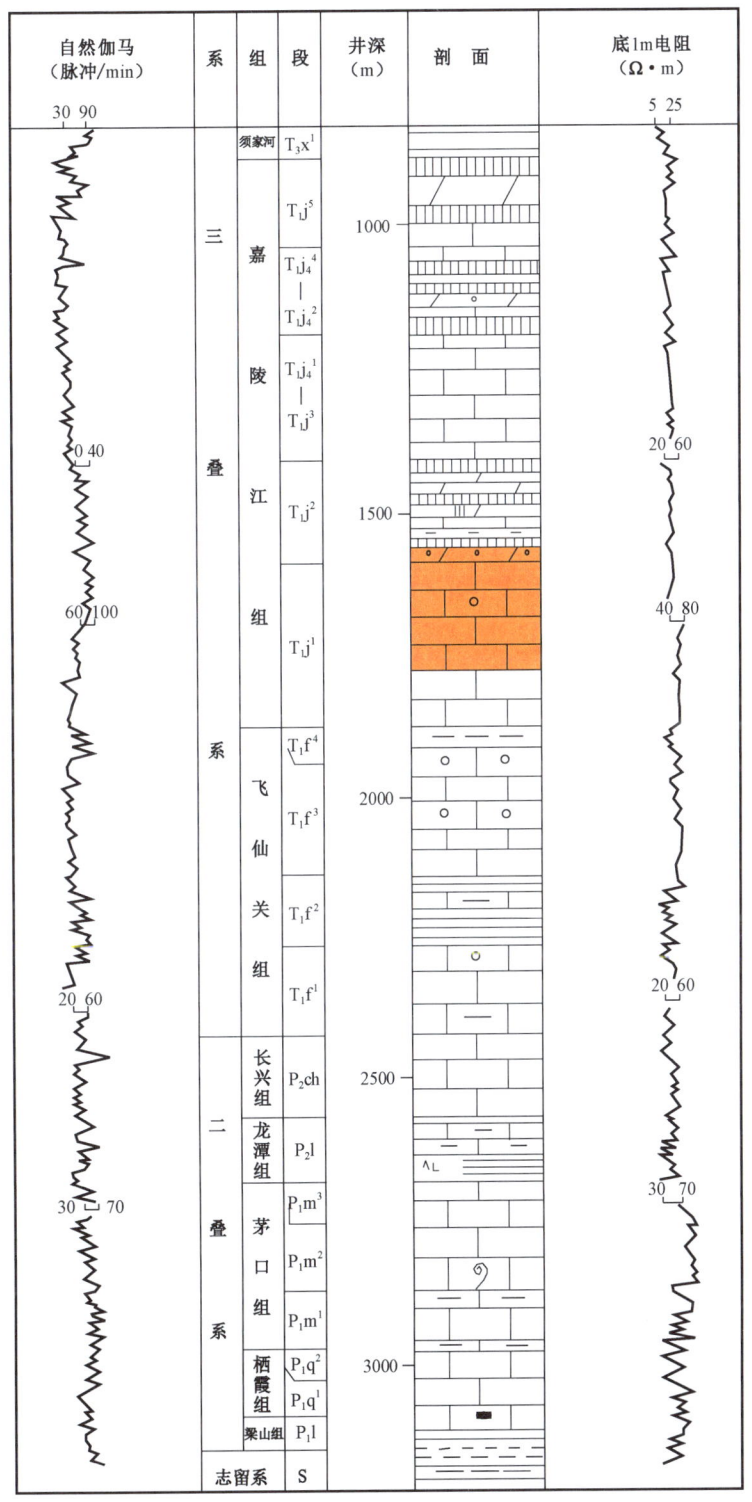

图 3-2-9 黄草峡构造地层柱状剖面图

(二)塔里木气区

塔里木盆地位于新疆维吾尔自治区南部,是中国最大的内陆盆地。天然气区带资源量主要集中分布在西南坳陷和库车坳陷,已查明油气藏 10 余个(表 3-2-16),这些气藏以中低渗透储层为主;储量规模大,为特大型—大型—中型气藏、最大为储量大于 $2500\times10^8m^3$ 的克拉 2 气田;埋藏深度均超过 300m,最深 6430m,地层压力高(29.42~128.6MPa),其中克拉 2、迪那 2、大北为超高压气藏[1]。

塔里木气区气藏储量较大,但埋藏深度较大、储层物性较差,如考虑到中亚管道对中国天然气供气安全的需求,可从中择优选择建库目标。

表 3-2-16 塔里木气田气藏基本情况简表

气藏名称	层位	物性			埋藏深度(m)	地层压力(MPa)	探明储量(10^8m^3)	气藏类型
		孔隙度(%)	渗透率(mD)	分类				
克拉 2	E+K	13.6	55.7	中渗	3736	74.35	2840	超高压干气藏
迪那 2	E	8~11	0.2~1.4	低渗	5046	106.24	1752.18	超高压凝析气藏
大北	K	5.69	0.06	致密	5780	89~96	506.2	超高压湿气藏
牙哈	N_1j+E+K	2.1~13	15~170.14	中渗	4962~5185	55.79~56.38	285.81	凝析气藏
英买 7	E	16.6~18.7	1049.7	中渗	4462~4678	49.32~51.12		凝析气藏
羊塔克	E+K	12~18	160~488	中渗	5334	57.58~58.78	309.15	凝析气藏
柯克亚	N	13	20~67.6	中渗	3110	29.42~52.32	80.1	凝析气藏
	E	1.9~4.1	0.035	致密	6430	128.6	302.51	
吉拉克	T	20~24	100.5~247.5	高渗	4342	47.42	266.56	凝析气藏
	C_{III}	10	50.9	中渗	5380	71.59	66.35	凝析气藏
玉东 2	K	17	300	中高渗	4725	52.09	73.32	凝析气藏
塔中 6	C_{III}	10	15	低渗	3726	43.39	85.28	凝析气藏
和田河	C+O	2.1~13		低渗	3185	15.8~16.8	163.3	含 H_2S 气藏

(三)吐哈气区

吐哈气区位于新疆吐鲁番—哈密盆地,西气东输管道从油区北边穿过,距主要气藏约 10km,具有重要的地理优势。同时,油区天然气资源丰富,一批中小规模气藏先后投产,主力常规气藏基本为背斜、断背斜构造,埋深适中(1920~3480m),气柱高度高(118~550m),储层物性中—低孔隙度、低渗透率,孔隙度 10.0~16.3%,渗透率 2.5~28.1mD(表 3-2-17)。因此,这些气藏均可作为改建储气库的备选目标。如果西北地区有调峰和建库需求,可以根据地质条件及开采状况择优选择[2]。

---

[1] 肖香姣,阳建平,陈文龙,2012.塔里木油田储气库库址筛选可行性论证.
[2] 徐冰涛,温灵祥,徐冰涛,2012.吐哈油田储气库建设论证报告.

表 3-2-17 吐哈油田探明已开发主要气藏基本情况统计表

气藏名称	层位	圈闭类型	埋藏深度(m)	孔隙度(%)	渗透率(mD)	圈闭高度(m)	含气面积(km^2)	探明储量($10^8 m^3$)	气藏类型
丘东	J2q,J2s	背斜	2400~2930	16.3	12.25	530	4.43	5.71	构造—岩性凝析气藏
	J2x	背斜	3018~3480	11.4	3.67	460	12.28	65.64	岩性—构造凝析气藏
红台2	J2q,J2s	断背斜	1920~2770	10.0	2.49	550	30.42	83.16	构造—岩性凝析气藏
温八	J2x	背斜	2715~2857	14.4	28.1	137	2.56	17.52	构造凝析气藏
温西一	J2x	断背斜	2781~2906	11.8	18.6	118	3.17	21.33	
温五	J2x	断背斜	2735~2902	13.0	4.64	120	5.1	18.01	

七、中西部地区

中西部地区包括陕西、内蒙古、山西、宁夏四省区,鄂尔多斯与二连两个含油气盆地在此范围内。二连盆地主要在内蒙古自治区内,以油藏为主,且距离西气东输以及陕京线等输气管线较远。鄂尔多斯盆地为长庆油田的主勘探开发区,也是西气东输与陕京输气管线的气源区。长庆油田天然气资源丰富,承担着向北京、天津、石家庄、西安、银川、呼和浩特等十几个大中城市安全稳定供气的重任。

目前,鄂尔多斯盆地发现了9个气田,除直罗气田为中生界气田外,其余8个全为古生界气田,分别为靖边气田、苏里格气田、乌审旗气田、榆林气田、米脂气田、子洲气田、刘家庄气田、胜利井气田。9个气田中除胜利井气田、刘家庄气田和直罗气田面积小、储量小外,其余6个气田均为大面积含气,其中有5个储量超千亿立方米的气田。这6个气藏埋藏深度均超过2000m,物性较差,但储层含气面积较大,且基本上处于建产或上产期,为长庆油田的主产气田(表3-2-18)。靖边气田中区西部陕224井区已改建地下储气库,并于2014年11月投产。根据储气库建库的需求以及气田内部区块的开采程度,可以进一步从中择优选择需要的建库目标❶。

表 3-2-18 长庆油区气田基本情况统计表

序号	气田名称	地理位置	储层埋深(m)	层位	孔隙度(%)	渗透率(mD)	探明含气面积(km^2)	探明储量($10^8 m^3$)
1	靖边气田	陕西省内蒙古	3000~3750	马五$_{1-2}$	6.3	0.4	4337.40	3411.01
2	榆林气田	陕西省	2800~3000	山$_2$	5.0~13.0	1.0~7.0	1810.5	1807.5

---

❶ 丁国生,祁红林,等,2007. 陕西省天然气地下储气库库址筛选.

续表

序号	气田名称	地理位置	储层埋深(m)	层位	孔隙度(%)	渗透率(mD)	探明含气面积(km^2)	探明储量($10^8 m^3$)
3	乌审旗气田	内蒙古 陕西省	2800~3000	盒$_8$ 山$_1$	6.1~12	1.0~5.0	873.5	1012.1
4	米脂气田	陕西省	1900~2000	盒$_{6-8}$	4.5	0.8	478.3	358.48
5	苏里格气田	内蒙古	3200~3400	盒$_8$ 山$_1$	12.0~14.0	1.0~62.7	4067.2	5336.52
6	子洲气田	陕西省	2390~2500	山$_2$	6.0	2.68	1189.01	1151.97
7	刘家庄气田	宁夏	750~900	盒$_5$ 山$_1$			1.10	1.90
8	胜利井气田	内蒙古	1850~2500	盒$_{3-4}$ 山$_1$			11.70	18.25
9	直罗气田	陕西省	630~700	长$_{21}$			17.91	9.80

八、东南沿海地区

东南沿海地区的三省三区(广东省、福建省、海南省、广西壮族自治区、香港特别行政区、澳门特别行政区)中,目前掌握的资料显示,仅在广东、广西两广地区有小型油气藏分布。

(一)广东省

通过多年的油气勘探工作,在广东省三水盆地探明了宝月、竹山岗两个小型油气田,隶属于中国石油南方公司,现简单介绍这两个油气藏的基本情况,供参考。

宝月与竹山岗油气田位于广东省三水县境内,距广州市约50km。构造上位于宝月竹山岗构造上,含油气层为古近系布三段,宝月油气田储层中部埋深为860m,竹山岗油气田储层中部埋深为1140m。宝月油气田探明含气面0.3km^2,气层气地质储量0.1×$10^8 m^3$。竹山岗油气田探明含气面积0.9km^2,气层气地质储量0.36×$10^8 m^3$。

宝月—竹山岗构造为被断层复杂化的背斜构造,构造走向为北西向,构造北、东、南三个翼下倾明显,西翼下倾幅度小,总貌似穹隆状(背斜)(图3-2-10),发育两组断裂系统,北北东向主断裂及派生的北东向构成支断裂系,主要分布在竹山岗地区,北北西向主断裂及其北西西向分支断层主要分布在宝月地区,两组断裂有向北撒开向南相交的分布特征,对地层沉积和油气分布起着明显的控制作用。

储层以碎屑岩孔隙型储层为主,岩性为细、中砂岩,属湖相三角洲前缘沉积,是多个沙坝的叠合体,孔隙度一般7.1%~14%,最高可达20%;渗透率一般9.64~183.92mD。油气藏为众多的断层所复杂化的断层—构造型,宝月油气田以具边水的气层气藏为主,竹山岗油气田以油藏伴生的气顶气为主(图3-2-11)。

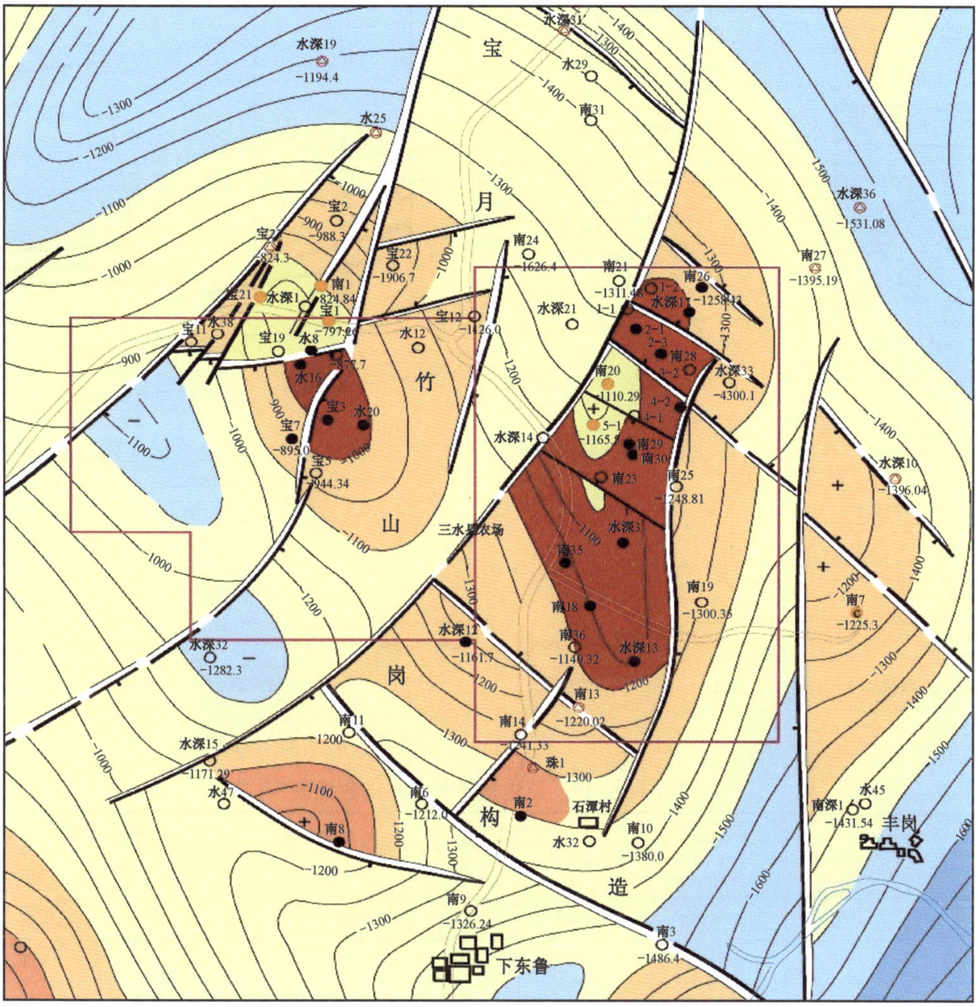

图3-2-10 三水盆地宝月—竹山岗地区布心组三段底界构造图

(二)广西壮族自治区

广西壮族自治区地处祖国南疆,属沿海地区,根据目前掌握资料,广西境内只有百色盆地发现了7个油田,3个气田。3个气田为上法、雷公、花茶3个油田气藏,距南宁150~180km。

上法、雷公、花茶3个气田均为背斜和断背斜构造,含气层位为古近系百岗组(E_2b)、伏平组(E_3f)。气层埋藏浅,150~738m,储层岩性为粉砂岩。储层物性较好,孔隙度20%~26%,渗透率为110~1000mD。其中,雷公气田和花茶气田的含气面积小、储量规模小(表3-2-19),上法气田的含气面积和储量相对较大,储层物性亦较好,可将关注的重点放在上法气田。

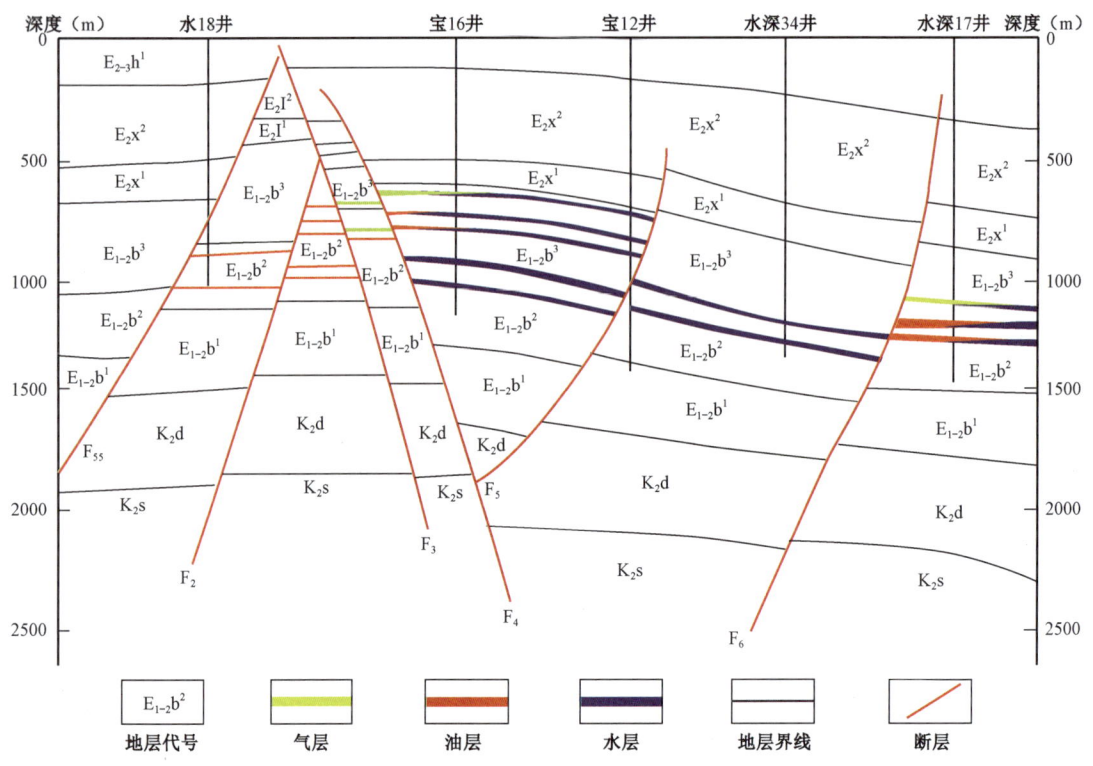

图 3-2-11 三水盆地宝月—竹山岗油气田剖面示意图

表 3-2-19 百色盆地气田基础数据表

气田名称	层位	含气井段(m)	储层岩性	孔隙度(%)	渗透率(mD)	探明地质储量	
						面积(km^2)	储量($10^8 m^3$)
上法	E_2b	277~738	粉砂岩	25	1000	20.8	10.86
花茶	E_3f—E_2b	150~450	粉砂岩	20	110	2.7	1.71
雷公	E_2b	250~550	粉砂岩	26	>150	2.7	2.4

上法气田位于广西壮族自治区百色盆地田东县东北部的上法村,地面海拔110~140m,为丘陵地带,地表较平坦。气田距南宁市150km,西二线末站175km,到中缅管线河池分输站直线距离150km。

上法气田储气层为古近系伏平组和百岗组的砂岩,包括上法和祥周2个气藏,含气面积20.8 km^2,探明地质储量10.86×$10^8 m^3$。

上法气藏含气面积10.8 km^2,探明地质储量7.17×$10^8 m^3$。气层最大埋深870m,最浅埋深50m,单层最大厚度10.4m,最小厚度1.0m。含气层分布在伏平组地层中下部和百岗组中(图3-2-12)。

祥周气藏含气面积10 km^2,探明地质储量3.69×$10^8 m^3$。气层分布于百岗组至伏平组的地层中(图3-2-13)。气层最大埋深440m,最浅埋深120m,单层最大厚度8.0m,最小厚度0.8m。

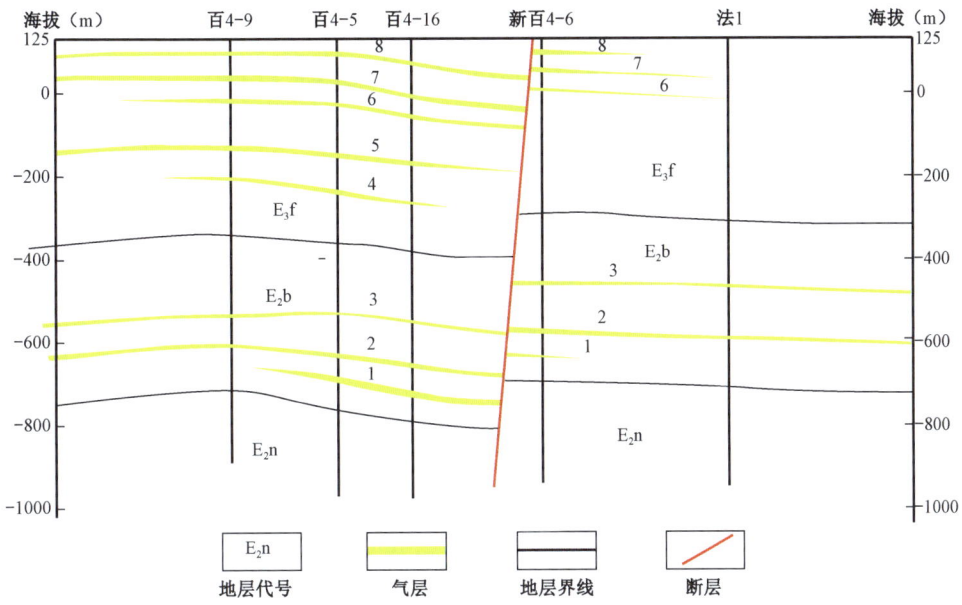

图 3-2-12 白色盆地上法气藏剖面图

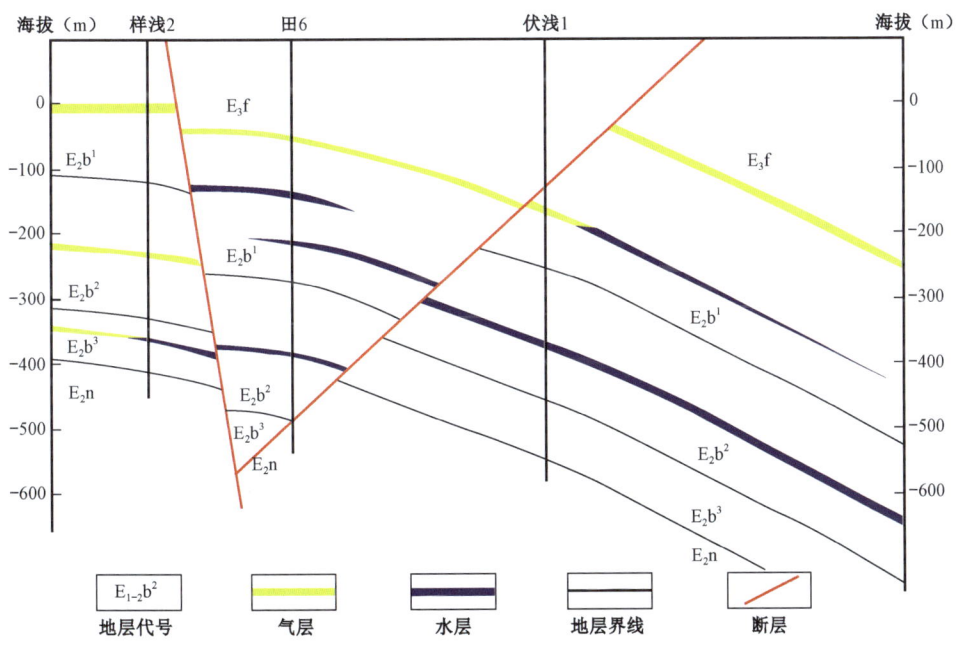

图 3-2-13 白色盆地祥周气藏剖面图

通过上述对 8 大地区库址资源分析发现,受中国油气资源分布的限制,西南、西北、中西部作为天然气的主产区与气源区,是地下储气库库址资源较丰富的地区,也是建设大型储气库的有利地区。东北、环渤海、中南与长三角地区作为主要的原油生产基地,4 个地区均有一定数量的气藏与油气藏分布,可作为库址资源。东南沿海地区虽为中国天然气主要消费市场,但油气资源相对匮乏的地区,仅有数量有限的小型油气藏可作为库址资源。

第三节 盐穴型储气库资源分布

世界上盐穴型储气库一般选择建在分布稳定的盐丘或厚度大的盐层上,利用水溶的方法溶漓成洞穴储气。其特点是储气空间为洞穴,单井产能高,调峰能力强。盐穴地下储气库由于具有垫气少、注采气速率高、利用率高、调峰能力强等优势,成为重要的建库类型,尤其对中国非油气主产区的天然气消费市场而言,利用盐层建库成为重要目标。

中国盐岩矿床以陆相沉积(亦称内陆湖相沉积)为主,主要为硬石膏—钙芒硝—石盐矿床、硬石膏—石盐等层状矿床,目前已在湖北、湖南、江西、安徽、江苏、河南、河北、山东、广东、云南、新疆等省(区)发现陆相盐岩矿床。

中国陆相盐矿矿床绝大多数埋藏于地下数十米至5000m,矿体一般呈层状、似层状或透镜状,产状平缓,其规模一般比海相盐矿小,品位比海相盐矿低,具有层数多、单层厚度小、共生组分多、相变大等特点。但也有含盐面积近千平方千米、储量数百亿吨的巨型盐矿,如陕西盐田等。

中国盐矿资源丰富,据不完全统计,全国有200余个盐矿。从建设盐穴地下储气库的角度考虑,只有在输气管线附近的盐矿才具备建库的地理优势。从气藏型储气库资源的分析中可以发现中国西部、中西部、西南地区气藏资源丰富,东北、环渤海地区油气藏多,气藏、油气藏成为这些地区的首选建库类型。而中南地区、长江三角洲、东南沿海以及西南四大天然气主要消费市场的油气资源相对较少,通过对这四个地区的盐矿资源调查发现:

(1)长三角地区的赵集盐矿、淮安盐矿盐矿含盐地层发育、埋深适中,已完成资料井钻探、三维地震资料采集等工作,地质情况较清楚,可作为长江三角洲地区储气库建库目标,以保障该地区的调峰保供需求。

(2)中南地区的有河南平顶山、湖北云应、湖北黄场、湖南湘衡、安徽定远东兴、江西潜江6座盐矿可以作为建库资源。

平顶山盐矿位于西气东输二线沿线附近,盐顶埋深适中(500~1700m),含盐地层厚度大(293~662m),地质情况适合建设盐穴地下储气库。

湖北云应盐矿位于西气东输二线沿线附近,亦靠近忠武管线。该盐矿埋深较浅(150~650m),含盐地层厚度大于300m,已完成造腔先导性试验。虽建库地质条件相对较差,但对于缺乏调峰储气设施的川渝外输管网,尤其是忠武线也不失为一个很好的选择。

湖北黄场盐矿位于湖北省潜江坳陷,含盐面积较大,开采区1.2km^2,其中王58井区13~16韵律段含盐率较高,盐岩品位较好,虽埋藏深度较(1934~2045m),但合理设计单腔运行参数,可以有效地控制蠕变。

安徽定远盐矿盐顶埋深不足500m,开采近30年,发生多次地面塌陷,建设盐穴地下储气库的有利区域较小。

江西清江盐矿、湖南湘衡盐矿的含盐率较低(小于70%)、盐岩品位较差(Nacl含量小于60%),属于建库条件较差的类型。在现有工艺技术水平条件下,单位储气建设成本较高。如有新的工艺技术可以扩大单腔储气空间及单位储气能力,可作为建造盐穴地下储气库的潜在目标。

(3)西南地区的云南安宁盐矿位于中缅天然气管道沿线附近,从埋藏深度、含盐地层厚度、含盐率与盐岩品位来看,基本具备建设盐穴地下储气库的地质条件。

上述盐矿的位置如图3-3-1所示、地质主要特征见表3-3-1。

第三章 中国地下储气库市场需求与资源分布

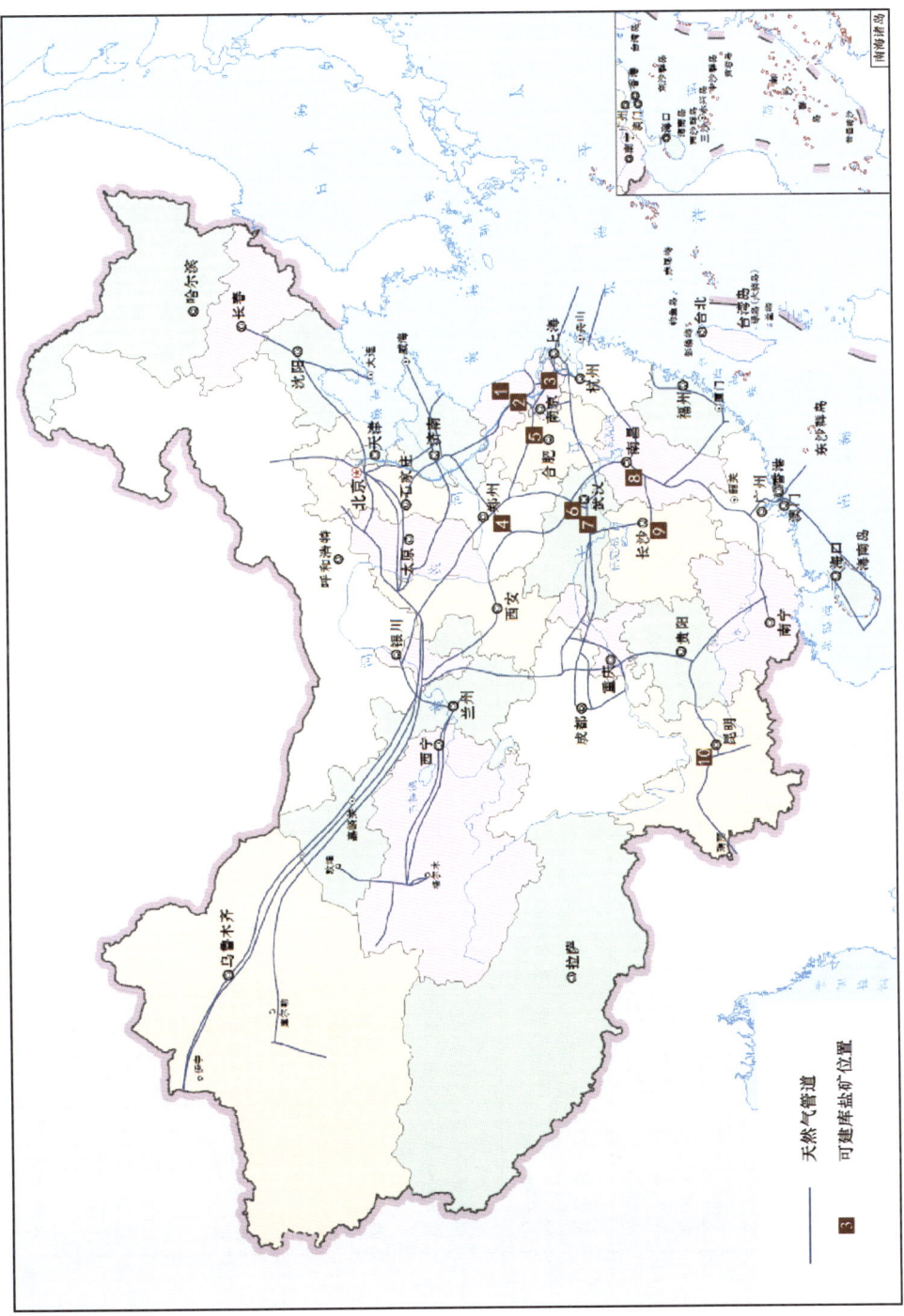

图3-3-1 中国在建与资源储气库盐矿分布示意图

表 3-3-1 中国可建储气库盐矿主要地质特点简表

序号	盐矿名称	地区	地理位置	含盐地层	构造特征	盐顶埋深 (m)	含盐地层厚度 (m)	含盐率 (%)	NaCl (%)	夹层特征	盐层稳固性	备注
1	赵集盐矿	长三角	江苏,距宁淮线淮安分输站约30km	古近系阜宁组四段	单斜,南端和北端发育儿条延伸不长边界小断层	1000~2500	37.5~169.5	55.4~86.8	一般大于75%,个别达90%以上	以小于2m为主,占70.4%	好	
2	淮安盐矿	长三角	江苏,距冀宁联络线楚州分输站约10km	白垩系浦口组二段	背斜,被断层切割	909.5~1783.1	302.5~654.2	65~75	最低:44.8 最高:71.43 一般:50~60	单个夹层厚度<4m的层居多,占70%~80%	好	
3	平顶山盐矿	中南	河南,距西气东输平顶山分输站约20km	古近系核桃园组一段	单斜,发育一组断裂	500~1700	293~662	61~76 平均68.8	85~90	盐群内夹层个数为0~5个,厚度0~22m,平均3.5~14.5m	好	
4	云应盐矿	中南	湖北,距潜江线孝感分输站约45km	古近系潜江组盐群膏盐组	向斜,南北部发育断裂	150~650	316.8~910.8	60~80	55~77	盐群内部夹层一般0.2~0.5m,间隔层多数小于2m	较好,浅层开采区发生过地面塌陷	埋深较浅
5	黄场盐矿	中南	湖北,距潜江线平顶山支线衡阳管站约	古近系潜江组二段	单斜,工区内无断层	1212.5~2182.0	150~500	88.5	63~75	夹层厚度均小于1m,层数1~40层,夹层比例0.61%~13.7%,个别20.4%	好	埋藏较深
6	湘衡盐矿	中南	湖南株洲一衡阳线衡阳分输站约30km	古近系霞流市组茶山坳段	东、西两个次凹状,发育东西向断层	200~1500	375~400	65.4~89.1	40~50	单层厚0.58~7.18m	好	盐岩品位低于50%
7	定远盐矿	中南	安徽,西气东输管线约20km	古近系定远组四段	不规则的扁豆状,东西两个次凹	西凹陷:200~260 东凹陷:290~410	一般:60~160 最厚:198.4		60~76 西凹陷:64.9 东凹陷:72.1	夹层数在4~12层,单层一般0.5~1.0m,大于3m的较少,最大单层厚度为17.64m	较好,东凹陷水采区发生多起地面塌陷	埋深小于500m
8	清江盐矿	中南	江西清江西省天然气管网丰城站约25km	古近系清江组二段	单斜,发育多条断层	50.15~866.8	120~620	42.3~49.7 平均46.0	67.5~70.8 平均69.4	最大7.5,最小1.8m,平均厚度4.2m,大于4m的占54%	好	含盐率低于50%
9	安宁盐矿	西南	云南,距昆明市约30km	侏罗系安宁组	向斜,无断层	0~600	0~250	87~96	一般50~70	单夹层厚度最小0.5m,最大19.14m;小于2m的约40%~67%	好	埋藏较浅,盐岩品位较低

一、长三角地区

通过对长三角地区的江苏省、上海市、浙江省盐矿资源调查,发现盐矿主要分布在江苏省和浙江省。江苏省的盐矿有3座,即金坛(直溪桥)盐矿、赵集盐矿与淮安盐矿;浙江省仅有一座宁波盐矿。这4座盐矿中,江苏金坛盐矿已经投入地下储气库的建设,浙江宁波盐矿埋藏较浅(450~500m),故下面主要对江苏省的淮安与楚州两座盐矿的情况进行简述。

(一)赵集盐矿

赵集盐矿位于江苏省淮安市淮阴区赵集镇及洪泽县顺河乡,距离淮安市30km,距西气东输与陕京二线的联络线冀宁线淮安分输站30km左右。

从1958年开始的普查勘探到20世纪80年代末的生产勘探,基本落实古近系阜宁组四段含盐面积81.96km²(陆地部分),上盐亚段石盐储量138.85×10^8t。

1. 含盐地层分布特征

赵集盐矿构造上呈现北高南低的特征,构造形态比较简单,断裂活动不剧烈,活动期次较少,只在盐矿的南端和北端边界处发育几条延伸不长的小断层(图3-3-2)。

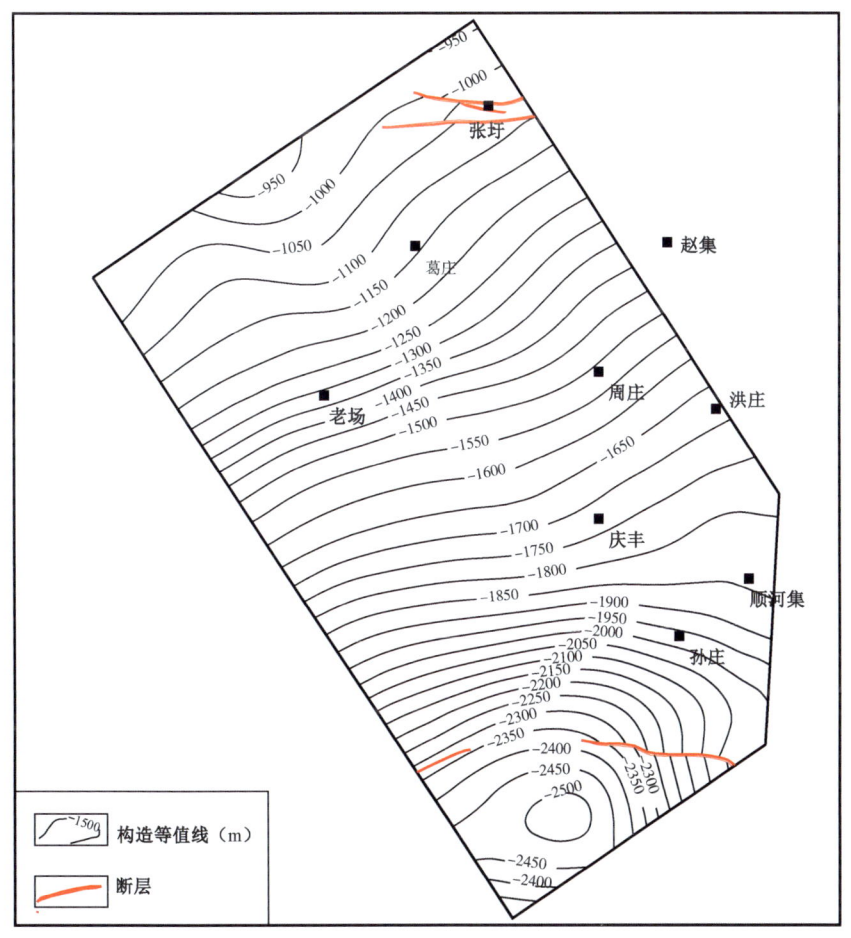

图3-3-2 赵集盐矿新近系阜宁组四段上盐亚段顶面构造图

赵集盐矿的地层自下而上为古近系泰山组(Et)、阜宁组(Ef)、戴南组(Ed)、三垛组(Es),新近系盐城组(Ny)和第四系东台组(Qd),含盐地层为古近系阜宁组四段(表3-3-2)。阜宁组四段进一步可划分为盐上膏岩亚段、上盐亚段、中淡化亚段、下盐亚段、盐下膏岩亚段5个亚段(图3-3-3),上盐亚段虽厚度较小,但含盐率较高,更有利于建设盐穴储气库,故下面重点介绍上盐亚段的地质特征。

表3-3-2　赵集盐矿新生界地层简表

地层					厚度(m)	岩性简述
界	系	统	组	代号		
新生界	第四系	全新统—更新统	东台组	Qd	53~98	灰色粉砂质黏土夹粉砂层,下部含砾砂层、砂砾层
	新近系	上中新统	盐城组	Ny	193~291	以灰色、灰白色中细砂岩,含砾砂岩为主,上部夹杂色泥岩及泥质粉砂岩,顶部为泥岩及粉砂质泥岩
	古近系	渐新统	三垛组	Es		上部棕红色、暗棕红色泥岩,粉砂质泥岩为主,夹灰色泥岩、细砂岩及砂砾岩。中部灰色泥岩钙质泥岩、粉砂质泥岩及粉砂质泥岩夹粉、细砂岩。下部浅棕色、棕红色粉砂岩、泥质粉砂岩为主,夹中细砂岩、含砾砂岩及粉砂质泥岩,底部为砂砾岩
			戴南组	Ed		暗红色、棕色细砂岩、粉砂岩为主,夹中砂岩,含砾砂岩及粉砂质泥岩,底部夹灰白色白云岩及白云质泥岩
		始新统/古新统	阜宁组	Ef^4		本段分为盐上膏岩亚段、上盐亚段、中淡化亚段、下盐亚段、盐下膏岩亚段5个亚段。 盐上膏岩亚段:以灰色、浅灰色硬石膏为主。 上盐亚段:以灰色、浅灰色石盐岩为主,夹硬石膏岩及少量钙芒硝岩 中淡化亚段:灰绿色灰质白云岩、白云质灰岩夹白云质岩、钙质泥岩。 下盐亚段:上部为盐岩、硬石膏岩互层夹泥岩、钙芒硝岩,下部深灰色泥岩、白云质灰岩夹石盐岩及钙芒硝岩 盐下膏岩亚段:以浅灰色、灰色硬石膏岩为主夹泥岩
				Ef^{1-3}		中上部暗棕色、棕色泥岩、粉砂质泥岩为主,夹粉砂岩,下部为灰色、紫灰色砾岩
			泰山组	Et		紫红色粉砂岩为主,中上部夹细砂岩、含砾砂岩和砂砾岩,底部为暗棕色砂砾岩

上盐亚段盐层在矿区内平面分布稳定,盐岩顶面埋深1365~2011m。含盐层厚度37.5~169.5m,平均123.9m;盐层累计厚度29.1~124.0m,平均91.3m,含盐率为55.4%~86.8%。盐岩呈层状发育,纵向上发育7套盐层,其中第1号、第3号、第6号盐层较发育,第4号、第7号盐层次之。各盐层在不同方向展布规律略有差异,从近南北向连井剖面看,第1号、第2号、

第 3 号、第 4 号、第 6 号盐层分布稳定,第 5 号盐层由东(北)向西(南)方向尖灭,第 7 号盐层由西(南)向东(北)方向增厚(图 3-3-4)。

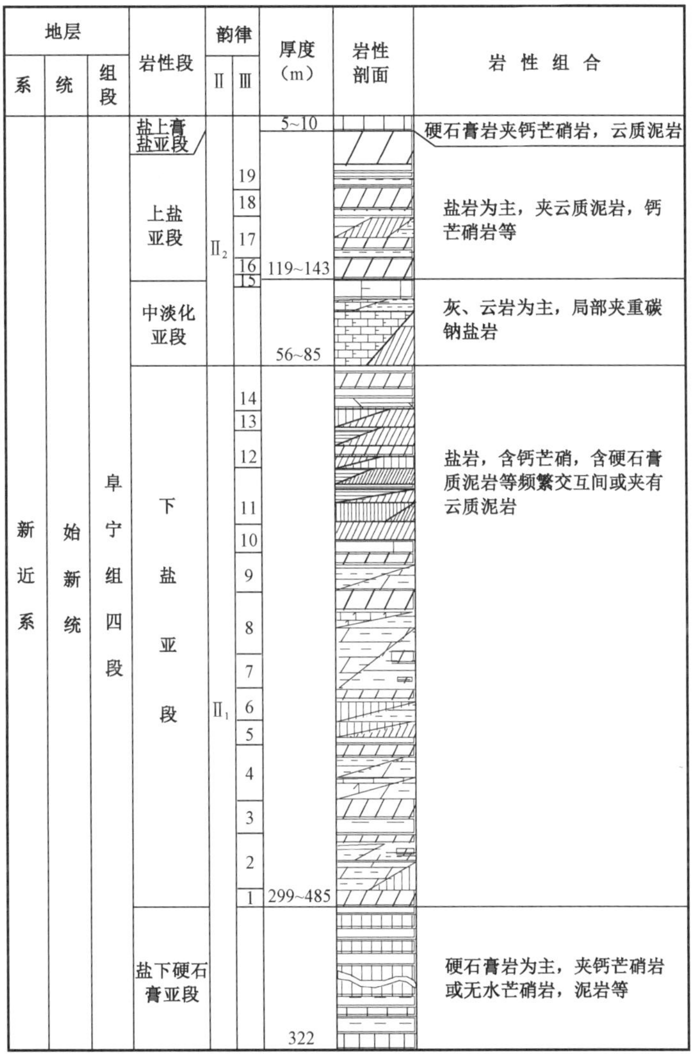

地层			岩性段	韵律		厚度(m)	岩性剖面	岩 性 组 合
系	统	组段		II	III			
新近系	始新统	阜宁组四段	盐上膏盐亚段			5~10		硬石膏岩夹钙芒硝岩,云质泥岩
			上盐亚段	II₂	19 18 17 16 15	119~143		盐岩为主,夹云质泥岩,钙芒硝岩等
			中淡化亚段			56~85		灰、云岩为主,局部夹重碳钠盐岩
			下盐亚段	II₁	14 13 12 11 10 9 8 7 6 5 4 3 2 1	299~485		盐岩,含钙芒硝,含硬石膏质泥岩等频繁交互间或夹有云质泥岩
			盐下硬石膏亚段			322		硬石膏岩为主,夹钙芒硝岩或无水芒硝岩,泥岩等

图 3-3-3 赵集盐矿新近系阜宁组四段含盐系岩性剖面图

在盐层之间及盐岩层内分布含盐泥岩、盐质泥岩、钙芒硝质泥岩等多个夹层,第 2 号、第 3 号盐层之间和第 4 号、第 5 号盐层之间的两个明显泥岩标志层在全区稳定分布,横向变化小,是矿层划分对比的主要依据。据 32 口采盐井统计表明,单井夹层 3~46 层,平均含夹层 19.41 层,厚度 6.5~51.77m,平均夹层厚度 31.46m,占盐岩地层厚度 25.49%。夹层单层厚度小于 2m 的层居多,平均 13.66 层,占全井夹层数 70.37%;厚度平均 9.94m,占全井夹层厚度 31.58%(表 3-3-3)。

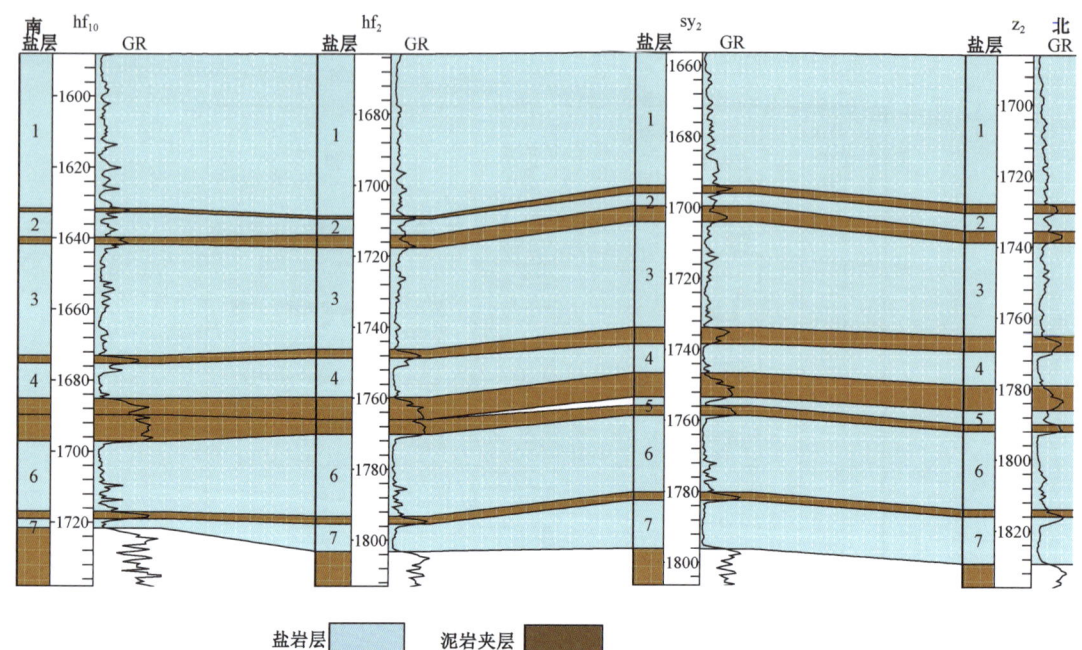

图3-3-4 赵集盐矿南西—北东连井对比剖面

表3-3-3 赵集盐矿含盐层系夹层分类统计数据表

<2m				2~5m				>5m				夹层数（个）	夹层厚度（m）
层		厚度		层		厚度		层		厚度			
数值	比例（%）	O(m)	比例（%）	数值	比例（%）	O(m)	比例（%）	数值	比例（%）	O(m)	比例（%）		
13.66	70.37	9.94	31.58	5.1	26.25	15.62	49.63	0.66	3.38	5.91	18.78	19.41	31.46

2. 矿石物质组成

矿物以盐岩为主，其次为硬石膏、钙芒硝、无水芒硝。盐岩的化学组分主要是 NaCl，Na_2SO_4 和 $CaSO_4$，其次为 $CaSO_3$ 和 $MgCO_3$。NaCl 含量较高，一般大于 75%，个别高达 90% 以上；Na_2SO_4 含量较低，一般小于 4%，$CaSO_4$ 含量一般小于 10%。

3. 含盐地层稳固性

1989年12月盐矿投入开发，采卤生产井80余口，采盐深度一般大于1300m。从生产情况来看，未发现盐腔垮塌现象，说明含盐地层稳固性好。

盐矿体直接顶板岩性以硬石膏岩、泥质硬石膏岩、石膏质泥岩、云质泥岩、泥岩为主，夹钙芒硝岩，厚度4.00~47.00m，为良好的隔水层。顶板横向分布稳定，岩性变化不大。在保持顶板稳定的情况下，上覆三垛组—戴南组的含水层对盐矿开采无影响。

从盐层的构造与埋藏深度、盐层与夹层的展布以及盐体的稳固性来看，该盐矿具备建设地下储气库的条件，其不利因素为含盐地层厚度较薄，导致建腔高度较小，单腔体积受限，造腔成本因此会有所增加。

(二) 淮安盐矿

淮安盐矿位于江苏省淮安市淮安区境内,距淮安市区约20km,距冀宁联络线楚州分输站约10km。

从1956年开始的普查勘探到20世纪80年代末的生产勘探,基本落实含盐面积625km²,石盐储量1036.06×10^8t。近年来管道配套地下储气库建库条件分析等工作,为满足储气库可行性研究的需要,2013—2014年完钻2口储气库资料井,完成180km二维地震资料采集。

1. 含盐地层分布特征

盐矿区自下而上依次发育白垩系浦口组(K_2p)、赤山组(K_2c),新近系盐城组(N_2y),第四系东台组(Q_d),缺失整个古近系(E)和新近系盐城组下段(N_1y)(表3-3-4)。含盐系地层为浦口组二段,厚度大于1800m,主要由碎屑岩、硫酸盐岩和石盐岩组成。

表3-3-4 淮安盐矿中新生界地层简表

界	系	统	组	段	亚段	岩性组合	厚度(m)	岩性简述
新生界Kz	第四系	全新统—更新统	东台组Q_d				90~294	灰色粉砂质黏土夹粉砂,下部含砾砂层、砂砾层
	新近系	上新统	盐城组Ny	二段Ny^2			281.5~1072	灰棕色砂、砂砾与杂色黏土,含粉砂黏土互层
中生界Mz	白垩系	上统	赤山组K_2c	一段K_2c^1			0~550	砖红色、红棕色粉细砂岩夹泥质粉砂岩与含砾砂岩
			浦口组K_2p	三段K_2p^3			138~916	暗棕色粉砂质泥岩、粉砂岩、泥质粉砂岩,泥岩含石膏芒硝
				二段K_2p^2	上盐亚段K_2p^{2-3}	四$K_2p^{2-3(4)}$	139~438	以灰色泥质岩和钙芒硝岩为主,夹少量的盐岩和粉砂岩
						三$K_2p^{2-3(3)}$	169~647	以灰白色盐岩为主,夹钙芒硝岩、泥岩和粉砂岩
						二$K_2p^{2-3(2)}$	124~517	以褐灰色钙芒硝岩为主,夹泥岩、盐岩、少量硬石膏岩
						一$K_2p^{2-3(1)}$	85~517	灰色盐岩和钙芒硝岩为主,夹暗棕、灰绿色粉砂质泥岩和泥质粉砂岩
					中淡化亚段K_2p^{2-2}		138~388	以泥质粉砂岩、细砂岩为主,夹粉砂质泥岩
					下盐亚段K_2p^{2-1}		113~758	暗棕色、灰黑色泥岩、膏质泥岩,粉细砂岩,硬石膏,钙芒硝与盐岩组成韵律的不等厚互层,夹薄层凝灰岩
				一段K_2p^1			619	咖啡色泥岩夹砂岩、云质泥岩、泥质粉砂岩,底部砾岩、砂砾岩

含盐系地层包含上盐亚段、中淡化亚段、下盐亚段三个岩性亚段。上盐亚段为主要的含盐地层,自下而上可分为4个岩性组合,其中第一($K_2p^{2-3(1)}$)、第三($K_2p^{2-3(3)}$)岩性组合以厚层盐岩为主,夹薄层泥岩及含盐泥岩;第二($K_2p^{2-3(2)}$)、第四($K_2p^{2-3(4)}$)岩性组合的岩性以泥岩

为主,夹薄层盐岩及含泥盐岩。盐矿主力采矿层为第三岩性组合。由于第三岩性组合厚度大,是最具建库条件的潜力层系。

第三岩性组合盐层分布稳定,顶面埋深909.5~1783.1m,地层厚度302.5~654.2m,平均489.4m;盐层累计厚度227.4~485.8m,平均328.8m。

盐层主要以层状、似层状展布,由多个盐矿层和淡化层叠合而成,分布较稳定。根据钻井与测井资料,第三岩性组合可划分为12个盐群,盐群厚度不等,单盐群平均厚度15~120m。除1盐群和11盐群外,其他盐群平均厚度均大于20m,厚度最大是9盐群,厚度为70.6~147.2m,平均119.5m。各盐群的平均含盐率差别较大,单盐群平均含盐率为35%~70%,其中8盐群和9盐群含盐率最高,在70%以上,3盐群和10盐群含盐率低于40%(表3-3-5)。

表3-3-5 淮安盐矿浦二段第三岩性组合盐群厚度与含盐率统计表

盐群编号	1	2	3	4	5	6	7	8	9	10	11	12
厚度(m)	13.2	38.5	29.6	30.2	66.9	26.9	36.7	81.2	119.5	28.5	16.8	39.6
含盐率(%)	68.4	68.3	34.6	58.3	67.1	42.2	48.6	70.9	71.2	32.8	61.9	56.3

单井中第三岩性组合平均夹层厚度为183.5m,占含盐层地层厚度的35.3%;平均夹层个数达43.3层,单夹层厚度较小,厚度小于4m的夹层占70%~80%。

2. 矿石物质组成

浦二段含盐系除了盐岩之外,钙芒硝最为发育,局部含硬石膏。盐岩矿石成分主要是$NaCl$、Na_2SO_4和$CaSO_4$。$NaCl$含量较稳定,最小44.83%,最高71.43%,一般50%~60%;Na_2SO_4一般小于10%,$CaSO_4$含量较低,一般小于3%。

3. 含盐地层稳固性

自1986年开始试采,1994年投产,现有60余口采卤井。投入开发22年来,矿区附近地下水水质无明显变化,土壤状况良好,没有明显的地面塌陷、地面沉降等人为地质灾害发生,说明含盐地层稳固性好。

第三岩性组合是盐岩的主力开采层段,其直接顶底板是上、下部的淡化层,岩性以泥质岩为主,夹含盐泥岩。岩石的裂隙均不发育,局部地段见少量裂隙,被方解石充填。发育的4个含水层均被隔水层所隔,矿床水文地质条件简单,不会对盐岩层造成不良影响。

淮安盐矿含盐地层厚度大,盐岩分布面积较大,建库区块与层段的选择性较大,其不利因素为夹层较发育,含盐率与综合盐岩品位较低,盐岩集中发育段埋藏较深。

二、中南地区

中南地区盐矿资源较为丰富,在河南省、湖北省、湖南省、安徽省、江西省均有盐矿资源分布,其中湖北省有云应与黄场两座盐矿。

(一)河南平顶山盐矿

平顶山盐矿(平顶山盐田或叶舞盐田)位于河南省平顶山市叶县和漯河市舞阳县境内,距西气东输二线鲁山分输站35km、平顶山分输站20km。从1957年开始的普查勘探到20世纪90年代的生产勘探,基本落实舞阳凹陷古近系核桃园组一段和二段含盐面积400km²。

1. 含盐地层分布特征

舞阳凹陷从白垩纪到第四纪依次沉积了白垩系胡岗组(K_2h),古近系(E)玉皇顶组、大仓房组、核桃园组、廖庄组,新近系(N)上寺组以及第四系(Q)平原组(表3-3-6)。

表3-3-6 平顶山盐矿新生界地层简表

地层				厚度(m)	岩性简述
界	系	统	组		
新生界 Kz	第四系		平原组 Qp	25~168	下部黏土夹砾石,中上部砂质黏土、黏土夹数层砂砾层
	新近系		上寺组 Nsh	300~800	浅黄色、灰黄色、杂色细砂岩、砾状砂岩与灰黄棕红、灰绿色泥岩互层
	古近系	渐新统 E_3	廖庄组 E_3l	315~869	杂色砾状砂岩,浅灰色含砾砂岩与棕色、灰黄色泥岩互层
		始新统 E_2	核桃园组 E_2h 一段 E_2h_1	200~1138	下部泥岩、盐岩及含膏泥岩,中部膏岩盐岩、泥膏岩,上部泥岩、含膏泥岩互层,夹盐岩
			二段 E_2h_2	489~1070	下部灰红色含砾砂岩、砾状砂岩、浅灰红色细砂岩、棕红色、棕紫色泥岩,上部为灰色、棕色泥岩、油页岩及灰白色、棕黄色盐岩、含膏泥岩
			三段 E_2h_3	784~986	下部灰红色含砾砂岩、砾状砂岩、浅灰红色细砂岩、棕红及棕紫色泥岩,上部灰色、棕色泥岩、杂色砾状砂岩及灰白色灰岩
			大仓房组 E_2d	>1200	杂色砂砾岩、砾岩、局部夹棕红色、紫色砂质泥岩、粉—细砂岩
			玉皇顶组 E_2y	1943	下杂棕色—紫色砂岩、泥岩互层,夹杂色砾岩及灰色粉砂岩,中部紫色砂岩、泥岩及白云岩、泥灰岩,顶部为浅灰色泥岩、粉砂岩及灰白色白云岩

平顶山盐矿主要含盐层为核桃园组一段。核一段(E_2h_1)上部发育分布与厚度均较稳定的硬石膏层和含硬石膏泥岩层,下部为盐岩为主的含盐地层,岩性以灰—白色盐岩为主,夹泥岩。核一段含盐地层厚度293~662m,可划分21个盐群(0~20盐群),统计数据显示,除4盐群平均厚度为10.8m外,其他盐群平均厚度均大于15m,其中1盐群、5盐群、6盐群、14盐群、17盐群、19盐群和20盐群厚度大于30m。核一段含盐地层各盐群的含盐率差别较大,平均含盐率为63%,其中14盐群最大,含盐率达81.1%,0盐群含盐率仅为38.1%,其他盐群含盐率介于48.2%~79.9%(表3-3-7)。

表3-3-7 平顶山盐矿完钻井盐群情况统计表

盐群编号	0	1	2	3	4	5	6	7	8	9	10
平均厚度(m)	28.2	30.4	29.6	24.8	10.8	40.1	32.2	25.8	17.1	17.7	26.2
含盐率(%)	38.1	62.4	48.2	58.1	56.3	59.2	79.9	63.1	61.8	58.7	58.2
盐群编号	11	12	13	14	15	16	17	18	19	20	
平均厚度(m)	17.3	20.6	28.1	31.8	19.1	19.8	35.8	22.1	33.1	36.7	
含盐率(%)	62.9	75.7	53.2	81.1	77.7	70.3	72.4	77.9	70.8	69.3	

盐群在横向上呈层状分布，盐群之间及盐岩层内发育泥岩、含膏泥岩、膏质泥岩等夹层（图3-3-5）。每个盐群内夹层个数为0~5个，夹层厚度差异较大，平均3.5~14.5m。单夹层厚度一般大于2m，最大厚度达16m。13盐群底部发育的夹层在全区分布稳定，厚度8~16m，平均13m。

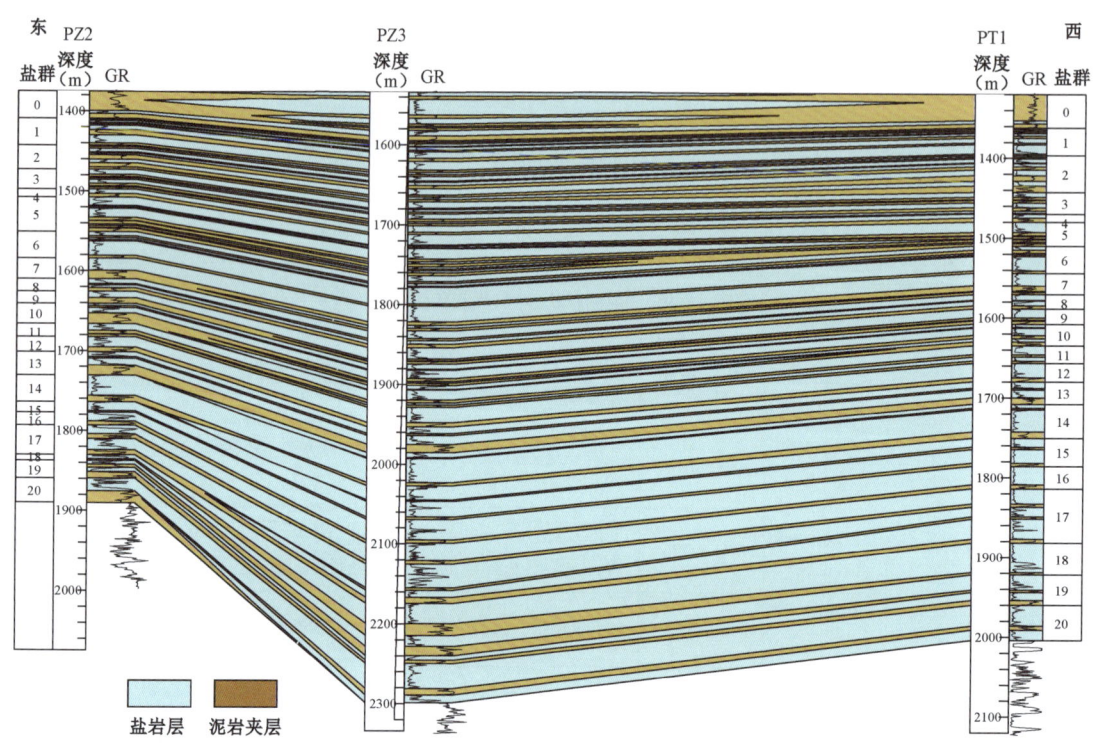

图3-3-5 平顶山盐矿近东西向连井剖面图

2. 矿石物质组成

含盐层矿物以石盐为主，含少量硬石膏和泥质。石盐含量80%~99%，一般在90%以上；硬石膏含量一般1%~5%，最高达12%；泥质含量一般1%~5%，最高达10%。石盐化学组成主要是NaCl，占85%~90%，其次是$CaSO_4$，其他盐类甚微。

3. 含盐地层稳固性

平顶山盐矿自20世纪90年代开始采盐，现有采卤井50余口，开采层位主要为14~17盐群，采盐深度1100~1900m。从生产情况来看，采卤井中未发现盐腔垮塌现象，生产资料亦证实盐岩层的特性及顶底板条件能够保持盐腔稳定。

平顶山盐矿含盐层系为盐岩与泥质岩类互层，结构致密，一般不含重力水，对开采矿床没有影响；含盐层系直接顶板为核一段顶部的含膏泥岩、膏质泥岩和泥岩，厚40.86~50.3m，为良好的隔水层，在保持顶板稳定的情况下，上覆廖庄组（E_3l）的地下水对盐矿开采无影响；含盐层系直接底板为含膏泥岩和泥岩，厚23m，具有一定的隔水能力，其下伏含水层对盐矿开采影响甚微。总体看来，含盐层系本身不含地下水，盐岩层上、下泥质岩岩性致密完整，隔水性好，不受外来水的影响，顶底板水文地质条件简单，不会对盐岩层造成不良影响。

从目前掌握的资料来看,平顶山盐矿的建库地质条件仅次于目前在建的金坛盐矿,虽然平顶山盐矿的盐岩品位略低于金坛,但平顶山盐矿的含盐地层厚度较大、含盐面积亦较大,建库层段与区块以及储气库建库规模具有较好的潜力,其不足之处为盐岩层相对发育段埋藏深度较大,这虽可以增加储气量,但腔体的稳定性成为需要重点关注的技术指标。

(二)湖北云应盐矿

云应盐矿位于湖北省孝感市境内,距应城市2km,距武汉市约80km,距西气东输二线孝感分输站约45km。

云应盐矿含盐地层为古近系膏盐组,盐矿床面积188km^2,已探明矿石储量357×10^{8}t。盐矿自1969年开始使用水溶法开采,目前已开采区有7家制盐企业,完钻采盐井330余口,采用压裂和水平对接井开采。

1. 含盐地层分布特征

云应盐矿含盐地层古近系膏盐组(Eg)由下而上划分为下膏段(Eg_1)、下硝段(Eg_2)、盐岩段(Eg_3)、上硝段(Eg_4)和上膏段(Eg_5)5段(表3-3-8)。石盐矿床赋存于古近系膏盐组盐岩段(Eg_3),矿床顶面构造深度-790m~-180(图3-3-6),呈近东西向展布,东南部埋藏浅,西北部埋藏深,发育一系列拉张正断层和局部逆断层,盐岩段总厚316.78~910.78m。

表3-3-8 云应盐矿新生界地层简表

界	系	组	段	地层代号	厚度(m)	岩性简述
新生界	第四系			Q	11~153	赭黄色黏土、砂砾、砂
	新近系	掇刀石组		N_2d	0~50	灰白色—黄色泥岩、黏土岩,底部为黄褐色砾石
	古近系	文峰塔组		Ew	3~480	下部灰绿色和赭色钙质泥岩、钙质粉砂岩、含纤维状石膏,上部为浅绿色、灰白色及赭色泥灰岩夹粉砂岩
		膏盐组	上膏段	Eg_5	20~270	灰绿色含硬石膏泥岩、泥质硬石膏岩与赭色粉砂岩、泥岩互层
			上硝段	Eg_4	27~39	灰绿色、灰色含钙芒硝泥岩、泥质硬石膏岩与赭色含硬石膏泥质粉砂岩、粉砂质泥岩互层
			盐岩段	Eg_3	316~911	灰绿色、灰色含钙芒硝泥岩、泥质硬石膏岩、石盐与赭色粉砂岩、泥岩互层,硬石膏、钙芒硝、石盐三者互层。本段富含石盐,石盐层数百层,最大厚度达910m
			下硝段	Eg_2	57~280	灰绿色、灰色含钙芒硝泥岩、泥质硬石膏岩与赭色含硬石膏泥质粉砂岩、粉砂质泥岩互层
			下膏段	Eg_1	72~170	灰色泥质硬石膏岩与赭色泥岩、粉砂质泥岩互层
		白砂口组		Eb	694~920	下部为红色砂岩、含砾砂岩,上部为红色粉砂岩、泥质粉砂岩夹薄层纤维状石膏
		云台山组		Ey	727	红色砂岩、泥质粉砂岩、砂质页岩及砾岩,韵律层发育

夹层岩性一般为泥质硬膏岩、硬膏质泥岩、泥质钙芒硝岩、粉砂质泥岩等。单夹层厚度大多为0.2~0.5m,极少数大于1m,夹层总厚具有由边部向沉积中心(沿倾向)变薄的趋势。

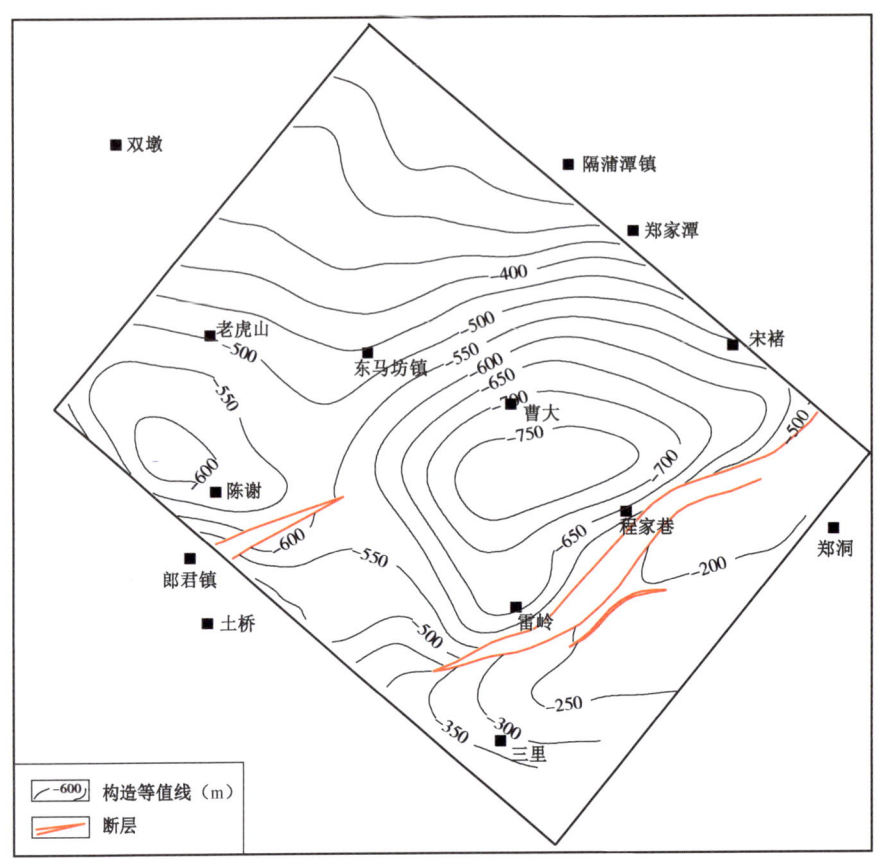

图3-3-6 云应盐矿含盐地层顶面构造等值线图

2. 矿石物质组成

矿石主要由石盐组成,次为硬石膏、钙芒硝,局部含少量水云母、泥晶白云石、有机质。

盐层NaCl平均品位50%~77%,一般为60%~70%;Na_2SO_4含量0.27%~13.34%。夹层主要化学成分为Na_2SO_4、$CaSO_4$和NaCl,次要化学成分是水不溶物。夹层中NaCl含量3.89%~30.93%,一般15%~25%,Na_2SO_4含量0.06%~30.41%,不溶物含量大部分超过15%,最大可达30%以上。

3. 含盐地层稳固性

云应盐矿自1969年使用水溶法开采以来,开采区面积近$30km^2$,累计采盐6000多万吨,形成了近200个大小不同的盐腔。截至目前云应盐矿已发生3次地面沉降和塌陷、2次地面冒卤,原因在于生产井固井质量不好、废井没进行封井或封井质量不好、生产井管柱腐蚀断裂等造成地下盐腔高压卤水上窜时对地层潜蚀掏空,从而导致地面沉降、地面冒卤等。

盐岩矿床围岩为薄层泥岩、粉砂岩、硬石膏岩和钙芒硝岩。盐岩顶板为古近系文蜂塔组(Ew)、膏盐组上膏段(Eg_5)和上硝段(Eg_4)砂岩、泥岩、泥质硬膏岩、钙芒硝岩及盐岩等,总厚度131.24~630.00m,隔水性好;岩石软弱—半坚硬,除泥岩类稳固性较差,遇水易软化外,一般稳固性较好。

云应盐矿含盐地层较厚,在优化建库层段时,可适当预留一定厚度的含盐地层作为上覆地层的隔水层。这样在保证固井质量的前提下,合理布井造腔,优化单腔运行参数,可有效保证地层的稳固性。

云应盐矿构造简单、埋藏适中、含盐地层厚度较大,盐体稳固性好,基本具备建设地下储气库的条件,其不利因素为含盐地层中夹层频繁出现,导致综合盐岩品位仅60%左右,这将造成单腔的成腔率减小,造腔成本增加。

(三) 湖北黄场盐矿

黄场盐矿位于湖北省潜江市黄场镇内,处于江汉盆地潜江凹陷北部王场向斜中心部位,距离武汉市160km、潜江清管站20km左右。含盐地层为潜江组二段,开采区面积1.2km²,盐矿储量1.8×10^8t。

1. 含盐地层分布特征

黄场盐矿主体为一单斜构造,倾角约15°,倾向南西西向,西部为王场背斜与黄场鼻状斜坡带的结合部,地层平缓,倾角1°~3°,无断层,裂隙不发育[4](图3-3-7)。矿区地层自上而下分别为第四系全新统—更新统平原组、新近系中新统广华寺组、古近系渐新统荆河镇组、古近系上始新统潜江组。

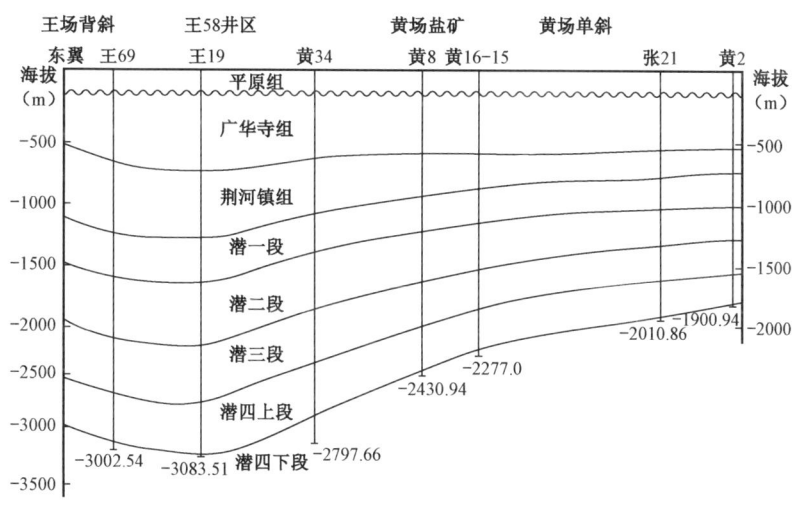

图3-3-7 潜江凹陷黄场盐矿构造剖面图[4]

潜二段地层由25个含盐韵律层构成,顶面埋藏深度1212.5~2182.0m,平均厚度440m。每个含盐韵律层均由两种明显不同的沉积物构成,上部盐矿层为厚几米至几十米的石盐、无水芒硝和钙芒硝泥岩互层,下部盐间、非砂岩段,厚度一般2~8m,由钙芒硝质泥岩、白云质泥岩互层组成,局部见泥质白云岩条带。

盐层呈层状,单个盐矿层厚3.21~35.74m,平均6.31~29.18m;盐层累计厚度150~500m,NaCl平均品位为65%~86%,水不溶物平均含量为3%~10%。

夹层厚度均小于1m,累积厚度为0.02~4.27,层数1~40层,夹层比例0.61%~13.7%,个别20.4%。

黄场盐矿潜二段盐岩发育区域为王 58 井区,发育层段为 13~16 韵律层,为目前造腔试验层段。58 井区 13~16 韵律层埋藏深度 1934.0~2044.5m,平均厚度 110.3m、含盐率 88.5%,单韵律层厚度 19.7~39.7m、平均 24.4m(表 3-3-9)。

表 3-3-9 黄场盐矿王 58 井区潜二段 13~16 韵律层盐层特征表

韵律号	埋藏深度(m)	厚度(m)	与下一层夹层厚度(m)
13	1934.0~1953.7	19.7	3.5~5.0
14	1958.2~1974.3	16.2	3.0~4.5
15	1978.3~2000.3	22.0	3.0~4.5
16	2004.5~2044.5	39.7	
平均	1989.25	24.4	4.2

2. 矿石物质组成

含盐层矿物以石盐为主,其次为无水芒硝,石盐含量 63%~75%,水溶组分含量 76%~83%(表 3-3-10)。

表 3-3-10 黄场盐矿王 58 井区潜二段 13~16 韵律层矿物构成表

韵律号	石盐(%)	硫酸钠(%)	水溶组分(%)
13	63.96	12.39	76.35
14	69.77	13.07	82.84
15	74.77	8.64	83.41
16	68.97	10.22	79.19
平均	69.40	10.77	80.17

3. 含盐地层稳固性

黄场盐矿位于黄场油田开发区内,盐矿区内潜四段砂岩油层位于盐层下部,垂直距离 800~1000m,目前有 3 对水平对接采卤井,采卤井及周边未发生垮塌现象,说明顶底板条件能够保持盐腔稳定。

潜二段 13 韵律层上覆的含盐地层平均厚度 284.0m,下伏 17~24 韵律层地层平均厚度 175.7m,这些韵律层对盐腔可以起到很好的封闭作用。

黄场盐矿构造简单,含盐地层厚度较大,盐体稳固性好,基本具备建设地下储气库的条件,其不利因素为有利造腔层段埋藏深度较大,与平顶山一样需要重点关注腔体的稳定性。

(四)湖南湘衡盐矿

湘衡盐矿是指松木塘、茶山坳、金甲岭、衡东一带盐类矿床分布区,包括盐岩与钙芒硝矿床,总面积约 800km²(图 3-3-8)。矿区位于湖南省衡阳市以北、长沙以南,距衡阳市区约 15km,距长沙市约 140km,距西气东输三线株洲—衡阳支线衡阳分输站约 30km。

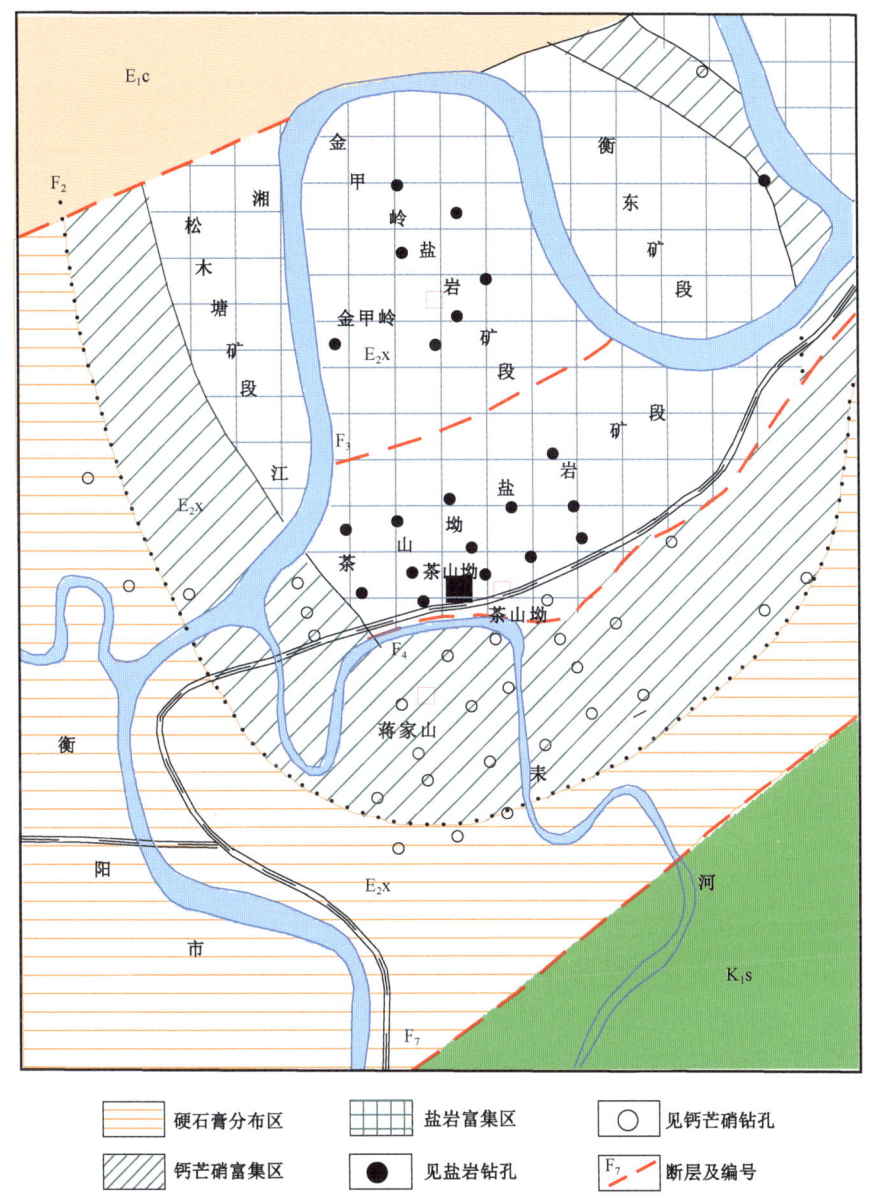

图3-3-8 湖南省衡阳市盐矿区矿段划分示意图

1. 含盐地层分布特征

湘衡盐矿区盐类沉积物在平面上具有明显的分带性,呈环状分布,从盐盆边部往中心,硬石膏—钙芒硝—盐岩带依次出现。

湘衡盐矿主要含盐地层为古近系霞流市组茶山坳段氯化物带。茶山坳段(E_2x)在矿区中部最为发育,厚度可达800m以上,向四周逐渐变薄;岩性也有较大的变化,从下往上可划分为下泥岩带、下硫酸盐带、中氯化物带、上硫酸盐带、上部泥岩带(表3-3-11)。

表 3－3－11　湖南衡阳盐矿区新生界地层简表

地层					代号	厚度（m）	岩性简述
界	系	统	组	段	带		
新生界	第四系	全新统				Q_n	0～38	上段为黏土及亚黏土或亚砂土,下段为流砂卵石层
		更新统				Q_p	38～80	上段为蠕虫状红土,下段为白砂并砾石层
	古近系	渐新统/始新统	霞流市组		高岭段	E_2x^2	240～930	紫红色泥岩、泥质粉砂岩,夹薄层青灰色泥岩、泥灰岩和长石石英砂岩、细砂岩
				茶山坳段	上泥岩带	E_2x^{1-5}	200	上部为紫红色泥岩与青灰色灰质泥岩、泥灰岩互层,下部以青灰色灰质泥岩、泥灰岩为主,夹紫红色灰质泥岩及灰白色长石石英砂岩、泥质砂岩
					上硫酸盐带	E_2x^{1-4}	10～90	钙芒硝岩、硬石膏岩、青灰色灰质泥岩,顶部见有雪花状石膏
					中氯化物带	E_2x^{1-3}	200～470	上部及中部以盐岩为主,夹薄层青灰色含盐泥岩及钙芒硝岩,偶见夹薄层紫红色泥岩,下部以含团块状、肠状硬石膏、青灰色泥岩、泥灰岩与紫红色泥岩互层为主,夹盐岩及硬石膏、钙芒硝岩
					下硫酸盐带	E_2x^{1-2}	150	团状、云雾状硬石膏、青灰色泥岩、泥灰岩与紫红色泥岩互层,夹层状、似层状硬石膏岩及钙芒硝岩,常见盐岩呈次生裂隙状分布与泥岩中
					下部泥岩带	E_2x^{1-1}	>45	青灰色含斑状硬石膏、泥质灰岩与紫红色粉砂质泥岩互层,夹紫红色砂岩
		古新统	车江组			E_1c	187～950	上部紫红色泥岩、泥质粉砂岩夹薄层细砂岩及灰绿色泥岩。下部浅灰色、灰白色、浅紫色厚层状砂岩与紫红色灰质泥岩、泥质粉砂岩互层

中氯化物带为主要含盐地层,包含主矿层和副矿层。

主矿层位于氯化物带上部,单盐岩层厚度大,夹层厚度小。矿段内含盐层厚 103.84～306.08m,平均 233.36m;盐岩层厚 93.48～272.52m,平均 188.06m;盐层 5～19 层,单层厚 1.35～89.11m;夹层 4～18 层,单层厚 0.58～7.18m;埋藏深度 200m～1500m,含盐率 65.4%～89.1%。

副矿层位于氯化物带下部,盐岩单层厚度小,夹层厚度大且频繁发育,含盐率偏低。含盐层厚 8.08～108.71m,盐岩层厚 1.63～19.73m,单盐层厚 0.75～7.06m;夹层厚 6.45～88.98m,单夹层厚 0.63～61.44m;含盐率 16%～47%。

2. 矿石物质组成

矿石以石盐为主,其次为钙芒硝。石盐层中 NaCl 含量 15%～95.63%,平均 45%;Na_2SO_4 含量 0.21%～26.38%,平均 9.67%。

3. 含盐地层稳固性

矿区内地层平缓,构造简单,小构造较发育,以节理为主,多被方解石和石膏等充填。区内盖层厚度大、分布稳定,矿段北部、南部的 F2 和 F3 二条断层对盐岩矿层及盖层的影响较小。盐岩矿层顶部埋深 530～1131.89m,顶板为上硫酸盐带的含膏泥岩与钙芒硝矿层,厚度 14.34～

94.29m,上覆巨厚的泥岩、钙质泥岩、粉砂质泥岩层,厚度大,封闭能力强。

衡阳盐矿从盐层的构造、埋藏深度、含盐地层厚度、盐体稳固性等方面基本具备建设地下储气库的条件,但主矿层盐岩品位较低、单腔成腔率低。

(五)安徽定远东兴盐矿

定远东兴盐矿位于安徽省定远县城西17km的东兴集附近,距合肥市97km,距西气东输管线约20km。

定远东兴盐矿于1971年12月发现,1987年投入开采。现有两个开采区都在盐矿东段,采区面积$1.092km^2$,共36口井,其中一采区26口井,二采区10口井。

1. 含盐地层分布特征

含盐地层为古近系定远组四段中部盐岩亚段(表3-3-12)。矿体呈不规则扁豆状,近东西向展布,发育一凸两凹(图3-3-9)。东西长8500m,南北宽1.4~2.4km,面积$14.4km^2$。矿体呈层状,倾角平缓,一般10°~15°。区内无断裂发育。含盐地层一般60~160m,最厚198.4m,东凹陷面积$9.61km^2$,矿层厚度一般80~160m,最厚198.40m;西凹陷面积$4.8km^2$,盐层厚度一般在60~80m左右,最厚129.99m。

表3-3-12 定远东兴盐矿地层简表

地层					厚度(m)	岩性简述
系	统	组	段	亚段		
第四系(Q)					8~36	松散的黏土、亚黏土为主,局部夹少量砂层
古近系(E)	古新统	定远组(E_2)	E_2^5		72~208	棕褐色、砖灰色粉砂岩、泥岩以及砖红色细砂岩、砂砾岩、砾岩等
			E_2^4	上泥岩亚段E_2^{4-7}	49~324	深灰色、青灰色、灰黑色含膏泥岩、泥岩,及浅棕红色粉砂质泥岩
				上石膏亚段E_2^{4-6}	9~110	黑色、深灰色泥岩与含膏泥岩
				上钙芒硝亚段E_2^{4-5}	5~34	灰黑色含膏、含钙芒硝泥岩
				中部盐岩亚段E_2^{4-4}	36~199	灰白色、深灰色盐岩夹白云质、硬石膏和钙芒硝
				下钙芒硝亚段E_2^{4-3}	0~12	灰黑色含膏含钙芒硝泥岩夹薄层深灰色泥岩
				下石膏亚段E_2^{4-2}	10~40	深灰至灰黑色泥岩、含膏泥岩及灰色泥质石膏
				下泥岩亚段E_2^{4-1}	12~50	深灰色泥岩、含膏泥岩与棕色粉砂岩、粉砂质泥岩等
			E_2^3		327~500	以棕褐色、咖啡色粉砂质泥岩、粉砂岩为主,夹灰色、棕灰色细砂岩及膏质砂岩
			E_2^2		273~330	棕色—棕褐色含膏泥岩与含膏粉砂岩
			E_2^1		>97	浅褐至棕褐色细—中粒砂岩、粉砂岩为主,夹粉砂质泥岩、泥砾岩及膏质砂岩,下部有数层薄砾岩
		张桥组(E_1)			285~523	砖红色、棕褐色厚层中—粗粒砂岩及砾岩等

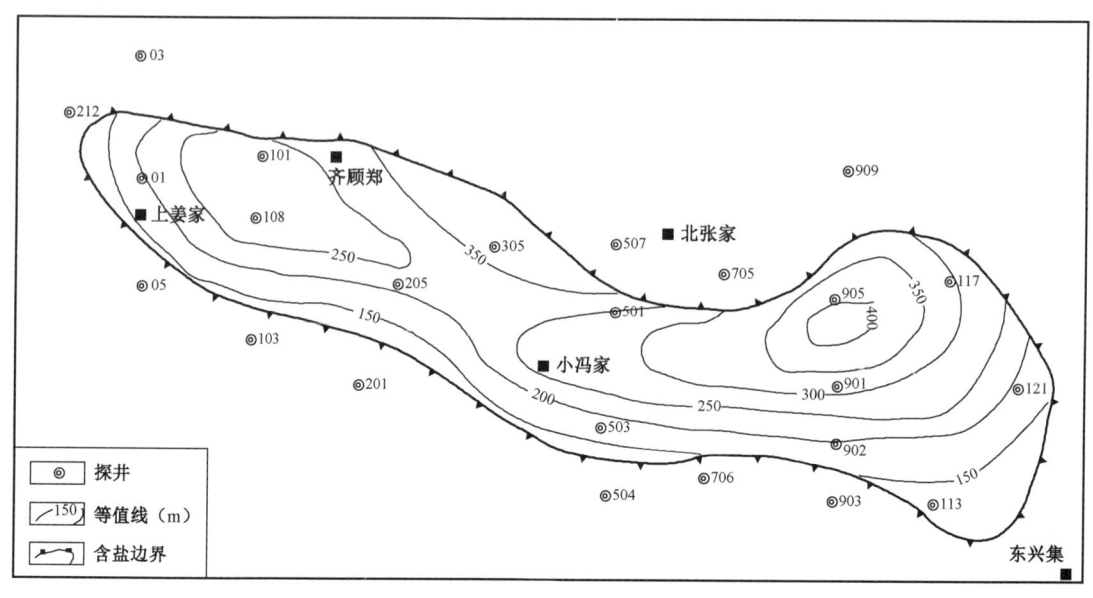

图 3-3-9 定远盐矿含盐系地层顶面埋深图

夹层主要集中在盐层的上、下部分,中部相对较少。夹层累计厚度一般为 5~20m,层数 4~12 层,单夹层一般 0.5~1.0m,大于 3m 的较少,最大厚度可达 17.64m。夹层主要以泥质夹层和钙芒硝夹层为主,一般含盐,部分夹层含薄层状或纤维状石膏。

2. 矿石物质组成

含盐层矿物主要包括盐岩、钙芒硝、石膏及泥质组分等,其中以盐岩居多,钙芒硝次之。

盐岩一般以白色、灰白色为主,西凹陷 NaCl 平均品位为 64.90%,东凹陷 NaCl 平均品位为 72.13%。

3. 含盐地层稳固性

定远东兴盐矿自 20 世纪 70 年代开始采盐以来,共钻采卤井 70 余口。含盐地层埋藏较浅,东凹陷含盐层顶面最浅 296.18m,一般在 322.27~413.38m;含盐层底面最浅为 370.63m,一般在 448.18~576.66m,最深 594.0m。西凹陷较东凹陷埋深更浅。

定远东兴盐矿于 2005 年 12 月 14 日、2006 年 3 月 25 日、2008 年 9 月 4 日和 2012 年 4 月 10 日,在采卤生产过程中发生地面塌陷事件,说明采卤生产已对地层稳固性带来了风险,因此该盐矿含盐地层在造腔和运行过程中必须重视稳固性评价,合理布井造腔,优化运行压力,确保腔体稳定。

定远东兴盐矿构造简单、含盐地层具有一定厚度、盐岩品位中等,但盐矿埋藏较浅、盐体稳固性存在一定的风险,盐矿开采时间较长,可利用建库的区块选择空间有限。

(六)江西清江盐矿

清江盐矿位于江西省樟树市(原清江县)境内,距南昌市约 90km,距江西省天然气管网丰城站 25km。含盐层系为古近系清江组,盐层埋深 592.92~1471.44m。

1. 含盐地层展布特征

清江盆地沉积主要由白垩系、古近系及第四系组成。古近系自下而上可分为清江组、临江组,盐岩矿床赋存于清江组一段含盐系中(表3-3-13)。

表3-3-13 江西清江盆地新生界地层简表

地层				代号	厚度(m)	岩性简述
界	系	统	组	段		
新生界	第四系				Q	0~19.06	由黏土、亚砂土、流砂及卵石组成
	古近系	渐新统	临江组	四	E_3l^4	0~116	上部灰紫色、紫红色细分砂岩、泥岩夹灰色泥岩及纤维状石膏;下部深灰色、灰绿色泥岩夹紫红色细分砂岩、灰色粗粉砂岩及中细砂岩
				三	E_3l^3	120~140	灰色、深灰色泥岩,粉砂质泥岩与灰白色细砂岩组成多个韵律。上部夹紫红色细粉砂岩,下部夹数层劣质油页岩
				二	E_3l^2	60~118	深灰色、蓝灰色及灰绿色泥岩,见泥灰岩及2~3层褐色劣质油页岩
				一	E_3l^1	22~34	暗紫色、褐色泥岩,细粉砂岩夹细砂岩
		始新统/古新统	清江组	三	$E_{1-2}q^3$	178~323	上部砖红色、棕红色、紫红色泥岩、细粉砂岩夹深灰色泥岩、细砂岩;下部紫红色、棕褐色、棕色细粉砂岩夹细砂岩、粗砂岩及深灰色泥岩
				二	$E_{1-2}q^2$	206~487	深灰色泥岩与暗紫色、棕色泥岩、细粉砂岩不等厚互层,下部夹灰色细砂岩
				一	$E_{1-2}q^1$	223~998	上部灰色、深灰色含硬石膏、钙芒硝泥岩夹灰色泥灰岩及暗紫红色泥岩;中部灰色、灰黑色含硬石膏、钙芒硝泥岩与乳白色、灰色、烟灰色盐岩不等厚互层,夹薄层紫红色泥岩;下部灰色、深灰色含钙芒硝、硬石膏泥岩与棕褐色、暗紫色泥岩、粉砂岩互层,夹薄层灰岩

清江盐岩矿床东西长18km,南北宽约9km,面积133.7km²。构造为南深北浅的不对称向斜,走向北东60°,地层倾角3°~7°。东北部埋深约450m,西南部埋深约950m(图3-3-10)。区内除发育南部与北部的控边断层外,尚有2条内部断层。含盐段厚度120~140m。

盐层与夹层分布稳定,单盐层厚度一般1.5~10m,平均厚度3.6m,最大厚度14.8m;单夹层厚度最大7.5m,最小1.8m,平均厚度4.2m,大于4m占54%。

2. 矿石物质组成

盐类矿物以石盐为主,其次有钙芒硝、硬石膏及少量石膏、半水石膏、芒硝和碳酸盐矿物等。盐岩矿石中主要化学成分为$NaCl$,Na_2SO_4,$CaSO_4$和$MgSO_4$等,其次为KCl,$MgCl_2$,$CaCl_2$及$Ca(HCO_3)_2$等,其中$NaCl$含量平均约为70%,Na_2SO_4与$CaSO_4$含量均约3%~5%。

3. 含盐地层稳固性

清江盐矿自20世纪70年代开始采盐以来,从生产情况来看,未发现盐腔垮塌现象,证明盐岩层特性及顶底板条件能够保持盐腔稳定。

清江盐矿构造较为简单、埋藏深度适中、含盐地层具有一定厚度、盐体稳固性好,但含盐率低于50%,成腔率低,在没有更好的工艺措施提高成腔率的情况下,造腔成本较高。

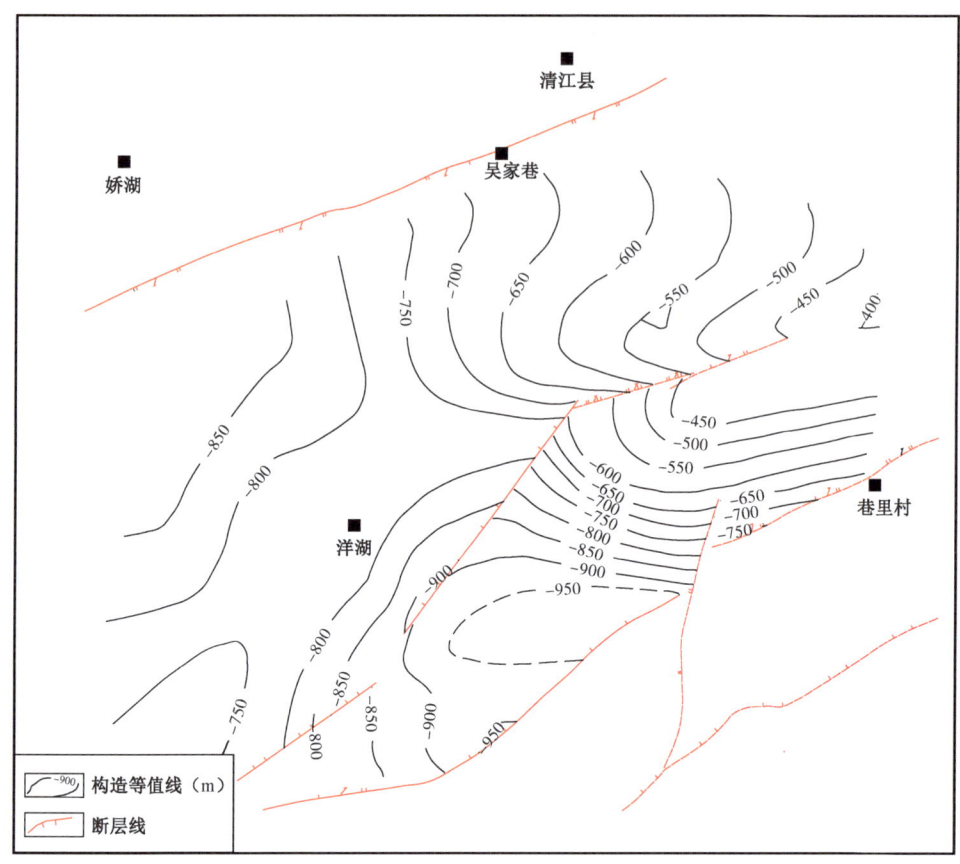

图 3-3-10 清江盐矿含盐地层顶面构造等值线图

三、西南地区

西南地区的四川省与重庆市为中国主要产气区,贵州省目前未见盐矿发现的报道,云南省为中国井矿盐产区之一,目前已发现安宁等盐矿(表3-3-14)。云南省盐矿普遍埋藏较浅,从埋藏深度、含盐系地层与盐矿资料详实程度等方面考虑,安宁盐矿是该地区建设地下储气库的最佳目标。

表3-3-14 云南省盐矿基本表

编号	盐矿名称	地理位置	层位 统	层位 组段	盐层埋深(m)	含盐系厚度(m) 范围	含盐系厚度(m) 一般	NaCl含量(%)
1	安宁盐矿	安宁市	上侏罗统	勐野井组	80~544	252.51~324.39	257.6	57.97
2	文卡盐矿	景谷县	上白垩统	勐野井组	30~559.4	6.83~477.99		52.57
3	勐野盐矿	江城县城	上白垩统	勐野井组	25~1124		196.4	70.64
4	整董盐矿	江城县城	上白垩统	勐野井组	50~500	600		61.2
5	勐腊县盐矿	勐腊县	下白垩统	勐野井组	33.6~474.8	4.48~626.2	254.95	61.5

安宁盐矿大部分处于云南省昆明市西郊安宁市境内,少部分属于昆明市西山区所辖,盐矿首采区在矿区东北方安宁县太平区内,东西距昆明市和安宁市各约20km。含盐系地层为侏罗系上统安宁组,盆地内白垩系覆盖、保存较好的含盐面积约为60km^2,石盐(NaCl)储量达136×10^8t。

(一)含盐地层分布特征

安宁盆地自下而上发育侏罗系下禄丰组、上禄丰组、安宁组,白垩系桃花村组、锅盖山组,古近系,新近系和第四系。含盐层系为上侏罗统安宁组(J_3an),可进一步划分为上、中、下3个矿段10个矿带。盐岩矿体赋存于中矿段4~6矿带,包含4个矿体(表3-3-15和表3-3-16)。

表3-3-15 安宁盆地安宁组含盐层系地层简表

地层		矿体划分			岩性简述
组	段	矿段	矿带	矿体	
安宁组 J_3an	上段 J_3an^3	上矿段	10	石膏矿	青灰色、深灰色钙芒硝岩、石膏岩与紫红色、灰色、灰绿色粉砂质泥岩、泥岩互层,夹少量芒硝层、石盐层。厚度63.2~208.6m
			9		
			8	上钙芒硝矿	
			7		
	中段 J_3an^2	中矿段	6	④石盐矿	白色、青灰色石盐岩、钙芒硝石盐岩、钙芒硝与灰绿色泥岩、紫红色粉砂质泥岩互层,岩相变化不明显。厚度77.6~426.7m
			5	③石盐矿	
				②石盐矿	
			4	①石盐矿	
	下段 J_3an^1	下矿段	3	下钙芒硝矿	紫红色、青灰色、灰色含硬石膏结核泥岩、灰泥岩、粉砂质泥岩、含钙芒硝白云质泥岩与青灰色石膏岩、钙芒硝岩互层。厚度大于150m
			2		
			1		

表3-3-16 安宁盐矿矿体特征数据表

矿带	矿体	顶面埋深(m)	厚度(m)	NaCl(%)	Na_2SO_4(%)	夹层数(层)	夹层厚度(m)
6	④	383.17~562.72	27.83~186.61	25.65~94.14	10.49~37.82	0~13	0~30.87
5	③	421.13~702.86	69.32~85.30	25.48~86.63	10.13~30.03	5~8	11.77~17.95
	②	513.11~780.25	36.6~67.34			1~5	1.99~10.06
4	①	611.49~845.93	90.84~195.72	25.42~90.68	10.08~26.98	3~5	7.1~13.32

单夹层厚度最小0.5m,最大19.14m;小于2m的夹层比例为40%~67%,平均达到57%,大于5m的夹层数量比较少(表3-3-17)。

表3-3-17 安宁盐矿含盐层系夹层情况表

夹层厚度(m)	平均比例(%)	单井比例(%)
<2	57	40~67
2~3	23	15~39
3~5	17	平均占17
>5	3	数量极少

(二)矿石物质组成

矿物成分较简单,盐类矿物有石盐、芒硝、钙芒硝、石膏、硬石膏等。

石盐矿主要组分为 NaCl、Na_2SO_4 和 $CaSO_4$ 及水不溶物,占总量的98%以上。NaCl 最低含量 20.72%,最高达96.51%;Na_2SO_4 最低含量0.09%,最高达37.56%;$CaSO_4$ 最低含量0.00%,最高达29.21%。

(三)含盐地层稳固性

安宁盐矿于1993年6月建成投产,主要开采方式为定向对接井和地面钻井水溶法。井距为300m,盐矿开采情况良好,未发现盐腔垮塌及地面塌陷等现象。

盐矿层上覆层为上侏罗统安宁组上段(J_3an^3)中部含石膏泥岩隔水层,地层厚度大于50m,是盐矿床上部良好的保护层。

安宁盐矿构造简单、盐层分布面积较大、盐岩品位中等、盐层稳定,基本具备建设地下储气库的条件,但埋藏较浅、地面条件较复杂。

四、东南沿海地区

通过对东南沿海地区(广东、福建、海南、广西、香港、澳门)盐矿资源调查发现,盐岩矿床仅在广东省有分布。从各盐矿的基本情况来看,尽管含盐地层具有一定的厚度,但盐层累计厚度较小,用来建设盐穴地下储气库潜力较小(表3-3-18)。

表3-3-18 广东省盐矿基本表

编号	盐矿名称	地理位置	层位		盐层埋深 (m)	含盐系厚度 (m)	盐层累计厚度 (m)
			统	组			
1	三水盐矿	三水县	古新统—下始新统	布心组	1157~1474.4	97~249.1	10.4~26
2	龙归盐矿	广洲市	古新统—下始新统	布心组	480~640	43.25~282.9	0.2~56.48
3	东皖盐矿	东皖县	古新统—下始新统	布心组	370~850	679.6~760.5	20.38~26.82

通过对这4个地区的盐矿资源调查发现,长三角与中南地区盐穴储气库建库资源较多,该地区的平顶山盐矿、赵集盐矿、淮安盐矿相对较好,云应、黄场盐矿建库地质条件次之,清江盐矿、湘衡盐矿、定远盐矿建库地质条件相对较差。西南地区的云南安宁盐矿基本具备建设盐穴地下储气库的地质条件。东南沿海盐矿的盐层累计厚度较小,建库潜力有限。

第四节 含水层型储气库资源潜力

含水层型储气库是通过高压将天然气注入具备一定储存条件的地下含水储层中形成的一种人工气藏。该类储气库一般建在背斜构造等的含水地层中,需满足5个地质条件:(1)埋藏深度适中(一般不超过2000m);(2)物性好且有一定厚度的储层,孔隙度和渗透率要满足一定的条件(前苏联规定适宜建设储气库的含水储层孔隙度不低于10%~15%,渗透率不低于200~300mD,储层厚度不小于4~6m);(3)有可靠的盖层,保证气体不会发生垂向泄漏;(4)储层周围密封性良好,保证气体不会发生侧漏;(5)水体具有一定规模,有利于形成次生气顶。含水层型储气库作为一个特殊的建库类型,在中国尚处于前期库址筛选评价阶段。

东北、华北、西南、西北等为油气藏资源分布区,由于发育良好的储盖组合,勘探程度亦较高,利用现有的勘探资料,寻找有利的建库目标潜力较大。而在经济比较发达的天然气主要消费区,如东南沿海及长三角等地区储气库建设需求大,但也是油气藏建库资源缺乏区,需要依赖含水层型建设储气库以满足日益增长的调峰需求,因此下面主要对长三角、中南、东南沿海三个非油气主产区的水层可建资源进行分析。这些地区含水层勘探程度低,地质资料相当少,主要借助于所掌握的资料与成果进行分析❶。

(1)长三角地区。江苏省含水构造落实程度较高,部分构造上有完钻井及三维地震等资料,建库地质条件比较好,且含水构造的埋深、储盖层条件亦较好,因此江苏省寻找水层储气库的潜力较大;浙江虽发现个别落实程度较高、构造上有井的局部含水构造,但物性一般较差,需要进一步寻找有利目标。

(2)中南地区。湖北省的含水构造从资料基础、储盖层条件等方面较其他三省有利。湖南省受勘探与钻探程度的限制次之。江西省虽有部分落实的局部构造,但一般储层物性较差。安徽虽从区域地质来看储层物性较好,但受勘探程度的限制,构造落实程度一般较差。

(3)东南沿海地区。本区受资料限制,仅对两广地区的含水构造进行了初步调查。广东省发现一些含水局部构造具备改建水层储气库的潜力,其储层物性一般较好,盖层多为砂泥岩互层,针对具体目标仍需具体分析。广西省勘探程度较低,现发现的构造多数为重磁电等勘探成果,局部构造或附近缺少完钻井,缺乏建库条件分析的基本资料。

一、长三角地区

长三角地区的江苏省、上海市、浙江省两省一市,因受资料详实程度的限制,仅对江苏省与浙江省的含水地质构造进行了含水层构造资源调查。

(一)江苏省

江苏省处于中国东部经济最发达的地区——长江三角洲核心地带,经济发达,人口密集,是中国天然气主要消费区之一,也是调峰需求比较大的地区。

江苏省地域辽阔,地质结构比较复杂,各构造单元勘探工作开展的起始时间早晚不一、勘探程度也各有深浅,因此,在地质基础资料的数量和地质工作的探细程度上差异很大。在地区上,苏北盆地是区内主要勘探目标区,其基础资料和开展的地质工作较多。基于上述地质工作现状,江苏省含水层构造储气库资源分析重点放在苏北盆地。

苏北盆地由高邮、金湖、溱潼、海安、盐城等小型箕状凹陷与凹陷间凸起、低凸起组成(表3-4-1)[5]。其中在东台坳陷二级构造带上的金湖、高邮、溱潼、海安与白驹5个凹陷中发现了规模大小不等的油藏,因此这5个凹陷的地质资料相对较丰富。

---

❶ 丁国生,郑雅丽等,2007.西气东输二线工程可行性研究地下储气库分报告/库址筛选.

表3-4-1 苏北盆地构造单元划分表

构造单元名称			方向	形态	K_2+E 厚度(m)
苏北盆地	盐阜坳陷	洪泽凹陷	北东	单断	3000
		涟水凹陷	北东	单断	3000
		阜宁凹陷	北东	单断	3200
		盐城凹陷	北东东	单断	4500
		淮阴凸起	东西	地垒	2000
		大东凸起	北东	地垒	1000
		苏家嘴凸起	北东	地垒	1000
		塘洼—大喇叭凸起	北东	地垒	1000
	建湖隆起		北东—东西		
	东台坳陷	金湖凹陷	北东	单断	5000
		临泽凹陷	北东	双断	4000
		高邮凹陷	北东	单断	6000
		白驹凹陷	北东	单断	2500
		溱潼凹陷	北东	单断	5500
		海安凹陷	北东东	单断	3500
		菱塘桥低凸起	北东	地垒	2000
		柳堡低凸起	北东	单面山	1800
		柘垛低凸起	北东东	单面山	3000
		吴堡低凸起	北东	单面山	2500
		泰州凸起	北东	地垒	1500
		梁垛低凸起	北东东	地垒	2000
		裕华凸起	东西	地垒	1500
		小海凸起	东西	地垒	1000

1. 储盖条件

苏北盆地地层从老至新依次由上白垩统浦口组(K_2p)、赤山组(K_2c),古新统泰州组(E_1t)、阜宁组(E_1f),始新统戴南组(E_2d)、三垛组(E_2s),新近系盐城组($N_{1-2}y$)等陆相碎屑岩地层组成,缺失渐新统(表3-4-2)。

根据前人的研究成果[6],苏北地区存在4套储盖组合:(1)赤山组与泰一段河流相砂岩为储层,泰二段底部湖相泥岩、泥灰岩为盖层;(2)泰二段中上部与阜一段河湖相粉砂岩为储层,阜二段湖相泥岩为盖层;(3)阜三段湖相、三角洲相粉砂岩、细砂岩为储层,阜四段湖相泥岩、泥灰岩为盖层;(4)戴一段下部湖相砂岩为储层,戴一段中部泥岩为盖层(表3-4-2)。受构造和沉积作用的控制,各凹陷的储盖组合存在较大差异。

表 3-4-2 苏北盆地地层储盖组合简表

地层					符号	厚度(m)	岩性简述	接触关系	沉积相带	储盖组合
界	系	统	组	段						
新生界	第四系		东台组		Qd			东台运动	陆海交互相	
	新近系	上新统—中新统	盐城组	二段	$N_{1-2}y^2$	400~550	浅灰色—黄色细砂岩、砂砾岩、含砾砂岩与黄色—棕色黏土和泥岩不等厚互层		河流相	
				一段	$N_{1-2}y^1$	300~430	灰色细砂岩、灰色—杂色砂砾岩夹棕—棕红色泥岩薄层	三垛运动		
	古近系	始新统	三垛组	二段	E_2s^2	0~474	灰色、棕色泥岩、粉砂质泥岩、含砾砂岩与粉砂岩、含砾砂岩互层		河流相	
				一段	E_2s^1	0~100	东南部为棕红色泥岩夹灰色—绿色粉砂岩薄层，中部为棕红色（粉砂质）泥岩与棕（泥质）粉砂岩不等厚互层，西北部为灰色砂砾岩夹棕红色泥岩薄层	真武运动	河流—沼泽相	
			戴南组	二段	E_2d^2	0~110	深棕色、褐棕色、深灰色、灰黑色泥岩与粉砂岩、细砂岩互层		河流—三角洲相	
				一段	E_2d^1	0~135	灰色细砂岩、含砾砂岩与棕色泥岩、含泥岩不等厚互层；中部深灰色泥岩为主；上部棕色、灰色泥岩与灰色粉细砂岩互层	吴堡运动	湖相	
		古新统	阜宁组	四段	E_1f^4	0~210	深灰色—灰黑色泥岩夹褐灰、深灰色灰岩		湖相	
				三段	E_1f^3	0~353	灰色、灰黑色泥岩、砂质泥岩与灰色、浅灰色粉砂岩、细砂岩、泥质粉砂岩呈不等厚互层		湖相三角洲相	
				二段	E_1f^2	180~250	中上部主要为灰色—深灰色泥岩夹粉砂质薄层，下部主要为棕色泥岩夹粉砂质薄层		湖相	
				一段	E_1f^1	170~350	棕色泥岩夹灰色粉砂岩薄层		河流—湖相	
			泰州组	二段	E_1t^2	140~203	灰色—深灰色泥岩夹（泥质）粉砂岩薄层，底部见灰质泥岩和泥灰岩组合		湖相—河流相	
				一段	E_1t^1	220左右	上部为灰色—深灰色泥岩夹灰色（泥质）粉砂岩、细砂岩薄层，中部为棕色—棕红色泥岩夹灰色（泥质）粉砂岩薄层，下部为灰色砂砾岩、含砾砂岩、细砂岩、粉砂岩夹灰色泥岩薄层	仪征运动		
中生界	白垩系	上统	赤山组		K_2c	218~480	棕色泥质粉砂岩与紫色泥岩、紫色砂质泥岩不等厚互层		河流相	
			浦口组		K_2p		棕红色泥质夹少量粉砂岩	黄桥运动	河流—湖相	

 砂岩储层区域　　　　盖层　　　　局部盖层

（1）金湖凹陷。砂岩储层自下而上有阜一段顶部、阜二段、阜三段、戴一段、戴二段、垛一段共6套。盖层存在两类：一是区域性盖层，为湖相稳定环境的沉积，即阜二段与阜四段；二是地区性盖层，只有某一地区、某一部分地层形成的盖层，主要有戴一段顶部、戴二段顶部、垛一段顶部泥岩。

（2）高邮凹陷。存在两大套储盖组合：① 戴一段中上部以灰绿色泥岩为主夹薄层粉砂岩的地层，其中最上部的一组厚 150～200m 暗色泥岩段，分布稳定，对戴一段砂体起到区域盖层作用。② 戴二段以一套紫红色沉积物为主，垛一段中下部沉积了一层厚度为 4～12m 大体相等的黑色泥岩，构成了另一套储盖组合。

（3）溱潼凹陷。存在两大套储盖组合：① 泰州组—阜宁组，该阶段沉积的以湖相为主厚达 3000m 的地层，这套地层沉积稳定，分布广泛。其纵向组成三套储盖组合，即：泰一段砂岩为储层、泰二段泥岩为盖层；阜一段砂岩为储层、阜二段泥岩为盖层；阜三段砂岩为储层、阜四段泥岩为盖层。② 戴南组—三垛组：该阶段由湖相沉积发展为河流相沉积，戴一段下部为储层、戴一段上部为盖层；戴二段下部为储层、戴二段中部为盖层；垛一段下部为储层、垛一段中上部泥岩为盖层；垛二段中下部为储层、垛二段顶部为盖层。

（4）海安凹陷。阜一段下部储层—阜一段中上部盖层、阜三段储层—阜四段盖层这两套储盖组合为该区的较为理想的储盖组合。

（5）白驹凹陷。主要储层为泰州组一段和阜宁组一段，以滨浅湖滩、坝砂体及三角洲前缘砂体为主；主要盖层为泰二段和阜三段泥质岩，形成了上、下两套储盖组合。

2. 建库潜力

据以往地震勘探成果，苏北盆地东台坳陷发现了中、新生界局部构造 350 个，这些局部构造形态表现为构造非常破碎，以断鼻、断块构造为主，背斜构造较少；背斜及断鼻构造常被小断层切割成众多的断块，完整背斜为数极少，发现的断鼻、断块构造占总构造数的 85%。局部构造圈闭面积较小，表现为平均单个构造圈闭面积仅为 2.64km^2。已发现的构造圈闭中，面积大于 10km^2 的占构造总数的 3.4%；面积在 5～10km^2 的占构造总数的 11.7%；面积在 1～5km^2 范围的占 61.7%；面积小于 1km^2 的占 23.2%。从局部构造的层位上看，以阜宁组构造最多，三垛组及戴南组构造次之。阜宁组凹陷内 207 个，凸起上 44 个；三垛组凹陷及凸起上分别为 144 个和 9 个；戴南组构造凹陷内 102 个，盐阜坳陷的凹陷内 15 个。

水层储气库的选择就是要寻找是否可以储集天然气的空间，即是否有合适的构造圈闭、良好的储集条件以及理想的封盖层。从目前资料来看，苏北盆地中勘探程度相对较高的东台坳陷的金湖、高邮、溱潼、海安、白驹 5 个次级凹陷中均存在局部构造（表 3－4－3），有匹配的储盖组合，因此水层型储气库在这 5 个凹陷中具备选址的潜力。

表 3－4－3　江苏省苏北盆地东台坳陷局部构造略表

凹陷	二级构造	局部构造
金湖凹陷	北部斜坡带	马坝断臂、刘庄断鼻、宝应鼻状
	中部深凹带	大凡庄断鼻、吕良断鼻、桥河口断鼻、白田铺断鼻、泥沛断鼻、石港断鼻、唐港断背、潘庄断鼻、王龙庄断鼻、闵桥断背
	南部断阶带	石梁断阶
高邮凹陷	北部斜坡带	码头庄背斜、沙埝背斜、南腰舍鼻状、三垛鼻状、汉留鼻状、卸甲庄背斜
	中部深凹带	黄珏逆牵引背斜、真武逆牵引背斜、曹庄断鼻、肖刘庄断鼻、富民庄断鼻、周庄断鼻、杨家舍断鼻、马家咀断鼻、联盟庄断鼻、永安断鼻、花庄断鼻
	南部断阶带	黄珏南断鼻、许庄断鼻、竹墩断块、高里庄断鼻

续表

凹陷	二级构造	局部构造
溱潼凹陷	北部斜波带	茅山断鼻、五家垛断鼻
	中部深凹带	叶甸断鼻、戴南断鼻
	南部断阶带	淤溪断块、祝庄断块、草舍断背
海安凹陷	北部深凹带	梁垛断背、安丰断鼻、头灶断块
	中部断隆带	新民断背
	南部深凹带	曲南断鼻、唐洋断背、北凌牵引背斜
白驹凹陷	北部次凹带	龙塌断块、新丰断块
	中部断阶带	
	中部次凹带	白驹断背
	南部断阶带	

(二)浙江省

在对白垩系—古近系40个沉积盆地(表3-4-4,图3-4-1)区域调查基础上,将分布范围较大、勘探程度较高、资料较多的长河盆地作为水层型储气库潜力分析的重点。

表3-4-4 浙江省中新生代沉积盆地数据表

序号	盆地名称	面积(km²)	地层厚度(m)				
			K_1s	K_1g	K_1c	K_2	E
1	金衢盆地	3500				5172	
2	长河盆地	>1800				>137	>911
3	平湖盆地	1420		>600		>1083	277
4	宁波盆地	1070		1353		1574	
5	嵊县盆地	810		277	260		
6	临海盆地	810	>437	1400	>1292	90	
7	柯桥盆地	770		100	450	267	
8	沥浦盆地	750					
9	仙居盆地	640		312	480		
10	宁海盆地	600		>165	678		
11	水头街盆地	530		508	740		
12	永康盆地	500		385	756	1800	
13	武义盆地	490		536	828	582	
14	天台盆地	460		200	390	>30	
15	丽水盆地	450	>310	520	640	40	
16	文成盆地	440		232	814		
17	峡口盆地	370	200	1236			
18	泗安盆地	366		>1000			

续表

序号	盆地名称	面积(km^2)	地层厚度(m)				
			K_1s	K_1g	K_1c	K_2	E
19	泗溪盆地	360		610	>231		
20	浦江盆地	300	1587	>144		2860	
21	墩头盆地	300	436	1660		>240	
22	乔司盆地	290		>269		851	
23	善琏盆地	290		>920			
24	矾山盆地	270		150	>1718		
25	油车港盆地	240					190
26	南马盆地	240		1187		1788	
27	诸暨盆地	230		366	>300	>240	
28	南浔盆地	>210	558	>135	650		>53
29	壶镇盆地	200		292	355		
30	定海盆地	200		600	500		
31	甘坞盆地	180	32	370			
32	西屏盆地	180		100	1650?		
33	贺村盆地	180		>838			
34	泰顺盆地	170		36	400		
35	常山盆地	130	230	1019			
36	余姚盆地	120		730		>300	
37	三墩盆地	100			>300		
38	寿昌盆地	100	746	524			
39	老竹盆地	80	383	439	635	>470	
40	湖山盆地	80	191	848		>207	

  长河盆地位于浙中北部，呈北东、近东西向展布，为一南东断、北西超的箕状凹陷，最大埋深约3450m，为燕山运动晚期和喜马拉雅运动早期叠加的断陷型凹陷，基底为下白垩统磨石山组(K_1m)。长河盆地中、晚白垩世和古近纪沉积层序较全，发育古近系和中上白垩统两套储气目的层系。古近系长河群(Ech)主要为滨浅湖相—半深湖相沉积，局部为浅海相沉积，早期为河流相夹洪积相，厚度可达268.5~1728m，其中暗色泥岩厚约50~496m。白垩系(K)上白垩统衢县组(K_3q)、兰溪组(K_3l)和方岩组(K_3f)为河流相沉积，厚度约为2000m(图3-4-2)。

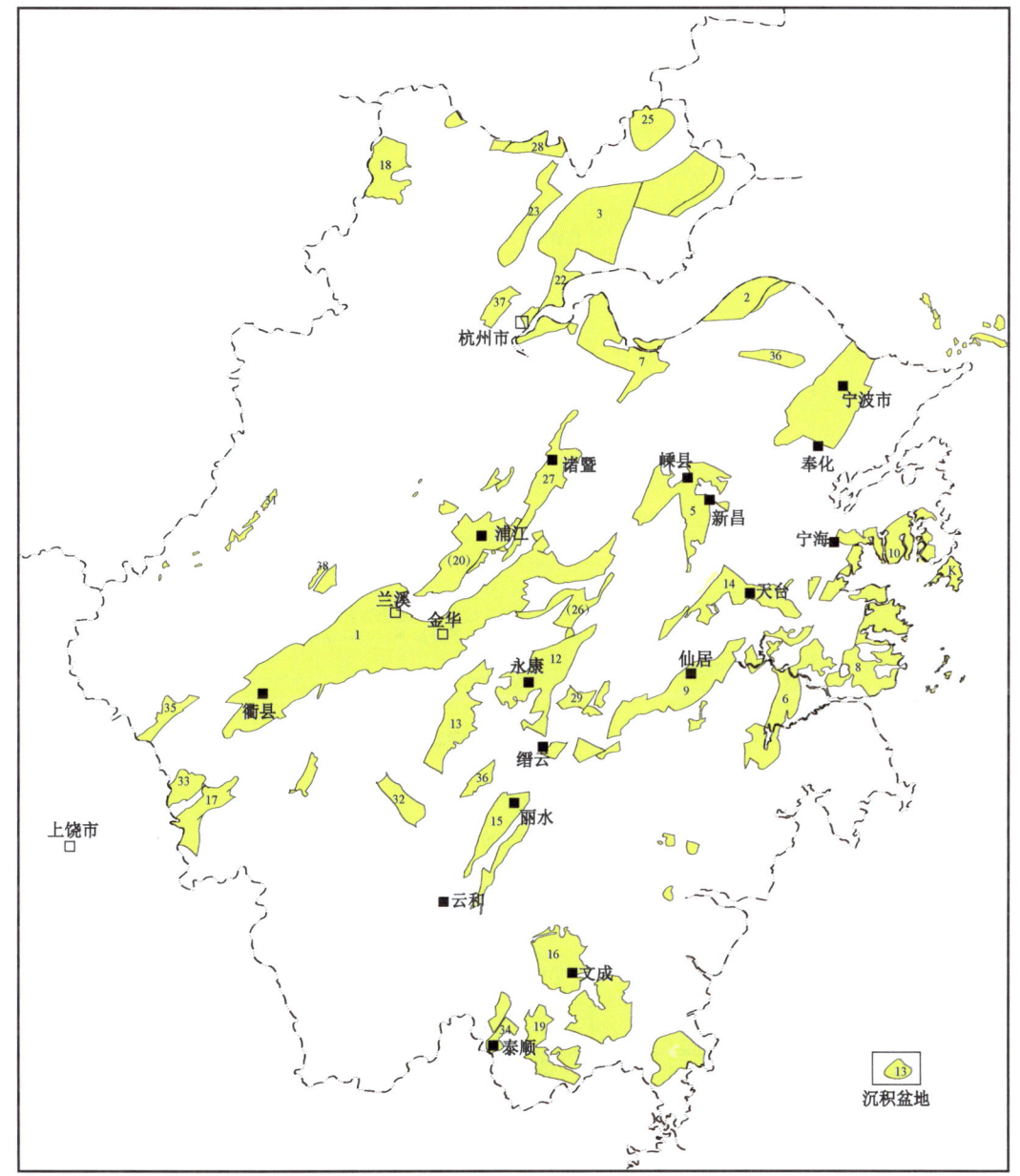

图 3-4-1 浙江省中新生代沉积盆地分布图

1. 储盖条件

长河盆地是一个以下白垩统火山岩为基底的小型拉张断陷,砂岩储层主要为快速堆积迅速掩埋的河流相、洪积相或滨浅湖相砂体,成岩作用不是很强烈,普遍具有中等以上的储集性能。

砂岩层最发育的层位有上白垩统衢县组(K_3q)、古近系长一段(Ech^1)底部、长二段(Ech^2)下部、长三段(Ech^3)下部,其中以 Ech^3 累计厚度最大,砂岩百分含量最高,可达 30%~40%。K_3q 几乎全为砂岩,泥岩很少(表 3-4-5)。

地层				地层代号	岩性剖面	厚度(m)	地震层位	岩性描述	生储盖组合		
界	系	统	组(群)段						生	储	盖
新生界	第四系			Q		100~122.3		灰色砂、粉砂、黏土，底部含砂砾			
新生界	古近系	渐新统	长河群 长四段	Ech^4		12.5~400		浅棕色、棕色粉砂质泥岩、泥质粉砂岩，下部含石膏，底部为灰白色含砾细砂岩			
			长三段	Ech^3		157~393	T_0	浅棕色、棕色、灰绿色泥岩、粉砂岩，砖红色砂岩，夹黑色、灰色泥岩，中间夹一层玄武岩			
		渐新统—始新统	长二段	Ech^2		45~529	T_1	深灰色、浅灰色、棕色泥岩、泥质粉砂岩、粉砂质泥岩、粉砂岩夹粗砂岩			
			长一段	Ech^1		54~406	T_2	棕色、棕红色、灰褐色泥质粉砂岩、泥岩与粉砂岩、砂岩互层，底为砖红色砂砾岩			
中生界	白垩系	上白垩统	桐乡组	K_3t		128~757	T_3^1	灰紫色、浅棕色、粉色泥岩、泥质粉砂岩、粉细砂岩为主夹粉砂质泥岩、砂砾岩			
			衢县组	K_3q		36~2000		砖红色泥质砂岩为主夹细砂岩			
			兰溪组	K_3j		6~381		棕红色粉砂质泥岩、粉砂岩夹砂岩，底部为砂砾岩			
			方岩组 三段	K_3f^3		392~537		深灰色、灰紫色粉砂质泥岩与灰色泥岩及灰黑色膏质泥岩、沉凝灰岩，底部为凝灰岩			
			方岩组 二段	K_3f^2		362~1000		深灰色、灰黑色粉砂质泥岩、泥岩夹泥质粉砂岩、含膏泥岩，底为凝灰岩			
			方岩组 一段	K_3f^1		>687	T_3^3	灰紫色砂砾岩、砾岩夹泥质砂岩、粉砂岩，底部为凝灰岩			
		中白垩统	朝川组	K_2c		29.6~667		灰绿色、深灰色、灰紫色泥质粉砂岩、粉细砂岩、泥岩			
			馆头组	K_2g		560~831	T_3	紫红色、灰紫色、暗紫色、凝灰色砂岩、粉砂质泥岩、凝灰质泥岩，底部为紫红色砂砾岩			
		下白垩统	磨石山组	K_1m				中酸性为主的火山碎屑岩和熔岩			

图 3-4-2 浙江长河凹陷地层综合柱状图

表 3-4-5　砂岩层厚度及沉积相统计表

层位		单层一般厚度(m)	单层最大厚度(m)	累计厚度(m)	主要沉积相	砂岩含量(%)
Ech	Ech³	3~10	20	15~200	河流相	30~40
	Ech²	2~5	10	2.5~60	洪积夹河流、浅湖	10~15
	Ech¹	2~10	20	3.4~97	洪积夹河流、浅滨湖	10~27
K_3	K_3q	10~30	152.1	91~152.1	河流滨湖	100

岩心分析统计,孔隙度大于6%的样品占99.6%,大于22%的样品占66.8%,孔隙度多集中分布在20%~28%范围;渗透率大于0.1mD的样品占94.3%,大于100mD的样品占40.2%,最大值7032.21mD。

古近系和上白垩统砂岩层储集性能大多在中等以上(77%),其中以Ech³和Ech²最好,差储层和非储层约占23%。

古近系由于地层新,埋藏较浅,泥岩压实程度较差,但泥岩的厚度较大,总厚度大于500m。此外,古近系中单层厚度大于20m的蒙脱石泥岩分布广泛,受到压实作用后,边部泥岩首先脱水成为低渗透性排水屏障,从而阻碍了内部泥岩的排水压实,使泥岩中孔隙流体压力增高而造成压力封闭,可以作为有效的盖层。

白垩系泥岩时代较老,埋藏较深,压实作用较强,具有较高的突破压力,由毛细管压力所产生的阻力足以阻止烃类的运移,是良好的盖层。

2. 建库潜力

由长河盆地地震资料共发现13个局部构造,主要分布在长河凹陷南东断陷带,受资料限制,这13个局部构造中有7个的落实程度为不可靠,6个为较可靠(表3-4-6)。

表 3-4-6　长河凹陷局部构造要素表

序号	三级构造带名称	局部构造	圈闭类型	层位	圈闭等深线(m)	闭合面积(km²)		闭合幅度(m)	高点埋深(m)		可靠程度
1	北西翼斜坡带	小安街	断背斜	K_1m	1950	7.0		280	1670		较可靠
2		小曹娥	断块	K_1m	2300	1.375		40	2260		不可靠
3	南东断陷带	东一	断块	K_1m	2600	0.7		200	2400		不可靠
4		水路湾	断块	K_1m	2600	2.25		150	2450		不可靠
5		长15井	岩性	K_1m	1850	0.75		100	1750		不可靠
6		长3井	断块	K_3t	1700	0.375		250	1450		不可靠
7		大牌头	断块	K_3t	1300	0.8		50	1250		不可靠
8		庵东	断鼻	K_3t	1300	1.925		190	1110		较可靠
9		长河	断块	K_3t	1400	2.45		770	630		较可靠
10		三六灶	断块	K_3t	1750	2.78		950	南	800	较可靠
									北	1230	
11		长14井	断鼻	K_1m	2550	1.65		200	2350		不可靠
12		西褚巷	断鼻	K_3t	800	南	2.65	500	300		较可靠
						北	2.07	300	500		
13	南翼鼻状斜坡带	H-200线中央	断背斜	K_3t	700	3.0		100	600		较可靠
			背斜	K_1m	1500	1.0		100	1400		较可靠

根据现有资料,发现的局部构造均为白垩系的,但总体来看,圈闭面积较小。从储盖条件来看,虽盖层封闭条件较差,但在长二段、长三段仍存在储盖组合,上白垩统桐乡组砂岩可为储层,上覆长河组一段泥岩可作为盖层,构成有效的储盖组合。因此在长河盆地,随着勘探程度提高,需要寻找到埋藏深度适中、面积较大、储盖组合较好的含水构造。

二、中南地区

中南地区的河南省平顶山盐田含盐面积 400km² 左右,目前有利目标区具备至少建设 $20×10^8 m^3$ 工作气量的能力,并还有扩大建库的潜力,因此中南地区水层库址潜力的分析重点放在除河南之外的湖北省、湖南省、安徽省和江西省 4 个省。

(一)湖北省

湖北省位于长江中游的洞庭湖以北,三面环山,向南敞开,略呈一个不完整的盆地,地势西高东低,地形可分为四区。

湖北省发育大小盆地 22 个,其中江汉盆地面积最大(表 3-4-7),勘探程度相对较高,资料较丰富,故湖北省水层储气库资源调查以江汉盆地为主。

表 3-4-7 湖北省沉积盆地分布情况表

盆地编号	盆地名称	区域构造位置	面积(km²)
1	江汉盆地	中扬子坳陷	28000
2	襄枣凹陷	秦岭褶皱系	7000
3	汉水地堑	中扬子坳陷	4100
4	荆门地堑		2800
5	新洲盆地		3100
6	河溶凹陷		1500
7	远安地堑		620
8	圻春盆地		280
9	大冶盆地		260
10	黄梅盆地		1400
11	阳新盆地		570
12	金牛盆地		970
13	通山盆地		80
14	崇阳盆地		280
15	随县盆地	秦岭褶皱系	1300
16	新集盆地	中扬子坳陷	160
17	郧县—李官桥盆地		490
18	均县盆地	秦岭褶皱系	250
19	房县盆地		220

续表

盆地编号	盆地名称	区域构造位置	面积（km²）
20	宝丰盆地	中扬子坳陷	140
21	恩施盆地		160
22	来凤盆地		210

江汉盆地面积 $2.8\times10^4\mathrm{km}^2$，位于淮阳地盾与江南地轴间的扬子准地台上，为燕山运动形成的内陆湖盆地。基底是褶皱的前白垩系地层，形状极不规则，东、西、北三面与下扬子八面山、大巴山等褶皱带为断层或超覆不整合接触，南面超覆于江南地轴之上，与洞庭盆地紧紧相邻。按照常规划分方法，以残留的白垩系地层分布最大面积为江汉盆地范围，划分成 7 个凹陷 5 个凸起（表 3-4-8）。

表 3-4-8　江汉盆地主要构造单元基本数据表

构造单元名称	分布面积（km²）	最大基岩埋深（m）
潜江凹陷	2500	±10000
江陵凹陷	6900	>7000
沔阳凹陷	3500	4000
小板凹陷	580	>5000
云应凹陷	4400	>4500
枝江凹陷	4600	>3000
陈沱口凹陷	1600	>4000
丫角—新沟低凸起	560	2000~4000
沉湖低凸起	1100	±2000
通海口凸起	480	±1000
天门凸起	580	±500
龙赛湖低凸起	1200	±2000
盆地合计	28000	±10000

注：基岩指前白垩系地层。

1. 储盖条件

盆地内古近系的沉积有两个大的沉积旋回，即由浓缩到淡化，还原到氧化，深湖到浅湖的沉积过程，储集岩主要为潜江组和新沟嘴组的砂岩。

（1）潜江组砂岩储层。

潜江组砂岩主要分布在潜江、江陵、小板 3 个凹陷内。砂岩以粉、细砂岩为主，为水下三角洲、盐湖边缘滩坝、盐湖边缘冲积扇、浊积等沉积。砂岩体形态复杂，呈舌状、指状、树枝状、席状、带状、透镜状等分布。具有分布面积较广、沉积厚度较大、层数多、成组成段分布等特点。

（2）新沟嘴组砂岩储层。

新沟嘴组下段砂岩主要分布在江陵凹陷、沔阳凹陷、丫角—新沟低凸起、潜江凹陷的拖船埠、张港—马王庙等地区。砂岩整体呈现北厚南薄、西厚东薄的趋势。砂岩为三角洲砂岩、湖泊沉积，分布范围、延伸与退缩方面均有变化，两种砂岩交叉连片、多层叠合，分布广泛。

潜江组、新沟嘴组砂岩与其上覆的泥岩、泥膏岩形成了多个有利的储盖组合：一是新沟嘴组中下部为储层，新沟嘴组中上部和荆沙组下部为盖层；二是潜四段中部、顶部为储层，潜三段下部为盖层；三是潜三段中上部为储层，潜二段底部为盖层；四是潜二段中上部与潜一段下部为储层，潜一段上部为盖层(表3-4-9，图3-4-3)。

表3-4-9 江汉盆地潜江凹陷地层简表

地层				厚度(m)	岩性简述
系	统	组	段		
第四系	全新统、更新统	平原组		50~150	灰色黏土、粉砂岩、细砂岩、砾石层
新近系	上新统、中新统	广华寺组		300~900	杂色泥岩夹砂岩、砾岩
古近系	中上渐新统	荆河镇组		0~100	绿灰色泥岩、粉砂岩夹油页岩、含钙芒硝泥岩
	下渐新统	潜江组	潜一段	120~450	上部灰色、深灰色泥岩、泥膏岩、油页岩夹盐岩，中部灰色泥岩与粉砂岩互层，下部膏、盐和砂岩互层夹鲕状泥灰岩
	上始新统		潜二段	110~700	由24个韵律组成，每个韵律由盐岩、泥膏岩、芒硝、泥岩、油浸泥岩、泥灰岩构成，韵律底部一般发育粉—细砂岩
			潜三段	150~640	上部灰色至深灰色泥岩、粉砂岩及鲕状泥灰岩，夹三个韵律层及两个砂组，下部深灰色泥岩、泥膏岩、盐岩等组成14个韵律层，夹粉细砂岩
			潜四段	273~2900	上部灰色、深灰色泥岩、钙芒硝泥岩、盐岩、油浸泥岩、粉细砂岩，下部灰色、深灰色泥岩、钙芒硝泥岩、盐岩、油浸泥岩
	中始新统	荆沙组		600~1900	棕紫红色泥岩、含膏泥岩与粉砂岩
	下始新统	新沟嘴组		600~2000	紫红色、灰绿色泥岩、泥膏岩、石膏质粉砂岩
	古新统	沙市组		200~1900	深灰色及棕红色泥岩、石膏、含膏泥岩、粉砂岩
白垩系	上统	渔洋组		120~2800	棕紫红色泥岩、泥膏岩、盐岩、粉砂岩、石膏、红色砂质泥岩夹砾岩
	下统				未钻达

2. 建库潜力

江汉盆地中古近系潜江组和新沟嘴组存在4套储盖组合，在7个凹陷中目前发现的局部含水构造110个左右，其中具有钻井、地震资料可以进一步评价的潜力目标有11个(表3-4-10)，这11个含水构造的圈闭面积普遍较小，面积大于$2km^2$的仅有潜9井断鼻、潜参1井断块、马33井断块、江参1井背斜4个局部构造，这11个潜力目标是否具备建库的地质条件，还需要进一步加深研究；同时，如果加大水层储气库资源的普查工作，增加钻资料井、部署地震的工作仍有希望发现新的潜力目标，因此在江汉盆地找到适合建设水层型地下储气库库址潜力较大。

界	系	统	组(群)	段	地层代号	岩性剖面	厚度(m)	岩 性 描 述	生	储	盖
新生界	第四系	全新统、更新统	平原组		Q		50~150	灰色黏土、粉砂岩、细砂岩、砾石层			
	新近系	中新统	广华寺组		N		300~900	杂色泥岩夹砂岩、砾岩			
	古近系	渐新统	荆沙镇组		E_3j		0~1000	绿灰色泥岩、粉砂岩夹油页岩、含钙芒硝泥岩			
			潜江组	一段	E_3q^1		120~450	上部泥膏层为灰、深灰色泥岩、泥膏岩、油页岩夹盐岩;中部灰色泥岩与粉砂岩互层;下部为膏、盐和砂泥互层夹鲕状泥灰岩			
				二段	E_3q^2		110~700	由24个韵律组成,每个韵律有盐岩、泥膏岩、芒硝、泥岩、油浸泥岩、泥灰岩,有时在韵律底部发育有粉—细砂岩			
		上始新统		三段	E_3q^3		150~640	上部为灰色至深灰色泥岩、粉砂岩及鲕状泥灰岩、夹三个韵律层及两个砂组;下部为深灰色泥岩、泥膏岩、盐岩等组成14个韵律层,并夹粉细砂岩			
				四段	E_3q^4		250~2600	灰色、深灰色泥岩、钙芒硝泥岩、盐岩、油浸泥岩、粉砂岩;灰色、深灰色泥岩、钙芒硝泥岩、盐岩、油浸泥岩			
		中始新统	荆沙组		E_2j		600~1900	棕紫红色泥岩、含膏泥岩与粉砂岩			
		下始新统	新沟嘴组		E_2x		600~900	紫红色灰绿色泥岩、泥膏岩、石膏质粉砂岩			
		古新统	沙市组		E_1s		200~1900	深灰色及棕红色泥岩、石膏、含膏泥岩、粉砂岩			
中生界	白垩系	上白垩统	渔阳组		K_2y		0~3700	棕紫红色泥岩、泥膏岩、盐岩、粉砂岩、石膏、红色砂质泥岩夹砾岩			
	前白垩系										

图 3-4-3 江汉盆地综合剖面图

表 3－4－10　江汉盆地含水构造基本情况表

序号	圈闭名称	构造位置			地质层位	圈闭类型	圈闭面积(km²)	圈闭幅度(m)	圈闭埋深(m)	圈闭高点个数(个)	测网密度	已钻井数(口)
		四级	三级	二级	凹陷							
1	新华背斜	潭口代河断块群	钟潭断裂带		潜三下	背斜	0.3	30	770	2	3D	2
2	李家湾东断块	彭市河断背斜	毛场构造带	潜江凹陷	新Ⅱ底	断块	0.3	100	1600	1	3D	1
3	马21井南断块				新Ⅱ底	断块	0.5	150	1000	1	3D	1
4	马33井断块				新Ⅱ底	断块	2.0	250	1000	1	3D	1
5	张家湾断鼻	张家湾断鼻群			新上底	断鼻	0.4	95	1280	1	25km×50km	1
6	马46断鼻				新Ⅱ底	断鼻	0.4	20	1580	1	25km×50km	1
7	中湾断鼻				新Ⅱ底	断鼻	1.1	100	1500	2	25km×50km	1
8	潜9井断鼻	总口断背斜	周矶单斜带		新下底	断鼻	2.6	90	4060	1	1km×1.25km	1
9	潜参1井断块				新下底	断块	3.4	280	3920	1	1km×1.25km	1
10	江参1井背斜				潜一底	背斜	6.5	150	800	1	1km×1.25km	6
11	范家垸断鼻	范家垸断鼻群		沔阳凹陷	新Ⅱ底	断鼻	0.4	50	1075	1	3D	1

(二) 湖南省

湖南省位于长江中游,省内最大的沉积盆地为洞庭盆地(表3－4－11)。洞庭盆地位于湖南省北部,面积约 $2\times10^4 km^2$,是一个叠覆在前燕山期古生界海相沉积层—元古界变质岩系古隆起构造背景上的白垩系至新近系陆相断陷—坳陷型盆地。

表 3－4－11　湖南省沉积盆地分布情况表

盆地编号	盆地名称	区域构造位置	面积(km²)
1	洞庭盆地	江南隆起	20000
2	衡阳盆地	华南准地台	5600
3	麻阳盆地	江南隆起	7500
4	茶庵铺盆地		150
5	溆浦盆地		450
6	安江盆地		160
7	平江盆地	华南准地台	2100
8	董家坪盆地		110
9	湘乡盆地		1700
10	株州盆地		800
11	攸县盆地		2100
12	茶陵盆地		2400
13	白芒铺盆地		150
14	新宁盆地		200

洞庭盆地呈北东走向的"三凸四凹"构造格局(图3-4-4)。其中沅江凹陷位于洞庭盆地的中部偏东,是盆地内沉降幅度与沉积厚度最大的一个负向构造单元。沅江凹陷白垩系、古近系下部残留分布面积分别为3800km²和1840km²,白垩系—古近系残留厚度最大达5000m以上。

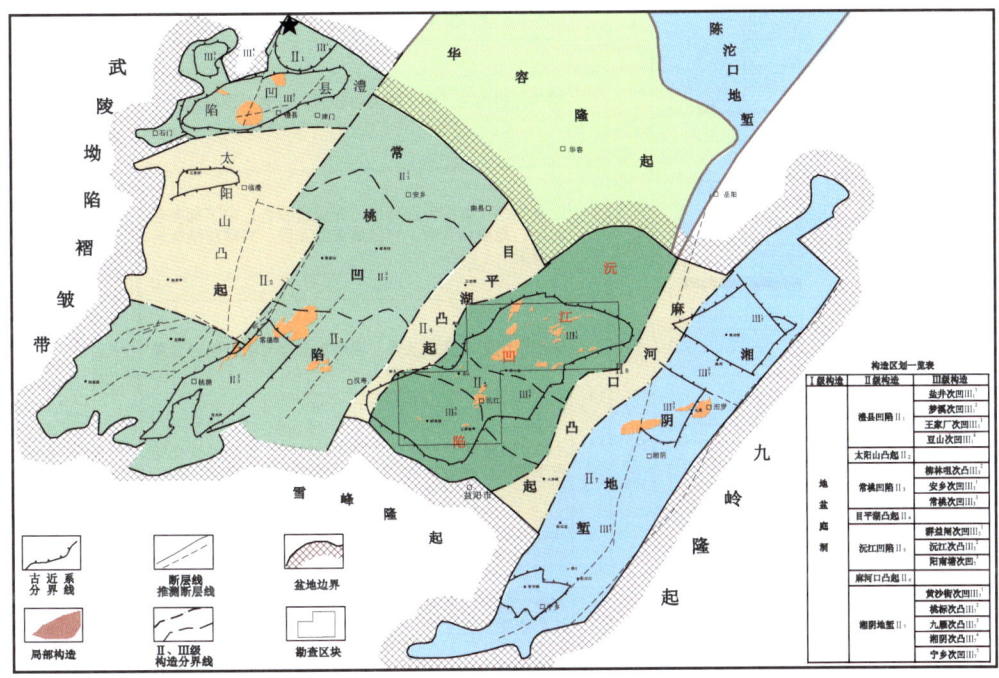

图3-4-4 洞庭盆地构造区划图

1. 储盖条件

洞庭盆地基底上元古界震旦系至中三叠统未变质岩系和元古界变质岩系,具双重结构特征。盆内自下而上发育有中白垩统大旺坪组、戴家冲组、三阳港组,上白垩统分水坳组,古近系桃源组、沅江组、汉寿组、新河口组及新近系(图3-4-5)。从沉积环境来看,洞庭盆地古近系属于内陆湖相沉积,包括滨浅湖、半深湖相。在桃源组顶部—沅江组下段出现过半深水(深水)湖相沉积,主要沉积一套暗色泥质岩、泥灰岩、泥质白云岩、钙质泥岩,是烃源岩发育层段。与其相伴发育的是呈互层产出的含膏泥岩、石膏层与盐岩层,构成了良好的储盖组合。

洞庭盆地发育白垩系和古近系两大沉积地层。这两大地层的砂岩储层发育情况是不同的:古近系砂岩储层薄且不发育,一般多分布于凹陷的边缘;白垩系砂岩储层厚且相对较发育。

古近系砂泥比一般小于10%,多数在5%左右,单层厚度多为1~2m。样品分析表明,孔隙度为0.61%~24.52%,平均孔隙度为8.33%,渗透率小于1.6mD。

白垩系中统、上统砂岩发育,物性较好,上部以泥岩为主,具有一定的保存条件。上白垩统砂质岩主要分布于分水坳组,孔隙度一般为17%~20%,最大可达23.4%,渗透率一般为30~100mD,平均为75.6mD,储集条件较好。中白垩统三阳港组中、细砂岩约占总厚度的44.2%,上部砂岩孔隙度一般为12%~22%,部分可达33%~36%,渗透率一般为30~40mD,最大可达为386mD;下部砂岩孔隙度一般为17%~20%,渗透率一般为1000mD,最大达4370mD;上

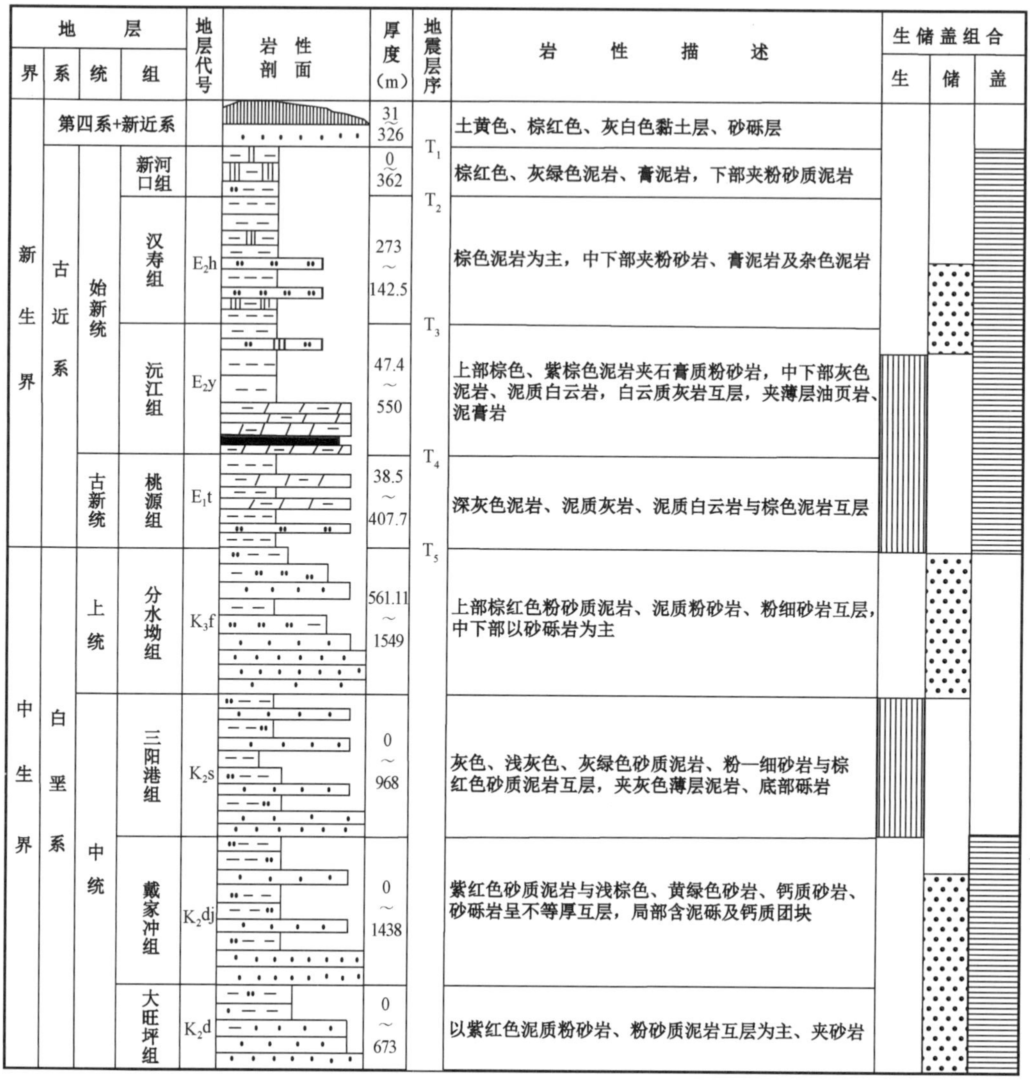

地层			地层代号	岩性剖面	厚度(m)	地震层序	岩性描述	生储盖组合		
界	系	统	组					生	储	盖
新生界			第四系+新近系			31/326	T_1	土黄色、棕红色、灰白色黏土层、砂砾层			
	古近系	始新统	新河口组			0/362	T_2	棕红色、灰绿色泥岩、膏泥岩,下部夹粉砂质泥岩			
			汉寿组	E_2h		273/142.5	T_3	棕色泥岩为主,中下部夹粉砂岩、膏泥岩及杂色泥岩			
			沅江组	E_2y		47.4/550	T_4	上部棕色、紫棕色泥岩夹石膏质粉砂岩,中下部灰色泥岩、泥质白云岩、白云质灰岩互层,夹薄层油页岩、泥膏岩			
		古新统	桃源组	E_1t		38.5/407.7	T_5	深灰色泥岩、泥质灰岩、泥质白云岩与棕色泥岩互层			
中生界	白垩系	上统	分水坳组	K_3f		561.11/1549		上部棕红色粉砂质泥岩、泥质粉砂岩、粉细砂岩互层,中下部以砂砾岩为主			
		中统	三阳港组	K_2s		0/968		灰色、浅灰色、灰绿色砂质泥岩、粉—细砂岩与棕红色砂质泥岩互层,夹灰色薄层泥岩、底部砾岩			
			戴家冲组	K_2dj		0/1438		紫红色砂质泥岩与浅棕色、黄绿色泥岩、钙质砂岩、砂砾岩呈不等厚互层,局部含泥砾及钙质团块			
			大旺坪组	K_2d		0/673		以紫红色泥质粉砂岩、粉砂质泥岩互层为主、夹砂岩			

图 3-4-5 洞庭盆地综合柱状图

部泥岩约占总厚度的 56%,具有较好的封盖条件。

2. 建库潜力

洞庭盆地目前勘探程度相对较低,对盆地深部的白垩系陆相—古生界海相构造层地质条件认识不清。收集到的资料显示洞庭盆地仅在局部地区见油气显示,但没有油气藏分布。在白垩系—古近系共发现各类局部构造 43 个,其中澧县凹陷 3 个,常桃凹陷 4 个,湘阴地堑 3 个,沅江凹陷 33 个。局部构造类型较为单一,主要以断块或断鼻构造为主,含少量断背斜构造(表 3-4-12)。

值得注意的是,由于地震勘探程度不同,解释的构造圈闭精度不一致:常桃凹陷、澧县凹陷的地震测线较稀,资料品质较差,解释的局部构造多为断背斜,落实程度较低;沅江凹陷、湘阴地堑地震勘探程度较高,资料品质较好,各类局部构造相对较落实。

表 3－4－12　洞庭盆地局部构造要素表

一级构造	圈闭名称	圈闭编号	地质层位	圈闭类型	圈闭面积（km²）	高点特征				可靠程度
						高点编号	闭合线（m）	高点埋深（m）	闭合幅度（m）	
沅江凹陷	沅江1	1	E_1t	断鼻	3.85		1150	1000	150	较可靠
	沅江2	2	E_1t	断鼻	3.36		1150	1100	50	较可靠
	沅江3	3	E_1t	断块	0.33		750	725	25	较可靠
	沅江4	4	E_1t	断块	5.88		1000	600	400	较可靠
	龙山	5	E_1t	断鼻	0.59		1100	1075	25	不可靠
	龙山北	6	E_1t	断鼻	0.54		650	625	25	不可靠
	新安东	7	E_1t	断块	7.75		1100	725	375	较可靠
	东福	8	E_1t	断块	2.27		725	650	75	较可靠
	福田垸	9	E_1t	断鼻	9.67		1000	575	425	较可靠
	普丰乡	10	E_1t	断块	1.59		1500	1100	400	较可靠
	新港	11	E_1t	断块	0.45		1625	1600	25	较可靠
	新港子	12	E_1t	断鼻	0.27		900	875	25	较可靠
	阳罗洲	13	E_1t	断块	1.49	1	1600	1375	225	较可靠
					0.41	2	1275	1175	100	
	增金闸	14	E_1t	断块	0.19		950	900	50	较可靠
	南鱼口	15	E_1t	断块	1.9	1	1100	950	150	较可靠
					0.95	2	1000	825	175	
	东浃	16	E_1t	断块	0.88		750	675	75	较可靠
	同兴	17	E_1t	断块	1.44	1	1625	1525	100	可靠
					2.45	2	1700	1350	350	
	新豆口	18	E_1t	断背	0.5		1900	1875	25	可靠
	金南乡	19	E_1t	断块	4.82		1700	1400	300	较可靠
	四码头	20	E_1t	断块	5.37	1	1275	975	300	较可靠
					27.84	2	1600	1075	525	
	冯家湾	21	E_1t	断块	6.91		1925	1875	50	可靠
	嘉乐	22	E_1t	断块	1.93		1600	1525	75	可靠
	东山	23	E_1t	断块	0.9		1600	1475	125	较可靠
	志诚垸	24	E_1t	断块	1.87		1875	1700	175	可靠
	三洲咀	25	E_1t	断鼻	3.23		1800	1350	450	可靠
	河心洲	26	E_1t	断鼻	0.9		1250	1200	50	较可靠
	八百亩	27	E_1t	断鼻	0.71		1150	1025	125	较可靠
	华田	28	E_1t	断块	6		1400	500	900	较可靠
	同努	29	E_1t	断鼻	1.52		650	525	125	可靠

续表

一级构造	圈闭名称	圈闭编号	地质层位	圈闭类型	圈闭面积（km²）	高点编号	闭合线（m）	高点埋深（m）	闭合幅度（m）	可靠程度
	纸料洲	30	E₁t	断块	0.95	1	1950	1900	50	较可靠
					0.31		2100	1950	150	
	白羊坳	31	E₁t	断鼻	0.36		2100	2075	25	较可靠
	新街	32	E₁t	断块	1.77		1100	1000	100	不可靠
	三眼塘	33	E₁t	断块	1.7		1400	1200	200	较可靠
澧县凹陷	鲁家铺	34	E₁t	断背	46.8		400	212	188	较可靠
	涔南	35	E₁t	断鼻	12.8		700	600	100	较可靠
	沈家湾	36	E₁t	断鼻	5.6		300	250	50	较可靠
常桃凹陷	仙娘庙	37	K₃f	背斜	17.36		1450	1200	250	较可靠
	报国村	38	K₃f	背斜	6.17		1850	1800	50	较可靠
	唐家堤	39	E₁t	断鼻	4.8		900	850	50	不可靠
	李家湾	40	E₁t	断块	5.2		500	350	150	不可靠
湘阴凹陷	茶木龙	41	K₃	断背	13.76		800～150	700～1100	100～400	较可靠
	谢家棚	42	K₂	断鼻	1.5		2250	2050	200	较可靠
	六塘埔	43	K₂	断鼻	3.7		1700～185	1600	100～250	不可靠

上述资料表明，在构造面积不大的情况下，古近系砂岩储层较薄，难以满足建库条件和库容要求，应继续寻找面积较大的圈闭；白垩系中统、上统砂岩储层发育，物性较好，并有较大的圈闭构造，寻找有利建库库址的可能性大些。

（三）安徽省

安徽省境内的中、新生代沉积盆地有12个（图3-4-6），大多面积较小，勘探程度较低，仅无为、宣广、合肥、南陵等地区断断续续进行了一些地震普查和少量钻井工作。除了南岭盆地外，由于地震勘探程度低，未发现较为落实的局部构造。

南陵盆地位于皖江南岸的南陵、芜湖、宣城、当涂境内。盆地周围零星分布着三叠系及古生界和上白垩统沉积，并发育零星的岩浆岩侵入体，盆地内部被大面积第四系所覆盖。经浅井及地震工作证实，第四系以下广泛分布着古近系及上白垩统地层，厚达数千米，为一中新生代断陷盆地。盆地以白垩系为界，面积2800km²；以新近系为界，盆地面积近2000km²。

根据航磁、重力异常、电法资料等显示，南陵盆地为一北西陡南东缓、北西厚南东薄的断陷盆地。盆地轴向北东，岩层绝大部分为向北西倾的单斜层，古近系地层倾角一般10°～20°，上白垩统地层倾角一般25°～30°。据现有资料发现石灰岩顶潜山型构造5个，均为潜山风化壳圈闭，埋藏较深，面积较小（表3-4-13）。该区无地震勘探和完钻井资料，无法进行构造圈闭、储盖层评价。

综上所述，安徽省由于勘探程度低，不具备地下储气库目标库址选择及评价的基础资料，尚无法进行库址资源分析。

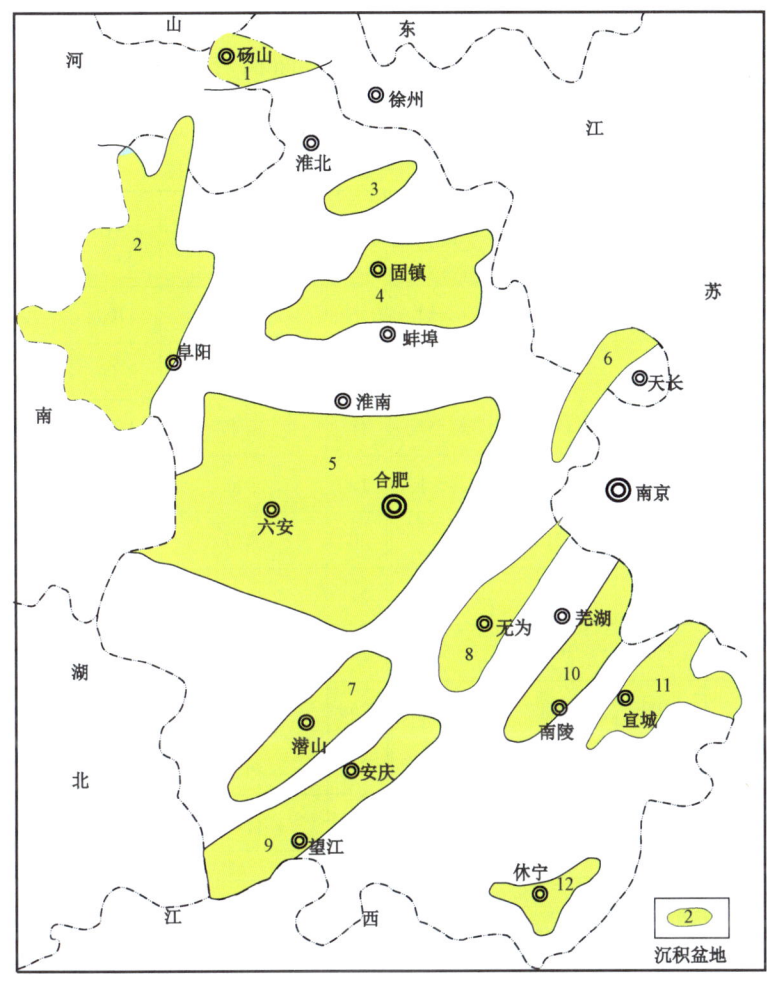

图 3-4-6 安徽省中新生代陆相沉积盆地分布图

表 3-4-13 安徽省南陵盆地海相层圈闭情况表

构造带	圈闭名称	层位	地震反射层	圈闭面积（km²）	高点埋深（m）	闭合度（m）	落实程度
许镇埠潜山带	冯家	印支风化壳	Tk	8.7	2150	50	较落实
	黄墓渡			14	1950	450	
	黄墓东			7.8	2250	250	
	陶辛			1.7	2550	50	
	赵桥			6	2050	450	

(四)江西省

江西省 30 个中—新生代沉积盆地中,鄱阳盆地面积与沉积厚度较大(表 3-4-14,图 3-4-7),资料较丰富,可以作为地下储气库库址的目标盆地。

表 3-4-14　江西省中—新生代盆地基础数据表

序号	盆地名称	面积(km^2)	沉积岩厚度(m)	地层	序号	盆地名称	面积(km^2)	沉积岩厚度(m)	地层
1	平江盆地	2100	6000	K_2—E	16	永丰	1100		
2	修水盆地	530	2000	K_2	17	泰和	2700	>3880	
3	武宁盆地	280	1790	K_2—E	18	南丰	1400	>4000	K_2—E
4	鄱阳盆地	11000	>3188	T_3—E	19	宁都	500	1800	K
5	锦江盆地	1700	3318	K_2	20	赣州	1500	3500	K
6	黄柏盆地	300	1000	K	21	池江	240	2407	K_2-E
7	萍乡盆地	250	1000	K_2	22	于都	530	>2000	K
8	清江盆地	3100	>5000	K_2—E	23	石城	650	1000	K
9	抚州盆地	2900	4429	K	24	瑞金	700	>2000	K
10	弋阳盆地	3500	400	K	25	会昌	630	2862	K_2—E
11	常山—玉山盆地	130	1250	K_1	26	盘古—山镇	110	2928	J_3—K
12	广丰盆地	1000	1000	K	27	留车	80	2500	K_2—E
13	株—潭盆地	150	1500	K_2	28	杜溪	90	600	K_2
14	怀忠(永新)盆地	530	3000	K_2	29	信丰	1890	3500	K_2—E
15	吉安盆地	2500	>3500		30	龙南	140	600	K_2

鄱阳盆地位于江西省北部,呈北东—东向展布,形状不规则,面积约 11800km^2,是一个中、新生代陆相沉积于古生代(海相为主)地层之上的叠合型盆地,南部叠置在上古生代—三叠纪海相、陆相沉积的萍乡—乐平坳陷之上。南鄱阳坳陷面积约 6900km^2,北鄱阳凹陷主要分布为元古界变质岩及下古生界震旦系—志留系老地层,目前尚未开展过工作。

1. 储盖条件

1)储集条件

南鄱阳坳陷发育以白垩系(K_2l、K_3z、K_3n)和二叠系为主的 2 大套储层,即碎屑岩、碳酸盐岩储层(图 3-4-8)。

第三章 中国地下储气库市场需求与资源分布

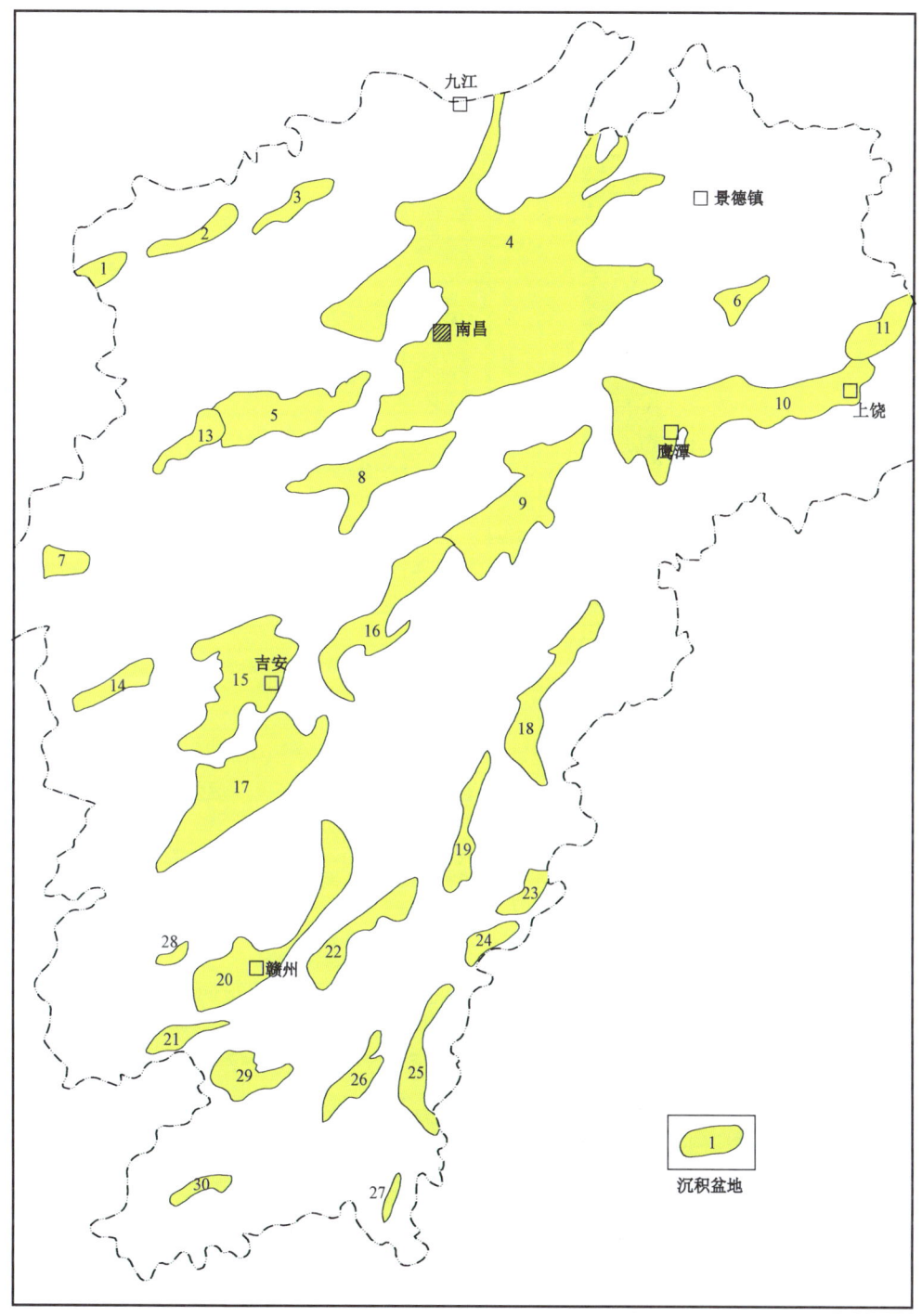

图 3-4-7 江西省中—新生代盆地分布图

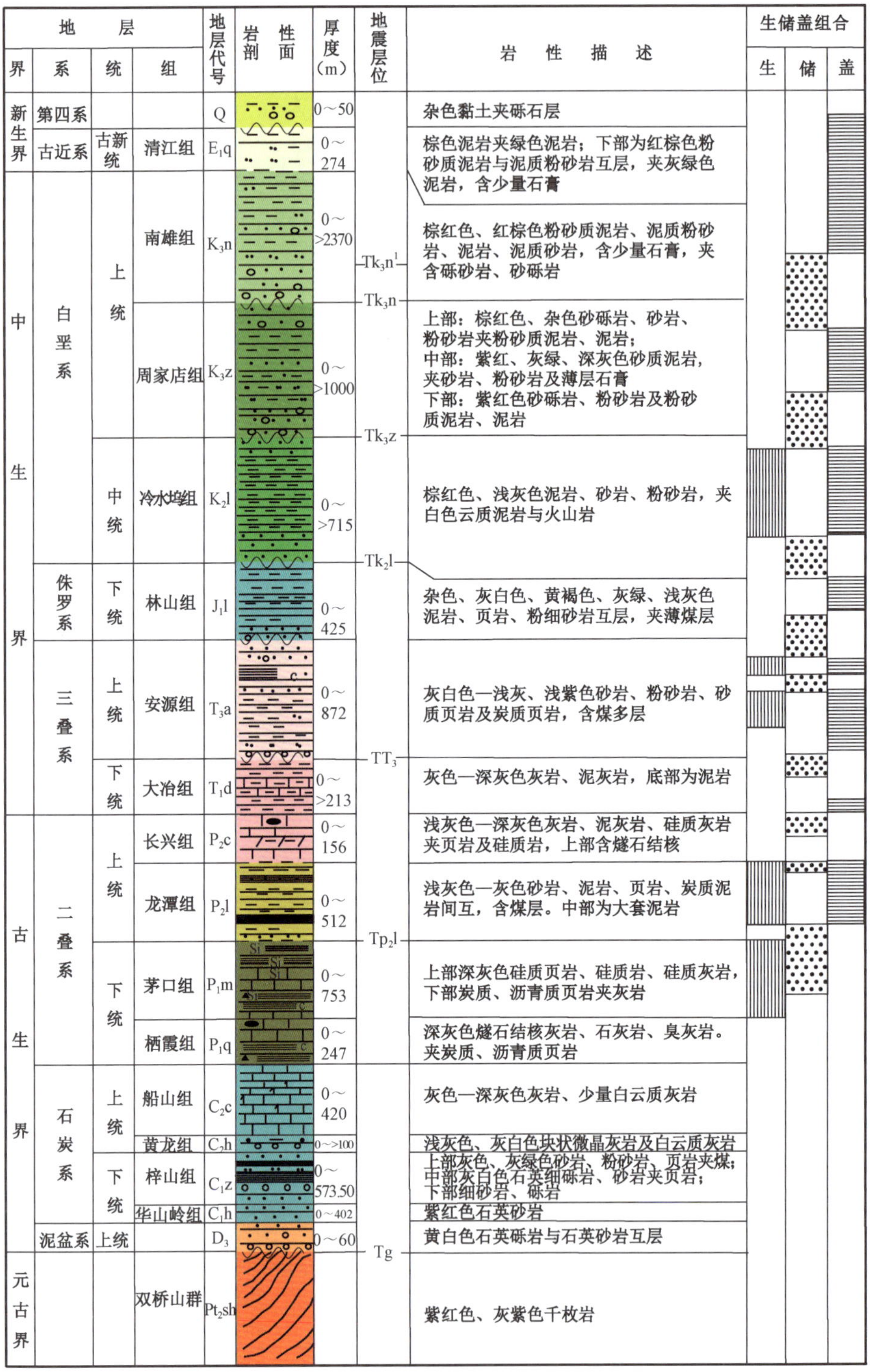

地层 界	地层 系	地层 统	地层 组	地层代号	岩性剖面	厚度(m)	地震层位	岩性描述	生储盖组合 生	生储盖组合 储	生储盖组合 盖
新生界	第四系			Q		0~50		杂色黏土夹砾石层			
新生界	古近系	古新统	清江组	E_1q		0~274		棕色泥岩夹绿色泥岩；下部为红棕色粉砂质泥岩与泥质粉砂岩互层，夹灰绿色泥岩，含少量石膏			
中生界	白垩系	上统	南雄组	K_3n		0~>2370	Tk_3n^1 / Tk_3n	棕红色、红棕色粉砂质泥岩、泥质粉砂岩、泥岩、泥质砂岩，含少量石膏，夹含砾砂岩、砂砾岩			
中生界	白垩系	上统	周家店组	K_3z		0~>1000	Tk_3z	上部：棕红色、杂色砂砾岩、砂岩、粉砂岩夹粉砂质泥岩、泥岩；中部：紫红、灰绿、深灰色砂质泥岩，夹砂岩、粉砂岩及薄层石膏；下部：紫红色砂砾岩、粉砂岩及粉砂质泥岩、泥岩			
中生界	白垩系	中统	冷水坞组	K_2l		0~>715	Tk_2l	棕红色、浅灰色泥岩、砂岩、粉砂岩，夹白色云质泥岩与火山岩			
中生界	侏罗系	下统	林山组	J_1l		0~425		杂色、灰白色、黄褐色、灰绿、浅灰色泥岩、页岩、粉细砂岩互层，夹薄煤层			
中生界	三叠系	上统	安源组	T_3a		0~872	TT_3	灰白色—浅灰、浅紫色砂岩、粉砂岩、砂质页岩及炭质页岩，含煤多层			
中生界	三叠系	下统	大冶组	T_1d		0~>213		灰色—深灰色灰岩、泥灰岩，底部为泥岩			
古生界	二叠系	上统	长兴组	P_2c		0~156		浅灰色—深灰色灰岩、泥灰岩、硅质灰岩夹页岩及硅质岩，上部含燧石结核			
古生界	二叠系	上统	龙潭组	P_2l		0~512	Tp_2l	浅灰色—灰色砂岩、页岩、炭质泥岩间互，含煤层。中部为大套泥岩			
古生界	二叠系	下统	茅口组	P_1m		0~753		上部深灰色硅质页岩、硅质岩、硅质灰岩，下部炭质、沥青质页岩夹灰岩			
古生界	二叠系	下统	栖霞组	P_1q		0~247		深灰色燧石结核灰岩、石灰岩、臭灰岩。夹炭质、沥青质页岩			
古生界	石炭系	上统	船山组	C_2c		0~420		灰色—深灰色灰岩、少量白云质灰岩			
古生界	石炭系	上统	黄龙组	C_2h		0~>100		浅灰色、灰白色块状微晶灰岩及白云质灰岩			
古生界	石炭系	下统	梓山组	C_1z		0~573.50		上部灰色、灰绿色砂岩、粉砂岩、页岩夹煤；中部灰白色石英细砾岩、砂岩夹页岩；下部细砂岩、砾岩			
古生界	石炭系	下统	华山岭组	C_1h		0~402		紫红色石英砂岩			
古生界	泥盆系	上统		D_3		0~60	Tg	黄白色石英砾岩与石英砂岩互层			
元古界			双桥山群	Pt_2sh				紫红色、灰紫色千枚岩			

图3-4-8 江西鄱阳盆地南鄱阳坳陷地层综合柱状图

(1)碎屑岩储层。

南雄组(K_3n):下部由杂色、棕红色砾岩、砂砾岩、粉砂岩韵律组成,为山麓洪积扇—冲积扇及河流相河漫滩亚相沉积。中上部为正常湖相沉积,岩性主要由泥岩、粉砂质泥岩等组成。南雄组砂岩主要发育在下段,为低孔隙度、低渗透率型储层:孔隙度2.37%~15.68%,平均8.4%;渗透率0.15~16.8mD,平均4.2mD。

周家店组(K_3z):可分为三个沉积组合,具有下粗上细的特点,由下往上依次是:底部为紫红色砾岩、砂砾岩,砾石主要为板岩,棱角状,分选差,属山麓洪积锥堆积;下部紫红色厚层状砾岩、含砾砂岩夹页岩,为滨湖相水下河道沉积;中上部为紫红色粉砂岩、钙质粉砂岩、泥岩夹钙质石英砂岩及少量灰黑色黏土页岩,夹薄层状石膏,为浅湖相沉积特征。该组地层孔隙度1.8%~13.73%,平均6.95%;渗透率0.04~0.35mD,平均0.18mD,属于低孔隙度、低渗透率型储层。

冷水坞组(K_2l):砂岩主要发育在底部和顶部,以棕红色砂岩、砾岩及粉砂岩为主,均可作为储层。

(2)碳酸盐岩储层。

南鄱阳坳陷及周边地区在栖霞组(P_1q)、茅口组(P_1m)、长兴组(P_2c)、大冶组(T_1d)等层位9处发现裂隙、晶洞型油气显示,钻井中见井涌和井漏。通过野外地质剖面调查及井下资料统计分析,证明该地区石灰岩地层中孔隙、溶洞、裂缝较为发育,说明鄱阳盆地中碳酸盐岩具有一定的储集空间和储集条件,可成为较好的缝洞型储层。

2)盖层条件

二叠系上统龙潭组煤系地层泥岩厚度大,特别是中亚段海侵体系域的凝缩层封堵性很好,可作为下伏茅口组的直接盖层。

三叠系下统的泥质灰岩、三叠系上统的泥岩可作二叠系上部储层的直接盖层。

白垩系储层上部有相应的盖层配置,周佳店组泥岩可封盖周佳店组的储层,南雄组中上部的大套泥岩可封盖下部的储层。

2. 建库潜力

南鄱阳坳陷划分为11个二级构造单元(图3-4-9)。地震资料在南雄组一段、周家店组、冷水坞组和前白垩系地层顶面共发现20个局部构造、90个层圈闭,圈闭类型有背斜、断背斜、断鼻和断块4种。断块型圈闭为区内主要圈闭类型,共有60个;断鼻型次之,为22个;剩余少量背斜型和断背斜型圈闭,分别只有5个和3个(表3-4-15)。

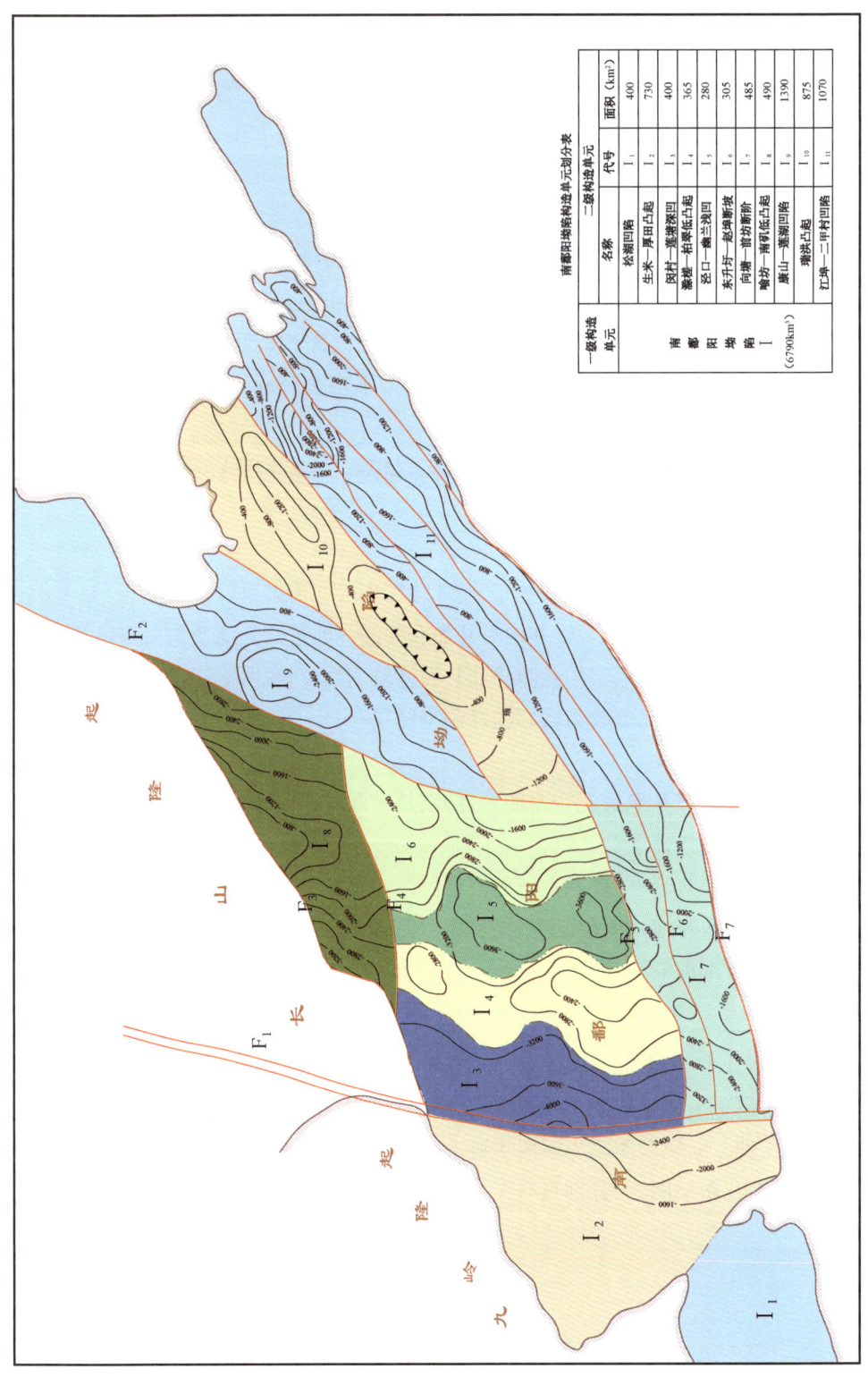

图3-4-9 江西鄱阳盆地南鄱阳坳陷构造分区图

表 3–4–15 南鄱阳坳陷局部构造要素表

构造位置	局部构造编号	局部构造名称	圈闭层位	类型	圈闭面积（km²）	高点特征 高点	高点特征 类型	高点特征 闭合线（m）	高点特征 高点埋深（m）	高点特征 闭合高度（m）	高点特征 圈闭面积（km²）	可靠程度
滁槎—柏翠低凸起	1	麻丘	K_3n^1	断鼻	64.92	①	断块	1650	1500	150	0.64	较可靠
						②	断块	1800	1450	350	19.44	可靠
						③	断块	1800	1450	350	31.56	可靠
						④	断块	1800	1550	250	13.28	可靠
			K_3z	断鼻	39.52	①	断块	1900	1825	75	2.4	不可靠
						②	断块	1950	1625	325	13.9	可靠
						③	断块	1900	1600	300	19.2	可靠
						④	断块	1850	1775	75	4.04	可靠
			K_2l	断鼻	40.32	①	断块	2600	2200	400	6.44	可靠
						②	断块	2400	1900	500	13.96	可靠
						③	断块	2250	1875	375	14.92	可靠
						④	断块	2150	2075	75	5	可靠
			K 底	断鼻	13.64	①	断块	3200	2700	500	5.8	较可靠
						②	断块	2850	2650	200	7.84	可靠
	2	高家村	K_3n^1	断块	6.36	①	断块	1900	1725	175	4.96	可靠
						②	断块	1900	1750	150	0.92	较可靠
						③	断块	1950	1850	100	0.48	较可靠
			K_3z	断鼻	7.92	①	断鼻	2050	1850	200	6.12	可靠
						②	断块	2150	2000	150	1.08	较可靠
						③	断块	2150	2050	100	0.72	较可靠
			K_2l	断块	3.8	②	断块	2450	2250	200	1.84	较可靠
						③	断块	2500	2300	200	1.96	较可靠
			K 底	断鼻	18.84	①	断鼻	2600	2175	425	14.88	可靠
						②	断块	2950	2800	150	2.2	较可靠
						③	断块	3200	2800	400	1.76	较可靠
	3	柏翠	K_3z	断块	6.8	①	断块	2100	1850	250	6.8	可靠
			K 底	断块	16.32	①	断块	2600	2300	300	9.6	可靠
						②	断块	2600	2450	150	6.72	可靠
	4	塘口	K_3n^1	断块	0.76		断块	1850	1800	50	0.76	较可靠
			K_3z	断块	1.48		断块	2050	2000	50	1.48	可靠
			K_2l	断鼻	3.6		断鼻	2350	2200	150	3.6	较可靠
	5	朱古山	K_3n^1	断块	1.56		断块	1850	1750	100	1.56	可靠
			K_3z	断块	0.8		断块	2000	1900	100	0.8	较可靠

续表

构造位置	局部构造 编号	局部构造 名称	圈闭层位	类型	圈闭面积（km²）	高点特征 高点	高点特征 类型	高点特征 闭合线（m）	高点特征 高点埋深（m）	高点特征 闭合高度（m）	高点特征 圈闭面积（km²）	可靠程度
滁槎—柏翠低凸起	5	朱古山	K₂l	断块	1.96	①	断块	2400	2200	200	1.96	较可靠
			K底	断块	3.24		断块	3150	2900	250	3.24	较可靠
	6	滁槎	K₃z	背斜	2.52		背斜	1700	1675	25	2.52	较可靠
			K₂l	背斜	43.68		背斜	2200	2050	150	43.68	较可靠
			K底	断背斜	25.8	①	断块	2850	2650	200	9.64	较可靠
						②	断块	2850	2450	350	5.88	较可靠
						③	断块	2850	2600	250	10.28	较可靠
	7	塔城	K₃z	断鼻	3.68		断鼻	2200	2050	150	3.68	不可靠
			K底	断鼻	1.64		断鼻	2850	2750	100	1.64	不可靠
闵村—莲塘深凹	8	闵村	K₃n¹	断块	0.28		断块	1450	1425	25	0.28	较可靠
			K₃z	断鼻	2.56		断鼻	2100	1900	200	2.56	可靠
			K₂l	断鼻	1.72	①	断鼻	2700	2600	100	0.64	较可靠
						②	断鼻	2600	2525	75	1.08	较可靠
			K底	断鼻	1.96	①	断鼻	3200	3150	50	0.56	较可靠
						②	断鼻	3200	3050	150	1.4	较可靠
泾口—幽兰浅凹	9	港头	K₃n¹	断块	0.16		断块	1500	1525	25	0.16	较可靠
			K₃z	断块	1.6		断块	1700	1600	100	1.6	较可靠
			K₂l	断鼻	5.64		断鼻	2250	2100	150	5.64	较可靠
	10	官头山	K₃n¹	断块	2.12		断块	1700	1550	150	2.12	较可靠
			K₃z	断块	2.48		断块	1850	1700	150	2.48	较可靠
			K₂l	断块	1.72		断块	2200	2050	150	1.72	较可靠
			K底	断块	2.8		断块	3100	2900	200	2.8	较可靠
	11	傅万	K₃n¹	断块	7.8		断块	2050	1750	350	7.8	较可靠
			K₃z	断块	7.8	①	断块	2150	1950	200	4.6	较可靠
						②	断块	2150	1800	350	3.2	较可靠
			K₂l	断块	1.8		断块	2350	2275	75	1.8	较可靠
	12	樊家	K₃z	断鼻	7.2		断鼻	2250	2200	50	7.2	不可靠
	13	涂家沥	K₃z	断鼻	4.04		断鼻	2250	2150	100	4.04	不可靠
			K₂l	断块	6.2		断块	2800	2600	200	6.2	不可靠
			K底	断块	2.44		断块	3150	2950	200	2.44	不可靠
东升圩—赵埠断坡	14	东升圩	K₃n¹	断块	14.08	①	断块	750	600	150	5.88	不可靠
						②	断块	850	650	200	8.2	不可靠
			K₃z	断块	11.2	①	断块	1050	950	100	4.44	不可靠
						②	断块	1100	1000	100	2.32	不可靠
						③	断块	1100	1000	100	4.44	不可靠
			K底	断块	9.72	①	断块	1800	1600	200	0.76	不可靠
						②	断块	2000	1600	400	8.96	不可靠

续表

构造位置	局部构造		圈闭层位	类型	圈闭面积（km²）	高点特征					可靠程度
	编号	名称				高点	类型	闭合线（m）	高点埋深（m）	闭合高度（m）	圈闭面积（km²）	
向塘—前坊断阶	15	李宗村	K_3z	断背斜	15.28		断背斜	1950	1700	250	15.28	较可靠
			K底	背斜	20.88	①	背斜	2500	2400	100	4	较可靠
						②	背斜	2500	2200	300	12.28	较可靠
						③	背斜	2500	2400	100	4.6	较可靠
	16	兴隆村	K底	断背斜	8.4		斜断背	2050	1800	250	8.4	不可靠
康山—莲湖凹陷	17	称砣洲	K_3n^1	断鼻	3.4		断鼻	1050	900	150	3.4	较可靠
			K_3z	断鼻	1.24		断鼻	1350	1250	100	1.24	较可靠
	18	筲箕湖	K_3n^1	断块	7.36		断块	1000	750	250	7.36	较可靠
			K_3z	断块	2.84		断块	1000	850	150	2.84	较可靠
			K底	断块	6.68		断块	1300	1100	200	6.68	较可靠
	19	东湖	K_3n^1	断鼻	2.44		断鼻	900	750	150	2.44	较可靠
			K_3z	断鼻	9.32		断鼻	1000	500	500	9.32	较可靠
			K底	断鼻	10.56	①	断鼻	1600	1200	400	5.68	较可靠
						②		1600	1200	400	4.88	不可靠
喻坊—南矶低凸起	20	陶家	K_3n^1	断鼻	20.76	①	断块	1200	985	215	9.76	较可靠
						②	断鼻	1150	950	200	11	较可靠
			K_3z	断块	8.92	①	断块	1250	1175	75	8.32	较可靠
						②	断块	1150	1125	25	0.6	较可靠
			K底	断鼻	9.12	①	断鼻	1600	1575	25	0.76	较可靠
						②	断鼻	1600	1450	150	8.36	较可靠
合计					531.7						531.7	

总体来看，白垩系以砂岩储层为主，具备良好的储盖组合，但砂岩储层物性较差，虽有埋藏适中、面积较大的圈闭构造存在，但受限于白垩系储层以低孔隙度、低渗透率为主，库址选择方向应先寻找物性较好的储层。

三、东南沿海地区

东南沿海地区包括广东、福建、海南、广西、香港、澳门四省两区。受资料等客观因素限制，仅对两广地区含水层型储气库资源潜力进行调查分析。

（一）广东省

通过多年的油气勘探工作，广东省仅在三水盆地探明了宝月、竹山岗两个小型油气田，借助三水盆地油气勘探资料来分析水层建库的潜力。

三水盆地位于广州市附近，是一个白垩系—古近系沉积盆地。沉积基底为三叠系内陆碎屑岩及上古生界二叠系—石炭系浅海相碳酸盐岩与含煤页岩沉积。从白垩系开始到古近系先后沉积了白鹤洞组（K_1b）、三水组（K_2s）、大朗山组（K_2d）、布心组（E_1b）、西布组（E_2x）、华涌组（E_2h）河流—湖泊相碎屑岩（图3-4-10）。

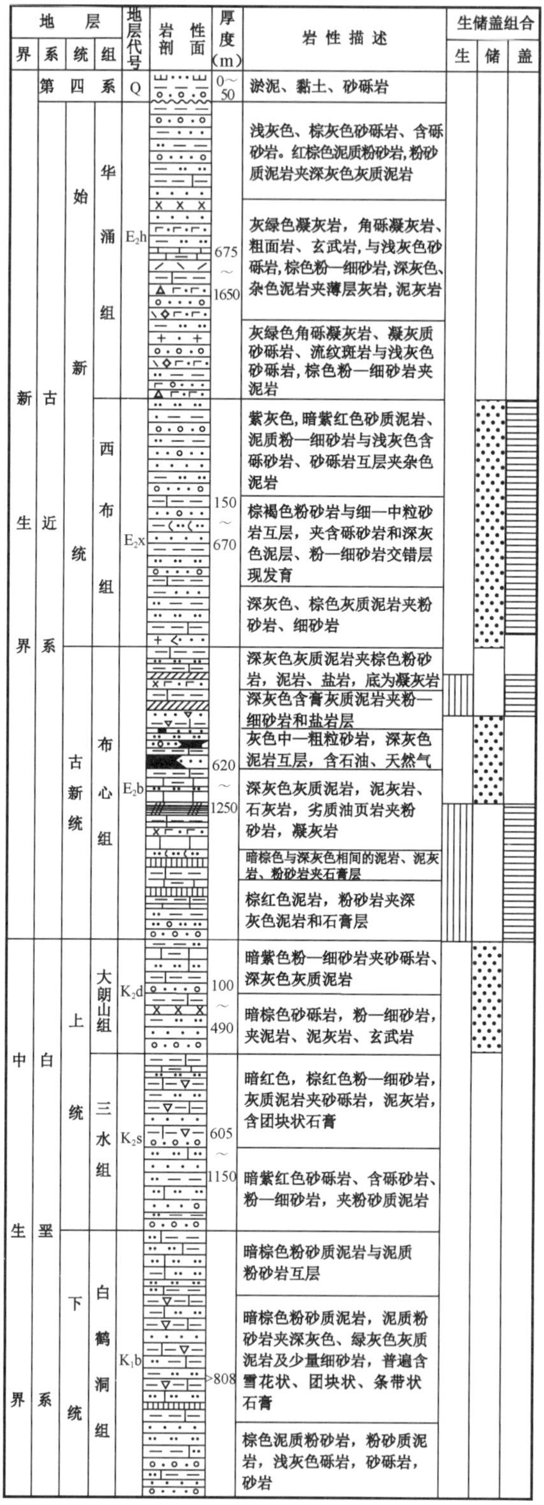

地层			地层代号	岩性剖面	厚度(m)	岩性描述	生储盖组合		
界	系	统 组					生	储	盖
新生界	第四系		Q		0~50	淤泥、黏土、砂砾岩			
新生界	古近系	始新统 华涌组	E_2h		675~1650	浅灰色、棕灰色砂砾岩、含砾砂岩。红棕色泥质粉砂岩，粉砂质泥岩夹深灰色灰质泥岩			
						灰绿色凝灰岩，角砾凝灰岩、粗面岩、玄武岩，与浅灰色砂砾岩、棕色粉—细砂岩，深灰色、杂色泥岩夹薄层灰岩，泥灰岩			
						灰绿色角砾凝灰岩、凝灰质砂砾岩、流纹斑岩与浅灰色砂砾岩、棕色粉—细砂岩夹泥岩			
新生界	古近系	始新统 西布组	E_2x		150~670	紫灰色，暗紫红色砂质泥岩、泥质粉—细砂岩与浅灰色含砾砂岩、砂砾岩互层夹杂色泥岩			
						棕褐色粉砂岩与细—中粒砂岩互层，夹含砾砂岩和深灰色泥岩、粉—细砂岩交错层现发育			
						深灰色、棕灰色灰质泥岩夹粉砂岩、细砂岩			
新生界	古近系	古新统 布心组	E_2b		620~1250	深灰色灰质泥岩夹棕色粉砂岩，泥岩、盐岩，底为凝灰岩			
						深灰色含膏灰质泥岩夹粉—细砂岩和盐岩层			
						灰色中—粗粒砂岩，深灰色泥岩互层，含石油、天然气			
						深灰色灰质泥岩，泥灰岩、石灰岩，劣质油页岩夹粉砂岩，凝灰岩			
						暗棕色与深灰色相间的泥岩、泥灰岩、粉砂岩夹石膏层			
						棕红色泥岩，粉砂岩夹深灰色泥岩和石膏层			
中生界	白垩系	上统 大朗山组	K_2d		100~490	暗紫色粉—细砂岩夹砂砾岩、深灰色灰质泥岩			
						暗棕色砂岩，粉—细砂岩，夹泥岩、泥灰岩、玄武岩			
中生界	白垩系	上统 三水组	K_2s		605~1150	暗红色、棕红色粉—细砂岩、灰质泥岩夹砂砾岩、泥灰岩，含团块状石膏			
						暗紫红色砂砾岩、含砾砂岩、粉—细砂岩、夹粉砂质泥岩			
中生界	白垩系	下统 白鹤洞组	K_1b		>808	暗棕色粉砂质泥岩与泥质粉砂岩互层			
						暗棕色粉砂质泥岩，泥质粉砂岩夹深灰色、绿灰色灰质泥岩及少量细砂岩，普遍含雪花状、团块状、条带状石膏			
						棕色泥质粉砂岩，粉砂质泥岩，浅灰色砂砾岩，砂岩			

图 3-4-10 广东三水盆地沉积地层综合柱状图

1. 储盖条件

1) 储集条件

三水盆地发育三种类型储层,即砂岩储层、裂缝储层及溶洞类型碳酸盐岩储层。

(1) 孔隙型砂岩储层。发育于古近系各组,以布心组布三段砂岩最为发育,储集体类型是湖泊三角洲前缘沙坝。

(2) 钙质泥岩、灰质砾岩、泥灰岩、石灰岩、凝灰岩裂缝储层。发育于古近系布二段、布一段,灰质砾岩。石灰岩裂缝发育于古近系大朗山组,岩心裂隙中见原油斑块、外渗、稠油、沥青,局部裂缝被方解石充满。

(3) 溶洞储层。溶洞发育于古近系布二段、布一段及大朗山组灰质砾岩、石灰岩中。

2) 盖层条件

三水盆地盖层包括古近系布心组二段和三段泥岩以及西布组泥岩。古近系中泥岩,尤其是湖相暗色泥岩是良好的盖层,布心组二段上部、布心组三段上部、西布组中下部厚层泥岩是区域性盖层。上覆盖层为西布组和华涌组地层,残余厚度一般500~1000m,深凹带可达1500m。

2. 建库潜力

根据三水盆地地震解释成果共发现和落实圈闭27个。在已发现的圈闭中,圈闭面积大于 $2km^2$ 的有水35井断鼻等11个局部构造,其中闭合幅度大于200m且有井控制的仅有水35井断鼻和水深16井断块构造(表3-4-16)。

表3-4-16 三水盆地北部圈闭要素表

构造带	序号	圈闭名称	层位		高点埋深（m）	闭合幅度（m）	圈闭面积（km^2）	圈闭类型	落实程度
			地震	地质					
河口断裂构造带	1	水深15井西构造	T_2^2	Eb_3	800	80	0.63	断块	落实
			T_3	Ed	1020	100	0.61		
	2	水26井构造	T_2^2	Eb_3	560	120	1.91	断背斜	落实
			T_3	Ed	780	120	2.22		
	3	水35井构造	T_2^2	Eb_3	720	320	2.48	断鼻	较落实
			T_3	Ed	1000	280	2.99		
	4	水69井构造	T_2^2	Eb_3	760	80	0.62	断鼻	落实
			T_3	Ed	1040	100	0.55		
	5	水41井构造	T_2^2	Eb_3	660	40	0.59	断鼻	较落实
	6	水65井东构造	T_2^2	Eb_3	840	80	0.24	断鼻	较落实
	7	水33井东构造	T_2^2	Eb_3	1400	<20	0.23	断背斜	较落实
桃布凹陷	8	水深40井东构造	T_2^2	Eb_3	1400	20	0.53	背斜	较落实
			T_3	Ed	1620	20	0.79		
	9	水深18井东构造	T_2^2	Eb_3	1400	40	0.36	背斜	落实
			T_3	Ed	1620	60	0.38		
	10	水深9井北构造	T_2^2	Eb_3	1320	100	0.89	断块	较落实
			T_3	Ed	1500	100	0.69		

续表

构造带	序号	圈闭名称	层位		高点埋深（m）	闭合幅度（m）	圈闭面积（km²）	圈闭类型	落实程度
			地震	地质					
马头岭断裂构造带	11	高1井构造	T_2^2	Eb_3	860	120	2.46	断鼻	落实
			T_3	Ed	1020	120	2.02		
	12	高1井北构造	T_3	Ed	1160	40	0.13	断鼻	较落实
	13	南4井西构造	T_3	Ed	1260	40	0.25	断背斜	较落实
	14	水深9井构造	T_2^2	Eb_3	1220	60	0.51	断鼻	较落实
			T_3	Ed	1360	100	0.62		
	15	水深9井西构造	T_2^2	Eb_3	1200	<20	0.09	断背斜	落实
			T_3	Ed	1460	<20	0.05		
	16	水深26井西构造	T_2^2	Eb_3	1140	140	1.31	断块	落实
			T_3	Ed	1360	100	0.73		
	17	水深16井构造	T_2^2	Eb_3	1060	200	2.88	断块	落实
			T_3	Ed	1160	300	2.88		
	18	水深21井构造	T_2^2	Eb_3	1340	180	2.01	断块	落实
			T_3	Ed	1580	200	1.5		
	19	水深23井构造	T_2^2	Eb_3	920	80	0.77	断鼻	落实
			T_3	Ed	1000	80	0.72		
宝月背斜构造带	20	水16井构造	T_2^2	Eb_3	780	260	4.1	背斜	落实
	21	水70井构造	T_2^2	Eb_3	900	180	3.97	断背斜	落实
	22	水20井构造	T_2^2	Eb_3	940	200	2.48	断鼻	落实
	23	水深3井构造	T_2^2	Eb_3	1060	260	8.94	断鼻	落实
	24	南7井构造	T_2^2	Eb_3	1220	180	3.21	断鼻	落实
	25	水深10井构造	T_2^2	Eb_3	1280	120	4.16	断鼻	落实
华平凹陷	26	珠3井南构造	T_2^2	Eb_3	1460	40	0.97	断背斜	较落实
			T_3	Ed	1760	40	0.45		
	27	水深24井东构造	T_2^2	Eb_3	1720	20	0.77	断鼻	较落实
			T_3	Ed	2060	20	0.29		

三水盆地主要储层位于布心组,布心组为一套河湖三角洲及浊流沉积,储层以三角洲砂为主,盖层湖相泥岩为主,构成了良好的储盖组合。同时三水盆地已发现20余个局部构造,虽普遍圈闭面积较小,可以进一步开展工作,分析其建设小型含水储气库的可行性和必要性。

(二)广西壮族自治区

广西壮族自治区地处祖国南疆,新生界沉积盆地以古近系为勘探对象,发育百色、十万大山、桂平、南宁、宁明、合浦6个沉积盆地,但勘探程度普遍较低,虽发现多个含油气远景区,但其含油面积小,储量小,储层物性较差。根据收集到的十万大山盆地、桂中凹陷、合浦盆地三个盆地的资料分析认为,广西壮族自治区含水层型地下储气库的潜力有待于进一步研究。

1. 十万大山盆地

十万大山盆地地处广西壮族自治区南部,是华南板块西南缘一个较大型的中、新生代沉积盆地。

十万大山盆地下伏海相构造层的构造圈闭主要形成于印支期,有的于海西期已经形成,印支期又得以进一步继承和发展。纵向上发展的继承性使得十万大山盆地的储层、盖层及圈闭形成在时间、空间上的配置关系良好。

十万大山盆地目前勘探程度仍很低,虽然钻探了3口井,但只有万参1井钻穿红层。经勘探,明确了主要勘探目的层为中泥盆统、上泥盆统、二叠系和下三叠统,其次还有古近系和新近系。在盆地周边露头区出露沥青、油苗及古油藏。

从目前勘探、钻探程度来看,十万大山盆地不具备水层潜力分析的资料条件。

2. 桂中坳陷

桂中坳陷位于广西壮族自治区的中部,是发育在扬子准地台大陆边缘—华南加里东褶皱系之上的晚古生代海相裂陷—坳陷盆地。

桂中坳陷储层发育于泥盆系、石炭系(表3-4-17),以白云岩、生物灰岩为主,物性较差,渗透率以小于10mD为主。

盖层包括下石炭统岩关组、中泥盆统东岗岭组和应堂组、下泥盆统四排组和郁江组泥页岩,单层厚度在10m以上。

桂中坳陷经石油地质普查、经重力及地震勘探发现了柳江背斜、理苗背斜等局部构造,但由于勘探程度与井控程度较低,不具备分析建库条件的资料。

表3-4-17 桂中坳陷区域地层简表

地层					厚度(m)	主要岩性
界	系	统	组	代号		
新生界	第四系			Q	>5	砾岩、砂及黏土层
中生界	白垩系	下统	永福组	K_1y	>500	砂岩、泥岩、砂质与泥质灰岩及钙质泥岩
	三叠系	中统		T_2	>575	泥岩、粉砂质页岩及砂岩
		下统		T_1	282~351	含泥灰岩、泥岩、硅质页岩及凝灰岩

续表

地层					厚度(m)	主要岩性
界	系	统	组	代号		
古生界	二叠系	上统	大隆组	P_2d	0~35	硅质岩,局部夹凝灰岩
			合山组	P_2h	209~375	燧石灰岩夹煤层,底部为铁铝岩
		下统	茅口组	P_1m	266~849	石灰岩,局部含灰质
			栖霞组	P_1x	375~477	燧石灰岩夹泥质灰岩
	石炭系	上统	马平组	C_3m	221~1098	石灰岩、白云岩、燧石灰岩
		中统	黄龙组	C_2h	353~477	石灰岩、白云质灰岩及白云岩
			大铺组	C_2d	200~403	白云岩
		下统	大塘组	C_1d	128~363	含燧石灰岩、页岩砂岩
			岩关组	C_1y	129~437	石灰岩、砂质页岩夹硅质岩
	泥盆系	上统	柳江组	D_3l	574~1529	石灰岩、白云岩
			融县组	D_3r		
		中统	东岗岭组	D_2d	125	石灰岩、泥灰岩夹页岩
			应堂组	D_2y	>102	石灰岩、泥灰岩、泥岩
		下统	四排组	D_1s	>86	介屑灰岩、泥岩夹白云岩,泥灰岩夹泥岩
			郁江组	D_1y	160	砂岩、泥岩、泥质灰岩
			那高岭组	D_1n	58~760	泥页岩夹泥灰岩、粉砂岩或砂岩
			莲花山组	D_1l	>1038	砂岩夹粉砂岩,底部为含砾砂岩和砾岩
	寒武系		清溪组	$\in q$	>1373	页岩与含碳质页岩互层
元古界	震旦系	上统	老堡组	Z_3l	131	石英硅质岩
			陡山驼组	Z_3d	49	顶部为硅质页岩,其下为页岩
			南驼组	Z_3n	967	含砾泥质砂岩
		中统	富禄组	Z_2f	634~717	上部泥质砂岩夹砂质页岩,中部为砂岩,下部为石英砂岩
		下统	长安组	Z_1c	945~979	含砾泥质砂岩

3. 合浦盆地

合浦盆地又称南流江盆地,位于广西壮族自治区南部合浦县境内,向西南延伸至北部湾海域。盆地面积约 1200km²,陆上面积 1040km²,海域面积 150km²。合浦盆地距南宁市 227km,距北海市 28km。

合浦盆地是在华南褶皱系古生界褶皱基底上发育起来的新生代断陷盆地,基底埋深3700m。据钻井揭示及盆地外围出露地层推断,盆地基底为下志留统石灰岩、粉砂岩和页岩。据磁力资料盆地东部有零星火成岩体分布。

盆内自下而上充填地层为中白垩统石冲组、乌家组,古近系上洋组、酒席坑组、沙岗组,新近系白沙江组和第四系,主要勘探目的层为古近系酒席坑组及沙岗组二段(图3-4-11)。

地层				地层代号	岩性剖面	厚度(m)	地震层位	岩 性 描 述	生储盖组合		
界	系	统	组(群)	段						生	储	盖
新生界	第四系—新近系		白沙江组		Q—N		5~406.9	T1	灰白色细砾层、含砾砂岩、砂砾层、砂层夹灰白色、灰黄色、浅红色黏土层			
	古近系	渐新统	沙岗组	一段	E_3s^1		585.5~676.5	T_1	土黄色泥岩、粉砂质泥岩与灰白色含砾粉砂岩粉砂岩不等厚互层			
				二段	E_3s^2		210.5~405	T_2	中上部为土黄色泥质岩与灰白色粉砂岩不等厚互层;下部为灰绿色、土黄色、棕红色泥质岩与灰白色粉砂岩互层			
		始新统	酒席坑组	一段	E_2j^1		88.5~225		深灰色、褐灰色泥岩,底部夹薄层砂岩			
				二段	E_2j^2		72.5~194.5		上部为深灰色生物屑泥岩夹灰白色细砂岩及粉砂质泥岩;下部为深灰色泥质岩与浅灰色粉砂岩不等厚互层			
				三段	E_2j^3			T_3	上部为灰黑色碳质泥岩,下部为绿灰色、灰白色砂岩夹杂色泥岩			
		古新统	上洋组	一段	Es_1h^1		435		棕红色泥岩、含膏泥岩,局部夹薄层灰绿色泥岩			
				二段	Es_1h^2		131		深灰色泥岩,局部含石膏			
				三段	Es_1h^3		75	T_4	棕红色含膏泥岩			
中生界	白垩系	中统	乌家组		K_2w		36~1048		紫红色、棕红色、黄棕色粉砂质泥岩、泥质粉砂岩、粉砂岩、细砂岩为主,夹石英砂岩及灰岩;底部为一大套石英砂岩,局部夹薄层泥岩及高岭土层			
			石冲组		K_2s		0~133	T_g	上部为凝灰岩,中部为棕红色长石石英砂岩,下部为砾岩			
古生界	志留系				S				灰紫色、局部褐黄色浅变质泥岩,深灰色、灰黑色泥岩、粉砂质泥岩与石灰岩,浅灰色石英砂岩不等厚互层			

图3-4-11 合浦盆地地层综合柱状图

盆地内所形成的圈闭构造主要为断块、断鼻、鼻状背斜、墙角、地层尖灭和潜山6种类型，共发现15个局部构造。由于圈闭面积较小，埋藏深度较浅，缺乏钻井等评价基础资料，不具备储气库评价条件(表3-4-18)。

表3-4-18 合浦盆地重要圈闭一览表

编号	圈闭名称及类型	圈闭要素		
		面积(km^2)	幅度(m)	埋深(m)
1	江口东断背斜	1.5	150	700
2	沙朗村断鼻	0.94	50	800
3	沙朗村断块	3.63	300	600
4	沙朗村断块	1	200	900
5	汉马坡断块	1.9	300	600
6	桥头圩南墙角	2.05	250	550
7	大平坡断块	1.35	800	1100
8	白谷田墙角	1.54	100	400
9	松树园断块	2.5	800	1800
10	松树园东断块	1.1	200	1800
11	天堂坡东墙角	2.18	200	2900
12	大平坡断鼻	2.15	700	2000
13	凤凰头断鼻	1.4	50	1300
14	白社坛断鼻	1.1	25	1100~1150
15	亚头墩断鼻	4.13	275	725

通过长三角、中南、东南沿海的构造、储盖条件分析发现，长三角地区含水构造落实程度较高，含水构造的埋深、储盖层条件亦较好，寻找水层储气库的潜力较大。中南地区仅有湖北省的含水构造勘探程度略高、储盖层条件较好，可以作为水层型储气库的潜力目标区。东南沿海地区勘探程度较低，目前缺乏建库条件分析的基本资料，如寻找水层型储气库资源，需要开展前期勘探等工作。

参 考 文 献

[1] 丁国生. 中国地下储气库的需求与挑战[J]. 天然气工业, 2011(12): 90-93.
[2] 颜照坤. 黄骅坳陷古近纪构造-沉积演化过程研究[D]. 成都: 成都理工大学, 2014.
[3] 崔周旗. 渤海湾盆地冀中坳陷古近系沉积体系与隐蔽油气藏勘探[D]. 西安: 西北大学, 2005.
[4] 漆智先, 徐玉珍, 余昱. 湖北省潜江市黄场潜二段盐矿开发研究[J]. 中国井矿盐, 2003, 34(1): 29-32.
[5] 陈安定. 苏北盆地构造特征及箕状断陷形成机理[J]. 石油与天然气地质, 2010, 31(2): 140-149.
[6] 宋宁. 苏北盆地油气藏分布规律和主控因素[J]. 上海地质, 2010, 31(增刊): 240-243.

第四章 气藏型储气库建库技术

气库运行与气藏开发相比,注采强度大、周期生产时率短、地层温度和压力场交替变化,以及交替注采工况和长生命周期对储气库系统(圈闭、井工程、地面工程)安全要求高,因此,本章主要阐述具有储气库特色的建库地质气藏、钻采工程、地面工程等方案设计核心技术和方法。

第一节 气藏型储气库主要特点

一、气库与气藏差异性分析

气藏开发一般是低速衰竭式单向采气,而对于储气库,在天然气需求淡季将富余管道气注入地层,在旺季则采气供给市场,实现削峰平谷功能,保障天然气安全平稳供应。随着一年四季气温改变,天然气需求淡季和旺季交替,储气库周而复始循环注采。和气藏开发相比,短期大流量交替注气和采气独有的特点决定了储气库建设的特殊性和复杂性,本节重点围绕气库运行和气藏开发差异性,从开发方式、设计准则、运行规律、井筒完整性、储层改造及监测要求等6方面分析气藏改建储气库的基本特点和关键技术要求。

(一)开发方式

气藏开发采气速度较低(2%~5%),周期较长,基本上10~20年,甚至更长,最后枯竭废弃。储气库基本在一年内完成一个完整的注气和采气周期,注采转换受气温变化影响较大,夏季转暖进入天然气需求淡季,则注气,冬季寒冷进入天然气需求旺季,则采气,如此周而复始循环注采,实现天然气稳定供应。

(二)设计原则

气藏开发以稳产为前提,以提高最终采收率为目标。储气库为了实现削峰平谷功能,解决供气不均衡性矛盾,应最大限度满足季节调峰和应急供气需求。因此,储气库的吞吐能力应满足该地区用气高峰和末期两个关键节点的要求,才能实现安全、平稳供气。

(三)运行特点

气藏开发过程地层压力逐步降低,产量呈现上产、稳产、递减三大特点,而储气库地层压力为周期性波动,注气过程增压,采气过程降压,交替改变。库容量和工作气量变化则分为两个大阶段:一是扩容达产循环过渡阶段,随着多周期注采运行库容量逐步扩大,工作气量渐渐提高,向设计指标靠近;二是稳定注采运行阶段,此时储气库的库容量、工作气量、运行压力区间趋于平稳,储气库具备稳定的注采气能力。简而言之,从地层压力变化分析,气藏为低速单向衰竭,气库为高强度周期性快速交替变化;对于产量或工作气量,气藏总体表现为先稳后减,气库为先增后稳。因此,气库运行过程地层压力交变速度快、强度大,采气时间短、流量大,储气库在有限时率高速往复注采条件下气井的控制范围、井控储量远小于气藏,储层渗流条件比气藏更加复杂,科学评价有效含气孔隙体积,准确设计库容规模,快速稳步实现扩容达产成为建库地质方案的核心内容。

(四)井筒完整性

气藏开发过程中,可以认为温度场基本不变,地层压力缓慢降低,全生命周期井筒承压由高到低,管柱和水泥环失效风险越来越小,井工程失效概率较低。对于储气库,井筒及其附近的温度场和压力场处于高强度快速交替变化状态,受交变的应力与热效应双重作用,管柱和水泥环被剪切、疲劳破坏的风险大增,同时储气库井筒寿命一般要求30～50年以上,因此储气库工作井井身结构、固井、完井工艺优化设计及管柱选材至关重要,它既可以有效保障井筒完整性,又可以大幅降低建库投资,提高经济效益。

(五)储层改造

气藏开发,尤其是低渗透致密等常规和非常规气田开发,采取各种措施进行储层改造,提高储层内流体的流动性。由于储气库井长周期在交变应力、温度、腐蚀等复杂工况下运行,如果进行大规模储层改造,额外承受巨大外力作用,将加速破坏井筒自身的完整性。因此,储气库一般不进行大规模储层改造,但可采用酸洗、微酸压等小型改造措施,改善井底污染,提高近井地带的流动性。比如控制酸液反应的压力、温度、时间等条件,确保加酸过程井筒不发生化学反应,待酸液进入地层后的特定条件反应生成非酸性物质,确保加酸和返排过程不会腐蚀管柱。通过实施有利于井筒完整性的储层改造施工工艺,消除储层伤害,改善近井地带渗流条件,提高地层流动性,增强气井吞吐能力。

(六)监测要求

气藏开发地层压力低速衰减,风险持续降低,天然气泄漏风险逐步减小。因此,一般只关注含气范围内生产动态特征,监测要求较低。储气库注采过程地应力扰动和流体运移可能波及整个储气圈闭,包括储层、盖层、断层上下盘、溢出点、上覆渗透层、浅层地表水等,天然气泄漏不仅造成大量天然气损失,同时带来较大的安全环保风险。毛细管力突破和力学完整性失效引起盖层泄漏、多周期往复注采工况下断层活化风险增大,可能诱发整个储气圈闭密封性失效。高速注采过程呼吸效应导致气液界面振荡,流体运移存在不确定性,不同区带地层渗流条件以及地层吸气或采气能力不断变化。另外,由于交变应力、井筒酸性介质等多重耦合作用下,井筒腐蚀、穿孔、微环空等改变井筒技术状况,井筒完整性失效。因此,国内外特别重视储气库全生命周期动态监测,要求部署一定数量的监测井,以掌握气库内、气库周围以及上覆地层的各种变化,为气库安全注采、高效运行及时提供第一手资料。

二、国外主要建库技术

国外储气库发展已有100多年历史,已经拥有较为成熟配套的建库技术。但也有其自身局限性,主要与国外地质条件和储气库发展阶段相关。从地质条件上看,以海相沉积为主,基本为整装气藏,埋藏浅,物性好,普遍为高孔隙度、高渗透率,建库地质条件简单。另外,国外经过近30年建库初期探索发展后,在20世纪50—80年代进入快速发展期,建库配套技术逐步成型,随后储气库建设进入平稳发展阶段,主要以改扩建和小规模新库建设,因此储气库核心关键技术主要在20世纪中叶趋于成熟。下面主要从地质气藏、钻完井、地面工程三方面总结梳理国外建库技术及其特点。

(一)地质气藏技术

主要从气库运行与气藏开发差异入手,总结梳理储气库设计理念,建库地质及注采机理评价体系,以及储气库多周期注采运行优化技术体系等三大方面。

1. 创建了不同于气藏开发的储气库设计理念

由于储气库与气藏存在非常大的差异性,储气库设计理念也存在较大不同。从地质与气藏工程专业领域来看,对圈闭动态密封性、交互注采渗流机理、含气孔隙空间动用程度、高速流井控库存及注采井网密度、储渗能力变化特征、扩容达产期方案设计、全生命周期全方位监测系统等要求更高,需要引入地质力学,结合理论研究、室内物理模拟、数值模拟等多种手段,科学评价储气库指标和注采方案的科学性与可靠性,满足储气库调峰运行要求。由于储气库采气速度远高于气藏开发(20~30倍),必须充分考虑储气库高速注采过程对非均质储层的有效控制,气体在地层中高速流动过程中井控储量及压力响应特征和气田开发存在显著差异;同时,应综合采用高速流动条件下的数值模拟和物理模拟方法,通过多因素敏感性分析,尽可能消除方案设计中的不确定性因素。

2. 建立了完善的储气库地质与机理评价技术体系

国外储气库机理评价以储气库精细地质研究为基础,引入地质力学建立储气库四维地质力学模型,全过程描述交替注采引起圈闭内岩石、流体性质和特点的改变,同时考虑相渗滞后及非达西流效应,建立了储气库数值模拟关键技术,最后特别注重多因素敏感性分析和评价,预测注采运行技术指标,为储气库安全及优化运行奠定重要理论基础,并提供科学依据。

高度重视气藏构造圈闭为整体的储气库精细地质综合研究,高精度地刻画三维地质模型,为气库科学建设与运行打下良好的地质基础。储气库地质研究需从含气范围扩展到包括储层、水体、盖层和断裂在内的整体圈闭,采取高精度三维地震、标准和特殊测井系列、沉积微相以及动态特征等综合研究,建立高精度三维地质和数模模型,精细刻画圈闭构造空间展布特征和流体分布规律。

非常重视建库前岩石骨架和地层流体改变的影响,充分利用气藏开发资料,引入地质力学,对储气圈闭内的地质体进行重新校正和刻画,建立符合储气库特点的四维精细地应力耦合地质模型,主要用来解决三个关键问题:一是周期注采条件圈闭动态密封性评价,二是气藏开发和周期注采运行过程中储渗能力变化特征,三是精细描述建库前储层流体分布及其变化特征,为科学确定气库规模及保障安全运行奠定重要的地质基础。

针对储气库注采过程气水互驱和大流量等显著特点,考虑相渗滞后及非达西流等对地层渗流数值模拟的影响,建立了完备的驱替—吸吮相渗曲线测定技术,开发了与之相适应的数值模拟功能模块,形成了符合储气库注采特点的数值模拟关键技术。在此基础上,实现地应力—储层流固耦合、地层—井筒—地面地下地面一体化模拟,实现了储气库全生命周期注采运行动态优化模拟,为科学编制储气库不同阶段注采运行方案和保障安全运行奠定了重要的渗流机理,提供了重要的室内研究手段。

鉴于地质条件的复杂性和扩容达产过程本身的特殊性,利用成熟的 Cougar 软件开展多因素不确定性敏感性分析,包括地质、渗流及工艺等多方面,通过多方案技术指标对比分析,确定影响建库安全、扩容、达产等主控因素,然后以此为基础,与储气库地质和动态数值模拟模型结合,预测建库注采运行方案技术指标,为建库工程及后期优化运行提供科学依据。

3. 建立了储气库全方位扩容达产优化运行技术体系

由于建库地质条件的复杂性和储气库高速往复注采运行的特殊性,储气库主要技术指标在注采运行过程存在较大的不确定性。一般通过几个循环过渡周期分步实施与优化调整,逐步消除不确定性,实现设计指标,尤其是投产运行的初始几个周期是评价气体高速流条件下储层特性或调整建库方案的关键时期,特别强调注采方案优化及动态监测工作,并建立了全方位的优化运行技术体系,指导储气库运行跟踪评价与优化调整。

储气库应分阶段建设实施逐步实现设计库容,尤其重视建库前的资料录取和第一注采周期运行方案优化工作。储气库库容参数在建库阶段存在较大的不确定性,需通过多个循环过渡周期方可认识清楚,分阶段建设实施逐步实现设计库容参数。

国外高度重视储气库地下、井筒及地面的一体化全方位的监测体系建设,确保监测过程的及时、准确、到位,实现储气库安全、高效运行。建立完善的气库运行监测井网,是储气库安全、高效运行的基础保证。取全取准各项基础数据是储气库分阶段建设实施逐步优化和调整的重要基础,同时监测体系不仅局限于地质数据的录取,还应包括地面和井筒等全方位的数据录取,而且动态监测工作始终贯穿于储气库运行管理的全过程,应及时、准确、到位。为此,成立三位一体的气库安全运行监测管理队伍,提高气库全方位、全过程的综合管理水平,并逐步建立地下、井筒和地面无缝耦合优化运行技术体系、预测手段和方法,实现气库运行管理全过程信息化、规范化和标准化。

(二)钻完井技术

国外储气库钻完井技术已经成熟,尤其在储气库注采井寿命合理设计年限、钻井方式、井身结构、固井技术、完井技术及老井处理等方面形成了成套设计技术和施工工艺。

1. 注采井寿命设计

国外储气库建设单位重视岩石力学、管柱力学等基础性研究,重视建井质量的管理,结合实际运行经验,提出了储气库注采井一般按不少于 30 年不修井进行寿命设计。目前 Loenhout 储气库已经实现了这一目标,TIGF 储气库也已运行了 50 年以上,目前仅 1 口井有异常套管压力(除封堵井外),Norg 储气库 6 口生产井生产 14 年没有异常套管压力。

2. 钻井方式及井型

枯竭气藏储气库井在钻井方式上主要采用丛式井场设计,便于集中管理,减少设备搬迁。Loenhout 气库用 4 个丛式井组完成 30 口井;Norg 储气库采用 1 个丛式井组,10 口井,井距 10m;TIGF 储气库丛式井组井距为 7m。

枯竭气藏储气库注采井应根据储层特征,优先采用水平井,或采用水平井、定向井组合提高单井注采能力,水平井水平段长度原则上不小于 500m。德国 Breitbrunn – Eggstatt 储气库最近新钻 5 口水平井,最大水平位移为 1514m;Yela 储气库 10 口注采井均采用了丛式水平井或定向井。

3. 井身结构设计

储气库注采井为满足季节调峰和应急供气的功能,需要较高的采气速度,应尽量采用较大尺寸的井身结构。对于低压油气藏型储气库采用储层专打,不兼顾其他层位。储气库生产套管及完井管柱在材质选择方面主要根据注采气质而定,若存在腐蚀因素,应采用相应的防腐材质,材质选择上都比较保守。例如 Loenhout 储气库、Norg 气库和 Yela 气库采气油管均为 $\phi177.8mm$。

4. 钻井工艺

针对低压地层,采取欠平衡+带压作业,储层压力过低的采取先注气提高压力再钻井的操作程序,以减少对储层的伤害。如 Loenhout 储气库,即采用了带压作业完井的方式进行操作;西班牙 Serrablo 储气库为一衰竭型气藏,为降低钻井复杂,进行了先注、后钻注采井的工作。

完井管柱上卸扣时主要采用带扭矩检测,确保上扣扭矩,且要求每根套管均进行气密封检测(氦气),确保入井管柱密封质量。

5. 固井技术

储气库井筒水泥环在交变应力条件下,很容易产生微裂缝、微环空,产生气窜和套管带压风险。为了提高固井质量,主要采取以下措施:(1)储气库注采井设计上要控制单层套管下入深度;(2)重视每一层套管的固井质量,水泥返至地面;(3)采用韧性膨胀水泥,减少应力交变对水泥环的影响;(4)采用自愈合水泥技术,填充后期产生的微裂缝;(5)固井质量检测要求高,国外普遍采用超声波成像测井方法(如 IBC)。通过运用上述措施,Total 公司和 Shell 公司在建井质量控制上取得了很好的效果,TIGF 储气库目前仅 1 口井有异常套管压力;Norg 储气库 6 口生产井生产 14 年没有异常套管压力。

6. 完井技术

针对储气库注采井出砂问题各公司的认识不同,Geostock 公司和 Schlumberger 公司认为裸眼或筛管完成更有利于注采,TIGF 储气库采用了防砂筛管,Norg 储气库初期采用了防砂筛管,鉴于采气压差低、出砂量很小的情况,改防砂筛管为普通筛管。根据储气库完整性要求,原则上不进行压裂改造,若个别注采井存在堵塞和伤害,可采取酸化解堵措施提高注采量。

7. 老井封堵技术

国外枯竭油气藏型储气库的老井封堵普遍遵循"先难后易"原则,也即首先对枯竭气田中的老井进行评价,将情况最复杂的老井进行首先封堵,然后依次封堵直至全部封堵成功后再开始气库的建设,避免出现因 1 口井未封堵好而影响整个气库的建设。具体的封堵方法是首先检测老井固井质量,若盖层封固质量差,应锻铣至原地层,锻铣段长不少于 50m,注水泥封堵;若盖层封固质量好,可先下入桥塞封堵,上面注水泥封堵。若目的层上部仍有气层,应分段注塞,每个气层顶部不少于 50m 水泥塞。老井封堵一年后若无问题,可从地面以下 4m 切断,恢复地表。

(三)地面工程技术

国外储气库地面工程已经形成完善、成熟的技术。在夏季用气低谷注气,由管道来气经双向输送管道到达集注站,经注气压缩机组增压后注入气库。在冬季采气期,采出气经过处理后再由双向输送管道输至输气管网。在井口注采工艺、采气处理、注气压缩机组选型配置、平面布置等方面具有独到之处。

1. 地面设施分期建设

储气库建设周期普遍较长,一般需几年的时间才能达到设计库容,配套地面设施也相应要经过数次扩建才达到预定的规模。如,德国 Rehden 储气库自 1991 年开始建设以来,先后于 1994 年、1997 年和 1999 年经历了 3 次扩建,最终形成 16 口注采井、7 台离心式注气压缩机,总有效工作气量 $42 \times 10^8 m^3$ 的规模。中国储气库地面工程大多一次建成,存在采气处理装置闲置时间较长的情况。

2. 少井高产、丛式布井,地面注采井场数量少、注采管道距离短

国外大部分储气库地质条件好、采用大井眼技术,单井日注采能力高,少井高产;采用丛式布井、地面配套多井注采阀组。通过钻井方式的优化,大大减少了井数、井场数,缩短了注采管道长度,降低了集输系统投资。如德国 Rehden 储气库,总有效工作气量 $42 \times 10^8 m^3$,注采井 16 口,分为 3 排布置在集注站内,平均单井采气量 $220 \times 10^4 m^3/d$,是中国储气库单井平均日采气量的 4 倍。

3. 集输处理工艺简单

国外储气库采取措施控制采出气的组分和注入气基本一致,采出气中的基本不含重烃组分,集输处理工艺非常简单。具体表现在三个方面:(1)注采井口流程,国外储气库多采用注采合一流程,即采用双向流量计和双向调节阀进行单井注采气量的计量和调节,流程简单;井口仅设地面以下 50m 处气动关断阀、井口 ESD 阀、温度压力检测仪表。无节流、防止水合物、放空、排污等设施。井口安装采用大半径弯头,防止冲蚀。(2)采出气处理,国外储气库仅需脱水控制水露点即可满足外输要求,多采用三甘醇脱水工艺,也有硅胶脱水工艺,较少采用 J–T 阀节流制冷工艺。(3)注采集输管网,国外注采管道合一设置是常用的方式,中国绝大多数都是注气管道、采气管道分开设置的。

4. 注气、采气系统处理能力有较大弹性

统计的部分国外储气库,最大日注气能力与平均日注气量之比为 1.6~2.4,最大日采气能力与日平均采气量之比为 1.6~2.6。设计规模的确定不能按照平均日注气采气能力,应根据储气库定位和调峰需求,考虑一定的设计余量。

5. 储气库处理装置大型化

国外大型储气库一般配套建设大型采气处理装置,如荷兰 Norg 储气库,工作气量为 $30 \times 10^8 m^3$,建设 2 套 $2500 \times 10^4 m^3/d$ 的硅胶脱水装置。

6. 注气压缩机组选型配置合理

国外储气库高压大功率离心式压缩机组用得比较普遍,压缩机组按照注气设计兼顾采气工况,组合方式非常灵活,离心式和往复式搭配使用也很经典,能够满足储气库注气量变化范围大的特点。

7. 分区延时泄放

国外储气库的火炬放空规模普遍较小,采用分区延时泄放减少放空流量和放空系统的建设规模。

8. 自动化程度高

国外储气库自动化控制、智能管理水平比较高,劳动定员少。井场无人值守,集注站少人值守。

三、国内主要建库技术

国内储气库从20世纪末启动建设以来,经过20年边建设边摸索,储气库总体技术框架初步形成,主体技术系列基本清晰,但具体分支技术和标准规范尚未配套,仍需加强攻关研究。下面从地质气藏、钻完井、地面工程三方面介绍国内组要建库技术及其特点。

(一)地质气藏技术

国内在建库地质综合评价、注采机理、关键指标设计及优化运行等方面逐步形成配套技术,尤其是圈闭密封性评价、注采运行机理物理模拟、库容参数设计、气井高速不稳定流分析、扩容达产优化方法等方面关键技术逐步配套。

1. 储气库圈闭密封性评价技术

国内主要利用地质研究和微观岩心实验,采用常规静态方法评价圈闭密封性,未充分考虑地应力改变可能诱发的密封性失效。

储气库盖层密封有效性室内物理模拟实验系统及评价方法初步建立,实验技术流程和评价方法有待验证和完善。实际研究过程中仍以静态评价为主,包括三个方法:一是宏观封闭能力评价,利用地质综合分析方法评价盖层厚度、稳定分布程度、泥岩纯度等。对于直接盖层,厚度越大,成分纯,均质性好,突破压力值大,封闭能力越强。二是微观有效性评价,通过室内实验手段评价盖层的封盖能力,如岩石矿物成分、孔隙度、渗透率、孔隙中值半径、突破压力、扩散系数等。三是测井预测突破压力,对于缺乏盖层岩心资料的地区,根据测井资料计算总孔隙度、有效孔隙度、渗透率、含砂量、厚度、欠压实异常及黏土矿物成分等间接预测突破压力。

储气库断层密封性主要以地质研究静态评价为主,并利用气藏开发和气库运行动态佐证,包括三个方法:一是断层上下盘岩石或断裂带与上下盘岩石由于岩性、物性等差异导致排替压力的差异,从而阻止流体继续通过断裂带或对应上下盘,在地质空间上表现为垂向封闭性和侧向封闭性;二是根据断裂填充物性质、断层两盘或一侧地层中是否存在孔隙流体超压、断层两盘岩性配置关系、断层两侧井的含油气性及压力系统,结合地质特征和开采动态,定性分析断层封闭性;三是利用泥岩涂抹系数、断移地层的砂泥比、断面正压力、断层横向封闭系数和断层面物质涂抹分析等多种方法定量评价断层封闭性。

2. 气藏型储气库注采运行机理物理模拟技术

针对储气库短期大压差大流量往复注采的复杂特点,对气藏开发常规物理模拟实验设备的驱替方式、耐压级别及流量计精度等进行改进,主要包括实验流程重新设计以及驱替计量泵和高精度气体流量控制计等核心设备购置,完成储气库室内实验系统改进及流程设计,基本可实现常压下气水互驱相对渗透率曲线测定、储气库多周期注采微观物理模拟和储气库多周期注采仿真物理模拟等三项室内实验,并成功指导大港板876储气库注采井网调整和克拉2超大型气藏改建储气库合理时机论证。

目前,中国石油储库重点实验室配套建设成国内先进的孔隙型储气库注采运行仿真模拟实验装置,具备压力和流量高精度自动计量、注采模拟和气液互驱过程多相流态视频监测、智能驱替联合核磁共振测试数据在线采集与分析,可开展地层条件下物性参数测试及敏感因素评价、地层条件下多轮次气液交互驱替及相对渗透率曲线测试、地层条件下多周期注采运行仿真模拟实验等室内实验。可实现高温高压、实时核磁扫描、高精度、高自动化、可视的气水互驱和注采仿真模拟实验功能,解决建库空间动用和气库运行效率核心瓶颈问题。

3. 储气库库容参数设计技术

库容参数包括上限压力、下限压力、库容量及工作气量等关键技术指标。其中上限压力设计以储气圈闭密封性不遭到破坏为基本原则,普遍采用气藏原始地层压力作为气库运行上限压力。下限压力设计主要考虑以下4方面影响因素:一是具备一定的工作气规模,以提高气库运行效率;二是保证气库采气末期最低调峰能力和维持单井最低生产能力;三是尽可能降低采气末期边、底水对气库稳定运行的影响;四是气井在采气末期产气能力应低于气井临界出砂流量,尽可能避免气井出砂;库容量设计以气藏原始含气孔隙体积为基础,考虑水侵、凝析气藏开采反凝析、气藏(带油环)剩余油二次饱和溶解以及油层可能的气驱扩大气库库容量等综合影响,确定建库含气孔隙体积对库容量进行设计。

4. 储气库高速流气井注采地层不稳定流动分析方法

由于储气库在注采时间、运行压力、注采气量等方面与气藏开发的规律截然不同,使得储气库地层流体流态和井控范围也存在很大差异。一般储气库3~5个月实现气藏开发全生命周期,采气过程地层渗流快速进入拟稳态,有界供流特点明显,井控范围有限,因此注采井数、井距及布置方式不同于气藏开发。目前针对储气库短期大流量注采特点,国内初步形成了包括井控半径、合理井网密度设计在内的一整套储气库注采井网设计技术。

5. 气藏型储气库扩容达产阶段运行指标优化设计方法

针对大港板桥有水气藏储气库地质及运行特点,基本形成了与板桥相适应的优化运行技术体系和研究手段,主要包括库存分析、运行机理、优化配产配注等三大技术系列,科学指导储气库库存诊断,运行效果分析及年度注采运行方案合理配产配注,支撑气库高效扩容,加快达产。

(二)钻完井技术

国内气藏储气库的发展经历了从向外学习到自主创新的过程,与国外储气库地质条件不同,气藏埋藏深、构造复杂、岩性差异大等特点,决定了国内气藏储气库钻完井工程难度更高,从而形成了在钻井工艺、防漏堵漏、固井、老井封堵等方面的特色技术。

1. 钻井方式及井型

不同储气库在钻井方式的选择方面存在较大差异,早期建设位于东部平原地区的储气库,由于地面比较平坦,井场便于选择,一般都采用丛式井方式钻井。但对于处于山地或地面不便于新建井场的储气库,一般都采用一个井场一口定向井方式,或者至多部署 2~3 口井的小型丛式井组。

首批储气库为砂岩型,均为定向井无水平井建库先例,潜山建库水平井只有永 22 储气库,且永 22 储气库井地层压力基本维持原始地层压力,工程难度较低。2010 年开始的 6 座气藏储气库不仅深度大、储层压力低,且有的库面临储层薄等复杂问题,为试验水平建库的效果,各库基本都采用了水平井建库,但水平井比例仍然较低。随着水平井在储气库注采过程中特出的注采能力,在地质条件有利地区水平井存在进一步推广潜力。

2. 井身结构设计

首批建设储气库注采井井较浅,井身结构多为二开和三开,注采管柱仅有 $\phi88.9mm$ 和 $\phi114.3mm$ 油管 2 种尺寸类型。

2010 年开始的 6 座新建气藏储气库,一方面由于气藏深度变化,另一方面吸取国外经验和首批储气库建设经验,普遍采用了三开和四开井身结构,全部实现了储层专打,设计水泥返高要求至地面,注采管柱以 $\phi88.9mm$ 和 $\phi114.3mm$ 油管为主,少数井采用 $\phi177.8mm$ 套管做注采管柱。

油套管选材方面,早期阶段要求基本沿用了油气田的做法,部分井管柱耐腐蚀能力不足,经过经验总结与分析,尤其是 2010 年后油套管选材方面比较保守,基本都采用了含 Cr 防腐管材,甚至有的储气库用了超级 13Cr 材质。

3. 钻井工艺

早期建设的储气库的技术套管采用了非气密套管,生产套管均为气密套管,但未进行气密检测,通过大张坨储气库运行中发现环空带压,对之后新建储气库的气密生产套管逐根进行气密检测,对于减少环空带压问题起到了一定支持作用。

在钻井液选择方面,通常采用聚合物或聚磺钻井液,部分漏失严重井段,采用空气钻井方式应对,储层保护方面多采用屏蔽暂堵技术,储层伤害问题基本上得到有效控制。

为解决固井前井筒承压能力,研发了高效封堵材料,可用于储层段固井前的封堵,该材料具有吸水膨胀、氢键吸附等特性,能够在漏失通道形成更加有效封堵屏障,提高井筒承压能力,从而为固井作业提供了优良井筒环境。

4. 固井技术

早期建设的储气库固井工艺采用了分级固井技术,水泥浆采用了零吸水中温水泥浆体系,基本解决了中浅井储气库的固井问题。

2010 年启动建设的 6 座气藏储气库,埋藏深度普遍增加,最超过了 5000m,部分气藏储层压力系数低,承压能力弱,给固井带来巨大挑战,通过实践摸索出了承压堵漏、回接工艺固井、韧性水泥浆体系等配套技术,有效解决了深层、低压储层固井难题。

5. 完井技术

与国外气藏型储气库类似,国内气藏型储气库目前主要以砂岩和碳酸盐岩 2 种储层为主,因此在完井方式方面,以分析储气库注采工况和储层岩石是否发生为依据,对砂岩类储层采用了固井射孔或者筛管完井方式,碳酸盐岩储层一般采用筛管完井方式。

部分气藏由于储层渗透性较差,或者在钻井过程中受到钻井液侵入伤害,注采气能力大大降低,一般采用酸洗的方式清除近井地带伤害,以达到提高注采能力的目标。

6. 老井封堵

对气田原有老井封堵利用方面,不同储气库做法存在一定差异,目前尚未形成统一的标准,但从处理和利用方式来看基本可以归纳为3种类型:(1)井筒质量状况较好,经过修井后作为采气井,但不作为注气井;(2)经过封堵或部分封堵作为监测井;(3)完全封堵后废弃。对于封堵技术与质量要求方面,已经制定了包括封堵层段、锻铣长度、试压要求等内容的技术规范,用于指导老井处理。

在封堵水泥浆体系方面,通过实践摸索出比较成熟的技术体系,对砂岩类储层一般采用中温超细水泥浆体系,对潜山裂缝性储层采用了中温防漏和超细水泥浆体系相结合,基本上解决了中浅井老井封堵问题,对于垂深超过3000m深部易漏地层则采用高效堵漏材料与超细水泥浆体系相结合的方式。

(三) 地面工程技术

中国地下储气库地面工程经过20年的建设实践,积累了适合中国储气库特点的、较为丰富的地面工程建设经验,研究形成了储气库地面高压大流量注采工艺技术,主要包括总体布局、注采集输工艺、采气处理工艺、注气工艺、注采管网配置、计量外输等方面。

1. 总体布局优化

储气库总体布局优化可以大幅度节省工程建设投资和生产运行成本、方便运行管理。中国的工程经验表明,相邻的多座储气库可以合并建设储气库群,集中建设一座集注站,每座小库建设注采井场或注采阀组。如苏桥储气库群是由5座储气库合并建设的。

2. 储气库类型

为了方便储气库建设和运行管理,按照工作气量将储气库按划分为小型、中型、大型、超大型四种类型,不同类型的储气库在注气、采气系统设计上有不同的方式和建议。如注气采气系统设计能力考虑不同的设计系数,大型、超大型储气库设计系数较小,中小型储气库设计系数较大。

3. 注采井口工艺流程标准化

为了实现远程注采气量调节与控制、降低投资、方便运行,应尽量简化井口流程。通过变工况工艺模拟计算,优化井口节流压力,避免产生水合物,即采用井场一级节流、不加热、不注醇、油气混输工艺。简化注采井场功能,取消放空立管、排污池、发球筒等。推广注采井口流程标准化、设备橇装化。

4. 注采管网优化

(1)注采管道设置方式:对注采管道合一、注采管道分开设置方式进行了对比研究,中小型储气库可以考虑注采合一设置方式,大型、超大型储气库注采分开更为合理。

(2)注采管道材质选择:研究了高强度钢管的耐低温性能,能够满足中国高寒地区储气库冬季运行的要求,可以作为采气管道或注采合一管道用管。

5. 集注站注气系统优化

(1)过滤分离指标:为了保证注气压缩机安全运行,提出了天然气进压缩机前预处理指标,推荐采用高效分离器+高效过滤器两级预处理。

（2）注气压缩机组选型：提出了大型、超大型储气库采用离心式压缩机组，注气压缩机组选型兼顾采气工况等建议。

6. 集注站采气处理装置优化

（1）采气处理工艺：当需要同时控制烃水露点是，采用 J－T 阀节流制冷工艺；仅需脱水时，大型库采用新型硅胶脱水工艺，中小型储气库采用三甘醇脱水工艺。

（2）采气处理装置大型化：J－T 阀节流制冷采气装置，研发高效低温分离器、高效绕管式换热器从而形成大型采气处理装置建设技术；研发改性硅胶脱水工艺，实现高压脱水装置大型化。

7. 分区延时泄放技术

（1）放空系统规模：结合储气库集注站紧急关断系统设置，提出了"先关断、后放空"设计理念。根据高压泄放瞬时流量大、动态变化特点，提出了通过计算按照最大放空流量确定放空系统设计规模，建议采用分区延时泄放技术降低放空系统设计规模。

（2）高、低压放空系统界限：研究提出了高、低压放空应分开设置，界限 2~3MPa。

（3）放空管道材质：可以按照低温、低应力工况选择放空管道材质，不锈钢阀门、16Mn 管材均可考虑选用。

8. 储气库建设标准化、智能化

推行储气库标准化设计，积极采用已有的标准化设计成果，并不断完善定型图库。以建设智能型储气库为目标，建设先进适用的储气库自动控制系统、运行管理系统、生产调度管理系统，注意在工程设计、工程建设、竣工验收、投产运行等各个阶段技术资料的电子移交和归档。

第二节　建库地质评价

国外已基本形成一套成熟的地下储气库评价、筛选、建设和管理的技术体系和流程，而国内处于起步阶段，建库地质评价技术体系和理论不健全，加上中国地质条件的复杂性，还亟待加强。气藏型地下储气库的地质理论和技术还不成体系，处于探索发展阶段。同时，相比国外地下储气库的建设，中国的建库对象具有相当的复杂性，如何在低渗透、超深、复杂油气水系统地质条件下建库具有相当大的挑战性。地下储气库地质构造形态的三维空间立体描述工作，是地下储气库地质方案研究的基础性、关键性工作，尤其是气库的密闭性、库容量大小、地质体是否具备建库条件等 3 方面是气库静态地质条件论证的重点所在。

油气藏改建地下储气库过程中，一般是在原井网的基础上重新设计注采井。而随着井数的增加，对储气库储层的地质认识会更精细，需要开展气藏型储气库重构地质精细研究工作。在此基础上，要明确地下储气库地质研究过程与气藏地质研究存在的差异性，从而为后期建库、扩容、运行等工作的开展奠定良好的理论指导实际的基础。从总体上看，储气库地质研究无论从研究尺度和深度都要远大于气藏地质研究，主要区别在于以下三方面：(1)需从含气范围扩展到包括储层、水体、盖层和断裂在内的整体圈闭，甚至包括相邻圈闭构造。(2)储层研究要以建库前作为原点,重新建立测井四性关系标准,解释储层物性和含气性等在气藏枯竭后可能的变化。(3)需要建立以大尺度圈闭为核心高精度三维地质模型,为后期储气库运行优化模拟预测奠定地质基础。

气藏型储气库重构地质基础研究中主要通过精细构造研究、圈闭密封性评价、储层精细表征、三维精细地质建模研究来评判地下储气库各项建库指标,优选合适的油气藏改建地下储气库,下文中对研究核心内容中运用的关键技术进行了描述。

一、储气库构造

精细构造研究技术主要是利用地震反射标准层和地层的组合关系,通过精确描述目的层顶底面的构造,达到卡准砂体、保证注采井准确入靶的目的。同时,采用多时窗相干分析配合断层立体组合技术精细描述各级断层,并通过速度场分析提高构造描述精度,最大程度降低注采井的地质风险。

(一)高精度刻画圈闭

为提高断裂系统的解释精度,需要综合运用多种技术进行全三维空间解释,采用精细解释的思路,精细刻画小断层、微构造,及时提供有利的开发圈闭目标,从宏观到微观,从立体到平面,从平面到线再到一点,再由点落实到面再到体的迂回方式,开展构造精细解释,准确落实断层的平面组合形态和空间展布特征。提高解释的精度中,主要运用倾角体技术,通过计算层位倾角的时间变化率,可以十分准确地计算正断层的水平断距(图4-2-1);并采用三瞬显示剖面解释小断层技术,使小断层的断点更加清晰、落实准确(图4-2-2);最后通过频谱分析技术,采用测井与地震剖面的频谱分析方法,寻找适合解释大断层与微小断层的频率解释区间(图4-2-3)。

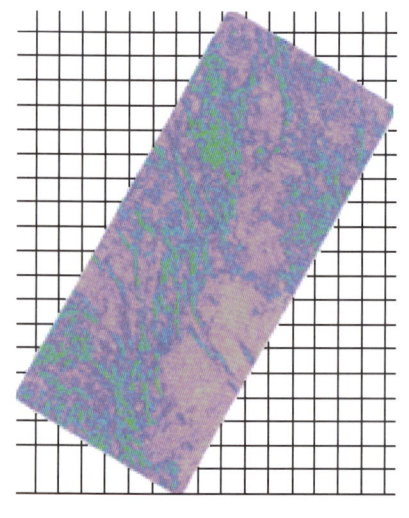
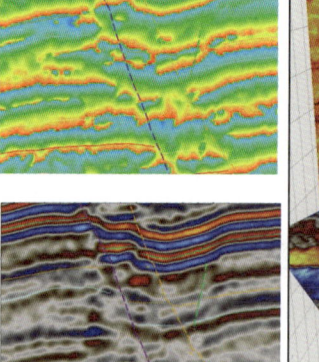
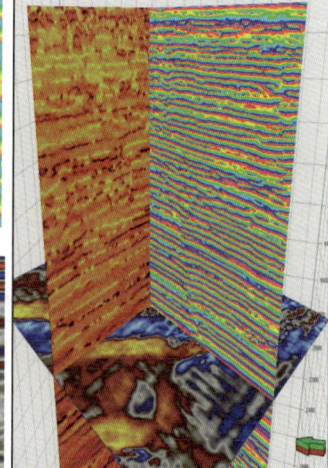

图4-2-1 构造倾角体属性图　　　　图4-2-2 三瞬解释小断层图

利用三维数据体,可以显示构造整体以及任意方向的剖面,可以通过不同的水平切片、垂直切片等正确识别、解释断层;同时,结合钻井资料的新认识,准确落实断层,校正构造。

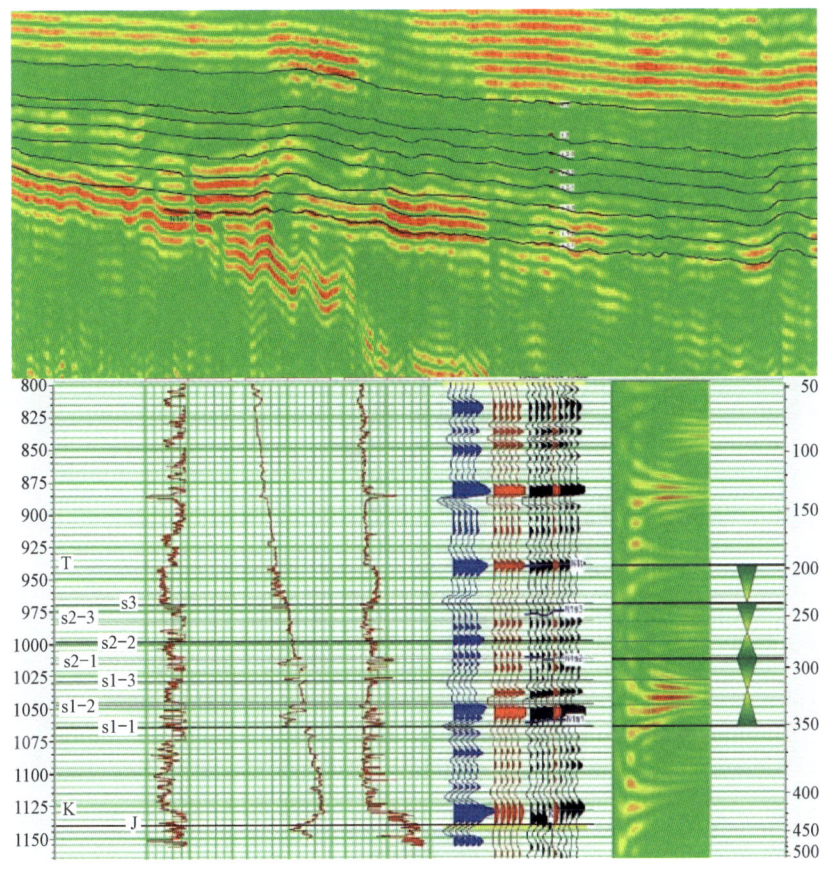

图 4-2-3 频谱分析图

(二)断层和裂缝检测

断层和裂缝检测中主要运用相干体技术以及随机模拟的方法预测断层和裂缝的存在,其中相干体技术是通过分析波形的相似性,对三维数据体的不连续性进行成像,其根据波形的相似性,可将三维地震反射数据体从其连续性过渡到数据体的不连续性,有利于识别平行于地层走向的断层,并对断层进行自动解释,提高解释效率和精度(图4-2-4)。同时,以测井裂缝识别为基础,在测井裂缝识别较为准确且井资料充足的前提下,利用随机模拟的方法,将井点的裂缝识别信息推广到平面上,从而预测裂缝的平面分布(图4-2-5)。

(三)微小断层研究

为了识别小断层、研究井间单砂体沉积微相和储层变化,弄清油、气、水流体的分布规律,要求地震资料重点弄清 5~10m 的小断层、5~10m 的微幅构造。在研究微断层的过程中,必须采用全三维层间微构造解释配套技术,主要应用相干体、蚂蚁体自动断层提取技术、曲率属性等技术(图4-2-6和图4-2-7),进而建立了微小断层识别流程。即以断层地震属性体为对象,通过切片观察断层走向与平面组合,纵向观察断层倾向与剖面组合,并沿层透视检查断层,研究断层平面形态和发育特征,识别微小断层。

图4-2-4 相干体切片实例图

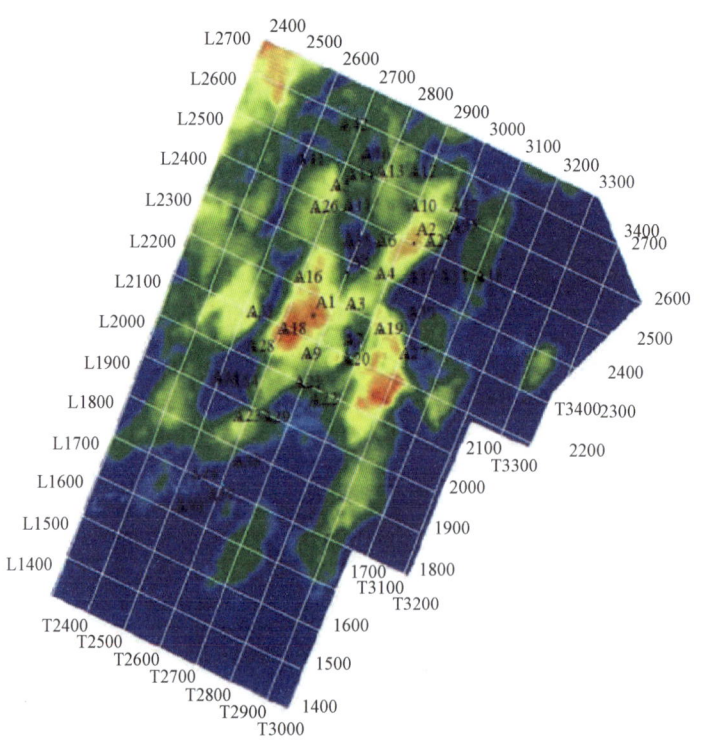

图4-2-5 地震地质统计学反演预测裂缝分布

图4-2-6 三维可视化解释断层与蚂蚁体断层提取图

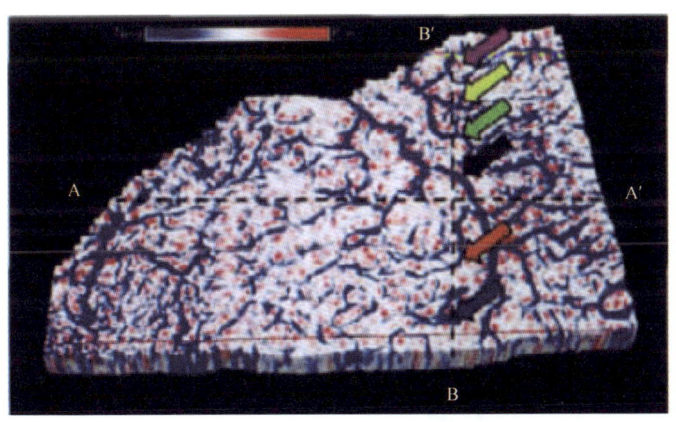

图4-2-7 短波长最正曲率沿层切片与长波长最负曲率沿层切片图

二、圈闭密封性

近年来,圈闭密封性评价技术逐渐发展到综合考虑地质、经济、技术、环境和生态风险等各种因素,圈闭评价的内容更加全面和具体,通过借助断层的封闭性评价、盖层的封闭性评价、圈闭的动态密闭性评价的相关技术手段,对地下储气库进行了圈闭密封性评价。

(一)断层静态封闭性

断层封闭性评价主要从岩性封闭性评价、断面力学特征评价、流体性质评价以及流体包裹体评价4个方面研究。

1. 岩性封闭性

断层封闭性岩性评价主要是从断层断开地层岩性和断裂带填充物岩性两个方面来研究。利用断层两盘岩性特征定性评价封闭性时,断层封闭性有以下特性:

(1)当储集砂岩层与对盘泥岩层对接时断层具侧向封闭性,当储集砂岩层与对盘砂岩层对接时,断层在侧向上可能不具封闭性,断层两盘砂泥岩能否对接受断层断距和断移地层岩性的影响。

(2)如果断距大于砂岩厚度,砂岩层本身被完全错断,砂泥对接可能性大,反之可能性小。

(3)如果断移地层岩性以泥岩为主或泥地比较高,那么断层两盘砂泥对接可能性就大,侧向封闭性好;反之,断层两盘砂泥对接可能性则小,侧向封闭性差(图4-2-8)。

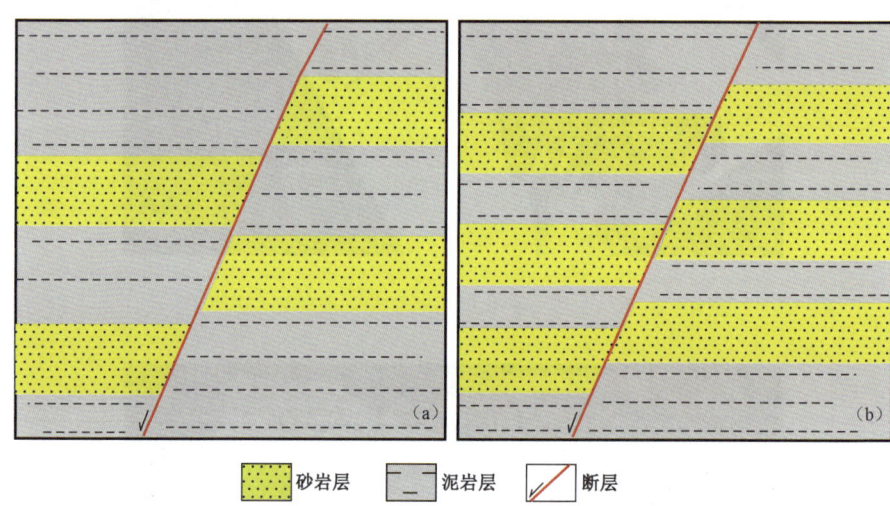

图4-2-8 断层两盘岩性特征定性评价封闭性图

图4-2-9 断裂填充物性质定性评价封闭性图

利用断裂填充物性质定性评价封闭性时,断层封闭性有以下特性:

(1)断裂充填物以泥质为主,泥质充填物本身就具备侧向封闭性,由此形成断层侧向与垂向封闭。

(2)若断裂充填物以砂质为主,则不具侧向封闭性。

(3)地层为较薄的砂泥互层,断裂充填物的性质在互层段内可能没有大的变化,不具侧向和垂向封闭性。尽管目的储层之上断层两盘可能为泥岩层相对置,气仍可沿断裂带作垂向运移(图4-2-9)。

利用泥岩涂抹系数法定量评价封闭性时,断层封闭性有以下特性:

(1)指在断层活动过程中,由于泥岩岩性软塑性大,在挤压应力或重力的作用下,泥岩被粉碎成黏土,在其上下盘断壁间被削截的砂岩层上形成的一个糜棱岩化的泥岩隔层。

(2)泥岩涂抹只能存在于泥岩位移经过的断层部分,集中反映断层位移大小和断开泥岩层数及厚度。

(3)断层位移越小,断开泥岩层数越多、厚度越大,则泥岩涂抹层在空间上的连续性越好,反之连续性越差(图4-2-10)。

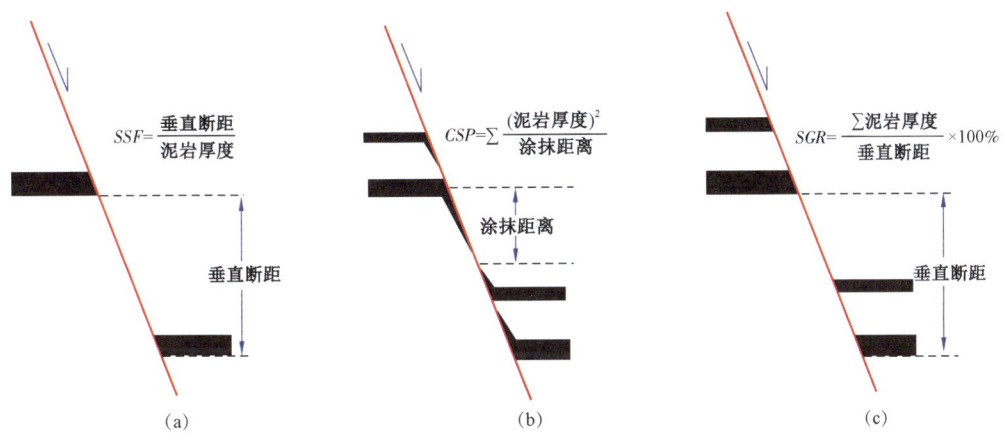

图4-2-10 泥岩涂抹系数法定量评价封闭性图
SSF—涂沫因子;CSP—泥岩涂沫能力;SGR—断层泥比率

2. 断面力学特征

断面力学特征评价主要通过计算断面所受正压力的大小来判断断面的封堵程度。

利用断面正压力法定量评价封闭性时,断层封闭性有以下特性:

(1)如果断面紧闭,断层垂向封闭性好,油气难以沿断面作垂向运移,否则,断层开启,断层可作为油气运移的通道;

(2)断面的紧闭程度通常取决于断面所受正压力的大小,较大的正压力使得断面两侧地层在断层活动过程中趋于变形,甚至导致断层裂缝闭合;

(3)倾角越大、埋藏越深,区域主压应力越大,断面正压力越大,越有利于断层垂向封闭(图4-2-11)。

断面的紧闭程度可用断面所受正压力大小来衡量,其计算公式为:

$$p = p_1 + p_2 = \sigma \sin\beta \sin\alpha + Z(\rho_r - \rho_w)\cos\alpha \tag{4-2-1}$$

式中 p——断面所受的正压力,MPa;

σ——区域主压应力,MPa;

β——与断层线交角;

α——岩石内摩擦系数,泥岩盖层一般取0.6~0.8;

Z——埋深,m;

ρ_r——上覆地层的平均密度,g/cm³;

ρ_w——地层水密度,g/cm³。

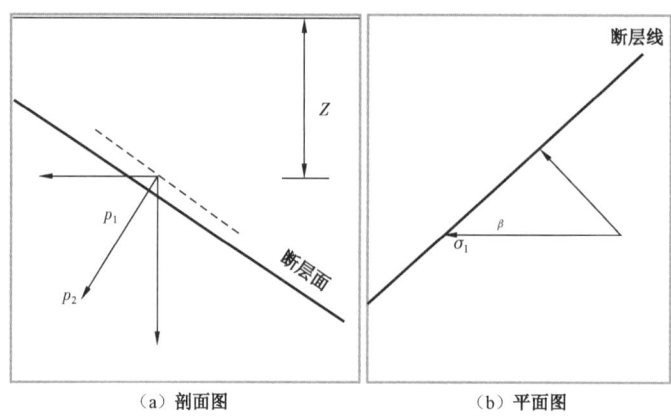

图 4-2-11 断面正压力法定量评价封闭性图

利用异常地层压力法定量评价封闭性时,断层封闭性有以下特性:

(1)由异常超压引起的断层封闭性最可靠;

(2)常超压带通常形成于较厚的泥岩层中,而断层在泥岩中断层面会变缓,这样作用在断面上的上覆岩层的分力就会变大,会进一步增强封闭性;

(3)倾角越大、埋藏越深,区域主压应力越大,断面正压力越大,越有利于断层垂向封闭(图 4-2-12)。

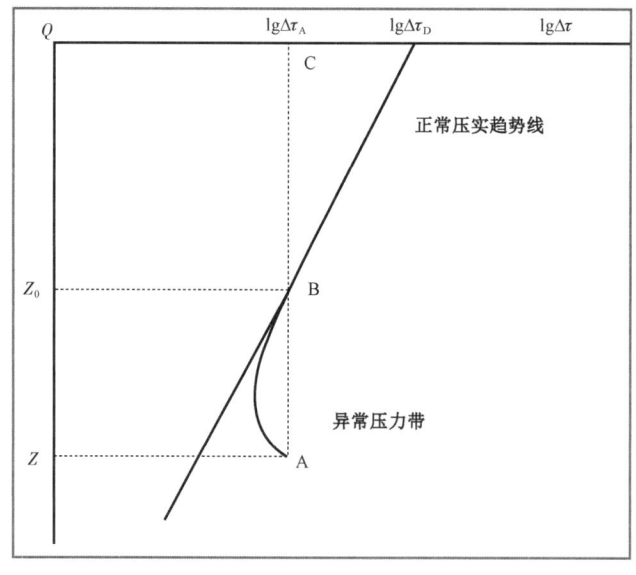

图 4-2-12 异常地层压力法定量评价封闭性图

异常高压地层深度处的地层流体压力可以用声波测井数据来计算:

$$p = Z\gamma_{bw} - \frac{\lg\Delta\tau_0 - \lg\Delta\tau_A}{K}(\gamma_{bw} - \gamma_w) \quad (4-2-2)$$

$$K = \frac{\lg\Delta\tau_1 - \lg\Delta\tau_2}{Z_2 - Z_1} \qquad (4-2-3)$$

式中　p——流体压力,MPa;

Z——地层深度,m;

γ_{bw}——上覆地层密度,kg/m³;

γ_w——地层水密度,kg/m³;

$\Delta\tau$——测井声波时差,ms;

K——正常压实趋势线斜率,ms/m。

3. 断层两侧流体性质

流体性质评价主要利用断层两侧储层流体性质研究断层封闭性,断层封闭性有以下特性:

(1)开启性断层两盘油、气、水物理与化学性质基本相同,具有统一的油水界面;

(2)封闭性断层两侧油气水性质存在较大差异,各自具有独立的、纵(横)向上极为复杂的油—气—水关系,可形成特殊的油气藏;

(3)断层两侧具有明确油水关系的油气藏可以用该方法进行判别(图4-2-13)。

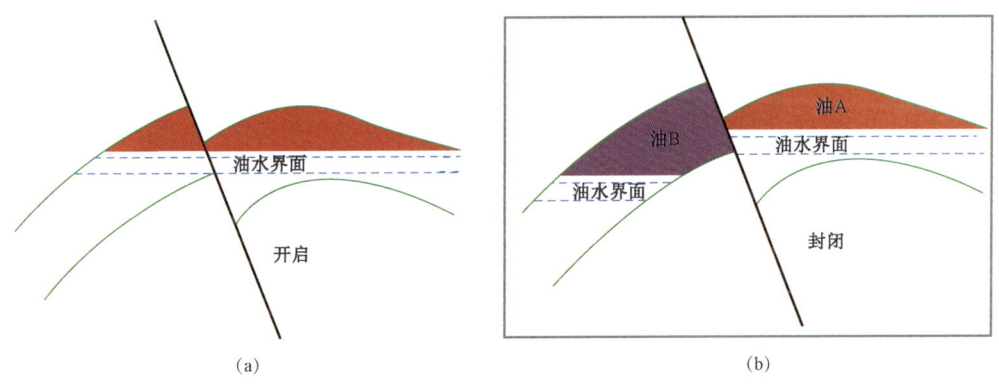

图4-2-13　断层封闭性与含油性示意图

4. 流体包裹体

通过对断裂充填物、胶结物中流体包裹体进行系统研究,定性或定量地判断断层活动的时期,从而研究断层封闭性。其断层封闭性有以下特性:

(1)沿断裂带走向提取不同深度的流体包裹体,测定其均一化温度,并根据包裹体流体性质确定断裂中流体活动的时间,进而获得断层的启闭时间;

(2)若流体活动时间连续,说明断裂长期开启;

(3)若流体活动时间间断,说明断裂在流体活动间断期封闭(图4-2-14和图4-2-15)。

由于断层封闭性的影响因素较多,如断层倾角、断距、断层泥、断层活动性等,这些因素中的一种或者两种并不能代表或评价断层的封闭性状况,因此,这些因素结合起来综合评价断层封闭性将是该研究的发展方向(表4-2-1)。

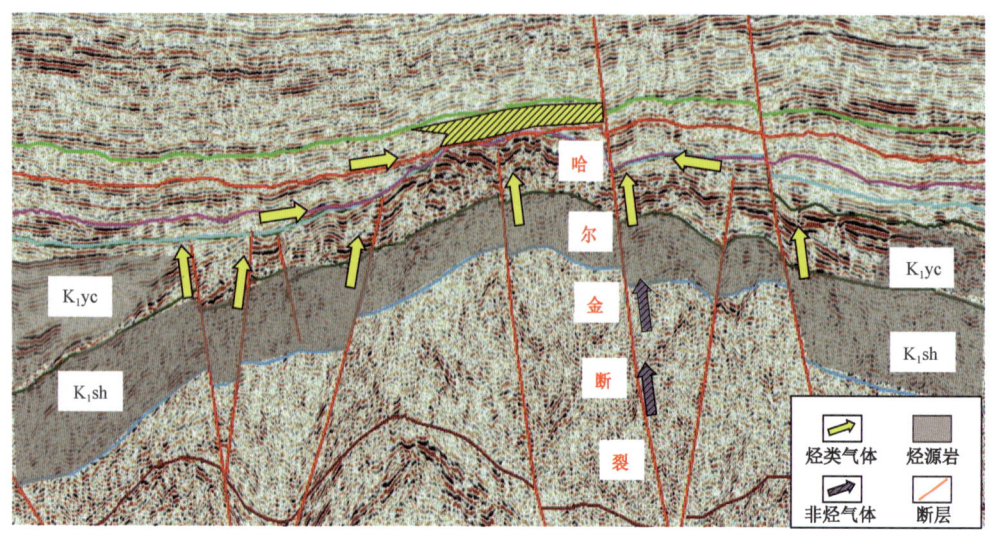

图 4-2-14 断层封闭性与含油性示意图

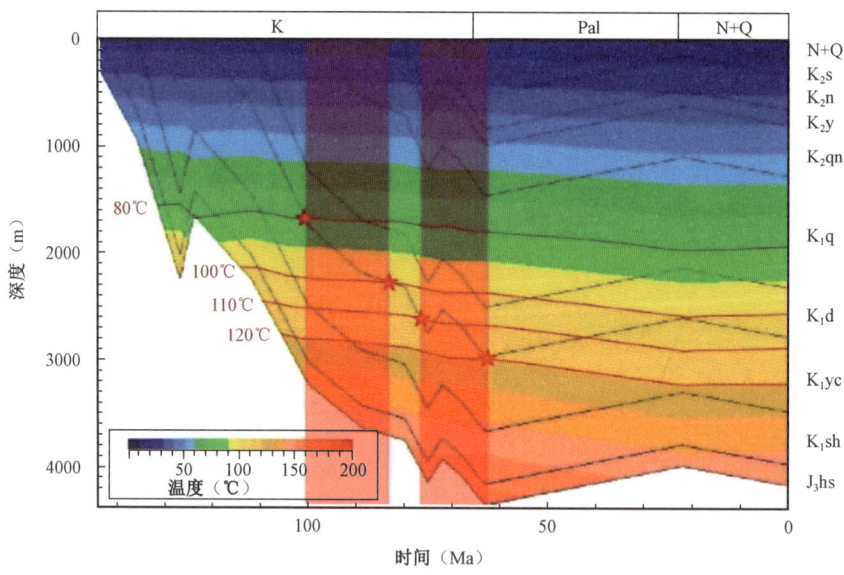

图 4-2-15 油气充注时刻图

表 4-2-1 综合评价断层封闭性表

评价方法	基础数据	适用条件	关键点	主要特点
定型参数评价法	地震测井及测试等所有相关资料	资料少的地区	从所有资料中找出可用的资料	不受资料限制,应用地区广,但精度较低
图示法	二维或三维地震资料以及部分测井资料	适合地震资料品质好的地区	确定不同砂泥岩层的位置	清晰直观,易于实现,但离井越远时精度越低
地震预测法	少量井的伽马和声波资料,二维或三维地震速度及速度谱	地震资料品质好的地区	砂泥岩—声波速度图版的建立	所需基础资料少,易于获得,预测范围大,但预测范围精度较低

续表

评价方法	基础数据	适用条件	关键点	主要特点
地应力法	地应力大小方向及地震数据	有一定量探井的地区	三维地应力场有限元的数值模拟	预测范围大,还可以模拟古地应力变化,但操作较复杂,精度一般
Fns 法	密度测井资料和地层岩性解释资料	探井较多且 Fns 有统计规律的地区	地层岩性的确定;Fns 临界值的统计	研究思路简单,所需资料多,预测精度受地区影响
排替压力法	不同埋深、不同岩性岩石排替压力资料;地震数据及伽马测井资料	岩心较多的地区	岩性—埋深—排替压力图版的建立	理论基础简单,但受钻井取心限制,可操作性不强
泥岩涂抹法	断层断距断层两盘砂泥岩厚度及泥质含量	预测井附近的地区	砂泥岩层及各自泥质含量的确定	简单易行,但预测范围较小,精度一般
烃柱高度法	不同油气藏烃柱高度,伽马测井资料,地层水和烃类密度	受断层控制的地区	断层单一因素控制的油气藏的确定,SGR的精确计算	所需基础资料较少,预测精度也较好,但较难取准参数
断层 FOI 法	声波伽马和密度测井资料,水平地应力大小方向,断层埋深断距走向倾向	预测井附近的地区	从所有资料中提取精确度最高的数据作为基础数据	考虑因素较为全面,预测精度较高,但所需基础资料较全面,计算稍复杂

(二)盖层静态封闭性

盖层封闭性主要包括微观封密性和宏观封闭性评价以及测井资料评价法开展研究。

1. 微观封闭性

盖层微观封闭特征是盖层封盖油气能力的最直接反映,盖层微观封闭机理包括毛细管封闭机理、超压封闭机理和烃浓度封闭机理。

利用超压封闭机理定性评价封闭性时,断层封闭性有以下特性:

(1)超压盖层实际上是一种流体高势层,它能阻止包括油水在内的任何流体的流动,它不仅能阻止游离相的油气运动,也能阻止溶有油气的水流动;

(2)超压盖层的封盖能力取决于超压的大小,超压越高,其封盖能力就越强;

(3)一旦超压盖层恢复到正常的静水压力状态,超压封闭作用即被毛细管压力封闭作用取代(图 4-2-16 和图 4-2-17)。

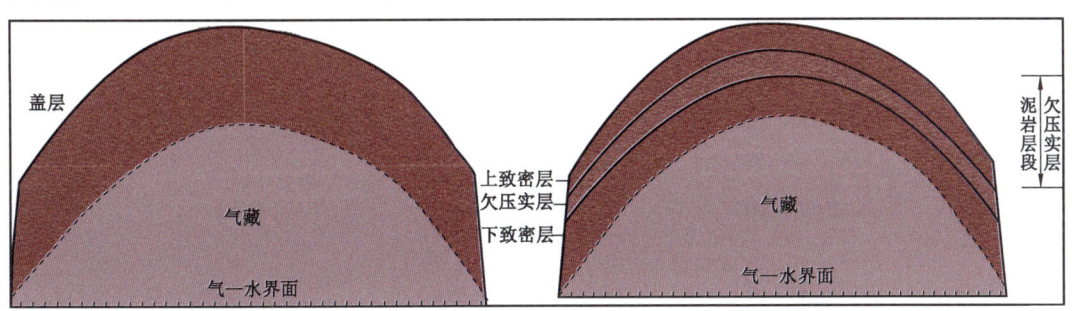

图 4-2-16 正常静水压力的气藏和具超压封闭的气藏示意图

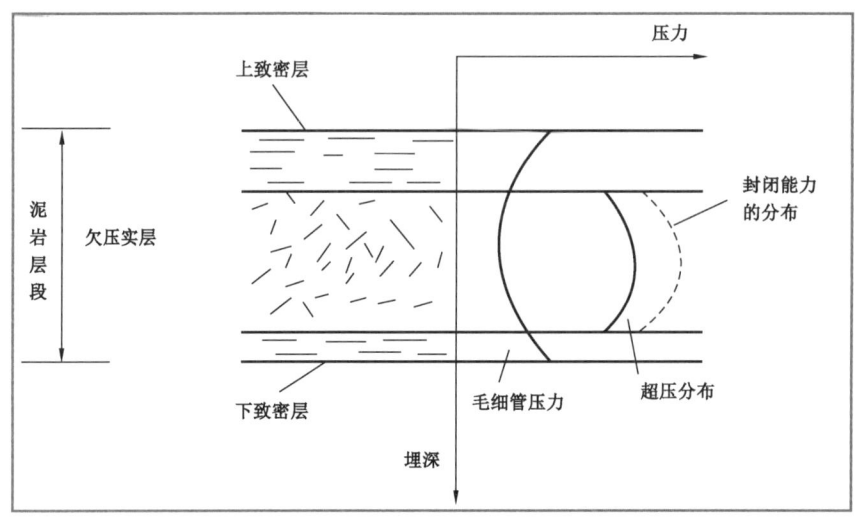

图4-2-17　泥岩欠压实层产生的超压模式图

利用烃浓度封闭机理定性评价封闭性时，盖层封闭性有以下特性：

（1）当储气层的泥岩盖层为生烃岩时，其生成的天然气溶于地层孔隙水中，增大了其内含气浓度，使原来储盖层之间向上递减的含气浓度差减小，造成向上扩散作用；

（2）如果此泥岩盖层同时又具异常孔隙流体压力，可以使其内孔隙水中的含气浓度进一步增大，超过正常压实地层孔隙水的含气浓度，使原来向上递减的含气浓度出现向下递减，这不仅使下伏储气层中的天然气不能通过其向上扩散运移，反而使其内生成的天然气在此向下递减含气浓度的作用下向下伏储气层中扩散运移（图4-2-18）。

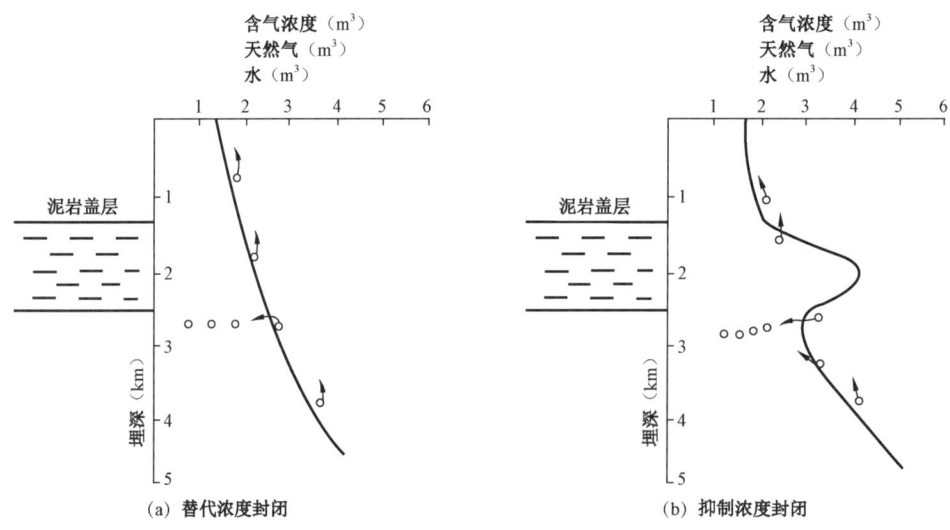

图4-2-18　泥岩盖层浓度封闭作用模式图

2. 宏观封闭性

宏观封闭性主要利用地质综合分析法评价盖层厚度、稳定分布程度、泥岩纯度等。研究表明:盖层厚度越大封闭性越好;盖层分布越稳定封闭性越好;盖层泥岩纯度越高,封闭性越好(图4-2-19)。

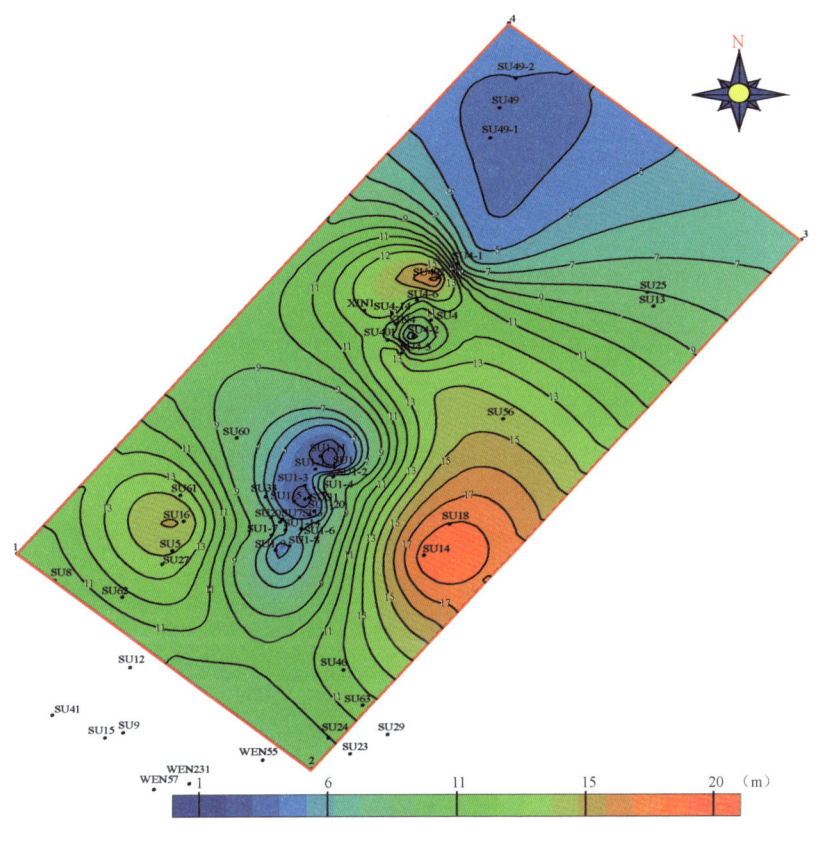

图4-2-19 盖层厚度分布等值线图

3. 测井资料

通过对突破压力的分析研究封盖气柱高度,从而研究盖层封闭性的优劣,毛细封闭是靠盖层的毛细管力阻止油气渗漏的封闭。

利用盖层封闭性评价定性评价封闭性时,断层封闭性有以下特性:

(1)气藏的浮力p_f、剩余压力Δp_t、水动力($\pm p_w$)、储层的排替压力p_r构成了天然气藏的能动力。毛细管力(抑制力)必须大于气藏的能动力才能使得气藏得以保存。

(2)通过测井或岩心实验得到突破压力后,预测不同埋深、不同压力系数盖层所能封闭的气柱高度。

(3)决定气柱高度的大小受突破压力大小决定外,气藏的压力系数、埋藏深度也会影响封闭气柱高度的大小(图4-2-20)。

综上所述可知,宏观封闭能力评价中区域盖层、直接盖层岩性、厚度、分布,直接盖层的评价尤为重要;微观有效性评价中主要涉及岩石的矿物成分、孔隙度、渗透率、孔隙中值半径、突破压力、扩散系数等;测井预测突破压力可以利用测井数据预测评价盖层可封闭的气柱高度,通过以上三类方法综合评价盖层静态密封性。

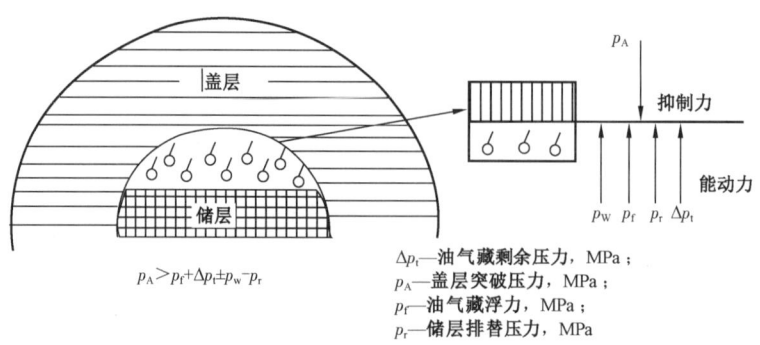

图 4-2-20 测井资料评价密封性模式图

三、储渗空间

储渗空间以气藏开发单位基础,要求小层划分至单砂体、精细沉积微相研究,研究气藏开发前后储层物性和流体变化及其分布,动静结合综合评价有效储渗空间,为库容参数设计奠定基础。为保证储渗空间表征的精度和准确性,建立了一套以小层的划分与对比、沉积微相分析、储层反演预测、砂体构型研究、测井解释及水淹识别、储层精细评价、隔夹层定量描述的方法体系和研究流程(图4-2-21)。其中储层精细评价是核心内容,结合地质综合研究、微观室内物理模拟等多种手段,量化建库范围内储层有效的孔隙空间。

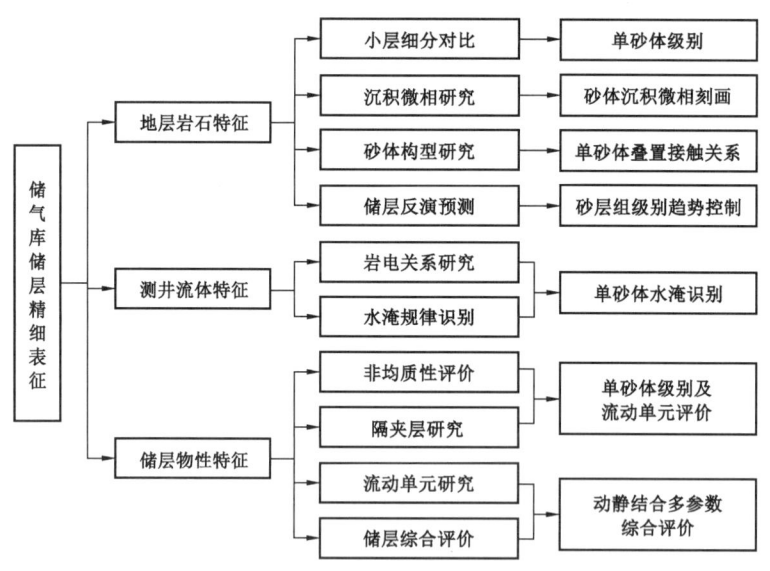

图 4-2-21 储层精细表征关键技术流程图

(一)微观孔隙结构特征

作为储气及渗流系统的基本要素,储集岩必须能够容纳一定量的烃类流体,并使之有效渗流运移。而储层空间储集岩特征的研究主要是储集空间与渗流特性的描述,包括静态分析和动态评价两个部分。一方面,静态分析可概括为岩性、几何形态、渗流性能等内容。可按以下顺序对储集岩微观储渗特征进行分析:存储流体的储集体岩性、几何形态分布分析,借助压汞、铸体薄片、扫描电镜、核磁共振等分析化验数据,反映储层的微观孔隙、喉道特征,以确定微观存储及渗流基本能力;综合岩心分析数据和测井解释成果,定量分析储层宏观发育非均质性,划分不同渗流单元,评价不同渗流单元的注采潜力。另一方面,建库储层微观孔隙结构分析不仅要分析静态物性参数,还要进一步对注采速度、交变应力等动态参数对储气库运行的影响进行评价。储气库多周期注采气使储层内孔隙压力发生相应改变,储层岩石由一个应力状态过渡到另一个应力状态,固体物质必然受到压缩或拉伸而出现形变,导致储层岩石物性参数发生周期性改变,进而影响储气库的储集及注采能力。通过室内实验测试储气库多周期注采过程中储层岩石孔渗特征参数的应力敏感特征(图4-2-22)。由于岩石骨架随库内压力变化产生的变形十分微小,而岩石孔隙结构变形却非常明显,相应储层储气空间发生损失,导致库容量相应降低,不可忽略。岩石组分、裂缝密度、裂缝状况、胶结情况、含水饱和度以及地层温度共同决定了储气库储层岩石的交变应力敏感特征。

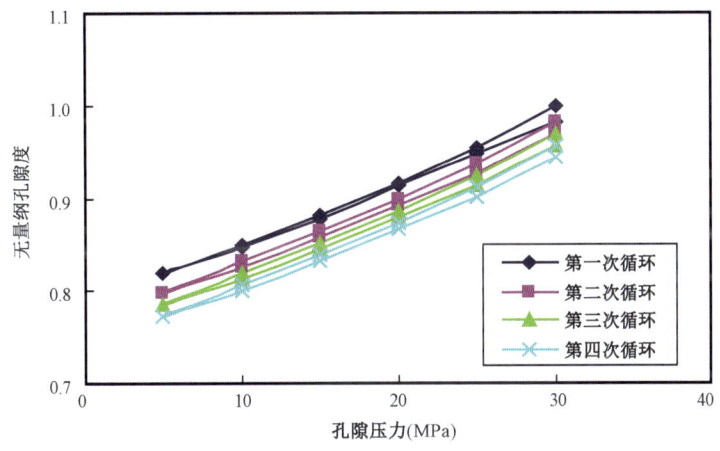

图4-2-22 岩石交变应力敏感性曲线

(二)有效储集空间评价

国内大部分储气库由带边、底水的气藏改建而成,储气库采气阶段,随采气量增加储层压力降低,边水逐渐侵入气库;注气阶段,随注入气量增加储层压力增加,部分侵入水又被注入气驱出。可通过气水互驱相对渗透率曲线表征气水在多孔介质中的相对渗流特性,并反映地层流体交互驱替过程中的岩石和流体之间的动态相互作用。以一维两相渗流理论和气体状态方程为依据,对岩样进行气驱水和水驱气相对渗透率测试实验,其中气驱水实验模拟的是储气库注气时气排驱水的过程,而水驱气实验模拟的是采气过程中水侵入储气库的过程。由水侵砂岩气藏储气库气水互驱相对渗透率曲线为例(图4-2-23),随气、水互驱轮次增加,气水互驱过程中储层局部空间残余气、水增加,气水共渗区间相应不同程度收窄,同时,气相相对渗透率出现不同程度降低,这对建库储层空间动用及两相渗流影响较大,必然对气库运行的影响不可忽略。

另外,通过微观可视化实验技术可直观展示气库运行中储层多相流体分布及运动过程。就不同类型建库储层的研究而言,利用激光刻蚀技术,将岩石的真实孔隙结构在光学玻璃板上

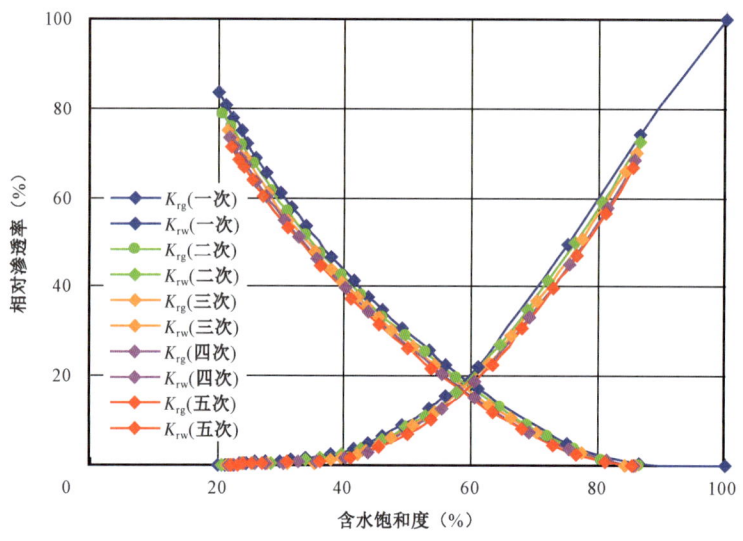

图 4-2-23 多轮次气水互驱相渗曲线图

刻蚀出来,进行储气库建库及运行过程物理模拟,并采用微观图像处理技术分析气液流体饱和度及分布、驱替效率等,定量表达微观渗流规律和特征及驱替过程中的影响因素。以水侵气藏储气库为例,地层含气储集空间经长期注采运行逐步增加,但仍有部分气体被束缚而无法被有效动用,其中岩石微观孔隙渗流中的膨胀携液和气水互锁起了关键作用(图 4-2-24)。储气库采气周期孔隙空间高压气体快速膨胀,孔隙壁面水膜由厚逐步变薄,说明采气周期驱动压差下孔隙空间内可动水随气体一并采出,含气孔隙空间增加,储集空间得到有效动用,其中高渗透区大尺度孔隙毛细管阻力较弱,膨胀携液作用更为显著。高速注采过程中,气水两相在微细孔喉处反复剪切,局部区域出现气水混相,加之气水两相界面张力的叠加作用,在有限的驱替压差作用下无法动用,导致局部孔隙空间出现束缚水和残余气,有效含气孔隙空间降低,储集空间动用受到影响,其中低渗透区小尺度孔隙空间气水互锁现象最严重。

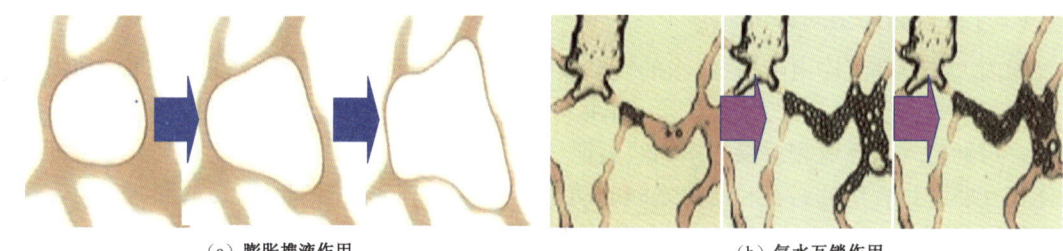

(a) 膨胀携液作用　　　　　　　　(b) 气水互锁作用

图 4-2-24 膨胀携液与气水互锁微观可视化图(放大 50 倍)

(三)流体渗流能力评价

储气库有效储集空间是储气库运行过程中参与了注采气循环并有效动用的孔隙空间,是宏观注采运行过程与地层岩石孔隙介质共同作用的结果。储气库空间动用能力的高低,一方面取决于储气库本身的地质条件,如沉积相及砂体展布特征、储层物性、非均质性、气藏开发水侵特征等;另一方面,还受到外在因素的影响,如注采井网布置方式、注采运行方式、工作压力区间、运行管理水平等。考虑储气库实际地层重力分层、黏性指进、润湿性及非均质性等多种因素,通过室内物理模拟的方式反映地层温度、压力条件下多次注采运行特征,并通过核磁在线分析获取岩石中流体分布及动用特征参数,研究储气库多周期注采储集空间不同尺度孔隙和不同截面位置流体动用变化规律。以水侵气藏储气库为例,针对注采运行中水体运移特征,将地层纵向划分为建库前纯气带、气驱水纯气带和过渡带三个区带,并通过室内物理模拟方式反映不同区带周期注采运行特征,分析含气孔隙空间动用率与注采周期的相应关系(图4-2-25)。气驱水纯气带高速注采中的气体干燥作用使残余水饱和度降低,从而使气相渗透率有一定程度提高,过渡带气水往复运移的相对渗透率滞后作用使气相渗透率降低。

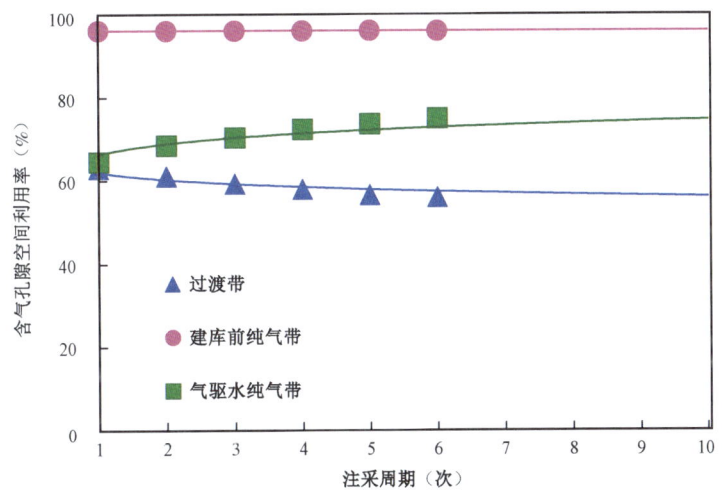

图4-2-25 周期注采模拟区带储集空间动用曲线

同时,根据核磁在线分析数据分析储气库周期注采运行过程中储集空间动用特征(图4-2-26)。以气驱水纯气带为例,随注采周期增加,不同部位含水呈下降趋势。多周期注采过程中模型核磁1D谱特征曲线仍呈梯形形态,但代表纵向不同部位空间的1D曲线逐

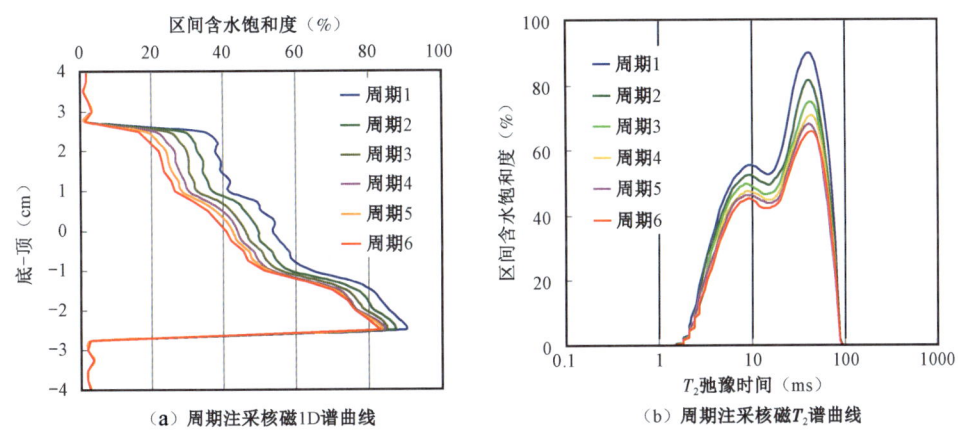

(a) 周期注采核磁1D谱曲线　　　　(b) 周期注采核磁T_2谱曲线

图4-2-26 气驱水纯气带注采模拟核磁分析特征曲线

步向左侧移动,说明在多周期注采气过程中气体的膨胀携液作用下,地层不同深度部位孔隙中可动水被携带出储集空间,含气饱和度增大。同时,随注采周期增加,不同尺度孔隙空间含水也呈下降趋势。虽多周期注采过程中代表不同尺度孔隙空间的 T_2 曲线逐步向下移动,其中弛豫时间较长代表大尺度孔隙空间的右峰下降幅度较为明显,说明在多周期注采气过程中气体的膨胀携液作用下,大尺度孔隙中毛细管力作用力较低,其孔隙中的水更容易被携带出。

综上所述,储气库储层综合评价的关键是多参数评价,不仅要参考静态物性参数,还要参考动态参数,甚至储气库运行参数,对储层进行综合分类研究。并在精细地质研究、开采动态分析及数值模拟基础上,合理确定流体分布不同区带及孔隙体积,并结合建库注采机理及其预测的建库空间动用率,综合考虑注气速度、运行压力区间等影响,科学确定建库有效空间,以科学评价库容技术指标,为后续气库运行方案优化调整奠定基础。

四、圈闭建模

三维建模研究方法及技术流程一般在精细地质研究基础上,以相控建模思想为指导,建立地下储气库高精度三维地质模型。对于储气库建模技术的要求,需要放大建模范围、地质模型更加精细化、储层裂缝系统准确表征等,科学评价储层有效孔隙空间体积。

(一)圈闭建模范围确定

储气库地质研究要求涉及整个可利用空间,因此建模范围要适当扩大(图4-2-27),其扩充方法及遵循的准则如下:

(1)平面上以断层为边界的,尽量包含边界断层以外1~2条主断层;

(2)平面上以水体为边界的,要将建模范围扩展到水体边界或水体体积大于5倍含气体积;

(3)纵向上,尽量保证储气库注采层位上下有独立的砂体。

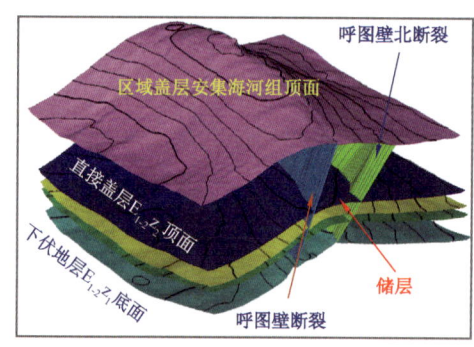
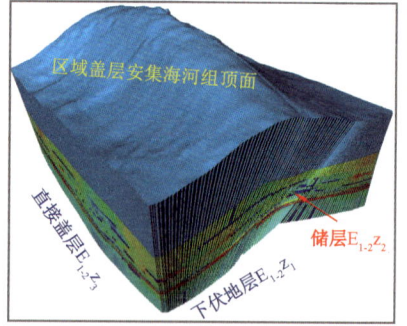

(a)储气库圈闭栅状图　　　　(b)储气库圈闭模型图

图4-2-27　大尺度圈闭示意图

储气库地质研究对比常规油气藏建模规格(图4-2-28),要提高平面网格精度,才可以使流体的渗流更加连续,有利于表征过渡带流体变化规律,其要求如下:

(1)平面网格精度一般小于10m;

(2)两口相邻注采井之间的网格数15~20个(图4-2-29)。

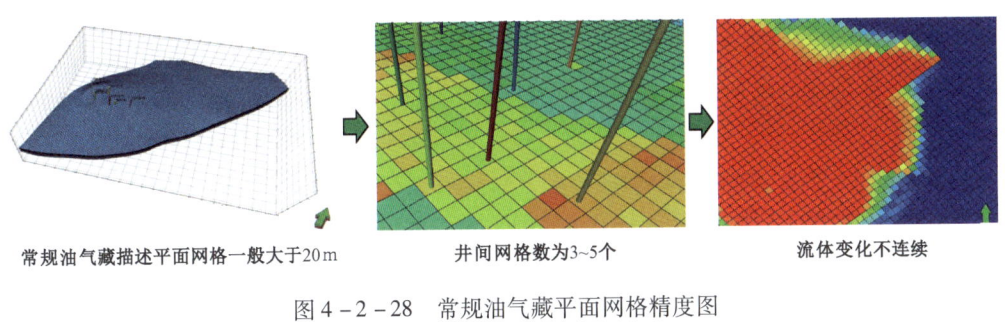

图 4-2-28 常规油气藏平面网格精度图

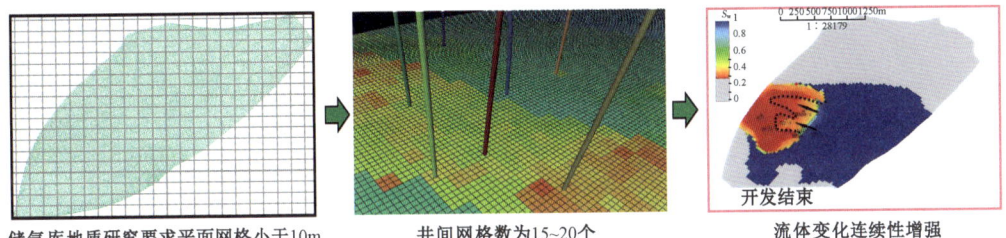

图 4-2-29 储气库地质研究平面网格精度图

(二)精细地质建模要求

对比常规油气藏的纵向网格精度(图 4-2-30),储气库地质研究要求纵向建模网格精度增加,可以更好地体现流体渗流的重力影响因素,精细表征剖面流体分布,其要求如下:

(1)纵向网格要能体现砂体的韵律性特征;
(2)网格精度要求在单砂体的基础上细分到 0.2m 左右(图 4-2-31)。

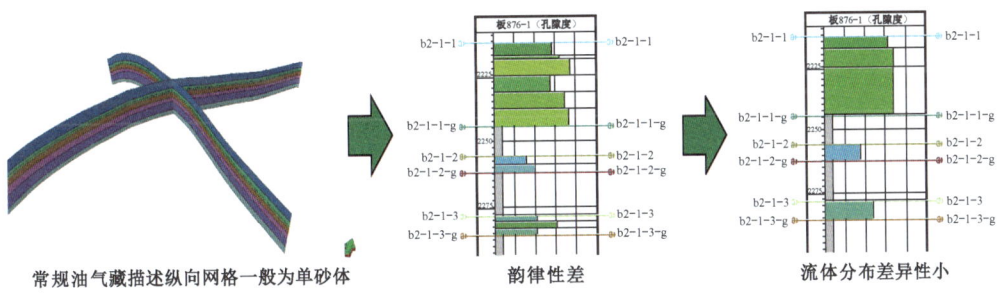

图 4-2-30 常规油气藏纵向网格精度图

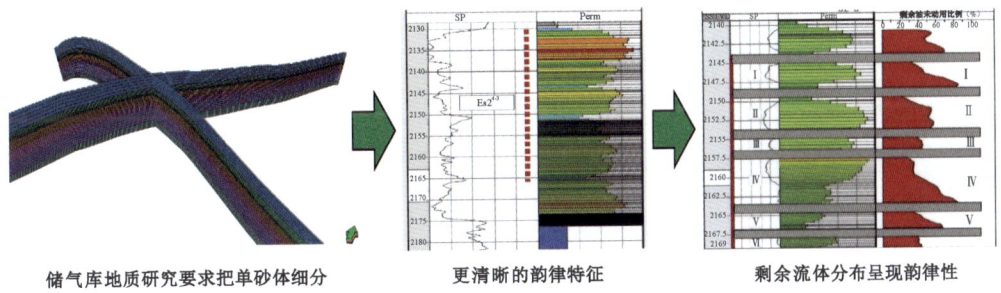

图 4-2-31 储气库地质研究纵向网格精度图

(三) 储层裂缝系统表征

地下储气库储层中微裂缝系统需要进行表征,并建立裂缝三维模型,体现裂缝渗流,其方法和准则如下:

(1) 利用岩心、测井、地震及动态资料全方位获取裂缝信息;

(2) 对表征裂缝的参数进行统计,如倾角、倾向、方位、长度、高度等;

(3) 建立趋势控制下的裂缝系统随机网络模型,三维空间下表征裂缝(4-2-32)。

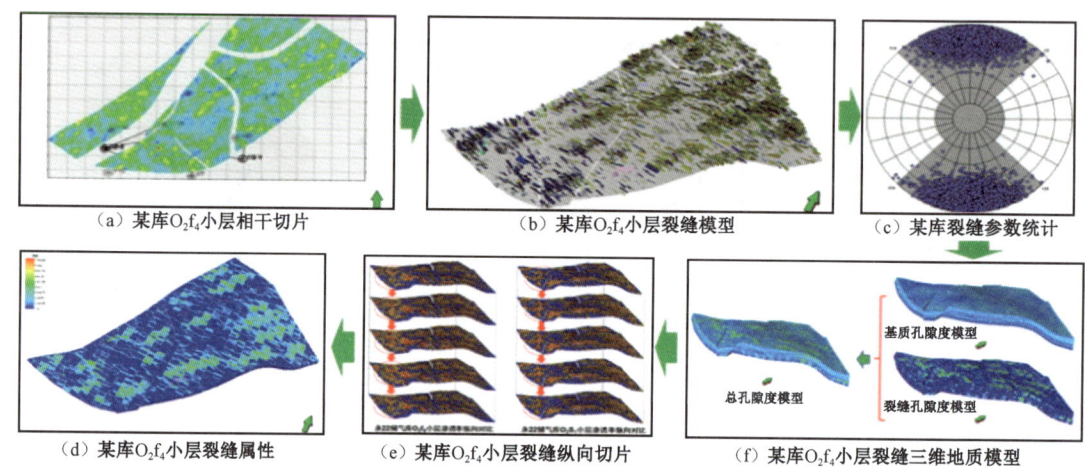

图4-2-32 地下储气库储层裂缝系统表征模式图

(四) 储层有效空间计算

在三维精细地质模型建立基础上,对储集体体积、孔隙体积、水体体积等参数进行统计、计算,以确定储层有效空间。其内容包括:

(1) 完善有效厚度模型及流体模型,计算模型的原始地质储量;

(2) 对水侵储层内可利用的砂体体积进行计算(包括水区及过渡带区域);

(3) 动静结合,分析气藏开发过程气水宏观运动规律,确定气水界面和气水前缘推进变化情况,科学划分不同区带,准确计算相应的孔隙体积(图4-2-33)。

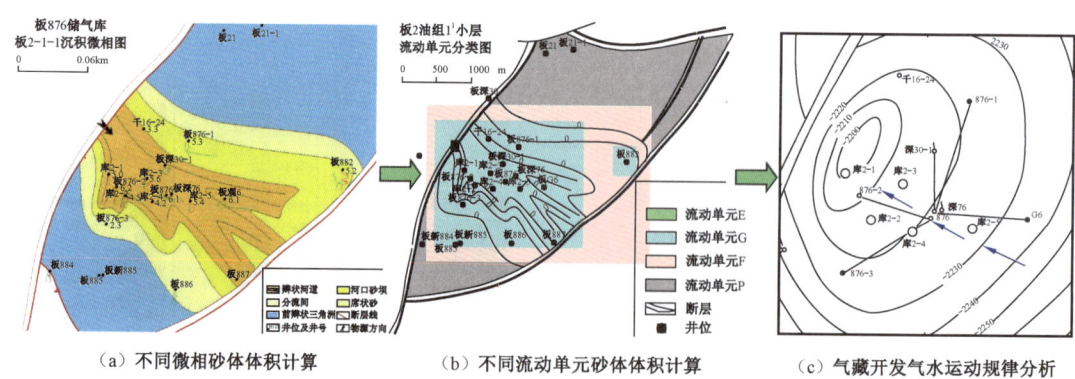

图4-2-33 储气库储层可利用空间体积计算模式图

第三节 库容参数设计

库容参数是储气库区别于气藏独有的特征指标,在很大程度上决定了新钻井数,对钻完井和地面工程建设投资产生较大影响,进而决定了气藏改建储气库的技术经济性,是建库地质方案设计的核心和重要基础。库容参数一般包括库容量、工作气量、气垫气量、补充气垫气量、运行压力区间等。本节以库容参数设计技术流为主线,从气库运行与气藏开发差异出发,分析影响储气库孔隙空间动用的主控因素,科学量化建库时有效孔隙体积,根据注采物质平衡原理建立库容参数预测模型和方法,提升建库工程的技术经济性。

一、孔隙空间动用主控因素

气库运行在注采强度、生产时率等方面与气藏开发存在较大的差异,使得地层渗流和空间动用效率不同。一般情况下,改建储气库的气藏低速衰竭式开发,无限大供流,气井泄流半径大,井控储量多。然而储气库是高速往复注采,有限供流,单井控制半径小,井控储量较气藏少,因此,单井对砂体控制程度远低于气藏开发。通过10余年长期跟踪已建储气库运行动态,分析新建储气库运行效果,认为储层物性及非均质、地层水侵入、应力敏感性、注气后地层流体性质改变是影响储气库空间动用的主控因素。

(一)储层物性及非均质性

气库调峰采气周期短、压降大,年化采气速度和压降速度高达100%~150%,是气藏开发的50倍,甚至更高。由于国内气藏建库目标总体上物性差和非均质性强,在短期高速大压差采气过程中,单井平面泄气半径小、纵向动用程度低,注采周期内大量含气孔隙空间来不及动用即开始转采或转注。因此,储层物性越差,平面及纵向上非均质性越强,建库孔隙空间动用程度越低,是根本影响因素。

(二)地层水侵入

国内气藏型储气库具有强亲水和弱—中等水驱特征,采气过程下毛细管力为动力,加速气水界面向上运移;注气过程中毛细管力为阻力,侵入水难以回退到原始气水界面以下,部分原始含气孔隙被净水侵量、束缚水和残余气占据[1-6],有效建库孔隙体积减少,是主要影响因素。

(三)应力敏感性

储层岩石受外应力和内应力共同作用,当内外应力发生变化时,孔隙度和渗透率随之改变,岩石的这种性质称为应力敏感性。目前,国内气藏型储气库主要由枯竭低压储层、异常高压储层和裂缝—孔隙储层改建,具有较强的应力敏感性。一是有效应力超过临界应力后产生塑性形变;二是多周期交变应力导致储层应变疲劳,增加塑性形变量,尤其是裂缝性储层,应力敏感使得裂缝开启度减小,大大减小建库有效孔隙体积[7-10]。

(四)注气后流体性质改变

以凝析气藏为例,当储气库经过多周期注采后,相包络曲线向左移动,离开凝析油反蒸发区,在凝析气藏开发过程中,反凝析损失的凝析油仍滞留在孔隙中,减小了气藏建库有效孔隙体积。

二、建库时有效孔隙体积计算

(一)基本原则

(1)若无动态资料,可采用容积法地质储量计算原始含气孔隙体积,否则应以气藏动态法地质储量作为原始含气孔隙体积设计的基础。

(2)精细地质建模刻画砂体三维空间展布,作为不同区带孔隙体积计算的依据。

(3)建库注采机理研究气液交互渗流特征、空间动用效率、地层混合流体性质变化。

(4)综合考虑储层物性、非均质性、地层水侵入、储层应力敏感、注气后地层流体性质改变、地层剩余原油二次饱和溶解分离等诸多因素对气藏建库时有效孔隙体积的影响。

(二)数学模型

1. 储气库简化模型

根据气藏开发及储气库运行过程中流体纵向分布特征,将储气库剖面简化成 4 带 4 界面(表 4-3-1),据此建立了储气库剖面模型示意图(图 4-3-1)。其中 4 带包括纯气带、气驱纯气带、过渡带和水淹带等,4 界面包括建库前流体界面、下限压力时流体界面、上限压力时流体界面和气藏原始流体界面。

表 4-3-1　储气库流体剖面分区带划分表

区带	流体运移及分布特点
纯气带	气藏建库时无边底水或原油侵入的区带,位于气液界面 GLC1 之上
气驱纯气带	气库在上下限压力区间运行时水或原油不再侵入的区带,位于下限压力时流体界面 GLC2 和 GLC1 之间
过渡带	上下限地层压力区间运行时,气液往复运移的区带,位于上限压力时流体界面 GLC3 和 GLC2 之间
水淹带	气藏开发和气库运行过程中一直被地层水占据的区带,位于原始气(油)水界面 GLC4 和 GLC3 之间

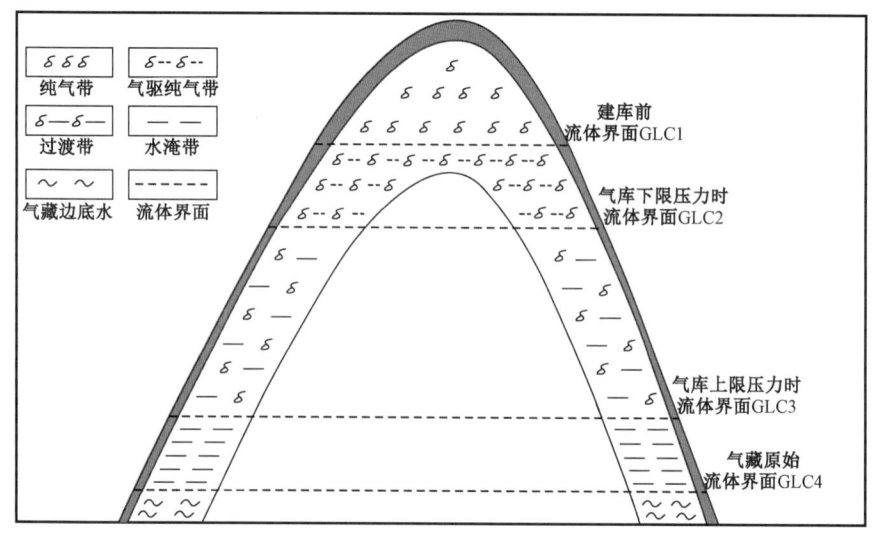

图 4-3-1　储气库简化剖面模型示意图

气藏建库前边底水没有侵入的区带,为纯气带,建库气驱效率高,是建库次生气顶形成的主要部分。气藏开发过程中边底水逐步侵入,但在多周期注采运行过程中,当地层压力降至下限压力时,边底水不再侵入的区域为气驱纯气带,建库气驱效率比纯气带稍差,也是建库重要的组成部分。当气库在上下限地层压力之间运行时,气水往复驱替的区带为过渡带,建库气驱效率明显降低,但可作为气驱排液扩容潜力目标区。气藏开发边底水侵入,同时在气库运行过程中一直被地层水占据的区带为水淹带,大幅度降低建库有效孔隙空间,对形成储气库工作气基本没有贡献。

2. 建库时有效孔隙体积

以气藏原始含气孔隙体积为基准,扣除建库储层不同区带储层物性及非均质性、地层水侵入、储层应力敏感性和注气后地层流体性质改变等因素对建库时有效孔隙体积的影响,建立预测数学模型。

建库时有效孔隙体积,以气藏原始含气孔隙体积为基准,扣除水淹区、过渡带、气驱纯气带等不可动孔隙体积,再加上地层剩余原油二次饱和溶解的体积得到有效孔隙体积数学模型。

$$V_{gm} = V_i - (\Delta V_w + \Delta V_{gw} + \Delta V_g + \Delta V_s + \Delta V_c) + \Delta V_o \quad (4-3-1)$$

式中 V_{gm}——建库时有效孔隙体积,$10^4 m^3$;

V_i——气藏原始含气孔隙体积,$10^4 m^3$;

ΔV_w——水淹带不可动含气孔隙体积,$10^4 m^3$;

ΔV_{gw}——过渡带不可动含气孔隙体积,$10^4 m^3$;

ΔV_g——气驱纯气带不可动含气孔隙体积,$10^4 m^3$;

ΔV_s——储层应力敏感减小的孔隙体积,$10^4 m^3$;

ΔV_c——凝析油反凝析减小孔隙体积,$10^4 m^3$;

ΔV_o——地层原油二次饱和溶解气量,$10^4 m^3$。

1) 气藏原始含气孔隙体积

利用最新的气藏地质和生产动态资料,开展精细地质综合评价和开发动态宏观特征研究,复核气藏动态地质储量;若无动态资料,可采用容积法计算地质储量,据此计算气藏原始条件下含气孔隙体积。

2) 水淹带不可动孔隙体积

在精细地质研究和开发动态特征分析基础上,考虑净水侵量、建库前束缚水和残余气、储层非均质性等因素对建库有效孔隙体积的影响,结合气水相对渗透率曲线测定结果,建立水淹带不可动孔隙体积的数学模型。

$$\Delta V_w = \sum_{j=1}^{N_w} \varepsilon_j \left[\frac{1 - S_{wc(1)}}{1 - S_{wc(1)} - S_{gr(1)}} \right]_j (W_{we\,max} - W_{wp\,max} B_{w\,max})_j \quad (4-3-2)$$

式中 $S_{wc(1)}$——建库前储层束缚水饱和度;

$S_{gr(1)}$——建库前储层残余气饱和度;

$W_{we\,max}$——上限压力时气藏开发的水侵量,$10^4 m^3$;

$W_{wp\,max}$——上限压力时气藏开发的产水量,$10^4 m^3$;

$B_{w\,max}$——上限压力时地层水体积系数,m^3/m^3;

N_w——水淹区储层非均值物性分区数;

ε_j——储层非均质系数;

j——第j个分区数。

3) 过渡带不可动孔隙体积

在精细地质研究和开发动态特征分析基础上,考虑净水侵量、储气库稳定运行状态的束缚水和残余气、储层非均质性等因素对建库有效孔隙体积的影响,结合多轮次气液互驱相对渗透率曲线测定结果,建立过渡带不可动孔隙体积的数学模型。

$$\Delta V_{gw} = \sum_{j=1}^{N_{gw}} \varepsilon_j \left[\frac{S_{wc(lmt)} - S_{wc(1)} + S_{gr(lmt)}}{1 - S_{wc(1)} - S_{gr(1)}} \right]_j \left[(W_{we\,min} - W_{wp\,min} B_{w\,min}) - (W_{we\,max} - W_{wp\,max} B_{w\,max}) \right]_j$$

(4-3-3)

式中 $S_{wc(lmt)}$——多周期运行后稳定束缚水饱和度;

$S_{gr(lmt)}$——多周期运行后稳定残余气饱和度;

$W_{we\,min}$——下限压力时气藏开发的水侵量,$10^4 m^3$;

$W_{wp\,min}$——下限压力时气藏开发的产水量,$10^4 m^3$;

$B_{w\,min}$——下限压力时地层水体积系数,m^3/m^3;

N_{gw}——过渡带储层非均值物性分区数。

4) 气驱纯气带不可动孔隙体积

在精细地质研究和开发动态特征分析基础上,考虑储层物性及非均质性和净水侵量等因素对建库有效孔隙体积的影响,结合多周期注采仿真模拟实验结果,建立气驱纯气带不可动孔隙体积的数学模型。

$$\Delta V_g = \sum_{j=1}^{N_{gas}} \varepsilon_j \left[\frac{S_{gr(lmt)} - (S_{wc(1)} - S_{wc(lmt)})}{1 - S_{wc(1)} - S_{gr(1)}} \right]_j \left[(W_{weu0} - W_{wpu0} B_{wu0}) - (W_{we\,min} - W_{wp\,min} B_{w\,min}) \right]_j$$

(4-3-4)

式中 W_{weu0}——建库前气藏开发的水侵量,$10^4 m^3$;

W_{wpu0}——建库前气藏开发的累积产水量,$10^4 m^3$;

B_{wu0}——建库时地层水体积系数,m^3/m^3;

N_{gas}——纯气区建库储层分类数量。

5) 储层应力敏感塑性形变量

在精细地质研究基础上,考虑气藏衰竭式开发和储气库多周期往复注采运行过程中储层应力敏感对建库有效孔隙体积的影响,结合覆压孔渗实验结果,评价孔隙度的变化程度,建立储层应力敏感塑性形变量的数学模型。

$$\Delta V_s = \sum_{j=1}^{N_\sigma} \left(10000\, G_i\, B_{gi}\, \frac{\phi_i - \phi_{lmt}}{\phi_i} \right)_j \quad (4-3-5)$$

式中 G_i——气藏原始地质储量,$10^8 m^3$;

B_{gi}——原始气藏条件下天然气体积系数,m^3/m^3;

ϕ_i——储层原始孔隙度;

ϕ_{lmt}——多周期往复注采后储层稳定的孔隙度;

N_σ——含气区内不同应力敏感性储层分区数量。

6)凝析油反凝析减小孔隙体积

考虑气藏衰竭式开发过程中,凝析油反凝析对建库有效孔隙体积的影响,利用气藏工程方法建立凝析油反凝析减小孔隙体积的数学模型。

$$\Delta V_c = N_c - N_{cp} - 10000 G_{gcr} \delta_c \qquad (4-3-6)$$

式中 N_c——凝析油原始地质储量,$10^4 m^3$;

N_{cp}——凝析油累积产量,$10^4 m^3$;

G_{gcr}——剩余凝析气地质储量,$10^8 m^3$;

δ_c——剩余凝析气凝析油含量,m^3/m^3。

7)地层剩余原油二次饱和溶解分离影响量

地层剩余原油二次饱和溶解分离影响量,在储气库注气过程中,地层剩余原油二次饱和溶解,采气过程中高于下限压力部分将从原油中分离出来,受二次饱和溶解分离滞后效应影响,一部分天然气将存留在原油中,增加气垫气量,由压力 p_1 到 p_2 变化量计算公式为:

$$\Delta V_o = V_o (R_{S_2(p_2)} - R_{S_2(p_1)}) \qquad (4-3-7)$$

式中 V_o——地层剩余原油储量,$10^4 m^3$;

$R_{S_2(p_2)}$——地层压力 p_2 时地层原油溶解度,$10^4 m^3/10^4 m^3$;

$R_{S_1(p_1)}$——地层压力 p_1 时地层原油溶解度,$10^4 m^3/10^4 m^3$;

p——注气过程某一地层压力,MPa。

三、上限压力

(一)基本原则

上限压力即储气库运行过程中允许达到的最大地层压力。遵循不破坏气藏原始密封性,确保储气圈闭完整性为基本原则。一般情况下上限压力不超过气藏原始地层压力;在条件许可并经过充分论证,可以适当提高上限运行压力。

(二)设计方法

1. 盖层

(1)利用地质综合分析和室内实验方法,对盖层的宏观封闭能力和微观有效性进行评价。

(2)当储气库运行压力超过盖层最小突破压力时,盖层垂向密封性失效。储气库运行压力不能高于盖层垂向临界压力,通过测定交变工况下盖层最小的动态突破压力来确定,计算方法为:

$$p_{CR1} = p_H + \min(p_{AC}) \tag{4-3-8}$$

式中　p_{CR1}——盖层垂向密封临界压力，MPa；

　　　p_H——气藏静水柱压力，MPa；

　　　p_{AC}——突破压力，MPa。

（3）当储气库运行压力超过盖层岩石侧向压力时，盖层侧向密封性失效。储气库运行压力不能高于盖层侧向临界压力，计算方法为：

$$p_{CR2} = 0.00980665 \rho_r H_0 \alpha \delta \tag{4-3-9}$$

式中　p_{CR2}——盖层侧向密封临界压力，MPa；

　　　H_0——埋深，m；

　　　ρ_r——上覆地层岩石密度，g/cm³；

　　　α——岩石内摩擦系数，泥岩盖层一般取 0.6～0.8；

　　　δ——储气库安全系数，一般取 0.5～0.7。

（4）利用矿场水力压裂试验获取盖层的破裂压力。

2. 断层

（1）根据断裂充填物性质、是否存在孔隙流体超压、断层两盘岩性配置、两侧井的含油气性及压力系统等定性分析断层封闭性。

（2）利用泥岩涂抹系数、断移地层砂泥比值、断面正压力、断层横向封闭系数、断层面物质涂抹等分析方法定量评价断层封闭性。

（3）当储气库运行压力超过断层面开启压力时，断层密封性失效。储气库运行压力不能高于断层面开启的临界压力，计算方法为：

$$p_{FZ} = Z_f(\rho_r - \rho_w)\cos\theta + \sigma_1 \sin\theta \sin\beta \tag{4-3-10}$$

式中　p_{FZ}——断面承受的正压力，MPa；

　　　Z_f——断面埋深，m；

　　　ρ_w——地层水密度，g/cm³；

　　　σ_1——区域主压应力，MPa；

　　　θ——断面倾角，(°)；

　　　β——与断层线交角，(°)。

3. 溢出点

（1）利用地质综合研究方法，确定储气圈闭溢出点构造位置、埋深、幅度等。

（2）当储气库运行压力超过圈闭溢出点压力后，天然气逸出。储气库运行压力不能高于溢出点气体逸散临界压力，计算方法为：

$$p_{SP} = p_i + 0.00980665 \rho_w \Delta H \tag{4-3-11}$$

式中　p_{SP}——溢出点气体逸散临界压力，MPa；

　　　p_i——气藏原始地层压力，MPa；

　　　ΔH——圈闭闭合幅度，m。

4. 边界地层密封性

(1)对于岩性气藏建库,利用地质综合分析方法和室内实验评价边界地层的致密性。

(2)当储气库运行压力超过边界地层的最小突破压力时,边界地层密封性失效。储气库运行压力不能高于边界地层密封临界压力,计算方法为:

$$p_{BL} = p_H + \min(p_{AC}) \quad (4-3-12)$$

式中 p_{BL}——边界地层密封临界压力,MPa。

(三)上限压力选值

以气藏原始地层压力为基础,充分考虑盖层、断层、溢出点和边界地层的密封有效性,并兼顾气藏老井及其封堵状况,优选储气库上限压力,参见式(4-3-13)。

$$p_{\max} = \min[p_i, \min(p_{CR1}, p_{CR2}, p_f, p_{FZ}, p_{SP}, p_{BL})] \quad (4-3-13)$$

式中 $p_{\max}$——上限压力,MPa。

四、下限压力

(一)基本原则

下限压力即维持储气库运行所需的最小地层压力,一般需遵循以下5个原则:

(1)保证储气库采气末期最低调峰能力和维持单井最低生产能力。

(2)有效降低采气末期边底水对储气库运行效率的影响。

(3)采气末期产量低于临界出砂流量。

(4)采气末期井口压力满足地面系统压力要求。

(5)具有一定工作气规模,确保储气库经济效益。

(二)设计方法

(1)利用试气试井和生产动态资料,建立不同井型气井的产能方程。在此基础上,结合多轮次气液互驱气相相对渗透率变化规律,修正气井产能方程。

(2)利用节点压力综合分析方法,以储层不出砂、井底不积液、管柱不冲蚀、采出气能进站为约束条件,评价不同地层压力下单井最大合理产量。

(3)以有效库存量曲线为基础,针对不同下限压力设计多套对比方案,利用气藏工程或数值模拟方法预测运行技术指标,分析单井及气库注采流量、地层压力、气液界面变化及总体运行效果。

(4)以满足工作气比例、调峰需求、注采井网合理、气液界面平稳,实现储气库技术经济最优化为目标,优选下限压力。

五、库容量

(一)基本原则

库容量即储气库上限压力时储存的天然气量在标准状况下的体积,设计时需遵循以下两

个原则:
(1)以建库有效孔隙体积作为物质基础。
(2)以储气库最大允许运行压力为设计上限。

(二)设计方法

1. 建库有效孔隙体积

在储气库建库注气过程中,随着地层压力增加,束缚水和岩石压缩[11],储气空间增大。因此,建库有效孔隙体积等于建库时有效孔隙体积与岩石骨架和束缚水弹性膨胀量之和,计算方法为:

$$V_{gmk} = V_{gm} + \Delta V_{wr} \qquad (4-3-14)$$

式中 V_{gmk}——建库有效孔隙体积,$10^4 m^3$;

ΔV_{wr}——束缚水和岩石弹性形变量,$10^4 m^3$。

某一运行压力下,岩石骨架和束缚水弹性膨胀量的计算公式为:

$$\Delta V_{wr} = (V_i - \Delta V_w - \Delta V_s) \sum_{j=1}^{N_{wr}} \varepsilon_j \left[\frac{C_w S_{wc(lmt)} + C_p}{1 - S_{wc(lmt)}} \right]_j (p_{max} - p_u) \qquad (4-3-15)$$

式中 C_p——岩石有效压缩系数,MPa^{-1};

C_w——束缚水压缩系数,MPa^{-1};

p_u——建库运行压力,MPa;

N_{wr}——受储层条件影响分区数。

对于定容、弱—中等水侵、带油环砂岩气藏型储气库[12,13],由于影响建库时有效孔隙体积主控因素差异大,其计算公式有所不同。

1)定容气藏

建库时有效孔隙体积需扣除储层物性及非均质性、应力敏感塑性形变、凝析油反凝析损失等影响,利用气藏地质与生产动态,结合室内物理模拟,采用气藏工程或数值模拟等手段分区带量化评价建库时有效孔隙体积,计算方法参见式(4-3-16)。

$$V_{gm} = V_i - (\Delta V_s + \Delta V_c) \qquad (4-3-16)$$

2)弱—中等水侵砂岩气藏

在定容气藏考虑的影响因素基础上,还需评价地层水侵入影响,利用气藏地质与生产动态,结合室内物理模拟,采用气藏工程或数值模拟等手段分区带量化评价建库时有效孔隙体积:

$$V_{gm} = V_i - (\Delta V_w + \Delta V_{gw} + \Delta V_g + \Delta V_s + \Delta V_c) \qquad (4-3-17)$$

3)带油环砂岩气藏

在定容气藏考虑的影响因素基础上,还需评价地层水侵入、地层剩余油二次饱和溶解分离的影响,利用气藏地质与生产动态,结合室内物理模拟,采用气藏工程或数值模拟等手段分区带量化评价建库时有效孔隙体积:

$$V_{gm} = V_i - (\Delta V_w + \Delta V_{gw} + \Delta V_g + \Delta V_s + \Delta V_c + \Delta V_o) \qquad (4-3-18)$$

2. 库容量计算

以上限压力下建库有效孔隙体积为基础，计算库容量。计算方法为：

$$G_{\max} = (V_{gmk})_{p_{\max}} / 10000 B_{g(p_{\max})} \quad (4-3-19)$$

式中　$G_{\max}$——库容量，$10^8 \mathrm{m}^3$；
　　　B_g——天然气体积系数，$\mathrm{m}^3/\mathrm{m}^3$。

六、气垫气量和工作气量

(一)气垫气量

气垫气量即储气库下限压力时储存的天然气量在标准状况下的体积。以下限压力下建库有效孔隙体积为基础，计算气垫气量。计算方法为：

$$G_{\min} = (V_{gmk})_{p_{\min}} / 10000 B_{g(p_{\min})} \quad (4-3-20)$$

式中　$G_{\min}$——气垫气量，$10^8 \mathrm{m}^3$。

(二)工作气量

工作气量即储气库在设计的上限和下限压力区间采出的天然气量在标准状况下的体积。其大小等于库容量与气垫气量之差，计算方法为：

$$G_{wg} = G_{\max} - G_{\min} \quad (4-3-21)$$

式中　G_{wg}——工作气量，$10^8 \mathrm{m}^3$。

(三)补充气垫气量

当下限压力高于气藏建库初始的地层压力时，需注入天然气将地层压力提高到设计的下限压力，注入的天然气量在标准状况下的体积即为补充气垫气量。其大小等于气垫气量与建库前剩余天然气量之差，计算方法为：

$$G_{add} = G_{\min} - G_{r0} \quad (4-3-22)$$

式中　G_{add}——补充垫气量，$10^8 \mathrm{m}^3$；
　　　G_{r0}——建库前剩余天然气量，$10^8 \mathrm{m}^3$。

第四节　建库地质方案设计

建库地质方案科学设计与实施部署是保障储气库"注得进、采得出"极为重要的一环，如何高效利用气藏含气孔隙空间，实现科学快速扩容达产，具备最大调峰能力，是方案设计关心的重点内容。目前，国内经过20年建设与发展，储气库建库地质方案设计技术基本形成体系，积累了一定经验。一般以精细地质评价和库容参数设计指标为基础，着重对注采层位、单井注采气能力、注采井网及运行方案优化设计，考虑建库经济性，综合优选推荐方案并付诸现场实施。

一、方案设计原则

(一) 基本原则

建库地质方案设计的基本原则主要从市场需求与功能定位、技术经济性、安全环保等方面入手，针对具体储气库制订相应的原则。

1. 市场需求与功能定位

地下储气库调峰规模设计要依据地质条件尽可能满足市场季节调峰和应急用气量需求。以新疆呼图壁为例，处于天然气进口与消费复合区，既要满足北疆地区用气需求，同时还要防止由于国际地缘政治影响，产生进口气中断后供气紧张的局面，因此需要一定规模的战略储备气量。

2. 技术经济性

储气库主要满足季节调峰总量需求和月度平均高峰用气量，而日调峰则由城市燃气终端供应商负责。因此，储气库注采井数、注采井网优化需满足既定注采周期内具备气库的工作气量和最大平均日调峰能力。同时，利用现有老井、注采集输与处理设施，节省投资，实现经济效益最大化。

3. 安全环保

储气库与气藏开发方式差异较大，长达30～50年高强度往复交变注采特点，使得安全风险陡增。如断层激活、盖层张裂、溢出点漏失、套管错断等将引发严重的人员生命财产安全和次生环境破坏。因此，将储气库建设与环境保护、安全生产紧密结合起来，注重生态环境、建设绿色矿山。

(二) 运行方式

本节的运行方式简单说就是先注后采还是先采后注，与储气库投产后逐步扩容达产运行方式不同。

先注或先采主要取决于气藏转库始点地层压力水平与气库的下限压力关系。如果建库初始地层压力低于下限压力，则需要先注气补充垫气，将地层压力恢复到下限压力，再注采工作气，进入扩容达产循环过渡阶段。参照国外经验至少5～8年，通过多注少采，地层压力逐步恢复到上限压力，库容和工作气量趋于平稳。如新疆呼图壁、西南相国寺、辽河双6等储气库，建库时气藏开发至中后期甚至枯竭，采用了先注后采模式。如果建库初始地层压力高于下限压力，则可以直接采气调峰，再循环注采运行。如大港板桥库群的大张坨储气库，建库前采用循环注气保持地层压力，以采凝析油为主，转库始点天然气采出程度仅12%，地层压力水平较高，因此在1999年投产后直接采气调峰，然后进入循环注采运行。

(三) 运行周期

运行周期包括采气周期、注气周期、平衡期，主要取决于储气库所在地区供暖季和天然气管网发达程度两方面。

早期由于天然气管网不配套，未实现全国互联互通，采气周期长短一般根据当地供暖周期设计。如北方寒冷,冬季采暖长达 5 个月;而南方相对暖和,冬季采暖时间较短,一般 4 个月。近年来,随着国家天然气管网基本配套,通过优化不同节点下载和上载气量,可以实现全国管网互相调配,确保用气安全。比如相国寺储气库,采出气通过铜相线进入中贵线向北京反输,目前累计供气 $12.47 \times 10^8 \text{m}^3$,为缓解北京地区用气紧张局面发挥了重要作用。因此,具备互联互通条件后,全国储气库采气周期趋于一致,基本为 4 个月。

注气周期一般在天然气市场需求淡季,每年的 4 月到 10 月,大约 7 个月左右,将富余的天然气注入储气库,确保冬季具有一定的调峰能力。

受不同地区天气寒冷程度,注入气与井筒、储层及流体等热交换速度,采出气温度高低对设备启停影响等,目前平衡期长短仍需进一步研究,目前国内储气库一般取 30～40d。

二、注采运行方案

注采运行方案设计重点以气藏地质、库容参数研究结论为基础,根据储气库有别于气藏开发的注采运行特点,科学评价单井注采气能力,突出满足气库短期强注强采要求,优化注采层系和注采井网,进而设计多套对比方案,采用气藏工程和数值模拟手段相结合预测注采运行指标,互有侧重,优选推荐方案。

(一)注采层系

1. 主要考虑因素

针对储气库高速大压差往复注采运行特点,注采层系设计需考虑纵向储层性质、隔夹层特点、温压系统差异及水侵特征等因素。首先是纵向上储层的发育程度,分布状况和非均质性;其次是储层内部隔夹层厚度、分布状况以及纵向分隔的有效性和完整性;纵向流体性质、温压系统的差异性,如果不是一套温压系统则需要分层注采;最后是气藏水驱特点以及纵向水侵程度,应有效避开水体侵入对建库空间和运行效率的影响。但是,对于储层纵向发育相对集中,层间矛盾并不十分突出的气藏,可以采取一套注采层系以减少井数,降低投资。

2. 注采层系设计分析

某砂岩断块气顶油藏,断块砂层发育,纵向分布集中(图 4-4-1)。含油气井段长,油气藏的总厚度达 180m,其中气柱高度 110m,油柱高度达 70m。J58 断块纵向地层流体性质差异大,气顶主要分布在上部 Ⅰ—Ⅱ 砂组,下部 Ⅲ—Ⅳ 砂组则以油层为主。

由于内部小断层及隔层细小裂缝(图 4-4-2 和图 4-4-3)的存在,使内部隔层的局部分隔作用减弱,断块局部不可避免地存在流体纵向窜流的通道,因此 Ⅰ—Ⅱ 砂组气顶和 Ⅲ—Ⅳ 砂组油层在气库注采过程中难以有效阻隔。

1)注采层系方案设计

对注采层系部署考虑了三种可能的对比方案,分别是仅考虑气顶建库的基础方案,Ⅰ—Ⅳ 砂组合注合采一套井网,Ⅰ—Ⅳ 砂组分层注采两套井网。

(1)基础方案:气库注采层系为 Ⅰ—Ⅱ 砂组气顶,仅考虑气顶建库。

(2)方案一:一套注采井网,Ⅰ—Ⅳ 砂组合注合采方式。基于 Ⅰ—Ⅱ 砂组气顶注采井网,注采井同时射开 Ⅰ—Ⅳ 砂组合注合采,并在边部布置排液井,逐年排液扩容,增加调峰能力。

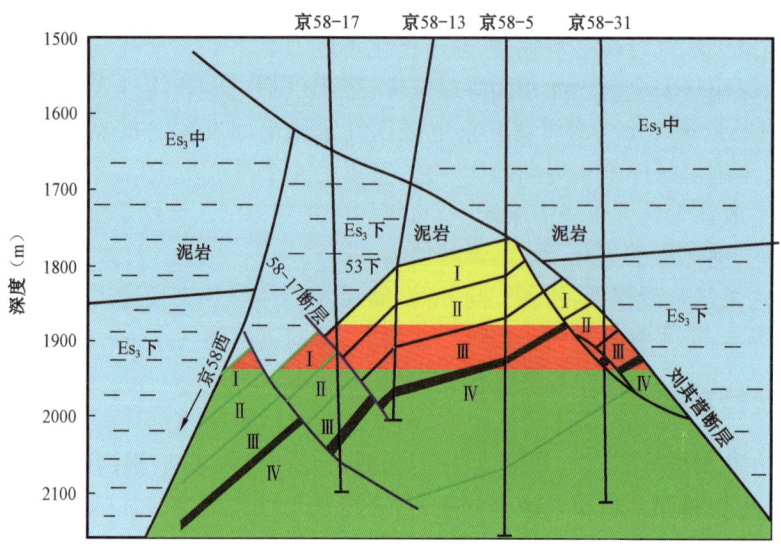

图4-4-1 过井气藏剖面图

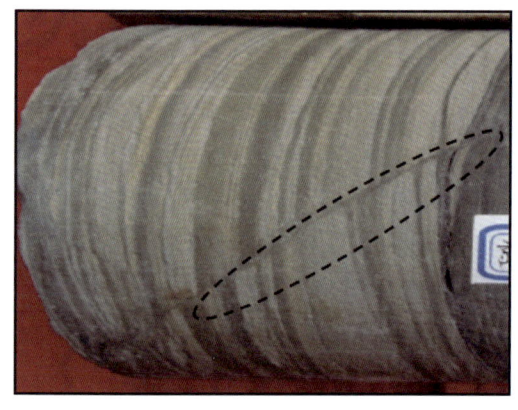

图4-4-2 Ⅱ砂组和Ⅲ砂组间隔层岩心

图4-4-3 Ⅲ砂组和Ⅳ砂组间隔层岩心

(3)方案二:二套注采井网分注分采方式。基于Ⅰ—Ⅱ砂组气顶注采井网,补打第二套Ⅲ—Ⅳ砂组油层注采井网,将Ⅰ—Ⅱ砂组气顶和Ⅲ—Ⅳ砂组油层分开成二套层系注采,并在边部布置排液井,逐年排液扩容,增加调峰能力。方案二注采井网布置主要考虑以下两个方面因素:

① Ⅰ—Ⅱ砂组注采层系,以气顶为主,注采气能力强,Ⅱ砂组底的隔层能够在大流量注采过程中,对流体的垂向渗流起到一定的控制作用。

② Ⅲ—Ⅳ砂组以水淹油层为主,为获得良好的顶部注气驱替效果,形成相对稳定的次生气顶,考虑单独分层注采,以达到顶部注气渗滤速度与边部排液井排液量协调统一。同时,可以避免油、气、水三相流动对上部气层产能的影响。

2)基础方案技术指标分析

该方案设计思想是以气顶建库为主,同时,利用Ⅱ砂组底隔层局部阻隔作用,以减缓气井在强采过程中油、水的干扰。由于目前气顶储量和注入水对其影响程度认识比较清楚,因此该方案技术指标的实现比较有把握,实施风险较小。

然而,由于内部断层及隔层细小裂缝的存在使Ⅱ砂组隔层的局部分隔作用减弱,采取单独注采Ⅰ—Ⅱ砂组气顶建库,将不可避免地造成气体向Ⅲ砂组和Ⅳ砂组垂向窜流。建库后库容利用率低。通过该方案技术指标预测表明,建库4年,Ⅲ砂组和Ⅳ砂组总气量约 $2.7 \times 10^8 m^3$,比建库前约增加 $1.4 \times 10^8 m^3$,其中自由气约增加 $0.7 \times 10^8 m^3$,气体向剩余油的扩散溶解量增加约 $0.7 \times 10^8 m^3$,这部分气体在上部层的注采过程中变化很小,可以认为是上部层注采过程向下部层的补充气垫气量,因此导致Ⅰ—Ⅱ砂组气顶建库后气库运行效率低(图4-4-4)。

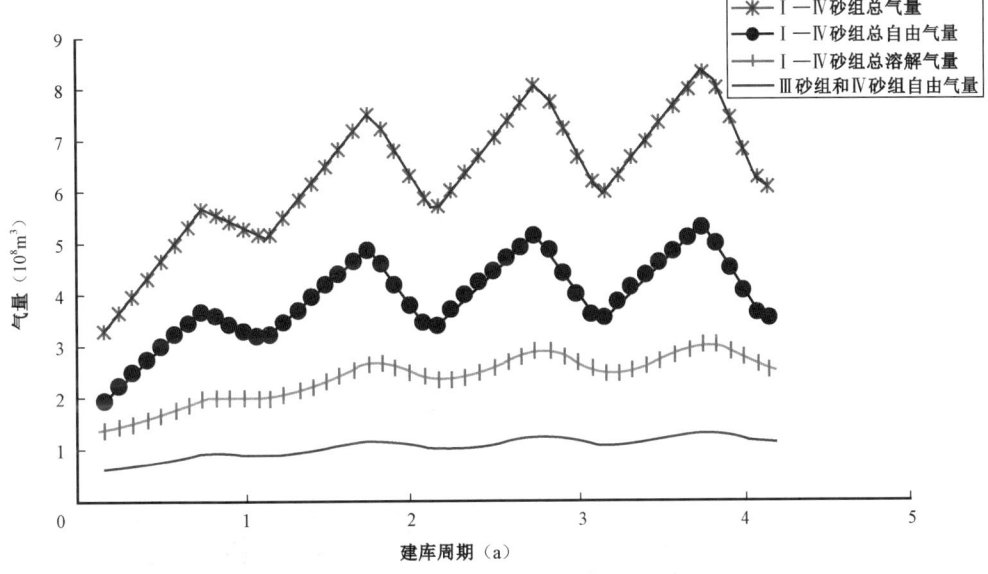

图4-4-4 Ⅰ—Ⅱ砂组气顶建库过程中总气量变化

因此,某断块改建储气库最终目标应是Ⅰ—Ⅳ砂组统一建库,并将下部水淹油层逐年排液扩容,进一步增加库容,并提高库容利用率。该方案应是在建库过程中的过渡方案,不能作为最终的优选方案。

3)方案二(合注合采)技术指标分析

该方案是在Ⅰ—Ⅱ砂组气顶注采井网部署基础上,将注采气井射开Ⅰ—Ⅳ砂组合注合采,同时在边部布置排液井,逐年排液扩容,增加调峰能力。

通过数值模拟预测,该方案在建库8年能够达到目标库容和设计工作气量,表明在原Ⅰ—Ⅱ砂组气顶设计注采井网条件下,通过补射Ⅲ—Ⅳ砂组油层,注采气井能够逐步提高注采气能力。对比方案一和方案二Ⅲ—Ⅳ砂组油层在建库过程中库容和采气能力的变化可以清楚地看出(图4-4-5和图4-4-6):在建库过渡循环周期中,方案一和方案二Ⅲ—Ⅳ砂组采气能力都非常接近,因此达到目标库容和设计工作气量建库周期也非常接近。

模拟对比分析认为,虽然Ⅲ—Ⅳ砂组以水淹油层为主,但是由于储层物性条件与Ⅰ—Ⅱ砂组气顶接近,并且通过多周期注采驱替后,井底附近储层含气饱和度显著增加,从而导致在合注合采条件下,Ⅰ—Ⅱ砂组对Ⅲ—Ⅳ砂组层间抑制作用较弱,Ⅲ—Ⅳ砂组在注采过程中总的动用、采出程度较高。建库第 8 年,在保证气库运行压力上、下限条件下,Ⅲ—Ⅳ砂组采出气量达 $1.5 \times 10^8 \text{m}^3$,占总采出气量 38.5%。

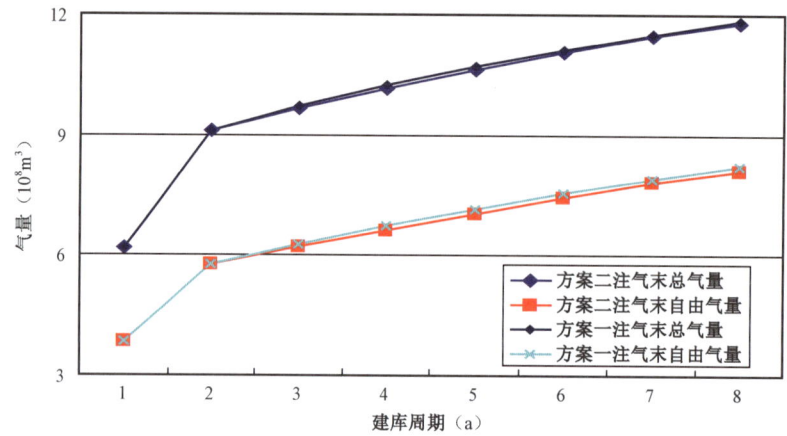

图 4-4-5 层系对比方案注气末总气量与自由气量变化

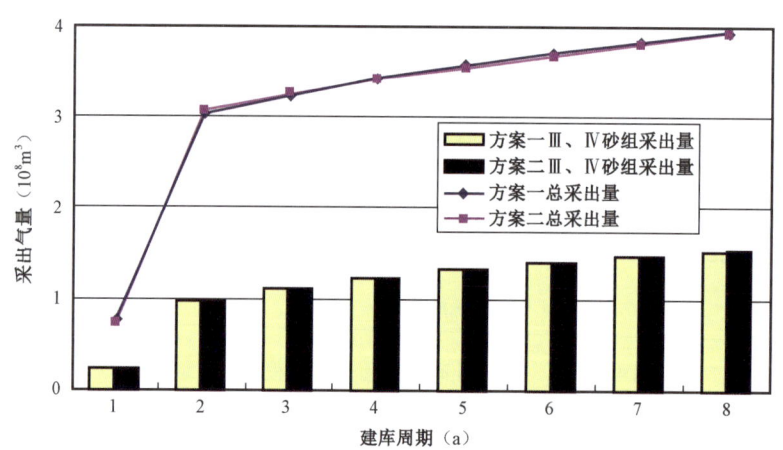

图 4-4-6 层系对比方案总采出量与Ⅲ—Ⅳ砂组采出量变化

4)方案三(分注分采)技术指标分析

该方案在Ⅰ—Ⅱ砂组气顶注采井网基础上,补打第二套Ⅲ—Ⅳ砂组油层注采井网,将Ⅰ—Ⅱ砂组气顶和Ⅲ—Ⅳ砂组油层分开成二套层系注采,同时在边部布置排液井,逐年排液扩容,增加调峰能力。

由于采取分层注采后,注采井数显著提高,总的注采气能力和对油、气砂体的控制程度得到一定程度提高,更有利于库容的恢复和对水淹油层形成有效驱替。该方案的技术优势在于,库容的恢复和形成过程以及气井注采气能力的实现更加有把握,相对于方案一风险较小。

5)对比方案技术指标优选

通过方案一和方案二技术指标对比,主要技术指标差别较小,由于方案二需补打第二套井网,增加近一倍的井数,因此在技术指标差别不大的条件下,方案二气库运行效益显著劣化。

经综合对比分析,确定方案一为推荐注采层系方案,注采井同时射开Ⅰ—Ⅳ砂组合注合采,同时在边部布置排液井,逐年排液扩容,增加调峰能力。该方案具有新钻注采井数少,调峰能力强的优势。

(二) 单井注采气能力设计

确定气井井型和井径,合理注采气能力是本节的主要内容。一般需要根据不稳定试井等矿场测试资料建立气井产能方程,利用节点压力综合评价方法,充分考虑储层特征、地层渗流、井筒动气柱、气体冲蚀、临界携液等,优选气井井型和井径,确定合理注采气能力。由于气库需具备短期大吞大吐能力以满足市场用气需求,因此气井尽量采用大管径、长水平段水平井等。参照国外经验,在前期评价时,现场要进行注采气先导试验,据此科学评价储气库井注采气能力。但国内起步较晚,这方面工作开展较少,一般可以借用气藏开发井产能测试资料,评价建库后气井平均注采产能。

1. 气井产能方程

1) 直井产能方程

气井产能测试方法主要包括回压试井法、等时试井法、修正等时试井法和简化的单点试井法,其中修正等时试井和单点试井在矿场应用最为普遍。通过建立压力平方的生产压差与产气量函数关系,得到井底流压为大气压时气井的绝对无阻流量,进而开展气井产能分析。目前,常用的产能方程包括指数式、二项式和一点法方程。

本次建库方案中气井的注采气能力分析采用二项式产能方程,它又称为 LIT 分析,即"层流、惯性—紊流分析"(Laminar – inertial – turbulent Flow Analysis)。这是由 Forchheimer 和 Houpeurt 提出来的,是一种根据流动方程的解,经过较为严格的理论推导而得出的产能方程。其数学表达式为:

$$p_r^2 - p_{wf}^2 = \frac{42.42 \times 10^3 \overline{\mu_g} Z T p_{sc}}{K h T_{sc}} q_g \left(\lg \frac{8.091 \times 10^{-3} K t}{\phi \overline{\mu_g} C_t r_w^2} + 0.8686 S_a \right) \quad (4-4-1)$$

式中 p_r——地层原始静压,MPa;

p_{wf}——井底流动压力,MPa;

q_g——气井井口产量,$10^4 m^3/d$;

K——地层有效渗透率,mD;

h——地层有效厚度,m;

$\overline{\mu_g}$——气层平均状态下的参考黏度,mPa·s;

p_{sc}, T_{sc}——气体标准状态下的压力和温度,$p_{sc}=0.1013 MPa, T_{sc}=273.15 K$;

ϕ——气层孔隙度;

C_t——地层综合压缩系数,MPa^{-1};

t——时间,h;

S_a——视表皮系数;

S——真表皮系数;

D——非达西流系数,$(m^3/d)^{-1}$;

r_w——井的折算半径,m。

令

$$A = \frac{42.42 \times 10^3 \overline{\mu_g} ZTp_{sc}}{KhT_{sc}}\left(\lg\frac{8.091 \times 10^{-3}Kt}{\phi\overline{\mu_g}C_t r_w^2} + 0.8686S\right) \quad (4-4-2)$$

$$B = \frac{36.85 \times 10^3 \overline{\mu_g} ZTp_{sc}}{KhT_{sc}}D$$

则式(4-4-1)简化为：

$$p_r^2 - p_{wf}^2 = Aq_g + Bq_g^2 \quad (4-4-3)$$

式(4-4-3)中的系数 A 和 B 是分别标明储层中层流和湍流流动部分的系数。

通过分析，可以看出影响气井产能的主要因素归纳起来有三个：一是井附近的地层系数(k_h)，二是地层压力(p_r)和生产压差(Δp)，三是以表皮系数 S 表示的完井质量。

2) 水平井产能方程

如果缺乏水平井产能测试资料，可采用理论计算方法对比分析得到该气藏建库后水平井的产能方程。首先利用理论公式得到水平井与直井的理论产能比，带入直井二项式产能方程即可得到水平井的产能方程。

(1) 水平井理论公式。

不考虑地层伤害及非达西流动效应时，水平气井的产量公式为：

$$q_h = \frac{787.4K_h h(p_e^2 - p_{wf}^2)}{\overline{\mu}ZT\ln\left(\frac{r_{eh}}{r_w'}\right)} \quad (4-4-4)$$

若考虑水平气井地层伤害及非达西流动效应时，则产气量公式为：

$$q_h = \frac{787.4K_h h(p_e^2 - p_{wf}^2)}{\overline{\mu}ZT\left[\ln\left(\frac{r_{eh}}{r_w'}\right) + S_h + Dq_h\right]} \quad (4-4-5)$$

水平气井二项式产能方程为：

$$p_e^2 - p_{wf}^2 = aq_h + bq_h^2 \quad (4-4-6)$$

水平气井产量为：

$$q_h = \frac{[a^2 + 4b(p_e^2 - p_{wf}^2)]^{0.5} - a}{2b} \quad (4-4-7)$$

$$a = \frac{\overline{\mu}ZT\left[\ln\left(\frac{r_{eh}}{r_w'}\right) + S_h\right]}{787.4K_h h} \quad (4-4-8)$$

$$b = \frac{\overline{\mu}ZTD}{787.4K_h h} \quad (4-4-9)$$

$$D_h = 2.191 \times 10^{-18}\frac{\beta\gamma_g h\sqrt{K_h K_v}}{\mu L^2 r_w} \quad (4-4-10)$$

$$\beta = \frac{7.664 \times 10^{10}}{K_h^{1.5}} \qquad (4-4-11)$$

$$\bar{\mu} = \mu\left(p = \frac{p_e + p_{wf}}{2}\right) \qquad (4-4-12)$$

$$\bar{Z} = Z\left(p = \frac{p_e + p_{wf}}{2}\right) \qquad (4-4-13)$$

水平气井泄气半径：

$$r_{eh} = L/2 + r_e \qquad (4-4-14)$$

水平井的有效井半径：

$$r'_w = \frac{r_{eh} L}{2a_2(1 + a_3)a_4^{a_5}} \qquad (4-4-15)$$

单井控制面积：

$$A = F/\text{井数} \qquad (4-4-16)$$

垂直气井泄气半径：

$$r_e = \sqrt{A/\pi} \qquad (4-4-17)$$

$$a_1 = [0.25 + (2r_{eh}/L)^4]^{0.5} \qquad (4-4-18)$$

$$a_2 = (L/2)(0.5 + a_1)^{0.5} \qquad (4-4-19)$$

$$a_3 = \{1 - [L/(2a_2)]^2\}^{0.5} \qquad (4-4-20)$$

$$a_4 = \beta' h/(2\pi r_w) \qquad (4-4-21)$$

$$a_5 = \beta' h/L \qquad (4-4-22)$$

各向异性比：

$$\beta' = \sqrt{K_h/K_v} \qquad (4-4-23)$$

（2）直井产能理论公式。

直井产气量为：

$$q_v = \frac{[a^2 + 4b(p_e^2 - p_{wf}^2)]^{0.5} - a}{2b} \qquad (4-4-24)$$

$$a = \frac{\overline{\mu Z}T\left[\ln\left(\frac{r_e}{r_w}\right) + S_c\right]}{787.4 K_h h} \qquad (4-4-25)$$

$$b = \frac{\overline{\mu Z}TD}{787.4 K_h h} \qquad (4-4-26)$$

$$D = 2.191 \times 10^{-18} \frac{\beta \gamma_g K_h}{\mu h r_w} \qquad (4-4-27)$$

式中 $\bar{\mu}$——平均压力下的气体黏度,mPa·s;

T——地层温度,K;

F——气区面积,m^2;

A——单井控制面积,m^2;

r_w, r_e——分别为垂直气井的井眼半径和泄气半径,m;

r'_w, r_{eh}——分别为水平气井的有效井半径和泄气半径,m;

L——水平井井眼长度,m;

h——气层有效厚度,m;

K_h——水平渗透率,mD;

K_v——垂向渗透率,mD;

S_h, S_c——水平井和直井表皮系数;

γ_g——天然气相对密度;

$\bar{Z}$——平均压力下的天然气偏差系数;

p_e——原始地层压力,MPa;

p_{wf}——井底流压,MPa;

β'——各向异性比;

q_h——水平气井产量,$10^4 m^3/d$;

a_2——泄气椭圆半长轴长度,m;

a_1, a_3, a_4 和 a_5——中间变量。

(3)水平井与直井理论产能比。

根据水平井和直井的理论产能公式,不考虑地层伤害及非达西流动效应,得到水平井与直井的产能比,即理论增产倍数:

$$\frac{q_h}{q_v} = \frac{\ln r_e/r_w}{\ln r_{eh}/r'_w} \tag{4-4-28}$$

(4)水平井产能方程。

联立得到水平井的二项式产能方程,其数学表达式为:

$$p_r^2 - p_{wf}^2 = \left(A\frac{q_h}{q_v}\right)q_g + \left(B\sqrt{\frac{q_h}{q_v}}\right)q_g^2 \tag{4-4-29}$$

2. 节点压力综合分析

1)采气井流入流出动态方程

单井的日采气能力取决于注采管柱尺寸及结构、地层压力及井口压力、最小携液产气量、井口冲蚀产量等。最小携液产气量是指在采气过程中,为使流入到井底的水或凝析油及时地被采气气流携带到地面,避免井底积液,需要确定出连续排液的极限产量;冲蚀是指气体携带的 CO_2 和 H_2S 等酸性物质及固体颗粒对管体的磨损、破坏性较为严重,气体流动速度太高会对管柱造成冲蚀,但冲蚀一般不会发生在直管处,而发生在井口,因此合理的采气流量应限制在最小携液产气量和冲蚀流量之间。

(1) 地层流入方程。

$$p_r^2 - p_{wf}^2 = Aq_g + Bq_g^2 \qquad (4-4-30)$$

式中　q_g——天然气产量，$10^4 \mathrm{m}^3/\mathrm{d}$；
　　　p_e——地层压力，MPa；
　　　p_{wf}——井底压力，MPa。

(2) 垂直管流方程。

$$p_{wf}^2 = p_{wh}^2 e^{2s} + 1.3243\lambda q_g^2 T_{av}^2 Z_{av}^2 (e^{2s} - 1)/d^5 \qquad (4-4-31)$$

其中

$$s = 0.03415\gamma_g D/(T_{av} Z_{av})$$

式中　p_{wf}——井底压力，MPa；
　　　p_{wh}——油管井口压力，MPa；
　　　q_g——天然气产量，$10^4 \mathrm{m}^3/\mathrm{d}$；
　　　T_{av}——井筒内动气柱平均温度，K；
　　　Z_{av}——井筒内动气柱平均偏差系数；
　　　d——油管内直径，cm；
　　　γ_g——天然气相对密度（空气相对密度为1.0）；
　　　D——气层中部深度，m；
　　　λ——油管阻力系数。

在上式中，由于 Z_{av} 是 T_{av} 和 p_{av} 的函数，而 p_{av} 又取决于 p_{wh} 及 p_{wf}，因此计算时需要反复迭代。

(3) 管内冲蚀流量。

冲蚀流量计算采用 Beggs 公式，计算公式为：

$$q_e = 40538.17 d^2 \left(\frac{p_{wh}}{ZT\gamma_g}\right)^{0.5} \qquad (4-4-32)$$

式中　q_{sc}——冲蚀产气量，$10^4 \mathrm{m}^3/\mathrm{d}$；
　　　d——油管内直径，m；
　　　p_{wh}——井口压力，MPa；
　　　T——绝对温度，K；
　　　Z——天然气偏差系数。

(4) 最小携液产气量。

最小携液产气量采用 Turner 公式：

$$q_{sc} = 2.5 \times 10^4 \frac{p_{wf} v_g A}{ZT} \qquad (4-4-33)$$

$$v_g = 1.25 \times \left[\frac{\sigma(\rho_L - \rho_g)}{\rho_g^2}\right]^{0.25} \qquad (4-4-34)$$

$$\rho_{\mathrm{g}} = 3.4844 \times 10^3 \gamma_{\mathrm{g}} p_{\mathrm{wf}}/(ZT) \tag{4-4-35}$$

式中　q_{sc}——最小携液产气量，$10^4 \mathrm{m}^3/\mathrm{d}$；

A——油管内截面积（$A = \pi d^2/4$），m^2；

p_{wf}——井底流动压力，MPa；

v_{g}——气流携液临界速度，m/s；

ρ_{L}——液体密度，$\mathrm{kg/m}^3$；（对水取 $\rho_{\mathrm{w}} = 1074 \mathrm{kg/m}^3$，对凝析油取 $\rho_{\mathrm{o}} = 721 \mathrm{kg/m}^3$）；

σ——界面张力（对水取 $\sigma = 60 \mathrm{mN/m}$，对凝析油取 $\sigma = 20 \mathrm{mN/m}$），mN/m；

Z——天然气偏差系数；

T——气流温度，K。

3. 注气井流入流出动态方程

注气能力的计算方法与采气能力类似，大小取决于：注采管柱尺寸及结构；地层压力和井口注气压力；井口冲蚀产量。注气时，流量也应限制在冲蚀流量以下，防止发生冲蚀破坏。

单井的注气能力由地层流入方程、垂直管流方程和冲蚀流量计算公式共同确定。若没有矿场注气先导性试验数据，可以假设地层注气能力和采气能力相等，根据采气井流入流出动态方程，可得到注气时单井的地层流入方程。

1）地层流入方程

$$p_{\mathrm{wf}}^2 - p_{\mathrm{r}}^2 = Aq_{\mathrm{g}} + Bq_{\mathrm{g}}^2 \tag{4-4-36}$$

2）垂直管流方程

$$p_{\mathrm{wf}}^2 = p_{\mathrm{wh}}^2 \mathrm{e}^{2S} - 1.3243 \lambda q_{\mathrm{g}}^2 T_{\mathrm{av}}^2 Z_{\mathrm{av}}^2 (\mathrm{e}^{2S} - 1)/d^5 \tag{4-4-37}$$

与采气计算相同，p_{wf} 需反复迭代求出。

3）冲蚀流量方程

计算公式同采气阶段冲蚀流量计算公式相同，详见式（4-4-32）。

4. 注采气节点压力综合分析

气井生产节点分析是运用系统工程理论，优化分析气井生产系统的一种综合分析方法。节点分析将气井生产的全过程作为一个整体来研究，包括气体在气藏中向气井的渗流过程、气体通过射孔井段的流动过程、气体沿油管垂直举升过程、气井生产流体通过井口节流装置的流动过程和气井生产流体地面水平管流过程等，每个流动过程既相对独立，又相互联系。

本节内容选择井底为协调点，这时气井生产系统被划分为两部分，即流入部分和流出部分。对于采气过程，气体从储层流向井底为流入部分，气体从井底流向井口为流出部分，在分析过程中，流入部分采用产能方程计算，流出部分采用气井管流方程计算，然后用图解形式分析流入和流出的动态关系，当气井生产能力正好等于外输管线的生产能力时，它们的交点称为协调点，对应产量称为气井的协调采气量（图4-4-7）。对于注气过程，气体从井口流向井底为流入部分，从井底流向储层为流出部分，在分析过程中，流入部分采用垂直管流方程计算，流出部分采用储层注气产能方程计算，然后用图解形式分析流入和流出的动态关系，当气井注入能力正好等于地层吸气能力时，它们的交点称为协调点，对应产量称为气井的协调注气量(图4-4-8)。再以储层临界出砂、气体冲蚀、最小携液流量等为约束,则可以得到气井合理注采气能力。

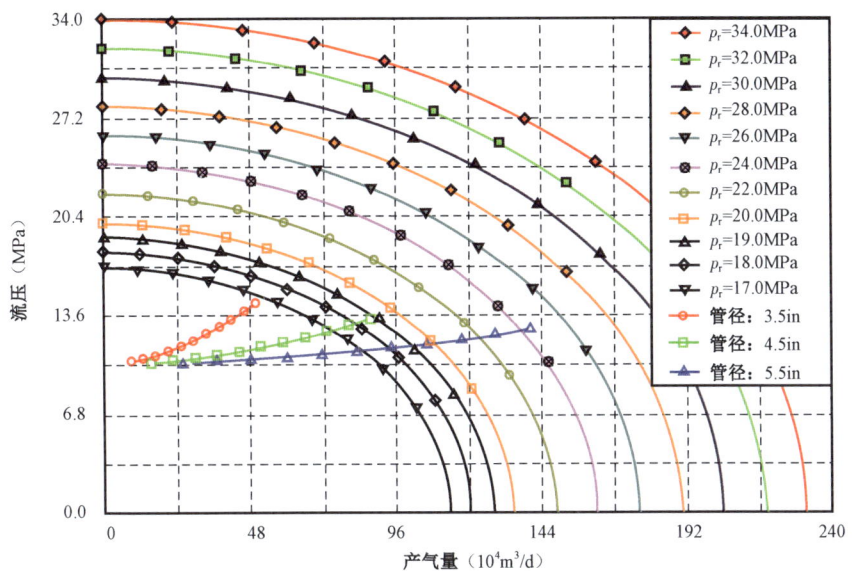

图4-4-7 给定井口外输压力下不同管径油管的采气井流入流出曲线

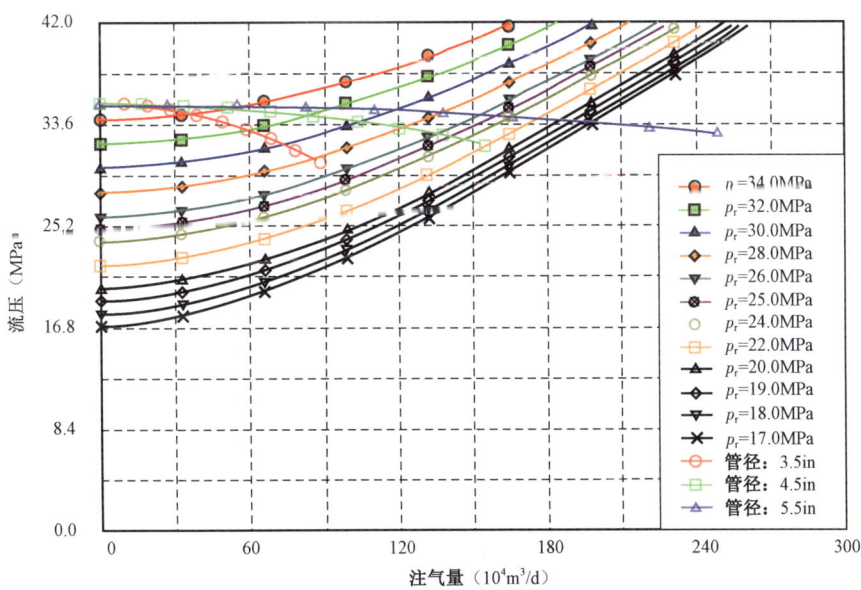

图4-4-8 给定井口注气压力下不同管径油管的注气井流入流出曲线

(三)注采井网设计

与气藏低速衰竭式开发相比,储气库注采井网还需要考虑短期采气有限供流、市场需求波动等综合影响,设计合理井网密度,科学部署注采井网。

根据已建储气库注采运行动态,有限生产时率下井控半径大幅减小。气藏开发长达20~30年,远井地带流体具有足够时间流入井底,而储气库仅有3个月采气时间,远井地带尚未流到井底,已经停止采气开始转注。目前投运的新疆呼图壁储气库井控半径约500m,而气藏开发泄气半径高达1.5~2.0km。另外,冬季调峰采气具有明显不均衡性,尤其是12月和1月是用气高峰,不均衡系数可能是初期和末期的1.6~1.8倍,要求有更多的井满足市场用气需求。

1. 主要考虑因素

通过以上分析,结合气藏开发井网部署经验,储气库注采井网设计需要考虑库容规模、调峰不均衡性、储层性质、气水过渡带潜力等4方面因素。

(1)注采井网应能满足库容参数设计要求的最低井数;

(2)注采井网布置应体现短期强采强注,保证较高效运行的技术要求;

(3)平面上井网布置,既要考虑储层发育区,同时也要兼顾储层发育程度较差区域,以扩大气体波及效果,提高库容动用程度;

(4)对边、底水能量弱,水淹过渡带具有扩容潜力的气库,应进一步提高井网对水淹过渡带的平面控制程度,以利于排水扩容效率的提高。

2. 合理井网密度设计

储气库合理井网密度设计的核心就是确定满足库容参数设计能力的最低井数。从储气库注采运行经验来看,单井注气能力比采气能力大,同时注气时率比采气长。因此,采气能力是决定所需井数的瓶颈。本节从不稳定渗流井控、单井协调产量及月度不均衡调峰采气需求三方面确定合理注采井数。

1)高速不稳定渗流有限井控统计法

板桥库群是国内第一批商业储气库,建设投运已有17个周期,拥有非常丰富的多周期注采运行动态资料。利用现代产量不稳定分析试井软件RTA诊断和评价71口井多周期采气动态,建立了单井井控半径与储层有效渗透率关系图版(图4-4-9),相关系数达到约0.85,具有较好的相关性和指导作用。

若给定某气藏有效渗透率,采用类比法即可确定单井井控半径。利用储气库库容量除以单井平均库容量,得到满足库容量有效控制的最少井数,其数学模型描述为:

$$n_1 = \frac{G_{\max}}{G_{wk}} \quad (4-4-38)$$

式中　n_1——井控法注采井井数,口;

　　　$G_{\max}$——库容量,$10^8 m^3$;

　　　G_{wk}——单井平均井控库容量,$10^8 m^3$。

考虑储层有效厚度、含气饱和度、孔隙度等参数,上述数学模型可简化为:

$$n_1 = \frac{S}{\pi R_e^2} \quad (4-4-39)$$

式中　S——气藏有效含气面积,m^2;

　　　R_e——单井控制半径,m。

2)地层—井筒—井口多节点协调产量法

利用储气库井产量多节点协调优化结果,根据采气天数、单井采气末期合理产量及设计的工作气量,得到储气库注采井井数,其数学模型可以描述为:

$$n_2 = 10^{-4} \times \frac{G_{wg}}{tq_g} \qquad (4-4-40)$$

式中 n_2——节点法注采井井数,口;
G_{wg}——工作气量,$10^8 m^3$;
t——采气时间,d;
q_g——单井合理产量,$10^4 m^3/d$。

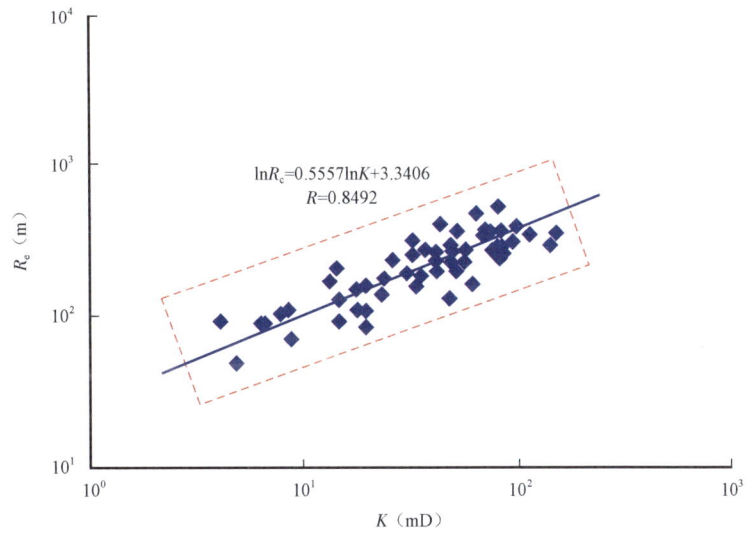

图 4-4-9 大港板桥库群井控半径图版

3)月度不均衡采气需求估算法

利用储气库工作气量,市场月度不均衡系数得到每月日均采气量,通过阶段累计采气量、地层压力及该压力下气井合理产量耦合建立数学模型,取调峰高月和采气末期两个临界运行工况下所需井数的最大值。

$$n_3 = \max\left[(10^{-4}G_p/\sum m_j) \times (m_{j\_max}/q_{gj\_max}), (10^{-4}G_p/\sum m_j) \times (m_{j\_end}/q_{gj\_end})\right]$$

$$(4-4-41)$$

式中 n_3——考虑不均衡系数注采井井数,口;
G_p——调峰用气需求量,$10^8 m^3$;
m_j——月度不均衡系数;
m_{j_max}——调峰采气高月月不均衡系数;
q_{qj_max}——调峰采气高月地层压力下气井合理产量,$10^4 m^3/d$;

m_{j_end}——调峰采气末月月不均衡系数;

q_{qj_end}——调峰采气末地层压力下气井合理产量,$10^4 m^3/d$。

4) 储气库合理注采井数优选

由于储气库运行需同时满足井控物质平衡、单井产能及市场不均衡用气需求。因此,储气库所需注采井井数取以上三种方法结果的最大值。

$$n = \max(n_1, n_2, n_3) \qquad (4-4-42)$$

式中 n——合理注采井井数,口;

(四)注采运行方案优化设计

本节重点介绍建库注采运行方案设计流程、指标预测及对比方案优选方法,梳理方案设计关心的核心元素,有助于更好地掌握方案编制与指标优化技术,提升建库方案设计水平。

1. 方案设计流程

方案设计包括两大部分:一是满足库容参数目标的对比方案设计;二是开展注采运行指标预测分析,优选最佳建库地质与气藏工程方案(图4-4-10)。

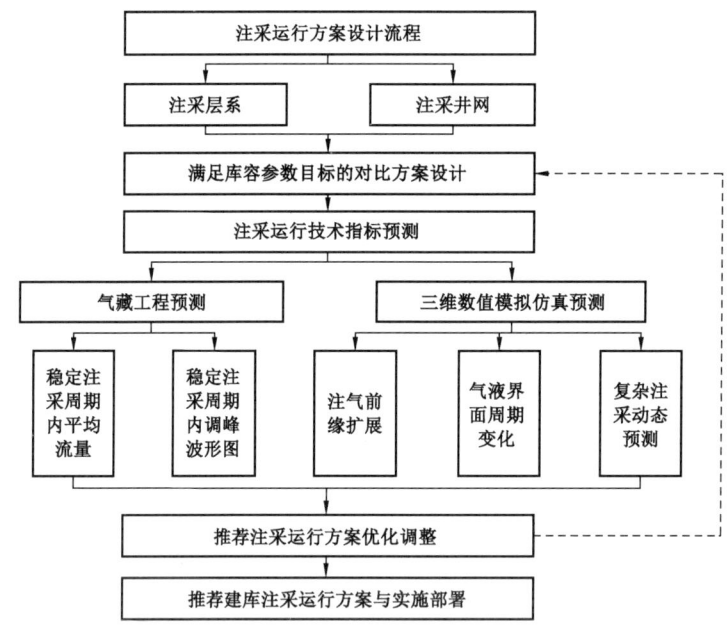

图4-4-10 建库注采运行方案设计流程

首先,以气藏精细地质和宏观开发特征研究成果为基础,确定基础的注采层系和井网。针对多层气藏,研究合注合采或分层注采。块状底水气藏,井型(直井、定向井、水平井)优选,采用复合井型部署,有效抑制底水锥进,并提高库存控制程度。带油环气顶,首先应充分利用油环形成的隔水屏障,抑制边底水侵入,立足于气顶改建储气库,达标后再改扩建油层增容。因此,气顶—油环井网部署具有层次和梯队,第一排井网应部署在气顶构造高部位,第二排在气顶构造腰部位,第三排在气油过渡带或油环中部,针对井控程度和单井吞吐能力,排数可以适当增加或减少。再结合功能定位和市场调峰需求,考虑注采层系变化、井型、井数、井位等参数组合,设计多套建库注采运行对比方案,开展运行效果分析和方案优选。

最后利用气藏工程和数值模拟手段预测不同建库注采运行方案指标,科学评价库容指标技术经济性,优选推荐建库方案。气藏工程方法主要采用注采周期内平均流量和调峰波形图两种方法预测注气阶段、采气阶段技术指标;数值模拟主要从气液宏观运移规律层面预测注气前缘扩展和气液界面周期变化特征,进而优化注采层系和井网部署,调整气井工作制度,确保气液前缘和界面平稳均匀运移,促进有效库容最大化。同时,预测储气库全生命周期复杂的注采运行指标,为钻完井及地面工程方案设计与优化提供科学依据。

2. 注采指标预测方法

注采指标主要包括流量和压力两类,其中流量数据由注气量、采气量、产油量、产水量构成;压力数据涉及平均地层压力、井底流压、井口压力等,可以采用气藏工程和数值模拟两种方法预测。

1)气藏工程方法

气藏工程方法以气井地层渗流和垂直管流能力、库存与视地层压力关系曲线为基础,以井控物质平衡为约束,针对稳定注采周期分别采用平均流量法或月度调峰波形图预测运行指标,快捷方便,非常实用。

(1)平均流量法。

储气库进入稳定注采运行阶段,假设注(采)周期月度注(采)气量相同,根据注采初始压力、库存等基础条件,可以预测注(采)初始和末期气井流量与压力等参数,进而得到周期内储气库的注气量、采气量、地层压力;单井平均注气量、采气量、井底流压及井口压力等(表4-4-1和表4-4-2)。

表4-4-1 某库稳定运行周期注气阶段指标预测表

注气初期						注气末期						注气天数	日均注气	阶段注气
井数	气库压力	单井日注	井底压力	井口压力	总日注	井数	气库压力	单井日注	井底压力	井口压力	总日注			

表4-4-2 某库稳定运行周期采气阶段指标预测表

井别	采气初期						采气末期						采气天数	日均采气	阶段采气
	井数	气库压力	单井日采	井底压力	井口压力	总日采	井数	气库压力	单井日采	井底压力	井口压力	总日采			
老井															
新井															
合计															

(2)月度调峰波形图法。

从目前国内天然气用气市场来看,总体呈现多元化利用发展趋势,主要以城市燃气、发电、化工、工业燃料为主。近些年,随着天然气利用市场逐步成熟,限煤禁煤一系列措施和蓝天工程实施,天然气需求日益增大,冬夏峰谷差快速增加,尤其是环渤海湾、长三角等发达地区,日峰谷差超过10倍。因此,注采运行指标应该根据实际月度调峰需求量变化(图4-4-11和图4-4-12),有针对性预测不同阶段的注采指标(图4-4-13)。

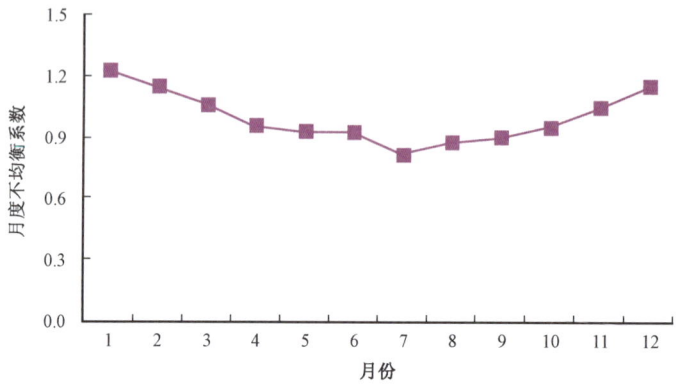

图4-4-11 天然气用气市场月度不均衡系数图

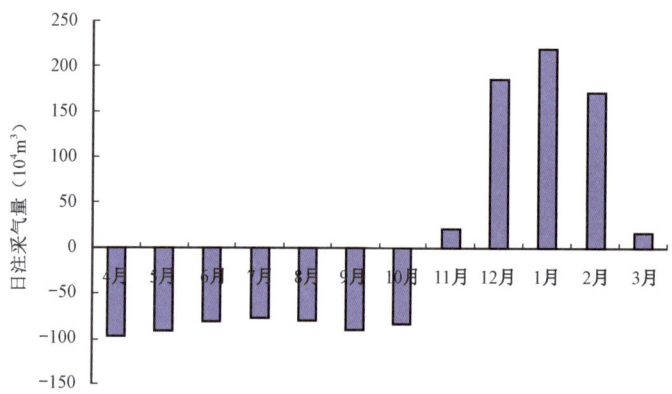

图4-4-12 储气库年度分月注采气量

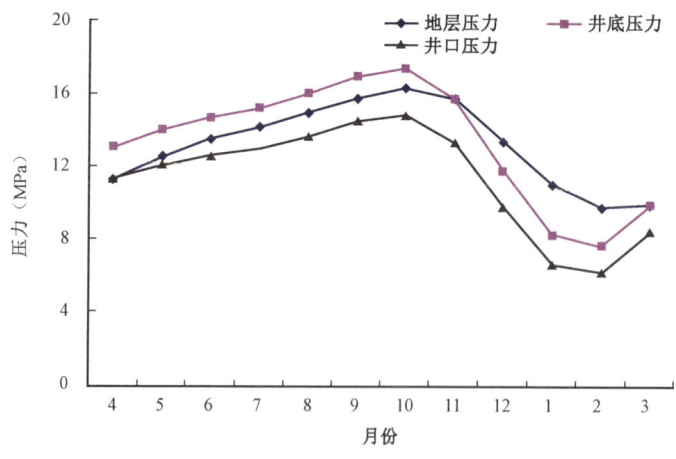

图4-4-13 储气库年度分月压力变化预测图

具体预测方法与平均流量法基本相同,唯一差别在于根据不均衡系数计算月度注采气量,以储层不出砂、井底不积液、管柱不冲蚀、采出气井管网为约束条件,以满足库容参数为目标函数,分月预测地层压力、井底压力和井口压力变化。

2)数值模拟方法

数值模拟可以准确模拟储气库多周期注采过程储层压力、流量等宏观动态特征,精细刻画储层内部气、水(油)等流体分布状态,反映气驱前缘和气液界面往复运移规律,采用多方案对比优化注采井网、注采方式、配产配注量,确保形成的有效库容和工作气量最大化,最后得到建库注采运行推荐方案。

(1)气库数值模拟技术流程。

与气藏开发常规数值模拟技术流程基本相同,储气库数值模拟主要包括前期精细地质建模、地质模型粗化、数值模拟动态模型建立、气藏开发历史拟合、储气库多周期注采运行指标数值模拟预测等(图4-4-14)。

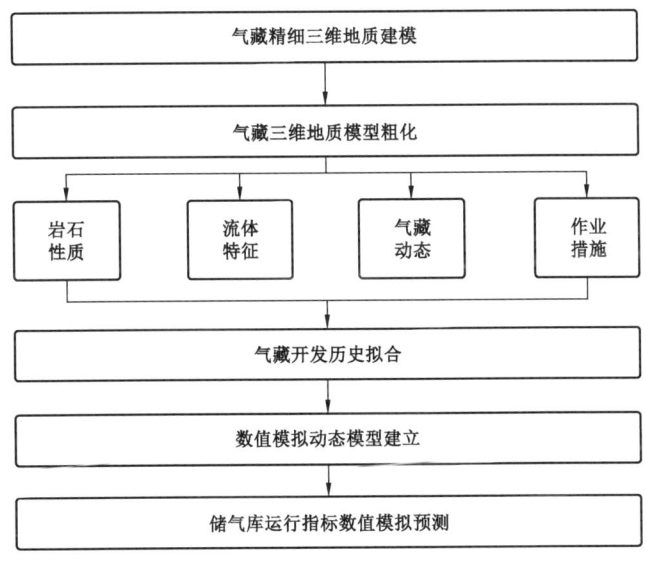

图4-4-14 气藏型储气库注采仿真数值模拟技术流程图

储气库精细地质建模与气藏开发技术流程基本一致,包括从前期的各类基础资料收集整理、三维构造建模、相建模、属性建模直至模型粗化与建模数值模拟动态模型对接。但是,由于需要充分考虑储气库注采渗流机理的复杂性及准确反映高速流条件下的储层动态,储气库精细地质建模具有以下3点特殊要求:

① 充分利用前期气藏勘探开发各类已有资料和改建储气库新增的地质、地震、钻完井、测井及岩心分析等解释成果,重新核实构造、属性和建库前流体分布特征,尽可能建立网格细分的高精度三维地质模型,以精细描述储层平面和纵向非均质性;

② 利用测井解释、气藏开发动态等各类资料,与三维精细地质模型相互结合,准确刻画气藏开发建库前地层气、水(油)分布特征,为后期储气库注采数值模拟提供坚实依据;

③ 为准确反映储气库往复注采储层周期应力敏感特征,储气库精细地质建模需要结合矿场和室内地应力、岩石力学等测试解释成果,以三维精细地质模型为基础,通过地质力学

数值模拟反演,建立储气库三维地质力学模型,为开展注采渗流—地应力耦合数值模拟奠定基础。

对于储气库数值模拟,整体技术流程、输入参数要求、历史拟合与模拟预测等与气藏开发数值模拟基本一致,仅在部分渗流机理、井筒和地面管网流动模拟等方面具有一定的特殊要求。

① 精细地质模型粗化。根据储层地质特征、气藏开发动态特别是水侵特征以及考虑改建储气库新钻井、注采运行方式等多因素,开展精细地质模型粗化,兼顾地质构造、属性和数值模拟网格数量,尤其是处于过渡带区域网格需要进行合理粗化,为后期储气库高速注采数值模拟反映气水(油)交互驱替奠定基础。

② 气藏开发动态数值模拟模型建立。在模型粗化基础上,通过导入岩石系数、毛细管力曲线、相对渗透率曲线等岩石物理和流体压缩系数、密度、黏度(或其与压力的关系)等流体资料和气藏开发过程产气、水、油等动态资料,以及气藏开发过程各种工程作业措施如压裂、部分层段封堵等,初步建立气藏开发数值模拟动态模型,该模型预测结果可能与实际气藏开发存在一定差异。

③ 气藏开发数值模拟历史拟合。按照"先压力,后产水"原则,通过调整局部净毛比、渗透率、水体能量等不确定性参数,依次拟合储量、产量(气藏拟合产气量,油藏拟合产油量)、地层压力、单井静压、流压、井口压力和产水、气油比等。在有生产测井资料或气藏开发改建储气库前测试的产气(液)剖面,需要对这些特殊测试资料进行拟合,以准确刻画建库前地层流体三维分布特征,特别是地层非均质性对流体微观和宏观分布的影响。

气藏开发末数值模拟历史拟合地层流体分布需要与精细地质建模刻画的建库前地层流体分布对比核实,为后续储气库数值模拟提供良好基础。

④ 储气库注采渗流机理及模拟方法建立。在开展储气库注采数值模拟历史拟合与预测之前,需要根据模拟研究气藏地质和开发特征,针对前述4项主要复杂渗流机理,结合室内物理模拟实验,研究建立数值模拟方法,为储气库数值模拟历史拟合与预测奠定基础。

⑤ 储气库主要运行指标数值模拟预测。储气库主要运行指标包括运行压力区间优化、有效库容、工作气量、注采井数、日注采气能力等。同时,通过数值模拟技术也可优化注采层系、注采井型、井网等,优化原则与气藏开发基本相同。

目前,国内气藏型储气库运行上限压力一般均选定为气藏原始地层压力,下限压力的确定需要综合考虑工作气量、井调峰采气进站压力、地层水侵及注采井数等因素。通过反映地层非均质性和各向异性特征的三维可视化数值模拟技术,模拟分析不同下限压力下工作气量、地层水侵流体分布、储层平面和纵向有效动用等多因素,优化取得运行下限压力。

在运行压力区间确定基础上,通过与室内物理模拟相结合,分区分带计算含气孔隙空间和动用效率,最终确定储气库高速注采条件下有效库容。在此基础上,结合井注采气能力、注采井型和井数,数值模拟优化确定工作气量。

特别需要指出的是,储气库作为调峰、应急采气和储备设施,其注采运行受市场用气需求、管网安全和应急事故等多种不确定因素影响,注采作业转换频繁,运行工况非常复杂。井筒流动能力、井口压力干扰、单井与地面管网连接和压缩机工况等均对储气库注采气能力和潜在能力的发挥具有非常重要的影响,如注气过程中井口压力的限制将导致有限时间内注气量减少,由于注采气能力的差异导致注采气过程中连接至同一地面管道的多口井井口压力严重干扰,降低单井实际注采气量。因此,在储气库运行指标数值模拟预测中需要开展地下地面一体化仿真模拟,充分考虑地面约束对储气库注采调峰采气和储备能力的影响。

(2)储气库数值模拟研究重点。

储气库数值模拟可以实现三维可视化仿真模拟,直观反应不同注采井网、注采方式等诸多复合条件下储气库建库扩容达产直至稳定运行过程中,地层压力、气驱前缘、气液界面及动用库存逐年变化规律,以及最终建成的库容量、工作气量,科学指导推荐方案比选,提高建库技术经济性和方案设计水平。

① 三维仿真模拟多周期注采气液前缘变化规律。数值模拟从可视化的角度,清晰地给出了不同注采阶段气液界面呼吸效应,重点优化下限压力,临界采气工作制度等。本节以 SU4 下限压力优选为例,顶部射开层位 FFZ3—FFZ5 小层和 SMJGZ1 小层,对于不同下限压力的压降采气阶段,可视化展示不同射开层位含气饱和度平面分布图,真实地反映储层不同部位在采气过程的水侵状况,进而为下限压力设计提供依据。

当地层压力保持在 29.9MPa 时,顶部 FFZ3 小层没有出现明显的水侵现象,同时 FFZ4—FFZ5 小层中高部位和 SMJGZ1 小层高部位也没出现明显的水侵现象,从过 SU4—14 井气藏短轴含气饱和度剖面(图 4—4—15)也可以清晰看出,裂缝系统气水前缘位置已经上移至 4730m 左右。

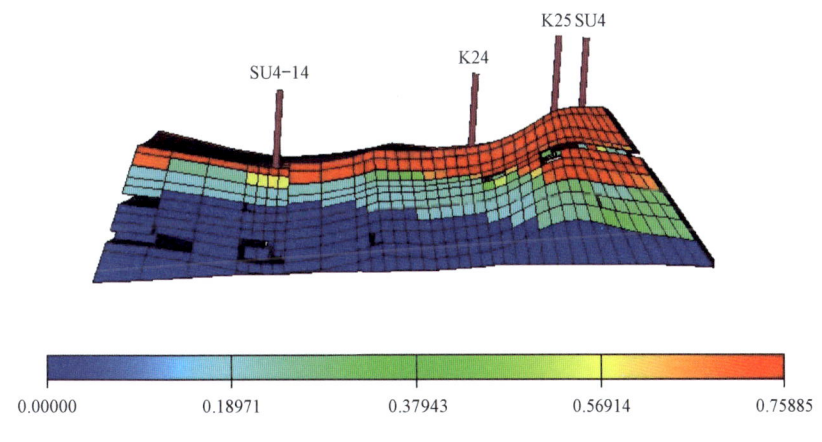

图 4—4—15 29.9MPa 气藏含气饱和度剖面图

当地层压力降至 28MPa 时,顶部 FFZ3 小层没有出现明显的水侵现象,但其下的 FFZ4 和 FFZ5 小层构造中部均已出现较大面积的水侵现象,同时 SMJGZ1 小层高部位也出现了局部明显的水侵现象,从过 SU4—14 井气藏短轴含气饱和度剖面(图 4—4—16)也可以清晰看出,裂缝系统气水前缘位置已经上移至 4700m 左右。

当地层压力降至 26MPa 时,顶部 FFZ3 小层中高部位已经出现了明显的局部水侵现象,而其下各小层均已出现较大面积的水侵现象,其中 FFZ5 小层和 SMJGZ1 小层裂缝系统已经基本水淹,从过 SU4—14 井气藏短轴含气饱和度剖面(图 4—4—17)也可以清晰看出,裂缝系统气水前缘位置已经上移至 4640m 左右。

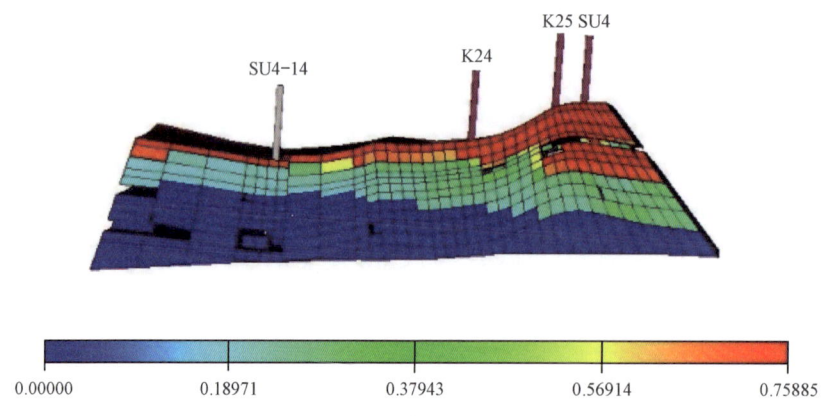

图4-4-16 28.0MPa气藏含气饱和度剖面图

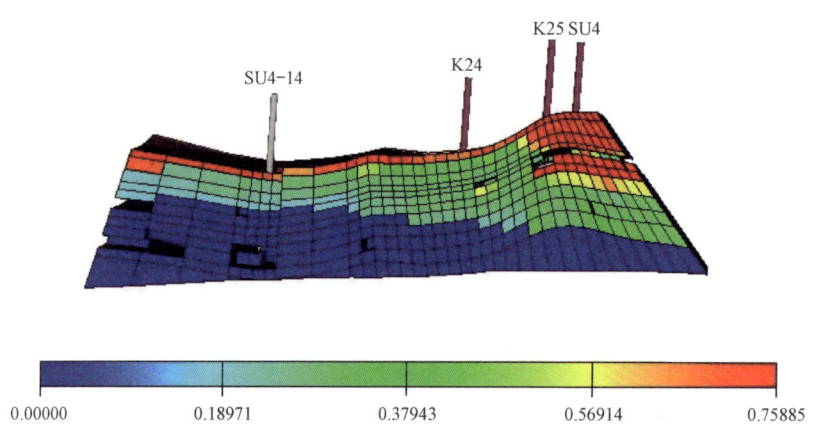

图4-4-17 地层压力26.0MPa气藏含气饱和度剖面图

从数值模拟采气指标预测结果和顶部各小层含气饱和度变化综合分析,气库运行下限压力保持在29.9MPa时较为稳妥,气井采气末期受水侵的影响较小,部分位置稍低一些的气井即使带水生产,水量也较小,不会对气井产能造成大的影响;当气库运行下限压力保持在28MPa时,已经存在较大风险,由于FFZ4和FFZ5小层构造中部均已出现较大面积的水侵现象,致使构造中部采气带水产量较高,将对气井生产能力造成较大的影响;当气库运行下限压力保持在26MPa时,由于顶部FFZ3小层已经出现了局部水侵现象,气井将大面积带水生产,且产水量较高,气井生产普遍恶化,产气能力难以得到保证。

② 多周期注采运行指标变化预测。与气藏工程方法相比,数值模拟可以预测扩容达产循环过渡周期和稳定注采运行阶段更加全面详实的运行指标,包括注采不同阶段压力、流量数据,尤其是采气阶段采气量、产油量、产水量。采用数值模拟手段,模拟了SU4对比方案建库10个注采周期主要技术指标,多周期仿真注采运行动态模拟表明:

a. 在多周期注气阶段的日注气目标量能够实现,从库容量和注气末地层压力变化曲线分析(图4-4-18),由于气库在多周期采气阶段的日采气目标量均无法实现,从而造成多周期运行以后,库容量和注气末地层压力有一定程度上升。

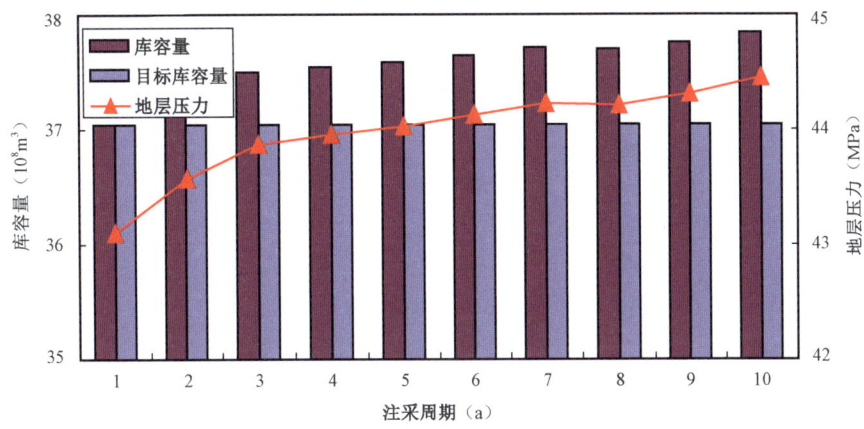

图4-4-18 周期库容量与注气末地层压力变化曲线

b. 在多周期采气阶段的日采气目标量均不能实现,但差距不大,从多周期工作气量与采气末地层压力变化曲线分析(图4-4-19),运行初期反映到压力下限29.9MPa时达到的工作气量与目标值有一定差距,但差距不大,表明300~400m井距注采井网,由于受储层非均质性强、物性差及中部气井水侵的影响完成目标工作气量存在一定的风险。运行中期以后,由于采气末地层压力逐步上升,工作气量与目标值差距已经接近。

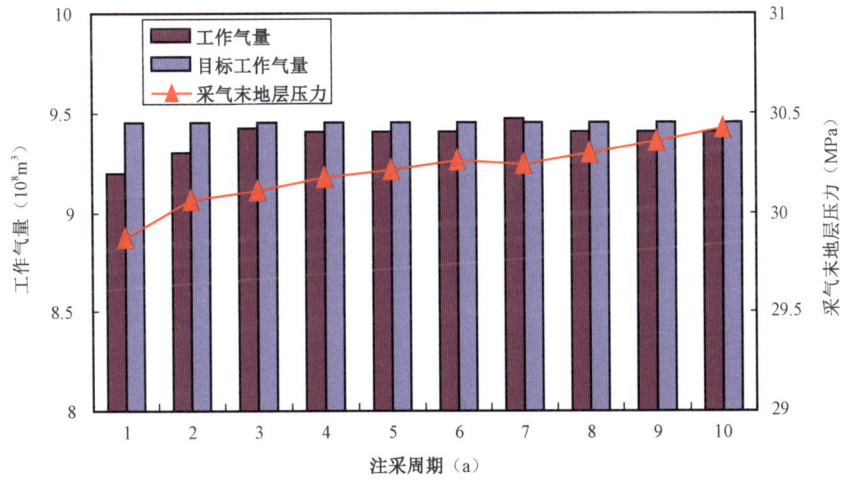

图4-4-19 多周期工作气量与采气末地层压力变化曲线

从多周期采气阶段采液量变化曲线分析(图4-4-20),周期累计产水量总体变化趋势是逐步下降,初期下降幅度很快,后期递减逐步趋缓;随着干气注入量的不断增加,周期累计产油量总体变化趋势是较为稳定。

对于特殊流体气藏改建储气库,可以利用三维三相组分模型研究地层H_2S浓度变化(图4-4-21),科学确定注采井网和运行方式,快速置换H_2S,为优化地面处理系统提供科学依据。

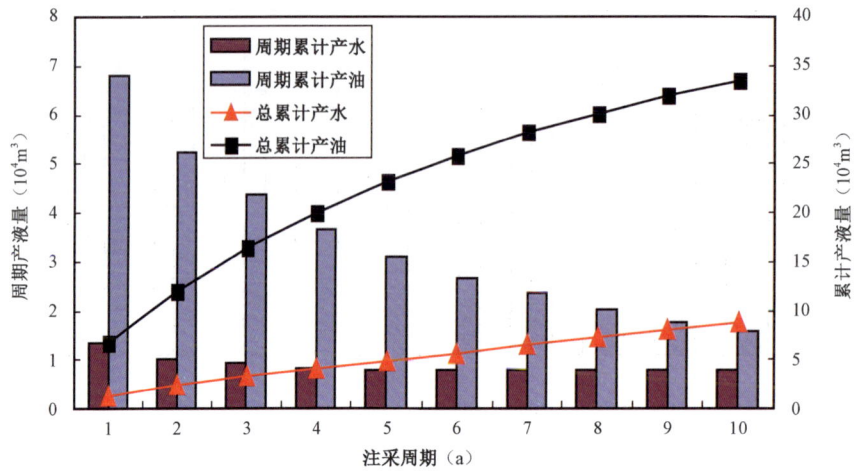

图 4-4-20　多周期累积采液量变化曲线

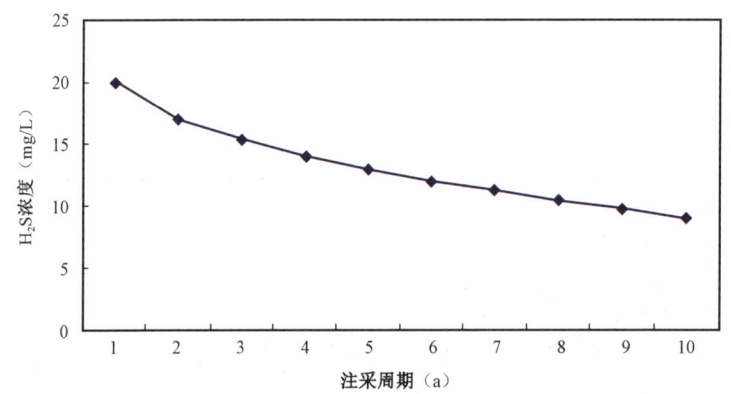

图 4-4-21　多周期注采过程井流物 H_2S 浓度变化预测曲线

(五) 建库地质方案部署与实施建议

1. 地质方案部署

方案部署主要包括注采层系、注采(排液、监测)井网布置、注采(排液井、监测井)射孔方式、储气库设计库容参数(库容量、工作气量、垫气量、补充垫气量)、单井日均注气量、气库日均注气量、单井日均(高峰)采气量、气库日均(调峰)采气量、注采始末地层(井口、井底)压力等。

2. 钻井安排部署

主要针对地质特点、方案设计要求,分期分批部署实施钻井工程,排定井号、井别、井数,为钻完井工程设计提供依据。以呼图壁为例,整体部署,分两期实施。于 2010 年开始钻井,到 2012 年 6 月完钻 I 期建设所需的 25 口注采井、2 口监测井及 2 口污水回注井;在 2012 年注入附加垫气,将地层压力恢复到设计的下限压力;2013—2014 年完钻 II 期建设新增的 9 口井及相应的注采配套工程。

3. 方案实施要求

根据方案设计时对资料的掌握程度和建库技术先进性,需提示可能存在的地质和工程风险,从地质、钻井、固井、完井等方面提出实施要求,确保井工程实施的安全性和可靠性。另外,储气库转库投产后首次注采双向生产,由于缺乏气库动态资料,地层对气体吸收能力、可能的扩展方向和控制程度存在较大的不确定性,因此要加大对圈闭密封性、井工程、库内运行动态等三方面动态监测,取准建库前后第一手动态资料,为气库安全注采、优化运行奠定重要基础。

三、监测方案

科学合理设计监测方案是储气库安全、优化运行的重要保障,国外特别重视储气库全生命周期动态监测,已形成了以井工程、圈闭密封性及气库运行动态监测为核心的完备监测体系(图4-4-22),以常规温压测量、特殊测井、微地震、产能测试及InSAR系统为主的监测方法和手段。在储气库边界和内部部署足够数量的监测井,再配置空间对地观测系统和全球定位系统,形成空地一体化监测网。井数是为注采井的50%~100%,甚至150%,基本以新钻井为主,少量气藏开发老井修复利用。通过建设运行全过程监测,及时掌握储气设施安全性和运行动态,为储气库科学建设、优化运行及安全生产提供第一手资料[14]。

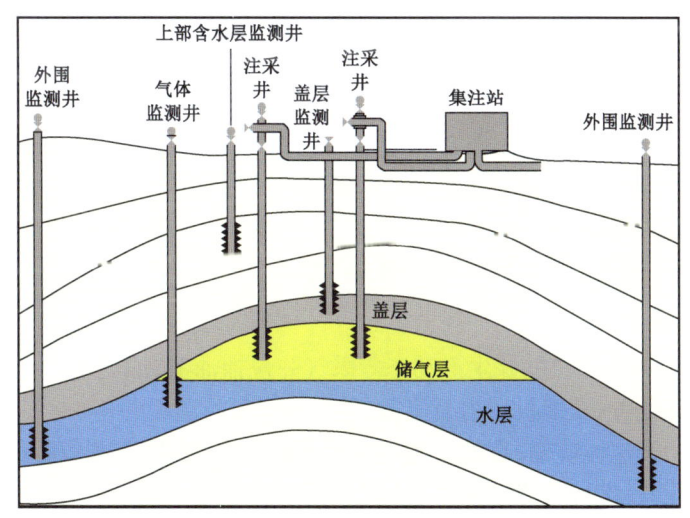

图4-4-22 气藏型储气库监测井网示意图

(一)储气库监测体系

监测体系主要包括井工程、圈闭密封性、内部运行动态三大方面,涵盖储气库建设运行全过程监测。

井工程监测,针对建库前气藏可利用老井井身质量检测、新井钻完井及试油试气、井下技术状况监测,确保气井完整性。

圈闭密封性监测,对含气区域内盖层、断裂系统、溢出点、周边储层以及上覆渗透层和浅层水域监测天然气泄漏,确保注入气库天然气能存得住。

内部运行动态监测,包括注采动态、内部温压和流体性质、气液界面与流体运移、注采井产能等,了解单井注采气能力、储层性质、流体分布及变化等,指导气库扩容达产、优化配产配注及井工作制度调整。

(二)储气库监测方式

1. 井工程监测

建库前主要对可利用老井测压、套管柱腐蚀程度及固井质量检测。钻井过程按照地质设计要求监测。新钻井试油试气参照行业相关规程。

储气库运行过程,井下技术状况监测包括建立储气库套管监测系统,定期检测套管、接箍损伤、腐蚀、内径变化、射孔质量和管柱结构等,对所有固井质量差的井及部位重点监测。

老井利用和新钻井井身质量一般采用固井声波测井(CBL)、声波变密度测井(VDL)、电磁探伤测井等方法,需满足储气库井完整性要求后方能投入使用。

2. 圈闭密封性监测

断层密封性监测,在储气区控制断层外侧利用老井或新钻井,监测断层两侧地层较薄、侧向及垂向封闭性存在较大风险区域,定期观察压力变化、取样化验分析。

盖层密封性监测,在盖层岩性可能变化、厚度变薄及盖层内部断裂发育等区域之上的储层利用老井或新钻井,定期观察压力变化、取样化验分析。

周边及溢出点监测,在储气库周边及圈闭溢出点附近、甚至浅层水等利用老井或新钻井,定期观察压力变化、取样化验分析。

另外,国外还采用地球化学监测、氡—钍微量元素测量直接判断圈闭天然气漏失。利用微地震技术解释处理由于注采交变应力产生的微地震事件及其应力应变强度,判断圈闭密封性失效风险。运用新近发展起来的空间对地观测技术,如干涉雷达测量(InSAR)和全球定位系统(GPS)联合监测储气库含气区域及周边地表沉降。

3. 内部运行动态监测

生产动态监测,指注(采)气井生产动态。采气井包括油嘴、油气水产量、井口油套压及温度等;注气井包括注气量、压缩机压力及温度、井口油套压及温度等。

内部温度、压力及流体监测,在储层利用老井或新钻井,监测静温及温度梯度,静压及压力梯度,井流物分析化验,掌握多周期注采后地层流体性质改变及变化规律。

气液界面与流体运移监测,在储气库构造中高部、过渡带及周边区域利用老井或新钻井,重点监测流体运移主要方向及气液界面变化。气液界面仪和地震层析成像可确定气液界面;激发极化法电测、高精密重力测量、脉冲光谱伽马测井等方法确定气液界面和流体运移;4D地震和示踪剂法可监测流体运移方向和气驱前缘变化趋势。

产能监测,分区分层选取代表井在不同注(采)气阶段进行系统试井和不稳定试井,2~3个周期需完成全部井轮换测试,获取单井产能、有效渗透率、地层压力、井完善系数、地层连通性及地层边界性质等,分析井多周期注采气能力变化。对于多层合采合注情形,需开展注气剖面测井,了解单层吸气状况;采气剖面测井,分析单层产气状况和产出流体组分等。

(三)储气库监测内容及要求

1. 储气库盖层气体密封性监测井布置

1)监测目的

通过在直接盖层之上储层布置监测井(利用老井或新钻井),监测储气库运行过程中盖层可能存在的天然气漏失。

2)监测井井位布置

布置在盖层岩性可能变化、厚度变薄区域以及盖层内部断裂发育区易发生漏失区域处。

3)监测内容

压力和温度监测:

(1)在井口安装压力表,连续监测井内压力变化。

(2)对于重点监测井,要采用井下永置式压力计连续实测压力。

(3)定期采取井筒内下压力计的方式,测取地层压力,测量液面,并记录井口油管压力、套管压力,每半年应测取1次,每年不少于2次。

(4)在监测地层压力时,应同时下入温度计测取地层温度、井筒温度梯度及井口静温。

(5)可根据实际情况适当加密监测压力和温度。

地层水烃类含量监测:

(1)定期下入取样器获取直接盖层之上储集层地层水样品,利用气相色谱法或其他方法分析地层水中烃类含量变化。

(2)每半年应测取一次,每年不少于两次。

(3)若在连续监测时压力、温度及液面出现异常变化时,可根据实际情况及时进行地层水取样,分析烃类含量变化。

示踪剂(放射性气体)监测:

(1)选择合适的示踪剂(放射性气体),主要要求:① 地层内不含或背景浓度极少,易于检测识别;② 在地层中吸附滞留量少;③ 化学稳定性强,与地层配伍性好;④ 分析方法简单,灵敏度高;⑤ 成本低,无毒安全;⑥ 放射性气体对人体无伤害或伤害极小。

(2)在盖层易漏失处附近的储气库注气井中持续注入示踪剂(放射性气体)。

(3)定期检测盖层上覆地层水中示踪剂(放射性气体)含量。

2. 储气库断裂系统气体密封性监测井布置

1)监测目的

通过在储气库断裂系统另一侧布置监测井(利用老井或新钻井),监测储气库运行过程中断裂系统可能存在的天然气漏失。

2)监测井井位布置

主要布置在断层两侧被断移的地层较薄、侧向及垂向封闭性存在较大风险的区域。

3)监测内容

压力和温度监测:

(1)在井口安装压力表,连续监测井内压力变化。

(2)对于重点监测井,要采用井下永置式压力计连续实测压力。

(3)定期采取井筒内下压力计的方式,测取地层压力,测量液面,并记录井口油管压力、套管压力,每半年应测取1次,每年不少于2次。

(4)在监测地层压力时应同时下入温度计测取地层温度、井筒温度梯度及井口静温。

(5)可根据实际情况适当加密监测压力和温度。

示踪剂(放射性气体)监测:

(1)选择合适的示踪剂(放射性气体),主要要求:① 地层内不含或背景浓度极少,易于检测识别;② 在地层中吸附滞留量少;③ 化学稳定性强,与地层配伍性好;④ 分析方法简单,灵敏度高;⑤ 成本低,无毒安全;⑥ 放射性气体对人体无伤害或伤害极小。

(2)在储气库断裂系统另一侧易漏失处附近的注气井中持续注入示踪剂(放射性气体)。

(3)定期监测示踪剂(放射性气体)含量。

3. 上覆浅层水监测井布置

1)监测目的

通过在上覆浅层水中布置监测井(利用老井或新钻井),监测储气库运行过程中通过老井或注采井井筒各级胶界面可能产生的工程漏失,以避免污染上覆浅层水源,保护地下水源环境。

2)监测井井位布置

布置在老井集中、井况较差的区域。

3)监测内容

压力和温度监测:

(1)在井口安装压力表,连续监测井内压力变化。

(2)定期采取井筒内下压力计的方式,测取井底压力,测量液面,并记录井口油管压力、套管压力,每半年应测取一次,每年不少于两次,可根据实际情况适当加密监测。

(3)在监测井底压力时同时应下入温度计测取井底温度、井筒温度梯度及井口静温。

地层水烃类含量监测:

(1)定期下入取样器获取上覆地层水样品,利用气相色谱法或其他方法分析地层水中烃类含量变化。

(2)每半年应测取1次,每年不少于2次。

(3)可根据实际情况及时进行浅层水取样,分析烃类含量变化。

4. 储气库内部温度压力及流体组分监测井布置

1)监测目的

通过在储气库储气层位中均匀合理布置监测井(利用老井或新钻井),重点监测储气库运行过程中储气库运行压力、温度,同时兼顾监测流体运移、流体性质及组分,以及时掌握储气库运行现状,准确分析储气库运行动态。

2)监测井井位布置

储气库中应均匀合理布置监测井,主要布置在高渗透区、流体运移主要方向,同时应兼顾高中低部位监测井的合理配置。

3)监测内容

压力和温度监测:

(1)下入毛细管压力监测系统,每天现场测取压力一次。
(2)定期井筒内下入高精度存储式电子压力计,测取地层压力、井筒压力梯度,测量液面,并记录井口油管压力、套管压力,每个月应测取1次,每年不少于12次,可根据生产需要适当加密监测。
(3)对于重点监测井,要采用井下永置式压力计连续实测压力。
(4)在监测地层压力时应同时下入温度计测取地层温度、井筒温度梯度及井口静温。
(5)可根据实际情况适当加密监测。

流体组分及性质监测:
(1)流体组分及性质监测包括天然气、凝析油及水等,应定期系统化永久性监测。
(2)定期取天然气样品,进行天然气常规物性及全组分分析,注气阶段每两个月可测取一次,采气阶段至少每个月测取一次,必要时可进行高压物性分析及加密取样。
(3)定期取水样,进行水常规分析,采气阶段应至少每个月测取1次,必要时还可加密取样分析。
(4)对于产凝析油的储气库,定期取凝析油样品,进行常规物性分析,可根据实际情况取样分析及进行高压物性分析。

5. 储气库气液界面及流体运移监测井布置

1)监测目的

通过在储气库外围和内部合理布置监测井(利用老井或新钻井),监测储气库运行过程中流体运移及气液界面变化情况,及时掌握储气库运行现状,其中第四部分中的内部监测井系统也可同时用于监测储气库流体运移。

2)监测井井位布置

布置在流体运移主要方向及气液界面附近,主要考虑在气藏顶部、过渡带及周边监测。

3)监测内容

压力和温度监测:
(1)下入毛细管压力监测系统,每天现场测取压力1次。
(2)定期井筒内下入高精度存储式电子压力计,测取地层压力,每两个月应测取1次,每年不少于6次。
(3)在监测井底压力时,同时应下入温度计测取地层温度、井筒温度梯度及井口静温。

气液界面监测:
(1)定期下入气液界面仪,测试气液界面。
(2)在注采转换期应测取一次,每年不少于2次,可适当加密监测。

示踪剂(放射性气体)监测:
(1)选择合适的示踪剂(放射性气体),主要要求:① 地层内不含或背景浓度极少,易于检测识别;② 在地层中吸附滞留量少;③ 化学稳定性强,与地层配伍性好;④ 分析方法简单,灵敏度高;⑤ 成本低,无毒安全;⑥ 放射性气体对人体无伤害或伤害极小。
(2)在注气井中持续注入示踪剂。
(3)定期检测地层流体中示踪剂(放射性气体)含量。

流体性质及组分监测:

(1)定期取天然气样品,进行天然气常规物性及全组分分析,必要时可进行高压物性分析及加密取样。

(2)在注采转换期至少应测取一次,每年不少于两次,可适当加密监测。

6. 储气库周边及溢出点监测井布置

1)监测目的

通过在储气库周边及圈闭溢出点附近布置监测井(利用老井或新钻井),监测储气库运行过程中通过周边及圈闭溢出点可能存在的气体漏失。

2)监测井井位布置

布置在储气库周边及圈闭溢出点附近区域。

3)监测内容

压力和温度监测:

(1)下入毛细管压力监测系统,每天现场测取压力1次。

(2)定期井筒内下入高精度存储式电子压力计,测取地层压力,每两个月应测取1次,每年不少于6次。

(3)在监测井底压力时,同时应下入温度计测取地层温度、井筒温度梯度及井口静温。

示踪剂(放射性气体)监测:

(1)选择合适的示踪剂(放射性气体),主要要求:① 地层内不含或背景浓度极少,易于检测识别;② 在地层中吸附滞留量少;③ 化学稳定性强,与地层配伍性好;④ 分析方法简单,灵敏度高;⑤ 成本低,无毒安全;⑥ 放射性气体对人体无伤害或伤害极小。

(2)在注气井中持续注入示踪剂。

(3)定期检测地层流体中示踪剂(放射性气体)含量。

流体性质及组分监测:

(1)定期取天然气样品,进行天然气常规物性及全组分分析,必要时可进行高压物性分析及加密取样。

(2)在注采转换期至少应测取1次,每年不少于2次,可适当加密监测。

第五节 钻井工程技术

储气库钻完井是储气库建设中的重要环节。储气库注采强度高,压力变化大,为达到储气库注采系统的完整性、可靠性,储气库钻完井应采用先进、适用、成熟可靠的技术和装备。钻井工程设计应根据储层特征,做出针对性设计,设计应突出满足注采要求、降低钻完井复杂、有效保护储层、保证固井质量等目的。井身结构应满足储气库长期周期性高强度注采及安全生产的需要。储气库钻完井技术在板桥及华北储气库群、华北苏桥及重庆相国寺等储气库取得重要突破,形成了系列钻完井系列技术,为更大范围地建设枯竭气藏储气库提供了宝贵的技术和经验借鉴。

一、储气库钻井工艺设计

(一)钻井工艺设计原则

在进行枯竭油气藏型地下储气库钻完井工艺设计时,常规油气田开发钻完井设计中所遵循的一般原则和方法都是适用的。由于地下储气库有其独特的运行规律和使用工况，因此在进行储气库钻完井设计时还要遵循如下几个特殊原则：

(1)钻井设计基本内容包括地质设计、工程设计、施工进度计划及费用预算等部分。若在已建储气库区块上钻井，还需提供区块内注采井注气压力周期变化数据。

(2)考虑到储气库注采井特殊工况的要求，尽可能采用"储层专打"井身结构，并能有效地封隔油气水层，最大限度地保护储气层，防止对储气层造成伤害，保证注采井的单井高产。

(3)固井设计时要求水泥返至地面，以利于保护储气层和提高注采井安全性能。

(4)完井设计时确保气层和井底之间具有最大渗流面积，减少气流进入井筒的流动阻力。

(5)优选完井方式时需考虑井塌或产层出砂的可能，保障注采井长期稳定运行。

(二)钻井方式优选

1. 直井钻井优缺点分析

1)钻直井的优点

(1)钻井工艺简单，易操作，施工风险小。

(2)单井钻井周期短，钻井工程投资低。

(3)作用于直井井壁的摩擦力小，有利于各种完井管柱的下入。

(4)相对于定向井，直井更易于提高固井质量。

2)钻直井的缺点

(1)每新钻一口井就需要修建一个井场和通往井场的道路，占地面积庞大，征地费高。

(2)从目前国内已建储气库来看，建库区常为工业和人口密集区，地面上水塘、养鱼池或工厂、民房等建筑设施密布，部分地区还需要搭建钻井平台，全部使用直井，钻直井的地面占用补偿费和井场建设成本高。

(3)直井井口分散，地面建设需要铺设的高压注采管线相对较多，增加了地面投资。

(4)直井井口分散，也不便于对井口的安全防护和日常生产管理。

2. 定向井钻井优缺点分析

1)钻定向井的优点

(1)钻定向井受地面限制相对较小，对于不利于或不允许设置井场的地面，可选择定向井方式。

(2)选用丛式定向井钻井方式，相对于直井大大减少了土地占用面积，减少了地面管线、道路、井场的建设，降低了建设投资。

(3)井口相对集中，有利于对井口的安全防护和日常生产管理。

2)钻定向井的缺点

(1)由于丛式钻井的特殊性，井眼之间防碰距离较近，增加了钻井工程的设计和施工难度，井眼测量深度较深，钻井周期较长。

(2)采用丛式定向井(包括大位移定向井)，井斜角大，井眼轨迹控制要求高，增加了管柱与井壁之间的摩擦力，较易发生复杂情况。

因此，根据储气库规模、油气藏构造特性、单井注采能力和注采方式，在构造合适位置选择钻井平台(井场)，优先选用丛式定向井作为储气库注采井。

二、储气库完井方法选择

(一)注采井完井要求

鉴于储气库注采井的特殊性,注采井完井方式的确定应综合考虑储层类型、地层岩性、储层稳定程度、渗透率和经济指标。

(二)完井方式选择需考虑因素

完井方式的选择需考虑如下因素:储气层类型、储气层岩性和渗透率、油气分布情况、完井层段的稳定程度、附近有无高压层、底水等。对于均质硬地层可采用裸眼完井,而非均质硬地层则采用套管完井;非稳定地层采用非固定式筛管完井;产层胶结性差、存在出砂问题的则应采用防砂筛管完井。

(三)完井方式选择

在进行储气库注采井完井方式选择前,首先要开展一系列室内实验评价和分析工作。

(1)气藏开发阶段对气井出砂情况的分析,生产完井时是否有防砂措施,生产过程中是否有出砂或垮塌现象,修井时井底是否有沉砂记录。

(2)岩石力学实验评价:岩石抗压强度、杨氏模量、泊松比。

(3)井壁稳定性分析:根据岩石力学实验结果和气藏地应力数据,进行井壁上最大剪切应力和岩石抗剪切强度关系的计算分析。

(4)地层出砂预测。

储层岩石强度和出砂的可能性可选用组合模量法进行评价。根据声速及密度测井资料,用式(4-5-1)计算岩石的弹性组合模量 EC:

$$EC = \frac{9.94 \times 10^8 \times \rho}{\Delta t_c^2} \quad (4-5-1)$$

式中 EC——岩石弹性组合模量,MPa;
ρ——岩石密度,g/cm^3;
Δt_c——声波时差,$\mu s/m$。

根据储层出砂预测理论,组合模量(EC)越大,地层出砂的可能性越小。经验表明,当组合模量(EC)大于 2.0×10^4 MPa 时,油气井不出砂;反之,则要出砂。判断标准如下:

$EC \geqslant 2.0 \times 10^4$ MPa,正常生产时不出砂;

1.5×10^4 MPa $< EC < 2.0 \times 10^4$ MPa,正常生产时轻微出砂;

$EC \leqslant 1.5 \times 10^4$ MPa,正常生产时严重出砂。

国内油田用此方法在一些油气井上做过出砂预测,准确率在80%以上。

(四)完井方式的确定

目前,油气藏的完井方法细分有10余种,适用于储气库的完井方法主要有裸眼完井法和射孔完井法。目前,国内已建的枯竭油气藏型储气库中,大部分采用套管射孔完井;华北永22储气库群为碳酸盐岩储层,采用普通筛管完井;在部分砂岩储层水平注采井中开展了防砂筛管完井试验。

1. 裸眼完井

裸眼完井包括先期裸眼完井、裸眼筛管完井和裸眼砾石充填完井。其优点在于能提高注采气量,减少固井和射孔对储层的损害,缺点在于受地层条件限制,层间干扰大。

2. 射孔完井

射孔完井是国内外储气库应用最多的完井方式。套管射孔完井既可选择性地射开不同物性的储气层,以避免层间干扰,还可避开夹层水和底水,避免夹层的坍塌,具备实施分层注、采等分层作业的条件。砂岩或碳酸盐岩油气层均可采用此完井方式。

射孔完井需对射孔工艺、射孔参数和射孔液等进行详细的研究,以满足气库注采井"大进大出"的要求。

三、储气库注采井井身结构设计

井身结构包括套管层次和下入深度以及井眼尺寸(钻头尺寸)与套管尺寸的配合。井身结构设计是钻井工程设计的基础,设计合理的井身结构是钻井工程设计的重要内容。

(一)注采井井身结构设计原则

(1)注采井井身结构应满足储气库长期周期性高强度注采及安全生产的需要。

(2)各层套管下深应结合建库时实际地层孔隙压力、坍塌压力、破裂压力数据进行设计。在条件满足的情况下,尽可能采用储层专打。

(3)应避免漏、喷、塌、卡等井下复杂情况产生,为全井顺利钻进创造条件,使钻井周期最短。

(二)井身结构设计原理

1. 基本概念

1)静液柱压力

静液柱压力是由液柱重力引起的压力。它的大小与液柱的密度及垂直高度有关,与液柱的横向尺寸及形状无关,用符号 p_h 表示静液柱压力,则:

$$p_h = 10^{-3} \rho g H \tag{4-5-2}$$

式中 p_h——静液柱压力,MPa;
ρ——液柱密度,g/cm³;
g——重力加速度,9.81m/s²;
H——液柱垂直高度,m。

2)上覆岩层压力

某处地层的上覆岩层压力是指覆盖在该地层以上的地层基质(岩石)和孔隙中流体(油气水)的总重力造成的压力。如果用符号 p_o 表示上覆岩层压力,则

$$p_o = \int_0^H 10^{-3}[(1-\phi)\rho_{rm} + \phi\rho]gH \tag{4-5-3}$$

式中 p_o——上覆岩层压力,MPa;

ϕ——岩石孔隙度;

ρ_{rm}——岩石基质的密度,g/cm³;

ρ——岩石孔隙中流体的密度,g/cm³;

g——重力加速度,9.81m/s²;

H——液柱垂直高度,m。

3) 地层压力

地层压力是指作用在地下岩层孔隙内流体(油、气、水)上的压力,也称地层孔隙压力,一般用符号 p_p 表示。在各种地质沉积中,正常地层压力等于从地表到地下该地层处的静液柱压力。所以大多数正常地层压力梯度为 0.0105MPa/m。

然而在钻井实践中,经常会遇到实际的地层压力梯度远远超过正常地层压力梯度的情况。这种在特殊地质环境中超过静液柱压力的地层压力($p_p > p_h$),称之为异常高压;而低于静液压力的地层压力($p_p < p_h$),称之为异常低压。钻井实践证明,这三种类型的地层都可能遇到,其中异常高压地层更为多见,它与钻井工程设计及施工的关系也最大。

4) 地层破裂压力

地层破裂压力为在某深度处,井内的钻井液柱所产生的压力升高到足以压裂地层,使其原有裂缝张开延伸或形成新的裂缝时的井内流体压力,这个压力称为地层破裂压力,用符号 p_f 表示。在地层破裂压力下,会产生钻井液的漏失。

5) 地层坍塌压力

当井内液柱压力低于某数值时,地层会出现坍塌。地层坍塌压力是指井壁岩石不发生坍塌、缩径等复杂情况的最小井内压力,用符号 p_s 表示。

2. 设计原理

1) 井眼中的压力体系

在裸眼井段中存在着地层压力、地层破裂压力和井内钻井液压力。这 3 个压力必须满足条件:

$$p_f \geq p_m \geq p_p \qquad (4-5-4)$$

式中 p_f——地层破裂压力,MPa;

p_m——钻井液柱压力,MPa;

p_p——地层压力,MPa。

即钻井液液柱压力应稍大于地层压力以防止井涌,但必须小于地层破裂压力以防止压裂地层发生井漏。由于在非密闭的液压体系中(即不关封井器憋回压),压力随井深呈线性变化,所以使用压力梯度的概念是比较方便的。式(4-5-4)可写成:

$$G_f \geq G_m \geq G_p \qquad (4-5-5)$$

式中 G_f——地层破裂压力梯度,MPa/m;

G_m——钻井液柱压力梯度,MPa/m;

G_p——地层压力梯度,MPa/m。

若考虑到井壁的稳定性,还需要补充一个与时间有关的不等式,即:

$$G_m(t) \geqslant G_s(t) \tag{4-5-6}$$

式中　$G_m(t)$——钻井液柱压力梯度,MPa/m;
　　　$G_s(t)$——地层坍塌压力梯度,MPa/m。

以上压力体系是保证正常钻进所必须的,否则会导致钻井事故。当这些压力体系能共存于同一个井段时,即在一系列截面上均满足上述条件,这些截面不需要套管封隔,否则就需用套管封隔这些不能共存的压力体系。总之,井身结构设计须满足严格的力学依据,即"地层—井眼"压力系统的平衡,只有充分掌握上述压力体系才能进行合理的井身结构设计。

2) 液体压力体系的当量梯度分布

(1) 非密封液柱体系的压力分布和当量梯度分布:设有深度 H 的井眼,充满密度 ρ_m 的钻井液,则液柱压力随井深呈线性变化,而当量梯度自上而下是一个定值。

(2) 密封液柱体系的压力分布和当量梯度分布:若将上述体系密封起来,并施加一个附加压力 p_o,则 p_o 相当于施加于每一个深度截面上,但它不改变压力的线性分布规律。但此时的压力当量梯度分布却是一条双曲线。在钻井工程中,当钻遇高压地层发生溢流或井喷而关闭防喷器时,井内液柱压力和当量梯度分布即为这种情况。此时的立管压力或套管压力即为 p_o。

(3) 地层压力和地层破裂压力剖面的线性插值:地层压力和地层破裂压力的数据一般是离散的,是由若干个压力梯度和深度数据散点构成。为求得连续的地层压力和地层破裂压力梯度剖面,曲线拟合的方法是不适用的,但可依靠线性插值的方法。

(4) 必封点深度的确定:将裸露井眼中满足压力不等式(4-5-5)或式(4-5-6)的极限长度井段定义为可行裸露段。可行裸露段的长度是由工程和地质条件决定的,其顶界是上一层套管的必封点,底界为该层套管的必封点。

(三) 井身结构设计方法和步骤

1. 设计所需数据

(1) 地质数据:岩性剖面及其故障提示;地层压力梯度剖面;地层破裂压力梯度剖面。

(2) 工程数据:① 抽汲压力系数 S_{bo},上提管柱时,由于抽汲作用使井内液柱压力降低;② 激动压力系数 S_{go},下放管柱时,由于管柱向下运动产生的激动压力使井内液柱压力增加;③ 地层破裂安全系数 S_{fo},为避免上部套管鞋处裸露地层被压裂的地层破裂压力安全增值,安全系数的大小与地层破裂压力的预测精度有关;④ 井涌允量 S_{ko},由于地层压力预测误差所产生的井涌量的允许值,它与地层压力预测精度有关;⑤ 压差允值 Δp_o,不产生压差卡套管所允许的最大压力值,它的大小与钻井工艺技术和钻井液性能有关,也与裸眼井段的孔隙压力有关;若正常地层压力和异常高压都出自一个裸眼井段,卡钻易发生在正常压力井段,所以压差允值又有正常压力井段和异常压力井段之分,分别用 Δp_N 和 Δp_A 表示。上述 5 个工程设计系数均是以当量密度表示,单位为 g/cm³。

2. 设计方法和步骤

井身结构设计时,首先要建立设计井所在地区地层压力和破裂压力剖面。

油层套管的下深取决于储气层的位置和完井方法,所以设计步骤从中间套管开始,设计按以下步骤进行:

(1)求中间套管下入深度的假定点。确定套管下入深度是在钻下部井段的过程中所预计的最大井内压力不致压裂套管鞋处的裸露地层。

(2)校核中间套管下到假定深度过程中是否有被卡的危险。

(3)求钻井尾管下入深度的假定点。当中间套管下入深度小于其假定点时,则需要下尾管,并确定尾管的下入深度。

(4)校核钻井尾管下到假定深度过程中是否有被卡的危险。校核方法同"校核中间套管下到假定深度过程中是否有被卡的危险"。

(5)求表层套管下入深度。根据中间套管鞋处的地层压力梯度,给定井涌条件 S_k,用试算法计算表层套管下入深度。

(四)套管与井眼尺寸的确定

1. 套管与井眼尺寸的确定原则

(1)确定井身结构尺寸一般由内向外依次进行,首先确定生产套管尺寸,再确定下入生产套管的井眼尺寸,然后确定中间套管尺寸等,依此类推,直到表层套管的井眼尺寸,最后确定导管尺寸。

(2)生产套管尺寸根据注采工程设计来确定。

(3)套管与井眼之间有一定间隙,间隙过大则不经济,过小不能保证固井质量。间隙值最小一般在 9.5~12.7mm(⅜~½in)范围,最好为 19mm(¾in)。

2. 套管与井眼尺寸标准配合

目前,国内外所生产的套管尺寸及钻头尺寸已标准系列化。套管与其相应井眼的尺寸配合基本确定或在较小范围内变化。

四、套管柱强度设计及材质优选

(一)套管柱的技术要求

1. 套管的性能要求

(1)套管的化学成分、力学性能(拉伸、冲击韧性、硬度等)显微组织应满足《套管和油管规范》(API Spec 5CT)标准的要求。

(2)套管强度(抗拉、抗内压、抗挤)的最低值不得低于《套管、油管和钻杆使用性能通报》(API Bul 5C2)的相关规定。

(3)套管连接螺纹的要求。

① 长圆螺纹:螺纹参数要求不低于《螺纹加工测量和检验规范》(API Spec STD 5B)的相关规定,并按《油套管螺纹连接性能评价方法》(API RP 5C5)相关试验方法进行抗黏扣实验。

② 特殊螺纹:应保证螺纹连接在套管最小屈服应力的95%相当内压的条件下不发生泄漏,特殊螺纹在反复上卸扣5次不发生黏扣,生产厂家必须提供最佳上扣扭矩值及上扣扭矩范围。

2. 套管柱的强度设计

1) 套管柱强度的设计方法及安全系数

地下储气库注采井应按照等安全系数法进行套管强度设计和三轴应力校核。安全系数的确定标准:抗挤安全系数不低于1.125;抗内压安全系数不低于1.10;抗拉安全系数不低于1.8。

2) 设计假定条件

(1)外挤压力:套管柱所承受的外挤压力主要来自于管外地层液体压力、易流动岩层侧压力以及完井作业和油藏改造等。一般认为套管下入时的钻井液液柱压力即为套管所受的最大外挤力。表层套管和生产套管外挤力的确定是以管内全掏空考虑的,中间套管的外挤力是由下次钻井时钻井液的液柱压力和地层支撑液的液柱压力平衡后计算出来的。

(2)内压力:套管柱所承受的最大内压力应是管内充满天然气时的井口压力,而只有中间套管的内压力是按井涌量的40%进行计算的。

(3)轴向拉力:套管柱的轴向拉力是由套管柱自重所产生的,套管柱的轴向拉力按套管柱在空气中的重量计算。

(4)双轴应力:由于轴向应力的存在使得套管的额定抗外挤强度和额定抗内压强度都会发生变化,在轴向应力的作用下套管中和点以上管柱的额定抗外挤压力降低,因此,在进行套管抗外挤强度校核时应考虑该应力的影响,计算出套管的有效抗外挤强度,并按此数据校核套管柱的强度。其计算公式为:

$$p_{ca}/p_{co} = [1 - 0.75(S_a/Y_p)^2]^{0.5} - 0.5(S_a/Y_p) \qquad (4-5-7)$$

式中　p_{ca}——在轴向拉应力作用下的有效抗挤毁压力,kPa;

　　　p_{co}——在无轴向拉应力作用下的额定抗挤毁压力,kPa;

　　　S_a——管体所受的轴向应力,kPa;

　　　Y_p——管体的屈服强度,kPa。

3. 套管螺纹选择

常规井一般只进行管柱校核设计,而不考虑螺纹密封问题。储气库注采井套管柱是利用螺纹把单根套管连接成几千米,成为能承受几百甚至上千大气压的高压容器,螺纹连接部位是薄弱环节。根据API报道,套管柱86%的失效事故发生在螺纹,这与中国的统计也是相符的,因此,储气库注采井应使用特殊螺纹套管,以提高套管柱的气密封性能。

(二)螺纹的技术要求

储气库注采井油套管要长期承受拉伸、压缩、弯曲、内压、外压和热循环等复合应力的作用,因此,气库的套管必须同时具备两个特征:结构完整性和密封完整性。结构完整性是指螺纹啮合后应具备足够的连接强度,不至于在外力的作用下结构受到破坏;密封完整性是指在各种受力状态下,螺纹不发生泄漏。对于储气库注采井,螺纹的密封完整性是一项关键指标。

从现场使用情况来看,不同的螺纹形式,其密封性能差异较大。广泛应用的API圆螺纹和偏梯形螺纹,价格便宜、加工维修方便、易操作,但在密封完整性方面存在严重缺陷,不适合在储气库注采井中使用。因此,需使用具有高密封性能的特殊螺纹。

特殊螺纹突破了 API 螺纹的设计框架,密封作用不再仅仅由螺纹承担,而是依靠专门的金属—金属密封。一般来说,特殊螺纹都具有多重密封,包括主密封(主要由金属-金属径向密封结构来实现)和辅助密封(一般由扭矩台肩来实现)。另外,螺纹虽然不再起主要密封作用,但仍然起一定的辅助密封作用。这些结构设计使特殊螺纹具有良好的密封性能。

主要特殊螺纹油井管种类及生产厂家见表 4-5-1。

表 4-5-1 主要的特殊螺纹油井管种类及生产厂家

生产厂家	国家	螺纹类型
Tenaris	阿根廷,意大利,墨西哥,日本,巴西等	Blue 系列:BLUE,BLUE-DPLS,BLUE-MS,BLUE-SC,BLUE-SB,BLUE-CB,BTL(Blue Thermal Line),BNF(Blue Near Flush); Wedge 500 系列:W563,W523,W521,W513,W511,W503,W533; 其他:3SB,MS,HW,ER,PJD,SLX,MARCII,PH4,PH6,CS
V&M	法国,德国,美国,巴西等	VAM21,VAMTOP,VAMTOP HT,VAMTOP HC,VAMTOP FE,DINO VAM,BIG OMEGA,VAM FJL,VAM HTF,VAM SLIJ-II,VAM MUST,VAM HW ST,VAM HP,CLEANWELL
Hunting	美国	双级油管系列:TS-HD,TS-HD-SR,TS-HP,TS-HP-SR; 密封锁死系列:SEAL-LOCK XP,APEX,BOSS,FLUSH,GS,HC,HT,HT-S; Timed,SF TKC 系列:Convertible BTC,Convertible EUE,Convertible LTC,MMS EUE,BTC and Plus,LTC and Plus,EUE and Plus,FJ-150,4040,Convertible 4040; 与 JFE 合作开发系列:FOX,JFEBEAR
住友金属	日本	VAM21,VAMTOP,VAMTOP HT,VAMTOP HC,VAMTOP FE,DINO VAM,BIG OMEGA,VAM FJL,VAM HTF,VAM SLIJ-II,VAM MUST,VAM HW ST,VAM HP,CLEANWELL,TM
JFE	日本	FOX,JFEBEAR
TMK	俄罗斯	TMK GF,TMK PF,TMK PF ET,TMK,FMC,TMK CS,TMK TTL-01,TMK1 Integral,TMK FMT Tubing,ULTRA-FJ,ULTRA-SF,ULTRA-FX,ULTRA-QX
天津钢管	中国	TP-CQ,TP-G2,TP-EX,TP-FJ
西姆莱斯	中国	WSP-1T,WSP-2T,WSP-3T,WSP-FJ(4T),WSP-HK,WSP-BIG,WSP-IF4/IF6/IF8,WSP-JT
宝钢	中国	BGT1,BGT,BGC

五、钻井液技术

(一)钻井液性能要求

利用枯竭油气藏改建地下储气库,在新钻注采井时,保护储气层十分关键。因储气层压力严重亏损,必须尽可能减少钻井液滤液进入储气层,并防止井漏的发生;同时,尽量减少固相颗粒堵塞喉道,提高渗透率恢复值,保证注采井能够达到注采设计能力。因此,利用枯竭油气藏改建储气库新钻注采井时,钻井液除满足一般性能要求外,还必须满足以下要求:

(1)钻井液的密度、抑制性、滤失造壁性和封堵能力等能满足所钻地层要求,保证井壁稳定。

(2)控制地层的流体压力,保证钻井顺利。

(3)钻井液体系保持一个合理的级配,减少钻井液固相颗粒对储层的伤害。

(4)钻井液液相与地层配伍性要好。

(5)钻井液体系对黏土的水化作用要有较强的抑制能力。

(6)为保证有效清洗井底,携带岩屑,钻井液必须具有相应的流变特性。

(7)改善造壁性能,提高滤饼质量,稳定井壁,防止井塌、井漏等井下复杂的发生。

(二)钻井液体系优选

根据所钻地层压力、岩石组成特性及地层流体情况等条件的不同,需选择不同的钻井液体系,所选钻井液体系必须具有保证钻井施工的功能,又能保护储气层。储气库钻井液主要围绕以下因素进行优化设计:

(1)钻井液的密度可根据井下情况和钻井工艺要求进行调整。

(2)体系的抑制性、造壁性、封堵能力满足所钻地层要求。

(3)体系与地层水的配伍性对地层中敏感性矿物的抑制能力满足所钻地层要求。

(4)与储气层中液相的配伍性,体系不与地层水发生沉淀,不与油气发生乳化。

(5)与储气层敏感性的配伍性。

(6)按照储气层孔喉结构的特点,控制钻井液中固相的含量及其级配,减少钻井液固相粒子对储气层的伤害。

(7)注意防止钻井液对钻具、套管的腐蚀。

(8)对环境无污染或污染可以消除。

(9)成本低,应用工艺简单。

(三)储气库钻井液体系介绍

由于各地区地层差异,对钻井液体系的选择要求不尽相同,下面以大港储气库为例,介绍几种现场应用的钻井液体系。

1. 聚合物钻井液体系

1)组成

该体系因其主处理剂为聚丙烯类高分子聚合物而得名,基本组分为大分子抑制剂、小分子防塌降失水剂、聚合物降黏剂、防塌剂、润滑剂、油层保护剂、其他处理剂等。

2)性能特点

(1)固相含量低,且亚微米粒子所占比例也低,这是聚合物钻井液的基本特征,是聚合物处理剂选择性絮凝和抑制岩屑分散的结果,对提高钻井速度是极为有利的。对不使用加重材料的钻井液,密度和固相含量大约成正比。

(2)具有良好的流变性,主要表现为较强的剪切稀释性和适宜的流态。

(3)具有良好的触变性。

(4)钻井速度高。聚合物钻井液固相含量低,亚微米粒子比例小,剪切稀释性好,卡森极限黏度低,悬浮携带钻屑能力强,洗井效果好,这些优良性能都有利于提高机械钻速。

(5)稳定井壁的能力较强,井径比较规则。钻井过程中只要保证聚合物处理剂在滤液中的含量,即可有效抑制岩石的吸水分散作用。合理地控制钻井液的流型,可减少对井壁的冲刷。这些都有稳定井壁的作用。

(6)对储气层的伤害小,有利于保护储气层。由于聚合物具有良好的抑制特性,可以防止黏土水化分散,因而有利于钻井液保持适当的颗粒级配,减少细颗粒成分,特别是亚微粒子浓度,降低钻井液中的膨润土含量,可以防止黏土微颗粒堵塞砂岩孔隙通道,减少固相伤害,具有较好的保护储气层作用。

(7)可防止井漏的发生。一方面,该体系的液柱压力低,降低了漏失发生的概率;另一方面,聚合物钻井液在环形空间的返速较低,一般处于层流或改型层流的状态,使钻井液不易进入地层孔隙。另外,聚合物分子在漏失孔隙中可吸附在孔壁上,连同分子链上吸附的其他黏土颗粒一起产生堵塞。综合以上因素,该体系具有良好的防漏作用。

2. 有机硅防塌钻井液体系

1)组成

该体系是一种新型的钻井液体系,主要由稳定剂、稀释剂、硅腐钾等处理剂组成,由于该体系的抗温能力强、润滑防塌效果好而广泛应用。

2)性能特点

该体系的防塌抑制能力强。硅分子吸附在泥页岩表面,阻止黏土与水直接接触,降低了黏土的水化膨胀,达到了抑制效果。

(1)钻井液性能稳定。该体系起到包被钻屑和稳定页岩作用,使钻屑保持很好的完整性,避免钻屑相互黏结,有利于防止井下事故复杂的发生。

(2)固相容量高。该钻井液动塑比高、低剪切速率黏度高,具有良好的流变性能和悬浮携砂能力,抗岩屑污染能力强,性能稳定,容易维护。

(3)抗温能力强。钻井液体系抗温可达到200℃,能基本上满足深井、高温井施工。

(4)具有良好的保护储气层特性。该体系采用成膜封堵储气层保护技术,有利于储气层保护,渗透率恢复值较高。

3. 无固相KCl聚合物钻井液体系

1)组成

该体系是以有机盐为主抑制剂研究形成的一类无固相盐水钻井液体系,主要由抗盐强包被抑制剂、抗盐提切剂、抑制润滑剂、抑制防塌剂、抗盐抗高温降滤失剂等组成。

2)性能特点

无固相KCl聚合物钻井液抑制性强,防塌效果好,抗温能力可达到220℃以上,抗盐、膏污染能力强,并具有良好的储层保护功能,是解决储层专打的首选钻井液体系。

3)性能评价

(1)无固相KCl聚合物钻井液抗土污染实验。

表4-5-2 抗土污染实验

配方	实验温度	API失水（mL）	pH值	表观黏度（mPa·s）	塑性黏度（mPa·s）	动切力（Pa）	初切/终切（Pa）
优选配方	室温	5.2	8	30	17	13	4.5/7.5
优选配方+1%膨润土	室温	4.6	8.5	35	20	15	5.0/8.0
	老化	4.8	8.5	30.5	17	13.5	5.0/7.5

续表

配方	实验温度	API 失水（mL）	pH 值	表观黏度（mPa·s）	塑性黏度（mPa·s）	动切力（Pa）	初切/终切（Pa）
优选配方+2%膨润土	室温	4.0	8.5	33	18	15	5.0/8.5
	老化	4.5	7.5	32.5	17	15.5	5.0/8.5
优选配方+3%膨润土	室温	4.2	8.5	40	23	17	6.0/9.0
	老化	4.6	7.5	35	22	13	6.0/8.0
优选配方+5%膨润土	室温	4.0	8.5	42	24	18	6.5/9.0
	老化	4.2	7	43	23	20	5.5/8.5

注：老化条件为120℃恒温16h。

从表4-5-2实验数据可看出，无固相KCl聚合物钻井液在室温和高温下都具有良好的抑制能力，能很好地抑制土相在钻井液中的分散，使体系黏度、切力都保持基本不变。

（2）浸泡实验和回收率实验。见表4-5-3。

表4-5-3　浸泡实验和回收率实验

钻井液类型	岩屑回收率(%)	板876储气库库2-1井钻屑浸泡效果描述（浸泡7d）
清水	24	钻屑浸泡后四分五裂，呈糊状
两性离子聚合物	87	钻屑出现裂纹，用手掰开，里面潮湿
无固相KCl聚合物	97	钻屑保持原状，外面包裹一层聚合物膜
油基钻井液	99	钻屑保持原状

从表4-5-3实验数据可以看出，无固相KCl聚合物钻井液比常用的钻井液对钻屑的抑制作用强，仅次于油基钻井液体系。

（3）页岩膨胀实验。

选用该钻井液体系对板876储气库库2-1井岩屑进行页岩膨胀实验，结果表明，无固相KCl聚合物钻井液具有较强的抑制水化作用，明显优于其他常用钻井液体系，结果见表4-5-4。

表4-5-4　页岩膨胀实验研究

钻井液体系	聚磺	聚合物	无固相KCl聚合物
膨胀量（mm/8h）	3.21	2.87	1.82

（4）储气层保护效果评价。

采用岩心流动装置，进行静态污染评价实验，结果见表4-5-5。

表4-5-5　静态污染评价实验

岩样号	钻井液体系	气测渗透率K_a（mD）	油相渗透率K_o（mD）	污染后油相渗透率K_d（mD）	渗透率恢复值（%）
1	聚合物	71.6	46.1	35.96	78
2	无固相KCl聚合物	45.9	28.16	25.15	89.3
3	油基钻井液	110.8	90.7	83.44	92

实验数据表明无固相 KCl 聚合物渗透率恢复值达到 89.3%,储层保护效果良好。

(四)钻井液参数确定及性能维护

1. 钻井液密度确定

钻井液密度是关系到井下安全、钻井速度及保护储气层的重要参数。钻井液密度主要采用三压力预测值来确定,同时用化学方法解决井壁稳定问题,并考虑其流变性能。在化学方法、流变性能解决不了井壁坍塌的情况下,再考虑适当提高钻井液密度。由于储气层孔隙压力较低,钻井液密度应在达到维持井壁稳定的前提下,尽可能选择较低的密度,使井下复杂事故减到最小。

2. 钻井液固相控制

钻井液中的固相颗粒对钻井液的密度、黏度和切力有着明显的影响,而这些性能对钻井液的水力参数、钻井速度、钻井成本和井下情况有着直接的关系。

钻井液中固相含量高可导致形成厚的滤饼,容易引起压差卡钻;形成的滤饼渗透率高,滤失量大,造成储层伤害和井眼不稳定;造成钻头及钻柱的严重磨损;尤其是造成机械钻速降低,因此保证全井钻井液低固相含量是至关重要的。

固相控制方法有大池子沉淀、清水稀释、替换部分钻井液、利用机械设备清除固相。

为了最大限度地清除钻井液中的无用固相,保证钻井液维持低固相含量,储气库钻井现场要求采用 5 级净化设备,即配备振动筛、除泥器、除砂器、离心机、除气器,并保证发挥设备使用有效率。

六、储层保护技术

(一)钻完井过程中储层损害因素

在储气库钻完井过程中,储层伤害因素包括储气层的伤害内因及工程因素。

1. 储气层的伤害内因

通过开展岩心敏感性试验,并结合储层地质、化验资料,分析其潜在敏感性,研究确定储气层伤害内因。

1)储层潜在水敏伤害

以大港储气库为例,储气层的岩性主要为岩屑长石粉砂岩和细砂岩,胶结物中泥质约占一半,胶结类型以接触式为主。储气层中黏土矿物蒙脱石相对含量高,若遇到外来液体与之不配伍,可能引起黏土水化膨胀伤害储层。另据 X 衍射分析,大港储气库的黏土矿物为蒙脱石型,其次为粒间高岭石和粒表伊利石、绿泥石(具体数据见表 4-5-6),具有潜在水敏特性。对于中低渗透储层发生水敏伤害后,有效渗透率降低。

表 4-5-6 储层黏土矿物含量表

层位	黏土矿物相对含量(%)						黏土矿物总量(%)
	S	I/S	I	K	C	混层比	
板Ⅱ1	57.1	6.6	2.5	21.9	11.9	78	6.53

大港板南储气库,储层孔隙度为 10.2%~29.3%,一般为 20%~25%,渗透率一般为 15.4mD。物性较好的岩性最大连通孔隙半径达 10.62μm,平均喉道半径 6.49μm,物性中等的

岩性最大连通孔隙半径为3.1μm,主要喉道半径1~5.4μm,物性最差的岩性最大连通孔隙半径0.88μm。由于岩石孔喉较小,根据架桥理论,钻井液中固相颗粒(即使黏土颗粒也大于20μm),难以进入孔喉深部,因此,其主要伤害因素为滤液在高压差下的侵入。而滤液侵入后,由于储层岩石本身特性,可能导致水敏伤害发生。

2)局部中高渗透储层潜在漏失伤害

大港板876储气库,孔隙度平均21.1%,渗透率平均164.5mD,最高可达2489mD(库2-4井岩心分析),钻遇该高渗透层段时如果防漏措施不当,容易发生循环漏失导致固相和聚合物侵入诱发深部损害。

2. 储气层伤害的工程因素

1)完井液、水泥浆性能因素

(1)钻井液性能不当将诱发水敏、水锁、化学不配伍及固相堵塞等伤害。

(2)水泥浆对储气层造成水锁、碱敏、固相颗粒侵入及化学不配伍伤害。

(3)射孔液性能不当,其中固相、液相侵入孔眼将降低储气层的绝对渗透率和油气相对渗透率。如果射孔弹已经穿透钻井伤害区,此时射孔液不但进一步伤害钻井伤害区,而且将使钻井伤害区以外未受伤害的地层也受到射孔液的伤害。

2)工程因素

(1)钻井工程因素导致固液两相侵入储层深部,加重储层伤害:高压差直接影响钻井液滤液的滤失量和侵入深度,使得固相颗粒更容易侵入储层;浸泡时间越长,钻井液中固相和液相侵入量越大;环空返速越大,钻井液对井壁泥饼的冲蚀越严重,钻井液的动滤失量越大,固液两相侵入深度随之增加。

(2)固井质量因素导致系列入井流体不配伍,诱发各种伤害,如形成有机垢、无机垢、发生水锁作用、乳化堵塞、细菌堵塞、微粒运移、相渗透率变化等,从而对储气层产生伤害,影响产量。

(3)射孔完井过程参数不合理带来附加伤害:射孔过程中,在孔眼周围大约12.7mm(1/2in)厚的破碎带处,形成渗透率极低的压实带(其渗透率K_{cz}约为原始渗透率K_e的10%),极大地降低了射孔井的产能。

(二)钻完井工程储层保护措施

1. 钻井过程中储层保护措施

钻井过程中储层保护措施主要从钻井工程设计、钻井液性能控制及钻井工程管理等多方面入手。

(1)钻井工程设计前做好三压力预测,以优化井身结构、设计合理的钻井液密度,避免高密度、高压差条件下钻井液滤液的深部伤害。

(2)钻井液方面着重从体系的筛选及现场应用入手,以防止钻井液固相颗粒及滤液侵入伤害。

(3)进入储层前检查钻井设备,保证其运转正常,准备好所需各种材料和工具,做好各项工序的衔接工作,提高机械钻速,快速钻穿储气层,优化测井项目,减少储层浸泡时间。

(4)建立健全储层保护监督体系,全体施工人员须树立储层保护意识。

2. 固井过程中储层保护措施

固井过程中储层保护措施主要从固井方式、施工参数及水泥浆性能等方面入手。

(1)选择好固井方式,详细计算固井时的循环压力,防止水泥浆漏失,造成储层伤害。

(2)模拟计算固井时的循环压力,限制排量和泵压,防止循环压力过大压漏储层。

(3)加强水泥浆失水量的控制,水泥浆游离液控制为0,滤失量控制在50mL以内。

3. 射孔过程中储层保护

射孔过程中储层保护措施主要从射孔工艺、射孔参数和射孔液性能等方面优化入手。

1)射孔工艺选择

采用负压差射孔工艺,并选择合理的射孔负压差值,可确保孔眼完全清洁、畅通,因为在成孔瞬间由于储气层流体向井筒中流入,对孔眼具有清洗作用。

2)射孔参数优选

射孔参数主要有孔深、孔密、孔径、相位角、压实伤害等。随着科技水平的进步,关于射孔参数对产能的影响研究也逐步深入,所采用的研究方法概括起来主要有两种:一种是电解模型模拟方法,另一种是数值模拟方法。

3)射孔液优选

射孔液对储气层的伤害包括固相颗粒侵入和液相侵入两个方面。射孔液的基本要求是保证与储气层岩石和流体配伍,防止射孔作业过程中和后续作业过程中,对储气层造成进一步伤害,同时又能满足射孔施工工艺要求,且成本低、配制方便。

(1)射孔液性能要求:枯竭油气藏型储气库建库时储气层压力系数低,射孔液的设计重点为控制滤失、防止水敏、提高携岩性能。

(2)推荐射孔液体系:目前常用的射孔液体系主要有无固相盐水体系、无固相聚合物体系、聚合物暂堵体系、油基射孔液体系及酸基射孔液体系等。

七、储气库承压堵漏配套技术

井漏是石油钻井过程中经常遇到的井下复杂问题,它不仅影响钻井作业的正常进行,而且往往会衍生出其他类型的井下复杂,严重时可能造成井塌、卡钻、井喷等恶劣后果,同时造成钻井成本的大幅度上升。储气库中多为裂缝、孔洞型地层,技术套管固井由于钻穿下部易漏储层,承压堵漏困难。

(一)承压堵漏机理的研究

钻井工程中常把地层破裂压力作为地层承压能力的标志,即是钻井液柱压力(静+动)把地层压裂而造成漏失的压力,它是以漏失与否来衡量。

地层承压能力是指钻井、完井中井眼地层防止(承受)钻井液柱水力压裂而漏失的能力。

1. 地层被压裂(承压能力低)发生的机理

(1)井壁地层岩石表面存在有"缺陷""瑕疵",包括地层岩石的解理、层面、裂隙(它能引导液相进入地层)。而地层中的天然存在和钻井在井壁所形成的各种微裂缝,细微裂缝则是影响突出"缺陷""瑕疵"。

(2)$p_{泥}$(静+动)大于地层岩石的抗张强度(对于以脆性为主的岩石抗张强度并不大)。同时$p_{泥}$(静+动)>$p_{地}$($p_{泥}$为钻井液的液柱压力;$p_{地}$为地层破裂压力)。

(3)由于对地层的正压差使钻井液或钻井液滤液沿裂缝进入地层。

(4)若钻井液液相进入裂缝的速度大于钻井液液相沿裂缝缝面滤失速度,裂缝中液相体积不断增加,并垂直沿裂缝面方向对地层产生张应力(其大小由$p_{泥}$和缝面大小决定),并在裂缝尖端产生应力集中。

当此应力大于地层抗张强度,则发生水力尖劈作用:裂缝尖端不断向地层深部发展漫延,形成诱导裂缝而压开地层,并不断扩张、增大开度,达到致漏宽度;增加长度向内部延伸,最终沟通地层内部漏失通道,产生漏失。表现出地层被压裂,地层不承压。

2. 地层被压裂或承压能力低(不承压)的原因

(1)地层有"缺陷""瑕疵",特别是有各种微裂缝,细微裂缝影响更为突出。

(2)$p_{泥}$大于岩石抗张强度。

(3)钻井液柱对地层正压差。

(4)钻井液液相进入裂缝的速度大于沿裂缝面滤失速度。

因此,地层被压裂或承压能力低(不承压)的根本原因是钻井液柱压力对地层已有各类裂隙、裂缝发生水力尖劈作用的结果,而与地层岩石类型(矿物组成)无必然关系。

3. 天然垂直裂缝、细微裂缝和诱导性裂缝

1)宽度大于 0.1~0.2mm 的天然垂直裂缝

地层各处分布有宽度大于 0.1~0.2mm 可直接引起钻井液漏失的天然垂直裂缝(称为"天然致漏裂缝")。当钻遇这种裂缝,且又是正压差时立即发生漏失,$p_{地}$可视为漏失压力,漏速由缝宽、缝长和漏失面积、正压差、钻井液流变性、钻井液泵压、排量等因素决定。理论和实践表明 0.5mm 的裂缝只要总长度达到几米,就可能造成明显的漏失。

当漏失通畅、钻井液柱的压力高,正压差大,钻井液柱的高压力传递到裂缝中,且足够大到导致此裂缝进一步开启扩大(天然致漏裂缝因诱导而扩大)则漏速加大而恶化。所以对这种漏失必须及时进行堵漏。因此即时有效地堵住这部分天然致漏裂缝,解决由它引起的漏失问题是钻进这类地层的首要任务。

(1)钻遇大裂缝(大于 2mm)立即出现恶性大漏,则必须停钻堵漏(属于裂缝性恶性漏失的堵漏难题)。

(2)钻遇较小的可桥塞裂缝(小于 2mm):发生漏失时,随钻进(循环)漏失逐渐减小甚至停止,此时可维持正常钻进,但不一定有更高的承压能力。发生漏失,随钻进(循环)漏失逐渐加大,甚至恶化。

2)小于 0.1mm 的天然垂直微裂缝和细微裂缝(微米级)

虽然在钻遇这些裂缝时不能直接引发漏失("特称为非致漏天然裂缝"),但在正压差作用下钻井液液相进入地层,在钻井液柱高压力的作用下对地层产生水力尖劈作用而使裂缝产生、开启、扩大到"致漏程度",从而产生(诱导)漏失;同理,钻井液柱过高的正压力的继续作用可能导致此裂缝的进一步开启扩大,则此漏速可能因此而不断增大、恶化(进一步诱导漏失)。

3) 诱导性裂缝

由正压差引起的钻井液液相进入地层而高钻井液柱压力引发的水力尖劈作用而产生的诱导漏失对各类裂缝(包括对已堵的裂缝)都起作用。而这种作用在已钻井段井壁上的任一处(包括已漏被堵了的裂缝、还未漏的裂缝),在钻遇时和钻过后的任一时间里都可能发生,从而使漏失产生并恶化,表现为全井段不承压。

这也是全井段多点漏失,反复漏失,堵了一处后又可能引发它处,且漏点位置出现没什么规律的根本原因。

$p_泥$大于$p_漏$的漏失和$p_泥$大于$p_破$引发的漏失问题常常同时存在($p_漏$为地层漏失压力;$p_破$为地层破裂压力)。即地层承压能力低的问题常常是二者综合的作用结果。

(二)井眼强化技术

目前,国外已对承压堵漏技术有了比较深入的研究。20世纪90年代,"井眼强化"概念首次被提出,继而有学者提出了"应力笼"模型来描述井眼强化现象(图4-5-1)。当钻井液液柱压力超过地层的破裂压力时,便会产生裂缝;在裂缝形成后,固相颗粒和滤饼迅速在裂缝的近井眼处形成封堵,就像一个"楔子"一样楔进裂缝当中,对地层形成了压缩;此时,钻井液的液柱压力通过"楔子"作用在裂缝的近井眼端的两侧,形成了压缩环,即"应力笼",而它的产生使得井眼的强度得以提高。当钻井液液柱压力大于裂缝尖端的闭合应力时,漏失便会发生,因此,阻隔液柱压力向裂缝尖端的传导是承压堵漏的关键。

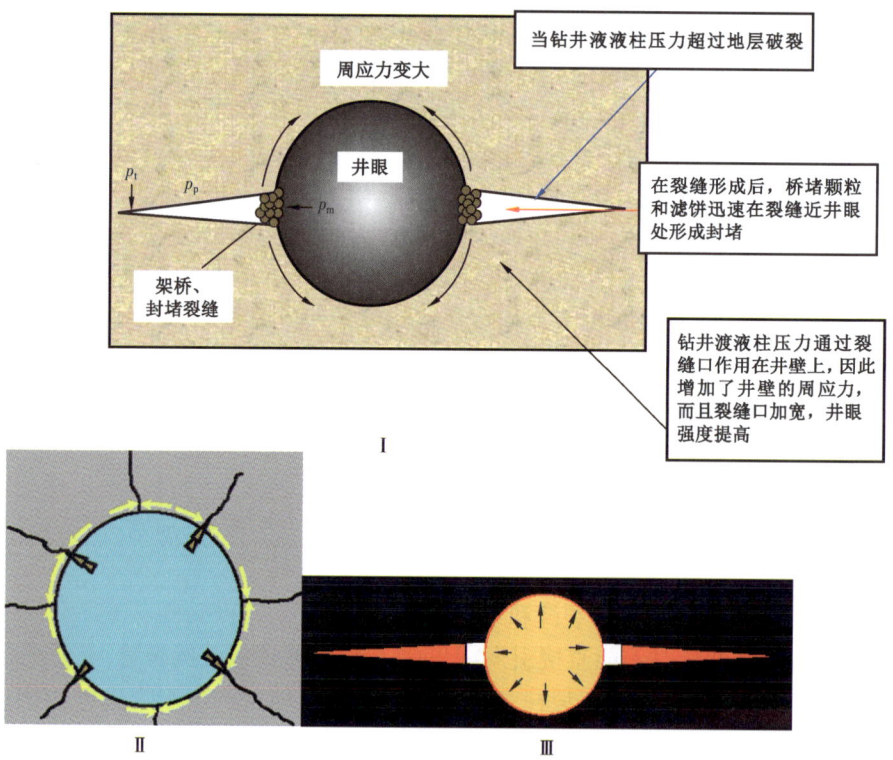

图4-5-1 用"应力笼"模型描述的井眼强化现象

p_t—地应力;p_p—地层破裂压力;p_m—钻井液液柱压力

(三) 堵漏材料的选择

为了封堵裂缝的尖端,"桥堵材料"必须尽可能地深入裂缝当中"架桥",同时"高失水材料"迅速滤失,在裂缝中沉积出非常厚的滤饼,一旦裂缝中充满这种坚韧的滤饼,井眼强度便会提高。

大多数"桥堵材料"在120℃以下性能基本不变,但到120℃以上时部分材料性能有所改变,当温度高达180℃时,核桃壳、甘蔗渣、谷壳等强度有所下降,锯末、纸屑和棉籽壳等部分烧焦。因此,为提高"桥堵材料"的耐温能力,必须开发抗温200℃以上的"桥堵材料"。目前,材料类型主要包括刚性颗粒材料、弹性颗粒材料、纤维材料、变形充填材料以及"高失水材料"等。

八、枯竭气藏型储气库固井技术

储气库具有建设成本高、寿命周期长(50年)、安全性要求苛刻等特点,固井工程是储气库建设的核心技术。针对枯竭气藏型储气库地质条件复杂、井眼质量差、一次封固段长,对固井质量要求高、难度大等难题,通过深入持续攻关,开发了具有世界先进水平的韧性膨胀水泥浆体系,研制出了DRC高效冲洗隔离液,制订了"油气藏型地下储气库固井技术规范",形成了以平衡压力固井、保证井筒密封为核心的储气库固井配套技术。韧性膨胀水泥及固井配套技术在华北苏桥储气库、重庆相国寺储气库、新疆呼图壁储气库、大港板南储气库、辽河双6储气库、长庆储气库成功应用,解决了固井施工安全难以保证、固井质量差、井筒密封性不能有效保障等难题,为储气库的安全运行奠定了基础。

(一) 枯竭气藏储气库固井的特殊性及固井难点

储气库寿命周期长(50年寿命),相当于"一年之内建成一个气田,采空一个气田",且处于人口密集区,对井筒密封性及固井质量要求高。如果储气库井窜气、环空带压处理难度大、成本高、危险性大,甚至会影响整个库群的安全运行,可以说固井质量与储气库的寿命及长期安全运行紧密相关,是储气库建设的核心技术。

1. 储气库注采井的特点及质量要求

枯竭气藏储气库需要在很短的时间,一般3~4个月内把气库中的有效工作气开采出来,并且还需要在6~7个月将储气库注满达到满库容。由于储气库井寿命长,且井筒内压力频繁变化,因此确保储气库运行安全是储气库建设的第一原则。储气库井运行时要承受注气、采气交变载荷,对一次固井质量要求高,对井筒密封性能(套管串、水泥环)要求高。如果单井封固质量差,甚至会影响整个库群的安全运行,且窜气、带压处理难度大,管理复杂,成本高。

在储气库的各项工程作业中,固井质量与储气库的寿命及长期安全运行紧密相关,要保证储气库井的长期安全运行,不发生环空带压或天然气泄漏等严重事故,只有从实现良好的环空密封入手。

2. 储气库固井难点及前期存在问题

"十二五"期间,中国开始建设华北苏桥储气库、大港板南储气库、长庆储气库、重庆相国寺储气库、辽河双6储气库等。储气库的目的层包括砂岩地层和碳酸盐岩地层,地层压力系数为0.1~0.9,普遍低压,且地层承压能力低,固井一次封固段长,给固井安全施工及保障固井质量带来了严峻挑战。

1）国内储气库固井存在的主要技术难点

（1）开发适合储气库固井综合性能好且能保证固井质量及长期密封的韧性水泥困难；

（2）复杂井眼、长封固段条件下提高顶替效率及保证良好的界面清洗困难；

（3）既要保证施工安全，又要保障固井质量，现场配套技术确定困难；

（4）储气库井强注强采、周期循环环境下保证井筒密封困难；

（5）无适合储气库的固井质量评价规范及固井技术规范，设计、施工、质量评价等缺乏指导。

2）国内超深层储气库主要固井技术难点

以华北苏桥储气库为例，该储气库井深、井底温度高，储层埋深最深达5500m，是目前世界上温度最高、地质条件最复杂的储气库，对固井工艺、固井工具、水泥浆及前置液体系、固井配套措施及现场施工等提出了更高的要求。华北苏桥储气库定向井及水平井井身结构如图4-5-2和图4-5-3所示。

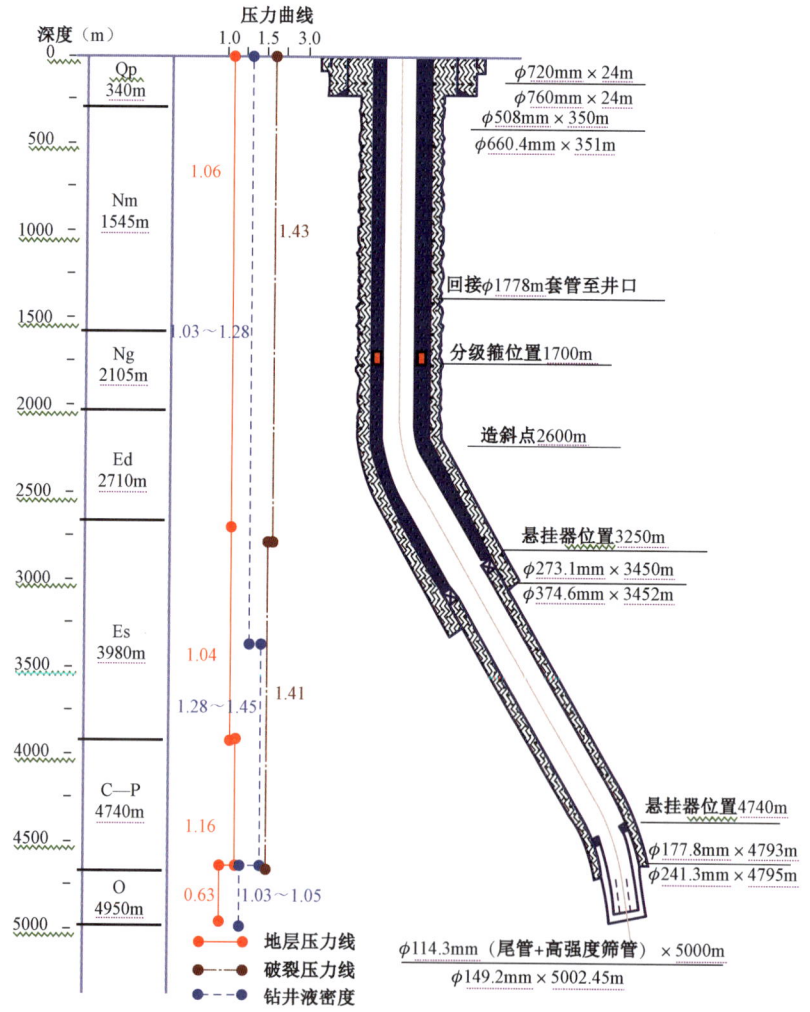

图4-5-2　华北苏桥储气库定向井井身结构示意图

(1) 提高顶替效率困难。由于地质条件复杂,地层易垮塌、承压能力低,钻井液性能调整困难,严重影响对钻井液的有效顶替。

(2) 优选高性能水泥浆配方困难。由于井底温度高,水泥一次封固段长,水泥浆柱顶部、底部温差大,高温大温差条件下优选高性能的外加剂及水泥浆体系困难。

(3) 保证固井安全施工困难。由于苏桥储气库地层承压能力低,易漏失,水泥浆密度和施工排量受到限制,替浆时易发生水泥浆易漏失和钻井液窜槽问题。

(4) 保证水泥环密封性困难。水泥环要承受最高 49MPa 注气压力及交变应力的反复变化,对水泥石的强度、弹韧性及致密性要求高,保证高温条件下水泥环的长期密封性困难。

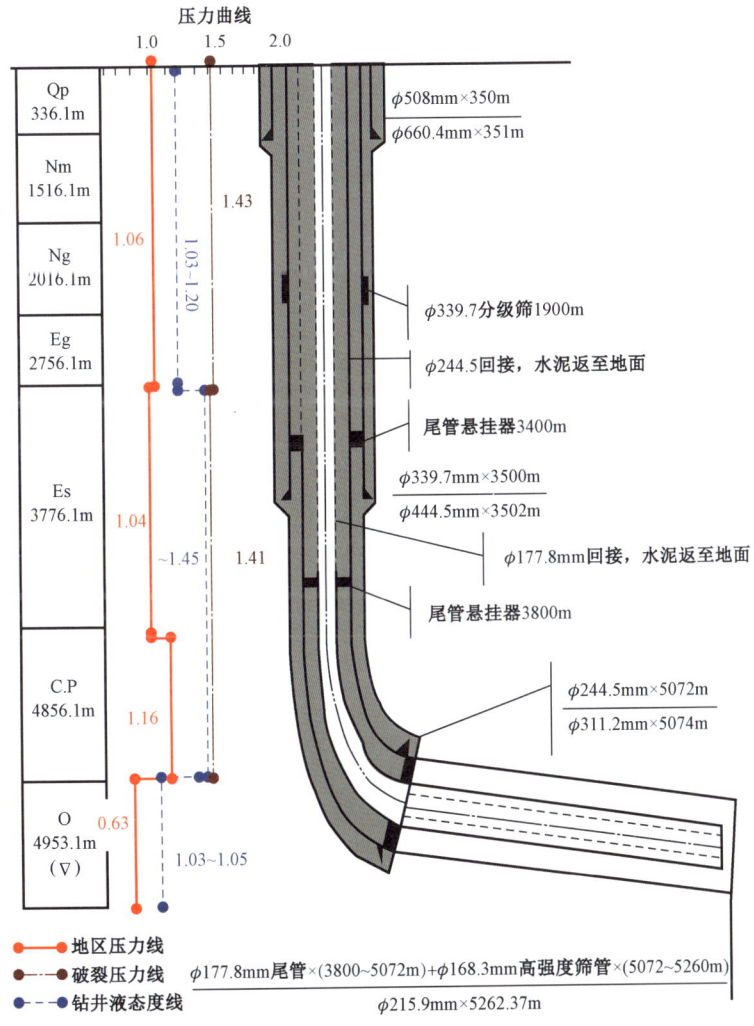

图 4-5-3 华北苏桥储气库水平井井身结构示意图

国外虽然有 50 多年的储气库固井经验,也形成了配套技术,但是国外储气库井深相对较浅,地质条件相对简单,且井底温度低,像华北苏桥储气库这样复杂的深层储气库固井,国外也没有相应的储备技术。实践证明,国外形成的技术并不完全适合国内的储气库固井。因此,国内储气库固井需要走一条自主创新、技术国产化之路，该技术要能保障储气库固井质量，支撑储气库的建设步伐，同时要降低建库成本。

(二) 韧性水泥

1. 开发韧性水泥的目的及作用

1) 韧性水泥的定义

高性能增韧材料研制、韧性膨胀水泥开发及水泥石改性是保证储气库井筒密封的关键。韧性水泥在同等应力状态下其变形能力大于普通油井水泥，其主要力学特征表现为：杨氏模量明显低于普通油井水泥，而抗压强度、抗拉强度变化不大。

2) 开发韧性水泥的主要难点

韧性水泥开发的技术关键是优选综合性能好的增韧材料，合适的增韧材料选择需要解决以下3个问题：

(1) 增加水泥石韧性与抗压强度之间的矛盾。增加韧性材料的加量，有利于降低水泥石杨氏模量，但也会降低水泥石的抗压强度。

(2) 韧性水泥与安全施工之间的矛盾。增韧材料加入少时，降低水泥石韧性程度有限；加入多时，会影响注水泥时水泥浆密度的均匀性及浆体的顺利泵入。

(3) 外加剂与弹性材料配伍性之间的矛盾。水泥外加剂要与增韧材料配伍性好，水泥浆浆体稳定性好，水泥石体积不收缩性，早期强度发展快，并有长期的强度稳定性，否则会影响浆体、水泥石及水泥石的密封性能。

开发合适的韧性膨胀水泥既要能保证安全施工，又要保证短期(24~72h)及长期的固井质量，水泥石要达到高抗压强度、低弹性模量、强抗冲击性，且与地层岩性相适应。

2. 韧性水泥使用措施与注意事项

韧性水泥在使用时，首先要选择合适的理想的弹性材料。理想的增韧材料应具备的性能及粒度要求：

(1) 与水泥浆具有良好的亲和性，即溶于水泥浆体系。

(2) 良好的弹塑性性能，即增强水泥石的弹性性能，不破坏其他性能。

(3) 良好的耐温耐碱性能。

(4) 良好的粒度分布，即能均匀分散在水泥浆体系中。

(5) 与水泥浆配套外加剂配伍，无副作用。

3. 韧性水泥技术方案及主要性能要求

1) 水泥石弹塑性改造方案确定

为提高水泥石的液态性能及水泥石的韧性，设计的韧性水泥由增韧材料、超细活性材料及配套外加剂组成。增韧材料主要用来提高水泥石的韧性，同时增韧材料和水泥浆具有良好的配伍性，和其他外加剂体系兼容；在水泥浆中加入超细活性材料的目的是提高水泥浆的悬浮稳定性，提高水泥石中的固相含量及抗压强度，提高水泥浆的综合性能。在此基础上，根据具体的井况对水泥浆、水泥石的性能进行具体调整，既满足安全施工的需要，又满足对环空封隔及长期交变载荷条件下长期安全运行的需要。

2）韧性水泥主要性能

通过深入持续研究，国内已开发了4种高性能水泥石增韧材料，形成了DRE中温韧性膨胀水泥(30~100℃)、高温韧性膨胀水泥(100~200℃)。

① 中温增韧材料适应温度30~120℃，耐强碱性(pH值为11~14)，与水泥浆外加剂配伍性好，对水泥浆稠化时间影响小，与水泥石基体相容性好。

② 高温增韧材料适应温度90~200℃，耐强碱性(pH值为11~14)，与水泥浆外加剂配伍性好，对水泥浆稠化时间影响小，与水泥石基体相容性好。

③ 低密度韧性水泥浆体系稠化时间可调性好，温差范围内抗压强度不低于10MPa/48h，弹性模量不大于4GPa/7d，渗透率不大于0.05mD，线性膨胀率大于0。

④ 常规密度韧性水泥浆体系稠化时间可调性好，温差范围内抗压强度不低于16MPa/48h，弹性模量不大于6GPa/7d，渗透率不大于0.05mD，线性膨胀率大于0。

4. 韧性水泥及主要性能

由于水泥石内部存在一定的孔隙，增韧材料颗粒的掺入充填在孔隙处，形成桥接并抑制了缝隙的发展。当外界作用力作用在水泥石上时，增韧材料利用自身的低弹性模量特性，降低外界作用力的传递系数，减弱外界作用力对水泥石基体的破坏力，达到保护水泥石力学完整性的目的。

根据以上原则，在室内进行了大量实验研究，开发的4种水泥石增韧材料(DRT-100L，DRT-100S，DRE-100S，DRE-200S)最高使用温度可达200℃，水泥石弹性模量较常规水泥石降低20%~40%。

1）降失水剂选择

目前，国内常用的降失水剂按降失水机理可分为两类：一类是超细固体颗粒材料；另一类是水溶性高分子材料。针对枯竭气藏储气库井的固井要求，综合考虑降失水剂的效果、敏感性、适应性等，最终选用PVA类降失水剂DRF-300S和AMPS类降失水剂DRF-120L作为配套的降失水剂比较适合。

降失水剂DRF-300降失水性能优异，加量在2.0%(BWOC)以上可以控制API失水在50mL以内，能很好地满足固井的要求，且对抗压强度和稠化时间影响较小，能有效提高水泥浆的稳定性，见表4-5-7。降失水剂DRF-120L的特点是在高温下依然能控制水泥浆API失水在100mL以内，但在低温下有一定的缓凝性，因此考虑配合其他外加剂在高温使用DRF-120L调节水泥浆的失水量。

表4-5-7 降失水剂DRF-300S对水泥浆的性能影响

DRF-300S加量 (%)	温度 (℃)	水灰比	稠化时间 (min)	抗压强度 (MPa/24h)
0	50	0.44	118	17.4
1.2	50	0.44	142	17.6
1.6	50	0.44	145	18.0
2.0	50	0.44	146	18.1
2.5	50	0.44	152	17.9

续表

DRF-300S加量（%）	温度（℃）	水灰比	稠化时间（min）	抗压强度（MPa/24h）
0	70	0.44	90	20.1
1.2	70	0.44	118	21.2
1.6	70	0.44	114	21.5
2.0	70	0.44	120	20.8
2.5	70	0.44	127	21.0

由表4-5-7可以看出,在30~70℃,加入DRF-300S对水泥浆的稠化时间的影响较小,对水泥石的强度发展几乎没有影响。

2)增韧材料优选

(1)胶乳DRT-100L与乳胶粉DRT-100S。

胶乳DRT-100L与乳胶粉DRT-100S都能起一定的防窜和增韧的作用,在温度低于120℃时,乳胶粉能保持较好的弹性,并能起一定填充作用;而胶乳在高温下依然有较高的性能,故考虑在中低温条件下使用乳胶粉DRT-100S,高温下使用胶乳DRT-100L提高水泥浆的防窜与增韧性能,见表4-5-8。

表4-5-8　不同围压条件下水泥石力学性能评价

水泥浆体系	长度（mm）	直径（mm）	围压（MPa）	弹性模量（GPa）	最大轴向应力（MPa）	实验后状态
纯水泥	50.50	24.89	0.1	7.90	30.08	破坏
纯水泥	50.29	24.89	20	5.4	58.28	未破坏
纯水泥	49.86	24.82	40	3.7	52.28	未破坏
胶乳水泥	51.10	25.02	0.1	5.0	20.71	破坏
胶乳水泥	51.21	25.02	20	3.7	39.55	未破坏
胶乳水泥	51.036	24.94	40	2.7	33.72	未破坏

(2)增韧材料DRE-100S和DRE-200S。

增韧材料DRE-100S和DRE-200S都是利用橡胶颗粒填充来降低水泥石的脆性。DRE-100S的"拉筋"作用能很好地阻止裂缝发展,自身具有较好的弹性;DRE-200S材料本身抗高温性能强。因此,考虑在中低温条件下使用DRE-100S,高温条件下使用DRE-200S对水泥石进行韧性改造。

由纯水泥与加入DRE-100S水泥石破坏后碎裂状态的对比可以看出,在水泥石中DRE-100S的存在会使水泥石的脆性降低,水泥石遭到破坏后裂而不碎。这是由于DRE-100S分散在水泥石中吸收应力对裂纹尖端起止裂作用,同时,由于自身具有较高弹性,对已产生的裂纹起"拉筋"作用。

(三)枯竭气藏储气库固井综合配套技术

华北苏桥储气库、重庆相国寺储气库、新疆呼图壁储气库、大港板南储气库、长庆储气库等固井由于地质及井眼条件复杂,固井难度大、要求高,保证安全施工及固井质量困难。针对建设枯竭型气藏储气库固井难点及前期固井中存在的问题,通过开展固井工艺、韧性水泥浆体系、固井防漏、固井质量评价、保证井筒密封、防止环空带压以及现场固井配套措施等的研究,形成了适合枯竭型气藏储气库的固井工艺及配套技术,为枯竭气藏型储气库的长期安全运行奠定了基础。

1. 井眼准备及钻井液性能调整

1)井眼准备

(1)优化钻井液体系,防止井壁失稳,保证井径规则,为固井创造良好的井筒条件。

(2)钻井过程中应加强井眼轨迹监测,实时掌握井斜、方位变化情况,保证井眼平滑、井径规则,各开井段平均井径扩大率不大于15%,储层段井径扩大率不超过10%。

(3)下套管前通井时钻具组合的最大外径和刚度应不小于下入套管的外径和刚度。

为保证储气库井套管能安全顺利下入,一般井进行3趟通井,第一趟采用1个扶正器通井;第二趟采用2个扶正器通井,第三趟采用3个扶正器通井,削平井眼拐点,破坏岩屑床,保证井眼通畅。最后一趟通井采用漏斗黏度120~150s左右的稠浆携砂,带出滞留在"大肚子"井眼内的岩屑,保证井筒清沽。允分循环,排量达到完钻时的1.2倍。

2)钻井液性能调整

在井眼条件允许的情况下,固井前应适当调整钻井液性能,达到低黏切、流变性好。注水泥施工时钻井液主要性能推荐要求如下:

(1)钻井液密度小于$1.30g/cm^3$时,屈服值小于5Pa,塑性黏度应为$10 \sim 30 mPa·s$。

(2)钻井液密度为$1.30 \sim 1.80g/cm^3$时,屈服值小于8Pa,塑性黏度应为$22 \sim 30 mPa·s$。

(3)钻井液密度大于$1.80g/cm^3$时,屈服值小于15Pa,塑性黏度应为$40 \sim 75 mPa·s$。

2. 提高地层承压能力的技术措施及应用情况

1)提高地层承压能力的措施

(1)早期处理,强化地层承压堵漏措施,提高地层承压能力(逢漏即封,由一次性承压堵漏改为分段随钻堵漏)。

(2)根据钻遇地层的特点及时调整钻井液性能和密度,并进行随钻堵漏和承压堵漏,为固井施工创造良好的井筒条件。

(3)下套管前对地层进行承压能力试验,满足下套管、固井施工预计压力的要求,否则进行堵漏作业。

2)辽河双6储气库提高地层承压能力的措施

根据双6储气库的地层特点和实钻情况,采取有针对性的随钻堵漏及承压堵漏技术措施,及时调整钻井液性能和密度。钻进中采取随钻堵漏措施,在钻井液中随钻加入生物可降解堵漏材料,解决了漏失问题,并尝试提高钻井液密度进行随钻堵漏。中完固井前,按室内选定的配方进行承压堵漏施工,平均每口井承压堵漏3~4次,承压能力由最初的1MPa提高到5.5~6.5MPa,保证了固井安全施工。

3)华北苏桥储气库提高地层承压能力的措施

华北苏桥桥储气库在Es组砂砾岩地层、C—P系煤系地层及揭开潜山段易发生漏失。在认真总结前期堵漏经验的基础上,认真分析地层的承压能力,由早期的固井前一次性承压堵漏改为分段随钻堵漏,提高 Es 组砂砾岩地层、C—P 系煤系地层及揭开潜山段这三段地层的承压能力,为固井创造良好的前提条件。

后期通过分析和实践研究,采用了改进承压和满足平衡压力固井的办法。不以水泥浆增加的静液柱压力要求承压能力,只要地层承压能力能够达到 2MPa 以上,则按照水泥浆柱静液柱压力超过承压能力的部分,采用降低前导钻井液密度和前置液密度的方法,密度低于钻井液 0.10g/cm³ 左右,来实现平衡压力固井,减小承压要求,降低承压堵漏难度,节约堵漏时间,防止井径扩大。

3. 气密封套管及下套管过程中的气密封检测技术

1）储气库气密封套管设计及检测要求

（1）设计储气库生产套管材质时应结合油气藏流体性质、外来气体性质和注采工艺进行,满足腐蚀工况的要求。

（2）生产套管应选择气密封螺纹,其上一层技术套管应选用气密封螺纹,套管附件的机械参数、螺纹密封等性能应与套管相匹配。

（3）为保证气密螺纹的气密性能,下套管作业应采用专用工具完成,并结合气密封检测（氦气检测）指导合理的上扣参数。生产套管应逐根进行螺纹气密性现场检测,检测压力宜为储气库最大运行压力的 1.1 倍。

2）气密封检测技术

气密封检测技术是确保套管串长期密封完整性的有效手段。为最大限度降低因套管螺纹失效而造成事故的潜在风险,在储气库注采井技术套管、生产套管均采用气密封检测,确保每根入井套管螺纹的密封。

如重庆相国寺储气库的相储 8 井 ϕ244.5mm 尾管固井采用 TP－CQ 气密封螺纹类型套管,下入过程中共检测出 26 根气密封性不合格套管。新疆呼图壁储气库 2011 年完成 8 井次 576 扣次气密封检测,发现 35 扣次泄漏,紧扣后仍泄漏更换套管 1 根（ϕ177.8mm 套管回接）；2012 年完成 23 井次 6608 扣次气密封检测,发现 220 扣次泄漏,紧扣后仍泄漏更换套管 16 根（ϕ177.8mm 套管＋ϕ244.5mm 套管）。采用套管气密封检测技术后极大地降低了由于套管螺纹泄漏造成事故的潜在风险。

4. 提高顶替效率及现场施工的主要措施

1）提高顶替效率的综合措施

（1）优化扶正器的加量及安放位置,保证套管的居中度。

（2）采用低粘切的预冲洗液配合高效冲洗隔离液（加大用量）。

（3）针对混油钻井液,隔离液应具备强洗油能力。

（4）根据地层承压情况确定合适的顶替排量,采用大排量顶替,不采用紊流顶替。

2）窄安全密度窗口、长封固段条件下提高固井质量的综合措施

（1）固井前进行承压试验,提高地层的承压能力。

（2）采取综合措施提高顶替效率。

（3）优选综合性能好的水泥浆配方。

(4)配套的平衡压力固井施工工艺。

现场施工时采取有效措施,降低每一项因素对固井质量的影响,现场固井施工中严格执行"技术+管理"的方式。现场多口井的成功应用表明,形成的固井综合配套技术路线正确、方案合理,现场应用效果显著。

3)固井现场施工的主要措施

(1)优化钻井液、前置液、水泥浆浆柱结构,采用平衡压力固井技术。

(2)加强现场水泥浆的复核工作,把好最后一道关口。

(3)保证固井工具及附件的可靠性,加强入井前的检查。

(4)多车联注,采用批混技术,保证入井水泥浆密度的均匀性。

(5)保障施工装备,确保施工连续,做好固井突发预案。

(四)储气库固井技术规范及质量评价规范制定

1. 储气库固井技术规范制定

根据在建及未来要建设储气库的地质、气藏、钻井、固井等特点,从设计、准备、施工、质量检测环节入手,制定了《油气藏型储气库固井技术规范(试行)》(油勘〔2014〕122号),该规范也系国内首次制定。规范内容主要包括固井设计、套管及工具和附件、固井准备、下套管及固井施工、固井质量检测与评价5个部分,并已下发执行。该规范对加强储气库固井工作管理,保证后续在建储气库的固井质量具有重要意义。

2. 枯竭气藏储气库固井质量考核

储气库固井质量考核规范既要科学、合理,还有考虑到各储气库的不同,考虑到延续性,能发现固井中存在的问题,可以全面客观地评价储气库井固井质量。

(1)考核依据。依据油勘〔2012〕32号《油气藏型储气库钻完井技术要求(试行)》有关固井质量要求。

(2)考核范围。考核范围主要包括技术套管封盖层的固井质量、生产套管封盖层的固井质量、有效盖层段的封固质量。

(3)储气库固井质量评价标准。分别按盖层段封固质量、目的层段封固质量和全井封固质量3个方面分别进行综合评价;固井质量按好(优)、中(合格)、差(不合格)进行量化打分;电测解释以CBL/VDL解释为基础,综合考虑其他解释结果。

制定的储气库固井质量考核规范在华北苏桥储气库、大港板南储气库、辽河双6储气库、新疆呼图壁储气库、重庆相国寺储气库、长庆储气库共评价前期完成的76口井,得到了储气库管理方、建设方及施工方的高度认可,目前已全面推广应用。

九、保障井筒完整性技术措施

(一)油套管螺纹气密封检测装置

1. 技术背景

据不完全统计,目前国内在役的高压天然气井有2000余口、储气库注采井300余口。随着注采运行周期的延长,天然气井和储气库注采井环空带压现象严重,油套管螺纹连接泄漏是

2. 技术原理及装备组成

油套管螺纹连接气密封检测技术是通过检测高压氦气在螺纹处的渗透率来判定螺纹的密封性。整个检测作业过程为:在油管或套管管柱内下入有双封隔器的测试工具,向测试工具内注入氦氮混合气,加压使工具坐封,然后加压至检测压力规定值,通过高灵敏度的氦气探测器在螺纹连接外探测氦气有无泄漏,从而来判断螺纹连接的密封性[1]。由于氦气分子直径很小、在气密封螺纹中易渗透的特点,该技术可以精确地检测出油套管螺纹连接的密封性。油套管螺纹连接气密封检测的技术核心是单扣次检测时间、检测工具寿命、能否实现服役工况下检测、提高安全性和降低成本。技术原理如图4-5-4所示。

油套管螺纹连接气密封检测装备由液气动力系统、增压储能系统、检测执行系统、控制系统及辅助系统组成。装备组成如图4-5-5所示。

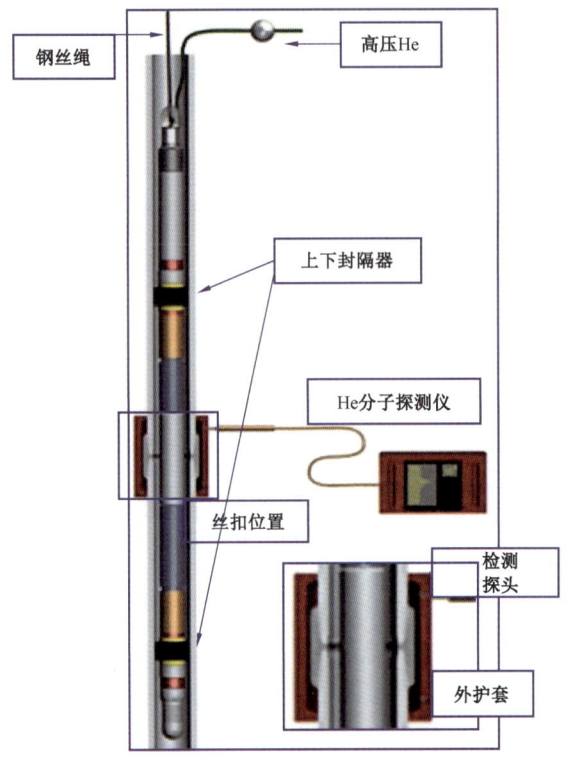

图4-5-4 油套管螺纹连接气密封检测技术原理示意图

图4-5-5 油套管螺纹连接气密封检测装备组成示意图

3. 技术突破

为满足国内市场需求,研制开发了 DRGLI 油套管螺纹连接气密封检测装备和技术,使国内具备了自主设计、加工油套管螺纹连接检测设备和油套管气密封检测作业的能力。主要技术创新包括两个方面:

(1)研发出一套油套管螺纹连接气密封检测装备。

与国内外同类技术和装备相比,研制的气密封检测装备具有系统紧凑、安装简捷、检测时间短、封隔器胶筒承压次数高、解封安全性高、操作效率高和记录准确等特点。装备关键技术指标达到国际先进水平,解决了运输、安装和快速检测的难题。该装备具体与国内外产品对标见表4-5-9。

表4-5-9 油套管螺纹连接气密封检测装备国内外对标

对比性能	国外(Loomis等)	国内其他	中国石油钻井院
检测压力(MPa)	140	仿造国外,无自主产品,无压力容器使用资质	140
检测精度(Pa·m³/s)	1.0×10^{-8}		1.0×10^{-8}
胶筒寿命(次)	80		120
作业时间	3min		2min40s
储能器指标	$4 \sim 7m \times 0.9m \times 2m$		$1m \times 0.9m \times 1.8m$
数据采集自动化程度	人工读取		专业软件采集
安全性	安全性不高,工具易冲出		采用压缩式坐封和非对称解封设计,安全性高

① 采用整体设计+联合调试的方法优化配置各部件,使整套设备系统紧凑、安全可靠。

储能器(图4-5-6)采用了立式设计,充气更安全稳定,同时装备体积小(长度减少3~6m),重量轻,吊装简单;操作台(图4-5-7)采用半封闭设计,将绞车等部件与操作者有效隔离,保证安全。

图4-5-6 立式储能器效果

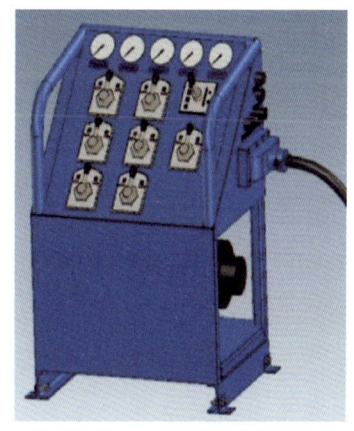

图4-5-7 操作台效果

② 采用新式管缆快速连接方式,优化了注气、排液参数,开发出数据采集软件,提高了现场检测效率。

控制模块(图4-5-8)采用空气管缆和插接盘方式,使得现场安装操作简便;优化改进了注气、排液阀门及管线尺寸,使得纯检测耗时控制在160s之内;建立了氢氮配比数学模型,开发出数据采集软件(图4-5-9),可以实时采集记录和保存原始数据。

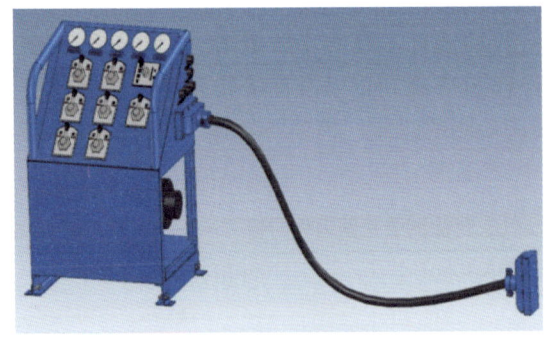

图4-5-8 控制模块效果

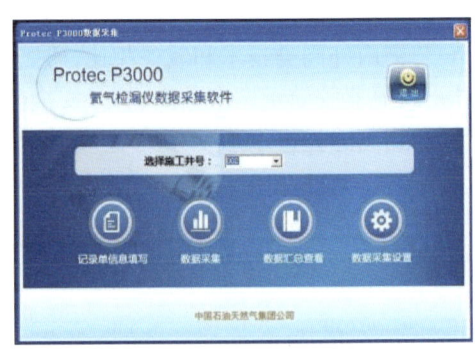

图4-5-9 数据采集软件界面

图4-5-10 封隔器非同时解封示意

(2)创新性提出非同时解封理念。

设计出压缩式双封隔器,解决了现场胶筒使用次数少、工具易冲出的技术难题,提高了检测工具使用寿命和操作的安全性。

① 设计出压缩式封隔器,使胶筒最大应力处的受力方式由受拉改为受压,改善了胶筒的受力环设计境,提高了使用寿命。

② 采用非同时解封设计理念,提高了封隔器解封过程中的安全性,现场检测1000余扣次未发生一次工具冲出套管的事故。非同时解封示意如图4-5-10所示。

③ 优化胶筒的橡胶材料配方、加工工艺及结构保护,使胶筒使用寿命进一步提高,测试涨封次数高达204次。

④ 形成适合油套管服役工况的螺纹连接气密封检测工艺,保证了检测结果的可靠性,满足了现场施工需求。

检测工艺的主要特点为:可在钻台上实现油套管螺纹连接在受力的状态下进行密封性检测,测试工况更接近油套管的真实服役状态,测试结果更可信。

(二)下套管工艺措施

生产套管及油管作为后期注采井注气和采气的通道,保证其安全顺利入井对顺利开展后续作业至关重要,以长庆气库为例进行说明。

1. 套管入井风险辨识

长庆储气库注采水平井每口井入井生产套管数量达到300余根,加上管串气密封检测、灌浆、设备保养等时间,套管入井作业时间可达4~5d,作业时间相比常规开发井增加1~2d,裸眼井壁浸泡时间增加,套管入井的风险大幅度增加。如果发生井壁坍塌等事故,导致生产套管遇阻遇卡,轻则需要倒扣起出套管,造成大量套管损伤或报废,储气库采用的均是进口的气密封防硫套管,如超级 13 铬,价格十分昂贵,备用管子数量也有限,倒扣拔套管作业将带来巨大经济损失,损失大量作业时间,而且下一步补救措施风险也极大,严重时会造成井眼报废。

2. 套管入井工艺保障措施

根据套管入井风险辨识结果,保障套管顺利入井的关键在于前期准备工作要充分,检查要严格细致,所有工作要围绕减少不必要的作业时间这个核心开展。保障措施的总体思路就是"以快治稳",具体方法就是重视每步作业环节上的细节工作,超前准备,严格细查,技术交底,集中施工各方齐抓共管。

(1)确保井筒干净、井壁稳定。

良好的井眼环境是套管入井的最好保障,在钻完井过程中应重视以下几方面工作:一是根据地质设计和前期施工经验,做好钻完井液体系的优选优化工作,确保钻进过程中的井壁稳定;二是高度重视井眼轨迹控制技术,避免钻出大狗腿度的井眼,施工必须符合钻井工程设计对井眼质量的要求;三是下套管前应严格按照工程设计对井眼进行多扶正器通井,确认井眼干净方可进入下一步作业;四是加强井眼数据的检测和分析,下套管前应通过测井收集和分析井径和井眼轨迹数据,为套管扶正器加装提供依据;五是重视下套管前的钻完井液性能参数,严禁大幅度调整钻井液性能,尤其是钻井液密度,确保"不漏、不塌、不喷",维持井壁稳定。依据井筒实际情况,必要时可添加一定比例的润滑剂降低下套管摩阻,加入比例应考虑对后期固井的影响。对于易发生或已发生坍塌掉块的井段可注入高抑制性能稠浆段塞。

(2)提前落实套管及配套工具的准备和检查工作。

作业队要在地面检查好所有入井套管、接头及短节等,对管柱逐根编号并准确丈量长度,用通管规逐根通径,检查螺纹,保证油管畅通。下工具前必须丈量和记录入井工具的型号、内外径、长度等数据,并记录工程班报中。监督方应全程监督复核数据的准确性,项目监管人员应询问、抽查工作开展情况和数据是否一致。

① 管柱数据采集检查要点:井队和录井方共同完成管柱的编号和丈量,监督人员全程监督。

② 螺纹的检查要点:应注意任何穿越密封面的划伤,磕坑,锈坑等均为不可接受的瑕疵,在入扣面和承载面上的毛刺务必磨除,台肩上有大坑点也不可接受,螺纹长度内不可有黑皮和明显的凹坑。套管本体如果存在严重的腐蚀情况,也应予以更换。

③ 通径的检查要点:需符合工程设计要求,特别注意通径规的外径和长度,应逐根通径不可遗漏。保险起见,油套管上钻台时可投入 1m 左右外径 5~10cm 圆柱体(如拖把柄)检查是否存在阻塞,防止手套、擦洗螺纹的毛巾等物品误入油套管。

④ 工具的检查要点:工具到达现场后,对照清单清点数量,逐件核对材料号是否正确、各技术参数是否准确,对工具外径、内径、长度进行测量,检查外观是否完好,类型是否正确。

(3)施工队应检查并确保井口及防喷器正常有效,闸板心子应与入井管柱尺寸匹配,按设计要求试压合格,做到井口紧固、不刺不漏,压力表、指重表齐备完好。监督方应重点监督检查此项工作,做好记录,并向项目监管人员专项汇报井口及防喷器是否完好。

(4)准备油管旋塞阀,配齐相应的转换接头,加工的转换接头应符合 API 标准。

(5)做好油套管配套的套管钳、吊卡和卡瓦的准备和检查工作,特别是特殊管材(如超级13Cr)的配套工具准备,采用无牙痕套管钳时应优选好合适好用的牙板和金属衬网。

3. 提高油套管入井作业效率

(1)油套管入井前应由项目管理方组织施工各方进行技术交底。

(2)梳理油套管入井程序,提高作业效率,降低非作业时间。

(3)下油套管前应对井口进行清理,不必要的工具应收纳到工具房,常用工具应做好交接记录和防掉措施,确保施工安全。

(4)应严格对入井管柱每道螺纹按规定扭矩上扣,并检测上扣扭矩曲线是否合格。

(5)按设计做好管柱螺纹的气密封检测工作,提高该环节的作业效率可有效降低套管入井作业风险。

(6)应按设计控制合理的下套管速度,严禁猛提、猛刹、猛放。

(7)应确保油套管上扣质量,降低因质量问题频繁更换油套管造成的时间损失,过多的油套管废弃也可能导致现场备用管材不足而影响施工进度。

4. 完井工具入井和钢丝作业

完井工具入井及钢丝作业是注采井完井工程的最后阶段,作业涉及刮管、下通井管柱、下油管及完井工具、安装井口、洗井、替环空保护液、坐封封隔器等环节,其工序最为繁杂,施工方也最多,作业风险较大,不容忽视。

1)刮管通井

下入设计尺寸的套管刮管器,在封隔器坐封段及上下 5m 反复刮管。采用设计尺寸的通井规通至封隔器坐封位置,上下 50m 范围内反复通井 3 次。

2)下完井工具

(1)任何完井工具在过防喷器、套管四通时要小心缓慢下放,密切观察悬重变化,以免碰挂、刮伤封隔器、安全阀等井下工具。

(2)安全阀连接液控管线时需进行试压,并带压下入。

(3)安全阀检查要点:检查外观是否有损伤,打开安全阀保护螺帽,检查腔体内是否干净,做 HIF 接头,排除液压控制管线及腔体内的空气,将液控管线连接到安全阀上,并按要求带紧 HIF 接头;开关及试压。

(4)永久式封隔器下入位置应满足以下条件:井斜一般小于 35°;狗腿度小于 10°/30m;坐封位置避开套管接箍 2m 以上;坐封位置附近的生产套管固井质量合格。

3)安装注采井口

(1)关闭井下安全阀,观察油套压,确认安全后进行拆卸封井器,安装注采井口作业。

(2)拆卸挡泥伞、溢流三通、防喷器组、钻井四通。

(3)安装采气树应注意安装方向,按 API 标准上紧全部紧固螺栓,并对采气树整体试压。

4)反循环洗井

(1)保持井下安全阀处于打开状态,用活性水反洗井至合格。

(2)反循环洗井时应高度重视井控安全,做好有毒有害和可燃气体的监测,做好应急预案。

(3)循环洗井起泵时可能会发生起泵压力过高的现象,如果安全阀、地面阀门管线都正常,则可能是完井钻井液长时间静止,此类情况可通过倒换循环流程,改成正循环开泵,复杂解除后再恢复到反循环流程。

(4)在封隔器坐封前,如果需要正循环替液,泵排量应严格控制小于 $0.3m^3/min$。在封隔器坐封及验封过程中,需确保水泥车操作平稳、压力控制准确。

5)注环空保护液

按设计排量反循环替入环空保护液至井口。关采气树翼阀,观察套管压力变化情况,确认无异常后方可进行钢丝作业。

6)钢丝作业坐封封隔器

(1)作业钢丝的选择:现场应注意核查钢丝的规格是否符合设计要求,检查钢丝的本体外观是否有锈蚀,询问钢丝作业井数,严禁疲劳钢丝入井。

(2)钢丝作业过程中必须保证井下安全阀全开,严禁半开半闭或者中途泄压使安全阀关闭导致切断钢丝。作业方应常备钢丝绳头找寻和打捞工具。

(3)应加强钢丝作业工具入井前的检查工作,防止井下事故。

(三)水泥环密封完整性分析与评价

由于储气库设计寿命周期长(一般为50年),储气库运行时水泥环要长期承受注、采交变载荷的影响,井筒内压力频繁变化,所以储气库井对水泥环一次封固质量及长期密封性要求高。为保证储气库长期安全运行,必须保证一次固井质量及固井水泥环的密封完整性及长期密封性。

1. 储气库井运行特点及对固井水泥环密封性的要求

1)储气库运行特点

地下储气库要求在较短时间内反复强注强采,因此地下储气库必须具备气体"注得进、采得出、存得住"以及短期高产、高低压往复变化、长期使用的性能。

华北苏桥储气库的运行压力为 $19.0 \sim 48.5MPa$,新疆呼图壁储气库的运行压力为 $18.0 \sim 34.0MPa$,辽河双6储气库的运行压力为 $10.0 \sim 24.0MPa$。储气库长期注采作业中,天然气注入和采出的作业使作用在井内套管的内压力和温度交替变化,这种交变压力可能引起水泥石内部固有的微裂纹缓慢扩展、连通,导致水泥石疲劳破坏。

2)水泥环密封完整性的要求

水泥环密封完整性是指在储气库井服役期间水泥环能保持良好的密封完整性、结构完整性和功能完整性。水泥环密封完整性的要求为保证储气库井水泥环短期和长期的有效封隔,水泥石的固态性能要满足以下3个方面的要求:一是水泥石强度高,致密性好,耐腐蚀(酸性介质、热、自应力);二是具备一定的韧性,能抵抗钻井振动与射孔爆轰应力波冲击;三是水泥石形变能力可控,确保套管—水泥环—地层间力学形变协调。

3)储气库水泥石力学性能研究进展

近年来,针对储气库长期运行过程中水泥环容易密封失效的问题,探讨了储气库水泥环完整性的失效模式,建立了考虑套管、水泥环和地层相互作用的弹塑性有限元力学模型,分析了水泥石弹性模量、屈服强度对组合体密封完整性的影响。结果表明,水泥石的弹性模量较小时,变形能力强,载荷作用下不易于产生硬性压碎破坏,卸载后界面也不易撕开;水泥石屈服强度越高,卸载后界面抗撕裂能力越好,同时水泥环承受的荷载也越高。同时要指出的是,除水泥环本身的性能外,地层的力学性质、套管尺寸等参数对井筒完整性也有重要影响,尚需进一步深入研究。

2. 储气库水泥环密封完整性分析与评价

1) 对固井设计的要求

为保障水泥环密封完整性,从固井设计阶段就应进行充分考虑。针对储气库的地质特点及钻井难点,从提顶替效率效率、水泥浆体系选择、配套技术措施等方面,制订详细且可操作的要求,为保证水泥环密封完整性提前做好准备。

2) 对水泥浆性能的要求

生产套管及盖层段固井应采用韧性水泥,由于水泥石是"先天"带有大量微裂纹和缺陷的脆性材料,普通水泥浆体系难以满足储气库长期交变应力条件下长期密封的技术需求。因此,需要开发新的增韧材料实现水泥"高强度低弹性模量"特性,利用高强度抵御地层载荷,低弹性模量降低载荷传递系数,从而达到保持水泥石力学完整性的目的,增强水泥环和套管之间的胶结能力,从而有利于套管—水泥环—地层耦合的稳定。

储气库生产套管及盖层段固井应采用韧性水泥,韧性水泥开发的技术关键是优选综合性能好的增韧材料,选择韧性材料时,要重点考虑以下4个方面的问题:

(1) 选择的增韧材料时,对水泥石的24~72h、7d及长期抗压强度影响小。

(2) 水泥浆中加入增韧材料后,不能影响固井安全施工,不能影响水泥浆密度的均匀性。

(3) 选择增韧材料时,要考虑增韧材料与其他外加剂、外掺料的配伍性好,水泥浆浆体稳定性好,水泥石体积不收缩性,早期强度发展快,并有长期的强度稳定性。

(4) 加入增韧材料后的水泥浆体系,水泥石要达到高抗压强度、低弹性模量、强抗冲击性,且与地层岩性的力学性能相适应。

3) 水泥石力学性能改善

高性能、高强度、低弹性模量、能保证环空有效密封的水泥为制约储气库固井的瓶颈问题,储气库建设初期部分井固井质量差,主要是没有应用好的水泥浆。水泥石改性的原则是在保证水泥浆综合性能的前提下,对水泥石力学性能进行改造,降低水泥石的弹性模量,解决长期注采交变应力影响问题,在对水泥石力学性能改造的同时,不能破坏水泥浆的其他性能。后来通过应用高性能韧性膨胀水泥,以及加强井眼准备、工具可靠性等措施,固井质量有了明显提高。

3. 固井后质量评价

1) 对储气库固井质量的总体要求

(1) 水泥胶结质量检测选择声幅/变密度测井,生产套管及盖层段应增加超声波成像测井。测井资料按照相应技术要求进行处理,处理结果包括第一界面和第二界面胶结程度等内容,并对水泥环封固质量及层间封隔情况等进行综合评价。

(2) 生产套管和封固盖层段的技术套管固井胶结合格段长度不小于70%,自储层顶以上盖层段连续优质水泥段不小于25m。

2）套管柱试压的要求

生产套管采用清水介质进行试压，试压至井口处最大运行压力值的 1.1 倍，但不能超出生产套管任一点的最小屈服压力值，并考虑对水泥环完整性的影响，30min 压降不大于 0.5MPa 为合格。若套管试压井底压力大，可以采用分段试压的方法进行检验。

3）固井质量检测方法及要求

储气库井寿命周期长，注采井长期承受交变应力变化，因此井对套管的密封性、盖层段储气库、全井段提出了更高的要求。储气库固井质量评价就是在固井施工后检查是否达到了固井施工的目的。水泥环质量评价一般采用 CBL（水泥胶结测井）、VDL（变密度测井）、SBT（分区测井）或 IBC（套后成像测井）等。

（四）井筒安全试压技术

枯竭型气藏储气库试压值由气库运行压力和管柱强度联合确定井筒试压方法和试压值的大小。

Q/SY 1561—2013《枯竭型气藏储气库钻完井技术规范》中规定：生产套管应采用清水介质进行试压，试压至井口处最大运行压力值的 1.1 倍，但不能超出生产套管任一点的最小屈服压力值，并考虑对水泥环的影响。

对于深井可采取分段试压，或者封隔器分段试压，亦或者下部清水、上部气体联合试压。

对于深井也可借鉴盐穴型储气库采取气体整体试压，不过试压周期会延长，试压地面装置需增加投资。盐穴型储气库试压期间，生产套管鞋处所承受的压力，应为储气库运行设计上限压力的 1.1 倍，但不超过套管最小内屈服压力的 80%。每间隔 1h 记录 1 次井口压力表读数并测量气水界面位置，持续检测的有效时间应大于或等于 24h。检测过程中，地面井口装置、管汇应确保密封。检测结束后均匀释放出环空中的气体直至液体返出，套管鞋处降压速度宜小于 0.3MPa/h。观察 0.5h，确认井口处于安全状态后方可进行后续作业。若检测不合格，不宜在 21d 内进行再次检测。

（五）井口设备优选

1. 井口装置

储气库运行是注气和采气两个过程交替进行的，要求井口必须承受高压、高温，并具有一定的耐腐蚀性，同时应具有较好的气密封性能，便于运行管理操作。

1）基本要求

(1) 能适应储气库使用工况，如温度、压力、产量、腐蚀性气体及运行后动态监测要求。

(2) 主密封均采用金属对金属密封。

(3) 油管头四通与生产套管的密封为全金属密封。

(4) 出厂前必须进行水下整体气密封试验，确保采气树的质量。

(5) 闸阀为全通径，双向浮动密封阀门。

(6) 主通径与生产管柱配套。

(7) 井下安全阀控制管线可实现整体穿越。

(8) 与地面安全控制系统连接配套。

2)技术参数优选

(1)压力等级。

按照《井口装置和采油树设备规范》(API 6A)划分的压力等级选择,见表 4-5-10。

表 4-5-10　按 API 6A 划分的压力等级表

API 压力额定值(psi)	API 压力额定值(MPa)
2000	13.8
3000	20.7
5000	34.5
10000	69.0
15000	103.5
20000	138.0

(2)温度等级。

根据环境的最低温度、流经采气井口装置的流体最高温度选择井口装置温度等级。

按照《井口装置和采油树设备规范》(API 6A)划分的温度等级选择,见表 4-5-11。

表 4-5-11　按 API 6A 划分的温度等级

序号	温度类别	适用温度范围(℃)
1	K	-60~82
2	L	-46~82
3	P	-29~82
4	R	室温
5	S	-18~66
6	T	-18~82
7	U	-18~121
8	V	2~121

(3)材料等级。

根据注采井运行工况,可参照表 4-5-12 和表 4-5-13 进行优选。

表 4-5-12　井口装置材料等级优选表(此表由 CAMERON 公司提供)

材料级别	H_2S 分压 (psi)	CO_2 分压 (psi)	氯化物浓度 (mg/L)	最高温度 (℃)
AA(合金钢) 无腐蚀工况	0.05	<7	<20000	177
BB(合金钢,不锈钢) 中等腐蚀环境工况	0.05	7~30	<20000	177
CC(全不锈钢) 腐蚀环境工况	0.05	>30	<50000	121

续表

材料级别	H₂S 分压 (psi)	CO₂ 分压 (psi)	氯化物浓度 (mg/L)	最高温度 (℃)
DD(NACE 工况合金钢) 无腐蚀酸性环境	>0.05	<7	<20000	177
EE(NACE 合金钢,不锈钢) 中等腐蚀,酸性环境	>0.05	7~30	<50000	177
FF(NACE 全不锈钢) 中等腐蚀,酸性环境	0.05~10	>30	<50000	121
HH(全镶嵌镍基合金) 极端腐蚀,酸性环境	>10	>30	≤100000	177

表 4-5-13　API 6A 对井口装置等级的要求

API 材料等级	本体、阀罩、端部和出口连接	压力控制阀、阀杆、心轴式悬挂
AA——一般工况	碳钢或低合金钢	碳钢或低合金钢
BB——一般工况	碳钢或低合金钢	不锈钢
CC——一般工况	不锈钢	不锈钢
DD——酸性工况	碳钢或低合金钢	碳钢或低合金钢
EE——酸性工况	碳钢或低合金钢	不锈钢
FF——酸性工况	不锈钢	不锈钢
HH——酸性工况	耐腐蚀合金	耐腐蚀合金

对于储气库注采井井口装置材料等级的优选,应综合考虑注采井运行规律和腐蚀环境的变化情况,做到安全、适用、经济。

(4)产品规范等级(PSL)。

《井口装置和采油树设备规范》(API 6A)标准中规定了井口装置最低 PSL 等级选择标准,见表 4-5-14。

表 4-5-14　设备的质量控制要求表(节选)

要求	PSL-1	PSL-2	PSL-3	PSL-3G	PSL-4
通径测试	是	是	是	是	是
流体静力学测试	是	是	是,延长	是,延长	是,延长
气体测试	—	—	—	是	是
组装的追踪能力	—	—	是	是	是
连续性	—	是	是	是	是

此参数是对产品质量控制的要求,级别越高,要求测试的项目就越多。

(5)产品质量要求(PR)。

《井口装置和采油树设备规范》(API 6A)标准中产品质量要求分两个等级 PR1 和 PR2,并且明确了各自的具体要求。应根据井口各部分的使用工况确定产品质量要求,对于安全阀必须达到PR2的要求。图4-5-11为"十"字形采气井口装置。

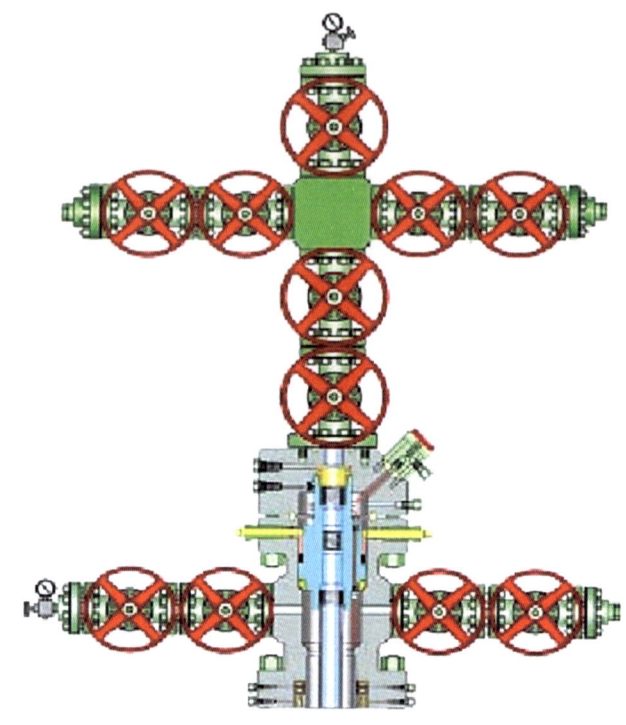

图4-5-11 "十"字形采气井口装置

2. 井口安全控制系统

储气库注采井长期生产的是高压天然气,并且地面环境复杂,安全环保要求严格,因此,井口安全系统应具备以下功能:

(1)在发生火灾情况下,可以自动关井。
(2)在井口压力异常时,可以自动关井。
(3)在采气树遭到人为毁坏和外界破坏时,可以自动关井。
(4)在发生以上意外,或者其他原因需要关井时,可以在近程或远程实现人工关井。
(5)能够实现有序关井,保护井下安全阀。

(六)油套管防腐

水平注采井井筒完整性主要包括管串的完整性和管外水泥环完整性两项核心内容,根据井身结构,对注采一体化管柱结构的密封薄弱环节原因分析:油套管螺纹或本体可能腐蚀穿孔或开裂导致漏气;环空水泥环胶结质量不好或在长期交变压力下封固失效;分级箍结构局限性造成其长期承压能力有限,出现漏气;注采管柱封隔器难以长期密闭油套环空,腐蚀老化等原因造成油套环空带压;技术套管下部套管偏磨、固井质量问题等原因也能造成储层气窜至上部地层。

综合分析,井筒密封性的关键是确保入井管串完整性和固井质量,而管材的选材研究对油套管应对腐蚀环境保障其运行寿命至关重要。国内 6 座储气库通过几年不断的研究和现场试验,针对各油气田不同腐蚀环境,已经形成具有针对性的管材选择程序和办法(表 4 – 5 – 15),可为储气库防腐工艺提供科学依据。

表 4 – 5 – 15　国内 6 座储气库开发井油套管材质

气田	油套管材质	主要规格 mm × mm	螺纹类型
西南相国寺	油层回接:0 ~ 1388m; 油层悬挂:1388 ~ 2277m	TP – 95S:ϕ177.8mm × 11.51mm TP – 95S:ϕ177.8mm × 11.51mm	特殊螺纹
新疆呼图壁	悬挂套管:3189 ~ 3633m; 回接套管:0 ~ 3189	HP1 – 13CR110:ϕ177.8mm × 12.65mm	特殊螺纹
长庆	套管:N80	ϕ114.3mm × 8.56mm	长圆螺纹
华北苏桥	套管:P110	ϕ114.3mm × 12mm	长圆螺纹
大港	套管:N80	ϕ139.7mm × 7.72mm	特殊螺纹
辽河	套管:N80	ϕ177.8mm × 9.19mm	特殊螺纹

十、老井处理技术

(一)老井评价与处理基本原则

油气藏型地下储气库是利用已枯竭或接近枯竭的油气藏改建而成。这类油气藏在开发过程中钻有很多探井和生产井,这些井大多年限较长,井筒情况复杂且其质量受到损坏,甚至有的井本身就是事故井或工程报废井。

枯竭型气藏储气库建库前需对区域内的老井进行评价。根据评价结果,符合储气库技术要求的可以作为储气库的监测井或采气井再利用,其余不符合要求的进行封堵处理。

1. 评价所需资料

利用枯竭油气藏改建储气库时,首先要对老井钻井资料进行详细复查,确认老井井身结构、套管组合、固井质量以及钻井事故的处理经过等;其次对老井开采期间的生产情况进行调研,包括试油资料、生产资料以及历次作业情况,详细了解停产前的射孔数据、各层生产数据及作业过程中套管损坏记录、井底落物记录等;最后进行现场踏勘,踏勘时需要确认老井位置、老井井口状况、周边自然环境以及作业井场和进出场道路等多项资料,为老井处理作业提供准确的资料。

对老井目前井况进行评价的相关资料至少应包括以下内容:

(1)老井周边环境。

(2)老井井口情况。老井井口位置及井口状况,如井口是否可见、井口装置是否齐全、套管头等井口附件是否完整等。

(3)井筒情况。老井属于正常生产井还是报废井;老井井筒是否存在补钻、套变、落鱼、套管错断等复杂情况,是否有井下落物或封隔器、桥塞等井下工具,井筒内原有水泥塞的具体位置等。

(4)管外固井质量。老井固井质量测井资料,固井第一界面和第二界面的胶结情况。

(5)老井历史资料。钻井井史、完井报告、试油射孔总结、历次修井作业资料、相关生产资料等。

(6)其他相关地质资料。包括储气层位的孔隙度、渗透率、温度、压力以及各老井所处构造位置等相关地质资料。

2. 老井评价与处理基本原则

在全面掌握老井资料的基础上,根据老井不同井况进行分类,并针对不同类型老井制订相应的处理措施。老井评价与处理的基本原则如下:

(1)掌握全面、准确的所有待评价老井的相关工程、地质资料,并重点排查是否存在以目前修井工艺技术无法进行有效处理的老井(如裸眼井、侧钻井、工程报废井等)。这些老井可能成为影响库址筛选的决定性因素,有时会因此类井的存在而影响储气库的建设。

(2)与地质方案相结合,初步筛选可以再利用的老井。

筛选、确定再利用老井时,除了需要考虑老井所处建库区块的构造位置外,还须要满足以下3个条件:

① 储气层及盖层段水泥环连续优质胶结段长度不少于25m,且以上固井段合格胶结段长度不小于70%。

② 按实测套管壁厚进行套管柱强度校核,校核结果应满足实际运行工况要求。

③ 生产套管应采用清水介质进行试压,试压至储气库井口运行上限压力的1.1倍或套管剩余抗内压强度的80%,30min压降不大于0.5MPa为合格。

经过评价,确认老井管外水泥胶结质量或套管质量不能满足上述要求,该老井将不能进行再利用,而进行永久封堵处理。

(3)针对不同待封堵井的井况特点,分别制订相应的封堵处理措施,制订封堵措施须遵循如下原则:

① 防止天然气沿井筒内外窜至井口,以保障储气库对周边环境的安全。

② 采取必要的措施,使储气层与其他层之间不窜,确保储气库整体密封性,减少天然气由储气层窜向其他非储气层造成的损失以及带来的安全隐患。

③ 老井封堵效果必须长期有效,满足储气库多个注采周期、高低交变应力运行工况特点的要求。

(二)老井评价内容及方法

储气库老井处理前的评价内容,主要包括井口坐标及井眼轨迹复测、管外水泥胶结质量评价、套管剩余强度及承压能力评价等。通过评价,可以掌握老井目前状态,有利于制订有针对性的处理措施,而且为建设数字化储气库的需求,留存库区内老井的相关过程资料。

(1)井眼轨迹复测。

(2)管外水泥胶结质量评价。

储气库老井在处理之前需要对管外水泥胶结质量进行评价,一方面,判别该井是否满足老井再利用条件;另一方面,通过固井质量评价结果为封堵井提供处理依据。

(3)套管剩余强度评价。

当储气库老井需要再利用时,必须进行生产套管剩余强度评价,其目的是确定再利用井管柱强度是否满足储气库运行工况的要求,评价的主要依据是套管壁厚及内径的变化情况。

(4)套管承压能力评价。

储气库老井处理时需要对套管承压能力进行评价,套管承压能力评价主要以套管试压值为依据。对于封堵井而言,通过套管承压能力评价,一方面,可以查找套漏点或未知射孔层,确认套管目前状态;另一方面,也可以为封堵施工时最高挤注压力确定提供依据;对于再利用井而言,通过套管承压能力评价,可以确定其套管质量是否满足储气库运行工况要求。

当老井再利用为采气井或监测井时,需对老井生产套管用清水试压至储气库运行时最高井口压力的1.1倍或套管剩余抗内压强度的80%,如试压结果满足要求,则允许将老井再利用,否则需转为封堵井。

在现场实际操作时,要注意试压工艺的选择。笼统试压工艺简单,现场操作简便,但某些情况下,不能采用笼统试压方法。如建库储气层位较深,若试压至储气库井口最高运行压力的1.1倍时,虽然满足相关标准要求,但井底套管将承受超高压力,造成套管损坏,甚至可能会超过套管的抗内压强度。此时,需要采用分段试压的方法,即用封隔器对不同井段套管分别以不同压力值进行试压,各试压压力值与井筒内液柱压力相加达到储气库井口最高运行压力1.1倍压力值。

(三)老井利用技术

1. 老井利用原则

储气库老井再利用一般主要用作如下几类:气水界面和压力的观察井、盖(断)层密封性的监测井、采气井、注采井和排液井。

根据井筒工况条件需要,老井利用的基本原则如下:

(1)油层套管为气密封套管,无腐蚀、无变形,固井质量较好,在零套压工况下,可以作为注采气井。

(2)油层套管为非气密封套管,无腐蚀、无变形,固井质量较好,在零套压工况下,可以作为采气井。

(3)油层套管固井质量较好,套管无变形,区块边界部位老井,在零套压工况下,可以作为监测井。

对于前面通过资料定性分析筛选出的再利用老井,根据上述利用原则,进行再利用初步分类,并且通过修井过程中的技术手段来判定是否满足再利用井的条件,若不能满足则转入永久性封堵处理。

2. 老井修井再利用技术

1)技术思路

通过电测套管固井质量、套管壁厚、井眼轨迹、计算变薄后的套管强度、试压等技术措施,对井筒是否满足老井再利用条件进行评价,若满足条件则修井后下入完井监测管柱;若不满足条件则进行永久性封堵处理。

2)井筒准备

井筒准备的目的是通过修井手段,验证井筒状况,为后期完井创造条件,典型的井筒准备工序设计如下:

(1)泄压、压井(简易井口考虑带压钻孔)。

(2)整改井口(建立起下钻井控条件)。

(3)起出井内管柱(井内有管柱时进行此项)。

(4)刮管、通井、桥塞暂闭(井内液面过低影响电测效果时桥塞暂闭)。

(5)电测(电测内容:固井质量、壁厚、井眼轨迹)。

(6)全井试压(按套管剩余强度试压)。

(7)钻磨桥塞(建立畅通的井眼条件)。

(8)评价井筒状况。

3)完井设计

若确定进行再利用,则应根据储气库储层特点并结合不同利用目的进行相应的完井设计,保障安全运行。

(四)老井封堵工艺

储气库老井的风险点主要集中在井筒、储层以及管外环空,因此老井封堵应由井筒封堵、储层封堵和环空封堵三个重要部分组成。井筒封堵通常采用 G 级油井水泥注井筒水泥塞处理措施,而储层封堵和环空封堵主要采用高压挤堵的处理措施,所用堵剂体系主要是以超细水泥为主体并复配多种水泥添加剂的复合体系。

(五)老井封堵工艺方法及参数优化

储气库老井的安全隐患主要有两个方面:一是注入的天然气沿固井水泥环第一界面和第二界面向上(下)运移,或沿着射孔孔眼窜入井筒,向非储气层位和井口运移,使天然气向非目的层或井口泄漏;二是封堵后的老井在储气库运行过程中由于应力的高低交替变化,造成固井水泥环、水泥塞破坏,使注入的天然气发生泄漏。因此,不管采用何种封堵工艺,均要求处理后的老井可以彻底封堵注气层位、非注气层位、管内井筒以及管外环空,有效防止层间窜气、井筒漏气以及环空窜气,保证储气库的整体密封性。

1. 老井处理施工流程

储气库老井特点及封堵质量要求决定了其处理流程不同于常规井下作业修井施工流程。储气库老井处理施工过程严格遵循"由地面到地下,由井口至井筒,先测试后封堵"的处理原则。处理流程包含以下内容:

(1)修复井口。对于地面井口装置遭破坏的井需首先进行井口的修复,以满足安装井口装置和后续作业要求。

(2)处理井筒。指采用通井、刮削和各种大修工艺(如套铣、磨铣、钻铣、打捞等)将老井井筒进行清理的过程,一般需要将井筒清理至储气层以下 20~30m。

(3)测井评价。按要求进行井口坐标复测、陀螺(或连续井斜)测井、固井质量测井、套管壁厚及套管内径检测、电磁探伤测井等项目。

(4)综合评价。对拟再利用井的套管剩余强度、固井质量、套管承压能力等进行综合评价,以评估老井目前状况是否满足储气库运行工况的要求,如评价结果不理想,则取消该井作为再利用井的方案,将其进行封堵处理。

(5)处理老井。对于需弃置的老井进行有效封堵；对于再利用老井按用途下入相应的完井管柱。

(6)恢复井场。对井口及作业井场按要求进行处理。

2. 老井封堵施工工艺

目前，所应用的老井封堵工艺方式多种多样，归纳起来主要有以下几种：

(1)循环挤注工艺。循环挤注工艺是将油管下到封堵层位的底界，将堵剂循环到设计位置，然后上提管柱，洗井后，井口施加一定压力使堵剂进入储气层的施工工艺。使用该工艺时，堵剂与地层接触时间较长，对堵剂整体性能要求高，施工过程也较为繁琐，不适合跨度较大的多层段地层的封堵。

(2)吊挤工艺。吊挤工艺是将油管下至待封堵层位顶界，施工过程先将堵剂顶替至油管内一定位置，然后关闭套管阀门，油管内施加一定的压力，将堵剂完全挤出油管，挤入地层；而后，为保证施工安全，再关闭油管阀门，打开套管阀门，继续反挤一定量液体，循环洗井后，关井候凝。该工艺虽施工中避免了起管柱，但对堵剂用量的控制必须相当精确，稍有不慎便会出现"插旗杆"或"灌香肠"等井下事故，且施工过程不可避免引起堵剂的返吐，不能实现带压候凝；另外，也不适合跨度较大的多层段地层的封堵。

(3)插管式封隔器(桥塞)挤注工艺。插管式封隔器(桥塞)挤注工艺是将插管式封隔器(桥塞)坐封在待封堵层位的上部，然后下入带插管的油管，将插管插入封隔器(桥塞)，此时单流阀开启，可对储气层进行高压挤注，挤注完成后，提出插管，封隔器的单流阀自动关闭，使挤注层段实现带压候凝，反循环洗井后，关井候凝。该工艺施工工序简单，针对性强，可实现带压候凝，有效防止堵剂返吐，提高封堵质量，但其对插管式封隔器(桥塞)胶筒的耐温性及抗老化性要求较高，尤其是在高温高压条件下应用时，对胶筒及其整体性能要求更为严格。

(4)电缆(钢丝)输送打塞工艺。电缆(钢丝)输送打塞工艺是一种新兴工艺方法，其是将特制的注灰器用电缆或者钢丝输送至目的层位，用机械或者爆炸点火的方式打开注灰器，将堵剂准确输送至目的层位的施工工艺。该施工工艺能显著缩短施工时间，节约成本，且注塞位置精确，施工过程不引起井内液面的变化，适合漏失井施工，另外，对于小夹层的封堵优势明显。

根据储气库的运行特点以及对老井封堵质量的要求，储气库老井封堵施工工艺应该优选循环挤注工艺和插管式封隔器(桥塞)挤注工艺，具体来说：对于单独射开储气层的井，如果储气层间跨度不大、层间非均质性不严重，应选用循环挤注工艺；而对于储气层与非储气层共存的井，如果各射孔层段之间跨度较大、储气层间非均质性严重或是射孔层位以上套管存在套损等问题，此时应选用插管式封隔器(桥塞)挤注工艺。

3. 老井封堵施工步骤

储气库老井封堵总体施工步骤如下：

(1)压井。选用合适密度及类型的压井液压井，要求压井后进出口液性一致，井口无溢流及明显漏失现象。

(2)安装防喷器。根据地层压力情况选用合适级别的防喷器，并按相关标准对防喷器进行试压，保证其处于良好工作状态。

(3)起原井管柱。如果井内有原井管柱(油管及抽油杆等生产管柱)，则将原井管柱提出，起管过程中需严格控制速度,并根据井控要求及时灌注压井液,保持井内压力平衡,井口无溢流。

(4)通井。根据套管内径选用合适的通径规进行通井,确认目前井筒状况,落实有无套变、落鱼等复杂井况。若井筒内有复杂井况,则采取相应的大修处理工艺(如套铣、磨铣、钻铣、打捞等)将老井井筒进行清理,一般需要将井筒清理至储气层以下20~30m。

(5)刮削。根据套管内径选用合适规格的刮削器进行井筒刮削,并在封隔器及桥塞坐封位置反复刮削三次以上直至悬重无变化。

(6)清洗井壁。用清洗剂(主要是油溶性表面活性剂)对套管内壁附着的油污进行清洗,要求干净、彻底;如清洗不彻底,套管壁残余油污会影响后期堵剂的胶结,使固化后的堵剂在套管壁附近形成微环空或缝隙,存在井筒气窜的风险。

(7)套管试压。将封隔器坐封在封堵层位上部5~10m,对上部套管进行试压,试压值应达到或超过最高挤注压力值,避免挤注堵剂过程对上部套管造成破坏,同时验证上部套管的抗压强度。对于再利用井,需对老井生产套管用清水试压至今后储气库运行时最高井口压力的1.1倍。

(8)资料录取。采用 GPS 重新测定井口坐标;陀螺或连续井斜测井复测全井井眼轨迹;CBL/VDL、SBT 和 RIB 等常用测井手段进行全井固井质量检测,对于再利用井需要加测四十臂井径和电磁探伤测井,并进行套管质量综合评价。

(9)确定封堵体系。根据封堵目的层孔喉半径选取合适粒径范围的堵剂,并根据目的层的温度和压力等参数进行室内稠化模拟实验,确定堵剂配方。

(10)确定堵剂用量。根据挤注半径、射孔层位厚度、目的层有效孔隙度以及井筒内堵剂留塞高度来确定堵剂用量。

(11)确定封堵工艺。根据不同井况特点选取合适的封堵工艺。

(12)确定最高挤注压力。最高挤注压力通常设定为地层破裂压力的80%,且不超过油层套管抗内压强度极限值,地层破裂压力可根据破裂压力系数进行推算。

(13)挤注目的层。根据确定的堵剂体系、封堵工艺及施工参数封堵目的层,候凝结束后应采用正向试压与氮气(液氮或汽化水等)掏空后反向试压相结合的试压方式验证封层效果。

(14)注井筒水泥塞。采用循环注塞工艺和带压候凝方式注井筒水泥塞,储气层顶界以上管内连续水泥塞长度应不小于300m,一般来说应注到生产套管水泥返高位置以上。

(15)锻铣套管。如果前期固井质量检测管外水泥环不能满足要求,在盖层位置选取合适的井段锻铣油层套管40m以上,扩眼后加压挤注堵剂进行封堵。

(16)灌注保护液。为延缓套管腐蚀速度,同时提供液柱压力以避免漏失气体直接窜至地面,水泥塞上部井筒灌注套管保护液。

(17)下完井管柱。为保留弃置井应急压井功能,确保出现井筒窜气等异常情况能快速压井,弃置井封堵完井时应下入一定数量的油管作为压井管柱。

(18)封堵收尾。恢复井口采油(采气)树,油层套管、技术套管环空安装压力表,以便巡井观察。

(19)标准化井场。为了规范储气库弃置井的管理,保障储气库安全,同时确保在出现紧急情况时可实现应急作业,储气库封堵井井场和进场道路均需要保留,并进行井场标准化。

(20)定期检查。建立定期巡井制度,定期记录油层套管、技术套管带压情况,做好备案。

4. 老井封堵工艺参数优化

老井封堵施工中各相关参数设计是否合理,直接决定着老井的封堵质量。施工之前必须对各关键参数进行优化设计,以确保老井封堵质量达到设计要求。这些参数包括挤注压力、封堵半径、堵剂用量、井筒水泥塞长度等。

1)挤注压力的确定

挤注压力直接影响老井的封堵效果,如果设定的挤注压力太低,堵剂不能完全挤入地层,将会降低封层效果;如果设定的挤注压力太高,易使生产套管破裂,无法准确向目的层挤注堵剂,严重时还会压裂地层,造成堵剂大量漏失,无法保证封堵效果。

最高井底压力原则上不应该超过地层的破裂压力,为安全起见,通常设定井底压力为地层破裂压力的80%,且不超过油层套管抗内压强度极限。

2)封堵半径的确定

理论上来说,封堵半径越大,其封堵效果越好,但封堵半径受地层物性和工程因素的制约。要设计合理的封堵半径,还必须综合考虑以下几点因素:

(1)封堵目的层的孔隙度、渗透率等原始地层物性情况。

(2)固井时第一界面和第二界面可能存在弱胶结情况,为获得较大处理半径而采用高压挤注时,存在破坏第一界面和第二界面的危险,影响整体封堵质量。

(3)由于长期开采,目前地层压力比原始地层压力要低得多,地层孔隙会有一定程度的闭合,孔隙度和渗透率会降低,造成堵剂不易进入地层深部。

综合考虑上述因素,为保证堵剂能顺利挤入地层,起到有效封堵目的层的作用,一般设计封堵半径为 0.5~0.7m。这与实际统计的部分储气库老井实际封堵半径是一致的,表 4-5-16 为国内部分储气库老井挤注半径统计情况。这些储气库均已运行多个注采周期,迄今还未发现老井漏气现象,这说明 0.5~0.7m 的设计处理半径是合理的,可以保证储气库的整体密封性和运行安全要求。

表 4-5-16 部分储气库老井挤注半径统计表

区块	井号	最高施工压力（MPa）	挤入堵剂量（m³）	封堵半径（m）
板中南 板中北	板深 5-1	20	2.7	0.67
	板 856	20	8.3	0.74
	板 845	20	6.5	0.56
	板 810	19.5	5	0.74
板 808、板 828	板 806	20	9.8	0.7
	板 829-7	20	5.4	0.6
	板 852-4	23	8	0.55
	板 852-1	17	10.5	0.65
	板 808-1	23	9	0.65

续表

区块	井号	最高施工压力（MPa）	挤入堵剂量（m³）	封堵半径（m）
京58	58－3	20	4.9	0.86
	58－8	20	4.0	0.76
	58－19x	20	5.8	0.85
	58－22x	20	5.3	0.81
	58－28	20	3.6	0.62
	58－6	18	3.8	0.83
	58－14	20	2.9	0.87
	58－16	19	3.5	0.79

3）堵剂用量的确定

老井封堵施工中堵剂用量的确定需根据挤注半径、射孔层位厚度、地层有效孔隙度以及井筒内堵剂留塞高度来确定。堵剂的理论用量可以根据下述公式确定：

$$V_{剂} = \pi(R^2 - r^2)H\phi + \pi r^2 h \tag{4-5-8}$$

式中 $V_{剂}$——封堵施工所需堵剂的理论用量，m³；

R——封堵半径，m；

r——井筒半径，m；

H——射孔层位有效厚度，m；

ϕ——射孔层位有效孔隙度，%；

h——井筒内堵剂留塞高度，m。

现场确定用量时一般还应附加30%~50%，并且根据封堵目的层吸收量的大小对计算用量进行优化调整。

4）井筒留塞高度的确定

封堵射孔井段时，井筒内留塞高度目前国内没有统一的标准。美国有关报废井作业的标准中规定：对有套管的废弃井用水泥封堵射孔井段时，井筒内水泥塞的位置从射孔井段以下15.24m至射孔井段以上15.24m。初期，国内储气库废弃井封堵射孔井段时，井筒内留水泥塞高度不少于50m。近年来，国内实际施工中，射孔层位以上连续水泥塞的高度一般执行"储气层顶界以上管内连续水泥塞长度应不小于300m的规定"。

第六节 注采工艺

建设完成的储气库注采井，其主要目的是在天然气使用低峰时向地层大排量高强度注气，使用高峰时从地层大排量高强度采气。因此，储气库注采工艺参数设计、注采管柱的功能性及可靠性设计、完整性施工非常重要。应综合考虑注采需求及地层能力，设计合适尺寸和性能的、技术成熟的注采管柱及配套工具、井口装置，并配套成熟的注采管柱防腐蚀技术，减少施工操作程序和修井次数。在储气库注采期间,要对注采井工作状态进行监测,对出现问题或怀疑有问题的注采井或服役一定年限的注采井,要进行测试评价或井筒完整性评价,确保储气库注采井在安全状态下生产。

一、注采参数设计

(一)基本原则

对地下储气库注采井进行注采参数设计时,油气藏开发中所遵循的一般原则和方法也是适用的。但是由于地下储气库有其独特的运行规律和使用工况,还要遵循一些特殊原则:

(1)储气库注采井既是注气井、又是采气井,具有双重功能,既要满足地质方案要求,又要满足地面工艺的需要。

(2)储气库注采井必须满足长期周期性交变应力条件下安全运行的需要,优选先进、成熟、适用的技术,实现最佳经济效益。

(3)储气库的主要作用是城市调峰,库址一般选择在城市附近,人口稠密、环境复杂,并且储气库内储存的是高压天然气,因此注采参数要充分考虑安全、环保要求。

(4)利用气藏建库时,气藏处于枯竭或开发中后期,储气层压力低,为保证注采井具有较高的产能,要优化各种工艺及参数,尽量降低作业时造成的储气层伤害。

(5)储气库注采井大多为丛式定向井、水平井,在井下工具的选型、工艺操作的设计、注采管柱的校核等方面都要考虑井斜的影响,必要时要对钻井工艺提出要求。

(6)要考虑管柱防腐问题,以延长注采井的免修期。要根据储气库运行工况,考虑腐蚀环境变化,综合确定经济合理的防腐措施,满足注采井长期防腐的需求。

(7)注采工艺管柱要满足随时监测地下动态参数的要求。

(二)注采能力设计

合理的注采能力是储气库方案设计的核心指标之一,是决定储气库生产规模的重要依据。注采井采气时,流体从地层流入井底,由井底流到井口,由井口流到地面管线;注气时,气体从地面管线流到井口,由井口流到井底,由井底流入地层。这是一个流动连续、流态不同的协调流动过程。

1. 注采能力优化

在注采井生产(注气、采气)的整个协调流动过程中,天然气一直处于封闭连续的系统中,遵守物质平衡原理和能量守恒定律。影响单井注采能力的主要有地层流动能力、井筒流动能力以及地面设备(包括气嘴、集注管汇)的流动能力,只有三者协调一致时,注采井的注采能力才是最高的。为了使各部分流动协调成为有机整体,需要应用系统分析的思想,用节点分析的方法,研究注采流量、压力和温度等参数在注气系统中的变化规律,选定合理注采流量。

(1)采气能力优化,包括地层流入能力、井筒流出能力、地面设备流动能力、单井采气能力等优化。

① 地层流入能力:流体从地层流入井底的过程,是流体在地层多孔介质中的复杂渗流过程,其渗流规律遵循达西定律,一般用产能方程(指数式方程或二项式方程)来表述流入特征。利用系统试井测试资料处理、分析得出地层产能方程,可以计算出不同地层压力、不同井底流

压时的地层生产能力,从而绘制出注采井 IPR 流入动态曲线。

② 井筒流出能力:井筒流出动态是井筒内压降与流量间的函数关系,取决于油管尺寸和流体性质。利用气藏改建而成的储气库,其注采井采气生产时,由于开发生产中边(底)水的侵入,气体中都会含有不同量的水和油。储气库投产初期,油水含量较高,随着储气库的不断注采运行,多个注采周期后,油水含量才逐渐下降。因此,储气库注采井井筒流出能力是属于多相流范畴。多相流压力梯度是静水压力梯度、耗于摩阻的压力梯度和耗于加速度的压力梯度三个作用之和。一般各相之间的化学效应可以忽略,但黏度、密度、表面张力等因素应加以考虑。多个注采周期后,注采井趋于单相气流,计算相对简单,现有许多出版物均有论述。Smith(史密斯)、Cullender(库楞勒)、Brinkley(勃林克莱)等都为此类计算研究了各种方程式。储气库注采井大多为丛式定向井,受注采管柱配套工具的约束,注采井斜角一般在 40°以内。当井斜角小于 20°时,用标准的垂向流相关式是可以的;当井斜角大于 20°时,采用哈格多恩垂直流滞留相关公式是比较可靠的。

③ 地面设备流动能力:储气库的主要作用是"削峰平谷",保障目标市场用气安全和保障长输管道的平稳运行。因此,储气库内储存的天然气来自长输管道,最终采出后还要还于长输管道之中去。然而,天然气自储气库注采井中采出后,进入到天然气管道中需要较高的压力,具体数值视不同管道要求而不同。储气库的运行不同于油气田开发,它不以获得最大的最终采收率为目的,因此其运行下限压力不能低至废弃压力。储气库运行下限压力的确定要综合考虑以下因素:

a. 低压力对储气库密封性的影响;

b. 最低压力所对应的储气库最小生产能力;

c. 最低压力对应的区块流体分布状态,考虑油或水侵入对库容和产能的影响;

d. 最低压力对应的井筒流体组分,尤其是气液同产井。

因此,储气库运行时其下限压力也会保持在较高水平。应通过井筒流出能力分析,优化注采管柱尺寸,最大程度地利用地层能量(避免增压设备)实现天然气外输,降低投资,提高储气库经济效益。

单井采气能力优化:只有当地层流入能力和井筒流出能力协调一致时,即流入曲线和流出曲线的交汇点,单井产能最大。

后续再根据最小携液流量和最大冲蚀流量确定单井产能。

(2)注气能力优化,包括注气系统模型建立、地层注入能力、井筒注入能力、地面设备注入能力、单井注入能力等优化。

① 注气系统模型建立:注气系统模型的建立与采气系统模型流程相反。流入段为从井口到井底,从井底到储层。需考虑注气压力、温度及流量、压缩机和管网能力、注入气体的成分及性质、注气井条件及状况等因素。也要根据注气节点分析模型,进行注气期流入流出动态模拟,确定影响注气能力的敏感性因素。

② 地层注入能力:储气库在进行方案设计时,大都没有进行过现场注气能力试验,通常作法就是利用产能(琼斯二项式)方程:

$$p_r^2 - p_{wf}^2 = aq_g + bq_g^2 \qquad (4-6-1)$$

得出注气方程：

$$p_{wf}^2 - p_r^2 = aq_g + bq_g^2 \qquad (4-6-2)$$

式中　p_r——平均地层压力，MPa；

　　　p_{wf}——井底流压，MPa；

　　　a——层流系数；

　　　b——紊流系数；

　　　q_g——气井绝对无阻流量，$10^4 m^3/d$。

大张坨储气库在建库前是利用循环注气方式开发的凝析气藏。建库前进行注气能力测试，分析研究，注气规律也遵循达西定律，但得出的注气产能方程与采气产能方程还是有一定差别。

文96储气库，利用试注气井文96-储5流压测试资料，拟合PI指数，再应用节点分析结果修正PI指数，得到修正产能方程。利用储5井实测流压数据修正产能方程后，模拟计算结果与实际测试数据对比平均误差1.13%。

修正产能方程：

$$Q = 0.082 \times 10^4 (p_{wf}^2 - p_{ws}^2) \qquad (4-6-3)$$

修正PI指数：

$$J = 0.082 \times 10^4 \qquad (4-6-4)$$

式中　Q——产气量，$10^4 m^3/d$；

　　　p_{ws}——井口压力，MPa；

　　　J——PI指数，$m^3/(d \cdot MPa)$。

③井筒注入能力：井筒注入压力梯度的计算与生产时压力梯度计算的相关式一致，仅需注意式中各项符号正负的变化。注气时可按单相气流考虑。

④地面设备注入能力：主要是通过单井注入能力优化，计算出不同地层压力、不同注气量情况下，所需井口注气压力，这就决定了压缩机的排出压力。这在选用压缩机的技术规格中是很重要的。显然，所需注气压力越大，所需的压缩机的排出压力也越大，从而，在不变的吸入压力下，相同气量所需的压缩机功率就要越大。

⑤单井注气能力优化：注气能力的设计与采气能力的设计原理及程序相似，由于储气库采用注采合一井，注采井既注气也采气，因此，对于注采管柱管径的敏感性分析，以重点考虑采气工况为主。

优化的注气能力应留有上调空间，以弥补注气井随注采周期的延长而出现的能力降低。

2. 限制性流量计算

（1）最小携液流量。

利用气藏改建储气库，地层出液是不可避免的。为了确保连续排液，注采井能持续自喷生产，需确定一个临界流量。即注采井在多相流条件下生产时，油管内任意流压下能将气流中最大液滴携带到井口的流量，称为最小携液流量。由于随着气流沿采气管柱举升高度的增加，气流速度也增加,为确保连续排出流入井筒的全部地层液,在采气管柱管鞋处的气体流速必须达到连续排液的临界流速。

目前,应用较多的是利用基于液滴模型的 Turner 公式计算最小携液流量。

$$q_{sc} = 2.5 \times 10^4 \frac{p_{wf} v_g A}{TZ} \quad (4-6-5)$$

式中 q_{sc}——最小携液产气量,$10^4 m^3/d$;
v_g——气体流速,m/s;
A——油管内截面积,m^2;
T——气流温度,K;
Z——天然气偏差系数。

显然,缩小采气管柱直径利于排出井底积液,延长自喷期。但是,小直径会增加井筒流出的压力损失,降低井口压力,造成采出气体无法正常进入天然气管网。因此,需要综合考虑各因素的影响。

从目前国内储气库实际运行情况来看,存在因井底积液造成注采井停喷,无法完成调峰气量的实例,说明储气库注采井的井底积液问题也需要关注。

(2)最大冲蚀流量。

地下储气库注采井与普通气井相比,吞吐量较大,平均日采气几十甚至上百万立方米,并且使用周期长。因此,井筒中高速流动的气体对管柱产生的冲蚀作用值得关注。冲蚀是指材料受到小而松散的粒子流冲击时,表面出现破坏的一类磨损现象。

冲蚀产生的原因及影响因素:高速气体在油管内流动,气分子冲击油管表面产生压缩应力波,压缩波在油管晶体中传播,产生大量位错,因晶界阻碍位错移动造成错堆积,产生应力集中,导致裂缝萌生和扩展。由此可见,冲蚀的发生与是否有腐蚀无关。

在影响冲蚀的因素中,粒子动能是衡量冲蚀的最主要因素。粒子动能涉及两项指标,粒子速度和粒径。

粒子速度:粒子速度对材料冲蚀的影响是研究冲蚀机理的重要内容。目前比较认同的规律是冲蚀程度与粒子速度呈指数关系:

$$W = kv^n \quad (4-6-6)$$

式中 W——冲蚀失重;
v——冲击速度;
k,n——常数。

高速气体在管内流动时发生显著冲蚀作用的流速称为冲蚀流速。研究表明,当气体流速低于冲蚀流速时,冲蚀不明显;当气体流速高于冲蚀流速时,会产生明显的冲蚀,严重影响气井的安全生产。气体流速超过一定范围,随着流速增加,冲蚀加剧,如果气体流速增加 3.7 倍,则冲蚀程度可提高 5 倍。

众多研究表明,冲蚀受粒径影响很大,当粒径降低时,冲蚀减小。但研究发现,同一种材料,当粒径降到一定程度后,冲蚀失重规律发生变化,其原因是由于粒子冲击动能的降低,导致了冲蚀机理由冲击破碎转变为划伤机制。

① 防冲蚀措施:通过冲蚀影响因素的分析,对于地下储气库注采井冲蚀问题的防治有两条思路:一是改变油管用钢特性;二是控制气体流速。

② 改变油管用钢特性:按照日常模式思考,硬的东西抗磨损性能好。但研究表明,对于给定的合金钢,冲蚀程度不因热处理或冷加工使合金硬度提高而降低。因此,试图通过提高管柱硬度来防冲蚀是不可取的。实际上,冲蚀性能是对组织不敏感的一种物理性质,弹性模量才是影响材料抗冲蚀能力的直接、关键因素。因此,可以通过合金化或材料复合等手段来提高材料的抗冲蚀性能。

对于地下储气库注采井,可以考虑采用共晶钴基合金材质的油管提高抗冲蚀性能,但在现场实际应用中,由于注采施工工艺、投资等多方面因素的影响,还不能推广应用。

③ 油管内涂层处理:由于冲蚀过程是在油管表面发生,可以通过对油管表面进行涂层处理减少冲蚀的磨损。但值得注意的是,由于涂层结构是层片状颗粒镶嵌叠加结构,颗粒结合面会发生破坏,导致涂层剥落,产生冲蚀,这时的冲蚀比单纯的基体材料冲蚀要严重得多。

从目前国内已经建成的地下储气库注采完井情况来看,其完井、修井作业中需要进行多次钢丝投捞作业,极易损坏内涂层。因此,用油管涂层防冲蚀不适于地下储气库的建设。

对于地下储气库注采井可以考虑如何将油管中的高压流动气体的流速控制在冲蚀流速以下,以减少或避免冲蚀的发生。

对于冲蚀流速的确定,由于其受到众多因素的影响,还没有准确的计算方法。

1984 年,Beggs 提出的冲蚀流速方程,和 API RP 14E 提出的最常用冲蚀模型相同。在普光气田和大港油田地下储气库建设中,采用的均是 API RP 14E 推荐的冲蚀流速计算公式:

$$v = \frac{C}{\sqrt{\rho}} \tag{4-6-7}$$

式中　v——冲蚀流速,m/s;
　　　C——经验常数;
　　　ρ——混合物密度,kg/m³。

由于地下储气库担负紧急调峰的任务,采气量是根据目标市场用气量确定,因此,控制气体流速的方法只能是根据采气量确定合理的油管尺寸。

$$v = 1.47 \times 10^{-5} \frac{Q}{d^2} \tag{4-6-8}$$

$$\rho = 3484.4 \frac{\gamma p}{ZT} \tag{4-6-9}$$

由此可得出一定采气量下的最小油管直径:

$$d = 2.946 \times 10^{-3} \sqrt{Q \sqrt{\frac{\gamma p}{ZT}}} \tag{4-6-10}$$

式中　Q——采气量,$10^4 m^3/d$;
　　　d——油管内径,mm
　　　γ——气体相对密度;

p——油管流动压力,MPa;
Z——气体压缩系数;
T——气体温度,K。

根据井筒体积流量与地面标准条件下体积流量的关系式:

$$\frac{p_S}{Z_S T_S} Q_S = \frac{p}{ZT} Q \quad (4-6-11)$$

式中 Q_s——标准条件下采气量,$10^4 \mathrm{m}^3/\mathrm{d}$。

当地面标准条件取 $p_s = 0.101\mathrm{MPa}, T_s = 293\mathrm{K}, Z_s = 1.0$ 时:

$$Q = 3.447 \times 10^{-4} Q_s \frac{ZT}{p} \quad (4-6-12)$$

代入可得:

$$d = 5.469 \times 10^{-5} Q_s^{0.5} \left(\frac{\gamma ZT}{p}\right)^{0.25} \quad (4-6-13)$$

临界冲蚀流量计算公式:

$$Q_c = 5.164 \times 10^4 A \left(\frac{p}{ZT\gamma}\right)^{0.5} \quad (4-6-14)$$

式中 Q_c——气体冲蚀流量,$10^4 \mathrm{m}^3/\mathrm{d}$;
A——油管截面积,m^2。

对一个地下储气库,根据地质条件、用气需求等条件确定日均产气量和应急产气量后,即可确定为防止或减少冲蚀发生所需的油管最小直径。

通过以上问题分析研究可知,对于地下储气库,应确定合理的油管尺寸,使油管中气体流动的速度控制在合理范围内,不至于产生明显的冲蚀。冲蚀流速不要限制到不必要的低值,以避免选用过大直径的油管,造成浪费。确定防冲蚀油管尺寸时,要兼顾油管滑脱现象,避免出现井底积液,影响注采井调峰量。砂的存在将大幅度提高油管冲蚀速率,因此,要合理确定生产压差,控制地层出砂。

3. 合理流量及油管尺寸

首先利用节点分析法,通过节点前后不同的相关式求解最大流量值,或绘制流入流出曲线图,其交汇点即为该状态下的系统最大流量值。然后利用最小携液流量和最大冲蚀流量两个限制性因素进行核定。当最大流量值符合各项核定条件时,则该最大流量即可设定为合理流量值。

如国内某储气库,垂直深度1200m,斜深1500m,采出气相对密度0.60,井底温度56.5℃,压力运行区间 7~12MPa,含液量 $1.0\mathrm{m}^3/10^4\mathrm{m}^3$。

(1) 采气阶段。

采气产能方程为:

$$Q = 1.794 \left(p_{wf}^2 - p_{ws}^2\right)^{0.629}$$

计算 ϕ73mm 和 ϕ88.9mm 两种油管的最佳采气量、最小携液量和最大冲蚀流量。同时根据外输管道压力要求,设定了井口压力 4.0MPa 的限定条件(有时需根据地面工程的情况,计算多组不同井口压力限制条件下的最佳气量)。计算结果见表 4-6-1 至表 4-6-3。

表 4-6-1 ϕ73mm 和 ϕ88.9mm 油管的最佳采气量

地层压力(MPa)	7	8	9	10	11	12
ϕ73mm 油管($10^4 m^3$)	14.5	18	21.5	24.0	27	30.0
ϕ88.9mm 油管($10^4 m^3$)	15.5	20	24.0	27.5	31	34.5

表 4-6-2 ϕ73mm 和 ϕ88.9mm 油管的携液流量

地层压力(MPa)	7	8	9	10	11	12
ϕ73mm 油管($10^4 m^3$)	2.98	2.96	2.95	2.93	2.93	2.93
ϕ88.9mm 油管($10^4 m^3$)	4.50	4.48	4.46	4.45	4.45	4.42

表 4-6-3 ϕ73mm 和 ϕ88.9mm 油管的冲蚀流量

地层压力(MPa)	7	8	9	10	11	12
ϕ73mm 油管($10^4 m^3$)	22.16	23.21	24.96	25.85	27.20	29.54
ϕ88.9mm 油管($10^4 m^3$)	33.20	33.90	34.50	35.60	36.60	37.60

根据计算可以得出,在 7~12MPa 压力区间内,ϕ73mm 油管的最佳采气量为 14.5×10^4 ~ $30 \times 10^4 m^3/d$,ϕ88.9mm 油管的最佳采气量为 15.5×10^4 ~ $34.5 \times 10^4 m^3/d$。然而考虑冲蚀流速和携液流速后,对于 ϕ73mm 油管的产气量应控制在 14.5×10^4 ~ $20 \times 10^4 m^3/d$,对于 ϕ88.9mm 油管的产气量应控制在 15.5×10^4 ~ $35 \times 10^4 m^3/d$。

根据上述计算结果,综合考虑地质产能、钻完井工艺技术、施工成本等因素,最终确定采用 ϕ177.8mm 生产套管和 ϕ88.9mm 油管,注采井日调峰气量 15×10^4 ~ $30 \times 10^4 m^3/d$。

(2)注气阶段。

注气产能方程:

$$Q = 1.794 (p_{wf}^2 - p_{ws}^2)^{0.629}$$

计算在地层运行压力区间范围内,不同注气量时的井口压力,主要是为地面压缩机及相关设备选型提供依据。计算结果见表 4-6-4。

表 4-6-4 ϕ88.9mm 油管注气井口压力预测

地层压力 (MPa)	压力预测(MPa)					
	注气量 $15 \times 10^4 m^3$		注气量 $20 \times 10^4 m^3$		注气量 $30 \times 10^4 m^3$	
	井底流压	井口压力	井底流压	井口压力	井底流压	井口压力
7	8.8453	8.30	9.7565	9.25	11.7040	11.27
9	10.4995	9.77	11.2778	10.58	12.9994	12.40
12	13.1620	12.16	13.7909	12.82	15.2310	14.35

(3)油管尺寸优化。

根据节点分析,优化油管尺寸,满足地质配产配注气量的要求,满足地面天然气外输的要求,满足井底不积液、井筒不冲蚀的要求。

二、注采管柱设计

(一)注采管柱功能要求

要实现注采井的正常生产,要求注采管柱具有以下功能:
(1)满足气库注采井强注强采要求;
(2)实现井下安全控制;
(3)消减注采期间温度、压力交变对油管产生的影响;
(4)满足储气库运行期间温度、压力监测要求。

注采管柱具体结构从井口到井底依次为:油管、流动短节、井下安全阀、流动短节、循环滑套、封隔器、坐落接头、钢丝引鞋等。

(二)油管设计

1. 油管螺纹选择

在常规油井的油管设计时,一般只进行强度校核设计,而不考虑螺纹的密封问题。但对于储气库注采井要高度重视油管螺纹的气密封性问题,尤其是在高低压交变应力作用下,螺纹反复拉伸、压缩后的气密封性能。

储气库对注采管柱密封性要求高,应采用金属对金属的气密封螺纹,并具有较高的抗交变应力的能力。

油管的气密封螺纹技术要求与套管的气密封螺纹技术要求相同。

2. 油管材质选择

注采井油管材质是根据储气库原有流体组分、将来注气组分和地层参数、流体性质共同决定的。优选的油管材质既要满足防腐的要求,又要经济合理。

目前在进行油管材质优选时,一般做法是利用相关标准和油管生产商提供的材质选择版图,结合室内模拟腐蚀性评价,最终优选出合适的油管材质。

根据目前储气库实际运行情况,对油管材质的选择可以得出以下结论:(1)储气库注采井防腐措施应以选择耐腐蚀材质的油管为主,内涂层油管和缓蚀剂防腐措施应根据注采井实际工况充分论证后确定;(2)在利用图版选择材质的基础上,模拟井下实际情况,开展多种材质的腐蚀性评价实验,可获得比较准确的材质腐蚀速率,为井下油套管材质选择提供依据;(3)储气库注采井油管防腐措施,不仅要考虑注采初期的腐蚀环境,也要考虑腐蚀环境的变化。

3. 油管强度校核

储气库注采井不同于普通生产井,其运行工况比较复杂,其工作状态依次包括:管柱下入、封隔器坐封、注气、关井、采气、封隔器解封、管柱起出等。在各个工作状态中,生产管柱内压力、温度的变化,都会引起管柱受力的变化。在进行注采井油管强度校核时,不仅仅要考虑静载荷,还要考虑压力、温度变化引起的动载荷。可利用专业计算软件进行计算,但值得注意的是,若选用的是可取封隔器,还要考虑修井作业时,解封封隔器附加载荷的影响。见表4-6-5。

表4-6-5 某储气库注采管柱附加载荷受力分析结果

井深(m)	不同工况下附加载荷受力分析(kN)					
	注气	采气	关井	坐封	解封(可取封隔器)	修井作业
2400	65	-95	18	62	360	180

表4-6-5所给出的可取封隔器解封力远远小于现场的实际作业所施加的力。如某储气库已修井中有14口使用了可取封隔器,其中4口井不能上提解封。2009年7月Ku3-13井修井时,上提油管1150kN封隔器未解封,后上提1160kN油管第一根接箍脱落,管柱落井。最后经套铣、磨铣、打捞等大修措施处理封隔器及下部管柱。2011年3月Ku5-4井修井时,上提下放、旋转活动管柱等多种措施对原井注采管柱进行解封作业,上提负荷最大1100kN,均未解封。后用热能切割弹在滑套上部第一根油管中间部位处进行切割,然后下入正螺纹钻杆带套铣筒处理封隔器,打捞出井内管柱及落物。2011年6月Ku2-5井修井时,上提活动管柱负荷400~780kN封隔器未解封,最后上提负荷320kN正转油管15圈解开安全接头。

因此,油管强度校核应充分考虑修井时封隔器解封力。

(三)井下配套工具优选

选择配套工具的目的是实现管柱在完井作业、注采气生产及以后的修井作业中的特定功能,主要通过管柱上配套以下工具实现相应功能。管柱应有的功能和对应的配套工具,见表4-6-6。

表4-6-6 管柱应有的功能和对应的配套工具

作业名称	应有的功能	配套工具
完井作业	循环洗井、掏空诱喷	循环滑套
	管柱憋压	堵塞器、坐落短节
注采气生产	安全控制	井下安全阀、封隔器
	油套管保护	封隔器
修井作业	循环压井	循环滑套
	不压井作业	堵塞器、坐落短节

常见井下管柱配套工具如图4-6-1所示。

1. 井下安全阀

安全阀的主要作用是当地面发生紧急情况(如火灾、地震、战争以及人为破坏)时,可以自动或人为关闭,实现井下控制,保证储气库的安全。

井下安全阀主要由上接头、液缸外套、液缸、弹簧、阀板以及下接头组成。通过地面液压控制其开关,安全阀阀板在液压作用下打开,失去液压作用时关闭,起到井下关井的作用。

为防止高压气流对安全阀的冲击,在安全阀上下各安装一个流动短节。

安全阀最大下入深度计算公式：

$$MD = SF \cdot CP/G \tag{4-6-15}$$

式中　MD——安全阀最大下入深度，m；

　　　CP——安全阀关闭压力，MPa；

　　　G——液压油的压力梯度，0.791MPa/100m；

　　　SF——安全系数，一般取 0.820。

对于储气库注采井推荐选用油管起下地面控制的自平衡式井下安全阀，下入深度一般距井口约 100m。

2. 循环滑套

循环滑套是注采管柱中用来连通油套环空的设备，其原理为通过移动内滑套来密封或打开本体上的流动孔道。

注采完井过程中在封隔器坐封后，环空内液体的替换、负压射孔的气举掏空，注采井生产过程中的洗井作业，以及修井作业前的循环压井都要通过打开循环滑套，连通油套环空。

目前，滑套的形式主要有液压开关式和钢丝开关式。综合考虑注采井井斜、油管尺寸、现场施工及经济效益，推荐选用钢丝作业开关式滑套。

3. 封隔器

使用封隔器的目的主要有三个：(1)有效封隔注采油管和生产套管环空，避免气体腐蚀套管；(2)缓解交变应力对套管产生的影响，保护套管，延长注采井寿命；(3)与井下安全阀一起实现注采井的自动控制，确保井下安全。

封隔器按解封方式可分为永久式封隔器和可取式封隔器。据不完全统计，前期大港储气库群使用了永久性封隔器 24 口井、可取式封隔器 47 口井。现场应用和修井提取封隔器经验证明，永久式封隔器和可取式封隔器各有优缺点：

(1)永久式封隔器在适应储气库注采井工况方面，比可取式封隔器更具有优势。经计算研究，为了加强管柱的气密封性，取消伸缩短节，永久封隔器更能适应注采井交变载荷影响。

(2)永久式封隔器只能采用磨铣方式进行解封，修井施工较为复杂，但工艺成熟、可靠。

(3)储气库注采井与普通生产井最大的区别是使用寿命越长越好，选用永久式封隔器更能保证储气库的长期安全运行，延长修井周期，减少压井对储层的伤害。

(4)可取式封隔器的最大优势在于解封简便，可以通过提放进行解封，便于管柱更换。但易受外力作用后意外解封。修井解封时管柱负荷大，对修井设备、施工队伍素质要求高，风险较大。若不能正常解封，需要增加油管切割、磨铣封隔器、打捞管柱等施工工序。

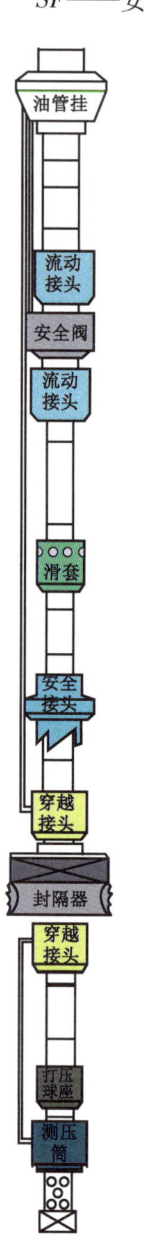

图 4-6-1　常见井下管柱示意图

综合以上分析,对于注采井建议采用永久式封隔器;对于下毛细管或电缆的监测井,从施工便利角度,建议采用可取式封隔器。

注采井选用永久式封隔器,需要在其上部配套安全接头,该工具是连接油管和封隔器的配套工具,上端采用正常油管螺纹与油管连接,下端带有密封组合并采用反扣螺纹与封隔器连接,其密封组合插入封隔器密封筒内起密封作用并且可以通过右旋脱开。

对于下测压装置的注采井可选用可取式整体穿越封隔器,以利于将来的维修作业。坐封方式上均选用液压坐封。

4. 坐落短节及堵塞器

可通过钢丝作业将堵塞器坐落在坐落短节上,实现管柱上下隔绝,完成油管密封试压、坐封封隔器等作业;用钢丝作业将储存式压力计悬挂于坐落短节上,可实现对储气库压力、温度的临时性监测。

三、注采完井工艺

(一)射孔工艺

对于储气库注采井推荐采用油管输送射孔工艺。油管输送射孔具有高孔密、深穿透的优点;一次射孔厚度大;可实现负压射孔,易于解除射孔对储层的伤害。此外,由于射孔前在井口预先装好采气树,安全性能高,便于实现各项工艺联作。

该工艺是利用油管连接射孔枪下到储气层部位射孔。油管下部连有定位短节、带孔短节和引爆系统。通过地面投棒引爆、压力引爆、压差引爆等方式使射孔弹引爆,一次全部射开储气层。油管内只有部分液柱形成负压。

目前,国内储气库应用最多的是投棒引爆。这种引爆方式要求油管内畅通,井斜不能过大。在大港板中北储气库水平井射孔时,为形成有效负压,油管内只有部分液柱,采用了氮气油管加压引爆。为了保证射孔瞬间的负压,在加压和引爆射孔之间加装了延迟引爆,使高压氮气在引爆前释放出井口。

要获得理想的射孔效果,必须对射孔参数进行优化设计。进行有效的射孔参数优选,取决于以下几个方面:

(1)不同性质储气层中射孔产能规律的认识程度;
(2)伤害参数、储气层及流体参数获取的准确程度;
(3)可供选择的枪弹品种、类型。

气藏储气库建库前大多处于枯竭报废阶段,钻井、固井施工时污染带较深,对于射孔参数优化的基本原则是深穿透前提下的高孔密。

(二)联作工艺

射孔—注采联作工艺,是射孔与注采完井只下一次管柱完成,避免储气层二次伤害,既安全又经济,管柱的具体结构和封隔器等井下工具的型号因井而异。

该工艺是将射孔枪、引爆系统、带孔短节和定位短节连在注采管柱底端,一同下入井中,定位、调整油管长度后,坐封隔器、坐井口、替保护液、掏空降液面,然后投棒引爆,而后开井放喷投产。

从井口到井底依次为油管、流动短节、井下安全阀、流动短节、循环滑套、封隔器、上坐落接头、带孔管、下坐落接头、平衡隔离工具、射孔枪丢手、射孔枪总成。目前,该工艺在国内储气库中应用最多,但该工艺施工复杂,协调单位多,需精心组织施工。

射孔—注采—酸化联作工艺,主要针对碳酸盐岩储层的储气库而设计,是在射孔—注采联作工艺的基础上发展而形成的工艺技术,施工时下入联作管柱,先射孔,再测试,然后直接进行酸化施工。

设计时,要重点考虑井下工具和井口装置的耐酸保护,强化酸液的缓蚀性能。由于是利用枯竭气藏改建储气库,要根据施工时地层流体性质、地层压力等参数,加强残酸返排的措施研究。

四、井口装置要求

(一)套管头技术要求及检测

套管头是连接井下套管、油管的关键井口设备。因此,套管头气密封性能的好坏不仅关系到注采井能否正常、可靠地工作,而且还关系到整个储气库的运行安全。储气库注采井套管头必须满足以下要求:

(1)结构设计合理、密封可靠,安装、检查易于操作。生产规范必须严格执行 GB/T 22513—2013《石油天然气工业钻井和采油设备井口装置和采油树》标准。

(2)为保证储气库具有长期、可靠的气密性,应根据井口最高注采压力、注采流体性质进行压力级别和材质选择。

(3)应采用金属与金属密封标准套管头,应具有两道"BT"密封圈通过注入密封脂密封。

(4)法兰的加工必须符合 GB/T 22513—2013 等相关标准要求,保证具有良好的通用性。

(5)应先装定套管,再实施注水泥作业。安装、注脂、试压方法,按 SY/T 6789—2010《套管头使用规范》执行,检测试验压力应达到储气库最大运行压力值的 1.2 倍,保压 15min 以上。

(6)满足钻井工艺、注采工艺的需要。

(二)采气树技术要求及选择

储气库运行是注气和采气两个过程交替进行的,要求井口必须承受高压、高温,并具有一定的耐腐蚀性;同时,应具有较好的气密封性能,便于运行管理操作。

1. 基本要求

(1)符合 GB/T 22513—2013《石油天然气工业钻井和采油设备井口装置和采油树》标准,适应储气库使用工况,如温度、压力、产量、腐蚀性气体及运行后动态监测要求。

(2)应根据储气库的最高运行压力、地层流体与注入气体性质确定相应压力等级及材质的防腐级别,主密封、油管头四通与生产套管的密封均采用金属与金属密封。

(3)主通径与生产管柱配套,闸阀为全通径、双向浮动密封阀门;井下安全阀控制管线可实现整体穿越,与地面安全控制系统连接配套。

(4)应采用双翼双阀。每个采气树上安装 3 块压力表,分别置于采气树翼阀、油管头翼阀外侧以及顶阀之上。

(5)采气树、油管头等,送井前应进行水下整体气密封检验,检测压力为储气库最大运行压力的 1.2 倍,稳压 30min 压力降小于 0.7MPa,且无气泡泄漏。

(6)采气树安装完毕,先用清水、再用氮气进行密封性试压,检测试验压力应达到储气库最大运行压力值的 1.2 倍,稳压 30min,压力降小于 0.7MPa。

2. 技术参数优选

(1)压力等级。按照 GB/T 22513—2013 划分的压力等级选择。

(2)温度等级,根据环境的最低温度、流经采气井口装置的流体最高温度,按照 GB/T 22513—2013 划分的温度等级选择。

(3)材料等级。根据注采井运行工况,参照表 4-6-7 进行优选。对于注采井井口装置材料等级的优选,应综合考虑注采井运行规律和腐蚀环境的变化情况,做到安全、适用、经济。

表 4-6-7 GB/T 22513—2013 对井口装置等级的要求

API 材料等级	本体、阀罩、端部和出口连接	压力控制阀、阀杆、心轴式悬挂
AA——一般工况	碳钢或低合金钢	碳钢或低合金钢
BB——一般工况	碳钢或低合金钢	不锈钢
CC——一般工况	不锈钢	不锈钢
DD—酸性工况	碳钢或低合金钢	碳钢或低合金钢
EE—酸性工况	碳钢或低合金钢	不锈钢
FF—酸性工况	不锈钢	不锈钢
HH—酸性工况	耐腐蚀合金	耐腐蚀合金

(4)产品规范等级(PSL)。GB/T 22513—2013 中规定了井口装置最低 PSL 等级选择标准(图 4-6-2)。此参数是对产品质量控制的要求,级别越高,要求测试的项目就越多。

(5)产品质量要求(PR)。GB/T 22513—2013 中产品质量要求分两个等级 PR1 和 PR2,并且明确了各自的具体要求。应根据井口各部分的使用工况确定产品质量要求。

(三)井口安全控制系统

储气库注采井长期生产的是高压天然气,并且地面环境复杂,安全环保要求严格。因此,井口安全系统应具备以下功能:(1)在发生火灾情况下,可以自动关井;(2)在井口压力异常时,可以自动关井;(3)在采气树遭到人为毁坏和外界破坏时,可以自动关井;(4)在发生以上意外,或者其他原因需要关井时,可以在近程或远程实现人工关井;(5)能够实现有序关井,保护井下安全阀。

1. 主要设备

安全控制系统主要由井下设备和地面设备组成。井下设备由安全阀和封隔器组成;地面由地面安全阀、采集压力信号的高低压传感器以及控制柜组成。如图 4-6-3 所示。

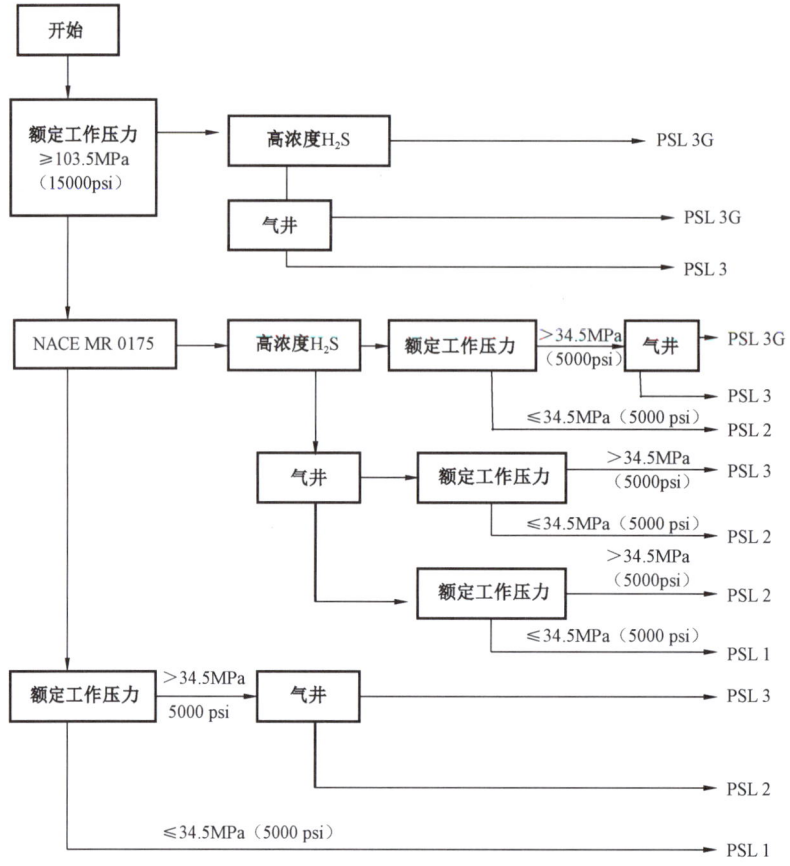

图 4-6-2　GB/T 22513—2013 规范等级选择图

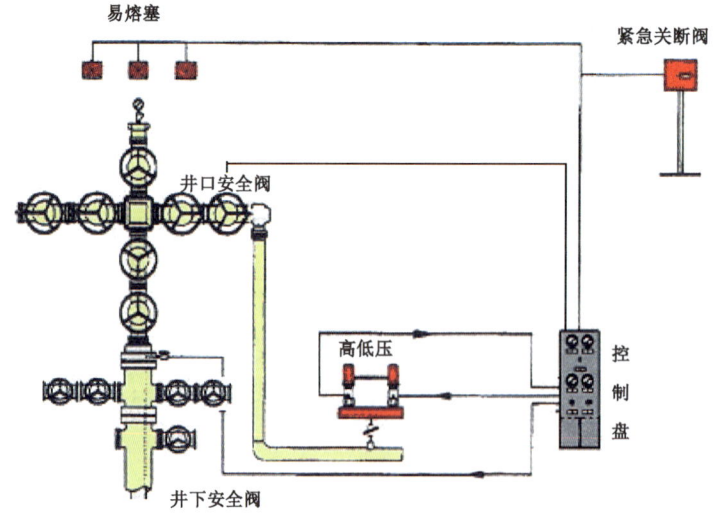

图 4-6-3　井口安全控制系统主要设备示意图

2. 连接方式

安全系统的安装有两种方式：单井控制和多井联合控制方式。

（1）单井控制。单井控制的优点是安装简单、维护简便。适用于独立单个井的安全控制，具备手动关断控制、ESD 紧急关断控制、RTU 远程关断控制。对于储气库注采井安全阀一般选用液动型执行器，液压动力源可由气动泵、电动泵或手动泵提供。

（2）多井联合控制。多井联合控制就是通过一个控制柜控制一个井组，控制井数可达 10 口以上。多井联合控制适用于井口较集中的丛式井井场。

多井控制柜采用模块化设计，共用公共的液压供给模块和 RTU 控制模块，每个单井控制模块与其他各井模块之间相互独立，能够对每口井的井下安全阀、地面安全阀分别独立地进行控制。多井控制柜的液压动力源一般采用电动泵或气动泵。

五、生产管柱入井

生产管柱作为后期注采井注气和采气的通道，保证其安全顺利入井、保证其密封完整性，对顺利开展后续作业至关重要。

（一）生产管柱准备和检查

储气库生产管柱比较复杂，带有井下安全阀、封隔器、滑套等完井工具。这些工具结构复杂，外径不一致，价格昂贵，如果发生遇阻遇卡或者开关问题，将会严重影响作业进度，前期的检查准备工作务必细心严谨。如果发生封隔器不坐封或坐封不严、安全阀不密封等问题，现场无处理手段，只有起出生产管柱，更换有问题的工具。

（1）作业队要在地面检查好所有入井油管、接头及短节等，对管柱逐根编号并准确丈量长度，用通管规逐根通径，检查螺纹，保证油管畅通。下工具前必须丈量和记录入井工具的型号、内外径、长度等数据，并记录工程班报中。

① 管柱数据采集检查要点。为确保管柱数据的准确，防止入井工具达到设计位置要求，井队和录井队应共同完成管柱的编号和丈量，也可以井队和录井队各自丈量再核对数据是否一致。

② 螺纹的检查要点。应注意任何穿越密封面的划伤，磕坑、锈坑等均为不可接受的瑕疵，在入螺纹面和承载面上的毛刺务必磨除，台肩上有大坑点也不可接受，螺纹长度内不可有黑皮和明显的凹坑。本体如果存在严重的腐蚀情况，也应予以更换。

③ 通径的检查要点。应注意管柱通径是否符合工程设计要求，特别注意通径规的外径和长度是否符合要求，应逐根通径不可遗漏。

④ 工具的检查要点。工具到达现场后，对照清单清点数量，逐件核对材料号是否正确、各技术参数是否准确，对工具外径、内径、长度进行测量，检查外观是否完好，螺纹型号是否正确。a. 应检查井下安全阀控制管线是否畅通，安全阀做入井前的开启、关闭试验。b. 检查滑套是否处于正常关闭状态，配套开关工具尺寸是否合适。c. 检查锚定密封总成与永久式封隔器连接是否正确，封隔器销钉是否短缺、卡瓦是否牢固、胶筒是否完好。d. 核实坐落接头型号及配套锁定心轴是否正确，打捞、投放工具是否匹配。e. 检查引鞋倒角是否符合要求。

（2）施工队应检查并确保井口及防喷器正常有效，闸板心子应与入井管柱尺寸匹配，按设计要求试压合格,做到井口紧固,不刺不漏,压力表、指重表齐备完好。

(3)准备油管旋塞阀,配齐相应的转换接头,加工的转换接头应符合相关标准。

(4)做好油管配套的管钳、吊卡和卡瓦的准备和检查工作,特别是特殊管材(如超级13Cr管材)的配套工具准备,采用无牙痕管钳时应优选好合适好用的牙板和金属衬网。

(二)提高入井作业效率

(1)油管入井前应由项目管理方组织施工各方进行技术交底,重点复核准备工作落实情况,开展风险辨识,组织应急保障措施。如果准备工作不到位,检查有疏漏,有风险却无对应应急措施,则严禁进入下一步作业。

(2)梳理油管入井程序,提高作业效率,降低非作业时间。可在下油管前在地面上就提前做好螺纹的检查和螺纹密封脂的涂抹工作,并做好保护。

(3)下油管前应对井口进行清理,不必要的工具应收纳到工具房,常用工具应做好交接记录和防掉措施,确保施工安全。检查的重点是扶正器、安全阀控制管线护套、套管钳牙板、管钳、链钳、扳手、手套等。

(4)严格对入井管柱每道螺纹按规定扭矩上扣,并检测上扣扭矩曲线是否合格。

(5)做好管柱螺纹的气密封检测工作,提高该环节的作业效率可有效降低油管入井作业风险。气密封检测队绞车操作工与下油管施工方司钻的良好配合是提高作业效率的保证。应每检测一定数量油管时对连接钢丝绳的情况进行检查,特殊天气应加密检查。

(6)控制合理的下管柱速度,严禁猛提、猛刹、猛放。司钻要时刻观察指重表悬重变化,遇阻超过警戒吨位时,施工方应及时通知监督及项目管理方共同研究施工措施,不得盲目操作,导致事态严重化。

(7)应确保管柱上扣质量,降低因质量问题频繁更换管柱造成的时间损失。螺纹对接时要使用对扣器,上扣速度一般不超过 10r/min,最后两圈因内外螺纹密封面开始咬合,上扣速度不超过 5r/min,铬管等特殊管材要使用带钳引扣。

(三)完井工具入井和钢丝作业

完井工具入井及钢丝作业是注采井完井工程的最后阶段,作业涉及刮管、下通井管柱、下油管及完井工具、安装井口、洗井、替环空保护液、坐封封隔器等环节,其工序最为繁杂,施工方也最多,作业风险较大,对各工序的施工质量要求和检查不容忽视。

1. 刮管通井

为保障完井工具顺利入井和封隔器顺利坐封,应下入设计尺寸的刮管器,在封隔器坐封段及上下 5m 反复刮管 3 次以上。采用设计尺寸的通径规通至封隔器坐封位置,上下 50m 范围内反复通井 3 次。循环完井液至少两周,观察完井液是否气侵,检测进出口密度是否一致。

2. 下完井工具

(1)任何完井工具在过防喷器、套管四通时要小心缓慢下放,密切观察悬重变化,以免碰挂、刮伤封隔器、安全阀等井下工具。所有入井工具及油管螺纹连接后必须进行气密封检验。

(2)安全阀连接液控管线时需进行试压,并带压下入。液压控制管线入井后,应有专人负责控制管线的下入,在每根油管上必须用过油管接箍液控管线保护器固定,以防夹伤、挤压。要时常观察压力表,发现压力下降应及时查找原因,处理好后方能继续入井。应注意油管挂上的液控管线通过口一般有丝堵封闭,施工时应拧下保存,防止大钳等其他工具碰撞导致通过口螺纹损坏而使油套环空密封性降低。

(3)安全阀检查要点:检查外观是否有损伤,打开安全阀保护螺帽,检查腔体内是否干净,做 HIF 接头,排除液压控制管线及腔体内的空气,将液控管线连接到安全阀上,并按要求带紧 HIF 接头;开关及试压,液控管线内打压到 35MPa,期间观察安全阀开启过程的压力变化,并对比下入前的开启压力是否有出入,稳压 15min,压力不降为合格;放压到 24.5MPa,拉紧安全阀上部的液控管线,保持 24.5MPa 的压力继续下入剩余油管,并坐挂油管挂,确保油管挂试压合格。

(4)永久式封隔器下入位置应满足以下条件:井斜一般小于 35°;狗腿度小于 10°/30m;坐封位置避开套管接箍 2m 以上;坐封位置附近的生产套管固井质量优质且大于 25m。

3. 安装注采井口

(1)关闭井下安全阀,观察油管与套管压力,确认安全后进行拆卸封井器、安装注采井口作业。在拆卸封井器之前不得随意降低井筒中液体的密度。

(2)拆卸挡泥伞、溢流三通、防喷器组、钻井四通。

(3)安装采气树应注意采气树安装方向要符合工程安装的要求,按标准上紧全部紧固螺栓,按要求对采气树整体试压。

4. 反循环洗井

(1)保持井下安全阀处于打开状态,用活性水反洗井至合格。要求以设计排量洗井,洗至进出口水色一致,返出洗井液机械杂质含量应小于 0.2%。

(2)反循环洗井是降低井筒液柱压力的一项作业,应高度重视井控安全,做好有毒有害和可燃气体的监测,做好悬挂器密封试压和井下安全阀的检查。

(3)循环洗井开泵时可能会发生开泵压力过高的现象,如果安全阀、地面阀门管线均正常,则可能是完井液长时间静止,其中固相颗粒沉积在封隔器等外径较大的工具和套管之间的环隙,造成憋压,此类情况可通过倒换循环流程,改成正循环开泵,复杂解除后再恢复到反循环流程。

(4)在封隔器坐封前,如果需要正循环替液,泵排量应严格控制小于 $0.3m^3/min$。在封隔器坐封及验封过程中,水泥车操作人员要按照完井工程师的要求,确保水泥车操作平稳、压力控制准确。

5. 注环空保护液

按设计排量反循环替入环空保护液至井口。关采气树翼阀,观察套管压力变化情况,确认无异常后方可进行钢丝作业。

6. 钢丝作业坐封封隔器

(1)储气库井油管为 $\phi114.3mm$ 或 $\phi139.7mm$ 时,锁定心轴及投捞工具直径、重量和作业力量较大,应采用 $\phi3.2mm$ 钢丝作业。现场应注意核查钢丝的规格是否符合设计要求,检查钢丝的本体外观是否锈蚀,落实钢丝作业井数,严禁疲劳钢丝入井。

(2)钢丝作业过程中必须保证井下安全阀全开,严禁半开半闭或者中途泄压使安全阀关闭切断钢丝。作业方应常备钢丝绳头找寻和打捞工具。

(3)应加强钢丝作业工具的入井前检查工作,防止井下事故。一是做好井口钢丝防喷设备检查;二是对R锁心、锁心下入工具、锁心打捞工具GR、平衡杆、打捞工具等专用井下工具进行严格检查,应注意检查平衡杆的压力平衡设计是否符合要求,应提前做好各类钢钉的分类和剪切试验,为施工提供依据;三是应对钢丝绞车提升拉力进行复核,符合打捞要求,应确保绞车的动力系统、液压系统、控制系统、计量系统、盘绳系统、电路系统均处于正常有效状态。

(四)保证管柱密封完整性的措施

根据对早期建设的大港储气库等运行情况的调研和分析,井筒完整性方面普遍存在的问题是油套环空带压及技术套管带压,分析其原因及途径主要为:永久式封隔器由于工具自身缺陷导致泄漏;滑套泄漏;油管泄漏;生产套管固井质量差,产层气体上窜使技术套管和生产套管间带压。

油套环空带压大多是由管柱不密封造成,多见油管或套管泄漏,油套管螺纹连接欠缺、腐蚀或内管柱热应力破裂或机械破损,封隔器漏失等。

外层技术套管与生产套管带压多由生产套管的固井质量差引起:由于井眼条件差、前置液设计不合理、固井工艺不合适或现场施工过程中出现问题导致固井时顶替效率差;水泥浆失水量大、稳定性差、基质渗透性高、防窜性差、体积收缩等水泥浆设计不合理;水泥石力学性能与地层、套管不匹配、水泥环开裂或界面出现微环隙,在温度、压力变化下水泥环失去密封等。

通过对井筒气体泄漏途径的分析,保证管柱密封完整性应重视以下几方面技术措施:(1)确保封隔器、滑套、坐落短节等完井工具的密封性;(2)保证注采管柱(油管)的密封性,关注螺纹的质量及上扣情况;(3)保证生产套管的密封性,关注生产套管螺纹的质量及上扣情况;(4)保证生产套管和技术套管的固井质量。

保证管柱密封应做好以下几个方面的工作:(1)从整个井筒系统(工具、管柱和井口)的角度综合考虑,提高井筒的完整性;(2)完井工具应采用长寿命可靠的永久性封隔器,保证滑套等工具的密封可靠性;(3)尽管油套管选择气密封螺纹,但螺纹泄漏的原因比较复杂,上扣扭矩、加工误差、运输环节、清洗环节等都可能造成螺纹密封不严,管材本体如果有缺陷,常规方法是无法发现的,结合国内气田施工经验,很有必要对生产套管、采气管柱进行气密封检测,确保每根入井套管本体和螺纹的密封性。

六、油套环空保护

注采管柱下入生产套管内,封隔器坐封后,油套环空内应加注保护介质,用以保护环空内套管、油管、井下工具等,以利于延长注采井寿命;同时,能平衡封隔器上下压力,以利于封隔器稳定工作。保护介质可以是惰性气体,油基保护液或水基保护液。目前,现场应用最广泛的是水基保护液。该保护液具有很好的杀菌、缓蚀、阻垢作用,价格便宜,现场操作安全,便于施工。

(一)腐蚀因素分析

1. 溶解氧腐蚀

碳钢在无溶解氧的纯水中,几乎不发生腐蚀,而在含有溶解氧的水中极易发生电化学腐蚀,主要是由于金属管道各处的结构不同,套管内壁形成很多腐蚀微电池,阳极部分的铁以 Fe^{2+} 形式进入到溶液中,在此阳极反应中,碳钢表面剩下自由电子,它沿着金属导体流往阴极部分,而溶解氧在阴极吸收自由电子形成 OH^-,进入到溶液中,即 $O_2 + H_2O + 2(2e^-) \longrightarrow 4OH^-$,这时,从阳极部分进入到溶液中的 Fe^{2+} 与阴极区形成的 OH^- 离子相互作用生成 $Fe(OH)_2$,随后它又被溶解氧氧化为 $Fe(OH)_3$,其反应为:

$$4Fe(OH)_2 + O_2 + 2H_2O \Longrightarrow 4Fe(OH)_3$$

这就是水中溶解氧对钢铁的腐蚀过程。溶解氧的腐蚀特点主要是形成点蚀,易造成油套管穿孔,危害性极大。

2. 溶解盐腐蚀

水中随着盐类浓度的增加,水溶液的导电性增大,对油套管的腐蚀性也增大,但是,当盐浓度增大到一定量后,腐蚀速率开始下降,这是由于盐浓度增加时,溶液中氧的溶解度降低的原因。

3. 微生物腐蚀

水中微生物种类很多,但对钢铁易形成腐蚀的主要是硫酸盐还原菌、腐生菌和铁细菌。

(1)硫酸盐还原菌:硫酸盐还原菌在没有空气或较少空气的条件下才能生存,它是一种厌氧菌,能把水中的硫酸根离子的硫元素还原成 S^{2-},进而生成 H_2S,引起腐蚀,同时,S^{2-} 还能和腐蚀出来的 Fe^{2+} 生成 FeS 沉淀。硫酸盐还原菌是成群附在管壁上的,易产生点蚀,危害性极大。

(2)腐生菌:腐生菌是好气异养菌,它能在固体表面产生致密黏液,为硫酸盐还原菌提供生长、繁殖的条件。在大量存在时还可形成氧的浓差电池,引起腐蚀。

(3)铁细菌:水中有铁离子存在时,就容易引起铁细菌的繁殖。铁细菌依靠铁和氧进行生存和繁殖,依靠亚铁离子氧化成高铁离子放出来的能量来维持生命。当铁溶解时,大量的亚铁离子即储存在细菌体内,在细菌表面上生成氧化后的三价铁的氢氧化物的棕色粘泥。粘泥下的金属表面因缺氧而生成浓差电池,产生局部腐蚀。

(二)保护液腐蚀性能评价

鉴于以上产生腐蚀的原因,在进行保护液配方研究时,有目的地从杀菌、除氧、缓蚀、阻垢等方面进行药剂的筛选复配试验。

采用 SY/T 0026—1999《水腐蚀性测试方法》中的静态失重法:计算腐蚀速率的公式为:

$$\mu = 8.76 \times 10^4 m/(St\rho) \qquad (4-6-16)$$

式中 μ ——腐蚀速率,mm/a;

m ——试样失重,g;

S ——试样暴露面积,cm^2;

t——试验时间,h;

ρ——试样材料的相对密度,g/cm³。

通过大量的室内试验研究,根据钢材腐蚀率要求的最低标准,推荐保护液性能指标为:腐蚀速率不大于 0.01g/(h·m²);pH 值不小于 9;密度 1.00~1.05g/cm³;悬浮固相杂质质量分数不大于 1.0%。

保护液与清水(大港自来水,碳酸氢钠水型)的腐蚀结果进行比较,见表 4-6-8 和表 4-6-9。结果表明,两种钢片的腐蚀速率远低于标准规定的 0.076mm/a。

表 4-6-8 L80 试片的腐蚀试验数据

试片编号	腐蚀介质	密度(g/cm³)	pH 值	腐蚀速率[g/(h·m²)]
238	自来水	1.0	7	0.086
222	自来水	1.0	7	0.080
259	环空保护液	1.03	9.5	0.004
244	环空保护液	1.03	9.5	0.005

表 4-6-9 不同材质钢片在保护液内的腐蚀实验

序号	腐蚀前试片质量(g)	腐蚀后试片质量(g)	试片面积(cm²)	腐蚀速率[g/(h·m²)]	腐蚀速率(mm/a)	备注
1	10.9192	10.9189	13.5378	0.0031	0.0034	L80试片
2	10.8612	10.8608	13.4960	0.0041	0.0046	
3	10.8409	10.8405	13.4884	0.0041	0.0046	
4	10.9178	10.9176	13.5572	0.0021	0.0023	P110试片
5	10.7893	10.7890	13.5036	0.0031	0.0034	
6	10.8331	10.8328	13.5116	0.0031	0.0034	

储气库注采井使用寿命长,使用后期不可避免有少量含有 CO_2 和 H_2S 的气体泄漏进入环空,产生的氢离子消耗部分氢氧根后,保护液中的缓冲溶液根据液体 pH 值的变化,可自动补充氢氧根离子,保持保护液的 pH 值稳定,从而减少对油管与套管的腐蚀。其原理是电离平衡原理,随着外来氢离子的加入,消耗部分氢氧根离子后,反应向生成氢氧根离子方向移动。

七、井筒动态监测

地下储气库动态监测主要包括注采井参数监测、注采井密封性监测/检测及地下动态监测等。国外的动态监测技术日趋完善,仪器设备齐全配套,但由于地质情况和对储气库的要求存在差异,各国对地下储气库的监测及管理内容有差别。例如,法国地下储气库在运行时,对注采气井不做井下生产动态监测,只在井口和地面进行压力、流量和组分的实时测试;美国等国家在储气库气水界面附近和盖层附近布置一批观察井,用以监测储气库井下的动态变化,包括气顶、气水界面和盖层的密封情况等。

中国地下储气库的研究和建造处于初始阶段,运行时间短,储气库动态监测及管理技术尚未形成标准作法。

(一)注采井参数监测

对储气库注采井监测的动态参数,采气期包括产气量、产液量,地层流压、流温,井口压力、温度、含砂等数据;注气期包括注气量,井口压力、温度,地层流压、流温等数据。通过监测注采井的动态参数,可及时掌握储气库的注采量及库内流体的分布和移动规律,进而分析储气库的运行状况。

1. 常规巡检监测

地下储气库注采井是高风险设施,应及时获取其动态和生产参数。注采井常规巡检监测制度应为:

(1)每天1次巡查并形成记录,巡查发现泄漏等问题及时整改。巡查范围为:采气树、套管头、附属设施、环空压力、井口周围至少150m范围内。

(2)每天1次监测注采井所有环空压力情况,监测记录至少保存1年,或保存到压力卸放/恢复测试或井筒完整性技术检测。

(3)每年2次对安全控制系统进行功能测试,并据测试结果进行维护保养。

(4)每年1次对采气树、油管头大四通、套管头进行检查保养。对节流阀进行拆检保养。

(5)每3~5年1次对采气树、油管头大四通、套管头作防腐蚀处理。

2. 临时监测

临时监测是指测取储气库某一特定时刻或阶段的压力、温度值,可以通过下入直读式电子压力计直接读取,这时地面需要有读取和存储压力数据配套的设备、人员、车辆。根据现场情况,也可以通过钢丝作业将存储式压力计下入井底,测试完毕后再通过钢丝作业将仪表挂和压力计取出。在高压气井中下电缆压力计要格外谨慎、仔细实施。

3. 实时监测

为便于及时掌握储气库运行动态,在储气库重点井中下入仪器进行重点监测。目前,常用的有毛细管测压装置、电子压力计测压装置和光纤测压装置。

1)毛细管测压装置

该装置是在管柱底端安装一个传压筒,其工作原理是井下测压点处的压力作用在传压筒内的氮气柱上,由毛细管内氮气传递压力至井口,由压力变送器测得地面一端毛细钢管内的氮气压力后,将信号传送到数据采集器,数据采集器将压力数据显示并储存起来。记录下来的井口实测压力数据由计算机回放后处理,根据测压深度和井筒温度完成由井口压力向井下压力的计算。

毛细管测压系统主要由地面部分(氮气源、氮气增压泵、空气压缩机、吹扫系统、压力变送器、数据采集控制系统)和井下部分(井口穿越器、毛细钢管、传压筒、毛细钢管保护器)组成。其中数据采集控制系统由数据处理单元、控制单元、自动控制和显示器组成,自动控制系统又包括继电器和电磁阀;吹扫系统包括单流阀、高压针阀、定压溢流阀组成。如图4-6-4所示。

毛细钢管和传压筒中均充满氮气,氮气源由在井口的普通工业氮气瓶提供,定期将氮气吹扫至毛细钢管及井下传压筒中。

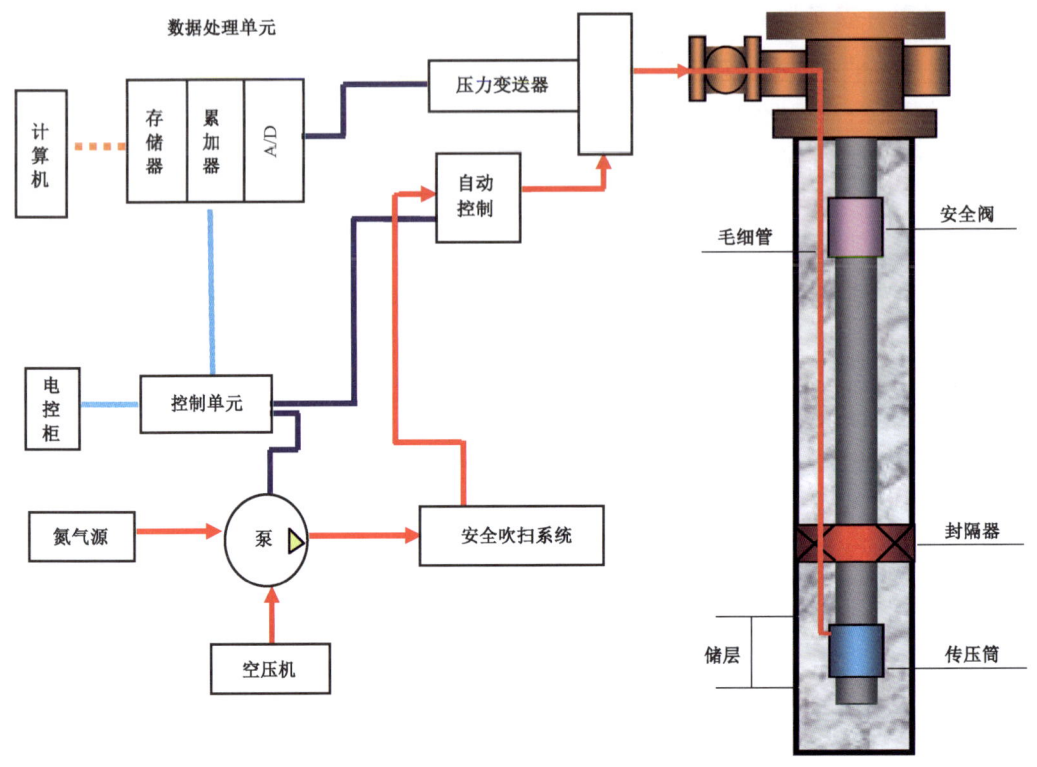

图4-6-4 毛细管测压装置示意图

2)电子压力计测压装置

该装置是在管柱侧面安装一个电子压力计承托筒,电子压力计放在承托筒中,其工作原理是井下测压点处的压力作用在电子压力计上,电子压力计电信号由井下电缆传递至井口,数据通过采集系统采集并传递到与之相连的电脑进行储存,可同时测量压力计所在位置的温度数据。显示器可以分屏显示每口井的温度、压力数据,也可以以图表的形式进行温度、压力随时间变化规律的显示。

电子压力计测压系统主要有地面部分(数据采集系统)和井下部分(井口穿越器、井下电缆、电缆护箍、电子压力计、电子压力计承托筒)组成。

3)光纤测压装置

光纤测压基本原理是波动光学中平行平面反射镜间的多光束干涉,利用光纤法布里腔干涉仪对微小腔长变化的敏感性感知测量外界压力变化。

光纤本身就是温度传感器,可即时得到连续温度数据,其工作原理是光在介质中传播时,由于光子与介质的相互作用,会产生多种散射,主要包括了瑞利散射、布里渊散射以及拉曼散射,其中拉曼散射对温度信息最为敏感。光纤中光传输的每一点都会产生拉曼散射光,并且产生的拉曼散射光是均匀分布在整个空间角内的,其中一部分会重新沿光纤原路返回,称作背向拉曼散射光,被光探测单元接收。因此,可以通过判断其强度的变化实现对外部温度变化的监测。

光纤监测系统由地面部分(测温光端机、压力调制解调仪、信号采集处理系统)和井下部分(钢管封装的双心高温光纤一体化测试光缆、光纤法布里腔压力传感器)组成。

测温光端机发出激光脉冲,收集光纤传感器传来的散射光,并将光强转换成温度;压力调制解调仪对干涉光谱进行处理,得出相应的压力数据。计算机收集并存储监测井温度、压力数据。一套地面设备可实现多口井的同时监测。

(二)注采井密封性检测

对某储气库群的统计发现,注采井服役三年后92.6%的注采井A环空带压,19.1%的注采井环空压力达15 MPa以上,部分井超过20 MPa。不管是在注气阶段还是在采气阶段,相当一部分注采井监测到B环空带压。

环空压力是储气库注采井动态监测和管理、井筒密封完整性评价最直接的指标参数。如果环空压力异常或短期内上升较快,并经过多次泄压、恢复后,环空压力仍超出正常值,则证明井筒完整性出现问题,应进行密封性检测、评价,并采取应对措施。

1. 密封性检测条件

1)最大许可环空压力

对于储气库井,在注采过程中环空带压是非常普遍的,但环空压力过高可能导致安全生产事故。目前,公认的管理环空压力的做法是API RP 90《海上油气井环空压力管理》中的规定,即根据气井井身结构和油套管的钢级,计算出各环空的最大允许井口压力(MAWOP),并将该值设为环空压力正常值的最大值。最大允许井口压力是针对某一特定环空的最大允许工作压力值,反映特定环空在长期安全生产的条件下所能够承受的压力量级。

为确保安全,有的也取MAWOP的80%作为环空压力的最大值上限;若环空压力绝对值高于MAWOP的80%且经多次泄压、恢复测试,压力上升至泄压前水平,则证明井筒完整性出现问题。

最大许可井口压力确定原则:各环空最大许可压力,在取值时应取该层环空中最薄弱段的套管或油管强度值。如果环空之间有由于设施泄漏引起的相互窜通的情况,应把窜通的环空视为同一环空,或逐层单独进行分析。

环空最大许可井口压力值的确定,是取以下各项中的最小者:

(1)外套管本体最小抗内压强度的50%,若环空外为表层套管则为30%;
(2)内套管(油管)本体最小抗挤强度的75%;
(3)套管头或采气树强度的60%。
即:

$$MAWOP = \min\{0.5p_{bcur}, 0.75p_{cin}, 0.6p_{wh}\} \quad (4-6-17)$$

式中　$MAWOP$——最大许可井口压力,MPa;

p_{bcur}——环空外套管考虑腐蚀、磨损后的抗内压强度,MPa;

p_{cin}——环空内套管(油管)考虑腐蚀、磨损后的抗挤强度,MPa;

p_{wh}——套管头强度,MPa。

如果套管承受过较长时间的钻井作业磨损,或存在可疑或已知的冲蚀、腐蚀,工程师在计算最小抗内压强度时,应当考虑减小系数。

2)基于环空压力的风险划分

根据国内外储气库注采井环空压力调研资料和研究成果,大多数环空压力是可以接受的,是低风险或中风险的。国内外对低风险井口压力均无规定,根据国内储气库调研情况,及环空压力数据采集及计算确定。下列具体值目前还是一个有争议的参考值,使用时要根据自己的具体情况而定。

低风险井口压力:低风险井口压力值上限,是取以下2项中的最小者:(1)本层套管抗内压强度10%~15%;(2)外层套管抗内压强度30%~40%。

中风险井口压力值上限,取低风险井口压力值上限值的2倍。高风险井口压力值上限,即最大许可井口压力 MAWOP。

3)井筒密封性检测条件

对一口注采井,所监测到的环空压力也许是热致环空压力、异常环空压力或以上两者的结合。统计和国内外调研表明,如果有证据确认观测到的环空压力为异常环空压力,且超过套管抗内压强度的10%~20%范围时,应进行压力卸放,随后进行压力恢复测试。测试不仅可以确定是否可以完全卸放异常环空压力,还可以确定所发生的异常环空压力是否恒定以及卸放流量。

基于以上环空压力的风险划分:当环空压力超过套管抗内压强度的10%~15%或环空压力变化较快,且不再恢复到原压力值时,要进行压力卸放/恢复测试24h诊断作业,寻找环空带压的原因。如果压力卸放/恢复测试24h诊断,发现气体卸放量没有超过200m^3/d,且能放压至0,可继续进行生产。

当环空压力超过中风险规定值,或压力卸放/恢复测试24h诊断发现气体卸放量超过200m^3/d,需要对储气库井筒进行密封完整性检测。检测诊断的目的是为了获取实测压力(热致压力、异常环空压力、综合情况,等)尽可能多的信息。检测诊断工艺包括对套管区域进行压力卸放/恢复测试、压力变化的数值分析,比如异常环空压力恢复曲线、泄压曲线等。环空压力的检测诊断有助于确定注采井控制屏障是否依然有效,是否需要进一步进行其他诊断等。

储气库注采井不仅是在发现异常环空压力情况下进行井筒密封完整性检测,在服役一定时间[新建注采井投产10年内,含硫化氢和(或)二氧化碳井5年内]后,或发现井周围出现泄漏、达到上一次技术检测评价规定的服役年限也需要进行井筒密封完整性检测。

井筒完整性技术检测评价内容包括:油管与套管压力、油套管密封性、油套管壁厚、水泥胶结质量、井口密封性、油套管腐蚀及套管外天然气聚集情况等。

检测评价还应包括风险分析、存在问题原因分析及评价在现有条件下是否可以持续安全运行,提出相应整改和安全保障措施。

2. 环空压力卸放/恢复测试

1)环空压力卸放/恢复检测评价方法

(1)用小于等于ϕ12.7mm针阀进行压力卸放测量,至少一个小时记录一次。

(2)当压力卸放至0或卸放24h时关闭针阀,停止卸放。

(3)至少一个小时记录一次压力恢复情况,直至压力趋于恒定或24h的压力情况。

(4)如果压力卸放为0,在随后24h内无法恢复,这时压力可能是热致压力,也可能是缓慢的泄漏。

(5)如果压力卸放到0,在随后24h内恢复到初值,这时压力来自少量泄漏,泄漏速度可接受,应该对这口井的工况变化进行监测。

(6)如果压力卸放到0,在随后24h内压力恢复到一个恒定低压值,这时压力来自少量泄漏。

(7)如果压力无法在24h内卸放为0,这时屏障局部失效,在某些情况下,泄漏速率可能无法确认。在这种情况下,需要进行进一步的研究,来确定泄漏通道及泄漏源,同时要提出修复方案。

(8)如果在压力卸放/恢复测试时,邻近的环空压力出现响应,环空之间可能存在窜流。

2)热致环空压力的评估方法

如果为热致环空压力,则需要制订测试程序来论证压力确实由热引起,同时不存在异常环空压力。以下为确认观测压力为热致环空压力的常见测试程序:

(1)关井,监测环空并记录压力值。如果在没有卸放的情况下压力降为0或接近0,则为热致环空压力而不是异常环空压力;如果环空压力恒定在0以上某个值,说明压力源和环空之间可能存在窜流或对套管施加了外压。

(2)在生产速率恒定时,降低15%~20%环空压力,监测环空并记录,环空压力在随后24h内保持恒定。如果环空压力增加,则需进行异常环空压力诊断测试。

(3)改变生产速率,监测环空并记录。如果环空压力随产量变化,并达到新的恒定状态,说明存在热致环空压力,而不存在异常环空压力;如果环空压力也随之改变(增加或降低)并且逐渐趋于之前的压力值,说明环空与压力源之间存在窜流,需进一步的检测以确定泄漏通道;如果A环空压力与油管压力改变方向一致,说明油管和A环空之间存在窜流,泄漏速率超出安全生产许可范围,需要进一步检测。

(4)当生产速率恒定时,卸放10%~15%环空压力,监测并记录。环空压力在随后24h内保持在较低水平,说明压力来自于热而不是泄漏造成的;如果压力在连续24h内增加,最终恒定到初始压力以下某个值,说明环空和压力源之间存在窜流,泄漏范围可能较小,需进一步的检测以确定泄漏通道;如果压力在连续24h内恢复到初始值,说明环空和压力源之间存在窜流,泄漏范围可能较大,应进一步检测以确定泄漏通道并确定这种危险是否在可接受的范围之内。

(5)观测A环空压力并与井底流动压力或关井油管压力进行比较。假如环空压力值明显异于其他的压力值,可能存在连通。

3. 压力卸放/恢复测试后的诊断

1)对返出流体的分析

放压作业流出的流体带有较多具有分析价值的信息。在压力卸放测试过程中采出的任何流体,都应对其进行成分分析。如果A环空中流体物质类似于生产流体,那么有可能存在油管泄漏。如果A环空中流体物质不同于生产流体,也不同于残留在环空的原始流体物质,那么有可能存在套管泄漏或其他地层的流体流动。如果可能的话,应对采出的任何气体都进行分析,以确定其是否包含碳氢化合物,二氧化碳以及硫化氢成分。通过分析所采出流体的化学成分与相关的钻井记录,如测井记录或钻井液试样里碳氢化合物的化学分析,有助于分析所采出流体物质的来源。

分析外套管环空中原油或气体有助于确认流体来源。如果分析采出的流体物质来源于生产井段,应需要进一步的分析来确认风险等级。

环空流体密度、管外注入流体碳氢化合物样品,通常可以容易地与生产地层的碳氢化合物进行分辨。通过仔细的气体组分异构体分析,通常能确定气体来源是深层流体还是生物源。

2) 油管渗漏定位

如果怀疑油管泄漏,可以关闭地面控制井底安全阀,排除安全阀之上油管压力,并监测 A 环空压力。如果 A 环空压力下降,说明位于安全阀之上存在泄漏。如要测定安全阀之下的油管泄漏位置,可以在不同的深度安置堵塞器,并对油管进行压力测试。热效应可能会影响早期的环空压力,所以需要足够的时间渡过热效应阶段。

3) 生产测井,压力干扰测试和温度测井

各种套管井检测可用来协助确定泄漏源或定位,一般包括生产测井,压力干扰测试、温度测井和旋扣器测试等。

4) 机械完整性测试

机械完整性测试是一种测试套管压力的方法。进行机械完整性测试,包括钻井前测试,泄漏评估,井下注入控制测试等。机械完整性测试可用于独立的油管柱,套管或联合钻杆。

4. 压力卸放及恢复特性分析

环空放压作业,是获得环空体积、气体含量和通道/微环间隙流动能力信息的最好选择之一。这种作业一般是使用不大于 $\phi 12.7mm$ 的针阀放压,并测量压力恢复。当卸放的是干气时,有时使用一个孔型气体流量测量装置。与针阀串联使用,一般能更精确地评价放压时的卸放量。

每小时记录一次压力,或者使用数据采集系统,绘制压力卸放测试曲线。在测试过程中,应该记录油管压力、所有环空压力,以便提供更多的管柱连通性的信息。

压力恢复期间,监测异常环空压力卸放后的情况。压力恢复时间,提供另一个关于泄漏量和可能性的附加信息。压力恢复测试,对于不能(通过小于等于 $\phi 12.7mm$ 针阀)卸放到 0 的情况下,尤为重要。同样地,在压力卸放测试情况下,应检测并记录所有管柱压力,以便提供套管柱间连通的最多的信息。

(三) 井筒密封完整性检测

1. 国内外完整性检测规定

对于储气库井密封完整性检测,美国宾夕法尼亚州油气井管理局规定:

(1) 储气库公司应该对每个储气库制订完整性监测及检测计划。

(2) 储气库井至少每 5 年进行一次密封完整性检测。

(3) 检测内容包括地球物理测井、耐压试验,或其他批准的程序。检测结果应能反映井的完整性,观察气体泄漏量是否超过142m³/d。并以此决定是否进行修井、封堵或采取其他补救措施。

(4) 储气库井监测程序包括油压和油套压监测、油藏工程评价剩余储量及压力、计量器具校准、现场巡查、套管检查、压力流量测试、内外财产审计等。

(5) 检测收集的信息,应至少保存15年。

(6) 对不保留监测数据的观测井,应该封堵或声明其处于不活跃状态。

对于储气库范围内或边缘的报废井和已封堵井,要确定其位置,检查完井管柱的密封完整性和气密封性。

(1) 应在每次注气结束,储层压力达到最高时进行检查,记录是否有气体泄漏及其他危害公共安全的情况发生。

(2) 气体泄漏量超过142m³/d,应在24h内上报,并讨论进一步的补救措施。

Q/SY 1182.2—2009 储气库注采管理规定中,储气库井生产10年内进行技术检测。首次检测后,不含H_2S的井,延长期限不超过12年。

Q/SY 1486—2012 地下储气库套管柱安全评价规定中,对于产物中不含腐蚀活性组分的已枯竭气田、凝析气田和油田、含水层里建设的地下储气库,生产井不超过20年需要进行技术检测,延长期限不超过12年。对泄漏量在100 m³/d 以上的注采井,应停止生产,进行技术检测评价。

2. 密封完整性检测方法

井筒密封完整性检测,主要是指使用测井仪器进行的地球物理测井技术检测,来分析油管柱、套管柱结构完整性和水泥环密封完整性,并据此进行综合分析和评价,分析与判断管柱损伤情况及环空流体积聚情况。

井筒密封完整性检测主要内容,即包括对套管柱(井下及近井口)的技术检测,也包括对套管外空间、采气树和井口装置的技术检测;所使用的方法,既有地球物理测井方法,也有气体动力学检测方法(环空压力评价测试)及综合分析评价。

1) 检测内容目的

检测生产套管壁缺陷(腐蚀和磨损),确定套管柱剩余强度及寿命;检测水泥环第一、第二界面胶结质量及水泥环完整性,评价固井质量;确定套管外流体窜流的方向和区段,评估其风险性;检测近井口段套管及井口装置的技术状态,评价其完整性。

2) 检测方法结果

对生产套管柱的技术检测,通过地球物理测井进行。过油管检测发现套管柱缺陷、结构不密封、测井资料解释结果不统一等现象时,或进行大修时,应在提出油管柱后进行进一步的地球物理测井。

检测结果中应包括:套管内径、厚度及横截面的变形;套管损伤,即腐蚀损伤和机械损伤(磨损、裂缝、断裂、切口等);射孔层段和筛管(必要时)位置;套管接头连接程度;不密封区域等。

对套管外空间的技术检测,通过地球物理测井和气体动力学检测进行。当存在套管间窜流、套管外空间流体流动迹象和二次气体聚集区域时,还应包括气探测方法检测。

检测结果应包括:套管外窜流、气体聚集;水泥环第一、第二界面胶结质量;套管间压力及其可能来源、套管外空间流体量、密封性等。

地球物理测井方法及设备。对套管柱和套管外空间的技术检测,其地球物理测井设备主要有但不限于:磁脉冲探伤仪、高灵敏度测温仪、放射性测量仪、井径测量仪、电磁探伤仪、超声测井仪、伽马密度测井仪、声波水泥胶结测井仪、噪声测量仪等。见表4-6-10。

表4-6-10 地下储气库井地球物理测井方法

检测对象		任务目标	地球物理测井方法	
			宜	可
生产套管柱	过油管	确定套管柱各部件(套管鞋、封隔器、筛管等)的位置; 测量并监控在管柱剖面上管柱内径的变化; 检查管壁缺陷,评价磨损程度; 确定变形位置(不密封性)	磁脉冲探伤法; 磁性定位法; 高灵敏度测温法; 放射性测量法(固定式伽马测井+中子伽马测井)	气压测定法
	提油管	确定管柱部件(套管鞋、封隔器、起动接头等)的位置; 测量管柱内径的变化; 检查局部缺陷和管壁厚度变化	井径测量法; 电磁探伤法; 磁性定位法; 伽马厚度测量法—探伤法	声波探伤法; 声波电视
套管外空间		检查水泥环胶结质量	声波水泥测井法	宽频声波测井
		检查套管外气体聚集的层段、地层间窜流情况	高灵敏度测温法; 噪声测量法; 放射性测量法(伽马测井+中子伽马测井、感应测井、固定式伽马测井)	中子脉冲测井; 伽马光谱测定法; 噪声测量法—光谱测定法; 放射性同位素检查; 水流动定位
管柱密封性		检查管接头密封性受损情况	测温法+气压测定法+伽马测井	放射性同位素检查; 电阻测量法(注入示踪物质); 测温法(注入温度对比液体)

第七节 地面工程

储气库地面工程与气田地面工程相比,地面注采能力是同规模气田的3~5倍;与国外相比,中国储气库注采压力高、采出物组分复杂,因此中国地下储气库地面工程建设具有特殊性。本节分析了储气库地面工程特点,提出了总体布局、注采集输工艺、注采管网、集注站的优化方法和建议,对于外输系统、计量和公用辅助系统的设计提出了具体要求。

一、储气库地面工程特点

与气田建设相比,储气库具有"大进大出、注采循环、气量波动大、压力高、使用寿命长、投资高"的特点,储气库对安全可靠性和操作灵活性要求更高。以产能$10 \times 10^8 m^3/a$的常规气田和工作气量为$10 \times 10^8 m^3$的储气库为例进行对比,见表4-7-1。

表 4-7-1 气田与储气库特点对比表

内容	单位	气田 (产能 $10 \times 10^8 m^3/a$)	储气库 (工作气量 $10 \times 10^8 m^3$)
采气规模	$10^4 m^3/d$	300	1000
运行方式	d	采气360	采气120,注气200
波动范围	%	80~120(缓慢下降)	40~150(每日不同)
站场设计压力	MPa	处理厂4~12	集注站10~40
地面工程投资	亿元	7	10
设计寿命	a	15~20	30~50

与国外储气库相比,中国储气库地质条件复杂、埋藏深、采出物组分复杂、注采压力高。国外储气库一般控制采出气组分和注入气组分基本一致,采出气仅需脱水即可满足外输要求,处理工艺简单;中国储气库采出气中含有大量的油和高矿化度水,介质腐蚀性强,需要脱水脱烃控制烃水露点才能满足外输要求,处理工艺复杂。中国储气库埋藏深,导致注气压力高,国外储气库注气压力多为10~20MPa,而中国储气库注气压力为25~42MPa。中国长输管道压力高达10~12MPa,国外长输管道的压力多为7~10MPa,因此中国储气库采气压力高。

二、储气库地面工程的设计原则

储气库总体工艺流程:在注气期,长输管道分输站来的天然气经双向输送管道输至集注站,增压后经注气支干线、单井注气管线输至注采井场,计量后注入地层;在采气期,注采井采出的井产物经计量后经采气管道、集气支干线输至集注站,经天然气处理装置处理合格后经双向输送管道或区域输气管道输至长输管道分输站或用户。

储气库地面工程组成:注采井场、注采阀组或集配站、集注站、注采管网、双向输送管道、分输站、作业区综合公寓或生产调度指挥中心、供水供电通信道路等配套设施。

储气库的主要功能是季节调峰,兼顾应急供气、战略储备和月日调峰。一般要根据储气库周边输气管道和天然气用户的调峰需求确定储气库的功能定位,根据工作气量和储气库功能综合确定储气库建设规模。并应认真分析日注采气量的波动范围,合理匹配注气采气装置的处理能力和数量,保证生产运行的灵活性。

一般情况下,储气库地面工程设计和建设遵循以下原则:

(1)储气库地面工程设计应符合储气库的特点和功能定位,工艺设施齐全、辅助配套系统完善。

(2)储气库地面工程建设应遵循总体规划、分期实施的原则,确保储气库长期、安全、稳定运行。

(3)地面工程设计需要具备必要的基础资料:地质与气藏工程方案、注采工程方案、井位布置;各注采周期井产物的物性、组成、油气水产量指标及变化趋势;输气管道的建设与运行情况、与储气库接点的位置、运行压力区间、管道来气组成、进管道气质指标要求;调峰与储气需求;储气库采出液的出路和指标要求;储气库运行管理模式等方面。

(4)应了解储气库所在区块与周边区块已建地面工程设施建设和运行情况,包括集输、处理工程和其他配套工程的现状能力和规划,储气库应尽量充分依托、利用已建设施。

(5)应对储气库所处地理环境条件进行调查,包括地形、地貌、水系、工程地质、水文地质、抗震设防烈度、自然灾害、气象资料、生态环境和环境保护要求等,储气库地面工程设计应符合当地的地理环境条件。

(6)应了解影响储气库地面工程建设地的地方条件,包括人文风俗、地方经济发展规划、城市发展规划、交通运输、土地征用、水源、电源及通信等有关条件。

(7)储气库地面工程总工艺流程和总体布局应根据总体注采方案、井产物性质、输气管道接入点条件、自然条件、调峰需求等因素,以降低投资、减少能耗、提高储气库运行可靠性为目标,经多方案技术经济比选确定。

(8)储气库地面工程主要工艺和设备应选择技术成熟、性能可靠、操作灵活、适用范围大的工艺技术和产品,自动化和数字化水平应与保障安全生产和调度管理的要求相适应。

(9)储气库与输气管道公司或其他天然气用户之间的交接计量,应经过双方协商并书面确认,确定交接点的天然气供气量、供气价格、供气压力、供气温度等参数及变化范围、交接计量的位置、技术要求、日常维护和数据的传输,原则上每个交接点只设一套交接计量,双方共同监管。

(10)作业区综合公寓的规划和建设,应统筹考虑公司储气库建设的总体规划和运行管理模式,合理确定建设位置和规模。

为了方便储气库地面工程管理,对储气库进行分类,按照有效工作气量(Q)分为4类:

小型储气库,$Q \leq 5 \times 10^8 m^3$;

中型储气库,$5 \times 10^8 m^3 < Q \leq 10 \times 10^8 m^3$;

大型储气库,$10 \times 10^8 m^3 < Q \leq 30 \times 10^8 m^3$;

超大型储气库,$Q > 30 \times 10^8 m^3$。

三、总体布局

(一)总体布局优化原则

总体布局主要确定的内容:站场选址、集输外输管道的宏观走向、水电路讯等辅助设施的分布及走向,行政管理、抢维修、生活设施的分布等。

储气库地面工程总体布局优化遵循以下原则:

(1)总体布局与总工艺流程和功能需求相适应。

(2)储气库地面工程总体布局应根据注采井位置、自然条件等情况,以注采集输系统为主体,统筹考虑采出液处理、给排水及消防、供配电、通信与自控、道路、生产维护及生活设施等配套工程,经技术经济对比分析确定。

(3)相邻的多座储气库可以合并建成储气库群,统一考虑集输与处理系统及相关辅助配套系统设置,技术经济合理的前提下,集中设置1座集注站。

(4)储气库各类站场布置应从技术可行、投资省、运行费用低、方便管理等方面进行多方案对比、综合分析后确定。根据注采井位布置、物料流向,结合地形条件统一规划,其位置应符合总工艺流程和产品流向的要求,并应方便生产管理。

(5)综合考虑地形、交通、可依托的公用设施等条件,本着少占耕地、林地,减少土石方工程量的原则,合理选择站址,处理好于周边重要工矿企业及环境敏感区的关系,并做好水土保持、防洪排涝、绿化和环境保护工作。

(6)应尽可能利用地层压力能,应充分考虑湿气输送、沿线高程、井口压力变化等因素的影响,合理确定采(集)气半径。

(7)采出液处理流程尽可能依托气田区块已建处理设施,确需新建的处理工艺应尽量简化。

(8)注气压缩机组应尽量集中布置,注气装置和采气装置宜集中建设于集注站、分区域布置。

(9)水、电、路、讯等配套系统布局与储气库主体工艺布局相结合,尽量共用走廊带。

(二)站址选择原则

站址选择应遵循以下原则:

(1)贯彻执行国家有关方针、政策和法令,满足生产、安全的前提下做到节约用地、节省投资、保护环境。

(2)符合工程所在地总体建设规划、保证总体布局的合理性,符合总体工艺流程和功能定位,远近期建设相结合。

(3)根据生产特点,结合地形、水文、地质、气象、水源、电力、交通运输等因素拟选站址,再经综合技术经济对比分析,确定站址。

(4)集注站选址一般在注采井区域附近,尽量靠近输气干线,社会依托较好,无不良工程地质地段。

(三)总体布局优化实例

距离较近的多座储气库合并建设储气库群,投资低、运行费用低、方便运行管理。以某储气库群总体布局优化为例进行说明。

某储气库群由4座储气库组成,针对集中建设集注站和分散建设集注站进行总体布局优化。基础数据见表4-7-2。

表4-7-2 某储气库群总体布局优化基础数据表

储气库	库1	库2	库3	库4	小计
工作气量($10^8 m^3$)	12.1	4.0	4.5	2.72	23.32
注采井(口)	14	3	6	4	27
日均注气($10^4 m^3/d$)	605	200	225	136	1166
日均采气($10^4 m^3/d$)	1008	333	375	228	1944
注气井口压力(MPa)	22~38	23~28	22~38	17~33	—
采气井口压力(MPa)	13~34	18~25	18~35	11~26	—

输气管道分输站接点压力:注气期为7.5MPa,采气期为5.5MPa。

根据储气库、输气管道分输站的分布情况,提出三个总体布局方案进行对比:(1)在库1建设1#集注站;(2)在库1、库2分别建设1#集注站、2#集注站;(3)在库1、库2、库3分别建设1#集注站、2#集注站、3#集注站。示意图如图4-7-1所示。

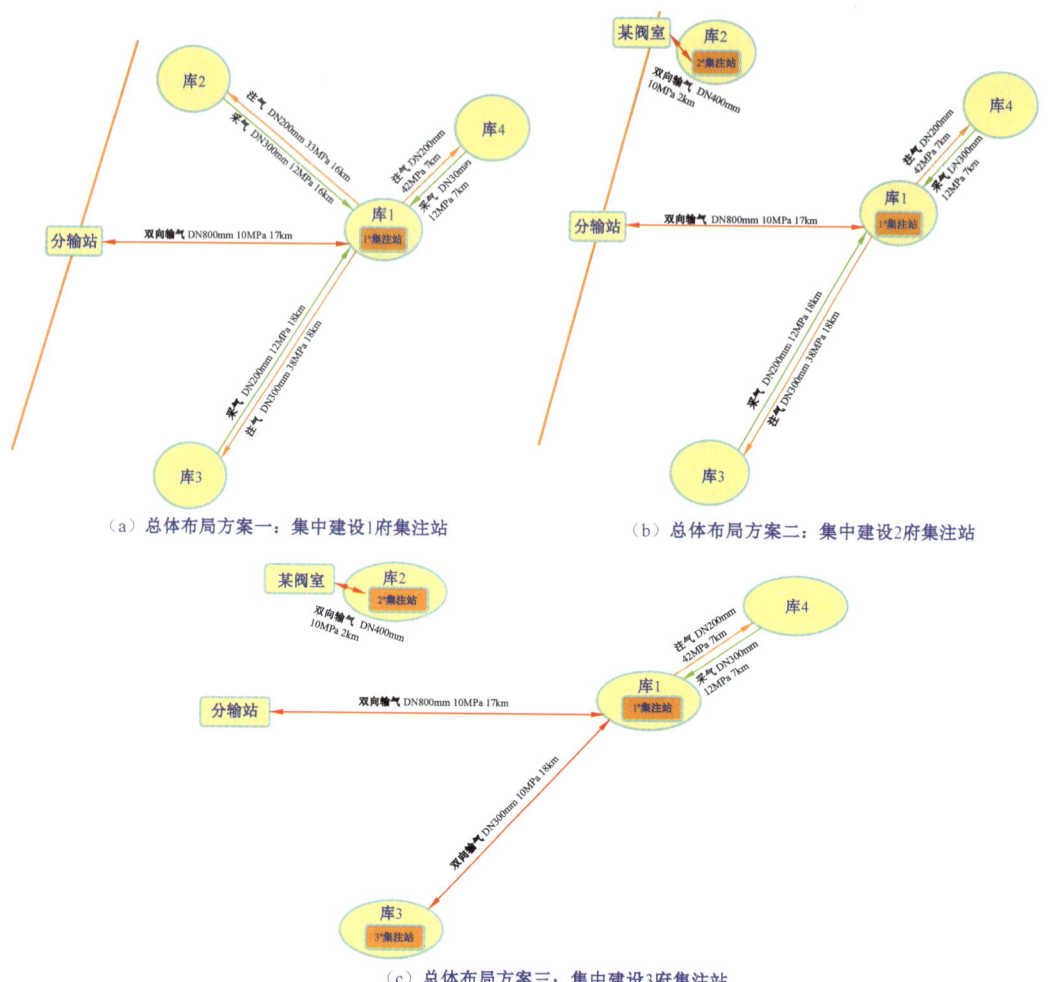

图 4-7-1 总体布局对比方案示意图

三个总体布局方案对比见表 4-7-3。

表 4-7-3 某储气库群总体布局优化方案对比表

序号	内容	方案一	方案二	方案三
一	方案简述	(1)在库1集中建设一座1#集注站。站内统一设置4座储气库的注采设施及辅助系统。 (2)1#集注站内建3套烃水露点装置。 (3)1#集注站内建1套配套系统。 (4)1#集注站内建1套低压油气水处理系统	(1)在库1、库2分别建设1#、2#集注站。 (2)在1#集注站设置库1、库3、库4的注采设施及相关辅助系统。在2#集注站设置库2的注采设施及相关辅助系统。 (3)在1#集注站设置低压油气水处理系统,4库共用	(1)在库1、库2、库3分别建设1#、2#、3#集注站。 (2)1#集注站设置库1、库4的注采设施及相关辅助系统。在2#、3#集注站分别设置库2、库3的注采设施及相关辅助系统。 (3)在1#集注站设置低压油气水处理系统,4库共用

续表

序号	内容	方案一	方案二	方案三
二	主要工程量			
1	注采井场	新建9个,已建9个	新建9个,已建9个	新建9个,已建9个
2	集注站(座)	1	2	3
1)	注气装置(套)	3	3	3
2)	露点控制装置(套)	3	4	4
3)	乙二醇再生装置(套)	2	3	3
4)	导热油装置(套)	1	2	3
5)	仪表风系统(套)	1	2	3
6)	放空系统(套)	1	2	3
7)	管线长度(km)	99	69	51
三	可比投资(亿元)	12.78	14.44	15.93
四	方案优点	(1)管理方便、定员少; (2)配套设施简化; (3)征地少	高压注采管线较短	(1)高压注采管线短; (2)操作灵活
五	方案缺点	高压注采管线长	站场数量较多,定员较多	(1)管理难度大、定员多; (2)配套设施多; (3)征地多
六	推荐方案	推荐		

从表 4-7-1 可以看出,从主要工程量、可比投资、操作运行管理、定员、占地等方面进行对比,方案一经济性好、管理方便、节省人力、节省占地,推荐总体布局方案一。可以看出多座小型储气库集中建设成一个大型储气库群,优于分散建设多个小库。

四、注采集输工艺

注采集输的内容主要包括注采井口、注采阀组或集配站、注采管网。注采管网可包括注气支线、注气干线、采气管线、集气支线、集气干线等。

(一)注采井口

储气库的生产井有注采井、采气井两种。新钻井一般为注采井,采气井一般是利用已有老井。储气库注采井的布置常采用丛式布井,即一个井场有多口注采井,每座多井井场井数差别较大,2~6口不等。

储气库的注采井具有少井高产的特点,单井注气能力和采气能力远高于气田生产井,井口压力变化幅度很大,每个注采周期完成一次压力升高和降低的循环。

储气库每口井的注气量和采气量均要计量,由于配注、配产气量调节比较频繁,一般要求能够远程调节每口井的注气量和采气量。

注采井口装置的功能：一般包括紧急关断、井口压力检测、井口温度检测、单井注气量计量、单井采气量计量、井口节流、注水合物抑制剂或加热炉加热、放空、排污、数据采集与上传等。应该根据储气库具体运行参数进行注采井口流程优化。

为了实现远程注采气量调节与控制、降低投资方便运行，应尽量简化井口采气流程。建议通过工艺模拟计算，优化井口节流压力，保证不会生产水合物，即采用井场一级节流、不加热、不注醇、油气混输工艺。

（1）井口紧急关断设置：地面工程和采油工程应统一考虑井口紧急切断阀的设置，并设专用井口控制柜。建议注采井设井下安全阀、采气树油嘴后设置气液联动紧急切断阀，井下安全阀和 ESD 阀门信号均接入井口控制柜，并经井场 RTU 上传至中控室。气液联动紧急切断阀可接受中控室的指令远程关断，具有现场手动功能。气液联动紧急切断阀应尽量靠近井口采气树。

（2）井口注气、采气计量：对于纯气藏改建的储气库，采气时采出气中仅含有极少量的水，可以考虑注采双向计量，在井口设能够双向计量、允许少量带液的流量计，如超声波流量计、靶式流量计等。对于油藏、凝析气藏等改建的储气库，采气时带有较多的油水等液体，应注采分别计量，可以每口井设一套注气流量计，可选用靶式流量计、孔板流量计或超声波流量计等；采气计量方式需要进行方案对比，可以考虑多井轮换分离计量、每口井单独计量等多种方式，分别计量气、油、水的产量。计量分离器可设在多井井场、注采阀组、集配站或集注站。

（3）注气量与采气量调节：注采井口有必要设置注气与采气气量调节，并具备远程调控功能。可以双向计量的，可采用轴流式双向调节阀进行注采双向气量调节。不能双向计量的，可以在注采井口的采气支路上设角式节流阀、注气支路上设电动节流截止阀实现注采气量调节。

（4）防止水合物生成措施：储气库注采井口均设有节流装置，为了防止产生水合物冻堵管线，需要考虑防冻措施。常用的防冻工艺有注防冻剂和加热。应该通过工艺模拟计算、工艺技术方案对比、投资和运行成本分析等综合确定防冻工艺。为了简化注采井口流程、提高操作的灵活性、降低运行成本，应适当提高集气系统压力，尽量保证节流后温度高于水合物生成温度、原油/凝析油的凝固点/析蜡点，正常生产时不必考虑防冻工艺。当原油/凝析油的凝固点/析蜡点很高时，可以采用加热节流工艺。

（5）开井初期防冻措施：储气库在采气期开井初期，节流阀后背压低、地温场尚未建立，节流后温度会低于正常生产时的温度，可能形成水合物，可采取临时防止水合物生成的措施。常采用的措施有：采气管道充压提高节流阀后背压、移动式注醇橇注醇防冻、加热炉加热防冻等，对比后确定。

（6）放空：具备两级自动关断的注采井口可以不设安全泄压阀，只关断不放空，建议注采井场不设置固定的放空立管。为了满足井口装置检修时临时泄压可以设置就地手动放空口。因为注采井口压力较高，放空阀应设双阀，即球阀＋节流截止放空阀。修井作业时应接入临时放喷管将放空介质引至安全地点。

除非特殊需要，注采井口可不设排污池、不设取样口、不设腐蚀监测、不设发球筒。

推荐的井口标准化流程：

(1)纯气藏储气库注采井口,注采组分相差不大,建议采用如图4-7-2和图4-7-3所示流程。

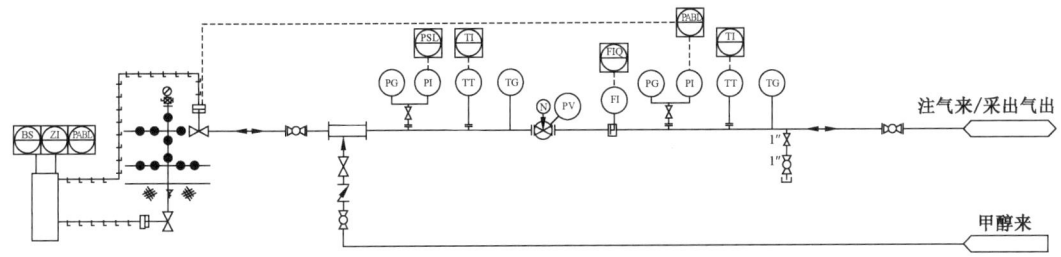

图4-7-2 注采井口流程图(注采合一、注醇)

(2)油藏/凝析气藏型储气库注采井口,油水产量较高,建议采用图4-7-3所示流程。

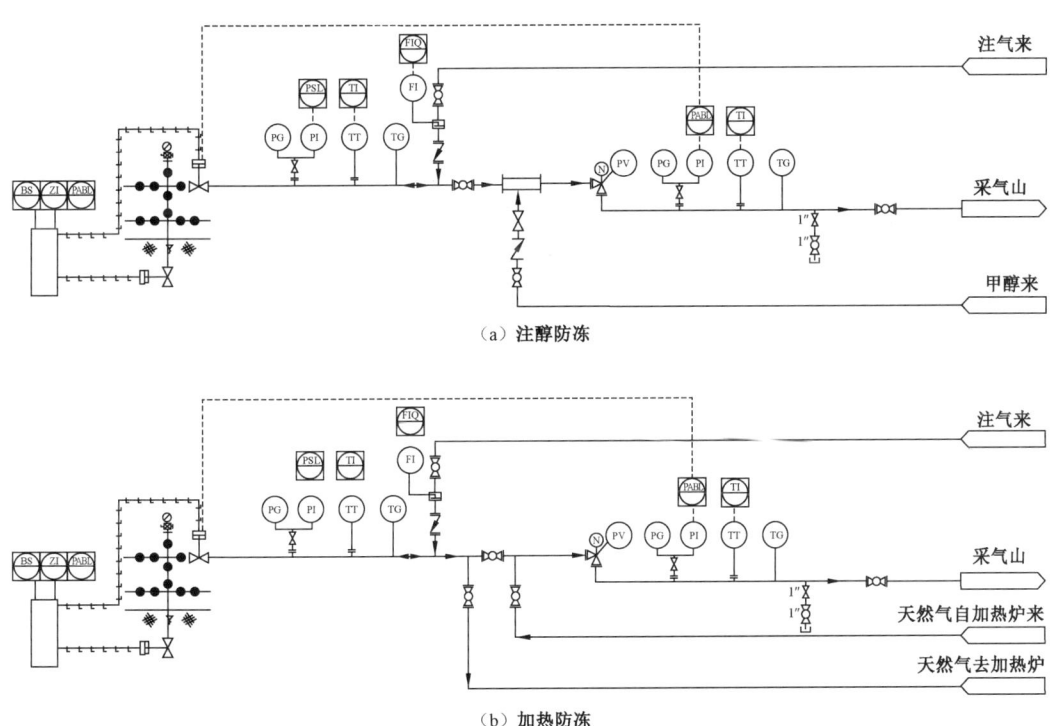

图4-7-3 注采井口流程图(注采分开、注醇/加热)

(二)注采阀组或集配站

按照储气库总体工艺流程和总体布局,考虑设置注采阀组或集配站。可以一个或多个井场设置一座注采阀组或集配站。

注采阀组或集配站的主要功能:集气、采气多井轮换分离计量、注醇橇或多井加热炉、数据采集与远程调控、清管等。注采井口和注采阀组(集配站)的功能不应重复设置。

注采阀组或集配站的工艺设备建议橇装化,典型橇装化设备如图4-7-4所示。

应根据采出物特点考虑清管设施设置方案,单井采气管道可不设清管,采出液较高的集气支线、集气干线可以设清管设施。注气支线、注气干线不考虑清管,注采合一管道按照集气管道确定是否设清管。收发球装置宜采用收发球筒,满足收发智能清管器的要求。管道设置清管设施时,应符合下列规定:

(1)清管工艺应采用不停产密闭清管工艺流程,并应进行最大清管积液量的计算和采取相应安全措施。

(2)清管器的进出指示器应安装在进出站的管段上。

(3)清管器收球筒上的快开盲板,不应正对距离小于或等于60m的居住区或建(构)筑物区。当受场地条件限制无法满足上述要求时,应采取相应安全措施。

(4)清管作业清除的污物应进行收集处理,不得随意排放。

油藏型/凝析气藏型注采阀组或集配站,建议采用如图4-7-5流程。

(a)双层多井集气节流橇

(b)分离计量橇

(c)井口控制柜

(d)井场控制间

图4-7-4 注采井场、注采阀组橇装化设备

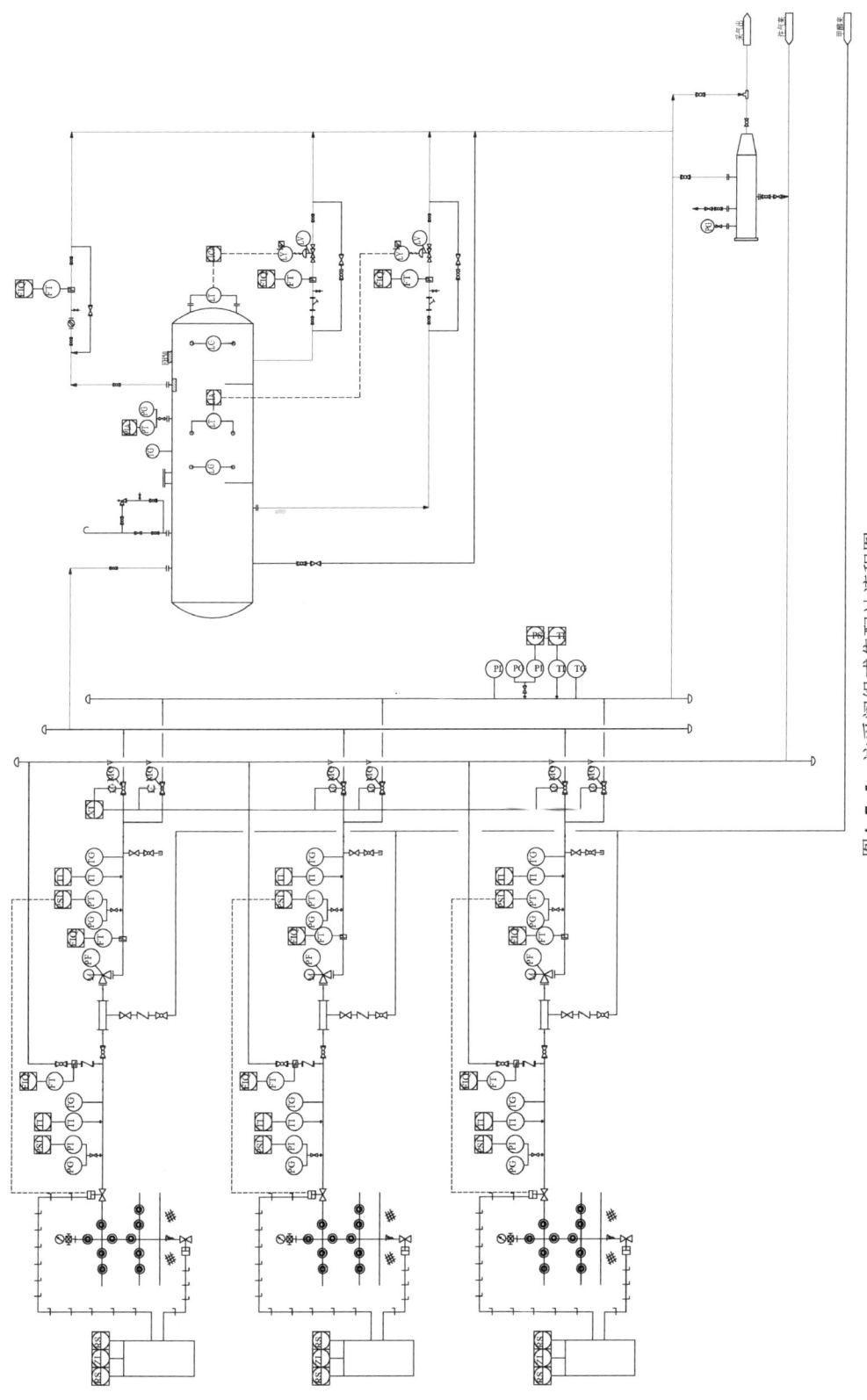

图4-7-5 注采阀组或集配站流程图

注：图4-7-2、图4-7-3、图4-7-5中符号的含义如下：
PG—压力表；PI—压力变送器；PSL—压力超低连锁；PSHL—压力超高超低连锁；PV—压力调节阀；TG—温度表；TI—温度显示；TT—温度变送器；FI/FIQ—流量计量与远传；MOV—电动阀；PSV—安全阀；LV—液位调节阀；LSHL—液位超高超低连锁。

五、注采管网

(一)注采管网设置

应根据储气库的总体布局、注采规模、注采气工艺等对储气库注采管网设置进行优化。分析计量方案、注采气管道的设计能力、设计压力等参数,考虑中国的钢管制管水平、管件制作水平和管道建设的施工技术水平,对注采管网的设置方案进行对比,择优选择。

井场至集注站的注气管道、采集气管道、计量管道是合一设置还是分开设置,应根据各项目的具体情况,从管材费、配套阀门、施工费、征地费、方便运行管理等方面进行技术经济对比和综合分析,选择最佳配置方案。

注气管道、注采合一管道设计压力高,需要采用无缝钢管,根据中国无缝钢管生产情况,壁厚大于30mm的厚壁无缝钢管最大管径为$D457mm$。单纯采气管道设计压力一般不超过15MPa,可以选用有缝钢管或者双金属复合管。目前,中国双金属复合管成熟应用的最大管径为$D660mm$。

对于中小型储气库采用注采合一可以少建一条管道,节省投资,但是对于大型储气库,因为采气量大,一条注气管道不能满足输送要求,注采合一设置不能减少管道数量。以某典型工况为例,对注采合一还是注采分开进行对比,注气管道或注采合一管道最大管径为$D457mm$,采气管道最大管径为$D660mm$,当单条管道输送能力不足时,采用双管。注气管道或注采合一管道设计压力40MPa,采气管道设计压力15MPa。管径计算结果见表4-7-4,投资匡算结果见表4-7-5。

表4-7-4 不同工况下注采集输干线管径计算结果表

序号	规模	集输方案	5km	10km	15km	20km
1	注气量,$200 \times 10^4 m^3/d$ 采气量,$300 \times 10^4 m^3/d$ 采液量,500t/d	注气干线	$D219.1mm$	$D219.1mm$	$D273mm$	$D273mm$
		采气干线	$D273mm$	$D273mm$	$D273mm$	$D273mm$
		注采合一	$D273mm$	$D273mm$	$D273mm$	$D273mm$
2	注气量,$500 \times 10^4 m^3/d$ 采气量,$750 \times 10^4 m^3/d$ 采液量,1200t/d	注气干线	$D273mm$	$D323.9mm$	$D323.9mm$	$D355.6mm$
		采气干线	$D406.4mm$	$D406.4mm$	$D406.4mm$	$D406.4mm$
		注采合一	$D406.4mm$	$D406.4mm$	$D406.4mm$	$D406.4mm$
3	注气量,$800 \times 10^4 m^3/d$ 采气量,$1200 \times 10^4 m^3/d$ 采液量,2000t/d	注气干线	$D323.9mm$	$D355.6mm$	$D406.4mm$	$D406.4mm$
		采气干线	$D508mm$	$D508mm$	$D508mm$	$D508mm$
		注采合一	$2 \times D355.6mm$	$2 \times D355.6mm$	$2 \times D355.6mm$	$2 \times D355.6mm$
4	注气量,$1000 \times 10^4 m^3/d$ 采气量,$1500 \times 10^4 m^3/d$ 采液量,2500t/d	注气干线	$D406.4mm$	$D457mm$	$D457mm$	$2 \times D355.6mm$
		采气干线	$D559mm$	$D559mm$	$D559mm$	$D559mm$
		注采合一	$2 \times D406.4mm$	$2 \times D406.4mm$	$2 \times D406.4mm$	$2 \times D406.4mm$
5	注气量,$1200 \times 10^4 m^3/d$ 采气量,$1800 \times 10^4 m^3/d$ 采液量,3000t/d	注气干线	$D457mm$	$D457mm$	$D457mm$	$2 \times D355.6mm$
		采气干线	$D610mm$	$D610mm$	$D610mm$	$D610mm$
		注采合一	$2 \times D457mm$	$2 \times D457mm$	$2 \times D457mm$	$2 \times D457mm$
6	注气量,$1500 \times 10^4 m^3/d$ 采气量,$2250 \times 10^4 m^3/d$ 采液量,3600t/d	注气干线	$2 \times D323.9mm$	$2 \times D355.6mm$	$2 \times D406.4mm$	$2 \times D406.4mm$
		采气干线	$D660mm$	$D660mm$	$D660mm$	$D660mm$
		注采合一	$2 \times D457mm$	$3 \times D406.4mm$	$3 \times D406.4mm$	$3 \times D406.4mm$

表 4-7-5 注采管网不同设置方案投资对比表

序号	注采规模($10^4 m^3/d$)	集输距离(km)	可比工程投资(万元)	
			注采分开	注采合一
一	注气 200 采气 300	5	2563	1930
		10	4988	3740
		15	8234	5550
		20	10834	7360
二	注气 500 采气 750	5	6294	5225
		10	12914	10210
		15	19204	15195
		20	27806	20180
三	注气 800 采气 1200	5	8091	7504
		10	16978	14664
		15	27301	21824
		20	36256	28984
四	注气 1000 采气 1500	5	10461	9820
		10	21896	19160
		15	32586	28500
		20	45980	37840
五	注气 1200 采气 1800	5	12088	12050
		10	24508	23460
		15	34968	34870
		20	49112	46280
六	注气 1500 采气 2250	5	12148	14730
		10	25912	28740
		15	42538	42750
		20	56438	56760

由表 4-7-4 和表 4-7-5 可以看出：

（1）当管道的采气能力大于 $1000 \times 10^4 m^3/d$ 时，如果采用注采合一方案，也需要敷设 2 条管道，单条管道不能满足输送要求。

（2）当注气规模小于等于 $1000 \times 10^4 m^3/d$（采气 $1500 \times 10^4 m^3/d$）时，注采合一的经济性优于注采分开，随着注、采规模增大，注采合一的优势逐渐减小。

（3）注气规模大于 $1000 \times 10^4 m^3/d$（采气 $1500 \times 10^4 m^3/d$）时，注采合一和注采分开投资费用基本相当，注采合一的优势不明显。从方便注气、采气操作减少管道转换等考虑，优先选用注采分开方案。

注采管网设置方式的建议：

（1）储气库注采管网的投资费用受管材价格、配套阀门价格等影响很大，在具体的工程建设中，应结合注气采气设计规模、集输管道长度、采出物油水含量、油品物性参数、设备与管材生产情况与价格、方便运行管理等方面，进行综合技术经济比较后择优选择。

（2）凝析气藏或油藏型储气库，当油品重组分含量较高或含蜡时，应优先采用注采分开设置方案，以防低温条件下的重烃凝管或结蜡现象的发生，同时也可以避免注气期内管壁附着物再次伤害地层。

（3）纯气藏型储气库，由于井口采出井流物主要为天然气和水，不含液态烃，不会发生低温凝管或结蜡等问题，且随着注采周期的延长，井流物中携带的地层水逐渐减少。优先采用注气管道与采集气管道合一的"注采合一"设置，或者注气管道、计量管道合一"注计合一"设置。

（4）对于大型、超大型储气库，注采气量较大，需要设置多条注采干线时，若采用注采合一，注采流程转换阀门数量较多、比较繁琐，考虑到方便管理，宜采用注采分开。

（5）注采合一设置需要注意：注采转换时，要加强清管。注采转换阀门开关状态要明确，防止误操作。

（6）注气管道、采集气管道线路切断阀的设置满足 GB 50350—2015《油气集输设计规范》的要求。

（二）注采管道材质选择

储气库注气与采气的不同特点直接决定了其在管材选择上的特殊性，采气期开井初期，井口温度场未建立起来，节流后井流物温度可低至 -30℃ 以下，采气管道需要具备良好的耐低温性能；注气末期，压缩机出口压力可高至 40MPa 以上，对管道强度提出了更高的要求。

由于储气库运行工况的多变，管材的优化选择，直接关系到工程投资与地面设施的安全性。对于注采管道分开设置，注气管道主要满足注气期高压管道强度要求，采气管道主要满足开井初期井口节流后温度较低的工况，而注采管道合一设置时，管道材质应同时满足以上两种要求。

管材选择主要取决于钢管是否满足管道的技术要求，同时，考虑经济性以及国家制管业的现状。储气库集输管道设计压力高，相对于长输管道用量少，而焊接钢管适用压力较低，且一般为批量生产，因此储气库注采集输管道首选无缝钢管。

鉴于采气初期，管道操作压力会低至 -30℃ 或以下，而 20#钢耐温下限仅为 -20℃，不锈钢（06Cr19Ni10）材质单价较高，因此不推荐作为注采集输管道使用。16Mn 钢的屈服强度为 320MPa，在压力较高的情况下，壁厚较大，如当管道设计压力为 30MPa，外径为 508mm 时，管线壁厚将达到 50mm，管道加工、焊接难度较大。

高压管道在选材时，应选用屈服强度较高的钢种，以减小壁厚，从而减少钢的用量以降低成本。针对 GB 9711—2017《石油天然气工业中管线输送系统用钢管》中更高钢级的无缝钢管，对 L360，L415 和 L450 等高等级管线钢的抗低温性能进行了研究，研究结论表明其韧脆转变温度均低于 -60℃，表现出了优良的抗低温性能，因此可以作为储气库管道用钢管。

管材选择建议如下:

(1)储气库注采管道设计压力一般较高,当钢材质等级过低时,所需壁厚较大;当钢材质等级过高时,虽然减少了管道壁厚,但是工程投资会随之增加。实际工程中,储气库注采管道选材应结合工艺要求、制管水平、钢管价格等因素综合比选后决定。

(2)管道材质优先选择碳钢+注缓蚀剂方案,当输送介质中 CO_2 分压高、Cl^- 含量高并且有游离水腐蚀性较强时,集输管道材质也可采用 316L 双金属复合管。

(3)为了提高采出气集输管道的耐低温性能,满足储气库开井初期低温工况要求,和降低高压管道壁厚,碳钢材质的注气管道、采集气管道、注采合一管道,或双金属管道的外管,可选用调质 L415 和 L450 等高等级管线钢。

(4)16Mn 无缝钢管屈服强度较低,高压、大口径管道的壁厚较大,加工、焊接难度较大。对于中小型储气库,在管径≤DN200mm 的情况下可以选用。

六、集注站

(一)注气系统

国内外储气库均采用集中注气方式,即在集注站集中布置注气压缩机组。压缩机入口均设置过滤和分离两级预处理设备。

1. 注气压缩机组选型

中国已建和在建储气库均采用了大型进口往复式压缩机组,功率在 3500kW 以上,以电驱为主、燃驱为辅。成压厂已经研制成功了功率 6000kW、排压 42MPa 的电驱往复式注气压缩机组,并在苏桥储气库成功应用。

国外储气库,电驱或者燃气透平驱动的离心式压缩机应用非常普遍,单台机组功率超过 25MW。每座储气库可选择不同机型组合配置,既有往复式又有离心式,大中小搭配,既有分段增压多台串联,又有一段增压多台并联,会随着库容规模的增加,逐步分期建设注气压缩机。

往复式压缩机特别适用于小流量、高压力的场合,一般用于进气流量 $18000m^3/h$ 以下(指进气条件下的容积流量),流量调节范围一般为 60%~100%(采用变频调节),单机功率一般不超过 6000kW;离心式压缩机适用于大流量,中、高压力的场合,一般用于进气流量 $2000m^3/h$(指进气条件下的容积流量)以上,排气压力 50MPa 以下,流量调节范围一般为 70%~100%(采用变频调节),单机功率不低于 2000kW。离心式压缩机具有输气量大,运转平稳可靠,噪声低,机组尺寸小,使用寿命长,维修工作量小的特点。因此,对于小型储气库,建议选用往复式压缩机,对于大中型储气库可选用离心式压缩机或往复式压缩机。

离心式压缩机可不考虑备用机组,往复式压缩机一般要考虑备用机组。

与燃驱比,电动机驱动具有结构紧凑、操作简便、运行平稳、易于实现自动控制和远程操作、效率高、可靠性高、寿命长、投资小、安装维护费用低、可实现国产化,采用变频可实现无级变速等优点,在具备供电条件的情况下,应选用电动机驱动,边远、不具备供电条件的站场可选用燃机驱动。

综合以上分析,储气库注气压缩机组配置建议如下。

(1)不同类型储气库注气压缩机组配置。

小型储气库:工作气量 $<5\times10^8\mathrm{m}^3$,压缩机功率 $<12\mathrm{MW}$,2~3 台往复机。

中型储气库:工作气量 $5\times10^8\sim10\times10^8\mathrm{m}^3$,压缩机功率 12~25MW,1~2 台离心机 + 1 台往复机。

大型储气库:工作气量 $10\times10^8\sim30\times10^8\mathrm{m}^3$,压缩机功率 25~100MW,2~4 台离心机 + 1 台往复机。

超大型储气库:工作气量 $>30\times10^8\mathrm{m}^3$,压缩机功率 $>100\mathrm{MW}$,多台离心机。

(2)注气压缩机应兼顾采气时增压工况,具有灵活的串联、并联流程。

(3)往复式压缩机可选配无级流量调节装置、离心机可选配变频控制装置。

(4)离心压缩机可采用两段增压方案。

2. 过滤分离

双向输气管道来气常含有固体、液体杂质,为保护注气压缩机、避免地下储层伤害、保证贸易交接计量的准确性,在集注站或分输站一般设置高效分离器 + 过滤器两级分离过滤,指标为:脱除固体粒度 $5\mu\mathrm{m}$,液体粒度 $10\mu\mathrm{m}$,脱除效率 99.5%。

储气库常用的高效设备有:旋流/旋风分离器、高效过滤分离器。

(1)旋流/旋风分离器。

与普通重力分离器相比,旋流/旋风分离器分离效率高,直径和长度相同时,处理能力是重力分离器的 5 倍左右。但是当实际处理量是设计规模的 40% 时,不能达到旋流分离的效果,仅相当于重力分离器;当操作压力低于 1MPa 时,不适合采用旋流分离器,成本和重力分离器相当。因此,储气库的旋流/旋风分离器一般采用多台并联,以提高单台设备的负荷率,保证分离效果。旋风分离器如图 4-7-6 所示。

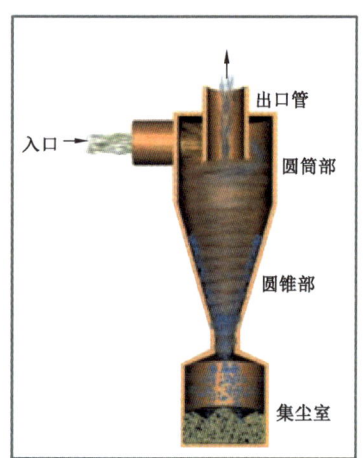

图 4-7-6 旋风/旋流分离器

(2)高效过滤分离器。

含微量液体和固体杂质的气体由外向内通过过滤管,分出固体杂质,并使雾状油滴聚结成较大油滴,和入口分离区的液体汇合后流入下部的集液罐内;气体通过捕雾器后流出分离器。

常用在压缩机入口、贸易交接计量流量计上游。在初次投产时,由于管道来气较脏,需要及时更换滤心,保证过滤效果。高效过滤分离器如图4-7-7所示。

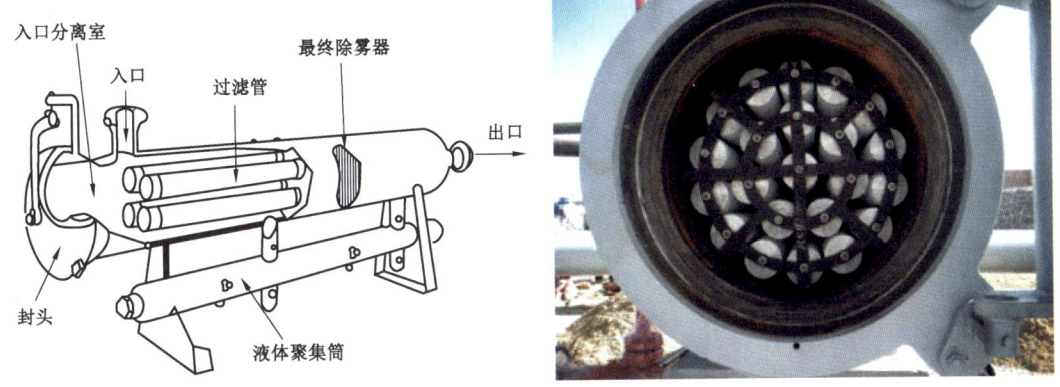

图4-7-7 高效过滤分离器

(二)采出气处理

由于中国大部分储气库地质条件复杂、采出气含有油和水,采出气处理需要脱水脱烃控制烃水露点,少数纯气藏型储气库,采出气中不含重烃的,可以仅脱水。

由于储气库多为枯竭油气藏改建而成,采出气中重组分含量较低,并且随着多个注采周期的运行,含量越来越低,采气装置仅在采气期运行,因此储气库采气处理装置不适合采用流程复杂、投资高的深冷处理工艺,采出气处理主要以控制烃水露点为目的。

采出气烃水露点控制深度:烃露点一般要不低于最低输送环境下的温度,水露点一般要至少低于环境温度5℃,实际中,可以取2~3℃的裕量。

采出气处理工艺选择时,首先绘制储气库采出气的烃露点曲线,根据储气库地层压力、采出气的压力逐年变化和采出气外输压力进行分析,确定是否需要控制烃露点。一般油气藏型储气库需要同时控制水烃露点,纯气藏储气库仅需控制水露点。

当烃、水露点同时需要控制时,可选用J-T阀制冷或外加辅助制冷工艺。当采出气井口压力和外输压力存在一定压差,采用J-T阀制冷控制水烃露点可以达到外输要求时,可采用J-T阀制冷+乙二醇防冻工艺;当采用J-T阀制冷无法达到外输要求时,可以采用外加冷剂制冷工艺。

采出气不经处理烃露点满足外输要求,只需进行水露点控制时,无论采出气与外输气之间是否具足够的压力差,三甘醇脱水以其经济、安全、成熟性为水露点控制技术首选。

大型储气库脱水工艺优选:国内目前最大的三甘醇脱水装置处理能力为$500×10^4 m^3/d$,大型和超大型储气库采出气处理总规模一般大于$1000×10^4 m^3/d$,需要建设多套处理装置,装置数量多会导致投资和运行成本高。根据国外的经验,采用改性硅胶脱水或者分子筛脱水工艺可以建设大型装置,国外最大的储气库硅胶脱水装置单套处理能力为$2500×10^4 m^3/d$。

为了优选大型储气库脱水工艺,对4种脱水装置进行技术经济对比:2套$500×10^4 m^3/d$的J-T阀+注乙二醇装置、2套$500×10^4 m^3/d$三甘醇脱水装置、1套$1000×10^4 m^3/d$分子筛脱水装置、1套$1000×10^4 m^3/d$硅胶脱水装置,对比结果见表4-7-6。

表4-7-6 不同脱水工艺对比表

项目	J-T阀+注乙二醇	三甘醇脱水	分子筛脱水	改性硅胶脱水
井口压力(MPa)	5.5	4.2	4.2	4.2
处理装置规模及数量	$500\times10^4 m^3/d$，2套	$500\times10^4 m^3/d$，2套	$1000\times10^4 m^3/d$，1套	$1000\times10^4 m^3/d$，1套
估算投资(万元)	6080	5030	4734	4638
年运行成本(万元)	128	103	185	67
费用现值15年(万元)	6188	5098	5319	4906

由表4-7-6可以看出，硅胶脱水工艺与分子筛脱水工艺工程投资相差不大，硅胶脱水费用现值最低。因此，对于大型储气库可以采用硅胶吸附脱水工艺或分子筛脱水工艺。

采出气处理工艺优选建议：

（1）储气库采出气的处理主要以控制烃、水露点为主，处理深度满足外输需求即可。采出气处理烃、水露点控制宜统一考虑。

（2）需要同时控制烃、水露点时，当井口采出气与外输气之间有足够压力能利用时，优先采用J-T阀制冷+乙二醇防冻工艺；否则，采用丙烷辅助制冷工艺。

（3）仅需控制水露点时，中小型储气库优先选用三甘醇脱水工艺，大型、超大型储气库可以采用大规模硅胶脱水或分子筛脱水工艺。

采出气处理常用的高效设备有：绕管式换热器、高效低温分离器。

绕管式换热器：J-T阀+注乙二醇露点控制装置或者丙烷制冷露点控制装置的气气换热器可以选用绕管式换热器。适用于洁净、黏度不大的介质，具有换热器效率高、压力高、单台设备换热面积大、多股流换热的优点。绕管式换热器属于定制设备，制造商一般根据用户的工况条件进行专门的设计，单台设备换热面积可达几千平方米。为了防止冻堵，可以在入口处设乙二醇注入口。绕管式换热器如图4-7-8所示。

图4-7-8 绕管式换热器

高效低温分离器：为了减少低温分离器出口天然气中液滴含量，保证出站天然气的水烃露点，建议低温分离器设置高效聚结分离内件，并在气出口加装捕雾网，在满足分离要求的前提下,可以提高处理能力 30% ~ 40%。为了提高分离效率,宜采用卧式,当凝液量较多时采用双筒分离器,凝液量较少时采用单筒分离器 + 积液包,但只有很少液量时也可采用立式分离器。为了便于凝液与乙二醇分离,可加设盘管,或者在下游设醇液分离器。高效分离器如图 4 – 7 – 9 所示。

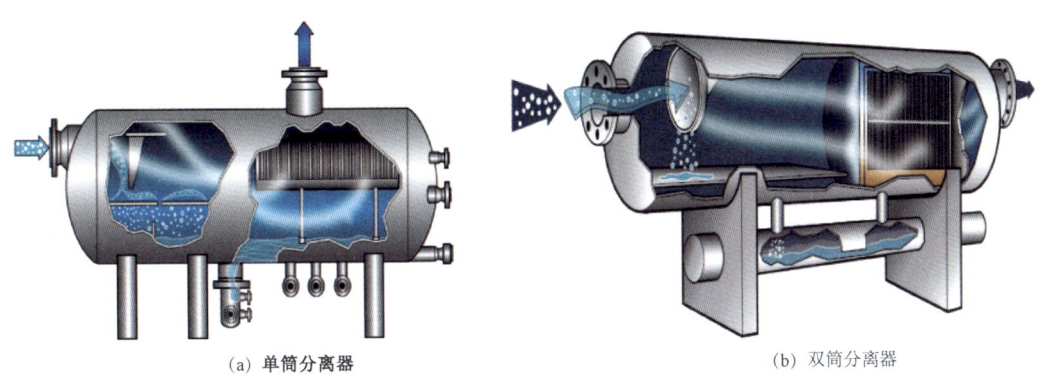

(a) 单筒分离器　　　　　　　　　　(b) 双筒分离器

图 4 – 7 – 9　高效低温分离器

(三) 采气增压

储气库采气末期地层压力降低,调峰或应急供气气量较大时,外输干线的压力较高,可能存在储气库采出气压力偏低不能进入外输系统的工况,此时需要考虑对处理合格的采出气进行后增压。

采气增压可以采用注气压缩机组。注气压缩机组选型和流程设计时,建议兼顾采气工况,具备多级能够串联或并联的流程。储气库采气处理装置的总能力一般是注气装置总能力的 1.5 倍左右,注气压缩机组的排量可能不能满足采气能力需要,经过论证的确需要时,可以考虑设置采气后增压压缩机。

(四) 放空系统设计

中国储气库和气田地面工程建设中,站场放空系统设计,多年来一直遵循全量放空的设计理念,即放空系统的设计规模等于全站(厂)的日处理规模。储气库的特点之一是"大进大出",站场设计规模一般都比较大,导致放空系统设计规模偏大,火炬与站场间距偏大,占地面积大、工程费用高,有必要进行优化。

储气库集注站放空系统有以下特点:
(1)地面设施多、压力级别多、压力高。
(2)既有注气系统又有采气系统,且不同时运行,系统复杂。
(3)装置规模比一般油气田处理厂(站)要大。
(4)初始泄放压力高,瞬时泄放量远大于平均泄放量。
(5)泄放前后压差大,泄放后气体温度急剧降低。

储气库设计压力、操作压力高,站厂内既有高压介质又有低压介质,高低压放空管网、放空分液罐、放空火炬如何设置,没有统一规定,设计差异很大。

1. 放空理念

放空系统的设计应该结合站场紧急关断（ESD）系统设置，通过分析计算后确定。目前，天然气处理厂、储气库集注站均设置独立的 ESD 系统，发生火灾等事故时，能自动连锁关断进出站 ESD 阀门，并连锁自动打开自动泄压放空（BDV）阀门泄压。

根据事故产生的原因以及事故的严重程度，集注站 ESD 系统设置 0 级~3 级共四级关断，其中 0 级关断是针对火灾工况采取的安全措施，ESD 关断并连锁 BDV 放空，而 1 级、2 级和 3 级关断是针对异常工况采取的安全措施，ESD 只进行关断而不连锁 BDV 放空。当系统出现超压时，还可通过安全阀（PSV）进行泄压。

井场设地下安全阀和井口 ESD 阀两级关断，只关断不放空。

综上，储气库已经设置了完备的自动控制与安全系统，火灾、故障或事故情况下，可以连锁关闭站场和井口，并根据控制逻辑连锁打开集注站放空阀。因此，建议放空系统设计，摒弃传统全量放空理念，按照先关断、后放空理念进行设计。

2. 集注站放空系统规模

集注站放空系统的设计规模按照最不利工况下最大放空流量确定。可以利用 Aspen HYSYS 软件的动态模型或者其他动态模拟计算软件来计算站场放空过程。由于集注站功能分区较多、占地面积较大，尤其是注气装置区和采气装置区在注气期和采气期运行方式不同，具备分区放空的条件，可以采用分区延时泄放技术。当采用分区放空时，可以将每个区域简化为一个压力容器。计算时，需要确定每个区域的工艺设备管道水容积、初始泄放压力、总放空气量、泄放时间等参数。

总放空气量和初始泄放压力：集注站总放空气量包括站内所有工艺设备管道内储存的天然气和液烃闪蒸产生的气体。和初始泄放压力有关，压力越高，放空气总量越大。需要按照注气模式和采气模式分别计算。

集注站各部分初始泄放压力与集注站运行管理方式有关。需要分析注气时，采气系统是放空至常压、降压至某压力、还是保持采气时的运行压力；同理，分析采气时注气系统的压力。建议注气时，采气系统压力和双向输送管道压力一致；采气时，注气系统压力和双向输送管道压力一致。

泄放时间：对于储气库集注站，注气系统设备和管道泄压速度可以按照 15min 内降至设计压力的 50% 计算，采气系统按照 15min 内降至 690kPa 计算，并考虑液烃闪蒸产生的气体。

一般情况下，火灾情况下的集注站 0 级关断并放空是最不利工况，据此计算泄放总量和泄放流量。一般情况下，储气库集注站内的工艺设施用 ESD 阀门分割成若干个区域，并设置若干个 BDV 阀门。应分别计算每个区域内工艺设备、管道内储存的天然气总量，BDV 阀门打开时每个区域的放空流量。各个区域放空流量之和是集注站的总放空流量，以此确定放空系统设计规模。

高压放空规模和低压放空规模宜分别计算。

典型的放空流量—时间曲线如图 4 - 7 - 10 所示。

放空流量随放空时间迅速降低，一般来说最大瞬时放空流量是平均放空流量的 2~6 倍。如果采用分区延时泄放技术，使每个放空区域的峰值不叠加，则可以有效降低总最大瞬时放空流量,从而有效降低放空系统的设计规模。

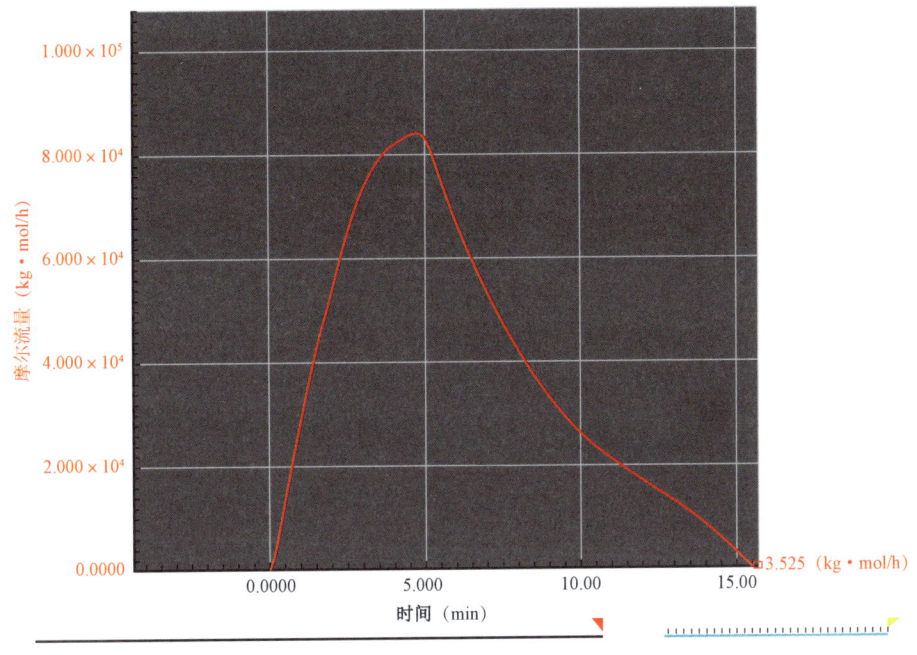

图 4-7-10 典型放空流量—时间曲线

3. 高低压放空系统设置

储气库集注站内工艺设备类型多、压力等级多,为了防止高压放空气背压太高导致低压气不能正常放空,应该分别设置高压、低压放空系统。如某储气库高压系统的操作压力范围为 4.95~40.9MPa,低压系统的操作压力范围为 0.2~2.5MPa,乙二醇再生系统操作压力范围为 0.3~1.0MPa,排污、燃料气系统操作压力为 0.4MPa 左右。

可以利用 Aspen Flare System Analyzer 软件或其他类似软件计算放空时各点的背压。计算结果表明,高压放空系统背压明显高于低压放空系统的背压。放空分液罐入口、放空分液罐出口、放空阀后背压均高于 0.3MPa,高压放空分液罐进出口压差在 0.1MPa 以上。考虑到低压系统最低起始放空压力为 0.3MPa,为了保证低压放空区顺利排放至火炬,有必要分别设置高压放空分液罐、低压放空分液罐。起始放空压力 3MPa/2MPa 天然气排入高压放空系统时,放空阀后背压为 0.8MPa 左右;当排入低压放空系统时,放空阀后背压为 0.2~0.3MPa,即能顺利排入高压系统也能顺利排入低压系统。因此,高低压放空系统的分界点可以定为 2~3MPa。

高低压放空系统设置建议:

(1)储气库集注站应分别设置高压放空系统、低压放空系统,二者的分界线为 2~3MPa,即高于分界线的排入高压放空系统,低于分界线的排入低压放空系统。

(2)高压火炬分液罐、低压火炬分液罐宜分别设置。

(3)高压放空气体和低压放空气体可以共用 1 座火炬。

(4)放空系统材质选择。

储气库放空时,由于压降很大,焦耳 – 汤姆逊效应导致局部出现低温,一般情况下最低温度出现在放空阀后的设备及管路中,应该计算放空系统最不利工况时的最低温度。

利用 FLARENET 软件或者其他类似软件建立放空系统模型,计算高压放空系统放空阀后温度。以某储气库为例:当起始放空压力为 40MPa 时,放空阀后温度为 -76℃、背压为 1.4MPa。放空分液罐入口温度为 -77℃、背压为 0.54MPa。可以看出高压放空时,放空系统操作温度很低,应该考虑放空系统设备管道是否需要采用耐低温材质。

按照 GB 150.3—2011《压力容器 第 3 部分:设计》附录 E《关于低温压力容器的基本设计要求》、GB/T 20801.2—2006《压力管道规范 工业管道 第 2 部分:材料》分析是否属于低温低应力工况,属于符合低温低应力工况条件的压力容器,可以按照设计温度加 40℃ 选择材料。符合低温低应力工况条件的压力管道,可以按照设计温度加 50℃ 选择管线材质。

因此,高压放空分液罐、高压放空管道的操作温度可能很低,需要计算最低操作温度,据此确定设备管道的设计温度。放空分液罐可以按照低温低应力工况进行设计,高压放空管道,可以通过采用增大口径、降低背压或者提高设计压力等方式满足低温低应力工况条件。当按照低温低应力工况选材时,高压放空分液罐可选择 16MnDR 材质、高压放空管道可选用 16Mn 材质。

(五)油水处理

储气库采气期生产的原油、天然气凝液和污水的处理应尽量依托油田已建处理设施,当没有可依托的处理设施时,需要在集注站配套建设油水处理与储运设施。

由枯竭油气藏改建的储气库,油水产量较低,并且随着注采周期的增加,油水产量会有下降的趋势。当油水处理规模较小时,建议建设橇装式原油/凝析油脱水装置、原油/凝析油脱水装置、污水处理装置,所产稳定原油/凝析油可以采用汽车拉运的方式外输,污水回注或外排。

当油水产量较大时,需要统筹考虑原油/凝析油的出路,建设凝液输送管道、污水输送管道外输。油水输送管道设计时,应按照最大输送量确定凝液输送管道、污水输送管道的设计规模;液输送管道、污水输送管道的设计压力应经过水力计算、进行多方案对比后确定;凝液外输优先采用管道密闭输送,管道材质选择碳钢。

七、外输系统

外输系统包括连接天然气长输管道与储气库集注站的双向输送管道和集注站至直供用户的输气管道。管道设计按照国家标准 GB 50251—2015《输气管道工程设计规范》执行。

双向输送管道的阀门、流量计、其他管道附件和仪表的选型应满足双向输送的要求。

双向输送管道首站宜与长输管道分输站合并设置,由长输管道管理单位负责日常生产维护,相关数据分别上传至长输管道的管理系统和储气库管理系统。

八、计量

(一)基本要求

为满足储气库生产动态分析的需要,应对气井的产气量、油水产量、注气量、燃料气消耗量进行计量。井口采出物计量宜设置在井场、注采阀组或集配站,可采用单井计量或多井轮换计量方式。井口注入气计量宜设置在井场或集配站,宜采用单井计量。

内部集输管线只在一端安装计量仪表。

储气库与长输管道的贸易交接计量宜设置在双向输送管道首站,与直供用户的贸易交接计量宜设置在交接点。

天然气按标准参比条件下的体积计量,单位以 Nm^3 表示。产出油、水按体积计量,单位以 m^3 表示。

(二)计量分级及准确度

计量系统准确度的要求应根据计量等级确定,储气库计量可分为3级:

一级计量——储气库与长输管道、直供用户的贸易交接计量;

二级计量——储气库的生产计量,包括注入气量、采出油气水量;

三级计量——储气库单井注入气量、采出油气水量,内部用气量计量。

储气库一级计量系统准确度和流量计及配套仪表的准确度,应按现行国家标准 GB/T 18603—2014《天然气计量系统技术要求》。建议采用超声波流量计,根据需要配置在线天然气组分分析仪、烃露点及水露点分析仪等。一级计量系统准确度可根据天然气的输量范围不低于表4-7-7的规定。计量系统配套仪表准确度满足表4-7-8的规定。

表4-7-7 一级计量系统的准确度等级

标准参比条件下的体积输量 q_{nv} (m^3/h)	$q_{nv} \geqslant 500$	$5000 \leqslant q_{nv} < 50000$	$q_{nv} \geqslant 50000$
准确度等级	C级(3.0)	B级(2.0)	A级(1.0)

表4-7-8 计量系统配套仪表准确度规划　　　　　　单位:%

参数测量	计量系统配套仪表准确度			
	A级(1.0)	B级(2.0)	C级(3.0)	D级(5.0)
	0.5℃	0.5℃	1℃	2℃
压力	0.2	0.5	1.0	2.0
密度	0.25	0.75	1.0	1.5
压缩因子	0.25	0.5	0.5	1.0
发热量(注)	0.5	1.0	1.0	1.0
工作条件下的体积流量	0.75	1.0	1.5	5.0

注:当供气双方用能量流量交换时需要配套的项目。

二级计量系统准确度应在±5%以内,二级计量系统配套仪表的准确度,可参考表4-7-8中的C级确定。

三级计量系统准确度应在±10%以内。三级计量系统配套仪表的准确度,可参考表4-7-8中的D级确定。

九、公用辅助系统

(一)仪表自控系统

储气库仪表自控系统设计和建设建议满足以下要求:

（1）储气库地面系统实现数字化检测与控制管理。采用三级调控的管理模式：油田公司储气库调度中心—储气库集注站站控系统—就地控制。

（2）采用 SCADA 系统对储气库生产过程进行集中监测、控制和调度管理。SCADA 系统由调度中心、站控系统、井口 RTU 和数据传输系统组成。SCADA 系统上位机可设在集注站控制中心或者作业区公寓调度中心。

（3）集注站采用"自动控制、有人值守"的管理模式，集注站过程控制采用 DCS 系统。集注站 DCS 控制系统设计可按 HG/T 20573—2012《分散型控制系统工程设计规范》执行。

（4）在集注站控制中心设置独立 ESD 控制系统，当关键的过程参数超出安全限度或人为触发紧急停车按钮时，ESD 系统自动发出紧急停车命令，并通过通信系统向集配站和井口下达停车命令，使整座储气库处于安全状态。ESD 应采用故障安全型，ESD 与 DCS 共用操作站，ESD 系统整体安全等级为 SIL2 级。测控数据在 DCS 系统上位机中显示控制，并可通过 OPC 协议与 SCADA 系统进行通信。

（5）集注站机柜间内设有火气报警盘，所有火焰探测器、可燃气体探测器信号进入火气报警盘，将报警信号上传到 ESD 系统。

（6）集配站和井场采用无人值守、定期巡检的管理模式，根据点数规模，集配站站控系统选用 PLC 系统（可编程逻辑控制器）、井口控制系统选用 RTU（远程终端单元），分别完成各自区域过程控制的集中监控，并通过以太网通信将测控数据上传至 SCADA 系统服务器。操作员可在 SCADA 系统上位机监控集配站和井口的过程参数。

（7）站场 PLC 系统设计可按 GB/T 50823—2013《油气田及管道工程计算机控制系统设计规范》执行。

（8）注采井设置井下安全阀、地面紧急切断阀（ESDV），并设置单井控制盘，能够实现压力或其他参数超限时连锁关断地面紧急切断阀或井下安全阀。注采井设置的安全切断阀，在井场发生火灾或爆管的情况下，应能通过自身控制系统自行关闭；同时，应能接收集注站站控系统的指令远程关闭。现场设置易熔塞，可实现火灾现场自动关断，并能实现远程关断。井场可燃气体信号通过 4~20mA 方式直接接入 RTU 系统。

（9）集注站紧急关断系统分为四级。

0 级关断：全厂关断并紧急泄放。由安装在控制室内的手动关断按钮触发的关断。此级关断将关断所有的生产系统，打开全部放空阀，实现紧急泄压放空，同时发出厂区报警并启动消防泵。

1 级关断：全厂关断不泄放。此级关断将关断所有的生产系统，系统不放空。

2 级关断：装置关断。由手动控制或天然气泄漏、仪表风、电源及热媒加热系统故障触发的关断。此级关断工艺装置和辅助生产系统全部关断，系统不放空。

3 级关断：单元关断。是由单元系统故障而触发的关断。此级只关断该系统单元，对其他系统无影响，如：注气压缩机组、热媒加热系统等。

紧急关断系统逻辑应按照注气模式、采气模式分别设置。

（10）集配站不设独立的 ESD 系统，ESD 信号进入站控 PLC 系统。集配站关断分为三级：

① 0 级关断：火灾关断，由集注站手动关断按钮执行，此级将关断集配站所有生产系统，打开自动泄放阀（BDV），实施紧急放空泄压。

② 1级关断:工艺系统关断,由手动控制或天然气泄漏、仪表风及电源发生故障时执行关断。此级只关断生产系统,不进行放空。

③ 2级关断:设备关断,由手动控制或设备故障产生的关断。此级只关断发生故障的设备,其他设备不受影响。

紧急关断系统逻辑应按照注气模式、采气模式分别设置。

(11)储气库、双向输送管道分输站、外输管道分输站一般由不同的单位管理,储气库ESD系统与管道分输站的ESD系统不直接联动。储气库如果发生ESD停车,其ESD系统将向分输站的ESD系统发出停车报警信号,由分输站操作人员判断是否停车;分输站如果发生ESD停车,其ESD将向储气库ESD系统发出紧急停车报警信号,由储气库操作人员判断是否停车。

(12)储气库生产运行数据上传通信通道应采用冗余设置,根据实际情况选择主、备通信路由。井场RTU与集注站通信采用光缆,不设置备用通道。

(13)对操作独立性强的橇装设备,如压缩机组、脱水装置等,可采用独立的可编程序控制器(PLC),由成橇设备厂家成套提供。

(14)仪表的供电设计应符合GB/T 50892—2013《油气田及管道工程仪表控制系统设计规范》和GB/T 50823—2013《油气田及管道工程计算机控制系统设计规范》的相关要求。集注站和集配站控制系统的UPS电源供电时间应按30min设计。

(15)仪表的供气设计应符合GB/T 50892—2013《油气田及管道工程仪表控制系统设计规范》的相关要求。

(16)站场控制室、接地系统的设计应符合GB/T 50892—2013《油气田及管道工程仪表控制系统设计规范》和GB/T 50823—2013《油气田及管道工程计算机控制系统设计规范》的相关要求。

(17)火灾、可燃气体检测报警设备应采用具有消防认证的产品(具有CCCF认证)。

(18)现场安装的仪表应能防尘、防水,可根据具体情况选用不同的防护等级。

(19)爆炸危险场所内安装的电动仪表等设备防爆等级应符合SY/T 6671—2006《石油设施电气设备场所Ⅰ级、0区、1区和2区区域划分推荐做法》的规定。

(20)采用的控制系统应是集成的、标准化的过程控制和生产管理系统。

(21)控制系统的硬件、软件配置及其功能要求应与装置的规模和控制要求相适应。

(二)电力

储气库电力系统设计和建设建议满足以下要求:

(1)设计文件中应分为注气期和采气期分别编制用电负荷统计表。应根据储气库用电负荷,结合所在地区的电力系统现状及发展规划,确定供电方案。当从所在地区电网取得电源不经济或不可靠时,可自建电源。

(2)电力负荷等级划分:集注站处理能力大于$500 \times 10^4 m^3/d$时,电力负荷为一级;处理能力小于等于$500 \times 10^4 m^3/d$、大于$50 \times 10^4 m^3/d$时,电力负荷为二级。集配站电力负荷为二级。专为集注站配套的自动控制中心、通信中心、消防站,其用电负荷等级应与集注站电力负荷等级相一致。井场、注采阀组电力负荷为三级。

(3)压缩机的驱动方式,井场、阀室的供电方式应根据技术经济比较后确定。

(4)站场内变压器的选择,高低压配电系统的设计,应符合GB 50053—2013《10kV及以下变电所设计规范》及 GB 50350—2015《油气集输设计规范》的规定。鉴于注气期和采气期供电负荷差别很大，建议变电所设置一座较小容量的主变，满足采气期需要。

（5）建筑物的防雷分类及防雷措施，应符合 GB 50057—2010《建筑物防雷设计规范》的规定；工艺装置内露天布置的罐和容器等的防雷、防静电设计，应符合 GB 50350—2015《油气集输设计规范》的规定。

（6）站场内建（构）筑物的防爆分区，应符合 SY/T 6671—2017《石油设施电气设备场所 I 级、0 区、1 区和 2 区区域划分推荐做法》的规定。各类站场爆炸危险区域内的电气设计及设备选择，应符合 GB 50058—2014《爆炸和火灾危险环境电力装置设计规范》的规定。

（7）供配电线路应满足 GB 50061—2010《66kV 及以下架空电力线路设计规范》及 GB 50545—2010《110~750kV 架空输电线路设计规范》的要求。

（三）给排水消防

储气库给排水消防系统设计和建设建议满足以下要求：

（1）给水系统的选择应根据站场规模、生活、生产、消防等对水量、水质、水压和水温的要求，结合本工程污水处理回用以及当地外部给水系统及水文地质条件等因素综合分析技术经济比较后确定。

（2）新建水源以及外部给水系统水质指标不能满足用水需要时，应进行水质处理。

（3）站场内生产用水应少用新鲜水，宜一水多用，循环使用。

（4）排水系统的选择应根据污水的性质、排水量，所处的地理位置，有利于综合利用的原则确定分流或合流，集中处理或分散处理。

（5）站场各类排水应根据污水量、污水性质、污染程度和环保要求，采取清污分流、按质分类、分别处置等措施。

（6）生产装置区内污染的雨水应排入生产污水系统或独立处理系统。食堂、厕所等生活污水应排入生活排水系统。远离生活排水系统，使用人数很少的厕所排水，可经化粪池后就近排入生产污水系统。

（7）各排水系统不应互相连通。如有个别少量生活污水需排入生产污水系统时，必须有防止生产污水中有害气体窜入生活设施的措施。

（8）采出水应妥善处置，满足环保要求。

（9）充分利用工程所在区域外部消防设施。站场消防设施的设置，应根据其规模、火灾危险性及所在区域外部协作条件等综合因素确定。集注站消防设施的设置按 GB 50183—2015《石油天然气工程设计防火规范》的有关规定执行。

（10）井场、集配站、清管站等可不设消防给水设施。

（11）站场内建（构）筑物及生产装置应配置灭火器，其配置类型及数量按 GB 50140—2005《建筑灭火器配置设计规范》的有关规定确定。

（四）通信

储气库给通信系统设计和建设建议满足以下要求：

（1）一般规定。

① 通信系统应满足储气库各生产管理部门对通信业务的需求，为生产管理、数据传输、视

频图像传输、远程监控等提供可靠的通信通道。

② 井场通信业务主要为数据传输。可采用有线或无线两种方式,宜以无线通信为主,有线通信为辅。

③ 集注站通信业务一般包括:行政电话、调度电话、数据传输、办公网络、会议电视、有线(卫星)电视、应急通信等。

(2)通信方式。

① 集注站、双向输送管道、集输管网的通信方式宜采用光纤通信方式。

② 站场应设置电话/网络系统,电话/网络应采用有线通信方式。采用行调合一软交换系统、综合布线系统局域网办公网络。

(3)有人值守的集输站场和集注站宜设置有线或卫星电视系统,有线电视信号接入当地有线电视网。在调度中心或集注站设会议电视系统。

(4)集注站宜设置防爆扩音对讲系统,并与消防报警系统联动,用于紧急情况下语音广播告警。

(5)集注站应设置应急通信系统,以保证站场巡检、抢修时的应急通信。应急通信宜采用防爆无线对讲机。

(6)站场宜设置安防系统,可选择视频监控系统和入侵报警系统等。视频监控系统宜采用两级监控模式,即站场级监控和中心级监控。视频监控系统宜与火灾报警系统联动。设工业电视监控系统,各井场、阀室及集注站设工业电视监视前端,在集注站集中监控,信号通过光通信系统传输。

(7)站场级监控主机设在站场控制室,中心级监控主机设在集注站控制中心。集注站宜设置视频监控主机,安装视频监控软件,配置显示器。储气库管理中心宜设置大屏幕显示系统,提供信息图像显示,对各路信号、网络资源和相关资讯进行实时监控、分析和智能化管理。

(8)集注站、无人值守站场宜设置入侵报警系统(周界报警系统),并与视频监控系统联动,实现集中管理。入侵报警系统应以适应环境、安全可靠、误报率少的产品为主,可选择激光对射、震动光(电)缆等系统。

(9)设电力调度通信系统,实现油田电力调度,或者油田和地方共同实现电力调度。

(五)建筑结构

储气库建筑结构设计和建设建议满足以下要求:

(1)建构筑物设计应满足工艺使用要求、适应地区特点,并应满足抗震、防火、防爆、防腐蚀、防噪声、节能及环保等要求。

(2)可根据生产管理需要建设倒班公寓或作业区综合公寓,根据工程定员、兼顾乙方服务队伍的住宿需求确定功能和面积。

(3)压缩机厂房的设计应和降噪减震设计相结合,确定合理的厂房墙体结构。

(4)在设计中应重视压缩机组的基础减振、降噪措施,并做好管线固定,避免发生机组和外部管网的共振。

(5)管架应采用钢筋混凝土结构、钢结构,管墩应采用混凝土结构,并宜采用预制。

第八节 库存管理与配产配注

储气库完成建库地质方案设计、现场施工建设及投产试运行后即进入正式的注采阶段,由于气藏型储气库地层流体存于地下多孔介质、油气水多相渗流,注入气必定存在一定损耗,或者由于圈闭密封性失效导致漏失等现象发生。因此,如何提高注入气回采率,促进气库高效运行,库存管理就尤为重要。

一、库存管理的内容

库存管理包括运行监测与数据管理、库存管理与评价、库存技术指标预测与分析、注采能力预测与优化配产配注等4部分,下面按库存管理的基本流程进行介绍。

（一）运行监测与数据管理

储气库运行动态监测与数据管理是运行动态分析以及库存管理的基础,贯穿于储气库全生命周期注采运行的始终。一般需要取全取准各类动静态资料,管理周期注采运行动态数据,开展常规动态分析,为库存管理评价提供基础数据与图表。

1. 动态监测与资料录取

动态监测与资料录取就是利用注采井或监测井,采用不同的测试手段和测量方法,获取储气库注采运行过程中关于储层、圈闭、井、地面、压力温度、流量等资料。

资料录取一般以气井（注采井、排水井、毛细管井和监测井等）和注采设备（压缩机、露点处理装置等）为对象,获取油气水流量、工作制度、井口压力和温度、地层静压和静温、流体物性等常规资料以及注采井产能测试、盖层气体密封性监测、断裂气体密封性监测、上覆浅层水监测、流体运移及气液界面监测、周边及溢出点监测等特殊资料。

2. 数据管理与分析

对获取的运行动态资料进行存储、可视化输出、分析与应用等,长期保存储气库运行资料,实现资源共享,为储气库动态分析提供有效的数据资源。

为实现储气库数据的有效管理并提高动态分析水平,最大限度地提高资源利用率,需要建立统一的储气库数据信息管理系统。该系统不仅具备数据采集、输入、储存等后台数据管理功能,而且具备数据的导出、查询、可视化输出等前台数据运行管理功能,为后续注采动态分析提供了基础数据平台。

（二）库存量管理与评价

储气库库存量管理与评价是储气库运行管理中重要的一环,通过库存定量计算与运行曲线定性评价,分析储气库多周期库存量变化规律,诊断储气库多周期扩容、漏失、水侵等运行特征,为储气库库存技术指标分析预测、注采方案调整与优化等奠定基础。

1. 库存量概念

库存量是指储气库在注采运行过程中某一时间点时,目的层所储存的天然气在地面标准状态下的体积。库存计算指标主要为库存量和库存量增量指标,前者用于分析储气库多周期库存量的变化规律,对储气库的扩容特征有一个整体的了解,后者配合运行曲线,进一步明确储气库的扩容行为特征。

2. 运行曲线分析

运行曲线包括库存量运行曲线和库存量增量曲线。其中库存量运行曲线是以库存量为横坐标、视地层压力为纵坐标,绘制而成的库存量曲线。用该曲线可以分析储气库库存量的变化规律,其变化趋势通常表现为向左移动、基本稳定、向右移动等三种情况,不同的变化趋势代表储气库水侵、稳定、扩容或漏失等状态,配合增量曲线可进一步用于诊断评价储气库的水侵或扩容特征。

库存量增量曲线是以运行周期为横坐标、库存量增量为纵坐标,绘制库存量增量曲线,由单位视地层压力的库存量与运行周期和单位视地层压力增量的库存量增量与运行周期等两条曲线组成。该曲线通常表现为稳定趋势、上升趋势、复合趋势等多种情况。利用库存量增量曲线可定量化评价储气库的扩容或漏失情况,为储气库的优化调整提供科学依据。

(三)库存技术指标分析与预测

储气库多周期运行库存指标分析与预测,实际上是对储气库库容量、工作气量以及垫气量等主要技术指标进行系统、全程跟踪评价,它是储气库运行规律研究、漏失分析,以及进一步提高气库运行效率、降低运行成本的关键环节,主要包括库存技术指标定义、库存指标分析预测和注采运行效果评价三方面内容。

1. 库存技术指标定义

不同类型储气库具有不同的建库与运行机理,其库存指标的定义与计算也具有差异性,因此,需要针对不同类型储气库的运行特征,首先提出并科学定义相适应的库存指标,在此基础上建立库存指标的计算方法和数学模型,并提出配套的评价流程。

不同类型的储气库,其基本的库存指标体系一致,主要包括建库前基础库容量复核、库存量计算、可动用库存量与可动孔隙体积的定义与分析,总库容量、工作气量及垫气量等指标的定义与分析,多周期垫气量和工作气量变化率、周期注采气能力预测等,但受建库与运行机理的差异性影响,库存指标的计算方法和模型不一致。

在库存指标的定义与数学模型建立的基础上,应进一步提出库存指标计算的技术流程。气藏型储气库典型技术流程为:(1)参数准备,如输入气藏原始基础参数、开发动态资料、设计参数及多周期注采运行动态数据等。(2)可动库存量求解。可动库存量是地层压力的函数,又与地层混合流体密度密切相关,因此,采用迭代反复求解。(3)库存指标计算。多周期连续计算可动库容量、可动垫气量、工作气量、剩余工作气量、总库容量、总垫气量、垫气损耗量、垫气损耗率等。

2. 库存指标分析预测

首先分析储气库主要库存技术指标的变化规律,明确储气库多周期扩容特征;其次要预测主要库存指标未来变化趋势,尤其是工作气量和垫气量变化趋势的分析预测,为准确预测储气库周期注采气能力提供了科学依据,也为储气库年度注采方案编制、措施效果评价奠定了基础。

3. 注采运行效果评价

结合储气库多周期注采动态、库存量评价以及库存指标变化规律等,从目前扩容阶段、扩容方式、井网控制、指标对比以及单井注采气能力等方面,分析储气库目前运行效果和运行效率,提出储气库存在的主要问题。

在此基础上,进一步从储层地质、渗流机理、气藏工程等方面,综合评价影响储气库运行效率和工作气量的主要因素,优化储气库注采方式,并提出提高储气库工作气量的主要措施与优化调整方案,进一步提高储气库运行效率、降低储气成本。

(四)注采能力预测与优化配产配注

以储气库多周期运行库存分析方法和运行机理评价为基础,建立储气库注采能力与库群优化配产配注方法和数学模型,编制储气库合理注采气运行方案。

1. 单库注采能力预测

在储气库注气或采气初期,采用气藏工程或数值模拟方法,预测储气库多周期注采气能力,结合气井注采能力以及管道注采气量需求,科学合理制订储气库注采运行方案。在储气库注采运行周期内某一时间点时,可以利用较为丰富的注采运行动态数据,分析预测储气库注采运行结束时的剩余注采气能力,并及时调整储气库注采运行方案,保证储气库高效、安全运行。

2. 库群优化配产配注

在单库注采气能力预测及注采运行方案的基础上,将相邻多座储气库视作一个既相互独立又相互联系的统一体,将气库地层渗流、井筒流动、管网压力以及地面压缩机和露点装置能力等为约束条件,求解满足库群注采气量计划的最佳注采运行方案,实现库群整体优化配产配注,进一步提高库群整体运行效率、降低储气成本。

3. 周期注采方案编制

储气库注采方案编制从动态分析入手,应用相关技术和分析方法,通过气井注采气能力评价、库存分析与预测,不断加深对注采井、储气库的动态特征与运行规律的认识,揭示储气库注采运行过程中存在的主要问题,提出提高储气库工作气量和运行效率的措施;通过多因素、多方案的指标对比分析,提出储气库周期注采运行方案和现场实施要求,编制储气库多周期注采运行方案。

二、库存管理与评价

库存量管理与评价是储气库运行管理中重要的一环,通过库存量理论计算与多周期运行曲线分析,可以得到有关储气库多周期扩容、漏失、水侵等运行特征,为储气库库存技术指标模拟等提供依据。

(一)库存量概念及模型

库存量是指储气库在注采运行过程中某一时间点时,目的储层所储存的天然气在地面标准状态下的体积。由气藏改建的地下储气库,建库前地层中剩余有天然气,而且储气库具有注入和采出过程,因此储气库库存量应为建库前剩余天然气地质储量减采气周期累计采出天然气体积再加上注气周期累计注入干气体积,数学模型为:

$$G_{k(i)} = G_{k(0)} \sum_{i=1}^{n} Q_{p(i)} + \sum_{i=1}^{n} Q_{in(i)} \qquad (4-8-1)$$

式中　$G_{k(i)}$——储气库第 i 周期库存量,$10^8 m^3$;

　　　$G_{k(0)}$——建库初始库存量,$10^8 m^3$;

　　　$Q_{p(i)}$——储气库第 i 周期采气量,$10^8 m^3$;

　　　$Q_{in(i)}$——储气库第 i 周期注气量,$10^8 m^3$;

　　　n——储气库注采周期数;

　　　i——角标,表示第 i 周期,$i = 0 \sim n$。

由油藏改建或由含水层建设的储气库,建库前剩余天然气地质储量为零,即,则式(4-8-1)可得到简化;对于气藏型储气库来说,建库前剩余天然气地质储量为气藏地质储量减去开发阶段累计采出天然气量,数学模型为:

$$G_{r(0)} = G_0 - G_p \qquad (4-8-2)$$

式中　$G_{r(0)}$——建库前剩余天然气地质储量,$10^8 m^3$;

　　　G_0——气藏原始地质储量,$10^8 m^3$;

　　　G_p——气藏开采累计采气量,$10^8 m^3$。

由凝析气藏改建的储气库,由于注入干气与地层剩余凝析气混相,在储气库采气周期采出了部分地层剩余凝析气,提高了凝析油采收率。因此,某一采气周期天然气体积应为采出干气、凝析油以及凝析水的当量体积,数学表达式为:

$$Q_{p(i)} = Q_{g(i)} + Q_{go(i)} + Q_{gw(i)} \qquad (4-8-3)$$

式中　$Q_{g(i)}$——第 i 采气周期采出干气体积,$10^8 m^3$;

　　　$Q_{go(i)}$——第 i 周期采出凝析油折合气当量体积,$10^8 m^3$;

　　　$Q_{gw(i)}$——第 i 周期采出凝析水折合气当量体积,$10^8 m^3$。

在储气库运行过程中的不同时间节点,利用天然气流量计或计量装置可以准确得到储气库注采气量,并利用库存量计算模型式(4-8-1)至式(4-8-3),得到储气库不同时间阶段的库存量,从而可以开展储气库库存量的管理与评价工作。

(二)多周期运行曲线

在储气库运行过程中的不同时间节点,利用高精度电子压力计获取的地层静压或毛细管系统测压井获得的毛细管压力资料,并以计算库存量为横坐标、视地层压力(或毛细管压力)为纵坐标作图,得到储气库多周期运行曲线,即视地层压力与库存量关系变化运行曲线。

储气库多周期运行曲线是储气库运行中最重要、最基础的曲线之一,通过库存量管理分析以及运行曲线变化规律评价,可以定性分析储气库扩容、漏失、水侵等运行特征,并定量化注采气能力、气体漏失量等,为提出储气库有针对性的措施提供依据。

1. 理想曲线

储气库在理想运行情况下,视地层压力与库存量关系完全遵循物质平衡方程,运行曲线体现为一条正斜率直线,视地层压力与库存量关系总是沿着这条直线变化,每个注采周期运行曲线都是相同的,储气库理想运行曲线如图 4-8-1 所示。

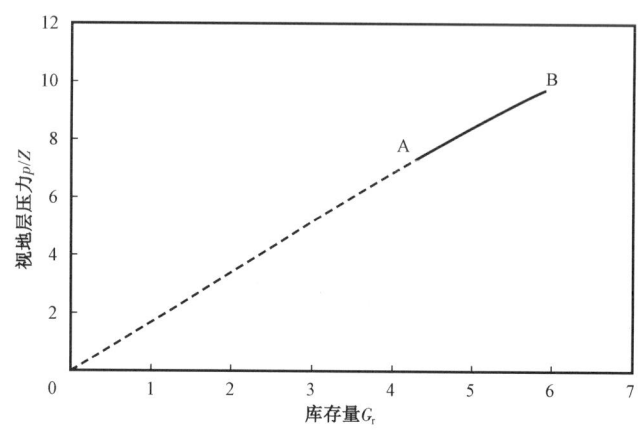

图 4-8-1　储气库理想运行曲线

对于稳定运行的储气库,A 点表示储气库设计下限压力条件下的库存量,即垫气量;B 点表示储气库设计上限压力条件下的库存量,即总库容量。储气库注气周期从 A 到 B,注气量达到满负荷;采气周期从 B 到 A,采出全部工作气量,然后又开始下一个注采循环过程。这是一个注采完全相同的循环,只有在储层渗透率非常高或者是溶洞中才有可能发生,气藏中的压力分布没有滞后或过渡状态,注气曲线与采气曲线重合,注采过程总是沿图中的曲线进行。

储气库实际注采运行过程中,在储层渗透率不是非常高或者存在边水的情况下,由于压力滞后效应,计算得到的运行曲线不是一条理想的直线,注气曲线与采气曲线不能重合;而且在注入气漏失、边水侵入、计量误差等不同情况下,储气库的运行曲线发生变化,每个注采周期的运行曲线不一样。因此,库存量管理分析与评价的主要目的,就是评价不同类型储气库运行曲线形态特征,以及不同运行条件下运行曲线的变化规律,初步分析影响储气库运行效率的主要因素。

2. 稳定曲线

1)定容气藏运行曲线

图 4-8-2 是比较真实的储气库注采过程,这是一个定容气藏,图中的点划线表示气藏的压降曲线。注气阶段从 A 到 B,在 B 点,储气库中充满气,压力高于压降曲线,这是由于压力是在一口或多口注采井中测量的,整个储气库中的压力还没有达到稳定,井的压力远高于地层中的压力。在注气结束后,储气库通常要关井一段时间,不同的储气库关井时间不同,一般是 15~30 天。关井的目的之一是使气藏的压力达到平衡,以便于对库存量进行检测。

关井时间从 B 到 C,从中可以发现,在关井时间段里压降很大,结束点 C 点处的压力仍高于压降曲线,这说明储气库的压力还没完全达到平衡。

采气阶段从 C 到 D。在采气过程中,井的压力降到压降曲线以下,一直降到 D 点,该点表示在采气结束时井的压力,明显低于压降曲线,说明储气库中的压力远未达到稳定。通常在采气结束后也要关井一段时间,即图中从 D 至 A 部分。在这段关井时间里,压力由 D 点上升到 A 点,压力大幅度上升显示储气库已趋于稳定,但 A 点压力仍在压降曲线之下,说明储层压力没完全稳定。

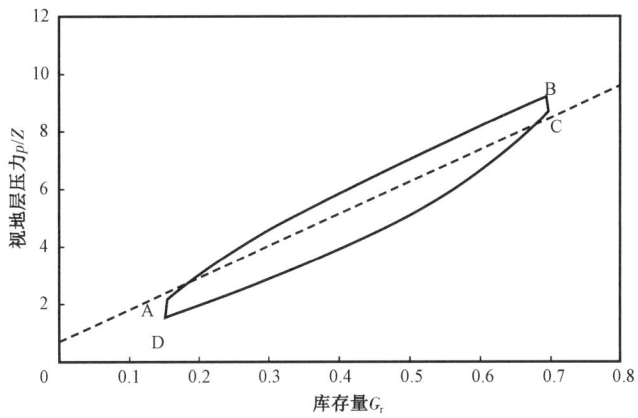

图 4-8-2 定容气藏典型循环曲线

2) 水侵气藏运行曲线

从图 4-8-2 中可以看出,定容气藏在注采循环中,由于储层压力的渐变性,使得动态特征比较复杂。对于水侵气藏改建的储气库,动态特征更复杂。图 4-8-2 是定容气藏的压降曲线,水层或活跃水侵气藏有不同的压降曲线。

在定容气藏中,当所有的天然气都被采出时,储层压力降为 0。对水侵气藏就不同了,水侵气藏有一个固有压力,它的大小取决于气藏的深度,如果把深度转换成水柱高度,就可以计算出压力值。在图 4-8-3 中 O 点就代表固有压力点。气藏埋藏的越深,O 点的压力就越高。

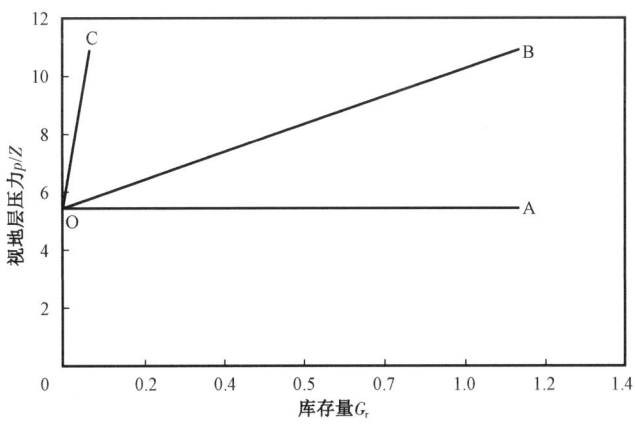

图 4-8-3 水侵气藏压降曲线

水侵气藏开采到枯竭的时候,水侵入并充满气藏。气藏改建成储气库并开始注气后,天然气又把水侵回去,使储存气体的空间变大。气驱水有两种方式:一种方式可以看成是把桶倒过来放在水池里,向桶中注入空气,水被排出,桶中空气的压力由静水柱压力来平衡;另一种方式是水受到压缩后,体积变小,就像一个大的定容气藏,里面包含大量的水和少量的气。尽管水的压缩系数很小,但对于大水体受到压缩后,其体积变化也是很可观的。

在图4-8-3中,OA线表示一个有无限大水体的水侵气藏。向气藏中注气时,气藏压力的变化不明显。在实际操作中不会出现这种情况,这是一个极限情况。OB线表示另一种极限,在这种情况下,注入少量气就会使气藏压力增加很大,实际中也不会出现类似情形。水侵气藏的压降曲线介于这两条直线之间。OC线是强水侵气藏典型的压降曲线。

图4-8-4是典型水侵气藏的注采循环曲线。图4-8-4中的曲线与图4-8-2定容气藏的曲线看起来十分相似,但它们存在某些重大差别。两个图中的点划线都表示气藏的压降曲线。在定容气藏中,点划线穿过图的原点,在水侵气藏中点划线不穿过图的原点。

在图4-8-4中,AB代表注气阶段,线段第一部分比图4-8-2中的同类线段要陡一些,这是因为在低压时水侵入气藏,气注入相对较小的空间。对于高渗透气藏,这种影响就不容易分辨出来。如果气在井筒的流动阻力很大,也会阻止这一效应的发生。B点的压力较高,因为注入气体的压力还没完全把水驱走。BC线是注气结束后关井阶段,在这期间,压力降落很大。在关井末期的C点,压力仍高于图4-8-2定容气藏中的C点,部分原因是注入气的压力还没有完全达到平衡,再就是气还没把水驱到一个平衡高度。

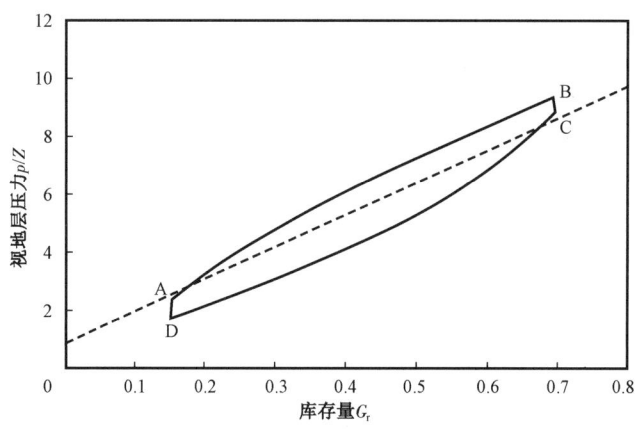

图4-8-4 水侵气藏典型注采曲线

CD线表示采气过程,在结束点D的压力高于定容气藏类似点的压力。DA段是采气后的关井阶段,在这段时间里,井的压力上升到A点。由于气藏中的压力不稳定以及水还没有完全侵入,该点压力低于压降曲线。

3. 扩容达产曲线

图4-8-2和4-8-4代表的是已经改建成储气库的气藏,达到了稳定的和可重复的注采循环,并且没有气体泄漏。

在改建储气库最初的注气过程中,存在着过渡循环周期。对定容气藏,过渡循环期间的压力与库存量的关系如图4-8-5所示。气垫气注入后,第一年中注入一部分工作气,注气结束后,注入的那部分工作气被采出。第二年,采出的工作气又被注入储气库中,而且再增注一些工作气。接着重复这种循环几年,直到目的工作气全部注入。这一进程通常是由能够注入的气量决定的。在这段建库时间里,压力与库存量的关系曲线围绕着压降曲线变化。等所有的工作气注完后,储气库的注采循环曲线就与图4-8-2中相似。

水侵气藏改建为储气库时,压力与库存量的关系曲线完全不同。在许多时候,水侵气藏已经关井或是以很低的压力生产了很长时间,使得水侵入气藏。注气开始后,气必须把这部分水驱出去。图4-8-6就是在这种情况下压力与库存量的关系曲线。气垫气的注入速度应使注入的压力足以驱走水,但是渗流阻力阻止水运动得不够快,因此压力与库存量的关系曲线远在压降曲线之上。

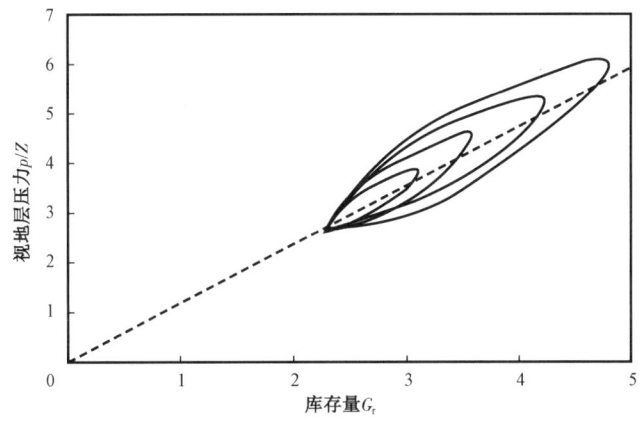

图4-8-5　定容气藏改建为储气库过程中压力与库存量的关系曲线

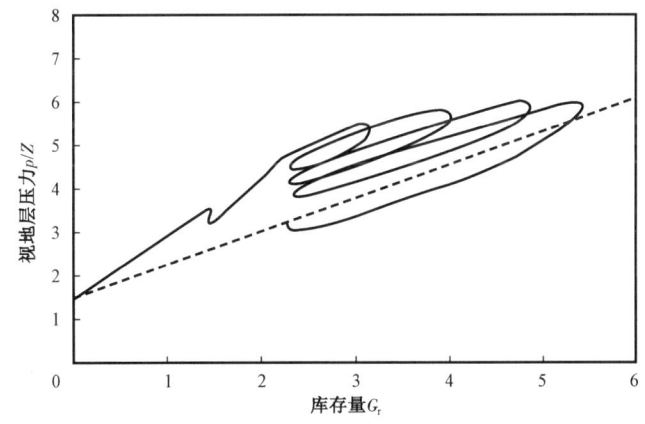

图4-8-6　水侵气藏改建为储气库过程中压力与库存量的关系曲线

在图4-8-6中,一部分气垫气在一个季节以一个连续的方式注入储气库中,然后气藏关井,等待下一次注气。每一阶段注入的气量取决于能够有多少气可供注入。有时为了使气藏中水的流出与气的注入相匹配,需要限制注气量。不管以多大速度注气,在第一注气阶段结束后,气藏都要关井,使地层压力下降。之后,其余的气垫气和一小部分工作气在第二个阶段注入。在冬天,工作气被采出来。在以后的循环中,工作气全部注完。在这个过程中,压力与库存量的关系曲线向右移动,随着气藏中的水不断被驱出,曲线逐渐接近压降曲线。经过几次循环后,注采循环就与图 4-8-4 相同了。

(三)水侵储气库漏失分析

对于储气库库存量和天然气损耗量的落实国外非常重视。在储气库注采过程中,通过实际计量和理论分析计算,能够了解储气库库存量和天然气损耗量的多少。国外介绍,理论计算的库存量与实际的库存量存在差别的原因有下列三种:(1)对地下储气库的原始库容量计算有误。尽管一般来说不存在这个问题,但发现库容量有误差时应考虑到这一点。(2)在注入或(和)采出过程中对天然气的计量有误。天然气的计量是一个很重要的内容。(3)天然气从储气库中漏失。

在对储气库进行可行性评价时,漏失是要考虑的主要问题之一。用枯竭气藏改建储气库,其中一个最大的好处就是天然气已经在里面保存了很长时间,用作储气库应该比较安全,不会有漏失。但也应该辩证地看问题,有时把废弃气藏的安全性作为优点缺乏考虑。气藏中的天然气的确已经安全地在其中储存了很久,而且在那时的条件下是十分安全的。气藏投入开采后,情况会发生变化。

1. 漏失机理

气藏投入开采后,最常见的变化就是水会侵入气藏,充满原来被天然气所占据的空间,有时水会完全充满气藏,开采结束时很可能只留下的一个很小的气顶。

对一个有水侵的气藏,在开始注气时,可能会发生异常现象。注入的气体不会以活塞的方式推动水,气水界面可能很不稳定和均匀,甚至气水界面不连续。气体总是倾向于在某一水平方向超越水,如果储层的形状是拱型的,气体就会沿拱型的顶部呈水平向下的方向运动,当到达拱型中部水平面以下时,气体的这种动态会产生两个问题:首先,当气体以"指状"的形式在水中突进时,水就会在气体的后面关闭,从主流中分隔出来的气体形成孤立的气包。尽管这些气包存在于储气库中,在技术上讲它们是库存量的一部分,但实质上这部分气已经损失掉了,因为只有在采出大量的水后才能把它们采出来。

另外,气体会沿拱型构造的顶部指进得很远,一直到达水层的逸出点,这类水层有时根据其形状被称为鞍形。气体通过逸出点后,就从储气库中漏失掉了,有时以这种方式漏失掉的气量很大。因此,最初向储气库中注气时,应该经过大量的研究。有时在鞍部附近钻一口观察井,来监测这一部位水的活动情况。当水充满整个储层时,在监测点看不到气,一旦观察井发现有气体存在,就说明气体已经向观察井运动到一定程度,需要采取措施进行控制。一个充满水的气藏改建成储气库的过程有很大的挑战性。利用定容气藏或水体不活跃的气藏做储气库更好。

2. 漏失类型

对储气库天然气漏失,国外有以下几点认识:
(1)通过老井套管周围漏失到其他储层中去;
(2)气体通过盖层漏失掉;
(3)通过低渗透通道漏失到邻近气藏中去,这个气藏不包括在储气库体系内;
(4)气藏压力变化,断层启活,导致天然气漏失;
(5)气体通过逸出点漏失掉;
(6)气体通过地面设备和管线漏失掉。

天然气通过盖层漏失的情况不常见,最常见的是通过老井的漏失。大多数储气库都有原来的生产井存在,并用它们作为采气井或观察井。这些井有很长的井史,当时的完井技术和可靠性不如现在这样完善。此外,老井的水泥和金属可能已经老化,这种情况会使气体沿井筒周围的通道流到其他产层或非产层中去。

3. 漏失运行曲线

前面论述的所有压力与库存量的关系曲线代表的都是不存在漏失或计量有误的情况。既然储气库以注采循环的方式运作,对于不同的两年,循环中的相同点(或相似点)可以互相比较。如果这些点相同的话,就表明不存在漏失。由于每年的操作不同,要比较循环中完全相同的点,通常是不可能的。因此,有时必须进行插值或进行其他校正才能得到有效的比较。

在稳定的、没有漏失的储气库中,如果气体计量准确的话,在很长时间里,压力与库存量的关系循环曲线都基本在同一区域变动。在有水侵或计量有误差的情况下,压力与库存量的关系曲线向左移动(图4-8-7);反之,如果气藏存在漏失,压力与库存量的关系曲线向右移动(图4-8-8)。

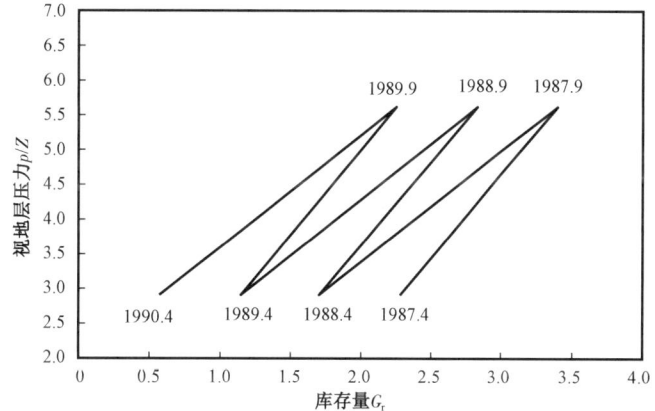

图4-8-7 有水侵情况下压力与库存量的关系曲线

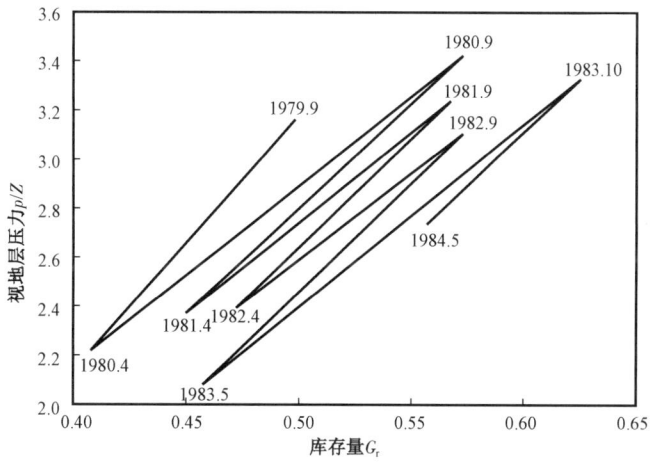

图4-8-8 定容气藏存在漏失情况下压力与库存量的关系曲线

三、库存技术指标预测模型

地下储气库多周期运行库存分析,实际上是对储气库库存量、库容量、工作气量以及垫气量等主要库存技术指标进行系统、全程跟踪评价,它是储气库运行规律研究、漏失分析,以及进一步提高气库运行效率、降低运行成本的关键环节。由于定容气藏型和水侵气藏型地下储气库运行机理具有差异性,因此需有针对性地建立相应的库存分析理论与库存分析模型,并提出了系统、完善的库存分析评价流程。

(一)基本原理

对于定容未被水侵入的气藏库存分析模型建立较为简单,采用经典气藏开发定容压降物质平衡方程,可以获得较为满意的预测效果。然而,对于水侵气藏,由于受水锁、水包气或压力波及范围有限的影响,真实存在于储气库中的天然气并不能在采气阶段完全被动用,因此在库存计算时不能采用常规定容计算存于地下储气库中的库存量,而需用真实被动用库存量作为预测的基础,其核心思想是提出了多周期可动用库存量概念。通过储气库动态分析、气藏工程方法分析,假定注(采)气量与视地层压力在一个注采周期内满足定容压升(降)方程,建立水侵气藏型储气库库存分析预测模型。

难点是求取注/采初可动用库存量,及计算可动含气孔隙体积和库存参数。一般情况下认为注采气量、压力、温度、油气相对密度等动态数据计量是准确可靠的,受多因素综合影响,难以准确得到可动用库存量,因此假设注/采气过程完全独立、分离,应用迭代法分别求解注/采初期可动用库存量,以此为基础分别计算注/采气阶段的气体孔隙体积,之后用插值法求最大最小运行压力库内混合流体相对密度及偏差系数,最后得到可动库容量、可动垫气量及工作气量等,采末静态库存量和可动垫气量,最终得到总垫气量。另外,每个注/采气过程可动用库存量是独立计算的,各周期之间不发生联系,但前一周期计算的库内混合流体密度可用来近似计算下一周期库内混合流体密度。

上述方法仅仅考虑注采始末的视地层压力及注采气量,忽略了中间变化过程,对弱水侵或中等水侵是可行的,但不能应用于活跃水侵情形。因为水体能量大,当天然气采出后,地层能量得到及时补充,压力下降缓慢,此时采气量与压力不满足定容压降原则。

另外,注采过程压力尽量到达上下限压力附近,确保计算结果可靠。如果上一采气周期采气量少,地层压力远未到压力下限,直接由此数据计算结果可能偏大,因此需要对此类异常数据点进行修正。基本做法是结合前后相邻周期注采气能力,修正本周期可动含气孔隙体积,尽量反映真实的可动用库存量,提高库存预测精度。

(二)数学模型

以注(采)气量与视地层压力在一个注采周期内满足定容压升(降)方程为评价准则,以动态为主,静态为辅,动静互为补充,建立有水枯竭气藏型储气库库存预测模型。针对注采气过程,基于可动与不可动,分别建立可动用库存量、可动含气孔隙体积、可动库容量、可动垫气量、工作气量、总垫气量、总库容量、垫气损耗量及损耗率的计算模型[15]。

1. 可动用库存量

可动用库存量即注(采)气阶段压力波及范围内有效动用的库存量。根据定义,可动用库存量相当于在库存量 G 基础上减掉一个不可动用量 ΔG，它受多种因素综合作用，而单因素的具体影响程度难以确定，但通过建立注采气量与视地层压力关系，就可有效规避诸多矛盾，使问题得以简化。根据注(采)气量与视地层压力满足定容物质平衡方程的假设条件，根据气体体积系数的定义，得到：

$$G_{\mathrm{rm}(i-1)} = \frac{(-1)^i Q_{(i)}}{(p/ZT)_{(i-1)} - (p/ZT)_{(i)}} (p/ZT)_{(i-1)} \quad (4-8-4)$$

当注入时，$Q_{(i)}$ 为阶段累计注气量；当采出时，$Q_{(i)}$ 为阶段累计采出量，可根据式(4-8-5)计算储气库累计当量气产量。

$$Q_{(i)} = Q_{\mathrm{g}(i)} + Q_{\mathrm{go}(i)} + Q_{\mathrm{gw}(i)} \quad (4-8-5)$$

在求取库内混合流体性质时，先计算库内混合流体密度，然后采用 Standing(1977)凝析气公式计算天然气的拟临界压力[式(4-8-8)]，再应用 Cranmer 方法（$p<35\mathrm{MPa}$）求取偏差系数：

$$Z = 1 + \left(0.31506 - \frac{1.0467}{T_{\mathrm{pr}}} - \frac{0.5783}{T_{\mathrm{pr}}^3}\right)\rho_{\mathrm{pr}} + \left(0.5353 - \frac{0.6123}{T_{\mathrm{pr}}}\right)\rho_{\mathrm{pr}}^2 + \left(\frac{0.6815\rho_{\mathrm{pr}}^2}{T_{\mathrm{pr}}^3}\right)$$

$$(4-8-6)$$

拟对比密度为：

$$\rho_{\mathrm{pr}} = 0.27 p_{\mathrm{pr}}/(ZT_{\mathrm{pr}}) \quad (4-8-7)$$

拟临界参数采用 Standing(1977)的凝析气计算公式，天然气的拟临界压力

$$p_{\mathrm{pc}} = 4.87 - 0.36\gamma_{\mathrm{g}} - 0.08\gamma_{\mathrm{g}}^2 \quad (4-8-8)$$

天然气的拟临界温度为：

$$T_{\mathrm{pc}} = 103.9 + 183.3\gamma_{\mathrm{g}} - 39.7\gamma_{\mathrm{g}}^2 \quad (4-8-9)$$

注气阶段：

$$\gamma_{(i)} = \frac{G_{\mathrm{rm}(i-1)}\gamma_{(i-1)} + Q_{\mathrm{in}(i)}\gamma_{\mathrm{in}(i)}}{G_{\mathrm{rm}(i-1)} + Q_{\mathrm{in}(i)}} \quad (4-8-10)$$

采气阶段：

$$\gamma_{(i)} = \frac{G_{\mathrm{rm}(i-1)}\gamma_{(i-1)} - Q_{\mathrm{p}(i)}\gamma_{\mathrm{p}(i)}}{G_{\mathrm{rm}(i-1)} - Q_{\mathrm{p}(i)}} \quad (4-8-11)$$

综合注采气过程，库内混合流体相对密度用下式计算：

$$\gamma_{\mathrm{g}(i)} = \frac{G_{\mathrm{rm}(i-1)}\gamma_{(i-1)} + (-1)^{i+1}Q_{(i)}\gamma_{\mathrm{g}(i)}}{G_{\mathrm{rm}(i-1)} + (-1)^{i+1}Q_{(i)}} \quad (4-8-12)$$

先求出库内混合流体的相对密度，然后再确定库内混合流体偏差系数。

库内凝析气相对密度计算：

$$\gamma_{\mathrm{m}} = \frac{G_{r(i-1)}\gamma_{\mathrm{m}(i-1)} - Q_{\mathrm{p}}\gamma_{\mathrm{p}} + Q_{\mathrm{in}}\gamma_{\mathrm{in}}}{G_{r(i-1)} - Q_{\mathrm{p}} + Q_{\mathrm{in}}} \quad (4-8-13)$$

产出流体相对密度为：

$$\gamma_\mathrm{p} = \frac{Q_\mathrm{g}\gamma_\mathrm{g} + Q_\mathrm{go}M_\mathrm{o}/M_\mathrm{a} + Q_\mathrm{gw}M_\mathrm{w}/M_\mathrm{a}}{Q_\mathrm{g} + Q_\mathrm{go} + Q_\mathrm{gw}} \qquad (4-8-14)$$

式中　γ_p——产出流体相对密度（包括凝析油和水的当量气）；

　　　γ_g——产出气相对密度（不包括凝析油和水的当量气）；

　　　M_a——空气摩尔质量，kg/mol；

　　　γ_in——注入气相对密度；

　　　γ_m——库内混合流体相对密度；

　　　$\gamma_{\mathrm{m}(i-1)}$——上一阶段末库内混合流体相对密度；

　　　$G_{\mathrm{r}(i-1)}$——上一阶段末库存量，$10^8 \mathrm{m}^3$。

库存动用率指计算的可动用库存量与静态库存量（注/采初）的比值，该参数表明真实库存量的动用程度，库存动用率（E_m）计算公式为：

$$E_\mathrm{m} = G_{\mathrm{rm}(i-1)}/G_{\mathrm{r}(i-1)} \times 100 \qquad (4-8-15)$$

在注气阶段，已知注初的地层压力、地层温度、库内混合流体密度及注末压力、注气量等参数，其中第一注气阶段的注初压力和库内混合流体密度以建库基础参数的表格形式提供，其余注气阶段的注初库内混合流体密度即为上一采气阶段的采末库内混合流体密度，由采气阶段计算得到的。从库内混合流体密度公式和可动用库存量计算公式可知，注气阶段可动用库存量和注气末库内混合流体密度是相互依赖的，无法从公式中直接求出可动用库存量，注气初可动用库存量的求解需要采用迭代方法。求解时，先假设注初可动用库存量 $G_{\mathrm{rm}(i-1)}$（可设为 0 或真实库存量），并赋值给 G_0（用于记录本阶段前一次计算的可动用库存量值，以便和新计算出的可动用库存量比较，判断是否满足精度要求），根据库内混合流体密度公式计算注末库内混合流体密度，并求取注末库内混合流体的偏差系数，然后用可动用库存量计算公式计算注气阶段可动用库存量 $G_{\mathrm{rm}(i-1)}$，比较 $G_{\mathrm{rm}(i-1)}$ 和 G_0，如果达到精度要求，则可认为本次求得的 $G_{\mathrm{rm}(i-1)}$ 为实际的注气阶段可动用库存量，否则把 $G_{\mathrm{rm}(i-1)}$ 值赋给 G_0，并重新计算，直至满足精度要求。求得可动用库存量后，可计算注末库内混合流体密度，这个值可以作为下一个采气阶段采初的库内混合流体密度。

在采气阶段，已知采初的地层压力、地层温度、库内混合流体密度及采末压力、采气量等参数，其中采初的库内混合流体密度即为上一注气阶段的注末库内混合流体密度，由注气阶段计算得到的。从库内混合流体密度公式和可动用库存量计算公式可知，采气阶段可动用库存量和采末库内混合流体密度是相互依赖的，无法从公式中直接求出可动用库存量，采初可动用库存量的求解要采用迭代方法。求解时，先假设采初可动用库存量 $G_{\mathrm{rm}(i-1)}$（可设为 0 或实际库存量），并赋值给 G_0（用于记录本阶段前一次计算的可动用库存量值，以便和新计算出的可动用库存量比较，判断是否满足精度要求），根据库内混合流体密度公式计算采末库内混合流体密度，并求取采末库内混合流体的偏差系数，然后用可动用库存量计算公式计算采气阶段可动用库存量 $G_{\mathrm{rm}(i-1)}$，比较 $G_{\mathrm{rm}(i-1)}$ 和 G_0，如果达到精度要求，则可认为本次求得的 $G_{\mathrm{rm}(i-1)}$ 为实际的采气阶段可动用库存量，否则把 $G_{\mathrm{rm}(i-1)}$ 值赋给 G_0，并重新计算，直至满足精度要求。求得可动用库存量后，可计算采末库内混合流体密度，这个值可以作为下一个注气阶段注初的库内混合流体密度。

2. 可动含气孔隙体积

根据注/采气阶段的运行压力、求得的可动用库存量和库内混合流体密度,将可动用库存量由标况($p_{sc}=0.101325\text{MPa}, T_{sc}=293.15\text{K}$)折算到地下条件,即可得到相应的可动含气孔隙体积,数学表达式为:

$$V_{m(i)} = \frac{Z_{(i-1)}T_{(i-1)}p_{sc}}{p_{(i-1)}T_{sc}}G_{rm(i-1)} \quad (4-8-16)$$

经过多周期运行后,储气库可动含气孔隙体积逐渐增加,其增幅大小在一定程度上反映了扩容快慢,判断气库是否继续扩容或已经达到平稳状态,为实施调整措施提供科学依据。

3. 可动库容量

可动库容量即在运行上限压力下,储气库可动用的天然气在地面标准条件下的体积,根据状态方程,有:

$$G_{rm\,max(i)} = \frac{p_{max}}{Z_{max}T_{(i)}}\frac{T_{sc}}{p_{sc}}V_{m(i)} \quad (4-8-17)$$

在计算时,先插值计算混合流体的相对密度,再采用 Dranchuk 算法计算混合流体的偏差系数,最后计算可动库存量。

$$r_{max(i)} = \frac{r_{m(i)} - r_{m(i-1)}}{p_{(i)} - p_{i(-1)}}(p_{max} - p_{(i-1)}) + \gamma_{m(i-1)} \quad (4-8-18)$$

式中　$G_{rm\,max(i)}$——可动库容量,10^8m^3;

p_{max}——上限压力,MPa;

$Z_{max(i)}$——上限压力对应的库内混合流体偏差系数;

$\gamma_{max(i)}$——上限压力对应的库内混合流体相对密度。

4. 可动垫气量

可动垫气量即注采周期内,压力降低到运行下限时,储气库内可动用的天然气在地面标准条件下的体积,根据状态方程有:

$$G_{rm\,min(i)} = \frac{p_{min}}{Z_{min}T_{(i)}}\frac{T_{sc}}{p_{sc}}V_{m(i)} \quad (4-8-19)$$

在计算时,先插值计算混合流体的相对密度,再采用 Dranchuk 算法计算混合流体的偏差系数,最后计算可动垫气量。

$$r_{min(i)} = \frac{r_{m(i)} - r_{m(i-1)}}{p_{(i)} - p_{i(-1)}}(p_{min} - p_{(i-1)}) + \gamma_{m(i-1)} \quad (4-8-20)$$

式中　$G_{rm\,min(i)}$——可动垫气量,10^8m^3;

p_{min}——下限压力,MPa;

$Z_{min(i)}$——下限压力对应的库内混合流体偏差系数;

$\gamma_{min(i)}$——下限压力对应的库内混合流体相对密度。

5. 工作气量

在上限压力和下限压力区间运行时，储气库采出的天然气量，即储气库库容量与可动垫气量之差，数学表达式为：

$$G_{\text{rwork}(i)} = G_{\text{rm max}(i)} - G_{\text{rm min}(i)} \tag{4-8-21}$$

6. 总垫气量

总垫气量为未动用库存量与可动垫气量之和，即：

$$G_{\text{r min}(i)} = G_{\text{r}(i)} - G_{\text{rm}(i-1)} + G_{\text{rm min}(i)} \tag{4-8-22}$$

7. 总库容量

总库容量即在运行上限压力下，储气库内天然气在地面标准条件下的体积，即为工作气量与总垫气量之和，数学表达式为：

$$G_{\text{r max}(i)} = G_{\text{rwork}(i)} + G_{\text{r min}(i)} \tag{4-8-23}$$

8. 垫气变化量

垫气变化量为本阶段与上一阶段总垫气量之差，注气阶段和采气阶段分别计算，表达式为：

$$Q_{\text{SH}(i)} = G_{\text{r min}(i)} - G_{\text{r min}(i-2)} \tag{4-8-24}$$

9. 垫气损耗率

垫气损耗率是垫气损耗量占注气量的百分数，其中采气阶段垫气损耗率公式中注气量为上一注气阶段的注气量，则：

注气阶段

$$E_{\text{SH}(i)} = \frac{Q_{\text{SH}(i)}}{Q_{\text{in}(i)}} \times 100\% \tag{4-8-25}$$

采气阶段

$$E_{\text{SH}(i)} = \frac{Q_{\text{SH}(i)}}{Q_{\text{in}(i-1)}} \times 100\% \tag{4-8-26}$$

四、注采气能力预测及配产配注

稳定注采运行的特点是多周期库存变化规律性认识已经比较清楚，重要的特征曲线函数关系明显，可以建立相对应储气库注采气能力和优化配产配注预测数学模型。

（一）多周期注采气能力评价

地下储气库在注采运行开始之前，需要预测气库运行周期注采能力，既是对储气库多周期运行规律的分析和总结，又是对气库未来变化发展趋势的判断和预测。基于气藏型地下储气库库存分析方法，通过一系列数学推导，建立了气库运行周期注采能力预测数学模型[16]。

1. 注气能力预测模型

在采气末期或停采时预测下一周期注气能力预测,气藏工程法主要从储气库多周期运行的定义出发,建立联系各运行参数间相关关系的数学模型,最后求解注气能力预测模型。前期分析已从三个不同角度去考虑,分别用三种方法推导了注气能力预测数学模型,其注气能力表达式相同,可以用于储气库注气能力预测。注气能力预测模型表达式为:

$$Q_{\text{in}(i+1)} = \frac{Q_{\text{p}(i)} + \Delta Q_{\text{p}}}{1 - E_{\text{SH}(i+1)} - E_{\text{w}(i+1)}} \quad (4-8-27)$$

式中 $Q_{\text{in}(i+1)}$ ——下周期注气量,10^8m^3;

$Q_{\text{p}(i)}$ ——本周期储气库采气阶段采气量,10^8m^3;

$E_{\text{SH}(i+1)}$ ——下周期由注气产生的垫气变化率;

$E_{\text{w}(i+1)}$ ——下周期由注气产生的工作气量变化率。

在注气能力预测数学模型[式(4-8-27)]中,ΔQ_{p} 表示上周期注气过程中,注气末期由于地层压力没有达到设计上限压力而需要注入的气量,如果注气末期地层压力非常接近设计上限压力或相差不大时,则 ΔQ_{p} 可以表示为零,则注气能力预测数学模型可以得到简化。因此该式是个普适表达式,适用于各种情况,这对于准确预测注气能力具有重要的意义。

2. 采气能力预测模型

根据注采气能力参数定义,采气能力为采气初期的库存量减去总垫气量(气库在设计运行下限压力时所对应的库存量),数学表达式为:

$$G_{\text{rwork}(i)} = G_{\text{rin}(i)} - G_{\text{rmin}(i)} \quad (4-8-28)$$

利用地下储气库库存量计算模型,容易得到采气初期的库存量($G_{\text{rin}(i)}$);而总垫气量为上周期采气末期的库存量减去剩余工作气量再加上本周期的垫气变化量,数学表达式为:

$$G_{\text{rmin}(i)} = G_{\text{r}(i-1)} - G_{\text{w}(i-1)} + Q_{\text{in}(i)} E_{\text{SH}(i)} \quad (4-8-29)$$

由以上各式,可得到储气库运行周期采气能力预测数学模型:

$$G_{\text{rwork}(i)} = Q_{\text{in}(i)} + G_{\text{w}(i-1)} - Q_{\text{SH}(i)} \quad (4-8-30)$$

式中 $G_{\text{rwork}(i)}$ ——本周期储气库采气能力,10^8m^3;

$G_{\text{rin}(i)}$ ——本周期注末时储气库的库存量,10^8m^3;

$G_{\text{rmin}(i)}$,$G_{\text{rmin}(i-1)}$ ——本周期及上周期总垫气量,10^8m^3;

$Q_{\text{SH}(i)}$ ——本周期的垫气变化量,10^8m^3;

$G_{\text{r}(i-1)}$ ——上周期采末时储气库的库存量,10^8m^3;

$G_{\text{w}(i-1)}$ ——上周期剩余工作气量,10^8m^3。

式(4-8-30)表明,储气库的采气能力为本周期的注气量加上上周期的剩余工作气再减去本周期的垫气损耗量,知道了这些参数就很容易预测本周期的采气能力。该计算公式简单明了,含义明确,为科学合理地计算储气库的采气能力提供了理论依据。

本周期的注气量可根据储气库目前的运行状况预测注气末期注气量;剩余工作气量和垫

气变化量的计算,主要是采用储气库多周期运行库存分析方法,以采气阶段的生产数据计算。剩余工作气量为采气末期时的压力至设计运行下限压力之间的工作气量,采用压降法,其计算公式为:

$$G_{w(i)} = \frac{(p/Z)_i - (p/Z)_{\min}}{(p/Z)_{i-1} - (p/Z)_i} Q_{p(i)} \quad (4-8-31)$$

根据有水气藏改建地下储气库天然气损耗预测及储气库多周期运行统计分析表明,累计垫气变化量与累计注气量满足指数增长函数关系,其表达式为:

$$Q_{\sum SH} = D_0 - D_1 e^{-D_2 G_{\sum in}} \quad (4-8-32)$$

实际应用表明,二者具有较好的相关性,一旦回归出方程中各参数值,就可以目前注气量预测下一周期垫气变化量,然后计算出垫气变化率。工作气量变化率与垫气变化率预测方法相同。

(二)周期内注采气能力评价

储气库在注采运行周期内某一时间点时,可利用较为丰富的注采运行动态数据,分析预测储气库注采运行结束时的剩余注采气能力,并及时调整储气库注采运行方案,保证储气库高效、安全运行。储气库注采周期内剩余注采气能力模型包括理论模型和统计模型。

1. 理论模型

从天然气状态方程入手,通过系列数学变换和参数离散化处理,推导出气库地层压力和日注采气量之间的关系,主要包括二元模型和三元模型。

地下储气库在注采气过程中,气体在储层条件下遵从状态方程:

$$p = nZRT/V \quad (4-8-33)$$

式中 p——储气库气体储层压力,MPa;
  V——储气库储层条件下的体积,m^3;
  n——气体摩尔数,mol;
  Z——库存气体的压缩系数;
  R——通用气体常数,$R=8.314 J/(mol \cdot K)$;
  T——储层绝对温度,℃。

式中,R、T 是常数,故储层压力只是 V,n 和 Z 的函数,因而对 p 求关于时间的导数,得:

$$\begin{aligned}\frac{dp}{dt} &= \frac{\partial p}{\partial V} \cdot \frac{\partial V}{\partial t} + \frac{\partial p}{\partial n} \cdot \frac{\partial n}{\partial t} + \frac{\partial p}{\partial Z} \cdot \frac{\partial Z}{\partial t} \\ &= -\frac{nZRT}{V^2}\frac{\partial V}{\partial t} + \frac{ZRT}{V}\frac{\partial n}{\partial t} + \frac{nRT}{V}\frac{\partial Z}{\partial t}\end{aligned} \quad (4-8-34)$$

由于1kg摩尔气体在标准状态下占有22.4m^3的体积,故如果以 Q 表示气库单位时间的注入或采出气体量(注入取正,采出取负),则应有:

$$\frac{\partial n}{\partial t} = \frac{Q}{22.4} \quad (4-8-35)$$

另外，Z 是 p 的函数，故有：

$$\frac{\partial Z}{\partial t} = \frac{\partial Z}{\partial p}\frac{\partial p}{\partial t} \qquad (4-8-36)$$

将各式联立，并解出 $\mathrm{d}p/\mathrm{d}t$ 得：

$$\frac{\mathrm{d}p}{\mathrm{d}t} = \left(-\frac{ZnRT}{V^2}\frac{\partial V}{\partial t} + \frac{ZRT}{V}\frac{Q}{22.4}\right) \bigg/ \left(1 - \frac{nRT}{V}\frac{\partial Z}{\partial p}\right) \qquad (4-8-37)$$

现在考虑储气库存在边底水的普遍情况。如果考虑岩石孔隙体积和水的压缩性，同时存在水的流入流出等因素，可做如下简化假设：

$$\frac{\partial V}{\partial t} = A(p - p_{\mathrm{aq}}) \qquad (4-8-38)$$

式中　p_{aq}——含水层压力；

A——与含水层有关的常数。

由以上各式得：

$$\frac{\mathrm{d}p}{\mathrm{d}t} = (\alpha p + \beta Q + \gamma)/\delta \qquad (4-8-39)$$

式中各常数为：

$$\alpha = -nZRTA/V^2 \qquad (4-8-40)$$

$$\beta = ZRT/(22.4V) \qquad (4-8-41)$$

$$\gamma = ZnRTA\,p_{\mathrm{aq}}/V^2 \qquad (4-8-42)$$

$$\delta = 1 - \frac{nRT}{V} \cdot \frac{\partial Z}{\partial p} \qquad (4-8-43)$$

为了建立方便计算的回归分析模型，将式中压力对时间的微商用差商代替，即：

$$\frac{\mathrm{d}p}{\mathrm{d}t} = \frac{\Delta p}{\Delta t} = \frac{p_{i+1} - p_i}{t_{i+1} - t_i} \qquad (4-8-44)$$

代入上式并作整理，可得：

$$p_{i+1} = \left[\frac{\alpha}{\delta}(t_{i+1} - t_i) + 1\right]p_i + \frac{\beta}{\delta}(t_{i+1} - t_i)Q + \frac{\gamma}{\delta}(t_{i+1} - t_i) \qquad (4-8-45)$$

如进一步简化，则可写为：

$$p_{i+1} = a_1 p_i + a_2 Q_i + a_3 \qquad (4-8-46)$$

在这里我们将流量 Q 写成 Q_i，即 Q 也可以是时间的函数。这就是我们所建立的二元回归分析模型。

比较以上两式，可得回归系数 a_1，a_2 和 a_3 为：

$$a_1 = \frac{\alpha}{\delta}(t_{i+1} - t_i) + 1 \qquad (4-8-47)$$

$$a_2 = \frac{\beta}{\delta}(t_{i+1} - t_i) \qquad (4-8-48)$$

$$a_3 = \frac{\gamma}{\delta}(t_{i+1} - t_i) \qquad (4-8-49)$$

2. 统计模型

根据储气库运行动态曲线形态,应用数理统计方法,提出了储气库注采周期内累计注气时间与累计注气量之间的回归数学模型,包括多项式和指数式模型:

多项式模型

$$G = a_1 t^2 + a_2 t + a_3 \qquad (4-8-50)$$

指数式模型

$$G = a_1 + a_2 e^{-t/a_3} \qquad (4-8-51)$$

理论模型具有理论性强、精度高等特点,但需要准确测取气库运行动态数据(毛细管压力和注采气量);而回归模型理论性差、以数学统计和经验分析为主,受储气库注采运行方式、注采气需求等因素影响。因此,应用时需结合储气库注采周期内运行动态特征,在综合评价数学模型适应性的基础上,利用注采动态数据回归得到数学模型参数值,预测储气库合理的剩余注采气能力,从而确定储气库运行周期注采气能力。

(三)优化配产气藏工程方法

1. 基本原理

储气库群优化配产是在单一储气库库存分析理论的基础上,将相邻多座地下储气库视作一个既相互独立又相互联系的统一体,将气库地层渗流、井筒流动、管网压力以及地面压缩机和露点装置能力等为约束条件,求解满足库群采气量计划的最佳采气运行方案,实现库群整体优化配产,进一步提高库群整体运行效率、降低储气成本。储气库群优化配产基本思路如图4-8-9所示,重点需要解决优化配产的基本原则、目标函数、约束条件及求解基本流程等。

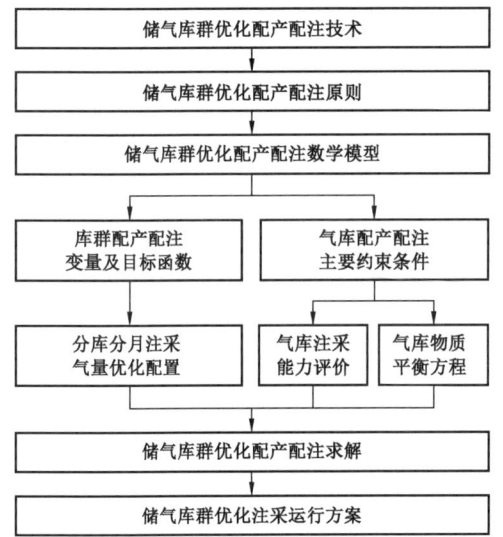

图4-8-9 储气库群优化配产配注思路

2. 优化配产基本原则

根据储气库合理配置的相关条件,结合调峰需求运行规律和储气库的运行状况对储气库之间进行合理的协调、配置,经过分析研究和归纳总结,制订储气库群优化配产基本原则包括:

(1)储气库采气运行优先级别。主要包括快速扩容的储气库优先调峰、库容小的储气库次优调峰、稳定运行的储气库为后备调峰及应急供气三个层级。

(2)储气库采气运行方式优化。主要包括初期优先边部气井"三稳定"生产、依次中高部位气井参与大气量调峰、适时投运丙烷辅助制冷系统降低系统背压三个方面。

在储气库优化配产过程中,需要根据储气库动态运行情况、注采条件以及不同的调峰运行模式,调整并完善储气库群优化配产基本原则,使建立的优化配产技术和方法更加科学合理,真正起到优化储气库群采气运行、提高运行效率的目的,满足矿场实际运行需求。

3. 优化配产数学模型

1)优化配产目标条件

储气库作为冬季季节调峰及应急供气的重要手段之一,首先需要满足地区的冬季季节调峰需求,保障供气平稳安全;同时,还要符合储气库自身运行规律,有利于提高储气库的运行效率。因此储气库优化配产的目标,需要综合考虑储气库的采气能力与冬季季节调峰需求,寻求满足二者的最优采气运行方案,即:求解满足库群月度调峰计划的采气运行方案(采气能力大于计划调峰气量),求解库群月度最大调峰气量的采气运行方案(采气能力小于计划调峰气量)。

2)优化配产约束条件

在储气库采气运行过程中,需要将地下、地面系统各环节作为整体进行综合考虑,因此受到地层渗流、井筒垂直管流、地面水平管流及采气处理装置能力等限制,具体包括地层产能方程、物质平衡方程、井筒流动方程、生产压差控制(考虑地层出砂、出水影响)、临界携液气量以及管壁冲蚀流量、露点装置处理能力等6个方面。

3)优化配产数学模型

根据储气库群优化配产目标条件和约束条件,建立的储气库群优化配产数学模型如下:

配产目标

$$\begin{cases} \max \sum_{i=1}^{i \leqslant j} q_{sc(i)} & \text{(不能满足调峰需求气量)} \\ \sum_{i=1}^{j} q_{sc(i)} = Q_{Pjh(m)} & \text{(能够满足调峰需求气量)} \end{cases} \quad (4-8-52a)$$

约束条件

$$\begin{cases} p_{r(i)}^2 - p_{wf(i)}^2 = Aq_{sc(i)} + Bq_{sc(i)}^2 & \text{(地层渗流压降)} \\ \dfrac{p_{r(i)}}{Z_{r(i)}} = \dfrac{p_{0(i)}}{Z_{0(i)}}\left(1 - \dfrac{G_{P(i)}}{G_{(i)}}\right) & \text{(物质平衡方程)} \\ p_{wf(i)}^2 = bp_{wh(i)}^2 - aq_{sc(i)}^2 & \text{(井筒流动压降)} \\ \Delta(p_{r(i)} - p_{wf(i)}) \leqslant \Delta p_{\max(i)} & \text{(地层压差小于临界出砂压差)} \\ q_{sc(i)} \geqslant q_{\min(i)} & \text{(大于临界携液气量)} \\ q_{sc(i)} \leqslant q_{e(i)} & \text{(小于管壁冲蚀流量)} \end{cases} \quad (4-8-52b)$$

4. 优化配产求解流程

根据储气库冬季季节调峰需求，将地层渗流、井筒垂直管流、地面水平管流及采气处理装置能力等作为约束条件，求解满足目标条件的各储气库合理配产量，即可得到储气库群优化配产运行方案。其求解基本流程为：

（1）输入优化配产相关数据。

（2）排序储气库调峰优先级。

（3）假定调峰阶段为1（从第一调峰阶段开始计算）。

（4）如果该调峰阶段为已发生的实际调峰运行，则不需要进行优化配产，转到第（9）步；若为"1"表示需要调峰计算，则进入第（5）步。

（5）假定调峰级别为1（从调峰级别为1开始计算）。

（6）计算本级别各库本阶段最大采气能力，并求本级别各库本阶段最大采气能力之和。

（7）若第（6）步计算的采气能力之和大于本阶段剩余调峰气量，则根据本级别储气库最大采气能力之比重新计算各库实际所需调峰采气能力，转第（9）步；若第（6）步计算的采气能力之和小于本阶段剩余调峰气量，则计算的各库最大采气能力为各库实际需调峰采气能力，并计算剩余调峰气量，进入第（8）步。

（8）转入第（6）步计算下一调峰级别直至所有调峰级别；若所有调峰级别的所有储气库均已计算完成，但剩余调峰气量仍不为0，说明本阶段储气库群不能满足调峰需求，输出相关信息，并进入第（9）步。

（9）转入第（4）步计算下一阶段调峰，直至调峰阶段结束。

（10）输出计算结果。

5. 优化配产方案

根据储气库群冬季季节调峰调峰需求，并通过动态分析以及气藏工程方法计算，得到注采气井地层渗流方程、井筒垂直管流方程等；同时，以露点装置处理能力、井筒冲蚀流量、临界生产压差等为约束条件，利用上述所建立的储气库群优化配产方法，可以给出库群优化配产运行方案，为储气库现场采气运行提供依据。

（四）优化配注气藏工程方法

1. 基本原理

储气库群优化配注是在单一储气库库存分析理论的基础上，将相邻多座地下储气库视作一个既相互独立又相互联系的统一体，将气库地层渗流、井筒流动、管网压力以及地面压缩机和露点装置能力等为约束条件，求解满足库群注气量计划的最佳注气运行方案，实现库群整体优化配注，进一步提高库群整体运行效率、降低储气成本。储气库群优化配注基本思路如图4-8-9所示，重点需要解决优化配注的基本原则、目标函数、约束条件及求解基本流程等。

2. 基本原则

根据储气库合理配置的相关条件，结合管道系统富余注气量及储气库的运行状况对储气库之间进行合理的协调、配置，经过分析研究和归纳总结，制订储气库群优化配注基本原则

包括:

(1) 储气库注气运行优先级别。主要包括处于扩容阶段的储气库优先注气、稳定运行的储气库次优注气两个层级。

(2) 储气库注气运行方式优化。主要包括初期优先中高部位气井注气;中后期边部气井缓注、间歇注气;气库注气期平稳运行,既保证注气任务,又满足月度注气计划等方式。

在储气库优化配注过程中,需要根据储气库动态运行情况、注采条件以及不同的注气运行模式,调整并完善储气库群优化配注基本原则,使建立的优化配注技术和方法更加科学合理,真正起到优化储气库群注气运行、提高运行效率的目的,满足矿场实际运行需求。

3. 优化配注数学模型

1) 优化配注目标条件

储气库优化配注目标,需要综合考虑管道系统提供的富余气量与储气库的注气能力,寻求满足二者的最优注气运行方案,既满足管道系统运行要求,又有利于提高储气库运行效率。优化配注目标条件为满足库群月度注气计划的气库注气运行方案(注气能力大于注气计划量)和库群月度最大注气能力的气库注气运行方案(注气能力小于注气计划量)。

2) 优化配注约束条件

在储气库注气运行过程中,需要将地下、地面系统各环节作为整体进行综合考虑,因此受到地层渗流、井筒垂直管流、地面水平管流及天然气压缩机能力等限制,具体约束条件包括地层注气能力方程、气库物质平衡方程、气井井筒流动方程、气井管壁冲蚀流量、压缩机注气能力等五方面。

3) 优化配注数学模型

根据储气库群优化配注目标条件和约束条件,优化配注数学模型如下:

配注目标

$$\begin{cases} \max \sum_{i=1}^{j} q_{\text{sc}(i)} & \text{(库群注气能力小于注气计划量)} \\ \sum_{i=1}^{j} q_{\text{sc}(i)} = Q_{\text{INJH}(m)} & \text{(库群注气能力大于注气计划量)} \end{cases} \quad (4-8-53\text{a})$$

约束条件

$$\begin{cases} p_{\text{wf}(i)}^2 - p_{\text{r}(i)}^2 = A q_{\text{sc}(i)} + B q_{\text{sc}(i)}^2 & \text{(地层渗流压降)} \\ \dfrac{p_{\text{r}(i)}}{Z_{\text{r}(i)}} = \dfrac{p_{0(i)}}{Z_{0(i)}} \left(1 - \dfrac{G_{\text{in}(i)}}{G_{(i)}}\right) & \text{(物质平衡方程)} \\ p_{\text{wf}(i)}^2 = b p_{\text{wh}(i)}^2 - a q_{\text{sc}(i)}^2 & \text{(井筒流动压降)} \\ q_{\text{sc}(i)} \leqslant q_{\text{inc}(i)} & \text{(小于压缩机注气能力)} \\ q_{\text{sc}(i)} \leqslant q_{\text{e}(i)} & \text{(小于管壁冲蚀流量)} \\ q_{\text{sc}(i)} \leqslant q_{\text{c}(i)} & \text{(小于不稳定流临界速度)} \end{cases} \quad (4-8-53\text{b})$$

4. 优化配注求解流程

将地层渗流、井筒垂直管流、地面水平管流及注气压缩机能力等作为约束条件,求解满足目标条件的各储气库合理配注量,即可得到储气库群优化配注运行方案。其求解基本流程为:

(1)输入优化配注相关数据。

(2)排序储气库注气优先级。

(3)假定注气阶段为1(从第一注气阶段开始计算)。

(4)如果该注气阶段为已发生的实际注气运行,则不需要进行优化配注,转到第(9)步;若为"1"表示需要计算,则进入第(5)步。

(5)假定注气级别为1,计算气库阶段平均最低注气量(Q_{av})和最大注气能力(Q_{max})。

(6)若储气库最大注气能力大于最低注气量,且库群平均最低注气量之和(S_{um})小于本阶段注气计划,进入下一注气阶段计算;否则重新配注本阶段注气量,并返回上一阶段配注。

(7)转入第(3)步计算下一阶段,直至注气段结束。

(8)输出优化配注计算结果。

5. 优化配注方案

根据储气库群注气期管道富余气量情况,并通过动态分析以及气藏工程方法计算,得到注采气井地层渗流方程、井筒垂直管流方程等;同时,以注气压缩机注气能力、井筒冲蚀流量、地层最大注气量等为约束条件,利用上述所建立的储气库群优化配注方法,可以给出库群优化配注运行方案,为储气库现场注气运行提供依据。

第九节 储气库 QHSE 管理体系

QHSE 管理体系为实现企业 QHSE 标准化管理,把质量、健康、安全、环境管理模式系统化地进行整合,打造一套四位一体覆盖全企业的科学、系统、完善的、标准化的管理系统。储气库长期高速交替注采的特点决定了潜在高风险,为了实现储气库全生命周期科学设计、高效建设、安全注采,必须建立健全一整套储气库 QHSE 管理体系及方法。

一、质量管理

质量管理是安全生产的重要基础,应注重全过程质量控制,主要涵盖储气库工程设计、产品采购、施工、完工及投产运行,确保储气库安全可靠。

(一)工程设计

工程设计是直接影响项目质量的关键活动,内容包括对招标书意图的正确理解,任命合格的设计负责人,设计接口及设计输入的管理,关键材料和设备参数的选择,重要方案论证或设计评审及验证等。

设计质量管理要点包括设计策划、设计人员配备及资格、设计输入及输出控制、设计评审、设计文件的校审与会签、设计确认、设计变更、设计接口控制、设计文件和资料的控制、设计现场服务、设计总结等。

为确保地面工程建设质量,抵制不合格产品进入工程建设过程,保证施工作业过程安全与环保,依照工程设计文件、相关标准规范及相关管理制度,编制工程质量控制方案。

(二)产品采购

设备、材料采购管理跟储气库工程建设全过程有着密切的联系,采购工作的质量影响着工程建设的质量、进度和费用。因此,抓好设备、材料采购 QHSE 管理尤为重要。

储气库工程采购产品主要包括增压机组、管材、阀门、管件、法兰、仪器仪表及非标设备(分离器、收发球装置、储罐、汇管)等。对储气库采购产品质量控制从质量审核、驻厂监造、入库检验、入库验收等方面进行。

(三)施工管理

为确保储气库建设工程施工 QHSE 管理到位,针对储气库涉及的不同地域自然条件可能对施工造成的影响,地面工程建设项目组采取相应的技术措施,严格按照施工程序文件、质量控制规定、HSE 管理规定等要求做好相关工作。

编制储气库地面工程建设 QHSE 管理方案,包括 QHSE 管理职责、主要风险和安全措施公示、危险源辨识和环境因素的评价、QHSE 管理相关记录、人员培训、应急救援、职业卫生、问题闭环管理八项基本内容。

施工主要包括林区施工,河流穿越,公路、铁路穿越,山区、丘陵段施工,并行段施工,光缆、管道和地下构筑物穿越施工,土建工程,土石方爆破作业施工等。施工 QHSE 管理重点工作包括人员培训、人员的标识、安全防护设施、作业许可制度、危险源的辨识和控制、环境因素的识别和评价、工程 QHSE 监督检查、事故事件调查和处理等 8 方面。

(四)主体工程完工

工程主体完工后,应控制地貌恢复质量、水土保持和水工保护质量,检查地貌恢复后是否影响农田复耕,检查竣工资料的及时性。一是检查承包商和分包商是否严格执行地貌恢复施工工艺;二是检查水工保护和水土保持是否符合国家、地方法律法规要求,从施工图设计阶段、施工实施阶段到移交地方政府无障碍,确保项目施工结束后,作业环境移交地方政府一次成功;三是检查施工承包商和分包商的竣工资料是否与工程进度同步,发现问题及时纠正和补充,力争投产和竣工验收一次成功。

(五)投产试运行

储气库试运行过程是完全不同于建设过程的特殊过程。试运行目标是验证地面工程建设中所有装置的可运行性,赋予装置生命力;指导储气库如何运行装置,实现安全高效运行。试运行包括建立组织领导机构、QHSE 培训、工作前安全分析、启动前安全检查、上锁挂牌、安全目视化、应急预案及演练、环保技术措施等 8 项内容。

二、职业健康

按照《中华人民共和国职业病防治法》的要求,储气库项目设计需编制职业卫生专篇,识别建设及生产过程中可能存在的职业病危害,做好各项相应的对策与措施的设计,使其防护性能及效果符合国家职业卫生标准及卫生需要。

通过专篇的设计要求,储气库工程新建站场选址、站场总平面布置及建筑物的采光、通风、隔热、隔声等建筑卫生学要求,均符合 GBZ 1—2010《工业企业设计卫生标准》;设计中包含有毒有害物质、噪声等职业病危害因素的防护设施;在正常生产过程中粉尘、化学性毒物及部分物理因素等职业病危害因素的浓度或强度符合要求。储气库项目运行过程中可能产生的职业病危害,通过采取综合防治措施是可以预防和控制。

三、安全管理

(一)安全管理规定

为加强安全生产工作,建立安全生产长效机制,防止和减少安全生产事故,切实保障员工在生产经营活动中的安全与健康,依据《中华人民共和国安全生产法》等法律法规和《中国石油天然气股份有限公司生产安全事故管理办法》,根据储气库管理工作的特点,结合安全管理工作及 HSE 体系建设实际,制订储气库的《安全生产管理实施细则》,从"组织与职责""安全生产责任制""安全监督管理""安全技术、安全投入""安全教育培训""安全检查""职业健康和劳动保护""工程项目安全管理""应急管理""事故管理"10 个方面对安全工作做了具体规定;同时,还要建立《事故隐患管理实施细则》《要害部位管理实施细则》等配套安全管理制度,对各项工作进行了详细的要求。

(二)安全控制系统

除了安全管理细则外,设置完备的安全控制系统、安全监测系统也至关重要。储气库安全控制系统由注采气自动控制系统、紧急停车系统(ESD)、火气探测系统、设备和管道防腐保温措施、供配电工程、安全泄放系统、消防站和消防系统、防毒和防化学伤害安全措施、防噪声措施以及自然灾害安全防范措施等组成,确保储气库注采系统安全运行。

(三)安全监测系统

由于储气库频繁注采,除了建设完备的安全控制系统外,还需要建立健全安全监测系统,形成地层—井筒—地面三位一体监测体系,对储库地质体、井筒、地面设施进行全周期实时监控,分析及预警,确保气库安全运行。目前,除了布置监测井录取温度压力和流体性质分析化验外,已引入微地震对盖层和断层密封有效性进行监测,可以提早预判应力集中区,调整注采工作制度,保障圈闭密封性。另外,国外储气库已经采用 GPS 和 InSAR 等多种方式进行全方位监测,国内正在进行探索,最终实现气库安全运行。

四、环境保护

(一)施工阶段

应针对储气库所在地理环境和人文条件,结合储气库地质条件和流体性质,科学编制扬尘防治、废水防治、噪声污染防治、固体废物污染防治、生态环境保护、穿越保护区的生态保护及恢复措施、穿越农田的生态保护及恢复措施、河流穿越施工环境保护措施、煤矿采空区等保护措施,最大限度减少施工对环境和生态的破坏。

(二)运行阶段

施工结束并投产后,首先应对储气库集注站、集配站、注采站场等地貌、生态环境进行恢复。然后编制注采运行过程中涉及的噪声污染、废液处理、有毒气体、气体泄放等安全防范措施及其应急方案,减少环境污染,最大程度保护储气库生产及周边区域环境和生态,以实现绿色储气库建设。

参 考 文 献

[1] Wu Hao jiang, Zhou Fang-de, Wu Yu yuan. Intelligent Identification System of Flow Regime of Oil-gas-water Multiphase Flow[J]. International Journal of Multiphase Flow,2001,27(3):459-475.

[2] Cieslinski J T, Mosdorf R. Gas Bubble Dynamics Experiment and Fractal Analysis[J]. International Journal of Heat and Mass Transfer,2005,48(9):1808-1818.

[3] 李登伟,张烈辉,周克明,等.可视化微观孔隙模型中气水两相渗流机理[J].中国石油大学学报,2008,32(3):80-83.

[4] 周克明,李宁,张清秀,等.气水两相渗流及封闭气的形成机理实验研究[J].天然气工业,2002,22(增刊):122-125.

[5] 石磊,王皆明,廖广志,等.水驱气藏型储气库运行指标动态预测[J].中南大学学报:自然科学版,2013,44(2):701-706.

[6] 石磊,廖广志,熊伟,等.水驱砂岩气藏型地下储气库气水二相渗流机理[J].天然气工业,2012,32(9):85-87.

[7] 董平川,江同文,唐明龙.异常高压气藏应力敏感性研究.岩石力学与工程学报,2008,27(10):2087-2093.

[8] 朱忠谦,王振彪,李汝勇,等.异常高压气藏岩石变形及其对开发的影响——以克拉2气田为例[J].天然气地球科学,2003,14(1):60-64.

[9] 李传亮,叶明泉.岩石应力敏感曲线机制分析[J].西南石油大学学报:自然科学版,2008,30(1):170-172.

[10] 谢兴礼,朱玉新,李保柱,等.克拉2气田储层岩石的应力敏感性及其对生产动态的影响[J].大庆石油地质与开发,2005,24(1):46-48.

[11] 黄炳光,刘蜀知,唐海,等.气藏工程与的动态分析方法[M].北京:石油工业出版社,2004.

[12] 姜凤光,王皆明,胡永乐,等.有水气藏改建地下储气库运行下限压力的确定[J].天然气工业,33(4):100-103.

[13] 胥洪成,王皆明,等.复杂地质条件气藏储气库库容参数的预测方法[J].天然气工业,2015,35(1):103-108.

[14] 郑得文,胥洪成,王皆明,等.气藏型储气库建库评价关键技术[J].石油勘探与开发,2017,44(5):794-801.

[15] 胥洪成,王皆明,李春.水淹枯竭气藏型地下储气库盘库方法[J].天然气工业,2010,30(8):79-82.

[16] 阳小平,程林松,何学良,等.地下储气库多周期运行注采气能力预测方法[J].天然气工业,2013,33(4):96-99.

第五章 盐穴型储气库建库技术

中国盐穴型储气库相关研究开始于1999年,初期主要是对国内的盐矿进行调查,初步评价各盐矿的建库地质条件。随着西气东输管道战略工程的实施,正式启动了西气东输工程建设天然气地下储气库项目。由于西气东输管道工程沿线油气藏库址目标资源缺乏,盐岩资源发育,盐岩建库成为该地区的主要建库目标,但盐层薄、夹层多、品位较低,建库难度较大。经过20年的研究探索与实践,逐步形成了适合中国复杂地质条件的盐穴型储气库建库技术系列。

第一节 盐穴型储气库建库基本特点

盐穴型储气库是在地下较厚的盐层或盐丘中,利用盐岩的主要成分为NaCl,易溶于水的特点,采用水溶造腔方式建造,如图5-1-1所示。地下盐腔形成后,向其中注入天然气将卤水驱替出来,即完成了盐穴型储气库的建造。

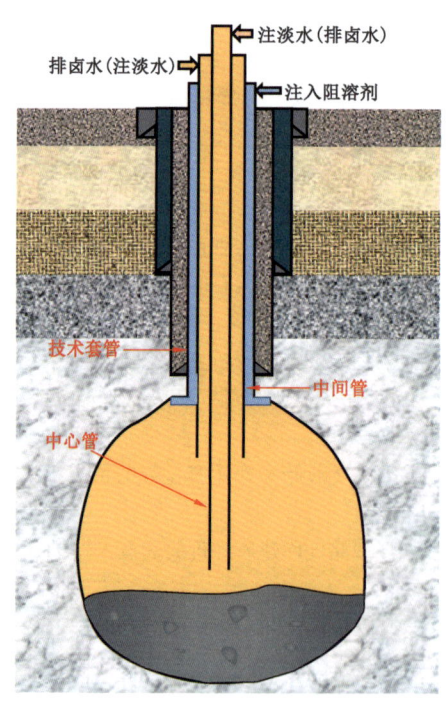

图5-1-1 盐腔建造过程示意图

一、盐穴型储气库建造基本要素

盐穴型储气库建造经历3个阶段:建库库址确定、建库方案设计和储气库施工建设。

(一)库址确定

建库库址的确定分为确定建库库址、建库区块及层段两个阶段。确定库址是在盐矿预查、普查、详查和勘探资料的基础上,利用现有的物探、钻探、测井及盐矿开采等资料,对盐岩矿床构造、断裂系统、盐岩分布规律、盖层分布及封闭性等进行分析评价,初步确定盐岩矿床是否具备建设盐穴储气库的基本条件。库址确定后还要进行更深入的研究,借助地震、探井、采盐井或新钻资料井资料,确定盐体的埋深、分布、形态、边界、盖层特征和地层层序;通过岩心分析化验分析盐层及夹层的物理化学特性、盖层及夹层的密封性、分析含盐地层的力学特性、评价优选有利的建库区块和层段。

(二)建库方案设计

建库方案设计包括建库地质方案设计和建库工程方案设计两个方面。

建库地质方案设计重点从盐岩力学角度上评价储气库长期稳定性。考虑单腔的深度、体积、几何形态、宽高比和顶部形态等,确定单腔的基本形态参数以及运行压力、合理注采气速度、合理的安全矿柱宽度,再根据单腔库容参数和井位部署进行储气库规模预测和运行方案设计和模拟计算,完成建库方案设计。

建库工程方案设计包括地下工程方案设计和地面工程方案设计。地下工程方案又包括钻完井工程、造腔工程、注气排卤工程方案。钻完井工程包括井身结构、套管程序、钻井液设计、钻机选择、固井液设计、水泥浆配方等。造腔工程包括钻柱优选、水力计算、阻溶剂设计及盐腔检测等。注气排卤工程包括注采管柱设计、注气排卤管柱设计、注气排卤施工程序和设备等。地面工程包括注采气站、集输系统、输气干线、公用工程等。

(三)储气库施工建设

施工建设是建库设计方案获得批复后,储气库开始施工建设。储气库施工建设是一项复杂的系统工程,包括钻完井、造腔、注气排卤工程及配套地面设施配套工程。

二、盐穴型储气库建库的基本特点

(一)建库地质条件复杂,建库难度大

中国建库盐岩在区域上都属于断堑式湖相沉积构造,一般形成于该断堑凹陷中,即由于断陷而形成的一个低洼地带而形成湖泊,由于蒸发作用不断形成盐类结晶蒸发,在经过一系列的固结成岩作用,最终形成盐矿,属于典型的陆相盐湖沉积层状结构。矿床规模和分布面积较小,盐岩品位较低,不溶夹层较多且厚度较大;盐层埋藏深,如平顶山储气库、楚州储气库埋深均接近2000m(世界上95%的储气库埋深低于1500m[1]),建库难度较大,风险高。

(二)建库工艺流程复杂,建库周期长

盐穴型储气库建库是一项复杂的系统工程,涉及地质、钻采、造腔、注气排卤及配套地面设施建设等多个方面,建库周期较长。造腔工程是储气库建设中耗时最长、工艺最复杂的环节。

以金坛储气库为例,于2004年8月开始老腔改造,至2007年9月5口老腔投产运行,老腔建库周期为4年。2005年6月开始第一批15口井钻井、造腔,到2013年6月5口新腔投产,建库周期为9年。

(三) 建库难度大,建设投资高

盐穴型储气库建设投资包括前期评价费(勘探和钻探费、测试费、先导试验费、研究费等)、工程投资(钻完井工程、造腔工程、注气排卤工程、地面工程等)、垫底气费、资产购置费(老腔收购、矿权获得等费用)等。

中国盐穴型储气库建设区块多为陆相盐湖沉积盐层,地质条件复杂、夹层多且厚、盐岩品位低、埋藏深,对技术要求高,使得建设难度大和建设周期长,最终导致盐穴型储气库建设投资较高。

三、国内外盐穴型储气库建库技术差异

国外盐穴型储存技术的研究起步于1916年的德国,已经有100多年历史;苏联于1959年建成了世界上第一座盐穴型储气库。目前,国外盐穴型储气库的数量94%以上分布于北美和欧洲,盐穴型储气库建库技术较为成熟。国内盐穴型储气库的研究起步较晚,通过借鉴和学习国外经验,依靠技术创新,建库技术取得了巨大进步。分析国内外盐穴型储气库建库技术的差异主要体现在以下两个方面。

(一) 建库地质条件

国外盐穴型储气库库址类型有盐丘和盐层两类,多以盐丘为主,盐岩埋藏较浅且盐岩厚度大多在200m以上,盐岩纯度在90%以上。国内盐穴型储气库库址类型为盐层,盐层埋藏较深,如平顶山储气库和楚州储气库最大埋深近2000m;盐层薄且夹层多,盐岩纯度较低,金坛储气库盐层NaCl含量为80%~85%,是目前国内发现的地质条件最好的储气库;楚州储气库和和云应储气库盐层NaCl含量在60%左右。国内盐穴建库地质条件更为复杂,建库难度较大。

(二) 造腔控制

除地质因素外,造腔控制主要受井型(单井单腔、双井单腔、水平井造腔)以及造腔过程中造腔管柱组合及尺寸、管柱下入位置、循环方式、造腔排量等因素的影响。目前,国外盐穴型储气库主要以单井单腔造腔为主,由于卤水排量没有限制,技术套管尺寸为ϕ339.7mm(13⅜in),造腔管柱组合为中间管ϕ273.0mm(10¾in) + 中心管ϕ177.8mm(7in),最大排量为300m³/h,循环方式为正反循环结合的方式,这在一定程度上能够提高造腔速度;双井单腔造腔工艺已在德国和法国的盐穴型储气库成功应用;水平井造腔在俄罗斯已经或即将应用于薄盐层建库中。目前,国内主要以单井单腔造腔为主,技术套管尺寸为ϕ244.5mm(9⅝in),造腔管柱组合为中间管ϕ177.8mm(7in) + 中心管ϕ114.3mm(4½in),最大排量为100m³/h;双井单腔造腔工艺在云应储气库开展了先导性试验(建槽期),结果表明双井造腔能够提高造腔速度;水平井造腔尚未开始现场应用。

此外,国外对于造腔过程中采出的卤水除环保要求达标外,可以通过铺设管道排入海洋或湖泊,对造腔进度基本没有影响。国内造腔过程中采出的卤水需要由当地的盐化企业来接收与处理,不能随意排放,并且盐化企业的卤水接收能力和对接收的卤水浓度都有特定要求,因此很大程度上限制了造腔进度,导致建库周期增长。

(三) 盐腔检测

盐腔形态检测是造腔过程中对盐腔形态的直接监测,通过监测掌握盐腔的发展过程。盐腔检测主要通过声呐检测设备完成,通过声呐检测可以比较精确地掌握盐腔的空间形态(图5-1-2)。盐腔声呐检测主要包括盐腔建造过程的监测和储气库运行阶段的监测。造腔过程中对盐腔形态进行监测,从而及时调整施工参数来控制腔体的形态,使腔体达到设计的要求。储气库运行阶段的盐腔监测,由于盐层属于塑性地层,盐腔在运行过程中由于压力不断变化,会导致盐层发生蠕变而使盐腔体积缩小。因此在运行过程中,每隔一定的周期需要对盐腔进行声呐检测,确定盐腔的变形状况,了解盐腔的稳定性,进而根据实际情况及时调整储气库运行方案来保证储气库的运行安全。

图5-1-2 声呐检测盐腔空间展布示意图

声呐检测技术已经广泛应用于盐穴型储气库的形态检测,目前世界上能够生产盐穴声呐检测设备的国家主要有德国、美国和俄罗斯。其中,德国SOCON公司生产的声呐检测仪具有精度高、适用于卤水和天然气两种介质中测量、仪器集成度高等优点,在世界范围内得到普遍认可。目前,国内尚无具有自主知识产权的这类盐腔检测仪器或设备,进行盐腔检测采用的是德国SOCON公司生产的声呐检测设备。

第二节 盐层地质评价

储气库建库盐层地质评价,是利用已有的地球物理、地质、钻井资料分析构造形态与断裂系统的发育状况,预测含盐地层的范围、产状、品位、内部夹层及其展布规律。主要解决盐矿区域地质构造是否稳定、盐岩层分布特征、盐岩盖层是否具有封闭性等关键的建库问题,如果地质工作稍有疏漏,不仅会影响储气库的建库周期、库容规模,甚至会导致在注采运行过程中,储气库发生泄漏,造成巨大的经济损失和人员伤亡[2]。

盐穴型储气库盐层地质评价主要包括含盐地层构造分析、盖层密封性评价、含盐地层地质分析、夹层评价等方面。

一、含盐地层构造分析

构造分析主要是通过二维或者三维地震勘探部署,获得地震资料,进行地震资料处理解释,描述盐矿的构造形态、走向倾角、埋藏深度以及次级构造与断裂发育情况,分析构造对建设盐穴地下储气库的影响。

(一)构造勘探部署与精细解释

1. 构造勘探部署

构造勘探部署主要是利用地震进行二维或者三维勘探部署,以落实断裂分布系统、构造形态特征和盐岩地层分布特征等。

2. 精细解释

盐穴型储气库勘探中的地震资料解释主要目的是寻找分布稳定的厚盐层,主要根据二维、三维地震资料,充分利用工区内地质、测井、钻井及电法勘探等各种资料和成果,开展精细的地震地质解释、测井约束地震波阻抗反演和盐岩分布厚度的预测及描述。在地震资料构造解释和反演预测的基础上,综合分析工区内断裂分布规律、盐岩地层厚度变化特征及盖层分布等建库的重要因素。最终在研究成果的基础上,优选远离断层、盐岩分布稳定且厚度大的区块为建库区,并对建库区块进行精细评价,为建设地下储气库提供科学依据。

(二)构造与断层评价

1. 构造评价

描述盐矿的构造形态、走向、倾角、埋藏深度以及次级构造与断裂发育情况,分析构造对建设盐穴型地下储气库的影响。地震、地质、测井和钻井资料的综合利用是构造评价的基础,评价技术主要是二维和三维地震资料精细构造解释和反演。

2. 断层评价

断层对储气库中天然气的储存、破坏作用往往决定着储气库建设的成败。因此,深入研究盐岩层内断层封闭性,是盐穴型储气库安全评价的重要环节。

对于盐穴型储气库来说,断层的活动性破坏了盐腔的稳定性。盐岩层中断层的封闭性研究对储气库安全运行极为重要的。因此,深入分析断层发展历史及两侧的地层组合关系,结合盐矿区域构造演化史、沉积埋藏史、应力场演化史,全面研究断层在不同时期的封闭性。对断层的性质、断开层位、破碎或紧结程度,以及断层面两侧岩性组合间的接触关系等的研究,对储气库温压系统、注采系统都有重要影响。

断层封闭性的评价要重点搞清以下几个问题:
(1)气库范围内断层的走向、断层的分布密度;
(2)断层的大小、性质,是属压性断层还是张性断层;
(3)断开的层位,断距,包括水平断距和垂直断距;
(4)断层活动情况,断层的发育史;
(5)断层两侧岩性、断层裂缝内的充填物。

二、盖层封闭性评价

盖层对盐穴型储气库底封闭性能具有加强作用,盐矿资料井获取的资料是储气库盖层评价的基础资料,通过对资料井盖层岩性的取心的分析化验和实验室分析,结合盐矿区域宏观地质条件,对盐矿储气库的盖层进行密闭性评价,以确保盐穴型储气库的稳定性和安全性。

盐岩盖层封闭性评价包括盖层封闭性宏观评价(即静态评价)和盖层封闭性微观评价(即动态评价)。盖层封闭性评价主要依据地震资料解释成果和岩心分析成果开展研究。一般而言,盖层岩性质纯且致密、厚度大、横向上分布稳定、断层少就可认定为有利的盖层。

(一)盖层封闭性宏观评价

盖层的宏观评价是盐穴储气盖层封闭性评价的基础,主要评价内容包括对盖层的岩性、厚度、分布范围、裂缝发育情况、断层的封闭性等。其中,断层封闭性十分重要,是决定盖层封闭能力的主要因素。

1. 盖层岩性评价

盖层的岩性评价主要用三种方法确定:岩心录井、岩屑录井和测井解释。

岩心录井和岩屑录井最直观,根据岩心或岩屑的岩性鉴定即可确定。

用来解释岩性的测井方法主要包括自然电位测井(SP)、自然伽马测井(GR)、视电阻率测井(RT)、声波测井(AC)等。

泥(页)岩:SP 无异常,GR 为高值,RT 为低值,AC 为高值。

膏盐岩:SP 无异常,GR 为低值,RT 为高值,AC 为高值。

一般情况主要采用测井资料与录井资料相结合的方法确定盖层岩性。

对于陆相盐穴型储气库建库目标而言,泥质岩是理想的盖层。因为泥质岩具有一定的抗变形能力和较大的压缩性,并具有明显的塑性特征,在构造力的作用下易发生塑性变形,具有较好的封闭能力。

2. 盖层厚度和分布范围评价

盖层的厚度主要根据录井和测井资料确定,这两种方法都很可靠。只是对于斜井,需要做井斜校正后才能得到盖层准确的厚度。

盖层分布范围的预测方法与储层的类似,即相控预测和地震横向预测,只是将储层换作盖层而已。

根据录井资料、测井资料和地震横向预测,最终做出盖层的等厚图。从等厚图上可以看出盖层的分布范围、厚度变化。

盖层厚度评价认为,泥质岩质纯且致密,即使厚度小,也能封闭住油气,但如果泥质岩粉砂质含量较高,就需要有较厚的盖层。因为较厚的盖层有利于阻止或减缓天然气通过盖层的扩散漏失;而盖层厚度越大,在横向上就越稳定,更有利于大面积封闭油气;盖层厚度大能有效地消减由于构造动力(如断裂作用)所造成的不利影响;相对而言,大厚度盖层中的微孔隙、微孔洞、微裂隙等渗漏空间不易沟通。

(二)盖层封闭性微观评价

盖层封闭性微观评价是盖层密封性评价的重点,评价基础是对岩石样品的直接测量和岩心的室内分析化验。

盖层微观封闭性评价主要实验内容包括孔隙度、渗透率、密度、突破压力、扩散系数等测定。

根据实验室分析结果,对储气库盖层的微观封闭性进行评价。

(1)盖层岩性的成分及主要岩性的矿物成分。

通过对盖层样品实验室普通薄片分析和X-衍射射线实验分析,确定盖层岩性和主要岩性的矿物成分及相对含量。如果盖层为泥岩,就可认为是较为理想的盖层岩性。

(2)盖层岩石微细孔径和吸附能力。

通过对盖层岩石样品的全岩定量分析,了解盖层孔隙类型,层理结构,孔隙和裂缝的发育部位、结构、大小,对盖层岩性的孔隙连通性做出评价。

(3)盖层渗透率和地层突破压力。

盖层封闭能力主要取决于岩石的渗透性,即渗透率和突破压力,其他参数都是这两项参数的影响因素,因此,决定封盖层是否具有封盖能力或其封盖能力大小的主要参数就是岩石的渗透率和突破压力。

通过对物性统计数据的分析,确定盖层垂向渗透率,如果盖层总的孔隙度较大,但孔隙细小,连通的喉道微细,则连通性差,岩层的渗透率就低。渗透率并不因孔隙度的增大而明显增大,因此,不能仅以孔隙度的大小来确定盖层的封闭性能。

突破压力影响因素包括岩石的微孔结构、矿物组成、润湿性、界面张力、流体性质和流体渗流能力。

对盖层岩样的突破压力实验确定盖层岩样的最大突破压力和平均值。分析渗透率与突破压力二者的相关性。不同深度点,突破压力不同,由于不同品质的盖层在垂向上的叠加性,突破压力高的盖层可以阻挡通过较低突破压力盖层逸散上来的天然气。

(4)盖层的扩散能力。

储气库储存气体的组分影响盖层的扩散能力,气体某组分的分子直径越小,越容易通过盖层扩散。扩散系数越小,气体扩散得越慢。因扩散是天然气逸散的一个漫长行为,从储气库的运行周期30~50年来看,扩散作用对储气库的密封性影响不大。

三、含盐地层地质分析

根据区域与完钻井单井资料,绘制典型剖面图,主要层位平面图等,预测含盐地层的总体展布规律,通过盐层与非盐夹层的统计分析,预测盐岩分布的有利区与层段。

(一)地层精细划分与对比

地层划分与对比是地质研究的基础,也是最关键的一步,只有在正确的小层划分与对比的基础上,才能开展下一步的研究工作。

地层划分与对比一般有两种方法:传统对比和高分辨率对比。传统的小层对比方法为以标志层为主、沉积旋回对比为辅、厚度为参考的划分原则。然而,在以往用岩性和不同级次沉积旋回的对比中,尤其在精细的油层和小层单砂体划分对比时,经常遇到在同一级旋回内,横向上小层的尖灭和垂向上叠置增厚等问题时。高分辨率层序地层是通过在基准面旋回变化过程中,由于沉积物可容空间与沉积物供给量比值 A/S 的变化,相同沉积体系域中沉积物发生再分配作用,导致沉积物堆砌样式、相类型及相序、岩石结构、保存程度发生变化。这些变化是沉积体系与在基准面旋回中所处位置和可容空间的函数。依据基准面旋回持续时间的长短,可以将其划分为短期基准面旋回、中期基准面旋回和长期基准面旋回。每个高级次的基准面旋回由若干个具有相同地质背景和沉积特征的低级次基准面旋回相互叠加而成。在基准面旋回的研究中,通常岩心资料用于确定短期基准面旋回,测井资料用于确定短、中期基准面旋回,地震剖面用于确定中、长期基准面旋回。

一般在应用过程中,两种方法相辅相成,共同进行。

(二)沉积相

沉积相研究的目的是分析含盐地层的沉积环境、沉积相和微相类型及其时空演化,进而揭露盐层的几何形态、大小、展布及其纵向与横向连通性的非均质特征,建立沉积模式,指导盐层的分布规律研究。

正确识别沉积相和微相类型及其相互关系,是重要的研究内容。

(三)盐层展布规律

通过沉积微相研究后,可以通过描述各小层的盐层、夹层分布特征,编制盐层厚度等值线图、夹层厚度等值线图、夹层百分含量等值线图等,研究不同时期、不同深度的盐层分布特征,为建库层段、区块的选择及造腔设计提供研究基础。

(四)盐岩化学特征

盐岩矿石离子成分主要是 Na^+、Ca^{2+}、Cl^- 和 SO_4^{2-},次为 K^+、Mg^{2+} 和 CO_3^{2-}。其他组分含量极微。它们组成的化合物是 $NaCl$、Na_2SO_4 和 $CaSO_4$。其中 $NaCl$ 是矿石的主要有益成分。Na_2SO_4 和 $CaSO_4$ 是矿石的主要伴生成分。

盐岩矿物的品位($NaCl$ 含量)越高、盐层内部夹层越少、不溶物含量越小,储气库造腔的速度就越快,所形成的盐腔就越大。盐腔形态也就越容易控制,储气库的安全性能也就越好。

另外,盐层内不同性质的不溶物对造腔的影响也是不同的。相对地,黏土层较容易被破坏,而溶解石膏块和碳酸盐的难度就相对较大。

四、夹层描述与评价

(一)夹层岩石化学特征分析

盐穴型储气库盐岩地层内夹层是指低于工业边界品位的夹石和非矿岩石及钙芒硝矿石或含矿岩石。在储气库建设中,相对于盐层不溶或难溶的岩层均称为夹层。

对于盐穴型储气库来讲,盐岩的夹层越少越好,越薄越好,分布范围越小越好。因此,盐穴型储气库夹层地质评价的主要内容是对夹层的岩性和物性、夹层非均质程度(直接影响盐腔的大小、形状和造腔速度)、夹层的密封性做出评价。

(二)夹层封闭性评价

夹层评价与盖层的评价相似,主要从宏观和微观两个方面进行。

宏观评价就是对夹层地质特征的评价。主要是利用钻井、测井和地震资料综合分析,确定夹层的岩性、物性、层数、厚度、面积、连通情况及夹层纵横向非均质性,最终对盐岩层内夹层的体积做出评价。夹层的宏观评价方法与盖层相似,不同之处为对于夹层的评价越细越好,要在分层统计逐层评价的基础上进行累计夹层的评价。

夹层评价方法技术主要包括三类,即地质方法、测井方法和地震方法。地质方法主要是通过钻井取心资料确定盐岩内部夹层的岩性,结合区域沉积相分析,确定夹层的形态特征。测井方法主要用来进行夹层层数的划分,确定夹层纵向分布特征,通过联井横向对比和地震反演确定夹层的平面分布。

盐穴型储气库盐岩层内夹层就是指 NaCl 含量低于 25% 的含盐泥岩、砂泥岩、膏岩等不溶或难溶的岩层。通过对钻井、录井和取心资料的分析,结合测井资料就很容易划分出盐岩层内夹层的岩性。

针对盐岩层常用的测井资料包括自然电位、自然伽马、视电阻率、声波时差以及地层倾角等。测井曲线的形态特征是岩性、物性和所含流体的综合反映。因此,测井曲线的对比实质上就是岩性对比。利用测井资料进行对比的基本原理是"相似者相同",即测井曲线形态相似的层,应是同一沉积岩层。

利用测井资料进行对比时,首先要对比不同井的电阻率曲线和自然伽马曲线。然后,借助其他测井曲线验证所得结果,指出相应的岩性特征,以期建立良好的对比关系。

夹层的微观评价主要是对夹层密封性评价。主要是在宏观评价的基础上,通过对夹层样品的分析化验,室内试验和钻井现场测试(夹层密封性测试)等,对夹层内气体渗流能力和夹层的密闭性进行评价。

五、含盐地层稳固性评价

(一)含盐地层隔水性分析

对于矿区水文地质的研究,要收集矿区的地形、地貌、气象、水文、地质构造等各方面的研究资料。其目的是了解矿区地层的富水性和分布、埋藏条件及其变化规律;了解盐矿区地下水的水质及含水层和隔水层的分布。还有地下水补给、径流及排泄条件,从而分析盐矿层及其顶、底板岩层的稳定性。

含盐地层隔水层以泥质岩为主,厚大越大,泥岩越纯,隔水性越好,可作为很好的顶板和底板。

(二)顶底板与断层稳固性

主要了解盐矿所在地的自然地理状况和历史地震频率、震级、烈度等情况,为储气库建设提供安全保障。

了解矿区的富水性和分布,分析地下水的水质、含水层和隔水层的分布,分析顶底板是否稳定,保证储气库的安全性。

一般而言,顶底板岩性质纯且致密、厚度大、横向上分布稳定、断层少就可认定为有利的顶底板。

泥质岩具有一定的抗变形能力和较大的压缩性,并具有明显的塑性特征,在构造力的作用下易发生塑性变形,具有较好的封闭能力。对于陆相盐穴型储气库建库目标而言,泥质岩是理想的顶底板。

泥质岩质纯且致密,即使厚度小,也能封闭住油气,但如果泥质岩粉砂质含量较高,就需要有较厚的顶底板。因为较厚的顶底板有利于阻止或减缓天然气通过顶底板的扩散漏失;而顶底板厚度越大,在横向上就越稳定,更有利于大面积封闭油气;顶底板厚度大,能有效地消减由于构造动力(如断裂作用)所造成的不利影响;相对而言,大厚度顶底板中的微孔隙、微孔洞、微裂隙等渗漏空间不易沟通。

第三节 造腔设计

盐穴型储气库盐腔设计是根据盐层地质条件、现场制约条件等因素,设计腔体的形态、总体积与有效体积、造腔步骤等参数,包括腔体空间形态设计与造腔工艺参数设计两个步骤。腔体空间形态设计参数主要包括造腔过程中盐腔位置、盐腔形态、盐腔最大直径、盐腔体积等;造腔工艺设计参数包括造腔井型、造腔管柱组合、造腔方式、造腔排量、造腔方案等。造腔设计技术是盐穴型储气库建设的关键技术。

一、设计内容

(一)腔体空间形态设计

腔体空间形态设计是造腔设计的第一步。在对一定盐岩地质条件充分了解和认识后,根据盐层条件设计合适的盐穴型储气库腔体空间形态参数。这些参数主要包括:盐腔埋深、形态、造腔体积与有效储气体积等。

1. 盐腔在盐层中的位置

在盐岩地层中,盐腔位置的确定也就是确定有效造腔的厚度,首先应保证储气库的安全性,保证盐腔与顶、底板之间有足够厚度的盐层。从盐层总厚度中去掉盐腔与顶、底板之间预留厚度之后,即可得到有效造腔的厚度,并以有效造腔的厚度作为盐腔(包括沉井)基本尺寸。合理的确定盐穴储气库有效造腔厚度,能够满足安全性准则的要求。盐腔顶部与顶板之间应有足够的距离。岩石盖层和盐层的力学性质存在很大差异,如果盐腔顶部和顶板之间的距离过小,则储气库在长期运行过程中,受盐腔内压力交替变化的影响,将导致盖层和盐层受力的不均匀,进而导致二者之间的变形差异,引起盖层和盐层之间产生裂缝,危及地下储气库的安全。

盐穴型储气库在长期运行过程中,盐腔内的压力交替变化,盐岩的蠕变会导致盐腔的变形,这些变化都会影响到底板的稳定性,若盐腔底部与底板之间厚度过小,将同样对储气库产生不利影响,盐腔底部与底板之间也应该有适当的距离。

因此,在设计盐腔有效厚度时,应考虑盐腔顶部和顶板之间的距离不能小于30m;同时,为了防止盐腔内的压力变化和盐腔变形影响到底板的稳定性,盐腔底部和底板之间预留厚度也不得小于10m。具体厚度要结合盐层厚度,盐腔形态、钻井完井工艺等多种因素综合确定。

2. 盐腔形态

盐腔的形态对于储气库的稳定性十分重要,因此盐腔形态的确定,要考虑盐腔稳定性的要求。为了描述盐腔形状稳定性特征,引入盐腔稳定性系数这一参数。假设盐腔的形状可视为上下非对称的椭球(图5-3-1),a 为椭球上半轴,b 为椭球下半轴,c 为盐腔最大直径,h 为盐腔高度。根据盐腔设计容积和盐腔高度确定盐腔最大直径,几何上可以证明,有效造腔高度和盐腔最大直径确定的情况下,盐腔体积与最大直径的位置无关。可见,在一定的盐腔高度和盐腔最大直径下,椭球盐腔上、下半轴相对变化时,盐腔的体积不发生变化,为了满足盐腔稳定性的要求,在盐腔高度和盐腔最大直径确定的情况下,盐腔的形态可以由盐腔稳定性系数 w 确定。

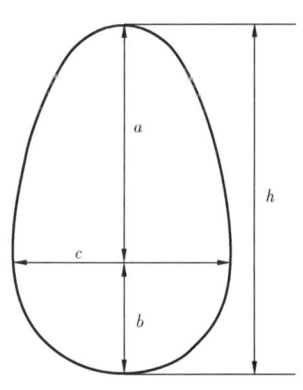

图5-3-1 盐腔形态示意图

盐腔稳定性系数 w 定义为上半轴 a 与盐腔高度 h(即 a 与 b 之和)的比值:

$$w = \frac{a}{a+b} \tag{5-3-1}$$

取椭球形盐腔上、下半轴之比为对称因子,即:

$$f = \frac{a}{b} \tag{5-3-2}$$

当 $w=0.5$ 时,$f=1$,盐腔呈上下对称的椭球形,此时上半轴与下半轴相等,盐腔不稳定;

当 $w<0.5$ 时,$f<1$,盐腔呈上大下小的倒梨形,此时上半轴长度小于下半轴,盐腔不稳定。

当 $w>0.5$ 时,$f>1$,盐腔呈上小下大的梨形,此时上半轴长度大于下半轴,盐腔稳定。

根据国外的建库经验,盐腔采用上小下大的梨形,稳定性系数大于0.5时,符合盐腔稳定性的要求,同时也适合于容纳不溶物杂质形成的沉降物。实际上,盐腔稳定性不仅取决于几何形状的稳定性,而且与地质构造和地层属性有关;不同稳定性参数的盐腔具有不同的力学特性。工程上合理的稳定性参数可以由岩石力学物理实验或相应的数值模拟给出。

3. 造腔体积及有效储气体积

在设计盐穴型储气库盐腔时,首先根据建设盐穴型储气库的库容要求,设计盐腔体积,盐腔的体积包括盐腔总体积和有效体积。盐腔总体积是盐腔有效体积和不溶物杂质溶掉后落入盐腔内堆积的体积之和,盐腔有效体积的设计要考虑很多因素。盐腔滤洗溶液设计的合理与否,直接影响设计的盐腔有效体积是不是符合盐穴型储气库的库容要求。盐腔滤洗总体积的确定、盐岩地层中水不溶物杂质含量是主要的考虑因素;另外,不溶物杂质在盐岩水溶液中的膨胀性,以及不溶物杂质沉降后形成的堆积物具有一定的孔隙度,都需要考虑。

有效体积计算公式如下:

$$V_{有效} = V_{总} - (V_{夹层} + V_{盐层不溶物}) \times 堆积系数 \tag{5-3-3}$$

其中

$$V_{夹层} = V_{总} \times 夹层比例 \times 夹层不溶物含量 \quad (5-3-4)$$

$$V_{盐层不溶物} = V_{总} \times 盐岩比例 \times 盐层不溶物含量 \quad (5-3-5)$$

$$堆积系数 = (不溶物膨胀后体积 + 孔隙体积)/不溶物原始体积 \quad (5-3-6)$$

$$不溶物原始体积 = 盐岩体积 \times 不溶物含量 \quad (5-3-7)$$

式中 $V_{总}$——水溶造腔形成的盐腔总体积；

$V_{夹层}$——水溶造腔形成的盐腔中非盐岩夹层内不溶物所上的体积；

$V_{盐层不溶物}$——水溶造腔形成的盐腔中盐岩中不溶物所占体积。

(二) 造腔工艺参数设计

在确定腔体空间形态设计方案后，就可根据生产条件等确定合适的造腔工艺，完成造腔工艺参数设计。造腔工艺主要包括循环方式、管柱提升次数、管柱组合设计、排量、顶板保护等参数。

1. 循环方式

造腔循环方式有两种：正循环和反循环。

正循环造腔就是淡水从中心管内注入盐腔，对盐岩进行溶解至近饱和状态，再通过中心管外环形空间返出地面，即淡水从盐腔底部进入，卤水从盐腔顶部抽出。这种循环方式比较容易形成底部直径大、上部直径小的梨状盐腔[图 5-3-2(a)]。

反循环造腔是淡水通过中心管外环形空间注入，对盐岩进行溶解，再从中心管内返出地面，即淡水从盐腔顶部进入，卤水从盐腔底部抽出。这种循环方式形成倒锥形盐腔（图 5-3-2(b)）。

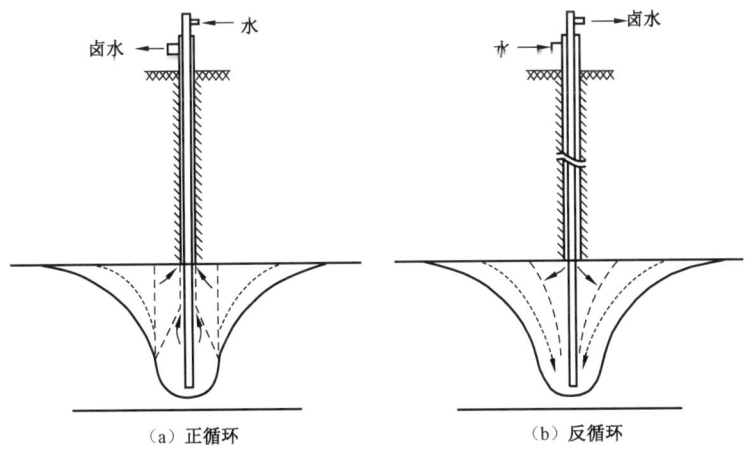

图 5-3-2 水溶造腔循环方式示意图

两种循环造腔方式各有优劣。反循环造腔排出的是盐腔底部盐水，其浓度相对较高，有利于提高造腔的效率；缺点是人为控制盐腔形状困难，造腔稳定性差，容易坍塌，顶板保护措施效果不佳。正循环造腔排出的是盐腔上部盐水，其浓度相对较低，造腔效率较低，优点是可以人为控制盐腔形状，造腔稳定性好，不易坍塌，顶板保护措施也比较简单有效。

2. 管柱提升次数

盐穴型储气库在正循环建槽过程中,为了有效利用盐岩层空间,降低不溶物杂质的高度,开始时中心管应尽量接近盐腔底部,以便快速增加盐腔体积。由于建槽初期底部空间比较小,溶蚀的不溶物杂质很快能堵塞中心管柱,这就要求正循环建槽过程中,要不断地提高中心管位置,避免堵塞,同时,中间管和防护液面的位置变化不大。

盐穴型储气库正循环建槽后,进行反循环造腔,这一过程中由于盐腔底部在建槽期已形成足够大的空间,用来存放残渣,所以这一阶段主要改变中间管的位置,管柱的提升次数主要以中间管和垫层位置的提升为主。为了保持盐腔的连续性,反循环开始时,中间管前2次提升幅度较小,之后在盐腔中部边界曲率较小,提升幅度可相对大些,在盐腔顶部边界曲率较大,提升幅度可相对小些。

造腔末期,为形成穹顶状顶板形态提高盐腔结构稳定性,可采用正循环工艺进行短时间造腔。金坛储气库造腔末期,正循环收顶阶段的管柱提高次数为1次,如需形成特殊形态可多次提升管柱。

总之,正循环建槽过程比较复杂,反循环盐腔管柱提升规律性好。如果把正循环建槽过程认为管柱提高次数1次,则盐穴型储气库在水溶造腔过程中,管柱的提升次数越多,盐腔形状越符合要求,然而频繁的提升管柱次数会增加造腔的成本。根据国内外盐穴造腔的实际经验,管柱的提升次数一般应该控制在7~9次为宜。

3. 造腔管柱组合

造腔管柱对控制盐腔形态、加速造腔进度具有重要的作用,设计造腔管柱时主要按以下原则进行:

(1)满足完井管柱尺寸的设定;
(2)满足最优化采卤造腔的功能需要;
(3)满足采卤造腔安全的需要;
(4)满足造腔最优投资的需要。

为了有效控制盐腔的几何形状,使盐腔形态与设计形态尽量一致,造腔管柱将采用同心管柱结构。利用同心管组合进行采卤造腔,不但要满足注采流量的要求,还要注重同心管直径的配合,只有同心管直径合理的匹配,才能获得大排量、低泵压和采出卤水浓度高的造腔工艺要求。

以国内某盐穴型储气库为例,前期研究中排量取 $120m^3/h$,在三年时间内建成 $25 \times 10^4 m^3$ 的标准盐腔,为了获得大排量、低泵压和采出卤水浓度高的造腔工艺要求,同时也拟与生产套管相配套,并且结合中国常用管材的实际情况,设计造腔管柱组合为 7in 造腔外管 + 4½in 造腔内管。

采用 7in + 4½in 油管的这种造腔管柱组合,沿程损耗、循环泵压与排量之间的关系如图5-3-3所示,其中方框显示区域为造腔过程中排量的工作范围。造腔使用的清水或卤水将采用环空(对于反循环造腔模式)或采用造腔内管(对于正循环造腔模式)注入。管道中水或卤水的最大推荐流速为 $5m/s$ 左右。对于选择的管柱组合管径($4½in \times 7in$),相对应的最大排量为 $140m^3/h$。

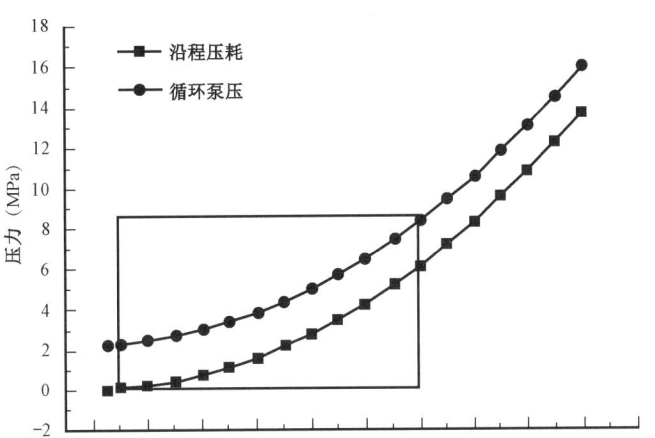

图 5-3-3　沿程压耗、循环泵压与注水排量的关系

4. 造腔注水排量

排量是控制造腔速度的重要参数。确定排量的基本原则是：满足管内流的最优工作状态；尽量使排出的卤水浓度接近饱和；低水耗，低能耗；满足造腔周期要求。

在定排量条件下进行溶蚀，在溶蚀初期，由于盐腔体积小，表面积小，注入的淡水来不及充分溶蚀便被采出，因而出口浓度低；随着盐腔体积的增大，出口浓度也增大，当溶蚀进行到一定程度，出口浓度接近饱和浓度。

从图 5-3-4 可以看出，排量越小，出口浓度上升越快，越早接近饱和浓度；排量越大，出口浓度上升越慢，接近饱和浓度的时间越晚。

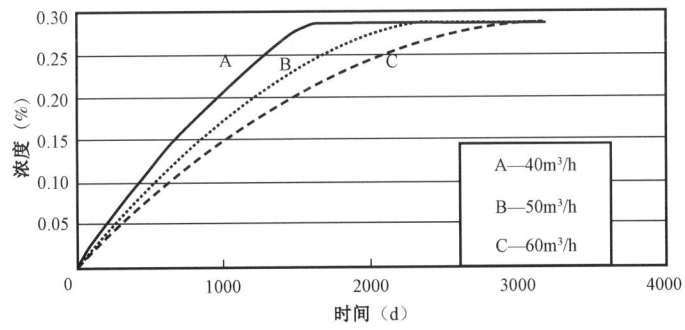

图 5-3-4　不同排量生产条件下出口浓度随时间变化关系曲线

在定排量条件下进行溶蚀，在溶蚀初期，由于盐腔体积小，腔内卤水平均浓度低，溶蚀速度快，盐腔半径的增加较快；随着盐腔体积增大，腔内卤水平均浓度高，溶蚀速度慢，盐腔半径的增加幅度减缓。

从图 5-3-5 可以看出，排量越大，相同溶蚀时间内，盐腔平均半径增加幅度越大，排量越小，盐腔平均半径增加幅度也越小。

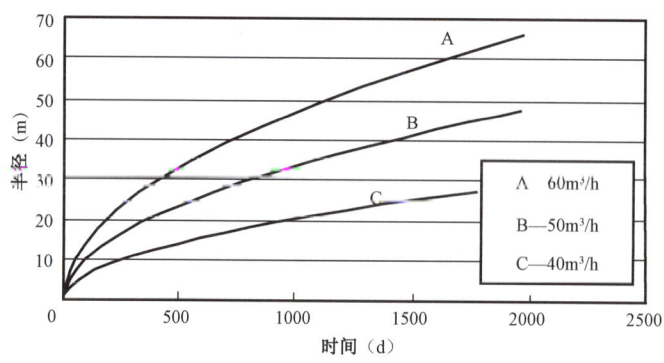

图 5-3-5 不同排量生产条件下盐腔平均半径随溶蚀时间变化关系曲线

采用较大的排量溶蚀,盐腔内卤水平均浓度较低,溶蚀速度较快,盐腔建设周期短;相反,采用较小的排量溶蚀,盐腔内卤水平均浓度较高,溶蚀速度随也较慢,盐腔建设周期长。随着盐腔体积的增大,出口浓度也增大,当溶蚀进行到一定程度,出口浓度接近饱和浓度。因此,在造腔过程中应综合考虑卤水浓度和造腔周期两方面的要求,确定溶蚀过程中合理的排量,一般选取在 40~120m³/h 范围内,排量不能过大,在大排量 120m³/h 以上造腔时,过高的管口流速可能引起造腔管柱振动而影响盐腔顶部稳定性,给卤水回收带来压力。

5. 垫层顶板保护

国内外盐穴造腔的经验和国内盐矿的采卤实践证明,在盐腔溶解过程中,由于重力分层作用,纵向的上部盐层溶解相对较快,横向的盐层溶解相对较慢,如不加以控制,将很快溶解到盐层顶部,达不到储气库所要求的形态。因此,为了有效控制盐岩盐腔形状,防止含盐水泥密封座脱落以及保护顶板的密封性,需要采用合适的垫层隔断盐腔顶部直接与淡水接触。

垫层是在盐腔中加入阻溶剂而成,从而在盐水与腔体顶板之间形成一层保护层,隔断盐腔顶部盐层直接与盐水接触(图 5-3-6)。阻溶剂主要有液态和气态两种,液态阻溶剂一般选用来源广泛、性能可靠、经济的柴油,如遇特殊情况,也可根据需要选择合适的其他油品;气态阻溶剂的种类比较多,主要有氮气或空气,目前中国盐穴型储气库中的气垫主要选用氮气,其费用低,并且还具有便于控制操作、卤水无污染和保护环境生态等优点。

根据国内外经验和现场生产实践情况,油垫的隔断效果要比气垫的效果好,这是因为气体压缩性强,并随着压力升高在水中的溶解度增大,气垫的厚度难以控制;同时,也易于渗漏和散失,受外在条件因素的制约较大;油垫可避免上述缺陷,但其成本较高,例如

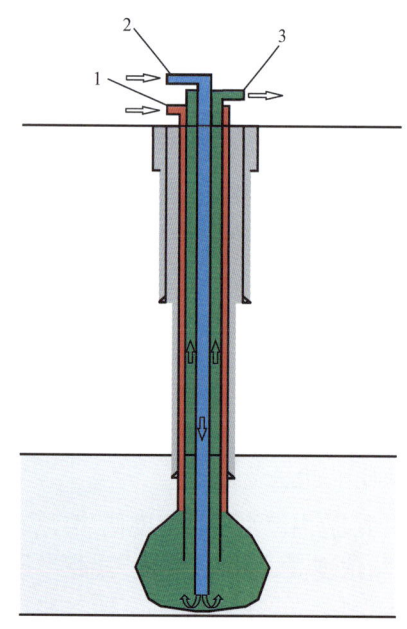

图 5-3-6 阻溶剂垫层顶板保护示意图
1—注入阻溶剂;2—注入淡水;3—排出卤水

正在建设的金坛盐穴储气库,水溶造腔时使用柴油作为阻溶剂,不但不能随腔顶上移而将其回收,反而须适时做大量的补充,才能有效控制盐腔的形状,因此柴油消耗量大,水溶造腔的成本高。因此,垫层的材料需要根据现场情况和实际需要做出合适的选择。

垫层的注入方式主要有两种:一是与造腔淡水同时从中心管注入井内,二是从生产套管和中间管的环形空间内单独加入,后者应用较为广泛。

垫层的厚度没有统一的标准,以利于测量与控制为主,通常气垫比油垫的厚度要大,而且在不同的造腔阶段厚度有所不同,造腔初期为了增加淡水和盐岩接触面积,造腔中期由于盐腔较大,卤水和油垫的分界面相对平稳,垫层的厚度可相对薄一些;造腔后期为了保护盐腔顶板,垫层厚度应稍厚一些,一旦保护剂垫层的量不足时,应及时补注。

二、设计原则

在盐穴型储气库水溶造腔过程中,盐腔总体结构参数设计要考虑盐腔容量、储气库安全性、盐腔形状与稳定性等要求;水溶造腔工艺参数设计要考虑采卤浓度、造腔周期以及盐腔形状等要求。

根据盐穴型储气库造腔应满足的要求,结合盐穴型储气库造腔的影响因素分析,盐穴型储气库水溶造腔工程设计时应考虑以下7点:

(1)考虑到安全性的要求,保证盐腔顶部距顶板有足够的距离。

(2)考虑到稳定性以及容纳沉降物的要求,盐腔形状采用上小下大的梨形。

(3)考虑到水不溶物含量及其具有膨胀性,设计体积可按照有效容积的适当比例进行设计(例如水不溶物含量为10%时,设计体积一般为有效容积的110%~120%)。

(4)考虑到水不溶物具有一定含量的特点,采用自下向上逐级提升阻溶剂界面,不断向上溶蚀盐层。

(5)在设备允许的条件下尽量采用大管径大排量。

(6)正循环建槽、反循环造腔。

(7)中间管接近阻溶剂,应随着阻溶剂界面的提升而提升,保持较长的两口距,最大程度扩展对流作用区域。

盐穴型储气库水溶造腔过程中要考虑的因素很多,造腔设计要遵循的原则有以下4点。

(一)安全性准则

盐穴型储气库水溶造腔过程中,首先要保证其安全性。储气库的埋深太浅,安全性不能得到保证,但埋深过大会增加钻井费用和建库投资,盐穴型储气库的埋深最好在500~1200m,最深不超过2000m。另外,盖层要有良好的封闭性,盐腔顶部和顶板之间要留有足够大的距离,盐腔底部和底板也要有足够的距离。在水溶造腔过程中,盐腔的压力也不能过大,这就要求淡水的注入量不能无限地增大,必须选择合适的排量。

(二)稳定性准则

根据盐腔稳定性的要求确定盐腔形态,稳定的盐腔形状有助于提高盐腔的运行寿命。根据国外建库经验,盐腔形状采用上小下大的梨形符合稳定性的要求。为了设计符合要求的盐腔形状,就需对造腔施工参数如两口距、防护液面的位置提出要求,多夹层的存在影响盐腔的形状,需要采取一定的措施,尽量形成边界连续性比较好的盐腔。

(三)造腔周期准则

盐腔的建造应按设计要求的时间完成,造腔周期不能过长,这样会消耗大量的人力、物力等。在盐岩品位高的地层建设盐穴型储气库,能提高造腔速度,缩短造腔周期;多夹层的存在,延缓了造腔的周期,盐穴型储气库应选择在无夹层或夹层很少的盐岩层中建设;增大排量能提高盐穴型储气库的造腔速度,储气库建设过程中应选择尽可能大的排量;两口距的距离也是影响盐穴型储气库造腔速度的一个重要因素。另外,采用合适的管径组合也能缩短造腔周期。

(四)采盐浓度准则

水溶造腔过程中,盐水浓度应满足要求,提高卤水浓度对加快盐穴型储气库建设进度具有重要作用,同时,也有利于减轻地方盐化公司在低浓度卤水消化方面的压力。排量过大时,注入的淡水尚未充分发挥溶解盐岩的能力就被排出,造成卤水浓度偏低,因此,在盐穴型储气库水溶造腔过程中,要采用合适的排量。

三、设计方法

盐穴型储气库盐腔设计包括腔体空间形态设计与造腔工艺参数设计两个阶段:(1)腔体空间形态设计,是根据盐层地质条件、生产需求等条件,初步确定盐腔的整体参数(盐腔位置、盐腔形态、盐腔总体积与有效体积、造腔管柱组合等);(2)造腔工艺参数设计阶段,是以上一阶段设计的盐腔整体参数为目标,采用造腔模拟软件,将造腔过程分解为数个阶段。每个阶段提供循环模式、管柱位置、注水流量、垫层位置、造腔时间、腔体体积与形态等详细参数。

腔体空间形态设计采用的方法为:(1)依据给定盐层的地质条件,决定盐腔在盐层中的位置(建库层段与建库区段);(2)根据盐腔在盐层中的位置(腔体埋深等),选定合适的腔体形态;(3)根据选定的区段与层段,结合盐层地质条件(盐层厚度、不溶物含量等),计算盐腔体积及有效储气体积;(4)根据地质工况(盐腔埋深等)、现场实际工况(卤水接受能力等),确定造腔管柱选型。

盐穴型储气库造腔工艺参数设计的主要方法为:采用造腔模拟软件,将造腔设计方案将造腔过程分为数个阶段,每个阶段需包含管循环模式(正循环、反循环)、管柱位置(注水管、排卤管位置)、注水流量、垫层位置、造腔时间、腔体体积与形态等参数。目前,国外主要常用的造腔过程设计软件有荷兰的 UBRO、UBROASYM 和 WinUbro 等软件;德国的 CAVSIM、KASOMO、PROSACAV 和 PCL 等软件;美国的 SALGAS 和 SANSMIC 等软件,俄罗斯的 RAZMYV 软件;法国的 INVDIR 软件;意大利的 CAVITA 软件。而中国根据自身盐穴型储气库复杂盐层的特点,研发了多个造腔模拟软件,如中国石油勘探开发研究院研发的"多夹层高角度盐穴造腔软件"、中国石油集团钻井工程技术研究院研发的"盐穴盐腔模拟软件"等。

四、设计实例

根据设计要求,结合盐矿地质和工程实际情况,对储气库 K1 进行盐腔总体结构参数的设计。

储气库 K1 所在的盐群埋深 644.7~853.3m,盐层顶板埋深 644.7m,盐岩层位可溶物含量约70%,盐层厚度200m,见表5-3-1。

表5-3-1 储气库Kl总体结构设计

盐层平均厚度(m)	平均单腔直径(m)	顶部保留厚度(m)	底部保留厚度(m)	单腔平均高度(m)	单腔体积(10^4m^3)	单腔有效体积(10^4m^3)	高宽比	稳定系数
200	60	35	10	155	45.9	28.4	1.9	0.711

(一)盐腔设计体积

根据盐腔体积设计考虑的因素分析,盐岩层中可溶物含量是影响总体积的主要因素,对Kl地层可溶物含量进行厚度加权平均,即每层的厚度和可溶物含量乘积的总和除以盐层的总厚度,计算所得可溶物含量约70%,再考虑其他因素的影响,按照有效容积的160%设计总体积。根据现场需要设计单腔有效体积$28.4 \times 10^4 m^3$,则设计单腔体积为$45.9 \times 10^4 m^3$。

(二)有效造腔厚度

顶部预留盐层厚度35m,底部预留厚度10m,则单腔顶部埋深679.7m,单腔高度155m。

(三)盐腔形态的确定

考虑盐腔稳定性要求,盐的形态为上小下大的梨形,单腔高度与直径比、盐腔稳定性系数的大小等影响盐腔的结构形态。取不同的上、下半轴尺寸时,盐腔稳定性系数见表5-3-2。

表5-3-2 不同上、下半轴对应的盐腔稳定性系数

上半轴(m)	下半轴(m)	对称因子①	稳定性系数①
50	105	0.476	0.323
60	95	0.632	0.387
70	85	0.824	0.452
80	75	1.067	0.516
90	65	1.385	0.581
100	55	1.818	0.645
110	45	2.444	0.71
120	35	3.429	0.774

① 稳定性系数与对称因子的定义见式(5-3-1)和式(5-3-2)。

盐穴型储气库Kl盐腔设计,盐腔顶部深度679.7m,盐腔高度155m,盐腔最大直径所在深度为790m,底部深度为843.7m,盐腔的稳定性系数为0.711。

根据经验设计单腔的平均高度为200m,参考国外稳定单腔高度与直径比1.53~2.7计算,设计单腔的直径范围应介于57~101m。一般来说,高度与直径比越大,单腔稳定性越好,即在高度一定时,直径越小越稳定。考虑一定的安全系数和保证一定的储气体积,暂取最大直径为80m,最小直径为40m,平均直径为60m,高度与最大直径之比为1.9。则设计单盐腔积约为$45.9 \times 10^4 m^3$,单腔有效体积约为$28.4 \times 10^4 m^3$。总体设计的结果如图5-3-7所示。

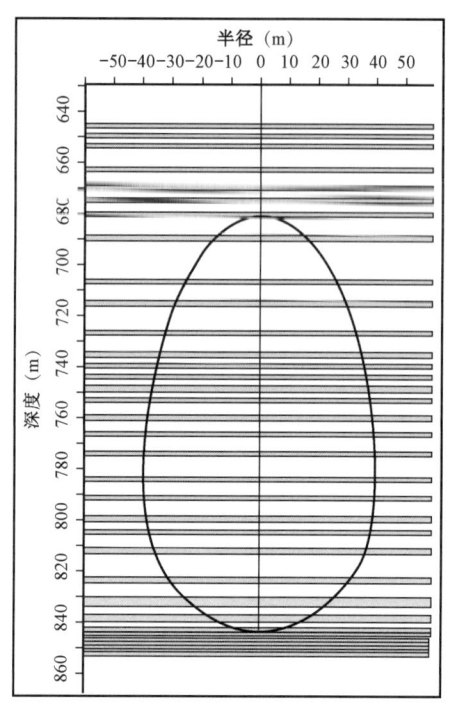

图 5-3-7 储气库 Kl 盐腔设计形态

第四节 稳定性评价

储气库腔周岩体在造腔过程中尤其是随后的天然气注采过程中的稳定性至关重要,需要在盐穴型储气库设计及运行中开展稳定性评价。目前,稳定性评价方法主要采用室内岩石实验与数值模拟研究相结合的方法进行,从室内实验获得层状盐岩的力学特性,即弹性模量、泊松比、抗压强度及蠕变特性等岩石力学参数,以实验数据为基础,采用理论分析,数值分析及数值模拟等方法进行研究,综合进行稳定性评价,针对盐穴型储气库在长期注采运行过程中,运行压力的大小、采气速率的快慢、运行工况是否合理等进行分析。如果盐穴型储气库建设及运行参数设置不合理,容易引起盐腔腔壁垮塌、顶板受损乃至破坏、盐腔体积敛过大、渗透性急剧升高等现象,最终对盐腔的结构产生破坏性损害,影响储气库的安全运行。因此,判别储气库的稳定性是保证储气安全运行的关键问题。

一、层状盐岩力学特性实验

岩石力学性质是指岩石在应力作用下表现的弹性、塑性、弹塑性、蠕变性、脆性、韧性、等力学性质。为获得岩石的力学特性,需要开展相应的力学特性实验。

(一)单轴压缩实验[3—6]

单轴压缩实验主要用于获得盐岩的单轴抗压强度及破坏形态。单轴压缩试验中盐岩采用轴向荷载控制进行加卸载循环加载,泥岩实验在弹性变形阶段仍采用轴向荷载控制,轴向加载速率为30kN/min,其后为横向位移控制。样品破坏后示例照片如图5-4-1所示,实验结果见表5-4-1。

抗压强度按式(5-4-1)计算:

$$R = \frac{P}{A} \quad (5-4-1)$$

式中　R——抗压强度,MPa;
　　　P——峰值荷载,N;
　　　A——试件截面积,mm^2。

纵向应变和横向应变计算:

$$\varepsilon_h = \frac{\Delta S_z}{50} \quad (5-4-2)$$

$$\varepsilon_d = \frac{\Delta S_h}{2\pi r} \quad (5-4-3)$$

式中　ε_h——纵向应变;
　　　ε_d——横向应变;
　　　ΔS_z——纵向引伸计对应位移;
　　　ΔS_h——横向引伸计对应位移;
　　　r——试件半径,mm。

弹性模量、变形模量和泊松比按式(5-4-4)计算:

$$E_e = \frac{\sigma_b - \sigma_a}{\varepsilon_b - \varepsilon_a} \quad (5-4-4)$$

$$\mu_e = \frac{\varepsilon_{db} - \varepsilon_{da}}{\varepsilon_{hb} - \varepsilon_{ha}} \quad (5-4-5)$$

$$E_{50} = \frac{\sigma_{50}}{\varepsilon_{50}} \quad (5-4-6)$$

$$\mu_{50} = \frac{\varepsilon_{d50}}{\varepsilon_{h50}} \quad (5-4-7)$$

式中　E_e——岩石弹性模量,MPa;
　　　μ_e——岩石弹性泊松比;
　　　σ_a——应力与纵向应变关系曲线上直线段起始点的应力值,MPa;
　　　σ_b——应力与纵向应变关系曲线上直线段终点的应力值,MPa;
　　　ε_a——应力为σ_a时的应变值;
　　　ε_b——应力为σ_b时的应变值;
　　　ε_{ha}——应力为σ_a时的纵向应变值;
　　　ε_{hb}——应力为σ_b时的纵向应变值;

ε_{da}——应力为 σ_a 时的横向应变值；

ε_{db}——应力为 σ_b 时的横向应变值；

E_{50}——岩石变形模量，即割线模量，MPa；

σ_{50}——抗压强度 50% 时的应力值，MPa；

ε_{h0}——应力为 σ_{h0} 时的应变值；

ε_{h50}——应力为 σ_{50} 时的纵向应变值；

ε_{d50}——应力为 σ_{50} 时的横向应变值；

μ_{50}——与 ε_{d50} 和 ε_{h50} 相应的泊松比。

表 5 – 4 – 1 单轴压缩试验物理力学参数表

岩性	密度（g/cm³）	弹性模量 E（GPa）	泊松比 μ	E_{50}（GPa）	泊松比 μ_{50}	单轴抗压强度（MPa）
灰白色盐岩	2.19	15.62	0.15	7.20	0.52	23.75
石膏质泥岩	2.66	21.38	0.31	28.35	0.15	47.80

如图 5 – 4 – 1 所示，单轴应力下测试岩石均为以张拉破坏为主。含有硬夹层的盐岩或杂质含量高且强度高的盐岩，在破坏过程中盐岩部分破坏较为严重，而夹层部分相对完整或裂纹数目较少。若夹层部分为软弱夹层，则在破坏时夹层可能会发生挤出变形，或者夹层破坏较为严重。夹层的类型和厚度对盐岩变形和破坏形态具有很大影响。

通过实验结果可得出结论：盐岩单轴抗压强度最低，其次是含泥岩盐岩，泥岩强度最大；破坏时盐岩变形最大，其次是含泥岩盐岩和泥岩，含钙芒硝盐岩破坏时变形最小；单轴压缩下盐岩破坏均为张拉破坏，含软弱夹层时，夹层和盐岩层均发生张拉破坏。

（a）灰白色盐岩　　　（b）黄白色盐岩　　　（c）含泥盐岩　　　（d）泥岩

图 5 – 4 – 1 单轴压缩破坏后示例图

(二) 三轴压缩实验

三轴压缩实验主要用于获得三轴条件下，盐岩的抗压强度及破坏方式。三轴压缩试验中，盐岩采用轴向荷载控制进行加卸载循环加载，加载速率为 60kN/min（第 1 至第 3 级加卸载循环），之后为轴向位移控制，实验结果见表 5 – 4 – 2。

表 5-4-2　三轴压缩试验物理力学参数

岩性	围压 (MPa)	抗压强度 σ (MPa)	内聚力 c (MPa)	内摩擦角 φ (°)	抗压强度 σ' (MPa)	内聚力 c' (MPa)	内摩擦角 φ' (°)
灰白色盐岩	10	79.07	25.97	20.05	61.03	22.40	7.96
	20	134.87			82.37		
	30	142.91			93.24		
	40	144.5			101.45		
黄白色盐岩	10	89.28	27.36	20.01	65.85	25.13	6.09
	20	122.28			84.06		
	30	160.6			93.57		
	40	144.53			103.93		
泥岩	10	60.03	1.23	38.33			
	20	65.81					
	30	145.35					
	40	259.05					

考虑到盐岩在三轴试验中盐岩变形量较大，故在《工程岩体试验方法标准》(GB/T 50266—2013) 中推荐方法计算应力的同时，将面积进行对数应变修正后计算应力。

面积修正公式为：

$$\varepsilon = \frac{\Delta l}{l_0} \times 100\% \tag{5-4-8}$$

$$\varepsilon_{\ln} = \left|\int_{l_0}^{l} \frac{\mathrm{d}l}{l}\right| \times 100\% = \left|\ln \frac{l}{l_0}\right| \times 100\% = \left|\ln(1-\varepsilon)\right| \times 100\% \tag{5-4-9}$$

$$A = \frac{A_0}{1 - \varepsilon_{\ln}} \tag{5-4-10}$$

式中　l_0——试样初始长度，mm；

Δl——试样长度变形量，mm；

ε——试样轴向工程应变；

l——试样实时长度，mm；

$\varepsilon_{\ln}$——试样轴向对数应变；

A_0——试样初始横截面积，mm²；

A——修正后的横截面积，mm²。

根据《工程岩体试验方法标准》(GB/T 50266—2013) 规定的计算方法，根据各围压 σ_3 和相应的峰值轴向应力 σ_1，以 σ_3 为横坐标，σ_1 为纵坐标用最小二乘法绘制最佳关系曲线，建立线性方程 $\sigma_1 = k\sigma_3 + t$，根据该方程求得任意两个围压对应的轴向应力 σ_1，再以这两组数据在 $\tau-\sigma$ 坐标上以 $(\sigma_1 + \sigma_3)/2$ 为圆心，以 $(\sigma_1 - \sigma_3)/2$ 为半径绘制莫尔应力圆，根据莫尔—库伦强度理论确定三轴应力状态下岩石的抗剪强度参数值。根据最佳关系曲线得到的线性方程

$\sigma_1 = k\sigma_3 + t$,再根据式(5-4-11)和式(5-4-12)计算内摩擦角f和内聚力c:

$$f = \frac{k-1}{2\sqrt{k}} \quad (5-4-11)$$

$$c = \frac{t}{2\sqrt{k}} \quad (5-4-12)$$

式中　k——σ_1—σ_3关系曲线的斜率;

　　　t——σ_1—σ_3关系曲线在σ_1轴上的截距,等同于试件的单轴抗压强度,MPa;

　　　f——内摩擦角,单位为弧度(rad),转换为φ后的单位为(°);

　　　c——内聚力,MPa。

如图5-4-2和图5-4-3所示,盐岩在较低围压下以大变形后的剪切破坏为主,较高围压下则以大变形破坏为主;泥岩则以剪切破坏为主,其变形量相对较小,含夹层的盐岩,在三轴应力下,可能会沿夹层面发生破坏。

(a) 低围压下　　　　(b) 高围压下

图5-4-2　典型盐岩破坏图

(a) 低围压下　　　　(b) 高围压下

图5-4-3　典型泥岩破坏图

(三)抗拉实验

抗拉实验主要用于获得盐岩的抗拉强度。抗拉实验采用巴西劈裂法进行,实验的试样一般为岩石圆盘,要求试样的高度和直径比为0.5~1。加载方式如图5-4-4(a)所示。实验时沿着圆盘的直径方向施加集中荷载,试样受力后可能沿着受力方向的直径裂开,如图5-4-4(b)所示。试样内的应力分别情况如图5-4-4(c)所示。

由巴西劈裂实验求岩石抗拉强度的公式为:

$$\sigma_t = \frac{2P}{\pi DL} \quad (5-4-13)$$

式中　σ_t——岩石抗拉强度,MPa;

　　　P——试样劈裂破坏发生时的最大压应力值,N;

　　　D——岩石圆盘试样的直径,m;

　　　L——岩石圆盘试样的厚度,m;

　　　π——圆周率。

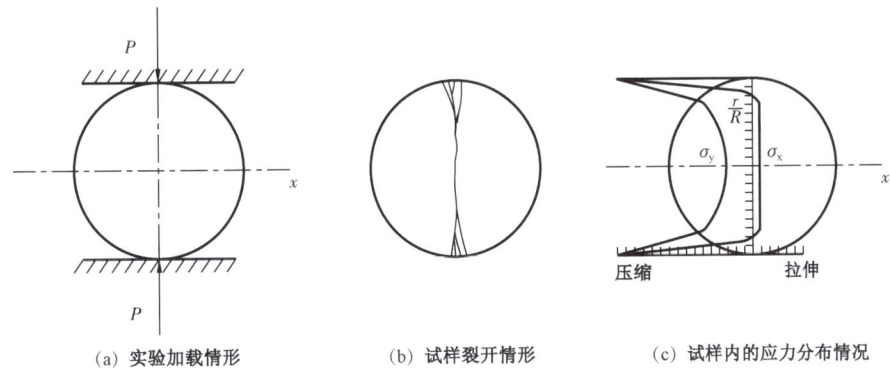

(a) 实验加载情形　　　　(b) 试样裂开情形　　　　(c) 试样内的应力分布情况

图 5-4-4　巴西劈裂实验

拉伸实验采用轴向位移控制进行加载,加载速率为 0.1mm/min,实验加载状态示例及破坏图如图 5-4-5 和图 5-4-6 所示。从实验结果可以知道(表 5-4-3),盐岩的抗拉强度在 1MPa 左右,泥岩夹层的抗拉强度为 2MPa 左右。大量的实验结果表明,目前中国已有的层状盐岩,抗拉由高到低依次是泥岩、含盐泥岩、含泥盐岩、钙芒硝盐岩、盐岩。

(a) 灰白色盐岩　　　　(b) 黄白色盐岩

(c) 含泥盐岩　　　　(d) 泥岩

图 5-4-5　间接拉伸示例照片

(a) 加载中　　　　(b) 破坏后

图 5-4-6　间接拉伸加载中和破坏后示例图

表 5-4-3 抗拉强度实验结果

试件编号	岩性	抗拉强度（MPa）	平均值（MPa）
L-1	灰白色盐岩	1.09	1.36
L-2		1.24	
L-3		1.74	
L-4	黄白色盐岩	0.70	0.95
L-5		0.94	
L-6		1.21	
L-7	泥岩	1.37	1.73
L-8		0.85	
L-9		2.95	
L-10		2.03	
L-11		1.44	

（四）蠕变特性实验

蠕变是指固体材料在保持应力不变的条件下，应变随时间延长而增加的现象。岩石在地质条件下的蠕变可以产生相当大的变形而所需要的应力却不一定很大。蠕变随时间的延续大致分 3 个阶段：(1) 初始蠕变或过渡蠕变，应变随时间延续而增加，但增加的速度逐渐减慢；(2) 稳态蠕变或定常蠕变，应变随时间延续而匀速增加，这个阶段较长；(3) 加速蠕变，应变随时间延续而加速增加，直达破裂点。盐岩具有良好的蠕变性，盐穴型储气库运行时间长达几十年，在其稳定性评价中必须考虑盐岩的蠕变特性。

蠕变力学特性实验主要用于获得盐岩蠕变本构模型和变形情况。

1. 蠕变变形特性研究

为研究盐岩的蠕变特性，对盐岩进行围压为 5MPa，10MPa，20MPa 和 30MPa 下的三轴蠕变实验，蠕变实验采用分级加载方式。图 5-4-7 显示了三轴压缩蠕变破坏状态，该图表明盐岩蠕变在低围压压力下发生大变形后的剪切破坏，而在高围压下（例如 20MPa），则发生塑性大变形破坏，其破坏状态为鼓状。图 5-4-8 为三轴应力状态下的蠕变历时曲线，该图表明盐岩蠕变破坏对应的蠕变应变随围压压力增加而增大。三轴应力状态下蠕变速率和稳态蠕变率幂指数拟合模型见表 5-4-4 和表 5-4-5。

(a) σ_3=5MPa

(b) σ_3=10MPa

(c) σ_3=20MPa
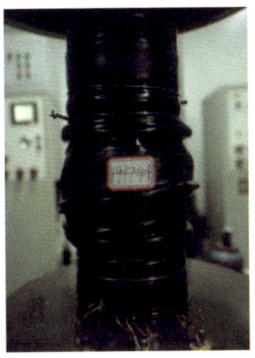
(d) σ_3=30MPa

图 5-4-7 平顶山盐岩三轴压缩蠕变破坏状态

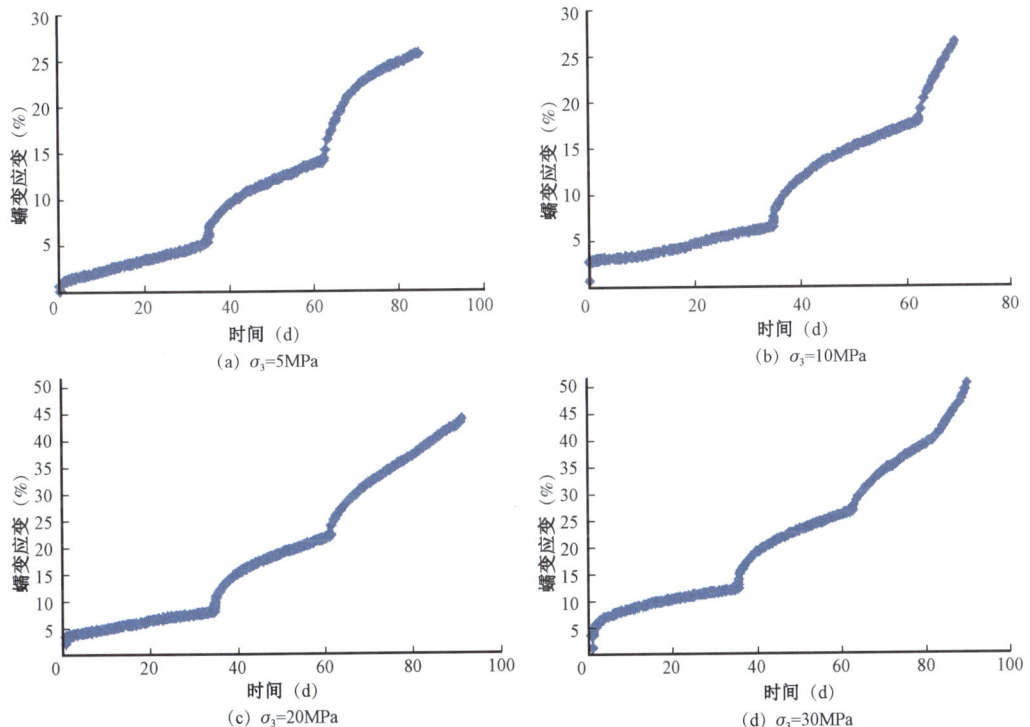

图 5-4-8 平顶山盐岩三轴蠕变历时曲线

表 5-4-4 三轴稳态蠕变速率

试件编号	σ_3 (MPa)	$\sigma_1 - \sigma_3$ (MPa)			稳态蠕变率(d^{-1})		
		1	2	3	第1级	第2级	第3级
R-1	5	16.89	25.34	33.79	1.22×10^{-3}	2.09×10^{-3}	4.31×10^{-3}
R-2	10	18.93	28.4	37.87	1.09×10^{-3}	3.02×10^{-3}	1.03×10^{-2}
R-3	20	23.02	34.54	46.05	1.34×10^{-3}	2.91×10^{-3}	5.57×10^{-3}
R-4	30	27.11	40.67	50.66	1.37×10^{-3}	3.24×10^{-3}	8.56×10^{-3}

根据实验结果和前人的研究成果,盐岩的稳态蠕变率本构关系可以用式(5-4-14)表示:

$$\dot{\varepsilon}_s = A\left(\frac{\sigma_1 - \sigma_3}{\sigma_*}\right)^m \tag{5-4-14}$$

式中 $\dot{\varepsilon}_s$——稳态蠕变率,%;

　　A——材料常数;

　　σ_*——单位应力(1MPa);

　　m——应力指数常数;

　　σ_1——最大主应力,MPa;

　　σ_3——最小主应力,MPa。

通过实验数据可以拟合得到单轴压缩荷载下 A 和 m 两个参数(表5-4-5)。

表5-4-5　三轴蠕变的稳态蠕变率幂指数模型参数

试件编号	A	m
R-1	7.5×10^{-6}	1.7824
R-2	8.198×10^{-8}	3.2042
R-3	2.1732×10^{-6}	2.0437
R-4	1.1285×10^{-7}	2.8276

2. 三轴应力状态下盐岩的长期强度

由图5-4-9和图5-4-10可知,三轴应力状态下,随着围压的升高,盐岩的长期强度逐

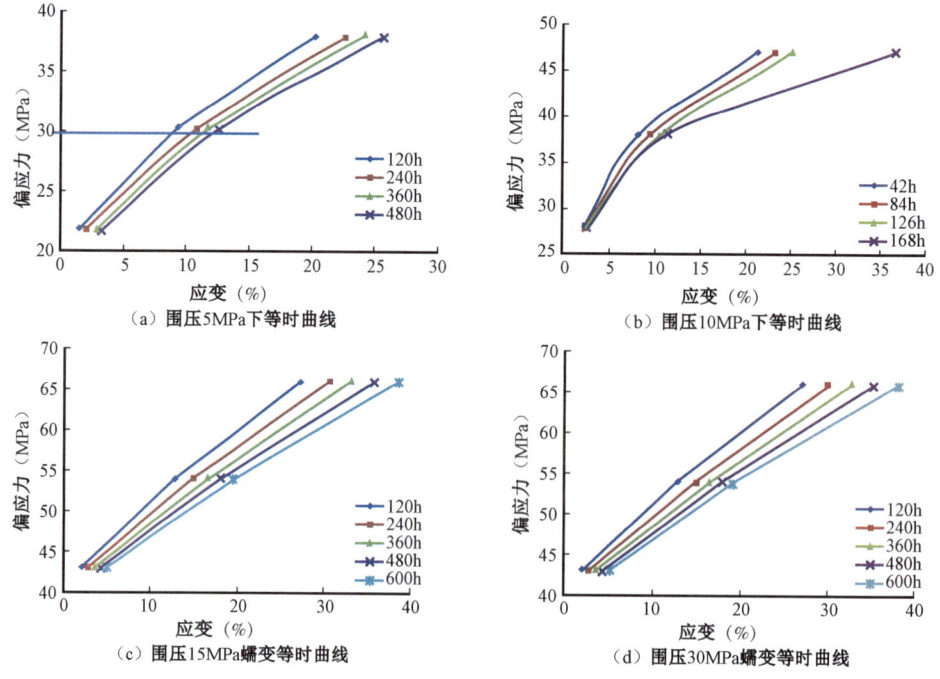

图5-4-9　盐岩三轴应力状态下的长期强度

渐升高,短期抗压强度为长期强度的在 40% ~60%;由表 5-4-6 中可知,盐岩长期剪切强度参数 C 和 φ 分别为短期强度参数的 29.26% 和 75.16%。

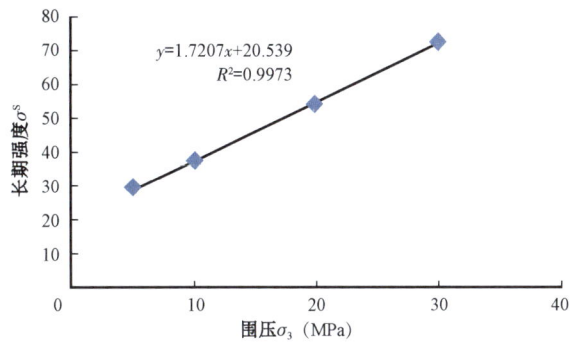

图 5-4-10　长期抗压强度与围压关系

表 5-4-6　长期剪切强度参数与短期剪切强度参数对比

长期剪切强度		短期剪切强度	
C(MPa)	φ(°)	C(MPa)	φ(°)
7.6	15.07	25.97	20.05

二、盐腔稳定性评价

通过实验获得盐岩力学特性后,开展理论分析,获得盐岩的应力应变关系即本构模型,结合工程实际采用相应的评价方法开展稳定性评价。

(一)盐岩蠕变本构模型[7,8]

针对盐穴型储气库稳定性的研究,主要考虑盐岩蠕变特性对盐腔稳定性的影响。不同国家、不同的学者往往根据自己国家盐岩的特性和研究的发展和应用不同的模型。如法国采用 Lemaître 本构模型、德国采用 Lubby 2 模型、美国采用 M-D 模型以及广泛通用的 Norton Power 模型等。

(二)稳定性评价方法

目前,国内外通用的稳定性评价方法主要有:解析分析法、物理模拟法、数值模拟法,其中数值模拟方法应用最为广泛。数值模拟方法主要是在室内获得岩石力学参数的基础上,基于盐岩的本构模型,采用数值模拟软件,对储气库进行注采运行模拟,设计储气库运行参数及评价其稳定性。目前,国内应用较为广泛的主要是 FLAC3D 软件以及一些专用的数值模拟软件,如 GEO1D 和 LOCAS 等。

(三)盐穴型储气库稳定性评价标准[9]

由于盐岩属于一类特殊的岩体,盐岩矿床中地下储气库的稳定性,实际上是一个气、液、固三相耦合的非常温、非线性、非均质的复杂的深部岩石工程问题,其显著特点是固体区域与流体区域互相包含、互相融合,形成相互重叠在一起的连续介质,并且不同相的连续介质之间可以发生相互作用,难以明显地区分开。

中国层状盐岩单层厚度薄、夹层多、不溶性杂质含量高等诸多不利储气库稳定因素,导致在层状盐岩中进行储气库设计和建设更为复杂。因此,盐岩地下储气库的稳定性分析方法与其他岩石地下工程有差别,其稳定性评价尚无统一的标准和设计规范,多数是用数值计算的方法来评价储气库的稳定性,主要做法是根据具体的储气库及其岩体力学特性,预先设置储气库稳定性的一些标准,然后对盐岩及其相关的岩石进行大量的试验研究,得到所需要的计算参数,最后通过数值计算来确定储气库的稳定性。层状盐岩中地下储气库稳定性评价涉及的内容多、范围广,不同国家往往有各自的标准,很多标准均是定性化描述,在实际工程中运用存在一定难度。在总结和参考国内外大量研究的基础上,结合工程实际情况,形成了稳定性判别标准。

准则1:无拉应力判据。

储气库在运行过程中,不允许在盐腔周围岩体中出现拉应力。拉应力产生可能产生于以下两种情况:盐穴受压过度或者在生产运行过程中天然气冷却的速度过快而造成热冲击。此外,如果盐穴顶部跨度过大,其顶部变形也有可能引起拉应力,在盐穴型储气库设计腔壁不允许存在拉应力,确定拉应力判别准则:

$$\sigma_{tmax} \leqslant 0 \qquad (5-4-15)$$

式中 σ_{tmax}——腔周岩体的拉应力。

准则2:膨胀判据。

岩石的体积膨胀是发生损伤的一个判据,岩石在受压变形过程中,岩石体积会经历一个由压缩转为膨胀的过程,体积在发生膨胀的过程中,岩石发生裂纹萌生、扩展、连通,导致岩石破坏,因此为保证储气库的密封性,必须避免腔周岩体出现裂纹,通过应力准则可以判断是否发生膨胀。针对盐岩体积的膨胀,国内外的学者做了大量的工作,发展了以下判据:

判据1(Spiers,1988):

$$\sqrt{J_2} = -aI_1 + b \qquad (5-4-16)$$

判据2(Ratagin,1991):

$$\sqrt{J_2} = -aI_1 \qquad (5-4-17)$$

判据3(Hunsche,1993):

$$\sqrt{J_2} = \sqrt{\frac{3}{2}}\left(f_1 \frac{I_1^2}{9} - f_2 \frac{I_1}{3}\right) \qquad (5-4-18)$$

判据4(Hatzor,1998):

$$\sigma_1 = k_1 e^{k_2 \beta} \qquad (5-4-19)$$

判据5(Devires,2005):

$$\sqrt{J_2} = \frac{D_1 \left(\dfrac{I_1}{\mathrm{sgn}(I_1)\sigma_0}\right)^n + T_0}{(\sqrt{3}\cos\psi - D_2\sin\psi)} \qquad (5-4-20)$$

其中

$$I_1 = \sigma_1 + \sigma_2 + \sigma_3$$

$$\sqrt{J_2} = \left\{ \frac{1}{6}[(\sigma_1-\sigma_2)^2 + (\sigma_1-\sigma_3)^2 + (\sigma_2-\sigma_3)^2] \right\}^{\frac{1}{2}} \quad (5-4-21)$$

式中　I_1——应力第一不变量；
　　　β——地层倾角，(°)；
　　　σ_0——单位应力，MPa；
　　　T_0——绝对温度，K；
　　　ψ——洛德角，(°)；
　　　$\sqrt{J_2}$——应力第二不变量；
　　　σ_1——最大主应力，MPa；
　　　σ_2——中主应力，MPa；
　　　σ_3——最小主应力，MPa；
　　　$f_1, f_2, k_1, k_2, D_1, D_2, a, b$——通过岩石力学实验拟合给定的常数。

目前在储气库设计中，主要采用 Spiers(1988)判据，该判据相对比较简单，运用较为方便。

准则3：蠕变应变判据。

腔周盐岩的蠕变应变不能超过所给定的限值，一般情况规定盐岩的蠕变应变率不超过10%。

准则4：盐腔收敛性准则。

受到盐岩蠕变的影响，在长期运行过程中，盐腔会发生向内收缩，对于不同深度的盐腔，有不同的体积收敛标准，参考国内外的经验，确定如下标准见表5-4-7。

表5-4-7　盐腔体积收敛率表

盐腔埋深(m)	年平均体积收敛率(%)
<250	0.1
250~1000	0.5
1000~2000	1

(四) 稳定性评价实例分析

为更好地介绍盐穴型储气库稳定性评价，本文选取国内典型盐矿建设盐穴型储气库的盐腔为例，介绍盐穴型储气库的稳定性评价方法。

1. 储气库地质条件

该储气库建库有利区埋藏深度为1350~2000m，根据地质研究结果，确定建库方案：含盐地层厚度230m，造腔段顶深1600m，设计单腔高度平均190m。根据造腔模拟设计盐腔形态形成三维稳定性数值模拟模型。模型 X 方向为 $-200~200\text{m}$，Y 方向的尺寸范围为 $-200~200\text{m}$，Z 方向为 $-1400~1800\text{m}$，上覆盖层压力37.5MPa。模型下表面用 Z 向简支约束，四纵表面受相应法线方向上的简支约束，即认为模型前、后、左、右面及下端面以外的地质体为刚性体，不允许其产生法支向移动。

2. 计算参数的选取

根据盐穴型储气库力学实验结果,并结合国内外盐岩力学特性的研究成果,确定计算参数,模拟参数见表5-4-8和表5-4-9,数值模型如图5-4-11所示。

表5-4-8 基本岩石力学参数表

岩性	弹性模量 E（GPa）	泊松比 μ	黏聚力 c（MPa）	内摩擦角 φ（°）	抗拉强度（MPa）
盐岩	7.71	0.3	5.77	34	1.34
泥岩夹层	11.2	0.24	7.74	26.5	3.26

表5-4-9 蠕变参数值表

试样类别	A	n
盐岩	2×10^{-7}	3.3
泥岩夹层	2.8×10^{-8}	2

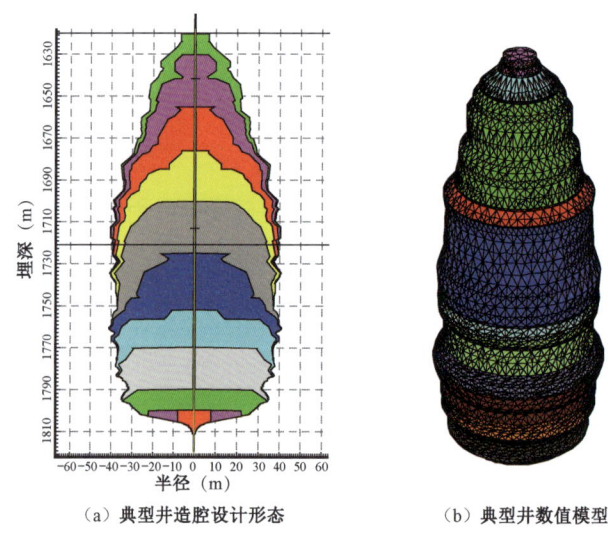

（a）典型井造腔设计形态　　（b）典型井数值模型

图5-4-11 盐腔数值模型图

3. 静力学稳定性评价

利用所建立的典型井的数值模型,进行内压从10~20MPa下的静力学计算。从计算结果(图5-4-12)看,当内压为10MPa时,腔体破损区在腔体周围均有分布,随着内压的增加,腔周破损区逐渐减小直到消失,当内压增加到20MPa以后,腔周基本没有破损区。腔周破损区主要分布在夹层内及腔内的凸壁处,夹层的破损区范围远大于盐岩的破损区范围,盐岩的破损区主要零星分布在腔体内表面"凸"出的腔体位置,而"凹"进去的腔体位置破损区没有,这说明了盐岩作为储气库良好的力学性能,同时也说明了良好的腔体形状对于腔体的稳定性很重要。即使水溶造腔过程中形成了"凸"形腔体壁,在应力重新分布后,凸出部分将会像煤矿中的"片帮"一样脱落,最终形成类似椭球形状的符合静力稳定性的腔体,达到稳定性要求。

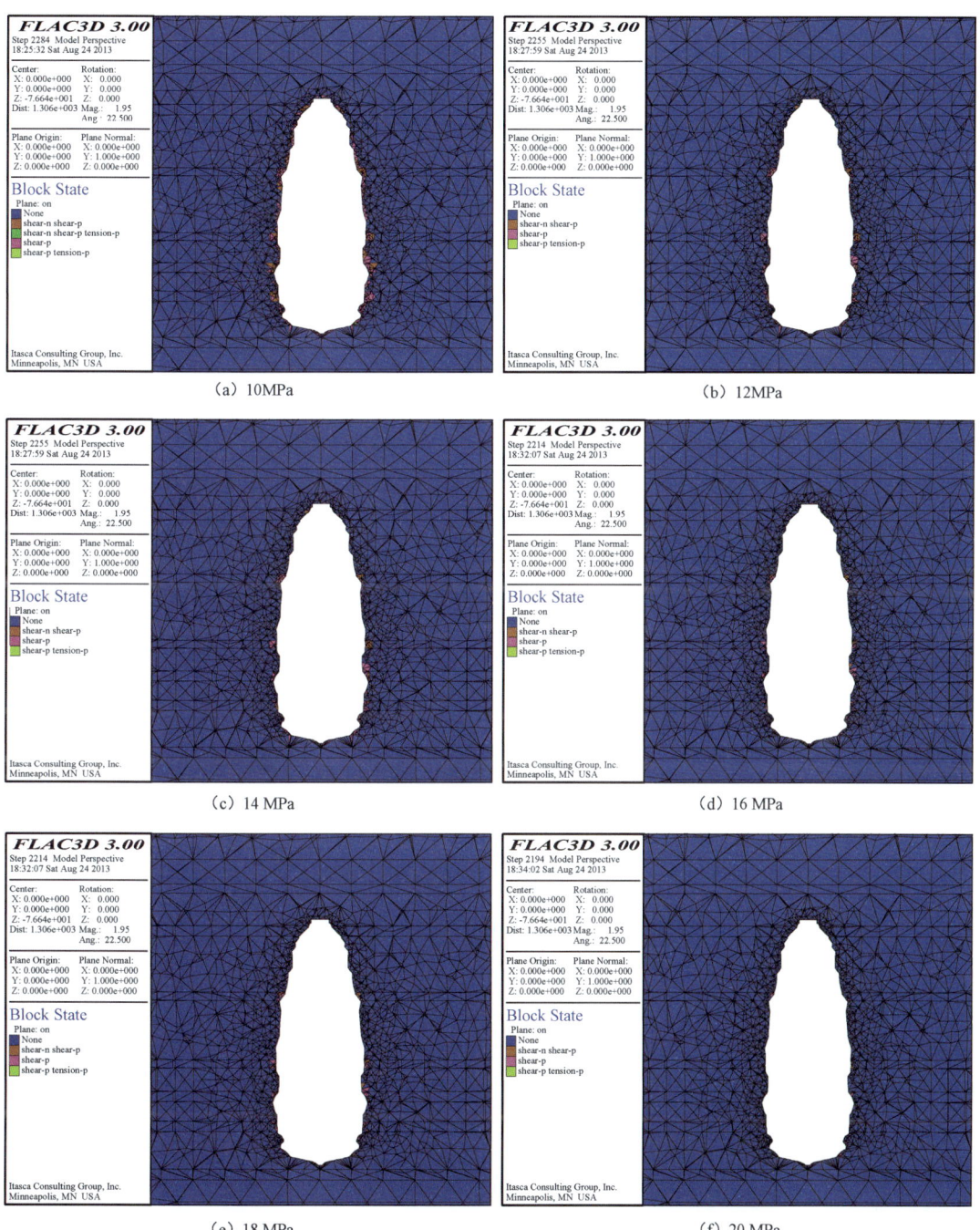

图 5-4-12 典型腔不同内压下腔周破损区分布

4. 注采运行稳定性评价

根据该储气库地区的天然气供应情况,确定注采工况,运行压力最大为26MPa,最小压力分别为12MPa,一年分两个注采周期(图5-4-13)。

(1)第一注采周期:

采气期,12月1日至2月28日,共90d,上限—下限、压力均匀递减;

平衡期,3月1日至3月15日,保持下限压力;

注气期,3月16日至6月30日,共107d,下限—上限、压力均匀递增。

平衡期,7月1日至7月15日,保持上限压力。

(2)第二注采周期:

采气期,7月16日至9月15日,共62d,上限—下限、压力均匀递减;

注气期,9月16日至11月30日,共76d,下限—上限、压力均匀递增。

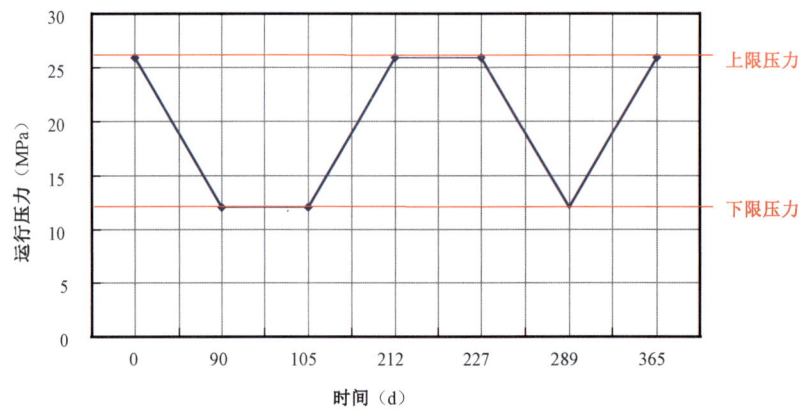

图5-4-13 一年注采周期内压变化曲线图

模拟结果(图5-4-14和图5-4-15)表明,当第1年时,破损区主要分布于夹层范围内,在盐岩中有零星的破损区分布,随着时间的推移,夹层中破损区的分布范围变化不大,盐岩中的破损区范围变大,在30年后,腔周塑性区为58m左右;从位移分布图看,腔周最大位移主要发生在"凸"壁处,在造腔过程中,或后期运行过程中,会逐渐脱落,最终形成椭球似的符合稳定性的腔体。随着时间推移,腔周位移逐渐增大,到了30年后,腔周最大位移达到了4.46m。通过不同时间腔体体积收敛对比,随着时间推移腔体收缩率逐渐加大,30年后体积收缩率为19.8%左右,根据稳定性评价标准中对体积收敛性的规定,可以满足稳定性评价要求。

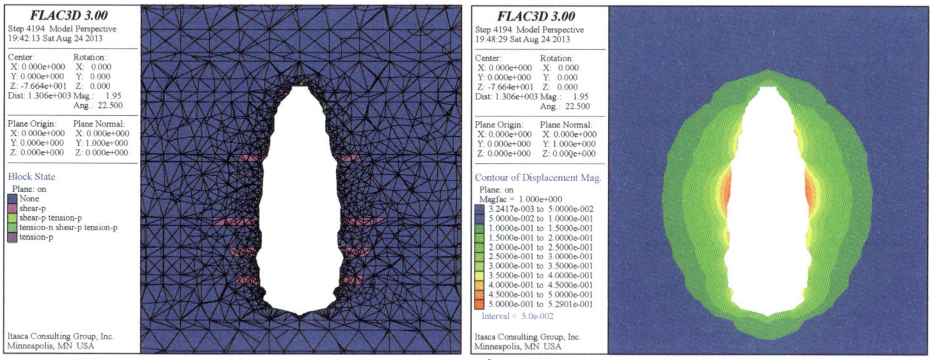

(a) 1年

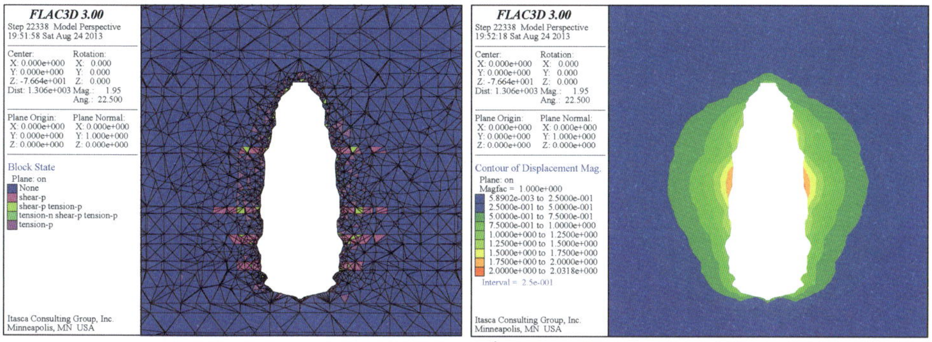

(b) 10年

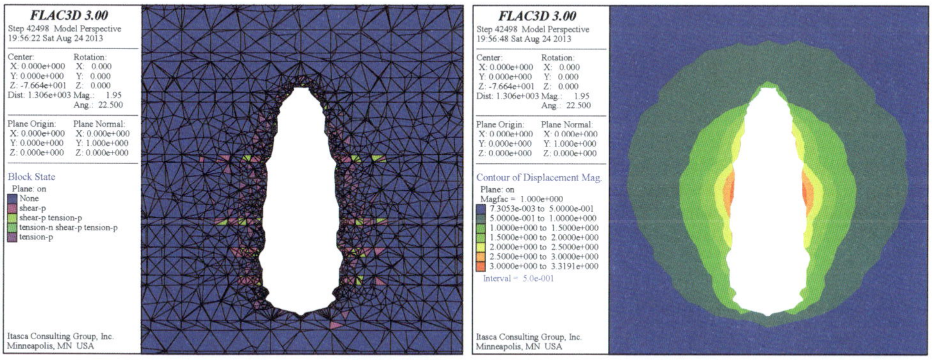

(c) 20年

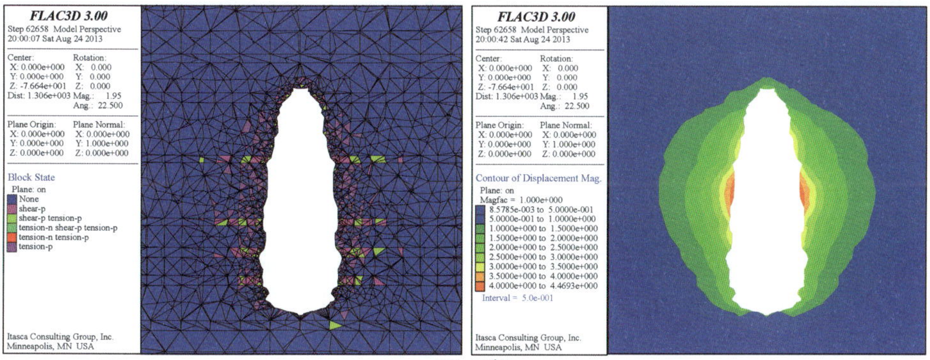

(d) 30年

图 5-4-14　不同时间注采运行结果图

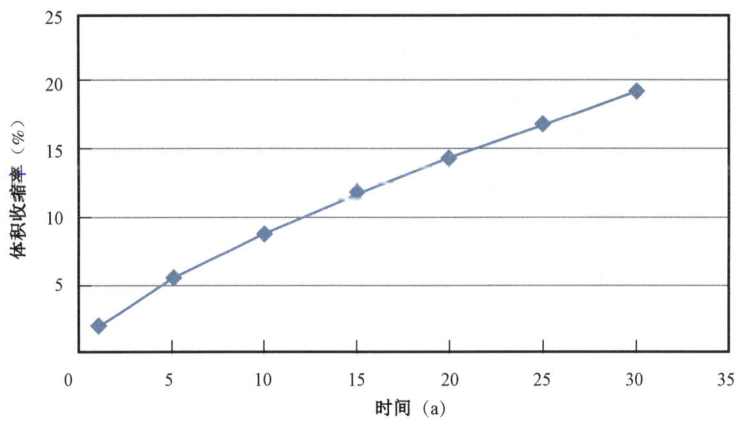

图 5-4-15 盐腔体积收缩率分年变化图

第五节 造 腔 控 制

水溶造腔腔体形态是影响盐穴储气库稳定性与安全性的最主要因素,为建立符合设计形态的腔体,需对造腔控制进行控制,不断修正调整腔体参数以达到设计要求。造腔控制分为造腔形态工艺控制与夹层垮塌控制工艺等。造腔形态控制工艺是考虑井型、循环方式、两口距、垫层位置、管柱提升次数等参数对造腔过程的影响;夹层垮塌控制是为了解决中国层状盐岩多夹层、厚夹层的问题,采用充分浸泡夹层、二次建槽的技术,促进夹层垮塌,提高腔体空间动用率。

一、造腔形态控制工艺

(一)井型对造腔形态的控制

1. 单井单腔

盐穴型储气库单井单腔造腔工艺是当前普遍采用的造腔工艺。目前国内常采用 7in 中间管 + 4½in 中心管的常规管柱组合,为加快造腔进度,缩短建库周期,可采用大井眼管柱组合造腔。在国内某盐穴储气库设计中,对常规管柱组合与大井眼管柱组合(采用 10¾in 中间管 + 7in 中心管)进行了造腔模拟预测(图 5-5-1),两种工艺形成的盐腔底部和中部形态基本相同,盐腔顶部直径和壁面光滑度存在一定差异,但差别不大。造腔管柱大小对盐腔形态影响不大,但对造腔速度影响较大,大井眼造腔工艺的造腔速度比常规井眼造腔工艺提高了近 1 倍(表 5-5-1),能有效提高造腔速度。

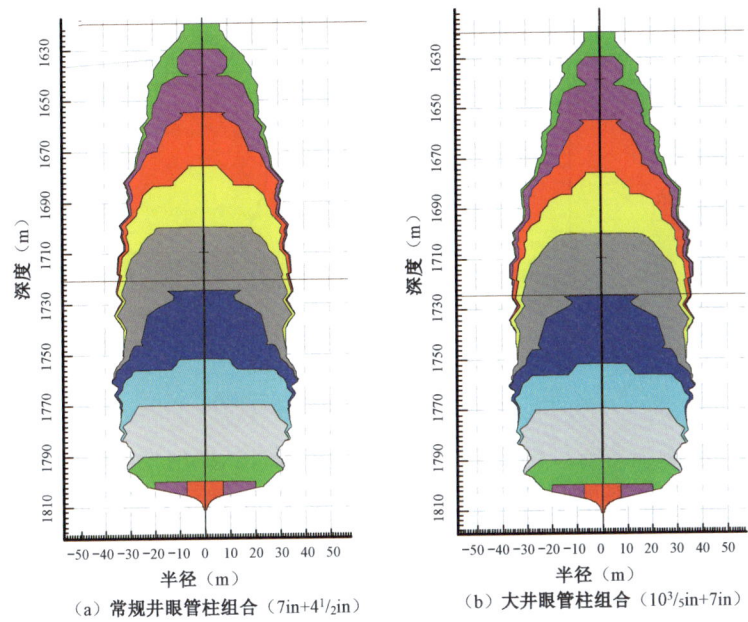

(a) 常规井眼管柱组合（7in+4½in）　　(b) 大井眼管柱组合（10¾in+7in）

图5-5-1　常规井眼、大井眼管柱组合造腔形态模拟预测结果

表5-5-1　国内某盐穴型储气库不同造腔管柱组合溶漓时间数据表

造腔管柱组合	造腔方式		排量		溶漓时间（d）
	建槽期	造腔期	建槽期（m³/h）	造腔期（m³/h）	
7in 中间管 + 4½in 中心管	正循环	反循环	30~100	100	1290
10¾in 中间管 + 7in 中心管	正循环	反循环	50~300	300	588

2. 双井造腔

双井造腔是在同一地层中，采用两口钻井进行造腔作业的一种工艺。双井造腔相比于单井造腔有一定的优点：(1)提高造腔效率，缩短造腔周期。双井造腔采用一口井注水，另一口井排卤的模式，可以加快注水排卤速率，从而提高造腔效率。(2)提高单日注采气量。注采气阶段两口井均可以作为注采井，可有效提高单日注气量或者采气量。(3)简化单井套管布置工艺。单井造腔采用表层套管、中间管、中心管3层管柱组合，工艺复杂。使用双井造腔，每口井仅需要表层套管和注水/排卤管柱2层管柱组合，可有效降低工艺难度，并且能降低管柱摩阻。

但双井单腔工艺对盐腔形态的控制不利，工艺流程是通过一口井注水，另一口井排卤的方式进行造腔，由于受水流流向、地层地质条件等因素的影响，盐腔形态控制更加困难。

双井单腔工艺主要有三种：双直井造腔工艺、定向对接井造腔工艺、水平井造腔工艺（图5-5-2）。

1)双直井造腔

双直井造腔工艺，已被荷兰某盐穴型储气库[10]使用[图5-5-2(a)]。双直井地表间距30m。建槽阶段在井A中进行，随着腔体的不断扩大将井B裸眼段溶通，进入井A注水，井B

排卤的双井造腔阶段。

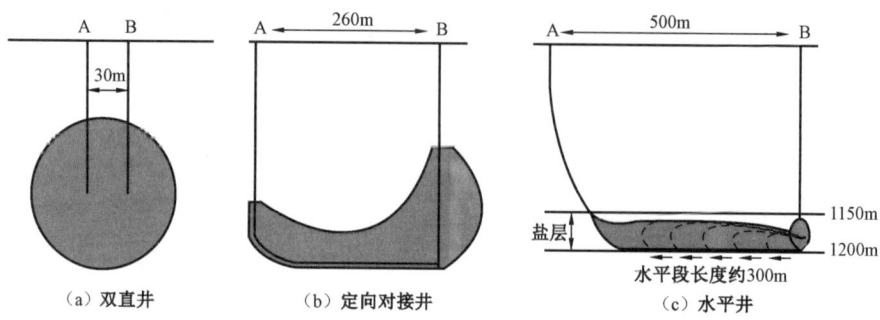

图 5-5-2 双井井型造腔示意图

在荷兰某储气库实际造腔过程中,发生过井 A 建槽阶段,侧向偏溶严重导致无法溶通井 B 裸眼段的事故。盐岩在倾斜地层中通常有偏溶现象,溶蚀速率沿盐层上倾方向最快。因此在设计井位时,应将井 B 设计在井 A 的地层上倾方向,并设置合理的井间距。

2) 定向对接井造腔

定向对接井造腔工艺是目前国内盐矿常用的采卤方式[图 5-5-2(b)]。以江西某盐矿为例[11],定向对接井以两口井为一组,一口井为直井(对接目标井),另一口井为斜井(对接井)。直井 B 钻遇目的盐层后,下完技术套管固井后斜井开始造斜,进行定向钻进,与直井连通。斜井段和水平井段裸眼完钻。

双井连通之后,由于斜井井眼空间小,而直井已建槽一段时间形成一定空间,宜首先采用斜井注水、直井排卤的方式生产一段时间,以防止堵塞斜井管柱。然后进行两口井注水、排卤定期交换。连通之后的一段时期最容易堵塞管柱,应尽可能连续生产。不溶物残渣堵塞管柱时,应采用切换注水、排卤方向的方法将残渣冲散。

由于盐化企业采卤过程中不采用垫层控制造腔形态,腔体最终易形成不对称、不规则的 U 字形形态[图 5-5-2(b)]。在建槽期完成以后,成腔期大部分时间采用井 B 注水,井 A 排卤的模式。因此导致卤水浓度场分布不均一,靠近井 A 的盐层卤水浓度高,造腔慢;靠近井 B 的盐层卤水浓度低,造腔快。因此导致盐腔形态不对称,井 B 附近的腔体较大,井 A 附近的腔体较小。

3) 水平井造腔

水平井造腔工艺[图 5-5-2(c)],俄罗斯某盐穴型储气库一口盐腔采用水平井造腔,目的盐层为埋深 1150~1200m 的水平盐层。

造腔采用水平井注水、直井排卤的方法,水平井的注水点可以通过拖动管柱实现移动。在造腔过程中通过移动注水点[图 5-5-2(c)箭头所示方向],来保证盐腔沿水平方向均匀扩展。造腔共分 5 个阶段,每个阶段移动注水点 60m,从而实现 300m 长度水平腔的设计目标。

(二) 造腔过程中盐腔形态控制

1. 循环方式

水溶造腔过程中,盐腔内的溶液浓度从上到下由低到高分布,在盐腔不同方向盐岩层表面的溶解速度不同。一般情况下,盐腔的上溶速度约为侧溶速度的 2 倍,底溶速度最小,接近于 0。这是因为盐腔底部溶液浓度最高,一般接近于饱和浓度,而且不溶物残渣沉淀在底部也阻碍了底部层面进一步的溶解。因此,在盐穴型储气库盐腔溶蚀过程,不同的循环方式对盐腔的影响也不同。

造腔采用正循环方式,获得盐腔形状为上小下大的梨形,该形状发生底溶的接触面占主导,溶蚀速度低;造腔采用反循环方式,获得盐腔形状为上大下小的倒梨形,该形状发生上溶的接触面占主导,溶蚀速度高,如图 5-5-3 所示。正循环时,由于注入口在下,部分淡水从中间管直接采出而没有起到应有的改变卤水浓度的效果,溶蚀效率较低;反循环时出口在下,排出的卤水浓度高,较正循环溶蚀效率高。因此,在水溶采卤建设地下储气库过程中合理使用正反循环:盐腔的初期即建槽阶段采用正循环,保证盐腔底部有足够的空间存放残渣,可防止残渣堵塞管道;建槽后采用反循环,可以提高溶蚀速率,中心管排出的卤水浓度较高。

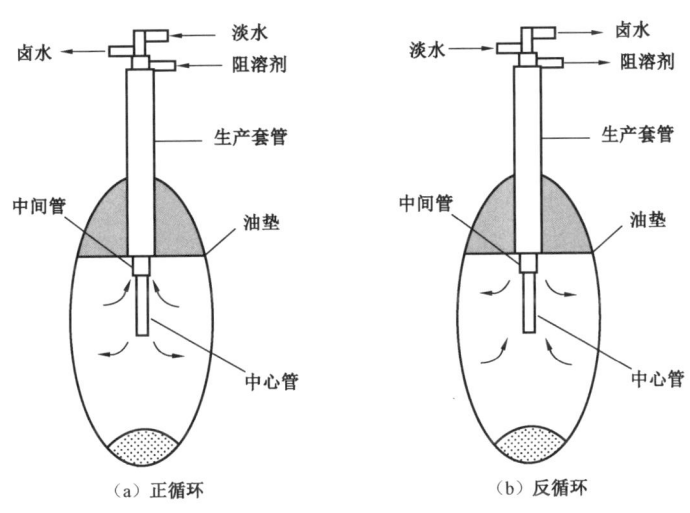

图 5-5-3　不同循环方式盐腔结果

2. 两口距

盐穴型储气库在水溶造腔过程中,下入两个同心套管(中间管和中心管),两口距即指中心管端口与中间管端口之间的距离。两口距是造腔工艺中的一个重要参数,它对盐腔形状有重要影响。

两口距直接影响采出盐水的浓度,如果两口距较小,注入淡水含盐量还没有达到饱和就排出盐腔,溶蚀效率和造腔扩展速度会受到严重影响。由于两口距之间的淡水或盐水始终处于流动状态,介于两口距之间的腔壁溶蚀速度自然会大于其他部位。因此在造腔过程中,利用这一现象调节盐腔的形状。

随着盐腔体积的增加,要不断改变中心管和中间管的位置,增加两口距,扩大对流作用区域,加快溶蚀速度;中间管的位置在溶蚀过程中是决定盐腔最大半径的主要因素,盐腔的形态受中间管位置的影响很大;中心管位置的变化对盐腔形态的影响很小。

图 5-5-4 给出了相同条件下,两口距不同时形成的盐腔体积,两口距从 10m 增加到 40m,盐腔的体积变化明显,并且随着两口距离的增加,盐腔体积也逐渐增大,提高两口距能扩

大溶蚀空间,提高溶蚀速度,缩短建腔周期;当两口距离从40m到90m时候,盐腔的体积增加不大,基本保持不变。因此,在盐穴型储气库造腔过程中,要保持一定的两口距,这样既能提高盐腔速度,又能保证盐腔形状的连续性和稳定性。

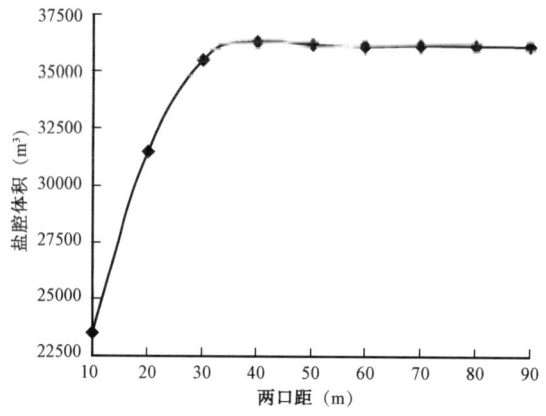

图5-5-4　两口距不同时盐腔体积曲线

3. 垫层位置

在控制盐腔形状的工艺参数中,垫层位置的控制对盐腔形态变化的影响最大,采用自下而上逐级提升的方法,即自下而上对盐层进行分段溶蚀,控制盐腔形态,改变垫层的位置,可以有效控制盐腔形态。

建槽期,垫层的位置一般位于中间管口上1m,垫层的提升随中间管变化而变化。在造腔初期,垫层位置和中心管位置对盐腔的影响较大,垫层与中间管之间的距离对腔体形态也有一定影响;造腔中期,中间管位置对盐腔影响逐步加强,成为影响盐腔形态变化的主要因素,中心管位置的影响变小;造腔后期,垫层位置成为最主要的影响因素。

图5-5-5给出了在中心管和中间管位置一定的情况下,从小变大改变垫层距离中间管的距离,盐腔的体积变化。

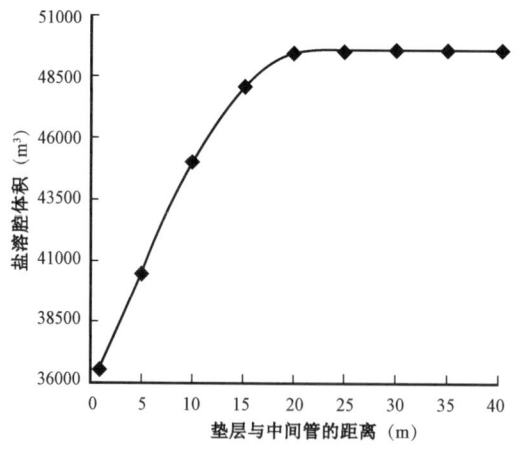

图5-5-5　垫层位置不同时盐腔体积

从图5-5-5中可以看出,盐腔的形状与垫层和中间管之间的距离关系很大,随着距离的增大,盐腔的体积增大,但当达到一定程度时,如示例中的20m时,盐腔的体积就不再随距离变化,基本保持不变。

4. 管柱提升次数

盐穴型储气库水溶建腔过程中,随着残渣物高度的增加,中心管的位置需要逐渐提升。为了保证形成形状规则的盐腔,需保持适当的两口距,中间管的位置也需要提升。为了研究管柱提升次数对盐腔形态的影响,相同条件下,管柱分别提升3次、5次、7次和9次,盐腔形态如图5-5-6所示。

从图5-5-6可以看出,管柱提升次数从3次到7次盐腔形状的差别很大,随着管柱提升次数的增加,盐腔形状越接近倒梨形,盐腔的边界连续性越好,盐腔的稳定性越好;管柱提升次数7次和9次效果差别不大,盐腔的形状变化不明显,形状基本规则,能满足建设盐腔稳定性的要求,盐腔提升次数越大造成建腔成本增大,故在盐穴型储气库水溶建腔的过程中,管柱的提升次数不能太大。

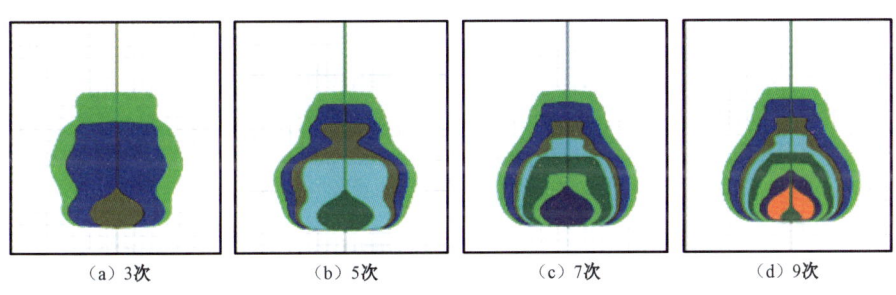

(a) 3次 (b) 5次 (c) 7次 (d) 9次

图5-5-6 不同管柱提升次数盐腔结果

二、夹层垮塌控制工艺

中国目前针对储气库建设开展前期工作的盐矿中除金坛之外,普遍发育厚度大于10m的厚夹层。以往造腔设计往往避开厚夹层,不仅会减小造腔高度,造成盐岩资源的浪费,而且当某地盐层厚度较薄时,避开厚夹层还可能导致该区无法形成具有经济效益的建库规模而被放弃。如果能够控制好厚夹层的垮塌问题,将厚夹层上、下盐层都利用起来,能较大程度地提高盐层有效利用率,增加储气库规模,提高经济效益。

(一)厚夹层水溶机理研究

在造腔过程中,纯水和卤水对夹层的浸泡会导致夹层软化和强度降低。夹层类型不同,浸泡后的变形和强度也不相同。因此,需通过开展水和卤水浸泡后的强度影响试验测试,判断夹层强度的弱化规律。含盐地层中发育的厚夹层因其在处于盐湖的沉积环境中,一般含有少量的NaCl,以某盐矿12m左右的厚夹层段的组分分析来看,该夹层靠近盐层的顶底部NaCl含量在15%~25%,中部仍有5%左右。从该夹层大量的水溶实验中选取具有代表性的三块样品可以看出(图5-5-7),位于顶部与中上部yp001和yp002岩样其岩性为钙芒硝质泥岩,上溶与侧溶实验显示发生了不同程度的溶解,经两周的水溶后成蜂窝状,其中顶部的 yp001 岩样的水溶较强些;位于中部的 yp003 棕红色泥岩水溶性很差,只是含盐部位呈孔状或缝隙状溶解。将钙芒硝质泥岩岩样完全浸泡在水中观察,7d 后表面出现蜂窝状水溶的现象,17d 时发现底部出现颗粒状溶解物,摇晃呈悬浮状,32d 时出现片状剥落物,58d 时出现泥岩块状物,90d 时 1/5 的试样剥落(表 5-5-2)。对比侧溶实验也可以看出,由于差异溶解作用,岩样中含盐条带等处随着水溶会出现缝隙,导致岩样脱落。因此,泥岩夹层经过一段时间的浸泡会出现掉块的现象,有利于夹层的垮塌。

编号		yp001	yp002	yp003
岩性		深灰色钙芒硝质泥岩	灰色钙芒硝质泥岩	棕红色泥岩
实验前	上溶			
	测腔			
试验一周	上溶			
	测腔			
试验二周	上溶			
	测腔			

图 5-5-7 某盐矿厚夹层岩样水溶实验图

表 5-5-2 某盐矿厚夹层岩样水浸实验成果表

水浸试验样品	浸泡时间(d)	剥落物状态
 灰色钙芒硝质泥岩	7	蜂窝状溶解
	17	颗粒剥落
	32	薄片状剥落
	58	块状剥落
	90	1/5 岩样剥落

(二) 夹层垮塌数值模拟分析

1. 数值模型及参数

以国内某盐穴型储气库为例,通过对地质及盐腔尺寸参数进行分析后,通过比对找到具有代表性的造腔模型作为基础模型对夹层的垮塌进行分析。该储气库埋深 1600m,盐腔形状似氧气瓶形,其具体的模型尺寸参数见表 5-5-3 和表 5-5-4。

表 5-5-3 夹层垮塌模型的尺寸参数 单位:m

参数	位置(m)	数值
腔体最大半径	1760	37.5
腔体最大夹层厚度	1790~1795	5
腔体高度	1600~1830	230
盐层厚度	1321~2126	805

表 5-5-4 夹层垮塌模型材料参数

岩性	密度(g/cm³)	弹性模量 E (GPa)	泊松比 μ	单轴抗压强度 (MPa)	单轴屈服强度 (MPa)	抗拉强度 (MPa)
灰色盐岩	2.19	15	0.15	28.17	20	1.38
泥岩夹层	2.66	21.48	0.31	50.46	30	3.19

2. 数值模拟结果分析

在建立的盐腔基础上,对难溶夹层对盐腔稳定性的影响及夹层自身的垮塌进行了分析,分别对夹层厚度、夹层埋深、夹层跨度、腔体高度、夹层在腔体中的位置对夹层垮塌的影响进行了数值模拟。

图 5-5-8 是悬空夹层在计算过程中出现的塑性区分布情况。该图表明,夹层的中部以

及边缘的底部最易发生破损,对7种不同厚度夹层的模拟结果均有类似的结论。夹层边缘部位处于盐岩腔壁与腔内卤水的交界处,属应力突变区域,因此易首先发生破坏。利用有限元数值模拟软件,对夹层厚度、夹层埋深、夹层跨度、腔体高度、夹层在腔体中的位置等不同变量对夹层垮塌的影响进行了分析。

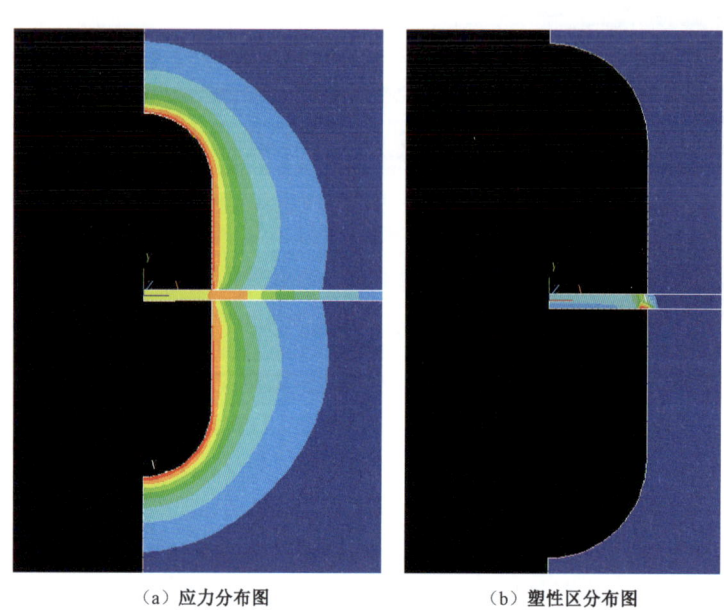

(a) 应力分布图　　　　　(b) 塑性区分布图

图 5-5-8　悬空夹层塑性区分布情况

1) 夹层厚度对垮塌的影响

仅从力学分析的角度来讲,随着夹层厚度的增加,夹层下表面受到的岩层自重会增加,进而腾空夹层下表面受到的应力及夹层与盐腔壁连接处的应力会增加,从而提高了夹层发生垮塌的可能性。然而,通过模拟计算[图 5-5-9(a)]发现,径向应力随着夹层厚度的增加而逐渐增大,但同时径向位移随着夹层厚度的减小而逐渐增加,夹层的垮塌受夹层径向位移的控制要大于径向应力的控制,因此夹层的厚度越小,夹层越容易发生垮塌现象。

2) 夹层深度对垮塌的影响

对于不同埋深的夹层,其周边的地应力会有所不同,岩石的力学性质也会随之受到较大的影响,夹层的受力状态将发生改变,塑性区分布等都可能会发生较大变化。由图 5-5-9(b)可知,夹层的径向应力和径向位移均随着夹层埋深的增加而逐渐增大,因而当夹层的埋深增加时,增加了夹层发生垮塌的概率。

3) 夹层跨度对垮塌的影响

由图 5-5-9(c)可知,随着夹层跨度的增加,夹层的径向应力变小,径向位移逐渐增加,夹层发生垮塌的可能性增加。

这是因为,盐腔直径在造腔过程中是不断增大的,随之增大的还有夹层的腾空跨度,即暴露在卤水中的夹层跨度。随着夹层跨度的不断增大,其自身稳定性将逐渐下降,发生夹层垮塌的可能性增加。

因此,对于某些厚度较大的夹层,在其发生垮塌前将其下部的腔体直径尽量做大,将促进夹层在后续造腔中的垮塌。

4)盐腔高度对垮塌的影响

由图5-5-9(d)可知,随着腔体高度的增加,夹层的径向应力逐渐减小,当高度达到一定值时径向应力趋于稳定,而夹层的径向位移逐渐增加。即越靠近造腔后期,盐腔高度越大,夹层发生垮塌可能性越大。这是因为,在造腔过程中,盐腔高度会随着盐岩的溶漓不断扩展,溶漓后腔体纵向尺寸的变大会改变夹层上下表面的卤水压力状况,对夹层的垮塌将产生重要影响。

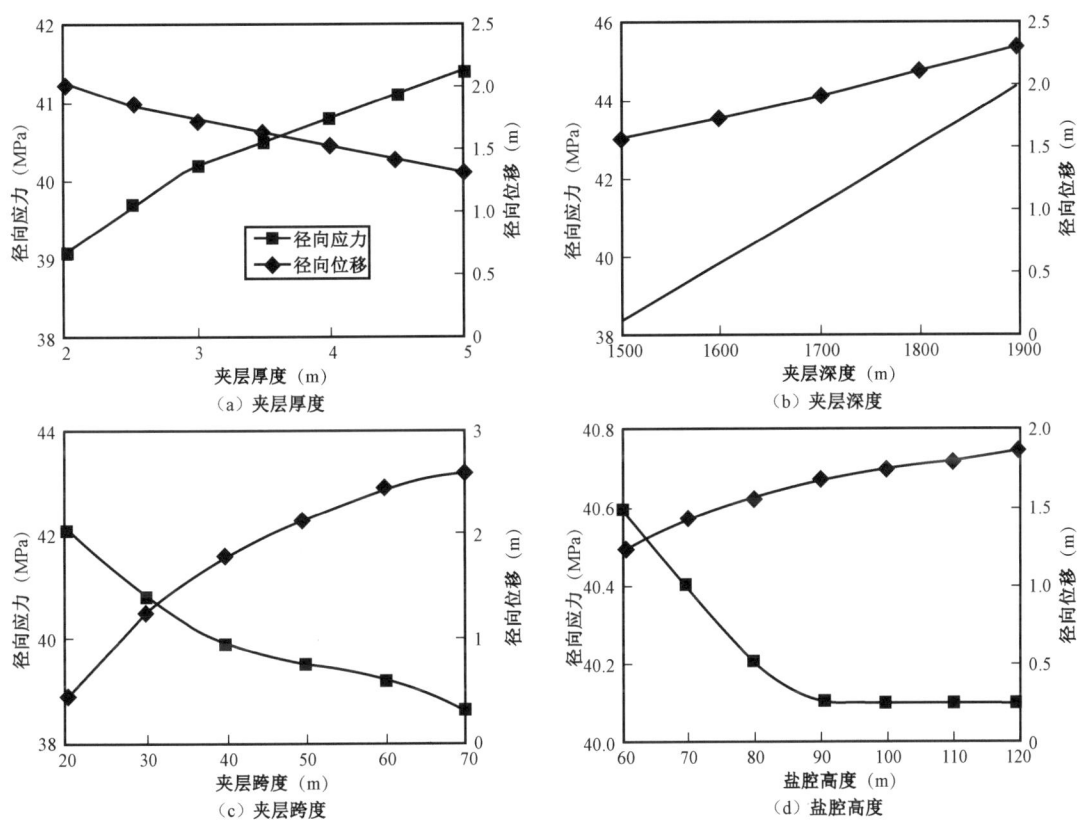

图5-5-9 夹层垮塌影响因素应力分析

3. 夹层垮塌数值模拟的基本认识

(1)夹层的垮塌一般首先开始于夹层的中心以及边缘部位。夹层中心部位破损区从夹层中心向夹层的边缘及夹层的上部发散状扩展;夹层边缘破损区从边缘底部,继而发展到边缘上部,然后从底部和上部同时向边缘内部以及夹层中心方向收敛状扩展。

(2)在其他参数相同的情况下,夹层的厚度越小,夹层越容易发生垮塌。因此,水溶造腔过程中不必过多关注薄夹层的垮塌控制问题。

(3)在其他参数相同的情况下,夹层的位置越靠近腔体中部,夹层越容易发生垮塌。因此,对于某些较厚夹层,其下部基本溶蚀完成后并不垮塌,当上提管柱继续对上部盐层进行溶蚀,掏空体积越大,夹层对腔体支撑越大,受到腔体收缩压力越大,夹层就可能会在一定时候垮塌。

(4)在其他参数相同的情况下,夹层跨度及夹层附近的腔体直径越大,夹层越容易发生垮塌。这表明腔体的溶漓直径越大、夹层暴露的跨度越大,垮塌越容易发生。因此,对于某些厚度较大的夹层,在其发生垮塌前将其下部的腔体横向尽量做大,将有助于促进夹层后续造腔中的垮塌。

(5)在其他参数相同的情况下,夹层的埋深越大,夹层越容易发生垮塌。

(6)在其他参数相同的情况下,腔体的高度越大,夹层越容易发生垮塌。这表明越靠近造腔后期,夹层越容易发生垮塌。

(三)厚夹层垮塌控制工艺

为了促进厚夹层垮塌、尽可能增加储气空间,在前文讨论的厚夹层垮塌机理研究基础上,提出了适合中国层状盐岩厚夹层垮塌的"充分浸泡夹层、二次建槽"设计思路,并针对某储气库12m厚夹层进行造腔试验设计(图5-5-10)。该储气库试验井厚夹层以下发育25m厚盐层,以上发育100m盐层,试验分为3个阶段。

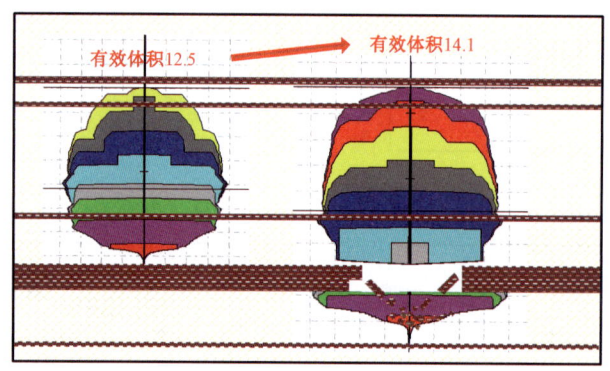

图5-5-10 厚夹层利用造腔形态模拟对比

第1阶段。厚夹层下部盐层一次建槽,其目的是:充分利用资源,增加造腔高度,扩大盐腔体积;将厚夹层以下盐层溶解掏空,为厚夹层上、下腾空提供前期基础。前文预测12m厚夹层垮塌的临界腾空跨度为11m。为了有效促使厚夹层垮塌,厚夹层跨度需大于11m。同时,根据该地区稳定性评价预测盐腔最大直径可以达到70m。为了使有效储气空间最大化,该阶段初期分别将造腔内管、造腔外管下入厚夹层以下25m厚盐层的底部和下部,采用小排量正循环溶漓,逐步提升管柱,油垫位置要始终保持在厚夹层以下。

第2阶段。充分浸泡厚夹层,其目的是通过造腔内管和外管的深度差异,使厚夹层底部和中间的井眼处充分暴露于造腔卤水中,加速厚夹层中可溶物质析出,降低厚夹层力学强度。将造腔内管下入厚夹层以下盐层1~2m,造腔外管下入厚夹层之上盐层,距厚夹层顶部3~5m,油垫在厚夹层之上。通过厚夹层之下注水、厚夹层之上排水,增加厚夹层与卤水的接触时间。随着造腔的进行,厚夹层以上盐层也逐渐溶解,形成了一定体积和直径的腔体。此时厚夹层开始出现腾空,其底部和位于井眼周边的顶部均可与卤水直接接触,当腔体直径超过临界腾空跨度后,就可进入第3阶段。

第3阶段。厚夹层以上盐层二次建槽,同时充分浸泡厚夹层。其目的有两个:一是开展造腔;二是在保证盐腔稳定的条件下,扩大厚夹层腾空跨度,加速厚夹层垮塌。该阶段造腔内管和外管均提升至厚夹层之上,开始厚夹层之上盐层的溶漓,仍采用小排量正循环,扩大盐腔直径和有效体积,增加储气空间。3个阶段造腔后,根据数值模拟预测,造腔高度47m时,利用400d左右时间,可形成最大直径70m、有效体积$4 \times 10^4 m^3$左右的盐腔。

(四)厚夹层垮塌现场试验

为验证厚夹层在造腔过程中是否能有效垮塌,某储气库针对2口井开展了厚夹层垮塌试验。试验井A采用正循环方式造腔,造腔管柱移动2次,油垫位置调整2次,注水排量$30 \sim 80 m^3/h$,平均$69 m^3/h$,累计造腔时间198d,累计产盐量$6.44 \times 10^4 t$,折合造腔体积$2.98 \times 10^4 m^3$。声呐检测结果表明12m厚夹层已经发生了垮塌(图5-5-11)。

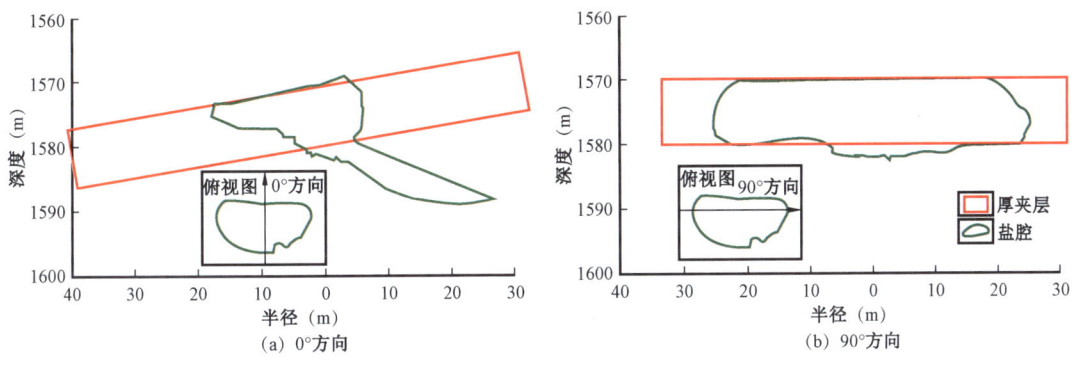

图5-5-11 试验井A声呐检测盐腔形态侧视图

试验井B累计造腔时间为156d,累计产盐量$3.7 \times 10^4 t$,折合造腔体积$1.7 \times 10^4 m^3$,期间造腔管柱移动3次,油垫位置调整2次,声呐检测4次。从声呐检测结果(图5-5-12)看出:第1和第2次声呐测腔之前,受油垫控制,阻隔了厚夹层与卤水的过早接触,并且完成了厚夹层以下盐层建槽;第2次至第3次声呐测腔期间为厚夹层浸泡期,最先接触卤水的厚夹层下倾方向先发生剥落及垮塌,至第3次声呐测腔时,厚夹层浸水时间43d,垮塌直径10m左右;第3次至第4次声呐测腔期间,除充分浸泡厚夹层外,同时开展了厚夹层以上盐层建槽,至第4次声呐测腔时,厚夹层发生较大范围垮塌,此时厚夹层累计浸水时间63d,垮塌直径52.6m。

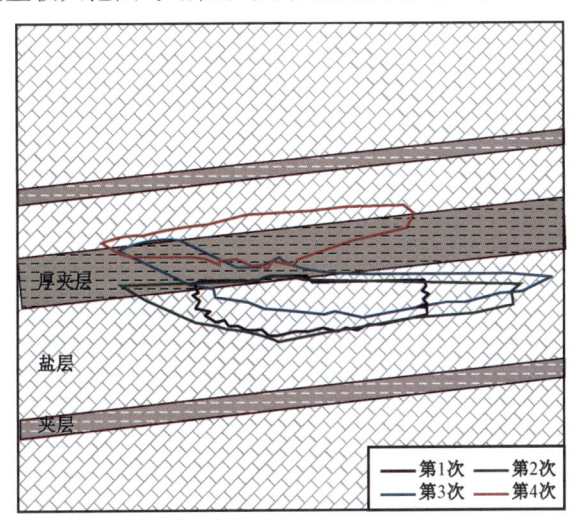

图5-5-12 试验井B的4次声呐检测侧视盐腔形态叠合图

通过两口试验井造腔阶段的跟踪评价认为12m厚夹层可以垮塌。在该试验区的地质条件下，厚夹层垮塌后上、下盐腔连通，增加了厚夹层以下25m厚的造腔盐岩段，可将单个盐腔有效体积由 $12.5 \times 10^4 m^3$ 增至 $14.1 \times 10^4 m^3$，增加 $1.6 \times 10^4 m^3$，单个盐腔工作气量可增加 $215 \times 10^4 m^3$（增加15%）。结合储气库注采井数，预测整个地区可增加储气量 $0.8 \times 10^8 m^3$。因此，厚夹层垮塌控制工艺可充分动用厚夹层上、下层的盐层空间，能较大程度地提高盐层有效利用率，增加储气库规模，提升经济效益。

第六节　盐腔检测

盐腔监测是在造腔前、造腔过程之中和造腔过程之后对盐腔进行技术监测，以判断盐腔是否满足储气库设计指标。盐腔检测主要包括造腔前的井筒密封性检测、造腔过程中的盐腔检测、造腔结束后的盐腔密封性检测。

一、造腔前的井筒密封性检测

生产套管固井结束后，即造腔前期实施全井筒气密封试验（图5－6－1），目标主要是检查生产套管的技术状况，以及生产套管鞋附近套管固井的气密封状态，从而确定该井是否适用于未来的储气运行，是否可以开始造腔作业。在盐穴气库建造过程中，此阶段的气密封试验反映了完井后造腔前的井筒状况，反映了储气库井未受运行影响的初始状况，可以为今后套管检验或气密封试验识别并评价发生的重大变化提供参考依据。

以金坛盐穴储气库为例，典型的井筒密封性检测操作流程如下：

（1）进行井口测试准备。包括安装带有双压力密封的 $13\frac{5}{8}$in 封隔法兰和一个双闸板型防喷器。

（2）对封隔法兰进行压力测试。在测试时，应采用 $9\frac{5}{8}$in 套管的50%挤毁抗力（$9\frac{5}{8}$in，36lbf/ft，N80－挤毁抗力：11.5MPa）。

① 下入带有一个 $9\frac{5}{8}$in 套管清管器的 5in 作业管柱；清刮测试封隔器的坐封区域（该坐封区域一般位于最后一层套管浮箍和套管鞋上方）。

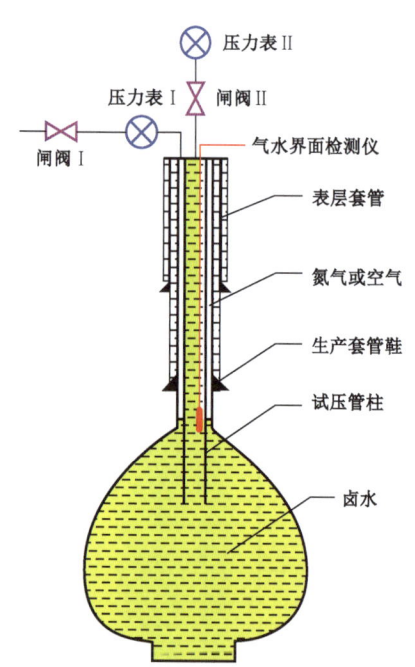

图5－6－1　气密封检测示意图

② 在下入 5in 作业管柱之前，检查测试封隔器的状态；气密试验要求使用完全良好的测试封隔器，也就是说，封隔器的各个部件必须保持清洁，不存在任何损坏。

对于以下所有测试步骤，所有已装备完成的设备必须具有气密性，这一点很重要。

（3）下入带有一个 $9\frac{5}{8}$in 测试封隔器的 5in 作业管柱；将测试封隔器坐封到注水泥设备

(浮箍、套管鞋)上方大约6~8m处,并将永久型封隔器设置到更深位置或者注水泥设备的上方。下入后,应一直将5in作业管柱保持在转盘的卡瓦中。坐封测试封隔器,保证坐封位置没有焊缝或螺纹;否则会造成测试封隔器部件泄漏。

(4)完成测试封隔器坐封之后,应采用封闭式防喷器在最大2MPa压力条件下检查5in×9⅝in环空。在压力测试结束之前,防喷器应一直保持封闭。

(5)接下来,下入2⅜in测试管柱并调节最后一层套管鞋下方约5m处的泄水孔,以便于保证盐水液位一直位于套管鞋下方。安装测试套管头、高压管线,并连接测量装置。通过加压至最大允许储气运行压力的110%(16.8MPa)对地面设备进行检查。

(6)将氮气或空气注入5in×2⅜in环空,以置换出盐水。当盐水液位低于套管鞋时,停止注入,关闭测试套管头上的油管,并对所有设备进行30min泄漏检查。

(7)将盐水注入2⅜in测试管柱,以达到测试压力。

(8)重新开始注入氮气或空气,直到盐水液位达到2⅜in泄水孔位置。然后平衡环空(5in×2⅜in)和油管之间的压力,以便使盐水位于同一深度位置。当环空与油管中的压力得以平衡后,应对盐水液位进行首次电缆测量(伽马射线)。停止所有作业,等待2~6h,以便于温度达到平衡。

① 开始测量,记录并分析环空和油管的所有压力数据,并通过电脑在线监控测试过程。在测试过程中,将定时注入少量的氮气,直到2⅜in油管中的压力升高到一定水平(表明需要将氮气/盐水界面重复调节至泄水孔深度)。

② 72h后,如果现场测试的初步结果足以得出气密试验已成功完成的结论,那么可停止气密测试。通过电缆测试确定盐水液位深度。

③ 使油管中的气压降至5.0MPa,将盐水泵入环空,并持续排出氮气(套管鞋处的压力不能完全释放)。当井眼充满盐水后,气密测试结束。

④ 自从开始注入氮气或空气一直到测试结束,应记录所有数据。

(9)拆卸设备。

(10)根据井口(环空和油管柱)所记录的压力值以及套管鞋下方氮气/盐水界面深度的变化情况,确定出泄漏速率(每天消失的压缩氮气量)。

(11)气密试验评价。

二、造腔过程的盐腔检测

根据国外建设盐穴地下储气库的经验,要在盐层或盐丘内建造一个数十万立方米甚至数百万立方米体积、形状稳定的地下储气盐穴盐腔,并保证其在天然气注采运行中的密封性和稳定性,是一项复杂的系统工程,需要多方面的技术保障,其中在盐穴建造过程中对盐腔形状和体积进行及时测量和评价,是保证盐腔按设计形状和体积建造的必要手段和措施。通过检测可以掌握盐腔形态在整个造腔过程中的变化,从而可以在造腔过程中,通过调整施工参数控制盐腔的形态,使盐腔达到设计的要求。

(一)造腔基础数据监测

由于造腔过程施工周期长,在施工过程中地面和井下都可能会发生故障,尽早发现和即时

正确处理这些故障,可以挽回经济损失和防止出现安全事故。根据国内外的造腔经验,导致造腔故障的原因主要有以下 6 种:

（1）造腔淡水供应不足;

（2）造腔电力供应不足;

（3）设备设施故障;

（4）造腔管柱故障（损坏、堵塞）;

（5）地面管线故障（损坏、堵塞）;

（6）盐层不纯,组分复杂。

在实际造腔过程中主要通过监控压力和流量的异常变化来发现造腔故障。主要监控的压力有井口注入压力、井口排卤压力、井口阻溶剂压力、套管鞋压力等（图 5-6-2）。井口压力主要受排量、造腔管柱尺寸和深度位置、流体密度、阻溶剂界面深度的影响。一般在流体密度不变情况下,排量越大,井口的各项压力值越高。在造腔过程中,如果其他造腔参数正常、没有发生人为调节的情况下,如果井口压力值发生突变,则预示着地面或井下可能发生故障。表 5-6-1 是基于压力异常的造腔故障快速分析表。

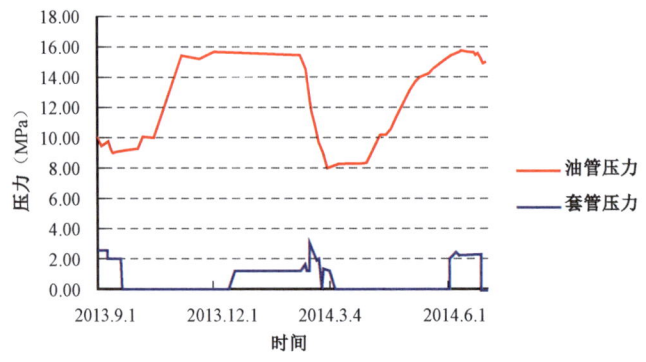

图 5-6-2　造腔基础数据监测

表 5-6-1　压力异常故障分析表

故障现象			故障分析
井口注入压力	井口排卤压力	井口阻溶剂压力	
升高	不变	不变	注入管柱堵塞
升高	不变	升高	排卤管柱堵塞
升高	升高	升高	地面排卤管线堵塞
降低	不变	不变	注入管柱部分落井或损坏泄漏
降低	不变	降低	排卤管柱部分落井或损坏泄漏
不变	不变或升高	降低	造腔外管损坏,柴油泄漏
降低	降低	降低	注入管柱和排卤管柱均损坏,或地面注入管线泄漏
不变	不变	降低	柴油漏失

流量的变化在造腔过程中也能反映井下故障,一般要结合压力变化来分析,表 5-6-2 是基于流量、压力异常的造腔故障的快速分析表。

表 5-6-2 流量异常故障分析表

故障现象				故障分析
井口注入压力	井口排卤压力	注入流量	排出流量	
不变	不变	增加或减少	不变	注入侧流量计故障
不变	不变	不变	增加或减少	排卤侧流量计故障
升高	升高	不变或减少	不变或减少	地面排卤管线堵塞
降低	不变或减小	减少	减少	地面注入管线或井下注入管柱泄漏
降低	不变	不变	不变	井下造腔管柱故障
升高	不变	不变或减少	不变或减少	井下注入管柱堵塞

排卤密度和浓度的变化同样能指示井下造腔故障,特别是排卤密度,如果在没有人为调节的情况下,排卤密度发生了突变,很可能预示着井下造腔管柱发生损坏。因此,要求排卤密度最好能实现在线测量,或至少做到 1~2h 测量一次,这样便于尽早发现井下故障,降低损失。

(二)声呐检测

盐腔形态的检测主要通过声呐测定技术来完成,利用声呐测量技术研制的声呐测量仪器是目前唯一用于盐腔形状测量的仪器,可提供盐腔内部清晰的二维、三维、顶底板图像,发现盐腔内部的异常变化,并可以根据声呐测量结果,及时调整造腔工艺参数,控制盐腔形态,确定造盐腔积,保证盐腔质量。

声呐测量仪器的工作原理为,沿钻井井筒(或中心管)下放声呐测量井下仪器,井下仪器声呐探头出生产套管(或中心管)鞋后进入盐腔,在某一深度水平面上向盐腔壁发射声脉冲,检测回波信号,信号经井下仪器连接电缆传回地面计算机系统,得到某一深度上的盐腔水平测量距离,通过改变测量深度,则可获得不同深度上的盐腔水平测量距离;再对盐腔的顶部、底部和异常部分进行倾斜测量,则可得到不同倾斜角度下的测量距离。两种原始测量数据经计算机系统软件处理后,最终可得到不同深度的盐腔水平图像及整个盐腔的三维图像和体积(图 5-6-3)。

声呐检测仪测量盐腔具体实施时,在水平方向,以 5°角为旋转间隔,进行 360°声波扫描,测量盐腔水平断面的轮廓;在垂直方向,以 1~2m 井深为间隔,测量盐腔高度上不同水平断面的轮廓,最后通过计算机软件的处理,绘制盐腔形状并计算其体积。如果盐腔顶部出现掉块或垮塌,可以调整声呐检测仪的声波发射倾角(0°~90°)实施扫描,从而得到高精度的盐腔

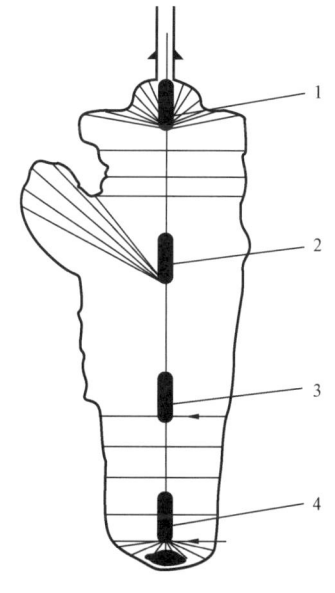

图 5-6-3 声呐检测原理示意图
1—腔体顶部检测;2—腔体不规则部分检测;
3—腔体主体部分检测;4—腔体底部检测

形状和体积。

为了评估盐穴的开发情况,一般情况下每溶解出约 $5 \times 10^4 m^3$ 盐腔总体积,需要进行一次声呐检测。应特别注意底壳、穴壁和穴顶位置,以判断盐穴内是否存在任何优先水溶部位或异常情况。应将这些数据用于规划修井作业、管件和(或)铺垫材料调整以及流向调整等。

声呐检测技术已经广泛应用于盐穴储气库的形态检测,目前世界上具备生产盐穴声呐检测设备的国家主要有德国、美国和俄罗斯。其中德国 SOCON 公司生产的声呐检测仪具有精度高、适用于卤水和天然气两种介质中测量、仪器集成度高等优点,在世界范围内得到公认。

(三)油水界面检测

造腔过程中的油水界面检测可采用中子法、光纤法等方法。

国外造腔过程中油水界面的监测主要采用中子法,测量精度高。其原理是高能中子与物质原子核碰撞能量不断衰减使中子减速,最终成为热中子并被原子俘获,并释放伽马射线,由于柴油中原子与卤水中原子俘获界面相差很大,使得中子寿命测井能够分辨出这两种物质的界面。

中子法测试精度高,但无法实现造腔过程长期监测。为满足连续检测的要求,金坛储气库目前采用光纤法进行油水界面检测。光纤法是将包含电缆和光纤的外铠固定在造腔外管上,并随之一起下入井筒中;在井口通过电缆可以对井筒中外铠周围的柴油或卤水加热,而光纤则可以将不同深度上液体的温度上传至井口温度测试仪;由于柴油和卤水的导热性不同,在相同的加热条件下,二者的温度变化也不同,因而致使油水界面上下的温度差异较明显,温度产生明显差异的深度就是油水界面深度。该技术成本低、可靠性好,已成功应用于数口造腔井,并长时间保持良好的工作状态,界面深度误差小于 0.5m。

三、造腔结束盐腔密封性检测

在注采完井工程结束后,盐穴开始首次注气之前,必须进行气密试验。在首次注气之前进行气密试验的目的是:检验注采完井下入的注采管柱和排卤管柱及其上的封隔器等附件的密封性能,防止注气进行中出现管柱泄漏的情况。所采用的气密试验方法与造腔前后气密试验方法一样,在进行盐穴腔体密封性检测之前,也需要注入大量的饱和卤水,以平衡压力和减少注气量。盐腔密封性评价标准与井筒气密封试验标准相同。

(一)检测方法

主要测试思想是向注采管柱和排卤管柱之间注入氮气(或空气),使气水界面深度达到生产套管鞋以下,同时使套管鞋处气体压力保持为恒定的压力值(可以通过间歇性注入适量卤水实现)。测试期间,通过界面测井仪持续地记录气水界面的深度,通过地面检测仪表持续的记录井口压力、流体流量和温度等参数。根据记录结果,计算出盐腔泄漏率随时间的变化曲线,根据盐腔泄漏率随时间的变化趋势和气水界面深度变化值,对盐腔及由注采和排卤管柱组成的井筒密封性做出评价。测试原理图如图 5-6-4 所示。

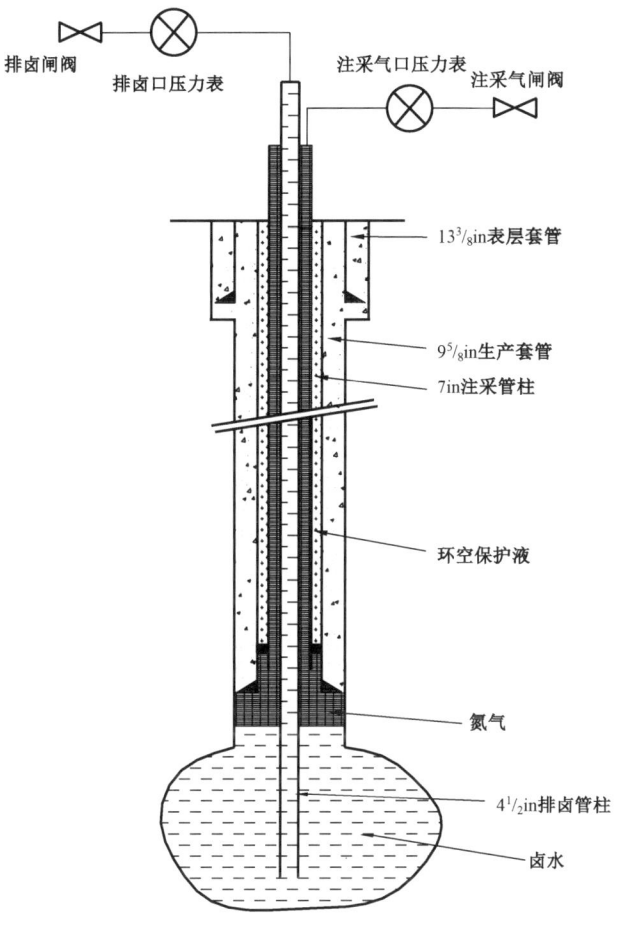

图 5-6-4 气密封试压示意图

(二) 检测工艺

安装试压井口,并检查试压井口和试压管线的密封性;向井腔中注入适量的饱和卤水,使腔内卤水压力达到指定压力;下入气水界面测井仪器,使其下深至生产套管鞋附近的位置;向测试管柱和生产套管之间的环空中注入氮气(或空气),当气水界面深度达到生产套管鞋以下 5~10m 的位置,且生产套管鞋处气体的压力达到储气库最大运行压力的 1.1 倍时,停止注入氮气,其中气水界面深度可以通过界面测井来控制,生产套管鞋处气体压力可以通过井口压力表来确定;保持整个系统温度平衡 8h,通过界面测井检测气水界面深度,如果气水界面深度变化超出生产套管鞋以下 5~10m 的位置,则可以通过注气或释放卤水来使气水界面重新回到生产套管鞋以下 5~10m 的位置。

其中生产套管鞋测试压力、注入饱和卤水体积、注入氮气体积、井口环空注气压力、井口测试管柱内压力、气体泄漏量均可根据气井井底压力计算理论和气体状态方程进行计算。

使用井口气水界面测量装置及工艺,准确测量气水界面深度;同时,记录井口压力表读数以及开始测试时间,然后每隔 1h 记录 1 次井口压力表读数和气水界面深度,持续测压 24h。

(三)评价方法

根据记录的每次气水界面深度、井口气体压力和温度等参数计算出每次的泄漏率,然后绘出 24h 内泄漏率与时间的关系曲线。根据泄漏率与时间的关系曲线和气水界面深度变化数值对盐腔密封性进行评价。

盐穴气库腔体密封性的评价标准主要有以下两条:
(1)泄漏率随时间的变化趋势是逐渐减小的,并最终达到一个稳定的水平;
(2)测试时间内气水界面深度变化小于 1m。

如果检测结果能够同时满足上述两条标准,则认为盐腔密封性是合格的;如果检测结果不满足标准(1),则认为盐腔密封性是不合格的;如果检测结果满足标准(1),但不满足标准(2),即气水界面深度变化大于 1m,则可通过延长测试时间或者根据现场具体情况讨论决定盐腔密封性是否合格。

第七节 注气排卤技术

注气排卤是指通过注入压力充足的天然气,将卤水从盐腔中排出的过程。与枯竭油气藏型储气库和含水层型储气库相比,所需的注采管柱直径大,注采管柱配套工具选配困难;另外,盐腔内的卤水排出后,为了保证储气库运行安全,需将排卤管柱取出,施工工艺复杂,难度大。本节将从注气排卤原理、工艺措施、注气排卤施工步骤及有关参数,注气排卤资料录取等几方面进行介绍。

一、工艺方案

注气排卤方案工作原理如图 5-7-1 所示,盐穴密封性检测合格后,起出井内管柱,下入排卤管柱,安装井口和地面排卤管线和注气管线,打开注采阀门,经过压缩机加压后的高压天然气输入注采管和排卤管环形空间,由于受气体压力的作用,卤水通过排卤管排出地面,排卤结束后,以不压井作业方式将排卤管柱起出,此时井底压力还没有达到储气库的储气最高压力,通过注采气阀门继续注气直到储气最高压力,完成垫气的注入任务,即可进入正常季节调峰和应急供气状态。

二、具体施工步骤及要求

(一)注气排卤前期准备

盐穴型储气库在首次注气排卤前,对其注采及排卤管柱以及注采油管组件与排卤管柱的下入程序有其特定的要求和设计。

1. 注采及排卤管柱设计

盐穴型储气库注采及排卤管柱不同于一般的采气管柱,总的来说要体现"一符二保四满"的原则,即"一符"符合储气库总体规划的要求;"二保"保证温度变化管柱能自由消除管柱内应力,保证地面发生紧急情况可以实现井内自动关井,保证井下安全;"四满"满足地面工程配

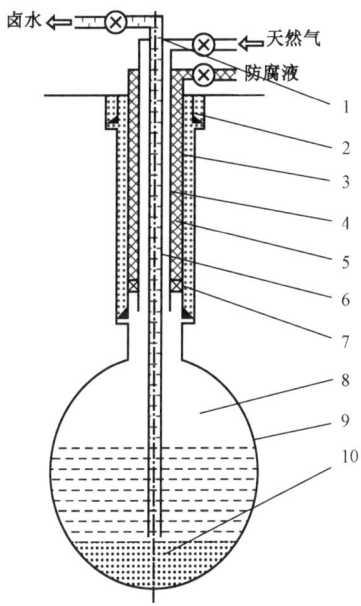

图 5-7-1 注气排卤工艺方案示意图
1—注采气井口;2—表层套管;3—生产套管;4—注采管柱;5—防腐液;
6—排卤管柱;7—封隔器;8—天然气;9—腔壁;10—沉积物

套设施正常生产的要求,满足应急调峰大产量生产的要求,满足注气排卤后取出排卤管柱的需要,满足油管、套管注入环空保护液的要求。

根据盐穴型储气库对注采管柱的要求,必须考虑井下异常情况下高压气流的快速控制,注采气过程中井内腐蚀介质对套管、油管的腐蚀,满足强注、强采需要,还应考虑完井管串拥有较长的使用寿命,通过大量室内研究和计算,确定注采管柱和排卤管柱结构设计,依据现场实际要求完成下入管柱组合作业,注采和注气排卤管柱组合主要由气密封套管、井下安全阀(带控制管线)、流动短节、密封锚、封隔器和坐落接头以及引鞋组成(图 5-7-2)。排卤管柱要选用气密封油管和坐落接头组成,当注气排卤结束后,用钢丝作业下入堵塞器,封堵排卤管内通道并将其起出。

2. 注气排卤井口装置

盐穴型储气库所用采气井口装置与常规采气井口装置的功能和要求不一样,常规采气井口装置只有采气功能,而盐穴型储气库采气井口装置除了满足注采气需要的同时还要满足注气排卤和起排卤管柱的需要。

注气排卤井口装置(图 5-7-3)自下而上为:套管提升短节+下四通(一侧装双闸阀)+油管挂+双法兰短节+下球阀+安全阀+中四通(一侧装双闸阀和节流阀)+油管挂+上球阀+上四通(一侧装双闸阀)+过渡法兰+油管控制阀+压力表。

注采井口在安装之前,要进行组合试压,试压最高压力必须达到生产商技术规范的要求。

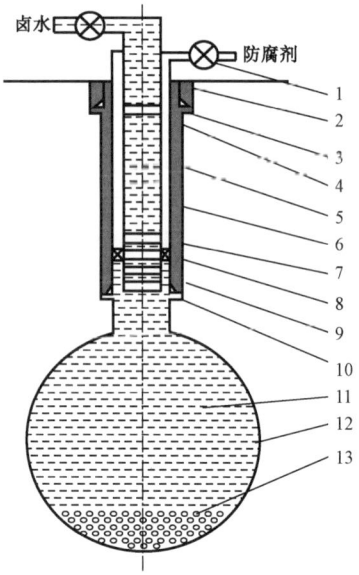

图 5-7-2 注气排卤前注采气油管柱结构示意图
1—注采气井口;2—表层套管;3—生产套管;4—安全阀;5—注采管;6—防腐液;7—滑套接头;
8—封隔器;9—坐落接头;10—注采管鞋;11—卤水;12—腔壁;13—沉积物

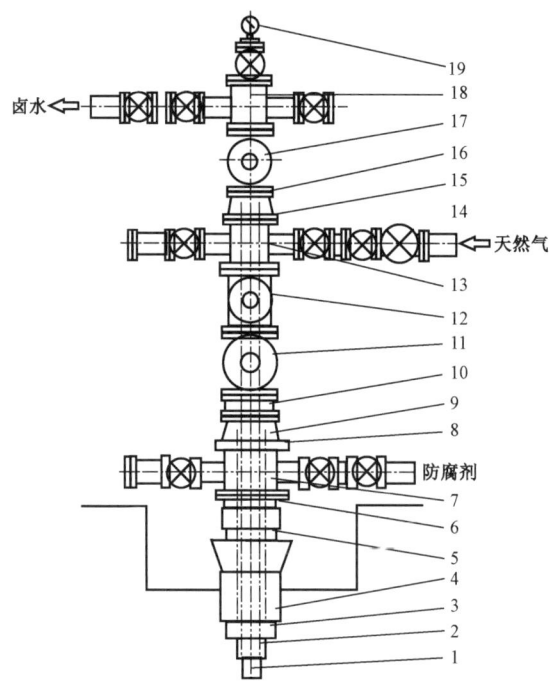

图 5-7-3 注气排卤井口装置结构示意图
1—油管;2—油管;3—生产套管;4—表层套管;5—套管接箍;6—提升短节;7—下四通;8—防腐剂压力表;
9—油管挂;10—双法兰短节;11—下球阀;12—安全阀;13—中四通;14—节流阀(注气入口);
15—油管挂;16—注气压力表;17—上球阀;18—上四通;19—排卤压力表

3. 注采管柱及井口安全控制系统

为了确保储气库注采井注采气运行安全,必须建立注采安全控制系统。系统由封隔器带井下安全阀实现井下安全控制,使用地面安全阀、高低压和高温控制开关实现井口安全控制,两系统统一由地面控制系统监控。整个系统主要由井下安全阀、采集压力信号的高低压传感器、熔断塞、井口安全阀和单井控制盘等部件组成。安全控制系统主要功能是在发生火灾情况下,可以自动关井;当井口压力异常时,可以自动关井;在采气井口遭到人为或不可抗拒因素(如地震)毁坏时,可以自动关井,若发生以上意外不能自动关井时,仍可以在近程或远程实现人工关井。

4. 注采管组件及排卤管柱下入程序

先下入注采管柱,再下入排卤管柱,在下入完后,应由专门服务商激活这些密封件并进行测试。在安装采卤井口完成后,应采用氮气进行气密试验。试验时应使用相当于最大允许气体压力110%的试验压力。

注采管柱常用安装方法是固定封隔器之前,应进行以下准备工作:

(1)在封隔器的坐封区域内(±5m)采用作业管柱(钻杆)清刮最后生产套管内壁。

(2)用与封隔器直径与长度相同的通井规通井。

(3)当通井规到达套管鞋位置后,注入欠饱和盐水(密度$\rho=1.14\text{g/cm}^3$),以免在下入和固定封隔器期间在封隔器与套管之间的环空出现盐再结晶现象。

(4)采用相当于已下套管井容量的盐水量进行循环洗井。

(5)起出钻杆,并用欠饱和盐水灌满井筒。

(6)下入采管柱。依次下入:引鞋+油管1根+坐落接头+油管1根+封隔器组件+油管1根+滑套+油管若干+井下安全阀+油管+油管挂。当安全阀连接到管柱上后,将控制管线与井下安全阀连接,并试压(按供货商要求),然后装油管挂,注意油管挂底部螺纹要与油管相配套。缠绕2m控制管线在油管挂下面,将控制管线穿过油管挂,固定在油管挂上,油管挂高出四通面以上(该数值根据现场计算为准)。连接控制管线,打开井下安全阀,保持特定压力,打压坐封封隔器(具体打压程序和数值听从封隔器厂家现场服务人员指挥)。释放压力后,坐油管挂。最后反试压,对环空试压,验证封隔器的密封性。以上完成后用钢丝下入滑套移位工具,打开滑套,起出滑套移位工具;正替环空保护液,用钢丝下入滑套移位工具,关闭滑套,起出滑套移位工具,检查移位工具上的释放销钉;反试压,对环空试压,验证滑套是否关闭。最后一步安装采气树,做好下排卤管柱准备。

(7)下排卤管柱。注气排卤管柱安装完后,在注采气管柱内下入油管作为排卤管柱,构成完整的注气排卤管柱组合。排卤管柱下入主要工艺环节是:首先油管挂必须安装到上部的球阀上,其装配高度根据具体情况而定;在安装采卤管柱的螺纹部件时,气密封螺纹的清洗、保护、涂密封脂等工作听从油管服务人员和现场监理指挥;使用油管扭矩仪,最佳扭矩值按照油管厂家标准执行;当采卤管柱接近盐穴底坑时,调整并测量管鞋与底坑面之间的最终距离,并根据测量结果选择适合长度的短节。使管鞋与底坑面之间间隔距离应为0.5~1.0m。油管挂坐放完成后,应将油管挂的系紧螺栓拧紧到位;排卤井口完井后,应对所安装的设备进行功能测试(同气密试验相类似,只是油管上不再设排泄孔)。

(二)注气排卤作业

注气排卤过程是从注采与排卤管柱环空向盐穴内注入天然气,盐穴内卤水通过排卤管被置换至地面。它是盐穴储气库首次注入天然气的作业,标志着从建设阶段向生产运行阶段的过渡。

1. 影响因素

(1)采出盐水中的含气量可能达到部分或完全饱和,是气液界面附近的过渡区所引起的(该过渡区一般富含溶解天然气)。也可能是排卤管的泄漏造成的,必须在地面将天然气从卤水中分离出来,以保证安全。

(2)盐穴中的卤水为饱和盐水。在排卤期间,存在压降和温度降低的某些风险,从而造成排卤管内盐的再结晶。由于再结晶作用,会造成额外的压降,甚至会造成排卤管柱的完全堵塞。必须用淡水定期冲洗采卤管。

(3)对于卤水排出管系统,也应持续添加淡水,防止盐结晶的出现。

(4)盐穴局部坍塌也有可能造成采卤管柱的严重损坏(甚至完全切断),在这种情况下,将从排卤管直到井口处出现冲击波,如果不采取相应措施的话,会损坏地面上的低压盐水系统。

(5)一旦排卤管柱发生损坏,必须采用不压井起下管柱装置更换新的管柱。

2. 流程及参数

(1)打开排卤管井口闸阀。

(2)从环空井口注入天然气,平均排量为根据单井管柱设计而定。在保持恒定标准体积排量的条件下,排卤管井口卤水排量,随天然气注入压力提高而有所降低。

(3)注气排卤结束时,再次确定环空井口注气最高压力,以不应超过盐腔最高运行压力为准。

注气排卤期间,随注入天然气量增加,气水界面下降,井口注入压力逐步升高。当气水界面下降至排卤管鞋时的注气井口压力,为注气排卤的最高井口压力 p_k,有:

$$p_k = p_y + p_1 + p_F = Hp + H\lambda + p_F \tag{5-7-1}$$

式中 p_k——环空注气排卤井口最高压力,MPa;

p_y——油管内卤水液柱压力,MPa;

p_1——油管内卤水流动力阻力,MPa;

p_F——油管排卤井口压力(地面卤水管汇流动力阻力),MPa;

H——油管下入深度,m;

p——卤水压力梯度,MPa/100m;

λ——流动力阻力系数,MPa/100m。

(4)注气排卤期间注入天然气总量(包括井筒,不包括油管的储存量)。

腔内充填天然气的容积:

$$V = V_1 - V'_1 + V_2 + V_3 + kV_4 \tag{5-7-2}$$

式中 V——腔内充填天然气的容积,m^3;

V_1——腔内储气有效容积,m^3;

V'_1——腔内残留卤水液面至实际腔底的容积,m^3;

V_2——油管与油管环形空间容积,m^3;

V_3——油管与套管环形空间容积,m^3;

V_4——腔顶至套管鞋容积,m^3;

k——考虑井径扩大的附加系数。

在注气排卤结束后确定环空井口注气最高压力下,腔内容积充填天然气的标准体积:

$$V_0 = VB_g = V\frac{T_{sc}p_i}{P_{sc}TZ_i} \quad (5-7-3)$$

式中 V_0——下井内充填 N_2 的标准体积,m^3;

V——盐腔体积,m^3;

B_g——体积系数;

T_{sc}——地面温度,K;

p_i——注入压力,MPa;

P_{sc}——地面压力,m^3;

T——盐腔温度,K;

Z_i——天然气偏差系数,0.85。

(5)排出卤水总量。即为腔内充填天然气的容积 V。

(6)注气排卤作业时间确定。

$$D = \frac{V_0}{Q_G} \quad (5-7-4)$$

式中 D——注气排卤作业时间,h;

V_0——注气排卤期间注入天然气总量,m^3;

Q_G——注气平均排量,m^3/h。

注气排卤作业周期主要包括下注采气油管、注气排卤和安装井口,其作业时间主要根据具体储气库施工要求而定

(7)排卤管卤水平均排量。

$$Q_L = \frac{S_G}{h_G} \quad (5-7-5)$$

式中 Q_L——卤水平均排量,m^3/h;

S_G——排出卤水总量,m^3;

h_G——注气排卤作业时间,h。

3. **实例分析**

某盐穴储气库主要注气排卤参数如下:

(1)采用 4½in 排卤管柱,最大排卤流率将限制到 $100 m^3/h$ 左右。在设计、排卤参数时以此流率为基础。

(2)所考虑的操作模式假定了一个近乎常数的盐穴压力值,同时假定在排卤井口压力缓慢上升过程中排卤流率保持稳定。

(3)在排卤计算时,考虑使用表 5-7-1 基本数据。

表 5－7－1 液压假定基本数据

参数	数值
盐穴顶部深度(m)	1015
盐穴底部(底坑)深度(m)	1108
盐穴净容积(m³)	250000
卤水密度(kg/m³)	1.200
排卤及完井管柱组合(in×in×in)	$9\frac{5}{8} \times 7 \times 4\frac{1}{2}$
每日采卤时间	21h用于采卤(3h用于冲洗/等候)
最小卤水出口水井口压力(MPa)	0.5

(4)计算得出的主要操作数据见表5－7－2。

表 5－7－2 计算主要参数数据

参数	数值
卤水流率(m³/h)	100
盐穴压力(MPa)	15.6
注气井井口压力(MPa)	15
注气流率(Nm³/h)	16800～14900,(开始—结束)
注气量(10^4Nm³)	3960
动态卤水出口井口压力(MPa)	0.5
纯排卤时间(d)	104
实际排卤时间(d)	114(生产时效91%)

(5)为保证排卤结束时卤水的采出流率达到100m³/h,需要采用15MPa的注气井口压力。要说明的是,在采卤期结束时,盐穴尚未充分加压。在整个排卤期间,生产套管鞋处的压力不得超出最大允许压力。

(三)注气排卤后续作业

注气排卤完成后,为了保证井下安全阀和采气井口主闸顺利开关,实现井下有效控制,确保盐穴储气安全运行,需要起出排卤管。排完卤后盐腔内充满了高压天然气,起排卤管柱非常困难,必须使用欠压实平衡作业不压井起下管柱技术装置,其工作原理是靠修井机、加压作业辅助机和桥塞(或堵塞器)的相互配合来实现带压环境下起下管柱作业(图5－7－4)。

管柱内的压力靠桥塞或堵塞器来控制;加压井作业辅助机的防喷器组控制油套管环形空间的压力。起下管柱作业过程中,在管柱的自重低于井内压力的上顶力时,用移动防顶加压卡瓦和固定防顶卡瓦控制管柱的起下;起管柱时,通过液压缸、移动防顶加压卡瓦及固定防顶卡瓦三者的配合,给管柱施加一定的控制力,靠液压缸的举升力将井内管柱起出;下管柱时,通过液压缸、移动防顶加压卡瓦及固定防顶卡瓦三者的配合,并给管柱施加一定的下推力,将管柱下入井内至管柱的自重大于井内压力为止。在管柱的自重高于井内压力的上顶力时,用修井机的提升系统、移动重力卡瓦和固定重力卡瓦进行起下作业。

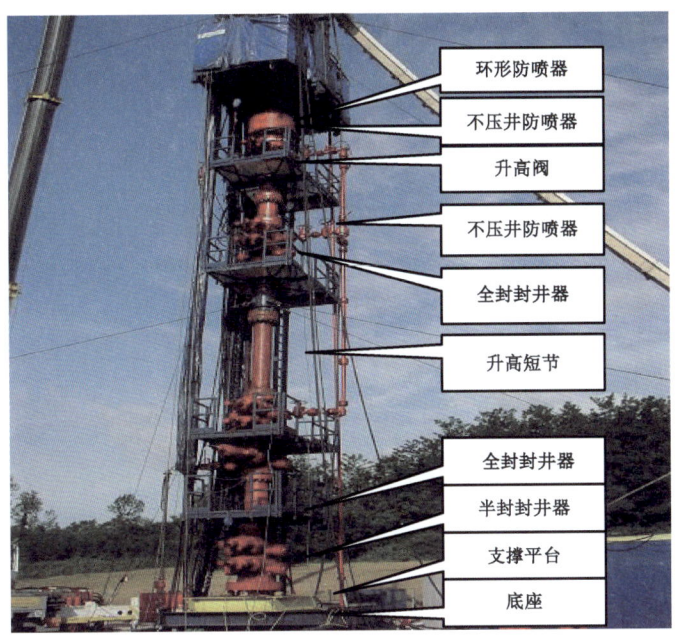

图5-7-4 不压井作业设备图

1. 准备工作

根据提出排卤管柱的安全规定,必须在管柱的末端安装2个钢丝绳桥塞,切割下部排卤管柱和安装不压井起下管柱装置。其步骤如下:

步骤一,卸下采卤井口上的十字管。

步骤二,安装上电缆设备(需要使用吊机)。

步骤三,接头定位器(CCL)一同下入井中,以便于确定桥塞坐放深度;用井径仪检查是否到达所要求的坐放深度。

步骤四,将刮子和刷子一同下入,以便于清洗排卤管柱壁,从而提高钢丝绳塞固定条件。

步骤五,在设计切割深度下方对采卤管柱进行打孔,以便于排出盐水,并使盐穴与排卤管柱之间的压力达到平衡。否则,很可能对电缆工具造成损坏。

步骤六,检查并确定排卤管与环空的压力相等(通过井口观察)。

步骤七,在生产套管鞋下方5~10m切断排卤管柱(不会造成套管损坏)。

步骤八,在切割处最近接箍上方3~4m处固定第一个永久型桥塞。

步骤九,检查桥塞的气密性。管中的气体释放出后,会使压力分步降低到大气压力(每次降低1MPa;在每次降低后,等候10min,以检查压力是否升高)。

步骤十,向排卤管中注入一个接箍的水量,以免两个桥塞之间的天然气被加压。

步骤十一,在第一个桥塞上方大约3m处,坐封第二个永久型桥塞。

步骤十二,将背压阀(BPV)坐封到油管挂中的BPV螺纹内;在撤除排卤井口和安装不压井修井机时,这将成为额外的安全措施。

步骤十三,在油管挂短管顶部安装不压井起下钻装置。

2. 主要设备

(1)不压井起下管柱装置。

(2)起出工具,根据排卤管柱的直径确定。

(3)两个备用安全阀,以便于在桥塞出现泄漏时保护接头。

(4)大钩载荷容量与起出管柱重量匹配的吊车。

(5)两个接头(一般为20m长),用来拉出排卤管柱。

(6)一定体积的乙二醇,以免设备结冰或形成水合物。

3. 提排卤管步骤

(1)如果必要,将一个接头法兰安装到油管挂短管上。

(2)安装不压井起下管柱装置。

(3)对不压井起下管柱装置进行系统检查(气密试验等)。

(4)开始不压井修井作业时,油管挂与短节之间预制连接件作为一个整体拆除。

(5)根据不压井起下管柱装置要求,按顺序起出所有排卤管柱。

(6)起出排卤管柱后,立即拆除不压井起下管柱装置。

4. 安装注采井口装置

拆除不压井起下管柱装置后立即安装注采井口装置,应根据盐穴储气库注采气运行最高井口压力选择合适级别的采气井口装置。注采井口装置应在注气排卤井口装置基础上进行调整,更换一些已被腐蚀或磨损的部件,试压合格后安装使用。

注采井口装置(图5-7-5)自下而上为:套管提升短节+下四通(一侧装双闸阀)+油管挂+双法兰短节+下球阀+安全阀+双法兰短节+上四通(一侧装双闸阀)+上球阀+压力表。

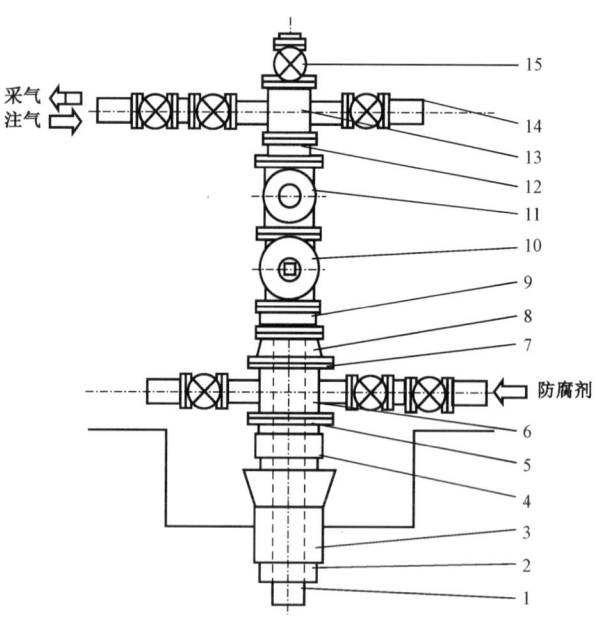

图5-7-5 盐穴型储气库注采井口装置示意图

1—注采油管;2—生产套管;3—表层套管;4—套管接箍;5—提升短节;6—下四通;
7—防腐液压力表;8—注采油管挂;9—双法兰短节;10—下球阀;11—安全阀;
12—双法兰短节;13—上四通;14—注采压力表;15—上球阀

5. 以储气库正常运行方式继续注气

注气排卤结束后,若井口压力未达到储气盐腔设计注气运行最高井口压力的目标要求或者是注入天然气总量未达到储气盐腔设计库容量的目标要求,须以储气库正常运行方式继续注气,在储气库建设期间完成垫气的投资任务,全面实现建库目标所要求的注气指标。

三、施工资料录取要求

施工资料录取总要求参照中国石油天然气行业有关技术规程及标准执行。

第八节 地面工程配套工艺

地面工程配套工艺是盐穴型储气库建库工程中不可或缺的一部分。地面工艺设计是否合理直接影响盐穴型储气库的建设进度和运行安全。

一、地面配套工艺内容

盐穴型储气库地面工程配套按区域可分为:输气干线、注采气站、集输系统、造腔采卤站、变电所和生活辅助设施6个部分。

(1)输气干线主要包括首站分输站、分输站至储气库的输气管道(通常称为输气干线)和截断阀室等。

(2)注采气站包括进站(含清管设施)阀组、注气装置、采气装置(含调峰采气装置和应急加药采气设施)、辅助系统(含消防系统、空压站、阴保站、变配电室、控制系统和综合值班室等)。

(3)集输系统是指注采站(或造腔采卤站)到各注采井的地面配套系统。其范围包括井场、集气阀组(或集气站)、天然气集输支干线和集输支线管道、各单井注水和排卤管道、通信和电力线网等。

(4)造腔采卤站包括取水和输卤系统、淡水系统、卤水系统、注油(气)系统等。造腔采卤站一般同注采气站合建。

(5)变电所包括具有一定载荷变电所和变电所相应外线设施。其一般同造腔采卤站或注采气站合建。

(6)生活辅助设施包括综合办公室、食堂、倒班宿舍、维修站等。

二、造腔采卤工艺

(一)造腔采卤站规模的确定

根据盐穴型储气库造腔进度安排确定采卤站的规模。

为了加快造腔进度,通常将拟造腔井进行分组,每阶段同时有两组井参与造腔,一组注淡水,另一组注未饱和卤水。如第一批为A、B两组,A组井注入淡水,B组井注入A组井采出未饱和卤水。根据不同阶段A+B组的组合以及各单井的注水梯度变化,综合分析最终确定采卤站的规模和注水泵的配置。

(二)造腔采卤站工艺

盐穴型储气库造腔采卤工艺包括取水和输卤工艺、注水工艺、采卤工艺、注油工艺、注气排卤工艺、注油和退油工艺等。

造腔采卤工艺单元包括取水单元(含取水泵房、阀室、输水管道)、采卤站进出站阀组、注水泵房、淡水和卤水罐区、井场、注水采卤集输管网等。

(三)主要工艺流程

注水造腔主要工艺流程如图 5-8-1 所示。

(1)从水源地(河流或湖水等)取水,经取水泵升压,通过输水管道送至造腔注水站内的淡水储罐进行缓冲、沉降。

(2)然后依靠罐本身静水压将水输送至淡水注水泵进口。

(3)经淡水注水泵升压至高压阀组进行分配、控制、调节和计量后,由高压注水管路输送至 A 组注水井口。

(4)从 A 组井口返出卤水经低压回水管网输送至造腔注水站内。

(5)在低压阀组进行分配、控制、调节、计量和取样分析后,根据卤水含盐量多少决定卤水不同去处。

① 当采出卤水中 NaCl 浓度达到要求时(一般超过 285g/L),直接外输至附近盐化企业储卤水池。② 当卤水采出卤水中 NaCl 浓度未达到要求时(一般低于 285g/L),未饱和卤水进入未饱和卤水储罐,经未饱和卤水注水泵升压至高压阀组分配、控制、调节和计量后,由高压注水管路输送至 B 组注水井口,从 B 组井口返出卤水经低压回水管网输送至造腔工艺区内低压阀组进行分配、控制、调节和计量后,卤水外输至附近盐化企业储卤水池。

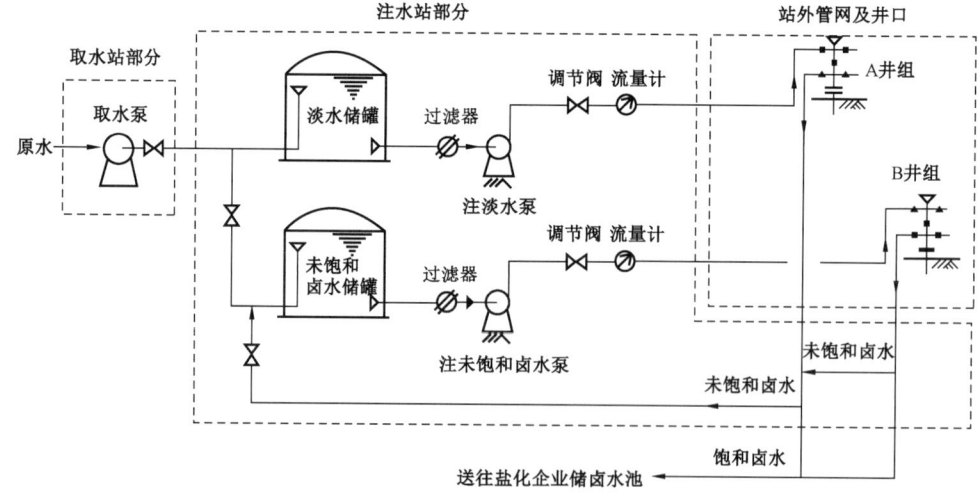

图 5-8-1 注水造腔工艺流程图

三、注采气工艺

(一)注采气站的组成

注采气站包括进出站阀组(含清管系统)区、分离区、压缩机组区、空冷器区、燃料气区、放空区、主控室、辅助区和综合值班室。辅助区包括空压站、阴保站、消防系统、变配电室等设施。

如果造腔采卤站与注采气站合建,则站内还包括造腔采卤站、变电所等配套设施。

(二)注采气规模的确定

注采气规模的确定应遵循以下原则:

(1)充分考虑盐腔库容量的建设进度和各阶段建设的总库容,合理确定地面工程建设进度。

(2)满足市场对储气库正常调峰气量和应急供气量的需求。

(3)根据排卤造腔后期对注气的需求,确定合理的总注采气规模。

(4)结合现场情况和注采气装置投产进度的实施要求,合理确定站场方案及注气站的注采气规模。根据具体情况注采气站可采用单站方案或双站方案。

(5)充分发挥盐穴储气库单井注、采气的能力。

根据储气库运行工况分析结果进行综合分析,最终确定注采气站的总规模和集输系统输气能力以及站场注采气规模的配置方案。

(三)压缩机选择

1. 选择原则

(1)为确保注气设备操作方便、灵活、安全、可靠地合理运行,注气压缩机应优先选择往复式压缩机。

(2)综合分析各种机组配置方式,选配机组达到适用、经济、操作维护方便、可靠性高的目的。

(3)所配置机组能满足不同阶段注气工况的要求,使压缩机在较高效率区域工作,并考虑对注气量变化的适应性。

(4)为保证机组可靠运行,采用国外引进机组。

2. 压缩机组配置方案

压缩机组是注采气站的核心,压缩机组配置的合理性将直接影响工程投资和运行的效益及稳定性。同时,所配置机组应能满足不同阶段注气工况和必要的调风采气后增压工况以及倒库等需求。

3. 压缩机驱动机型式比选

注气压缩机主要采用燃气发动机和电动机驱动。从技术上讲,无论采取哪种驱动方式均能满足注气工艺工况的需要。在运行管理方面,电动机驱动与燃气发动机驱动相比,具有运行可靠,管理简单,维护工作量小,维护费用低等优点。但由于电动机驱动对地方电网带来的波动较大,且基本电价费用较高,运行费用高。燃气发动机设备一次性投资较高。从能源消耗方面,采用电动机驱动耗电量大;采用燃驱储气库用气比较便利,气价比较稳定。方案的最终确定主要取决于注气站的现场条件和各项技术经济指标对比结果。

(四)注采气工艺

盐穴型储气库注采气工艺过程分为注气和采气两个过程。注采气工艺单元包括:主干线分输站至储气库的输气干线(含分输站、线路阀室、输气管道)、注采气站进站阀组、注气装置、采气装置、井场、集配气阀组(或集气站)及集输管网、火炬放空系统等。

1. 总工艺流程

总工艺流程按注采双向考虑,除注采气站注采工艺为单向流程外,主干线分输站与储气库连接部分、输气干线、井场、配气阀组(或集气站)及集输系统均采用注采双向功能。

注气过程:分输站来的干气经计量、通过输气管道输至储气库注采气站的进出站阀组,然后进入注气装置。在注气装置中,干气经压缩机增压后,经进出站阀组的分配器分别输送至各集配气阀组,由集配气阀组经集输管网分别送至各注采气井井场、计量后注入盐穴中储存。

采气过程:各井口来气在井场经节流、分离、计量后出井场,通过集输管网分别送至集配气阀组,然后进入采气装置。在采气装置中,天然气先经三甘醇脱水或应急加药后外输。

输气干线、湿气联络线、集输管网均设清管设施,以保证管线输送效率。

注采气站、集配气阀组、井场及集输管网应配有放空系统。

井场、集配气阀组、集输管网、注采装置、干气和湿气联络线、输气干线等各单元间均设置紧急关断阀或电动阀门,以确保系统的安全运行。

2. 各单元工艺流程

1)注气装置

从分输站来的天然气首先进入旋流分离器除去尘粒等机械杂质,再经过滤分离器滤掉细小颗粒杂质后进入注气压缩机进行增压。压缩后的天然气经空冷器冷却,进入进出站阀组的分配器,由分配器经集输管网输至各井场、计量后注入地下腔体储存。

2)采气装置

采气脱水装置流程:由各井场来的湿气,首先节流,再进入过滤分离器,分离出液滴及杂质。分离后的湿气从甘醇吸收塔底部进入,贫三甘醇由吸收塔顶部注入,在塔内自下向上流动的湿气,与在塔内自上向下流动的贫甘醇进行接触传质,天然气中的水蒸气大部分被贫三甘醇吸收,干燥后的天然气经捕雾器由塔顶排出,进入干气—贫甘醇换热器,干气换热外输,贫三甘醇冷却后进塔。

来自吸收塔底部的富三甘醇通过流量调节阀压力降低,进入再生塔的冷凝段,被塔内的水蒸气预热后,进入闪蒸罐,闪蒸出的气相进入燃料气系统,罐底富三甘醇经机械过滤器和精密过滤器后进入贫—富三甘醇换热器,富甘醇换热进入再生塔,富三甘醇内水分被蒸出,水蒸气向上经冷凝段,使少量被夹带的三甘醇冷凝下来后,从塔顶排出进入焚烧炉。

再生后的贫三甘醇经贫—富三甘醇换热器换热,进入贫三甘醇缓冲罐,再经增压泵增压,进入干气—贫甘醇换热器。

第九节 运行方案设计与优化

运行方案设计是盐穴型地下储气库单腔设计的一个重要组成部分。盐穴型储气库运行过程中,盐腔内的压力、温度在注气时逐渐升高,在采气时逐渐降低,盐腔内发生的这种热动力学行为对盐岩力学性质产生一定影响,最终影响盐腔的使用寿命。运行方式是否合理对盐穴型储气库的安全运行、使用寿命至关重要,因此,在满足调峰保供的前提下,还要对储气库的运行方式不断进行优化,最大限度地保证储气库的安全运行、延长储气库的使用寿命。

地下储气库作为天然气管网的配套工程设施,对管网的安全平稳运行发挥着重要作用。根据不同需求,主要有季节调峰用气、应急情况用气和战略储备用气三个功能。

进行盐穴型储气库运行方案设计与优化首先要完成盐穴型储气库调峰市场需求和功能定位分析、库容估算、运行方案指标预测和注采运行模拟计算。

一、注采运行热动力学模拟计算方法

盐穴型储气库在注采运行时,不仅要对储气库注采动态进行分析,还经常要对储气库某一部分、某一过程热工性能进行分析,包括在设计时,首先要计算储气库容量、垫气量和工作气量。

完成注采运行方案设计后,需要进行热力学模拟计算,分析井筒周围盐层、盐腔周围盐层温度场及温度场波及距离;分析沿井筒温度、压力场分布,盐腔内温度、压力场分布;井口水合物生成的判定及生成区间的预测等。根据上述分析结果来确定注采运行设计方案是否合理。

(一)库容计算

盐穴型地下储气库的库容量、工作气量及垫气量是衡量储气库的重要指标,是储气库注采运行方案设计的基础,是投资决策的依据,它对储气库建设的成败以及对上游天然气开采和下游城市天然气需求都将起到极其重要的调节作用。

盐穴型地下储气库的库容量是指盐腔在原始盐层温度、上限压力时,所能储存的天然气折算为标准状况下的天然气体积。垫气量指盐腔在原始盐层温度、下限压力时,盐腔内所能储存的天然气折算为标准状况下的天然气体积。工作气量即为库容量与垫气量之差。

根据已知的注入天然气的组分,储气库的几何形状等地质资料,在盐腔原始盐层温度和上限压力条件下,库容量计算模型为:

$$p_R V = \frac{G}{M} Z_R R T_R \quad (5-9-1)$$

式中 p_R——盐腔上限压力,MPa;
V——盐腔有效体积,m^3;
G——盐腔内气体体积,m^3;
M——气体摩尔体积,22.4L/mol;

T_R——盐层原始温度,K;

Z_R——气体的偏差系数。

盐腔的体积一定,注气过程中,由于气体不断注入,盐腔的温度逐渐上升,温度对库容量影响很大,温度每上升1℃,库容量减少0.5%。因此需要限制注入气体的温度,同时控制注入气体的速度。

(二)盐层温度场模拟

对盐穴型地下储气库设计和运行来说,充分了解井筒和盐腔周围的盐层温度分布十分重要,一方面,盐腔内气体通过自然对流和周围盐层热交换,使周围盐层壁面形成不稳态导热温度场,导致腔内气体压力、温度的变化;另一方面,井筒的注采循环过程,由于井筒与周围盐层存在温差,使气井井筒产生径向传热,导致天然气热物理性质沿井深的变化。因此,只有充分了解盐层温度场在注采运行前后的分布情况,才能正确地预测盐腔内和井筒的温度、压力,设计出合理的盐腔尺寸和形状、注采管直径等。

考虑到盐腔边界的不规则形状,以及井筒高流量注采,温度、压力梯度变化较大的特性,采用有限单元法,分别求解了垂直井筒周围非稳态温度场以及盐腔周围盐层的温度分布。

随着井筒和盐腔从盐层汲取和释放热量,盐层温度场也在不断地发生着变化,盐穴型储气库运行工况决定了井筒和盐腔与盐层之间的热交换状况,虽然所处的边界条件不同,但井筒模型和盐腔模型均属于轴对称模型,由于不含热源,将盐层考虑为径向和纵向二维的稳态导热过程,满足瞬态传热微分方程。

假设:(1)盐层与井筒接触良好,不考虑接触热阻;(2)盐层与井筒和盐腔之间的传热方式为纯导热,盐层导热系数为常数。

经上述处理后,盐层温度场就可看作是一个以井筒圆管中心为轴线的轴对称问题,而且这个温度场随着井筒和盐腔状态变化,是时间的函数,所以选用轴对称瞬态导热微分方程:

$$\rho c_p \frac{\partial T}{\partial \tau} = \frac{1}{r}\frac{\partial}{\partial r}\left(\lambda r \frac{\partial T}{\partial r}\right) + \frac{\partial}{\partial x}\left(\lambda \frac{\partial T}{\partial x}\right) \qquad (5-9-2)$$

式中 T——盐层的瞬态温度,℃;

τ——时间,s;

r——对称温度场的分布半径,m;

x——对称轴的轴向深度,m;

λ——盐层导热系数,W/(m·℃);

ρ——盐层的密度,kg/m³;

c_p——盐层比定压热容,J/(kg·℃)。

边界条件如图5-9-1所示,以等价圆管为深度方向坐标轴,水平线($x=0$)为径向坐标轴,其中R为作用半径,L为井筒或盐腔深度。

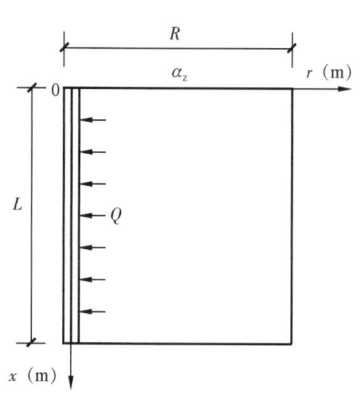

图5-9-1 边界条件示意图

α_z—辐射的总对流换热系数;

q—热流密度,W/m²

(1)(右边界)处:在离井筒或盐腔处,盐层温度场不再受井筒或盐腔热力状态影响,对一特定时刻,边界处的温度为第一类边界条件。

(2)(下边界)处:处于恒温层,假设上下盐层间没有热传递,可看作是第一类边界条件。

(3)(左边界):管壁处(近似),管壁温度很难确定,但考虑成多层筒壁的导热问题可以得到井内气体与盐层之间的换热量,因此设为第二类边界条件。$q(t) = \dfrac{q_g(t)}{F_g}$ 是时间的函数,在某一时刻,$q_g(t)$ 的值为一常数,而且为均匀热流,F_g 为井筒壁总换热表面积。

(4)(上边界)处:与外界大气相接触,既有辐射换热还有对流换热,换热过程较为复杂,因此考虑辐射的总对流换热系数,属第三类边界条件,表示为:

$$-\lambda \frac{\partial T}{\partial x}\bigg|_{x=0} = \alpha_z (t_z - T(x,r,\tau))\bigg|_{x=0} \qquad (5-9-3)$$

式中　T——盐层的瞬态温度,℃;
　　　t_z——盐层的均匀温度,℃。

(三)井筒注采动态模拟

盐穴型地下储气库的运行包括注气和采气过程,井筒中的流动是双向流动过程,其运行工艺过程不同于气井的开采工艺过程,首先表现为注采气周期频繁交替,压差变化较大,气体在井筒和盐腔之间双向流动,短时间注入采出气体量大,气体流速快。其次,注采井不需要稳产,须根据城市调峰用气量变化确定储气库内天然气的注入采出量。

在注采过程中,周围盐层与井筒进行不稳定传热,同时井筒内流动也要产生传热,致使工作气压力、温度、流速及密度随井深变化而变化,因此在设计和动态运行各个阶段,需要定量描述天然气的注采过程,以及随时间、空间的分布与变化。正确地预测气井井筒温度、压力分布,认识气井流动规律和地层的传热特征,有利于进行注采气井生产系统动态分析和生产设施的优化设计。

基于质量、动量、能量守恒原理及传热学理论,建立预测井筒流体压力、温度分布的综合数学模型,采用四阶龙格库塔法迭代求解,可预测井筒中的压力和温度分布。

假设:(1)气体在井筒中作一维稳定流动,所有特性参数在井筒任一横截面是均匀的;(2)井筒和周围盐层中的热交换为径向,不考虑沿井深方向的传热;(3)盐层垂向温度按线性变化,地温梯度已知;(4)气体在流动过程中既不对外界做功,外界也不对气体做功;(5)不考虑压力、温度变化下管柱的变形。

在上述假设条件下,根据质量守恒定律、动量守恒定律和气体状态方程,建立描述井筒流动状态的偏微分方程组,预测注采气井压力、温度。

(1)注气时井筒流动状态的偏微分方程组:

质量方程 $\qquad\qquad\qquad \rho \dfrac{dv}{dz} + v \dfrac{d\rho}{dz} = 0 \qquad\qquad (5-9-4)$

动量方程 $\qquad\qquad -\dfrac{1}{\rho}\dfrac{dP}{dz} - f\dfrac{v|v|}{2d} + g\sin\theta = \dfrac{vdv}{dz} \qquad (5-9-5)$

能量方程 $\qquad\qquad q + \omega \dfrac{d}{dz}\left[h + \dfrac{1}{2}v^2 - gz\sin\theta\right] = 0 \qquad (5-9-6)$

式中 ρ——流体密度，kg/m^3；

v——流速，m/s；

z——深度，m；

p——压力，MPa；

f——摩阻系数；

d——管内径，m；

q——单位长度控制体单位时间内的热损失，$J/(m \cdot s)$；

θ——井斜角；

ω——井筒内气体质量流速，$J/(m \cdot s)$；

h——比焓，J/kg；

g——重力加速度，$9.81 m/s^2$。

(2)采气时井筒流动状态的偏微分方程组：

质量方程
$$\rho \frac{dv}{dz} + v \frac{d\rho}{dz} = 0 \tag{5-9-7}$$

动量方程
$$-\frac{1}{\rho}\frac{dP}{dz} - f\frac{v|v|}{2d} - g\sin\theta = \frac{vdv}{dz} \tag{5-9-8}$$

能量方程
$$q + \omega \frac{d}{dz}\left(h + \frac{1}{2}v^2 + gz\sin\theta\right) = 0 \tag{5-9-9}$$

井筒内单位长度控制体在单位时间内的热损失为：

$$q = \frac{2\pi r_i U_i \lambda_e}{r_i U_i f(t_D) + \lambda_e}(T_f - T_e) \tag{5-9-10}$$

井筒总传热系数 U：

$$\frac{1}{U} = \frac{1}{\alpha} + \frac{r\ln(r_o/r_i)}{\lambda}$$

式中 α——对流换系数；

λ_e——盐层导热系数；

λ——气体导热系数；

T_e——岩层温度，K；

T_f——气体温度，K；

r_i——井筒内径，m；

U_i——传热系数；

$f(t_D)$——无量纲时间函数；

r_o——按热流向划分级单元段的出口直径，m。

地层传热为不稳定传热，且服从 Remay 推荐的无量纲时间函数。

无量纲时间即傅里叶准则数：

$$t_D = \frac{a\tau}{r_o^2} = Fo$$

式中 a——导温系数；

τ——时间，s；

Fo——傅里叶准数。

无量纲时间函数 $f(t_D)$：

$$f(t_D) = 1.1281\sqrt{t_D}(1 - 0.3\sqrt{t_D}) \quad (t_D \leq 1.5)$$

$$f(t_D) = \left[\frac{1}{2}\ln(t_D) + 0.4063\right]\left(1 + \frac{0.6}{t_D}\right) \quad (t_D > 1.5)$$

(四)盐腔注采动态模拟

盐穴型储气库运行时，天然气随注采过程中的压缩、膨胀，与周围盐层通过自然对流进行热交换，导致腔内气体压力、温度变化。预测盐腔内温度、压力变化十分重要，它是确定储气库库容量、工作气量及垫气量的重要指标，是控制盐层蠕变变形重要约束条件。

在考虑 $d\tau(d)$ 时间内，控制体质量守恒方程为：

$$\frac{p_R}{Z_R T_R} = \frac{p_{RI}}{Z_{RI} T_{RI}(1 - G_P/G)} \quad (5-9-11)$$

式中 p_R——盐腔压力，MPa；

T_R——盐腔温度，K；

Z_R——气体偏差系数；

p_{RI}——注采初始时盐腔压力，MPa；

T_{RI}——注采初始时盐腔温度，K；

Z_{RI}——气体初始的偏差系数；

G——盐腔内原始储量，m^3；

G_P——日注采量，m^3。

同样，在考虑 $d\tau$(天)时间内，控制体能量方程为：

$$\Delta m U_G = m_1 U_{GI} - m H_G + Q \quad (5-9-12)$$

式中：U_{GI} 为初始内能；$m_1 = \rho_{SC} G$；$m = \rho_{SC} G_P$ 注入采出量；$\Delta m = m + m_1$（注入）；$\Delta m = m_1 - m$（采出）；Q 为盐腔和周围盐层非稳态热交换量，根据求出的盐层温度场，考虑在盐层壁面 $r = r_{w0}$ 处式(5-9-3)第三类边界条件求得：

$$-\lambda \frac{\partial T}{\partial n}\Big|_{w0} = \alpha(T_{w0} - T_R) \quad (5-9-13)$$

为求 H_G，应用热力学微分关系式：

$$dH_G = c_p dT - \left[V - T\left(\frac{\partial V}{\partial T}\right)_p\right] dp$$

引入反映真实气体状态的伯特洛状态方程：

$$\frac{pV}{RT} = 1 - \frac{9p_R}{128T_R}\left(\frac{6}{T_R^2} - 1\right)$$

代入整理后得到：

$$V - T\left(\frac{\partial V}{\partial T}\right)_p = -\frac{9RT_C}{128p_C}\left(\frac{18T_C^2}{T^2} - 1\right)$$

$$H_G = \int_0^{T_R} c_p dT + \int_0^{p_R} \frac{9RT_C}{128p_C}\left(\frac{18T_C^2}{T^2} - 1\right)dp$$

$$H_G = c_p T_R + \frac{9RT_C}{128p_C}\left(\frac{18T_C^2}{T^2} - 1\right)p_R$$

由于日连续注采，其温度变化不很大，因此 $c_p \approx const$。
又因为 $U_G = H_G - pV$，由伯特洛状态方程：

$$pV = RT - \frac{9T_C p}{128p_C T}\left(\frac{6}{T_R^2} - 1\right)RT$$

得到：

$$U_G = (c_p - R)T_R + \frac{9RT_C}{128p_C}\left(\frac{24T_C^2}{T^2} - 2\right)p_R$$

以上各式均代入原方程，得到：

$$\Delta m\left[(c_p - R)T_R + \frac{9RT_C}{128p_C}\left(\frac{24T_C^2}{T^2} - 2\right)p_R\right] = m_1 U_{G1} - m\left[c_p T_R + \frac{9RT_C}{128p_C}\left(\frac{18T_C^2}{T^2} - 1\right)p_R\right] + Q$$

(5-9-14)

式中　p_C——气体临界压力，MPa；
　　　T_C——气体临界温度，K。

(五) 水合物生成预测

天然气水合物是水与烃类气体的结晶体，外表类似冰和致密的雪，是一种笼形晶状包络物。水合物在井筒中生成时，会造成堵塞、减少流动断面、降低采气量、损坏井筒内部的部件等；水合物在井口或地面管线中产生时，则会使下游压力降低，妨碍正常输气，甚至完全堵塞管道，造成停气。

水合物的生成与天然气的组分、组成和游离水含量有关，一般 C_1—C_4 的烃类可形成水合物，C_5 以上的烃类不形成水合物。除此之外，水合物的生成还需要一定的热动力学条件，即一定的压力和温度。水合物的生成条件主要包括：有自由水存在，天然气的温度必须等于或低于天然气中水的露点，以及足够低的温度和足够高的压力条件。同时，一些因素如高流速、压力波动、气体扰动、H_2S 和 CO_2 等酸性气体的存在等也可生成或加速天然气水合物的生成。

在注气排卤结束后，盐腔内一部分残留卤水仍无法排出，来自管道的天然气中也可能存在一定量游离水,盐穴型储气库注采运行过程中,压力和温度均会发生变化,这些情况是水合物生成的必要条件,存在生成水合物潜在风险。因此储气库的设计和运行过程,一方面需预测连续采出过程水合物的生成区间;另一方面,需适时判定井口处天然气是否生成水合物,从而为指导现场生产提供依据。

考虑适合工程应用方便,建立了两种适用条件下的热力学模型:

(1)在给定压力下,达到热力学平衡时,形成水合物的最高温度。根据统计热力学理论,天然气水合物生成条件的热力学表达式为:

$$\ln Z = \gamma \quad (5-9-15)$$

式中 $\ln Z$——水相(或冰相)和 β 相(空水合物晶体态)中水的饱和蒸汽压之比,为温度的函数;

γ——水在 β 相和 H 相(气体水合物处于稳定状态)中的化学位差。

(2)计算在给定温度下,达到热力学平衡时,形成水合物的最低压力。得到水合物形成压力与温度的关系式:

$$p = 10^{-3} \times 10^{-p^*} \quad (5-9-16)$$

其中

$$p^* = a_0 + a_1 T + a_2 T^2 + a_3 T^3$$

式中 p^*——温度的函数;

a_0, a_1, a_2, a_3——方程系数。

图 5-9-2 为水合物形成的平衡曲线。当操作点位于生成水合物的最小压力点之下时,表明操作条件未进入水合物生成区;反之,如果操作点位于生成水合物的最小压力点之上,则操作条件进入了水合物的生成区,有水合物生成。

从图 5-9-2 可以看出,井底温度、压力和注采速率一定时,天然气相对密度越大,井口的温度压力越低,就越容易进入水合物的生成区域。

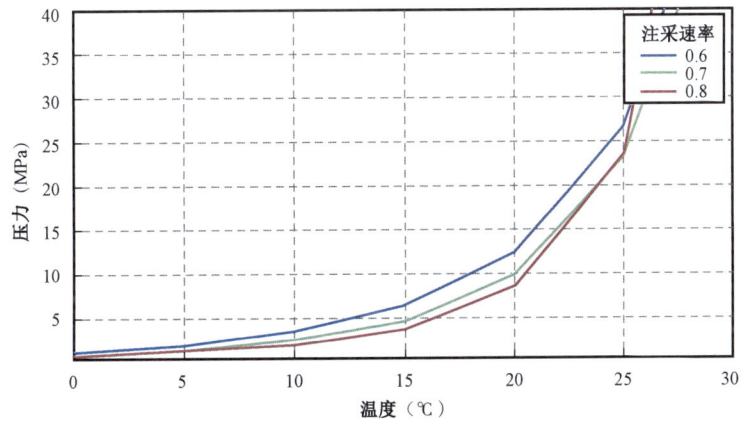

图 5-9-2 水合物形成的平衡曲线

二、运行方案设计方法

(一) 设计原则

1. 储气库注采周期设计

(1) 注采周期以储气库适应注入气源供给能力与市场需求采气能力的时间变化周期为原则。

(2) 采气周期以储气库具备的工作气规模为基础,以适应用气市场的需求规律为前提,以尽可能满足市场的需气规模为目标来确定。

(3) 注气周期以注入气源的供给能力为前提,以储气库储气能力为基础,以注够气、安全平稳注气为目标来确定。

2. 储气库日调峰气量设计

气库日调峰气量按照工作气量、采气周期、市场日需气量与变动规律综合确定。

3. 气库合理采气井数

储气库合理采气井数就是同时能够实现储气库工作气量与日调峰气量的最少井数,合理采气井数与储气库调峰采气规律与规模直接相关,与不同采气时间对应的单井产量高低直接相关。合理的采气井数首先满足冬季春节前后的市场最高日需气量,其次满足采气期末市场最低需气量,三是能够达到采气期总产气量即储气库工作气量。

(二) 运行方案设计方法

1. 季节调峰方案设计

根据储气库调峰气量、单腔调峰规模、井腔数、气库注采运行压力、库容总规模、月注采气量、采气管柱、注采周期,进行储气库注采气运行季节调峰方案设计。

2. 应急方案设计

根据应急运行条件、一次应急采气量、应急腔数及平均单腔采气量,在采气末出现应急的工况下,进行盐穴储气库应急方案设计。

3. 储备方案设计

储备方案的设计方法可遵循季节调峰方案设计方法。

三、运行方式优化

盐穴型储气库运行过程中的热动力学行为是影响储气库稳定性的重要因素。注采气速率越大,盐腔压力和温度变化率也越大,对盐腔稳定性越不利。运行方式是否合理直接影响储气库的稳定性,最终影响其使用寿命。下面以两种运行方式来阐述运行方式对储气库稳定性的影响程度,为运行方案的设计与优化提供依据。

假定盐腔为圆柱形,其直径为 80m,腔高 120m,中部深度 850m,盐腔位于无限均质盐岩层中。

均匀注气均匀采气工况:每年两个注采周期,12 月至次年 2 月采气、3—5 月注气、6—8 月采气、9—11月注气,模拟期30年。如图5-9-3所示。

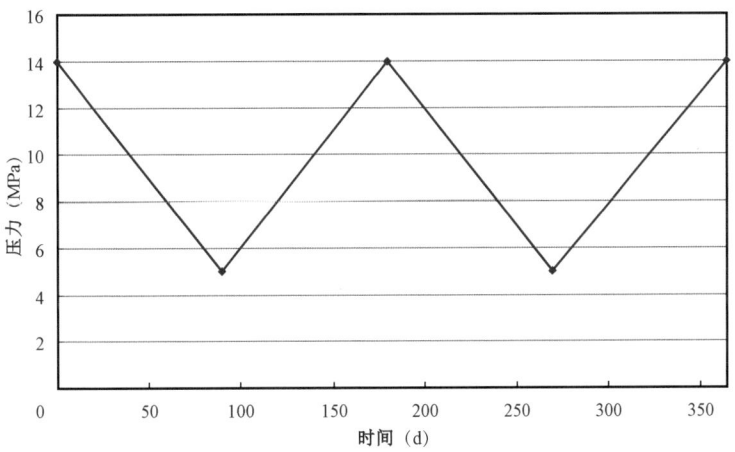

图5-9-3 均注均采工况运行示意图

极端采气工况:1月1日至7日为采气期,1月8日至2月为低压关井期,3月至6月匀速注气;7月为高压关井,8月1日至7日为采气期,8月8日至9月为低压关井期,10月至11月为匀速注气期,12月为高压关井期(图5-9-4)。

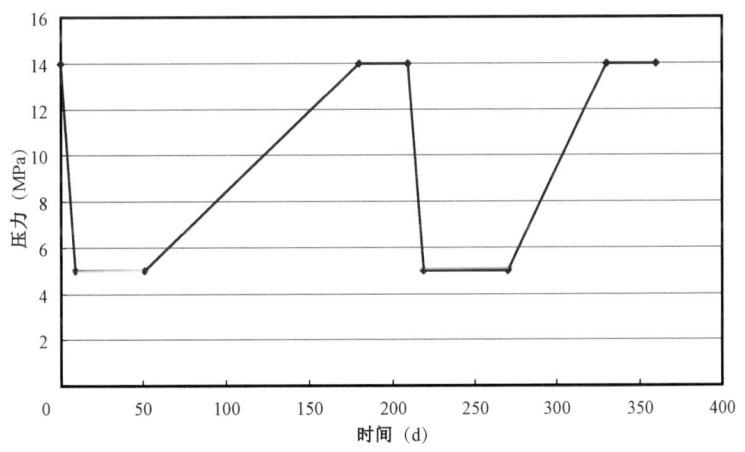

图5-9-4 极端工况运行示意图

在均匀注采气工况条件下,盐壁处的蠕变应变在8.5%左右,而在极端采气工况条件下,盐岩的蠕变达到了10.7%,超过了稳定性判定准则3规定的盐岩蠕变应变率不超过10%(图5-9-5)。因此,储气库在运行过程中应尽量避免在极端条件下运行,如果必须运行,应尽量缩短运行时间。

采气过程中如果采气速率过高就可能引起盐壁出现张应力,由于盐层的抗拉强度较低,因此应尽可能避免张应力的产生。为了研究在极端运行条件下,高采气速率造成的影响,分别对9d、7d、5d采空的情况下进行计算。7d采空的第一个循环中并没有出现拉应力,从第二个循环开始出现了1.1MPa的拉应力,而在5d采空的情况下,从第一个循环开始就出现拉应力。

而9d采空的情况下,没有出现张应力(图5-9-6)。因此,为保证安全运行,需要避免张应力,避免采气速率过高。

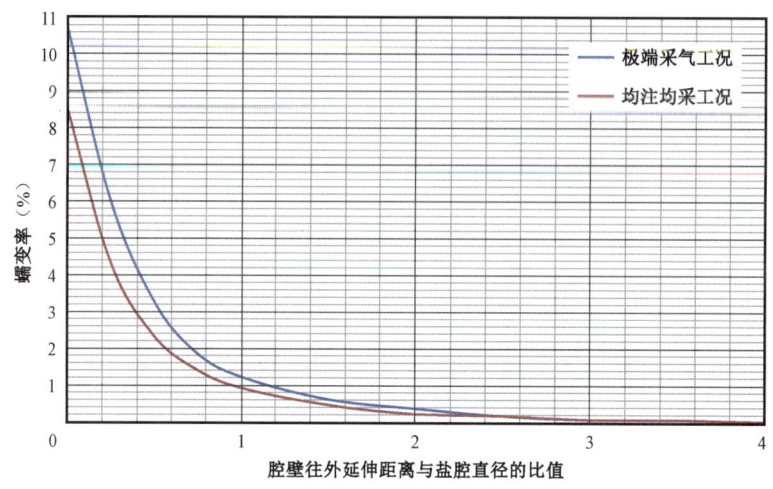

图5-9-5　不同工况条件下蠕变率大小

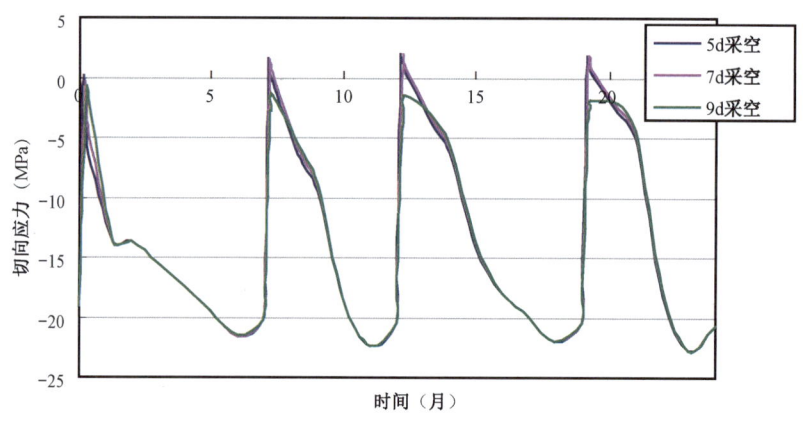

图5-9-6　不同采气速率下切向应力变化

第十节　已有老腔改造技术

利用盐矿已有老腔改建储气库能够大幅度提高建库速度,但由于盐矿的目的是以采盐为主,对井质量、盐腔稳定性、盐腔和井筒密封性等无明确要求。利用已有老腔改建储气库首先要对已有老腔进行一系列评价,在评价结果符合经济性、稳定性要求时,还需要对老腔进行改造,使井筒和盐腔条件符合储气库的技术要求。

本节主要以中国金坛盐矿已有老腔改建储气库工艺技术为例,介绍了已有老腔的筛选评价方法、改造工艺和改造后密封性评价等。

一、已有老腔的筛选

(一) 筛选原则

老腔筛选主要考虑地面条件、地质条件和腔体条件三种条件,地面条件主要考虑井口是否邻近村落、学校、医院等人口集中地,井口改造是否方便施工。地质条件主要考虑构造封闭是否良好,盖层和邻近断层是否有良好的密封性(是否远离断层),腔体埋深是否适中,是否发育良好。腔体自身的筛选条件有腔体顶底板、腔体的体积、与邻近腔体间安全矿柱宽度、腔体的几何布置,特别是连通腔体,最好是线性布置,连通的腔群改建储气库相对危险。

在进行盐矿老腔改建成储气库可行性研究之前,首先应掌握完整的老腔的分布及老腔的基本情况等,并进行系统的整理和分析,只有符合预选条件的盐矿老腔才能开展下步老腔改造可行性研究。预选原则主要包括以下两个方面。

1. 地质条件

(1)地质构造条件好,上覆盖层和断层具有良好的封闭性。

(2)盐岩层发育,埋深适中,分布稳定,且盐岩品味高,各层岩石与所储存的气体不发生化学作用等。

2. 腔体条件

(1)腔体体积根据实际情况,综合考虑老腔可用性,修复成本,运营利润等多个方面,估算改建储气库腔体的单腔容积应达到要求体积。

(2)对于腔体井距,各腔体间最好相对独立,但不是所有的老腔都是独立的,独立腔体之间和连通腔体的井间距离均应满足稳定性要求。

(3)开采过程中腔体状态相对稳定,没有发生过影响腔体溶滴的复杂情况和重大事故。

(4)地面条件较好,便于施工。符合预选条件老腔,再进行声呐测量筛选,只有符合声呐测量筛选条件的盐矿老腔才能开展进一步老腔改造可行性研究。声呐测量筛选原则主要包括以下 5 个方面:

① 腔体井筒的井斜角与方位角。腔体井筒的井身质量应符合相关标准,并且能够满足储气库后续作业的基本要求。

② 腔体容积。根据腔体预选时对单腔容积的要求,对腔体做出取舍。

③ 老腔位置。储气库腔体危险位置主要集中在腔顶、腔底及夹层位置。针对老腔位置,主要是考虑腔体顶部和底部的盐层剩余厚度。腔体顶部盐层剩余厚度是腔体稳定性和密封性的重要指标,其数值大小与诸多因素有关,比如盐层特性、盖板密封性、气库运行压力及运行制度等。根据中国的实际情况,综合考虑各因素,将盐矿老腔改建为储气库,需要腔体顶部盐层和底部盐层厚度满足稳定性要求。

④ 腔体形状。所选择盐矿老腔的腔体形状应满足力学稳定性要求,如近似椭球腔、球体腔、梨形腔和鸡蛋形腔等。而不同的腔体形状对盐岩储气库的稳定性、运行压力等都具有重要的影响。综合考虑储气库的稳定性和运行压力等因素,选择梨形腔进行改建,更符合实际情况。

⑤ 腔体间矿柱厚度。腔体间的矿柱厚度是储气库腔群安全运行可靠性的重要参数,它对

于盐矿老腔的稳定性、密封性、安全性都十分重要。理论上盐穴腔体间矿柱距离是越大越好，但不符合实际情况。所以根据现场情况，实际施工时有一个合理值，它同样与盐层特性、储气库运行压力以及运行制度等因素有关。

一般盐矿在采盐布井时，较少考虑腔体间的矿柱厚度，但将已有采卤老腔改建储气库时，必须进行考虑。根据国外经验，盐腔间矿柱厚度一般应大于腔体直径的2.5倍。但如果将腔群中的几个腔体作为一个整体考虑，在气库运行时采取同注同采等措施，则矿柱厚度可适当减小。

通过声呐测量筛选的老腔，再进行稳定性评价，稳定性评价合格的老腔再进行老腔改造工序。

(二) 筛选方法

在对已有采卤盐腔进行评价之前，首先应调研与掌握完整的地质与工程资料、盐腔资料等，并进行系统的整理和分析，只有符合一定条件的已有采卤老腔才能改建为储气库[12]。

根据江苏金坛储气库建库地质评价，结合工程可行性、安全稳定性、经济效益性，建立老腔筛选评价方法，进行老腔筛选。

1. 老腔预选评价

首先在掌握地质与工程资料、盐腔等资料基础上，对资料进行系统的整理和分析，建立老腔预选评价方法(图5-10-1)。只有预选合格的腔体才能转入声呐测量、筛选与评价。

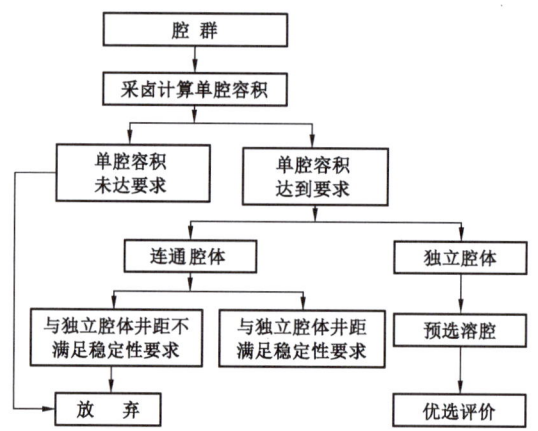

图5-10-1 老腔预选评价方法流程图

2. 声呐测量筛选评价

对预选出的腔体需要进行必要的工程施工，利用声呐测量方法来获取所需的资料与数据，以便进行深入的评价，声呐测量筛选评价方法如图5-10-2所示。

1) 通井

下入通井管柱对已有采卤老腔的老井眼实施通井，清除井壁结垢、盐结晶及毛刺等，保持井眼畅通以确保测井仪器和声呐测腔仪器的安全起下。通井管柱尽量充至原人工井底，通井规通至套管鞋1m以下无遇阻，以满足下步施工的安全和技术要求。通井作业质量要求：(1) 井下套管内通径畅通无阻；(2) 井下脏物应充分洗出地面；(3) 通井深度必须满足声呐测腔仪器下深的要求;(4)资料收集齐全、准确,符合设计要求。

2) 测井

目的是提供采卤井筒的基础数据,如果钻井过程中的资料较全,可适当删减测井项目。测井项目主要包括:井斜、方位、套管接箍位置、井眼轨迹、其他要求的项目等。测井作业应严格按照行业相关标准规范执行。

3) 声呐测量

由于已有采卤老腔的直径与体积较大,要获取其形状与容积等资料必须使用特殊的测量仪器与设备,目前国际上常用的是声呐检测仪,测量原理见第五章第六节。声呐检测仪可测出腔体的形态、体积、温度分布等情况,并能探明腔体的顶、底板位置,同时还能得出相邻腔体间的相互位置关系。

按照图 5 – 10 – 2 给出的筛选评价流程,对通过预选的腔体进行优选,首先对预选的井进行通井;通井合格后对井进行井斜、方位、磁定位和伽马测井等,最后对通井、测井合格井进行声呐测量。

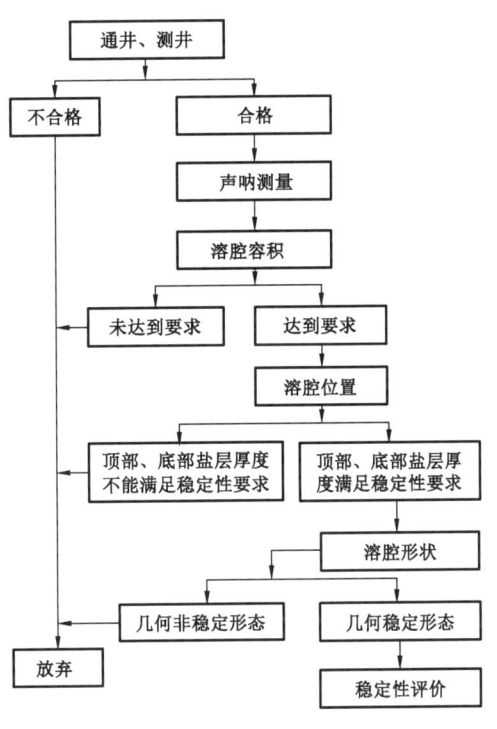

图 5 – 10 – 2　老腔优选评价方法流程

二、已有老腔稳定性评价

经过上述优选评价后,还要对优选出的腔体进行力学稳定性评价。力学稳定性评价主要包括:应力分布分析、静态稳定性评价、不同运行工况(工作压力、注采周期、注采速率等)对盐腔稳定性的影响、动态稳定性评价、地面沉降评估[12]等。

应用 FLAC3D 软件对盐矿已有老腔进行稳定性评价。首先利用盐矿实测得到的地质资料,建立老腔稳定性评价的力学模型(图 5 – 10 – 3 和图 5 – 10 – 4),对选择的老腔 X1 和 X2 进行静力及蠕变分析,作为其他腔体稳定性评价的参照。利用基本数据建立了 FLAC – 3D 静力计算网格图(图 5 – 10 – 5),可模拟计算出静力条件下腔体周围所形成的塑性区和位移分布情况。X1 和 X2 两个腔体的静力分析表明,在腔体周围所形成的塑性区未形成连通实体,显示在当前空腔受力状态下,双腔基本保持稳定。蠕变计算结果显示,双腔在不同内压条件下比较稳定,相互

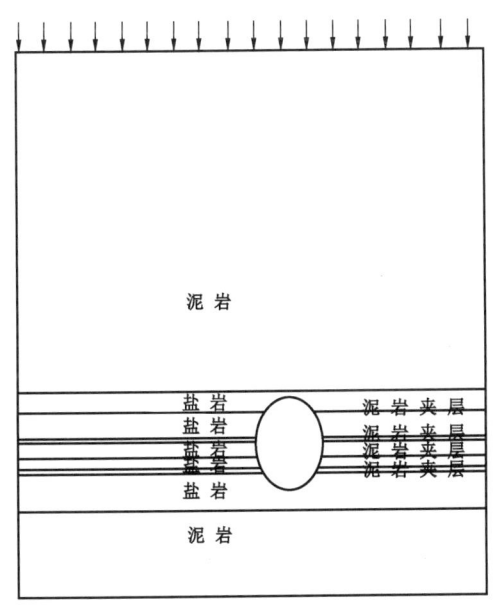

图 5 – 10 – 3　地层模型

间未形成明显的影响。

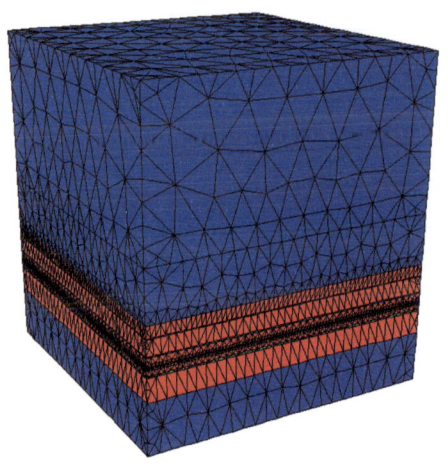

图 5-10-4　整体网格模型

图 5-10-5　腔体内部网格模型（红色为夹层）

已有老腔稳定性评价主要指标与新建盐腔稳定性评价相同,具体评价指标详见第五章第四节,此处不再赘述。

采用此方法对老腔进行力学稳定性评价,最终筛选出具备可利用条件的已有采卤溶腔。

三、已有老腔改造

通过稳定性评价的采卤老腔的井身结构、套管封固质量、套管密封性等方面通常达不到储气库对密封性和注采气量的要求,主要存在的问题有:生产套管直径小,注采天然气的吞吐能力不能满足应急供气的需求;生产套管质量差,钢级低,壁薄,套管连接螺纹及螺纹密封脂不符合注采气井要求;生产套管水泥返高未全部返至地面,固井质量不能达到注采井要求;采卤井生产时间长,套管变形、腐蚀严重[13]。因此,现有采卤井不具备直接转为注采气井的条件,须进行重新改造。

（一）已有老腔改造原则

利用已有的采卤溶腔的改造方案应遵循以下原则:
（1）安全第一,确保腔体、井筒、地层三者间的有效密封;
（2）改造后的生产套管直径要足够大,可满足储气库运行时强注强采的要求;
（3）满足注采管柱结构与防腐的要求;
（4）改造后井筒可承受交变应力和温度的剧烈变化;
（5）改造技术措施可靠。

（二）已有老腔改造工艺

1. 已有采卤老腔的改造工艺方案

利用已有采卤老腔改建储气库的前提是腔体、井筒、地层三者间的有效密封,其次是井筒有足够的天然气注入和采出能力。因而,修复可利用采卤老腔的方案,必须满足这两项基本要求。

从施工工艺上考虑,提出最有可能的改造修复工艺方案[14]。

方案一:直接将老井眼封堵(或环空挤水泥)后,再打大直径新井。其工艺流程是:通井→测井→射孔→挤水泥→打水泥塞封井→打塞→移井位及钻新井→利用采卤老腔。

由于套管射孔挤水泥是一项成熟技术,因而该方案技术难度低,施工工艺简单,投资相对较小;但老井筒密封不可靠,不能保证老井筒环空的封固质量,且一腔多眼,腔体后期稳定性存在问题。

方案二:锻铣部分下部套管和水泥,封堵后再打大直径新井眼。其工艺流程与方案一基本相同,其差别仅在于用锻铣代替射孔。工艺流程是:通井→测井→下部套管锻铣→扩铣水泥环至新地层→打水泥塞及注水泥封堵→锻铣其他部位及注水泥→打塞移井位及钻新井→利用采卤老腔。

套管锻铣后封堵水泥是提高生产套管环形空间封固质量的有效方法,可使腔体密封效果得到改善,但一腔多眼造成的腔体后期稳定性问题依然存在。

方案三:全井套铣,扩眼后下入大直径套管。该方案是用全井套铣的方法将原采卤井的生产套管全部取出,用扩眼钻头扩眼后,重新下入新的生产套管。

此方案具有腔体密封可靠、安全隐患少、后期作业容易等优点,但施工工序较多,工艺相对复杂。

2. 已有采卤老腔改造工艺

1)套铣施工工艺[15]

套铣施工工艺包括:(1)提出井内的采卤管柱,通井处理后关井试压,进行套管质量和声幅测井,了解套管和水泥环的质量情况。(2)在套管内腔顶位置下入可回收式桥塞,根据地层岩性和压力变化,分阶段调整好钻井液性能。通过套管套铣、切割和锻铣作业,去除表层套管和生产套管。(3)采用领眼钻头扩眼,分别下入表层套管和生产套管。(4)在完井管柱上连接特殊附件进行无井底圆井。确保连接腔体通道的生产套管封固质量,按照储气库特殊要求,对环空水泥石进行密封质量检验。(5)最后用气体检测井筒及环空的密封能力。

套铣施工工艺的关键技术包括:(1)套铣钻进工具组合为铣鞋+无接箍套铣管+变径接头+加重钻杆+钻杆。(2)套铣钻头选型:套铣钻头的切削刃、流道、材质及类型必须与地层、套管和水泥环匹配。(3)套铣钻井液:上部井段采用常规聚合物钻井液,下部井段采用饱和盐水钻井液。钻井液应具有携屑性能好、润滑性能好、防塌性能好等特点。(4)确定合适的套铣参数,保证井下安全。(5)割刀选型:根据不同尺寸套管、不同井下情况,选择不同的割刀(如内割刀、外割刀和套管锻铣刀等)对套管进行切割。(6)根据地下情况,随时调整套铣工艺措施。

2)套铣工艺施工原则

长裸眼段套铣施工中必须遵循的原则:(1)套铣作业的全过程必须保证井筒与盐腔的隔绝;(2)采用大齿(或高效)带内外出刃的铣鞋一次性将表层套管套铣割断后提出;(3)选择合适的铣鞋,加快套铣进度,保证施工安全,在玄武岩地层使用研磨式铣鞋,其他地层使用高效铣鞋或特殊加工的大齿铣鞋,铣鞋要有足够的内出刃,防止卡钻;(4)套铣过程中防止水泥环脱落而卡死铣管,做到及时切割,适时调节排量,防止憋卡;(5)在套铣最后阶段,在盐腔顶部以上预留2~3m套管不套通盐腔,待下套管固井后再套通盐腔。

(三)已有老腔密封性检测

腔体密封性检测作为老腔改造工程的一部分,对评价老腔改造效果以及保证今后储气库安全运行具有重要意义。

盐穴型储气库腔体密封性检测在国内尚无先例,在国外也没有一个统一的做法和检测标准。目前国外在腔体试压方面主要有两种方法:一种是API推荐的腔体密封检测方法,另一种是Geostock推荐的腔体密封性检测方法。两种方法所采用的设备、检测方法、评价标准都有很大区别。在研究和借鉴上述两种方法的基础之上,充分考虑国内盐层及井腔的实际情况及特点,制订了适合于中国的盐穴腔体密封性测试方法(简称CSCT方法)。CSCT方法克服了国外两种方法各自的缺点,借鉴了它们的合理之处,具有现场操作性强、试压费用低、评价结果准确合理等特点。

1. 测试原理

CSCT方法的主要测试思想是向生产套管和测试管柱之间注入空气(或氮气),使气水界面深度达到生产套管鞋以下5~10m的位置,同时使套管鞋处气体压力保持为恒定的压力值(可以通过间歇性注入适量卤水实现)。测试期间,通过界面测井仪持续地记录气水界面的深度,通过地面检测仪表持续地记录井口压力、流体流量和温度等参数。根据记录结果,计算出腔体泄漏率随时间的变化曲线,根据腔体泄漏率随时间的变化趋势和气水界面深度变化值对腔体密封性作出评价。

2. 评价方法及标准

1)评价方法

根据记录的每次气水界面深度、井口气体压力和温度等参数计算出每次的泄漏率,然后绘出24h内泄漏率与时间的关系曲线。根据泄漏率与时间的关系曲线和气水界面深度变化数值对腔体密封性进行评价。

泄漏率计算公式为:

$$\Delta V_{\text{CS}} = \frac{|H_i - H_{i+1}|(D_{\text{well}}^2 - D_{\text{casing}}^2)\pi}{4} \quad (5-10-1)$$

$$\Delta V_{\text{Std}} = \frac{\Delta V_{\text{CS}} p_{\text{CS}} T_{\text{Std}}}{T_{\text{CS}} p_{\text{Std}}} \quad (5-10-2)$$

$$\Delta Q_{\text{泄漏}} = \frac{\Delta V_{\text{Std}}}{T_i} \quad (5-10-3)$$

式中 ΔV_{CS}——套管鞋处腔体泄漏的压缩体积,m^3;

H_i——第i时刻气水界面深度,m;

H_{i+1}——第$i+1$时刻气水界面深度,m;

D_{well}——腔体脖颈处的直径,m;

D_{casing}——试压管柱的外径,m;

ΔV_{Std}——标况下腔体泄漏体积,m³;

p_{CS}——套管鞋处腔体的压力,MPa;

p_{Std}——标况下的压力,MPa;

T_{Std}——标况下的温度,℃;

T_{CS}——套管鞋处腔体的温度,℃;

$\Delta Q_{泄漏}$——标况下腔体泄漏率,Sm³/h;

T_i——第 i 时刻井口温度,℃。

2)评价标准

盐穴气库腔体密封性的评价标准主要有以下两条:(1)泄漏率随时间的变化趋势是逐渐减小的,并最终达到一个稳定的水平;(2)测试时间内气、水界面深度变化小于1m。

如果检测结果能够同时满足上述两条标准,则认为腔体密封性是合格的;如果检测结果不满足标准(1),则认为腔体密封性是不合格的;如果检测结果满足标准(1),但不满足标准(2),即气水界面深度变化大于1m,则可通过延长测试时间或者根据现场具体情况讨论决定腔体密封性是否合格。

利用上述评价方法和标准,对改造后的老腔进行了气密封试压评价,密封性检测合格的老腔可改建成储气库,密封性检测不合格的老腔要放弃或改作他用。

参 考 文 献

[1] 丁国生,张昱文. 盐穴地下储气库[M]. 北京:石油工业出版社,2010.
[2] 丁国生,郑雅丽,李龙. 层状盐岩储气库造腔设计与控制[M]. 北京:石油工业出版社,2017.
[3] GB 50266—2013 工程岩体试验方法标准[S].
[4] 吴文. 盐岩的静、动力学特性实验研究与理论分析[D]. 北京:中国科学院,2003.
[5] 刘建锋. 层状盐岩基本力学特性及损伤演化研究[D]. 成都:四川大学,2008.
[6] 鲜学福,谭学术. 层状岩体破坏机理[M]. 重庆:重庆大学出版社,1989.
[7] 杨春和,李银平,陈锋. 层状盐岩力学理论与工程[M]. 北京:科学出版社,2009.
[8] 王安明. 层状岩体变形机理及非线性蠕变本构模型[D]. 武汉:中国科学院武汉岩土力学研究所,2008.
[9] 吴文,侯正猛,杨春和. 盐岩中能源(石油和天然气)地下储存库稳定性评价标准研究[J]. 岩石力学与工程学报,2005,24(14):2497-2505.
[10] Fritz Wilke. Solution Mining with Two Boreholes for Gas Storage in Zuidwending[C]. The Netherlands,SMRI Fall 2011 Technical Conference,2011.
[11] 陈军华. 定向对接连通井技术在我矿的成功应用[J]. 中国井矿盐,2015,46(6):22-23.
[12] 田中兰,夏柏如,苟凤. 采卤老腔改建储气库评价方法[J]. 天然气工业,2007,27(3):114-116.
[13] 丁建林. 利用现有采卤溶腔改建地下储气库技术[J]. 油气储运,2008,27(12):42-46.
[14] 田中兰,张芳. 金坛盐矿采卤溶腔利用与改造技术[J]. 中国井矿盐,2005,36(2):17-20.
[15] 田中兰,夏柏如,申瑞臣,等. 采卤盐矿老溶腔改建为地下储气库工程技术研究[J]. 石油学报,2007,28(5):142-145.

第六章　储气库完整性管理与风险管控

国外储气库安全事故表明，高强度交替注采、压力循环波动易造成储气圈闭地质构造失稳、井完整性失效和地面设备故障，导致泄漏、燃烧或爆炸等事故发生[1]。如美国加州 Aliso Canyou 储气库因井套管破损引发天然气泄漏，事故总损失超 10 亿美元，是美国历史上严重的储气库泄漏事故[2]。完整性管理是储气库安全管理的必然要求和发展方向，是保障其长期注采安全运行的有效手段。在国外油气井完整性管理技术基础上，我国储气库完整性技术逐步研究完善。

第一节　国内储气库完整性现状

一、储气库完整性的提出与发展

20 世纪 70 年代末到 80 年代初，随着断裂力学的发展，国际上提出结构完整性的概念，形成了基于断裂力学和结构极限承载能力的含缺陷结构能否继续使用的定量工程评价方法，随后形成了相应的标准并不断发展和完善，并在核工业、炼化管道和压力容器、大型焊接结构、油气输送管道等工业领域得到成功应用[3]。

在油气储运行业，完整性管理最先起始于油气输送管道专业，国外在 20 世纪 90 年代逐步形成油气管道系统的完整性管理体系。管道完整性是指管道始终处于完全可靠的服役状态，其内涵包括三个方面：一是管道在物理上和功能上是完整的；二是管道始终处于受控状态；三是管道运营商已经并仍将不断采取措施防止失效事故发生。管道的完整性管理是指管道运营商持续地对管道潜在的风险因素进行识别和评价，并采取相应的风险控制对策，将管道运行的风险水平始终控制在合理和可接受的范围之内。换言之，管道完整性管理是对影响管道完整性的各种潜在因素进行综合的、一体化的管理[4]。我国从 1998 年开始探索管道的完整性管理，目前已发布国家管道完整性管理标准，并正在全国范围内推广。通过管道完整性管理推行，大大降低了事故发生率，避免了不必要和无计划的检修作业，从而获得巨大的经济效益和社会效益。

油气井完整性管理也是起始于 20 世纪 70 年代，如 BP 公司自 1977 年开始探索油气井完整性管理，2000 年设立专门的完整性工程师，全面负责油气井完整性管理，并将其贯穿于油气井的各个阶段。2004 年，挪威国家石油标准化组织在国际上最早发布了油气井完整性标准 NORSOK STANDARD D-010[5]。油气井完整性是指油气井处于地层流体中被有效控制并处于安全运行状态。油气井完整性管理是指综合运用技术、操作和组织管理的解决方案来降低油气井在全生命周期内地层流体不可控泄漏的风险。油气井完整性管理贯穿于油气井方案设计、钻井、试油、完井、生产、修井和弃置的全生命周期的每个阶段。20 世纪 90 年代初，李鹤林院士在国内最早提出并开展了油套管结构完整性和密封完整性的试验评价和研究[6]，并持续开展了油气井管柱完整性技术研究；塔里木油田自 2005 年针对库车山前高压气井面临的众多挑战，借鉴国外先进的井完整性设计理念，持续开展了井完整性设计研究；西南油气田自 2008

年开展三高气井完整性评价技术研究,并于 2015 年上线运行"西南油气田井完整性管理系统";2013 年 8 月,中国石油勘探与生产分公司组织开展《高温高压及高含硫井完整性指南》《高温高压及高含硫井完整性设计准则》和《高温高压及高含硫气井完整性管理》等井完整性技术规范编制工作,并与 2017 年 9 月正式出版发行[7-9]。

储气库作为天然气产业的重要组成部分,其完整性管理在国际上备受关注和重视。20 世纪 90 年代,美国气体研究协会开展了盐穴用于天然气储气库的风险评价研究[10];2001 年,哥伦比亚公司采用风险评价方法评价储气库井完整性状况,用于优化资产完整性管理[11];2015 年,美国石油学会发布了 API RP 1171《枯竭型和含水层天然气储气库功能完整性》[12] 和 API RP 1170《盐穴型天然气储气库设计与运行》[13]。储气库由储层、注采井和地面设施三大单元组成,其完整性管理的对象不只局限于注采井和地面设施,还包括储层(如气藏型储气库的圈闭、盐穴储气库的盐腔)。国际管道研究协会(PRCI)地下储气库委员会于 2006 年和 2009 年发布的研究指南中就将油套管完整性、固井水泥环完整性和库存完整性作为储气库完整性技术研究的重点内容[14]。储气库完整性是指储气库地质体、注采井和地面注采设施的功能始终处于安全可靠的服役状态,其内涵包括三个方面:一是地质体、注采井和地面注采设施各单元在物理上和功能上是完整的;二是始终处于受控状态;三是运营商已经并仍将不断采取技术、操作和组织管理措施防止天然气泄漏事故发生。储气库完整性管理指对所有影响储气库地质体、注采井和地面注采设施三大单元完整性的风险因素进行识别和评价,并综合运用技术、操作和组织管理措施,将储气库运行的天然气泄漏风险水平始终控制在合理和可接受的范围之内。储气库完整性管理是对地质体、注采井和地面设施的一体化管理,是贯穿于储气库全生命周期的全过程管理,是应用技术、操作和组织措施的全方位综合管理。

我国储气库完整性管理主要包含以下基本内容:

(1)储气库完整性管理的根本理念是防患于未然,应将储气库完整性管理理念融入到可行性论证、设计、钻完井、注采运行和废弃各阶段。

(2)储气库完整性管理包括地质体、注采井和地面设施完整性管理。

(3)应收集与整合所有与储气库完整性相关的数据信息,并集中管理。

(4)储气库完整性管理是持续改进的动态管理过程。

(5)应持续开展储气库完整性管理,并不断将各种新技术应用于储气库完整性管理。

(6)建立储气库完整性管理机构,明确职责范围,并配备必要的管理手段。

(7)运营商应建立储气库完整性体系文件,包括管理手册、程序文件、作业手册和标准规范等。

二、储气库完整性管理体系

我国储气库建设运行过程中,储气库完整性管理体系主要包括储气地质体、井筒、地面设施等完整性管理体系。

(一)储气地质体完整性管理体系

储层的完整性是指储层能够确保储天然气安全存储的状态。可能发生泄漏的风险因素包括人为钻井造成的垂向或侧向泄漏通道、断层激活、盖层密封失效等。为确定和证实储气库储层完整性[16],需开展以下工作:(1)储层表征;(2)盖层和断层完整性检测;(3)库存井底压力测试;(4)观测井监测以及圈闭逸出监测;(5)已钻井井筒密封监测;(6)物质平衡分析等。对可追溯的、可核查的和完整的储气资产数据进行可访问式管理,以用于定期监管检查。此外,这些数据还用于评估设施的运行状况。

对储层完整性进行的核查和论证的内容应包括:证明储层完整性不会受到运行条件的不利影响。通过井底压力检查/关闭测试或者其他压力递减分析方法对储层完整性进行检验,还可通过监测观测井、监测第三方现有井和新井、执行相关测量/审核以及天然气系统平衡的方法对储层完整性进行检验。

(二)储气库井完整性管理体系

储气库井完整性管理首先应依据储气库的运行特点,建立相应的完整性管理文件,以储气库井的风险识别,完整性监测、检测与评估为重点,风险识别包括采气树、井的风险识别,井筒监测包括温度、压力、流量监测,检测内容主要覆盖采气树和井口装置、套管/油管以及固井质量等。利用先进的检测技术对上述设备设施进行完整性检测,确定设备设施的运行状态及受损程度并对其剩余寿命进行估算。通过以上分析建立储气库井的完整性管理数据库,对储气库的总体运行状态进行评估,以达到风险预防和控制的目的(图6-1-1)。

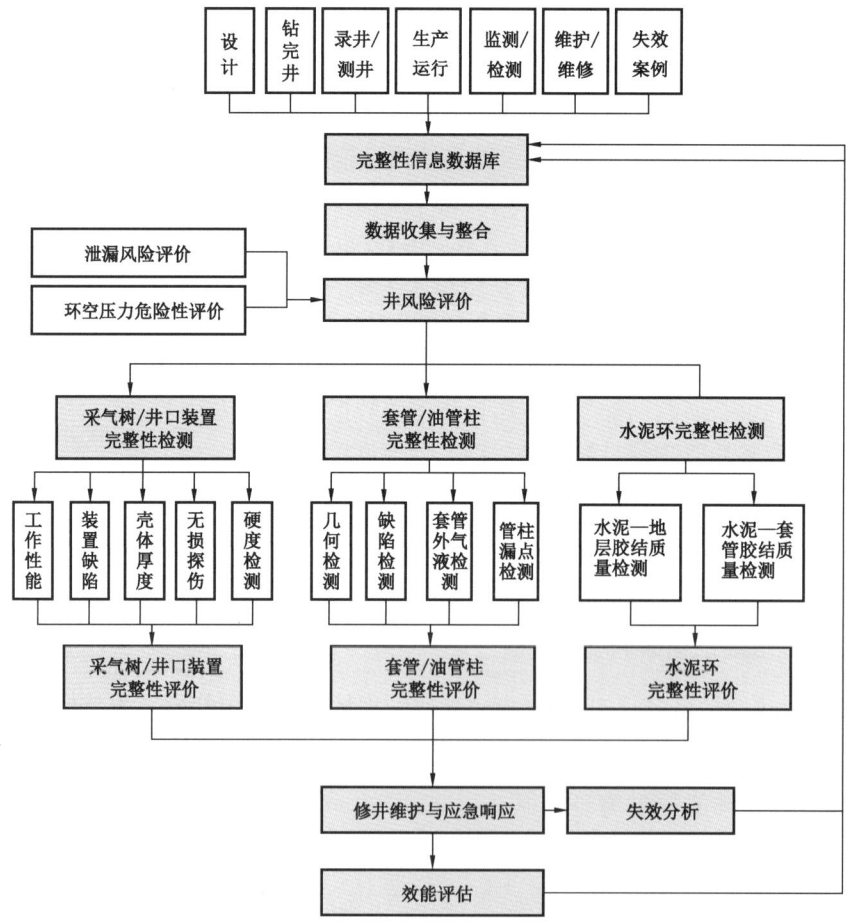

图6-1-1 储气库井完整性管理流程图

储气库井的完整性管理技术体系可以帮助运营者协调井完整性管理、能源可靠性、健康和环境风险之间的关系。同时,也有利于政府制定地下储气库的监管制度[15]。

储气库井筒完整性管理在于变被动防护为主动防护,始终保证在储气库发生事故之前,将各种风险因素消除或降到可接受的范围之内,从而使储气库安全平稳地运行。

储气库井井筒完整性研究包含的内容众多,涉及设计、施工、管理的全过程。但无论是在储气库建设还是运行过程中,对地层流体的有效控制都是最为重要的。一旦流体失控流动,可能导致严重的甚至灾难性后果。作为控制地层流体无控制流动的阻挡层,生产套管、注采管柱、固井水泥环是井筒完整性的关键组成部分[16,17]。

井筒机械完整性是完整性管理的重要组成部分,包括气井内部和外部的完整性,如图6-1-2所示。

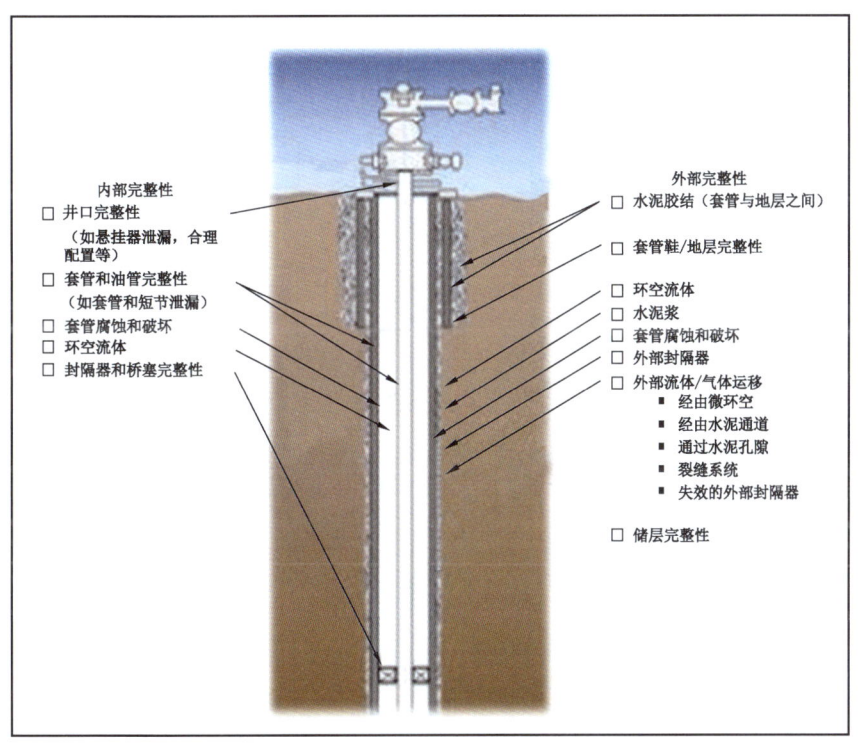

图6-1-2 气井的内部和外部机械完整性示意图

(三)地面设施完整性管理体系

储气库地面注采设施完整性管理包括注采管道和集注站的完整性管理,有时也统称管道完整性管理。通过管道完整性管理,不仅可以大大减小管线事故发生率,而且可以避免不必要和无计划的管道维修和更换,从而获得巨大经济效益和社会效益。

1. 注采管道完整性管理

注采管道完整性管理的流程如图6-1-3所示。完整性管理是由以下步骤组成并形成闭环系统,包括数据的采集、整合及分析,潜在危险因素的识别及分类,风险评价,基于风险的检测,完整性评价,完整性评价结果的决策、响应和反馈。

注采管道完整性管理的核心是风险评价、基于风险的检测和完整性评价。管道风险评价包括定性、半定量和定量风险评价方法。管道的完整性评价包括管道本体的适用性评价、防腐涂层的有效性评价、地震及地质灾害评估等[18]。管道完整性检测是进行管道完整性管理的基础,常用方法有压力检测、外检测和内检测(在线检测)。外检测方法主要是声学检测、射线、电位检查、磁法检查等;内检测主要采用管内智能检测器。此外,还有缺陷直接评估、防腐层评价、管道泄漏检测等[19]。

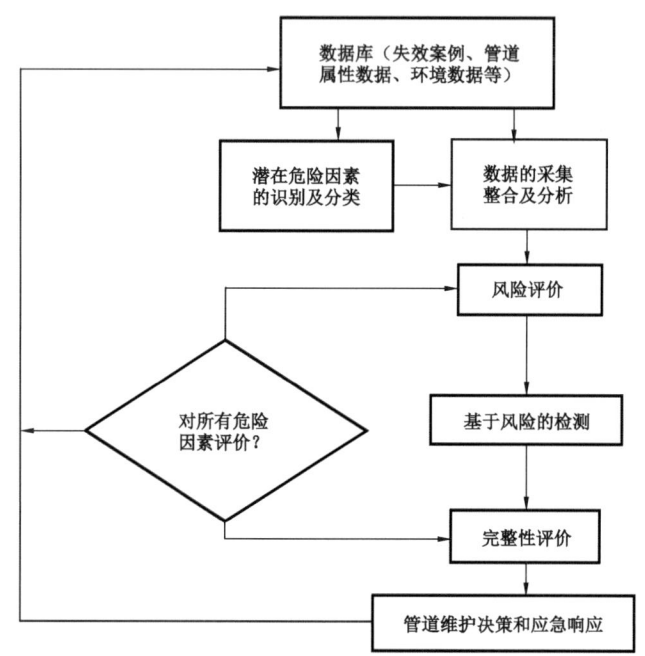

图 6-1-3 注采管道完整性管理流程图

2. 站场完整性管理

站场设备设施包括往复式压缩机、泵、加热炉、阀门、工艺管道、储罐和仪表等。开展站场完整性管理,与管道完整性管理的出发点相同,即针对不断变化的场站设备设施风险因素,对站场运营中面临的风险因素不断进行识别和技术评价,制订相应的风险控制对策,不断改善识别到的不利影响因素,从而将站场运营的风险水平控制在合理的、可接受的范围内。

站场完整性管理首先要分析站场管理的特点,建立一套场站完整性管理文件,文件覆盖场站的主要设备设施,然后从风险识别开始,按照设备设施、人员误操作、工艺管线的风险进行识别,再通过场站风险管理的技术方法,如基于风险的检测(RBI)、基于可靠性的维护(RCM)、安全仪表系统分级(SIL)等技术进行风险分级和排序,确定设备设施、管线的维护周期和时间。通过维护周期和时间的确定,进行风险预防和控制,实施场站设备设施的检测、完整性评估,基于此开展场站设施的维护维修,整个过程中,建立场站基础数据库,使数据与管理的各个环节紧密结合。最后,通过效能评价,持续改进站场完整性管理。典型的站场完整性管理流程如图 6-1-4 所示[15]。

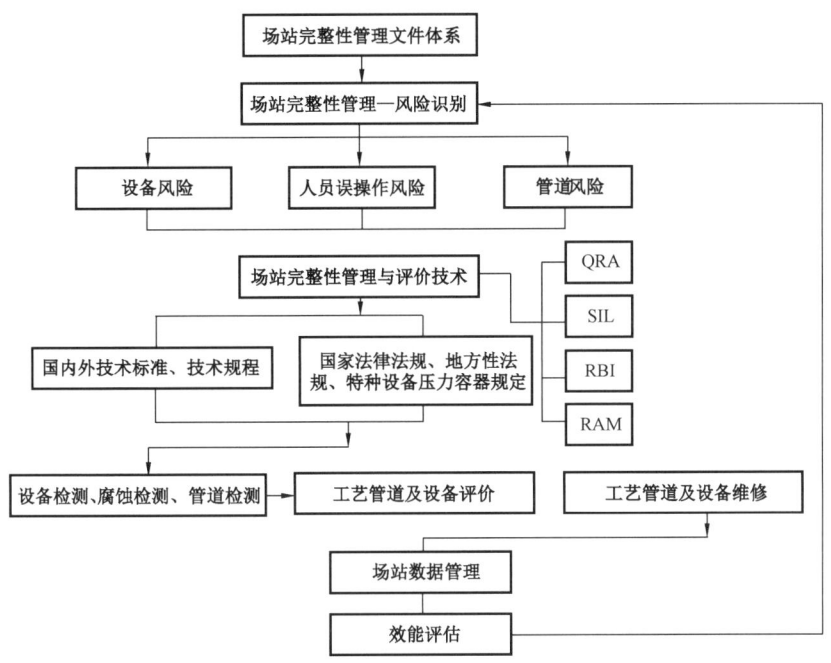

图 6-1-4　典型的场站完整性管理流程图

三、储气库完整性管理标准

目前,美国、加拿大、英国等国家已形成比较完善的储气库标准体系,主要有:

(1)美国在储气库完整性管理方面的专门标准主要是 API RP 1170 和 API RP 1171,相关规定主要为美国管道与危险物品安全管理局(PHMSA)所发布的 ADB-2016-02 公告和暂行最终条例(IFR)。美国管道与危险物品安全管理局(PHMSA)协同联邦能源管理委员会(FERC),以及五个国家监管机构和众多的行业代表,参与制定了两个美国石油学会推荐做法:API RP 1170《盐穴型天然气储气库的设计与运行》(2015 年 7 月)和 API RP 1171《枯竭油气藏和含水层储气库的功能完整性》(2015 年 9 月)。这两个推荐做法为储气库运营商提供了多方面的建议,包括储气库的建设、维护、风险管理和完整性管理程序[12,13]。

(2)2016 年 2 月 5 日,PHMSA 发布了 ADB-2016-02(地下储气库安全操作规范)公告。公告中建议地下储气库运营商应该审查他们的运营、维护和应急措施,以保证地下储气库的完整性。公告中告知了运营商一些推荐的做法,并敦促他们采取一切必要措施防止和缓解完整性破坏、泄漏或地下储气设施的失效,以保证公共、作业者和环境安全。

(3)加拿大 CSA Z341《碳氢化合物在地层中的储存》,该标准为加拿大国家级标准,于 1987 年开始起草,1993 年发布第一版,1998 年发布第二版,2003 年发布第三版。标准中包括三大部分:① CAN/CSA-Z341.1-02 储藏储库;② CAN/CSA-Z341.2-02 盐穴储库;③ CAN/CSA-Z341.3-02 矿穴储库。该标准主要对储库的地下部分做出规定,而地面设施主要采取引用标准,并不作为该标准的重点。第一部分涉及枯竭油气藏型储气库,对该标准的适用范围、参考出版物、材料选择、完井及老井利用、地下储库设施的定位、设计和开发准则、开发和建设、地面设施、操作与维护、监测和测量、安全、储库的填堵和报废等均作出了要求。

（4）英国 BS EN 1918-2:2016 涵盖了油气藏地下储气库（UGS）从地下到井口范围内的设计、施工、测试、调试、运行、维护和废弃等的功能性建议。

（5）英国 BS EN 1918-5:2016 涵盖了地下储气库（UGS）地面设施的设计、施工、测试、调试、运行、维护和废弃的功能性建议，包括从井口到燃气管网的部分。

（6）与储气库设施方面相关的国际标准包括：ANSI/API Spec 6A—2004《井口装置和采油树设备规范》、API Spec 5CT《套管和油管规范》、ASME B1.5《ACME 螺杆螺纹》、ASME B16.5《NPS1/2 至 NPS24 管法兰和法兰配件》。

（7）俄罗斯在储气库井安全检测方面发布了相关标准。例如：安全生产评价规则，延长危险生产项目中技术装置、设备及设施的安全使用期限的办法条例，目测和测量检测须知，套管剩余强度参数的计算，钻井工具切割损伤时套管的剩余强度，石油天然气行业安全生产条例，储气库套管间出现流体的井的研究规程等。

我国储气库经过 20 余年的发展，在标准体系建设方面也取得了较大的进展，在储气库设计、钻完井、风险评价、安全评价方面发布了 25 项标准，并完成了储气库标准体系规划，标准主要有：

（1）SY/T 6848—2012《地下储气库设计规范》；

（2）SY/T 6645—2006《枯竭砂岩油气藏地下储气库注采井射孔完井工程设计编写规范》；

（3）SY/T 6638—2012《天然气输送管道和地下储气库工程设计节能技术规范》；

（4）SY 6805—2010《油气藏型地下储气库安全技术规程》；

（5）SY/T 7370—2017《地下储气库注采管柱选用与设计推荐做法》；

（6）SY/T 6756—2009《油气藏改建地下储气库注采井修井作业规范》；

（7）Q/SY 1636—2013《气藏型储气库建库地质及气藏工程设计技术规范》；

（8）Q/SY 1183.1—2009《油气藏改建地下储气库气藏管理》；

（9）Q/SY 195.1—2007《地下储气库天然气损耗计算方法 第 1 部分：气藏型》；

（10）Q/SY1561—2013《枯竭型气藏储气库钻完井技术规范》；

（11）Q/SY1703—2014《地下储气库套管技术条件》；

（12）Q/SY1270—2010《油气藏型地下储气库废弃井封堵技术规范》；

（13）Q/SY 1183.2—2009《油气藏改建地下储气库运行管理规范 第 2 部分：注采井管理》；

（14）Q/SY 01012—2017《油气藏型地下储气库注采井完井设计规范》；

（15）Q/SY 1183.3—2010《油气藏改建地下储气库地面设施管理》；

（16）Q/SY 1486—2012《地下储气库套管柱安全评价方法》；

（17）Q/SY 416 2011《盐穴储气库腔体设计规范》；

（18）Q/SY 1417—2011《盐穴储气库造腔技术规范》；

（19）Q/SY 1418—2011《盐穴储气库声呐检测技术规范》；

（20）Q/SY 1599—2013《在役盐穴地下储气库风险评价导则》；

（21）Q/SY 1860—2016《盐穴型储气库井筒及盐穴密封性检测技术规范》；

（22）Q/SY 1859—2016《盐穴型储气库钻完井技术规范》；

（23）Q/SY 06024—2017《盐穴储气库注采系统设计规范》；

（24）Q/SY 06025—2017《盐穴储气库造腔系统地面工程设计规范》。

第二节　气藏型储气库完整性技术

我国储气库主要以气藏型储气库为主,储气库设计寿命长达 30 年以上,且埋藏深、压力与温度交替变化,其安全要求相比油气田更高。天然气泄漏是气藏型储气库的主要风险,一旦发生,将对周边居民安全和公共财产造成巨大的威胁,甚至造成恶劣的社会影响。因此,储气库应从设计、建设、运行等全寿命周期考虑完整性。

储气库监测、检测与评价技术作为储气库完整性的关键技术,是实现储气库天然气漏失实时监测、储气库设施安全状况评价以及再检测周期确定的重要手段。

一、气藏型储气库设计完整性

(一) 地质完整性

地质完整性贯穿方案可行性研究到后期设计优化,需要开展储气层静、动态资料分析,研究储气库受到强注强采交变载荷影响,预测分析地层或井壁岩石松散、断层漏失、盖层及底托层漏失、老井井工程封堵失效、水体入侵等问题对储气库安全运行的影响。为确保储气库地质安全及高效运行,合理部署盖层、断层、水体、储层监测井,制订封堵老井、监测井管理办法,强化动态监测,跟踪注采运行过程中地质安全预警,确保储气库地质完整性。

(二) 管柱设计完整性

1. 储气库管柱气密封螺纹接头优选

调研搜集完成中国石油集团石油管工程技术研究院自 1989 年以来的近万份失效分析、试验研究、质量检验报告中关于气密封螺纹油套管的试验报告,发现国外气密封螺纹接头在压缩载荷下的密封性能优于国内气密封螺纹接头,但其气密封循环试验时的最大压缩载荷下均在 ISO 13679 标准范围内,即最大仅进行 67% 压缩载荷下的气密封试验,多数进行 10%~40% 压缩载荷下的气密封试验,且循环仅进行了 CCW(逆时针)、CW(顺时针)、CCW 方向(相当于 1.5 周次),没有更多周次循环试验。

综合考虑储气库管柱的重力效应、温度效应、鼓胀效应、活塞效应、摩阻效应以及内压力、外压力的影响,结合气密封螺纹结构额定数据,建立了考虑注气/采气交变载荷下压缩效率计算模型:接头压缩效率 = 有效轴向力/压缩屈服载荷 < 接头额定压缩效率。

根据最大轴向载荷的交变确定了气密封循环试验载荷,同时结合注采压力,制订了 30 周次气密封循环试验方案,并进行了靖边储气库、苏桥储气库、板南储气库注采作业工况下管柱气密封循环模拟试验。最终从经过"ISO 13679 标准的 1.5 周次气密封循环未泄漏"的试验,改变为经过"拉压交变载荷下 30 周次气密封循环未泄漏"的试验。

靖边储气库、苏桥储气库、板南储气库管柱接头的密封结构分别为锥面—球面、柱面—球面、锥面—锥面金属密封,在扫描电镜下分别观察上述 30 周次试验后管柱接头密封结构损伤形貌,发现柱面—球面金属密封结构损伤最为严重,其次为锥面—球面金属密封结构,锥面—锥面金属密封结构损伤相对最轻。而 30 周次试验结果也证实柱面—球面金属密封结构的接头密封性能最差。进一步利用有限元分析方法,建立了柱面—球面、锥面—球面、锥面—锥面金属密封三种结构的接头模型,在同种工况交变载荷下分析其密封面承载能力变化,发现锥面—锥面密封形式主密封面最大接触压力和有效接触长度的相对改变量最小。

2. 储气库管柱材质优选

结合储气库环境工况,进行气液两相条件下的动态高温高压釜腐蚀试验。通过对 L80,95S,P110,13Cr110,110Cr13S 和 Q125 等系列管材腐蚀试验,可知 13Cr 材质较好地适用于 CO_2 上述气相/液相腐蚀环境,腐蚀速率:L80 13Cr ≈ 13Cr110 > 110Cr13S;其他材质均较好地适用于 CO_2 上述气相腐蚀环境,其腐蚀速率均小于 SY/T 5329—2012《碎屑岩油藏注水水质指标和分析方法》标准规定的 0.076mm/a。结合储气库生产套管和油管使用环境,认识到生产套管和油管腐蚀选材应分别对待,套管依据现有液相工况选材,油管按照低含水工况选材。

通过系列管材电化学试验,形成考虑自腐蚀电位差的管材选用图版(图 6-2-1),改变了"井下管材任意匹配使用"的做法,提出选用要求:在同一电位区域内选材,若要跨电位区域且电位差超过 200mV,需要保证合适的阴阳面积比。譬如两种材质电位差超过 200mV,在材质匹配上要求在同一空间内,低电位与高电位材质的面积比至少要大于 1∶1,在地层水环境中面积比要求在 3∶1 以上,才可保证腐蚀速率值小于 0.076mm/a(SY/T 5329—2012 标准规定)[33]。

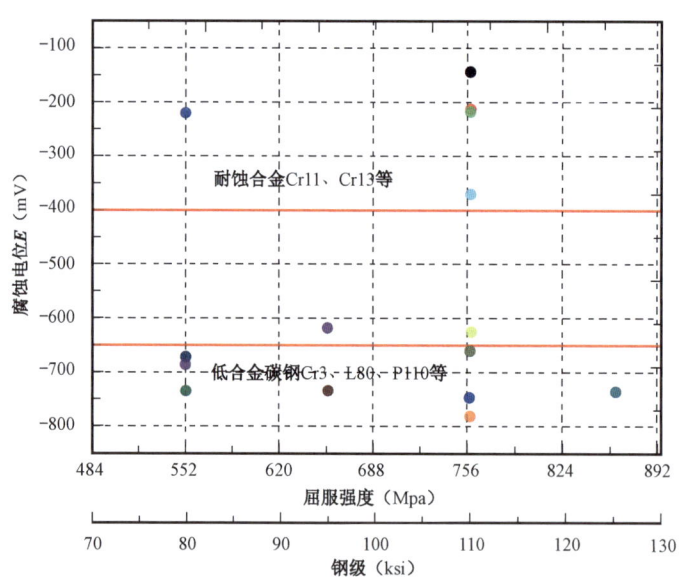

图 6-2-1　管材腐蚀电位分布图

3. 储气库管柱密封设计方法

明确储气库管柱设计原则,应综合考虑温度、压力、流量等参数的变化而引起的载荷交变,尤其是在拉伸/压缩交变载荷下的管柱设计。尤其强调储气库注采管柱设计,不仅应进行管柱结构强度设计,更应进行管柱密封设计,即从结构强度和密封完整性上进行注采管柱设计。通过对钻完井工况、生产工况等过程中管柱所受载荷计算分析,提出储气库管柱设计准则,主要包括管柱强度设计准则和密封设计准则,最终提出储气库管柱设计方法,突破传统的"管柱强度设计+气密封螺纹接头"的管柱设计理念,形成强注强采交变载荷下储气库管柱强度设计+密封设计的新技术方法。

通过以上储气库管柱接头、材质优选和管柱设计方法,可有效保障储气库管柱设计完整性,并达到储气库管柱的结构完整性、密封完整性和腐蚀完整性。

(三) 地面设施的完整性

地面各类设施的完整性在设计阶段除了要严格按照国内行业标准设计外,还要在设计阶段不断优化,将各类设施失效故障风险降到最低,更要做好各类设施的失效风险评估,根据评估结果提出建设期和运行期减少各类设施失效故障风险的措施。

二、气藏型储气库建设完整性

气库建设过程主要包括钻井完井工程建设与地面工程建设。气藏型储气库钻井工程建设完整性管理包括常规的井屏障管理、钻井期间的环空压力管理、建井质量控制与资料管理等工作。但作为储气库井,重点应该是考虑储气库井在未来运行过程中会受到长期交变载荷的影响,建设期完整性应以保障固井水泥环长期密封完整为核心。

储气库一般处于人口稠密区或经济发达区,储气库寿命周期长(30~50年寿命),对井筒密封性及固井质量要求高。储气库注采特点是大排量、多周期、强注强采,注采气速度是气藏开发的20~30倍,管柱及水泥环频繁承受交变应力的作用。如果储气库井窜气、环空带压处理难度大、成本高、危险性大,甚至会影响整个库群的安全运行。因此,在储气库建设期应从固井设计、准备、施工、检测等环节严格把关,针对地质、气藏特点及井眼状况,采用适用、成熟、可靠的技术,以保证固井质量及井筒长期注采密封性。

(一) 固井设计

资料收集及储气库固井设计时考虑的主要因素:

(1)固井设计前应收集相关资料,主要包括地质资料、井筒数据、电测资料、钻井资料,以及设备能力、水质水源和水泥等其他资料,为设计提供依据。

(2)影响施工安全及固井质量的主要因素主要包括:井身质量、井眼稳定性、井眼清洁、钻井液和水泥浆性能、固井施工等。固井设计时应充分考虑影响水泥环及套管柱密封的主要因素,切实保证固井质量特别是盖层段的固井质量,以满足储气库长期高低压交互变化条件下密封的需要。

(3)应遵循平衡压力固井设计原则,认真核定完钻时的地层漏失压力,掌握安全密度窗口,以此为依据合理确定水泥浆密度、环空液柱结构和固井施工参数,应以地层承压数据及地层破裂压力为依据优化固井设计。

(4)使用注水泥流变学专用软件,根据平衡压力固井和大排量顶替要求进行辅助设计,为确定注替参数提供依据。

(5)储气库井套管的材质、强度、螺纹类型、管串结构应能满足钻完井作业、注采气长期安全运行及井筒密封完整性的要求。

(6)生产套管固井不使用分级箍,若需采用分级固井的,应采用尾管悬挂再回接方式。

(7) 冲洗液流变性应接近牛顿流体,对滤饼具有较强的浸透力,冲刷井壁、套管壁效果好,紊流临界返速为 0.3~0.5m/s,对钻井液中油基成分具有水润湿反转作用。

(8) 隔离液应具有良好的悬浮顶替效果,与钻井液、水泥浆具有良好的相容性,不影响水泥环的胶结强度,隔离液高温条件下上下密度差应不大于 $0.03g/cm^3$。

(9) 各层套管固井水泥浆均应设计返至地面,生产套管及盖层段固井应采用韧性水泥。

(10) 生产套管或生产尾管固井水泥浆失水量不大于 $50mL/(30min \times 6.9MPa)$,游离液应控制为 0mL,沉降稳定性试验的密度差应小于 $0.02g/cm^3$。

(11) 水泥石力学性能指标参照"储气库固井韧性水泥技术要求(试行)"〔中国石油天然气股份有限公司勘探与生产分公司文件(油勘〔2014〕122 号)〕执行,其他密度水泥石指标要求可参考相邻密度水泥石;储气库井井底静止温度大于 110℃,应对其高温条件下力学性能进行监测评价。

(二) 套管、固井工具及附件

1. 管材及螺纹类型选择

(1) 生产套管材质应结合油气藏流体性质、外来气体性质和注采工艺进行,满足腐蚀工况的要求。

(2) 生产套管应选择气密封螺纹,其上一层技术套管应选用气密封螺纹,套管附件的机械参数、螺纹密封等性能应与套管相匹配。

(3) 为了满足储气库长期交变应力条件下对生产套管强度的要求,应根据储气库运行压力按不同工况采用等安全系数法进行设计和三轴应力校核。

(4) 技术套管作为生产套管时,应根据储层井段长度、钻井时间,分析套管可能磨损情况;若存在套管磨损,应采取防磨措施,相应井段套管壁厚适当增加,完井后应做套管磨损分析,评价套管的可靠性。

(5) 根据储气库注采强度高、压力变化大、运行周期长的特点制订详细的套管订货技术条件。

2. 固井工具及附件选择

(1) 应根据上层套管壁厚/钢级、尾管壁厚、悬挂重量、钻井液性能、井下温度及使用环境选择悬挂器规格型号,悬挂器的机械性能应能满足固井、井筒完整完整性的要求,入井前认真检查浮箍、浮鞋,保证密封可靠。

(2) 分级箍本体的机械强度不低于连接套管的机械强度,钻塞后内涌径不小于套管内通径,分级箍开孔压力不宜过低且能适度调节。应根据井深、钻井液密度、井底温度、回压值、井斜等因素选择浮鞋与浮箍。

(三) 固井准备

(1) 钻井过程中应加强井眼轨迹监测,实时掌握井斜、方位变化情况,保证井眼平滑、井径规则,为固井创造良好的井筒条件,各开井段平均井径扩大率不大于 15%。

(2) 下套管前对地层进行承压能力试验,满足下套管、固井施工预计压力的要求,否则进行堵漏作业。

(3)下套管前通井时,钻具组合的最大外径和刚度应不小于下入套管的外径和刚度。

(4)下入尾管前,应对上层套管进行刮壁作业,在悬挂器坐挂点上下各50m内刮壁应不少于3次。若怀疑上层套管磨损严重时,应测微井径或采用成像测井的方法进行检查。

(5)为保证固井施工安全,保证入井水泥浆的混拌质量,储气库现场施工中应采用装机功率大、压力高、排量大的双机双泵水泥车和批混装置;另外,进一步优化地面设备,确保施工的连续性和水泥浆性能。现场施工的主要措施为批混批注、气灰分离器连混连注,高能混浆系统独立混浆、多车泵注,来实现施工连续性和施工安全,确保入井水泥浆性能与设计一致。

(6)油井水泥每批次都要抽检,检验合格后方可使用。固井前应对施工用水泥、外加剂和外掺料抽样检查,合格后方可使用。干混完成后应抽样检查混拌成品的水泥浆密度,符合设计要求后方可使用。

(7)现场大样复查试验后,超过48h应进行二次大样复查试验。

(四)下套管及固井施工

1. 下套管

(1)为保证气密螺纹的气密性能,下套管作业应采用专用工具完成,并结合气密封检测(氦气检测)指导合理的上扣参数。生产套管应逐根进行螺纹气密性现场检测,检测压力为储气库最大运行压力的1.1倍。

(2)套管连接时应精心操作,严防错扣、碰扣,损坏密封面。应使用扭矩仪监测上扣扭矩并用专业软件记录,应根据生产厂家推荐扭矩数值调整最佳上扣扭矩。

(3)尾管过程中遇阻或中途循环,循环压力不应超过坐挂压力的80%。尾管出上层套管鞋前宜开泵循环一次。

2. 固井施工

(1)注水泥前应以不小于钻进时的最大环空返速循环至少2周以上,钻井液进出口密度差应小于$0.02g/cm^3$。

(2)在井眼条件允许的情况下,应适当调整钻井液性能,达到低黏切、流变性好。

(3)储气库现场施工应以保证施工安全和固井质量为中心,井况、井眼、钻井液性能调整等施工环境和施工设备未达到要求的不能进行固井施工。

(4)在注替水泥过程中应连续监控施工情况(排量、压力、水泥浆密度、工序连续时间、设备工况及井口返浆等)并做好记录;若发现泵压异常或井口返浆减小或不返,应立即降低替浆排量。

(5)生产套管或生产尾管固井应采用批混批注方式施工,注水泥应按设计连续施工。水泥浆密度应保持均匀,与设计密度偏差不超过$0.02g/cm^3$。

(6)替浆结束后如对环空水泥浆进行加压,依据地层承压能力计算加压值。

华北苏桥储气库、重庆相国寺储气库、新疆呼图壁储气库、大港板南储气库、长庆储气库等固井由于地质及井眼条件复杂,固井难度大、要求高,保证安全施工及固井水泥环密封特别是保证盖层段固井质量困难。针对建设期储气库固井难点及前期固井中存在的问题,通过开展固井工艺、韧性水泥浆体系、固井防漏、固井质量评价、保证井筒密封、防止环空带压以及现场固井配套措施等的研究,形成了适合枯竭气藏型储气库的建设期保障施工安全、固井质量及水泥环密封完整性的成套措施,为枯竭气藏型储气库的长期安全运行奠定了基础,也为未来建设的储气库进行了固井技术储备。

三、气藏型储气库运行完整性

为保障储气库从设计、建设、运行到报废全生命周期的服役安全,在储气库运行阶段是关键,因国内外所有储气库安全事故主要发生在运行阶段,故为确保储气库运行完整性,应做好储气库监测、井完整性检测与评价、地面设施的完整性检测评价等工作。

(一)储气库监测

国外储气库动态监测技术日趋完善,仪器设备齐全配套,但由于地质情况和对储气库的要求存在差异,各国对地下储气库的监测及管理内容有差别。例如,法国地下储气库在运行时,对注采气井不做井下生产动态监测,只在井口和地面进行压力、流量和组分的实时测试;美国等国家在储气库气水界面附近和盖层附近布置一批观察井,用以监测储气库井下的动态变化,包括气顶、气水界面和盖层的密封情况等。目前,我国储气库监测体系主要包括圈闭密封性监测、井筒动态监测、内部运行动态和地面设施监测四大方面。

1. 圈闭密封性监测技术

圈闭密封性监测是对含气区域内盖层、断裂系统、溢出点、周边储层以及上覆渗透层和浅层水域监测天然气泄漏,确保注入气库天然气能存得住。

(1)断层密封性监测。在储气区控制断层外侧利用老井或新钻井,监测断层两侧地层较薄、侧向及垂向封闭性存在较大风险区域,定期观察压力变化,取样化验分析。

(2)盖层密封性监测。在盖层岩性可能变化、厚度变薄及盖层内部断裂发育等区域之上的储层利用老井或新钻井,定期观察压力变化、取样化验分析。

(3)周边及溢出点监测。在储气库周边及圈闭溢出点附近、甚至浅层水等利用老井或新钻井,定期观察压力变化、取样化验分析。

另外,国外还采用地球化学监测、氦—钍微量元素测量直接判断圈闭天然气漏失。利用微地震技术解释处理由于注采交变应力产生的微地震事件及其应力应变强度,判断圈闭密封性失效风险。运用新近发展起来的空间对地观测技术,如干涉雷达测量(InSAR)和全球定位系统(GPS)联合监测储气库含气区域及周边地表沉降。

2. 井筒动态监测技术

井筒动态监测包括注采井参数监测、注采井密封性监测/检测、泄漏监测等。

(1)注采井参数监测。对储气库注采井监测的动态参数,采气期包括产气量、产液量、地层流压和流温以及井口压力、温度、含砂等数据;注气期包括注气量、井口压力与温度、地层流压与流温等数据。通过监测注采井的动态参数,可及时掌握储气库的注采量及库内流体的分布和移动规律,进而分析储气库的运行状况。

(2)注采井密封性检测。对某储气库群的统计发现,注采井服役三年后92.6%的注采井A环空带压,19.1%的注采井环空压力达15MPa以上,部分井超过20MPa。不管是在注气阶段还是在采气阶段,相当一部分注采井监测到B环空带压。

环空压力是储气库注采井动态监测和管理、井筒密封完整性评价最直接的指标参数。如果环空压力异常或短期内上升较快,并经过多次泄压、恢复后,环空压力仍超出正常值,则证明井筒完整性出现问题,应进行密封性检测、评价,并采取应对措施。

对于储气库井密封完整性检测,美国宾夕法尼亚州油气井管理局规定:

① 储气库公司应该对每个储气库制订完整性监测及检测计划。

② 储气库井至少每5年进行一次密封完整性检测。

③ 检测内容包括地球物理测井、耐压试验,或其他批准的程序。检测结果应能反映井的完整性,观察气体泄漏量是否超过$142m^3/d$,并以此决定是否进行修井、封堵或采取其他补救措施。

④ 储气库井监测程序包括油压和套压监测、油藏工程评价剩余储量及压力、计量器具校准、现场巡查、套管检查、压力流量测试、内外财产审计等。

⑤ 检测收集的信息,应至少保存15年。

⑥ 对不保留监测数据的观测井,应该封堵或声明其处于不活跃状态。

对于储气库范围内或边缘的报废井和已封堵井,要确定其位置,检查完井管柱的密封完整性和气密封性:① 应在每次注气结束,储层压力达到最高时进行检查,记录是否有气体泄漏及其他危害公共安全的情况发生;② 气体泄漏量超过$142m^3/d$,应在24h内上报,并讨论进一步的补救措施。

Q/SY 1182.2—2009 储气库注采管理规定中,储气库井生产10年内需进行技术检测。首次检测后,不含H_2S的井,延长期限不超过12年。

Q/SY 1486—2012 地下储气库套管柱安全评价规定中,对于产物中不含腐蚀活性组分的已枯竭气田、凝析气田和在油田、含水层里建设的地下储气库,生产井不超过20年需要进行技术检测,延长期限不超过12年。对泄漏量在$100m^3/d$以上的注采井,应停止生产,进行技术检测评价。

井筒密封完整性检测,主要是指使用测井仪器进行的地球物理测井技术检测,来分析油管柱、套管柱结构完整性和水泥环密封完整性,并据此进行综合分析和评价,分析与判断管柱损伤情况及环空流体积聚情况。

井筒密封完整性检测主要内容,即包括对套管柱(井下及近井口)的技术检测,也包括对套管外空间、采气树和井口装置的技术检测;所使用的方法,即有地球物理测井方法,也有气体动力学检测方法(环空压力评价测试)及综合分析评价。

3. 内部运行动态监测

内部运行动态监测包括注采动态,内部温压和流体性质、气液界面与流体运移、注采井产能等,了解单井注采气能力、储层性质、流体分布及变化等,指导气库扩容达产、优化配产配注及井工作制度调整。

(1)生产动态监测,指注(采)气井生产动态监测。采气井包括油嘴、油气水产量、井口油套压及温度等;注气井包括注气量、压缩机压力及温度、井口油套压及温度等。

(2)内部温度、压力及流体监测,在储层利用老井或新钻井,监测静温及温度梯度,静压及压力梯度,井流物分析化验,掌握多周期注采后地层流体性质改变及变化规律。

(3)气液界面与流体运移监测,在储气库构造中高部、过渡带及周边区域利用老井或新钻井,重点监测流体运移主要方向及气液界面变化。气液界面仪和地震层析成像可确定气液界面;激发极化法电测、高精密重力测量、脉冲光谱伽马测井等方法确定气液界面和流体运移;4D地震和示踪剂法可监测流体运移方向和气驱前缘变化趋势。

(4)产能监测,分区分层选取代表井在不同注(采)气阶段进行系统试井和不稳定试井,2~3

个周期需完成全部井轮换测试,获取单井产能、有效渗透率、地层压力、井完善系数、地层连通性及地层边界性质等,分析井多周期注采气能力变化。对于多层合采合注情形,需开展注气剖面测井,了解单层吸气状况;采气剖面测井,分析单层产气状况和产出流体组分等。

4. 地面设施监测

地面设施监测包括地面腐蚀监测、管道压力监测、大然气泄漏监测,确保地面设施的完整性和安全运行。

为确保地面设施的完整性和安全运行,地面设施监测内容包括地面腐蚀监测、管道压力监测、地面泄漏监测等。

开展腐蚀监测是有效的井口完整性确认和监测方法,常用的腐蚀监测方法包括管道腐蚀/冲蚀监测方法(如腐蚀挂片法、声学传感装置、腐蚀探针、砂探针等)以及电阻探针腐蚀监测技术等[17]。

与储气库管道压力管理和监测有关的设备设施包括但不限于:(1)压力控制阀;(2)泄压阀和紧急关闭系统(ESD);(3)校准的自重压力计;(4)校准的数字和模拟压力表;(5)温度补偿压力传感器;(6)止回阀[18]。电子数据监测系统或 SCADA 系统可用于对储气设施处理流程进行实时监测和控制。

电子数据监测系统可用于实时监测和控制气体的注入和采出过程。这可能包括对系统压力、流量和关闭能力的监测和控制,在某些储气库中,还可能包括对单井压力和流量的控制能力。ESD 系统应该被集成到整个电子数据监控系统或 SCADA 系统中。SCADA 控制中还应包括听觉和视觉警报,以对系统故障和异常运行条件进行提醒。应定期测试电子数据监控系统或 SCADA 系统的功能和安全组件,以确保所有的仪器均经过了合理的校准,并按照设计能力运行,且所有警报装置功能正常,整个系统能够按预期应对紧急情况。应根据监管要求和(或)运营商程序,对系统的所有组件进行测试,并记录测试结果。

储气库运营商应实时监测储气设施的运行压力,以评估设施性能和监测系统完整性。这包括制订和实施日常监测、记录和分析单井油管和环空压力的程序。压力读数可以手动获取和记录,也可以通过电子数据监控系统或 SCADA 系统自动读取。监测的频率和类型应该基于现场的具体情况和风险评估中识别的潜在威胁和危害。但不论何种情况,都应至少对压力进行日常监测,并做好记录。

在泄漏检测和修复中,经常采用主动检漏程序,通过利用各种技术检测泄漏情况,制订修理或监测计划,然后进行修复。近年来,地面泄漏监测技术发展迅速,允许进行可靠和低成本的短距离连续探测。不同的地面泄漏检测技术可以同时使用,一些专门用于检测,其他的用于定位(便于维修)。譬如,光学气体成像技术,采用光学摄像机对井场的泄漏情况进行测量,这是一种红外相机,可以通过过滤光线而突出显示逸出气体中的甲烷;远程泄漏检测,使用激光吸收仪器进行远程泄漏检测,激光仪器可以快速扫描组件,识别一个小区域的泄漏,然后利用光学气体成像设备对泄漏源进行定位;泄漏定量检测,采用高流量仪器适用于井场的大部分泄漏情况。

(二)储气库井完整性检测与评价技术

1. 采气树和井口装置完整性检测技术

采气树和井口装置的完整性检测包括以下内容:工作性能检查、装置缺陷检测、壳体厚度测量、无损检测、硬度检测、压力表准确度检验等。完整性检测过程中使用的技术主要包括直观检查法、磁粉探伤技术、超声波测厚技术、超声波无损检测、硬度检测技术等（表6-2-1）。

表6-2-1　采气树和井口装置完整性检测项目及内容

检测项目	检测内容	检测技术
工作性能检查	阀门可操作性、阀门密封性、气封的密封性、增压阀和润滑器性能、压力表底部阀门性能	直观检查法
装置缺陷检测	裂纹、缩孔、砂（渣）眼、气孔、脊状凸起、鼠尾、冷隔、皱褶、割疤、结疤、撑疤、焊疤、表面粗糙	磁粉探伤技术
壳体厚度测量	各个井的采气树和井口装置零部件壁厚	超声波测厚技术
无损检测	套管头壳体、阀门壳体、封头壳体、管接头、连接件（四通）	超声波无损检测技术
硬度检测	套管头壳体、闸阀壳体、封头壳体、管接头、四通、螺栓、螺帽	硬度检测技术

1）工作性能检查技术

工作性能检查主要是针对储气库井的采气树及井口装置阀门的可操作性、阀门密封性、气封的密封性、增压阀和润滑器性能、压力表底部阀门性能进行检查。针对这些检测内容，使用的方法主要是直观检查法。

除了直观检查法之外，目前，国内对阀门密封性的检测一般采用气泡法、差压法、直压式检测法等手段进行检测。

2）井口装置缺陷检测技术

针对采气树及井口装置的缺陷，例如装置存在裂纹、缩孔、砂（渣）眼、气孔、脊状凸起（多肉）、鼠尾、冷隔、皱褶、割疤、结疤、撑疤、焊疤、表面粗糙等，通常采用磁粉探伤技术进行装置的完整性检测。

磁粉探伤对钢铁材料或工件表面裂纹等缺陷的检验非常有效，设备和操作均较简单，检验速度快，便于在现场对大型设备和工件进行探伤，检验费用也较低。但它仅适用于铁磁性材料，并且仅能显出缺陷的长度和形状，而难以确定其深度。在储气库现场检验中，磁粉检测技术多用于站场装置和天然气管道的检测，磁粉探伤是检验钢制焊接结构表层缺陷的最佳方法，具有设备简单、灵敏可靠、探伤速度快和成本低等特点[19]。

3）井口装置壳体厚度测量技术

壳体的厚度检测主要检查各个井的采气树和井口装置零部件壁厚，一般采用超声波测厚技术。超声波测厚是目前国内外检测管道壁厚的主流手段，储气库井壁的腐蚀主要以厚度均匀减薄为主，其他手段如漏磁检测、视频检测、涡流检测对管壁的均匀减薄均不敏感，射线检测成本较高，易对人体造成伤害，这是采用超声波水浸测厚方式的基本依据。

4）井口装置无损检测技术

井口装置无损检测的内容包括套管头壳体、阀门壳体、封头壳体、管接头、连接件（四通），一般采用超声波无损探伤技术进行检测[20]。

5）井口装置硬度检测技术

井口装置的硬度检测目标包括套管头壳体、闸阀壳体、封头壳体、管接头、四通、螺栓、螺帽。主要是使用钢材硬度测试仪器进行直接测量。例如OU2200型钢材硬度测试仪。

2. 套管和油管质量检测技术

套管柱技术状态检测通过油管(在天然气介质中)的地球物理测井方法进行(表6-2-2)。当发现套管柱缺陷、井筒不密封、地球物理测井资料解释结果不统一等现象,或进行大修时,在压井条件下(提升油管柱)进行更全面的地球物理综合研究。在进行套管、油管检测之前应确定井身结构和状况,包括表层套管、技术套管、生产套管、油管直径及下放深度,当前井底和射孔段的深度,以及关井时的油管与套管压力。

表6-2-2 地球物理方法检测内容

检测内容	检测方法及仪器	
	不提升油管	提升油管
套管损坏检测	磁脉冲探伤法—厚度测量法(电磁探伤测井仪)	井径测井仪(十六臂井径仪、四十臂井径仪);套管检测仪;小直径井壁超声成像测井仪
套管壁厚检测	磁脉冲探伤法—厚度测量法(电磁探伤测井仪)	电磁探伤测井仪
井下设备(套管靴、封隔器、筛管等)位置检测	磁脉冲探伤法—厚度测量法(电磁探伤测井仪)	磁性定位器
油管探伤	磁脉冲探伤法—厚度测量法(电磁探伤测井仪;噪声测井仪;小直径井壁超声成像测井仪)	电磁探伤测井仪;噪声测井仪;小直径井壁超声成像测井仪
管接头位置	磁脉冲探伤法—厚度测量法(电磁探伤测井仪;套管检测仪)	电磁探伤测井仪;套管检测仪;磁性定位器
井筒液面深度	中子伽马测井	—
套管外空间状态(套管外空气聚集地层段、地层间串流、水淹情况)	高灵敏度测温法;噪声测量法;放射性测量法(伽马测井+中子伽马测井;感应测井(记灵感应的放射性);固定式伽马测井)	中子脉冲测井;伽马光谱测定法;噪声测量法—光谱测定法;放射性同位素检查;水流动定位

1) 电磁探伤测井技术

电磁探伤测井技术,特别是磁脉冲探伤法—厚度测量法在储气库套管、油管质量检测中有重要应用。针对套管、油管、石油管线及井下设备等受到腐蚀性液体、地层应力变化等因素的影响,从而出现断裂、穿孔的问题,电磁探伤测井技术具有很好的检测效果。电磁探伤测井技术不受井内流体类型和套管内的结蜡及井壁附着物的影响,能通过油管检测油管和套管,过套管检测套管和表层套管,不仅节省了检查套管情况时起下油管的作业费用和时间,还使得对油井、水井井身结构进行普查成为可能,满足了不停产测试的需求。

2) 超声成像测井技术

在储气库井完整性检测中,主要利用超声成像测井技术检测套管的腐蚀、破损变形,利用改进的小直径超声成像测井仪检测油管的腐蚀、破损变形。

3) 噪声与温度测井技术

噪声与温度测井(N&T测井)为评估气井套管是否存在泄漏提供数据。太平洋燃气电力公司每年在其储气库气井中都采用 N&T 测井技术。虽然测井过程不能直接确定管道泄漏的原因是否是腐蚀,但能提供管道泄漏的深度位置,由此可采取进一步调查措施。在 2013 年之前,噪声和温度测井是太平洋燃气电力公司用于评估气井套管损失的重要完整性评估工具。

噪声与温度测井技术在国内外都有广泛应用,在国内的龙岗气田、萨北气田以及国外太平洋燃气电力公司的储气库中都有应用,主要是为气井套管的完整性进行检测并提供依据。

4)井径测井评价技术

井径测井技术用于评估套管的几何形状以及套管内径的变化情况,在储气库井套损检测的重要技术。据调研,测井检查在美国太平洋燃气电力公司储气库完整性检测中有重要应用,该公司计划在 2025 年前完成所有井的井径测井评估工作。

5)中子伽马测井检测技术

测试过程中,先测量一条伽马曲线作为基线。将此基线与完井所测组合图进行对比校准深度,且结合套管下深数据对比磁定位深度。之后,在完成注气后进行 24h 监测。注气后仪器所处测量环境发生变化了,测量显示出曲线在液面之上伽马值明显变高。根据与基线的对比校深,选取伽马曲线变化半幅点读取的深度作为当时测量的界面深度。完成测量后对比测量曲线界面位置变化并根据以下评价标准对气库的密封性进行评价:气体泄漏率随时间的变化趋势是逐渐减小的,并在测试时间内达到一个稳定的值;测试时间内气水界面深度变化小于 1m。若两点都达到则认为密封性是合格的;如果不满足第一点则认为腔体密封性不合格;如果不满足第二点则需要延长测试时间且及时跟甲方汇报。

气液界面测试中,可选取测量伽马变化大的地方进行准确校深比对,如盐层部位、套管鞋部位等。校深后将测取的液面曲线进行校对得出液面位置即可[24]。

3. 储气库井筒完整性评价技术

储气库井筒完整性评价包括管柱完整性和固井质量评价两大部分。

管柱完整性评价包括管体和螺纹接头完整性评价两部分,基本思路如图 6-2-2 所示。剩余强度评价和剩余寿命预测是完整性评价的核心技术。对于套管柱和注采管柱,其管体和螺纹接头完整性评价方法相类似,主要区别在于服役载荷与服役环境不同,服役载荷对应于评价过程中的载荷,而服役环境则与腐蚀剩余寿命预测的腐蚀速率确定相关;另外,套管柱抗内压强度和抗挤毁强度需考虑水泥环的影响,而注采管柱则不用考虑。管柱螺纹接头完整性评价主要基于数值模拟和多周期交变载荷下螺纹接头密封性评价试验进行评价。

管柱管体剩余强度以抗内压安全系数、抗挤毁安全系数与抗拉安全系数表征,并与额定安全系数相比,确定管柱剩余强度是否可接受。抗内压安全系数(n_i)、抗挤毁安全系数(n_o)和抗拉安全系数(n_T)表达式为:

$$n_i = p_{bo}/p_{ie} \qquad (6-2-1)$$

$$n_o = p_{co}/p_{oe} \qquad (6-2-2)$$

$$n_T = T_O/T_{oe} \qquad (6-2-3)$$

式中 p_{bo}——抗内压强度;

p_{co}——抗内压强度;

T_O——抗拉强度；
p_{ie}——有效内压力；
p_{oe}——有效外压力；
T_{oe}——有效轴向力。

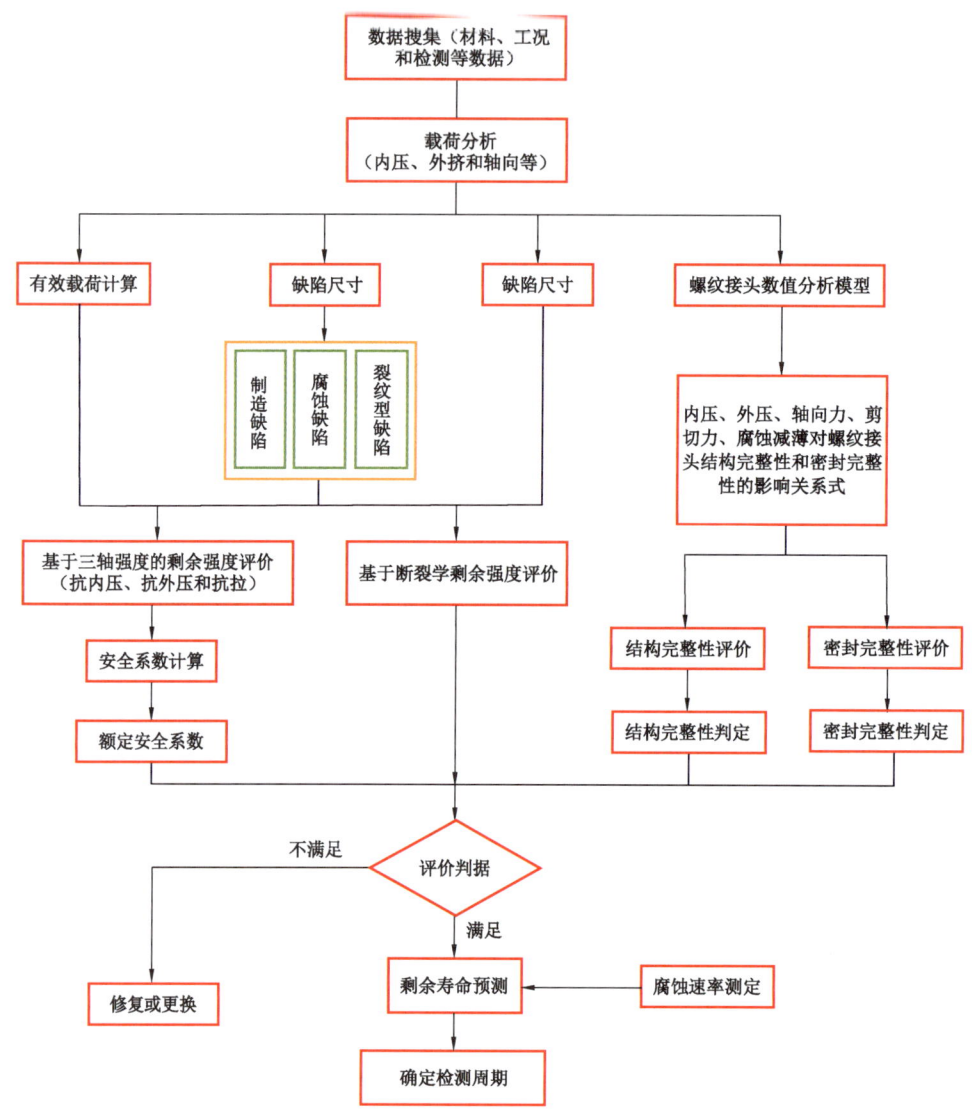

图 6-2-2　储气库管柱完整性评价技术思路

额定抗内压安全系数 $S_i = 1.05 \sim 1.15$，额定抗挤安全系数 $S_c = 1.00 \sim 1.25$，额定抗拉安全系数 $S_T = 1.6 \sim 2.0$。

按照上述管柱管体剩余强度基本模型，其关键在于确定载荷和管体强度。注采运行过程中的套管柱和注采管柱主要承受外压力、内压力与轴向力三种外载荷。管体强度可考虑单轴和三轴抗内压强度、抗挤强度和抗拉强度。体积型缺陷和裂纹型缺陷会降低管体三轴抗内压强度、抗挤强度和抗拉强度。对于体积型缺陷中的管体均匀腐蚀,将实测最小壁厚直接代入套管柱设计的三轴强度模型计算腐蚀套管的抗内压、抗拉和抗挤强度。对于局部腐蚀缺陷,在套管三轴强度设计模型中引入应力集中系数(K_t)来计算套管腐蚀剩余强度,K_t与腐蚀缺陷的几何尺寸相关。K_t可以借鉴腐蚀管道剩余强度计算公式确定,也可以通过有限元数值分析计算获得。

套管柱剩余寿命预测采用腐蚀寿命预测方法,依据最小检测壁厚、临界壁厚和腐蚀速率计算。对于注采管柱剩余寿命预测方法包括三种:一是腐蚀寿命预测方法;二是注采气管在注采气过程中承受交变载荷下的疲劳寿命预测方法;三是注采气过程中,注采管承受夹带岩盐颗粒天然气的冲蚀寿命预测方法。

地下储气库管柱腐蚀剩余寿命预测依据最小检测壁厚、临界壁厚和腐蚀速率计算。以下情况需计算地下储气库管柱剩余寿命,包括:(1)套管部件材料的某一机械性能值超出设计阶段计算中所使用值的范围;(2)井下设备、管柱和井的支承结构之间相互作用的设计条件发生变化时;(3)所发现的缺陷尺寸大于现有规范性文件和(或)设计资料、工艺资料和生产资料中所指定的许可值;(4)整体或局部腐蚀或者冲蚀导致的管壁变薄量超过设计计算时的采用的数值;(5)在正常运行条件下,地下储气库井的设备、结构部件和管所承受的负荷值或支承结构的硬度性能值与设计值之间的偏差超过5%;(6)在地下储气库某一井段或某个装置区域,金属循环损伤值达到或超过设计资料中所规定的最大容许值。

图6-2-3和图6-2-4是基于测井数据对某储气库井套管柱的几何尺寸、抗内压强度、抗外挤强度及其安全系数进行分析,得知在储气库运行过程中,按照其上限压力31MPa、下限压力13MPa以及管外1.05g/cm³地层水计算,5~3050m井段套管柱抗内压安全系数符合SY/T 5724—2008标准规定,5~2905m井段套管柱抗挤安全系数符合SY/T 5724—2008标准规定,但2905~3050m井段套管柱抗挤安全系数不符合SY/T 5724—2008标准规定,其抗挤安全系数在3033.3m处最小为0.93。同时,建议在满足中国石油天然气股份有限公司文件《油气藏

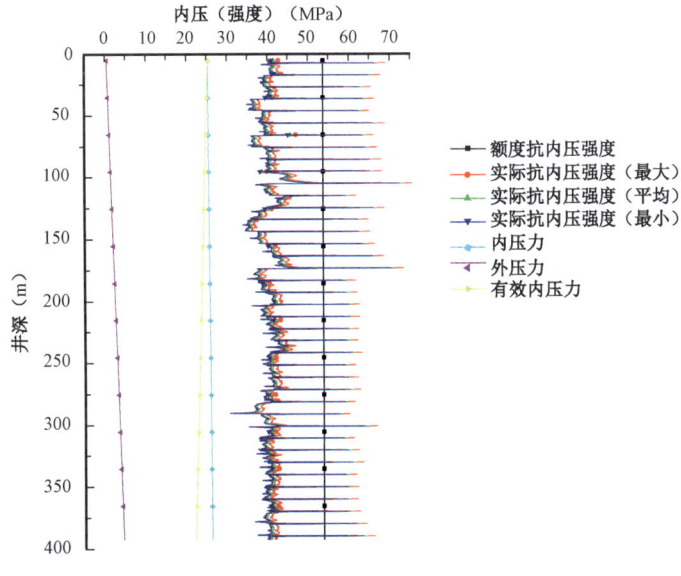

图6-2-3 套管柱抗内压强度分析

型储气库钻完井技术要求》下,应确保封隔器坐封后完全密封,并动态监控油套环空压力最大不要超过 10MPa(环空内为气柱),最好低于 5MPa(环空内为密度小于 1.05g/cm³ 的液体),并做好放压措施,以保证套管压力为零。

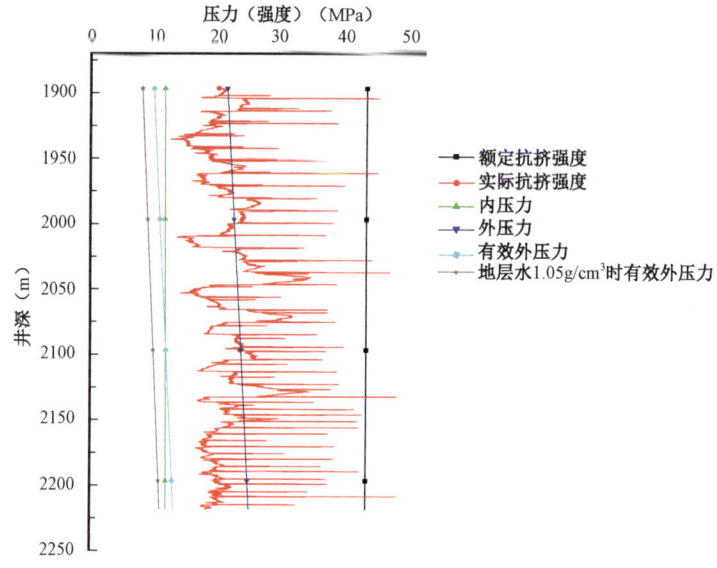

图 6-2-4　套管柱抗挤强度分析

储气库对固井质量要求更严格,储气层及顶部以上盖层段水泥环连续优质胶结段长度不少于 25m,且以上固井段合格胶结段长度不小于 70%。固井质量评价技术主要包括声波幅测井、声波变密度测井、扇区水泥胶结测井、伽马—伽马水泥密度测井以及固井质量综合评价检测(MAK-9&SGDT-100)等,其评价结果可以从不同侧面反映固井质量的好坏(表 6-2-3)。根据水泥胶结程度,按照 SY/T 6592—2016《固井质量评价方法》的规定,可将固井质量分为良好、中等(或合格)和差(不合格)3 个等级。

表 6-2-3　固井质量检测内容及方法

胶结类型	检测方法及仪器
水泥—套管胶结质量	扇区水泥胶结测井(SBT)、固井声幅测井(CBL 测井)
水泥—岩石胶结质量	扇区水泥胶结测井(SBT)、声波变密度测井(CBL/VDL 测井)

(三)储气库地面管道完整性检测与评价技术

1. 储气库地面管道检测技术

1)管道内部缺陷无损检测技术

漏磁检测技术。智能清管器已被广泛应用于长距离输气管道的内检测中(图 6-2-5)。其中漏磁式智能清管器在检测领域中占到很大份额,这种清管器采用漏磁检测技术进行腐蚀缺陷的检测和表征。

超声波检测技术,主要有传统脉冲超声波检测和超声导波检测。传统脉冲超声波检测方法也叫作压电超声检测,检测时通过垂直于管道的超声波探头,发射超声波脉冲信号,比较管内表面和外表面两次脉冲反射波之间的脉冲间距,反映出管壁壁厚,从而检测到管壁是否受到腐蚀及腐蚀程度大小。超声导波检测采用低频扭曲波或纵波,超声导波可以在较远的距离上传播而信号衰减很小,因此管道在不开挖状态下在一个位置固定脉冲回波阵列就可做大范围的检测。电磁超声检测技术即涡流—声检测(EMAT)技术,作为超声导波的一种激励方式,是超声检测发展中的前沿技术之一,属非接触超声检测。通过在试件中振荡激发出不同形式的超声波,实现快速检测。

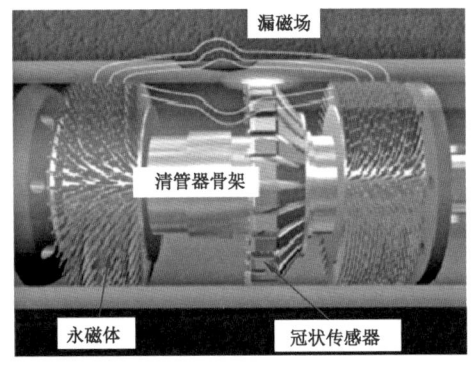

图 6-2-5　漏磁式智能清管器

脉冲涡流检测技术,使用宽频谱脉冲来激发探测器的驱动线圈,激发的脉冲分散在试样上。由于脉冲首先影响表面,因此需要应用信号时限分析来获得底面缺陷的信息。脉冲涡流(PEC)检测技术是一种最新的无损检测技术,已经成功应用在管道的腐蚀等缺陷检测中。

光学原理类的检测技术主要有闭路电视(CCTV)管道内窥检测技术、激光全息检测技术和电子散斑干涉检测技术等。此类检测技术在对管道内腐蚀等缺陷的定位和分级中,具有较高的精度,且易于通过图像直观显示缺陷状况,在实际检测中优势明显。

射线照相类检测技术,在无损检测技术中,射线照相技术有着很大优势,因为在检测过程中它可以不移除管道的外防护层,可以在较高温的环境中进行检测。射线照相技术可以用来检测管道局部腐蚀,借助标准的图像特性显示仪测量壁厚。

随着新技术工艺的发展,不同检测技术之间的互补结合推进了管道内无损检测技术的发展。内检测设备也逐渐集合 GPS 和 GIS 技术于一体,向着智能化、可视化、集成化、高分辨率方向发展。无损检测技术逐渐与清管器结合在一起,清管器除了担负清管作用外,还被改进为具有信息采集、处理、存储等功能的智能化清管器。目前,结合漏磁检测技术和超声波检测技术的管内智能清管器已经研制出来,并在实际应用中取得良好的效果。

漏磁检测常用的检测设备,如美国著名的无损探伤设备制造厂商 Tuboscupe 公司生产的 Amalog 电磁纵向探伤系统、磁粉探伤仪、Sonoscope 电磁横向探伤系统,以及超声+涡流组合式无损探伤系统等;德国的 Foerster 公司生产的 Circoflux 旋转探头法交流场漏磁探伤仪、Statomatl 梳状探头法漏磁检测仪等;英国的 British Gas、德国的 Pipetronix 等公司有成熟的检测技术和装备。

超声波检测设备有美国 GE 公司生产的相控阵超声探伤设备,德国 BJMILJM 公司生产的 K6M3BIBH 电磁超声法测厚仪,美国 Tuboscupe 公司的 Truscope、Truscan 超声探伤系统和油田用超声波探伤设备 SpectaSonic UTEA Ⅱ 四通道超声探伤仪。此外,日本钢管株式会社(NKK 公司)研制的高性能管道超声波检测清管器也有较好的检测效果,应用 Teletest 技术的英国 PI 公司和采用 Wavemarket™ 技术的英国 GUL 公司亦可提供管道导波检测。

涡流检测方面常用的有德国 Foerster 公司生产的 DEFECTOMAT C 2.820 单通道涡流检测仪、CIRCOGRAPH S 多通道旋转探头涡流检测仪,美国磁性分析公司 MAC 生产的 MultiMac、ProMac 等涡流探伤仪,此外,德国 KK 公司也有涡流探伤的系列产品。

三维图像直观显示管壁缺陷,也是当前管内检测技术的发展方向,如采用激光定位、视像机器人的三维电视系统的法国 Exavision 公司等[25]。

2) 管道外部腐蚀检测技术

油田地下管网敷设复杂,油气集输管道主要依靠外防腐层减缓土壤腐蚀,目前常用的外检测方法很多,主要有密间隔电位检测法、电压梯度检测法、皮尔逊检测法、多频管中电流检测法、变频—选频检测法等[26]。

2. 储气库地面设施完整性评价技术

1) 管道完整性评价技术

管道完整性评估技术体系包括管道内检测及基线评估、管道试压评估、管道直接评估。利用这些评估方法,可以获取管道系统数据,进一步开展管道剩余强度评估和管道剩余寿命预测、进行缺陷发展的敏感性预测分析。此外,尚需对管道运行状况、环境状况、自然灾害状况对管道造成的影响进行评估,确定管道的安全性和可靠性(图 6-2-6)。

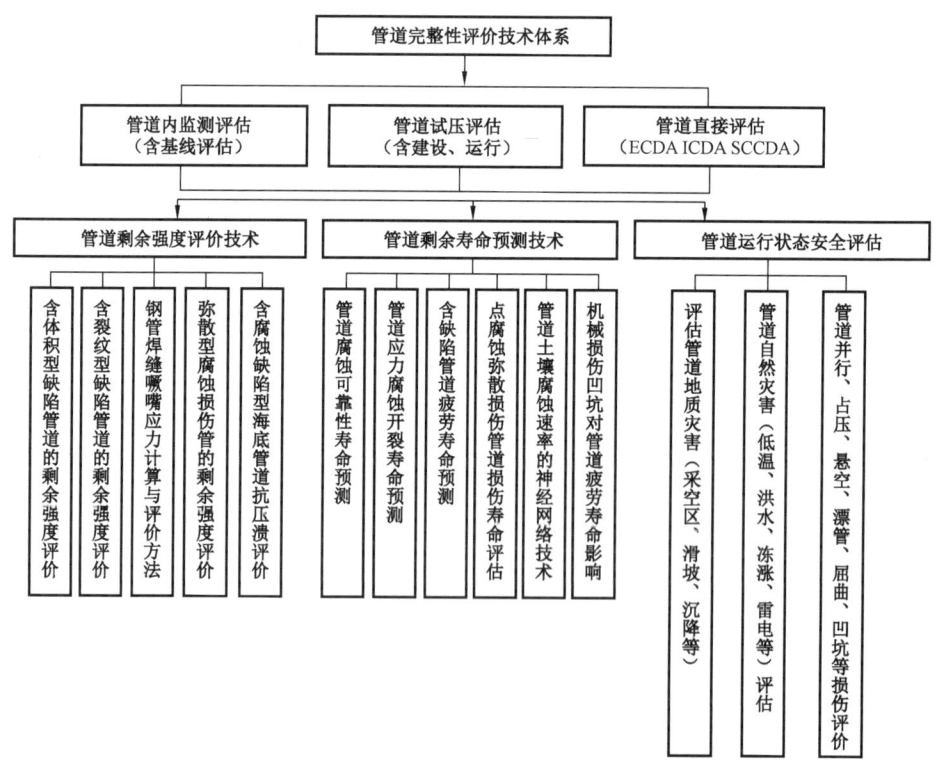

图 6-2-6 管道完整性评估技术体系框架

2)站场完整性评价技术体系

站场完整性评估技术着重从动设备和静设备两个方面开展评估,包括站场静设备的泄漏和可靠性评估、动设备监测与故障诊断评估,具体包括站场腐蚀监测与防护、场站安全运行状态评估,场站风险、可靠性评估[28]。这些技术的应用,主要是通过风险评估技术和风险排序方法,找出高风险点后,进行站场腐蚀监测、检测,对所有数据进行安全评估,确定优先修复的点,削减风险(图6-2-7)。

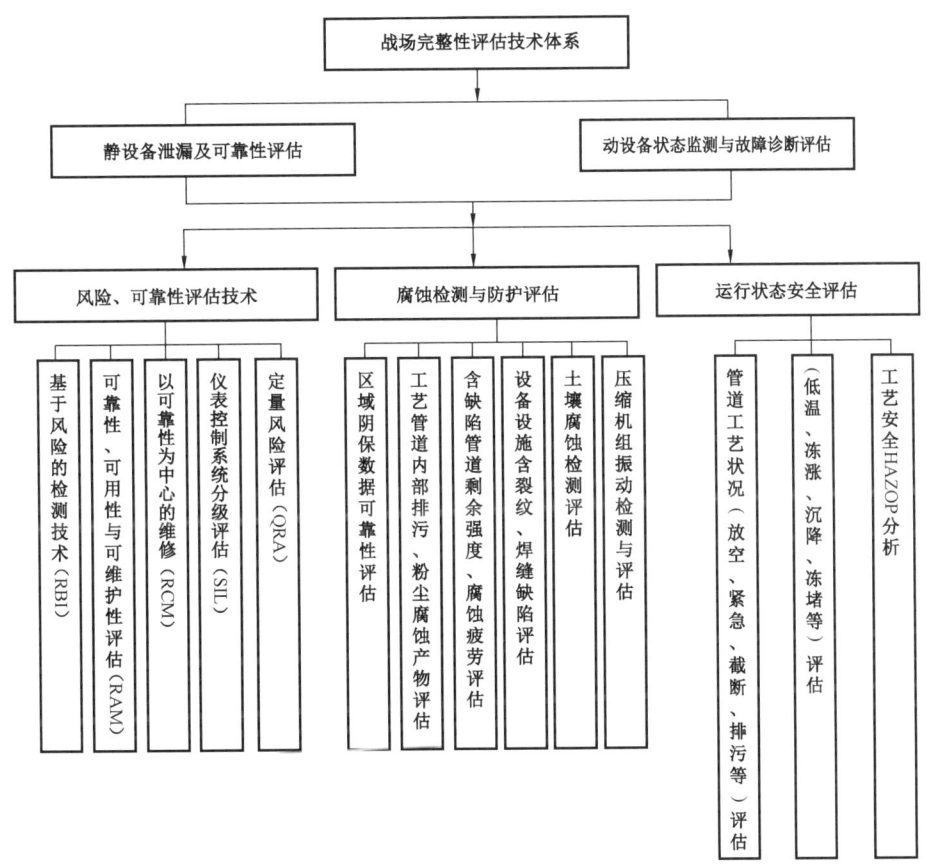

图6-2-7 站场完整性评估技术体系框架

(四)注采井失效治理补救措施

1. 注采井失效治理补救程序

基于先易后难的原则,对出现环空带压密封失效的注采井,建议如下治理补救程序:

(1)经过压力卸放/恢复测试24h诊断、密封完整性检测等,评价为生产套管、套管外水泥环密封失效、窜通的注采井,特别是经过风险评价风险较高的井,应根据具体失效原因进行治理、补救或大修。

(2)确定需要治理、补救或大修的井,要搜集该井所有建井、修井及生产、检测评价资料,进行详细研究和分析,制订治理、补救或大修计划(修井设计),并进行审批。

（3）基于先简后难、治理为主的原则，几个不需要修井补救的治理方法为：

① 环空压力间歇卸放；

② 部分井放压后，接着注入高密度流体；

③ 向环空插入小直径油管，允许浅部环空循环；

④ 近井口段泄漏的封堵修补；

⑤ 井口装置的维护、保养。

对于治理无法解决问题的井，要实施起下油管修井或锻铣封堵等补救措施。

（1）适当间歇放压。

对于出现环空带压的注采井，首先想到的治理措施应该是放压。压力卸放的方法是通过≤ϕ12.7mm 针阀，在 24h 内卸放至 0 或规定的低风险压力值。

对于热效应和注采温度升高引起的环空带压，大多数井能立即见到效果，压力能很快卸放至 0，且 1 年内不再升高，或者没有升高到原压力值。

对于少数不能在 24h 内卸放至 0 或规定的低风险压力值的井，或者在 24h 内压力很快升高至原压力的井，应该采取进一步措施。

压力间歇卸放，可以和压力卸放/恢复测试诊断等注采井完整性评价结合起来进行。

（2）注入高密度流体。

对于套管间压力卸放，流出大量气体、泡沫或者是轻质流体（<1.08g/cm^3），且压力能恢复的井，流体的流出降低了环空液柱压力，增加了气体或者轻质流体进一步流入环空的可能性。为此，应该在阀门上连接注入管线，间歇注入溴化锌盐水、钻井液或者类似环空保护液的高密度流体，恢复环空液柱压力。

（3）环空插入小直径油管循环。

上述的环空注入高密度流体，注入量少。对于环空间隙较大，水泥面较深的井，应该尝试环空插入小直径油管至一定深度，或者通过导翼阀插入可以旋转 90°的软管进入环空，允许流体循环至井内。

（4）近井口段泄漏的封堵修补。

通过井筒完整性检测或各种治理判断，泄漏点在近井口段易接近点，可以使用树脂、水泥等内管堵漏修补技术修复泄漏。

（5）井口装置的维护保养。

经过压力卸放/恢复测试诊断，井筒完整性检测等，确认是井口装置问题，应该采取套管头、油管挂部位的维护保养来消除环空压力。主要方法是套管头、油管挂密封部位的补充注密封脂等作业。

（6）起下油管修井。

经过压力卸放/恢复测试诊断，井筒完整性检测等，确认是生产管柱、封隔器、油管挂等问题，应起下油管修井，更换泄漏部件。这是目前多次实施，并行之有效的昂贵方法。

经过压力卸放/恢复测试诊断，井筒完整性检测等，确认是生产套管破损，或者是套管外水泥环有窜流通道和裂缝，应起下油管修井。泄漏补救需具体分析，要论证其可行性、经济性、补救的有效性等。这是因为：

① 套管补贴、封堵，技术不成熟，措施本身也会破坏生产套管的结构完整性。

② 生产套管上射孔或锻铣一段后挤水泥封堵,成功率低(小于50%)、费用高。

③ 射孔挤水泥削弱了生产套管的结构、密封完整性,还可能产生新泄漏通道。

如果确认进行射孔或锻铣一段后挤水泥封堵,应该选择尽可能深的部位进行挤注水泥。如果修井不成功,也利于下一次修井作业。

进行提油管更换管柱、套管修补、挤注水泥的井,完井后要进行井筒完整性检测,合格后方可使用。

2. 高压的间歇卸放及实例

通过分析详尽的间歇卸放环空压力数据,研究人员发现:环空压力间歇卸放,会加剧持续环空压力问题。有些实例表明,重复卸放环空流体到大气中,会增大套管环空压力。卸放出的流体通常是气体、泡沫或者是轻质流体(小于$1.08g/cm^3$)。当流体流出井内时,降低了环空液柱压力,增加了气体或者轻质流体进一步流入环空的可能性。很多人赞成更改现行的MMS政策,即需要把环空高压卸放至0,以消除持续环空压力的做法。一些人首选把压力卸放至大于大气压力的一个值。

有些井固井时水泥返至地面,严重地限制了一些固井补救方法的应用。在此情况下,近地面积聚的气体很少,持续卸放井口压力可能是一个有效的减缓套管爆裂的手段。如果高压地层向环空流入的气体量小,持续放压可能会耗尽这层储层的能量,彻底消除环空带压。但不管怎么样,在有些情况下,环空压力的卸放暂时减缓了环空带压的严重程度。

实例1是一个成功应用间歇卸放减小技术套管压力,进一步消除导管压力的案例。由温度和声波测井确定了天然气进入环空的点在$\phi 177.8mm$尾管的顶部,泄漏到地面的通道为$\phi 177.8mm$生产套管与$\phi 244.5mm$技术套管之间的水泥环。固井时水泥返至地面,该井钻井和固井用同一部钻机,而完井利用较小的完井钻机。完井钻机安装之前,技术套管内就发现了30.4MPa的持续环空压力。通过$\phi 12.7mm$针阀,可以在24h内把压力卸放至0。所卸放出的为纯天然气。压力卸放12h后,通过水泥环泄漏速度稳定在约$142m^3/d$。该井$142m^3/d$泄漏速度是很低的,不会对平台造成重大伤害。此泄漏允许卸放至控制系统,并引导到生产设备点火。

3. 重盐水或钻井液环空挤注

CNG已使用了一个分步压力卸放程序,就是在环空卸放很少量的气体和流体后,接着注入溴化锌盐水。此方法的原理是,在放压时用高密度盐水如溴化锌代替产生的气体或流体,可以逐步地增加环空中的液柱压力。

一些使用此方法的井,减小了井口环空压力。然而,也有使用此方法的井出现了压力增加的情况,估计是新的气泡窜到井口的原因。此方法在几口井尝试几年后,最终没有达到预期的效果。另一些是注入钻井液而不是盐水,力图增加环空静液柱压力,也期望钻井液中的固体能封堵水泥环的裂缝。同时,钻井液也有腐蚀小、毒性小的优点,但是流体中固体浓度大,注入困难。最初的设想是,固体的存在,可能有助于堵塞水泥环已存在的裂缝和微环间隙。

4. 重盐水或钻井液循环、内管修补

环空注入,只能注入极少量的流体。为此,有人开发了一个循环高密度流体到约305m深度的方法。ABB Vetco Gray和Shell开发试验了环空循环系统,可以在环空插入小直径油管至一定深度,允许流体循环至井内。软管可以旋转90°通过导翼阀进入环空。在未来的井上,井口要设置一定角度的进口,减小此问题。如果循环管插入成功,可以增加从环空替换轻质流体的能力,用重盐水或钻井液替换。

如果受影响环空易接近,可以使用内管修补技术修复泄漏。这种装置通常是可以下入到环空内修补局部泄漏。在过去,一些施工者注入水泥或树脂,来封堵溢流通道。效果不明显,这种方法可以消除井口压力,满足监管要求,但同一套管串井下坏空压力是否增加是不可知的。

5. 射孔或锻铣套管后挤水泥

环空带压井的一级补救方法是起下油管修井,来封堵引起问题的泄漏通道。如果问题来自油管、井下封隔器或井口,补救施工要相对简单。尽管就技术上来说,如果井接近寿命周期的末期,修井是昂贵的和不经济的。

在生产套管外水泥封固段,如果有窜流通道和裂缝的窜流,即使花费昂贵的修井作业,往往在技术上难以补救[9]。这往往必须在生产套管上射孔或锻铣一段生产套管后,尝试对漏失通道挤水泥。射孔挤水泥削弱了生产套管的密封完整性,还可能产生新的泄漏通道。

射孔或锻铣套管后挤水泥,其成功率低(<50%)、费用高,一般认为是最后的补救办法。从井眼向套管漏失通道挤注困难是其主要原因。有的油气公司为了消除7口井的环空带压,花费了13个月时间,费用超过2000万美元。即使实施了分段挤水泥也实施了循环挤水泥,仍然有些井在井口存在环空带压。有关学者研究和分析修井失败的原因,确定后期的修井应该选择尽可能深的部位进行挤注水泥,如果修井不成功,可以方便下一次修井作业。

第三节　盐穴型储气库完整性技术

盐穴型储气库完整性与气藏型储气库完整性最大的不同就是地下储存环境的变化,除了上述的设计、建设、运行完整性技术外,还应考虑地下盐腔稳定性。

针对盐穴型储气库运行期间可能发生地下盐腔体积收缩和地面沉降失稳事件,采用数值模拟方法,分析了盐穴型储气库稳定性影响因素和规律,提出了地下盐腔稳定性评价指标体系,并建立了地下盐腔稳定性模糊综合评价模型以及单腔和双腔的地面沉降预测模型,建立了在役老腔稳定性评价模型,形成了地下盐腔稳定性评价方法。

一、地下盐腔稳定性影响因素

从力学观点看,盐腔丧失稳定就是其围岩中的应力达到或超过岩土介质强度的范围比较大,最后形成了一个连续贯通的塑性区和滑动面,因而产生较大位移而失稳。因此,盐腔围岩稳定性的评价实质上就是岩土介质应力和变形的分析。对于一般的稳定问题,通常要考虑:失稳的判据;失稳的范围;稳定的计算方法。对于失稳与否,又可以用如下物理量来判别:用应力或力来判别;用应变或变形来判别;用综合前两者的方法(即能量干扰法)来判别。影响盐腔稳定性的主要因素有:地应力、岩体地质结构、岩体力学性质、盐腔形状尺寸、盐岩的蠕变特性、内压、合理矿柱尺寸以及采气速率等。

二、地下盐腔稳定性模糊综合评价

储气库运行期稳定性关系到储气库的安全,涉及的因素众多,建立评价指标体系是进行储气库运行期稳定性评价的前提和基础。根据储气库运行期稳定性评价标准,并结合上章对储气库运行期稳定性的数值模拟结果,建立稳定性评价指标体系,如图6-3-1所示。按照层次分析法理论,该指标体系分为目标层、指标层1和指标层2三个层次,目标层为储气库运行期稳定性,指标层1为7个对储气库运行期稳定性影响较大的因素,即 $U=\{$盐腔形状,运行压力,夹层,周围盐岩层,套管鞋高度,盐腔间距,盐岩力学特性$\}$,其中运行压力 $U_2=\{$最小内压,最大内压,最大采气速率,邻腔运行压力差$\}$,夹层 $U_3=\{$夹层含量,夹层盐岩刚度比$\}$,周围盐岩层 $U_4=\{$顶板厚度,底板厚度,四周盐岩层厚度$\}$,盐岩力学特性 $U_7=\{$弹性模量,内聚力,内摩擦角,稳态蠕变率$\}$,这些子指标构成了指标层2。建立评价指标体系要根据储气库实际情况,在上述指标体系做适当调整。如根据是否是储气库群,决定是否考虑盐腔间距和邻腔压力差因素。

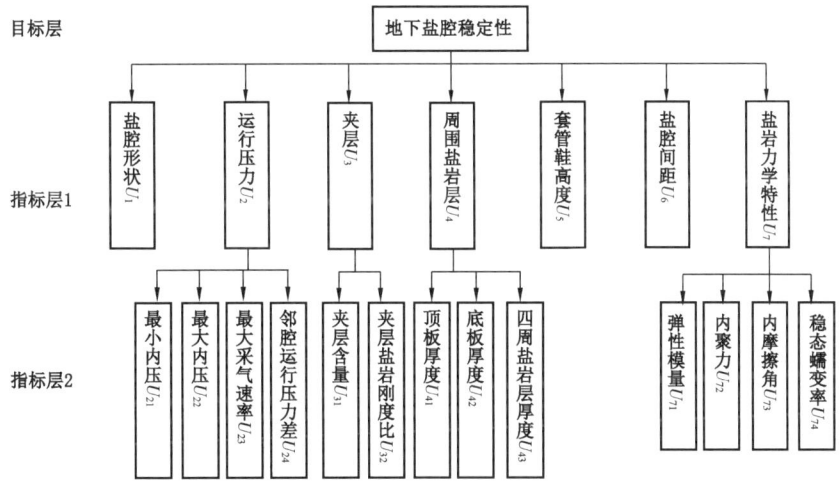

图6-3-1 盐穴储气库运行期稳定性评价指标体系

根据评价指标的性质建立评价集,它是由对评判对象可能做出的评判结果所组成的集合,可表示为 $V=\{V_1,V_2,\cdots,V_n\}$。考虑评价等级一般大于4个而不超过9个,储气库运行期稳定性评价等级取为6级,即 $V=\{V_1,V_2,V_3,V_4,V_5,V_6\}=\{$特别稳定,很稳定,较稳定,一般稳定,不稳定,特别不稳定$\}$,对应的得分区间见表6-3-1。为方便评价,规定评价集 $V=\{95,85,75,65,55,45\}$。并且为减小评价的主观性,不采用专家直接打分的方式,而是主要根据数值模拟结果进行评分。

表6-3-1 评价等级对应得分区间

评价等级	V_1	V_2	V_3	V_4	V_5	V_6
得分区间	[100,90]	(90,80]	(80,70]	(70,60]	(60,50]	(50,0]

三、盐穴型储气库地面沉降规律及预测

运用 FLAC3D 软件,模拟分析了单腔、双腔储库(盐腔形状为椭球体)在不同工况下地表沉降随流变时间的变化规律,并建立了盐穴型储气库地面沉降预测模型和衰减预测模型,分析掌握了盐腔形状、最小内压、最大内压、采气速率、套管鞋高度、夹层和盐腔间距对地下盐腔稳定性的影响规律。

对于运行工况,低压时盐穴周围产生高有效应力,因此高蠕变率。低压时也引起地层的高损伤因子。为确保盐穴长期的结构稳定性,应确定合理的最小运行气体压力。此外,为预防低采气速率下过量的盐穴顶板下沉和盐穴收缩,采气率应被限制在一个范围。在高采气率下,为避免增加盐岩膨胀可能性以及减小局部的盐岩膨胀损伤,应确定最大气体压力。

盐层的渗透率将随盐层膨胀损坏显著增加。减小盐穴周围岩层的膨胀可能性对于保持盐穴密封性是很关键的,特别对盐穴和周围地层和临近盐穴之间的最短距离的位置。密封完整性评价应考虑盐穴顶板区域的套管、水泥环和岩层之间的界面的泄漏可能性。

相互之间较近的多腔可能在地层产生非均匀应力,可能导致盐穴周围的局部区域损伤可能性较高。与单腔相比,小的盐穴矿柱可能导致较大的盐穴顶板下沉。

第四节 储气库完整性技术应用案例

X1 井盐穴体积为 $105000m^3$,储存介质为天然气,天然气相对密度为 0.575,气库运行压力为 7~14MPa,盐穴中层温度为 326.15K,注采管规格为 7in,井口平均温度为 298.15K,大气压力为 101325Pa。该盐穴地下储气库注采气站于 2007 年 1 月投产,全站采用 SCADA 系统进行数据采集和监控,主要完成站内工艺数据采集、监视、控制和流量计算等功能,目前辖管 5 口在役盐穴井[28,29]。该盐穴井场到注采气站进站阀组的单井管道总长 2.7km,该段管道为 $\phi 273mm \times 20mm$ 规格的 16Mn 无缝钢管,设计压力 17.5MPa,屈服强度 245MPa。整个管道有一条池塘穿越,沿途路过村庄,沿线环境较单一,杂散电流影响较小。利用上述完整性技术方法对盐穴井、注采气站和单井管道进行评估,详细结果如下。

对于盐穴井,在井口破裂最严重的情况下,距离井口 50m 处居民和在井场的工作人员(维修工人或巡检人员)的个人风险计算结果分别为 2.472×10^{-5} 和 2.06×10^{-6}。根据建立的个人风险可接受准则(不可接受线 $10^{-4}a^{-1}$ 和可接受线 $10^{-6}a^{-1}$)可知,维修工人和周边居民在距离盐穴 50m 处的个人安全风险可接受,处在风险可容忍区,但仍应该根据 ALARA 原则采取措施,在合理可行的范围内将风险降低到尽可能的最低水平。而泄漏和注采能力下降两类失效事件的产生的经济风险计算结果(表 6-4-1)显示:大气泄漏相比地下泄漏的经济风险要大,主要是因为其事件率远大于地下泄漏,同时,运行减缓的发生概率也具有高的发生概率,因此,应根据故障树重点加强对引发大气泄漏和运行减缓的事件控制,例如运行减缓则要防止水合物堵管、设备故障、顶板坍塌、上覆层运动和盐穴坍塌等事件的发生。较大中断的经济风险最大,主要是由于盐穴废弃带来的经济损失较大。

注采气站场风险评估结果表明:压缩机系统和处理系统风险远远大于管路系统风险,其中压缩机组最大的;处理系统设备中空冷器风险最大,其次是缓冲罐(压缩机出口)、过滤分离器和旋风分离器(图 6-4-1);而管路系统中对带压的 34 条管线中,从压缩机出口到缓冲罐出口的管线 P2112—P2118 风险最大,其中 P2113 最大,管路系统风险值大主要是由于压力和温度相对较高引起的。采用风险矩阵对各类设备或管路风险定级可知:压缩机风险为高风险。而管路系统均为中低风险(图 6-4-2)。通过风险排序,明确了高风险单元,即可采用 HAZOP 法进行详细风险分析。对于单井管道根据具体情况将管段分为 7 段,经风险评分后,各管段风险均处于中低风险。通过对储气库进行风险评估,可使储气库管理者明确各类设施或设备风险高低,从而采取有效措施控制风险,以避免灾害事故发生。

表 6-4-1　X1 井经济风险评估结果

失效事件		严重度级别	事件率 (次/a)	总经济后果 (千元/次)	经济风险 (千元·次/a)
泄漏	大气泄漏	小泄漏	2.86×10^{-1}	97.5	27.85
		大泄漏	1.18×10^{-1}	186.1	22.05
		破裂	4.12×10^{-3}	6754	27.83
	地下泄漏	小泄漏	1.98×10^{-4}	4633.2	0.92
		大泄漏	3.05×10^{-4}	4474.4	1.37
		破裂	6.04×10^{-6}	7290.6	0.04
注采能力下降	运行减缓	较小减缓	1.6×10^{-1}	43.3	6.9
		较大减缓	7.43×10^{-2}	43.3	3.2
	运行中断	临时中断	2.36×10^{-1}	43.3	10.2
		长期中断	1.83×10^{-3}	171740	314.3

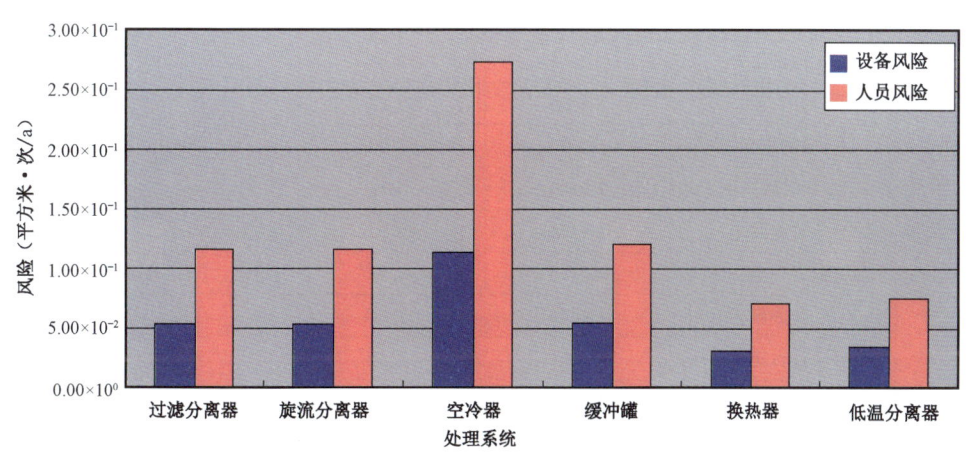

图 6-4-1　处理系统各设备风险

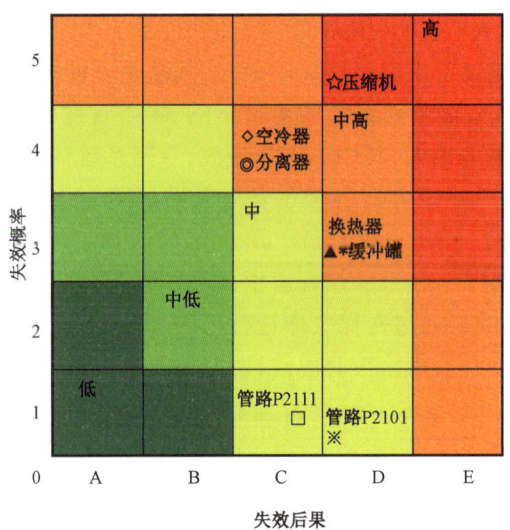

图6-4-2 站场设备风险定级

采用建立的盐腔稳定性模糊综合评价方法评价了金坛储气库 X1 井和 X2 井的稳定性,综合得分为 70.33 和 71.7,根据建立的评价集(表6-4-2),稳定性等级均为 V_3 级,即较稳定。指标得分不均衡,最低的运行压力指标,主要受二级指标采气速率过高的影响。X2 井和 X1 井较稳定,要较 X1 井分值高,主要是由于 X2 井体积收缩率低和腔体直径较小;X2 井周围盐岩层分值低主要是由于顶板厚度较薄。西气东输储气库项目部开展的 X1 井和 X2 井的带压声呐测腔结果表明井口压力为 8.2MPa 的 X1 井带压声呐测井结果:形状变化主要在盐腔底部,但整体看 X1 井的体积变化并不明显,相对较稳定,如图6-4-3所示。

表6-4-2 金坛储气库盐腔稳定性模糊综合评价结果

井号	一级指标 U	指标权重 ω_i	指标得分 M_i	综合得分 M	稳定级别
X1 井	U_1 盐腔形状	0.1414	75.1	70.3296	V_3 较稳定
	U_2 运行压力	0.2051	49.45		
	U_3 夹层	0.0696	90.22		
	U_4 周围盐岩层	0.0933	68.32		
	U_5 套管鞋高度	0.0349	90		
	U_6 盐腔间距	0.1414	59.32		
	U_7 盐岩力学特性	0.3143	80.97		
X2 井	U_1 盐腔形状	0.1414	77.34	71.6977	V_3 较稳定
	U_2 运行压力	0.2051	49.45		
	U_3 夹层	0.0696	90.08		
	U_4 周围盐岩层	0.0933	64.72		
	U_5 套管鞋高度	0.0349	60		
	U_6 盐腔间距	0.1414	68.55		
	U_7 盐岩力学特性	0.3143	80.97		

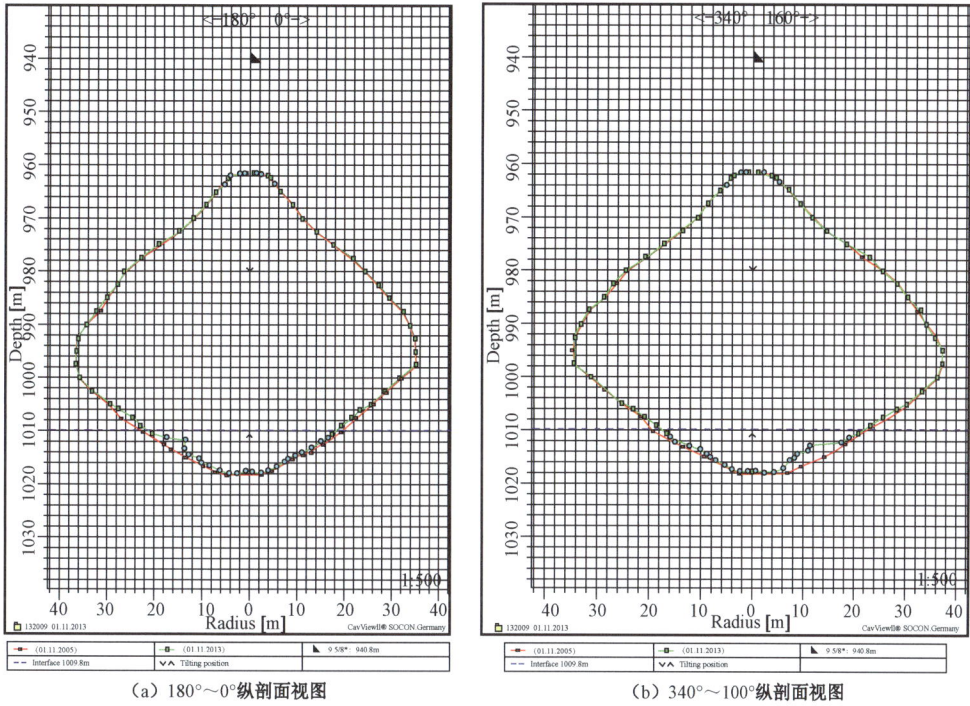

(a) 180°~0°纵剖面视图   (b) 340°~100°纵剖面视图

图 6-4-3 X1 井声呐检测结果

参 考 文 献

[1] Evans D J. An Appraisal of Underground Gas Storage Technologies and Incidents for the Development of Risk Assessment Methodology[R]. RR605 Research Repot.

[2] 唐晨飞,张广文,王延平,等. 美国 Aliso Canyon 地下储气库泄漏事故概况及反思[J]. 事故分析与预防, 2016,16(7):5-8.

[3] 冯耀荣,韩礼红,张福祥,等. 油气井管柱完整性技术研究进展与展望[J]. 天然气工业. 2014 ,34 (11): 73-81.

[4] 赵新伟,李鹤林,罗金恒,等. 油气管道完整性管理技术及其进展[J]. 中国安全科学学报,2016(1),16 (1):129-134.

[5] NORSOK STANDARD D-010 Well Integrity in Drilling and Well Operational[S].

[6] 李鹤林."石油管工程"的研究领域、初步成果与展望[M]. 北京:石油工业出版社,1999:1-10.

[7] 吴奇. 高温高压及高含硫井完整性指南[M]. 北京:石油工业出版社,2017.

[8] 吴奇,郑新权,张绍礼,等. 高温高压及高含硫井完整性设计准则[M]. 北京:石油工业出版社,2017.

[9] 吴奇,郑新权,邱金平,等. 高温高压及高含硫气井完整性管理[M]. 北京:石油工业出版社,2017.

[10] Harrison M R,Ellis P F. Risk Assessment of Converting Salt Caverns to Natural Gas Storage[R]. Gas Research Institute,1995.

[11] Sean T Terchek,Paul C Amick,Mark A Newman. Risk based Assessment of Storage Well Rehabilitation[R]. SPE 72375,2001.

[12] API RP 1171—2015 枯竭油气藏和含水层储气库的功能完整性[S].

[13] API RP 1170—2015 盐穴型天然气储气库设计与运行[S].
[14] Stephen Foh. Underground Storage Roadmap[R]. Pipeline Research Council International Underground Storage Committee,2009.
[15] 魏东吼,董绍华,梁伟. 地下储气库完整性管理体系及相关技术应用研究[J]. 油气储运,2015,34(2):115-121.
[16] Edward Randolph. Request to Establish the Gas Storage Regulation Memorandum Account[R]. Pacific Gas and Electric Company,2017,127-198.
[17] Ernest J Moniz. Ensuring Safe and Reliable Underground Natural Gas Storage[R]. 2016,26-71.
[18] 丁舒羽,秦小建,金金,等. 天然气管道的完整性管理[C]. 全国设备润滑油与液压学术会议,2015.
[19] 杨祖佩,王维斌. 我国油气管道完整性管理体系发展与建议[J]. 油气储运,2006,25(9):1-6.
[20] Folga S,Portante E,Shamsuddin S,et al. US Natural Gas Storage Risk-Based Ranking Methodology and Results[R]. Argonne National Laboratory (ANL),2016.
[21] Mott MacDonald. The Infrastructure Planning(Applications:Prescribed Forms and Procedure)Regulations 2009[R]. Halite Energy Group,2011(11):38-87.
[22] Southern California Gas Company. Socalgas Direct Testimony of Phillip E. Baker. Underground Storage[R]. 2014(11),13-15,23-32.
[23] API RP 90 海上油气井环空压力管理[S].
[24] 艾炜. 中子伽马测井在储气库井中的技术探讨及应用[J]. 中国石油和化工标准与质量,2017,37(9):166-167.
[25] 汪永康,刘杰,刘明,等. 石油管道内缺陷无损检测技术的研究现状[J]. 腐蚀与防护,2014(9):929-934.
[26] 谭文捷,郭惠. 油气管道腐蚀检测技术研究与应用[J]. 山东化工,2015(2):98-100.
[27] 董绍华,韩忠晨,刘刚. 管道系统完整性评估技术进展及应用对策[J]. 油气储运,2014(2):121-128.
[28] 罗金恒,李丽锋,赵新伟,等,盐穴地下储气库风险评估方法及应用研究[J]. 天然气工业,2011,31(8):106-111.
[29] 赵新伟,李丽锋,罗金恒,等. 盐穴储气库储气与注采系统完整性技术进展[J]. 油气储运,2014,33(4):347-353.
[30] Wang Ke,Luo Jinheng,Zhao Xinwei,et al. Risk Assessment of Underground Natural Gas Storage Station[R]. Calgary,Alberta,Canada:the 8th International Pipeline Conference,2010.
[31] 蔡克,罗金恒,赵新伟,等. 风险评分法在储气库集输管道上的应用[J]. 焊管,2011,34(4):53-57.
[32] 王建军. 地下储气库注采管柱密封试验研究[J]. 石油机械,2014,42(11):170-173.
[33] 王建军,付太森,薛承文,等. 地下储气库套管和油管腐蚀选材分析[J]. 石油机械,2017,45(1):110-113.

第七章　储气库运营管理模式

储气库运营管理及盈利模式与天然气业务发展和天然气市场化程度密切相关。国外储气库历经百年,其运营管理方式随着天然气的产业发展和市场环境变化日臻完美。在天然气"产、运、储、销、用"五大产业链中,储气库的价值最终是要通过提升整个天然气产业的价值来体现的。虽然储气库的运营管理与管道输送和下游市场紧密联系,但无论作为管道还是作为市场的附属产业,国内储气库从来都是以调峰保供者的角色出现,而不是以所有者盈利的主要手段存在。而在欧美储气库发达国家,随着天然气市场的成熟和对产业监管的要求,作为公共服务产品的储气库业务已经实现了(或正在实现)独立经营管理和接受法律监督及产业监管的目标。目前,中国储气库正处于发展的初级阶段,系统分析国内储气库的管理现状和发展趋势,将为中国未来储气库的健康快速发展指明方向。

第一节　国外储气库运营管理模式

美国、欧盟等发达国家储气库建设历程长,在天然气业务发展的不同阶段,采取适应本国储气库业务发展的不同运营管理模式。早期储气库主要是与管道捆绑进行运营,通过管输费回收投资和成本。中后期采取市场化独立运行等多种方式[1-3],有效地促进了储气库业务的健康有序发展。

一、美国

美国具有100多年储气库建设运营历史,储气库数量和工作气量也位居世界前列。同时具有发达的市场经济和健全完备的法律体系,已经形成了一套较为完善的地下储气库监管运营管理体制。

美国已经建立了适应天然气市场开放的储气库管理体制和运营机制。主要有以下三个方面:一是在天然气市场开放中逐步放开了储气库的"第三方"准入;二是储气费率市场化;三是储气交易多样化。有效保障天然气市场供应安全。

在天然气产业放开管制之前,美国的储气库主要由天然气管道公司和城市燃气公司拥有和运营。用这种管理和运营方式优化管网系统的运行、提高供气的安全可靠性和满足用气高峰的需求。管道公司拥有流经其管道系统的天然气,控制着储气库的储气能力及使用权利。20世纪80年代以来,美国政府推行了天然气工业市场化改革,尤其是1992年颁布了FERC 636号令后,美国不仅放开管道的"第三方"(包括生产商、消费者、运输商或贸易商)准入,也放开了储气库的"第三方"准入,打破了储气库的垄断。强制州际管道公司剥离销售业务。要求管道运输网络向第三方开放,以保证其他天然气供应者能够得到公平的、相同质量的运输服务。至此,美国的天然气市场化改革向完全竞争市场迈进。

(一)美国储气库监管

美国储气库监管参照天然气管道模式,大体分为联邦和州两级。联邦政府通过联邦能源监管委员会(FERC)对州际管道公司拥有的储气库、连接到州际管道的储气库,以及为州际管道提供储气服务的独立运营商所拥有的储气库进行监管,而州政府相关机构负责州内储气库的监管。

1. 联邦监管

1992年,联邦能源监管委员会(FERC)下发636号令,该指令代表着美国不仅放开管道"第三方"(包括生产商、消费者、运输商或贸易商)准入,也放开了储气库的"第三方"准入,打破了储气库的垄断。其主要内容包括:

(1)储气库作为一项特别的业务,必须从其他服务中分拆出来,并且单独收费;

(2)必须给予用户储气能力的准入权力,或者给予用户获得储气库储存空间的机会;

(3)必须赋予用户分租其合同储气能力的机会;

(4)监管的内容还包括环境、技术安全与费率方面。

2. 州监管

各州对储气设施的监管也包括对环境监管、储气设施建设的许可以及废弃的处理的监管等。尤其重视对地区配送公司的储气费用监管,以防止这些公司侵害终端小用户的利益。

在美国建设储气库的第一步是取得监管机构的批准,这是监管的重要环节。以向纽约州政府申请储气库建设的程序与文件为例:纽约州要求开发储气库必须要向州环境保护局申请许可,并在通过州地质学家的书面批准后,方可全面生效。在申请地下储气库许可时,必须提交以下信息:

(1)申请机构的报告。

(2)储气库涉及的所有井的经济担保,包括闲置和停用的井。

(3)如果这些井是运营商从其他运营商手中接管的,要求提交《油气井移交报告》。

(4)完整的《环境评价报告》。

(5)地下地质构造图。应包括建库区和缓冲区域的界限。标注出所有的储气井、封堵井和废弃井。

(6)气藏改建储气库的可行性研究报告。

(7)在储气区域内(建库区块和缓冲区块)每一口钻井的详细报告。

(8)运营商签署的宣誓书。确认其已经获得储气库区域内至少75%的储气权。申请人承诺书,承诺其将收购剩余25%的储气权,其作为签发许可证的条件。

在储气库中新增任何储气能力都需要获得整改许可证;如果通过增大单个盐腔体积扩容增大储气能力,也需要获得整改许可证;通过增加最大储气压力增加储气能力同样需要整改许可证。其中新设施的许可证申请费是10000美元,储气能力扩建申请费用为5000美元。

(二)美国储气库运营商

天然气开放管制之前,美国储气库所有者及运营商主要是管道公司和城市燃气公司,而管道公司是储气库中天然气的拥有者[4]。

随着联邦能源监管委员会 636 号令的实施,美国储气库的所有者依然是管道公司和城市燃气公司,而美国储气库运营商则逐步多元化,包括管道公司(州际和州内)、城市燃气公司、独立运营商各自负责所属储气库的日常生产和经营管理,向天然气运销商提供储气、采气服务,收取储转费。储气库中天然气的拥有者主要是城市燃气公司、管道公司和销售公司。

1. 州际管道公司储气库运营商

目前,该类运营商拥有超过 40% 的储气库份额,其中总采气能力、总工作气能力在储气库市场占绝对优势。20 世纪 90 年代以来,为提高储气库运营效益,新建或扩建储气库主要向市场开放,但受联邦能源监管委员会的直接监管。

2. 州内管道公司和城市燃气公司储气库运营商

该类运营商主要利用储气库进行调峰和应急,城市燃气公司则利用储气库中的天然气直接输送给用户。目前,这类运营商所拥有的储气能力低于州际管道公司,但也有部分储气库向"第三方"开放。从监管主体来看,约 30% 的储气库也受到联邦能源监管委员会监管,主要原因是其向州际提供服务,其余受各州监管。

3. 独立的储气库运营商

该类运营商主要目标就是通过"存气、贷气"业务获取利润。随着更多限制的解除,预计未来将占有更多的市场份额。目前,该类运营商储气能力占美国总能力的 10% 左右,多数不受联邦能源监管委员会的监管。

根据监管要求,上述公司主要负责储气库的日常生产、经营管理,向天然气运销商提供储气、采气服务,收取储转费,一般不拥有储气库内的天然气。夏季与冬季的天然气价格差、调峰气价及高峰时的议价气是促使北美储气库高度发展的主要驱动力。

(三) 美国储气库的费率监管

天然气产业放开管制之前,储气库作为管道的辅助设施,与管道捆绑运营,没有单独的定价机制。通常根据储气库的投资和成本形成相应费用,计入管输费。天然气产业放开管制之后,储气业务与管输业务分离,独立运营,向第三方提供有偿储气服务,单独定价,建立了储气价格形成机制[5-7]。州际储气库一般按服务成本定价法制定,费率包含成本和合理的投资回报。独立储气库既可按服务成本定价法制定,也可按市场需求定价法制定。

美国的储气库价格水平与储气库的成本和提供的服务相关。与管输费一样,受服务成本管制的储气库价格分为容量费和使用费(表 7-1-1 和表 7-1-2)。容量费包括储气库容量费和日最大采出气量费,按用户预定的储气容量和日最大采出气量收取,与实际使用量无关;使用费分注入费和采出费,按用户的实际注入(采出)气量收取。

表 7-1-1 服务成本法确定储气费的费用组成及计算依据

费用类别	费用含义	计算依据
采出流量费	合同预订日最大采气量	50% 固定成本
容量费	合同预订储气容量	50% 固定成本
注入费和采出费	实际注入/采出气量	变动成本

表7-1-2　州际管道公司标准销售单元储气库费率样本

费用类别		最大费率（美元/$10^4 m^3$）	最小费率（美元/$10^4 m^3$）
容量费	月度空间预留	42.26	0.00
	月度注入量预留	1500.75	0.00
	月度采气量预留	744.15	0.00
使用费	储备注入量使用费用	20.64	20.64
	超过注入量使用费用	131.36	20.64
	储备采气量使用费用	20.64	20.64
	超过采气量使用费用	131.36	20.64

联邦能源监管委员会在服务成本定价法的基础上又发展了高峰期/非高峰期或者季节储气价格两种定价方法,具体价格水平由储气库运营商和用户协商确定。联邦能源监管委员会对储气库运营商的年收入总体水平进行控制。

2000年以来,70%左右受联邦能源监管委员会监管的新建与扩建储气库都执行了市场费率。由于州际管道公司在储气市场的绝对优势地位,以州际管道为例进行介绍。

州际管道公司用于自身季节调峰和管道完整性管理的储气库费率采用成本加成法,也就是"服务成本法",以年为核算期计入管输费,费率受联邦能源监管委员会严格监管,并通过收取用户使用管道的费用补偿。储气成本包括三个方面:一是资本成本(CAPEX),包括购买土地、勘探成本、注气井和采气井开发,以及地面设施(压缩机、管网和垫底气);二是操作和维修成本(OPEX),可划分为固定成本与可变成本,固定成本包括工资、租赁费和执照费、保险,设备和井的维修费用,可变成本包括压缩机燃料费、脱水器、乙二醇再生器或者水处理费用;三是工作气和垫底气的融资费用。

根据联邦能源监管委员会636号和678号令,包括州际管道公司在内,受联邦能源监管委员会监管的储气库运营商可以执行市场型或者协商型费率,向所有合格用户提供开放的储气服务。市场型费率分两种情况,在美国储气市场工作气份额10%以下的储气库运营商可以自由决定储气费率;但是,工作气份额占10%以上的储气库运营商必须每5年向联邦能源监管委员会报告其市场状况,由联邦能源监管委员会核定其费率的合规性,实施监管的市场型费率。以上两种费率均要求通过一定方式公布单位储气费用、单位工作气能力、单位采气能力、单位注气能力等关键信息,便于储气库用户选择。

协商型费率主要是考虑到特定地区需要鼓励建设储气设施,同时市场竞争不允分,监管机构在考察相关用户利益的基础上批准实施。

(四)美国储气合同管理

为了有效销售储气能力,储气公司与用户合同有长期与短期之分。储气公司根据不同储气库的地质、技术特点,将包括注气、采气能力以至储气容量的标准单元捆绑销售,并明确标示各项费用(表7-1-3)。储气用户可直接向储气公司订购,也可在二级市场购买、转让。

表7-1-3　州际管道公司标准销售单元储气库费率样本

项目	费率(美元/Dth①)	
	最大	最小
月度空间预留	0.1120	0.00
月度注气量预留	3.977	0.00
月度采气量预留	1.972	0.00
储备注气量使用费用	0.0547	0.0547
超过注气量使用费用	0.3481	0.0547
储备采气量的使用费用	0.0547	0.0547
超过采气量的使用费用	0.3481	0.0547

① 1Dth(10撒姆) = 1MMBtu = 26.5 m^3 天然气。

长期合同一般一年以上,先期拥有储气合同的用户可优先续约。按照合同要求,用户必须支付月度预订费,以取得选定时期内注气、采气和储气容量的权利。预订费是固定收费,与用户最终实际使用的储气能力无关。当用户使用储气能力时,需要根据实际注采量支付可变费用。一般预订费占长期合同收入的最大份额。

短期合同通常一年以下。与长期合同不同,短期合同用户必须在特定的时间注入和采出定量天然气。为此,用户只需要支付固定费用。

储气公司除通过合同销售获取收入外,还可以依靠自身资产优化扩大盈利能力。因为可能有一部分储气能力没有销售,或者销售出去后,在特定时期并没有被用户完全利用。储气公司可以自己注入和采出天然气来套利。根据统计,向市场开放的储气公司长期合同收入较稳定,约占公司总收入的40%~50%,短期合同和优化收入显示出一定的波动性,总体上优化收入的比重高于短期合同收入。

二、加拿大

(一)加拿大储气库规模

加拿大储气库规模基本能够满足国内调峰和出口天然气需求。各省储气库工作气量大致如下(表7-1-4):

艾伯塔省:第一大储气地区,工作气量约为 $100 \times 10^8 m^3$。

安大略省:第二大储气地区,工作气量约为 $68 \times 10^8 m^3$。

萨斯喀彻温省:10座储气库,工作气量为 $9.4 \times 10^8 m^3$。

其他省:魁北克省储气库工作气量为 $1.43 \times 10^8 m^3$;不列颠哥伦比亚省工作气量约为 $23.5 \times 10^8 m^3$。

表7-1-4　加拿大运营的地下储气库一览表

位置	设施	经营者	储气库类型	投产时间	工作气量($10^6 m^3$)
艾伯塔省	艾伯塔枢纽	Enstor/雪佛龙	枯竭油气藏型	1997	1400
	Carbon	ATCO		1968	1120

续表

位置	设施	经营者	储气库类型	投产时间	工作气量($10^6 m^3$)
艾伯塔省	Countess	Niska 储气公司	枯竭油气藏型	2003	1550
	Crossfield(Cross Alta)	BP 加拿大/TransCanada		1993	1400
	Edson	TransCanada		2005	1400
	海斯(非商业用途)	AEC 油气公司		1984	296
	Severn Creek(Hussar)	赫斯基能源公司		—	480
	萨菲尔德	Niska 储气公司		1988	2260
不列颠哥伦比亚省	Aitken Creek	雪佛龙	枯竭油气藏型	1988	2350
安大略省 Dawn 储气基地	班特派斯	联邦燃气有限公司	枯竭油气藏型	1974	137
	比克福德	联邦燃气有限公司		1972	575
	布卢沃特	联邦燃气有限公司		2000	52
	Booth Creek	联邦燃气有限公司		1999	52
	Dawn 47/167	联邦燃气有限公司			1300
	Dow Sarnia Block A	联邦燃气有限公司		1992	174
	Edys Mills	联邦燃气有限公司		1993	69
	恩尼斯基林	联邦燃气有限公司		1989	95
	Mandaumin	联邦燃气有限公司		2000	119
	OilCity	联邦燃气有限公司		2000	49
	Oil Spring east	联邦燃气有限公司		1990	99
	佩恩	联邦燃气有限公司		1957	662
	珀丽	联邦燃气有限公司		1975	82
	Sombra	联邦燃气有限公司		1990	67
	Terminus	联邦燃气有限公司		1975	297
	Waubuno	联邦燃气有限公司		1960	257
安大略省 Tecumseh 储气基地	Black creek	安桥天然气销售公司	枯竭油气藏型	1997	26
	查塔姆 D	安桥天然气销售公司		1998	43
	科伦纳	安桥天然气销售公司		1964	125
	科维尼	安桥天然气销售公司		1997	97
	克劳兰德	安桥天然气销售公司		1962	7
	Dowmoore	安桥天然气销售公司		1988	739
	莱迪史密斯	安桥天然气销售公司		1999	182
	Mid KimballColinville	安桥天然气销售公司		1965	582
	Seckerton	安桥天然气销售公司		1964	313
	South Kimball - Colinville	安桥天然气销售公司		1965	403
	Wilkesport	安桥天然气销售公司		1978	218

续表

位置	设施	经营者	储气库类型	投产时间	工作气量($10^6 m^3$)
魁北克省	皇居迪拉克	Intragaz 公司	枯竭油气藏型	1990	23
	Saint – Flavien	Intragaz 公司		1998	120
萨斯喀彻温省	East Centaur	赫斯基能源公司	盐穴型	—	140
	Bayhurst	Bayhurst 燃气有限公司	枯竭油气藏型	1981	340
	阿斯奎斯	TransGas 有限公司	盐穴型	2006	104
	Beacon Hill – pierceland	TransGas 有限公司	枯竭油气藏型	1978	330
	兰迪斯	TransGas 有限公司	盐穴型	1976	26
	北梅尔维尔	TransGas 有限公司		1964	9
	南梅尔维尔	TransGas 有限公司		1966	69
	慕苏名	TransGas 有限公司		1993	57
	Prud' Homme	TransGas 有限公司		1968	163
	北里贾纳	TransGas 有限公司		1992	12
	南里贾纳	TransGas 有限公司		1967	67
	Unity	TransGas 有限公司	枯竭油气藏型	1959	110

资料来源：CEDIGAZ 报告（2009 年）。

（二）加拿大储气库管理机构及司法管辖权

在加拿大，能源矿产（含储气库）的司法管辖权分为联邦和省区两级，其中联邦政府负责储气库的宏观管理，数据统计等；省区政府负责辖区内的储气资源开发和利用、政策制定及监管。联邦管理机构主要是加拿大自然资源部及其独立直属机构国家能源总局，其职责主要包括能源、贸易、经营等相关政策和制度制定等。国家能源委员会隶属于自然资源部，负责监管加拿大的能源工业。

按照加拿大的相关法律法规，如果一个储气库项目涉及多个司法辖区或省内的联邦辖区（如国家公园），那么项目可能涉及联邦政府的管辖权。目前，加拿大储气库基本都是由各省区政府管辖的，并不涉及联邦司法管辖权。

（三）加拿大储气立法发展历程

加拿大十分重视储气库的立法，对于在枯竭油气藏上建立储气库，储气权应该是一种独立于原有油气勘探开发的另一种权利；在其他地下构造中建设储气库也需要确立储气权利，要和原来地下、地面权利人或者政府谈判取得权利。总体来看，由于取得储气权利可能涉及的对象多，谈判协调难度较大。

1915 年，加拿大便在安大略省的维特林郡（Welland）建成了全球第一座枯竭油气藏型储气库，由于早期全部是枯竭油气藏型储气库，所以储气所有权争议不大。20 世纪 50—60 年代，加拿大开始建设盐穴储气库，并且考虑到储气库建设对周边其他资源的影响，因而引发了明确矿山和矿产储藏定义的需求。1960 年，在加拿大地下储气委员会提交给矿产部长会议的报告中明确指出：一个矿山和矿产储藏应当"不包括石油和天然气储藏，或其中能发现油气的岩层、地层或储藏",在利用非油气构造的地方,那么"土地的所有者,而不是矿山和矿产的所有者,应当同意,或签署其他文件来使用此类岩层、地层或储藏。"这意味着,如果在除油气藏之外的其他岩层、地层或储藏中储藏天然气,土地所有者是储气权的第一权利人。

如上所述,加拿大储气库基本都是由各省区政府管辖的,并不涉及联邦司法管辖权。从加拿大目前已经进行了储气立法和实践的省区来看,各省体现出较大的差异性,主要问题是储气权的归属,是归属原有矿产资源(包括油气开发商)的所有者、地表产权所有者还是归属政府。

为了有效开发储气库,储气库运营商需要获取并整合目标储气构造的所有权益。如果无法完成整合,储气库运营商可能无法进行这个项目;即使可以开展项目,也可能面临着另一方开采其储存的天然气的风险。

通常情况下,储气库运营商需要取得井和其他设施的地面准入。因此,运营商可以通过与私人签署合同和储气合约,或者与政府签订租赁或自愿联营来获得所需权利。并且如果储气权分散,运营商必须获得每一个所有者同意(无论是私有还是公有)。在项目开发过程中,还可能出现下面的情况:一是有可能无法找到所有者;二是即使找到了所有者,也可能出现无论价格如何,所有者就是不同意出让所有权,产生了阻碍储气库建设以及不愿合作的"钉子户",其原因可能仅仅就是不同意在其土地下建设地下储气库。

针对上述问题,加拿大各省区采取的方式主要可以归为4类:

(1)一些省采取了天然气储气权归政府所有的方式,这使得所有权问题不但清晰化,而且简单化。在这种情况下,潜在的储气库运营商只需要与一个所有者(即政府)打交道。此外,这种方式也有助于解决潜在的"钉子户"问题。在所有权分散的情况下,很可能在给定的价格水平下,或者无论什么价格水平,一些业主都拒绝同意出让权利,最终使储气库项目无法进行。魁北克省和新布伦斯维克省实施了这种措施:两者都明确地将地下存储空间和储气权归于政府。新斯科舍省没有明确规定,但该省的储气立法主要是按照省石油或矿产法,存储权已经被授予政府。

(2)艾伯塔省是唯一以立法的方式来澄清储气库所有权的地方政府,该省在立法过程中就将储气权归于石油和天然气资源权益的所有者。因此,在艾伯塔省,储气权可能属于政府或者私人团体,这取决于其背后的油气资源所有权。由于大约80%的矿产权属于省政府,这使得政府储气所有权占据主导地位,但是在该省部分地区,仍然有许多乡镇具有(政府/永久业权)储气所有权。总而言之,艾伯塔省的立法澄清了储气所有权问题,但并没有完全解决潜在"钉子户"的问题。

(3)其他一些省份虽然没有意识到澄清储气权的必要性,但是看起来默认了储气权伴随矿权。因此,储气权归于政府还是私人所有者,取决于背后的矿权属性。这种模式在安大略省、曼尼托巴省和萨斯克彻温省都存在。

(4)不列颠哥伦比亚省以储气所有权不清晰为前提,规定储气权可以被地表或矿权所有者拥有。这样就使得政府可以按照规定获得储气权归属,在此过程中,如果私有业主证明其所有权被剥夺,可以按照省相关规定给予补偿。不列颠哥伦比亚省模式为计划整合储气库项目的运营商提供了确定性,但是这种确定性是基于具体情况具体分析的原则,而不是由一项通用的规则规定储气权属于一个类型的所有者所决定的。

（四）主要管理制度与运行机制

（1）实施储气库所有权与监管权的分离。

加拿大各省对储气库的管理各不相同，无论这些项目是公有还是私有的，但一般都会对储气项目的安全和环境保护方面进行监管，其与联邦政府对能源管理的做法类似，各省司法辖区通常试图明确地分离政府作为储气资源所有者，以及作为储气项目监管者的职责。例如，在不列颠哥伦比亚省，储气权需要从能源矿产和石油资源部获得，而项目审批归石油和天然气委员会；同时，公共事业委员会也可以进行经济监管，这是由于不列颠哥伦比亚省采取了投诉监管机制；在艾伯塔省，储气权需要从能源局获得，而项目审批和安全监管归能源资源保护局；在安大略省，需要从自然资源部取得政府储气权，钻完井施工作业也由同一部门管制，但总体的项目审批和管制仍由能源委员会负责。

（2）环境监管宽严不一。

部分省司法辖区要求对储气项目进行环境评价，例如，新斯科舍省的首个储气库——Alton盐穴储气库，其省司法辖区要求对储气项目进行环境评价。但是，并不是所有的司法辖区都是这样，如艾伯塔省规定储气项目不需要进行环境评价、不列颠哥伦比亚省Peace地区新建的枯竭油气藏型储气库也不需要进行环评。另外，由于盐穴储气库建库特殊性，如盐岩溶腔需要获得水权，以及卤水的处理等。因此，相比气藏型储气库建设，盐穴储气库需要更严格的环境监管。

（3）储气费率正在逐步市场化。

加拿大储气费率一直受到以"服务成本法"为基础的价格监管，安大略省、艾伯塔省和魁北克省有比较明显的法定规范。尽管在曼尼托巴省没有运营中的储气库，但该省的监管机构考虑，如果开发储气库，将对其进行价格监管。新斯科舍省的相关机构正在考虑：储气费率项目应该受制于新斯科舍省公共事业审查委员会的审查和批准。

近年来，加拿大显现出有解除储气费率管制的趋势，希望通过市场化方式确定储气的费率。如在某些省辖区，储气库已经不受公共事业的费率管制（艾伯塔省）；在其他一些省如安大略省和艾伯塔省，强调新储气库将在竞争市场运营，实施以市场为基础的费率，而不是基于服务成本的费率。

近年来，不列颠哥伦比亚省希望对Aitken Creek储气设施进行价格监管，但考虑到市场化费率机制的影响，转而采取了所谓的投诉管理系统，也就是说，储气库费率由市场确定，除非有人认为储气运营商滥用其市场影响力操控价格。

（4）严格规范储气库建设对其他资源开发的影响。

储气设施的开发可能对其他资源的开发产生影响，并且可能会引发安全问题，因此加拿大各级政府都有相应的规定：

一是如果政府正在设置储气权，应该采取措施保护现有的其他矿物开采权利。例如，新斯科舍省提出，如果储气区域是基于《矿产资源法案》的租赁、《石油资源法案》的开采协议、或者在禁止勘探和开采活动的区域，相关部门不应当接受该区域的储气勘探许可证的申请。

二是如果是政府正在审批储气项目，应该制定相关补偿规则。例如，艾伯塔省能源资源保护局规定，申请储气者必须同意向原有矿权所有者提供补偿面积。萨斯克彻温省也有这样的规定。

三是如何在一个储气项目周边保留防护性隔离区,以解决安全和对其他资源开发问题。有一些省的监管当局建议应由储气库运营商确定项目的边界,并且不将风险转嫁给政府或者第三方。就具体的操作层面来看,安大略省要求一条建立较狭窄的防护性隔离区,而魁北克省的监管当局考虑以最宽处测量,防护性边界应当至少是气藏面积的10%。在曼尼托巴省,立法提出在储气库的开发导致了其他资源萎缩和价值损失的情况下,受损害的所有者可能有权要求赔偿。

四是规定了如何保护储气项目的问题。例如,在不列颠哥伦比亚省和安大略省,监管者要求针对储气项目边界一定范围内的其他钻井和采矿活动进行特殊的审批。

三、欧盟

(一)地下储气库的监管

1. 欧盟储气库监管的历史演变

在欧洲,天然气地下储气库主要由管道公司和城市燃气公司开发、拥有和运营,受中央政府管理。政府管理的主要内容包括服务规则、储气库价格机制和价格水平等。

20世纪80年代末以来,欧洲相继放开天然气工业管制,储气库的功能、用途和管理方式开始发生变革。储气库已被视为天然气供应链中的一部分,而不再是输气管道或配气管网的功能性结构之一;储气库的主要用途从输气量管理(满足市场的季节性需求差和调峰等)转向商业和金融管理(管理价格风险或降低天然气价格);实行地下储气库第三方准入。

在欧盟,英国紧随美国率先放开天然气市场。其后,从2000年8月起,欧盟相继颁布指令,要求其成员国逐步放松天然气工业管制,同时要求,只要存在技术和经济上的必要性和可行性,应允许第三方进入天然气储存设施领域。但是,虽然欧盟天然气指令将储气库视为天然气链的一部分,并要财务独立,分别结算,但它没有强制要求储气服务在管理体制上或功能上独立。

储气库的运营管理。欧洲放开天然气管制之后,欧洲储气库基本与管输业务、配气业务等相关业务在法律上、财务上和功能上进行了分离,作为供应链中的一个独立环节进行商业运营。欧盟几个主要储气库大国的储气库运营基本由大型能源公司、天然气公司、电力公司、管道公司或者城市燃气公司掌控,具体运营由这些公司的储气库子公司负责,而且储气业务与母公司的其他子公司的业务分离,独立进行商业运营。与美国相比,欧洲天然气产业的竞争还不是很充分,像美国那样完全独立的储气服务商还比较少。

欧洲还有小部分储气业务没有从上游气田业务中独立出来,仍然由上游的气田开发公司运营管理,储气业务没有独立核算,其成本纳入整个气田的经营成本。储气库的作用只是在淡季储气以解决气田生产过剩问题,在旺季采气以满足市场需求。

储气库公司主要为能源供应者、用户、天然气贸易商以及承运商提供储气服务。用户可以在储气库的交易平台上查询相关信息,包括发布注入或采出天然气的指令、储气库流量信息、剩余储气能力、购买储气能力、交易储气能力以及下载发票等。

经过多年的探索,欧盟主要国家已经形成了一套比较完整的行业监管体系。监管机构作为各种利益的平衡力量,实际上发挥着稳定市场、平衡利益、确保政府行业目标顺利实现的作用。

早在1990年,欧盟就开始在内部建立统一的天然气市场,并陆续颁布一系列指令和制度,为欧盟统一的天然气市场确立了基本的指导思想和原则(表7-1-5)。

1998年,欧盟颁布了《天然气内部市场通用规则》(1998/30/EC,也称"第一号欧盟天然气指令"),该规则规定:(1)逐步对大用户开放天然气市场;(2)将输气管网运营与天然气贸易脱钩,实行相互独立管理;(3)在输气、配气、储气业务上推行协商性或强制性第三方准入机制。

2003年,欧盟又颁布了《天然气内部市场通用规则》第二版(2003/55/EC,也称"第二号欧盟天然气指令")。规定:(1)2007年底前全面开放天然气市场;(2)长输管网、配气管网、LNG接收站的运营与天然气贸易在法律上由不同公司运营;(3)在输气、配气、储气业务上推行协商性或强制性第三方准入机制。但对大型基础设施投资项目(长输管道、地下储气库、LNG接收和储存设施)可在一定时期内豁免第三方准入义务。

2005年,欧盟电力和天然气监管组织发布了《储气库系统运营实行公开准入的指导原则》。该原则旨在为未来欧洲储气市场的建立制定基本原则和监管政策,是欧洲储气业务发展的里程碑。

2007年9月,欧盟委员会提出立法建议,强制拆分大型能源企业的天然气供应与管输业务,将大型能源公司拆分成若干独立的、从事能源生产或者管道输送业务的单一公司。同时,给予第三方公平的管网准入条件,确保有效的服务,为消费者提供更多的选择。

2009年7月,颁布了《天然气内部市场通用规则》第三版(2009/73/EC,也称"第三号欧盟天然气指令")。规定对能源企业控制的天然气生产业务与输气业务进行"有效拆分"。并提供了三种拆分选择:一是所有权拆分,即把输气网络出售给其他企业;二是经营权拆分,即仍可以保留输气网络的所有权,但需设立一个独立公司(独立系统运营商)全权负责输气网络的运营;三是管理权拆分,即仍可以拥有并经营输气网络,但输气网络的管理必须交给拥有独立的管理权和决策权的下属子公司(独立输气商)。同时,还颁布了与该指令配套实施的新版《天然气传输网络的准入条件》(715/2009)。

表7-1-5 欧盟储气库监管政策的演变

政策及指令	政策要点
1998/30/EC	(1)要求管网、储气库及LNG接收站实行"第三方准入"
	(2)自然垄断业务在一体化企业内要与其他业务进行财务分离
2003/55/EC	(1)一体化企业完成管输(含储气)与销售的拆分
	(2)2007年7月之前向用户开放市场
2005年储气公开准入指导原则	(1)无法律约束力
	(2)未来欧洲储气市场的基本原则和政策导向
2007年9月立法建议	强制拆分大型能源企业的管输与销售业务,实行"第三方准入"
715/2009监管条例及2009/73/EC指令	(1)2012年3月,储气与管输和配气在法律上分离
	(2)各国监管机构对诸气开放制定准入条件

资料来源:IGU数据库金正纵横整理。

2. 主要监管要求

鉴于天然气储存在供应中扮演着关键角色,非歧视性开放储气库是一个重要原则,可以确保一种有效的市场竞争。监管机构通常需要松绑储存设施并由第三方(TPA)提供独立设施运营。然而在实践中,规定并不总是与输送基础设施的其他方面保持同步。在欧洲储存用户,尤其是新进入者抱怨在规则应用和容量配置方式上缺乏透明和存在歧视。基于无歧视开发原则,欧盟在地下储气库的监管上作出了很多的努力。

2003年,欧洲天然气指令(欧盟委员会,2003)给出了存储系统运营商良好实践指南(GG-PSSO),由欧洲电气监管机构集团于2005年出版,2011年修订(ERGEG,2011)。

指南中对储存系统运营商(SSOS)有如下要求:

(1)运营商应该接受监管,或者提供在非歧视性和透明基础上的第三方机构服务(rTPA和nTPA),利用由SSO开发的标准储存合同和储存代码,包含用户适当监管在内的咨询。

(2)运营商应该建立容量使用的规则(容量分配管理)和方法以促进竞争和储存设施高效利用,从而抑制容量囤积。

(3)提供的产品应该包括一个绑定和非绑定的服务菜单,包含短期或者长期时间、固定或中断的选项等。

(4)如果途径政体是rTPA,关税和关税方法应该发行。如果政体是nTPA,则需要发行商业条款和标准服务关税。

(5)应该明确地方公共服务(PSO)定义,而不是用来阻碍通道或市场发展。

(6)操作信息包括设备细节访问、可用容量和使用水平,这些都需要发布。

(7)SSO应该与TSO合作,以确保储存和运输网络的效率和安全操作。

总体看来,存储的监管,尤其是关于容量分配是全面自由化市场的发展的重要贡献者。随着市场开放,监管者必须特别注意创建必要的灵活度,同时要确保储存灵活性与市场需求同步匹配。

储存设施在提供天然气灵活性方面扮演了关键角色,尽管由于大范围的供需因素导致在任何一个指定的系统中存储的数量将发生大范围的变化。天然气市场的优化将通常在角色、价格和储存价值方面会有深远的影响,对这种市场存储容量拥有者来说机遇与挑战并存。储存监管在整体自由化天然气市场发展中,尤其是关于容量配置和管理是一个重要的部分。

3. 监管部门和方式

欧盟不同的国家对地下储气库的监管部门是不一样的。例如,匈牙利能源办公室和匈牙利矿产、地质办公室负责储气设施监管,匈牙利每年技术行动计划必须由匈牙利矿产和地质办公室批准,操作许可证不受时间限制。德国主要是在州一级采矿主管部门参与新的储气设施发展;在德国,每两年必须向相关矿业部门提交材料并获得重新批准。意大利经济发展部、环境部、国土与海洋部参与储气设施站点监管。

(二)运营机制

欧盟经过多年的发展和摸索,在储气库容量分配机制及储气服务价格形成机制的建立、库容动态管理、商务运作规范等方面也积累了丰富的管理经验。储气库运营商主要为能源供应者、用户、天然气贸易商以及承运商提供储气服务。储气库的相关信息在交易平台上完全公开,用户在平台上根据自己的需要执行必要的操作,包括:发布注入或采出天然气的指令、查询储气库流量信息和剩余储气能力、购买储气能力、交易储气能力等。同时,储气库的建设运营需具有较高的专业技术要求,储气库经营主体必须具有相当的技术水平和专业实力。如德国VGN公司、法国Storengy公司等专业独立的储气库运营商,已掌握成套的储气技术及标准,可以满足不同需求的储气服务合约和成熟的运营管理体系。

(三)定价机制

1. 定价原则

欧洲地下储气库的定价机制有协商定价和政府管制定价两种(表7-1-6)。协商定价主要是在储气业务放开竞争的国家或地区采用。欧盟要求,在技术和经济上有必要展开竞争的地方,均应采用协商定价。欧洲大部分国家都选择了以协商确定储气库价格的方法。在协商定价的情况下,储气库公司为了保持价格的透明度,一般都会公布储气服务产品相对应的指导价格。指导价格只是作为协商的参考,运营商会根据情况的变化随时复核和调整储气费,具体执行价格是协商确定的价格。

如果储气服务处于垄断状态,则只能采用政府规定的储气库费率。政府管制定价情况下,监管部门通常按照成本加合理利润确定储气价格。政府监管部门每隔几年委托第三方根据储气库的运营利润和成本进行重新评估,作为调整储气价格的依据。欧盟规定,管制定价和协商定价必须遵循表7-1-6中的原则。

表7-1-6 两种定价机制的定价原则

定价机制	相应的定价原则
管制定价	(1)有效反映储气库发生的成本和合理的投资回报,以及储气库的地质特征; (2)避免储气库用户之间的交叉补贴; (3)提高储气库效率和利用率,促进储气库的投资,满足用户需求; (4)公开、透明,根据市场发展定期调整
协商定价	其定价原则是公平、公正,提高效率,促进储气库之间的竞争,同时能有效激励储气库建设的投资

资料来源:SPE数据库金正纵横整理。

2. 定价依据

储气服务费用与管输费分离后,便出现了储气库价格及其形成机制的问题。欧盟在确定储气费率时,通常按服务成本法或成本加成法制定。储气库最基本的功能是调峰,天然气峰谷价差是储气库有偿服务的基础。因此,无论采用何方法定价,都必须理顺天然气供应链各环节价格形成机制,并建立反映供求关系资源稀缺程度和合理投资运营成本的价格形机制。合理的价格机制与盈利水平保证了储气库业务稳步发展。

储气库的建设和运营需要增加投资和成本。无论是在天然气工业和市场受政府管制的时期(国家),还是在天然气市场放开的时期(国家),储气库的成本都要通过价格向下游传递,由用户承担,只是储气库定价机制和价格收取方式有所不同。

地下储气库是一项投资很大的工程,一座储气库的建设少则几千万美元,多则数亿美元。影响储气库的总投资因素基本相同,主要包括垫层气、井、地面设备、管道系统等投资,还有一定的运行费用和工作气投资。不同的储气库由于本身特有的性质,其各部分所占比例不同,如枯竭气田型储气库由于本身就是含气构造,改建成地下储气库时几乎不需要勘探费用,而且现有的设施可以重复使用,垫层气量也少于含水层型储气库,所以成本相对较低。含水层型储气库本身没有气体,所有的气体全部是从外部注入,以保持压力所需的垫层气用量较大(一般达到总容积的50%,有时甚至达到60%),垫层气的投资占总投资的30%,这部分投资永远无法收回。含水层型储气库还要在勘探、钻井以及水文地质研究上花费大量的资金。盐穴型储气库的投资主要花费在盐洞的溶洗上。储气库的总投资与储气库的类型、总的储存能力以及深度等许多因素有关,从总投资上很难比较不同储气库的经济性,而只能通过单位成本(即总费用和工作气之比)来比较。

通过贸易和优化来提高储气库的价值,使得贸易自由化出现,这种自由化带来了储气库投资的最大机遇。地下储气库直接影响着天然气的价格。储气库的发展增强了供气能力,增加了用气高峰时期的可供气量。随着供气竞争的激烈和大量现货市场的出现,天然气价格差异会越来越大:用气高峰时上涨,用气淡季时下调。供气与用气双方都可从天然气季节性或月差价中实现价格套利,从价格波动中获取可观的利润。供气方在天然气低价时储气不售或增加储气量,待用气高峰、价格上涨时售出。而用气方在天然气低价购进储存,待冬季或用气高峰、气价上涨时采出使用。

3. 收费方法

欧洲放松天然气管制之前,政府监管部门将储气库纳入输气管道进行管理,没有单独的储气库价格机制或费率计算方法,通常是由管道公司根据储气库的投资和运营成本,形成费用,与天然气井口价、管输费及其他费用等,一并构成天然气销售价,向用户收取。但是,政府对天然气销售价格实施管制。

天然气放松管制后,储气库要向第三方开放,提供有偿储气服务,便出现了储气库价格及其形成机制问题。虽然储气库不一定是自然垄断,但与管输费一样,欧洲多数国家仍要对储气库价格进行管制,费率通常按服务成本法或成本加成法制定。服务成本法是按照储气库的服务成本来定价,具体思路是储气库的固定成本分配给储气能力占用费,固定成本按照比例分配给采出流量费、注入流量费和工作气容量费。变动成本分配给储气库使用费,即注入与采出费。

协商定价的基础是储气库的服务成本,监管部门要对储气费进行管制。不同的国家、不同的储气库公司在储气费的费用科目的设计上不完全相同,但是基本费用科目是一致的。储气费一般包括储气能力占用费和储气库使用费两大类科目。储气能力占用费是对储气库注入/采出流量和储气库容量的占用而支付的费用,一般包括注入/采出流量费和容量费;储气库使用费是实际注入和采出天然气需要支付的费用,一般包括注入费和采出费。

欧盟国家储气库具有商业运作、独立运营的特点。储气库业务与天然气生产销售和管输业务分离。通过分离,使储气库成为天然气产业链上独立运营的盈利主体。独立运营储气库按照市场规则进行商业化运作,参与市场竞争,从而保障天然气稳定供应。独立运营储气库服务商依据投资和运营成本收取储气服务费用获得盈利,而储气服务对象由天然气峰谷差获得盈利。储气费不混合于管输费中。

欧洲许多国家实行捆绑式储气库价格,将工作气容量、注气速率和回采速率捆绑在一起,作为一个标准计价单位。不同国家,或同一个国家不同储气库的计价单位可能不同。例如,斯洛伐克的一个标准储气库计价单位包含:工作气量 $2000 \times 10^4 m^3/a$,注气速率和回采速率为 $25 \times 10^4 m^3/d$。一个标准单位的价格为 136.49×10^4 欧元。也有国家将储气库价格分为储气库容量使用费、注气费和回采费,单独结算。例如,西班牙储气库容量使用费为 0.041 欧分/(kWh·mon),注气费为 0.0244 欧分/(kW·h),回采费为 0.0131 欧分/(kW·h)。

由于成本的差别和采用的定价机制的不同,不但各国地下储气库的价格不同,即使同一个国家,储气库类型不同,价格也有差别,有的甚至还相当大。如表 7-1-7 所示,管制定价的储气库价格低于协商定价,盐穴型储气库的价格高于其他类型的储气库。

表 7-1-7 欧洲地下储气库价格机制与基准价格表 单位:欧分/($m^3·a$)

国家	价格机制	价格			平均
		盐穴型储气库	含水层型储气库	枯竭油气藏型储气库	
法国	协商定价	17.9	7.5		
荷兰					16.1
德国		12.2	11.1	7.9	
捷克					8.2
英国					7.4
丹麦					7.2
斯洛伐克					6.9
澳大利亚					6.1
波兰	管制定价	7.8		6.2	
西班牙					5.9
比利时					5.8
意大利					5.5
罗马尼亚					2.5
保加利亚					1.8

注:平均价格指各类储气库的平均数,资料来源于 CEDIGAZ。
资料来源:SPE 数据库金正纵横整理。

四、俄罗斯

苏联解体后,俄罗斯储气库全部由天然气工业公司(Gazprom)负责管理,Gazprom 按地区原则设立若干个天然气运输子公司,有关的地下储气库原则上附属于相应的天然气运输子公司。

Gazprom 天然气经济研究所对地下气库的经济指标,包括储存气收费标准进行过多次研究和试验。但试验结果证实,地下储气库总体处于亏损状态。主要原因是管理上缺少透明度。为了优化内部管理结构,俄罗斯天然气工业股份公司于 2007 年 3 月 19 日将旗下全部地下储气库项目通过整合,从天然气运输企业和天然气开采企业中剥离出来,成为 Gazprom 的独立子公司——俄气天然气地下储存公司,负责俄气地下储气库的运营管理。

通过结构重组,完全解决了有关在天然气和液烃的开采、运输、加工、地下储存和销售环节的资金流分配工作。对储气费用的单独核算,为有效地引入地下储气库服务的合理费率提供了条件。目前主要采取内部储气费进行结算。储气服务费用按照地下储气库天然气储存费和注/采气费收取,注气费和采气费是为了补偿地下储气库在注气和采气过程中的开支而征收的费用;而地下储气库天然气储存费为单位储气费乘以地下储气库的工作气量。

五、国外运营管理特点分析

国外储气库运营管理的基本模式是公司化运营,经过天然气产业的不断发展,欧美国家的储气库运营已经发展为完全市场化的独立运营模式。

一般有4种方式:一是由天然气供应商承建和管理;二是由城市燃气分销商建设和管理;三是由独立的第三方以赢利为目的建设和管理;四是由多方合资建设[4-8](表7-1-8)。

表7-1-8　典型国家地下储气库运营管理特点分析

项目	美国	英国	法国	意大利	俄罗斯
数量(座)	419	5	15	10	22
有效工作气量($10^8 m^3$)	1214	44	126	140	656
市场性质	竞争性市场	竞争性市场	逐步开放	逐步开放	垄断性市场
所有者	州际管道公司、配气公司、售气商、储气库独立开发商	SSE,CSL	法国燃气公司、道达尔公司	埃尼公司	独立的子公司
管理者	多元化	能源公司下属储气公司	燃气公司	石油公司下属的储气库公司	管道分公司
管理体制	多元化管理	独立管理	相对独立管理	相对独立管理	统一管理
运行机制	市场化统一调度	市场化统一调度	统一调度	统一调度	统一调度

储气库业务发展到一定规模,与天然气生产、销售和管输等业务分离是必然趋势。现今,欧美天然气市场成熟地区储气库管理和运营具有3个基本特点:

一是独立环节运营、市场调节运作。储气库作为天然气产业链上独立运营的赢利主体,按照市场规则进行商业化运作,储气服务产品多元化,参与市场竞争,从而保障天然气稳定供应。储气库运营服务商依据投资和运营成本收取储气服务费用实现盈利,而储气库的使用方由天然气峰谷价差实现盈利。

二是专业团队服务、规范操作运营。由于上下游市场化水平很高,储气库成为独立业务,由专门经营商投资运营,储气库服务的专业化水平和运营的规范程度得到提升。经过多年的发展和摸索,欧美天然气市场成熟地区储气库经营商已形成系统的储气库建设及运营技术,在储气库的建设与运维方面已经形成专业化团队,在储气库容量分配机制及储气服务价格机制的建立、库容动态管理、商务规范等方面也积累了丰富的管理经验,全面实现了专业化服务。

三是项目联合运营、区域统一调配。将储气库作为一个独立项目运营,可有效贯彻储气库的经营理念,也便于同一市场区域的储气库划分为一个联合库群,在库群内部统一调配工作气量,同时可以实现跨库群的调配,最大限度地满足市场需要,达到效益最大化目的。

要实现储气库的独立运营,离不开欧美天然气高度市场化的经济环境,这个市场环境主要包括以下几个要素:

一是庞大的市场容量。美国和英国是储气库商业运营的典型代表。据 BP 公司统计,美国 2014 年天然气消费量 $7594 \times 10^8 m^3$,占一次能源消费总量的 30.3%;英国 2014 年天然气消费量 $667 \times 10^8 m^3$,占一次能源消费总量的 31.9%。

二是开放的市场环境。储气库具有投资大、投资回收期长、技术密集等特点,放开储气库市场准入、多元化扩展投资渠道、实现储气库商业化运作是十分必要的。既有利于筹集资金、分散风险,又保障储气库建设项目赢利并保持良性发展。欧盟从 1998 年开始实施政府调控,要求放开对储气库的第三方市场准入,对运输系统运营商和配送系统运营商实施法定的或功能性的分类计价制度,运输、配送和液化天然气领域也规定了准入制度,市场环境十分良好。

三是理顺的价格机制。储气服务费用与管输费分离后,便出现了储气库价格及其形成机制的问题。欧盟和北美天然气市场成熟地区在确定储气费率时,通常按服务成本法或成本加成法制定,并建立反映供求关系、资源稀缺程度和合理投资运营成本的价格形成机制,合理的价格机制与盈利水平保证了储气库业务稳步发展。

四是健全的市场监管。欧美天然气市场成熟地区十分重视储气库市场监管,在大力推行天然气市场化和第三方准入的同时,也加强了对储气库环节的监管,如欧盟内部成立了独立监管机构(NRA),美国联邦能源监管委员会(FERC),从储气库的服务定价、投资布局、市场准入等方面加强对储气库经营商经营行为的监管,健全的监管组织及其精细的规则,为稳定供应天然气创造了良好的市场秩序。

五是专业的市场主体。由于储气库的建设运营具有较高的专业技术要求,要求储气库经营主体必须具有相当的技术水平和专业实力。如以德国 VGN 公司、法国 Storengy 公司等为代表的专业独立储气库运营商,已掌握成套的储气技术及标准,可以满足不同需求的储气服务合约和成熟的运营管理体系。

六、经验与启示

(1)与管输分离而独立运营是储气业务运营管理的发展趋势。

在天然气市场发展初期,发达国家普遍采取垂直一体化管理模式发展天然气业务,储气业务作为管道的附属部分,一般由管道公司拥有和运营,作为保证供应安全、实施管道完整性管理的工具。随着天然气市场发展的逐渐成熟,天然气基础设施建设已经到位,政府放开对天然气产业的管制,储气业务逐渐从管道公司中分离出来,独立运营,成为自负盈亏的市场主体。

目前,欧美国家的储气库运营已经发展为完全市场化的独立运营模式,但是这种完全市场化的独立运营模式必须是在竞争性的市场环境里,包括天然气供应、运输、储存环节有众多的市场参与者,遵循市场准则,形成公平竞争的市场环境;天然气管网及储气库等基础设施发达,按照政府监管规则提供公平的市场准入;管网和储气库要有一定的管输和储气能力投放市场,储气库要能向市场提供一定的剩余工作气量,与储气库相连接的管道要有足够的管输能力来保证天然气在储气库和管道之间的输送;储气环节要建立单独的定价机制,并受到政府监管。

(2)储气业务独立运营使得储气环节单独定价成为必然。

欧美国家的天然气产业放开管制之前,产业链各环节的价格由政府确定,定价方法通常为成本加成法。储气库作为管道的辅助设施,与管道捆绑在一起运营。储气价格没有单独定价,而是根据储气库的投资与运营成本,将相应的费用计入管输费中,成为销售价格的组成部分。

欧美天然气市场自由化进程中的重要环节就是管输业务与销售业务分离,向第三方提供无歧视准入。此时,作为管道辅助设施的储气库也开始脱离管输和配气业务,成为天然气产业链中的独立环节进行商业运营。储气库独立运营,向市场提供服务,必须建立单独的定价机制。可以说,储气业务独立运营,成为一个盈利主体,使得储气环节单独定价成为必然。

(3)储气环节定价机制要与本国天然气产业的发展情况相适应。

欧美的经验表明,储气环节的定价方式没有最佳模式,采用何种定价方式必须与本国天然气产业发展情况相适应。储气环节的定价一方面要保证储气库投资和运营成本的回收,保证储气服务商获得合理收益;另一方面要促进储气服务商的规范服务和公平竞争。

欧盟在储气业务存在竞争的国家,主要采用协商定价的方式;在储气服务处于垄断状态的国家,则采用政府定价的方式。协商定价相对于政府定价更为灵活,可以依据储气库运营成本的改变,及时调整储气价格。美国的储气库定价在服务成本定价法的基础上,发展了高峰期/非高峰期或者季节储气价格的定价方法,一定程度上降低了储气服务不均衡的风险。为促进储气服务的竞争,美国又发展了市场需求定价法。这些定价方法的改善都是为了更加适应储气服务的特点,保证储气服务商获得合理的经济收益。

(4)建立和完善相关的法律法规和监管政策,促进储气业务的竞争和规范。

欧美国家储气业务的市场化进程中,储气环节与管输环节分离,独立运营;储气库向市场开放,提供无歧视准入等,都是根据本国天然气产业的发展目标,通过发布相应的法律法规或者相关的指令,分步推进和逐步实施的。

储气业务独立运营之后,政府监管部门更要对储气市场的公平竞争、储气服务的规范、储气价格的合理等进行监管,内容包括储气服务商的年收入水平、储气服务第三方准入条件、储气价格采用市场化定价的条件、储气服务商是否构成市场垄断、储气价格的制定和调整、储气市场交易的公开透明等。可以说,欧美国家储气业务的发展、市场化程度的提高、市场交易的规范以及定价方式的改善都离不开行业法律法规及监管政策的完善。

第二节 中国储气库运营管理模式

近年来,国内天然气业务和管道发展迅速,但储气库建设仅有20年的建设历程,处于初级发展阶段。当前储气库运营管理主要由大型国有油公司负责建设、运行和管理。受天然气市场化程度的影响不大,相关政策机制不健全,储气库的建设、运营管理仍处于摸索阶段[8]。

一、储气库运营管理所有权

中国储气库建设起步于1999年,建设与发展历程较短。目前,地下储气库的工作气量仅$80×10^8m^3$,仅占天然气消费量的3%左右,与天然气的安全保供10%差距较大,因此,当前中国地下储气库的建设仍重点围绕储气库的安全保供进行。而储气库的经营还未引起目前中国地下储气库建设和管理者们的重视。

目前,中国油气能源行业并未像欧美国家要求实现上下游产业独立。中国天然气的产、运、输、储、销五大产业可以一体化经营管理。中国石油、中国石化、中国海油等大型国有能源企业主导了中国国内的天然气生产、进口和输送业务。随之也就承担了中国国内天然气安全保供的主要责任。而作为天然气产业链中的重要组成部分和主要利润的获取者,下游天然气输配气公司和城市燃气公司等并未在天然气安全保供中担负相应的责任。中国国内储气库的建设者仍然是主要上游天然气的生产商和供应商。

中国石油天然气集团有限公司承担了中国70%左右的天然气供给和长输管网的建设。国内最主要的储气库均为中国石油天然气集团有限公司建设。近年来,中国石化和地方燃气企业也开始进行地下储气库的建设[9],相对中国石油其储气库数量少、储气规模小,对国内储气库调峰保供作用不大。目前,中国已建成25座地下储气库。其中,中国石油占据了23座,中国石化只有2座,地方企业仅有1座且正处于建设之中。因此,分析中国石油天然气集团有限公司地下储气库的建设和经营情况即可代表中国地下储气库的经营管理特点。

中国地下储气库建设大体经历了起步探索期和起步快速建设期两个阶段(图7-2-1)。

第一阶段,起步探索期(20世纪90年代至2008年):随着陕京线、西气东输一线、二线等长输管线的开工建设,作为天然气长输管网配套工程的储气库建设也同步启动,中国石油天然气集团有限公司相继建成了板桥、京58、金坛、刘庄等4座储气库群。

第二阶段,快速发建设期(2009年至今):随着国民经济的发展、全球气候变化、大气治理环境保护等,中国国内天然气用气量急剧增长,国内储气设施调峰不足短板凸显。2009年全国出现大面积"气荒",引起国家能源管理等高层部门高度重视,中国石油在新疆、西南、华北、大港、辽河和长庆6个地区陆续建成了呼图壁、相国寺等6座商业储气库群。

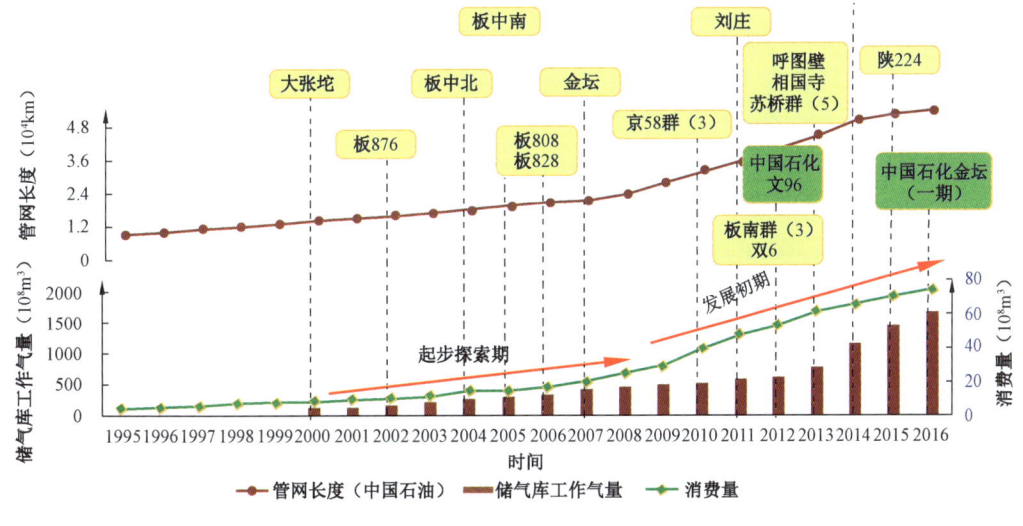

图7-2-1 中国储气库及天然气管道建设发展历程

二、储气库投资与定价机制

鉴于储气库建设周期长、投资大。作为储气库的建设者必须为储气库建设找到投资回收的渠道,才能保证储气库运营有所收益。虽然,目前,中国正在进行天然气价格机制的改革,在天然气销售、管输、储气库调峰等相关天然气的价格体系还未真正建立起来。相应地,储气库建设的投资回收机制也并未形成。中国储气库投资回收的方式随着中国天然气门站定价机制改革前后而有所不同。

在中国地下储气库发展的 20 年里,储气库投资建设与回收经历了三个不同的阶段。

第一阶段:储气库作为管道配套工程投资,通过管输费加以回收。基本属于成本法定价加捆绑回收机制。

从目前中国地下储气库建设的总体情况来看,储气库主要还是作为长输管道的配套工程。无论是国家主管部门还是中国石油集团,在投资组成上,均把储气库建设投资作为管道工程建设的配套投资。中国第一座商业型地下储气库大张坨储气库是中国第一条长输管道——陕京输气管道的配套工程。随后陆续建成的大港板桥储气库群和京 58 储气库也是陕京输气管道工程(一线或二线工程)的组成部分,其所有投资均纳入陕京输气管道工程。江苏金坛储气库和刘庄储气库等是西气东输管道工程的配套工程,其投资均纳入西气东输一线的工程投资。

在这一阶段,储气库建设以管道的配套工程出现。管道工程回收工程建设投资的主要渠道为管输费,地下储气库将投资纳入管道建设的总投资中后,其建设资金的回收渠道主要是通过管输费。与储气库本身的经营管理并不存在直接的联系。储气库的主要职责也只有保障管道的安全运行。在这种管理模式下,储气库本身所提供的服务并未建立相应的定价机制,但储气库所带来的价值效益体现在整个管道工程中。储气库的投资回收资金全部包含在管道所输送的所有天然气产生的管输费中。

第二阶段:储气库建设投资全部由国家支持,而不作为管道配套工程,储气库运营无投资回收渠道,也无定价机制。

储气库建设投资高周期长。在管道系统联网运行后,系统上的每一座储气库均可以为整个管网系统提供调峰保障服务。从某种意义上讲,如果将储气库作为管道工程的配套工程,储气库建设资金就可以包含在管道系统上任何一条管道工程的配套资金中,具体到哪条管道工程就取决于储气库所有者所服务的对象。

综合考虑储气库在管道系统联网中的调节能力和中国储气库建设的迫切需求。2010 年后,国家投入专项资金支持中国石油开展储气库建设。2010 年后,中国石油的储气库建设基本上都是使用国家专项资金,建成后储气库服务于整个管网系统。名义上,这些储气库的建设资金已纳入陕京输气管道等工程配套建设资金中。但是,储气库建设的周期长,相对于归属的管道工程,这个期间储气库的建设进度普遍落后于所配套管道工程的建设进度。在所归属的管网配套工程早已投运并确定了管输定价的情况下,储气库建设的资金并未通过提升管输费而加以回收。也就是说,中国在该阶需投资建设的储气库并没有真正的储气库建设投资回收的渠道。也就没有建立储气库服务的定价机制。该阶段储气库的效益主要体现在调峰保供带给公司的整体效益提升。储气库的价值并未得到有效的体现。

第三阶段:调峰气价准备阶段,尚未建立明确的储气库投资回收渠道和定价机制。

随着天然气消费量的不断增长,天然气调峰需求不断扩大。由于天然气冬季供气紧张形势的不断严峻,自 2015 年开始,国家有关部门开始着手研究储气调峰促进机制和价格改革机制。虽然就储气库建设投资回收和服务定价并未出台特定的政策,但针对调峰气价现已出台了相关的政策。允许供气企业通过冬夏天然气价差进行调节,以解决调峰设施投资回收机制的问题。根据国家发展和改革委员会以及国家能源局的政策,供气企业冬季天然气价格可以上浮正常门站定价的20%;甚至是,部分冬季非居民用气的价格可以通过供需双方协商或拍卖的方式大幅提升,以体现冬季调峰设施建设的价值。但是,目前在国家天然气价格体系还未改革到位、调峰气价体系还未完全建立的情况下,储气库投资回收和价值体现仍有很长的路要走。

三、储气库运行管理实例介绍

现阶段,我国天然气产业仍然是上中下游一体化的运营模式。天然气生产、运输、储存及销售主要是由中国石油、中国石化等国有大型石油公司运营管理。储气库的运营模式与欧美国家的早期运营模式一样。储气库作为管道的辅助设施,与管道捆绑在一起,没有成为天然气产业链中的独立环节。虽然,在2010年以后中国出现了国家投资的储气库,但是,储气库的运营模式并没有发生根本性的变化。目前,我国储气库的作用主要还是体现在协调供求和调峰、优化生产和管网运行以及应急与战略储备等方面。

以中国石油储气库系统为例(图7-2-2),目前储气库的运行管理还是主要以调峰保供为主,采取统一调度、统一调配的方式来满足管网平衡和城市调峰保供。各座储气库无论注气还是采气,均统一接受天然气调控指挥中心的指挥和调配,储气库的拥有者不具备生产经营的自主权。

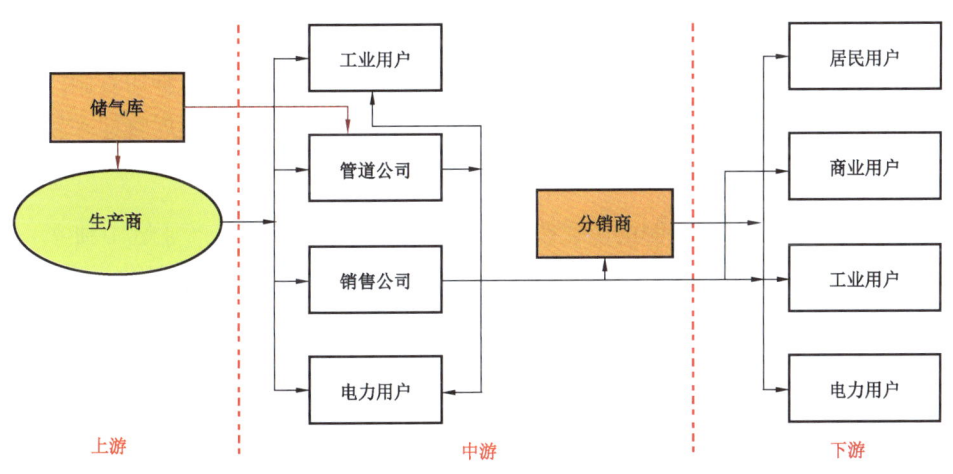

图7-2-2 现阶段储气库在天然气产业链中示意图

四、储气库运营管理特点分析

现阶段中国天然气产业特点决定储气库业务发展只能沿袭欧美国家的早期模式,主体大型能源供应商来承建[10]。其主要原因是:

(1)国内储气库还处于不断发展的阶段。目前这个阶段,正处于储气库规模的建设期。考虑储气库建设与运营是综合性系统工程,对专业性、技术性和安全性要求高。统计表明,全球75%储气库由气藏改建而成,国内储气库也主要是气藏型。相对于国外,国内建库地质条件复杂,建设难度较大,只能由中国石油、中国石化等综合性大型油气公司为主导建设。这是因为,大型油公司不仅掌握了大量的气藏资源,而且在技术、人才队伍和运行维护管理方面具有整体的优势。更重要的是,大型国有能源公司承担了巨大部分天然气的生产、进口输送任务,必须在天然气安全保供方面发挥巨大的作用。

(2)现阶段中国天然气产业的竞争程度不高,天然气定价还是政府指导定价。目前,国家还未出台相关储气库调峰气价政策,储气环节发生的投资、成本费用只能通过产业链其他环节进行回收。如,通过管输费进行回收或通过大规模天然气销售来摊薄储气库建设投资成本等,其经济效益主要体现在整个天然气产、运、销的整个效益上。

(3)目前国内储气库工作气量远未达到调峰保供的需要。在这种形势下,由大型国有天然气供应企业进行储气库的建设和运行,更有利于发挥天然气生产、销售、储存、管输的整体优势,充分发挥储气库的调峰能力,保障整个天然气下游的安全运行。在以大型国有油气能源一体化企业为主导建设地下储气库的同时,也要鼓励下游天然气的输配企业积极承担起储气库建设的任务,以加快中国地下储气库的建设,满足调峰保供的需求。

五、储气库运营管理远景展望

(一)未来发展趋势

近一年来,国家能源局颁布了《油气管网设施公平开发监管办法(试行)》;国家发展和改革委员会颁布了《天然气基础设施建设与运营管理办法》和《关于加快推进储气设施建设的指导意见》等文件。明确要求基础设施拥有者向第三方开放,推进市场化进程。天然气产业链将面临改革,天然气生产、销售和管输环节有可能实现纵向分离。鼓励各种所有制经济参与储气设施建设和运营。在融资、用地、核准等方面给予支持。储气库业务发展将迎来新的机遇。

(二)运营管理设想

随着我国能源领域体制机制的深化改革,储气库业务成为天然气产业链中独立一环是必然的趋势。早期与管道系统统一建设,通过管输费回收成本;中后期走市场化运营之路,通过储气产品个性化服务、峰谷价差等经营模式,实现效益化发展[12]。

1. 近期设想

加快储气库储气能力建设是目前面临的重点工作之一。首先,应该理顺储气的管理机制。可以考虑石油企业内部分别建立统一的储气库运营领导机构或独立子公司,理顺管理体制。储气库运营领导机构或独立子公司,全面负责储气库的规划审核、建设进度管理、融资合作和日常运营管理等相关工作。后期,若国家先于储气库独立运营放开了储气库剩余能力的使用,还需要负责储气库剩余能力的核算、申请使用的审核和批准、交易信息的公布等。提前制定具体管理细则和配套政策,理顺储气库市场化运营管理体制,积累运营管理经验和相关管理人才储备。

2. 中长期设想

第一步:逐步形成与我国天然气产业相适应的单独储气费率机制,保障储气库运营商的经济效益。

依托于天然气市场化进程,我国应在现有储气费率机制下,积极探索、逐步形成与我国天然气产业相适应的单独储气费率机制。建议初级阶段以政府指导下的"成本加成法"为主,"示范性应用调峰气价"为辅。当储气设施完善、市场竞争较为充分时,全面推动市场需求定价机制,保障储气库运营商经济效益。

第二步,建立天然气储备能力交易平台,促进储气库市场公平公开竞争。

未来天然气储备能力交易市场内的储气运营商包括三大石油公司的管道公司、城市燃气公司以及独立储气库运营商。储气用户包括储气运营商本身、投资机构和贸易商等。储气能力交易方较多、交易规模较大。为了促进储气库剩余能力公开开放的落实、市场公平公开竞争,借鉴国内外石油天然气交易中心国外天然气储备交易信息管理的经验,建议建立天然气储备能力交易平台,由储气运营商公布各自"标准储气单元"等信息。储气用户直接在交易平台一级市场内公开公平竞标订购储气能力,也可以在二级市场购买或转让。

第三步,建立健全相关法律法规和监管政策,保证储气库运营监管有法可依。

美国一直很重视天然气政策法规的制定和储气库的市场监管。目前我国在此方面基本还是空白。为了保证储气库运营监管有法可依,建议国家能源主管部门应当从以下方面着手:(1)明确天然气储备的主体、储备的目标;(2)指定天然气储备的组织和管理机构,并具体化天然气储备的实施步骤;(3)制定国家对天然气储备建设的激励政策,结合储气库储气能力交易平台,根据下游市场供需实际情况,核实储气库运营商公布竞标信息的真实性;(4)制定和完善天然气供应紧急情况下的天然气储备管理办法。

第四步,实行"国家发改委天然气储备办公室—国家天然气储备管理中心—独立天然气储备公司"的三级天然气储备管理模式,推动储气库市场化运营。

国家发改委天然气储备办公室负责核准总体规划和建设。国家天然气储备管理中心负责执行和监督。独立天然气储备公司负责日常运营和具体措施落实。在交易市场成熟、单独储气费率机制形成和政府监管完善等储气库市场化基础条件基本具备时,适时将中国石油及中国石油内部的储气库运营领导机构或独立子公司划分出来,组建独立的天然气储备公司,向第三方全面开放(图7-2-3)。储气库业务将从天然气产运销环节中剥离出来,在多元化主体投资机制下实现市场化运营。

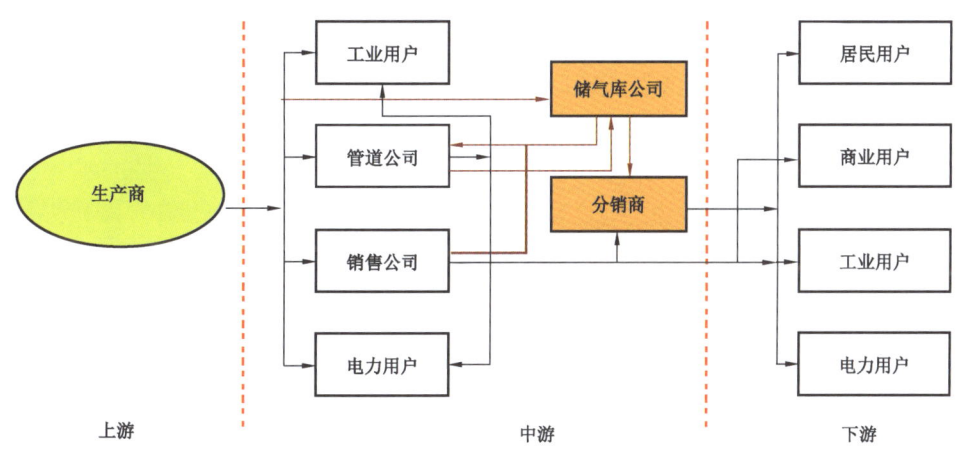

图7-2-3 未来储气库在天然气产业链中示意图

参 考 文 献

[1] 王起京,张余,张利亚. 赴美储气库调研及其启示[J]. 天然气工业,2006, 26(8):130 – 133.
[2] 李铁,张永强,刘广文. 地下储气库的建设与发展[J]. 油气储运,2000, 19(3):1 – 8.
[3] IGU. 2012—2015 Triennium Work Report：Working Committee 2 Underground Gas Storage Study Group 2.1：UGS Database[C].
[4] 洪波,丛威,付定华,等. 欧美储气库对我国的借鉴运营管理及定价[J]. 国际石油经济,2014,4:23 – 29.
[5] 孟浩. 美国储气库管理现状及启示[J]. 中外能源,2015,20(1):18 – 23.
[6] 丛威,洪波,裴国平,等. 欧美储气库独立运营商业模式相关经验借鉴[J]. 中国能源,2014,36(5):29 – 33.
[7] 房维龙,屈丹安. 西气东输管道地下储气库工程建设展望[J]. 石油规划设计,2010, 21(4):6 – 10.
[8] 李伟,杨宇,徐正斌,等. 美国地下储气库建设及其思考[J]. 天然气技术,2010, 4(6):3 – 5.
[9] 屈丹安,谢卫炜,霍永胜,等. 中石油与中盐合作建设金坛盐穴地下储气库[J]. 中国盐业,2011,6:17 – 19.
[10] 梁光川,田源,蒲宏斌. 国内地下储气库发展现状与技术瓶颈探讨[J]. 煤气与热力,2014, 34(2):1 – 6.
[11] 港华金坛盐穴储气库项目正式开工[N]. 常州日报,2014 – 11 – 6.
[12] 丁国生,梁婧,任永胜,等. 建设中国天然气调峰储备与应急系统的建议[J]. 天然气工业,2009, 29(5):98 – 100.